Bombas
e Instalações
de Bombeamento

O GEN | Grupo Editorial Nacional – maior plataforma editorial brasileira no segmento científico, técnico e profissional – publica conteúdos nas áreas de ciências exatas, humanas, jurídicas, da saúde e sociais aplicadas, além de prover serviços direcionados à educação continuada e à preparação para concursos.

As editoras que integram o GEN, das mais respeitadas no mercado editorial, construíram catálogos inigualáveis, com obras decisivas para a formação acadêmica e o aperfeiçoamento de várias gerações de profissionais e estudantes, tendo se tornado sinônimo de qualidade e seriedade.

A missão do GEN e dos núcleos de conteúdo que o compõem é prover a melhor informação científica e distribuí-la de maneira flexível e conveniente, a preços justos, gerando benefícios e servindo a autores, docentes, livreiros, funcionários, colaboradores e acionistas.

Nosso comportamento ético incondicional e nossa responsabilidade social e ambiental são reforçados pela natureza educacional de nossa atividade e dão sustentabilidade ao crescimento contínuo e à rentabilidade do grupo.

Bombas e Instalações de Bombeamento

Archibald Joseph Macintyre

*Professor de Máquinas Hidráulicas
do Centro Técnico-Científico da PUC — RJ
e do Instituto Militar de Engenharia — IME.
Membro da Academia Nacional de Engenharia*

Coordenador Editorial

Julio Niskier

*Engenheiro Eletricista
formado pela Escola
de Engenharia — UFRJ*

Segunda edição revista

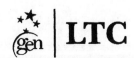

O autor e a editora empenharam-se para citar adequadamente e dar o devido crédito a todos os detentores dos direitos autorais de qualquer material utilizado neste livro, dispondo-se a possíveis acertos caso, inadvertidamente, a identificação de algum deles tenha sido omitida.

Não é responsabilidade da editora nem do autor a ocorrência de eventuais perdas ou danos a pessoas ou bens que tenham origem no uso desta publicação.

Apesar dos melhores esforços do autor, do editor e dos revisores, é inevitável que surjam erros no texto. Assim, são bem-vindas as comunicações de usuários sobre correções ou sugestões referentes ao conteúdo ou ao nível pedagógico que auxiliem o aprimoramento de edições futuras. Os comentários dos leitores podem ser encaminhados à **LTC — Livros Técnicos e Científicos Editora** pelo e-mail faleconosco@grupogen.com.br.

Direitos exclusivos para a língua portuguesa
Copyright © 1997 by Archibald Joseph Macintyre
LTC — Livros Técnicos e Científicos Editora Ltda.
Uma editora integrante do GEN | Grupo Editorial Nacional

Reservados todos os direitos. É proibida a duplicação ou reprodução deste volume, no todo ou em parte, sob quaisquer formas ou por quaisquer meios (eletrônico, mecânico, gravação, fotocópia, distribuição na internet ou outros), sem permissão expressa da editora.

Travessa do Ouvidor, 11
Rio de Janeiro, RJ — CEP 20040-040
Tels.: 21-3543-0770 / 11-5080-0770
Fax: 21-3543-0896
faleconosco@grupogen.com.br
www.grupogen.com.br

CIP-BRASIL. CATALOGAÇÃO-NA-FONTE
SINDICATO NACIONAL DOS EDITORES DE LIVROS, RJ.

M136b
2.ed.

Macintyre, Archibald Joseph
Bombas e instalações de bombeamento / Archibald Joseph Macintyre ; coordenador editorial Julio Niskier. - 2. ed. rev. - [Reimpr.]. - Rio de Janeiro : LTC, 2019.

Inclui bibliografia e índice
ISBN 978-85-216-1086-1

1. Bombas hidráulicas. I. Título.

08-2367.	CDD: 621.252
	CDU: 621.65

Prefácio da 2.ª edição revista

A importância do tema *bombas e instalações de bombeamento* é patente para quem projeta ou executa instalações de deslocamento de líquidos. Por isso, os currículos das Escolas de Engenharia incluem a matéria em vários cursos e especializações.

Um livro que trata deste assunto requer uma periódica revisão para sintonizar-se com as novidades tecnológicas e conceituais surgidas em conseqüência da importância que as bombas representam para o progresso industrial e o bem-estar da humanidade.

Não apenas nas instalações prediais e nas estações de tratamento de águas e esgotos, mas nas usinas geradoras de energia elétrica de várias modalidades e notadamente no parque industrial, se constata o quanto é importante o conhecimento básico e o quanto é estimulante saber dessa importância, para um maior aprofundamento no estudo e aplicação das máquinas geratrizes ou operatrizes conhecidas como *bombas*. Os fabricantes gentilmente enviam catálogos, folhetos ou prospectos, os quais permitem introduzir no livro algumas novidades e substituir informações e fotos de bombas e acessórios por modelos mais aperfeiçoados.

É devido um agradecimento a vários colegas e profissionais por suas críticas e sugestões construtivas que estimularam a revisão e o preparo desta edição.

As perguntas formuladas pelos alunos em aula, após a consulta ao livro, indicaram onde deveria ser mais clara e abrangente a exposição de certos temas, o que tentei realizar.

À direção da Editora, um agradecimento todo especial por me haver honrado com a publicação desta edição e às Sras. Rosilene Lucia Quinteiro, assessora da Diretoria, e Talita Guimarães Corrêa, editora, junto com sua competente equipe, pelo trabalho dedicado que tornou realidade esta 2.ª edição revista.

Isso é uma comprovação de que acreditam que a divulgação de informações sobre bombas e instalações de bombeamento é uma colaboração para com os que estudam ou já trabalham pelo progresso e bem-estar em nosso país.

O autor.

Prefácio da Primeira Edição

A solução dos problemas ligados ao deslocamento dos líquidos tem sido uma das preocupações da Humanidade e um permanente desafio desde a Antigüidade.

O abastecimento de água aos núcleos populacionais à medida que estabelecidos mais afastados dos rios apresentava dificuldades crescentes, que obrigaram os homens a esforços inventivos que lhes permitissem captar a água, aduzi-la e armazená-la para utilização. Paralelamente, fez-se necessário encontrar recursos para elevar a água a locais onde pudesse atender às necessidades de consumo e à irrigação de terras para fins agrícolas.

São famosos a antiqüíssima Nora Chinesa, engenhoso dispositivo constituído por uma roda dotada de caçambas para elevar a água a canais de irrigação, e o sistema de correntes e caçambas com o qual, três mil anos antes de Cristo, no poço de Josephus, no Cairo, a água era retirada de um poço construído em duas plataformas com quase 100 metros de profundidade. Arquimedes (287-212 a.C) inventou a primitiva bomba de parafuso, e Ctesibus (270 a.C) propôs a bomba de êmbolo, dois exemplos a mais da versatilidade do gênio grego.

Seria longa a enumeração das bombas que ao longo dos séculos foram surgindo e evoluindo sob as formas construtivas compatíveis com o nível tecnológico e os conhecimentos científicos de cada época.

Pode-se afirmar que o progresso industrial e a melhoria das condições de saúde e conforto estão intimamente ligados ao progresso da ciência e tecnologia das máquinas destinadas ao deslocamento dos líquidos por escoamento, que são as bombas. A constatação das inumeráveis aplicações das bombas de tipos os mais variados nos conduz à afirmação de que, na ordem de importância, as bombas se comparam aos motores elétricos, superadas numericamente apenas por estas máquinas.

Encontramos bombas para descargas extremamente pequenas e bombas para descargas superiores a 50 metros cúbicos por segundo; bombas para vácuo e bombas para pressões superiores a 500 kgf/cm^2, bombas com potências muito pequenas, de frações de c.v., e bombas acionadas por motores de mais de 100.000 c.v. Umas funcionando com líquidos em muito baixa temperatura e outras bombeando líquidos e metais líquidos a mais de 600°C.

Existem bombas para atender a toda a gama de produtos químicos altamente corrosivos e mesmo líquidos ou lamas com elevado índice de radioatividade.

O progresso na tecnologia das bombas permitiu a construção de tipos próprios para esgotos sanitários, dragagem, para bombear argamassa, minério, concreto, polpa de papel, fibras, plásticos, líquidos extremamente viscosos e líquidos muito voláteis.

Para o estabelecimento da circulação sangüínea extracorpórea, durante certas operações na mais perfeita bomba que existe, o coração, emprega-se uma bomba de tipo especial.

Os produtos a bombear fizeram surgir problemas de características próprias, que determinaram a aplicação nas bombas de materiais diversos como o ferro fundido, aço carbono, aços especiais, aços inoxidáveis, bronzes, cerâmicas, vidros, plásticos, borracha, esmalte e vários outros.

A convicção da extraordinária importância das bombas envolvendo quase todos os campos de aplicação da Engenharia, e hoje até mesmo de certo setor da Medicina, levou-me há alguns anos atrás a escrever os livros *Introdução ao estudo das bombas centrífugas e Máquinas hidráulicas*, este último em conjunto com o saudoso amigo, professor Jorge F. de Souza da Silveira.

O presente livro procura ser útil aos estudantes de Engenharia e a engenheiros e técnicos que tenham interesse em dispor, sob forma sintética, de um conjunto de informações que para serem coligidas demandariam em certos casos a consulta a mais de uma obra.

Agradece o autor a quantos com suas sugestões recomendaram ênfase e destaque a uma ou outra aplicação das bombas. Agradece também aos fabricantes de bombas e válvulas pela colaboração em permitir a publicação de fotografias, desenhos e gráficos de seus catálogos. Um reconhecimento todo especial é devido à minha esposa, meus filhos, nora e genros, cujo incentivo na elaboração deste livro foi essencial à sua realização.

Ao ilustre engenheiro Julio Niskier, coordenador editorial do livro, um agradecimento pelo interesse manifestado pela sua publicação.

Se entre os estudantes de Engenharia e profissionais que lerem este trabalho houver quem se sinta estimulado a estudar mais a fundo os assuntos nele contidos, darei por bem empregado o meu esforço de tentar colaborar, embora com uma insignificante parcela, para o desenvolvimento tecnológico de nosso querido País.

O Autor

Sumário

1 Noções Fundamentais de Hidrodinâmica. Aplicações, 1

Líquido Perfeito, 1
Escoamento Permanente, 1
  Regime Uniforme, 2
  Regime não-uniforme, 2
Escoamento Irrotacional ou não-turbilhonar, 2
Trajetória, Linha de Corrente, Filete Líquido, 4
Teorias sobre o Escoamento dos Líquidos, 4
Equação de Continuidade. Descargas, 6
Forças Exercidas por um Líquido em Escoamento Permanente, 7
  Aplicações às Tubulações Fixas, 11
Energia Cedida por um Líquido em Escoamento Permanente, 11
Queda Hidráulica. Altura de Elevação, 15
  Teorema de Bernoulli, 16

  Observação quanto ao Termo $\dfrac{v^2}{2g}$, 17

Perda de Carga, 17
Unidades de Pressão, 19
Pressão Absoluta e Pressão Relativa, 19
Influência do Peso Específico, 20
  Specific Weight e *Specific Gravity*, 21
Blocos de Ancoragem, 31
  Cálculo Simplificado, 34
Bibliografia, 36

2 Classificação e Descrição das Bombas, 37

Classificação Geral das Máquinas Hidráulicas, 37
  Máquinas Motrizes, 37
  Máquinas Geratrizes, 37
  Máquinas Mistas, 38
Classificação das Máquinas Geratrizes ou Bombas, 38
  Definição, 38
  Bombas de Deslocamento Positivo, 38
  Turbobombas, 43
  Órgãos Essenciais, 43
  Classificação das Turbobombas, 45
  Funcionamento de uma Bomba Centrífuga, 54
  Bibliografia, 54

3 Modos de Considerar a Energia Cedida ao Líquido. Alturas de Elevação. Potências. Rendimentos, 56

Alturas Estáticas (Desníveis Topográficos), 57
  Altura Estática de Aspiração (ou Altura Estática de Sucção), 57
  Altura Estática de Recalque, 58
  Altura Estática de Elevação, 58
Alturas Totais ou Dinâmicas, 58
  Altura Total de Aspiração ou Altura Manométrica de Aspiração, 58
  Altura Total de Recalque ou Altura Manométrica de Recalque, 59
  Altura Manométrica de Elevação ou Simplesmente Altura Manométrica, 60
  Suction Lift e *Suction Head*, 64
Altura Útil de Elevação, 65
Altura Total de Elevação, 66
Altura Motriz de Elevação, 66
Altura Disponível de Elevação, 66
Trabalho Específico, 67
Potências, 67
  Potência Motriz, 67
  Potência de Elevação, 68
  Potência Útil, 68
Rendimentos, 68
  Rendimento Mecânico, 68
  Rendimento Hidráulico, 69
  Rendimento Total, 69
Perdas Hidráulicas na Bomba, 70
Instalação com Sifão no Recalque, 71
Bomba "Afogada", 72
Manômetros e Vacuômetros, 76
Caso de Reservatórios "Fechados", 79
Velocidades nas Linhas de Recalque e de Aspiração, 81
Bibliografia, 88

4 Teoria Elementar da Ação do Rotor das Bombas Centrífugas, 89

Projeção Meridiana, 89
Diagrama das Velocidades, 91
Pás Inativas e Pás Ativas, 94
Ação das Pás sobre o Líquido, 95
Equação das Velocidades, 95
Equação Fundamental das Turbobombas, 98
Influência da Forma da Pá sobre a Altura da Elevação, 100
Avaliação da Altura Monométrica H, 114
Bibliografia, 115

5 Discordância Entre os Resultados Experimentais e a Teoria Elementar, 116

Influência do Número Finito de Pás no Rotor, 116
Influência da Espessura das Pás, 119
Bibliografia, 123

6 Interdependência das Grandezas Características do Funcionamento de uma Turbobomba, 124

Analogia das Condições de Funcionamento. Similaridade Hidrodinâmica das Turbo-bombas, 124

Variação das Grandezas Q, H e N com o Número de Rotações n, 125
Curvas de Variação das Grandezas em Função do Número de Rotações, Mantendo H Constante, 127
Variação das Grandezas com a Descarga, 127
Congruência das Curvas "Descarga-Altura de Elevação", 134
Curvas de Igual Rendimento (de "Isorrendimento"), 135
Variação da Potência com a Descarga, 135
Curvas Reais, 137
  Shut-off, 139
Cortes nos Rotores, 140
Corte no Rotor para Atender a um Aumento do Número de Rotações, 148
Representação das Quadrículas de Utilização dos Rótores, 150
Variação das Grandezas com as Dimensões, Mantendo-se Constante o Número de Rotações, 151
  Variação da Descarga, 151
  Variação da Altura Manométrica, 151
  Variação da Potência, 152
Fatores que Alteram as Curvas Características, 153
  Influência do Peso Específico, 153
  Influência da Viscosidade, 157
  Influência do Tamanho da Bomba, 157
  Uso do Gráfico para Correção das Grandezas Afetadas pela Viscosidade, 159
  Efeito da "Idade em Uso" da Bomba, 164
  Efeito de Materiais em Suspensão no Líquido, 165
  Efeito da Variação de Temperatura, 165
Bibliografia, 166

7 Condições de Funcionamento das Bombas Relativamente aos Encanamentos, 167

Curva Característica de um Encanamento, 167
Regulagem das Bombas Atuando no Registro, 169
Regulagem pela Variação da Velocidade, 169
Funcionamento da Bomba Fora da Condição de Rendimento Máximo, 170
Estabilidade do Funcionamento, 174
Associação de Bombas Centrífugas, 176
  Associação de Bombas em Séries, 176
  Associação de Bombas em Paralelo, 177
Bombas Diferentes em Paralelo, 179
Correção das Curvas, 180
Instalação Série-paralelo, 184
Sistemas com Várias Elevatórias (em Série), 185
Boosters, 186
  Booster com Várias Bombas em Paralelo, 186
Tubulação de Recalque com "Distribuição em Marcha", 186
Encanamento de Recalque com Trechos de Diâmetros Diversos, 188
Encanamento de Recalque Alimentando Dois Reservatórios, 188
Bomba Enchendo um Reservatório, Havendo uma Descarga Livre Intermediária na Linha de Recalque, 189
Duas Bombas em Paralelo, em Níveis Diferentes, 191
Bibliografia, 192

8 Escolha do Tipo de Turbobomba, 193

Velocidade Específica, 193
Número Característico de Rotações por Minuto (ou Velocidade Específica Nominal), 196

Expressão de n_s em Função da Potência, 197
Influência das Dimensões do Rotor sobre o n_s, 198
Bombas de Múltiplos Estágios, 199
Coeficientes Indicadores da Forma do Rotor, 200
Número Característico da Forma *(Shape Number)*, 203
Bibliografia, 205

9 Cavitação. NPSH. Máxima Altura Estática de Aspiração, 206

Cavitação, 206
   O Fenômeno de Cavitação, 206
   Materiais a Serem Empregados para Resistir à Cavitação, 208
NPSH, 209
Fator de Cavitação, 214
NPSH para Outros Líquidos, 224
Velocidade Específica de Aspiração, *(s)*, 224
Alteração na Curva $H = f(Q)$ Devida à Cavitação, 227
Liberação do Ar Dissolvido na Água, 228
Bibliografia, 229

10 Fundamentos do Projeto das Bombas Centrífugas, 231

O Rotor, 231
   Escolha do Tipo de Rotor, 231
   Número de Estágios, 232
   Correção da Descarga, 232
   Rendimento Hidráulico, 233
   Energia Teórica H_e Cedida pelo Rotor ao Líquido, 233
   Potência Motriz N, 233
   Diâmetro do Eixo, 234
   Diâmetro do Núcleo de Fixação do Rotor ao Eixo, 234
   Velocidade Média na Boca de Entrada do Rotor, 234
   Diâmetro da Boca de Entrada do Rotor d_1', 234
   Diâmetro Médio d_{m1} da Superfície de Revolução Gerada pela rotação do Bordo
     de Entrada das Pás, 235
   Velocidade Periférica no Bordo de Entrada u_1, 236
   Largura do Bordo de Entrada da Pá b_1, 236
   Diagrama das Velocidades à Entrada, 237
   Número de Pás Z, 237
   Obstrução Devida à Espessura das Pás à Entrada, 239
   Grandezas à Saída do Rotor, 239
      Energia a Ser Cedida pelas Pás, Levando em Conta o Desvio Angular dos Filetes
        à Saída do Rotor, 240
      Cálculo da Velocidade Periférica, Levando em Conta o Desvio Angular, 241
   Traçado das Pás, 242
O Difusor, 252
   Difusor de Pás Guias, 253
   Coletor ou Voluta, 256
   Método de Pfleiderer e Bergeron, 256
Empuxo Radial no Eixo Devido ao Caracol, 262
   Generalidades, 262
   Voluta Dupla, 265
   Carcaça Concêntrica e Carcaça Parcialmente Concêntrica, 267
Bibliografia, 268

11 Exemplo de Projeto de Bomba Centrífuga, 269

Número de Estágios i, 269
Escolha do Tipo de Rotor e de Turbobomba, 269
Correção da Descarga, 269
Traçado Preliminar do Rotor, 270
Potência Matriz N, 270
Diâmetro do Eixo DE, 270
Diâmetro do Núcleo d_n, 270
Velocidade Média V_1' na Boca de Entrada do Rotor, 271
Diâmetro da Boca de Entrada do Rotor d_1', 271
Diâmetro Médio da Aresta de Entrada d_{m1}, 271
Velocidade Meridiana de Entrada $V_m{}^1$, 271
Velocidade Periférica no Bordo de Entrada, 271
Ângulo$_1$ das Pás à Entrada do Rotor, 271
Número de Pás Z e Contração à Entrada, 272
Largura b_1 da Pá à Entrada, 272
Grandezas à Saída do Rotor, 273
   Diâmetro de Saída d_2, 273
Energia a Ser Cedida às Pás H_ϱ' 273
Velocidade Meridiana de Saída V_{m2}, 273
Ângulo de Saída β_2, 273
Velocidade Periférica u_2 Corrigida, 274
Valor Retificado de d_2, 274
Largura das Pás à Saída b_2, 274
Traçado de Projeção Meridiana da Pá, 274
Projeto do Coletor, 274
Bibliografia, 276

12 Rotor com Pás de Dupla Curvatura, 277

Generalidades, 277
Dimensionamento, 278
   Diâmetro do Rotor, 278
   Larguras b_1 e b_2 das Seções Meridianas dos Bordos de Entrada e Saída do Rotor, 278
   Seção Meridiana das Paredes Laterais do Rotor, 279
   Divisão da Seção Meridiana de Escoamento em Seções Meridianas de Veias Líquidas, 279
   Determinação dos Perfis das Pás, 280
   Seções Planas das Pás, 284
   Seção Plana Meridiana, 285
   Seção Plana Normal ao Eixo, 285
Bibliografia, 285

13 Equilibragem do Empuxo Axial, 286

Natureza do Problema, 286
Empuxo Axial nas Bombas Centrífugas, 286
Equilibragem por meio de Disposição Especial dos Rotores, 290
Equilibragem com Anéis de Vedação e Orifícios nos Rotores, 290
Equilibragem por meio de "Discos de Descarga", 291
Disco de Equilibragem ou de Balanceamento, 291
Pás na Parte Posterior do Rotor, 292
Tambor do Balanceamento, 293
Bibliografia, 293

14 Bombas Axiais, 294

Considerações Gerais, 294
Diagrama das Velocidades, 296
Equação da Energia, 299
Grau de Reação, 300
A Pá do Rotor Considerada como Elemento com Perfil de Asa, 300
Breve Noção a Respeito da Teoria da Sustentação, 301
  Definições, 301
  Nomenclatura dos Perfis de Asa, 302
  Determinação da Portança e do Arraste, 303
Bibliografia, 305

15 Operação com as Turbobombas, 306

Acionamento, 306
Acessórios Empregados, 306
  Válvula de Pé, 306
  Válvula de Fechamento ou de Saída, 307
  Válvula de Retenção no Início do Recalque, 307
  Dispositivo de Escorva, 308
  Torneira de Purga, 308
  Válvula de Alívio, 308
  Monômetro e Vacuômetro, 309
Dimensões do Poço de Aspiração ou Sucção, 309
Escorva das Turbobombas, 309
  Escorva por Bomba Auxiliar, 314
  Escorva por meio de Bomba Auxiliar e Ejetor, 314
  Escorva por Bomba de Vácuo, 314
Bombas Centrífugas Auto-escorvantes ou Auto-aspirantes, 316
Ruído no Funcionamento das Bombas, 318
Indicações para a Tubulação de Aspiração, 320
  Bombas de Poço Úmido (Wet Pit), 321
Partida, Funcionamento e Parada das Turbobombas, 323
Defeitos no Funcionamento, 324
Bibliografia, 325

16 Bombas Alternativas, 326

Princípio de Funcionamento, 326
Classificação, 326
Indicações Teóricas quanto à Instalação, 331
Máxima Altura Estática de Aspiração, 334
Perda de Energia Devida à Comunicação de Aceleração ao Líquido, 334
Medidas para Reduzir a Energia J' para Acelerar o Líquido, 337
Possibilidade de Ruptura da Massa Líquida, 338
Descarga nas Bombas de Êmbolo ou de Pistão, 339
Potência Motriz, 340
Câmara de Ar, 341
Indicações Práticas para Instalações de Bombas de Êmbolo, 343
Comparação entre as Turbobombas e as de Êmbolo e de Pistão, 344
NPSH nas Bombas de Êmbolo, 347
Acionamento de Bombas de Êmbolo por Roda-d'água, 349
Bombas Alternativas Aplicadas ao Corte com Jato de Água, 350
Bibliografia, 352

17 Bombas Rotativas, 353

Generalidades, 353
Classificação, 353
Funcionamento e Grandezas Características, 367
  Capacidade Teórica, 367
  Deslizamento *(Slip)* ou Retorno, 367
  Descarga Efetiva, 367
  Altura Monométrica H, 367
    Válvula de Alívio, 369
  Gráfico das Grandezas, 369
Emprego das Bombas Rotativas, 372
Bibliografia, 372

18 Bombas para Comandos Hidráulicos, 373

Comandos Hidráulicos, 373
Circuitos Básicos, 373
  Circuitos de Comando de Movimentos Retilíneos-alternativos, 373
  Circuito de Comando de Movimentos de Rotação, 374
Bombas Empregadas, 374
  Bombas de Descarga Constante, 375
  Bombas de Descarga Variável, 375
Órgãos Auxiliares de Comando e Controle, 376
Regulagem, 377
Exemplo de Comando Óleo-hidráulico, 377
Bibliografia, 378

19 Bombas para Centrais de Vapor, 379

Centrais de Vapor, 379
Bombas Empregadas, 381
  Bomba de Condensado *(Condensate Pump)*, 381
  Bomba de Alimentação de Caldeira *(Boiler Feed Pump)*, 383
  Bomba de Circulação de Água ou Circuladores, 387
Bibliografia, 387

20 Bombas para a Indústria Petrolífera, 388

Introdução, 388
Perfuração de Poços, 388
Produção dos Poços, 389
  Bombas de Haste de Sucção *(Suction Rod)*, 389
  Sistema com Bomba Alternativa Submersa, 389
  Sistema com Bomba Centrífuga Submersa, 392
  Bombeamento por Injeção de Água, 392
  Bombeamento por Injeção de Gás, 392
  Bombeamento Pneumático *(Gás Lift)*, 393
Transporte de Petróleo e de Derivados Petrolíferos, 394
Refinarias e Indústria Petroquímica, 397
Recuperação de Óleo Espalhado no Mar, 399
Bibliografia, 399

21 Bombeamento de Água de Poços, 400

Generalidades, 400
Bombas de Emulsão de Ar, Sistema *Air-lift* ou sistema J.C. Pohle, 401

Funcionamento, 401
Consumo de Ar no Sistema *Air-lift,* 403
Vantagens do Sistema *Air-lift,* 405
Inconvenientes, 405
Pressão de Ar, 405
Compressores, 406
Peça Injetora, Difusor ou Hidroemulsor, 406
Filtro, 406
Diâmetro do Tubo de Recalque da Emulsão Água — Ar, 408
Ejetores ou Trompas de Água, 409
Poços Profundos, 413
Com Bombas de Eixo Prolongado, 413
Bombas com Motor Imerso, Também Chamadas Motobombas Submersíveis ou Bombas Submersas, 414
Recomendações de Caráter Geral quando da Instalação de Poços, 416
Localização do Poço, 416
Profundidades, 417
Níveis Dinâmicos, 417
Distância entre Poços, 417
Cimentação, 417
Submersão das Bombas, 417
Metodologia de Execução de uma Instalação de Bombas Submersas, 417
Controle do Nível Dinâmico do Lençol, 417
Bibliografia, 419

22 Bombas para Saneamento Básico, 421

Generalidades, 421
Abastecimento de Água, 421
Captação de Água, 421
Captação de Água de um Rio ou Lago, 422
Captação de um Lago, 425
Tomadas de Água por Bombas, 425
Captação com Barragem, 427
Estação de Tratamento de Água, 429
Elevatória de Alto Recalque, 431
Boosters, 437
Esgotos Sanitários, 438
Bombeamento de Esgotos de Prédios com Vasos Sanitários Situados abaixo do Nível do Coletor Público de Esgotos, 439
Elevatórias de Esgotos, 441
Estação de Tratamento de Esgotos, 449
Drenagem de Águas Pluviais, 458
Bibliografia, 464

23 Instalações Hidropneumáticas, 466

Generalidades, 466
Câmara de Ar no Recalque, 466
Reservatório Hidropneumático, 468
Dimensionamento do Reservatório Hidropneumático, 469
Alimentação de Ar, 472
Sistemas de Pressurização Compactos, 474
Instalação de Distribuição com Bombeamento Direto, 477
Instalação com Bombas de Rotação Variável, 482
Bibliografia, 483

24 Bombas para Navios, 484

Classificação, 484
Bombas para Uso Geral no Navio, 484
  Bombas de Água para Lastro, 484
  Bombas para Drenagem, 485
  Bombas de Água Potável, 485
  Bombas de Combate a Incêndio, 486
  Bombas para Limpeza com Jato d'Água, 486
Bombas para a Central de Vapor do Navio, 488
  Bombas de Vácuo, 488
  Bombas de Alimentação da Caldeira *(Boiler Feed Pumps)*, 488
  Bombas de Extração do Condensado *(Condensate Pumps)*, 488
  Bombas de Circulação para Resfriamento do Condensador, 488
  Bombas Diversas na Central de Vapor, 488
Emprego das Bombas de Acordo com o Tipo, 489
  Turbobombas, 489
  Bombas Rotativas, 489
  Bombas Alternativas, 489
  Bombas Alternativas Acionadas por Motores Elétricos ou Diesel, 490
Bombas para Navios Petroleiros *(Cargo-pumps)*, 490
Materiais das Bombas, 490
Acionamento, 490
Bombas de Combate a Incêndio, 491
Bibliografia, 492

25 Bombas para Centrais Hidrelétricas de Acumulação (Usinas de Transferência), 493

Generalidades, 493
Modalidades de Usinas de Acumulação, 496
Tipos de Máquinas, 497
Indicações sobre o Emprego das Máquinas nas Centrais de Acumulação, 501
  Utilização de um ou mais Grupos Motor-bomba numa Usina Hidrelétrica já Construída ou a Construir. Haverá, na Mesma Usina, Grupos Turbina-alternador e Motor bomba Totalmente Independentes, 501
  Emprego de um Grupo Ternário, Isto É, uma Turbina e uma Bomba Ligadas na Mesma Árvore a um Motor-gerador, 501
  Emprego de Grupo Binário, Isto É, Máquina Reversível Turbina-bomba Ligada ao Motor-gerador, 506
  A turbina-bomba é Acoplada Rigidamente ao Motor Gerador, 506
  Grupo com Motor de Arranque (de Partida) Auxiliar, 508
  Grupo com Turbina de Arranque, 508
  Grupo com Conversor de Torque Hidrodinâmico para Demarragem e Acoplamento Mecânico de Dentes, 509
NPSH nas Usinas de Acumulação, 510
Bibliografia, 514

26 Bombas para Usinas Nucleares, 515

Generalidades, 515
Central Nuclear, 515
Reatores de Vaporização Direta da Água *(Boiling-water Reactors-BWR)*, 516
Reatores de Água Leve Pressurizada *(Pressurised-water Reactors-RWR)*, 517
Reatores Resfriados a Gás *(Gás-cooled Reactors-GCR)*, 520
Reatores de Água Pesada *(Heavy-water Reactors-HWR)*, 520
Reatores Regeneradores *(Breeder Reactors-BR)*, 522

Reatores de Fusão Controlada, 523
Reatores de Fissão de Nêutrons Rápidos, 523
Tipos de Bombas Empregadas, 523
  Bombas de Circulação e Resfriamento do Condensado, 525
  Bombas de Alimentação do Gerador de Vapor, 525
  Bombas que Operam com Líquido Contaminado pelas Radiações, 526
    Bomba de Caixa Blindada *(Canned-motor Pump)*, 526
    Bomba de Motor Submerso, 527
    Bomba com Motor Envolto em Gás, 528
    Bomba com Motor Imerso em Óleo, 528
  Bombas para Metais Líquidos, 529
    Bombas Centrífugas, 529
    Bombas Eletromagnéticas, 530
Materiais Empregados, 530
Bibliografia, 531

27 Bombas para Instalações de Combate a Incêndio, 532

Generalidades, 532
Instalação de Bomba no Sistema sob Comando com Hidrantes, 533
Estimativa da Descarga no Sistema de Hidrantes, 537
Bomba em Instalação com Hidrantes. Exercício, 539
Especificações de Bombas contra Incêndio, 541
Inspeção e Testes das Bombas, 546
Bombas em Sistemas de *Sprinklers,* 546
  Descrição do Sistema, 546
  Sistema Hidropneumático, 548
  Bomba para Sistema de *Sprinklers,* 549
Bombeamento para Sistema de Espuma, 551
Bibliografia, 552

28 Bombas Especiais, 553

Carneiro Hidráulico, 553
  Descrição do Funcionamento, 553
  Indicações Práticas para Instalação dos Carneiros, 556
Bibliografia, 556
Bombas Regenerativas ou Bombas-turbinas, 556
Bombas para as Indústrias Químicas e de Processamento, 558
Conceituação, 558
  Grau de Concentração, 558
  Natureza dos Constituintes da Mistura, 558
  Temperatura, 559
  Grau de Alcalinidade ou de Acidez, 560
  Grau de Resistência do Material à Corrosão, 560
    Corrosão por Cavitação, 561
    Corrosão Uniforme, 561
    Corrosão por Tensão Interna *(Stress Corrosion),* 561
    Corrosão Galvânica, 561
    Corrosão Alveolar, 562
    Corrosão-erosão, 562
  Presença de Sólidos em Suspensão, 562
  Pureza do Produto a Ser Bombeado, 563
  Segurança e Confiabilidade da Instalação, 563
  Materiais Empregados, 563
    Ferro Fundido, 564

Aço Fundido, 564
Aço Inoxidável, 564
Bronze, 564
Cerâmica, Vidro e Porcelana, 565
Plásticos, 565
Resinas Fluorcarbônicas, 565
Bombas Magnéticas, 568
Normas para Bombas Destinadas à Indústria Química, 568
Tipos de Bombas, 568
Bombas Centrífugas, 569
Bombas de Diafragma, 569
Bombas Rotativas, 580
Dispositivos de Proteção contra Vazamentos nas Turbobombas, 571
Caixa de Gaxetas, 571
Selos Mecânicos, 573
Bibliografia, 575
Bombas Solares, 576
Bombas Solares Empregando Células Fotovoltaicas, 576
Bombas Solares Acionadas por Motores Solares, 577
Bombas para Sólidos, 580
Natureza dos Sólidos Bombeados, 580
Bombas Empregadas no Bombeamento de Lamas, Areais, Lodos e Sólidos em Suspensão, 582
Carcaça das Bombas Centrífugas, 583
Rotores, 583
Proteção do Eixo e Gaxetas, 585
Acionamento, 586
Potência Consumida, 586
Velocidade de Bombeamento, 586
Bombeamento em Minerodutos, 587
Bombeamento de Concreto, 589
Bibliografia, 593
Turbobombas de Alta Rotação: Bombas Sundyne, 593

29 Válvulas, 597

Introdução, 597
Classificação, 597
Acionadas Manualmente, 597
Comandadas por Motores, 598
Acionadas pelas Forças Provenientes da Ação do Próprio Líquido em Escoamento, 598
Válvulas de Gaveta (Gate Valves), 598
Materiais Empregados nas Válvulas de Gaveta, 598
Bronze, 599
Ferro Fundido Cinzento, 599
Ferro Dúctil ou Ferro Fundido Nodular, 602
Aço Fundido, 603
Aço Forjado, 604
Acionamento das Válvulas de Gaveta, 604
Válvulas de Esfera (Ball Valves), 604
Válvulas de Fundo de Tanque, 605
Válvulas de Macho (Plug, Cock Valves), 605
Válvulas de Regulagem (Throttling Valves), 608
Válvulas de Globo (Globe Valves), 608
Válvulas de Diafragma, 612
Válvulas Esféricas ou Rotoválvulas, 613

Válvulas Borboleta, 615
Válvulas Anulares, 617
Válvulas que Permitem o Escoamento em um só Sentido. Válvulas de Retenção, 618
Válvulas de Controle da Pressão de Montante. Válvulas de Alívio *(Relief Valve)* ou
   Válvula de Segurança *(Safety Valve)*, 621
Válvulas de Inclusão ou Expulsão de Ar ("Ventosas"), 622
Válvulas de Controle, 625
Válvulas de Redução de Pressão, 626
Válvulas de Pressão Constante, 628
Válvulas Diversas, 628
   Válvulas em "Y" (ou Válvula Globo de Passagem Reta), 628
   Registro Automático de Entrada de Água em Reservatórios, 628
Materiais empregados, 630
   Ferro Fundido, 630
   Aço-carbono Fundido, 630
   Aço Forjado, 632
   Bronze, 634
Atuadores Elétricos, 634
Bibliografia, 634

30 Perdas de Carga, 636

Viscosidade, 636
Número de Reynolds, 639
Rugosidade dos Encanamentos, 643
Perdas de Carga em Encanamentos, 645
Fórmulas Empíricas, 652
   Flamant, 653
   Strickler (também conhecida como fórmula de Manning-Strickler), 654
   William-Hasen (1903-1920), 654
   Fair-Whipple-Hsiao (1930), 654
   Outras Fórmulas, 655
Perdas de Carga Acidentais, 655
Perdas de Carga Recomendadas no Dimensionamento de Encanamento, 661
Velocidades Recomendadas na Aspiração e no Recalque, 661
Bibliografia, 675

31 Instalação Elétrica para Motores de Bombas, 676

Classificação Sumária dos Motores, 676
   Motores de Corrente Contínua, 676
   Motores de Corrente Alternada, 677
      Motores Síncronos, 678
      Motores Assíncronos, 678
Escolha do Motor, 679
   Variação da Velocidade, 679
Tensão de Operação dos Motores das Bombas, 680
Fator de Potência, 680
Corrente no Motor Trifásico, 683
Conjugado do Motor Elétrico, 684
Corrente de Partida no Motor Trifásico, 684
Letra-código dos Motores, 686
Dados de Placa, 687
Fator de Serviço (FS), 687
Variação do Conjugado de Partida das Turbobombas, 688
Ramal de Alimentação do Motor, 689

Dispositivos de Ligação e Desligamento (Chaves de Partida), 690
  Ligação Direta, 690
    Contatores, 690
    Disjuntores, 691
  Ligação com Dispositivos Redutores da Corrente de Partida, 691
    Chaves "Estrela-triângulo", 691
    Chaves Compensadoras de Partida com Autotransformador, 691
    Indutores de Partida e Resistores de Partida, 691
Dispositivos de Proteção dos Motores, 692
  Fusíveis de Ação Retardada, 692
  Disjuntores, 692
Dispositivos de Proteção do Ramal do Motor, 692
Curto-circuito, 693
Comando da Bomba com Chave de Bóia, 697
Bibliografia, 706

32 Golpe de Aríete em Instalações de Bombeamento, 707

Generalidades, 707
  Descrição do Fenômeno, 708
Cálculo do Golpe de Aríete, 710
  Método de Parmakian, 710
  Convenções, 711
  Determinação do Coeficiente C^1, 711
  Determinação da Celeridade C, 711
  Período T do Encanamento, 712
  Constante P do Encanamento, 712
  Módulo Volumétrico K_1 do líquido, 713
  Valores da Subpressão e Sobrepressão, 713
  Velocidade Máxima de Reversão da Bomba, 713
Recursos Empregados para Reduzir os Efeitos do Golpe de Aríete, 719
  Emprego do Volante, 719
  Válvula Antigolpe de Aríete, 719
  Reservatórios de Ar, 722
  Chaminé de Equilíbrio *(Stand-pipe)*, 726
Cálculo do Golpe de Aríete Segundo o P-NB-591/77, 727
  Simbologia, Unidades e Fórmulas, 727
Cálculo da Máxima e da Mínima Pressões na Saída de Bombas em Instalação com
  Válvula de Retenção, Quando Ocorre Interrupção de Energia Elétrica. Verificação
  de Ocorrência do Fenômeno de Separação da Coluna, 735
Bibliografia, 738

33 Ensaio de Bombas, 740

Aplicabilidade do P-MB-778, 741
Laboratórios de Ensaios, 741
Constituição Essencial de um Laboratório de Ensaio de Bombas, 741
Medições a Realizar, 742
  Medida de Nível, 743
  Medições de Pressão, 745
  Medição da Descarga, 749
  Medição com Vertedor, 750
    Orifícios, 752
    Medidores Venturi, 753
    Rotâmetros (Fluxometros de Área Variável), 754
    Tubo de Pitot, 754
    Molinetes Hidrométricos, 756

Outros Recursos para Medição da Descarga, 756
Medição do Número de Rotações, 757
Medição da Potência Consumida pela Bomba, 757
Valores Referidos a um Dado Número de Rotações, 760
Exemplos de Determinação da Altura Útil de Elevação, 761
Bibliografia, 764

34 Unidades e Conversões de Unidades, 766

Unidades Básicas do Sistema Internacional de Unidades — SI. Segundo a Resolução
— CONMETRO 01/82, 766
Prefixos no Sistema Internacional (Os mais Usuais), 766
Unidades Derivadas, no Sistema Internacional, 766
Unidades Fora do SI (Admitidas Temporariamente), 767
Conversões de Unidades, 767
  Lineares, 767
  Superfície, 768
  Volume, 768
  Unidades de Energia-Trabalho-Quantidade de Calor, 768
  Unidade de Peso, 768
  Unidades de Descarga, 769
  Unidades de Pressão, 769
  Unidades de Calor, 769
  Tabela de Fatores de Conversão (Conforme o Manual da ARMCO), 770
  Equivalências Importantes, 773

Índice Alfabético, 774

Bombas
e Instalações
de Bombeamento

1

Noções Fundamentais de Hidrodinâmica. Aplicações

Recordaremos inicialmente algumas noções e considerações da Hidrodinâmica, úteis à compreensão do estudo das bombas e suas instalações.

LÍQUIDO PERFEITO

No estudo das bombas e das instalações de bombeamento, considera-se, quase sempre, pelo menos num estudo preliminar, o líquido como um *líquido perfeito*, isto é, um fluido ideal, incompressível, perfeitamente móvel, entre cujas moléculas não se verificam forças tangenciais de atrito, isto é, que não possui *viscosidade*. Não havendo forças resistentes de atrito interno, as forças exteriores a que o líquido é submetido são equilibradas apenas pelas forças de inércia. Admite-se também que o líquido possua *isotropia* perfeita, isto é, que as suas propriedades características ocorram do mesmo modo, independentemente da direção segundo a qual foram consideradas.

ESCOAMENTO PERMANENTE

O líquido escoa em *regime permanente* ou com *movimento permanente* quando, para qualquer ponto fixo do espaço tomado no seu interior, as grandezas características das partículas que por ele passam (peso específico, temperatura) e suas condições de escoamento (velocidade, aceleração e pressão) são constantes no tempo.

Resulta desse conceito que as grandezas citadas dependerão exclusivamente da posição ocupada, no instante considerado, pelo elemento líquido, ou mais rigorosamente, do ponto do espaço com o qual se confunde, no citado instante, o centro de gravidade do elemento.

Exemplos

Escoamento da água num canal de paredes lisas e de seção e declividade constantes; escoamento em tubulações sob altura de queda constante, como ocorre nos reservatórios de nível constante dos laboratórios de Hidráulica.

Quando o que acima foi dito não ocorre, o regime é chamado *não-permanente*.

Exemplo

Esvaziamento de um reservatório pelo fundo, portanto com pressão variável em um ponto qualquer da tubulação a ele ligada.

O escoamento permanente pode processar-se em:

Regime uniforme

Quando as velocidades são iguais em todos os pontos de uma mesma trajetória. As trajetórias serão retilíneas e paralelas. O regime uniforme não obriga que as velocidades sejam constantes transversalmente, isto é, que sejam iguais para todas as trajetórias. Alguns autores, entretanto, consideram o escoamento uniforme também como caracterizado pela igualdade das velocidades em cada seção.

Na Fig. 1.2, apesar de as velocidades não serem iguais para todos os pontos de cada seção, o regime é uniforme.

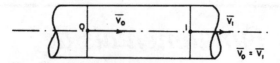

Fig. 1.1 Trajetória de uma partícula líquida em regime uniforme.

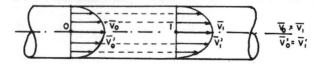

Fig. 1.2 Escoamento em regime permanente e uniforme.

Regime não-uniforme

Também chamado *regime variado*, é aquele em que as velocidades variam em cada seção transversal ao longo do escoamento. Pode ser acelerado ou retardado.

Na Fig. 1.3 temos a velocidade variando de V_0 no ponto 0, a V_1 no ponto 1, ao longo da mesma trajetória.

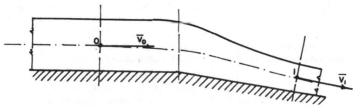

Fig. 1.3 Escoamento variado, acelerado.

ESCOAMENTO IRROTACIONAL OU NÃO-TURBILHONAR

Já vimos que no líquido perfeito não há forças de atrito interiores, isto é, tensões cisalhantes e, portanto, conjugados, de modo que não há movimento de rotação das partículas em torno de seus próprios centros de massa. Esse escoamento de translação *ideal* é chamado *irrotacional* e pode ser representado por uma rede fluida constituída por trajetórias e linhas normais às trajetórias, chamadas *linhas de nível ou eqüipotenciais*. Por isso é chamado também de *escoamento com potencial de velocidades* ou simplesmente *escoamento potencial*.

TRAJETÓRIA. LINHA DE CORRENTE. FILETE LÍQUIDO

O lugar geométrico das posições sucessivas ocupadas, no escoamento, por uma partícula líquida é denominado *trajetória líquida*. Quando o escoamento é permanente, a trajetória, como vimos, é imutável, o que significa serem iguais as trajetórias de todas as partículas que passam sucessivamente num mesmo ponto *a* qualquer do espaço onde escoa o líquido. De fato, todas as partículas que chegam em *a* com a mesma velocidade têm a mesma direção e estão obrigadas a passar pelo mesmo ponto b infinitamente próximo de a e assim, sucessivamente, vão percorrendo a mesma trajetória (Fig. 1.4).

No escoamento permanente não há possibilidade do encontro de duas trajetórias, pois isto obrigaria a que o ponto de interseção tivesse duas velocidades, isto é, que a posição do espaço fosse ocupada simultaneamente por duas partículas, o que é impossível. Já no escoamento não-permanente, muitas são as trajetórias que passam por um mesmo ponto qualquer do espaço em instantes sucessivos, porque as partículas aí chegam a cada instante com velocidades diferentes em direção e intensidade.

Se considerarmos, nesta modalidade de escoamento, os vetores representativos das velocidades de todas as partículas num dado instante, teremos um campo vetorial de configuração instantânea perfeitamente definida, que nos permitirá traçar um feixe de linhas que, em cada ponto, seja tangente ao vetor velocidade nesse ponto. Essas linhas, traçadas sem a consideração do que se passou antes e do que ocorrerá depois do instante considerado, não indicam necessariamente trajetórias, mas apenas a *configuração do campo vetorial das velocidades*, e se denominam *linhas de corrente*, conforme Prandtl.

No escoamento permanente, as linhas de corrente são imutáveis e se confundem com as trajetórias das partículas líquidas, o mesmo acontecendo no movimento retilíneo embora não-permanente.

No estudo que iremos empreender, consideraremos o escoamento permanente, salvo referência em contrário.

Seja o canal representado na Fig. 1.4. Um elemento líquido que penetra em 1 e sai em 1' tem, no ponto a, uma velocidade V de módulo v. Existirão tantas trajetórias quantos forem os elementos líquidos na seção S_1. Na prática representa-se um número suficiente de trajetórias para dar uma idéia da corrente.

As linhas de corrente não se poderão intercruzar, pois haveria uma contradição com o que dissemos anteriormente ao defini-las.

Imaginemos todas as linhas de corrente que partem da periferia da área extremamente pequena ΔS_1. Elas irão constituir um canalículo no interior do canal considerado, e que é denominado *filete líquido* ou filamento líquido.

Podemos então definir o *filete* como sendo um canal líquido de seções transversais suficientemente pequenas para que, em todos os pontos de uma dada seção transversal, possamos considerar como sendo as mesmas as condições de escoamento (velocidade, pressão etc.).

Veia líquida ou *tubo de corrente* ou *corrente líquida* é um filete de seção finita apreciável, enfeixando um conjunto de filetes. Há autores que designam a linha de corrente por filete e o filete tal como definido acima, por veia líquida.

É importante observar que tanto o filete quanto a veia se caracterizam também pelo fato de que, através do seu contorno, o líquido não pode entrar nem sair, pela impossibilidade de haver cruzamento de trajetórias. Nestas condições, o peso de líquido que atravessa cada seção, tal como I, II, III, IV da Fig. 1.4, permanece constante.

Não há, em essência, diferença entre um filete e uma veia líquida; na representação gráfica, a veia sugere, porém, o aspecto de um canal de maiores dimensões.

No projeto dos rotores das bombas helicoidais, veremos mais adiante que as seções transversais de escoamento sendo grandes em relação aos comprimentos das linhas de corrente não é possível, sem grande erro, considerar o dispositivo de escoamento como um filete ou uma veia. Para estudá-los, divide-se o dispositivo em veias de igual descarga (rotores

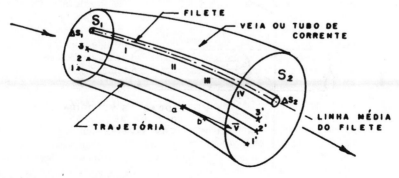

Fig. 1.4 Trajetória, filete e veia líquida.

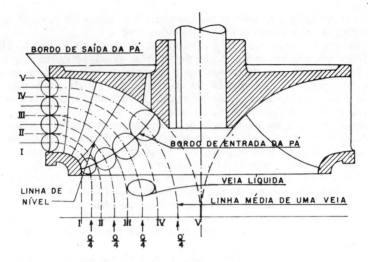

Fig. 1.5 Divisão de um rotor em quatro rotores elementares.

elementares), separadas por linhas chamadas *linhas meridianas,* e a cada veia corresponde uma linha que passa pelos centros de gravidade de todas as seções, chamada *linha média.*

Completa-se a representação da corrente traçando-se linhas normais às linhas meridianas chamadas *linhas de nível,* que são linhas eqüipotenciais de velocidade e que, no traçado das pás, também são linhas de igual componente meridiana da velocidade, como oportunamente será possível explicar.

Observação

No Cap. 30, sobre *Perdas de carga,* recordaremos as noções de escoamento laminar e escoamento turbulento.

TEORIAS SOBRE O ESCOAMENTO DOS LÍQUIDOS

O estudo do escoamento dos fluidos pode ser realizado por um dos seguintes métodos clássicos:

a. Método de *Euler*. Considera-se um ponto fixo do espaço e se exprimem, a cada instante, as grandezas características da partícula que passa por esse ponto. É o que adotaremos no estudo das bombas.

b. Método de *Lagrange*. Acompanha-se a partícula ao longo de sua trajetória e se representam por equações a velocidade e demais características da partícula no instante considerado sobre sua trajetória. É empregado na Mecânica dos Fluidos e num grau mais adiantado das turbomáquinas de fluidos compressíveis.

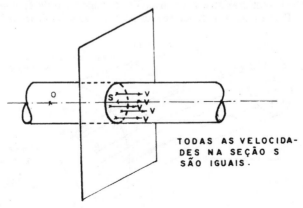

Fig. 1.6 Exemplo de escoamento unidimensional.

NOÇÕES FUNDAMENTAIS DE HIDRODINÂMICA. APLICAÇÕES

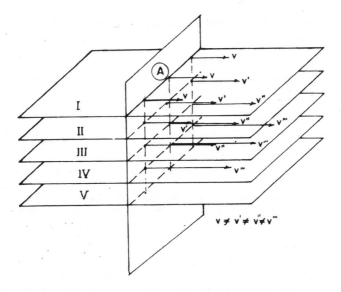

Fig. 1.7 Escoamento bidimensional.

As turbomáquinas hidráulicas têm sido estudadas por métodos diversos, baseados em hipóteses sobre os fenômenos que acompanham o escoamento dos líquidos.

Um estudo, como o que aqui faremos, supõe que as grandezas que caracterizam o escoamento variam ao longo da trajetória de um elemento, mas que essas grandezas são as mesmas para pontos de um plano ou superfície de nível (superfície eqüipotencial) normal à trajetória. É o que sucede no escoamento permanente não-uniforme. Como as características do escoamento ficam determinadas por uma só coordenada, que é a que se refere à posição do elemento, dizemos que a corrente é unidimensional, e a teoria que assim a considera é a *Teoria unidimensional do escoamento;* tal é a teoria dos filetes de Zeuner e Euler assim denominada por Cayere em 1925. O estudo do escoamento em regime turbu-

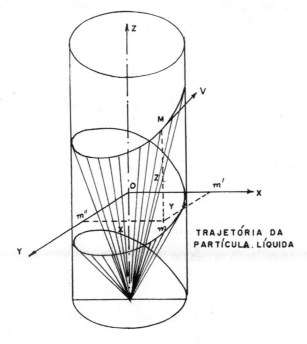

Fig. 1.8 Escoamento tridimensional.

lento em encanamentos e rotores de bombas centrífugas puras é realizado geralmente segundo as hipóteses mencionadas.

Pode acontecer que as grandezas do escoamento não sejam todas iguais em um plano ou superfície normal às trajetórias. Admite-se que exista uma interação entre as camadas líquidas vizinhas. Uma partícula em escoamento é então caracterizada por duas coordenadas: sua posição na trajetória a partir de uma origem convencionada e sua situação na linha de nível normal aos filetes. Por isso, o escoamento é dito a duas dimensões, e essa teoria aplicável ao projeto de máquinas hidráulicas tais como turbinas Francis e bombas hélico-centrífugas chama-se *teoria bidimensional*. Esta formulação requer que, além da posição da partícula na trajetória, seja dada a forma da trajetória. Na Fig. 1.7, vemos que as velocidades V dos pontos de interseção da camada de partículas I, como o plano A, são diferentes das velocidades V', V'', V''' etc. das interseções dos planos II, III, IV etc. com o mesmo plano A.

Finalmente, o escoamento tal como se verifica nas turbomáquinas, considerando-se a viscosidade e o efeito da espessura das pás, bem como o que se verifica nos tubos de aspiração das bombas helicoidais e axiais e dos tubos de sucção das turbinas Francis na região próxima dos rotores, conduz a uma representação tridimensional da corrente, pois, no vórtice forçado que se estabelece, a partícula descreve uma trajetória de dupla curvatura, que supõe um equacionamento referido aos três eixos cartesianos. Na hélice de vórtice forçado (vórtice forçado + escoamento axial), que se verifica no tubo das bombas axiais, as características de uma partícula M devem ser referidas aos três eixos ortogonais, marcados a partir de uma origem arbitrária 0 no eixo dos Z (Fig. 1.8).

EQUAÇÃO DE CONTINUIDADE. DESCARGAS

Se estendermos o que acabamos de ver para o canal ou veia líquida representado na Fig. 1.9, diremos que o peso de líquido que, num dado tempo dt, atravessa a seção S_1 é o mesmo que, durante esse tempo, atravessa a seção S_2, porque, sendo o líquido incompressível, não pode haver concentração ou diluição do conjunto das moléculas e nem há acréscimo ou subtração de matéria à corrente (o sistema é *conservativo*).

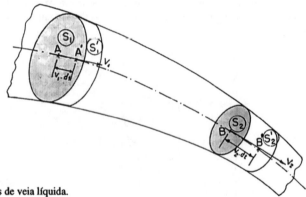

Fig. 1.9 Elementos de veia líquida.

Chamemos de

γ — o peso específico do líquido (constante);
V_1 — a velocidade média na seção A;
V_2 — a velocidade média na seção B.

Temos

$$dP' = \gamma . S_1 . V_1 . dt = \gamma . S_2 . V_2 . dt$$

sendo dP' o peso líquido escoado através de cada seção. Como dt é o mesmo nos dois termos e as seções podem ser quaisquer, desde que normais à direção da velocidade, podemos escrever

$$P = \gamma . S . V = \text{constante} \qquad (1.1)$$

que é a chamada *equação de continuidade*.

P é o peso escoado na unidade de tempo que, por sua vez, é igual à massa escoada na unidade de tempo, μ, multiplicada pela aceleração g da gravidade, o que permite escrever:

$$\mu = \frac{\gamma}{g} . S . V = \text{constante} \qquad (1.2)$$

e

$$Q = S . V = \text{constante} \qquad (1.3)$$

sendo Q o volume escoado na unidade de tempo através qualquer seção normal do canal.

Dá-se a

P o nome de *descarga em peso* ou *fluxo em peso* (grandeza empregada no escoamento de gases e vapores);

μ o nome de descarga em massa (grandeza empregada no estudo das turbomáquinas);

e a

Q o nome de descarga em volume, ou simplesmente *descarga, fluxo, vazão* ou *débito* (grandeza empregada no escoamento de líquidos).

Unidades de descarga:
m³ · s⁻¹; l/s; m³/h; galão/min; pé cúbico por segundo (cfs) · 1 cfs = 7,48 galões = 28,32 l · s⁻¹.

FORÇAS EXERCIDAS POR UM LÍQUIDO EM ESCOAMENTO PERMANENTE

Consideremos a veia líquida limitada por paredes de material qualquer ou pelo próprio líquido em movimento, uma vez que, não se podendo interpenetrar, as trajetórias que envolvem a veia se constituem em uma parede.

Nesta veia (Fig. 1.10), imaginemos que as seções inicial $a_0 b_0$ e final $a_1 b_1$ sejam planas e inclinadas em relação à linha média, e determinemos a resultante do sistema de forças

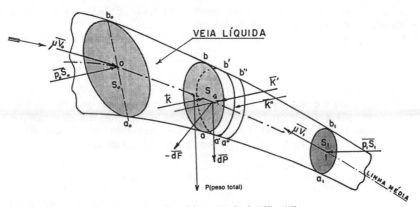

Fig. 1.10 Forças a que o líquido se acha submetido escoando de "0" a "1".

8 BOMBAS E INSTALAÇÕES DE BOMBEAMENTO

que o líquido, escoando da seção inicial à final, exerce sobre as paredes da veia.

Esta veia tem uma linha média cuja forma pode ser variada, embora, na Fig. 1.10, seja plana.

Sendo o escoamento contínuo (sem saltos) e conservativo, o plano $a_0 b_0$ desloca-se de modo tal que o seu centro de gravidade percorre a linha média da veia com a mesma velocidade do líquido e, no fim do deslocamento, vem a coincidir com $a_1 b_1$.

No instante t, o plano da seção se encontra em ab e, após o tempo dt, na posição $a'b'$.

Podemos admitir que todo o líquido contido na veia está dividido em trechos elementares de volumes iguais ao que se acha entre ab e $a'b'$, como indicado na Fig. 1.10. Cada um desses elementos da veia exerce sobre a superfície lateral, no trecho por ele ocupado, um sistema de forças cuja resultante chamaremos de dF.

Assim sendo, o elemento líquido considerado estará submetido às seguintes forças:

dP — peso próprio, força vertical, aplicada no centro de gravidade do elemento e dirigida de cima para baixo;

k — força normal à face ab, aplicada no seu centro de gravidade produzida pela pressão aí reinante e dirigida de fora para dentro, como indicado na Fig. 1.10;

k' — força da mesma natureza de k, porém localizada na seção $a'b'$;

$-dF$ — é a força exercida sobre o líquido pelas paredes laterais. É igual e contrária a dF.

Escrevamos a expressão que traduz ser a soma geométrica dessas forças igual ao produto da massa $(dm = \mu \cdot dt)$ do elemento (ou seja, a que atravessou a seção ab no tempo dt) pela sua aceleração (equação de d'Alembert). Temos a equação de *equilíbrio*

$$\overline{dP} + \overline{k} + \overline{k'} - \overline{dF} = \overline{\mu \cdot dt \cdot \frac{dV}{dt}}$$

donde

$$\overline{dF} = \overline{dP} + \overline{k} + \overline{k'} - \overline{\mu dt \frac{dV}{dt}} \tag{1.4}$$

Como cada elemento fornece uma força elementar dF, o conjunto das ações do líquido sobre as paredes laterais do canal finito considerado será, evidentemente, a soma geométrica de todas as forças dF, isto é,

$$\overline{F} = \Sigma \overline{dP} + \Sigma \overline{k} + \Sigma \overline{k'} - \overline{\Sigma \mu dt \cdot \frac{dV}{dt}} \tag{1.5}$$

Vamos transformar esse sistema em outro equivalente, constituído de apenas cinco forças finitas, o que o torna adequado às aplicações práticas.

O primeiro sistema parcial representa o peso total do líquido contido no canal considerado, ou seja,

$$\Sigma \overline{dP} = \overline{P} \tag{1.6}$$

Notemos que a cada força k' de um trecho da veia corresponde uma outra força k, do trecho seguinte, que é igual e oposta àquela. Assim, o conjunto dos sistemas $\Sigma \overline{k} = \Sigma \overline{k'}$ se reduz às duas forças que atuam sobre as faces extremas da veia. Chamando de S_0 e S_1 as áreas dessas seções e de p_0 e p_1 as unitárias aí reinantes, tem-se

$$\Sigma \overline{k} + \Sigma \overline{k'} = \overline{p_0 \cdot S_0} + \overline{p_1 \cdot S_1} \tag{1.7}$$

Finalmente, consideremos o sistema de forças de inércia. O tempo dt, da parcela μdt, é exatamente o mesmo em que ocorreu a variação dV da velocidade, e podemos eliminá-lo da expressão. Sendo μ (massa escoada na unidade de tempo) uma constante, estamos habilitados a escrever

$$\Sigma \mu \cdot dt \cdot \frac{dV}{dt} = \mu \cdot \sum_{v_0}^{v_1} \overline{dV} \qquad (1.8)$$

Ora, a variação vetorial total sofrida pela velocidade, desde a seção de entrada no canal até a seção de saída, é a soma geométrica das variações parciais dV, e cada uma destas vem a ser a diferença vetorial das velocidades na saída e na entrada de cada trecho elementar. Se construirmos um "polígono funicular" com os vetores velocidades em cada uma das seções parciais e determinarmos o vetor de fechamento, como indicado na Fig. 1.11, verificaremos que esse vetor é igual a

$$\sum_{v_0}^{v_1} \overline{dV} = \overline{\Delta V} = \overline{V_1} - \overline{V_0}$$

e portanto

$$\mu \sum_{v_0}^{v_1} dV = - \overline{\mu \cdot V_1} + \overline{\mu V_0} \qquad (1.9)$$

Chamando de v_0 e v_1 as intensidades dos vetores velocidade V_0 e V_1, e atendendo aos valores da Eqs. (1.6), (1.7) e (1.9), podemos escrever finalmente

$$\boxed{\bar{F} = \bar{P} + \overline{p_0 \cdot S_0} + \overline{p_1 \cdot S_1} + \overline{\mu v_0} - \overline{\mu v_1}} \qquad (1.10)$$

Assim, o sistema de forças que um líquido em escoamento permanente exerce sobre as paredes de uma veia ou de um dispositivo, no interior do qual escoa, é equivalente ao sistema constituído pelas seguintes *cinco forças finitas:*
1.ª *Peso P* do líquido contido na veia considerada, força vertical, atuando de cima para baixo e aplicada no centro de gravidade da massa líquida.
2.ª *Força de pressão* $p_0 \cdot S_0$, normal à seção de entrada, aplicada no seu centro de

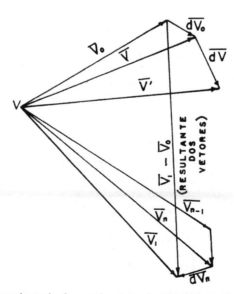

Fig. 1.11 Determinação da resultante das forças sobre as paredes laterais de um dispositivo.

gravidade e dirigida de fora para dentro, sendo p_0 a pressão unitária e S_0 a área da seção.

3.ª *Força de pressão* $p_1 \cdot S_1$, análoga à precedente, mas aplicada na seção de saída e também dirigida de fora para dentro.

4.ª *Força* $\mu \cdot v_0$, resultante da velocidade, produto desta pela massa escoada na unidade de tempo, aplicada no centro de gravidade da seção de entrada, tangenciando a linha média, e dirigida de fora para dentro, isto é, com a direção e o sentido da velocidade.

5.ª *Força* μv_1, análoga à anterior, aplicada na seção de saída e de *sentido contrário ao da velocidade*. É a chamada *força de reação*.

Observação

As forças μv_0 e μv_1 são as mesmas estudadas em Mecânica, no teorema do impulso ou da quantidade de movimento: "Impulso gerado = Variação da quantidade de movimento".

$$\int_{t_0}^{t_1} \overline{F} \cdot dt = mv_0 - mv_1$$

$$\overline{F} = \frac{m}{dt} \cdot \overline{v}_0 - \frac{m}{dt} \cdot \overline{v}_1 = \overline{\mu \cdot v_0} - \overline{\mu v_1}$$

A força de reação é a responsável pelo funcionamento das chamadas máquinas de reação, tanto hidrodinâmicas quanto a gás, e pela propulsão dos foguetes; e suas aplicações no campo da Hidrodinâmica e da Aerodinâmica são muito importantes. As cinco forças obtidas são as que produzem o conjugado motor que faz mover as máquinas motrizes hidráulicas.

Nas "rodas-d'água de cima", há preponderância da parcela *P*, enquanto nas "de lado", nas "de baixo" e nas turbinas hidráulicas, são as forças resultantes da velocidade que respondem, quase que exclusivamente, pelo seu funcionamento. Nas máquinas geratrizes hidráulicas (bombas), a movimentação das paredes dos canais, por meios mecânicos, transmite ao líquido forças do tipo $p \cdot S$ (caso das bombas de êmbolo) e também do tipo $\mu \cdot v$, como ocorre nas bombas centrífugas. Veremos, no estudo específico das principais máquinas hidráulicas, como a utilização da ação dessas forças se realiza. Entretanto podemos desde já fazer algumas considerações.

Suponhamos o trecho de canal curvo representado na Fig. 1.12, no qual o líquido entra em "0" e sai em "1" e onde consideraremos apenas as forças do tipo μv. No caso mais simples, em que a linha média é uma curva plana, podemos compor essas forças pela regra do paralelogramo e achar a resultante *F*, que, como mostra a Fig. 1.12, irá aplicar-se sobre a parede externa do dispositivo e dará um momento $F \cdot e$, que *tenderá a fazer* o dispositivo girar no sentido indicado. A força *F* será tanto maior quanto menor o ângulo β, ou seja, quanto mais acentuado for o desvio sofrido pela corrente, mais forte será o esforço exercido sobre a parede do canal. Se supusermos agora um certo número

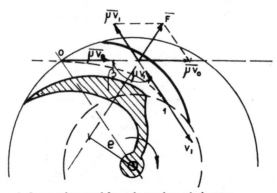

Fig. 1.12 Líquido exercendo forças sobre canal formado por duas pás de rotor.

NOÇÕES FUNDAMENTAIS DE HIDRODINÂMICA. APLICAÇÕES

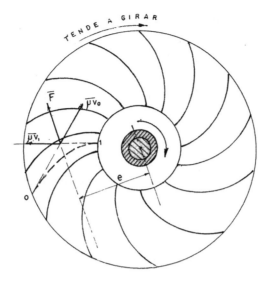

Fig. 1.13 Rotor parado e líquido entrando em "0" e saindo em "1". Força resultante F.

de canais como representado na Fig. 1.13, ligados uns aos outros e podendo girar em torno de um eixo, teremos construído um rotor de turbina. O momento resultante das forças F *tenderá a fazer girar* esse órgão, denominado *rotor*.

Quando o rotor estiver girando, a trajetória da partícula não será a representada na Fig. 1.13, pois ela resultará da composição do movimento da partícula em relação à parede do canal e do movimento de rotação deste em torno do eixo (Cap. 4).

Se o líquido estiver parado e o canal girar por uma ação mecânica, as paredes exercerão sobre o líquido forças iguais e contrárias àquelas que o líquido exerceria sobre as paredes se o canal estivesse fixo. A ação dessas forças acelerará o líquido, alterando sua trajetória e, portanto, comunicando-lhe energia. Tal será, numa explicação simplificada, o modo de atuar dos rotores das turbobombas que estudaremos.

Aplicação às tubulações fixas

É importante determinar-se a ação das forças estudadas sobre os encanamentos, especialmente nas mudanças de direção e de seção de escoamento e nas derivações, a fim de serem tomadas providências para o emprego de recursos capazes de absorver esses esforços, de modo a garantir a estabilidade das tubulações e dos equipamentos.

Após as noções que serão estudadas a seguir, faremos alguns exercícios de aplicação e estudaremos os "blocos de ancoragem" que se destinam a equilibrar a resultante das referidas forças, assegurando estabilidade ao encanamento.

ENERGIA CEDIDA POR UM LÍQUIDO EM ESCOAMENTO PERMANENTE

Consideremos uma veia líquida em escoamento permanente vencendo certas resistências que podem ser passivas (atritos, turbilhonamentos etc.), ou outras, como as oferecidas pelo rotor de uma máquina motriz (turbina).

Tomemos desta veia (Fig. 1.14) um elemento limitado pelas faces planas ab e $a'b'$ que formam com o plano normal à linha média um ângulo α, e chamemos de

γ — o peso específico do líquido;
p — a pressão unitária reinante na face ab;
$p + dp$ — a pressão unitária na face $a'b'$;
h — a cota do centro de gravidade G do elemento, contada a partir de um plano tomado como referência;
S — a área da seção ab que podemos admitir como igual à da seção $a'b'$;
g — a aceleração da gravidade.

12 BOMBAS E INSTALAÇÕES DE BOMBEAMENTO

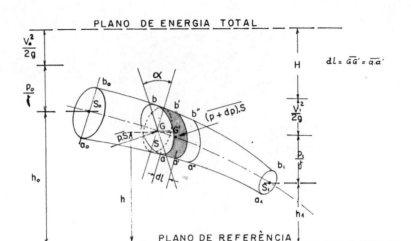

Fig. 1.14 Energia H cedida pelo líquido em escoamento na veia.

O elemento líquido acha-se submetido às seguintes forças:
  1.ª O peso próprio, igual ao produto do volume pelo peso específico γ

$$dP = (S \cdot dl \cdot \cos \alpha) \cdot \gamma$$

  2.ª A força de pressão na face ab, dada por

$$p \cdot S \text{ normal a } ab$$

  3.ª A força de pressão na face $a'b'$, de sentido oposto à anterior e de valor

$$(p + dp)S$$

sendo dp a variação de pressão da face ab à face $a'b'$.
  4.ª A resultante das forças exercidas pelas paredes do canal sobre o elemento líquido e as demais resistências que o líquido deve vencer durante o escoamento, cedendo energia, e cujo valor desejamos determinar.

Como as forças $p \cdot S$ e $(p + dp)S$ têm sentidos opostos e praticamente o mesmo suporte (o erro que se comete é um elementar de ordem inferior), sua resultante será $S \cdot dp$ atuando no sentido oposto ao do movimento.

O problema que estamos abordando consiste em determinar a energia cedida pelo líquido para vencer as resistências que se opõem ao seu escoamento.

No tempo dt, o centro de gravidade G se desloca de um comprimento $GG' = dl$, e as forças efetuam os seguintes trabalhos:

a. O deslocamento do peso próprio, no sentido dessa força, foi dh, projeção de dl sobre a vertical. Como o trabalho é fornecido pelo líquido, será considerado como negativo, segundo a convenção também adotada no estudo da Termodinâmica, e sua expressão será

$$-\gamma \cdot S \cdot dl \cdot \cos \alpha \cdot dh$$

b. O trabalho da força de pressão se obtém multiplicando o seu valor pela projeção $dl \cdot \cos \alpha$ do deslocamento sobre a direção da mesma, ou seja

$$-S \cdot dp \cdot dl \cdot \cos \alpha$$

c. Para vencer as forças que se opõem ao escoamento, o líquido realiza um trabalho cedendo energia, que chamaremos de

$$-d^2T$$

NOÇÕES FUNDAMENTAIS DE HIDRODINÂMICA. APLICAÇÕES 13

No caso particular do trabalho exterior ser fornecido ao líquido, como ocorre no interior das bombas, teríamos que considerá-lo com o sinal positivo, porque haveria um ganho e não uma perda de energia por parte do líquido.

O Princípio da Conservação da Energia permite escrever que a soma algébrica dos trabalhos realizados durante o deslocamento dl é igual à variação elementar da energia cinética experimentada pelo elemento líquido.

Temos assim

$$-\gamma . S . dl. \cos \alpha . dh - S . dp. dl . \cos \alpha - d^2T = dm . v . dv \qquad (1.11)$$

sendo dm a massa do elemento líquido, cujo valor é o produto do seu volume pela massa da unidade de volume (massa específica), ou ainda, o quociente do peso dP pela aceleração g da gravidade. O volume escoado na unidade, ou seja, a descarga, pode ser expresso por

$$Q = v . S . \cos \alpha$$

sendo

$$v = \frac{dl}{dt}$$

Mas

$$dm = S . dl . \cos \alpha . \frac{\gamma}{g}$$

e portanto

$$S . dl . \cos \alpha = Q . dt$$

que, substituído em (1.11), permite escrever

$$d^2T = -\gamma . Q . dt \left(dh + \frac{dp}{\gamma} + \frac{v . dv}{g} \right) \qquad (1.12)$$

que é a expressão diferencial do *trabalho efetuado pelo elemento líquido no tempo dt* ou da *energia por ele cedida*.

O trabalho fornecido por todo o líquido, durante o mesmo tempo dt, é obtido pela integração da equação acima, considerando como constante o tempo dt, e vem a ser, usando o índice 0 para as grandezas da seção inicial e o índice 1 para as da seção final,

$$dT = \gamma . Q . dt \left[\left(h_0 + \frac{p_0}{\gamma} + \frac{v_0^2}{2g} \right) - \left(h_1 + \frac{p_1}{\gamma} + \frac{v_1^2}{2g} \right) \right] \qquad (1.13)$$

O trabalho efetuado num tempo finito t será então

$$T = \gamma . Q . t \left[\left(h_0 + \frac{p_0}{\gamma} + \frac{v_0^2}{2g} \right) - \left(h_1 + \frac{p_1}{\gamma} + \frac{v_1^2}{2g} \right) \right] = P' . H$$

$$(1.14)$$

onde

$$P' = P . t = \gamma . Q . t$$

é o peso do líquido escoado no tempo t, e H representa a grandeza entre colchetes, diferença entre dois trinômios cujas parcelas têm um significado próprio e de grande importância.

14   BOMBAS E INSTALAÇÕES DE BOMBEAMENTO

$$H = h_0 + \frac{p_0}{\gamma} + \frac{v_0{}^2}{2g} - \left(h_1 + \frac{p_1}{\gamma} + \frac{v_1{}^2}{2g}\right)$$

Consideremos os termos da Eq. 1.14 sem os índices.

a) *P'h Energia de Posição*

O termo $P'h$ representa o trabalho que o peso P' do líquido, situado a uma cota h, acima do plano de referência, pode realizar, se abandonado à ação da gravidade. A essa capacidade de realizar trabalho que o peso possui denomina-se *energia de posição, energia potencial de altitude,* ou *energia topográfica total.*

Se P' estiver a uma cota $-h$ e, portanto, abaixo do plano de referência, é necessário despender uma energia $P'h$ para elevá-lo ao plano.

Quando P' for igual à unidade, a energia de posição, em kgm, será expressa pelo mesmo número que mede, em metros, a cota acima do plano de referência, e, por isso, h é chamado de *altura representativa da posição* ou *energia potencial específica.*

b) $$P' \cdot \frac{p}{\gamma} \qquad Energia \ de \ pressão$$

O termo $P' \cdot \dfrac{p}{\gamma}$ representa o trabalho que o peso P', de líquido de peso específico γ, pode realizar quando submetido à pressão p. A essa capacidade denomina-se *energia potencial de pressão*. Então, um elemento de líquido, de peso específico γ, quando submetido à pressão p, pode elevar-se, no vácuo, a uma cota $\dfrac{p}{\gamma}$ sob a ação dessa pressão. O termo $\dfrac{p}{\gamma}$, que é homogêneo a um comprimento, é denominado *altura representativa de pressão, altura de pressão estática, energia específica de pressão, cota piezométrica* ou *piezocarga*.

Ele representa a altura de uma coluna líquida, de peso específico γ, suposta em repouso, e que exerce sobre sua base uma pressão unitária p, não estando sua extremidade superior submetida a pressão alguma.

É comum, porém, nos casos correntes, vir a ter-se uma coluna líquida de altura h em contato com a atmosfera, como acontece na maioria das tubulações de recalque nas instalações de bombas, e desejar-se saber a pressão na base da coluna. Chamando de p a pressão na base e p_b a pressão atmosférica ou barométrica, podemos escrever:

$$p = \gamma \cdot h + p_b$$

A altura representativa da pressão será neste caso

$$\frac{p}{\gamma} = h + \frac{p_b}{\gamma}$$

$$\frac{p}{\gamma} = \frac{[M \cdot LT^{-2}]}{[L^2]} \div \frac{[MLT^{-2}]}{[L^3]} = [L]$$

O segundo termo do 2.º membro $\dfrac{p_b}{\gamma}$ é a *altura representativa da pressão atmosférica,* que passaremos a designar por H_b. É também chamada de *"altura barométrica"*.

Donde

$$\frac{p}{\gamma} = h + H_b$$

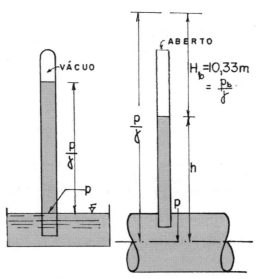

Fig. 1.15 Medida da pressão atmosférica em metros de coluna líquida.

c) *Energia cinética*

O termo $P' \cdot \dfrac{v^2}{2g}$ representa o trabalho que o peso P' de líquido, dotado de velocidade inicial v, é capaz de realizar, elevando-se no vácuo a uma altura igual a $\dfrac{v^2}{2g}$ acima do plano de referência.

A essa capacidade denomina-se *energia cinética* ou *energia de velocidade*.

O termo $\dfrac{v^2}{2g}$ homogêneo de um comprimento, é denominado *altura representativa da velocidade, altura de pressão dinâmica, energia atual* ou *taquicarga*. Ele representa também a altura a que se elevaria, no vácuo, um corpo pesado que fosse lançado verticalmente com velocidade inicial v.

$$\frac{v^2}{2g} = \frac{[LT^{-1}]^2}{[LT^{-2}]} = [L]$$

QUEDA HIDRÁULICA. ALTURA DE ELEVAÇÃO

Da expressão (1.14), tiramos

$$\frac{T}{P'} = H = \left(h_0 + \frac{p_0}{\gamma} + \frac{v_0^2}{2g}\right) - \left(h_1 + \frac{p_1}{\gamma} + \frac{v_1^2}{2g}\right) \quad (1.15)$$

em que o 1.º membro representa o trabalho realizado ou a energia cedida pela unidade de peso do líquido escoado ao longo do canal ou do dispositivo considerado.

A grandeza convencionalmente designada por H é denominada *queda hidráulica* ou *energia específica* sempre que o líquido realiza o trabalho ou cede energia, e *altura de elevação* quando o líquido ganha energia ou sobre ele se executa um trabalho, como ocorre nas máquinas hidráulicas geratrizes (bombas).

A grandeza H representa, em kgm, a energia cedida ou recebida por *1 kgf do líquido* ao atravessar o canal ou dispositivo; no primeiro caso, no sentido da seção *ab* para a seção *a'b'* e, no segundo caso, em sentido contrário.

Quando o líquido cede energia, o valor do trinômio é maior na entrada do que na saída e, ao contrário, quando recebe energia, o que é evidente.

Teorema de Bernoulli

Consideremos novamente a Eq. (1.14).

Se o líquido, ao escoar, não sofrer trocas de energia com o exterior, o trabalho T será nulo e, portanto, $H = 0$; ou seja,

$$(h_0 + \frac{p_0}{\gamma} + \frac{v_0^2}{2g}) - (h_1 + \frac{p_1}{\gamma} + \frac{v_1^2}{2g}) = 0$$

Em vista de não havermos feito qualquer exigência quanto aos índices ao deduzirmos a equação, podemos escrever

$$h + \frac{p}{\gamma} + \frac{v^2}{2g} = E = \text{constante}$$

que é a equação de Daniel Bernoulli, que exprime o teorema: "Em qualquer ponto que se considere de uma veia de um líquido perfeito em escoamento permanente, sem fornecer ou receber energia ou efetuar trabalho, a soma da cota, com a altura representativa da pressão e com a altura representativa da velocidade, é constante."

Em outras palavras: "A *energia total* ou a *carga dinâmina* se conserva constante ao longo da veia." Este fato tem a representação gráfica indicada na Fig. 1.16 e pode ser considerado como um caso particular do princípio de conservação da energia.

Embora não se verifique na prática o cumprimento das exigências para a aplicação do teorema de Bernoulli, pode-se, contudo, em cálculos preliminares ou numa primeira aproximação, adotá-lo até mesmo para correntes gradualmente variadas.

Assim, por exemplo, suponhamos um reservatório do qual a água segue por uma tubulação e imaginemos que as dimensões desse reservatório sejam de tal ordem que os pontos da superfície da água em contato com a atmosfera tenham velocidades tão pequenas que possam ser desprezadas (Fig. 1.17).

Se quisermos achar a energia total de 1 kgf de água no ponto 1 onde teríamos dificuldade

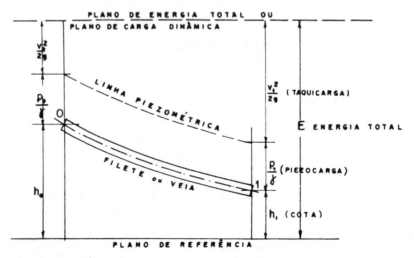

Fig. 1.16 Filete, linha piezométrica e plano de carga dinâmico.

NOÇÕES FUNDAMENTAIS DE HIDRODINÂMICA. APLICAÇÕES

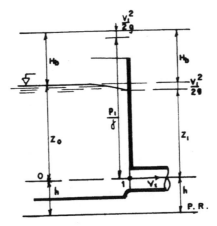

Fig. 1.17 Balanço energético à saída de um reservatório.

de medir p_1 e v_1, basta aplicar o trinômio de Bernoulli no ponto 0, bem afastado de 1, e admitir que a água ao escoar de 0 para 1 não efetuou trabalho, o que é razoável e aceitável dentro da precisão de problemas desta natureza. Temos

$$E = h + Z_0 + H_b = h + \frac{p_1}{\gamma} + \frac{v_1^2}{2g} = h + Z_1 + \frac{v_1^2}{2g} + H_b$$

(1.17)

Observação quanto ao termo $\dfrac{v^2}{2g}$

Temos considerado a velocidade média em cada seção da veia. A velocidade porém, devido à viscosidade, varia na seção, e deve-se introduzir no termo $\dfrac{v^2}{2g}$ um fator de correção α dito de "Coriollis", de modo que teremos para a equação de Bernoulli

$$h_0 + \frac{p_0}{\gamma} + \alpha_0 \frac{v_0^2}{2g} = h_1 + \frac{p_1}{\gamma} + \alpha_1 \frac{v_1^2}{2g} = E = \text{constante}$$

onde v_0 e v_1 são as velocidades médias nas seções 0 e 1.

O valor de α varia de 1 a 2; será 1 quando a velocidade for uma só para todos os pontos da seção, e igual a 2 quando variar parabolicamente de zero, junto às paredes, a um valor máximo no eixo da veia.

Na maioria das aplicações práticas, nas quais o termo $\dfrac{v^2}{2g}$ é reduzido quando comparado com os demais, o escoamento é turbulento, e a velocidade tem uma distribuição que permite sem erro sensível adotar $\alpha = 1$, e a equação se reduz à forma convencional. Segundo Kárman, para tubos de seção circular, $\alpha = 1,0449$.

PERDA DE CARGA

A grandeza H, quando representa energia cedida pelo líquido em escoamento devido ao atrito interno, atrito contra as paredes e perturbações no escoamento, chama-se *perda de carga* ou *energia perdida*, e se representa por J. Essa energia por unidade de peso de líquido, em última análise, se dissipa sob a forma de calor. Na Fig. 1.18 vemos represen-

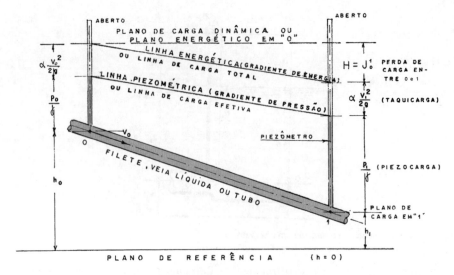

Fig. 1.18 Balanço energético entre 0 e 1 em uma veia líquida em escoamento.

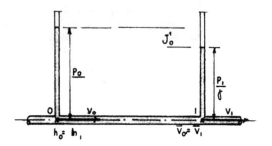

Fig. 1.19 Perda de carga entre "0" e "1".

tadas a veia líquida, as linhas piezométrica, energética, as parcelas da energia nas seções 0 e 1, e a perda de carga H entre as referidas seções, que também representaremos por J_0^1.

A determinação da perda de carga J pode ser realizada medindo-se o desnível piezométrico entre os pontos nos quais se deseja conhecer a perda.

$$J_0^1 = \frac{p_0 - p_1}{\gamma}$$

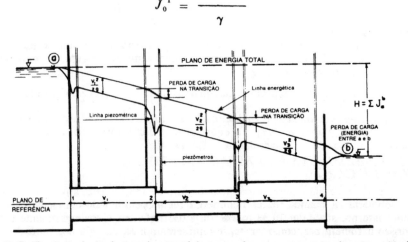

Fig. 1.20 Gráfico de variação da energia entre dois pontos de um encanamento de ação variável.

NOÇÕES FUNDAMENTAIS DE HIDRODINÂMICA. APLICAÇÕES   19

A Fig. 1.20 indica como variam a linha energética e a linha piezométrica numa tubulação ligando dois reservatórios e possuindo três trechos com diferentes diâmetros.

UNIDADES DE PRESSÃO

As unidades de pressão usuais são as seguintes:

$1 \text{ kgf} \cdot \text{cm}^{-2} = 10^4 \text{ kgf} \cdot \text{m}^{-2} = 1$ atmosfera técnica (at) $= 735,6$ torr $= 100$ kPa
$= 10$ m.c.a. (metros de coluna de água)
$= 32,85$ pés de coluna de água
$= 14,22$ psi (lb/in²)
$= 0,9678$ atm $= 9,81 \text{ N} \cdot \text{cm}^{-2}$

1 atmosfera normal (atm) $= 10,332$ m.c.a. $= H_b$
$= 760$ mm de Hg (mercúrio) $= 14,696$ psi $= 29,22$ in Hg
$= 1,013$ milibar
$= 1,033 \text{ kgf} \cdot \text{cm}^{-2} = 101,325 \text{ kN} \cdot \text{m}^{-2}$

Atmosfera local ou pressão barométrica local é a atmosfera normal referida ao local.

1 Pascal $= 1\text{N} \cdot \text{m}^{-2} = 10^{-6}$ bar

1kPa (quilopascal) $= 0,1$ m.c.a., 1 m.c.a. $= 10$ kPa

1 lb/pol.² $= 1$ psi $= 0,7$ m.c.a. $= 7 \times 10^{-2} \text{ kgf} \cdot \text{cm}^{-2} = 2,31$ pés c.a.
$= 144 \text{ lb/pé}^2 = 6.895 \text{ N} \cdot \text{m}^{-2} = 6.895$ Pa
$= 51,71$ mm de Hg
$= 0,068$ atm

1 torr (Torricelli) $= 1$ mm de Hg $= 0,001359 \text{ kgf cm}^{-2} = 0,01934$ psi

1 bar $= \text{kgf} \cdot \text{cm}^{-2} \times 0,98 = \text{psi} \times 0,689 = 10^5 \text{ N} \cdot \text{m}^{-2} = 10^5 \text{ kg} \cdot \text{m}^{-1} \cdot \text{s}^{-2} = 14,504$ psi $= 10^5 \text{ N} \cdot \text{m}^{-2}$

1 m.c.a. $= 1.000$ mm.c.a. $= 1.000 \text{ kgf} \cdot \text{m}^{-2} = 0,10 \text{ kgf} \cdot \text{cm}^{-2} = 1,422$ psi

PSIA = Pressão absoluta em libras por polegada quadrada

PSIG = Pressão manométrica ou relativa em libras por polegada quadrada

$$h_{(\text{m.c. líquida})} = \frac{p\left(\text{kgf} \cdot \text{m}^{-2}\right)}{\gamma\left(\text{kgf} \cdot \text{m}^{-3}\right)}$$

1 lb/pé² $= 1$ lb/ft² $= 1$ psfoot $= 47,88 \text{ N} \cdot \text{m}^{-2} = 47,88$ Pa $= 0,4788$ mb

1 in Hg $= 25,4$ mmHg $= 3.386 \text{ N} \cdot \text{m}^{-2}$

1 in H₂O $= 249,1 \text{ N} \cdot \text{m}^{-2}$

$$\text{Pés de coluna líq.} = \text{psi} \cdot \frac{144}{w}$$

sendo

w = peso específico em lb/pé cúbico

ou

$$\text{Pés de coluna líq.} = \text{psi} \cdot \frac{2,31}{s}$$

s = densidade do líquido referido à água.

PRESSÃO ABSOLUTA E PRESSÃO RELATIVA

A superfície de um líquido a uma temperatura de 15°C, sujeita à pressão atmosférica, se diz submetida a *1 atmosfera*. Se consideramos a pressão atmosférica ao nível médio do mar, essa pressão é de 10,33 m.c.a. ou 1,033 kgf · cm⁻², e normalmente se chama de pressão barométrica e, como vimos, se representa por H_b.

Se considerarmos a chamada *atmosfera técnica*, a pressão será de 10 m.c.a., correspon-

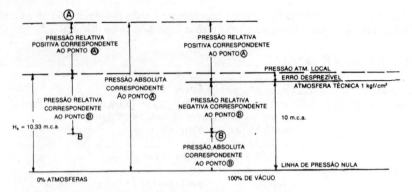

Fig. 1.21 Determinação da pressão absoluta para pressão maior e menor que a atmosférica.

dente a 1 kgf · cm⁻², sendo pois muito pequena a diferença entre as duas.

A ausência total de pressão representa o *vácuo absoluto*. Pressões inferiores à atmosférica são *vácuos parciais, rarefações* ou *depressões*.

Pressão relativa positiva é a diferença entre a pressão no ponto considerado e a pressão atmosférica (ver Fig. 1.21).

$$\left(\frac{p}{\gamma}\right)_{pos.} = \left(\frac{p}{\gamma}\right)_{abs.} - H_b$$

É medida com *os manômetros*, e por isso é denominada *pressão manométrica*.

Pressão relativa negativa é a diferença entre a pressão atmosférica e a pressão no ponto considerado. É chamado *vácuo relativo*.

$$\left(\frac{p}{\gamma}\right)_{neg.} = H_b - \left(\frac{p}{\gamma}\right)_{abs.}$$

É medida com os *vacuômetros*.

Pressão absoluta positiva é a soma da pressão relativa positiva lida no manômetro com a pressão atmosférica.

$$\left(\frac{p}{\gamma}\right)_{abs.} = \left(\frac{p}{\gamma}\right)_{pos.} + H_b$$

Pressão absoluta negativa é a diferença entre a pressão atmosférica e a pressão no ponto considerado.

$$\left(\frac{p}{\gamma}\right)_{abs.} = H_b - \left(\frac{p}{\gamma}\right)_{neg.}$$

Para obter seu valor, tem-se de subtrair do valor da pressão atmosférica o valor da leitura obtida com o vacuômetro.

INFLUÊNCIA DO PESO ESPECÍFICO

Na Fig. 1.22 representamos quatro colunas de líquidos diversos, produzindo todas uma pressão de 10 kgf · cm⁻², acusada nos manômetros. As alturas de coluna líquida correspondentes aos vários líquidos variam com o peso específico.

A instalação de bomba que acusasse no início do recalque $p = 10$ kgf · cm⁻² no manômetro indicaria que o líquido chegaria a alturas diferentes, conforme seu peso específico (Fig. 1.22).

NOÇÕES FUNDAMENTAIS DE HIDRODINÂMICA. APLICAÇÕES 21

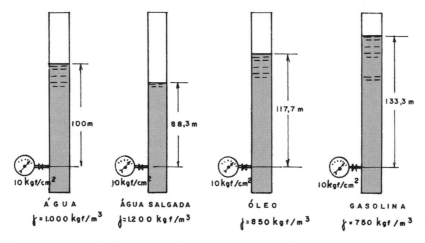

Fig. 1.22 Alturas de colunas líquidas correspondendo a vários pesos específicos.

Specific weight e specific gravity

Specific weight (W), ou *peso específico* (γ) de um líquido, é o peso da unidade de volume desse líquido. Para a água a 20°C (68°F), é de 1 kgf/dm³, ou 62,3 lb peso por pé cúbico. Specific gravity (S), ou *densidade* (ρ) de um líquido, é a relação entre pesos ou massas de volumes iguais de dois líquidos. Adota-se a água a 20°C como líquido de referência. A densidade não tem unidade.

No sistema americano, $W = 62,3 \cdot S$, de modo que, para se passar da pressão H em lb/pol² (psi) para pés de coluna líquida de peso específico (W) ou densidade (S), tem-se:

$$H_{(pés)} = psi \frac{2,31 \times 62,3}{W} = \frac{144}{W} \quad e \quad H_{(pés)} = psi \frac{2,31}{S}$$

Exercício 1.1

Um tubo de 50,8 cm é ligado a um de 30,5 cm por meio de uma redução ("peça redutora"). Para a descarga de 0,350 m³ S^{-1} de óleo com densidade 0,850 e pressão de 50 psi, qual a força que atuará sobre a redução e que deverá ser absorvida por um bloco de ancoragem ou um apoio especial? Desprezar a perda de carga e o peso do óleo (Fig. 1.23).

Solução

1. *Pressão na entrada do redutor* é

$$p_0 = 50 \text{ psi} = 50 \times 0{,}0703 \text{ kgf} . \text{cm}^{-2} = 3{,}51 \text{ kgf} . \text{cm}^{-2}$$

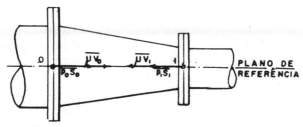

Fig. 1.23 Forças em um redutor.

22   BOMBAS E INSTALAÇÕES DE BOMBEAMENTO

2. *Velocidades*

$$V_0 = \frac{Q}{S_0} = \frac{0,350}{\dfrac{\pi \cdot 0,51^2}{4}} = 1,75 \text{ m} \cdot s^{-1}$$

$$V_1 = \frac{Q}{S_1} = \frac{0,350}{\dfrac{\pi \cdot 0,305^2}{4}} = 5,00 \text{ m} \cdot s^{-1}$$

3. *Pressões*

Apliquemos a equação da conservação da energia entre os pontos "0" e "1".

$$h_0 + \frac{p_0}{\gamma} + \frac{v_0^2}{2g} = h_1 + \frac{p_1}{\gamma} + \frac{v_1^2}{2g} + J_0^1$$

$$h_0 = h_1 = 0$$

J_0^1 = perda de carga de 0 a 1 desprezível = 0
Mas γ = peso específico = 850 kgf $\cdot$ m^{-3} = 0,850 $\times$ 10³ kgf $\cdot$ m^{-3}
Como 1 m² = 10⁴ cm², teremos

$$\frac{p_0}{\gamma} = \frac{3,5 \times 10^4 \ [\text{kgf} \cdot \text{m}^{-2}]}{10^3 \ [\text{kgf} \cdot \text{m}^{-3}]} \times \frac{1}{0,85} = 41,17 \text{ metros de coluna de óleo}$$

Logo

$$\frac{p_1}{\gamma} = \frac{p_0}{\gamma} + \frac{V_0^2}{2g} - \frac{V_1^2}{2g}$$

$$\frac{p_1}{\gamma} = 41,17 + \frac{1,75^2}{2 \times 9,81} - \frac{5,00^2}{2 \times 9,81} = 41,17 + 0,15 - 1,27 = 40,05 \text{ m.c.o.}$$

Logo

$$p_1 = \frac{40,05 \times 0,85 \times 10^3 \ [\text{kgf} \cdot \text{m}^{-3}]}{10^4} = 3,40 \text{ kgf} \cdot \text{cm}^{-2}$$

4. *Forças devidas às pressões*

$$p_0 S_0 = 3,50 \times \left(\frac{\pi \times 50,8^2}{4} \right) = 7.090 \text{ kgf para a direita}$$

$$p_1 S_1 = 3,40 \times \left(\frac{\pi \times 30,5^2}{4} \right) = 2.483 \text{ kgf para a esquerda}$$

5. *Forças devidas às velocidades*

$$\mu = \frac{\gamma \cdot Q}{g} = \frac{850 \times 0{,}350}{9{,}81} = 30{,}3 \text{ UTM} \cdot s^{-1} \text{ (Unidades Técnicas de Massa por segundo)}$$

Logo

$$\mu v_0 = 30{,}3 \times 1{,}75 = 53{,}0 \text{ kgf dirigido para a direita}$$

$$\mu v_1 = 30{,}3 \times 5{,}00 = 151{,}5 \text{ kgf dirigido para a esquerda}$$

6. Finalmente, a *resultante geral* das forças (desprezando o peso do óleo) será

$$\bar{F} = \overline{p_0 S_0} + \overline{p_1 S_1} + \overline{\mu v_0} - \overline{\mu v_1}$$

$$= 7.090 - 2.483 + 53{,}0 - 151{,}5$$

$\bar{F} = 4508{,}5$ kgf para a direita, sobre as paredes do redutor. Para resistir a esse esforço sobre o redutor, é necessário prever um bloco de ancoragem ou peça de apoio ou, ainda, chapa para distribuição dos esforços se o redutor estiver junto a um reservatório.

Exercício 1.2

Uma tubulação de recalque de bombeamento tem 50,8 cm de diâmetro (20″) e uma curva de 90°. O líquido bombeado é óleo de densidade 0,850, e a descarga é de 0,203 $m^3 \cdot s^{-1}$. A perda de carga na curva é de 0,6 metro de coluna de óleo. A pressão na entrada 1 é de 30 lb/pol.^{2} (30 × 0,07 = 2,1 kgf/cm^2). Desprezando o peso de óleo, determinar a força resultante exercida pelo óleo sobre a curva (Fig. 1.24).

Solução

Obtém-se a resultante $\bar{F}$ pela soma geométrica das forças devidas às pressões e velocidades em 1 e 2.

$$\bar{F} = \overline{p_1 \cdot S_1} + \overline{p_2 S_2} + \overline{\mu V_1} - \overline{\mu V_2}$$

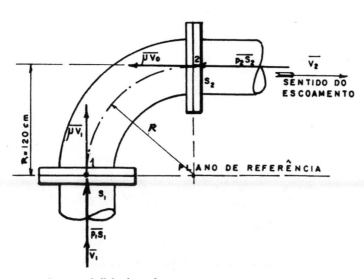

Fig. 1.24 Forças no trecho curvo da linha de recalque.

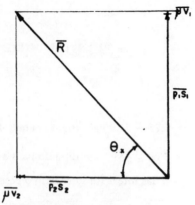

Fig. 1.25 Resultante das forças exercidas pelo líquido na curva.

Área da seção de escoamento

$$S_1 = S_2 = \frac{\pi d^2}{4} = \frac{3,14 \times 50,8^2}{4} = 2.026 \text{ cm}^2$$

Forças devidas às pressões

$$p_1 S_1 = 2,1 \times 2.026 = 4.255 \text{ kgf}.$$

Chamando de J_1^2 a perda de carga de 1 a 2 e escrevendo a equação da conservação da energia, temos

$$h_2 + \frac{p_2}{\gamma} + \frac{v_2^2}{2g} = h_1 + \frac{p_1}{\gamma} + \frac{v_1^2}{2g} - J_1^2$$

Mas $v_1 = v_2$ (seção constante)
$h_1 = 0$ (o plano de referência passa por 1)

$$h_2 + \frac{p_2}{\gamma} = \frac{p_1}{\gamma} - J_1^2 \qquad \begin{array}{l} \delta = 0,85 \text{ densidade} \\ \gamma = 850 \text{ kgf/m}^3 \text{ (peso específico)} \end{array}$$

$$\frac{p_2}{\gamma} = \frac{p_1}{\gamma} - J_1^2 - h_2$$

Mas

$$J_1^2 = 0,60 \text{ m.c.a.}$$

$$\frac{p_1}{\gamma} = \frac{(2,1 \times 10^4)}{10^3} \times \frac{1}{0,85} = 24,7 \text{ m . c. o.}$$

$$h_2 = 1,20 \text{ m}$$

$$\frac{p_2}{\gamma} = 24,7 - 0,60 - 1,20 = 22,90 \text{ m. c. o.}$$

$$p_2 = \frac{22{,}90 \times 0{,}85 \times 10^3}{10^4} = 1{,}94 \text{ kgf} . \text{cm}^{-2}$$

$$p_2 . S_2 = 1{,}94 \times \frac{\pi d_2{}^2}{4} = 1{,}94 \times \frac{3{,}14 \times 50{,}8^2}{4} = 3.930 \text{ kgf}$$

$$v_1 = v_2 = \frac{Q}{S} = \frac{0{,}203}{\dfrac{\pi d^2}{4}} = \frac{0{,}203}{\dfrac{3{,}14 \times \overline{0{,}508^2}}{4}} = 1{,}01 \text{ m} . s^{-1}$$

$$\mu v_1 = 850 \ (\text{kgf} . \text{m}^{-3}) \times \frac{0{,}203 \ (\text{m}^3 . s^{-1})}{9{,}81 \ (\text{m} . s^{-2})} \times 1{,}01 \ (\text{m} . s^{-1}) = 17{,}6 \text{ kgf}$$

$\mu v_2 = \mu v_1 = 17{,}6 \text{ kgf}$
$p_1 s_1 + \mu v_1 = 4.255 + 17{,}6 = 4272{,}6$
$p_2 s_2 + \mu v_2 = 3.930 + 17{,}6 = 3947{,}6$
$R = \sqrt{4272{,}6^2 + 3947{,}6^2} = \sqrt{18.255.110 + 15.583.545} = \sqrt{33.838.655}$
$R = 5.817 \text{ kgf}$

$$\text{tg}\Theta_x = \frac{4272{,}6}{3947{,}6} = 1{,}08 \qquad \Theta_x = 47^0 16'$$

Exercício 1.3

Uma curva de redução de 30°, de 1,00 m para 0,80 m, conduz água com descarga de 1,180 $\text{m}^3 \cdot s^{-1}$ sob a pressão $p_0 = 2{,}2 \text{ kgf} \cdot \text{cm}^{-2}$.

Desprezar o peso da água na curva e a perda de carga e determinar a força exercida pela água sobre a curva.

Considerar, portanto, apenas as forças devidas à pressão e à velocidade (Fig. 1.26).

Solução
1. *Áreas das seções de escoamento*

$$S_0 = \frac{\pi . d_0{}^2}{4} = \frac{\pi \times 1{,}00^2}{4} = 0{,}785 \text{ m}^2 \qquad S_1 = \frac{\pi \times 0{,}80^2}{4} = 0{,}502 \text{ m}^2$$

2. *Velocidades*

$$v_0 = \frac{Q}{S_0} = \frac{1{,}180}{\dfrac{\pi \times 1{,}00^2}{4}} = 1{,}50 \text{ m} . s^{-1}$$

$$v_1 = \frac{Q}{S_1} = \frac{1{,}180}{\dfrac{\pi \times 0{,}80^2}{4}} = 2{,}34 \text{ m} . s^{-1}$$

26 BOMBAS E INSTALAÇÕES DE BOMBEAMENTO

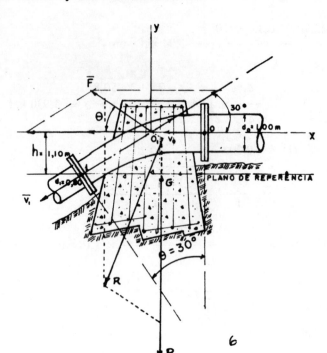

Fig. 1.26 Forças a considerar no projeto de um bloco de ancoragem.

3. *Pressões*

Apliquemos a equação da conservação da energia entre os pontos 0 e 1, desprezando as perdas

$$h_0 + \frac{p_0}{\gamma} + \frac{v_0^2}{2g} = h_1 + \frac{p_1}{\gamma} + \frac{v_1^2}{2g}$$

$$1,10 + \left(\frac{2,2 \times 10^4}{10^3}\right) + \left(\frac{1,50^2}{2 \times 9,81}\right) = 0 + \frac{p_1}{\gamma} + \frac{2,34^2}{2 \times 9,81}$$

$$\frac{p_1}{\gamma} = 22,93 \text{ m.c. água}$$

$$p_1 = 22,93 \times 10^3 \text{ kgf . m}^{-2} = 22.930 \text{ kgf . m}^{-2}$$

ou

$$p_1 = \frac{22.930}{10^4} = 2,29 \text{ kgf . cm}^{-2}$$

4. *Forças devidas às pressões*

$$P_0 = p_0 . S_0 = (2,2 \times 10^4) \text{ kgf . m}^{-2} \times 0,785 = 17.270 \text{ kgf}$$

$$P_1 = p_1 . S_1 = (2,29 \times 10^4) \text{ kgf . m}^{-2} \times 0,502 = 11.496 \text{ kgf}$$

Projetemos $p_1 S_1$ sobre os eixos dos x e dos y.

$$P_{1x} = 11.496 \times \cos 30º = 11.496 \times 0,866 = 9.956 \text{ kgf}$$

$$P_{1y} = 11.496 \times \sin 30º = 11.496 \times 0,500 = 5.748 \text{ kgf}$$

5. *Forças devidas às velocidades*

$$\mu V_0 = \gamma \frac{Q}{g} \cdot V_0 = \frac{1.000 \times 1,180}{9,81} \times 1,50 = 180 \text{ kgf}$$

$$\mu V_1 = \frac{\gamma \cdot Q}{g} \cdot V_1 = \frac{1.000 \times 1,180}{9,81} \times 2,36 = 284 \text{ kgf}$$

Projetemos sobre os eixos dos x e dos y.

$$\mu V_1 \cdot \cos 30º = 281 \times 0,866 = 243 \text{ kgf}$$
$$\mu V_1 \cdot \sin 30º = 284 \times 0,500 = 140 \text{ kgf}$$

Somemos as componentes segundo os dois eixos.

$$P_0 + \mu V_0 - P_1 \cdot \cos 30º - \mu V_1 \cdot \cos 30º = 17.270 + 180 - 9.956 - 243 = 7.251 \text{ kgf}$$

Sobre o eixo dos y.

$$P_{1y} + \mu V_1 \sin 30º = 5.748 + 140 = 5.888 \text{ kgf}$$

A resultante será

$$F = \sqrt{7.251^2 + 5.888^2} = \sqrt{52.577.001 + 34.568.544} = \sqrt{87.145.545} = 9.335 \text{ kgf}$$

Direção da resultante

$$\text{tg } \theta_x = \frac{5.890}{7.251} = 0,81 \quad \text{Logo, } \theta = 39º 05'$$

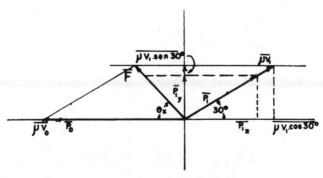

Fig. 1.27 Determinação da resultante das forças sobre o bloco de ancoragem.

Vemos que a resultante F tende a fazer o tubo deslocar-se na encosta. Para mantê-lo estável, recorre-se ao "bloco de ancoragem" ou "ancoragem", cujo peso próprio P, composto com a resultante F, deverá dar uma resultante geral R, passando pelo terço central da base do bloco (Fig. 1.25). Para poder aproveitar o peso do concreto abaixo do tubo, é necessário armar o bloco com tirantes de vergalhão ou perfilados de aço, uma vez que o concreto não deverá ser submetido a esforços de tração, os quais ficarão a cargo da armação.

Faremos, após o Exercício 1.4, algumas considerações a respeito dos blocos de ancoragem, como aplicação do estudo das forças desenvolvidas nos encanamentos, dada sua grande importância nas adutoras, tubulações de elevatórias, oleodutos, *penstocks* (tubulações de carga de usinas hidrelétricas), tubulações industriais etc.

Exercício 1.4

Uma tubulação de aço de 0,90 m de diâmetro interno tem uma bifurcação no ponto "0" onde a pressão é de 2 kgf · cm^{-2} e conduz água. O ramo da bifurcação tem 0,75 m de diâmetro interno e forma um ângulo de 45° com a tubulação. A tubulação é horizontal. Desprezar a perda de carga e calcular, nas várias hipóteses, a resultante a que o bloco de ancoragem onde se colocará a bifurcação deverá atender. A descarga é de 1,69 m^3 · s^{-1}.

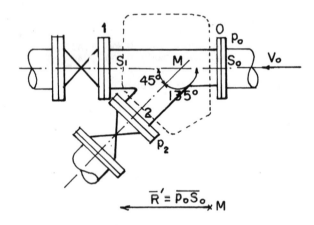

Fig. 1.28 1.ª hipótese: válvulas 1 e 2 fechadas.

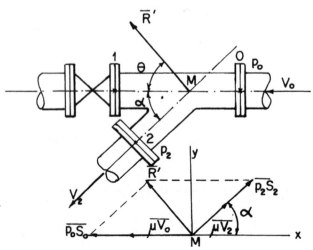

Fig. 1.29 2.ª hipótese: válvula 1 fechada e 2 aberta.

1.ª hipótese
   Válvulas 1 e 2 fechadas (Fig. 1.28).

$$R' = p_0 \cdot S_0$$

$$R' = 2 \times \left(\frac{\pi \times 0,90^2}{4}\right) \times 10.000 = 12.717 \text{ kgf}$$

Somando R' com o peso P líquido na peça, teremos $R = \sqrt{R'^2 + P^2}$

2.ª hipótese
   Válvula 1 fechada (Fig. 1.29).

$$S_0 = \frac{\pi . d_0^2}{4} = 3,14 \times \frac{0,90^2}{4} = 0,6358 \text{ m}^2 = 6358 \text{ cm}^2$$

$p_0 S_0 = 2 \times 6.358 = 12.717$ kgf

$$V_0 = \frac{Q}{\frac{\pi d_0^2}{4}} = \frac{1,69}{\frac{\pi \times 0,90^2}{4}} = \frac{1,69}{0,6358} \simeq 2,65 \text{ m} \cdot s^{-1}$$

$$\mu V_0 = \frac{\gamma Q}{g} \cdot V_0 = \frac{1.000 \times 1,69}{9,81} \times 2,65 = 456 \text{ kgf}$$

$$p_2 \cdot S_2 = 2 \times \left(\frac{\pi \cdot 0,75^2}{4}\right) \times 10.000 = 8.831 \text{ kgf}$$

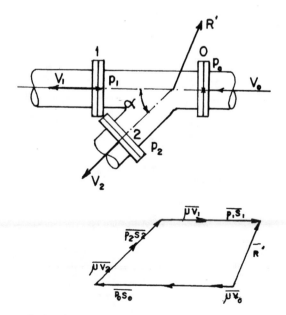

Fig. 1.30 3.ª hipótese: válvulas abertas.

$$v_2 = \frac{Q}{\pi \cdot \dfrac{d_2^2}{4}} = \frac{1{,}69}{\pi \cdot \dfrac{0{,}75^2}{4}} = 3{,}6 \text{ m} \cdot s^{-1}$$

$$\mu v_2 = \frac{1.000 \times 1{,}69}{9{,}81} \times 3{,}6 = 622 \text{ kgf}$$

Somando as componentes segundo os dois eixos

$$P_x = p_0 s_0 + \mu v_0 - p_2 S_2 \cos \alpha - \mu v_2 \cos \alpha$$
$$= 12.717 + 344 - (8.831 \times 0{,}707) - (622 \times 0{,}707) = 6.379 \text{ kgf}$$

$$P_y = p_2 \cdot S_2 \cdot \cos \alpha + \mu \cdot v_2 \cdot \cos \alpha$$
$$= (8.831 \times 0{,}707) + (622 \times 0{,}707) = 6.683 \text{ kgf}$$

$$R' = \sqrt{P_x^2 + P_y^2} = \sqrt{6.379^2 + 6.683^2} = \sqrt{85.169.443}$$

$$R' = 9.228 \text{ kgf}$$

A essa resultante se deveria somar geometricamente o peso, que, no caso, estamos desprezando.

$$\text{tg } \theta = \frac{P_y}{P_x} = \frac{6.683}{6.379} = 1{,}04$$

O ângulo que a resultante R' faz com a direção de V_0 será, portanto, $\theta = 46°10'$.
3.ª hipótese
   Válvulas abertas (Fig. 1.30).

$$Q = Q_1 + Q_a$$

Seja $Q = 1{,}690 \text{ m}^3 \cdot s^{-1}$

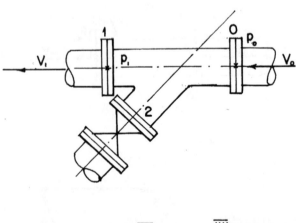

Fig. 1.31 4.ª hipótese: válvula do ramal fechada.

NOÇÕES FUNDAMENTAIS DE HIDRODINÂMICA. APLICAÇÕES 31

Admitamos que, pelo estudo hidráulico do escoamento no encanamento, se tenha chegado aos valores

$$Q_1 = 1,085 \text{ na ramificação 1}$$

e

$$Q_2 = 0,605 \text{ na ramificação 2, e como}$$

$$v_0 = 2,65 \text{ m} \cdot s^{-1}$$

e

$$S_0 = S_1 = 0,8478 \text{ m}^2$$

$$S_2 = 0,4690 \text{ m}^2$$

teremos $V_1 = V_2 = 1,28 \text{ m} \cdot s^{-1}$

Além disso, suporemos $p_0 = p_1 = p_2 = 2 \text{ kgf} \cdot cm^{-2}$

$$P_x = \mu v_0 + p_0 S_0 - \mu v_1 - p_1 S_1 - \mu V_2 \cos \alpha - p_2 S_2 \cos \alpha$$

$$= 456 + 12.717 - \left(\frac{1.000 \times 1,085}{9,81} \right) \cdot 1,28 - (2 \times 8.478) -$$

$$- \left(\frac{1.000 \times 0,605}{9,81} \right) \times 1,28 \times 0,707 - (2 \times 4.690 \times 0,707) =$$

$P_x = -10.556 \text{ kgf}$ (o sinal negativo indica sentido oposto ao do escoamento)

$$P_y = p_2 \cdot S_2 \cdot \cos \alpha + \mu \cdot V_2 \cdot \cos \alpha \qquad\qquad \alpha = 45°$$

$$= (2 \times 4.690 \times 0,707) + \left(\frac{1.000 \times 0,605}{9,81} \right) \times 1,28 \times 0,707 =$$

$$P_y = 6.687 \text{ kgf}$$

$$R' = \sqrt{P_x^2 + P_y^2} = \sqrt{10.556^2 + 6.687^2}$$

$$R' = 12.496 \text{ kgf}$$

a essa força se somaria o peso da água, a fim de obter a resultante geral.

4.ª hipótese

Válvula R_2 fechada. Passagem direta (Fig. 1.31).

A resultante R' é nula.

A única força a considerar seria, neste caso, o peso da água contida na peça.

BLOCOS DE ANCORAGEM

Costuma-se utilizar blocos de ancoragem nas mudanças de direção da tubulação e entre cada duas juntas de dilatação, bem como nas derivações. Nas tubulações enterradas, não se utilizam blocos se o terreno for bastante firme, a não ser que a tubulação seja testada com o líquido antes de ser aterrada. As ancoragens funcionam normalmente apenas por gravidade e eventualmente com tirantes fixados na rocha ou profundamente cravados no terreno.

Em geral, numa encosta, o bloco fica acima da junta de dilatação, embora, em circunstâncias especiais, esse critério não seja seguido.

No estudo do bloco de ancoragem, adotaremos as seguintes convenções:

$H = \dfrac{P}{\gamma}$ = pressão estática em qualquer ponto, incluindo o efeito do "golpe de aríete" (ver Cap. 32).

S, S' e S'', áreas internas das seções transversais dos tubos.

p = pressão em qualquer ponto (kgf · cm^{-2}).
P = peso próprio do tubo desde o bloco B até a junta de dilatação A a montante.
W = peso do líquido no tubo de peso P.
P' = peso próprio do tubo desde o bloco de ancoragem B até a junta de dilatação a jusante B.
W' = peso do líquido do tubo P'.
T = peso do tubo com líquido desde o bloco até o berço adjacente a montante.
T' = peso de tubo com líquido desde o bloco até o berço adjacente a jusante.
Q = descarga.
f = coeficiente de atrito entre tubo e berços de apoio (0,6 para tubo de aço sobre placa de aço; 0,4 para tubo sobre placa com graxa e valores muito menores para apoios sobre rolos).
f' = coeficiente de atrito na junta de dilatação = 750 kgf por metro da periferia do tubo.
v = velocidade de escoamento no trecho de seção S.
d = diâmetro interno do tubo de seção S.
P'' = peso de líquido e tubo entre pontos na metade da distância entre bloco e berço a montante.
P''' = idem do bloco ao berço a jusante.
t = espessura da chapa do tubo.
C = peso do bloco de ancoragem.

A Fig. 1.33 indica o sentido de ação das várias forças na condição de expansão do tubo, sob efeito de elevação da temperatura e de contração, em caso contrário.

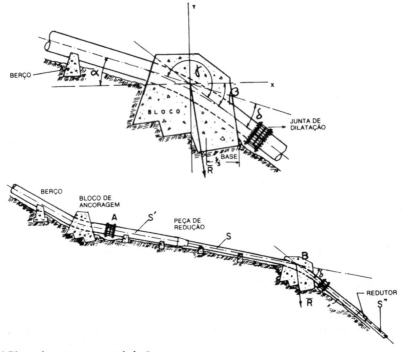

Fig. 1.32 Blocos de ancoragem em tubulação aparente.

NOÇÕES FUNDAMENTAIS DE HIDRODINÂMICA. APLICAÇÕES

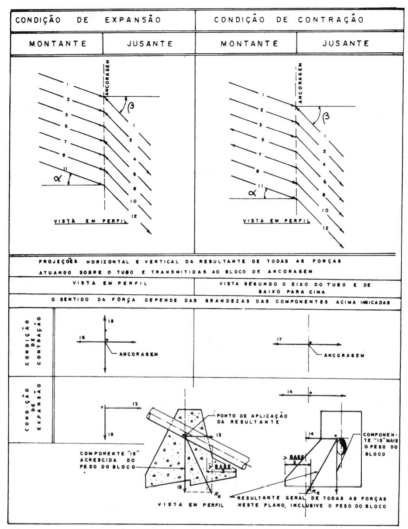

Fig. 1.33 Forças na condição de expansão do tubo sob efeito de elevação da temperatura e de contração, em caso contrário.

Forças a considerar no bloco de ancoragem, conforme representado na Fig. 1.33.
1. Forças devidas à pressão.

$$p \cdot S = \gamma \cdot S \cdot H$$

2. Forças devidas à velocidade. $\mu v = \dfrac{\gamma \cdot Q}{g} \cdot v$

3. Força devida ao peso próprio do tubo desde o bloco B até a junta A a montante, tendendo a deslocar longitudinalmente o tubo sobre os berços (componente tangencial do peso).

$$= P \cdot \operatorname{sen} \alpha$$

4. Idem, ao bloco até a junta a jusante.

$$= P' \operatorname{sen} \beta$$

34 BOMBAS E INSTALAÇÕES DE BOMBEAMENTO

5. Força de deslizamento sobre os berços de apoio, devida à dilatação ou contração do tubo acima da ancoragem pela exposição do tubo à ação direta do sol ou às condições de baixa temperatura no inverno.

$$= f . \cos \alpha \, (P + W - \frac{T}{2})$$

6. Força de deslizamento nos berços devida à dilatação ou contração abaixo da ancoragem.

$$= f . \cos \beta (P' + W' - \frac{T'}{2})$$

7. Força devida ao atrito ocorrido com o deslizamento na junta de dilatação a montante.

$$= f' . \pi \, (d + 2t)$$

8. Força devida ao atrito ocorrido com o deslizamento na junta de dilatação a jusante.

$$= f' . \pi \, (d + 2t)$$

9. Força devida à pressão hidrostática na extremidade do tubo na junta de dilatação a montante.

$$\gamma . S'H$$

10. Pressão hidrostática na extremidade do tubo na junta de dilatação a jusante.

$$S''H$$

11. Força longitudinal devida ao redutor acima do bloco.

$$\gamma . H \, (S' - S)$$

12. Força longitudinal devida ao redutor abaixo do bloco.

$$\gamma . H(S - S'')$$

13 e 16. Componente horizontal, segundo o plano da linha de centro do tubo, da resultante de todas as forças acima referidas, sobre o bloco na situação de expansão e contração, respectivamente.

14 e 17. Componente horizontal normal ao plano da linha de centro da resultante de todas as forças antes referidas sobre o bloco, na situação de expansão e contração, respectivamente.

15 e 18. Componente vertical da resultante das forças sobre o bloco na situação de expansão e contração, respectivamente.

Cálculo simplificado

Em tubulações horizontais, de diâmetro reduzido ou colocadas em valas e depois aterradas, pode-se fazer o cálculo considerando apenas as forças devidas às pressões:

No caso de uma curva de ângulo α, teremos simplesmente: (Fig. 1.34)

$$F = 2p . s . \operatorname{sen} \frac{\alpha}{2}$$

Exercício 1.5

Calcular o peso de um bloco de ancoragem para uma curva horizontal de um encanamento de 60 cm de diâmetro, conduzindo água, sendo a pressão igual a 40 m.c.a. e o ângulo $\alpha = 60°$.

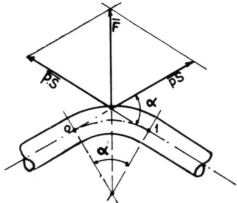

Fig. 1.34 Forças em trecho curvo de tubulação.

$$S = \frac{\pi d^2}{4} = 3{,}14 \times \frac{60^2}{4} = 2.826 \text{ cm}^2 \qquad \alpha = 60°$$

sen 60° = 0,866

$$p = \gamma \cdot H = 1 \times \frac{10^3}{10^4} \times 40 = 4 \text{ kgf} \cdot \text{cm}^{-2}$$

$$F = 2 \times 4 \times 2.826 \times \frac{0{,}866}{2} = 9.789 \text{ kgf}$$

O peso de um bloco de concreto armado, capaz de resistir sem deslizar à força F, supondo o coeficiente de atrito entre concreto e terreno arenoso e pedregoso como $f = 0{,}60$, será

$$P = \frac{F}{f} = \frac{9.789}{0{,}60} = 16.310 \text{ kgf}$$

Como o concreto armado pesa cerca de 2.400 kgf/m³, o volume de concreto será

$$V = \frac{16.310}{2.400} \simeq 6{,}8 \text{ m}^3$$

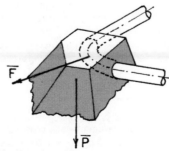

Fig. 1.35 Forças em bloco de ancoragem.

Bibliografia

ADDISON, H. *A Treatise of Applied Hydraulics.* Londres, 1958.
BERNOULLI, DANIEL. *Hydrodynamics.* Johann Bernoulli. *Hydraulics.* Dover Publications, Inc. New York, 1968.
CHERKASSKY, V.M. *Pumps, Fans, Compressors.* Mir Publishers. Moscou, 1985.
COMOLET, R. *Mécanique experimentale des fluides,* vols. I, II e III. Masson & Cie., Paris, 1964.
CORONEL, SAMUEL TRUEBA. *Hidráulica.* Companhia Editora Continental S.A., 1976.
FEGHALI, JAURÉS PAULO. *Mecânica dos fluidos 1 e 2.* Livros Técnicos e Científicos Editora S.A., 1974.
FLÔRES, JORGE OSCAR DE MELLO. *Escoamento de líquidos em condutos forçados.* Tese de Livre Docência. Curso de Mecânica dos Fluidos. Public. da Escola de Engenharia.
——. *Mecânica dos Fluidos.* Serv. de Publicações da Escola de Engenharia da UFRJ, 1956.
GILES, RANALD V. *Mecânica dos fluidos e hidráulica.* Ao Livro Técnico S.A., Rio.
GINOCCHIO, R. *Aménagements Hydroélectriques* — Eyrolles, Paris.
KING, H. W., WISLER C. D. *Hidráulica,* 1948.
LEAL, IDDIO FERREIRA. *Introdução ao Estudo das Turbinas Hidráulicas.*
LENCASTRE, ARMANDO. *Manual de Hidráulica Geral.* Edgard Blücher Ltda., 1972.
MATAIX, CLAUDIO. *Mecánica de los Flúidos y Máquinas Hidráulicas.* Harper & Row Publishers, 1970.
NEKRASOV, BORIS. *Hydraulics.* Peace Publishers, Moscou.
NETTO, JOSÉ M. DE AZEVEDO. *Manual de Hidráulica I e II.* Ed. Edgard Blücher Ltda., 1973.
PASHKOV, N.N. e DOLGACHEV, F.M. *Hidráulica y Máquinas Hidráulicas.* Editorial Mir. Moscou, 1985.
ROUSE, HUNTER. *Elementary Mechanics of Fluids.* John Wiley & Sons, New York, 1946.
VENNARD, JOHN K. e STREET, ROBERT L. *Elementos de Mecânica dos Fluidos.* Ed. Guanabara Dois, 1978.
VIEIRA, RUI CARLOS DE CAMARGO. *Mecânica dos Fluidos.* Publicação n.º 55. Universidade de São Carlos.

2

Classificação e Descrição das Bombas

CLASSIFICAÇÃO GERAL DAS MÁQUINAS HIDRÁULICAS

As máquinas hidráulicas podem ser classificadas em três grandes grupos:
— máquinas motrizes
— máquinas geratrizes ou operatrizes
— máquinas mistas

Máquinas motrizes

São as que transformam a energia hidráulica em trabalho mecânico, fornecido, geralmente, sob a forma de conjugado que determina um movimento praticamente uniforme. Pode-se dizer que, de um modo geral, se destinam a acionar outras máquinas, principalmente geradores de energia elétrica. Dois são os tipos mais importantes de máquinas motrizes hidráulicas:

Turbinas hidráulicas, nas quais o escoamento da água se dá em canais formados por pás curvas, dispostas simetricamente em torno de um eixo móvel, e que constituem o *rotor* ou *receptor.* Esse escoamento dá origem, em vista da mudança progressiva da direção dos filetes, a forças do tipo μv, que determinam conjugados de rotação. Costuma-se por isso dizer simplificadamente que, nas turbinas, a água atua por sua velocidade ou por sua energia cinética. Atualmente são empregadas as seguintes turbinas:
— Francis — de reação, radiais e helicoidais
— Propeller — de reação, axiais, de pás fixas
— Kaplan — de reação, axiais, de pás orientáveis
— Pelton — também chamadas turbinas de ação ou impulsão, de jato e tangenciais
— Dériaz — semelhante a Francis, porém com pás orientáveis, e podendo funcionar também como bomba.

Rodas hidráulicas ou rodas-d'água, nas quais a água, escoando em canais especiais ou despejada em cubas, desenvolve forças que produzem o conjugado motor. Nestas máquinas, a água atua por peso e por velocidade, havendo o predomínio de uma delas em cada tipo (rodas de cima, de lado e de baixo).

Máquinas geratrizes

São aquelas que recebem trabalho mecânico, geralmente fornecido por uma máquina motriz, e o transforma em energia hidráulica, comunicando ao líquido um acréscimo de energia sob as formas de energia potencial de pressão e cinética. Pertencem a esta categoria de máquinas todas as *bombas hidráulicas*.

Máquinas mistas

São dispositivos ou aparelhos hidráulicos que modificam o estado de energia que o líquido possui, isto é: transformam a energia hidráulica sob uma forma na outra. Pertencem a esta classe os ejetores ou edutores, os pulsômetros, os carneiros hidráulicos, as chamadas bombas de emulsão de ar etc. Estes dispositivos funcionam como transformadores hidráulicos. Alguns autores incluem, nesta classe, as *transmissões hidrostáticas* e as *transmissões hidrodinâmicas* (acoplamentos, conversores de conjugado, variadores hidrodinâmicos de velocidade).

Estudaremos as máquinas geratrizes e faremos algumas referências às máquinas mistas.

CLASSIFICAÇÃO DAS MÁQUINAS GERATRIZES OU BOMBAS

Definição

Bombas são máquinas geratrizes cuja finalidade é realizar o deslocamento de um líquido por escoamento. Sendo uma máquina geratriz, ela transforma o trabalho mecânico que recebe para seu funcionamento em energia, que é comunicada ao líquido sob as formas de energia de pressão e cinética. Alguns autores chamam-nas de *máquinas operatrizes hidráulicas*, porque realizam um trabalho útil específico ao deslocarem um líquido. O modo pelo qual é feita a transformação do trabalho em energia hidráulica e o recurso para cedê-la ao líquido aumentando sua pressão e/ou sua velocidade permitem classificar as bombas em:
— *bombas de deslocamento positivo ou volumógenas*
— *turbobombas* chamadas também *hidrodinâmicas* ou *rotodinâmicas* ou simplesmente *dinâmicas*
— *bombas especiais* (bomba com ejetor; pulsômetros; bomba de emulsão de ar)

Bombas de deslocamento positivo

Possuem uma ou mais câmaras, em cujo interior o movimento de um órgão propulsor comunica energia de pressão ao líquido, provocando o seu escoamento. Proporciona então

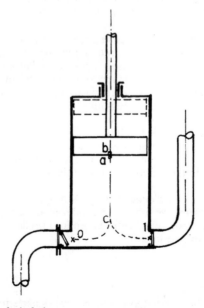

Fig. 2.1 Esquema de bomba de êmbolo.

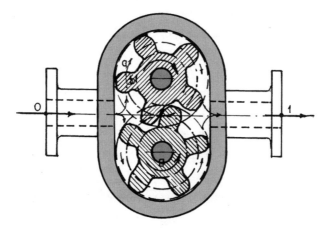

Fig. 2.2 Esquema de bomba rotativa de engrenagem.

as condições para que se realize o escoamento na tubulação de aspiração até a bomba e na tubulação de recalque até o ponto de utilização.

A característica principal desta classe de bombas é que uma partícula líquida em contato com o órgão que comunica a energia tem aproximadamente a mesma trajetória que a do ponto do órgão com o qual está em contato.

Assim, por exemplo, na bomba de êmbolo aspirante-premente, representada pela Fig. 2.1, a partícula líquida *a* tem a mesma trajetória retilínea do ponto *b* do pistão, exceto nos trechos de concordância inicial e final 0-*c* e *c*-1. Na bomba de engrenagem (Fig. 2.2), a partícula líquida *a* tem aproximadamente a mesma trajetória circular que a do ponto *b* do dente da engrenagem, exceto nos trechos de concordância na entrada e na saída do corpo da bomba.

As bombas de *deslocamento positivo* podem ser

Alternativas
- Pistão ou Êmbolo
  - Duplo efeito
    - Simplex
    - Duplex
  - Simples efeito
  - Duplo efeito
    - Simplex
    - Duplex
    - Triplex
    - Multiplex
  - Acionadas por vapor
  - Acionadas por motores de combustão interna ou elétricos
- Diafragma
  - Simplex
  - Multiplex
  - Operação por fluido ou mecanicamente

Rotativas
- Um só rotor
  - Palhetas
    - deslizantes
    - oscilantes
    - flexíveis
  - Pistão rotativo
  - Elemento flexível
  - Parafuso simples
- Rotores múltiplos
  - Engrenagens
    - exteriores
    - interiores
  - Rotor lobular
  - Pistões oscilatórios
  - Parafusos
    - duplos
    - múltiplos

Nas bombas volumógenas existe uma relação constante entre a descarga e a velocidade do órgão propulsor da bomba.

Nas *bombas alternativas*, o líquido recebe a ação das forças diretamente de um pistão ou êmbolo (pistão alongado) ou de uma membrana flexível (diafragma).

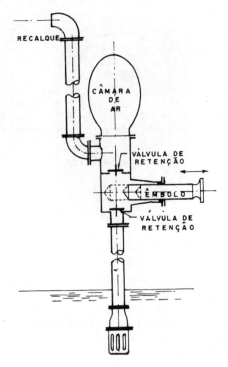

Fig. 2.3 Bomba de êmbolo de simples efeito.

Podem ser de
Simples efeito — quando apenas uma face do êmbolo atua sobre o líquido.
Duplo efeito — quando as duas faces atuam.
Chamam-se ainda
Simplex — quando existe apenas uma câmara com pistão ou êmbolo.
Duplex — quando são dois os pistões ou êmbolos.
Triplex — quando são três os pistões ou êmbolos.
Multiplex — quando são quatro ou mais pistões ou êmbolos.

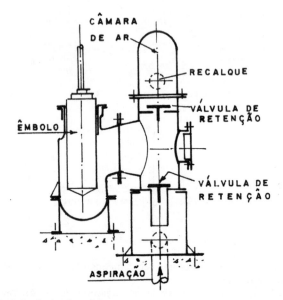

Fig. 2.4 Bomba de êmbolo de simples efeito.

CLASSIFICAÇÃO E DESCRIÇÃO DAS BOMBAS 41

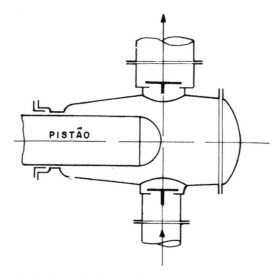

Fig. 2.5 Bomba alternativa de pistão de simples efeito.

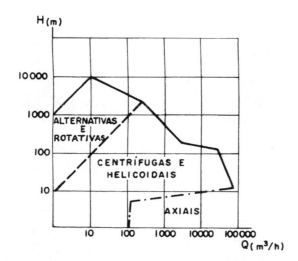

Fig. 2.5a Campo de emprego das bombas.

Podem ser acionadas pela ação do vapor *(steam pumps)* ou por meio de motores elétricos ou também por motores de combustão interna *(power pumps)*.

Nas bombas citadas, o pistão ou êmbolo pode ser de simples ou duplo efeito. As Figs. 2.3, 2.4, 2.5 e 2.6 representam croquis de várias bombas de êmbolo, que serão estudadas no Cap. 16.

Nas *bombas rotativas*, o líquido recebe a ação de forças provenientes de uma ou mais peças dotadas de movimento de rotação que, comunicando energia de pressão, provocam seu escoamento. A ação das forças se faz segundo a direção que é praticamente a do próprio movimento de escoamento do líquido. A descarga e a pressão do líquido bombeado sofrem pequenas variações quando a rotação é constante. Podem ser de um ou mais rotores.

Existe uma grande variedade de tipos de bombas rotativas, entre as quais as indicadas na Fig. 2.7.

No Cap. 17 será apresentada uma classificação mais completa com indicações sobre alguns tipos mais usados.

As bombas alternativas e rotativas são usadas para pressões elevadas e descargas relativamente pequenas, conforme se pode observar na Fig. 2.5a.

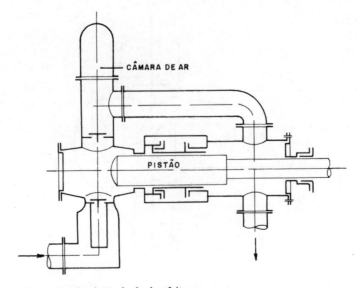

Fig. 2.6 Bomba alternativa de pistão de duplo efeito.

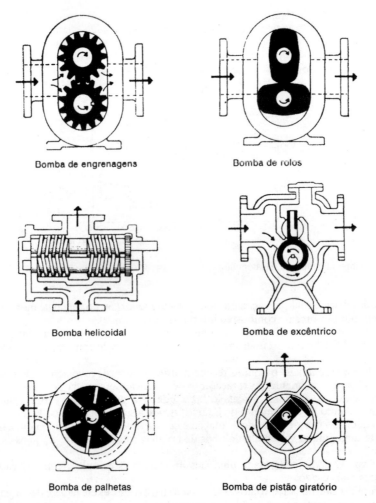

Fig. 2.7 Bombas rotativas.

Turbobombas

Órgãos essenciais

As *turbobombas*, também chamadas *bombas rotodinâmicas* e *kinetic pumps* pelo Hydraulic Institute, são caracterizadas por possuírem um órgão rotatório dotado de pás, chamado *rotor,* que exerce sobre o líquido forças que resultam da aceleração que lhe imprime. Essa aceleração, ao contrário do que se verifica nas bombas de deslocamento positivo, não possui a mesma direção e o mesmo sentido do movimento do líquido em contato com as pás. As forças geradas são as de inércia e do tipo μv, já vistas. A descarga gerada depende das características da bomba, do número de rotações e das características do sistema de encanamentos ao qual estiver ligada:

A finalidade do *rotor,* também chamado "impulsor" ou "impelidor", é comunicar à massa líquida aceleração, para que adquira energia cinética e se realize assim a transformação da energia mecânica de que está dotado. É, em essência, um disco ou uma peça de formato cônico dotada de pás. O rotor pode ser.

— *fechado* (Fig. 2.8) quando, além do disco onde se fixam as pás, existe uma coroa circular também presa às pás. Pela abertura dessa coroa, o líquido penetra no rotor. Usa-se para líquidos sem substâncias em suspensão e nas condições que veremos adiante.

— *aberto* quando não existe essa coroa circular anterior. Usa-se para líquidos contendo pastas, lamas, areia, esgotos sanitários e para outras condições que estudaremos (Fig. 2.9).

As turbobombas necessitam de um outro órgão, o *difusor,* também chamado *recuperador,* onde é feita a transformação da maior parte da elevada energia cinética com que o líquido sai do rotor, em energia de pressão. Desse modo, ao atingir a boca de saída da bomba, o líquido é capaz de escoar com velocidade razoável, equilibrando a pressão que se opõe ao seu escoamento. Esta transformação é operada de acordo com o teorema de Bernoulli, pois o difusor sendo, em geral, de seção gradativamente crescente, realiza uma contínua e progressiva diminuição da velocidade do líquido que por ele escoa, com o simultâneo aumento da pressão, de modo a que esta tenha valor elevado e a velocidade seja reduzida na ligação da bomba ao encanamento de recalque. Ainda assim, coloca-se uma peça troncônica na saída da bomba, para reduzir ainda mais a velocidade na tubulação de recalque, quando isso for necessário.

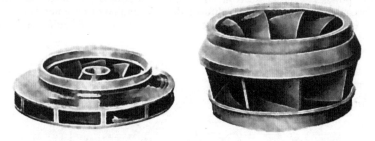

Fig. 2.8 Rotores fechados de turbobombas.

Fig. 2.9 Rotor aberto de turbobomba.

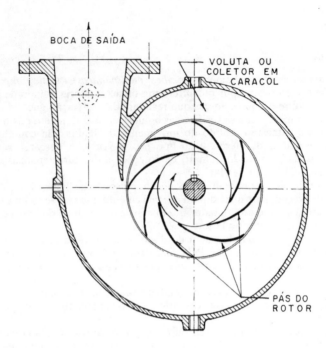

Fig. 2.10 Bomba centrífuga em caixa em caracol ou voluta.

Dependendo do tipo de turbobomba, o difusor pode ser
— de tubo reto troncônico, nas bombas axiais (Fig. 2.20).
— de caixa com forma de *caracol* ou *voluta,* nos demais tipos de bomba, chamado neste caso simplesmente de *coletor* ou *caracol.*

Entre a saída do rotor e o caracol, em certas bombas, colocam-se palhetas devidamente orientadas, as "pás guias" para que o líquido que sai do rotor seja conduzido ao coletor com velocidade, direção e sentido tais que a transformação da energia cinética em energia potencial de pressão se processe com um mínimo de perdas por atrito ou turbulências. Muitos fabricantes europeus usam o difusor de pás, enquanto os americanos, em geral, preferem o difusor-coletor em caracol, sem pás. Nas bombas de múltiplos estádios, *"as pás guias ou diretrizes"* são necessárias.

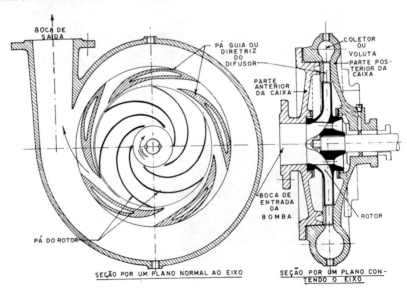

Fig. 2.11 Bomba centrífuga com pás guias, bipartida radialmente.

Fig. 2.12 Bomba centrífuga. Rotor fechado (Voith).

Classificação das turbobombas

Há várias maneiras de fazer a classificação das turbobombas. Vejamos as principais.

Classificação segundo a trajetória do líquido no rotor
a. *Bomba centrífuga pura ou radial*
O líquido penetra no rotor paralelamente ao eixo, sendo dirigido pelas pás para a periferia, segundo trajetórias contidas em planos normais ao eixo. As trajetórias são, portanto, curvas praticamente planas contidas em planos radiais.
As bombas deste tipo possuem pás cilíndricas (simples curvatura), com geratrizes paralelas ao eixo de rotação, sendo essas pás fixadas a um disco e a uma coroa circular (rotor fechado Figs. 2.12, 2.14 e 2.15) ou a um disco apenas (rotor aberto, para bombas de água suja e esgotos, Fig. 2.13, na indústria de papel e celulose e na petroquímica).
Nas bombas radiais bem projetadas, a região inicial das pás pode apresentar-se com a forma de superfície de dupla curvatura, para melhor atender à transição das trajetórias das partículas líquidas, da direção axial para a radial, sem provocar choques (mudanças bruscas no sentido do escoamento) nem turbulências excessivas (Fig. 2.15).
As bombas do tipo radial, pela sua simplicidade, se prestam à fabricação em série,

Fig. 2.13 Bomba centrífuga. Rotor aberto (Worthington).

46   BOMBAS E INSTALAÇÕES DE BOMBEAMENTO

Fig. 2.13a Bomba centrífuga construção Monobloc, com flange, da Dancor.

sendo generalizada sua construção e estendida sua utilização à grande maioria das instalações comuns de água limpa, descargas de 5 a 500 $l \cdot s^{-1}$ e até mais, e para pequenas, médias e grandes alturas de elevação.

Notemos que essas indicações são vagas e algo imprecisas, e que a escolha do tipo de rotor dependerá da noção de "velocidade específica" que será estudada no Cap. 8. Quando se trata de descargas grandes e pequenas alturas de elevação, o rendimento das bombas radiais torna-se baixo, e o seu custo se eleva em virtude das dimensões que assumem suas peças, tornando-se pouco conveniente empregá-las.

As bombas centrífugas são usadas no bombeamento de água limpa, água do mar, condensados, óleos, lixívias, para pressões de até 16 kgf $\cdot$ cm^{-2} e temperaturas de até 140°C.

Existem bombas centrífugas também de voluta, para a indústria química e petroquímica, refinarias, indústria açucareira, para água quente até 300°C e pressões de até 25 kgf $\cdot$ cm^{-2}. É o caso das bombas CZ da Sulzer-Weise. As bombas de Processo podem operar com temperaturas de até 400°C e pressões de até 45 kgf $\cdot$ cm^{-2} (ex. bombas MZ da Sulzer-Weise).

b. *Bomba de fluxo misto ou bomba diagonal*

b.1. *Bomba hélico-centrífuga* (Fig. 2.9)

Nas bombas deste tipo, o líquido penetra no rotor axialmente; atinge as pás cujo bordo de entrada é curvo e inclinado em relação ao eixo; segue uma trajetória que é uma curva reversa, pois as pás são de dupla curvatura, e atinge o bordo de saída que é paralelo ao eixo ou ligeiramente inclinado em relação a ele. Sai do rotor segundo um

Fig. 2.14 Bomba centrífuga radial pura. Rotor fechado, Série INDBPO de Indsteel S.A. Ind. e Com.

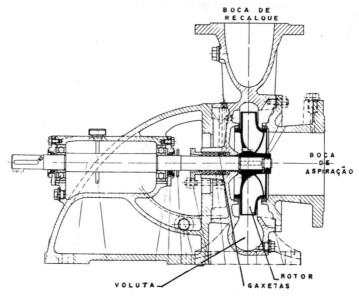

Fig. 2.15 Bomba centrífuga "ETA". Rotor fechado (KSB).

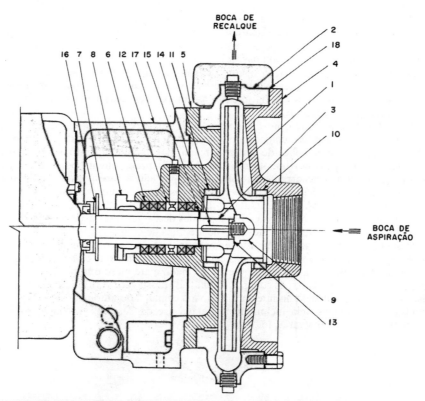

Fig. 2.16 Bomba centrífuga comum. Rotor em balanço.
1. Rotor
2. Caixa
3. Eixo
4. Tampa do lado da aspiração
5. Tampa do lado das gaxetas
6. Gaxetas
7. Luva do eixo
8. Sobreposta
9. Porca do rotor
10. Anel de vedação da boca de aspiração
11. Anel da caixa de gaxetas
12. Anel de lanterna (de lubrificação)
13. Junta da porca do rotor
14. Chaveta
15. Junta da luva do eixo
16. Defletor
17. Suporte
18. Junta de vedação

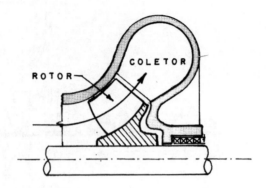

Fig. 2.17 Trajetória de uma partícula numa bomba hélico-centrífuga.

plano perpendicular ao eixo ou segundo uma trajetória ligeiramente inclinada em relação ao plano perpendicular ao eixo.

A pressão é comunicada pela força centrífuga e pela ação de "sustentação" ou "propulsão" das pás.

b.2. *Bomba helicoidal* ou *semi-axial*

Nestas bombas, o líquido atinge o bordo das pás que é curvo e bastante inclinado em relação ao eixo; a trajetória é uma hélice cônica, reversa, e as pás são superfícies de dupla curvatura. O bordo de saída das pás é uma curva bastante inclinada em relação ao eixo. O rotor normalmente possui apenas uma base de fixação das pás com a forma de um cone ou uma ogiva. As bombas deste tipo prestam-se a grandes descargas e alturas de elevação pequenas e médias. Por serem as pás de dupla curvatura, seu projeto é mais complexo e sua fabricação apresenta certos problemas de fundição. As bombas *hélico-axiais* são bombas com formato intermediário entre as bombas helicoidais e as axiais (Fig. 2.20).

c. *Bomba axial* ou *propulsora*

Nestas bombas, as trajetórias das partículas líquidas, pela configuração que assumem as pás do rotor e as pás guias, começam paralelamente ao eixo e se transformam em hélices cilíndricas. Forma-se uma hélice de vórtice forçado, pois, ao escoamento axial, superpõe-se um vórtice forçado pelo movimento das pás. Não são propriamente bombas centrífugas, pois a força centrífuga decorrente da rotação das pás não é a responsável pelo aumento da energia da pressão. São estudadas e projetadas segundo a *teoria da sustentação das asas* e da *propulsão das hélices* ou ainda segundo a *teoria do vórtice forçado*.

As bombas axiais são empregadas para grandes descargas (até várias dezenas de metros cúbicos por segundo) e alturas de elevação de até mais de 40 m.

Possuem difusor de pás guias, isto é, coletor troncônico com pás guias. O eixo em geral é vertical, e por isso são conhecidas como *bombas verticais de coluna* (ver Figs. 22.40 e 22.41), porém existem modelos com o eixo inclinado e até mesmo horizontal.

Constroem-se bombas axiais com pás inclináveis (passo variável), podendo-se, por meio de um mecanismo localizado no interior da ogiva e comandado automaticamente por servo-mecanismos, dar às pás uma inclinação adequada a cada descarga desejada, para que o rendimento sofra pequena variação.

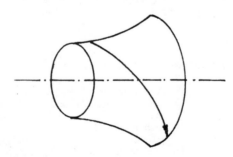

Fig. 2.18 Trajetória de uma partícula na bomba helicoidal.

Fig. 2.19 Bomba helicoidal Sulzer.

$Q = 2.7101 \cdot s^{-1}$

$H = 10$ m

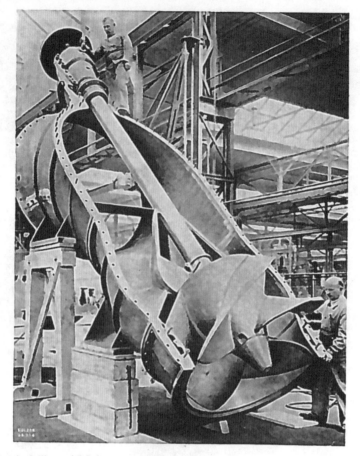

Fig. 2.20 Bomba hélico-axial Sulzer.

$Q = 7,5 \text{ m}^3 \cdot s^{-1}$

$H = 3,27 \text{ m}$

Classificação segundo o número de rotores empregados
Temos dois tipos a considerar:
a. *Bomba de simples estágio*
Nela existe apenas um rotor, e, portanto, o fornecimento da energia ao líquido é feito em um único *estágio* (constituído por um rotor e um difusor).
Teoricamente seria possível projetar-se uma bomba com um estágio para quaisquer condições propostas.
Razões óbvias determinadas pelas dimensões excessivas e correspondente custo elevado, além do baixo rendimento, fazem com que os fabricantes não utilizem bombas de um estágio para alturas de elevação grandes. Esse limite pode variar de 50 a 100 m, conforme a bomba, mas há fabricantes que constroem bombas com um só estágio, para alturas bem maiores, usando rotores especiais de elevada rotação, como é o caso das bombas Sundyne com rotações que vão de 3.600 a 24.700 rpm, usando engrenagens para conseguir rotações elevadas. (Ver Cap. 28.)
b. *Bombas de múltiplos estágios*
Quando a altura de elevação é grande, faz-se o líquido passar sucessivamente por dois ou mais rotores fixados ao mesmo eixo e colocados em uma caixa cuja forma permite esse escoamento.
A passagem do líquido em cada rotor e difusor constitui um *estágio* na operação de bombeamento. O difusor de pás guias fica colocado entre dois rotores consecutivos e então denomina-se *distribuidor da bomba*. As pás do distribuidor são fundidas ou fixadas à carcaça

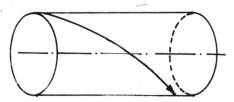

Fig. 2.21 Trajetória de uma partícula líquida numa bomba axial.

ou ainda podem ser adaptáveis à carcaça. O eixo pode ser horizontal ou vertical.

As bombas de múltiplos estágios são próprias para instalações de alta pressão, pois a altura total a que a bomba recalca o líquido é, não considerando as perdas, teoricamente igual à soma das alturas parciais que seriam alcançadas por meio de cada um dos rotores componentes. Existem bombas deste tipo para alimentação de caldeiras com pressões superiores a 250 kgf · cm^{-2}. Usam-se também para poços profundos de água ou na pressurização de poços de petróleo.

Classificação segundo o número de entradas para a aspiração
  Temos dois tipos a considerar:
  a. *Bomba de aspiração simples ou de entrada unilateral*
  Neste tipo, a entrada do líquido se faz de um lado e pela abertura circular na coroa do rotor. Nas Figs. 2.10, 2.11 e 2.16, o rotor representado é de entrada unilateral.
  b. *Bomba de aspiração dupla ou entrada bilateral*
  O rotor é de forma tal que permite receber o líquido por dois sentidos opostos, paralelamente ao eixo de rotação.

Fig. 2.22 Rotor de bomba axial.

Fig. 2.22a Rotor com indutor da Sundyne, fabricados pela Falk do Brasil Equipamentos Industriais Ltda.

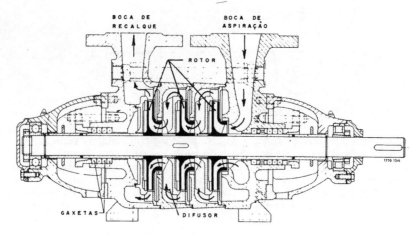

Fig. 2.23 Bomba de múltiplos estágios WKL, da KSB do Brasil.
Aplicações: Serviços de alta pressão; abastecimento de caldeiras.

O rotor tem uma forma simétrica em relação a um plano normal ao eixo, equivale hidraulicamente a dois rotores simples montados em paralelo e é capaz de elevar, teoricamente, uma descarga dupla, da que se obteria com o rotor simples.

O empuxo longitudinal do eixo, que ocorre nas bombas de entrada unilateral em razão da desigualdade de pressão nas faces das coroas do rotor, é praticamente equilibrado nas bombas de rotores bilaterais, também chamados "geminados", em virtude da simetria das

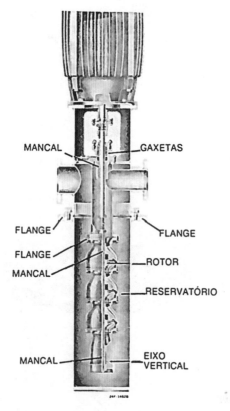

Fig. 2.24 Bomba Worthington de três estágios. Eixo vertical, de Processo CAN.
Emprego: Bombeamento de condensado; bombeamento *booster;* sistemas de resfriamento; sistemas de baixo NPSH disponível.

condições de escoamento. Geralmente, o rendimento dessas bombas é muito bom, o que explica seu largo emprego para descargas médias. Para permitir a montagem do eixo com o rotor (ou os rotores), a carcaça da bomba é "bipartida", isto é, constituída de duas seções separadas por um plano horizontal à meia altura do eixo e aparafusadas uma a outra.

A Fig. 2.25 mostra uma bomba SCANPUMP de carcaça bipartida, ou de *fluxo duplo*. A API-610, item 11a, não permite o emprego de bombas de carcaça bipartida para temperatura de bombeamento acima de 205°C e/ou quando se tratar de líquidos tóxicos ou inflamáveis com densidade menor que 0,7.

Classificação segundo o modo pelo qual é obtida a transformação da energia cinética em energia de pressão

Essa transformação, como vimos, se realiza no difusor, de modo que esse critério corresponde à indicação dos tipos de difusor. Temos assim:

a. Bomba de difusor com *pás guias* ou *diretrizes* colocadas entre o rotor e o coletor.
b. Bomba com coletor em forma de caracol ou voluta (Fig. 2.19).
c. Bomba com difusor axial troncônico, com pás guias (Fig. 2.20).

Poderíamos ainda classificar as bombas conforme
— a *velocidade específica*, o que faremos oportunamente;
— a *finalidade ou destinação;*
— a *posição do eixo;*
— o *líquido a ser bombeado*, e *outros critérios.*

Fig. 2.25 Bomba SCANPUMP de carcaça bipartida, Séries R e A.
Aplicações: Sistemas de abastecimento de água; combate a incêndio; sistemas de resfriamento; etc.

54 BOMBAS E INSTALAÇÕES DE BOMBEAMENTO

Funcionamento de uma bomba centrífuga

Para maior facilidade de uma primeira compreensão do funcionamento das turbobombas, vamos considerar o tipo mais simples e mais empregado, que é a bomba centrífuga.

A bomba centrífuga necessita ser previamente enchida com o líquido a bombear, isto é, deve ser *escorvada*. Devido às folgas entre o rotor e o coletor e o restante da carcaça, não pode haver a expulsão do ar do corpo da bomba e do tubo de aspiração, de modo a ser criada a rarefação com a qual a pressão, atuando no líquido no reservatório de aspiração, venha a ocupar o vazio deixado pelo ar expelido e a bomba possa bombear. Ela, portanto, não é *auto-aspirante* ou *auto-escorvante*, a não ser que se adotem recursos construtivos especiais que veremos.

Logo que se inicia o movimento do rotor e do líquido contido nos canais formados pelas pás, a força centrífuga decorrente deste movimento cria uma zona de maior pressão na periferia do rotor e, conseqüentemente, uma de baixa pressão na sua entrada, produzindo o deslocamento do líquido em direção à saída dos canais do rotor e à boca de recalque da bomba. Estabelece-se um *gradiente hidráulico* entre a entrada e a saída da bomba em virtude das pressões nelas reinantes.

Admitamos que uma tubulação, cheia de líquido contido na bomba, ligue a boca de aspiração a um reservatório submetido à pressão atmosférica (ou outra suficiente) e que outra tubulação, nas mesmas condições, estabeleça a ligação da boca de recalque a um outro reservatório colocado a uma determinada cota onde reine a pressão atmosférica (ou outra pressão qualquer).

Em virtude da diferença de pressões que se estabelece no interior da bomba ao ter lugar o movimento de rotação, a pressão à entrada do rotor torna-se inferior à existente no reservatório de captação, dando origem ao escoamento do líquido através do encanamento de aspiração, do reservatório inferior para a bomba.

Simultaneamente, a energia na boca de recalque da bomba, tornando-se superior à pressão estática a que está submetida a base da coluna líquida na tubulação de recalque, obriga o líquido a escoar para uma cota superior ou local de pressão considerável.

Estabelece-se então, com a bomba em funcionamento, um trajeto do líquido do reservatório inferior para o superior através da tubulação de aspiração, dos canais do rotor e difusor e da tubulação de recalque.

É na passagem pelo rotor que se processa a transformação da energia mecânica nas energias de pressão e cinética, que, como vimos, são aquelas que o líquido pode possuir. Saindo do rotor, o líquido penetra no difusor, onde parte apreciável de sua energia cinética é transformada em energia de pressão, e segue para a tubulação de recalque.

O nome de *bomba centrífuga* dado a esse tipo se deve ao fato de ser a força centrífuga a responsável pela maior parte da energia que o líquido recebe ao atravessar a bomba.

Nos próximos capítulos será apresentada a teoria da transformação da energia mecânica da bomba em energia hidráulica.

Bibliografia

ABS — Indústria de Bombas Centrífugas Ltda. *Catálogo geral.*
ADDISON, HERBERT. *Centrifugal and Other Rotodynamic Pumps.* Chapman and Hall, 1955.
ALLINOX — Ind. e Com. Ltda. Bomba plástica. Bomba dosadora. Bomba de lóbulo. Bomba mono.
ANDRADE DE, GABRIEL LUSTOSA. *Classificação e funcionamento das bombas.* Curso de Bombas Hidráulicas, Belo Horizonte, 1970.
API Standard 610. Centrifugal Pumps for General Refinery Services.
ASTEN & CIA Ltda. Bombas diversas.
AUTO GALVÂNICA SANTOS DUMONT Ltda. Filtro-bomba "FANTI".
BLINDALUX Ind. e Com. de Bombas Hidráulicas Herméticas Ltda.
BOMBAS ALBRIZZI-PETRY S.A. *Catálogo geral.*
BOMBAS BERNET S.A. *Catálogo geral.*
BOMBAS ESCO S.A. Bombas submersas. Bombas para irrigação.
CISNEROS, LUIS MARIA JIMENEZ DE. *Manual de Bombas.* Editorial Blume. Barcelona, 1977.
CLARIDON. Máq. e Equip. Ltda. Bombas Claridon e TSURUMI.
COMPANHIA FEDERAL DE FUNDIÇÃO. Bombas Black Clawson.
COMPONENTES MALLORY DO BRASIL Ltda. Eletrobomba.
DANCOR S.A. Indústria Mecânica. *Catálogo geral de bombas,* 1995.
EMEBE DO BRASIL Ind. e Com. Ltda. Bombas centrífugas em polipropileno. Bombas químicas.
ENVIROTECH EQUIP. INDUST. Ltda. Bombas para polpas abrasivas.

CLASSIFICAÇÃO E DESCRIÇÃO DAS BOMBAS 55

FÁBRICA DE AÇO PAULISTA S.A. FAÇO. Bombas centrífugas para sólidos em suspensão.
FÁBRICAS DE BOMBAS RWH. Bomba submersa Série-HB.
FIBER BOMBAS Ltda. Bombas centrífugas incorrosíveis.
FINCH, VOLNEY C. *Pump Handbook.* National Press, EUA, 1967.
FLYGT BRASIL. Bombas submersíveis para lamas.
GOULDS BOMBAS E EQUIPAMENTOS. Bombas centrífugas.
HAUPT SÃO PAULO S.A. *Catálogo geral de bombas.*
HERO Equipamentos Industriais Ltda. *Catálogo geral.*
Hidraulic Institute Standards for Centrifugal, Rotary and Reciprocating Pumps, 12.ª ed., 1969.
Hidraulic Institute Standards for Centrifugal, Rotary and Reciprocating Pumps, 14.ª ed., 1983.
INDSTEEL S.A. Ind. & Com. Bombas centrífugas Série IND-BPO em aço inoxidável.
INDÚSTRIA MECÂNICA LUFERSA Ltda. Bombas submersas.
IRMÃOS GEREMIA Ltda. Bombas helicoidais de cavidade progressiva.
JACUZZI — *Catálogo geral de bombas.*
JAWE Engenharia Ltda. Bombas dosadoras peristálticas.
KARASSIK, IGOR. *Centrifugal Pumps — Selection, Operation and Maintenance.* McGraw-Hill, 1960.
KARASSIK, IGOR. Frazer — Messina — *Pump Handbook.* McGraw-Hill Inc., 1976.
KRISTAL, FRANK A. *Pump Types. Selection, Installation, Operation.* McGraw-Hill Book Co., 1940.
KSB do Brasil. *Catálogo geral de bombas.*
MACINTYRE, A.J. Máquinas Motrizes Hidráulicas, 1.ª ed. Guanabara Dois, RJ, 1983.
MALLORY DO BRASIL Ltda. Eletrobombas de *nylon,* dosadores, válvulas.
MONO PUMPS DO BRASIL. *Catálogo geral.*
MONTGOMERY. CISA. Motobombas centrífugas.
OMEL S.A. Ind. e Com. — Bombas dosadoras. *Catálogo geral.*
PACIFIC PUMPS. Catálogos diversos.
REGINOX IND. MECÂNICA Ltda. Bombas centrífugas TRI-CLOVER em aço inoxidável.
RHEINHUTTE DO BRASIL. *Catálogo geral de bombas.*
SCANPUMP. SUECOBRAS Ind. Com. Ltda. *Catálogo geral de bombas.*
SEMCO DO BRASIL S.A. Bombas para serviços pesados.
SOMONE. Soc. de Equip. e Montagens do Nordeste Ltda. Bombas Magnéticas IWAKI.
STEPANOFF, A.J. *Centrifugal and Axial Flow Pumps,* 2.ª ed. John Wiley & Sons, NY, 1957.
SULZER WEISE S.A. *Catálogo geral de bombas.*
TRW MISSION Ind. Ltda. Bombas centrífugas MISSION.
WORTHINGTON S.A. Divisão bombas. *Catálogo geral.*
WATEROUS — Portable Pumps. Fire Pumps.
DANCOR S.A.   Bombas Auto-Aspirantes com Pré-Filtro.
     Bombas Submersíveis (para esgotamento).
     Bombas Centrífugas Multiestágios.
     Bombas Submersas 4" para poças profundas.
     Bombas Centrífugas.
     Bombas Ejetoras.
     Bomba Auto-Aspirante.
     Bombas Auto-Aspirantes com ejetor interno.
DARLEY — Darley Pumps. Melrose Park.

3

Modos de Considerar a Energia Cedida ao Líquido. Alturas de Elevação. Potências. Rendimentos

A operação normal de bombeamento consiste em fornecer energia ao líquido para que possa executar o trabalho representado pelo deslocamento de seu peso entre duas posições que se considerem, vencendo as resistências que se apresentarem em seu percurso.

Estabeleçamos, inicialmente, uma convenção que permita indicar a situação de cada uma das grandezas que temos de considerar no estudo das parcelas, segundo as quais podemos supor dividida a energia cedida ao líquido. Adotemos, para isso, nos símbolos representativos dessas grandezas, índices que assinalem sua localização na massa líquida. Estes índices são:

0. Para todos os pontos da seção de *entrada da bomba;* ou, então, para o ponto onde o filete médio da veia líquida atravessa a seção de entrada da bomba.
1. Para os pontos situados na superfície gerada pela rotação do bordo de entrada da pá do rotor, abreviadamente denominada de *entrada do rotor.*
2. Para os pontos da superfície gerada pela rotação do bordo de saída da pá do rotor.
3. Para os pontos da seção de *saída da bomba;* ou, então, para o ponto onde o filete médio da veia líquida atravessa a seção de saída da bomba.
4. Para o ponto médio da seção de saída do encanamento de recalque.

Na Fig. 3.1 acha-se representada esquematicamente uma instalação típica de bomba centrífuga, destinada a elevar o líquido de um reservatório inferior a uma cota mais elevada, utilizando uma tubulação.

A entrada da bomba geralmente fica bem em frente e bastante próxima da entrada do rotor, o que permite admitir como iguais as condições de escoamento nessas seções e considerar, sem erro sensível, o tubo de aspiração como terminando no plano horizontal que passa pelo centro do rotor. A seção de saída da bomba muitas vezes fica localizada acima do citado plano horizontal e a uma distância vertical que denominaremos de "i" (Fig. 3.2). Há bombas, porém, em que as seções de entrada e saída estão no mesmo nível ($i = 0$), e, em outras, o nível da boca de saída fica abaixo do de aspiração (Fig. 3.3a).

Para simplicidade das fórmulas que vamos deduzir, consideraremos o início do tubo de recalque como se estivesse localizado no mesmo plano horizontal em que termina o tubo de aspiração, e, para isso, admitiremos que a pressão nessa seção convencionada de saída da bomba seja expressa por

$$\boxed{p_3 + \gamma \cdot i}$$

(3.1)

MODOS DE CONSIDERAR A ENERGIA CEDIDA AO LÍQUIDO

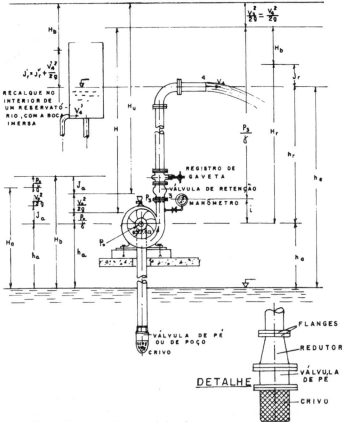

Fig. 3.1 Balanço energético na instalação de uma turbobomba.

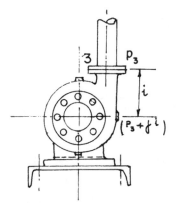

Fig. 3.2 Indicação da grandeza i.

sendo p_3 a *pressão absoluta* na saída *real* da bomba e γ o peso específico do líquido.

Passemos a definir algumas grandezas, às quais, com freqüência, se recorre no projeto da instalação.

ALTURAS ESTÁTICAS (DESNÍVEIS TOPOGRÁFICOS)

Altura estática de aspiração (ou altura estática de sucção)

Representada por h_a — é a diferença de cotas entre o nível do centro da bomba e o da superfície livre do reservatório de captação.

58 BOMBAS E INSTALAÇÕES DE BOMBEAMENTO

Altura estática de recalque

Representada por h_r — é a diferença de cotas entre os níveis onde o líquido é abandonado ao sair pelo tubo de recalque no meio ambiente (ou outro) e o nível do centro da bomba.

Altura estática de elevação

Representada por h_e — é a diferença de cotas entre os níveis em que o líquido é abandonado no meio ambiente (ou outro), ao sair pelo tubo de recalque, e o nível livre no reservatório de captação. Esta grandeza, também denominada de *altura topográfica* ou *altura geométrica*, tem por valor:

$$\boxed{h_e = h_a + h_r}$$ (3.2)

ALTURAS TOTAIS OU DINÂMICAS

Altura total de aspiração ou altura manométrica de aspiração

Representada por H_a — é a diferença entre as alturas representativas da pressão atmosférica local (H_b) e da pressão reinante na entrada da bomba, que supomos ser igual à da entrada do rotor. Temos

$$\boxed{H_a = H_b - \frac{p_0}{\gamma}}$$ (3.3)

Aplicando a equação da conservação de energia entre a superfície livre no reservatório inferior, onde supomos ser nula a velocidade do líquido, e a seção de entrada da bomba, podemos escrever

$$J_a = (0 + H_b + 0) - \left(h_a + \frac{p_0}{\gamma} + \frac{V_0^2}{2} \right)$$ (3.4)

sendo J_a a *perda de carga* no encanamento de aspiração, isto é, a parcela de energia que deverá ser fornecida a cada kgf de líquido para que este vença as resistências passivas encontradas no encanamento de aspiração.

Comparando (3.3) e (3.4), podemos escrever

$$\boxed{H_a = h_a + \frac{V_0^2}{2g} + J_a}$$ (3.5)

A altura total de aspiração representa, portanto, a energia que cada kgf de líquido deve receber, para que, partindo do reservatório inferior, atinja a entrada da bomba, vencendo a altura h_a e as resistências passivas J_a, adquirindo a energia cinética. $\frac{V_0^2}{2g}$ Costuma-se designar por *"carga"* a energia por unidade de peso de líquido bombeado.

A grandeza H_a é obtida, quando a bomba está instalada e funcionando, pela leitura do vacuômetro, pois, como sabemos, este instrumento fornece a pressão relativa $(H_b - \frac{p_0}{\gamma})$ na entrada da bomba.

É graças ao nível energético H_b que o líquido escoa e penetra na bomba, não sendo correto dizer-se que a bomba "aspira" ou "puxa" o líquido.

MODOS DE CONSIDERAR A ENERGIA CEDIDA AO LÍQUIDO   59

Há instalações em que a pressão à entrada do tubo de aspiração é maior ou menor do que a atmosférica, como veremos em *Manômetros e vacuômetros*.

Energia total ou *absoluta de aspiração (suction head)*, segundo o Hydraulic Institute, é definida por

$$\frac{p_0}{\gamma} + \frac{V_0^2}{2g} \qquad (3.5a)$$

Altura total de recalque ou altura manométrica de recalque

Representada por H_r — é a diferença entre as alturas representativas da pressão na saída (convencionada) da bomba e a atmosférica (que supusemos fosse a reinante na saída da tubulação de recalque).

Temos então

$$H_r = \left(\frac{p_3}{\gamma} + i\right) - H_b \qquad (3.6)$$

Dois casos devem ser considerados:

a. A tubulação de recalque abandona livremente o líquido na atmosfera.

b. O líquido é conduzido pela tubulação a um reservatório superior de tal modo que, acima da boca do tubo de recalque, haja uma camada de líquido capaz de absorver toda a energia cinética devida à velocidade V'_4 com que sai do tubo.

No primeiro caso, aplicando a equação da energia entre a boca de saída (convencionada) da bomba e a seção de saída de tubulação de recalque, temos

$$J_r = \left(\frac{p_3}{\gamma} + i + \frac{V_3^2}{2g}\right) - \left(h_r + H_b + \frac{V_4^2}{2g}\right) \qquad (3.7)$$

Isto é:

Perda de carga no recalque = Energia à saída da bomba − Energia à saída do tubo.

Se a tubulação tiver seção constante, V_3 será igual a V_4, e poderemos escrever, comparando as Eqs. (3.6) e (3.7),

$$H_r = h_r + J_r \qquad (3.8)$$

No segundo caso, aplicando a mesma equação entre a seção (convencionada) de saída da bomba e o nível livre do líquido no reservatório superior onde supomos ser nula a velocidade, temos

$$J'_r = \left(\frac{p_3}{\gamma} + i + \frac{V_3^2}{2g}\right) - \left(h_r + H_b\right) \qquad (3.9)$$

Isto é:

Perda de carga = Energia à saída da bomba − Energia no nível de água superior

J'_r é a perda de carga na tubulação de recalque e na entrada do reservatório superior.

As Eqs. (3.6) e (3.9) nos permitem escrever

$$H_r = h_r + J'_r - \frac{V_3^2}{2g} \qquad (3.10)$$

60   BOMBAS E INSTALAÇÕES DE BOMBEAMENTO

Nos dois casos vemos que a altura manométrica de recalque representa a energia que a bomba deve fornecer a cada kgf do líquido ("carga") para que este, partindo da saída da bomba, atinja a boca da tubulação de recalque ou a superfície livre no reservatório superior, vencendo o desnível estático h_r e as perdas de carga na tubulação. O valor dessa grandeza é obtido pela leitura de um *manômetro*, instrumento que fornece a pressão relativa.

Altura manométrica de elevação ou simplesmente altura manométrica

Representada por H — é a diferença entre as alturas representativas das pressões na saída (convencionada) e na entrada da bomba. Temos

$$H = \left(\frac{P_3}{\gamma} + i\right) - \frac{p_0}{\gamma} \qquad (3.11)$$

Somando as Eqs. (3.3)

$$H_a = H_b - \frac{p_0}{\gamma}$$

e (3.6)

$$H_r = \left(\frac{p_3}{\gamma} + i\right) - H_b$$

resulta

$$H_a + H_r = \frac{p_3}{\gamma} + i - \frac{p_0}{\gamma} = H$$

isto é,

$$\boxed{H = H_a + H_r} \qquad (3.12)$$

A altura manométrica é a soma das alturas totais de aspiração e de recalque.
Em face das Eqs. (2.2), (2.5) e (2.8), temos

$$H = \left(h_a + \frac{V_0^2}{2g} + J_a\right) + (h_r + J_r)$$

ou a fórmula de uso corrente

$$H = h_a + h_r + J_a + J_r + \frac{V_0^2}{2g} \qquad (3.13)$$

Podemos escrever ainda, notando que $h_a + h_r = h_e$

$$H = h_e + J_a + J_r + \frac{V_0^2}{2g} \qquad (3.13a)$$

A altura manométrica H é também expressa pela sigla AMT (altura manométrica total).

As Eqs. (3.13) e (3.13a) são empregadas na determinação da altura manométrica, na fase de projeto da instalação, e a Eq. (3.11) é empregada quando a instalação já está executada e dispõe-se de manômetro.

A Fig. 3.3 representa uma instalação de bombeamento, onde se acham indicadas as hipóteses de o nível de água na aspiração estar abaixo ou acima do centro da bomba. Vejamos os dois casos.

1.ª Hipótese
Bomba funcionando acima do nível do reservatório A.

$$H = h_a + h_r + J_a + J_r + \frac{V_0^2}{2g}$$

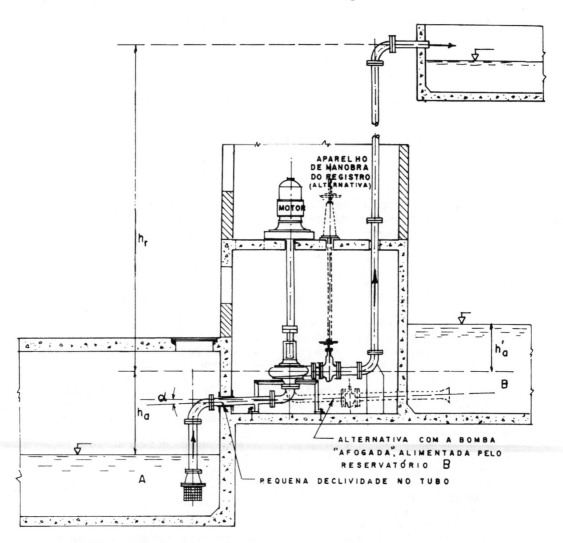

Fig. 3.3 Alternativas para a linha de aspiração de uma turbobomba.

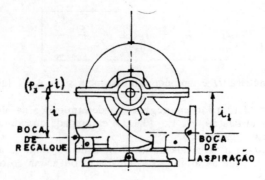

Fig. 3.3a Contas de entrada e saída da bomba em relação ao centro da bomba.

Neste caso é necessário uma válvula de retenção com crivo no início da tubulação de aspiração, chamada "válvula de pé", que impede o escoamento do líquido do tubo para reservatório quando a bomba está parada ou pára de funcionar.

2.ª *Hipótese*
Bomba "afogada". Reservatório B, com nível de água acima do centro da bomba.

$$H = -h'_a + h_r + J_a + J_r + \frac{V_0^2}{2g}$$

Não há necessidade de válvula de pé com crivo, desde que o nível de água permita encher completamente o corpo da bomba. Se a extremidade do tubo de recalque estiver imersa no líquido, teremos

$$H = h_a + h_r + J_a + J'_r + \frac{V_0^2 - V_3^2}{2g} \qquad (3.13b)$$

Estas equações são as que se empregam nos projetos de instalações de bombeamento. Elas mostram que a altura manométrica mede a energia que a bomba deve fornecer a cada kgf de líquido para que este, partindo do reservatório inferior, onde se achava em repouso, e submetido a uma pressão maior do que a que se cria com o deslocamento do líquido no interior da bomba, atinja a saída do tubo de recalque, vencendo o desnível h_e, todas as resistências passivas oferecidas pelo encanamento e seus acessórios, e adquira a energia cinética correspondente à velocidade V_0 com que chega à bomba (Eq. 3.13a).

O conhecimento de H é da maior importância nos projetos de instalações de bombeamento.

Em instalações de certa responsabilidade, tais como nas industriais, nas chamadas elevatórias de água e esgotos, e outras, utilizam-se um manômetro colocado no encanamento de recalque e um vacuômetro na tubulação de aspiração próximo à boca da bomba.

Estes instrumentos medem as pressões relativas existentes no encanamento, na seção horizontal situada na mesma cota que o centro (ou a entrada) do aparelho, conforme o tipo. Como vimos anteriormente, o manômetro fornece a diferença entre a pressão absoluta e a atmosférica, de modo que devemos somar o valor da pressão atmosférica à leitura do instrumento para termos a *pressão absoluta*, com a qual sempre trabalharemos, salvo referências em contrário.

Já o vacuômetro mede a diferença entre a pressão atmosférica e a absoluta. Para termos a pressão absoluta é óbvio que deveremos subtrair da pressão atmosférica o valor da leitura no vacuômetro.

Mostremos como exprimir H em função das leituras feitas simultaneamente nesses instrumentos. Sejam

    p' a leitura no manômetro;
    p'' a leitura no vacuômetro;
    m a diferença de cotas entre os centros desses instrumentos (ou entre as "entradas" dos mesmos).

Face ao que dissemos, o valor da pressão absoluta $\left(\dfrac{p_3}{\gamma} + i\right)$ na "saída" referida ao centro da bomba será a pressão $\dfrac{p'}{\gamma}$ lida no manômetro, mais a pressão atmosférica e mais o desnível $(i + i')$ do centro do manômetro à boca de saída da bomba.

$$\frac{p_3}{\gamma} + i = \frac{p'}{\gamma} + H_b + i + i'$$

e, analogamente, na "entrada" referida ao centro da bomba, teremos

$$\frac{p_0}{\gamma} = H_b - \frac{p''}{\gamma} + i''$$

sendo i'' o desnível entre o centro do vacuômetro e o centro da bomba.

Alguns autores designam $\left(\dfrac{p_3}{\gamma} - \dfrac{p_0}{\gamma}\right)$ expresso em kgf·cm^{-2} ou em psi por *pressão diferencial*.

Pela definição de altura manométrica, podemos escrever

$$H = \frac{p_3}{\gamma} + i - \frac{p_0}{\gamma} = \frac{p' + p''}{\gamma} + i + i' - i''$$

Mas $i + i' - i'' = m$, desnível entre os centros dos dois instrumentos.
Donde

$$\boxed{H = \frac{p' + p''}{\gamma} + m} \qquad (3.14)$$

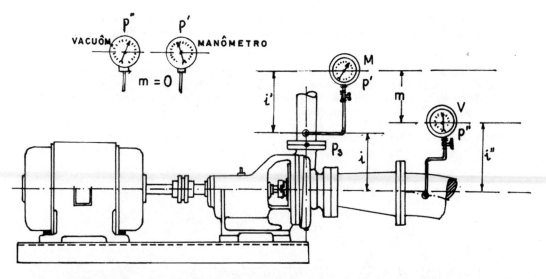

Fig. 3.4 Determinação da altura manométrica com instrumentos.

64 BOMBAS E INSTALAÇÕES DE BOMBEAMENTO

Na prática é comum colocar-se o manômetro e o vacuômetro na mesma altura, de modo que $m = 0$ e H se reduz à simples soma das duas leituras:

$$H = \frac{p' + p''}{\gamma}$$

No final deste capítulo faremos considerações adicionais a respeito da altura manométrica.

Suction lift *e* suction head

O Hydraulic Institute e o American Petroleum Institute (API) denominam *total suction lift (altura total de sucção na aspiração)* a grandeza h_s, igual à leitura manométrica à entrada da bomba expressa em altura de coluna líquida, menos a altura representativa da velocidade à entrada da bomba

$$h_s = \frac{p''}{\gamma} - \frac{V_0^2}{2g}$$

sendo $\dfrac{p''}{\gamma}$ a pressão vacuométrica à entrada da bomba. Mas vimos que a pressão vacuo-

métrica é

$$\frac{p''}{\gamma} = H_b - \frac{p_0}{\gamma}$$

sendo $\dfrac{p_0}{\gamma}$ a pressão absoluta à entrada da bomba. Assim, *suction lift* vem a ser

$$h_s = H_b - \left(\frac{p_0}{\gamma} + \frac{V_0^2}{2g} \right) = h_a \qquad \text{(ver Fig. 3.4}a\text{)}$$

Logo, quando existe *suction lift*, a bomba fica acima do nível do reservatório, e é a pressão atmosférica H_b, apenas, que fornece a energia para que o líquido se desloque até a bomba. Em certas instalações, a pressão ao nível da aspiração pode ser menor do que a atmosférica.

Total suction head (altura total de pressão na aspiração) é a grandeza h_s que ocorre quando a pressão à entrada da bomba é maior que a pressão atmosférica porque a entrada da bomba se acha abaixo do nível do líquido no reservatório, ou a pressão na superfície do líquido é maior do que a atmosférica.

Temos: $h_s = h_a + H_b$

Mas vemos na Fig. 3.4b que

$$\frac{p_0}{\gamma} + \frac{V_0^2}{2g} = H_b + h_a \qquad \text{ou}$$

$$\left(\frac{p_0}{\gamma} + \frac{V_0^2}{2g} \right) - H_b = h_a$$

$$\text{Ora, } h_s = h_a + H_b = \frac{p_0}{\gamma} + \frac{V_0^2}{2g} - H_b + H_b = \frac{p_0}{\gamma} + \frac{V_0^2}{2g}$$

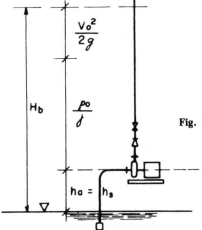

Fig. 3.4a *Suction lift* h_s. Bomba acima do nível do reservatório.

Como se pode observar, na conceituação do *suction lift*, a perda de carga na aspiração J_a é omitida.

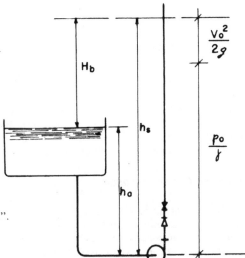

Fig. 3.4b *Total suction head*. Bomba "afogada".

Logo, a altura total de aspiração é dada pela soma da altura representativa da pressão absoluta à entrada da bomba com a altura representativa da velocidade do líquido à entrada da bomba.

Diz-se que a bomba trabalha "afogada" quando seu centro se acha a uma altura h_a abaixo do nível do líquido no reservatório inferior.

Altura útil de elevação

Representada por H_u — é a energia que a unidade de peso de líquido adquire em sua passagem pela bomba. Seu valor é medido aplicando a equação da conservação da energia entre as seções de saída (convencionada) e de entrada da bomba. Graças a essa energia, o líquido escoa no encanamento.

O ASME Power Test Code for pumps e o Hydraulic Institute Standards definem essa grandeza como *total head* ou *dynamic head* (altura total ou altura dinâmica).

$$H_u = \left(\frac{p_3}{\gamma} + i + \frac{V_3^2}{2g} \right) - \left(\frac{p_0}{\gamma} + \frac{V_0^2}{2g} \right)$$

66 BOMBAS E INSTALAÇÕES DE BOMBEAMENTO

ou

$$H_u = H + \frac{V_3{}^2 - V_0{}^2}{2g} = h_e + J_a + J_r + \frac{V_3{}^2}{2g} \qquad (3.15)$$

Se os diâmetros de entrada e saída da bomba forem iguais, $V_3 = V_0$ e concluiremos ser $H = H_u$.

Quando não ocorre essa particularidade, temos sempre $V_3 > V_0$, indicando que H_u difere de H por levar em conta a variação de energia cinética do líquido ao atravessar a bomba. Em muitos casos, a diferença das velocidades não é grande, permitindo, quase sempre, substituir H_u por H sem erro sensível para os resultados práticos. Por isso, em nossa literatura técnica, alguns autores designam essa grandeza H_u, tal como a definimos, como altura manométrica, e identificam esta altura manométrica como o *total head* acima mencionado.

Altura total de elevação

Representada por H_e — é a energia total que o *rotor* deve fornecer a cada kgf de líquido. Leva em conta as perdas de natureza hidráulica ocorridas no interior da bomba, de modo que seu valor é igual à soma da altura útil (energia aproveitável para o escoamento fora da bomba) com as perdas de energia no interior da bomba. Assim

$$\boxed{H_e = H_u + J_\varepsilon} \qquad (3.16)$$

sendo J_ε as perdas hidráulicas por kgf de líquido escoado. Para que o rotor ceda ao líquido essa energia H_e, ele deverá receber, do motor que o aciona, energia correspondente. Como há perdas mecânicas principalmente nos mancais e dispositivos de vedação, o *motor* deverá fornecer uma energia maior do que H_e, para atender a essas perdas.

Altura motriz de elevação

Representada por H_m — é a grandeza que traduz esse trabalho exterior, que é preciso fornecer ao rotor, por kgf de líquido escoado, para que vença o trabalho resistente mecânico desenvolvido nos mancais e ceda ao líquido a energia representada por H_e.

Chamando de J_p o valor desse trabalho mecânico resistente passivo por kgf de líquido escoado, temos

$$H_m = H_e + J_\rho = h_e + J_a + J_r + J_\varepsilon + J_\rho + \frac{V_3{}^2}{2g} \qquad (3.17)$$

Se o diâmetro do tubo de recalque for constante e igual ao da boca de recalque da bomba, podemos utilizar na expressão acima V_4, uma vez que $V_4 = V_3$. Em geral, porém, o diâmetro do tubo de recalque é maior que o da boca da bomba, para obter menor velocidade e menores perdas no recalque.

Altura disponível de elevação

Representada por H_d — é a variação final de energia de cada kgf de líquido bombeado ao passar do reservatório inferior para o superior, ou seja: o ganho de energia de cada kgf de líquido em conseqüência do bombeamento. Seu valor é dado pela equação da conservação da energia aplicada na seção de saída do tubo de recalque e no nível do reservatório inferior.

Temos portanto

MODOS DE CONSIDERAR A ENERGIA CEDIDA AO LÍQUIDO 67

$$H_d = \left(h_e + H_b + \frac{V_4^{\;2}}{2g} \right) - H_b = h_e + \frac{V_4^{\;2}}{2g} \qquad (3.18)$$

De fato, o líquido estava em repouso no reservatório inferior e após o bombeamento se encontra a uma altura h_e e com velocidade V_4.

Cada kgf possui, portanto, uma energia de posição h_e e uma energia cinética $\dfrac{V_4^{\;2}}{2g}$ que pode ser utilizada e, portanto, se acha "disponível".

Num laboratório de máquinas hidráulicas onde trabalham bomba e turbina em circuito fechado, a disponibilidade energética para funcionamento da turbina é dada pela altura disponível de elevação da bomba ligada no circuito. Podemos também escrever

$$H_d = H_e - (J_a + J_r + J_\varepsilon) \qquad (3.19)$$

Trabalho específico

Alguns autores, ao invés de considerarem o trabalho cedido pela *unidade de peso de líquido* escoado entre dois pontos, consideram o trabalho correspondente à *unidade de massa escoada* e o designam por *trabalho específico*. Neste caso, temos que usar as unidades do Sistema Internacional, isto é, m, kg e s (metro, *quilograma-massa* e segundo), no qual as unidades derivadas são:

Força: $1\ kg \cdot m \cdot s^{-2} = N$ (Newton)
Trabalho: $1\ N \cdot m = 1\ J$ (Joule)
Potência: $1\ Nm \cdot s^{-1} = 1\ J \cdot S^{-1}$ (Watt)
Pressão: $1\ N \cdot m^{-2} = 1\ Pa$ (Pascal)
Massa específica: $1\ kg \cdot m^{-3} = \rho$. Para a água: $1.000\ kg \cdot m^{-3}$

O trabalho específico é expresso em

$$\frac{N \cdot m}{kg} = \frac{J}{kg} = \frac{m^2}{s^2}$$

Como na prática o J/kg é um valor muito pequeno, recorre-se ao kJ/kg (quilojoule por quilograma-massa), que não é "unidade coerente".

Quando se consideram as alturas de queda ou de elevação, o trabalho específico correspondente aos termos do trinômio de Bernoulli é dado por

$$\tau = gH$$

onde g = aceleração da gravidade = $9{,}81\ m \cdot s^{-2}$; H = diferença entre os trinômios de Bernoulli.

POTÊNCIAS

Nas bombas devemos considerar as seguintes potências e rendimentos.

Potência motriz

Também denominada *consumo de energia* da bomba, é a potência fornecida pelo motor ao eixo da bomba (*Brake Horse Power* — BHP), e é medida com um *freio dinamométrico* (ver Cap. 33).

Chamando de γ o peso específico do líquido, expresso em $kgf \cdot m^{-3}$, Q a descarga em $m^3 \cdot s^{-1}$, e H_m em m, a potência motriz em $kgf \cdot m \cdot s^{-1}$ é dada por

68 BOMBAS E INSTALAÇÕES DE BOMBEAMENTO

$$L_m = \gamma \cdot Q \cdot H_m \quad kgf \cdot m \cdot s^{-1} \tag{3.20}$$

É preciso não esquecer que os termos do trinômio de Bernoulli são homogêneos de comprimento e, quando expressos em metros, representam, em kgf · m, energia da unidade de peso (kgf) do líquido.

Potência de elevação

Nem toda a potência fornecida ao eixo da bomba é aproveitada na transmissão de energia ao líquido pelo rotor. Uma parte se perde por atritos mecânicos nos mancais e gaxetas, H_ρ, de modo que as pás do rotor cedem ao líquido apenas a energia H_e, que é a altura total de elevação. A potência portanto cedida pelo *rotor* ao líquido é a potência de elevação dada por

$$L_e = \gamma \cdot Q \cdot H_e \quad kgf \cdot m \cdot s^{-1} \tag{3.21}$$

e

$$L_m = L_e + L_\rho \qquad L_\rho = \text{Potência perdida sob a forma de perdas mecânicas}$$

L_e é também denominado *potência hidráulica* da bomba.

Potência útil

Nem toda a energia cedida pelo rotor é aproveitada pelo líquido para realização do trabalho do escoamento, que é a altura útil. Uma parte L_ε se perde no interior da própria bomba em conseqüência de *perdas hidráulicas* diversas. A potência útil é a que corresponde portanto à energia aproveitada pelo líquido *para seu escoamento* fora da própria bomba. É designada por *pump output* ou *liquid horsepower* (whp).

$$L_u = \gamma \cdot Q \cdot H_u \quad kgf \cdot m \cdot s^{-1} \tag{3.22}$$

e

$$L_e = L_u + L_\varepsilon$$

Unidades de potência

1 c.v. = 75 kgf m . s^{-1} 1 HP = 1,014 c.v.   1 HP = 746 Watts

$$1 \text{ HP} = 33.000 \; \frac{\text{lb.pé} \times \text{ pé}}{\text{min}}$$

RENDIMENTOS

São as relações entre potências. Vejamos as principais.

Rendimento mecânico

É a relação entre a potência de elevação e a motriz, isto é,

$$\rho = \frac{L_e}{L_m} = \frac{H_e}{H_m} \tag{3.23}$$

ρ varia de 0,92 a 0,95 nas bombas modernas, correspondendo os valores maiores às bombas de maiores dimensões.

Rendimento hidráulico

É a relação entre a potência útil e a de elevação.

$$\varepsilon = \frac{L_u}{L_e} = \frac{H_u}{H_e} \qquad (3.24)$$

ε varia de 0,50 em bombas pequenas a 0,90 em grandes bombas, bem projetadas, fabricação esmerada. Em geral, admitem-se, no projeto, os valores de 0,85 a 0,88.

Rendimento total

É a relação entre a potência útil e a motriz, ou seja,

$$\eta = \frac{L_u}{L_m} = \frac{H_u}{H_m} \qquad (3.25)$$

Alguns autores designam por *rendimento global (overall efficiency)* a relação entre a potência útil L_u e a potência fornecida para *girar* o *motor* (elétrico, a óleo diesel etc.) L'_m.

$$\eta_0 = \frac{L_u}{L'_m} \qquad (3.25a)$$

No estudo das curvas de rendimento das bombas, comentaremos a respeito dos valores dos diversos rendimentos. Desde já podemos adiantar que, nas grandes bombas centrífugas, o rendimento ultrapassa a 85%. Nas pequenas, dependendo do tipo e das condições de operação, pode baixar a menos de 40%. Um valor razoável para estimativa é de 60% em bombas pequenas e 75% em bombas médias. A *potência motriz,* ou, como se costuma dizer, o *consumo de energia,* é geralmente expressa em cavalo-vapor (c.v.). Se levarmos em conta a substituição de H_u por H, como fazem os fabricantes em seus catálogos, e exprimirmos essa grandeza em metros e Q em $m^3 \cdot s^{-1}$, teremos para o caso da água ($\gamma = 1.000 \ kgf \cdot m^{-3}$)

$$N_{(c.v.)} = \frac{1.000 \ . \ Q \ . \ H}{75 \ . \ \eta} \qquad (3.26)$$

Notemos que o valor de η obtido experimentalmente já supõe a substituição do H_u pelo H, pois o que se mede no ensaio é o H.

Na escolha dos motores elétricos, eles devem ser previstos com uma margem de segurança, que normalmente está computada nas curvas e tabelas elaboradas pelos fabricantes das bombas. Em geral, recomenda-se o seguinte acréscimo, para uma maior segurança, quando faltarem dados dos fabricantes.

Potência motriz calculada	Acréscimo
Até 2 c.v.	50%
3 a 5 c.v.	30%
6 a 10 c.v.	25%
11 a 25 c.v.	
	15%
Acima de 25 c.v.	10%

PERDAS HIDRÁULICAS NA BOMBA

As perdas hidráulicas H_g podem ser divididas em:
a. *Perdas hidráulicas* propriamente ditas, ocorridas:
   — na entrada da bomba;
   — no rotor;
   — nos canais das pás guias, se existirem;
   — no caracol, e deste até a boca de saída.
b. *Perdas volumétricas*, devidas à redução da descarga útil da bomba e que se dividem em:
   — perdas volumétricas exteriores H_{Ve} devidas à fuga ou vazamentos através da folga entre eixo e caixa da bomba. Consegue-se reduzir as mesmas com engaxetamento apropriado e selo mecânico, de modo que a parcela de descarga perdida q_e é pequena (Fig. 3.5).
   — perdas volumétricas interiores H_{Vi}, que são as mais importantes. Resultam da recirculação de parte do líquido que sai do rotor para a sua entrada novamente, devido à menor pressão à entrada. O líquido que recircula com descarga q_i atrita contra a caixa e a face externa da coroa do rotor e pelos "labirintos", e esse atrito consome potência fornecida pelo rotor. Vê-se que, embora saia da bomba apenas a descarga Q, o rotor bombeia uma descarga $(Q + q_e + q_i)$, e, pela entrada da bomba, a descarga que passa é $(Q + q_e)$. Podemos definir *rendimento volumétrico da bomba* a relação entre a descarga Q que efetivamente sai pelo recalque e a descarga que passa pelo rotor e recircula ou se atrita e eventualmente escapa por deficiência na vedação

$$(Q + q_e + q_i) = Q'$$

Assim,

$$\eta_V = \frac{Q}{Q'} \qquad (3.26a)$$

Existem labirintos de várias formas, dependendo a forma das condições de pressão com que a bomba vai trabalhar e a natureza do líquido. Os *anéis de desgaste* renováveis são alojados na carcaça da bomba ou no rotor, ou em ambos, para reduzir a folga e possibilitar

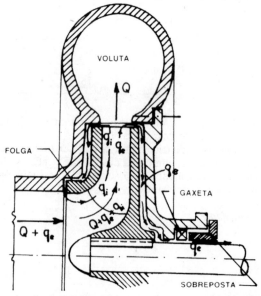

Fig. 3.5 Descargas a considerar no interior da bomba.

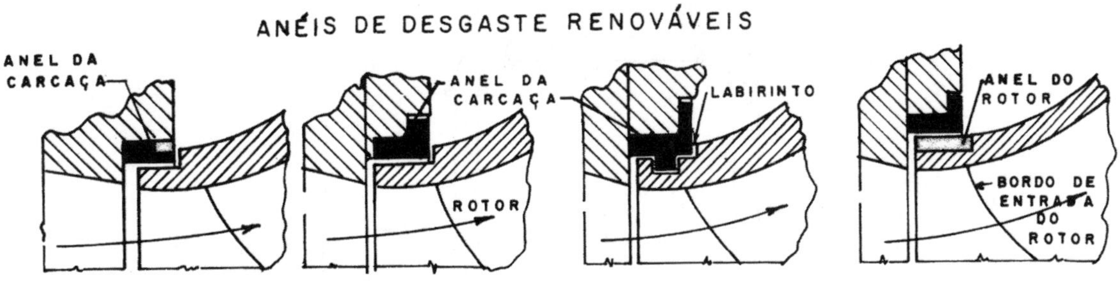

ANÉIS DE DESGASTE RENOVÁVEIS

Fig. 3.6 Modalidades de anéis de desgaste renováveis.

fácil substituição quando gastos, sem que esse desgaste afete a própria caixa ou o rotor. Em certos casos existem *labirintos* constituídos pelos anéis de desgaste, para que se consiga melhor estanqueidade.

A Fig. 3.6 mostra o formato de alguns tipos de anéis de desgaste ou *anéis de vedação*, renováveis.

O anel de desgaste do rotor é de material menos resistente que o da carcaça. A diferença de dureza entre ambos deve ser superior a 50 Brinnell, e por isso usa-se, por exemplo, em bombas para esgotos sanitários, anel de aço inoxidável para a carcaça e de bronze para o rotor.

INSTALAÇÃO COM SIFÃO NO RECALQUE

As Figs. 3.7 e 3.8 mostram tubulações de recalque com extremidade sifonada, livre no primeiro caso e imersa no reservatório no segundo.

Durante a fase de partida da bomba, até que a água escoe para o interior do reservatório superior, é preciso considerar a altura estática de recalque como sendo h_r. Quando a bomba está em regime, a altura estática de recalque a considerar é h'_r, na boça de saída do tubo na Fig. 3.7 e no nível de água na Fig. 3.8, em vista do efeito do sifão nos trechos ABC.

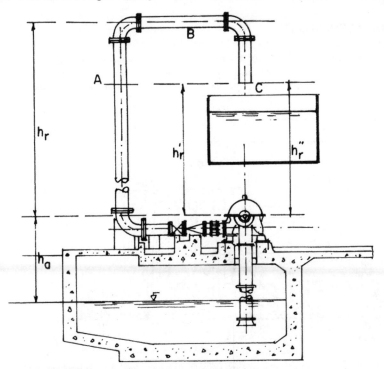

Fig. 3.7 Instalação com sifão livre no recalque, para "condensado" de vapor.

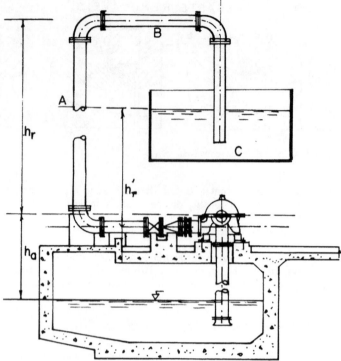

Fig. 3.8 Bombeamento de "condensado de vapor".

Em certas instalações de bombas de circulação de "condensado de vapor", a altura na partida é também maior do que no funcionamento normal, pois o esquema obedece à Fig. 3.8 e deve-se ter em conta este fato no estudo da curva de dependência de H e Q da bomba.

BOMBA "AFOGADA"

Quando o nível de água no reservatório inferior é suficiente para manter a bomba "escorvada", diz-se que, na instalação, a bomba se acha "afogada" (Fig. 3.10). Neste caso, dispensa-se a válvula de pé e usa-se apenas o crivo para reter corpos estranhos (se necessário).

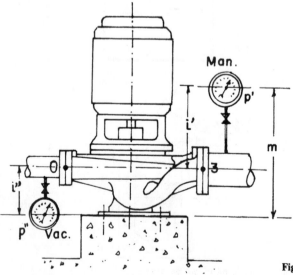

Fig. 3.9 Bomba em linha, eixo vertical.

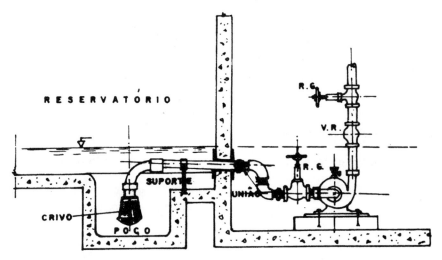

Fig. 3.10 Bomba afogada.

Exercício 3.1
Num local em que $H_b = 10,33$ m.c.a., as leituras nos instrumentos no recalque e na aspiração foram:
$p' = 5,0$ kgf $\cdot$ cm^{-2} = 50 m.c.a.
$p'' = 1,5$ kgf $\cdot$ cm^{-2} (reservatório com pressão na aspiração, ou seja, bomba "afogada", correspondendo a 15 m.c.a.) (Fig. 3.9).
Sabemos que H em função das pressões absolutas é

$$H = \frac{p_3 - p_0}{\gamma} + i$$

Admitamos $i = 0$.
Vimos que a pressão absoluta se calcula

$$\frac{p_3}{\gamma} = \frac{p'}{\gamma} + H_b = 50,00 + 10,33$$

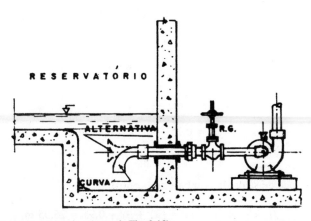

Fig. 3.11 Bomba afogada (variante da solução da Fig. 3.10).

74 BOMBAS E INSTALAÇÕES DE BOMBEAMENTO

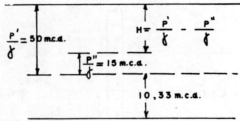

Fig. 3.12 Determinação da altura manométrica.

Notemos que p'' é superior à pressão atmosférica, logo não há vácuo. Portanto

$$\frac{p_0}{\gamma} = H_b + \frac{p''}{\gamma} = (10{,}33 + 15{,}00)$$

$$H = \frac{p_3}{\gamma} - \frac{p_0}{\gamma} = (50{,}00 + 10{,}33) - (10{,}33 + 15{,}00)$$

$$H = 50{,}00 - 15{,}00 = 35 \text{ m}$$

Exercício 3.2

Uma bomba fornece uma descarga de 1.100 m³/h e tem uma tubulação de aspiração de 16" e de recalque com 15". O manômetro situado a 0,70 m acima do eixo da bomba indica a pressão de 2,2 kgf · cm^{-2} e o vacuômetro 0,25 m abaixo do eixo acusa a pressão de 0,3 kgf · cm^{-2}.

Calcular a altura manométrica e a altura útil que a bomba fornece.

Vimos que

$$H = \frac{p' + p''}{\gamma} + m$$

$$p' = 2{,}2 \text{ kgf } . \text{ cm}^{-2}$$

$$\frac{p'}{\gamma} = 22 \text{ m.c.a.}$$

$$p'' = 0{,}3 \text{ kgf } . \text{ cm}^{-2}$$

$$\frac{p''}{\gamma} = 3 \text{ m.c.a.}$$

$$m = i'' + i'$$

$$m = 0{,}25 + 0{,}70 = 0{,}95 \text{ m}$$

$$i = 0$$

desnível entre a boca de saída da bomba e seu centro.

$$H = \frac{p'}{\gamma} + \frac{p''}{\gamma} + m = (22 + 3) + 0{,}95 = 25{,}95 \text{ m}$$

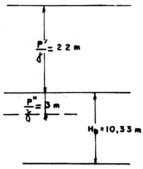

Fig. 3.13 Pressões relativas no recalque e na aspiração.

Se raciocinarmos com as pressões absolutas, devemos referir as leituras ao centro da bomba, isto é,

$$\frac{p_3}{\gamma} = \frac{p'}{\gamma} + H_b + i'$$

e

$$\frac{p_0}{\gamma} = H_b - \frac{p''}{\gamma} - i''$$

Mas

$$H = \frac{p_3}{\gamma} - \frac{p_0}{\gamma} = \left(\frac{p'}{\gamma} + H_b + i'\right) - \left(H_b - \frac{p''}{\gamma} - i''\right)$$

ou

$$H = \frac{p'}{\gamma} + \frac{p''}{\gamma} + i' + i'' = 22 + 3 + 0{,}95 = 25{,}95 \text{ m}$$

Cálculo da altura útil

Sabemos que $H_u = H + \dfrac{V_3^2 - V_0^2}{2g}$ \hfill (3.15)

A descarga é $Q = \dfrac{1.100 \text{ m}^3/\text{h}}{3.600 \, [s]} = 0{,}306 \text{ m}^3 \cdot s^{-1}$

$$V_3 = \frac{4Q}{\pi \cdot d_3^2} = \frac{4 \times 0{,}306}{3{,}14 \times 0{,}381^2} = 2{,}69 \text{ m} \cdot s^{-1}$$

$$V_0 = \frac{4 \cdot Q}{\pi \cdot d_0^2} = \frac{4 \times 0{,}306}{3{,}14 \times 0{,}406^2} = 2{,}36 \text{ m} \cdot s^{-1}$$

$$\frac{V_3^2 - V_0^2}{2g} = \frac{2{,}69^2 - 2{,}36^2}{19{,}6} = 0{,}085 \text{ m}$$

Donde

$$H_u = 25{,}950 + 0{,}085 = 26{,}035 \text{ m}$$

MANÔMETROS E VACUÔMETROS

Nas instalações de bombeamento, como já vimos, é necessária a determinação da altura manométrica, a qual é realizada partindo-se das leituras dos instrumentos que medem a pressão relativa, ou seja, com manômetros e vacuômetros.

Os manômetros mais empregados são de quatro tipos:
a. De êmbolo.
b. De diafragma.
c. De foles.
d. Do tipo "Bourdon".
    a. *Manômetro de êmbolo* (Fig. 3.14)
    Emprega-se, por exemplo, em prensas hidráulicas, onde a pressão varia violentamente, e a precisão é sacrificada em favor da robustez do instrumento.
    A pressão do fluido atua sobre um pequeno pistão que comprime uma mola. Permite medir até pressões da ordem de 200 kgf $\cdot$ cm^{-2}.
    b. *Manômetro de diafragma* (Fig. 3.15)
    Possui a forma de cápsulas sobre as quais se faz agir a pressão a ser medida. Às vezes, emprega-se apenas uma lâmina corrugada no interior de uma caixa. A variação da forma do diafragma é transmitida por um sistema de engrenagens a um ponteiro que se desloca de um ângulo proporcionalmente à pressão.
    Pode medir pressões até cerca de 400 psi (28 kgf $\cdot$ cm^{-2}) e vácuos, e é empregado em instalações de bombeamento, de tratamento de água em filtros etc. Usa-se para água, óleo e produtos alimentícios.

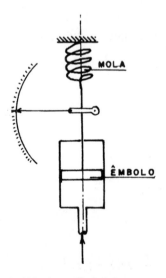

Fig. 3.14 Manômetro de êmbolo.

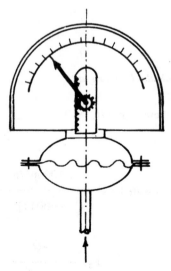

Fig. 3.15 Manômetro de diafragma.

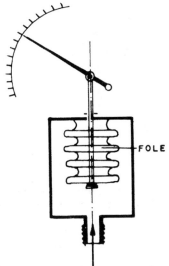

Fig. 3.16 Manômetro de fole.

c. *Manômetro de fole* (Fig. 3.16)

O fole é um tubo metálico de paredes delgadas, com estrangulamentos sucessivos e que, pela sua elasticidade, pode expandir-se ou contrair-se conforme a pressão a que está submetido. O deslocamento resultante é usado para medição de pressão. Usa-se para pressões até 800 psi (56 kgf · cm^{-2}) e vácuos, em instalações de ar condicionado e outras.

d. *Manômetro de "Bourdon"* (Fig. 3.17)

Consta de um tubo de seção elítica com forma de um arco de circunferência, tendo uma extremidade fechada e a outra aberta, ligado à pressão que se quer medir.

A pressão exercida no interior do tubo tende a esticá-lo, aumentando o raio de curvatura e provocando um movimento em sua extremidade. Esse movimento é transmitido a um ponteiro, que indicará, em escala adequada, a pressão aplicada.

Os manômetros de Bourdon são os mais empregados em instalações de bombeamento, tanto para pressões maiores que a atmosférica (superiores mesmo a 1.000 kgf · cm^{-2}) quanto para vácuos. Usa-se para água, óleo e outros líquidos.

Os manômetros de Bourdon *medem a pressão relativa, mas há tipos especiais desses manômetros que dão diretamente a pressão absoluta.*

Há também tipos de manômetro Bourdon com o tubo em espiral e outros com o tubo em helicóide.

Para baixas pressões, até 30 kgf · cm^{-2}, o tubo é de latão, bronze fosforoso, bronze silício e aço inoxidável.

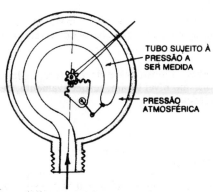

Fig. 3.17 Manômetro de Bourdon para pressão relativa.

78   BOMBAS E INSTALAÇÕES DE BOMBEAMENTO

Fig. 3.17a Leitura em vacuômetro em kgf · cm⁻².

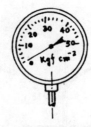
Fig. 3.18 Leitura em manômetro em kgf · cm⁻².

Fig. 3.19 Leitura em vacuômetro em m.c.a.

Para pressões entre 30 e 70 kgf · cm⁻², usa-se ó cobre-berílio, Monel-K e Ni-Span.
Para pressões superiores a 70 kgf · cm⁻² emprega-se o Inconel-X.
Há manômetros e vacuômetros com dispositivos elétricos e pneumáticos que permitem a leitura ou o registro gráfico em locais afastados.
Se as escalas forem expressas em pressão absoluta, a altura manométrica será dada por
por

$$H = \frac{p_3}{\gamma} - \frac{p_0}{\gamma}$$

Exemplos de leituras
p_m = leitura no manômetro = $p_{abs.} - H_b$
Admitindo $H_b = 1$ kgf · cm⁻², se tivermos:
A. $p_m = 0$ $p_{abs.} = 0 + 1 = 1$ kgf · cm⁻² (Fig. 3.18)
B. $p_m = 10$ $p_{abs.} = 10 + 1 = 11$ kgf · cm⁻²

Vacuômetro com leitura em m.c.a. (Fig. 3.19)
Leitura: $p_v = 4$ m.c.a.
$p_{abs.} = 10 - 4 = 6$ m.c.a.

Vacuômetro
O zero no mostrador corresponde a

$$p_{abs.} = 1 \text{ kgf} \cdot \text{cm}^{-2} - 0 = 1 \text{ kgf} \cdot \text{cm}^{-2}$$

O "um" corresponde a

$$p_{abs.} = 1 \text{ kgf} \cdot \text{cm}^{-2} - 1 \text{ kgf} \cdot \text{cm}^{-2} = 0 \text{ kgf} \cdot \text{cm}^{-2}$$

Vácuo absoluto
As escalas podem ser dadas em

kgf · cm⁻²; psi = lb/pol.²; m.c.a. = mWs; m.c.a.; atm;
torr = mm de mercúrio; polegadas de mercúrio = "Hg etc.

Exercício 3.3
Num local onde a pressão atmosférica é de 740 torr, as leituras no manômetro e no vacuômetro colocados no mesmo nível foram, respectivamente, de 5 atm e 0,5 atm.
Qual a altura manométrica?
Solução

$p' = 5$ atm $p'' = 0,5$ atm
$H'_b = 740$ torr

$$H = (p' + p'') \times \frac{H'_b}{H_b} = (5,0 + 0,5) \times \frac{740}{760} = 5,33 \text{ atm}$$

Fig. 3.19a Manômetro Bourdon da Ashcroft — Niagara S.A. Com. e Ind.

Mas 1 atm = 0,967 kgf · cm²

logo 5,33 × 0,967 = 5,15 kgf · cm⁻²

ou H = 51,5 metros de coluna de água.

CASO DE RESERVATÓRIOS "FECHADOS" (Fig. 3.20)

Suponhamos o caso de a bomba recalcar de um reservatório "fechado" onde a pressão manométrica é $H''_{man.}$, que pode ser menor ou maior que a atmosférica, para um reservatório onde a pressão manométrica é $H'_{man.}$.
As pressões absolutas correspondentes são

$$H'_{abs.} = H'_{man.} + H_b$$

e

$$H''_{abs.} = H''_{man.} + H_b \quad \text{para } H''_{abs.} > H_b$$

ou

$$H''_{abs.} = H_b - H''_{vac.} \quad \text{para } H''_{abs.} < H_b$$

Apliquemos a equação de Bernoulli entre a superfície livre do líquido no reservatório inferior e a entrada da bomba.

$$0 + H''_{abs.} + 0 = h_a + \frac{p_0}{\gamma} + \frac{V_0^2}{2g} + J_a = 0 + H''_{man.} + H_b$$

Daí,

$$\frac{p_0}{\gamma} = H''_{abs.} - h_a - \frac{V_0^2}{2g} - J_a$$

Fazendo o mesmo entre a saída da bomba e o nível do reservatório superior, teremos

$$\left(i + \frac{p_3}{\gamma}\right) + \frac{V_3^2}{2g} = h_r + J'_r + H'_{abs.}$$

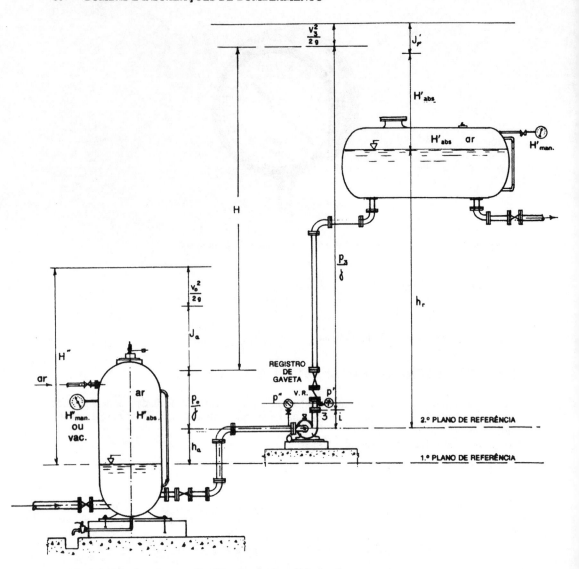

Fig. 3.20 Bombeamento entre pressões diferentes da atmosférica local.

Mas

$$H = \frac{p_3 - p_0}{\gamma} + i \quad \text{ou} \quad \frac{p' + p''}{\gamma}$$

Logo

$$H = h_a + h_r + J_a + J'_r + \frac{V_0^2 - V_3^2}{2g} + H'_{abs.} - H''_{abs.} \quad (2.30)$$

ou

$$H = h_e + J + \frac{V_0^2 - V_3^2}{2g} + H'_{abs.} - H''_{abs.}$$

Quando $H''_{abs.} > H_b$

$H'_{abs.} - H''_{abs.} = H'_{man.} - H''_{man.}$ porque H_b se simplifica na equação.

Se $H''_{abs.} < H_b$

$H'_{abs.} - H''_{abs.} = (H'_{man.} + H_b) - (H_b - H_{man.})$
$= H'_{man.} + H''_{man.}$

o termo $H''_{man.}$ terá sinal positivo. A altura manométrica será maior; a bomba consumirá evidentemente mais energia do que se houvesse pressão auxiliando o escoamento para a entrada da mesma.

Observação

Se H'' fosse igual a $\left(H'_{abs.} + h_e + J + \dfrac{V_0^2 - V_3^2}{2g} \right)$, H seria nulo, isto é, não precisaria haver bomba.

No Cap. 29, ao tratarmos dos *Ensaios de bombas*, encontraremos mais algumas aplicações do assunto tratado.

VELOCIDADES NAS LINHAS DE RECALQUE E DE ASPIRAÇÃO

Com a finalidade de reduzir as perdas de carga nas linhas de aspiração e de recalque, devem-se adotar valores relativamente reduzidos para as velocidades de escoamento do líquido. Isto significa que os diâmetros podem vir a ser superiores aos das bocas de aspiração e de recalque das bombas, sendo necessário intercalar *peças de redução*.

A escolha da velocidade obedece a indicações baseadas na experiência e em critérios de ordem econômica (principalmente em linhas de recalque longas) e leva em conta a viscosidade do líquido e a existência de substâncias em suspensão no líquido.

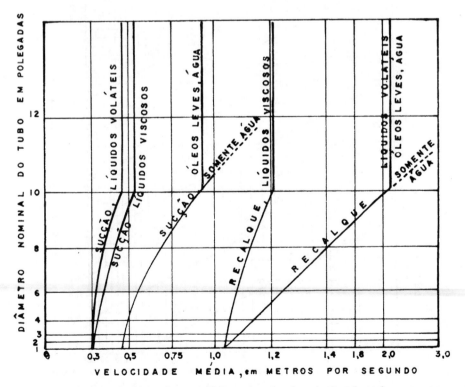

Fig. 3.21 Velocidades aconselhadas conforme os diâmetros dos tubos de aspiração e de recalque.

Para a água, por exemplo, a Sulzer aconselha os valores do gráfico da Fig. 3.23 para velocidades na aspiração e no recalque em função dos diâmetros e das descargas.

Fórmula de Bresse

Para as linhas de recalque de adutoras de pequeno diâmetro com funcionamento contínuo, na escolha do diâmetro do encanamento, usa-se a fórmula de Bresse, na qual está implícita a fixação de uma velocidade média econômica.

$$D = K \sqrt{Q}$$

A velocidade será

$$V = \frac{4}{\pi K^2}$$

K depende das condições econômicas da instalação, tais como o preço de custo da energia elétrica, o preço dos materiais e das máquinas e equipamentos empregados na instalação, e as despesas financeiras.

Podemos adotar, para as condições atuais, K igual a 1,1 a 1,2 e, portanto, a velocidade econômica entre 1,06 m $\cdot s^{-1}$ e 0,86 m $\cdot s^{-1}$.

Fórmula de Forscheimmer

Para instalações de bomba em edifícios, emprega-se a fórmula de Forscheimmer

$$D_{(m)} = 1,3 \sqrt{Q} \cdot \sqrt[4]{X}$$

D [m]
Q [m$^3 \cdot s^{-1}$]

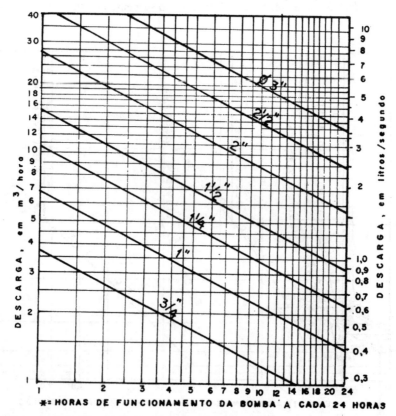

Fig. 3.22 Representação gráfica das grandezas da fórmula de Forscheimmer.

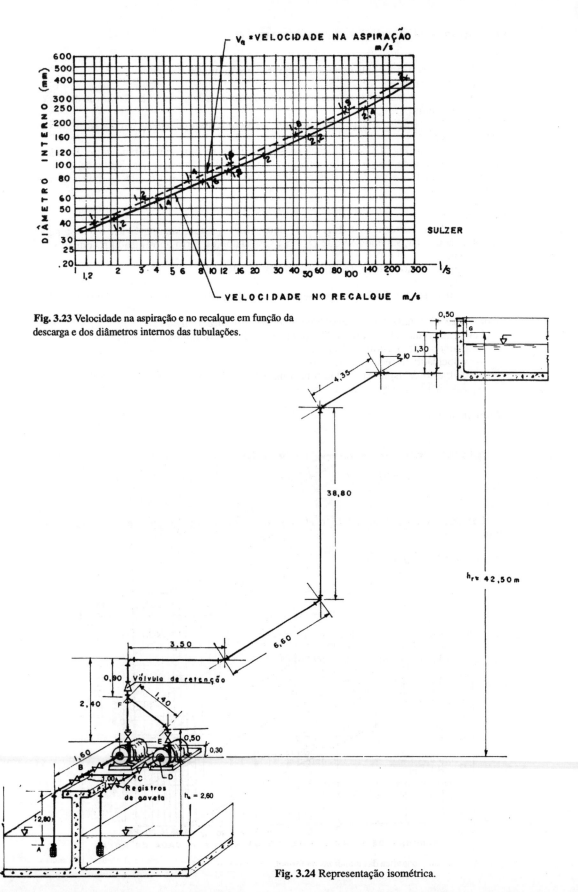

Fig. 3.23 Velocidade na aspiração e no recalque em função da descarga e dos diâmetros internos das tubulações.

Fig. 3.24 Representação isométrica.

84   BOMBAS E INSTALAÇÕES DE BOMBEAMENTO

onde D é o diâmetro do encanamento, expresso em metros.

Q é a descarga em $m^3 \cdot s^{-1}$ e

$X = n.^o$ *de horas de funcionamento da bomba a cada período de 24 horas* dividido por 24 horas.

A Fig. 3.22 traduz a dependência entre as grandezas que aparecem na fórmula de Forscheimmer.

O diagrama da Fig. 3.21 dá indicação das velocidades recomendáveis para vários líquidos nos encanamentos de sucção e de recalque. Como se pode observar, as velocidades que recomenda para tubos de diâmetros pequenos são bem menores do que as indicadas no gráfico da Sulzer.

Exercício 3.4

Na instilação esboçada na Fig. 3.24, determinar a altura manométrica e a potência do motor da bomba, sabendo-se que $Q = 5\, 1 \cdot s^{-1}$. Tubo de ferro galvanizado rosqueado.

$h_a = 2,60$ m

$l_a = 5,40$ m — trecho $ABCD$. (comprimento desenvolvido)

$h_r = 42,50$ m

$l_r = 59,95$ m — trecho EFG. (comprimento desenvolvido)

Escolha das velocidades de escoamento e diâmetro dos encanamentos

Pelo gráfico da Sulzer (Fig. 3.23), para $Q = 5\, 1 \cdot s^{-1}$, obtemos

— diâmetro de recalque: 63 mm $2^{1}/_{2}''$

— velocidade de recalque: $1,45$ m $\cdot s^{-1}$

— diâmetro de aspiração: 70 mm usaremos $3'' = 75$ mm

— velocidade de aspiração: $1,3$ m $\cdot s^{-1}$

Altura manométrica

Sabemos que $H = \left(h_a + J_a + \dfrac{V_0^2}{2g} \right) + (h_r + J_r)$

$\qquad\qquad H = H_a + H_r$

Calculemos separadamente H_a e H_r, porque os diâmetros dos encanamentos são diferentes.

Altura Total de Aspiração H_a

	m	m.c.a.
a. h_a altura estática de aspiração		2,60
b. Comprimento real do tubo de asp.	5,40	
com diâmetro de 75 mm (3″)		
Comprimentos equivalentes ou virtuais		
— 1 válvula de pé com crivo	20,00	
— 1 cotovelo raio médio 90º	2,10	
— 2 registros de gaveta	1,00	
— 2 tês com saída lateral em B e C	10,40	
Comprimento real & virtual	38,90	
No ábaco da fórmula de Fair-Whipple-Hsiao com $\theta = 3''$ e $Q = 5\, 1 \cdot s^{-1}$, obtêm-se $v_0 = 1,1$ m $\cdot s^{-1}$ e $J = 0,027$ m/m Perda de carga na aspiração: $J_a = 38,90$ m $\times 0,027$ m/m		1,05
c. $\dfrac{V_0^2}{2_g} = \dfrac{1,1^2}{2 \times 9,8}$		0,06
$H_a = h_a + J_a + \dfrac{V_0^2}{2_g}$		3,71

Altura Total de Recalque H_r

	m	m.c.a.
a. h_r — altura estática de recalque		42,50
b. Comprimento real do tubo de recalque	59,95	
Comprimentos equivalentes ou virtuais		
— 1 registro de gaveta $2^{1}/_{2}''$	0,40	
— válvula de retenção (tipo pesado)	8,10	
— 1 tê de entrada lateral	4,30	
— 1 cotovelo 45º	0,90	
— 7 cotovelos 90º raio médio (7 × 1,70)	11,90	
Comprimento real & virtual	85,55	
No ábaco da fórmula de Fair-Whipple-Hsiao com $\theta = 2^{1}/_{2}''$ e $Q = 5 l \cdot s^{-1}$, obtêm-se $v_r = 1,50$ e $J = 0,065$ m/m Perda de carga no recalque $J_r = 85,55$ m × 0,065 m/m		5,56
$H_r = h_r + J_r$		48,06

Altura Manométrica de Elevação

$$H = H_a + H_r = 3,71 + 48,06 = 51,77 \text{ m}$$

Estimativa da potência motriz (do motor que deverá acionar a bomba).

Supondo não haver à mão o catálogo de fabricante de bombas para uma escolha criteriosa, como será visto no Cap. 6, podemos adotar um valor baixo para o rendimento total (0,40 a 0,70). Adotemos $\eta = 0,50$. Teremos então

$$N = \frac{1.000 \times Q \times H}{75 \times \eta} = \frac{1.000 \times 0,005 \times 51,81}{75 \times 0,50} = 6,9 \text{ c.v.}$$

Seria adotado um motor de 7,5 c.v., logo acima do valor achado que é o tipo fabricado.

Tratando-se de instalação em que a bomba não funciona durante longos períodos, não há necessidade de adotar a indicação citada anteriormente, a de aumentar de 25% a potência, se o valor calculado está compreendido entre 6 a 10 c.v. Ademais, o rendimento adotado foi bastante baixo.

Exercício 3.5

Colocou-se um manômetro de mercúrio ligando o tubo de recalque ao de aspiração de uma bomba e mediu-se um desnível de 0,60 m no manômetro. A descarga medida foi de 80 $l \cdot s^{-1}$.

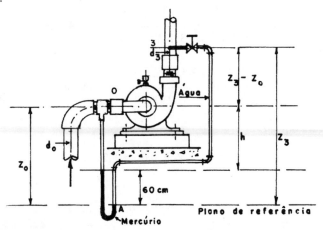

Fig. 3.25 Medição da altura manométrica com um manômetro de mercúrio.

86   BOMBAS E INSTALAÇÕES DE BOMBEAMENTO

Qual a energia útil (altura útil) fornecida pela bomba, sendo a água o líquido bombeado, e qual a potência útil correspondente?

Solução
Sabemos que a altura útil é dada por

$$Z_3 + \frac{p_3}{\gamma} + \frac{V_3{}^2}{2g} - (V_0 + \frac{p_0}{\gamma} + \frac{V_0{}^2}{2g}) = H_u$$

$$H_u = (Z_3 + \frac{p_3}{\gamma}) - (Z_0 + \frac{p_0}{\gamma}) + \frac{V_3{}^2 - V_0{}^2}{2g}$$

Na altura do plano de referência passando pelo ponto A, existe equilíbrio entre as camadas líquidas dos lados do recalque e da aspiração. Chamemos de γ o peso específico da água ($1.000 \ kgf \cdot m^{-3}$) e de γ' o do mercúrio, igual a $13.600 \ kgf \cdot m^{-3}$.

$$0,60 \ . \ \gamma + h \ . \ \gamma + (Z_3 - Z_0) \ \gamma + p_3 = 0,60 \ . \ \gamma' + h \ . \ \gamma + p_0$$

Daí

$$p_3 = 0,60 \ . \ \gamma' + p_0 - \gamma \ [0,60 + (Z_3 - Z_0) \ ]$$

Dividindo por γ e chamando $\dfrac{\gamma'}{\gamma}$ de δ

$$\frac{p_3}{\gamma} = 0,60 \ . \ \delta + \frac{p_0}{\gamma} - 0,60 - (Z_3 - Z_0)$$

Ou

$$(Z_3 + \frac{p_3}{\gamma}) - (Z_0 + \frac{p_0}{\gamma}) = 0,60 \ (\delta - 1) = 0,60 \ (13,6 - 1)$$

$$= 7,56 \ m$$

Vejamos agora as alturas representativas das velocidades.

$$V_3 = \frac{4 \ . \ Q}{\pi \ . \ d_2{}^2} = \frac{4 \times 0,08}{3,14 \times 0,152^2} = 4,41 \ m \ . \ s^{-1}$$

e

$$V_0 = \frac{4 \ . \ Q}{\pi \ . \ d_1{}^2} = \frac{4 \times 0,8}{3,14 \times 0,203^2} = 2,47 \ m \ . \ s^{-1}$$

$$\frac{V_3{}^2 - V_0{}^2}{2g} = \frac{4,41^2 - 2,47^2}{19,6} = 0,67 \ m$$

Portanto, a altura útil será

$$H_u = 7,56 + 0,67 = 8,23 \ m$$

A potência útil será

$$N_u = \frac{\gamma \cdot Q \cdot H_u}{75} = \frac{1.000 \times 0,08 \times 8,23}{75} = 8,77 \ c.v.$$

Exercício 3.6

Uma bomba deve bombear óleo de densidade 0,970 e viscosidade cinemática igual a $3,6 \text{ cm}^2 \cdot s^{-1}$ num oleoduto de 254 mm de diâmetro constante e com 1.200 m de comprimento, vencendo um desnível de 30 metros. A descarga é de $45 \text{ l} \cdot s^{-1}$.

Qual deverá ser a pressão na boca de saída da bomba?

Solução

1. Vejamos a natureza do escoamento.

$$V = \frac{4Q}{\pi \cdot d^2} = \frac{4 \times 0,045}{3,14 \times 0,254^2} = 0,89 \text{ m} \cdot s^{-1}$$

O número de Reynolds, como recordaremos no Cap. 30, é dado por

$$R = \frac{V \cdot d}{\nu}$$

sendo

$$\nu = \text{coef. de viscosidade cinemática} = 3,6 \text{ cm}^{-2}s^{-1}$$

$$R = \frac{0,90 \times 0,254}{3,6 \times 10^{-4}} = 628$$

O número de Reynolds sendo menor que 2.000, o escoamento é laminar, e podemos calcular a perda de carga pela equação

$$J = \frac{64}{R} \cdot \frac{l}{d} \cdot \frac{V^2}{2g} = \frac{64}{628} \times \frac{1.200}{0,254} \times \frac{0,9^2}{19,6} = 19,89 \text{ m}$$

A diferença de pressões entre a saída da bomba e o ponto a uma altura de 30 m acima é dada pelo desnível $h_3 - h_4 = 30$ m mais a perda de carga entre os dois pontos, $J_3^4 = 19,5$ m, ou seja,

$$\frac{p_3 - p_4}{\gamma} = 30,0 + 19,89 = 49,89 \text{ m}$$

Mas $\gamma = 970 \text{ kgf} \cdot m^{-3}$

Logo, a pressão será

$$p_3 - p_4 = 970 \times 49,89 = 48.393 \text{ kgf} \cdot m^{-2}$$
$$= 4,84 \text{ kgf} \cdot cm^{-2}$$

Como a pressão p_4 na saída da tubulação é igual à pressão atmosférica, a pressão na saída da bomba $(p_3 - p_4)$ é a pressão relativa naquele ponto. Para termos a pressão absoluta em 3, teremos que somar ao valor 4,84 kgf $\cdot$ cm^{-2} o da pressão atmosférica que reina em 4.

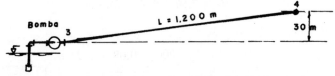

Fig. 3.26 Bombeamento entre um reservatório e um ponto 4 a 1.200 m de distância.

Bibliografia

AGUIRRE, MIGUEL REYES. Curso de Máquinas Hidráulicas. Faculdade de Engenharia, México, 1971.

Burdex de São Paulo Ltda. Manômetros de todos os tipos.

CHERKASSKY, V. M. *Pumps, Fans, Compressors.* Mir Publishers, Moscou, 1985.

CISNEROS, LUIS M.ª JIMENEZ. *Manual de Bombas.* 1.ª ed., Editorial Blume, Barcelona, 1977.

DUPUIT, A. *Hydraulique Urbaine,* vol. II. Eyrolles, Paris, 1971.

Hydraulic Institute Standards for centrifugal, rotary and reciprocating pumps, 1969.

KARASSIK, IGOR J. *Pump Handbook.* McGraw-Hill Book Company, 1976.

MACINTYRE A. J. e SILVEIRA, JORGE F. *Máquinas hidráulicas.* 1965.

MATOS, EDSON EZEQUIEL. *Bombas Centrífugas.* Petrobrás.

MATAIX, CLÁUDIO. *Mecánica de los fluídos y Máquinas Hidráulicas.* 1970.

Ministério da Marinha. Diretoria de Engenharia da Marinha. *Bombas.* ITENA-47, 1970.

Niagara S.A. Com. e Ind. Manômetros de Processo Ashcroft.

Power Test Code, Centrifugal Pumps. American Society of Mechanical Engineers, 1965.

SALVI CASAGRANDI. Manômetros Wika.

Sulzer. *Eléments d'Hydraulique pour installations de pompage.*

Vamcoster Industrial Ltda. Aparelhos para controle e medição.

VIBERT, M. *Le diamètre optimum des conduits de refoulement.* 1.ª ed., Génie Civil, março, 1948.

4
Teoria Elementar da Ação do Rotor das Bombas Centrífugas

PROJEÇÃO MERIDIANA

O estudo do funcionamento dos órgãos de constituição simétrica das máquinas rotativas é feito mediante a consideração de duas projeções:
- uma, segundo um *plano normal* ao eixo de simetria, que é, na realidade, um corte que o plano faz na peça, plano que passa sempre pelo ponto que contém a grandeza que se está estudando.
- outra, num plano passando pelo eixo, denominada *plano meridiano*. Não se trata propriamente de uma projeção como esta é normalmente entendida, e sim de um rebatimento. Cada ponto da peça é representado no plano pelo traço da circunferência que ele descreveria se dotado de rotação em torno do eixo de simetria (Fig. 4.1). Em outras palavras: as projetantes são arcos de circunferências normais ao eixo e passando pelos pontos. Todos os pontos simétricos em relação ao eixo são representados pelo mesmo ponto no plano de projeção meridiana, uma vez que a projetante é a mesma.

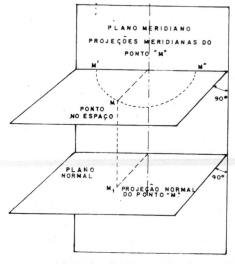

Fig. 4.1 Projeções meridiana e normal de um ponto M.

90 BOMBAS E INSTALAÇÕES DE BOMBEAMENTO

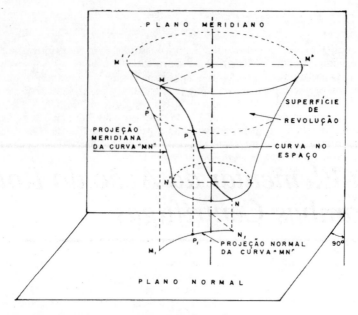

Fig. 4.2 Projeções meridiana e normal de uma linha MN.

Todas as curvas desenhadas ou contidas em uma superfície de revolução, cujo eixo coincide com o de simetria da peça, *terão a mesma projeção* sobre o plano meridiano, e que se chama a *linha meridiana* da superfície considerada.

A projeção da curva no plano normal ao eixo é a *projeção normal*.

A representação de uma superfície no espaço far-se-ia pela projeção das linhas que a limitam. A Fig. 4.3 indica uma pá de bomba no espaço e uma idéia de como seriam suas representações nos dois planos.

É importante ter presente, ao observar-se desenhos de turbomáquinas, que o desenho não representa um "corte" e sim a projeção meridiana das pás. Todas as pás têm apenas duas projeções meridianas simétricas em relação ao eixo, mas cada qual tem uma projeção normal própria, de modo que a projeção meridiana apenas não é suficiente para representar a forma da pá.

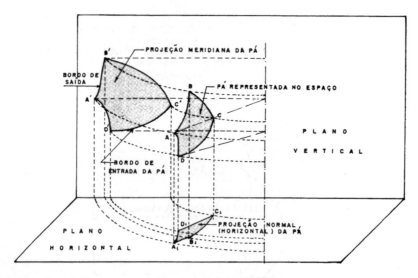

Fig. 4.3 Projeções meridiana e normal de uma superfície ABCD.

DIAGRAMA DAS VELOCIDADES

Representemos (Fig. 4.4) o rotor de uma bomba centrífuga com pás de dupla curvatura, em projeção meridiana. Sejam $a'b'$ a projeção meridiana da trajetória de uma partícula líquida, e M' de uma partícula dessa trajetória, contida na interseção dos dois planos ortogonais de projeção. Em projeção normal, o ponto que representa a partícula é M. Examinemos o que ocorre com essa partícula (M, M') que está em contato com uma das pás do rotor, quando este se acha em movimento. A pá, deslocando-se com velocidade angular, que supomos constante, arrasta a partícula, obrigando-a a descrever uma certa trajetória sobre sua superfície. Essa trajetória é a *trajetória relativa* e é um *perfil da pá* acompanhado pela partícula. Se um observador pudesse imaginar-se girando com a pá, seria esta a trajetória que ele veria a partícula descrever.

Mas enquanto a partícula acompanha a superfície da pá, descrevendo a trajetória relativa, a pá gira e comunica um movimento de "arrastamento" à partícula. O resultado da composição desses dois movimentos, e que a partícula descreve em relação ao sistema fixo (base da bomba, onde também está o observador), é uma trajetória denominada *trajetória absoluta*. É essa a trajetória que o observador no sistema fixo veria a partícula líquida descrever.

As duas trajetórias, num dado instante, se cortam no ponto M porque ambas são descritas pela mesma partícula, embora as trajetórias sejam referidas a sistemas diferentes (a pá e a base da bomba). Como dissemos acima, a partícula M está contida na interseção dos dois planos de projeção, e as duas trajetórias — relativa e absoluta — têm a mesma projeção meridiana $a'b'$, pois, na superfície de revolução onde M se encontra, as duas trajetórias estão também contidas.

No plano normal ao eixo, porém, as projeções das trajetórias, relativa $a_1 b_1$ e absoluta ab, não se confundem.

Sabemos, da Mecânica, que o vetor velocidade V do movimento absoluto resulta da composição geométrica dos vetores U e W representativos das velocidades u — de *arrastamento* (também chamada velocidade *periférica* ou *circunferencial*), e w — *relativa*. A grandeza u é também a velocidade que possui o ponto *do rotor*, que coincide, no instante considerado, com a partícula líquida.

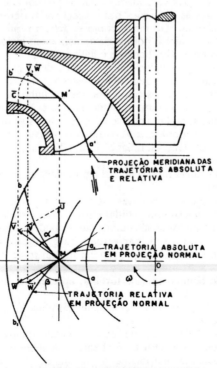

Fig. 4.4 Projeção meridiana e horizontal das trajetórias e velocidades respectivas.

92 BOMBAS E INSTALAÇÕES DE BOMBEAMENTO

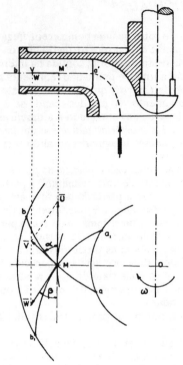

Fig. 4.5 Projeções meridiana e no plano normal ao eixo das trajetórias e velocidades respectivas.

No nosso estudo, designaremos os vetores por letras maiúsculas, reservando as minúsculas para seus módulos.

Na projeção normal, essas velocidades estão representadas por V', W' e U. É claro que V' e W' são tangentes às projeções das respectivas trajetórias, e U é normal ao raio polar do ponto M considerado. Do modo como se acham representados, somente o vetor U aparece em verdadeira grandeza, porque os demais estão inclinados em relação ao plano de projeção, no caso das bombas helicoidais e hélico-axiais.

Para obter todos os vetores velocidades em verdadeira grandeza, precisamos rebater, sobre o plano de projeção, o plano que contém esses vetores, ou seja, o do paralelogramo das velocidades. Para isso, tomamos como charneira a linha de ação de U, que, no plano meridiano, se projeta segundo o ponto M, uma vez que U é normal a esse plano.

Em projeção meridiana, o plano que contém os vetores velocidades se projeta segundo a reta tangente em M' à trajetória $a'b'$. Com o rebatimento, as extremidades de W e V se projetarão em C, no plano meridiano, e, em W e V, no plano normal, resolvendo assim o problema.

O diagrama com os vetores representados em verdadeira grandeza é chamado *diagrama das velocidades* (Fig. 4.4).

Nas bombas centrífugas radiais puras, as pás são superfícies cilíndricas de geratrizes paralelas ao eixo de rotação e compreendidas entre coroas circulares praticamente paralelas entre si, de modo que as trajetórias são curvas que se podem considerar situadas em planos normais ao eixo, fornecendo assim, em verdadeira grandeza, as projeções normais das velocidades, como mostra a Fig. 4.5, que representa um rotor de bomba centrífuga radial pura.

No projeto, seja de bomba, seja de turbina, apresenta interesse o conhecimento das seguintes grandezas (Fig. 4.6):

α — ângulo formado pelo vetor velocidade absoluta V, com a do vetor velocidade circunferencial U;

β — ângulo formado pela direção do vetor velocidade relativa W, com o prolongamento em sentido oposto do vetor U. É chamado de *ângulo de inclinação das pás*.

W_m e V_m — componentes meridianas ou radiais de W e V, isto é, projeções sobre o plano meridiano (neste caso, não é rebatimento).

TEORIA ELEMENTAR DA AÇÃO DO ROTOR DAS BOMBAS CENTRÍFUGAS

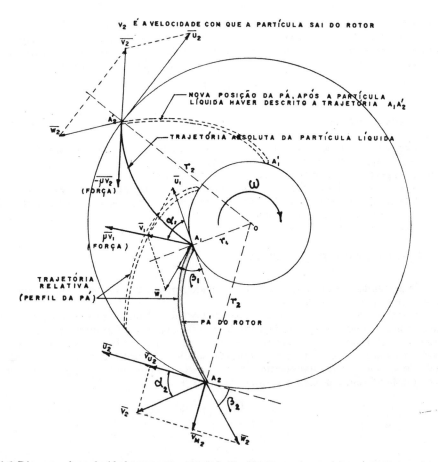

Fig. 4.6 Diagrama das velocidades para uma partícula líquida M.

W_u e V_u — componentes periféricas ou de arrastamento de W e V, isto é, projeções sobre a direção de U.

Podemos escrever

$$\text{tg } \alpha = \frac{V_m}{V_u} \qquad (4.1)$$

$$\text{tg } \beta = \frac{W_m}{W_u} = \frac{V_m}{W_u} = \frac{V_m}{U - V_u} \qquad (4.2)$$

A *componente* meridiana V_m aparece nas expressões da *descarga* no rotor, e a *componente periférica* V_u aparece nas expressões da *energia* cedida pelo rotor ao líquido.

A Fig. 4.6 representa os perfis de duas pás consecutivas de um rotor de bomba centrífuga; uma em linha cheia e outra em linhas tracejadas, mostrando o canal por elas formado. É o perfil da pá que determina a trajetória relativa, como já vimos.

Vejamos o que ocorre com o líquido quando o rotor está em movimento.

Uma partícula vinda do tubo de aspiração chega ao ponto A_1, na entrada do rotor, com a velocidade representada por V_1 onde encontra a face de uma pá que está girando no ponto A_1, com a velocidade circunferencial U_1, de módulo $u_1 = \omega \cdot r_1$.

Sob a ação da pá, a partícula vai descrever a trajetória relativa A_1A_2 dada pelo perfil da pá, começando com a velocidade relativa W_1 tangente ao perfil. A composição dos movimentos permite que se possa escrever para as velocidades no ponto A_1:

$$\boxed{\overline{V}_1 = \overline{W}_1 + \overline{U}_1} \tag{4.3}$$

e que permite determinar os módulos w_1 e v_1 das velocidades W_1 e V_1, visto conhecermos suas direções e a direção, o sentido e o módulo de U_1.

Enquanto a partícula descreve a trajetória relativa, sempre em contato com a pá, sua velocidade relativa W vai diminuindo em conseqüência das resistências passivas encontradas no percurso e da modificação da seção do canal.

A pá, no seu deslocamento, *arrasta* a partícula, obrigando-a a descrever a trajetória absoluta $A_1A'_2$. A velocidade de saída V_2 resulta da composição geométrica de U_2 com W_2, como está indicado para o ponto A'_2. O diagrama pode também ser desenhado para o ponto A_2, como mostra a Fig. 4.6.

PÁS INATIVAS E PÁS ATIVAS

Imaginemos inicialmente um rotor formado por um disco e uma coroa, concêntricos e paralelos, *não dotados de pás*.

Estando o rotor em movimento, imaginemos que o líquido escoe livremente, entrando pelo centro e saindo pela periferia, com direção radial e sem sofrer influência de resistências passivas. Sua trajetória absoluta (que, no caso, se chama também natural ou espontânea) será uma linha radial A_1A_2, como indicada na Fig. 4.7, descrita com a velocidade V de módulo v, que decresce uniformemente de A_1 para A_2, porque a descarga sendo constante e b, a distância entre o disco e a coroa, devemos ter

$$v = \frac{Q}{\Omega} = \frac{Q}{2\pi r \cdot b}$$

sendo r a distância da partícula ao eixo de rotação, no instante em que possui a velocidade v. O denominador é a área da superfície cilíndrica de raio r e altura b.

Como o rotor está animado de movimento de rotação, com velocidade que admitimos ser constante, a mesma partícula tem, em relação a ele, uma trajetória relativa $A_1A'_2$, cuja forma depende da velocidade angular do rotor e da linear v.

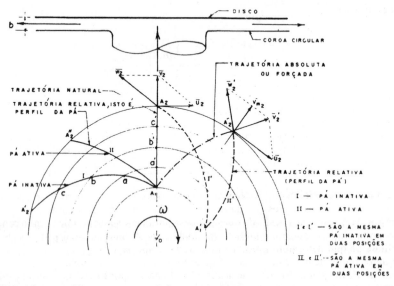

Fig. 4.7 Trajetórias a considerar para uma partícula no rotor girando.

TEORIA ELEMENTAR DA AÇÃO DO ROTOR DAS BOMBAS CENTRÍFUGAS 95

Imaginemos um rotor cujas pás, entre as coroas, tenham o mesmo perfil dessa trajetória relativa $A_1A'_2$. Essas pás não interferirão no escoamento, que continuará como se elas não existissem e segundo A_1A_2. Tais pás seriam ditas *sem ação* ou *inativas*. De fato, enquanto a partícula seguiu a trajetória radial $\overline{A_1a'}$, houve um ponto da pá que descreveu o arco $\overline{aa'}$; enquanto a partícula percorreu o trajeto $\overline{A_1b'}$, houve um ponto da pá que descreveu o arco $\overline{bb'}$; e assim por diante. Os pontos da pá apenas alcançam a partícula, mas não modificam sua trajetória.

Ao deixar o rotor, o líquido teria uma velocidade relativa W_2, tangente à pá, que somada vetorialmente com U_2, velocidade circunferencial do rotor, daria a velocidade absoluta V_2 na direção radial.

Vamos agora supor que as pás de perfil $A_1A'_2$ sejam substituídas por outras de perfil $A_1A''_2$, sem espessura, e em número suficientemente grande para guiar perfeitamente as veias líquidas.

A trajetória relativa terá evidentemente que se conformar com o novo perfil das pás, coincidindo pois com $A_1A''_2$. A trajetória absoluta, porém, não será mais radial e sim uma certa curva $A_1A''_2{}'$ chamada "trajetória forçada".

As novas pás não serão mais sem ação; elas imprimirão às partículas líquidas uma aceleração em virtude da ação de *forças* decorrentes do *movimento de arrastamento,* forçando-as a mudarem de direção.

Na saída do rotor, o líquido tem agora a velocidade relativa W'_2 que somada geometricamente com U_2 fornece a nova velocidade absoluta V'_2, de valor superior a V_2, porque a componente radial V_{m2} tem que ser igual à de V_2, para que não haja alteração na descarga. na descarga.

AÇÃO DAS PÁS SOBRE O LÍQUIDO

Em vista de a partícula líquida se deslocar em relação à pá enquanto esta gira em relação à base, a aceleração total a que a partícula é submetida e à qual corresponde a força de inércia resulta das acelerações dos movimentos componentes e da aceleração complementar de Coriollis ($2\omega u$, sendo ω a velocidade angular). Esta força admite uma componente tangencial e outra normal à trajetória absoluta.

A componente tangencial gera uma *aceleração tangencial* comunicando *energia cinética* à partícula.

A componente normal provoca a mudança de direção em virtude da aceleração centrípeta que, como sabemos, é a responsável pela curvatura da trajetória.

Agora podemos entender melhor a definição dada para as turbomáquinas ou rotodinâmicas. Em virtude da aceleração a que é submetida por ação das pás, a partícula líquida segue uma trajetória absoluta, que não coincide com a dos pontos da pá com os quais sucessivamente entra em contato.

A energia transmitida ao líquido será tanto maior quanto mais intensa for a ação das pás sobre ele, o que ocorrerá quanto mais afastado estiver o perfil da pá em relação ao perfil inativo, e este, como é fácil concluir, depende dos valores da descarga e da velocidade angular do rotor; tem pois uma forma para cada condição de escoamento.

Se ocorre fornecimento de energia ao líquido, torna-se necessário admitir que uma fonte motriz externa esteja fornecendo o trabalho correspondente, o que é feito sob forma do conjugado de rotação.

Para que possamos considerar a trajetória relativa da partícula como coincidente com o perfil das pás, é necessário admitir que estas sejam em "número infinito" e "sem espessura" e que o escoamento se processe sem turbilhonamento. Esta é uma hipótese simplificadora, porém irreal, e que será adotada no nosso estudo teórico em que desprezaremos os atritos. Posteriormente faremos as necessárias correções.

EQUAÇÃO DAS VELOCIDADES

No Cap. 3 fizemos ver que a energia representada pela *altura total de elevação* H_e não é integralmente utilizada na elevação do líquido (H_u); uma parte é perdida para vencer as resistências de natureza hidráulica, J_e, que ocorrem no interior da bomba. Assim

$$H_e = H_u + J_e$$

Considerando o que se passa *apenas no rotor*, podemos escrever, desprezando as variações de h por se compensarem devido à simetria do rotor,

$$H_e = \frac{p_2 - p_1}{\gamma} + \frac{v_2^2 - v_1^2}{2g} + J'_e \tag{4.4}$$

Isto significa que a energia cedida pelo rotor é feita parte sob forma de energia de pressão $\frac{p_2 - p_1}{\gamma}$; outra sob forma de energia cinética $\frac{v_2^2 - v_1^2}{2g}$; e outra perdida no interior do próprio rotor J'_e. Esta parcela J'_e é parte das perdas J_e da bomba completa (rotor e difusor).

Vejamos como determinar o acréscimo de energia de pressão representada por $\frac{p_2 - p_1}{\gamma}$.

Esse acréscimo resulta:
a. Da ação da força centrífuga devida ao movimento do rotor.
b. Da variação da velocidade relativa do líquido ao atravessar os canais formados pelas pás do rotor, e onde justamente ocorre a perda de energia J'_e.

No volume de revolução formado pelo movimento do rotor, considerado cheio de líquido de peso específico γ, imaginemos um anel de raio médio r, espessura dr e altura Z (Fig. 4.8).

Tomemos, deste anel, um elemento de comprimento ds, de massa

$$d^2 m = \frac{\gamma}{g} \cdot Z \cdot dr \cdot ds$$

Consideremos esse elemento girando em torno do eixo de rotação, que é o eixo geométrico da bomba, com velocidade angular ω.

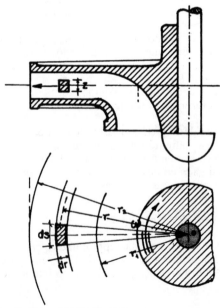

Fig. 4.8 Elemento líquido sob ação do movimento do rotor.

TEORIA ELEMENTAR DA AÇÃO DO ROTOR DAS BOMBAS CENTRÍFUGAS 97

A força centrífuga que atua sobre o elemento do anel é

$$d^2 F_C = d^2 m \cdot \omega^2 \cdot r = \frac{\gamma}{g} \cdot \omega^2 \cdot Z \cdot r \cdot ds$$

Esta força atuando sobre o arco $Z \cdot ds$ do elemento dá origem a uma pressão

$$dp = \frac{d^2 F_C}{Z \cdot dS} = \frac{\gamma}{g} \cdot \omega^2 \cdot r \cdot dr$$

Integrando entre os limites que definem os bordos de saída e de entrada do rotor, teremos

$$\Delta' p = \frac{\gamma}{2g} \cdot \omega^2 \cdot (r_2{}^2 - r_1{}^2) = \frac{\gamma}{2g} (u_2{}^2 - u_1{}^2)$$

sendo u_1 e u_2, respectivamente, as velocidades circunferenciais dos bordos de entrada e de saída do rotor na seção considerada, normal ao eixo.

Exprimindo em metros de coluna líquida de peso específico γ, temos

$$\frac{\Delta' p}{\gamma} = \frac{1}{2g} \cdot (u_2{}^2 - u_1{}^2) \qquad (4.5)$$

O líquido ganha energia de pressão exclusivamente devido ao movimento de rotação.

Ao percorrer os canais do rotor cujas seções são crescentes, o líquido sofre uma variação de velocidade e de pressão, cedendo a energia J'_ε. Desprezando h (variação de cotas entre a entrada e a saída do rotor), teremos, em conseqüência do movimento relativo, onde não há ganho de energia,

$$J'_\varepsilon = - \frac{\Delta'' p}{\gamma} + \frac{w_1{}^2 - w_2{}^2}{2g}$$

Donde

$$\frac{\Delta'' p}{\gamma} = \frac{w_1{}^2 - w_2{}^2}{2g} - J'_\varepsilon \qquad (4.6)$$

A variação de pressão $(p_2 - p_1)$ resulta do acréscimo $\Delta' p$ devido ao movimento de arrastamento, e do acréscimo $\Delta'' p$ do movimento relativo

$$p_2 - p_1 = \Delta' p + \Delta'' p$$

Tendo em vista as Eqs. (4.4), (4.5) e (4.6), obtemos

$$H_e = \frac{u_2{}^2 - u_1{}^2}{2g} + \frac{w_1{}^2 - w_2{}^2}{2g} + \frac{v_2{}^2 - v_1{}^2}{2g} \qquad (4.7)$$

Esta equação é conhecida como *equação das velocidades* ou da *energia cedida ao líquido pelo rotor*. Revela que a energia cedida pelo rotor ao líquido, observadas as ressalvas que fizemos, depende apenas das velocidades à entrada e à saída do rotor. Não contém o termo da perda J'_e, porque seu efeito se faz sentir no valor de w_2.

EQUAÇÃO FUNDAMENTAL DAS TURBOBOMBAS

Vimos, em Teorias sobre o escoamento dos líquidos, Cap. 1, que um líquido, ao escoar num canal, exerce sobre as paredes do mesmo um sistema de forças equivalentes ao de cinco forças finitas. Inversamente, para obrigarmos o líquido a escoar pelo mesmo canal, devemos exercer sobre a massa líquida um sistema de forças igual e contrário ao referido.

A soma dos momentos de todas essas forças, que é o momento de elevação M_e, acrescida dos momentos resistentes mecânicos nos mancais M_ρ, deve equilibrar o momento motor M_m que o motor aplica ao eixo do rotor para mantê-lo em movimento uniforme. Assim

$$M_m = M_e + M_\rho$$

Mas, das cinco forças finitas estudadas, apenas as forças $(\mu' \cdot v_1)$ e $(\mu' \cdot v_2)$ podem dar momentos em relação ao eixo de rotação, pois as forças $(p_1 \cdot S_1)$ e $(p_2 \cdot S_2)$ são radiais, por serem normais às superfícies de revolução, e as forças de peso têm momento resultante nulo devido à simetria do rotor.

Cada força do tipo $(\mu' \cdot v)$ admite uma componente no plano meridiano (isto é, radial) que não dá momento, e uma normal ao citado plano, com o mesmo suporte de U, concorrendo com o momento $(\mu' \cdot v_u \cdot r)$, sendo v_u o módulo da projeção de V sobre U, r a distância do ponto de aplicação da força ao eixo de rotação e μ' a descarga em massa *em cada canal*.

Assim sendo, temos para o conjunto de canais do rotor:

$$\boxed{M_2 = \mu(v_{u_2} \cdot r_2 - v_{u_1} r_1)} \tag{4.8}$$

Como

$$\mu = \frac{P}{g} = \frac{\gamma \cdot Q}{g}$$

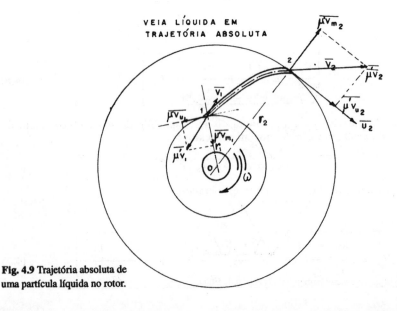

Fig. 4.9 Trajetória absoluta de uma partícula líquida no rotor.

podemos obter o valor de M_e em função de P ou de Q.

A *potência de elevação* pode ser expressa por

$$L_e = M_e \cdot \omega = \gamma \cdot Q \cdot H_e = \gamma \cdot Q \cdot \frac{H_u}{\varepsilon}$$

o que nos permite escrever

$$\frac{\gamma Q}{g} \cdot (v_{u_2} \cdot r_2 - v_{u_1} r_1) \cdot \omega = \frac{\gamma Q}{\varepsilon} \cdot H_u$$

Como, porém, $u_1 = \omega \cdot r_1$ e $u_2 = \omega \cdot r_2$, temos

$$\boxed{g \cdot H_u = \varepsilon (u_2 \cdot v_{u_2} - u_1 \cdot v_{u_1})} \quad (4.9)$$

que é a *equação fundamental das bombas centrífugas*, também conhecida como *equação de Euler*.

Para obter o maior valor de H_u é necessário fazer o líquido entrar radialmente no rotor (entrada meridiana, onde $v_1 = v_{m_1}$), o que torna $v_{u_1} = 0$ e, portanto, anula o termo subtrativo $u_1 \cdot v_{u_1}$.

A equação se transforma em

$$\boxed{\frac{g \cdot H_u}{\varepsilon} = u_2 \cdot v_{u_2} = g \cdot H_e} \quad (4.10)$$

É comum o emprego desta fórmula, empregando-se H ao invés de H_u, com pequena alteração no valor do ε.

Consideremos os diagramas das velocidades à entrada e à saída do rotor. Podemos escrever as relações trigonométricas seguintes:

$$\begin{cases} w_2^2 = v_2^2 + u_2^2 - 2u_2 \cdot v_{u_2} \\ w_1^2 = v_1^2 + u_1^2 - 2u_1 \cdot v_{u_1} \end{cases}$$

Daí

$$\begin{cases} 2 \cdot u_2 \cdot v_{u_2} = u_2^2 + v_2^2 - w_2^2 \\ 2 \cdot u_1 \cdot v_{u_1} = u_1^2 + v_1^2 - w_1^2 \end{cases}$$

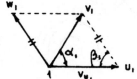

Fig. 4.10 Diagramas para o estabelecimento da Equação de Euler.

Subtraindo a segunda equação da primeira, teremos

$$2(u_2 \cdot v_{u_2} - u_1 v_{u_1}) = u_2^2 - u_1^2 + v_2^2 - v_1^2 + w_1^2 - w_2^2$$

Dividindo por $2g$, obteremos o valor de H_e:

$$\frac{u_2 \cdot v_{u_2} - u_1 v_{u_1}}{g} = \frac{u_2^2 - u_1^2}{2g} + \frac{v_2^2 - v_1^2}{2g} + \frac{w_1^2 - w_2^2}{2g} = H_e$$

o que era de se esperar, uma vez que as Eqs. (4.7) e (4.9) exprimem a mesma realidade.

INFLUÊNCIA DA FORMA DA PÁ SOBRE A ALTURA DE ELEVAÇÃO

As pás são caracterizadas pelos ângulos de entrada e de saída, conforme atesta a equação de Euler, onde somente as grandezas no bordo de entrada e no de saída aparecem. Façamos uma apreciação sobre esses ângulos:

1.º *ângulo de entrada do líquido no canal formado pelas pás do rotor*
Da equação de Euler, concluímos que a energia H_e é máxima quando o termo subtrativo $u_1 \cdot v_{u_1}$ se anula, o que ocorre quando a entrada for radial ou meridiana, isto é, $v_{u_1} = 0$, resultando a Eq. (4.10). A condição é satisfeita quando

$$\alpha_1 = 90° \text{ e tg } \beta_1 = \frac{v_1}{u_1}$$

2.º *ângulo de saída do líquido dos canais formados pelas pás*
Vimos que o ângulo β_2, formado pela direção da velocidade W_2 do líquido, ao sair do rotor com o prolongamento em sentido contrário da velocidade de arrastamento U_2 determina a direção da tangente ao bordo de saída da pá e, por conseguinte, a forma da pá à saída.
O ângulo β_2, influenciando os valores da velocidade absoluta V_2 e de sua componente circunferencial V_{u_2}, afeta o valor da energia H_e cedida pelo rotor, e é de grande interesse, para quem lida com bombas, conhecer essa influência.
Suponhamos constantes a descarga Q e o número n de rotações por minuto do rotor, os raios circunferenciais de entrada r_1 e de saída r_2 das pás, e determinemos o valor da energia H_e para diversos ângulos β_2 das pás.

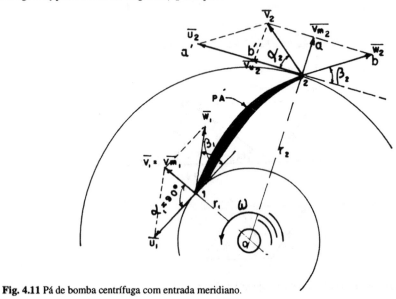

Fig. 4.11 Pá de bomba centrífuga com entrada meridiano.

TEORIA ELEMENTAR DA AÇÃO DO ROTOR DAS BOMBAS CENTRÍFUGAS   101

Para compreendermos com mais facilidade a influência da variação do ângulo β_2, admitiremos que o valor da componente meridiana ou radial v_{m_2} da velocidade absoluta de saída é igual ao da componente meridiana v_{m_1} da velocidade absoluta de entrada que, como sabemos, no caso da entrada meridiana, é igual a v_1, isto é,

$$v_{m_2} = v_2 \cdot \text{sen } \alpha_2 = v_1$$

Embora essa condição não seja obrigatória para todos os tipos de turbobombas, nas centrífugas puras é praticamente realizada, e, de qualquer modo, pode ser conseguida, reduzindo progressivamente a largura b do rotor, para que seja satisfeita a igualdade.

$$v_m = \frac{Q}{2\pi \cdot r \cdot b} = \text{constante}$$

Admitiremos, além disso, que a velocidade circunferencial u_2 é a mesma em todos os casos que vão ser examinados.

Retomemos a Eq. (4.7).

$$H_e = \frac{u_2^2 - u_1^2}{2g} + \frac{w_1^2 - w_2^2}{2g} + \frac{v_2^2 - v_1^2}{2g} \tag{4.7}$$

A energia H_e pode ser parcelada em:

A. *Energia de pressão* ou *energia potencial,* que é

$$\boxed{H_p - \frac{p_2 - p_1}{\gamma} + J'_\varepsilon = \frac{u_2^2 - u_1^2 + w_1^2 - w_2^2}{2g}} \tag{4.11}$$

ou atendendo a que

$$v_{m_2}^2 = v_1^2 = w_1^2 - u_1^2$$

e como o segmento ab é igual a $a'b'$ (Fig. 4.11), temos

$$w_2^2 - v_{m_2}^2 = ab^2 = (u_2 - v_{u_2})^2$$

e então

$$H_p = \frac{u_2^2 - w_2^2 + v_{m_2}^2}{2g}$$

ou

$$\boxed{H_p = \frac{1}{2g} \cdot \left[u_2^2 - (u_2 - v_{u_2})^2 \right]} \tag{4.12}$$

B. *Energia dinâmica* ou *cinética,* que é

$$H_c = \frac{v_2^2 - v_1^2}{2g} = \frac{v_2^2 - v_{m_2}^2}{2g}$$

ou

$$H_c = \frac{v_{u_2}^2}{2g}$$ (4.13)

A *energia total* é

$$H_e = H_p + H_c = \frac{1}{2g}\left[u_2^2 - (u_2 - v_{u_2})\right] + \frac{v_{u_2}^2}{2g}$$

ou ainda

$$H_e = \frac{u_2 \cdot v_{u_2}}{g}$$

que é a equação de Euler simplificada e já vista (4.10).

Grau de reação da bomba (blade loading) é a relação entre a energia de pressão e a energia total.

$$G = \frac{H_p}{H_e}$$ (4.14)

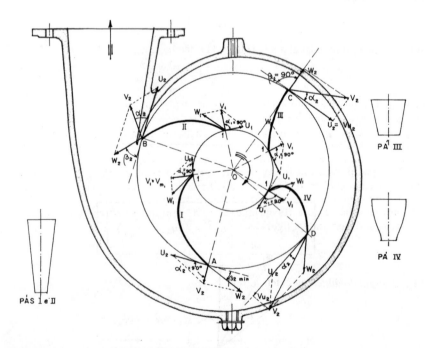

Fig. 4.12 Bomba centrífuga com várias hipóteses de pás conforme o *ângulo* β_2.

Como se vê, o grau de reação é tanto maior quanto maior a parcela de energia de pressão fornecida pelo rotor ao líquido.

$G = 0$ ocorre em "bombas de ação" raramente usadas.

$G = 1$ ocorre em bombas axiais de poucas pás.

Representemos por meio de um esquema uma bomba centrífuga sem pás guias, com coletor em caracol (Fig. 4.12). Indiquemos com uma seta o sentido de rotação.

Conforme o ângulo β_2, as pás podem ser:

a. Inclinadas para trás, quando o ângulo β_2 for inferior a 90°.
b. Terminadas radialmente, quando o ângulo β_2 for igual a 90°.
c. Inclinadas para frente, quando o ângulo β_2 for maior do que 90°.

Examinemos cada caso separadamente, considerando a Fig. 4.12 onde foram representados quatro formatos de pá, que, é inútil dizer, correspondem a quatro bombas diferentes.

a. *Pás inclinadas para trás* $(\beta_2 < 90°)$

1.° Nesta categoria, pode-se chegar a obter uma pá como a que se acha representada por I na Fig. 4.12, em que a saída do líquido é radial. Neste caso, $\alpha_2 = 90°$ e portanto $\cos \alpha_2 = 0$.

Como
$$H_e = \frac{u_2 \cdot v_{u_2}}{g} = \frac{u_2 \cdot v_2 \cos \alpha_2}{g}$$

segue-se que
$$H_e = 0$$

Isto significa que as pás não transmitem energia ao líquido, isto é, são inativas.

Consideremos a Fig. 4.13, onde se acham representados os diagramas de entrada e de saída, para $\alpha_2 = 90°$.

$$v^2 = w_2^2 - u_2^2 = w_1^2 - u_1^2$$

ou

$$u_2^2 - u_1^2 = -(w_1^2 - w_2^2)$$

Dividindo membro a membro por $2g$, obteremos

$$\frac{u_2^2 - u_1^2}{2g} = -\frac{w_1^2 - w_2^2}{2g}$$

Isto significa que a energia de pressão devida à força centrífuga é anulada pela energia de pressão devida à variação da velocidade relativa, o que conduz a $H_p = 0$.

Logo, não se devem projetar pás com o ângulo β_2 para o qual se obtenha $\alpha_2 = 90°$, pois o líquido, ao abandonar o rotor, teoricamente não possuirá energia para o desejado escoamento.

2.° Para uma pá mais inclinada para trás do que a representada por I, temos o ângulo $\beta_2 > 90°$ e, portanto, $H_e < 0$. O rotor trabalharia como o receptor de uma turbina radial centrífuga, com admissão interior (turbina Fourneyron).

3.° Para uma pá como a II, em que $\beta_2 < 90°$ sem atingir contudo a situação em que $\alpha_2 = 90°$, temos, observando a figura, $V_{u_2} < u_2$.

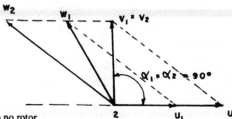

Fig. 4.13 Entrada meridiano no rotor.

104 BOMBAS E INSTALAÇÕES DE BOMBEAMENTO

Verifica-se pelas equações da energia potencial (4.12) e cinética (4.13) que, para essa situação, a energia potencial cedida ao líquido é maior do que a energia cinética, de modo que, à medida que β_2 cresce, até atingir 90°, a energia potencial aumenta mais rapidamente que a cinética.

b. *Pás terminadas radialmente* ($\beta_2 = 90°$) (pás tipo Rittinger)

Representemo-las esquematicamente pela pá III na Fig. 4.12. No diagrama das velocidades, tiramos

$$v_{u_2} = v_2 \cdot \cos \alpha_2 = u_2$$

A energia total é

$$H_e = \frac{u_2 \cdot v_{u_2}}{g} = \frac{u_2 \cdot u_2}{g} = \frac{u_2{}^2}{g}$$

A energia potencial será

$$H_p = \frac{1}{2g}\left[u_2{}^2 - (u_2 - v_{u_2})^2\right] = \frac{u_2{}^2}{2g} = \frac{H_e}{2}$$

A energia cinética será

$$H_c = \frac{v_u{}^2}{2g} = \frac{u_2{}^2}{2g} = \frac{H_e}{2}$$

Vemos que, para a saída radial da velocidade relativa do líquido, a energia total H_e que o rotor fornece ao líquido é composta de parcelas iguais de energia potencial de pressão e energia cinética.

c. *Pás curvadas para frente* ($\beta_2 > 90°$)

Pela Fig. 4.12, vemos que forçosamente $V_{u_2} > u_2$.

Notando este fato e tendo em vista as Eqs. (4.12) e (4.13), conclui-se que a energia cinética aumenta mais rapidamente de valor à medida que β_2 aumenta, a partir da situação em que $\beta_2 = 90°$.

Ao ser atingido um ângulo β_2 tal que $V_{u_2} = 2 \cdot u_2$, tem-se

$$H_e = \frac{u_2 \cdot 2 \cdot u_2}{g} = \frac{2u_2{}^2}{g}$$

A energia de pressão será nula. De fato, a Eq. (4.12) nos fornece

$$H_p = \frac{1}{2g}[u_2{}^2 - (u_2 - v_{u_2})^2] = \frac{1}{2g}[u_2{}^2 - u^2] = 0$$

A energia cinética passa a ser

$$H_c = \frac{1}{2} \cdot \frac{v_{u_2}{}^2}{g} = \frac{(2 \cdot u_2)^2}{2g} = \frac{4u_2{}^2}{2g} = \frac{2u_2{}^2}{g}$$

TEORIA ELEMENTAR DA AÇÃO DO ROTOR DAS BOMBAS CENTRÍFUGAS

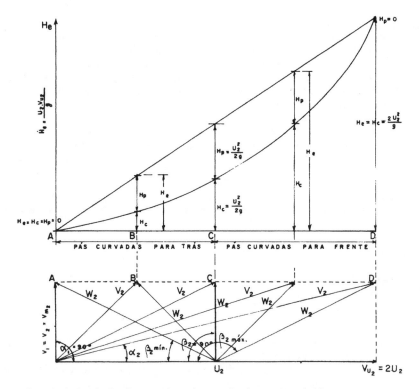

Fig. 4.14 Influência do ângulo β_2 sobre os valores das energias de pressão e cinética.

A energia total é fornecida ao líquido sob a forma de energia cinética. Se aumentássemos ainda mais o valor de β_2, iríamos ter $H_p < 0$, o que representaria a ruptura dos filetes líquidos.

Representemos graficamente, como faz C. Pfleiderer *(Bombas centrífugas e turbocompressores)*, a variação da energia fornecida ao líquido em função dos ângulos β_2, adotando um sistema de eixos em que as abscissas indicam os valores de V_{u2} — que dependem diretamente de β_2 — e as ordenadas e os valores de H_e.

A energia total H_e, tirada da Eq. (4.10), é representada por uma reta que passa pela origem, como vemos na Fig. 4.14, e a energia cinética H_e da Eq. (4.13), pelo ramo da parábola que também parte da origem. As ordenadas compreendidas entre a parábola e a reta H_e fornecem, evidentemente, os valores da energia de pressão H_p.

A Fig. 4.14 ressalta a influência do ângulo β_2 sobre os valores das energias de pressão e cinética.

Conclusões

Pelo que vimos, a energia total fornecida ao líquido é tanto maior quanto maior o ângulo β_2, o que equivale a dizer que as pás curvadas para frente proporcionam uma energia maior ao líquido em igualdade de velocidade circunferencial, e, não obstante o que dissemos, conduz a um baixo rendimento, devido às perdas de energia por atrito do líquido no rotor e no difusor da bomba, porque, no curto trajeto desde o bordo de entrada até o de saída, o líquido deve sofrer a ação de uma acentuada aceleração, e as velocidades resultantes, sendo elevadas, produzem consideráveis perdas de energia por atrito. No difusor, a transformação dessas elevadas velocidades (energia cinética) em pressão (energia de pressão) é nova causa de perdas de energia. As bombas assim construídas servem contudo para grandes descargas e pequenas alturas de elevação.

É provável também que o rápido alargamento do canal de escoamento entre duas pás curvadas para frente favoreça a tendência do líquido de descolar-se das superfícies das pás ou concorra para a formação de movimentos turbilhonares.

Já houve quem propusesse construir pás com espessura variável, mais espessas na região média, porém os resultados advindos não corresponderam ao que se esperava no sentido de melhorar o rendimento.

Com as pás curvadas para trás, o líquido é submetido a uma aceleração menos acentuada, e as perdas por atrito também são mais reduzidas, apesar do maior trajeto que o líquido tem de percorrer. Além disso, o alargamento progressivo do canal entre as pás é mais suave, o que favorece um escoamento melhor do líquido. Neste caso, como a maior parte da energia é de pressão, a transformação da menor energia, devida à velocidade absoluta de saída, em energia de pressão se faz à custa de menores perdas por atrito no difusor, o que vem beneficiar o rendimento.

Esses motivos levaram os fabricantes a adotar as pás curvadas para trás na quase totalidade das bombas centrífugas, estando β_2 compreendido entre 17°30' e 30°, sendo aconselhado como regra geral o valor de 22°30' por A. J. Stepanoff *(Centrifugal and Axial Flow Pumps)*.

Exercício 4.1

Efetuaram-se medições num rotor de bomba centrífuga e obtiveram-se os seguintes valores:

D_1 = 120 mm
D_2 = 240 mm
b_1 = 30 mm
b_2 = 16 mm
β_1 = 12°
β_2 = 25°

Se a bomba girar com n = 1.750 rpm, qual será a altura manométrica que se poderá obter e qual a potência absorvida do motor?

Desprezar a espessura das pás. Os diâmetros de aspiração e recalque da bomba são iguais e seu valor é de 150 mm.

Solução

Descarga

$$Q = \pi \cdot D_1 \cdot b_1 \cdot V_{m_1}$$

Mas $V_{m1} = V_1$ (entrada meridiana)

$$V_{m_1} = u_1 \cdot \operatorname{tg} 12° = \frac{\pi \cdot D_1 \cdot n}{60} \cdot \operatorname{tg} 12°$$

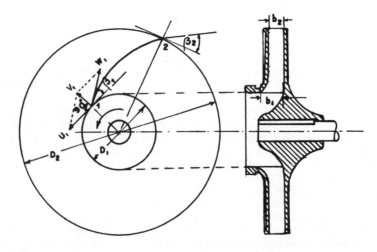

Fig. 4.15 Rotor de turbobomba centrífuga.

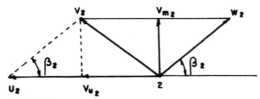

Fig. 4.16 Composição das velocidades.

$$V_{m_1} = \frac{3,14 \times 0,120 \times 1.750}{60} \times 0,212$$

$$V_{m_1} = 10,99 \times 0,212 = 2,33 \text{ m} \cdot s^{-1}$$

$$Q = 3,14 \times 0,120 \times 0,030 \times 2,33 = 0,0263 \text{ m}^3 \cdot s^{-1}$$

Altura total de elevação (energia cedida pelo rotor) H_e

$$H_e = \frac{u_2 \cdot V_{u_2}}{g} \quad \text{(entrada meridiana)}$$

Mas

$$u_2 = \frac{D_2}{D_1} \cdot u_1 = \frac{240}{120} \times 10,99 = 21,98 \text{ m} \cdot s^{-1}$$

$$v_{u_2} = u_2 - \frac{V_{m_2}}{\text{tg } \beta_2}$$

Pela equação de continuidade

$$V_{m_2} = \frac{b_1 \cdot D_1}{b_2 \cdot D_2} \cdot V_{m_1}$$

ou

$$V_{m_2} = \frac{30 \times 120}{16 \times 240} \times 2,33 = 2,19 \text{ m} \cdot s^{-1}$$

Então

$$V_{u_2} = 21,98 - \frac{2,19}{0,466} = 17,29 \text{ m} \cdot s^{-1}$$

Logo

$$H_e = \frac{21,98 \times 17,29}{9,8} = 38,78 \text{ m}$$

Altura útil H_u e altura manométrica H
   Adotando o rendimento hidráulico $\varepsilon = 0,88$, teremos

108 BOMBAS E INSTALAÇÕES DE BOMBEAMENTO

$$H_u = \varepsilon \cdot H_e$$

$$= 0,88 \times 38,78 = 34,13 \text{ m}$$

Como os diâmetros de entrada d_0 e de saída d_3 da bomba são iguais, a altura manométrica é igual à altura útil.

$$H = H_u = 34,13 \text{ m}$$

As perdas hidráulicas na bomba são

$$J_\varepsilon = H_e - H_u = 38,78 - 34,13 = 4,65 \text{ m}$$

Potência do motor N

$$N = \frac{\gamma \cdot Q \cdot H_u}{75 \cdot \eta}$$

Adotando para o rendimento total $\eta = \varepsilon \cdot \rho$ o valor 0,70, teremos

$$N = \frac{1.000 \times 0,0263 \times 34,13}{75 \times 0,70} = 17,09 \text{ c . v .}$$

Conjugado motor transmitido pelo rotor ao líquido, isto é, o momento de elevação.

$$M_e = \frac{\gamma \cdot Q}{g} \cdot (V_{u_2} \cdot r_2 - V_{u_1} r_1) \tag{4.8}$$

$$= \frac{1.000 \times 0,0263}{9,8} \times (17,29 \times 0,12)$$

$$V_{u_1} = 0 \text{ (entrada meridiana)}$$

$$M_e = 5,568 \text{ m . kgf}$$

Exercício 4.2

Na instalação esboçada, as perdas de carga na aspiração e no recalque são supostas iguais a 20% das respectivas alturas.

Além dos valores representados na Fig. 4.17, sabe-se que a largura b_2 da pá é igual a 20 mm e que a bomba gira com $n = 1.700$ rpm. Pede-se a descarga com que à bomba irá funcionar, a potência motriz e as pressões à entrada e à saída da bomba.

Cálculo da velocidade circunferencial à saída do rotor

$$u_2 = \frac{\pi \cdot d_2 \cdot n}{60} = \frac{3,14 \times 0,350 \times 1.700}{60} = 31,14 \text{ m . s}^{-1}$$

Cálculo da descarga

Chamemos de v_r a velocidade na tubulação. Sabemos que a descarga que sai do rotor é a mesma que passa pela tubulação de recalque (desprezando os vazamentos).

$$Q = (\pi \cdot d_2 \cdot b_2) \cdot v_{m_2} = \frac{\pi \cdot d_r^2}{4} \cdot v_r$$

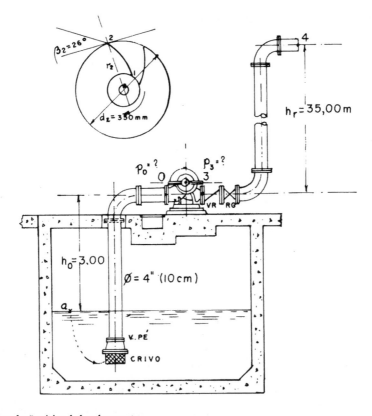

Fig. 4.17 Instalação típica de bombeamento.

Como a tubulação é de 4" (102 mm), teremos

$$v_{m_2} = \frac{d_r^2}{d_2 \cdot b_2} \cdot \frac{v_r}{4} = \frac{0,102^2}{0,35 \times 0,02 \times 4} \cdot v_r$$

$$v_{m_2} = 0,357 \cdot v_r$$

Mas, pela Fig. 4.18, vemos que

$$V_{u_2} = u_2 - \frac{v_{m_2}}{\text{tg } \beta_2}$$

$$V_{u_2} = 31,14 - \frac{0,357 \cdot v_r}{\text{tg } 26°} = 31,14 - 0,732 \cdot v_r$$

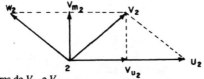

Fig. 4.18 Determinação dos valores de V_{m_2} e V_{u_2}.

110 **BOMBAS E INSTALAÇÕES DE BOMBEAMENTO**

Por outro lado, pela equação de Euler, temos

$$H_e = \frac{u_2 \cdot V_{u_2}}{g} = \frac{31,14}{9,8} \times (31,14 - 0,732 \cdot v_r)$$

$$H_e = 98,94 - 2,325 \cdot v_r$$

A altura manométrica H é igual à altura útil H_u, porque os diâmetros de aspiração e recalque são iguais.
Mas

$$H = \varepsilon \cdot H_e$$

Admitamos o rendimento hidráulico igual a 0,86.

$$H = 0,86 \cdot (98,94 - 2,325 \cdot v_r) = 85,08 - 2,00 \cdot v_r$$

Mas, a Eq. (3.13) nos dá para a altura manométrica

$$H = h_a + h_r + J_a + J_r + \frac{V_0^2}{2g}$$

Pela figura temos

$$h_a = 3,00 \text{ m} \qquad h_r = 35,00 \text{ m}$$

$$J_a = 0,20 \times 3,00 = 0,60 \text{ m}$$
$$J_r = 0,20 \times 35,00 = 7,00 \text{ m}$$

Mas

$$v_0 = v_r$$

Logo

$$H = 3,00 + 35,00 + 0,60 + 7,00 + \frac{v_r^2}{2g} = 45,60 + \frac{v_r^2}{2g}$$

Igualando as duas expressões da altura manométrica, obtemos

$$85,08 - 2,00 v_r = 45,60 + \frac{v_r^2}{19,6}$$

Donde

$$v_r^2 + 39,2 \cdot v_r - 89,30 = 0$$

Resolvendo a equação de 2.º grau, obtemos

$$v_r = 2,15 \text{ m} \cdot s^{-1}$$

e

$$\frac{v_r^2}{2g} = \frac{2,15^2}{19,6} = 0,230 \text{ m}$$

TEORIA ELEMENTAR DA AÇÃO DO ROTOR DAS BOMBAS CENTRÍFUGAS 111

Substituindo, achamos a altura manométrica

$$H = 45,60 + \frac{V_r^2}{2g} = 45,60 + 0,23 = 45,83 \text{ m}$$

A descarga será

$$Q = \frac{\pi \cdot d_r^2}{4} \cdot v_r = \frac{3,14 \times 0,102^2 \times 2,15}{4} = 0,0175 \text{ m}^3 s^{-1}$$

$$Q = 17,50 \text{ l} \cdot s^{-1}$$

Potência motriz
Adotemos $\eta = 0,70$

$$N = \frac{1.000 \cdot Q \cdot H}{75 \cdot \eta} = \frac{1.000 \times 0,0175 \times 55,23}{75 \times 0,70} = 18,4 \text{ cv}$$

Pressão p_0 na boca de aspiração da bomba
Apliquemos a equação de Bernoulli entre a superfície de água na captação (ponto "a") e a entrada da bomba (ponto "0").

$$h_a + \frac{p_a}{\gamma} + \frac{v_a^2}{2g} = (h_0 + \frac{p_0}{\gamma} + \frac{v_0^2}{2g}) + J_a$$

$$0 + H_b + 0 = 3,00 + \frac{p_0}{\gamma} + 0,23 + 0,60$$

$$\frac{p_0}{\gamma} = 10,33 - 3,00 - 0,23 - 0,60$$

$$\frac{p_0}{\gamma} = 6,50 \text{ m} \cdot \text{c} \cdot \text{a}.$$

Pressão $\dfrac{p_3}{\gamma}$ na boca de saída da bomba

$$0 + \frac{p_3}{\gamma} + \frac{v_3^2}{2g} = (h_4 + H_b + \frac{v_4^2}{2g}) + J_r$$

$$v_3 = v_4 \qquad h_4 = h_r \qquad J_r = 7,00 \text{ m}$$

$$\frac{p_3}{\gamma} = 35,00 + 10,33 + 7,00 = 52,33 \text{ m.c.a.}$$

$$H = \frac{p_3}{\gamma} - \frac{p_0}{\gamma} = 52,33 - 6,50 = 45,83 \text{ m, conforme tínhamos achado.}$$

112   BOMBAS E INSTALAÇÕES DE BOMBEAMENTO

Verificação

Se colocássemos manômetro e vacuômetro, teríamos as leituras das pressões relativas e calcularíamos a altura manométrica:

$$\frac{p'}{\gamma} = \frac{p_3}{\gamma} - H_b = 52,33 - 10,33 = 42,00 \text{ m}$$

$$\frac{p''}{\gamma} = H_b - \frac{p_0}{\gamma} = 10,33 - 6,50 = 3.83 \text{ m}$$

$$H = \frac{p' + p''}{\gamma} = 42,00 + 3,83 = 45,83 \text{ m}$$

Exercício 4.3

Uma bomba fornece uma descarga de 124 m^3/h com uma altura manométrica de 30 m e rendimento hidráulico estimado em 80%. O diâmetro externo do rotor é $d_2 = 250$ mm, e a largura da pá à saída é de 18 mm.

Admitindo que as perdas hidráulicas na bomba valem três vezes a energia da água em seu movimento relativo à saída do rotor e que a entrada no rotor é meridiana (radial), pede-se:

a. O ângulo de saída β_2 das pás.

b. O número de rotações com que deverá girar para atender à descarga e à altura manométrica dadas.

Solução

A perda de carga na bomba é J_ε e é igual a

$$J_\varepsilon = H_e - H_u = H_e - H$$

Mas

$$\frac{H}{\varepsilon} = H_e$$

de modo que

$$J_\varepsilon = \frac{H}{\varepsilon} - H = \frac{H(1 - \varepsilon)}{\varepsilon} = \frac{30(1 - 0,80)}{0,80} = 7,5 \text{ m}$$

Mas admitimos que essas perdas valem três vezes a energia devido à velocidade relativa de saída, ou seja,

$$J_\varepsilon = 3 \cdot \frac{W_2^{\,2}}{g}$$

Logo

$$3 \cdot \frac{W_2^{\,2}}{g} = J = 7,5$$

$$W_2^{\,2} = \frac{9,81 \times 7,5}{3} = 24,52$$

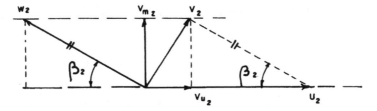

Fig. 4.19 Diagrama das velocidades à saída das pás.

$$W_2 = 4,9 \text{ m} \cdot s^{-1}$$

A velocidade meridiana de saída v_{m_2} se calcula em função da descarga e da área da seção de escoamento do rotor.

$$V_{m_2} = \frac{Q}{\pi \cdot d_2 \cdot b_2} = \frac{0,0344}{3,14 \times 0,250 \times 0,018} \cong 2,44 \text{ m} \cdot s^{-1}$$

O ângulo β_2 de saída dos filetes das pás pode agora ser calculado.

$$\text{sen } \beta_2 = \frac{V_{m_2}}{W_2} = \frac{2,44}{4,90} = 0,497$$

ou

$$\beta_2 \simeq 30°$$

Calculemos o número de rotações por minuto.
Sabemos que

$$H_e = \frac{u_2 \cdot V_{u_2}}{g} = \frac{H}{\varepsilon} = \frac{30}{0,80} = 37,5 \text{ m}$$

Mas

$$\frac{u_2 \cdot V_{u_2}}{g} = \frac{u_2 (u_2 - W_2 \cdot \cos \beta_2)}{g} = 37,5 \text{ m}$$

$$u_2^2 - u_2 \cdot W_2 \cos \beta_2 - 9,8 \times 37,5 = 0$$

$$u_2^2 - u_2 (4,9 \times 0,866) - 367,5 = 0$$

$$u_2^2 - 4,24 \, u_2 - 367,5 = 0$$

Resolvendo, achamos as raízes u_2

$$\begin{cases} 21,15 \text{ m} \cdot s^{-1} \\ -17,13 \text{ m} \cdot s^{-1} \end{cases}$$

114   BOMBAS E INSTALAÇÕES DE BOMBEAMENTO

No caso, $\beta_2 = 30°$, e só a solução positiva convém.
Logo

$$n = \frac{60\,u_2}{\pi \cdot d_2} = \frac{60 \times 21,15}{3,14 \times 0,250} = 1.616\,\text{rpm}$$

A raiz negativa corresponderia à rotação da bomba em sentido inverso, com as pás para frente. Isso conduziria a um ângulo β_2 igual a $180° - 30° = 150°$, uma vez que sen β_2 permanece invariável.

AVALIAÇÃO DA ALTURA MANOMÉTRICA H

Às vezes, pode-se desejar calcular a altura manométrica que se pode obter com uma bomba de diâmetro d_2, ângulo β_2 e número de rotações conhecidos.
Emprega-se a expressão:

$$\boxed{H = \psi \, \frac{u_2{}^2}{2g}} \tag{4.15}$$

onde ψ é o *coeficiente de pressão,* que podemos obter pelo gráfico da Fig. 4.20, conforme proposto por Pfleiderer. Nele pode-se também obter o grau de reação G da bomba.

Exemplo
Qual a altura manométrica que se pode obter com uma bomba cujo rotor tem 30 cm de diâmetro e cujo ângulo $\beta_2 = 30°$, sendo $n = 1.750$ rpm? Qual a parcela de energia de pressão que se obtém?

Solução
1. Com o valor de $\beta_2 = 30°$, obtemos

$$\psi = 1,02$$

$$u_2 = \pi \cdot d_2 \cdot \frac{n}{60} = 3,14 \times 0,30 \times \frac{1.750}{60} = 27,4 \ \text{m} \cdot s^{-1}$$

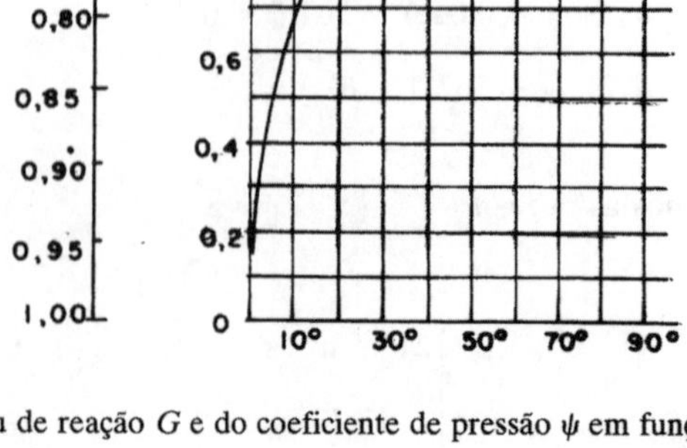

Fig. 4.20 Valores do grau de reação G e do coeficiente de pressão ψ em função do ângulo β_2.

TEORIA ELEMENTAR DA AÇÃO DO ROTOR DAS BOMBAS CENTRÍFUGAS

Logo

$$H = \psi \cdot \frac{u_2{}^2}{2g} = 1,02 \times \frac{27,4^2}{2 \times 9,8} = 39,07 \text{ m}$$

2. O grau de reação é $G = 0,68$.

Mas $G = \dfrac{H_p}{H}$ (Considerando H como igual a H_e.)

Portanto, a energia de pressão será

$$H_p = G \times H = 0,68 \times 39,06 = 26,56 \text{ m}$$

Bibliografia

DORNIG, MARIO. *Tratado generale delle macchine termiche & idrauliche*. Libreria Editrice Politecnica, Milano, 1939.

MALAVASI, CARLO. *La Costruzione delle Moderne Pompe*. Milano, 1936.

MEDICE, MARIO. *Le Pompe*. Editore Hoepli, Milano, 1967.

PFLEIDERER, CARL. *Bombas Centrífugas y Turbocompresores*. Editorial Labor S.A., Barcelona, 1958.

QUANTZ, L. *Bombas Centrífugas*. Editorial Labor S.A., 1943.

STEPANOFF, A. J. *Centrifugal and Axial Flow Pumps*. John Wiley & Sons, Inc., New York — Londres, 1957.

WISLICENUS, G. F. *Fluid Mechanics of Turbo-machinery*. McGraw-Hill Book Co., 1947.

ZAPPA, GOFFREDO. *Le Pompe Centrifughe*. Editore Ulrico Hoepli, 1936.

5

Discordância Entre os Resultados Experimentais e a Teoria Elementar

INFLUÊNCIA DO NÚMERO FINITO DE PÁS NO ROTOR

No estudo que realizamos até aqui, para calcularmos a energia H_e cedida pelo rotor, havíamos admitido que:

a. As pás eram em número infinito e sem espessura, guiando perfeitamente os filetes líquidos.
b. Para pontos de uma mesma circunferência no interior do rotor, as velocidades relativas eram iguais, o que, na realidade, não se verifica, conforme mostra a Fig. 5.1.

Baseados nessas hipóteses simplificadoras, foram estabelecidas as equações das turbobombas.

Acontece que a energia H'_e que o rotor *realmente* cede ao líquido é inferior ao valor H_e *calculado com as já referidas equações da teoria elementar* unidimensional.

Então, quem, para calcular e projetar uma bomba, partisse do valor do rendimento hidráulico obtido em ensaios com bombas análogas já construídas e aplicasse a teoria elementar, não conseguiria obter a *energia desejada* H_e e sim um valor inferior H'_e.

Duas soluções têm sido empregadas para resolver o problema:

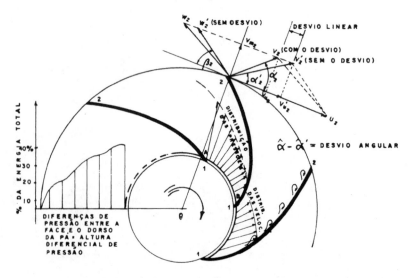

Fig. 5.1 Efeito da espessura das pás na distribuição das velocidades e das pressões.

DISCORDÂNCIA ENTRE OS RESULTADOS EXPERIMENTAIS E A TEORIA ELEMENTAR   117

a. Adotar para o rendimento hidráulico ε um valor menor do que o encontrado em caso similar, em ensaios de laboratório. Em seguida, aplicar as equações da teoria elementar. Como $H_u = \varepsilon \cdot H_e$, isto corresponde a projetar a bomba, prevendo um maior valor para a energia H_e a ser cedida pelas pás.

b. Introduzir, no valor de H_e teórico, uma correção através de um fator, de modo a poder utilizar os cálculos da teoria elementar.

Assim, partindo da altura útil H_u desejada, calcula-se primeiramente um valor

$$H'_e = \frac{H_u}{\varepsilon}$$ usando a teoria elementar, e o ε tirado dos resultados de ensaios. Em seguida,

multiplica-se o H'_e por um "fator de correção" e chega-se ao H_e teórico, supondo número infinito de pás sem espessura. Procede-se ao dimensionamento do rotor com esse novo valor de H_e.

Há vários métodos de análise deste problema, entre os quais apenas citaremos, por fugirem os demais à alçada deste livro, os seguintes:

1.º Teoria de *turbilhão relativo* de Kucharski e Stodola, muito complexo para fins práticos.
2.º Métodos de Föppl e Flügel.
3.º Teoria do *desvio angular* de Pfleiderer, baseado em hipóteses sobre a distribuição das pressões e velocidades nas pás.

Os estudos que os especialistas fizeram acerca dessa divergência entre os resultados experimentais e os cálculos teóricos baseados nas hipóteses simplificadoras levaram em conta os seguintes fatos:

a. *Pré-rotação*

A entrada do líquido no rotor não se faz radialmente (com $\alpha_1 = 90°$), e os filetes líquidos relativos que deveriam entrar tangenciando as pás sofrem um desvio em virtude de a ação das pás se estender até uma certa distância na boca da bomba, em direção ao tubo de aspiração, desvio este denominado *pré-rotação*.

Em virtude da pré-rotação, V_{u_1}, que seria nulo com a entrada meridiana, assume um certo valor, de modo que o termo subtrativo u_1. V_{u_1} da equação de Euler indicará que a energia cedida ao líquido ficará menor. O fenômeno é insignificante em bombas bem projetadas e funcionando com a descarga normal, mas pode-se acentuar para valores da descarga inferiores ou superiores ao valor arbitrado no projeto.

Para reduzir o efeito da pré-rotação, melhorando as condições de aspiração, utilizam-se certos recursos construtivos no projeto da carcaça da bomba e na boca de entrada ou um "indutor" que é um rotor helicoidal colocado na extremidade do eixo antes do rotor (bombas Worthington D. 1020/1021/1022, Fig. 5.1a).

b. *Variação da pressão*

As pás do rotor são em número relativamente reduzido, não conseguindo portanto guiar perfeitamente bem os filetes líquidos.

Em virtude da própria inércia que tem o líquido em ser desviado de sua trajetória natural, há forçosamente uma maior pressão na face de ataque das pás e, conseqüentemente, uma rarefação no dorso das mesmas. Então, as pressões variam de um ponto a outro de uma mesma circunferência, sendo máxima num ponto A na face de ataque e mínima num ponto B no dorso, conforme a Fig. 5.1 procura esclarecer.

A diferença entre as pressões máxima e mínima é chamada de *máxima altura diferencial de pressão,* e seu valor depende da velocidade angular.

Fenômeno semelhante e inverso se verifica com as velocidades relativas do líquido: onde reina maior pressão, há menor velocidade e vice-versa, isto é, o W é maior no dorso das pás.

As trajetórias relativas não são, como foi admitido, rigorosamente paralelas ao perfil das pás; elas sofrem uma inclinação ou desvio para trás no bordo de saída do rotor.

Deste modo, o diagrama das velocidades passa a apresentar o aspecto indicado na Fig. 5.1.

O desvio das trajetórias relativas provoca uma diminuição na seção útil de escoamento do líquido próximo aos bordos de saída das pás, havendo, portanto, aumento no valor de W'_2 que passa a ser W_2.

Em conseqüência, formam-se espaços mortos junto aos dorsos das pás, onde se processariam movimentos de turbulência, consumidores de energia.

As velocidades relativas W_2 deixam de ser tangentes às pás à saída para o serem apenas aos filetes líquidos relativos.

Observando o diagrama das velocidades à saída das pás (Fig. 5.1), verificaremos que,

Fig. 5.1a Bomba Worthington D-1020 com "indutor" anterior ao rotor.

em virtude do desvio da corrente líquida, o valor de α_2 é superior ao teórico α'_2, e portanto V_{u2} é menor. Pela equação de Euler, verifica-se que a energia H'_e realmente cedida às pás é menor do que o H_e:

$$H'_e = \frac{u_2 \cdot V_{u_2}}{g}$$

Na prática de projeto de bombas, o problema da determinação da energia H_e, com o qual se deve dimensioná-las, costuma ser resolvido com o emprego de coeficientes fornecidos pelos pesquisadores para levar em conta os fenômenos citados e que se introduzem nas fórmulas da teoria elementar.

Um dos recursos é o emprego do fator de correção ψ de Pfleiderer, baseado em pesquisas experimentais a que procedeu. (Não confundir este fator com o coeficiente de pressão visto em *Avaliação da altura manométrica H*, Cap. 4.)

Assim, as grandezas H_e e H'_e estão ligadas pela relação

$$\boxed{H_e = H'_e \left(1 + 2\frac{\psi}{Z} \cdot \frac{r_2^2}{r_2^2 - r_1^2}\right)} \qquad (5.1)$$

onde

H_e = Energia cedida ao líquido pelas pás, após a correção do desvio angular. Representa um valor maior de energia, e considera-se seu valor, embora se admitam as hipóteses da teoria elementar do número infinito de pás sem espessura e fluido perfeito.

H'_e = Energia cedida ao líquido, considerando-se apenas as hipóteses simplificadoras, mas sem o desvio. Seu valor, como vimos, é calculado partindo da altura útil desejada e do ε presumível.

Z = Número de pás do rotor.

r_1 = Raio do bordo de entrada do rotor.

DISCORDÂNCIA ENTRE OS RESULTADOS EXPERIMENTAIS E A TEORIA ELEMENTAR   **119**

r_2 = Raio de bordo de saída do rotor.
ψ = Fator de correção, experimental, variável como o valor do ângulo β_2, como segue.

Valores de ψ						
β_2	20°	23°	25°	30°	35°	40°
Bombas com pás guias	0,76	0,80	0,81	0,85	0,90	0,94
Bombas sem pás guias	0,86	0,90	0,91	0,95	1,00	1,04

Nas bombas centrífugas radiais puras normais faz-se $r_2 = 2 \cdot r_1$, e a equação se transforma em

$$H_e = H_e' \; (1 + \frac{8}{3} \cdot \frac{\psi}{Z} \;) \qquad (5.2)$$

Exercício 5.1
Pretende-se projetar uma bomba centrífuga radial pura, sem pás guias, para uma altura manométrica de 40 m. Prevendo um rendimento hidráulico igual a 0,86, qual deverá ser o valor da altura total H_e para o qual se deverá dimensionar o rotor?

Solução
Admitamos que a altura útil H_u é igual à altura manométrica (já vimos que a diferença entre ambas é pequena).
Calculemos H'_e

$$H_e' = \frac{H_u}{\varepsilon} = \frac{40}{0,86} = 46,5 \text{ m}$$

Adotemos para Z o valor de 7 pás e $\beta_2 = 30°$ (mais adiante mostraremos como se faz a escolha desse ângulo).
Na Tabela 5.1, achamos, para esses valores $\psi = 0,95$. Como se trata de uma bomba centrífuga pura normal, $r_2 = 2 \cdot r$, e então calcularemos H_e pela Eq. (5.2).

$$H_e = H_e' \; (1 + \frac{8}{3} \cdot \frac{\psi}{Z} \;) = 46,5 \left(1 + \frac{8}{3} \times \frac{0,95}{7} \right) = 63,32 \text{ m}$$

O rotor será dimensionado segundo a teoria elementar, mas para uma altura a ser cedida pelas pás igual a 63,32 m.

INFLUÊNCIA DA ESPESSURA DAS PÁS

As pás do rotor à sua entrada possuem uma espessura apreciável, em geral se adelgaçando em direção ao bordo de saída. Isto produz uma diminuição na seção de escoamento, afetando os valores das velocidades e provocando aumentos das velocidades absoluta e relativa, o que importa em novas perdas de energia, uma vez que essas crescem com a velocidade. A velocidade v'_1 na entrada do rotor, em conseqüência da espessura do bordo de entrada, é superior à velocidade V que o líquido possui imediatamente antes de atingir o bordo referido.
Admitamos que a pá seja de forma cilíndrica (simples curvatura), de geratriz paralela ao eixo de rotação, e que os bordos de entrada e de saída se achem contidos em planos meridianos.

Representemos a seção feita nas pás por meio de um plano normal à sua geratriz e, portanto, ao plano de sua seção (Fig. 5.2).

Se as pás não fossem espessas, o bordo de entrada, de comprimento b_1 em sua rotação em torno do eixo, geraria uma superfície de revolução de área $\Omega = 2\pi r_1 b_1$.

Como, porém, as pás têm inevitavelmente uma certa espessura, nem toda a área Ω_1 é aproveitada para o escoamento, mas apenas uma área Ω'_1.

A relação entre a seção Ω'_1 realmente livre para o escoamento e a seção total Ω_1 denomina-se *coeficiente de contração*, o qual será designado pela letra ν_1.

$$\boxed{\nu_1 = \frac{\Omega'_1}{\Omega_1}} \tag{5.5}$$

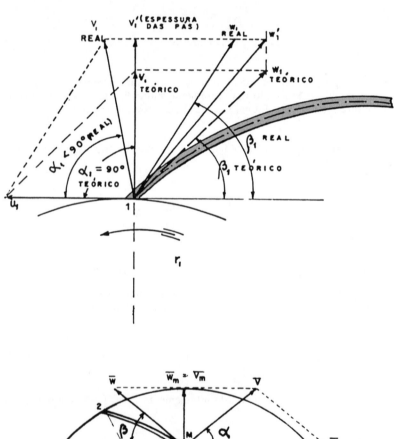

Fig. 5.2 Diagramas das velocidades, real e teórico.

DISCORDÂNCIA ENTRE OS RESULTADOS EXPERIMENTAIS E A TEORIA ELEMENTAR

Chamando de t_1 o passo das pás medido segundo a circunferência que as tangencia, resulta

$$\nu_1 = \frac{t_1 - \sigma_1}{t_1}$$

Chamando de S_1 a espessura das pás medida normalmente à superfície, próxima ao bordo de entrada, e considerando o triângulo ABC como tendo lados retilíneos (Fig. 5.3), podemos escrever

$$\sigma_1 = \frac{S_1}{\operatorname{sen} \beta_1}$$

e portanto

$$\boxed{\nu_1 = \frac{t_1 - \dfrac{S_1}{\operatorname{sen} \beta_1}}{t_1}} \qquad (5.6)$$

Se chamarmos de Z o número de pás, e de d_1 o diâmetro da circunferência de entrada, veremos que

$$Z \cdot t_1 = \pi \cdot d_1$$

donde

$$t_1 = \frac{\pi \cdot d_1}{Z}$$

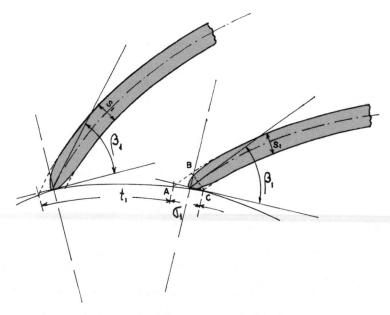

Fig. 5.3 Influência da espessura das pás à entrada do rotor causando obstrução.

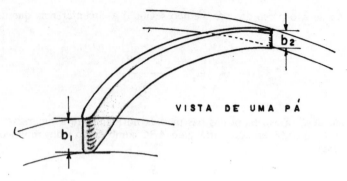

Fig. 5.4 Pá de bomba centrífuga.

O coeficiente de contração v varia de 0,80 (para bombas com $d_2 < 40$ cm) a 0,90 (para bombas maiores).

Podemos escrever

$$V_1 = v_1 \cdot V'_1 = v \cdot V_{m_1} \tag{5.7}$$

A espessura das pás na saída do rotor aumenta o desvio da velocidade relativa para trás, alterando, portanto, a direção e a intensidade da velocidade absoluta ao deixar o canal entre as pás, o que não afeta, contudo, o valor de V''_{u_2}. A componente meridiana da velocidade, que aumenta em virtude da espessura das pás à saída (pois a seção livre de escoamento diminui), reduz-se logo que a partícula sai do rotor e penetra no coletor ou difusor de pás guias.

Alguns fabricantes adelgaçam o bordo de saída das pás, para que as componentes meridianas das velocidades no bordo de saída da pá e ao entrar no coletor sejam sensivelmente as mesmas, e conseguem assim melhorar o rendimento. O aguçamento não deve ser excessivo para evitar vibrações e rápido desgaste. Se o aguçamento não for muito grande, deveremos considerar o efeito da contração à saída.

O coeficiente de contração v_2 à saída é semelhante ao da entrada, isto é,

$$v_2 = \frac{t_2 - \dfrac{S_2}{\operatorname{sen} \beta_2}}{t_2} \tag{5.8}$$

$$t_2 = \frac{\pi \cdot d_2}{Z} \tag{5.9}$$

Resumindo o que acabamos de considerar, temos:
1. À entrada do rotor (Fig. 5.2):
   a. O diagrama teórico U_1WV com pás em número infinito e sem espessura.
   b. O diagrama $U_1W'_1V'_1$, considerando a espessura das pás que aumentam os vetores W e V por reduzirem a seção de escoamento.
   c. O diagrama real $U_1W_1V_1$, considerando a espessura das pás, seu número ser finito e, portanto, o fenômeno da pré-rotação que causa o desvio de V'_1 para V_1 e de W'_1 para W_1.

DISCORDÂNCIA ENTRE OS RESULTADOS EXPERIMENTAIS E A TEORIA ELEMENTAR

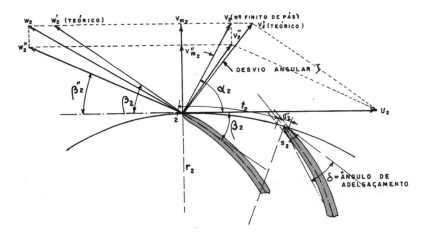

Fig. 5.5 Diagrama teórico e diagrama real levando em conta a espessura das pás à saída.

2. À saída do rotor (Fig. 5.5):
   a. O diagrama teórico $U_2 V'_2 W'_2$.
   b. O diagrama $U_2 W_2 V_2$, considerando pás em número finito, responsáveis pelos desvios angulares de V'_2 para V_2 e W'_2 para W_2.
   c. O diagrama $U_2 W'''_2 V'''_2$, que fornece o valor real da velocidade absoluta $V'''_2 < V_2$, logo após a saída do rotor e à entrada do difusor, devido ao alargamento da seção de escoamento das pás.

O líquido, portanto, sai do rotor e penetra no difusor com a velocidade absoluta V'''_2, que deve ser considerada para a inclinação da pá guia (diretriz) do difusor.

Bibliografia

COMOLET, R. *Dynamique des fluides réels, turbomachines.* Masson & Cie, Éditeurs, Paris, 1963.
FERRERO, JOSÉ H. *Manual de Bombas Centrífugas.* Editorial Alhambra S.A., Madri, 1969.
MEDICE, MARIO. *Le Pompe.* Editora Hoepli, Milano, 1967.
PFLEIDERER, CARL. *Bombas Centrífugas y Turbocompresores.* Editorial Labor S.A., Barcelona, Madri, 1958.
QUANTZ, L. *Bombas Centrífugas.* Editorial Labor S.A., 1943.
SEDILLE, MARCEL. *Turbo-Machines Hydrauliques et Thermiques,* vol. II. Masson & Cie, Éditeurs, Paris, 1967.
STEPANOFF, A. J. *Centrifugal and Axial Flow Pumps.* John Wiley & Sons, Inc., New York-Londres, 1957.

6

Interdependência das Grandezas Características do Funcionamento de uma Turbobomba

ANALOGIA DAS CONDIÇÕES DE FUNCIONAMENTO. SIMILARIDADE HIDRODINÂMICA DAS TURBOBOMBAS

Uma bomba, fabricada para funcionar com seu melhor rendimento, para valores prefixados de Q, H_e (ou H) e n, poderá vir a ter de funcionar com valores diversos de uma dessas grandezas. Interessa a quem projeta uma instalação saber o que acontece com as demais grandezas, quando uma delas assume um valor diferente daquele para o qual a bomba foi projetada, e saber se o rendimento se mantém aceitável nas novas condições.

As grandezas Q, H, n, N e η foram denominadas por M. Rateau de *grandezas características* do funcionamento de uma turbobomba.

Para que se possa proceder a esse estudo, deve-se admitir que haja proporcionalidade entre as velocidades nos diagramas representativos, isto é, que os novos valores assumidos u', w' e v' sejam proporcionais, respectivamente, a u, w e v, ou seja,

$$\frac{u'}{u} = \frac{w'}{w} = \frac{v'}{v} \qquad (6.1)$$

A "analogia das condições de funcionamento" ou "similaridade hidrodinâmica", no caso, se traduz por esta proporcionalidade, que, afinal, significa não variarem os ângulos α e β no diagrama das velocidades (Fig. 6.1).

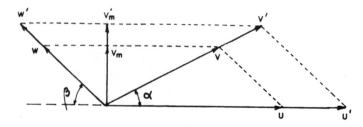

Fig. 6.1 Diagrama das velocidades.

CARACTERÍSTICAS DO FUNCIONAMENTO DE UMA TURBOBOMBA   125

A similaridade parcial das turbomáquinas, denominada *similaridade Combes-Rateau*, exige três condições fundamentais:

a. $\dfrac{p}{v^2}$ = Constante, sendo p = pressão e v = velocidade.

b. Semelhança geométrica dos dois rotores em comparação.

c. Semelhança geométrica dos diagramas das velocidades, como indica a Eq. (6.1).

No caso da mesma bomba funcionando em condições análogas ou semelhantes, as exigências referidas nos itens (a) e (c) evidentemente são as únicas a serem atendidas.

VARIAÇÃO DAS GRANDEZAS Q, H e N COM O NÚMERO DE ROTAÇÕES n PARA UMA BOMBA DE UM DADO DIÂMETRO

A bomba é projetada para atender a um valor prefixado do número n de rotações.

Com esse valor do número de rotações, operará com uma descarga Q, uma altura de elevação H_e, proporcionando um rendimento total máximo $\eta_{máx}$.

Pode-se, entretanto, desejar que a bomba funcione com outros valores da descarga ou da altura de elevação, e uma das soluções consiste em variar o número de rotações. É o que acontece, por exemplo, em elevatórias de água ou de esgotos em que a descarga depende da hora e mesmo do dia da semana. Isto pode ser feito utilizando "variadores de velocidade" mecânicos, hidrodinâmicos e magnéticos, quando se tratar de motor de corrente alternativa, ou variando a rotação pela variação do campo magnético, se o motor for de corrente contínua. Dentro de certos limites da variação do número de rotações, o rendimento baixa a valores ainda aceitáveis.

Admitindo que a entrada do líquido no rotor seja meridiana, sabemos que a equação de Euler, da "energia cedida à unidade de peso de líquido pelo rotor", se reduz a

$$H_e = \frac{u_2 \cdot v_{u_2}}{g} = \frac{H_u}{\varepsilon}$$

Mas as velocidades u_2 e v_{u_2} são proporcionais ao número de rotações por minuto n, de modo que H_e é proporcional ao quadrado de n.

Para variações relativamente grandes de n, o rendimento hidráulico varia pouco. Podemos portanto escrever que, funcionando com o número de rotações n_x, as alturas variam segundo a proporção

$$\boxed{\frac{H_{e_x}}{H_e} = \frac{n_x^2}{n^2}} \quad \text{ou} \quad \boxed{\frac{H_x}{H} = \frac{n_x^2}{n^2}} \qquad (6.2)$$

A *descarga Q* variará proporcionalmente a n, porque é proporcional à componente meridiana V_m, e a área de seção de escoamento permanece a mesma. Assim

$$\boxed{\frac{Q_x}{Q} = \frac{n_x}{n}} \qquad (6.3)$$

A *potência N* pode ser expressa por

$$N_{(c.v.)} = \frac{\gamma \cdot Q \cdot H_u}{75 \cdot \eta}$$

126   BOMBAS E INSTALAÇÕES DE BOMBEAMENTO

Como estamos admitindo η constante, a relação entre as potências para os dois estados de funcionamento será

$$\frac{N_x}{N} = \frac{Q_x \cdot H_{u_x}}{Q \; H_u}$$

Em vista dos valores encontrados para Q_x e H_x, acharemos

$$\boxed{\frac{N_x}{N} = \frac{n_x^3}{n^3}} \tag{6.4}$$

Portanto, a potência absorvida do motor que aciona a bomba varia com o cubo do número de rotações. Temos admitido que o rendimento não varia, mas os ensaios revelam que, somente para determinados valores da pressão e da velocidade, se consegue reduzir suficientemente as perdas de energia por atrito, por irregularidades no escoamento e por fugas, obtendo-se o rendimento máximo.

Modificando-se o número de rotações para um valor diferente daquele para o qual foi previsto, no projeto, o funcionamento da bomba, o rendimento diminuirá, assumindo um valor η_x para o novo estado de funcionamento, de modo que, na realidade,

$$\boxed{\frac{N_x}{N} = \frac{n_x^3}{n^3} \cdot \frac{\eta}{\eta_x}} \tag{6.5}$$

As indicações dadas acima permitem que se possam traçar, com certa aproximação, as curvas de Q, H, N e η em função do número de rotações, conhecido um ponto de cada uma dessas curvas, para se ter uma primeira idéia sobre seu funcionamento. Na prática, porém, ensaiam-se depois as bombas nos laboratórios, quando possível, para um traçado mais exato dessas curvas.

No caso de ser grande a diferença entre as duas rotações, como seria o caso de se querer utilizar os valores obtidos com 2.950 rpm, para calcular os valores correspondentes a 1.450 rpm, não se podem admitir como iguais os rendimentos. Calcula-se então o rendimento pela fórmula empírica

$$\boxed{\eta_x = 1 - (1 - \eta)\left(\frac{n}{n_x}\right)^{0,1}} \tag{6.6}$$

No caso de água quente, R. Comolet recomenda a expressão

$$\eta_x = \frac{\eta}{\eta + (1 - \eta)\left(\dfrac{n}{n_x}\right)^{0,17}}$$

A Fig. 6.2 dá o aspecto das curvas normalmente obtidas, ensaiando-se as bombas centrífugas com variação do número n de rpm. Fornecem elementos que permitem ajuizar de seu campo de emprego. O número de rotações para o rendimento máximo $\eta_{máx.}$ é chamado "número normal de rotações" da bomba.

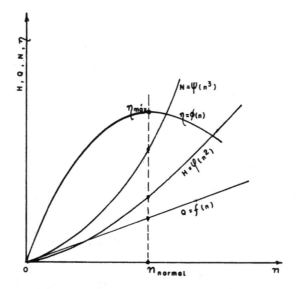

Fig. 6.2 Curvas características em função de n.

Exercício 6.1

Uma bomba centrífuga funciona com os valores $H = 50$ m, $Q = ,22$ $1 \cdot s^{-1}$ para $n = 3.500$ rpm. Quais os valores dessas grandezas para a bomba funcionando com 2.750 rpm, admitindo η constante?

$$Q_x = Q \cdot \frac{n_x}{n} = 22 \times \frac{2.750}{3.500} = 17,28 \text{ l} \cdot s^{-1}$$

$$H_x = H \cdot \left(\frac{n_x}{n}\right)^2 = 50 \times \left(\frac{2.750}{3.500}\right)^2 = 30,86 \text{ m}$$

CURVAS DE VARIAÇÃO DAS GRANDEZAS EM FUNÇÃO DO NÚMERO DE ROTAÇÕES, MANTENDO H CONSTANTE

Para certas aplicações práticas das bombas centrífugas, pode a altura manométrica H vir a ter de conservar seu valor quando variar o número de rotações n. Neste caso, o valor da descarga Q já não mais será proporcional a n, uma vez que, sendo H constante, Q aumentará consideravelmente com o aumento de n.

Assim, em determinados pontos, aumentando n em 1%, a descarga aumenta em quase 8%. Se n baixar a certo valor, a bomba deixará de bombear. O rotor "gira em vão", gerando certa pressão, insuficiente para bombear, e o líquido gira atritando-se como um anel líquido no coletor ou difusor produzindo um certo aquecimento, razão por que não se deve funcionar a bomba sob essas condições desfavoráveis durante muito tempo. Aumentando novamente o n, a bomba volta a elevar o líquido (Fig. 6.3).

VARIAÇÃO DAS GRANDEZAS COM A DESCARGA

Sendo a descarga a grandeza que mais facilmente pode ser variada (com a manobra de um registro, por exemplo), é do maior interesse saber como variam as grandezas características em relação à mesma, principalmente a variação de H, razão pela qual a curva

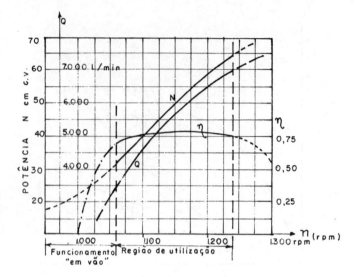

Fig. 6.3 Curvas para uma bomba centrífuga funcionando com $H = 30$ m constante (L. QUANTZ).

que traduz a função (H, Q) para um valor constante do número de rotações chama-se *curva característica principal* da bomba. Alguns autores a designam como *curva da carga (H) em função da vazão (Q)*.

Esse estudo comporta três etapas, conforme se considera:
a. A bomba teórica, com número infinito de pás, sem espessura.
b. A bomba real, com pás espessas e a existência de perdas hidráulicas, empregando-se métodos de cálculo de Hidrodinâmica, estabelecidos após pesquisas e ensaios de bombas em laboratório.
c. A bomba real, ensaiada experimentalmente.

Façamos uma breve menção desses três aspectos do problema, notando que existe um limite máximo de Q para cada valor de n.

a. *Estudo da função $f_n (H_e, Q) = 0$ para a bomba teórica (considerando apenas o rotor)*.

Vimos que a energia cedida ao líquido na bomba teórica pelo rotor, com entrada meridiana, é dada por

$$H_e = \frac{u_2}{g} \cdot V_{u_2}$$

Representemos com o índice x as grandezas características para situações de funcionamento que não correspondam ao rendimento máximo. Sejam u_2, w_2 e v_2 as velocidades à saída do rotor para os valores do número de rotações n e da descarga Q correspondentes ao $\eta_{máx}$.

Quando Q assumir um novo valor Q_x pela atuação no registro, mantendo-se n constante, o diagrama à saída terá por velocidades u_2, w_{2x} e V_{2x} (Fig. 6.4).

Mas a descarga pode ser expressa em função da área da seção de saída do rotor ($\pi d_2 \cdot b_2$) e da velocidade normal à seção de escoamento, que é $v_{m_{2x}}$ isto é,

$$Q_x = (\pi \cdot d_2 \cdot b_2) \cdot V_{m_{2x}}$$

onde b_2 é a largura do rotor no bordo de saída das pás de d_2, o diâmetro correspondente (Fig. 6.5).

Podemos escrever

$$V_{m_{2x}} = \frac{Q_x}{\pi \cdot d_2 \cdot b_2}$$

CARACTERÍSTICAS DO FUNCIONAMENTO DE UMA TURBOBOMBA

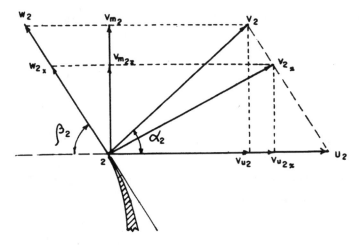

Fig. 6.4 Diagrama das velocidades à saída do rotor.

Portanto, se a descarga variou de Q para Q_x (por hipótese, diminuindo), V_{m_2} assume o valor $V_{m_{2x}}$, e, como u_2 não variou, o diagrama nas novas condições mostra que V_{u_2} passa a ser $V_{u_{2x}}$, cujo valor pode ser assim expresso:

$$V_{u_{2x}} = u_2 - V_{m_{2x}} \cdot \cotg \beta_2 = u_2 - \frac{Q_x \cdot \cotg \beta_2}{\pi \cdot d_2 \cdot b_2}$$

Donde

$$H_{e_x} = \frac{u_2}{g}\left(u_2 - \frac{Q_x \cdot \cotg \beta_2}{\pi \cdot d_2 \cdot b_2}\right) \tag{6.7}$$

Esta é, portanto, a equação da energia fornecida ao líquido pelo rotor teórico, no caso da bomba funcionando com um valor qualquer Q_x da descarga. A descarga Q_n, para a qual o rendimento η é máximo, chama-se *descarga normal* da bomba.

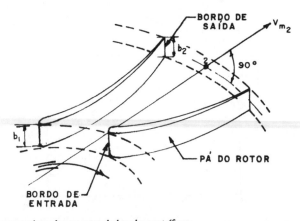

Fig. 6.5 Duas pás consecutivas de um rotor de bomba centrífuga.

O exame da Eq. (6.7) permite algumas considerações interessantes. Ela representa uma reta, pois a equação

$$H_{e_x} = \frac{1}{g}\left(u_2^2 - u_2 \cdot \frac{Q \cdot \cotg \beta_2}{\pi \cdot d_2 \cdot b_2}\right)$$

representa analiticamente uma reta da forma $H_{e_x} = A\, n^2 - B \cdot n \cdot Q$, onde A e B são as constantes que aparecem na expressão acima.

Consideremos várias hipóteses:

1.ª Para a descarga nula (registro fechado), temos $Q = 0$ e $H_{e_x} = \dfrac{u_2^2}{g}$, isto é, a altura de elevação é máxima (condição de *shut-off*).

2.ª Para pás de saída radial ($\beta_2 = 90°$), temos $\cotg \beta_2 = 0$, e $H_{e_x} = \dfrac{u_2^2}{g}$ é constante para qualquer valor de Q.

3.ª Para pás curvadas para trás ($\beta_2 < 90°$), $\cotg \beta_2 > 0$, e o valor de H_{e_x} diminuirá quando Q aumentar, porque o termo $V_{u_{2_x}}$ diminuirá.

4.ª Para pás curvadas para frente ($\beta_2 > 90°$), $\cotg \beta_2 < 0$, e a altura total de elevação deveria aumentar com a descarga. Isto todavia não sucede. Essa discordância entre o que a teoria sugere e os ensaios revelam tem sido explicada, atribuindo-se a esse gênero de pás a produção de um escoamento em que a elevada aceleração e a condução defeituosa das veias acarretam perdas que vêm reduzir o valor de H_e previsto pela teoria.

Se traçarmos as curvas de H_{e_x} em função de Q_x de acordo com as conclusões teóricas a que acabamos de chegar, obteremos três retas, conforme β_2 seja maior, igual ou menor do que 90°, como indicado na Fig. 6.6.

b. *Curva $H_{e_x} = f(Q_x)$ para a bomba real, estudada, analiticamente, após ensaios com bombas semelhantes, aplicando-se os conhecimentos da Hidrodinâmica.*

A curva característica principal, na realidade, não é uma reta, mas uma curva que resulta das influências das seguintes causas:

1.ª O número de pás é finito; as pás possuem espessura; há um desvio das trajetórias à saída das pás e uma variação nas componentes meridianas das velocidades, e o valor de H_{e_x} será menor do que o teórico. Portanto, as curvas começam numa ordenada inferior ao valor de $\dfrac{u_2^2}{g}$.

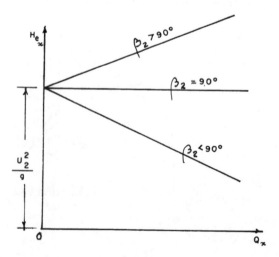

Fig. 6.6 Retas teóricas.

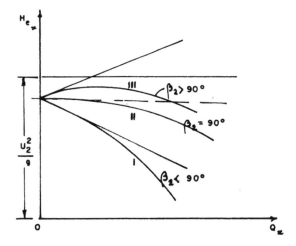

Fig. 6.7 Curvas reais.

2.ª Perdas de energia devidas às causas abaixo enumeradas:
  a. Atrito do líquido no rotor; imperfeita condução das veias líquidas; transformação de elevada parcela de energia cinética em energia potencial de pressão.
  b. Choques, isto é, mudanças bruscas na direção do escoamento na entrada e saída do rotor.
  c. Fugas (não confundir com vazamentos) do líquido nos interstícios, labirintos e espaços entre o rotor e o difusor e coletor.

Como mostra Pfleiderer, a função (H_{ex}, Q_x, n) para as condições reais, isto é, levando em conta os fatos mencionados, é uma superfície — a "superfície característica" — que é um paraboloide hiperbólico, cujo eixo principal coincide com o dos H_{ex} e cujo vértice teoricamente estaria na origem das coordenadas. (O paraboloide hiperbólico, como se recorda, é uma superfície quádrica, gerado pela translação de uma parábola cujo vértice descreve uma outra parábola fixa, sendo os eixos dessas duas parábolas paralelos e de sentidos opostos, e seus planos perpendiculares entre si.) Sua equação é da forma $H_{ex} = An^2 - BnQ - CQ^2 - DQ - E$

— Para *n constante*, temos como representação da função (H_{ex}, Q_x) uma parábola de equação

$$H_{ex} = A' - B'Q - C'Q^2 \tag{6.8}$$

— Para *Q constante*, obtém-se também uma parábola (Fig. 6.9).
— Para H_{ex} *constante*, a curva $f(Q,n) = 0$ é uma hipérbole, em que um eixo da assíntota passa pelo centro das coordenadas (Fig. 6.10).

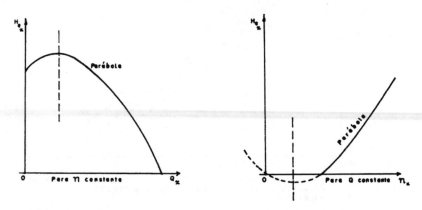

Fig. 6.8 Parábola da função (H$_{ex}$, Q$_x$).

Fig. 6.9 Parábola da função (H$_{ex}$, n$_x$).

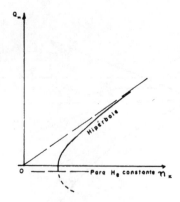

Fig. 6.10 Hipérbole representativa da variação de Q com n.

Ao contrário do que acontece nas bombas do êmbolo, em que a descarga independe da altura H_{e_x}, mas apenas da velocidade linear do êmbolo, nas turbobombas, para um dado valor de n, haverá muitos valores possíveis para as combinações de descarga com a altura. Para um dado valor de H_{e_x}, a descarga é nula e, para certo valor da descarga, a altura útil cai a zero, não havendo energia de pressão no líquido para fazer o mesmo escoar-se no encanamento.

Para explicar a divergência entre as curvas reais da função (H_{e_x}, Q_x) e as retas obtidas com as hipóteses simplificadoras já citadas. Pfleiderer considerou, como vimos anteriormente, várias causas capazes de alterar a forma da curva que exprime a função. Essas causas são as seguintes:

1.º *Número finito de pás, com espessura.* A reta teórica desloca-se conforme indica a Fig. 6.11
2.º Perdas devidas aos atritos e turbulência no rotor, mudanças de direção e transformação da "velocidade" em "pressão". São proporcionais aproximadamente ao quadrado da velocidade e portanto da descarga. São representadas pela curva C na Fig. 6.12, e a reta B passa a ter a forma da curva D.

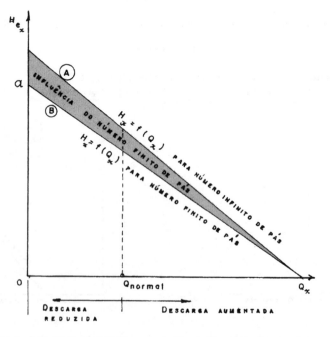

Fig. 6.11 Influência do número finito de pás sobre a reta teórica de $H = f(Q)$.

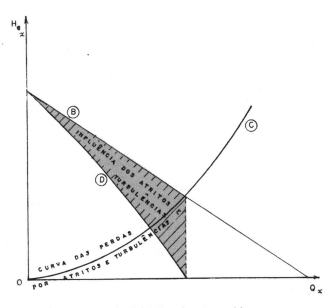

Fig. 6.12 Efeito das perdas de carga no interior da bomba sobre a reta teórica.

3.º Perdas por choques à entrada do rotor e à entrada do difusor, devidas à não-concordância das direções das velocidades relativas com as pás.

Essas perdas verificam-se principalmente quando a bomba trabalhando a uma velocidade constante fornece uma descarga diferente daquela para a qual foi projetada, isto é, daquela que corresponde às velocidades relativas tangentes às palhetas, condição em que o rendimento hidráulico é máximo. O valor dessas perdas é muito pequeno para esta última situação, que corresponde à "descarga normal", crescendo para valores maiores ou menores da descarga (curva E, Fig. 6.13). Subtraindo as ordenadas dessa curva das da curva D, obteremos finalmente a curva F, representativa da variação de H_{e_x} em função de Q_x, levando em conta os fatos apontados.

É claro que, se pudéssemos conhecer perfeitamente as leis de variação das grandezas

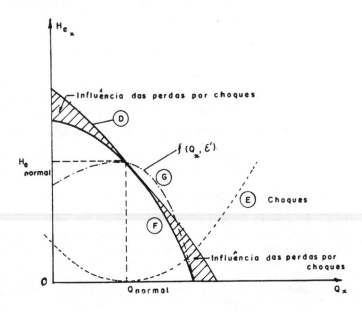

Fig. 6.13 Passagem da curva teórica para a que se obtém com os ensaios.

134 BOMBAS E INSTALAÇÕES DE BOMBEAMENTO

que determinam as curvas *B, C* e *E*, poderíamos traçar *a priori* a curva característica principal real. Existem estudos que permitem calcular com razoável aproximação os valores para o traçado das curvas para uma previsão do comportamento de uma bomba que está sendo projetada, mas o traçado definitivo é feito ensaiando-se o protótipo da bomba ou seu modelo reduzido em laboratório de Hidráulica, ou após sua instalação (caso a elevada potência e as dimensões não permitam o ensaio no laboratório).

A relação entre as ordenadas da curva *F* correspondentes a H_{e_x} real, levando em conta todas as perdas ocorridas no rotor, e as ordenadas da reta H_{e_x} teórica (curva *A*) dá os valores do rendimento hidráulico ε' do rotor da bomba (Fig. 6.13). Se as curvas tiverem sido traçadas, considerando as perdas não apenas no rotor, mas em toda a bomba (incluindo o difusor), o rendimento será o rendimento hidráulico da bomba, pois $\varepsilon = \dfrac{H_{e_x}}{H_u}$.

Neste último caso, o H_{e_x} da curva, levando em conta todas as perdas no interior da bomba, corresponde à energia realmente *cedida pelo rotor e aproveitável pelo líquido para escoar no encanamento,* ou seja, o H_u.

Como iremos trabalhar com gráficos obtidos com ensaios de bombas, não representaremos mais o H_{e_x} e sim o H_u ou então H (manométrico), que é a grandeza utilizada nos catálogos dos fabricantes, pela facilidade com que é determinada e pelo seu significado prático.

Pode-se, pois, traçar também a curva característica da função $f(Q_x, \varepsilon) = 0$ (semelhante à curva $f(Q_x, \varepsilon') = 0$ da Fig. 6.13). Será uma curva de forma parabólica, com o máximo correspondendo à descarga Q_n, para a qual a bomba foi projetada.

Na terminologia norte-americana, diz-se que a curva $H = f(Q)$ é do tipo

— *Rising* — se os valores de H crescem quando os de Q decrescem. A curva é sempre descendente (curva I da Fig. 6.7). Se a altura manométrica para a descarga nula for muito maior do que a que se verifica para a descarga normal, a curva é do tipo *Steep*, e se H variar pouco com Q, ela é do tipo *Flat* (curva II da Fig. 6.7).

— *Drooping* — quando a curva tem um ramo ascendente e outro descendente (curva III da Fig. 6.7).

CONGRUÊNCIA DAS CURVAS "DESCARGA-ALTURA DE ELEVAÇÃO"

A equação da superfície característica $\varphi\ (Q_x, H_x, n) = 0$ pode ser representada após algumas transformações, na equação geral do parabolóide hiperbólico, sob a forma

$$H_x = A_1 \cdot n^2 + 2B_1 \cdot n \cdot Q_x - C_1 \cdot Q_x^2 \tag{6.9}$$

Se fixarmos o valor de *n*, a equação representará a variação de H_x com Q_x. As curvas serão parábolas, e suas formas se determinam sem ambigüidade pelo seu parâmetro, que é igual a $p = \dfrac{C_1}{2}$. O parâmetro *p* é constante para uma dada bomba, já que no mesmo não aparece o termo referente ao número de rotações *n*. Donde se conclui que as curvas $f(H, Q) = 0$ de uma dada bomba, correspondentes a diferentes valores de *n*, são "parábolas congruentes".

Se projetarmos estas curvas sobre o plano paralelo (H_x, Q_x), obteremos um conjunto de parábolas congruentes (Fig. 6.14) e ordenadas de tal modo que seus vértices estão sobre a parábola $0M$, e seus eixos são paralelos.

A importância desse fato é grande. Realmente, se conhecermos a curva característica *F* correspondente a um número de rotações *n*, poderemos conhecer todas as demais correspondentes a quaisquer outros números de rotações. Basta determinar o vértice *a* da curva dada e traçar a parábola (0 a *M*), cujo eixo principal é o eixo H_x. Para obter, por exemplo, a curva para um número n_1 de rotações, desloca-se a parábola dada *(F)* paralelamente a si mesma, até que seu vértice atinja um ponto a_1 da parábola $0M$, cujas coordenadas são

CARACTERÍSTICAS DO FUNCIONAMENTO DE UMA TURBOBOMBA

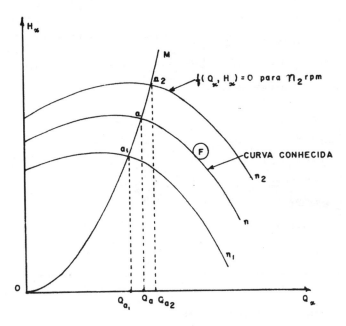

Fig. 6.14 Parábolas congruentes da função (H_x, Q_x) e parábola dos vértices das curvas.

$$Q_{a_1} = Q_a \cdot \frac{n_1}{n} \quad \text{e} \quad H_{a_1} = H_a \cdot \left(\frac{n_1}{n}\right)^2$$

Assim, por este método tão simples, podemos determinar os funcionamentos possíveis de uma bomba para várias rotações, quando conhecermos o que se refere a um número de rotações qualquer n.

CURVAS DE IGUAL RENDIMENTO

Ensaiando-se uma bomba e determinando-se os valores do rendimento para um número bastante grande de valores de Q_x e H_x para um dado valor de n, podem-se traçar curvas que representem valores constantes do rendimento η. As curvas têm o aspecto de elipses, e o rendimento máximo será um ponto no interior das curvas, correspondendo aos valores normais de H_x e Q_x. Cada curva indicará os pares de valores de Q_x e H_x com os quais a bomba proporciona um mesmo rendimento (Fig. 6.15).

Ponto de máximo rendimento (PMR) ou *ponto de máxima eficiência* (PME) é o ponto da curva $H = f(Q)$ para o qual o rendimento é máximo.

VARIAÇÃO DA POTÊNCIA COM A DESCARGA

Sabemos que a potência útil é dada por

$$L_u = \gamma \cdot Q \cdot H_u = \gamma \cdot Q \cdot H_e \cdot \varepsilon$$

Mas

$$H_e = \frac{u_2^2}{g} - \frac{u_2 \cdot Q}{\pi \cdot d_2 \cdot b_2 \cdot \operatorname{tg} \beta_2 \cdot g}$$

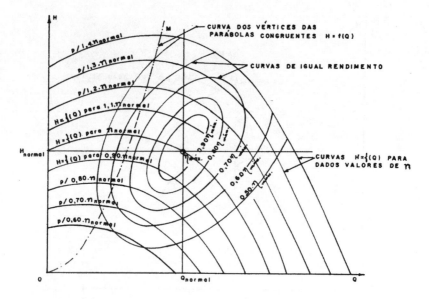

Fig. 6.15 Curvas H função de Q e de igual rendimento.

Portanto

$$L_u = \left[\frac{\gamma \cdot Q \cdot w^2 \cdot r_2^2}{g} - \frac{\gamma \cdot w \cdot r_2 \cdot Q^2}{\pi d_2 \cdot b_2 \cdot g \cdot \text{tg } \beta_2} \right] \cdot \varepsilon$$

Considerando n e, portanto, a velocidade angular ω constantes, podemos escrever

$$L_u = C_1 \cdot Q - C_2 \cdot Q^2$$

sendo C_1 e C_2 constantes apropriadas. Essa equação é representada por uma parábola com ordenadas nulas na origem e no ponto de abscissa ($\pi \cdot d_2 \cdot b_2 \cdot u_2 \cdot \text{tg} \beta_2$), pois, para esse valor da abscissa, $L_u = 0$.

Na prática representa-se a potência motriz L_m (do motor que aciona a bomba) ao invés da potência útil L_u. As parábolas que se obtêm não passam pela origem 0, uma vez que, mesmo trabalhando "em vazio" (descarga nula), é necessário o fornecimento de uma certa potência pelo motor, para vencer as perdas no interior da bomba. As curvas

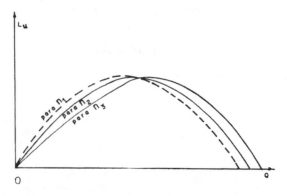

Fig. 6.16 Curvas teóricas da função $f(L_u, Q) = 0$ para pás com $\beta_2 < 90°$.

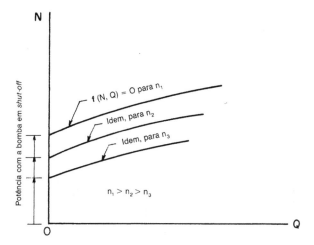

Fig. 6.17 Curvas reais da função $f(N, Q) = 0$ para pás com $\beta_2 < 90°$.

obtidas com os ensaios têm o aspecto indicado na Fig. 6.17, onde N representa a potência do motor que aciona a bomba, com a letra comumente usada, quando a potência é indicada em c.v.

CURVAS REAIS

As figuras a seguir representam as diversas curvas obtidas em ensaios reais com os vários tipos de turbobombas para um dado número de rotações n.

A Fig. 6.21a mostra, reunidas num gráfico, as curvas $H = f(Q)$ para os vários tipos de turbobombas. Nos catálogos dos fabricantes, é comum representar as curvas dos pontos de mesma potência. Essas curvas representarão as funções $F(Q, H) = 0$, cada qual se referindo a uma dada potência (Fig. 6.22). Entrando-se no gráfico com os valores de Q e H, acha-se a potência do motor que irá acionar a bomba. Alguns catálogos de fabricantes

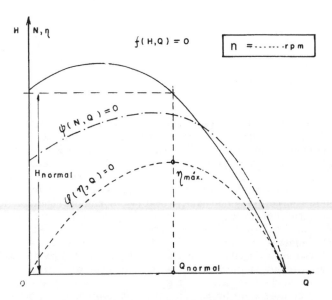

Fig. 6.18 Bomba centrífuga (pás para frente). Característica H, Q instável. Curva tipo *"drooping"*.

138 BOMBAS E INSTALAÇÕES DE BOMBEAMENTO

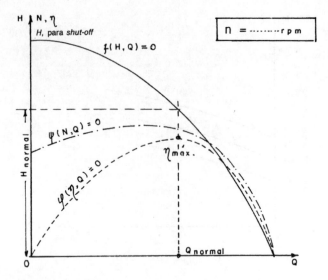

Fig. 6.19 Bomba centrífuga (pás para trás). Curva tipo *"rising"*.

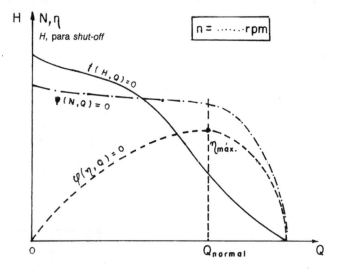

Fig. 6.20 Bomba hélico-centrífuga.

de bombas reúnem num mesmo desenho as várias curvas (Fig. 6.23) ao invés de grupá-las separadamente, como fizemos atrás para maior facilidade de exposição do assunto.

Para uma rápida escolha de uma bomba, em geral, os fabricantes apresentam gráficos nos quais, entrando-se com os valores de Q e H, se pode achar o "tipo de bomba" indicado na quadrícula que corresponde a esses valores. Cada quadrícula contém a designação comercial da bomba, o diâmetro da boca de recalque e, às vezes, a potência do motor. Cada gráfico se refere a um certo valor do número de rotações, embora alguns fabricantes indiquem na própria quadrícula também o número de rpm. A Fig. 6.24 representa o gráfico mencionado para as bombas da série D-1000 de fabricação de Worthington. Em cada quadrícula acham-se indicados três números, por exemplo, $3 \times 1\frac{1}{2} \times 5$. O primeiro fator é o diâmetro da boca de aspiração em polegadas. O segundo, o diâmetro da boca de recalque na mesma unidade. O terceiro indica também, em polegadas, o diâmetro externo do rotor. A potência está indicada nas linhas tracejadas. A Fig. 6.25 mostra o aspecto das curvas $H = f(Q)$ para rotores de bombas centrífugas, conforme a largura do rotor, o número de pás e o ângulo β_2.

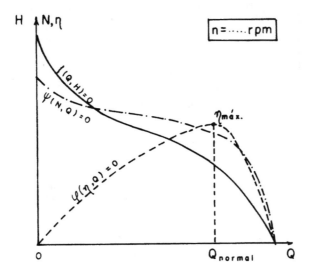

Fig. 6.21 Bomba axial.

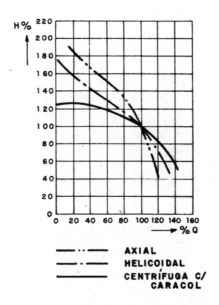

Fig. 6.21a Variação de H em função da porcentagem de descarga para vários tipos de rotor.

As curvas "achatadas" *(flat)* correspondem a:
— rotores largos;
— ângulos β_2 grandes;
— bombas com muitas pás.
As curvas fortemente descendentes *(steep)* correspondem às condições contrárias.

Shut-off

A situação de uma bomba operando com $Q = 0$ (registro fechado) denomina-se *shut-off* e é importante conhecer-se o valor de H para o *shut-off*. Nas bombas hélico-centrífugas e axiais não se deve dar partida às mesmas com o registro fechado, pois como se pode ver nas Figs. 6.20 e 6.21, a potência nessa condição é consideravelmente maior do que para a descarga normal.

140 BOMBAS E INSTALAÇÕES DE BOMBEAMENTO

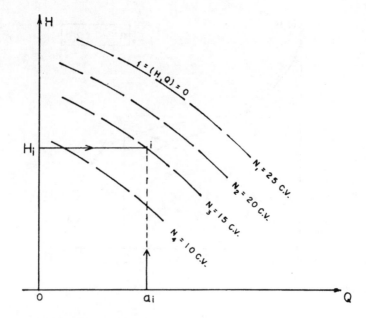

Fig. 6.22 Curvas $H = f(Q)$ para igual potência.

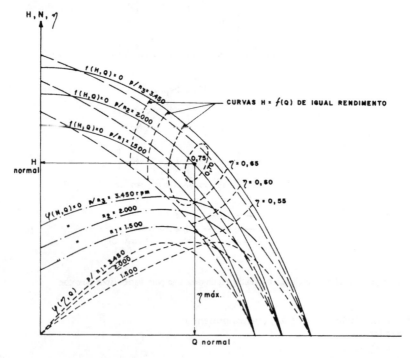

Fig. 6.23 Conjunto das curvas em um só gráfico.

CORTES NOS ROTORES

A bomba é projetada para funcionar com certo par de valores de Q e H, mas pode-se desejar que esta mesma bomba seja empregada com outros valores dessas grandezas. Quando, dentro do campo de valores correspondentes a rendimentos aceitáveis, não se conseguem

CARACTERÍSTICAS DO FUNCIONAMENTO DE UMA TURBOBOMBA

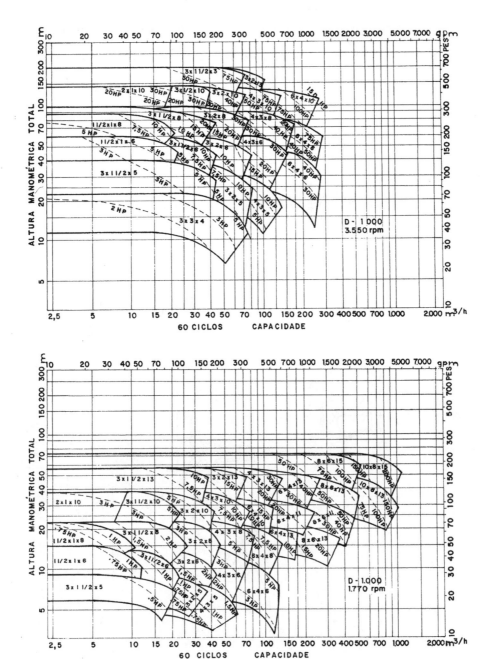

Fig. 6.24 Bombas Worthington série D-1000.

esses valores para uma dada bomba, pode-se recorrer ao *corte no rotor,* que vem a ser a redução em seu diâmetro, com apenas uma operação mecânica de usinagem de modo a obter-se um diâmetro d'_2 menor do que d_2, sem alterar as demais peças da bomba e sem afetar as coroas entre as quais se acham as pás.

Isto é mais viável nas bombas centrífugas radiais puras, onde as faces laterais do rotor são praticamente paralelas, mas a redução não pode ser excessiva, pois, caso contrário, o ângulo β_2 de saída variaria além dos limites para os quais ainda é possível admitir-se a semelhança nos diagramas das velocidades. Nas bombas hélico-centrífugas não se conseguem bons resultados com os cortes e torna-se difícil determinar a inclinação que deve ter o corte.

Ao reduzirmos o diâmetro de d_2 para d'_2, teremos

$$\frac{v'_2}{v_2} = \frac{w'_2}{w_2} = \frac{u'_2}{u_2} = \frac{d'_2}{d_2}$$

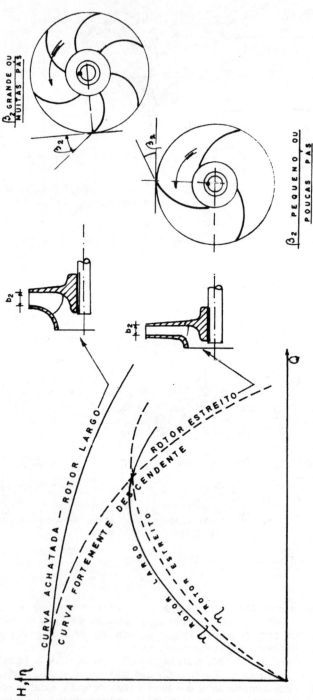

Fig. 6.25 Curvas correspondentes a rotores largos e estreitos.

CARACTERÍSTICAS DO FUNCIONAMENTO DE UMA TURBOBOMBA

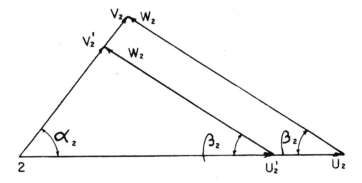

Fig. 6.26 Diagramas à saída do rotor original e do rotor cortado.

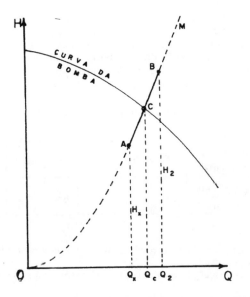

Fig. 6.27 Procedimento para determinar o diâmetro para atender a dados valores de Q e H.

O rendimento cai um tanto, o que todavia não impede o uso desse recurso, principalmente pelos fabricantes de bombas, por permitir sua utilização para faixas mais amplas da descarga e da altura sem alteração nas demais peças constitutivas da bomba.

Vejamos como escolher o novo diâmetro.

Conhece-se a curva característica da bomba $H = f(Q)$ para o diâmetro d_2 e um certo n.

Quer-se determinar, para os valores novos de H_x e Q_x, a dimensão a dar ao diâmetro d'_2 do rotor. Marcamos (Fig. 6.27) o ponto A por suas coordenadas $(H_x$ e $Q_x)$.

Arbitramos uma descarga Q_2 maior do que Q_x. Para achar a ordenada H_2 correspondente a essa descarga, escrevemos

$$H_2 = H_x \cdot \left(\frac{Q_2}{Q_x}\right)^2 \qquad (6.2) \text{ e } (6.3)$$

Achamos, então, o ponto B.

Ligamos A a B e determinamos o ponto C sobre a curva característica da bomba.

Medimos Q_c e obtemos o diâmetro d'_2 desejado pela relação

144 BOMBAS E INSTALAÇÕES DE BOMBEAMENTO

$$\frac{Q_x}{Q_c} = \frac{{d_2'}^2}{{d_2}^2}$$

(6.10)

ou seja,

$$d_2' = d_2 \sqrt{\frac{Q_x}{Q_c}}$$

(6.11)

Observações
1. O ponto C está na parábola de igual rendimento que passa por A e B.
2. J. Karassik nos livros *Centrifugal Pumps* e *Consultor de Bombas Centrífugas* diz que, para cortes de até 20%, na prática a descarga variará diretamente com o diâmetro e não com o seu quadrado. Isto supõe admitir-se que V_{m_2} não varia ao longo da trajetória da partícula, o que, para rotor de "bombas centrífugas normais", é válido, mas que, para as "bombas centrífugas lentas" com rotor de discos paralelos, não se verifica.
3. A. J. Stepanoff diz que a relação dos diâmetros é a mesma que a das descargas, mas introduz uma correção "para compensar a falta de precisão das hipóteses feitas, a fim de poder admitir aquela proporcionalidade".

Correção de Stepanoff para bombas centrífugas

Diâmetro calculado em % do diâmetro original	65	70	75	80	85	90	95
Diâmetro necessário em % do diâmetro original	71	73	78	83	87	91,5	95,5

Por exemplo, seja $d_2 = 20$ cm e admitamos que tenhamos obtido $\dfrac{Q_r}{Q_c} = 0,80$. Portanto, admitindo que as descargas variem com o diâmetro e não com o quadrado, teríamos

$$\frac{d_2'}{d_2} = 0,80$$

ou

$$d_2' = 0,80 \times 20 = 16 \text{ cm}$$

Na tabela que apresenta, Stepanoff mostra que, ao invés de reduzir o diâmetro calculado para 80% do primitivo, deve-se proceder com o corte, para que fique com 83%, de modo que, no caso, o diâmetro a adotar seria de $0,83 \times 20 = 16,6$ cm.
4. Segundo Louis Bergeron, Marcel Sedille, H. Addison, M. Khetagurov e outros autores, é válida, para a relação entre as descargas, a relação entre os quadrados dos diâmetros, ou seja,

$$\frac{Q_x}{Q_c} = \frac{{d_2'}^2}{{d_2}^2}$$

admitindo que a velocidade meridiana não muda, uma vez que a descarga é dada por $Q = \pi$ $\cdot d_2 \cdot b_2 \cdot v_{m_2}$, e a seção de saída do rotor varia com o diâmetro e com a velocidade normal também, desde que se suponha que as coroas do rotor sejam paralelas (o que é valido para as bombas centrífugas lentas). Nas Figs. 6.1 e 6.4 observa-se que, quando a velocidade periférica varia a componente v_m também varia, e essa velocidade periférica é função do diâmetro.

Na hipótese, teríamos para o novo diâmetro

$$d'_2 = d_2 \sqrt{\frac{Q_x}{Q_c}} = 20 \sqrt{0,80} = 17,8 \text{ cm}$$

5. Para as alturas manométricas, teríamos

$$\frac{H'}{H} = \left(\frac{d'_2}{d_2}\right)^2$$

e, para as potências,

$$\frac{N'}{N} = \left(\frac{d'_2}{d_2}\right)^3$$

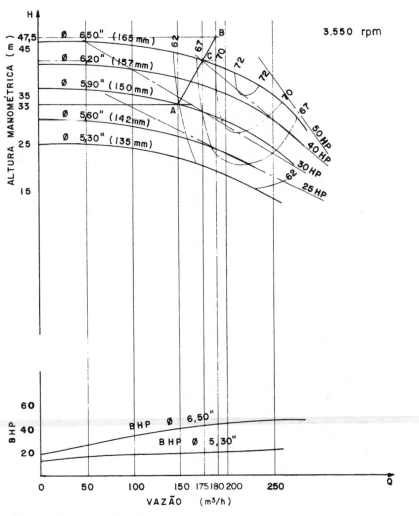

Fig. 6.28 Bomba Worthington D-1011.

6. Os fabricantes fornecem, em seu catálogos, curvas $H = f(Q)$ para vários diâmetros de um mesmo rotor submetido aos cortes a que acabamos de nos referir.

Incluem também as curvas de igual rendimento e as de igual potência (Figs. 6.28 e 6.29).

Exercício 6.2

A bomba Worthington D-1011 tem curvas características representadas na Fig. 6.28. Suponhamos, porém, que estivesse representada apenas *a curva* correspondente ao rotor de 6,50" (165 mm) e que desejássemos saber que diâmetro deveria ter o rotor cortado, para que a bomba operasse com $Q_x = 150$ m³/h e $H_x = 33$ m correspondente ao ponto A.

Consideremos uma descarga Q_2 um pouco superior a Q_x, digamos $Q_2 = 180$ m³/h.

Calculemos a ordenada H_2 correspondente, para acharmos o ponto B que deve ficar acima da curva dada.

$$H_2 = H_x \cdot \left(\frac{Q_2}{Q_x}\right)^2 = 33 \left(\frac{180}{150}\right)^2 = 47,5 \text{ m}$$

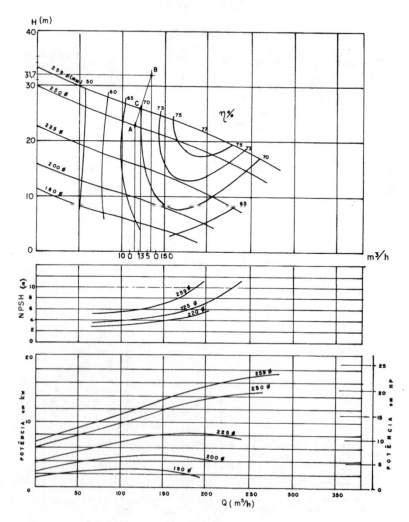

Fig. 6.29 Bomba Sulzer ZP2V $\dfrac{250}{252}$.

CARACTERÍSTICAS DO FUNCIONAMENTO DE UMA TURBOBOMBA

Liguemos A a B e acharemos o ponto C sobre a curva correspondente ao diâmetro primitivo (6,50").

Podemos achar a descarga desse ponto C, que será

$$Q_c = 175 \text{ m}^3/\text{h}$$

Calculemos o diâmetro que deverá ter o rotor cortado.

$$\frac{d'^2_2}{d_2^2} = \frac{Q_x}{Q_c}$$

$$d'_2 = d_2 \cdot \frac{\sqrt{Q_x}}{\sqrt{Q_c}} = 165 \cdot \frac{\sqrt{150}}{\sqrt{175}} = 151,8 \text{ mm}$$
$$= 5,97"$$

O valor achado é praticamente igual ao encontrado no gráfico do fabricante, que corresponderia ao diâmetro de 5,9".

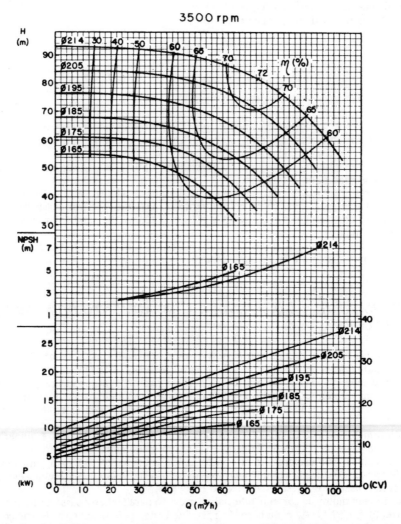

Fig. 6.29a Bomba HERO — Linha 2000, Mod. 50C. 65 mm × 50 mm. Curvas características.

148 BOMBAS E INSTALAÇÕES DE BOMBEAMENTO

Exercício 6.3

Façamos a mesma aplicação para a bomba Sulzer modelo ZP2V $\dfrac{250}{252}$ (Fig. 6.29) com diâmetro original $d_2 = 259$ mm.

Valores desejados:

$$Q_x = 115 \text{ m}^3/\text{h} \qquad H_x = 23 \text{ m}$$

Pretende-se saber que diâmetro deverá ter o rotor dessa bomba.
— Marquemos o ponto A por suas coordenadas $Q_x = 115$ e $H_x = 23$ m
— Arbitremos $Q_2 > Q_x$. Por exemplo, $Q_2 = 135$

— Calculemos $\quad H_2 = H_x \left(\dfrac{Q_2}{Q_x}\right)^2 = 23 \times \left(\dfrac{135}{115}\right)^2 = 31,7$

— Marquemos o ponto B $(Q_2 = 135$ e $H_2 = 31,7)$
— Liguemos A e B e marquemos C sobre a curva correspondente ao diâmetro original
— A descarga para o ponto C é $Q_c = 122$ m^3/h
— Calculemos D'_2 corrigido para corte do rotor

$$d'_2 = d_2 \sqrt{\dfrac{Q_x}{Q_c}} = 259 \sqrt{\dfrac{115}{122}} = 248,7 \text{ mm}$$

A curva do fabricante indicaria rotor com 250 mm, o que é praticamente o mesmo valor.

Os dois exemplos indicam que as curvas foram obtidas admitindo que as descargas variam com os quadrados dos diâmetros.

É bom ressalvar que alguns fabricantes se baseiam na outra suposição ao traçarem as curvas em seus catálogos, como é fácil verificar. Quando possível ensaia-se a bomba com os rotores nos diâmetros indicados nos gráficos e têm-se elementos para interpolações com maior exatidão.

A Fig. 6.29a apresenta as curvas da bomba HERO — Linha 2000 Modelo 50C. Diâmetro de sucção 65 mm. Diâmetro de recalque 50 mm.

CORTE NO ROTOR PARA ATENDER A UM AUMENTO DO NÚMERO DE ROTAÇÕES

Vimos que se pode efetuar um corte no rotor, de modo que a bomba funcionando com o mesmo número de rotações trabalhe com outros valores de Q e de H.

Pode-se também usar o mesmo rotor de bomba centrífuga quando se pretende usar um motor com um número de rotações não muito superior àquele para o qual fora previsto, efetuando também o mencionado corte, conseguindo-se assim manter os mesmos valores de Q e H.

Fato semelhante ocorre quando a freqüência de corrente alternada é aumentada e se deseja conservar os valores da descarga e da altura manométrica inalterados.

Suponhamos, por exemplo, uma bomba ligada a um motor previsto para funcionar na freqüência de 50 hertz. Se a freqüência passa para 60 hertz, vejamos que medida deveremos adotar para conservar os mesmos valores de H, Q e N.

Quando um motor de corrente alternada previsto para 50 hertz passa a ser alimentado por corrente em 60 hertz, o número de rotações varia, pois o número de rotações por minuto é expresso por

CARACTERÍSTICAS DO FUNCIONAMENTO DE UMA TURBOBOMBA   149

$$n = \frac{120 \cdot f}{p}$$

sendo f a freqüência da corrente, e p o número de pólos.

As bombas de pequenas e médias potências são acionadas geralmente por motores de indução com rotor em curto-circuito (em gaiola); as de grandes potências, por motores síncronos ou por motores de indução de rotor bobinado.

A variação de freqüência nesses motores acarretará variação proporcional ao número de rotações.

Assim, se f passa de 50 a 60 Hz, n aumenta de 20% nos motores síncronos e de aproximadamente este valor nos de indução, sendo essa diferença devida ao efeito de variação de escorregamento do rotor em relação ao campo girante.

Suponhamos, por exemplo, uma bomba que, com $n = 1.450$ rpm a 50 Hz, forneça $Q = 45$ m³/h, sendo $H = 20$ m e $N = 5$ c.v. (bomba KSB 80-26).

Quando a freqüência passar a 60 Hz, teremos

$$n_{60} = 1,20 \cdot n$$
$$n_{60} = 1,20 \times 1.450 = 1.740 \text{ rpm}$$

Os novos valores das grandezas serão assim obtidos:

$$\frac{Q_1}{Q} = \frac{n_{60}}{n} \qquad Q_1 = Q \cdot \frac{Q_{60}}{n} = 1,20 \times 45 = 54 \text{ m}^3/\text{h}$$

$$\frac{H_1}{H} = \frac{n_{60}^2}{n^2} \qquad H_1 = H \cdot \frac{n_{60}^2}{n^2} = 1,44 \times 20 = 28,8 \text{ m}$$

A potência consumida será dada por

$$\frac{N_1}{N} = \frac{n_{60}^3}{n^3} \qquad N_1 = N \cdot \frac{n_{60}^3}{n^3} = 1,73 \times 5 = 8,63 \text{ c.v.}$$

Se desejarmos conservar os valores iniciais de Q, H e N para o novo valor da freqüência, podemos efetuar um corte no rotor, reduzindo seu diâmetro de saída, de modo que a velocidade periférica u_2 não se altere.

Para isso devemos ter

$$\frac{\pi n}{30} \cdot r_2 = \frac{\pi n_{60}}{30} \cdot r_2'$$

ou

$$n \cdot r_2 = n_{60} \cdot r_2'$$

Temos

$$1.450 \times r_2 = 1.740 \cdot r_2'$$

$$r_2' = 0,833 \cdot r_2$$

ou seja, 83,3% de r_2.

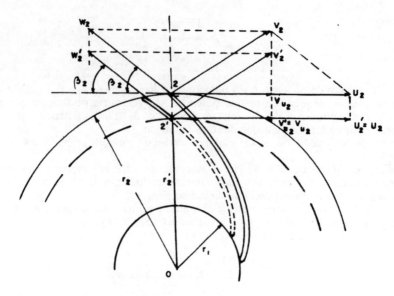

Fig. 6.30 Efeito do corte no rotor sobre o diagrama das velocidades.

O corte a ser efetuado reduzirá o diâmetro de 16,7% (Fig. 6.30).
Na prática, a preocupação principal é com o aumento no consumo da potência motriz. No corte do rotor, para impedir que esse aumento seja excessivo, pode-se proceder por etapas:

— Retiram-se 8% do diâmetro, torneando o rotor. Mede-se a corrente elétrica com um amperímetro e, se o valor lido for inferior ao da corrente nominal indicada na placa do motor, adota-se este diâmetro, embora se saiba que os valores de Q e H tiveram um certo aumento.

— Se a corrente elétrica estiver acima da nominal, retiram-se mais 4% do diâmetro, que fica reduzido para 88% do inicial.

— Sendo ainda necessário, reduzem-se mais 4% no diâmetro, para obter o valor aproximado do calculado, isto é, de cerca de 16% do diâmetro primitivo.

REPRESENTAÇÃO DAS QUADRÍCULAS DE UTILIZAÇÃO DOS ROTORES

Suponhamos conhecidas as curvas $H = f(Q)$ e $\eta = \varphi(Q)$ para uma bomba de rotor de diâmetro d_2, funcionando com n rpm.

Como foi visto em *cortes nos rotores*, se cortarmos o rotor para o diâmetro d'_2 e mantivermos a *largura b_2 de saída constante*, a área da seção de saída será proporcional ao diâmetro e, como a velocidade meridiana também varia, a descarga variará com o quadrado do diâmetro (M. Sedille. *Turbo-Machines Hydrauliques*).

Assim pode-se determinar a curva $H = f(Q)$ para o novo rotor cortado (Fig. 6.31), ligando um ponto tal como A à origem 0, marcando sobre $0A$ a distância AA' tal que

$$\frac{\overline{0A'}}{\overline{0A}} = \frac{d'^2}{d^2}$$

obtendo-se o ponto A' da nova curva.

Fazendo o mesmo com vários pontos, tem-se a curva $H = f(Q)$ para o rotor cortado (Fig. 6.31).

Se a relação dos raios de curvatura da pá à saída do rotor não sofrer variação apreciável, o rendimento pode ser considerado como também variando pouco.

Delimita-se assim uma quadrícula $ABB'A'$ na qual a bomba poderá ser facilmente

CARACTERÍSTICAS DO FUNCIONAMENTO DE UMA TURBOBOMBA

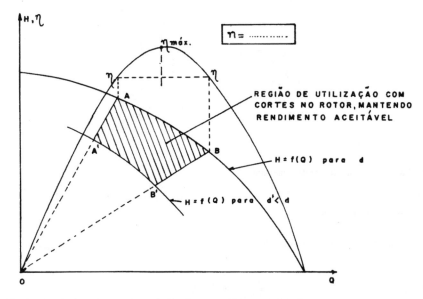

Fig. 6.31 Quadrícula da região e valores de H e Q com rendimento aceitável.

adaptada com cortes entre os limites d e d'. Isto é utilizado na elaboração dos gráficos tais como os das Figs. 6.24 e 6.31, onde se vêem diversas quadrículas, cada qual correspondendo a um *rotor base*, de uma certa bomba.

VARIAÇÃO DAS GRANDEZAS COM AS DIMENSÕES, MANTENDO-SE CONSTANTE O NÚMERO DE ROTAÇÕES

Vimos como variam Q, H e N quando o diâmetro, e o número de rotações n permanece o mesmo.

Chamemos de D e D_x as dimensões homólogas quaisquer de duas bombas geometricamente semelhantes.

Variação da descarga

Para bombas geometricamente semelhantes e para um mesmo número de rotações n, a descarga depende da área da seção (proporcional ao quadrado de uma dimensão) e da velocidade (proporcional a um comprimento); logo, é proporcional ao cubo do diâmetro.

É o que consideram Wislicenus em sua obra *Fluid Mechanics of Turbomachinery* e Manoel Polo Encinos em sua obra *Turbo Máquinas* Hidráulicas.

$$\boxed{\frac{Q_x}{Q} = \left(\frac{D_x}{D}\right)^3} \tag{6.12}$$

Variação da altura manométrica

Da equação de Euler, sabe-se que H depende de u_2 e V_{u_2}, os quais, por sua vez, são proporcionais ao diâmetro, logo

$$\boxed{\frac{H_x}{H} = \left(\frac{D_x}{D}\right)^2} \tag{6.13}$$

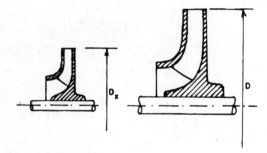

Fig. 6.32 Rotores geometricamente semelhantes.

Variação da potência

A potência depende do produto da descarga pela altura manométrica, logo

$$\boxed{\frac{N_x}{N} = \left(\frac{D_x}{D}\right)^5} \qquad (6.14)$$

Podemos escrever, reunindo as fórmulas duas a duas, fazendo variar primeiro o diâmetro e, em seguida, o número de rotações, e obteremos

$$\frac{Q_x}{Q} = \left(\frac{n_x}{n}\right) \cdot \left(\frac{D_x}{D}\right)^3 \qquad (6.15)$$

$$\frac{H_x}{H} = \left(\frac{n_x}{n}\right)^2 \cdot \left(\frac{D_x}{D}\right)^2 \qquad (6.16)$$

$$\frac{N_x}{N} = \left(\frac{n_x}{n}\right)^3 \cdot \left(\frac{D_x}{D}\right)^5 \qquad (6.17)$$

Exercício 6.4

Uma bomba centrífuga com $D_2 = 150$ mm bombeia $Q = 42$ l/s a uma altura $H = 33$ m, sendo a potência $N = 30$ cv e $n = 3.500$ rpm. Se usarmos uma bomba semelhante com $D_x = 300$ mm, girando com $n_x = 1.750$ rpm, quais seriam os valores Q_x, H_x e N_x correspondentes?

Solução

a) $Q_x = Q \cdot \dfrac{n_x}{n} \cdot \left(\dfrac{D_x}{D}\right)^3 = 42 \times \dfrac{1.750}{3.500} \times \left(\dfrac{300}{150}\right)^3 = \mathit{168\ l/s}$

b) $H_x = H \cdot \left(\dfrac{n_x}{n}\right)^2 \cdot \dfrac{D_x^2}{D} = 33 \times \left(\dfrac{1.750}{3.500}\right)^2 \cdot \left(\dfrac{300}{150}\right)^2 = \mathit{33\ m}$

c) $N_x = N \cdot \left(\dfrac{n_x}{n}\right)^3 \cdot \left(\dfrac{D_x}{D}\right)^5 = 30 \times \left(\dfrac{1.750}{3.500}\right)^3 \cdot \left(\dfrac{300}{150}\right)^5 = \mathit{120\ cv}$

CARACTERÍSTICAS DO FUNCIONAMENTO DE UMA TURBOBOMBA

Eliminemos $\dfrac{D_x}{D}$ entre as Eqs. (6.16) e (6.17).

Da Eq. (6.16), pode-se escrever

$$\frac{D_x}{D} = \left(\frac{H_x}{H}\right)^{1/2} \frac{n}{n_x}$$

Introduzindo este valor na Eq. (6.17)

$$\frac{N_x}{N} = \left(\frac{H_x}{H}\right)^{5/2} \cdot \left(\frac{n}{n_x}\right)^{2}$$

Daí

$$n^2 \cdot \dot{N} \cdot H^{-5/2} = n_x{}^2 \cdot N_x \cdot H_x{}^{-5/2}$$

Extraindo a raiz quadrada

$$n \cdot N^{1/2} \cdot H^{-5/4} = n_x \cdot N_x{}^{1/2} \cdot H_x{}^{-5/4} = \frac{n \sqrt{N}}{H \sqrt[4]{H}} = \text{constante}$$

Rotores geometricamente semelhantes serão caracterizados por uma constante, calculada por meio da expressão acima. Esta constante, de grande importância, será tratada no Cap. 8.

FATORES QUE ALTERAM AS CURVAS CARACTERÍSTICAS

As curvas estudadas representam funções que ligam as grandezas características do funcionamento das turbobombas, considerando fatores inerentes às mesmas.

Vejamos que influência têm certos fatores acidentais, dependentes do líquido, como o peso específico, a viscosidade, a temperatura, ou inerentes à bomba, como a idade de uso da mesma, sobre as grandezas expressas pelas curvas estudadas.

Influência do peso específico γ

Imaginemos duas bombas iguais, funcionando com o mesmo número de rotações por minuto, mas com líquidos de pesos específicos diferentes.

Se a viscosidade em ambos os casos for a mesma, a experiência tem mostrado que:

a. O rendimento se mantém praticamente o mesmo nos dois casos.

b. As alturas totais H_e geradas pelo rotor são as mesmas, porque as velocidades tanto do rotor como do líquido não mudam

$$H_e = \frac{u_2 \cdot V_{u_2}}{g}$$

c. As alturas representativas das pressões variarão, porque a pressão é proporcional ao peso específico do líquido $[p = \gamma \cdot H]$.

Sabemos que a energia de pressão gerada pelo rotor é

154 BOMBAS E INSTALAÇÕES DE BOMBEAMENTO

$$H_p = \frac{p_2 - p_1}{\gamma} + J'_\varepsilon$$

e que e energia total é

$$H_e = \frac{p_2 - p_1}{\gamma} + J' + \frac{v_2{}^2 - v_1{}^2}{2g}$$

sendo $p_2 - p_1$ o diferencial de pressão obtido pelo rotor.

Mas $\dfrac{v_2{}^2 - v_1{}^2}{2g}$ não variará porque as componentes de v, que são u e w, não variam com o peso específico. O rendimento hidráulico ε também não variará se não houver mudança na viscosidade.

Resta o termo $\dfrac{p_2 - p_1}{\gamma}$ a considerar.

Quando γ aumenta para γ', H_e continua o mesmo como dissemos. Para que a fração $\dfrac{p_2 - p_1}{\gamma}$ não mude (pois senão mudaria o H_e), deverá aumentar o numerador $(p_2 - p_1)$ na mesma proporção em que γ aumentar, isto é,

$$\frac{p_2 - p_1}{\gamma} = \frac{p'_2 - p'_1}{\gamma'} \text{ (em metros de coluna de líquido)}$$

ou

$$\frac{p_2 - p_1}{p'_2 - p'_1} = \frac{\gamma}{\gamma'}$$

Sob uma forma mais geral, podemos escrever

$$\boxed{\frac{p_2 - p_1}{p'_2 - p'_1} = \frac{\gamma}{\gamma'} \cdot \frac{n^2}{n'^2} \cdot \frac{\eta}{\eta'}} \qquad (6.18)$$

Portanto, a variação de pressão entre a saída e a entrada do rotor será tanto maior quanto maior o peso específico.

Uma bomba que trabalhasse com líquido de maior peso específico acusaria maiores pressões no manômetro na boca de saída da bomba, embora elevasse o líquido à mesma altura estática h_e.

d. A potência motriz variará diretamente com o peso específico, porque $N = \gamma \cdot Q \cdot H_m$.

A Fig. 6.33 mostra a variação das grandezas com a descarga para os casos de bombeamento de água e gasolina pela mesma bomba.

Admitamos que o líquido (por exemplo, a água) se ache na temperatura normal (15°). Se a água for quente, seu peso específico será menor. Nas bombas de água quente para caldeiras, a redução do peso específico pode ser de 15% ou mais. É preciso continuar a bombear um *dado peso de água* por segundo (não um dado volume, porque o que se deseja na caldeira é um dado peso de vapor por unidade de tempo) contra uma *pressão* estipulada, que aumenta na caldeira com o aumento de temperatura. Assim, a potência consumida para acionar a bomba *aumentará* com o aumento da temperatura da água, para o fornecimento de um dado peso de água a ser transformado em vapor.

CARACTERÍSTICAS DO FUNCIONAMENTO DE UMA TURBOBOMBA

Observação

Quando se emprega líquido diverso da água, é comum exprimir-se a pressão em kgf cm^{-2} e não em metros de coluna líquida.

Exercício 6.5

Quais os diferenciais de pressão (ou *pressão diferencial*) $p_3 - p_0$ para uma bomba funcionando com altura manométrica de 100 m, para os casos de $\gamma = 1$ kgf/dm^3, $\gamma = 0,8$ kgf/dm^3 e $\gamma = 1,2$ kgf/dm^3?

Solução
$H = 100$ m

Mas $\dfrac{p_3 - p_0}{\gamma} = H$

e o diferencial de pressão é $\Delta p = p_3 - p_0 = \gamma \cdot H$

1.º caso:

$\gamma = 1$
$\Delta p = 1 \times 100 = 100$ mca $= 10$ kgf $\cdot$ cm^{-2}

2.º caso:

$\gamma = 0,8$
$\Delta p = 0,8 \times 100 = 80$ mca $= 8$ kgf $\cdot$ cm^{-2}

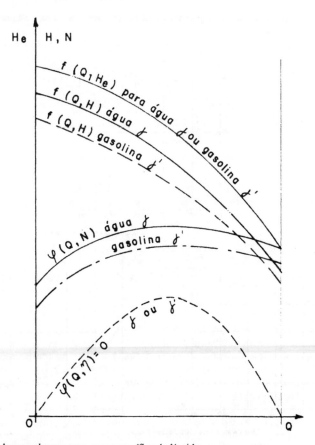

Fig. 6.33 Variação das grandezas com o peso específico do líquido.

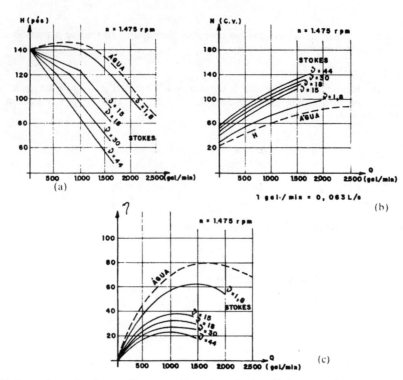

Fig. 6.34 Curvas de uma bomba centrífuga para vários valores da viscosidade e para a água.

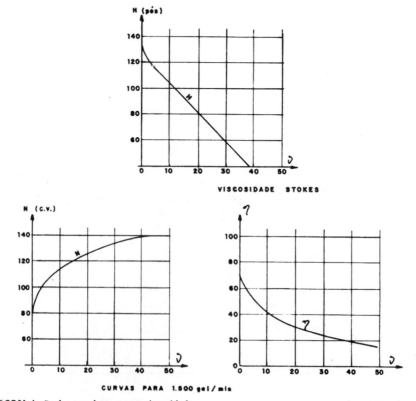

Fig. 6.35 Variação das grandezas com a viscosidade.

3.º caso:

$\gamma = 1,2$
$\Delta p = 1,2 \times 100 = 120 \text{ mca} = 12 \text{ kgf} \cdot \text{cm}^{-2}$

Influência da viscosidade

Se a viscosidade variar (ou variar a temperatura, o que afetará a viscosidade), as perdas por atrito e turbilhonamentos, principalmente no rotor e entre o rotor e a caixa, também variarão, e a sujeição do líquido às trajetórias impostas pelas pás do rotor também sofrerá alteração. Haverá portanto valores diversos para as grandezas características conforme a viscosidade.

Para os mesmos valores da descarga e da velocidade, quanto maior a viscosidade, menores serão os valores que sobram para a energia H_u ou H e de η e maior a potência consumida. Isto quer dizer que a bomba, trabalhando com a mesma velocidade, só poderá fornecer a mesma descarga bombeando líquido de maior viscosidade, para uma altura manométrica menor, e, para isso, exige também maior potência motriz devido às perdas internas (Fig. 6.34, a e b).

A Fig. 6.34 representa curvas para uma bomba centrífuga girando a 1.475 rpm com água e óleos de várias viscosidades, expressas em Stokes.

A Fig. 6.35 representa a variação das grandezas em função da viscosidade, para uma descarga constante de 1.500 galões por minuto (94,5 l/s).

A viscosidade, conforme recordaremos no Cap. 30, costuma ser expressa em:
— Centipoise — para a viscosidade absoluta
— Stokes ou Centistokes — para a viscosidade cinemática
— Saybolt Seconds Universal (SSU) — para viscosidades em termos de tempo de escoamento

Influência do tamanho da bomba

Teoricamente, bombas geometricamente semelhantes terão as grandezas variando proporcionalmente entre si, conforme vimos anteriormente. Então, as curvas características deveriam ser teoricamente semelhantes, mas, na realidade, em uma série de bombas geometricamente semelhantes, as de menores dimensões têm rendimento mais baixo, porque a espessura das palhetas, as folgas, a rugosidade relativa e as imperfeições são relativamente maiores para essas bombas do que para as de maiores dimensões, e, por isso, as curvas não são exatamente semelhantes.

O efeito da viscosidade é acentuado nas bombas pequenas, de modo que as bombas

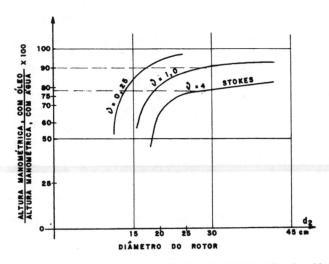

Fig. 6.36 Curvas de altura manométrica de bombas semelhantes e líquidos de várias viscosidades.

158 BOMBAS E INSTALAÇÕES DE BOMBEAMENTO

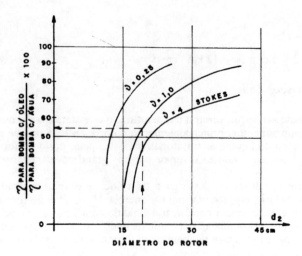

Fig. 6.37 Curvas de rendimento de bombas semelhantes para óleos de várias viscosidades.

centrífugas deverão ter dimensões tanto maiores quanto maiores forem as viscosidades dos líquidos a bombear.

As Figs. 6.36 e 6.37 representam o comportamento de bombas semelhantes. Os valores referentes à bomba com óleos de várias viscosidades são expressos sob a forma de percentagem, comparando seu funcionamento com o equivalente para o caso da água.

Pela Fig. 6.36, verificamos que uma bomba centrífuga com rotor de 30 cm de diâmetro bombeará óleo de 1 stoke a uma altura manométrica igual a 90% da que conseguiria se o líquido fosse água. Se o rotor tivesse 20 cm, bombearia apenas a uma altura igual a 82%.

A Fig. 6.37 revela o que acima dissemos a respeito da necessidade de dimensões grandes para maiores viscosidades, a fim de não baixar excessivamente o rendimento. *Exemplo:* com diâmetro de 20 cm e viscosidade de $D = 1$ St, o rendimento da bomba seria da ordem de 55% do rendimento da mesma trabalhando com água. Com diâmetro de 30 cm, o rendimento melhoraria e passaria para 78% do valor que se obteria usando água.

A tabela que se segue indica as viscosidades e densidades de alguns produtos.

Substância	Densidade a 15°C	VISCOSIDADES SSU	VISCOSIDADES Centistokes	Temp. °C
Óleo S.A.E — 10	0,880 a 0,935	165 a 240	35,4 — 51,9	37°
		90 a 120	18,2 — 25,3	54°
Óleo S.A.E — 20	0,880 a 0,935	240 — 400	51,7 — 86,6	37°
		120 — 184	25,3 — 39,9	54°
Óleo S.A.E — 30	0,880 a 0,35	400 — 580	86,6 — 125,5	37°
		185 — 255	39,9 — 55,1	54°
Gasolina	0,68 a 0,74		0,46 — 0,88	15°
			0,40 — 0,71	37°
Querosene	0,78 a 0,82	35	2,69	20°
		32,6	2	37°
Etileno	1,125	88,4	17,8	21°

Resumindo as várias interdependências, podemos escrever as expressões abaixo:

$$Q' = Q \cdot \frac{d_2'^3}{d_2^3} \cdot \frac{n'}{n} \cdot \frac{\eta'_{vol}}{\eta_{vol}}$$

CARACTERÍSTICAS DO FUNCIONAMENTO DE UMA TURBOBOMBA 159

$$H'_e = H_e \cdot \frac{d'^2_2}{d_2^2} \cdot \frac{n'^2}{n^2} \cdot \frac{\varepsilon'}{\varepsilon}$$

$$N' = N \cdot \frac{\gamma'}{\gamma} \cdot \frac{d'^5_2}{d_2^5} \cdot \frac{n'^3}{n^3} \cdot \frac{\eta}{\eta'}$$

Com essas expressões, podemos, por exemplo, determinar o diâmetro d'_2 do rotor de um modelo reduzido, levando em consideração as demais grandezas com as quais irá funcionar o protótipo (bomba real) e o modelo.

Uso do gráfico para correção das grandezas afetadas pela viscosidade

O Hydraulic Institute apresenta nos seus Standards for Centrifugal Pumps um gráfico aplicável apenas a *bombas centrífugas,* destinadas ao bombeamento de óleo, rotor fechado ou aberto, não devendo ser aplicado a líquidos não-newtonianos (isto é, não-uniformes, tais como pastas de papel, esgotos sanitários etc.).

A Fig. 6.38 usa unidades americanas e graus SSU, enquanto a Fig. 6.39 está representada com unidades do sistema métrico e viscosidade em graus Engler.

Chamemos de:

Q — Descarga da bomba para o caso da água
H — Altura manométrica para o caso da água
η — Rendimento total para o caso da água
$Q_{vis.}$ — Descarga para o caso do líquido viscoso
$H_{vis.}$ — Altura manométrica para o líquido viscoso
$\eta_{vis.}$ — Rendimento total para o líquido viscoso
$N_{vis.}$ — Potência motriz para o líquido viscoso
C_Q — Fator de correção da descarga
C_H — Fator de correção da altura manométrica
C_η — Fator de correção do rendimento total
Q_n — Descarga normal (para rendimento máximo), para água
$bhp_{vis.}$ — Potência motriz para o líquido viscoso

Conhecidas as curvas da bomba para o caso da água, temos

$$Q_{vis.} = C_Q \times Q \qquad H_{vis.} = C_H \cdot H \qquad \eta_{vis.} = C_\eta \cdot \eta$$

e

$$N_{\text{vis.}} = \frac{Q_{\text{vis.}} \times H_{\text{vis.}} \times \gamma_{(\text{óleo})}}{\eta_{\text{vis.}}}$$

C_Q, C_H e C_η podem ser obtidos nas Figs. 6.38, 6.38a e 6.39, as quais são baseadas no funcionamento da bomba com água.

A Fig. 6.38a é aplicável a bombas pequenas cujo ponto de operação com máximo rendimento ocorre para descarga de água inferior a 100 gpm. A Fig. 6.38 é aplicável a vazões grandes, pois, como se observa, os valores na escala das vazões são expressos em centenas de galões por minuto.

Para se saber o comportamento da bomba operando com água partindo do conhecimento da vazão Q_{vis} e da altura manométrica H_{vis} do líquido viscoso, determinam-se nas Figs. 6.38, 6.38a ou 6.39, conforme o caso, e se calculam

$$Q_{(aprox.)} = \frac{Q_{vis}}{C_Q}$$

$$H_{(aprox.)} = \frac{H_{vis}}{C_H}$$

160   BOMBAS E INSTALAÇÕES DE BOMBEAMENTO

Planilha de cálculo do Exemplo e da Fig. 6.40

	$0,6 \times Q$ (água)	$0,8 \times Q$ (água)	$1,0 \times Q$ (água)	$1,2 \times Q$ (água)
DADOS DO CATÁLOGO DO FABRICANTE				
Descarga (água) Q	450	600	750	900
Altura manométrica H	114	108	100	86
Rendimento η	72,5	80	82	79,5
Viscosidade do líquido	1.000 SSU	1.000	1.000	1.000
C_Q (do gráfico)	0,95	0,95	0,95	0,95
C_N (do gráfico)	0,96	0,94	0,92	0,89
C_η (do gráfico)	0,635	0,635	0,635	0,635
Descarga p/óleo $(Q \times C_Q)$	427	570	712	855
Altura p/óleo $(H \times C_H)$	109,5	101,5	92	76,5
Rend. p/óleo $(\eta \times C_\eta)$	46,0	50,8	52,1	50,5
Peso específico do líq.	0,90	0,90	0,90	0,90
Potência (líq. viscoso)	23,1	25,9	28,6	29,4

Consideremos dois casos que ocorrem na prática.

1.° CASO

Escolha de uma bomba para dadas condições de $H_{vis.}$ e $Q_{vis.}$ de um líquido de peso específico γ e viscosidade conhecidos para uma dada temperatura.

Entra-se nos gráficos das Figs. 6.38, 6.38a ou 6.39 com a descarga desejada de óleo $(Q_{vis.})$; segue-se na vertical até obter a altura manométrica $H_{vis.}$ (expressa em pés de coluna de óleo), na linha inclinada. No caso de bombas de múltiplos estágios, deve-se usar a altura de um estágio.

Prossegue-se na horizontal (para a esquerda ou para a direita, conforme o caso) até a reta inclinada correspondente à viscosidade do líquido expressa em SSU. Sobe-se até as curvas de correção onde se acha C_Q. Divide-se em seguida a $(Q_{vis.})$ pelo fator (C_Q) para obter a descarga equivalente aproximada da água (Q).

Divide-se o $(H_{vis.})$ pelo fator de correção (C_H), encontrado na curva marcada $(1,0 \times Q)$, e tem-se o valor aproximado de H para água com a bomba trabalhando com descarga normal. Se a bomba trabalhar com descarga maior ou menor do que a normal, devem-se usar as curvas $1,2\ Q_n$, $0,80\ Q_n$ ou $0,6\ Q_n$.

Obtidos assim Q e H para a água, escolhe-se a bomba do modo usual, consultando os catálogos dos fabricantes, os quais fornecerão os valores de N e η. Com o auxílio das curvas C_η, obtém-se o fator de correção que multiplicado pelo η da bomba para a água fornece o rendimento $\eta_{vis.}$ da bomba com líquido viscoso.

Exemplo:

Escolher uma bomba capaz de fornecer uma descarga $Q = 750$ gpm com $H = 100$ pés, sendo a viscosidade do líquido igual a 1.000 SSU (Saybolt Seconds Universal) e $\gamma = 0,90$ na temperatura de funcionamento.

Entrando no gráfico com $Q_{vis.} = 750$ gpm, vai-se até $H_{vis.} = 100$ pés. Depois, segue-se até a reta SSU $= 1.000$ e então na vertical até as curvas que dão os fatores de correção:

$$C_Q = 0,95 \quad C_H = 0,92 \text{ (para } 1,0\ Q) \quad C_\eta = 0,635$$

Daí calculam-se

$$Q = \frac{750}{0,95} = 790 \text{ gpm} \quad e \quad H = \frac{100}{0,92} = 109 \text{ pés}$$

CARACTERÍSTICAS DO FUNCIONAMENTO DE UMA TURBOBOMBA

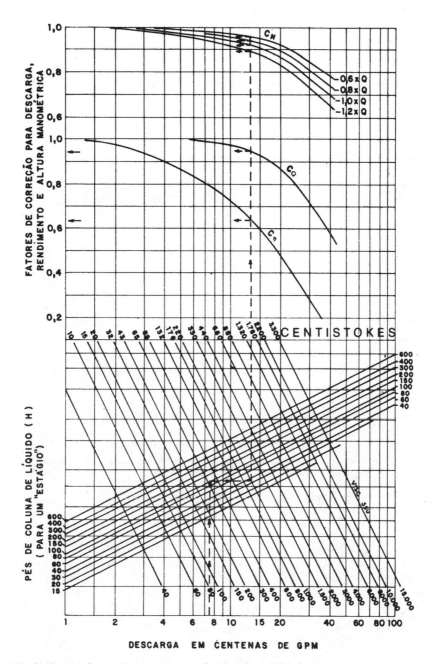

Fig. 6.38 Gráfico dos fatores de correção, para bombas de grandes descargas.

Num catálogo de fabricante procura-se uma bomba que dê $Q = 790$ gpm e $H = 109$ pés e tanto quanto possível com $\eta_{máx.}$, para a água.

Se o rendimento encontrado no catálogo foi, por exemplo, igual a 0,81 para 790 gpm e para a água, então o rendimento para a bomba com o líquido viscoso será

$$\eta_{vis.} = C_\eta \times \eta$$
$$\eta_{vis.} = 0,635 \times 0,81 = 51,5\%$$

A potência consumida pelo motor, para a bomba com o óleo, será, usando as unidades americanas,

$$N_{BHP_{vis.}} = \frac{750 \times 100 \times 0{,}90}{3.960 \times 0{,}515} = 31 \text{ hp}$$

Convertendo para o Sistema Métrico Decimal, teremos, lembrando que 1 HP = 1,0139 c.v.,

$$31 \text{ BHP} \times 1{,}0139 = 31{,}43 \text{ c.v.}$$

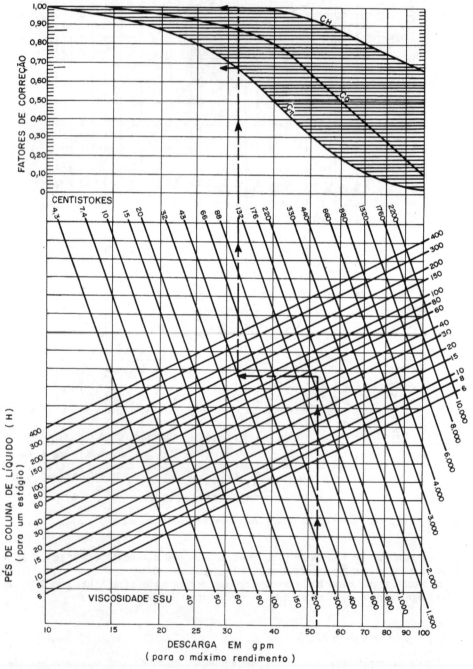

Fig. 6.38a Gráfico dos fatores de correção para bombas de pequenas descargas.

CARACTERÍSTICAS DO FUNCIONAMENTO DE UMA TURBOBOMBA

2.° *Caso*

Determinação das condições de funcionamento da bomba com líquido de dada viscosidade, quando se conhecem as condições para o funcionamento com água.

Da curva de rendimento da bomba com água, determina-se a descarga Q correspondente ao rendimento máximo. Tem-se o valor de $(1,0 \times Q)$.

Em seguida, calculam-se as descargas para três valores de Q, que podem ser:

$$(0,6 \cdot Q), \quad (0,8 \cdot Q) \text{ e } (1,2 \cdot Q)$$

para os quais o gráfico da Fig. 6.39 foi traçado.

Entra-se no gráfico com a descarga normal $(1,0 \times Q)$; sobe-se até o H correspondente a um estágio para essa descarga. Na horizontal, segue-se até a reta inclinada, para a viscosidade em questão. Em seguida, sobe-se às curvas de correção, para ter os valores de C_η, C_Q e C_H para os quatro valores da descarga.

Multiplicando os valores de H e η pelos respectivos fatores de correção, obtemos os valores corrigidos para o caso do líquido viscoso.

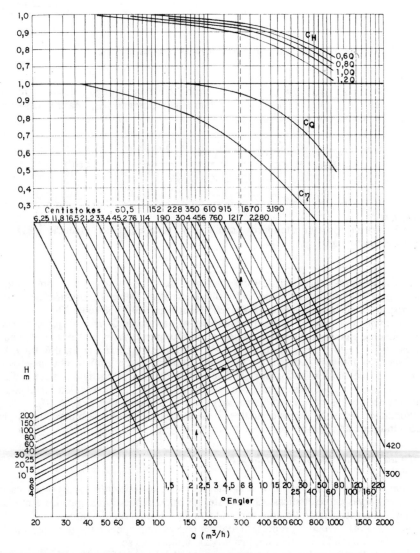

Fig. 6.39 Correção dos valores de Q, H e η em função da viscosidade.

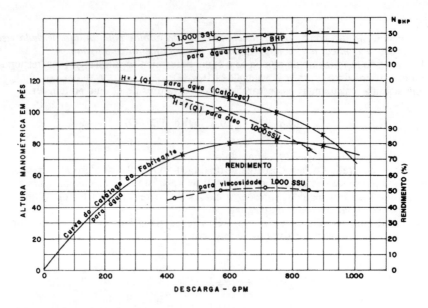

Fig. 6.40 Traçado das curvas para um óleo quando são dadas as curvas para água.

Podemos então traçar por pontos, utilizando até mesmo a página do catálogo do fabricante, curvas $(H_{vis.}, Q_{vis.})$ e $(\eta_{vis.}, Q_{vis.})$ e também a potência $N_{vis.}$ para o caso do óleo, potência que, como vimos, se calcula pela fórmula

$$N_{vis.} = \frac{Q_{(vis.)} \times H_{(vis.)} \times \gamma_{(vis.)}}{3.960 \times \eta_{(vis.)}} \quad \text{(BHP)}$$

Observação

O Hydraulic Institute Standards considera γ, peso específico *(specific weight)*, como densidade *(specific gravity)*.

Exemplo (Fig. 6.40)

Dadas as curvas características de uma bomba, obtidas em ensaio com água, traçar a curva para o caso de um óleo de densidade igual a 0,90 e viscosidade de 1.000 SSU na temperatura do bombeamento. Podemos usar as Figs. 6.38, 6.38a ou 6.39.

Na curva característica da bomba, marcam-se os valores de H e Q que correspondem ao rendimento máximo. Nesse exemplo, $Q = 750$ gpm e $H = 100$ pés. Calculam-se os valores de $Q_{vis.}$ e $H_{vis.}$ e $\eta_{vis.}$ multiplicando-se os valores de Q, H e η por 0,6, 0,8 e 1,2.

Com $Q = 750$ gpm, 100 pés e 1.000 SSU, utilizando-se o gráfico, obtém-se os fatores de correção que, multiplicados por Q, H e η, são os valores corrigidos para o óleo, isto é, $Q_{vis.}$, $H_{vis.}$ e $\eta_{vis.}$. Depois calculam-se os valores de $N_{vis.}$. Em seguida, traçam-se, com os pontos obtidos, as curvas características para a bomba com óleo (Fig. 6.40).

Podem-se dispor os dados e valores, à medida que vão sendo obtidos, numa planilha, como a indicada na pág. 160.

Efeito da "idade em uso" da bomba

Com o decorrer do tempo, o desgaste normal e a deficiente conservação da bomba alteram as curvas características. O desgaste dos anéis separadores, gaxetas e mancais aumenta as fugas internas do líquido, tornando ainda menor o rendimento.

Na Fig. 6.41 acham-se representadas as curvas principais para uma mesma bomba quando nova e quando sujeita a um prolongado tempo de uso.

Para um mesmo valor de Q, vê-se que a bomba usada fornece um menor valor de

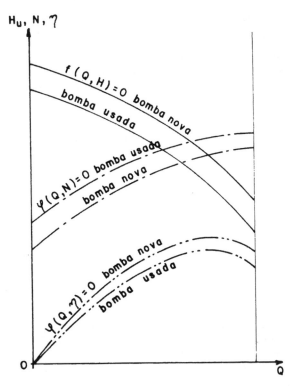

Fig. 6.41 Efeito do tempo de uso sobre as curvas características.

H_u e tem um rendimento menor, necessitando, por outro lado, de uma potência maior.

Em vista disso, não se devem empregar para uma bomba já em uso há longo tempo as curvas características fornecidas pelo fabricante, sem se certificar do estado de conservação da bomba, e adotar valores com correções.

Efeito de materiais em suspensão no líquido

Quando a água traz, em suspensão, sólidos ou elementos pastosos, a mistura se comporta como um novo líquido de maior densidade e maior viscosidade.

Devido à natureza diversa dos constituintes de tais misturas, não se podem fixar regras gerais como se fez para líquidos puros. Assim, por exemplo, a água com 5% de polpa de papel reduz o rendimento da bomba pela metade e com a descarga abaixo do normal do projeto.

As bombas de dragagem, trabalhando com misturas lama-água ou areia-água com peso específico da ordem de 1.600 kgf/m³, obrigam a formas especiais de rotores, diversas sob certos aspectos das de água limpa. Trataremos do assunto no Cap. 27, a respeito de bombas especiais.

Efeito da variação de temperatura

As condições de operação (*performance*) de uma bomba são afetadas quando ocorre variação na temperatura do líquido bombeado.

A elevação da temperatura provoca uma redução no peso específico do líquido e portanto também no valor da potência motriz; portanto, o rendimento não varia, como se pode observar na Fig. 6.33, onde é levado em conta apenas o efeito do peso específico. Mas, a viscosidade diminui com a elevação da temperatura do líquido, havendo, como conseqüência, uma alteração no rendimento. Assim, por exemplo, nas bombas de alta pressão, nas de múltiplos estágios para caldeiras e nas de um estágio para bombeamento de água quente, a redução na viscosidade acarretará:

166 BOMBAS E INSTALAÇÕES DE BOMBEAMENTO

— Aumento nas perdas internas por fugas;
— Redução nas perdas por atrito no disco e coroa de fixação das pás do rotor;
— Redução nas perdas hidráulicas internas à bomba.

Existem fórmulas empíricas que permitem determinar o rendimento η_t de uma bomba operando numa temperatura t, ensaiada numa temperatura t_o para o qual o rendimento obtido foi η_o, como é o caso da fórmula 6.19 proposta no Hydraulic Institute Standards (Edição de 1982)

$$\eta_t = 1 - (1 - \eta_o) \left[\frac{v_t}{v_o} \right]^n \qquad (6.19)$$

sendo

v_o — coeficiente de viscosidade cinemática para a temperatura t_o no ensaio (ver Cap. 30);

v_t — idem, para a temperatura t;

n — valor compreendido entre 0,05 e 0,1, a ser confirmado com o fabricante da bomba.

Bibliografia

AGUIRRE, MIGUEL REYES. *Curso de Máquinas Hidráulicas*. 1971.
BOUSSUGES, P. *Cours de Machines Hydrauliques*. Grenoble, França, 1972.
Catálogo e curvas características de bombas dos fabricantes.
— ABS — Indústria de Bombas Centrífugas
— Bombas Bernet
— Bombas Blindaflux
— Bombas ESCO S.A.
— Bombas IND-BPO — Indasteel S.A.
— Dancor
— Flygt
— Gardner-Denver
— Haupt São Paulo S.A.
— Hero Ind. e Com.
— Hidráulica Magalhães
— Ingersoll-Rand
— KSB do Brasil
— MB do Brasil
— Omel S.A. Indústria e Comércio
— Sulzer
— TRW Mission Ind. Ltda.
— Worthington S.A. (Máquinas)
COMOLET, R. *Mecanique des fluides*, vol. II, 1964.

Hidraulic Institute Standards

— *for Centrifugal, Rotary and Reciprocating Pumps*, 1982.
JAUMOTTE. *Cours de Turbomachines de l'Université libre de Bruxelles*. 1974.
KARASSIK, IGOR J. *Centrifugal Pumps — Selection, Operation and Maintenance*. McGraw-Hill, 1960.
——. *Pump Handbook*. McGraw-Hill, New York, 1976.
LANGHAAR. *Analyse Dimensionnelle et théorie des maquettes*. Editions Dunod, Paris, 1973.
MATAIX, CLAUDIO. *Mecánica de los flúidos y Máquinas Hidráulicas*. Harper & Row Publishers Inc., New York-México-Buenos Aires, 1970.
MEDICE, MARIO. *Le Pompe*. U. Hoepli, Milano, 1967.
PFLEIDERER, CARL. *Bombas Centrífugas y Turbocompresores*. Editorial Labor S.A. 1958.
RATEAU, M. Eydoux-Garriel. *Turbo-machines*.
STEPANOFF, A. J. *Centrifugal and Axial Flow Pumps*. John Wiley & Sons, Londres, 1957.

7

Condições de Funcionamento das Bombas Relativamente aos Encanamentos

CURVA CARACTERÍSTICA DE UM ENCANAMENTO

Representemos (Fig. 7.1) uma instalação de bombeamento, cuja altura estática (desnível do líquido) seja h_e, e, num gráfico (Fig. 7.2) na mesma escala, a curva característica de uma bomba.

Sabemos que a altura útil de elevação é dada por (Eq. 3.15)

$$H_u = h_e + J_a + J_r + \frac{V_3{}^2 - V_0{}^2}{2g} = h_e + J$$

sendo J a soma das perdas de carga sofridas pela unidade de peso do líquido que percorre o encanamento com a variação da energia cinética do líquido em sua passagem pela bomba.

A experiência mostra que as perdas de carga variam praticamente com o quadrado da velocidade e, portanto, com o quadrado da descarga, quando não há alteração no encanamento.

Podemos então escrever

$$H_u = h_e + f(Q^2)$$

A função $J = f(Q^2)$ pode ser representada por uma curva de formato parabólico, tendo para eixo de simetria o das ordenadas.

Se desenharmos essa curva com seu vértice distando h_e da origem, teremos a representação gráfica de H_u em função de Q, indicando o valor da energia que é necessário fornecer a 1 kgf do líquido para que escoe através o encanamento, vencendo o desnível h_e, todas as resistências passivas oferecidas pelo encanamento, e saia com a energia cinética resultante da velocidade v_3 com que penetrou no encanamento vindo da bomba. Essa curva é denominada "curva característica do encanamento ou do sistema" ou simplesmente "curva do encanamento ou do sistema", porque, de fato, caracteriza as condições de escoamento no encanamento.

Na prática, é costume traçar-se essa curva em função da altura manométrica H e não

168 BOMBAS E INSTALAÇÕES DE BOMBEAMENTO

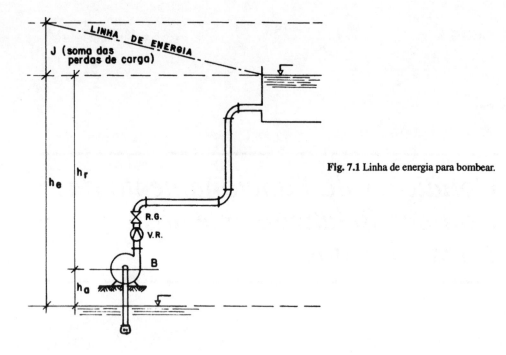

Fig. 7.1 Linha de energia para bombear.

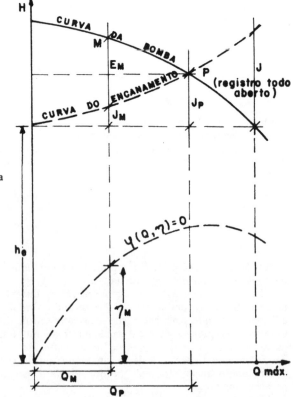

Fig. 7.2 Ponto de operação de uma bomba ligada a um dado encanamento.

CONDIÇÕES DE FUNCIONAMENTO DAS BOMBAS...   169

de H_u. Ela determina qual o valor da altura representativa da diferença de pressões que deva existir entre a saída e a entrada da bomba para se obter uma desejada descarga ao longo de um encanamento dado. Em outras palavras, ela permite determinar quais as condições (valores de Q e H) com as quais uma bomba ligada a um dado encanamento irá funcionar. Esses valores caracterizam o "ponto de funcionamento da bomba", que é o ponto "P" de equilíbrio natural do sistema bomba-encanamento. É também chamado de "ponto de trabalho da bomba".

Para marcar os pontos da curva do encanamento, calculam-se os valores de J para um certo número de valores da descarga e somam-se esses valores à altura estática de elevação h_e.

Percebe-se que, quando o nível dos reservatórios de aspiração e de recalque varia, h_e muda, e, portanto, os valores de Q e de H, com os quais a instalação funcionará. Por isso é conveniente determinar o ponto P para as situações extremas de nível do líquido nos reservatórios.

REGULAGEM DAS BOMBAS ATUANDO NO REGISTRO

Seria desejável que o ponto P correspondesse ao rendimento máximo da bomba, o que equivale a dizer que Q_p (descarga para o ponto de funcionamento) fosse o Q normal.

A descarga Q_p correspondente ao registro todo aberto é a máxima com que o sistema pode funcionar, porque, para descargas maiores, a energia H_u ou H, fornecida pela bomba, é insuficiente para vencer o desnível e as resistências da tubulação $(h_e + J)$.

Com o registro, podemos regular a descarga apenas para valores menores que Q_p.

Se fecharmos parcialmente o registro, a descarga baixará, por exemplo, para o valor Q_M. Nessas condições, a energia fornecida pela bomba será superior às resistências do encanamento. A sobra de energia E_M, entretanto, se perde por turbulências no registro e no interior da própria bomba. Há um gasto inútil de energia devido a essa perda E_M, e isso explica o baixo rendimento η_M da bomba quando funciona com descarga inferior ao seu "valor normal". Assim, quanto menor for a descarga, tanto maior será o dispêndio inútil de energia.

Portanto, com o registro parcialmente fechado, a descarga cai para o valor Q_M, e a altura manométrica aumenta, pois o ponto de funcionamento P se desloca para M.

Apesar dos inconvenientes que apresenta, esse processo de regulagem da descarga por meio do registro é largamente aplicado devido à sua simplicidade e à complexidade dos outros recursos mais aconselháveis, mas apenas quando se pretender descarga inferior à máxima compatível com a instalação.

REGULAGEM PELA VARIAÇÃO DA VELOCIDADE

Esta solução alcança os melhores resultados, pois, variando a velocidade, consegue-se que o par de valores H e Q se mantenha sobre a curva de melhor rendimento da bomba.

É empregado quando a bomba é movida por motores de corrente contínua, cuja velocidade pode ser facilmente modificada pela variação do campo eletromagnético, obtido com um reostato. Em bombas acionadas por turbinas a vapor, há também reguladores automáticos que conseguem o mesmo resultado. Para motores de corrente alternada, empregam-se, em instalações de certo porte, os variadores de velocidade hidrodinâmicos ou hidrocinéticos e magnéticos, ou motores de características especiais com equipamentos também especiais de que trataremos no capítulo de "Operação com as turbobombas".

Suponhamos que a bomba gire com n_3 rpm, fornecendo uma descarga Q_3, ligada a um encanamento cuja curva característica C foi traçada (Fig. 7.3). Se desejarmos que a descarga aumente para Q_1, por exemplo, atuaremos sobre o dispositivo que regula o número de rotações da bomba, que passará a ser n_1. Nestas condições, o novo "ponto de funcionamento da bomba" será B. É claro que a potência que o motor deve fornecer aumentará na proporção estudada em *Variação da potência com a descarga*, Cap. 6. Certas instalações industriais e elevatórias de água ou de esgotos, pelo caráter variável da descarga, encontram, nesse recurso de variação do número de rotações da bomba, a solução para, com a mesma bomba e automaticamente, conseguirem que a bomba forneça a descarga necessária.

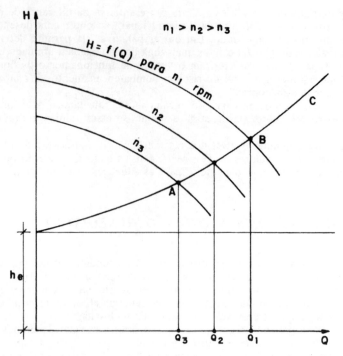

Fig. 7.3 Regulagem de H e Q pela variação do número de rpm n.

FUNCIONAMENTO DA BOMBA FORA DA CONDIÇÃO DE RENDIMENTO MÁXIMO

Sabemos que, para um determinado par de valores de Q e H, denominados *valores normais*, a bomba opera com máximo rendimento. Entretanto, muitas vezes a mesma é solicitada a funcionar com valores diferentes de Q e H, como acabamos de analisar. Vários inconvenientes podem então ocorrer, dentre os quais destacaremos os seguintes:
— *Diminuição do rendimento*
  Observa-se que quanto menor a descarga, menor será o rendimento, embora o aumento acima da *descarga normal* ocasione o mesmo problema.
— *Aumento do empuxo radial*
  O empuxo radial, resultante da desigualdade de distribuição das pressões na voluta, conquanto possa ser bastante reduzido usando-se voluta dupla (Fig. 10.30), ocorre sempre nas bombas de voluta, e o valor máximo se verifica para a condição de *shutoff* (registro fechado), com o líquido recirculando na bomba.
— *Aumento do empuxo axial*
  Os dispositivos mencionados no Cap. 13 para equilibrar o empuxo axial perdem muito de sua eficiência quando a bomba opera com descarga reduzida.
— *Irregularidade no escoamento dos filetes à entrada e saída do rotor*
  Para descargas reduzidas ocorrem fluxos secundários de recirculação à entrada do rotor, fenômeno conhecido como *"surge hidráulico"*, capaz de provocar vibrações, ruído e danos ao rotor. À saída do rotor pode ocorrer *"Vórtice de recirculação"*, conforme sugere a Fig. 7.3a.
— *Elevação da temperatura na bomba*
  O próprio líquido que circula pela bomba, em geral, remove o calor gerado pelo atrito entre as peças em contato, o calor do atrito hidrodinâmico do líquido confinado em espaços reduzidos e o calor proveniente dos mancais, sejam eles de deslizamento ou de rolamento.
  Quando a bomba opera com vazões reduzidas, o resfriamento pode não ser suficiente, podendo portanto ocorrer superaquecimento; redução da vida das gaxetas e dos selos mecânicos; danos aos mancais, eixos e dispositivos de balanceamento hidráulico longitudinal do eixo.

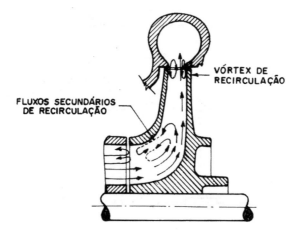

Fig. 7.3a Representação dos filetes, para a bomba operando a descarga reduzida.

Para impedir que ocorram esses inconvenientes, deve-se controlar a *descarga mínima aceitável*, recorrendo-se a um sistema de *recirculação controlada automática*.

Vejamos algumas das soluções que têm sido adotadas:

1.ª) *Sistema de recirculação contínua*

Consiste num *by-pass* contendo uma placa de orifício, que permite o retorno de parte do líquido para o reservatório de onde a água é bombeada. A placa de orifício é dimensionada de modo que o orifício dê passagem à descarga de recirculação que impeça o superaquecimento da bomba (Fig. 7.3b).

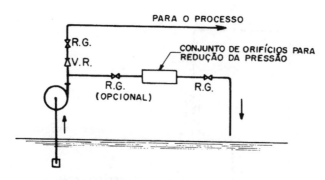

Fig. 7.3b Sistema de recirculação contínua.

O inconveniente desta solução é que obriga a um superdimensionamento da bomba e do motor, pois ocorre sempre uma recirculação pelo *by-pass*, mesmo nas condições normais, quando a descarga demandada na operação já seria suficiente para manter a bomba em temperatura aceitável.

2.ª) *Sistema de recirculação por meio de medição da descarga*

É o processo empregado quando as bombas operam com pressões muito elevadas. A válvula existente no *by-pass* é acionada por um sistema de controle e instrumentação que opera de acordo com a descarga que passa pela bomba. Em outras palavras: quando a descarga se aproxima do mínimo recomendado pelo fabricante da bomba, a instrumentação que mede a descarga atua no sentido de abrir a válvula de controle da recirculação instalada no *by-pass*.

172 BOMBAS E INSTALAÇÕES DE BOMBEAMENTO

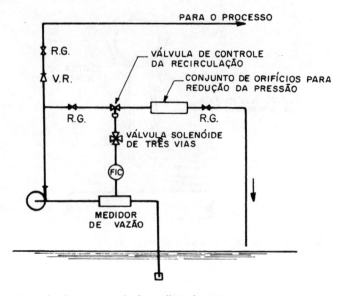

Fig. 7.3c Sistema de recirculação por meio de medição da vazão.

3.ª) *Sistema de recirculação automática*

O líquido só circula pelo *by-pass* quando a descarga que passa pela bomba se aproxima do valor mínimo recomendado pelo fabricante da bomba.

A *Yarway do Brasil* fabrica válvulas capazes de realizar automaticamente e, em um único conjunto, a medição da descarga; a retenção do contrafluxo; a redução da pressão no sistema de recirculação e o controle de recirculação. A Fig. 7.3d mostra o esquema de uma instalação com recirculação automática tal como proposta pela *Yarway*.

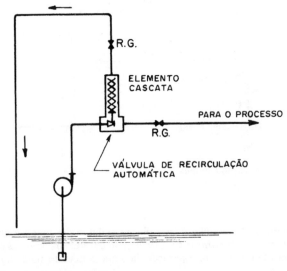

Fig. 7.3d Sistema de recirculação automática.

A recirculação automática pode ser obtida de duas maneiras:
a) com controle *on/off* (ligado/desligado), ou
b) com controle modulante.

Faremos uma breve referência às válvulas de Yarway, sem os detalhes que constam do folheto publicado por essa conceituada empresa.

— *Recirculação automática com controle* on/off

Este sistema é usado para proteger bombas centrífugas cuja descarga mínima permitida é de 10 a 30% da descarga normal, e para pressões de até 210 kgf · cm^{-2}. A Fig. 7.3e mostra uma válvula Yarway para essa finalidade.

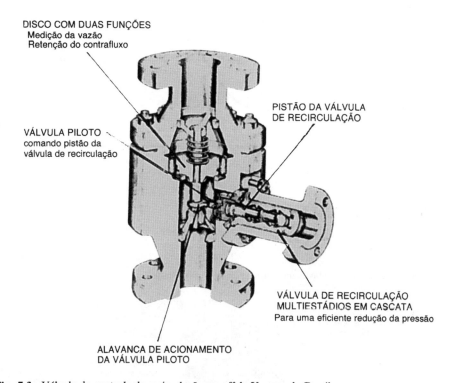

Fig. 7.3e Válvula de controle de recirculação *on-off* da Yarway do Brasil.

A válvula abre o circuito de recirculação toda vez que a descarga principal alcança valores próximos ao mínimo e o fecha toda vez que a descarga atinge níveis seguros. É empregada em instalações de elevada pressão para proteger bombas centrífugas de processo, bombas de alimentação de caldeiras, bombas de injeção em poços de petróleo etc.

Quando várias bombas descarregam em um *"header"* (barrilete) comum, cada bomba deve ter sua própria válvula de proteção, a fim de evitar a interferência de umas sobre as outras.

— *Recirculação automática com controle modulante*

Quando, no processo, a bomba é solicitada a fornecer descargas com valores inferiores a 30% da descarga normal, é recomendável que se adote um sistema de controle modulante, para que a operação se realize com maior suavidade e economia de energia.

A Fig. 7.3f mostra como varia a vazão através da bomba quando o controle da recirculação é do tipo *on/off* e do tipo modulante.

A válvula modulante Yarway (Fig. 7.3g) permite recircular descargas até mesmo superiores a 50% da vazão total. São empregadas para regular a estabilidade de bombas centrífugas de alta rotação, pois este tipo de bomba tende a ser instável para descargas inferiores a 50% do valor normal. Também são usadas para proteger bombas para caldeiras de média e baixa pressão, e bombas para gasolina, GLP, nafta, propano, metanol, álcool, amônia etc.

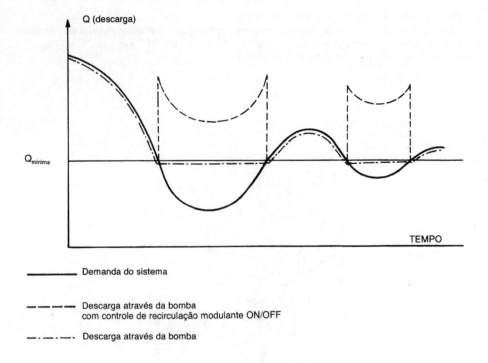

- ———— Demanda do sistema
- ————— Descarga através da bomba com controle de recirculação modulante ON/OFF
- —·—·— Descarga através da bomba

Fig. 7.3f Recirculação automática com controle *on-off* e modulante.

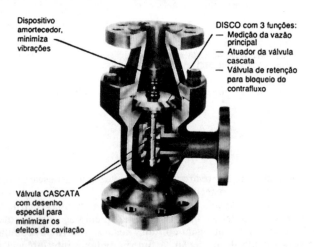

Fig. 7.3g Válvula de controle automático modular da recirculação, da Yarway do Brasil.

ESTABILIDADE DO FUNCIONAMENTO

Consideremos uma bomba centrífuga bombeando água pelo fundo de um reservatório, o qual alimenta uma rede distribuidora, como pode ocorrer nos "castelos d'água" (Fig. 7.4a). Na Fig. 7.4b acha-se representada uma curva característica sempre decrescente de uma certa bomba e na Fig. 7.4c, uma curva com um máximo em *M*, de outra bomba.

Se admitirmos, nesses dois casos para simplificar, que as perdas de carga no encanamento são desprezíveis (nulas teoricamente), a curva característica será a reta *CD*.

A Fig. 7.4d mostra a curva da primeira bomba e a característica do encanamento, considerando, porém, as perdas de carga.

CONDIÇÕES DE FUNCIONAMENTO DAS BOMBAS... 175

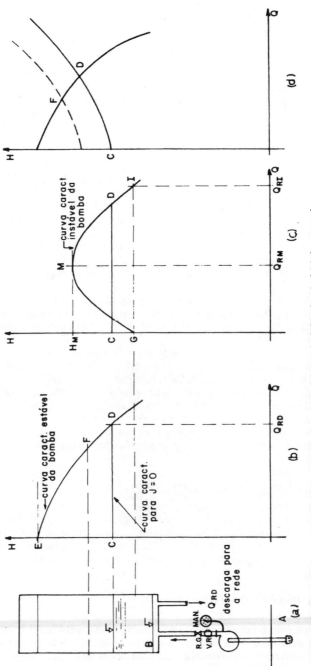

Fig. 7.4 Bombeamento a um castelo d'água por bombas de característica estável (b) e instável (c) desprezando as perdas de carga. Em (d) se consideram as perdas de carga.

176 BOMBAS E INSTALAÇÕES DE BOMBEAMENTO

O raciocínio que faremos é válido quer se considerem ou não as perdas de carga.

Se a descarga consumida na rede de água Q_{RD} for constante, o regime de funcionamento se fixará no ponto D que define a altura do nível da água no reservatório.

Se a rede absorver uma descarga inferior a Q_{RD}, o nível da água no reservatório aumentará, e o novo ponto de funcionamento será, por exemplo, F, correspondente a uma altura manométrica da bomba, maior que a anterior.

Outra hipótese: o regime pode estabilizar-se em B (Fig. 7.4a). A água bombeada é consumida na rede (Q_{RD}), e o nível fica estacionário em B.

Se o consumo for diminuído, o nível subirá, e o ponto de funcionamento deslocar-se-á até o ponto E. Se o tubo de aspiração não possuísse uma válvula de pé, produzir-se-ia a partir desse momento um escoamento de retorno, de cima para baixo. A bomba continuaria então a girar, mas sem que nenhuma descarga a atravessasse para ir ao recalque, e a água contida na bomba iria aquecer-se, com sérios inconvenientes. Quando o consumo Q_{RD} da rede aumentar novamente, o nível da água baixará e a bomba poderá bombear novamente.

Nas condições acima estudadas, o "ponto de funcionamento" da bomba pode deslocar-se ao longo de toda a curva característica e acompanhar todas as variações do consumo: *o regime é estável*.

No caso da Fig. 7.4c, enquanto o ponto de funcionamento cai na parte descendente MI da curva, tudo se passa como anteriormente: o regime é estável. Mas se a descarga na rede se tornar menor do que Q_{RM}, o nível da água no reservatório tende a aumentar sempre (a reta CD sobe deslocando-se paralelamente e atinge o vértice M da curva da bomba) e a descarga da bomba se anula bruscamente. O ponto de funcionamento passa bruscamente de M a G, porque, à esquerda de M, a altura manométrica da bomba diminui e não é suficiente para vencer a altura imposta pelo reservatório. A bomba não pode, portanto, fornecer qualquer descarga até que o nível do reservatório baixe ao ponto I, na mesma cota que G. A partir daí, a bomba recomeça a bombear, porém com uma descarga maior, Q_{RI}.

Se esta descarga Q_{RI} não for consumida pela rede, o nível no reservatório sobe e o processo recomeça. Um manômetro colocado na boca de recalque da bomba indica, portanto, sucessivas variações de pressão de H_I a H_M, depois queda brusca de H_M a $H_G = H_I$.

É esse fenômeno periódico que caracteriza a "pulsação" no bombeamento. A parte GM da característica situada à esquerda do ponto máximo M é chamada "a zona de pulsação". O trecho GI da curva se chama "região de funcionamento instável".

A amplitude do fenômeno depende evidentemente do desnível $H_M - H_G$ da curva. Sua freqüência é função do valor relativo da descarga da bomba e da capacidade do reservatório e será tanto maior quanto menor a capacidade do reservatório.

É portanto desaconselhável o emprego da bomba com curva instável nesse tipo de bombeamento em que a extremidade do encanamento de recalque fica imersa no reservatório elevado.

ASSOCIAÇÃO DE BOMBAS CENTRÍFUGAS

Em elevatórias de água ou esgotos e em inúmeras aplicações industriais, o campo de variação da descarga e da altura manométrica pode ser excessivamente amplo, para ser abrangido pelas possibilidades de uma única bomba, mesmo variando a velocidade. Recorre-se então a associações ou ligações de duas ou mais bombas em *série* ou em *paralelo*. Vejamos os dois casos.

Associação de bombas em série

Admitamos o caso de duas bombas, cujas curvas características A e B são conhecidas.

As bombas são atravessadas sucessivamente pela mesma descarga, e cada uma fornecerá uma parcela de altura total H. A curva característica $H = f_n(Q)$, do conjunto de bombas, será obtida somando-se, para cada valor de Q, as ordenadas de H de cada bomba. As bombas poderão ser iguais ou não, e a instalação deve ser feita de modo a fazer funcionar qualquer número de bombas. Emprega-se este sistema quando se deseja variar de muito a altura manométrica. A descarga aumentará também conforme a Fig. 7.5 mostra. Na instalação esboçada na referida figura dever-se-á ligar em primeiro lugar a bomba A e

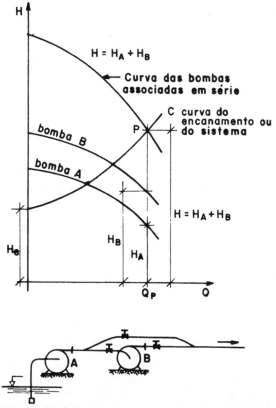

Fig. 7.5 Ligação em série de duas bombas.

só depois a bomba B, o que é intuitivo. A bomba A funcionará com Q_P e H_A, e a bomba B com Q_P e H_B.

O sistema é empregado quando a elevatória deve atender a reservatórios em níveis ou distâncias diferentes ou a processamentos industriais onde reservatórios sob pressões diferentes devam ser sucessivamente abastecidos, ou ainda quando num processo houver condições de pressão bastante diversas.

Associação de bombas em paralelo

Consiste a ligação em paralelo na disposição das tubulações de recalque de modo tal que, por uma mesma tubulação, afluam as descargas de duas ou mais bombas funcionando simultaneamente (Figs. 7.6 e 7.7).

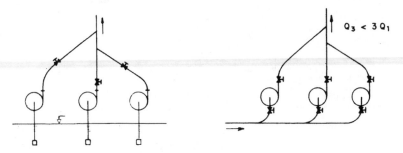

Fig. 7.6 Ligações em paralelo de três bombas.

178 BOMBAS E INSTALAÇÕES DE BOMBEAMENTO

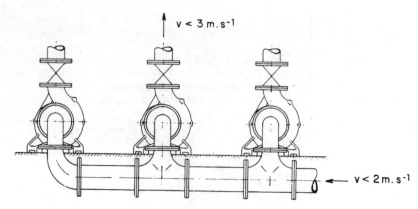

Fig. 7.7 Ligação em paralelo.

Vejamos o que se passará neste caso, que é comum nas estações elevatórias de águas e de esgotos e em muitas instalações industriais.

A curva característica da função $f(Q,H) = 0$, do conjunto de bombas, será obtida somando-se, para cada valor de H, as abscissas de Q de cada bomba (Fig. 7.8). Consideremos três bombas iguais e girando com o mesmo número de rotações.

Se não houvesse perdas de carga no encanamento, a descarga com três bombas seria o triplo da de uma. A curva característica do encanamento representado por C determina os pontos P_1, P_2 e P_3 de funcionamento com uma, duas ou três bombas funcionando simultaneamente.

A curva característica de cada bomba, para a velocidade n, é a indicada por $H = f_n(Q_1)$ e corresponde ao funcionamento da instalação com uma só bomba.

Quando forem utilizadas duas bombas simultaneamente, teremos a curva $H = f_n(Q_2)$ obtida, duplicando os valores das abscissas, e, quando empregadas três bombas, a característica será a curva $H = f_n(Q_3)$ traçada, triplicando as abscissas.

As bombas deverão ser iguais, a fim de evitar correntes secundárias, no sentido das bombas de maior potência para as de menor.

O exame da Fig. 7.8 deixa ver que a descarga obtida com duas bombas é menor que o dobro da fornecida por uma só bomba, e a resultante do funcionamento simultâneo de três bombas é bem menor que o triplo da que corresponde a uma bomba, como se pode ver pela curvatura da curva C do encanamento.

Generalizando, concluiremos que a descarga obtida com m bombas em paralelo é menor do que m vezes o valor da descarga de uma das bombas funcionando isoladamente e em análogas condições. Chamando de Q_3 a descarga com três bombas em paralelo, a descarga de cada bomba será $Q_3 \div 3$ e não Q_1.

Se a curva $H = f_n(Q_1)$ for pouco inclinada e se o encanamento indicar acentuada

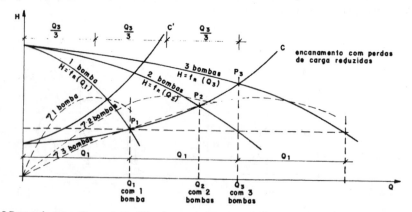

Fig. 7.8 Pontos de operação com 1, 2 e 3 bombas em paralelo.

perda de carga, como ocorre com C', a associação em paralelo não apresentará vantagem apreciável no aumento da descarga. Além disso, cada bomba irá trabalhar com descarga muito abaixo de seu valor normal, o que causará "cavitação" e aquecimento excessivo.

Por essa razão, devemos escolher bombas com curvas características bem alongadas. As tubulações deverão ter diâmetros grandes para que a curva C não se apresente com curvatura acentuada. Também devem-se estudar com atenção as associações em paralelo de bombas ligadas a instalações existentes, com encanamentos parcialmente obstruídos pela ferrugem ou excessivamente longos, causas estas de curvatura acentuada da curva característica do encanamento.

A variação da altura manométrica será tanto menor quanto menores forem as perdas de carga no encanamento. Como a altura manométrica resultante de um sistema de bombas em paralelo é maior do que para uma bomba apenas, deve-se atender a essa circunstância ao projetar a tubulação de recalque e calcular as flanges de ligação à bomba. Esta observação se aplica igualmente às ligações de bombas em série.

BOMBAS DIFERENTES EM PARALELO

Consideremos duas bombas (Fig. 7.9): A com característica estável e B com característica instável, ligadas em paralelo.

A curva resultante das duas bombas é obtida, como já vimos, somando-se, para cada valor da ordenada H, os valores correspondentes das abscissas Q.

Consideremos várias hipóteses.

a. A curva característica do encanamento passa pelo ponto C, para o qual $H = 25$ m.
A bomba A fornece $30 \: l \cdot s^{-1}$ e a B, $27,5 \: l \cdot s^{-1}$.
Em conjunto fornecem $57,5 \: l \cdot s^{-1}$.

b. A curva característica passa pelo ponto D, e obteremos uma descarga $Q_{total} = 50 \: l \cdot s^{-1}$; a altura manométrica será de 29 m e as descargas serão:
Na bomba A: $27,5 \: l \cdot s^{-1}$
Na bomba B: $22,5 \: l \cdot s^{-1}$

c. A curva característica passa pelo ponto E. A descarga cairá a $24 \: l \cdot s^{-1}$. A bomba A fornecerá toda a descarga, enquanto a bomba B não a fornecerá. Portanto, para $24 \: l \cdot s^{-1}$ ou menos, como, por exemplo, para o ponto F, a bomba B ficaria sem descarregar na linha, operando em *shutoff*, situação perigosa, mesmo que de curta duração.

d. Suponhamos que a bomba B estivesse operando sozinha com a descarga de $24 \: l \cdot s^{-1}$ (ponto G) e se ligasse à bomba A. Esta bomba receberá a carga integral e porá fora

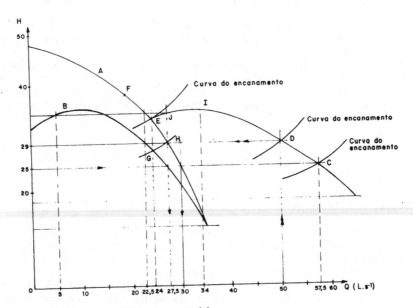

Fig. 7.9 Bombas de características diferentes em paralelo.

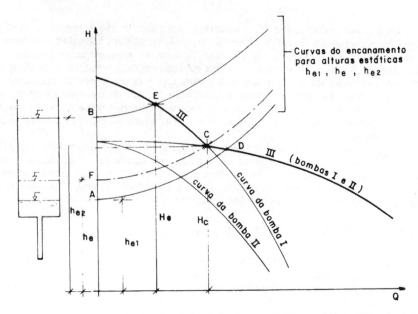

Fig. 7.10 Ponto de operação para duas bombas desiguais ligadas em paralelo para valores diferentes de h_e.

de circuito a bomba B, mudando o ponto de funcionamento de G para H sobre a curva do encanamento.

e. Se a bomba A estivesse operando sozinha para a descarga de $24 \, l \cdot s^{-1}$ ou menos e se ligasse a bomba B, esta não teria condições de fornecer qualquer descarga ao sistema; recairíamos no caso C.

f. Para descargas de menos de $34 \, l \cdot s^{-1}$, tanto a bomba A quanto a B poderiam trabalhar isoladamente, dependendo naturalmente do valor de H.

g. Para a descarga de $27,5 \, l \cdot s^{-1}$ e o ponto de funcionamento J, a bomba B forneceria apenas $27,5 - 22,5 = 5 \, l \cdot s^{-1}$ e a A, $22,5 \, l \cdot s^{-1}$.

Consideremos (Fig. 7.10) duas bombas desiguais de características I e II ligadas em paralelo e alimentando um reservatório por baixo. A curva $H = f(Q)$ resultante das duas bombas é a curva III, obtida, como a vemos, somando-se as abscissas da curva I às da curva II.

Se a curva do encanamento cortar a curva III abaixo do ponto C (correspondendo a uma altura estática h_e), como acontece em D, quando a altura estática é h_{e_1}, as duas bombas fornecerão descarga.

Cortando acima do ponto C, como, por exemplo, em E, somente a bomba I fornecerá descarga ao encanamento. A bomba II não sendo capaz de atingir a altura manométrica H_e do sistema trabalhará com descarga nula, com a água girando no rotor e coletor, e produzindo aquecimento, desde que exista válvula de retenção; caso não houvesse esta válvula, a bomba II trabalharia em sentido inverso, com "descarga negativa", como se costuma dizer.

No caso da Fig. 7.10, vê-se o quanto seria desaconselhável encher pelo fundo um castelo d'água usando duas bombas desiguais em paralelo. Acima do nível F correspondente ao valor h_e, o sistema será abastecido apenas pela bomba I com o inconveniente apontado.

CORREÇÃO DAS CURVAS

Consideremos a instalação de três bombas em paralelo, representada na Fig. 7.11. As bombas têm características diferentes, mas alturas manométricas máximas aproximadamente iguais. Antes de somarmos as abscissas das curvas $H = f(Q)$, façamos o que se chama a "correção da curva de cada bomba". Isto significa que deveremos subtrair das ordenadas da curva característica $H = f(Q)$ as ordenadas correspondentes às perdas de carga desde a válvula de pé até a junção da bomba com a tubulação de recalque, comum às três bombas.

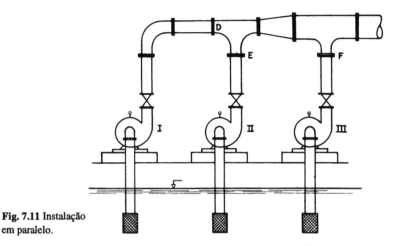

Fig. 7.11 Instalação em paralelo.

Assim, para a bomba I, subtrairíamos da curva $H = f(Q)$ o segmento CB, e ao ponto C' corresponderá o ponto B' da curva corrigida. Fazendo o mesmo para vários pontos, poderemos traçar a curva $H = f(Q)$ corrigida.

Somemos as abscissas das curvas corrigidas das bombas I, II e III. Teremos assim, na Fig. 7.15, as curvas correspondentes às diversas hipóteses de associação e os pontos de funcionamento respectivos, após havermos traçado a curva característica do encanamento de recalque a partir da junção da bomba II.

Quando a curva do encanamento for pouco inclinada, isto é, quando as perdas de carga forem reduzidas, é vantajosa a associação em paralelo, porque há um aumento razoável da descarga.

Se houver acentuadas perdas de carga na linha, o aumento com duas ou mais bombas em paralelo será pequeno e, portanto, pouco compensador. É preferível instalar-se então duas ou três bombas diferentes, com as capacidades para atender ao campo de demanda da descarga que for previsto.

É o caso da Fig. 7.16 onde se acham representadas curvas características de três bombas abrangendo uma larga faixa de descarga. Com a bomba I, obtêm-se $63 \; l \cdot s^{-1}$, com a bomba II, $82 \; l \cdot s^{-1}$ e com a bomba III, $96 \; l \cdot s^{-1}$.

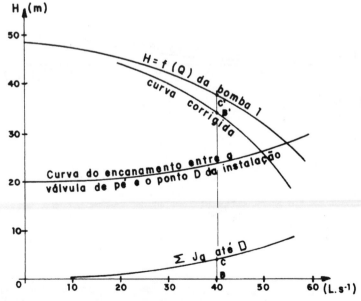

Fig. 7.12 Bomba I — Correção da curva $H = f(Q)$.

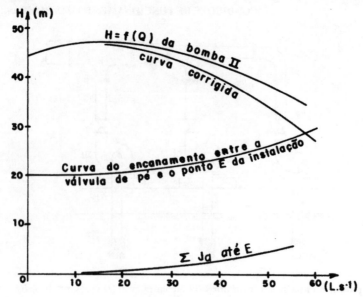

Fig. 7.13 Bomba II

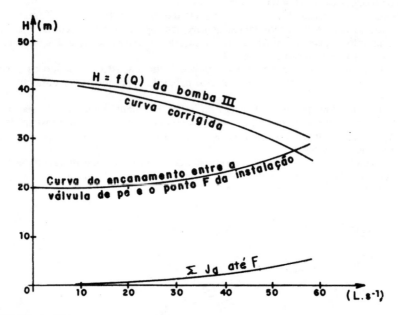

Fig. 7.14 Bomba III

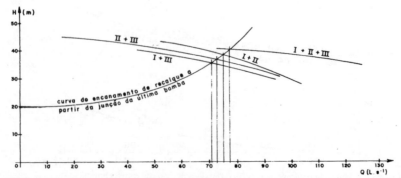

Fig. 7.15 Pontos de funcionamento para bombas em paralelo.

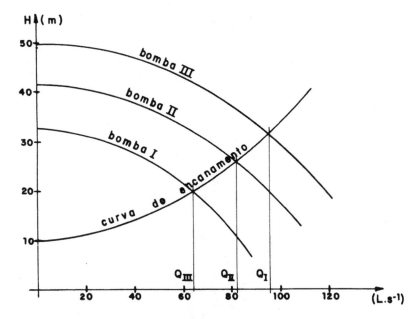

Fig. 7.16 Curvas de H função de Q para três bombas de diferentes capacidades.

Se as perdas forem muito elevadas, pode-se optar pela solução do emprego de motores com possibilidade de funcionar com duas rotações (Fig. 7.17) obtidas com a comutação dos pólos. Solução melhor ainda consiste em empregar variadores de velocidade hidrodinâmicos ou magnéticos e até mesmo motores de velocidade variável que permitirão maior rigor no fornecimento da descarga desejada.

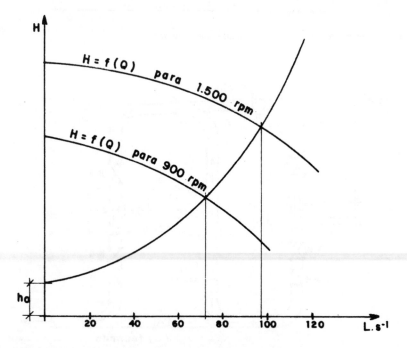

Fig. 7.17 Deslocamento do ponto de operação variando o número de rpm da bomba.

INSTALAÇÃO SÉRIE-PARALELO

Pode-se executar uma instalação que permita fazer funcionar duas ou mais bombas iguais, quer em série, quer em paralelo. Consegue-se deste modo atender a uma ampla faixa de utilização tanto da descarga quanto da altura manométrica (Fig. 7.18).

A Fig. 7.18 mostra o que sucede numa instalação de duas bombas capazes de operar em série e em paralelo, e a Fig. 7.19 representa esquematicamente a instalação.

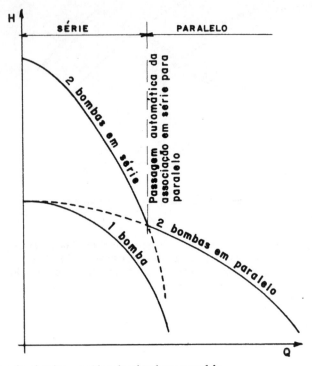

Fig. 7.18 Curvas para duas bombas em série e duas bombas em paralelo.

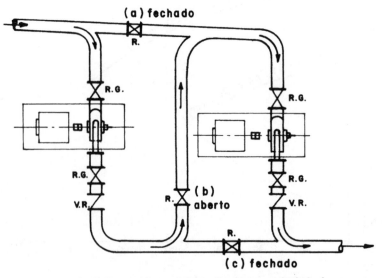

Fig. 7.19 Ligação em série. Na ligação em paralelo *(a)* fica aberto e *(b)* fechado.

SISTEMAS COM VÁRIAS ELEVATÓRIAS (EM SÉRIE)

Quando se tem uma tubulação extensa, por exemplo, horizontal (Fig. 7.20), sendo a resistência devida apenas ao atrito, teoricamente tanto faz grupar três bombas no início da linha (Fig. 7.20) quanto colocá-las espaçadas de intervalos iguais (Fig. 7.21), pois a energia total é a mesma. No primeiro caso, porém, a pressão no início da tubulação de recalque, após a última bomba seria três vezes maior do que no caso das bombas espaçadas, o que obrigaria a usar tubulação mais reforçada, e portanto mais dispendiosa, e a verificar a resistência da carcaça da bomba e seus flanges a uma pressão considerável que teriam de suportar. Na segunda hipótese as instalações e a operação custariam mais. Vê-se, portanto, que é necessário um cuidadoso estudo técnico e econômico do sistema para uma opção criteriosa.

No caso de tubulações em terrenos acidentados, não se colocam elevatórias espaçadas igualmente, mas devem-se dispor as mesmas de modo a impedir pressões negativas (vácuos) e pressões excessivas ao longo da linha. A Fig. 7.22 indica a melhor posição para uma

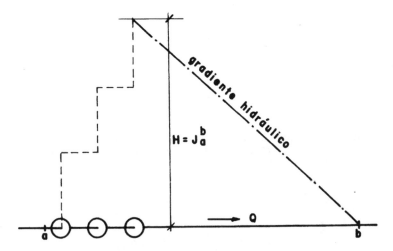

Fig. 7.20 Três bombas em série numa elevatória. O valor de H é elevado.

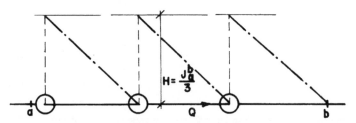

Fig. 7.21 Boosters dispostos ao longo de uma linha a intervalos iguais.

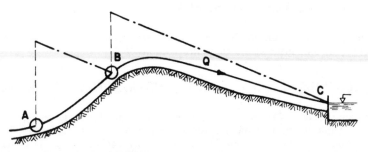

Fig. 7.22 Boosters em trecho acidentado do terreno.

elevatória intermediária B que seria antes do ponto mais elevado do encanamento e não necessariamente no meio da tubulação AC.

BOOSTERS

Booster é uma bomba que intercalada em uma tubulação aumenta a energia de pressão, auxiliando o escoamento do líquido. Uma "estação elevatória *Booster*" fica portanto interposta numa adutora, oleoduto ou outra linha importante, de modo a compensar as perdas de carga e manter aproximadamente constante a descarga.

Nessa elevatória, a bomba é instalada geralmente num *by-pass*, isto é, em paralelo, devendo existir uma válvula de retenção e um registro colocados na linha alimentadora (Fig. 7.23).

Antes de a bomba funcionar, a descarga na tubulação depende exclusivamente da queda topográfica H_g, ou seja, do desnível entre os reservatórios.

A bomba ao operar gera uma energia H que cria um "degrau" no gradiente hidráulico, elevando-o. Com o registro R fechado, a descarga toda passa através da bomba, qualquer que seja o valor dessa energia gerada.

A descarga no caso do escoamento somente por ação da gravidade é proporcional a $\sqrt{\dfrac{H_g}{L}}$, mas, sob o efeito da energia $(H_g + H)$, a descarga no *booster* e na tubulação é proporcional a

$$\sqrt{\dfrac{H_g + H}{L}}$$

Tudo se passa então como se o efeito do *booster* fosse o de baixar o nível do reservatório inferior de uma profundidade H, correspondente à energia que ele fornece.

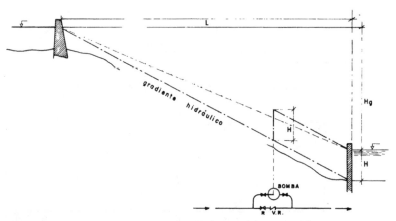

Fig. 7.23 Booster para "auxiliar" o escoamento por gravidade entre dois reservatórios.

Booster *com várias bombas em paralelo*

Podem-se utilizar várias bombas em paralelo em instalações de *boosters*. Na Fig. 7.24 acha-se esboçada uma instalação com quatro bombas.

TUBULAÇÃO DE RECALQUE COM "DISTRIBUIÇÃO EM MARCHA"

Admitamos (Fig. 7.25) uma elevatória em que a tubulação de recalque ao longo de sua extensão forneça "em marcha" q litros por segundo por metro de encanamento.

Imaginemos, conforme propõe H. Addison para cálculo da perda de carga, que o encanamento é percorrido por uma *descarga fictícia* Q' igual à descarga que chega ao reserva-

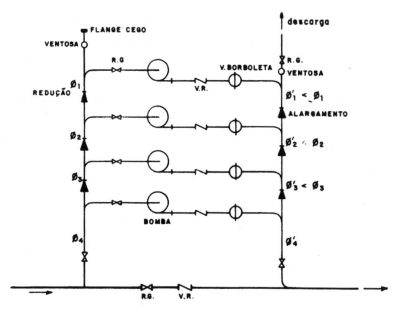

Fig. 7.24 Booster com 4 bombas em paralelo.

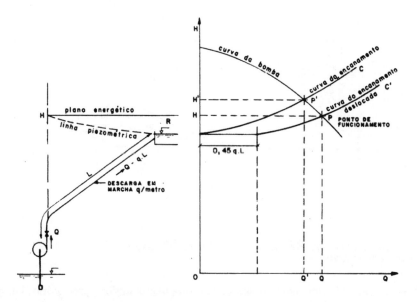

Fig. 7.25 Recalque com "distribuição em marcha".

tório R aumentada de 55% da descarga distribuída. Se designarmos por Q a descarga da bomba e L o comprimento, em metros, do encanamento de recalque, a descarga distribuída é qL, e a descarga que chega ao final é $(Q - qL)$; a descarga fictícia será pois

$$Q' = Q - qL + 0{,}56\, qL$$

$$Q' = Q - 0{,}45\, qL$$

Tudo se passa então como se tivéssemos uma sangria localizada no encanamento com a descarga $(0{,}45\, qL)$. Podemos deslocar a curva característica C do encanamento da abscissa

(0,45 qL) de modo a obter a curva C' que corta a característica da bomba em P, que é o ponto de funcionamento da bomba. A descarga que chega ao final é $(Q - qL)$. A "descarga em marcha" na linha de recalque faz, portanto, passar o ponto de funcionamento de P' para P, aumentando a descarga de Q' para Q e diminuindo a altura manométrica de H' para H.

ENCANAMENTO DE RECALQUE COM TRECHOS DE DIÂMETROS DIVERSOS

A Fig. 7.26 mostra que é suficiente somar-se as ordenadas das perdas de carga correspondentes aos trechos de diâmetros ϕ_1 e ϕ_2 para obter a curva característica geral do sistema. Em seguida, obtém-se o ponto de funcionamento P, uma vez traçada a curva característica da bomba.

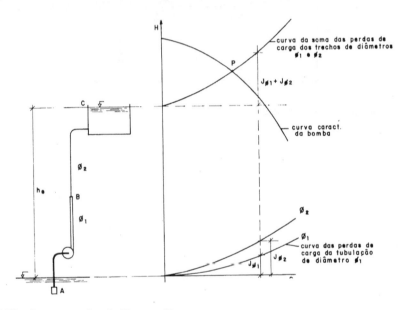

Fig. 7.26 Recalque com trechos de diâmetros diferentes.

ENCANAMENTO DE RECALQUE ALIMENTANDO DOIS RESERVATÓRIOS

Pode-se pretender que uma mesma bomba recalque para dois reservatórios em níveis e distâncias diferentes (Fig. 7.27).

Suponhamos que a bomba recalque para dois reservatórios C e B com desníveis, respectivamente, de 20 e 30 m. No ponto B é feita a bifurcação, de modo que a descarga Q se divide nas descargas Q' e Q'' nos dois ramais.

Traçam-se as curvas I, II e III das perdas de carga nos trechos BD, BC e AB. A curva I é desenhada numa cota de 10 m acima da origem, pois o desnível de B a D é de 10 m.

Deslocando a curva I paralelamente a si mesma, até encontrar a curva II, teremos a curva (I + II), cujas abscissas são a soma das dos pontos das curvas I e II.

Traçamos novamente as duas curvas I e II com origens, respectivamente, em E e G, que correspondem às cotas livres do líquido em C e D.

Em seguida, somamos às ordenadas da curva II os valores das ordenadas correspondentes da curva III (do trecho AB); teremos a curva IV (tracejada).

Deslocando a curva I como fizéramos antes, o ponto G passará a coincidir com F

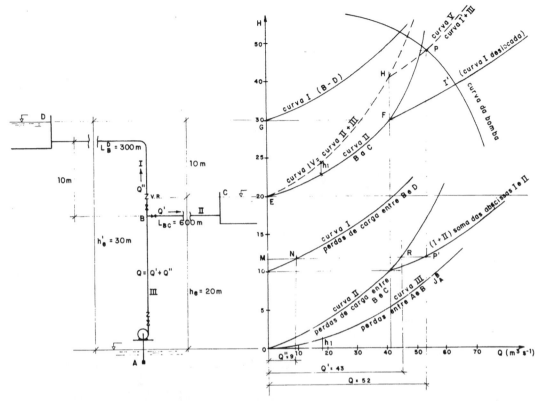

Fig. 7.27 Recalque para dois reservatórios em níveis diferentes.

na curva II. Somando à curva I' (que é a curva I deslocada) as ordenadas correspondentes da curva III, obteremos a curva V.

No ponto de encontro da curva V com a característica da bomba, acharemos o ponto P de funcionamento da bomba nas condições estabelecidas: $Q = 52$ m$^3 \cdot$ s^{-1} e $H = 47$ m.

Na vertical do ponto P, teremos o ponto P' na curva (I + II). Traçando a reta horizontal P'M, encontraremos as descargas $Q' = \overline{MR} = 43$ l $\cdot$ s^{-1} e $Q'' = \overline{MN} = 10$ l $\cdot$ s^{-1} nos dois ramais.

No ponto B da instalação, correspondente ao ponto P' e à ordenada M, vemos que deverá haver uma pressão manométrica de 12,5 m para atender à descarga $Q = 52$ m$^3 \cdot$ s^{-1}.

Se o ponto P cair no trecho EF da curva II, o reservatório D irá alimentar o reservatório C por gravidade, invertendo-se o escoamento no ramo BD. Daí colocar-se uma válvula de retenção na base do trecho BD.

BOMBA ENCHENDO UM RESERVATÓRIO, HAVENDO UMA DESCARGA LIVRE INTERMEDIÁRIA NA LINHA DE RECALQUE (Fig. 7.28)

Suponhamos uma instalação de bombeamento do reservatório A para o reservatório B. No recalque, existe uma derivação de onde se pretende "sangrar" uma descarga $Q_2 = 5$ l $\cdot$ s^{-1}.

Traçamos primeiramente a curva característica para o trecho 1 (curva C_1). Marcamos a descarga Q_2 a partir do eixo das ordenadas e obtemos o ponto D. A partir deste ponto, traçamos a curva C_2 do trecho 3 do encanamento. Deslocamos, na vertical, o ponto D para D' sobre a curva C_1 e traçamos a partir da curva C_1 a curva $(C_1 + C_3)$ cujas ordenadas são $(J_1 + J_3)$.

190 BOMBAS E INSTALAÇÕES DE BOMBEAMENTO

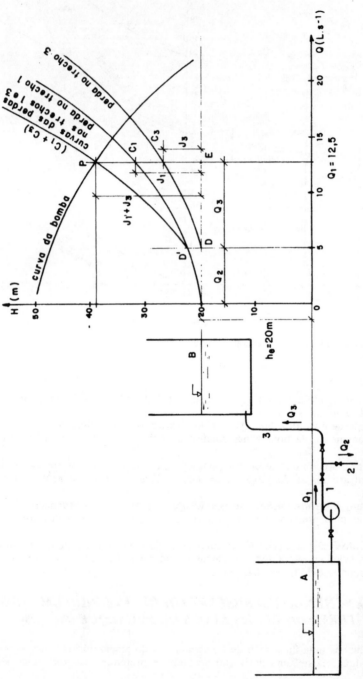

Fig. 7.28 Instalação com reservatório e saída livre intermediária no recalque.

Obteremos em P o ponto de funcionamento. Por ele, tracemos a ordenada PE. Ficarão determinadas as descargas Q_1 (total) = 12,5 $l \cdot s^{-1}$ e Q_3 (no reservatório B), igual a 7,5 $l \cdot s^{-1}$, uma vez que $Q_2 = 5 \, l \cdot s^{-1}$ já era conhecido.

DUAS BOMBAS EM PARALELO, EM NÍVEIS DIFERENTES

Seja a instalação representada na Fig. 7.29. Pretendemos reforçar a descarga fornecida pela bomba I que eleva água do reservatório B ao reservatório D com a instalação de uma outra bomba II, utilizando água do reservatório A. Conhecem-se as curvas características das bombas (curvas 1 e 2) [Fig. 7.30] e calculam-se as perdas de carga nos encanamentos, com os quais se traçaram:
— Curva 3, das perdas de carga entre B e C.
— Curva 4, das perdas de carga entre A e C.
— Curva 5, das perdas de carga entre C e D.
Vejamos como se determinam as descargas das bombas.
Podemos proceder da seguinte maneira (Fig. 7.30):
1. Deslocamos as curvas 3, 4 e 5 das perdas de carga para as alturas estáticas correspondentes. Obteremos as curvas 3', 4' e 5', respectivamente.
2. Subtraímos das ordenadas da curva 1 (da bomba I) as ordenadas da curva 4', e das ordenadas da curva 2 (da bomba II) as da curva 3' e obteremos as curvas 6 e 7.
3. Somamos as abscissas das curvas 6 e 7, visto que as bombas estão em paralelo, e obteremos a curva 8.
4. Os pontos X, Y e Z fornecem as descargas para a bomba II, a bomba I e para ambas as bombas (I + II), respectivamente.

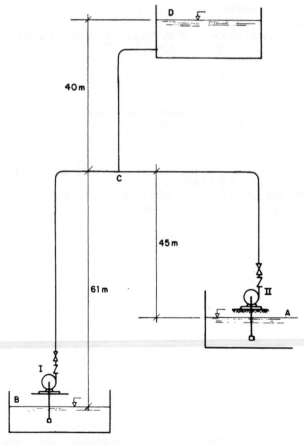

Fig. 7.29 Bombas em paralelo e em níveis diferentes.

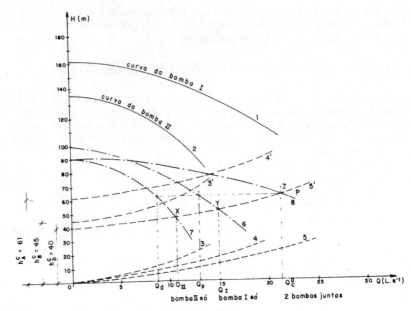

Fig. 7.30 Pontos de operação para uma e duas bombas em paralelo e em níveis diferentes.

Para a bomba I apenas, a descarga será $Q_I = 15 \; l \cdot s^{-1}$
Para a bomba II apenas, a descarga será $Q_{II} = 11 \; l \cdot s^{-1}$
Para as duas bombas (I + II), será $Q_I + Q_{II} = 22 \; l \cdot s^{-1}$

Se não houvesse perda de carga no trecho CD, as curvas 5 e 5' seriam retas, paralelas ao eixo das descargas, e estas teriam os valores Q_d e Q_p.

Bibliografia

ADDISON, H. *Centrifugal and other Rotodynamic Pumps.* 1955.
AGUIRRE, MIGUEL REYES. *Curso de Máquinas Hidráulicas.* Facultad de Ingeniería, U.N.A.M., México, 1971.
COMOLET, R. *Mécanique des Fluides,* vol. II, Masson & Cie Éditeurs, 1963.
HICKS, G. TYLER e EDWARDS, T. W. *Pump Aplication Engineering.*, McGraw-Hill, 1971.
KHETAGUROV, M. *Marine Auxiliary Machinary and Systems.* Moscou. URSS.
MEDICE, MARIO, *Le Pompe.* Ed. Ulrico Hoepli, 1967.
RIBAUX, ANDRÉ. *Hydraulique Appliquée.* Ed. La Moraine, Genebra.
Yarway do Brasil — Equipamentos para Vapor Ltda. Catálogos.

8

Escolha do Tipo de Turbobomba

VELOCIDADE ESPECÍFICA

Na classificação das turbobombas, vimos que delas existem vários tipos e fizemos uma escolha preliminar baseada na descarga e na altura de elevação. Estudaremos agora um critério mais rigoroso para escolhermos a turbobomba, quando forem fixadas *a priori* a descarga Q, a altura útil H_u e o número n de rotações por minuto.

Suponhamos, portanto, que uma bomba funcionando com um número n de rotações por minuto eleva uma descarga de Q metros cúbicos de água por segundo a uma altura útil de H_u metros, na *situação de máximo rendimento total* η.

Se fizermos a bomba trabalhar com um número de rotações por minuto n', sua nova descarga será Q', e entre as grandezas nos dois estados de funcionamento existirão as relações já estabelecidas no Cap. 6, isto é,

$$\frac{Q'}{Q} = \frac{n'}{n} \qquad e \qquad \frac{H'_u}{H_u} = \frac{n'^2}{n^2}$$

Admitamos que a altura H'_u passe a ser de *um metro*. As grandezas n e Q sob essa condição assumem os valores n_I e Q_I e se chamarão, respectivamente, de *número unitário de rotações* e *descarga unitária*.

Assim, podemos escrever

$$\frac{1}{H_u} = \frac{n_I^2}{n^2} \quad ou \quad \boxed{n_I = \frac{n}{\sqrt{H_u}}} \quad \text{(rotações por minuto)} \qquad (8.1)$$

e

$$\frac{Q_I}{Q} = \frac{n_I}{n} \quad ou \quad \boxed{Q_I = \frac{Q}{\sqrt{H_u}}} \quad \text{(metros cúbicos por segundo)} \qquad (8.2)$$

Vamos supor agora que a altura útil se conserve igual a um metro e a descarga passe a ser de $0,075$ m$^3 \cdot$ s^{-1}. (A escolha deste valor decorre de que 75 l de água para serem elevados a uma altura de 1 metro demandam uma potência de 1 c.v.)

194 BOMBAS E INSTALAÇÕES DE BOMBEAMENTO

Como queremos que H_u se mantenha igual a *um* metro apesar da variação da descarga, a velocidade circunferencial u_2 não deverá variar, pois, caso contrário, H'_u que é proporcional a ela iria variar e não teríamos mais 1 metro, pois, como sabemos,

$$H_u = \varepsilon \cdot \frac{u_2 \cdot {}^v u_2}{g}$$

Mas, para que o número de rotações varie sem variar u_2, mantendo-se $H'_u = 1$ m, deveremos variar as dimensões do rotor. Assim, chamando de d_l o diâmetro correspondente às grandezas unitárias e d_s o diâmetro nas novas condições ($H'_u = 1$ m, $Q' = 0,075$ m^3 $\cdot$ s^{-1}), teremos

$$\boxed{\frac{n_s}{n_l} = \frac{d_l}{d_s}} \qquad (8.3)$$

A energia útil mantendo-se constante, os diagramas não deverão alterar-se, de modo que as velocidades à entrada e à saída e as áreas das seções de escoamento deverão variar proporcionalmente com a descarga. A descarga, devido à igualdade das velocidades, é proporcional à seção de escoamento, ou seja, ao quadrado das dimensões lineares (d^2).

Por isso, o diâmetro d_s, como qualquer das outras dimensões, deverá variar segundo a relação

$$\frac{d_l^2}{d_s^2} = \frac{Q_l}{0,075}$$

Daí

$$\frac{n_s}{n_l} = \frac{d_l}{d_s} = \sqrt{\frac{Q_l}{0,075}}$$

donde

$$n_s = n_l \sqrt{\frac{Q_l}{0,075}} = \frac{n}{\sqrt{H_u}} \cdot \sqrt{\frac{1.000 \cdot Q}{75\sqrt{H_u}}}$$

ou

$$n_s = 3,65 \cdot \frac{n\sqrt{Q}}{\sqrt{H_u} \cdot \sqrt[4]{H_u}}$$

ou finalmente

$$\boxed{n_s = 3,65 \cdot \frac{n\sqrt{Q}}{\sqrt[4]{H_u^{\,3}}}} \qquad (8.4)$$

Se, na Eq. (8.4), a descarga Q for dada em $l \cdot s^{-1}$ ao invés de m$^3 \cdot s^{-1}$, o fator 3,65 se converte em 0,1155. A grandeza n_s é assim o número de rotações por minuto de uma bomba geometricamente semelhante à bomba dada e que eleva 75 l de água à altura de

ESCOLHA DO TIPO DE TURBOBOMBA

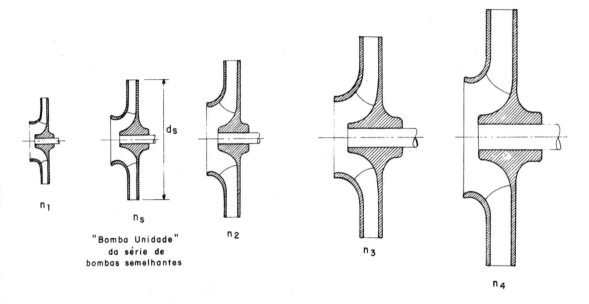

Fig. 8.1 Série de bombas geometricamente semelhantes admitindo a mesma velocidade específica n_s.

1 m em 1 segundo. Denomina-se *número específico de rotações por minuto* ou *velocidade específica real* da bomba.

A bomba ideal, geometricamente semelhante à bomba considerada e cujo número de rotações é n_s, chama-se *bomba unidade* da bomba dada.

Todas as bombas geometricamente semelhantes entre si terão uma única *bomba unidade*, e, portanto, uma só velocidade específica, a qual as caracterizará (Fig. 8.1).

A importância da determinação da velocidade específica resulta de que a mesma fornece um termo de comparação entre as diversas bombas sob o ponto de vista da velocidade e de ser o seu valor decisivo na *determinação do formato do rotor a empregar* para atender a um número de rotações n, a uma descarga Q e a uma altura manométrica H.

Assim, o valor de n_s *especifica o tipo de turbobomba a empregar*.

Baseados nos resultados obtidos com bombas ensaiadas e no seu custo, o qual depende das dimensões da bomba, os fabricantes elaboraram tabelas, gráficos e ábacos, delimitando o campo de emprego de cada tipo conforme a velocidade específica, de modo a proceder a uma escolha que atenda a exigências de bom rendimento e baixo custo.

Assim, segundo esse critério, podemos classificar as turbobombas em:
a. *Lentas* — $n_s < 90$ — Bombas centrífugas puras, com pás cilíndricas, radiais, para pequenas e médias descargas, possuindo $d_2 > 2d_1$, chegando a $d_2 = 2,5\ d_1$.
b. *Normais* — $90 < n_s < 130$ — Bombas semelhantes às anteriores, com $d_2 \simeq 1,5$ a $2 \cdot d_1$.
c. *Rápidas* — $130 < n_s < 220$ — Possuem pás de dupla curvatura; descargas médias. $d_2 \simeq 1,3$ a $1,8 \cdot d_1$.
d. *Extra-rápidas* ou *hélico-centrífugas* — $220 < n_s < 440$ — Pás de dupla curvatura; descargas médias e grandes. $d_2 \simeq 1,3$ a $1,5 \cdot d_1$.
e. *Helicoidais* — $440 < n_s < 500$ — Para descargas grandes. $d_2 \simeq 1,2 \cdot d_1$.
f. *Axiais* — $n_s > 500$ — Assemelham-se a hélices de propulsão. Destinam-se a grandes descargas e pequenas alturas de elevação $d_2 = d_1$ a $d_2 = 0,8 \cdot d_1$.

O campo de emprego desses diversos tipos está indicado na Fig. 8.2. Os rotores helicoidais são designados por *mixed-flow impellers*, isto é, rotores de escoamento misto (radial c/helicoidal).

Observações
1. As turbobombas de maiores valores da velocidade específica correspondem às de menores dimensões.

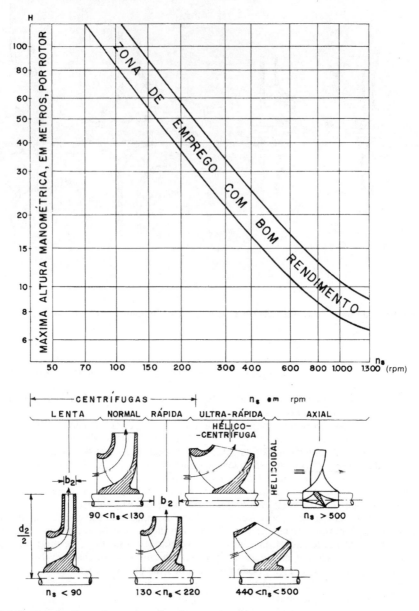

Fig. 8.2 Gráfico do campo de emprego dos diversos tipos de rotores.

2. A caracterização do tipo de rotor depende não apenas de Q e de H, mas também de n.

V.M. Cherkassky indica:
n_s ... 10 a 25 ... bombas regenerativas (Cap. 28)

NÚMERO CARACTERÍSTICO DE ROTAÇÕES POR MINUTO (OU VELOCIDADE ESPECÍFICA NOMINAL)

Na dedução apresentada anteriormente, em *Velocidade específica,* ao invés de considerarem a descarga de 75 l de água por segundo, alguns autores preferem considerar a descarga de 1 $m^3 s^{-1}$. Chamam então de *número característico de rotações por minuto* n_q (outros chamam de *rotação específica, número específico de rotações* ou *número de Brauer)* ao número de rpm da bomba geometricamente semelhante à bomba considerada, capaz de elevar 1 m^3 de água por segundo à altura de 1 metro.

Nesse caso, teremos

$$n_q = \frac{n\sqrt{Q}}{\sqrt[4]{H_u^{\,3}}} \qquad \text{(rpm)} \qquad\qquad (8.5)$$

É evidente que

$$n_s = 3,65 \cdot n_q \qquad \text{(rpm)} \qquad\qquad (8.6)$$

Os norte-americanos usam o U.S. galão por minuto como unidade de descarga e pés para a altura manométrica, de modo que teremos para a conversão de unidade:

$$n_{s(\text{métrico})} = \frac{n_s \,(\text{U.S.})}{14,15} \qquad\qquad (8.7)$$

e

$$n_{s(\text{U.S.})} \simeq 52 \cdot n_{q(\text{métrico})} \qquad\qquad (8.8)$$

sendo $\qquad\qquad 52 \simeq 3,65 \times 14,15 = 51,64.$

EXPRESSÃO DE n_s EM FUNÇÃO DA POTÊNCIA

Analogamente ao que se usa na escolha das turbinas hidráulicas, como fora proposto por R. Camerer, tem sido expresso o n_s em função da potência útil N_u também para as bombas.

Sabemos que para a água,

$$N_u = \frac{1.000 \cdot Q \cdot H_u}{75}$$

uma vez que o peso específico é de 1.000 kgf $\cdot$ m^{-3}.

Assim

$$\frac{1.000 \cdot Q}{75} = \frac{N_u}{H_u}$$

que, substituído na Eq. (8.4), fornece

$$n_s = \frac{n}{\sqrt{H_u}} \cdot \sqrt{\frac{N_u}{H_u \cdot \sqrt{H_u}}}$$

ou

$$n_s = \frac{n\sqrt{N_u}}{H_u \cdot \sqrt[4]{H_u}}$$

(8.9)

Nas Eqs. (8.4) e (8.9) convencionou-se empregar H em lugar de H_u, resultando assim

$$n_s = 3,65 \cdot \frac{n\sqrt{Q}}{\sqrt[4]{H^3}}$$
  e
$$n_s = \frac{n\sqrt{N}}{H \cdot \sqrt[4]{H}}$$

Em geral, prefere-se usar a expressão de n_s em função da descarga ao invés da potência, que supõe uma hipótese sobre o valor do rendimento.

INFLUÊNCIA DAS DIMENSÕES DO ROTOR SOBRE O n_s

Retomemos a Eq. (8.4). Ela nos mostra que, quanto maior for a descarga e menor a altura H_u, maior será a velocidade específica da bomba.

Mas a descarga pode ser expressa por

$$Q = \pi \cdot d_2 \cdot b_2 \cdot V_{m2}$$

sendo b_2 e d_2, como sabemos, respectivamente, a largura do bordo de saída e o diâmetro do rotor nesse bordo. Além disso,

$$u_2 = \omega \cdot \frac{d_2}{2} = \frac{\pi n}{30} \cdot \frac{d_2}{2}$$

donde

$$n = \frac{60 \cdot u_2}{\pi \cdot d_2}$$

Substituindo na Eq. (8.4), resulta

$$n_s = 3,65 \cdot \frac{60 \cdot u_2 \sqrt{\pi \cdot d_2 \cdot b_2 \cdot V_{m2}}}{\pi \cdot d_2 \cdot H_u^{3/4}} = 219 \cdot \frac{u_2}{H_u^{3/4}} \cdot \sqrt{\frac{b_2 \cdot V_{m2}}{\pi \cdot d_2}}$$

Sabemos que

$$H_e = \frac{u_2 \cdot V_{u_2}}{g}$$

para a condição de "entrada meridiana" do líquido no rotor.

Como V_{u_2} é proporcional a u_2, podemos escrever

$$H_u = \zeta \, \frac{u_2^{\,2}}{g}$$

sendo ζ um coeficiente de proporcionalidade que leva em conta as relações entre H_e e H_u e entre V_{u_2} e u_2.

Os ensaios realizados permitem que se adote

$\zeta = 0,7$ a $1,0$ para bombas sem difusor de pás guias;
$\zeta = 0,93$ a $1,1$ para bombas com difusor de pás guias.

Assim, teremos para n_s:

$$n_S = \frac{1.150}{\zeta^{3/4}} \cdot \sqrt{\frac{V_{m_2}}{u_2} \cdot \frac{b_2}{d_2}} \tag{8.10}$$

Esta equação é útil, pois nos permite verificar que, quanto maior a relação $\dfrac{b_2}{d_2}$ (isto é, mais largas as pás em relação ao diâmetro), maior será a velocidade específica da bomba.

O ângulo β_2, influenciando a relação $\dfrac{V_{m_2}}{u_2}$, tem decisiva importância no valor de n_s.
Quanto mais curvadas para trás forem as pás, tanto maior será a grandeza n_s.

O rendimento das bombas centrífugas lentas e das bombas axiais é, via de regra, inferior ao das bombas hélico-centrífugas, porque as "lentas" têm perdas acentuadas devidas ao atrito contra os discos laterais, e as axiais apresentam condições desfavoráveis ao escoamento desde a entrada até a saída. Como indicação geral pode-se dizer que as bombas para descargas e velocidades específicas médias são as que proporcionam os melhores rendimentos.

BOMBAS DE MÚLTIPLOS ESTÁGIOS

A velocidade específica se relaciona ao formato de *um rotor*, de modo que, se tivermos uma bomba de múltiplos estágios, deveremos considerar a altura referente a um estágio apenas e, portanto, deveremos dividir a altura H_u ou H pelo número i de estágios. Assim

$$n_S = 3,65 \cdot \frac{n\sqrt{Q}}{\sqrt[4]{\left(\dfrac{H_u}{i}\right)^3}}$$

Bombas de entrada bilateral ("rotor geminado")

O rotor no caso corresponde a dois rotores de costas um para o outro e fundidos numa só peça. Por conseguinte é a descarga que se divide, entrando metade em cada lado do rotor, e então a velocidade específica será

$$n_S = 3,65 \cdot \frac{n\sqrt{\dfrac{Q}{2}}}{\sqrt[4]{H_u^3}}$$

Bombas com i estágios, cada qual com entrada bilateral

Teremos

$$n_S = 3,65 \cdot \frac{n\sqrt{\dfrac{Q}{2}}}{\sqrt[4]{\left(\dfrac{H_u}{i}\right)^3}}$$

Exercício 8.1

Qual deverá ser o tipo de rotor de bomba para bombear 180.000 l de água por hora, com $H = 50$ m, operando a 3.500 rpm?

1.ª Hipótese

Rotor simples, entrada unilateral.

A descarga é: 180.000 l/h = 0,050 $m^3 \cdot s^{-1}$

$$n_s = 3{,}65 \cdot \frac{n\sqrt{Q}}{\sqrt[4]{H^3}} = 3{,}65 \times \frac{3.500\sqrt{0{,}050}}{\sqrt[4]{50^3}} = 151 \text{ rpm}$$

Teremos uma bomba centrífuga rápida, pois n_s está compreendido entre 130 e 220 rpm.

2.ª Hipótese

Rotor com entrada bilateral.

$$Q' = \frac{Q}{2} = 0{,}025 \text{ m}^3 \cdot s^{-1}$$

$$n_s = 3{,}65 \times \frac{3.500\sqrt{0{,}025}}{\sqrt[4]{50^3}} = 108{,}6 \text{ rpm}$$

A bomba será centrífuga normal, pois n_s está compreendido entre 90 e 130 rpm.

Se usássemos um motor de menor número de rpm, digamos 1.750, o formato do rotor seria outro, pois teríamos, na 1.ª hipótese, $n_s \simeq 75{,}5$ rpm (bomba lenta) e, na 2.ª hipótese, $n_s = 54{,}3$ rpm, também bomba lenta.

O exemplo acima nos faz ver que uma bomba projetada para funcionar com um certo número de rpm, se girar com número bastante diferente, terá seu rendimento sacrificado, uma vez que, para esse novo número de rpm, o formato do rotor deveria ser outro.

COEFICIENTES INDICADORES DA FORMA DO ROTOR

Empregam-se, no dimensionamento dos rotores, coeficientes experimentais, expressos, por sua vez, em função de coeficientes adimensionais, que traduzem a semelhança geométrica dos rotores. Os principais são:

Coeficiente de descarga ou *Número característico da descarga*

$$\boxed{\varphi = \frac{V_{m_2}}{u_2} = \frac{Q}{\pi^2 \cdot d_2^{\,2} \cdot n \cdot b_2}} \qquad (8.11)$$

Coeficiente de pressão ou *Número característico da pressão*

$$\boxed{\psi = \frac{V_{u_2}}{u_2} = \frac{g \cdot H}{\pi^2 \cdot d_2^{\,2} \cdot n^2}} \qquad (8.12)$$

Nas duas expressões, n é expresso em rotações por segundo.

Número característico principal

$$\kappa = \frac{\varphi^{1/2}}{\psi^{3/4}}$$

(8.13)

Nos livros de vários autores obtêm-se as proporções dos rotores em função desses coeficientes φ, ψ e κ.

Stepanoff introduziu, na literatura sobre bombas, o chamado *coeficiente* ou *constante de velocidade* que é uma grandeza que fornece a dependência entre a altura H e a velocidade periférica u_2.

São usuais as seguintes constantes propostas por esse autor:

a. $$\kappa_u = \frac{u_2}{\sqrt{2gH}}$$ que é a chamada *constante de velocidade*.

No gráfico da Fig. 8.3, obtido para bombas com $\beta_2 = 22°30'$, entrando-se com o valor da velocidade específica n_s na abscissa até a curva de κ_u acham-se os valores de κ_u na escala à esquerda.

Daí acha-se a velocidade periférica $u_2 = \kappa_u \cdot \sqrt{gH}$ e pode-se calcular d_2, conhecendo-se n, pois

$$u_2 = \frac{\pi \cdot d_2}{2} \cdot \frac{n}{30}$$

Existem duas curvas: uma correspondente a bombas centrífugas e outra a bombas hélico-centrífugas e helicoidais. No primeiro caso, o diâmetro a considerar é d_z, e, no segundo, é o diâmetro médio de saída d_{m_2}.

b. A relação entre a *constante de velocidade* é o *coeficiente de pressão* ψ é dada por

$$\psi = \frac{1}{2 \cdot \kappa_u^2}$$

c. As constantes de descarga à saída e à entrada do rotor são definidas pelas relações

$$k_{m_2} = \frac{V_{m_2}}{\sqrt{2gH}}$$ e $$k_{m_1} = \frac{V_{m_1}}{\sqrt{2gH}}$$

d. A relação entre a constante de descarga k_{m_2} e o coeficiente de descarga φ é a própria constante de velocidade κ_u.

$$\kappa_u = \frac{\kappa_{m_2}}{\varphi}$$

O mesmo gráfico da Fig. 8.3 permite achar em função do n_s os valores da constante κ_{m_2} (com a qual se calcula V_{m_2}) e da relação entre os diâmetros $\dfrac{d_1}{d_2}$ (ou entre $\dfrac{d_1}{d_{m_2}}$ para as bombas helicoidais, sendo d_{m_2} o diâmetro médio do bordo de saída das pás).

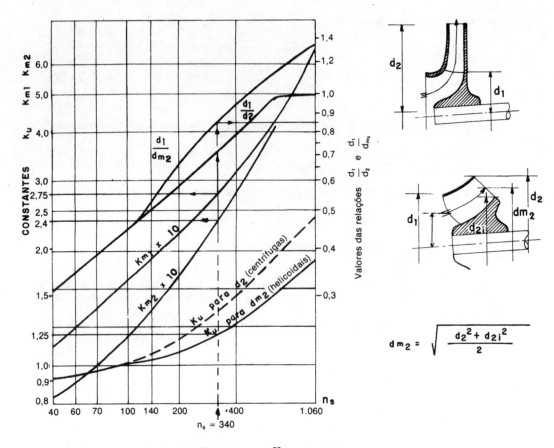

Fig. 8.3 Constantes da velocidade K_u e da descarga K_{m_2} em função de n_s.

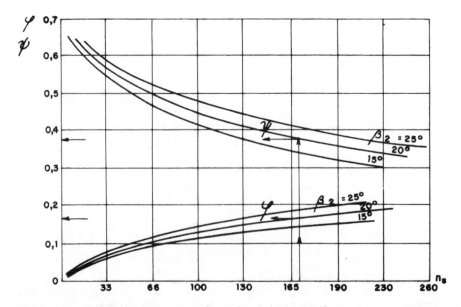

Fig. 8.4 Coeficientes de descarga e de pressão em função da velocidade específica.

ESCOLHA DO TIPO DE TURBOBOMBA

Exemplo

Se tivermos uma bomba cuja velocidade específica é de $n_s = 340$ rpm, teremos de usar as curvas correspondentes a d_{m2}, porque a bomba é hélico-centrífuga. Obteremos pelo gráfico da Fig. 8.3 os valores:

$$\kappa_{u2} = 1,25$$
$$\kappa_{m2} = 0,24$$
$$\kappa_{m1} = 0,275$$
$$\frac{d_1}{d_{m2}} = 0,85$$

Se $H = 20$ m

$$V_{m2} = k_{m2} \sqrt{2gH} = 4,74 \text{ m. }^{s-1}$$

$$V_{m1} = 5,44 \text{ m. }^{s-1}$$

O autor Mario Medice *(Le Pompe)* apresenta o gráfico da Fig. 8.4 para obtenção dos coeficientes de descarga φ e de pressão ψ em função de n_s e do ângulo β_2 de inclinação das pás.

NÚMERO CARACTERÍSTICO DA FORMA (SHAPE NUMBER)

Herbert Addison, no livro *Centrifugal and Other Rotodynamic Pumps*, propôs a adoção de uma grandeza adimensional para caracterizar a forma dos rotores, a que chamou de *número de forma n_f,* a qual é obtida pela fórmula

$$n_f = \frac{1.000 \cdot n \sqrt{Q}}{(g \cdot H)^{3/4}}$$

ou

$$n_f = \kappa \cdot \frac{n \sqrt{Q}}{H^{3/4}} = \kappa \cdot n_q$$

κ é um fator de proporcionalidade relacionando o *shape number* com o número característico de rotações n_q. Da mesma maneira como se apresentam esboços dos formatos dos rotores em função do n_s, pode-se fazê-los em função do n_f.

Exercício 8.2

Para uma bomba que deva funcionar com $Q = 0,090$ m$^3 \cdot s^{-1}$, $n = 1.750$ rpm e $H = 25$ m, e adotando $\beta_2 = 20°$, calcular o diâmetro d_2 de saída e a largura b_2 da pá.

Solução

$$n_s = 3,65 \ n \cdot \frac{\sqrt{Q}}{\sqrt[4]{H^3}} = 3,65 \times \frac{1.750 \sqrt{0,090}}{\sqrt[4]{25^3}} = 171 \text{ rpm.}$$

Trata-se, pois, de bomba centrífuga, tipo rápido.

1.ª Solução

Usando o gráfico de M. Medice (Fig. 8.4), obtemos para $\beta_2 = 20°$ e $n_s = 171$, $\varphi = 0,17$ e $\psi = 0,38$.

Mas

$$\varphi = \frac{Q}{\pi^2 \cdot d_2^2 \cdot n \cdot b_2} \qquad (8.11)$$

e

$$\psi = \frac{g \cdot H}{\pi^2 \cdot d_2^2 \cdot n^2} \qquad (8.12)$$

onde n é dado em rotações por segundo $= \dfrac{1.750}{60} = 29$ rps.

Das Eqs. (8.11) e (8.12), tira-se

$$d_2^2 = \frac{Q}{\varphi \cdot \pi^2 \cdot n \cdot b_2} \qquad e \qquad d_2^2 = \frac{gH}{\psi \cdot \pi^2 \cdot n^2}$$

$$d_2 = \sqrt{\frac{g \cdot H}{\psi \cdot \pi^2 \cdot n^2}} = \sqrt{\frac{9{,}81 \times 25}{0{,}38 \times 3{,}14^2 \times 29^2}} = 0{,}279 \text{ m}$$

$$b_2 = \frac{Q}{\varphi \cdot \pi^2 \cdot d_2^2 \cdot n}$$

Podemos também, eliminando d_2 nas Eqs. (8.11) e (8.12), obter

$$b_2 = \frac{\psi \cdot n \cdot Q}{\varphi \cdot g \cdot H} = \frac{0{,}38 \times 29 \times 0{,}090}{0{,}17 \times 9{,}8 \times 25} = \frac{0{,}99}{42{,}05} = 0{,}023 \text{ m}$$

2.ª *Solução*
Pelo gráfico de Stepanoff (Fig. 8.3).
Para $n_s = 171 \quad \kappa_u = 1{,}15$

$$k_u = \frac{u_2}{\sqrt{2gH}}$$

$$u_2 = 1{,}15 \sqrt{2 \times 9{,}8 \times 25} = 25{,}4 \text{ m} \cdot s^{-1}$$

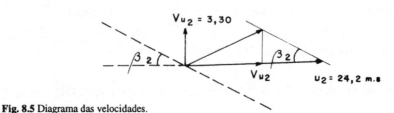

Fig. 8.5 Diagrama das velocidades.

Mas

$$u_2 = \frac{\pi \cdot d_2}{60} \times n_{rpm}$$

Logo

$$d_2 = \frac{60\,u_2}{\pi \cdot n}$$

$$d_2 = \frac{60 \times 25,4}{3,14 \times 1.750} = 0,270 \text{ m}$$

A pequena diferença entre os resultados em parte é devida a que Stepanoff fez o gráfico para $\beta = 22°30'$ e Medice para $20°$.
Do mesmo gráfico, tira-se

$$10 \cdot k_{m2} = 1,5$$

$$k_{m2} = 0,15$$

Daí

$$V_{m2} = \kappa_{m2} \cdot \sqrt{2gH} = 0,15 \sqrt{2 \times 9,8 \times 25} = 3,30 \text{ m}.s^{-1}$$

$$V_{u2} = u_2 - V_{m2} \cdot \cotg \beta_2 = 24,20 - (3,30 \times 2,75) = 15,13 \text{ m. } s^{-1}$$

$$H_u = \frac{u_2 \cdot V_{u_2} \cdot \varepsilon}{g}$$

Admitindo $H = H_u = 25$ m, podemos calcular o rendimento hidráulico ε.

$$\varepsilon = \frac{gH}{u_2 \cdot V_{u_2}} = \frac{9,8 \times 25}{24,2 \times 15,13} = 0,66$$

Bibliografia

BUCKINGHAM, E. On Model Experiments and the Form of Empirical Equation. *Trans. ASME*, vol. 37.
CHERKASSKY, V.M. *Pumps, Fans, Compressors*. Mir Publishers, Moscou, 1985.
JEKAT, WALTER K. Centrifugal Pump Theory, Seção 2.1, In: Igor Karassik, *Pump Handbook*. 1976.
KARASSIK, IGOR. *Centrifugal Pumps*. McGraw-Hill, 1960.
MEDICE, MARIO. *Le Pompe*. Editore Hoepli, 1967.
Norma Brasileira para Bombas. P-TB-68-ABNT.
PASHKOV, N.M. e DOLGACHEV, F.M. *Hidráulica y Máquinas Hidráulicas*. Mir Publishers, Moscou, 1985.
SEDILLE, M. *Turbo-Machines Hydrauliques et Thermiques*. Edit. Masson & Cie., 1967.
STEPANOFF, A.J. *Centrifugal and Axial Flow Pumps*. J. Wiley & Sons, 1957.

9

Cavitação. NPSH. Máxima Altura Estática de Aspiração

CAVITAÇÃO

O fenômeno de cavitação

No deslocamento de pistões; nos "venturis"; no deslocamento de superfícies constituídas por pás, como sucede nas turbomáquinas e nas hélices de propulsão, ocorrem inevitavelmente rarefações no líquido, isto é, pressões reduzidas devidas à própria natureza do escoamento ou ao movimento impresso pelas peças móveis ao líquido.

Se a pressão absoluta baixar até atingir a pressão de vapor (ou "tensão de vapor") do líquido na temperatura em que este se encontra, inicia-se um processo de vaporização do mesmo. Inicialmente, nas regiões mais rarefeitas, formam-se pequenas bolsas, bolhas ou cavidades (daí o nome de *cavitação*) no interior das quais o líquido se vaporiza. Em seguida, conduzidas pela corrente líquida provocada pelo movimento do órgão propulsor e com grande velocidade, atingem regiões de elevada pressão, onde se processa seu colapso, com a condensação do vapor e o retorno ao estado líquido.

As bolhas que contêm vapor do líquido parecem originar-se em pequenas cavidades nas paredes do material ou em torno de pequenas impurezas contidas no líquido, em geral próximas às superfícies, chamadas "núcleos de vaporização" ou "de cavitação", cuja natureza constitui objeto de pesquisas interessantes e importantes. Portanto, quando a pressão reinante no líquido se torna maior do que a pressão interna da bolha com vapor, as dimensões da mesma se reduzem bruscamente, ocorrendo seu colapso e provocando um deslocamento do líquido circundante para seu interior, que gera assim uma pressão de inércia considerável. As partículas formadas pela condensação se chocam muito rapidamente umas de encontro às outras, e de encontro à superfície que se anteponha ao seu deslocamento. Produz-se, em conseqüência, simultaneamente uma alteração no campo representativo das velocidades e das pressões que deveria existir segundo as considerações teóricas do escoamento líquido.

As superfícies metálicas onde se chocam as diminutas partículas resultantes da condensação são submetidas a uma atuação de forças complexas oriundas da energia dessas partículas, que produzem percussões, desagregando elementos de material de menor coesão, e formam pequenos orifícios, que, com o prosseguimento do fenômeno, dão à superfície um aspecto esponjoso, rendilhado, corroído. É a erosão por cavitação. O desgaste pode assumir proporções tais que pedaços de metal podem soltar-se das peças.

Pedaços de aço doce, com mais de 2 cm de espessura, têm sido arrancados de rotores ou de bocas de entrada de bombas e de tubos de sucção de turbinas.

Os efeitos da cavitação são visíveis, mensuráveis e até audíveis, parecendo o crepitar de lenha seca ao fogo ou um martelamento com freqüência elevada. As pressões exercidas sobre as superfícies pela ação da percussão das partículas condensadas ou pela onda de choque por ela provocada alcançam valores relativamente elevados, mas não tão intensos que pudessem normalmente produzir a ruptura do material. Várias explicações têm sido apresentadas para esclarecer essa ação destruidora. Admitem alguns que a alteração periódica e rapidíssima das pressões possa concorrer para o enfraquecimento da estrutura dos cristais dos materiais. Outros supõem que, devido à percussão das partículas condensadas, com uma freqüência de vários milhares de ciclos por segundo, possam ocorrer, em pontos pequeníssimos da superfície, temperaturas elevadas que reduziriam a resistência dos cristais, podendo então as pressões de colapso das bolhas ser suficientes para desagregar partículas do material. As regiões atingidas não são aquelas em que as pressões são as menores, isto é, no dorso das pás, e sim aquelas em que se produziram condensação das partículas de vapor (Fig. 9.1). Quando a condensação se processa a jusante das pás, na própria boca de entrada ou no tubo de aspiração, o fenômeno é chamado de "supercavitação" e, em geral, se origina de um fluxo em sentido inverso na sucção, devido a deficiências de projeto ou de instalação.

Além de provocar corrosão, desgastando, removendo partículas e destruindo pedaços dos rotores e dos tubos de aspiração junto à entrada da bomba, a cavitação se apresenta, produzindo:
— queda de rendimento. (Numa cavitação incipiente, paradoxalmente, o rendimento melhora um pouco; aumentando a cavitação, cai bruscamente.)

Fig. 9.1 Rotor de bomba centrífuga, notando-se o efeito da "cavitação". *(Cortesia da Worthington.)*

208 BOMBAS E INSTALAÇÕES DE BOMBEAMENTO

— marcha irregular, trepidação e vibração da máquina, pelo desbalanceamento que acarreta.

— ruído, provocado pelo fenômeno de "implosão", pelo qual o líquido se precipita nos vacúolos ou bolsas quando a pressão externa é superior à existente no interior das mesmas. Isso ocorre de uma forma aleatória, sendo impossível prever todas as características com que o fenômeno se irá desenvolver.

A cavitação, além de ocorrer no rotor, pode manifestar-se nas pás diretrizes do difusor quando a bomba opera fora da descarga normal, devido à divergência entre o ângulo de saída dos filetes do rotor e de entrada no difusor. Pode ocorrer na voluta e na boca de entrada da bomba.

A ocorrência de uma corrosão química ou eletrolítica pela libertação do oxigênio da água, simultaneamente com a ação mecânica indiscutível na cavitação, parece improvável, uma vez que não ocorre libertação de oxigênio nascente capaz de reações químicas. Ensaios com rotores de vidro neutro mostraram efeitos da cavitação não possíveis pela simples ação do oxigênio.

A corrosão por cavitação pode, entretanto, aumentar por efeito de uma corrosão química simultânea se o líquido bombeado possuir afinidade química com o material da bomba. No caso da água, a corrosão por cavitação varia com a temperatura, atingindo maior intensidade para temperatura da água da ordem de 45°C.

Materiais a serem empregados para resistir à cavitação

A escolha do material a ser empregado na fabricação da bomba é da maior importância. Alguns materiais, na ordem crescente de sua capacidade de resistir à corrosão por cavitação, são: ferro fundido; alumínio; bronze; aço fundido; aço doce laminado; bronze fosforoso; bronze manganês; aço Siemens-Martin; aço-níquel; aço-cromo (12 Cr); ligas de aço inoxidável especiais (18 Cr-8Ni). A rigor, não há nenhum material conhecido que não seja afetado pela cavitação.

A resistência de materiais à corrosão por cavitação é determinada em ensaios de laboratório, quando os corpos de prova, pesados inicialmente, são colocados num difusor onde se medem a pressão e a velocidade da água (por exemplo, 50 kgf $\cdot$ cm^{-2} e 100 m $\cdot$ s^{-1}). Decorrido certo tempo (digamos 150 horas), mede-se a perda de material por diferença na pesagem do corpo de prova. Esta perda define a *resistência ao desgaste por cavitação*.

A fábrica Escher Wyss, ensaiando várias ligas nas condições acima mencionadas, organizou o quadro abaixo, onde se observa, por exemplo, que o aço Stg Lh 4 Mo perde 5,4 vezes menos material durante o ensaio do que o aço padrão Stg 45,97.

Material	C	Si	Mn	Ni	Cr	M_0	Dureza Brinell kgf/mm^2	Perda de Material (gramas)
Aço Stg 45,97	0,25	0,35	0,40				140	0,5155
Stg L 1	0,28	0,45	1,50				185	0,2456
Stg Lh 1	0,15	0,35	0,30	0,75	13,5		220	0,1751
Stg Lh 4 Mo	0,08	0,45	0,65	9,00	17,0	2,5	180	0,0953

"Recentemente tem-se empregado revestimento de elastômeros, que demonstra grande resistência à cavitação. É o caso do neoprene, do poliuretano, do estireno-butadieno e de outros elastômeros. Os dois primeiros podem ser aplicados sob a forma líquida e apresentam grande aderência ao metal." (C. P. Kittredge. *Centrifugal Pump Performance*, McGraw-Hill.)

Quando uma parte da bomba fica muito danificada pela ocorrência da cavitação, pode-se preencher os locais gastos com solda elétrica adequada ao material, esmerilhando em seguida ou, como alguns sugerem, aplicando uma ou mais camadas de neoprene.

A Fig. 9.1 mostra o efeito da cavitação em um rotor submetido a testes de laboratório.

Precauções a tomar para evitar que ocorra cavitação nas bombas

CAVITAÇÃO. NPSH. MÁXIMA ALTURA ESTÁTICA DE ASPIRAÇÃO

Nas bombas radiais:
— Pequeno valor da relação entre os diâmetros de entrada e de saída das pás ou, no caso de pás com dupla curvatura, pequeno valor da relação entre r^2_1 e o comprimento do filete médio.
— Número suficientemente grande de pás.
— Pequeno valor para a velocidade meridiana V_m mas pequena largura b_1, se tivermos fortes curvaturas à entrada.
— Pequeno valor para o ângulo β_1 das pás.
— Nas bombas de múltiplos estágios, pequeno valor para a altura de elevação a cargo de cada rotor.

Nas bombas axiais:
— Pequeno valor da relação $\dfrac{r}{e}$, isto é, grande comprimento axial e das pás, relativamente ao raio.
— Grande valor da velocidade periférica U.

NPSH

A fim de caracterizar as condições para que ocorra boa "aspiração" do líquido, foi introduzida na terminologia de instalações de bombeamento a noção de NPSH, a que chegaremos pelas considerações que se seguem.

Ao estudarmos as parcelas de energia numa instalação de bombeamento, vimos que a equação da energia aplicada entre a superfície livre do líquido na captação e na entrada da bomba (suposta na altura do centro da bomba) nos fornecia:

$$0 + H_b + 0 = h_a + \frac{p_0}{\gamma} + \frac{v_0^2}{2g} + J_a \qquad (9.1)$$

O termo $\dfrac{p_0}{\gamma} = H_b - h_a - J_a - \dfrac{v_0^2}{2g}$ é a *pressão estática absoluta* à Entrada da bomba (Fig. 9.2).

Já havíamos chamado de *altura total de aspiração* à expressão

$$H_a = H_b - \frac{p_0}{\gamma} = h_a + J_a + \frac{v_0^2}{2g} \qquad \text{, a qual é fornecida}$$

pela leitura no vacuômetro.

A *energia total absoluta* é a soma da energia da pressão $\dfrac{p_0}{\gamma}$ com a energia cinética $\dfrac{v_0^2}{2g}$, de modo que podemos escrever

$$\frac{p_0}{\gamma} + \frac{v_0^2}{2g} = H_b - h_a - J_a - \frac{v_0^2}{2g} = H_b - h_a - J_a \qquad (9.2)$$

É importante conhecer-se o valor da diferença entre a energia total absoluta e a pressão de vapor do líquido h_v na temperatura em que o mesmo está sendo bombeado.

Esta grandeza, que representa a *disponibilidade de energia com que o líquido penetra na boca de entrada da bomba e que a ele permitirá atingir o bordo da pá do rotor, chama-se, em publicações em inglês, NPSH — Net Positive Suction Head.*

Em livros de vários idiomas conservou-se a designação de NPSH, embora já se empregue entre nós a sigla APLS — "Altura Positiva Líquida de Sucção" ou o nome de "Altura de Sucção Absoluta".

Como esse conceito se refere à disponibilidade de energia do líquido ao entrar na

210 BOMBAS E INSTALAÇÕES DE BOMBEAMENTO

bomba, a qual depende da maneira como é projetada a instalação, o NPSH neste caso é chamado *disponível* ou *available*. Seu valor é determinado por

$$NPSH_{disp.} = \left(\frac{p_0}{\gamma} + \frac{v_0^2}{2g} \right) - h_v \qquad (9.3)$$

ou, considerando a Eq. (9.2),

$$NPSH_{disp.} = H_b - (h_a + J_a + h_v) \qquad (9.4)$$

ou, ainda,

$$NPSH_{disp.} = H_b - H_a + \frac{v_0^2}{2g} - h_v \qquad (9.5)$$

Podemos exprimir a altura estática de aspiração em função do NPSH, escrevendo:

$$h_a = H_b - J_a - h_v - NPSH_{disp.} \qquad (9.6)$$

e a altura total de aspiração

$$H_a = h_a + J_a + \frac{v_0^2}{2g}$$

pode ser escrita:

$$H_a = H_b + \frac{v_0^2}{2g} - h_v - NPSH_{disp.} \qquad (9.7)$$

Observação

O líquido pode estar sujeito a uma pressão diferente da atmosférica, de modo que podemos escrever, para o caso geral, p/γ ao invés de H_b, e como o nível do líquido no reservatório pode estar abaixo ou acima do centro da bomba, o sinal de h_a será respectivamente negativo ou positivo. Assim, a expressão será

$$NPSH_{disp.} = \frac{p}{\gamma} - (\pm h_a + h_v + J_a) \qquad (9.8)$$

Na expressão (9.4) vemos que o $NPSH_{disp.}$ depende exclusivamente dos parâmetros da linha de sucção e que o termo $\dfrac{v_0^2}{2g}$ deixa de figurar diretamente no seu cálculo.

A fim de evitar que ocorra o fenômeno de cavitação, a pressão estática absoluta $\dfrac{p}{\gamma}$ não deverá atingir em ponto algum da boca de entrada da bomba $\left(\dfrac{p_0}{\gamma} \right)$ ou do próprio rotor $\left(\dfrac{p_1}{\gamma} \right)$ a pressão do vapor h_v do líquido, isto é, devem-se ter

CAVITAÇÃO. NPSH. MÁXIMA ALTURA ESTÁTICA DE ASPIRAÇÃO

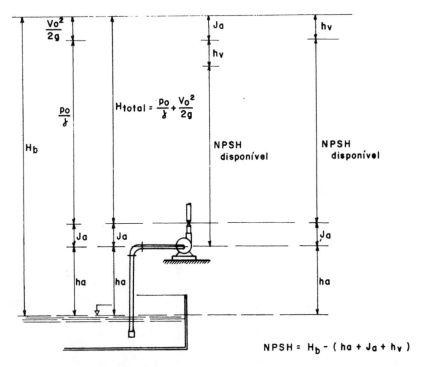

Fig. 9.2 Determinação do NPSH disponível.

$$\frac{p_0}{\gamma} > h_v \quad \text{e} \quad \frac{p_1}{\gamma} > h_v$$

Suponhamos um piezômetro ligado à boca de aspiração da bomba (Fig. 9.3). O nível de líquido atingiria uma cota acima do centro da bomba, representando a altura da pressão estática $\frac{p_0}{\gamma}$, que, como vimos, é

$$\frac{p_0}{\gamma} = H_b - h_a - J_a - \frac{v_0^2}{2g}$$

Na figura, vemos representados a energia total

$$\frac{p_0}{\gamma} + \frac{v_0^2}{2g} = H_b - h_a - J_a$$

e o

$$\boxed{NPSH_{disp.} = H_b - h_a - J_a - h_v}$$

Dissemos que $\frac{p_0}{\gamma}$ deverá ser sempre superior à tensão do vapor a fim de que não ocorra o fenômeno de cavitação. Vejamos qual o valor da menor pressão que se estabelece na sucção da bomba por efeito do movimento das pás do rotor.

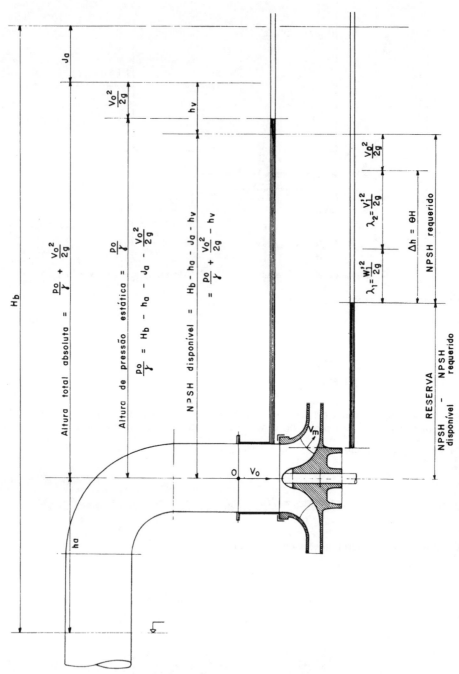

Fig. 9.3 Balanço energético à entrada da bomba. Valores do NPSH disponível e do NPSH requerido.

CAVITAÇÃO. NPSH. MÁXIMA ALTURA ESTÁTICA DE ASPIRAÇÃO   213

Na boca de entrada da bomba, a velocidade média das partículas líquidas é V_o. Essa velocidade aumenta gradativamente até atingir os canais formados pelas pás do rotor, onde assumiria o valor v_1 se as pás não tivessem espessura.

Devido à espessura das pás e à variação de pressão entre face e dorso da pá, a velocidade absoluta média das partículas passa a ser $v'_1 > v_1$.

Esta velocidade, como dissemos, é a velocidade média. Isto porque, pela própria natureza da ação das pás, no dorso das mesmas há partículas com velocidades bem maiores do que na face e portanto existem regiões rarefeitas. Essas rarefações ou depressões que se estendem ao canal próximo à entrada das pás são, portanto, devidas a um aumento na velocidade relativa, que passa do valor W_1 a W'_1, uma vez que a velocidade absoluta resulta da componente periférica U_1 e dessa componente do movimento relativo à pá.

Chamemos então de $\lambda_1 \cdot \dfrac{W_1^2}{2g}$ a perda de energia de pressão devida a essa variação das velocidades relativas.

Ocorrem ainda perdas de energia devidas aos atritos e à turbulência do líquido entre a boca de entrada da bomba e a entrada das pás e devidas ao aumento da velocidade absoluta que passa do valor v_1 a v'_1, as quais podem ser expressas por

$$\lambda_2 \cdot \frac{v_1'^2}{2g}$$

Os fatores λ_1 e λ_2 são coeficientes empíricos.

A soma $\left(\lambda_1 \cdot \dfrac{W_1^2}{2g} + \lambda_2 \cdot \dfrac{V_1'^2}{2g} \right)$ representa a energia que é perdida inevitavelmente e que, portanto, *deve ser fornecida pela instalação à bomba,* uma vez que se processa numa região em que o rotor ainda não fornece energia ao líquido. Essa parcela de energia é obtida à custa de energia de pressão, que chamaremos Δh e que é assim "requerida" (demandada) pela bomba. É por isso que essa pressão crítica é chamada de *NPSH requerido* pela bomba ou, simplesmente, o *NPSH da bomba.* Portanto, $\text{NPSH}_{req.} = \Delta h$. Esta grandeza também é chamada de "altura diferencial de pressão" e relaciona de certa forma as pressões na face de ataque e no dorso das pás próximo ao bordo de entrada das pás. O $\text{NPSH}_{disp.}$ tem de ser maior do que o $\text{NPSH}_{req.}$, pois a igualdade dos dois já indica uma situação limite, com início da cavitação. Assim

$$\text{NPSH}_{disp.} > \text{NPSH}_{req.} \tag{9.9}$$

O valor de $\Delta h = \text{NPSH}_{req.}$ deve ser, portanto, fornecido à custa do $\text{NPSH}_{disp.}$ para que a pressão da bomba não desça até a pressão de vaporização do líquido. As experiências mostram que Δh depende da velocidade específica, a qual, como sabemos, depende, por sua vez, da descarga e do número de rotações da bomba.

A experiência mostra também que o NPSH_{req} diminui quando a temperatura do líquido aumenta, mas, por outro lado, o $\text{NPSH}_{disp.}$ também diminui, porque h_v aumenta com a temperatura.

Na situação extrema, crítica, em que o $\text{NPSH}_{req.}$ se tornasse igual ao NPSH disponível, teríamos

$$h_v = H_b - h_a - J_a - \left(\Delta h + \frac{v_0^2}{2g} \right) \tag{9.10}$$

Logo

$$\Delta h = \left(H_b - h_v \right) - \left(h_a + J_a + \frac{v_0^2}{2g} \right) = H_b - h_v - H_a$$

214 BOMBAS E INSTALAÇÕES DE BOMBEAMENTO

Do $NPSH_{disp.}$ (9.5), a parcela $\dfrac{v_0^2}{2g}$ é necessária para que o líquido penetre na bomba. A parcela que chamaremos de Δh é necessária para atender às perdas $\left(\lambda_1 \dfrac{W'_1{}^2}{2g} + \lambda_2 \cdot \dfrac{v'_1{}^2}{2g} \right)$, e a soma $\left(\Delta h + \dfrac{v_0^2}{2g} \right)$ é que realmente corresponde ao chamado *NPSH requerido pela bomba.*

Como $\dfrac{v_0^2}{2g}$ é um termo de valor reduzido, alguns chamam apenas o Δh de *NPSH requerido,* ou de *altura diferencial de pressão* e o designam por h_d.

É preciso que haja uma diferença entre o $NPSH_{disp.}$ e o $NPSH_{req.}$ para que exista uma "reserva" ou "segurança", uma vez que a Eq. (9.10) é para uma situação limite.

$$NPSH_{disp.} - NPSH_{req.} = \text{Reserva}$$

FATOR DE CAVITAÇÃO

Para que não ocorra cavitação, devemos ter

$$\Delta h + \frac{v_0^2}{2g} \leqslant NPSH_{disp.}$$

$$\leqslant (H_b - h_a - J_a - h_v)$$

Dividindo Δh pela altura manométrica H, obtém-se a grandeza σ.

$$\boxed{\frac{\Delta h}{H} = \sigma} \tag{9.11}$$

Ou, fazendo a substituição,

$$\boxed{\sigma = \frac{H_b - h_a - J_a - h_v - \dfrac{v_0^2}{2g}}{H}} \tag{9.12}$$

A grandeza σ, às vezes representada pela letra θ, é o *fator de cavitação de Thoma,* homenagem ao pesquisador Dieter Thoma, que o chamou, aliás, de "número característico adimensional para a cavitação".

O fator de Thoma, σ, depende da velocidade específica, e, quanto maior for o n_s, maior será o valor de σ e, portanto, menor o valor da *altura estática de aspiração h_a.*

$$\boxed{h_a \leqslant H_b - \left(J_a + h_v + \frac{v_0^2}{2g} + \sigma H \right)} \tag{9.13}$$

Por essa expressão, saberemos a que altura a bomba pode ser colocada acima do nível do líquido em um reservatório. Se h_a for negativa, a bomba deverá trabalhar abaixo do nível do líquido, isto é, "afogada", como é costume dizer-se.

O fator de cavitação σ pode ser calculado pela seguinte fórmula empírica, a qual foi determinada após um número grande de ensaios:

$$\sigma = \varphi \cdot n_q^{4/3} \qquad (9.14)$$

ou

$$\sigma = \varphi \cdot \left(\frac{n\sqrt{Q}}{\sqrt[4]{H^3}}\right)^{4/3}$$

onde φ é um fator que depende da própria rotação específica n_q. Assim
$\varphi = 0,0011$, para bombas centrífugas radiais, lentas e normais.
= 0,0013, para bombas helicoidais e hélico-axiais.
= 0,00145, para bombas axiais.

O gráfico de Stepanoff, representado na Fig. 9.4, nos dá os valores de σ para valores de n_s.
Como σ aumenta com a velocidade específica, as bombas de n_s elevado exigem alturas de aspiração reduzidas, ou mesmo negativas (bomba afogada). A altura de aspiração negativa é indispensável nas bombas axiais (Fig. 9.5).
Na Fig. 9.5 vemos como, para uma mesma altura estática de elevação h_e, as bombas ficarão em níveis diversos de acordo com a velocidade específica da bomba.
O gráfico da Fig. 9.6 dá os valores obtidos por Wislicenus e H. Cardinal Von Widdern para o fator de Thoma, em função da velocidade específica n_s.

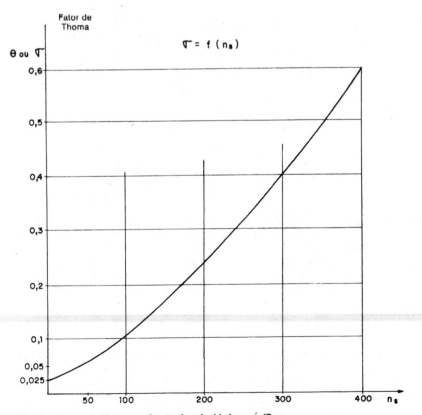

Fig. 9.4 Fator de cavitação de Thoma em função da velocidade específica.

216   BOMBAS E INSTALAÇÕES DE BOMBEAMENTO

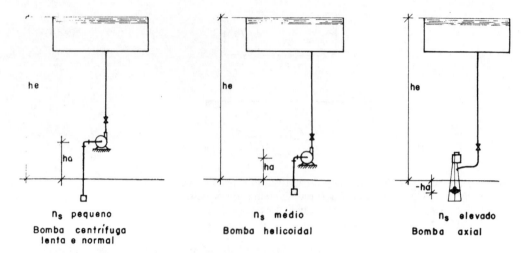

Fig. 9.5 Velocidade específica conforme a altura estática de aspiração.

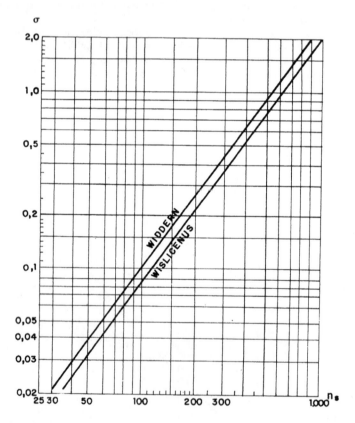

Fig. 9.6 Fator de cavitação em função da velocidade específica segundo Wislicenus e Widdern.

As fórmulas propostas, e pelas quais foram traçados os gráficos, são as seguintes:

$$\text{Wislicenus:} \quad \sigma = \frac{1{,}84 \cdot n_s^{4/3}}{70^4}$$

CAVITAÇÃO. NPSH. MÁXIMA ALTURA ESTÁTICA DE ASPIRAÇÃO

Cardinal von Widdern: $\sigma = \dfrac{2{,}14 \cdot n_s^{4/3}}{70^4}$

Além de outras existe ainda a dos *standards* do Hydraulic Institute:
$\sigma = 0{,}00205 \cdot n_s^{4/3}$

Método de Pfleiderer para cálculo do $\Delta h = NPSH_{req.}$

Podemos calcular a altura diferencial de pressão Δh pela seguinte fórmula empírica proposta por Pfleiderer:

$$h_d = \Delta h = \sigma H = \left[\left(\dfrac{n}{100}\right)^2 \cdot \dfrac{Q}{k \cdot K} \right]^{2/3} \quad (9.15)$$

onde temos:

h — metros
n — rpm
Q — m³ · s⁻¹
k — coeficiente de redução da seção de entrada do rotor

$$k = 1 - \left(\dfrac{d_{m_1}}{d_e}\right)^2$$

sendo

d_{ml} — diâmetro de entrada, correspondente ao filete médio;
d_e — diâmetro da boca de entrada da bomba;
k varia de 0,6 a 0,9;
K — coeficiente adimensional, igual a
   2,6 para bombas radiais;
   2,9 para bombas helicoidais;
   2,4 para bombas axiais.

Exercício 9.1

Uma bomba radial centrífuga fornece uma descarga de 50 m³/hora de água, com 3.000 rpm. O coeficiente de redução $k = 0{,}8$. Calcular o $NPSH_{requerido}$.

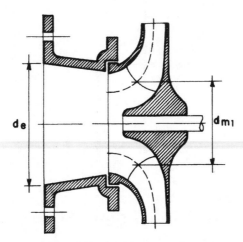

Fig. 9.7 Diâmetros de entrada na bomba e no rotor.

218   BOMBAS E INSTALAÇÕES DE BOMBEAMENTO

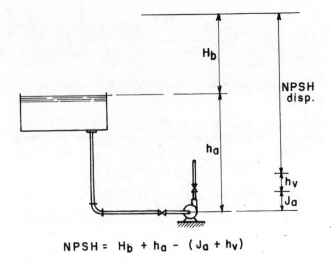

$$\text{NPSH} = H_b + h_a - (J_a + h_v)$$

Fig. 9.8 NPSH para bomba abaixo do nível do reservatório.

1.º Processo. Método de Pfleiderer
Como se trata de bomba centrífuga radial, $k = 2,6$.
Temos então

$$\text{NPSH}_{\text{req.}} = \Delta h = \left[\left(\frac{3.000}{100} \right)^2 \cdot \frac{50}{3.600 \times 0,8 \times 2,6} \right]^{2/3} = 5^{2/3}$$

$\text{NPSH}_{req.} = 2,92$ m

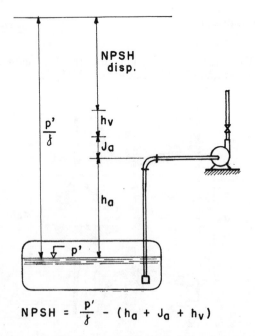

$$\text{NPSH} = \frac{p'}{\gamma} - (h_a + J_a + h_v)$$

Fig. 9.9 NPSH, quando reina a pressão p' num reservatório fechado, abaixo da bomba.

2.º *Processo*
Usando a Eq. 9.14,

$$\text{NPSH}_{\text{req.}} = \Delta h = 0{,}0011 \left[n \cdot \frac{\sqrt{Q}}{\sqrt[4]{H^3}} \right]^{4/3} \cdot H =$$

$$= 0{,}0011 \left[3.000 \, \frac{\sqrt{0{,}0138}}{\sqrt[4]{20^3}} \right]^{4/3} \cdot H = 0{,}0011 \times 3.000^{4/3} \cdot Q^{2/3} =$$

$$= 0{,}0011 \times 43.270 \times 0{,}0578 = 2{,}75 \text{ m}$$

Há portanto uma pequena diferença entre os resultados pelos dois processos.

Exercício 9.2
Calcular a máxima altura estática de aspiração de uma bomba com rotor de entrada bilateral, com um estágio, devendo elevar 80 l · s⁻¹ de água a uma altura manométrica de 20 m. Sabe-se também que

temperatura da água	$t = 60°\text{C}$
pressão do vapor de água a 60°	$h_v = 0{,}231$ kgf · cm⁻²
peso específico da água a 60°	$\gamma = 983$ kgf · m⁻³
pressão atmosférica local	$H_b = 0{,}980$ kgf · cm⁻²
rotação da bomba	$n = 1.150$ rpm
perda de carga na aspiração	$J_a = 1{,}30$ m.c.a.
altura representativa da velocidade	$\dfrac{v_o^2}{2g} = 0{,}12$ m

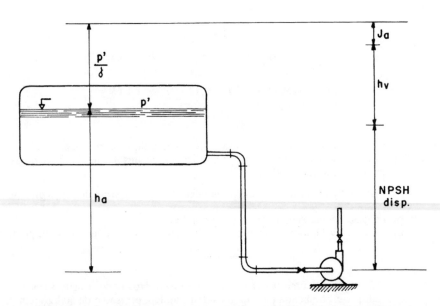

Fig. 9.10 NPSH, quando reina a pressão p' num reservatório fechado, acima da bomba.

220   BOMBAS E INSTALAÇÕES DE BOMBEAMENTO

1. Calculemos a rotação específica n_q, considerando a metade da descarga, porque o rotor é de entrada bilateral.

$$n_q = \frac{n\sqrt{Q}}{\sqrt[4]{H^3}} = \frac{1.150\sqrt{\dfrac{0,08}{2}}}{\sqrt[4]{20^3}} = 25,5 \text{ rpm (bomba centrífuga radial normal)}$$

ou

$$n_s = 3,65 \cdot n_q = 4,65 \times 25,5 = 93 \text{ rpm}$$

2. Coeficiente de cavitação σ

$$\sigma = 0,0011 \cdot n_q^{4/3} = 0,0011 \sqrt[3]{25,5^4} = 0,0825$$

3. Altura diferencial de pressão Δh

$$\Delta h = \text{NPSH}_{req.} = \sigma H$$
$$\Delta h = 0,0825 \times 20 = 1,65 \text{ m}$$

4. Pressão atmosférica local

$$H_b = \left[\frac{0,98 \ [\text{kgf} \cdot \text{cm}^{-2}]}{983 \ [\text{kgf} \cdot \text{m}^{-3}]} \right] \times 10.000 = 9,97 \text{ m.c.a.}$$

5. Pressão do vapor de água a 60°C

$$h_v = \left[\frac{0,231 \ [\text{kgf} \cdot \text{cm}^{-2}]}{983 \ [\text{kgf} \cdot \text{m}^{-3}]} \right] \times 10.000 = 2,35 \text{ m.c.a.}$$

6. Máxima altura estática de aspiração h_a

$$h_{a_{máx.}} = H_b - J_a - \frac{v_0^2}{2g} - h_v - \sigma H$$
$$ha_{máx.} = 9,97 - 1,30 - 0,12 - 2,35 - 1,65 =$$
$$ha_{máx.} = 4,53 \text{ m}$$

A bomba poderá ser colocada, no máximo, a 4,53 m acima do nível da água.

As Figs. 9.8, 9.9 e 9.10 representam modalidades de instalação, para as quais está indicada a maneira de calcular o NPSH.

Se o reservatório for, por exemplo, um preaquecedor de água para caldeira, a pressão $\dfrac{p'}{\gamma}$ será a própria tensão de vapor h_v na entrada da bomba.

O gráfico da Fig. 9.11 fornece as pressões de vapor h_v para a água em temperaturas de 0°C a 100°C.

Exercício 9.3

A Fig. 9.12 representa uma instalação de bombeamento, onde a água se acha a 90° num preaquecedor, e é bombeada para uma caldeira onde a pressão é de 50 kgf · cm^{-2}.

A descarga deverá ser de 50 m³/hora. O local da instalação se encontra a uma altitude

CAVITAÇÃO. NPSH. MÁXIMA ALTURA ESTÁTICA DE ASPIRAÇÃO

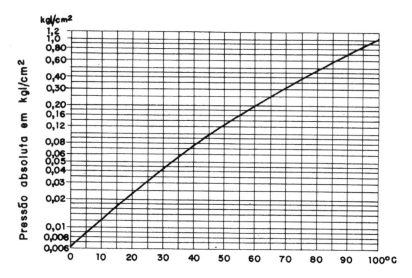

Fig. 9.11 Pressão de vapor da água em função da temperatura.

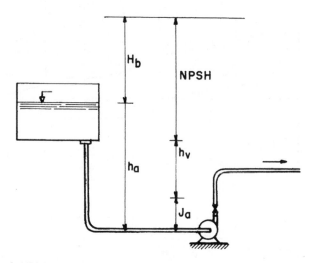

Fig. 9.12 Indicação do NPSH disponível.

de 900 m. As perdas de carga na aspiração correspondem a 0,8 m.c.a., e a energia devida à velocidade é igual a 0,10 m.c.a. A bomba deverá girar com 1.150 rpm.

Deseja-se saber a que altura a bomba deverá ficar colocada em relação ao nível da água no reservatório.

Solução
1. *Dados*

$Q = 50 \text{ m}^3/h = 0,0139 \text{ m}^3 \cdot s^{-1}$
$H = 500 \text{ m} \div i \text{ (estágios)}$
Consideraremos uma bomba com
 $i = 8$ estágios, de modo que
$H = 62,5$ m por estágio;
H_b = pressão atmosférica a 900 m de altitude = 9,30 m.c.a.;
$J_a = 0,80$ m.c.a.;

$$\frac{v_0^2}{2g} = 0{,}10 \text{ m.c.a}$$

h_v = tensão do vapor de água a 90°C = 0,72 kgf · cm^{-2} = 7,20 m.c.a.

2. Cálculo da velocidade específica n_s

$$n_s = 3{,}65 \frac{n\sqrt{Q}}{\sqrt[4]{H^3}} = 3{,}65 \times \frac{1.750 \sqrt{0{,}0139}}{\sqrt[4]{62{,}5^3}} = \frac{753{,}8}{22{,}2} = 34 \text{ rpm}$$

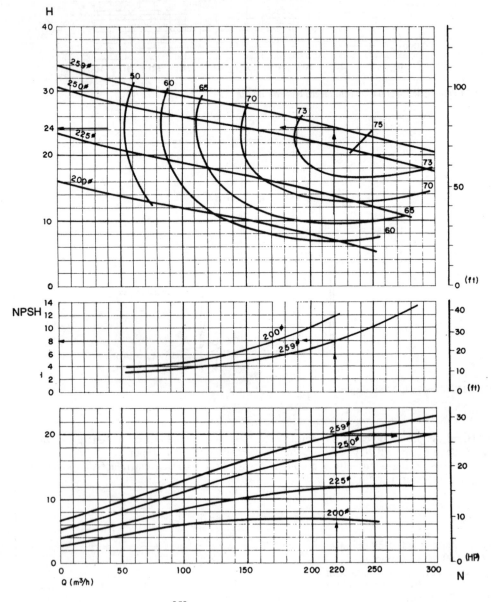

Fig. 9.13 Bomba Sulzer ZP$_3$V $\dfrac{250}{252}$

CAVITAÇÃO. NPSH. MÁXIMA ALTURA ESTÁTICA DE ASPIRAÇÃO

3. Cálculo do fator de Thoma
   Podemos usar, por exemplo, o gráfico da Fig. 9.4 de Stepanoff.
   Para $n_s = 34$ rpm, obtemos $\sigma = 0{,}04$.
4. NPSH requerido $= \sigma H = 0{,}04 \times 62{,}5 = 2{,}50$ m
5. Máxima altura estática de aspiração

$$h_{a_{máx}} = H_b - J_a - \frac{v_0^2}{2g} - h_v - \sigma H$$

$$= 9{,}30 - 0{,}80 - 0{,}10 - 7{,}20 - 2{,}50 = -1{,}30 \text{ m}$$

A bomba deverá ficar a 1,30 m abaixo do nível mais baixo da água no reservatório.

Os fabricantes de bombas ensaiam e apresentam em seus catálogos, numa mesma figura, as curvas $H = f(Q)$; as de igual rendimento e as de igual potência, bem como as curvas que traduzem a dependência entre o $NPSH_{req.}$ da bomba e a descarga. É o que vemos nas Figs. 9.13, da Sulzer, e 9.14, da Worthington.

Exercício 9.4

Qual o NPSH requerido pela bomba Sulzer ZP_3V $^{250}/_{252}$ de 1.750 rpm, com rotor de 259 mm de diâmetro, para uma descarga de 220 m³ · h^{-1}? Com que valores de H, N e η irá a bomba funcionar?

Com o gráfico da Fig. 9.13, entrando com $Q = 220$ m³ · h^{-1} na vertical, teremos:
a. NPSH para rotor com diâmetro de 259 mm, igual a 8 m
b. H para diâmetro de 259 mm, 24 m
c. N para diâmetro de 259 mm, 27 HP
d. $\eta = 74\%$

Exercício 9.5

Se usarmos a bomba Worthington 3LV-2, funcionando com 1.750 rpm, diâmetro de 10 1/4", quais os valores de NPSH, H e N para uma descarga de 120 m³/h?

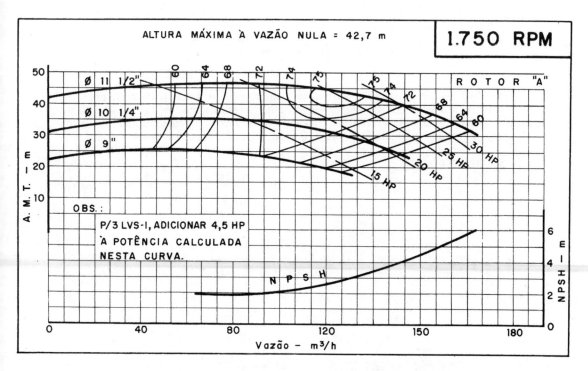

Fig. 9.14 Bomba Worthington 3LV-2, Sucção 5" (12,70 cm) e Recalque 3" (7,62 cm).

224 BOMBAS E INSTALAÇÕES DE BOMBEAMENTO

Com o gráfico da Fig. 9.14, na vertical da abscissa $Q = 120$ m³/h, obtemos nas curvas respectivas

NPSH $= 2,7$ m
$H = 31$ m
$N = 18$ Hp (usar bomba de 20 HP)
$\eta = 73\%$

NPSH PARA OUTROS LÍQUIDOS

A experiência e os ensaios têm revelado que as bombas que funcionam com água quente ou com hidrocarbonetos líquidos não-viscosos operam satisfatoriamente e com segurança usando um $\text{NPSH}_{req.}$ inferior ao que normalmente exigiria se operasse com água fria. Este fato permite que, para a maior parte dos casos, se possa utilizar a curva do $\text{NPSH}_{req.}$, fornecido pelo fabricante, para a água fria.

VELOCIDADE ESPECÍFICA DE ASPIRAÇÃO (S)

Vimos que o valor do coeficiente de cativação σ depende da velocidade específica n_s da bomba.

Estabeleceu-se a dependência entre essas duas grandezas através de um parâmetro denominado *velocidade específica de aspiração*, representado pela letra S.

A velocidade específica de aspiração requerida é definida por uma expressão análoga à da velocidade específica, introduzindo-se a grandeza Δh em lugar da altura útil H_u ou de H.

$$S = \frac{n\sqrt{Q}}{\sqrt[4]{(\Delta h)^3}}$$

onde

$$\Delta h = H_b - \left(h_a + J_a + \frac{v_0{}^2}{2g} + h_v\right)$$

A velocidade específica de aspiração tem sido empregada para definir ou caracterizar as condições de aspiração de uma bomba e para estabelecer analogias de funcionamento de bombas semelhantes, sob o ponto de vista da sua aspiração. Permite calcular o número de rpm n, partindo do conhecimento de S, Q e Δh.

Sabemos que

$$\Delta h = \sigma H \tag{9.11}$$

e que

$$n_q = \frac{n\sqrt{Q}}{\sqrt[4]{H^3}}$$

portanto,

$$S = \frac{n_q \cdot \sqrt[4]{H^3}}{\sqrt[4]{(\sigma H)^3}} = \frac{n_q \cdot \sqrt[4]{H^3}}{\sqrt[4]{\sigma^3} \cdot \sqrt[4]{H^3}} = \frac{n_q}{\sigma^{3/4}}$$

CAVITAÇÃO. NPSH. MÁXIMA ALTURA ESTÁTICA DE ASPIRAÇÃO

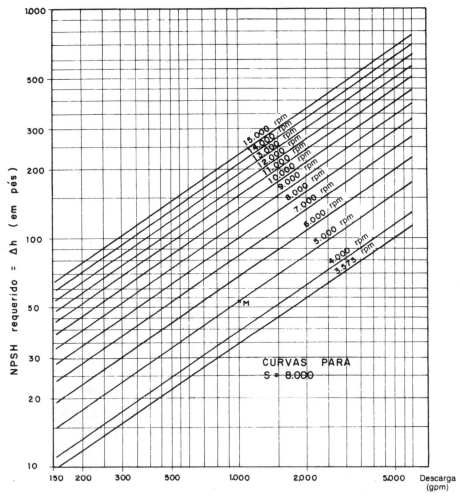

Fig. 9.15 Variação do NPSH requerido em função da descarga para bomba com S = 8.000 e diversas rotações por minuto.

ou

$$S = \frac{n_q}{\sigma^{3/4}} = \frac{n_s}{3,65} \cdot \frac{1}{\sigma^{3/4}}$$

O Hydraulic Institute publicou gráficos (Fig. 9.15) para instalação de condensado ou de água quente que permitem determinar o NPSH requerido (em pés), conhecendo-se a descarga (gal./min) e o número de rpm e adotando para S o valor 8.000, considerado como recomendável.

Exemplo

Qual o $NPSH_{req.}$ para uma bomba com caldeira que deva fornecer uma descarga de 75 $l \cdot s^{-1}$, sendo $n = 5.000$ rpm?

Entrando-se no gráfico com o valor

$$Q = 75 \, l \cdot s^{-1} = 1.000 \text{ gal./minuto}$$

na vertical até a reta correspondente a 5.000 rpm, determinamos o ponto M e daí o $NPSH_{req.}$ = 53 ft = 16,17 m.

Para outros valores de S que não 8.000, podemos usar o gráfico da Fig. 9.15a que dá valores de k para S, variando de 7.000 a 10.000.

Assim, por exemplo, $k = 0,95$ para $S = 8.500$, de modo que

$$\text{NPSH}_{req. \ (para \ S = 8.500)} = 0,95 \times \text{NPSH}_{req. \ (para \ S = 8.000)}$$

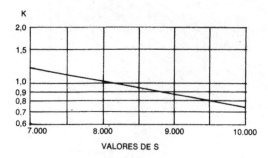

Fig. 9.15a Valores de K em função da velocidade específica de aspiração S.

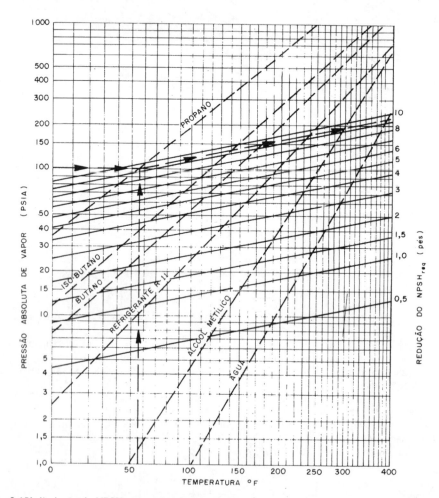

Fig. 9.15b Redução do $\text{NPSH}_{req.}$ para bombas operando com hidrocarbonetos e água em temperaturas elevadas.

ALTERAÇÃO NA CURVA H = f(Q) DEVIDA À CAVITAÇÃO

A Fig. 9.16 representa três curvas características H = $f(Q)$, I, II, III, cada uma correspondendo a um certo número de rotações por minuto.

Quando se alteram as condições de aspiração pelo aumento da altura estática de aspiração (h_a), ou das perdas de carga (J_a), ou ainda da tensão de vapor (h_v) devido a um aumento da temperatura, abrindo-se progressivamente o registro no recalque a partir do ponto crítico A da curva I, por exemplo, a curva inicia uma curvatura acentuada e em seguida cai bruscamente. Isto significa que a cavitação que se processa produz uma queda da altura H, e a descarga deixaria de aumentar, embora continuasse a abrir o registro. Se aumentassem as grandezas mencionadas (principalmente a h_a), as descontinuidades iriam verificando-se para valores cada vez menores da descarga (pontos B e C da curva I). Assim, por exemplo, na Fig. 9.16, a bomba que funcionava com 3.000 rpm quando a altura estática era de 6 m iniciou a cavitação no ponto A da curva, e a descarga fixou-se em 40 $l \cdot s^{-1}$.

Com h_a = 7,0 m, o ponto crítico de cavitação deslocou-se para B, e a descarga caiu para 34 $l \cdot s^{-1}$.

Com h_a = 8,0, o ponto se deslocou para C, e a descarga caiu para 26 $l \cdot s^{-1}$.

Para a curva II, teríamos as descontinuidades nos pontos A', B' e C' e, para a curva III, nos pontos B'' e C''.

Vemos assim que a utilização das curvas características fornecidas pelos fabricantes deve ser feita com as devidas precauções nas condições de aspiração, sendo o desconhecimento dos fatos apontados a causa de grande número de insucessos em instalações de bombeamento.

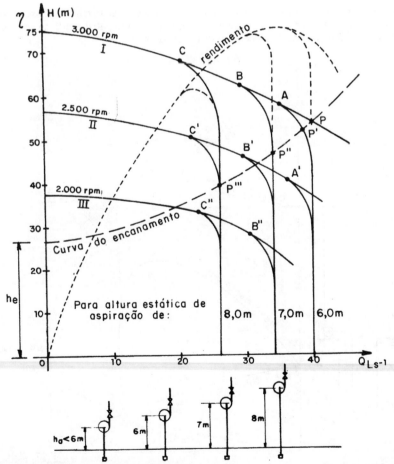

Fig. 9.16 Efeito da cavitação sobre as curvas H = $f(Q)$.

Representemos na Fig. 9.16 a curva característica do encanamento e admitamos para simplificar que a altura h_e não varie.

O ponto de funcionamento da bomba nas condições de altura de aspiração adequada é o ponto P, correspondendo à descarga de 40 l·s^{-1}.

Consideremos a curva I correspondente a $n = 3.000$ rpm. Se as alturas de aspiração fossem de 6 m, 7 m e 8 m, o ponto de funcionamento se deslocaria de P para P', P'' e P''', e as descargas seriam de 37 l·s^{-1}, 34 l·s^{-1} e 26 l·s^{-1}, respectivamente.

As curvas de rendimento sofreriam igualmente inflexão semelhante à da curva (H, Q), como se vê em linha pontilhada no desenho da Fig. 9.16.

Nas bombas centrífugas lentas e normais, a curva cai mais suavemente do que nas helicoidais e hélico-axiais.

As Figs. 9.17 e 9.18 mostram duas instalações com as curvas que caracterizam seu funcionamento. À direita do ponto de encontro das curvas do NPSH$_{req.}$ com o NPSH$_{disp.}$ observa-se a "zona de cavitação".

LIBERTAÇÃO DO AR DISSOLVIDO NA ÁGUA

A água, quando em contato com o ar em condições normais de temperatura e pressão (15°C e 760 mm de coluna de mercúrio), contém gases em dissolução, ocupando até cerca de 1,8% do seu volume.

Se a pressão reinante diminui, parte dos gases dissolvidos se liberta.

Esses gases ao serem libertados provocam uma certa agitação e formação de bolhas, concorrendo para que as seções de escoamento e a descarga diminuam, com alteração das condições hidrodinâmicas e afetando, por conseguinte, o rendimento hidráulico da bomba.

As experiências têm mostrado que, quando ocorre a cavitação e libertação concomitante do ar dissolvido, o efeito da primeira se torna um tanto menor, atribuindo-se ao ar libertado o papel de um "amortecedor" do choque das partículas.

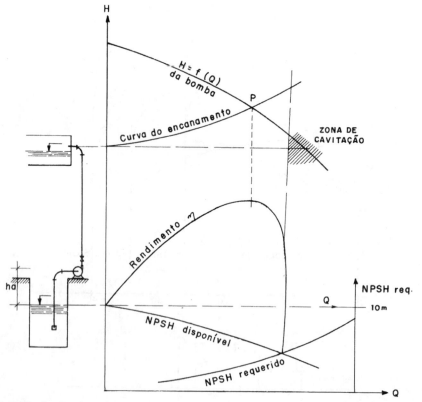

Fig. 9.17 Bomba com h_a positiva.

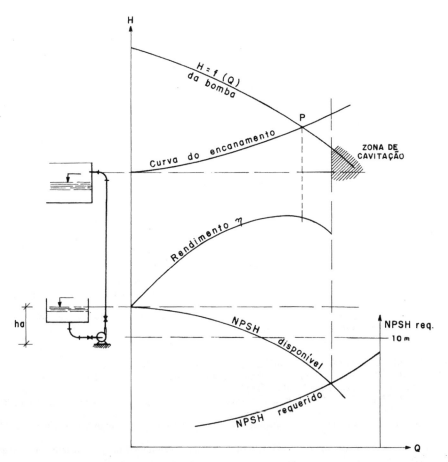

Fig. 9.18 Bomba com h_a negativa (afogada).

Quando a quantidade de ar dissolvido na água atinge 10% do valor de saturação, a cavitação se inicia logo que é atingida a tensão de vapor do líquido. Com taxas muito elevadas de conteúdo gasoso, a pressão com a qual a cavitação começa pode tornar-se superior à tensão do vapor, porque as bolhas de gás que se formam são de grandes dimensões relativamente às bolhas de cavitação, produzindo um efeito amortecedor na implosão das bolhas de vapor mencionadas. É interessante notar que a presença de gases diversos do ar na água funciona como uma fonte de núcleos de cavitação e estimula o desencadeamento do fenômeno, enquanto que elevado teor de ar na água reduz a velocidade de implosão, diminuindo o efeito destruidor da cavitação no material.

As experiências mostraram que, depois de reduzida a pressão até o valor da tensão de vapor e mesmo abaixo deste é necessária uma certa quantidade de calor para realizar a vaporização. Este calor é retirado do núcleo das bolhas e produz um abaixamento da temperatura do gás no interior da bolha e no líquido adjacente. Esse processo termodinâmico é de reduzida importância quando se trata de água fria, mas é relevante para temperaturas elevadas e líquidos que não água. Os efeitos termodinâmicos se realizam no sentido de uma ação de retardamento, tanto na velocidade de implosão quanto no crescimento das bolhas. Esse é o motivo pelo qual, com exceção de metais líquidos, a água fria seja talvez o líquido que maiores problemas apresenta relativamente à cavitação.

Bibliografia

American Society of Mechanical Engineers. *Cavitation in Fluid Machinery*, Nov., 1965.
BARNES, GEORGE F. Recapitulación de conceptos básicos sobre bombas centrífugas. Organización Panamericana de la salud. Publicação n.º 145. Washington.

BOMBAS E INSTALAÇÕES DE BOMBEAMENTO

FAKKEL, R. H. e outros. Comparison of cavitation tests on the SNR prototype sodium pump, carried out using water at room temperature and liquid sodium at 580°C.

FISCHER, K., e THOMA D. Investigation of the Flow Condition in a Centrifugal Pump. *Trans. ASME*, vol. 54.

GONGWER, C. A. A Theory of Cavitation Flow in Centrifugal Pump Impellers. *Trans. ASME*, vol. 63.

GREIN, H. Cavitation — An Overview. *Sulzer Research Number*, 1974.

GRIST, EDWARD. Net Positive Suction Head requirements for avoidance of unacceptable cavitation erosion in centrifugal pumps. Inst. of Mech. Eng., Heriot-Watt University. 3-5 September 1974. Mechanical Engineer Publication "Cavitation".

HOLL, J. WILLIAM. *The estimation of the effect of surface irregularities on the Inception of Cavitation*. Pennsylvania State University.

JEKAT, WALTER K. Centrifugal Pump Theory. In: Igor Karassik, *Pump Handbook*, Seção 2.1, 1974.

KNAPP, R. T. Recent investigations of the Mechanics of Cavitation and Cavitation Damage. *Trans. ASME*, vol. 77, 1955.

——. Cavitation and nuclei. *ASME*, 1958.

MANSELL, CECIL JOHN. Impeller cavitation damage on a pump operating below it's rated discharge.

MANSON, W. W. Cavitation in Fluid Machinery. *ASME*, 1972.

MOOD, G. M. e KULP, R. S. *Cavitation Damage Investigations in Mixed — Flow Liquid Metal Pumps*. Pratt & Whitney Aircraft, Middletown, Connecticut.

OSTERWALDER, J. La cavitation et ses effects érosifs. *Boletim Escher Wyss*.

POULTER, T. C. The Mechanism of Cavitation Erosion. *Trans. ASME*, vol. 9, pp.A-31-37.

PROTIC, ZORAN. The influence of the shape of the pump suction eye upon the cavitational characteristics of full cavitation. Idem.

SASUDA, SENNOSUCKE e NOBORU KITAMURA. Experimental Studies on centrifugal pump with *inducer* for water jetted propulsion.

SCHIELE, OTTO — PETER HERGT — GEHRARD MOLLENKOPF. Some views of the different cavitation criteria of a pump.

SEDILLE, M. *Turbo-Machines Hydrauliques et Thermiques*. Ed. Masson & Cie, 1967.

SPANNHAKE, W. *Centrifugal Pumps, Turbines and Propellers*. M.I.T., Cambridge, Mass.

STANDARDS of the Hydraulic Institute (1969).

STAUFFER, W. e FLURY E. Essais de cavitation à l'aide d'un appareil de magnetostriction. *Boletim Escher Wyss*.

STEPANOFF, A. J. Cavitation in Centrifugal Fumps with liquids other than water. *Trans. ASME*, vol. 83, 1961.

THIRUVENGADAM, A. Intensity of Cavitation Damage Encountered in Field Installations. *Hydronautics, Incorporated, Maryland*.

VIEIRA, RUI CARLOS DE CAMARGO. Cavitação em Bombas Hidráulicas. *Engenheiro Moderno*, janeiro, 1966.

WIDDERN H. CARDINAL VON. On Cavitation in Centrifugal Pumps. *Escher-Wyss News*, março, 1936.

WISLICENUS, G. F. Critical Considerations on Cavitation Limits of Centrifugal and Axial-Flow Pumps. *Trans. ASME*, vol. 78, 1956.

10

Fundamentos do Projeto das Bombas Centrífugas

O projeto de uma bomba centrífuga possui uma parte que é própria a esse tipo de máquina e outra comum a vários tipos. Apresenta interesse, no caso presente, conhecer as idéias básicas sobre o projeto do *rotor* e do *difusor,* cabendo, depois, referências a certos detalhes construtivos.

O ROTOR

O rotor é, como sabemos, o órgão principal da bomba em razão de ser o agente fornecedor de energia ao líquido.

Não existe um processo único ou uma sistematização para o projeto do rotor das bombas centrífugas adotado por todos os fabricantes.

Os compêndios elaborados por especialistas em máquinas hidráulicas apresentam exposições diversas sobre o modo de dimensionar os rotores, segundo as conclusões a que chegaram pelas teorias de escoamento que adotaram e pela prática de projetá-los e construí-los.

Os resultados dos ensaios realizados fornecem aos fabricantes elementos valiosos e indispensáveis para introduzir nos processos de projeto por eles seguidos correções e aperfeiçoamentos, tendentes a obter bombas de elevado rendimento, grande durabilidade e baixo custo.

Estudaremos o dimensionamento dos rotores de pás de simples curvatura (cilíndricas) e, no Cap. 12, daremos algumas indicações acerca das pás de dupla curvatura das bombas hélico-centrífugas.

O rotor é projetado para fornecer uma descarga Q, com uma altura manométrica H, quando trabalhando com n rotações por minuto. São esses os dados do projeto além, naturalmente, das características do líquido que irá ser bombeado (peso específico, viscosidade, temperatura e as propriedades químicas ou afinidade com os materiais com que são fabricadas as bombas). Um número de rotação elevado conduz a dimensões menores para o rotor e a bomba, mas favorece a tendência de um desgaste mais rápido dos elementos mecânicos. A escassa disponibilidade de espaço aliada à necessidade de elevada pressão pode, entretanto, exigir bomba de elevado número de rpm.

Escolha do tipo de rotor

Pela velocidade específica n_s ou pelo número característico de rotações n_q, saberemos qual o tipo de rotor e seu formato aproximado, conforme vimos no Cap. 8.

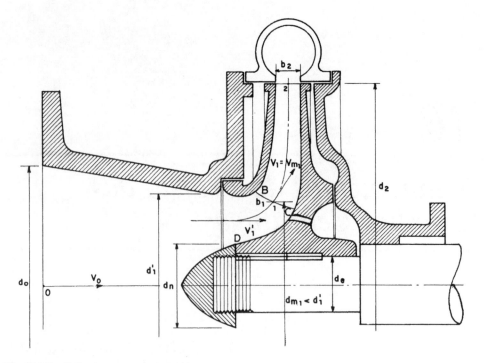

Fig. 10.1 Condições de escoamento à entrada do rotor.

Portanto, calculamos primeiramente

$$n_s = 3{,}65 \cdot \frac{n\sqrt{Q}}{\sqrt[4]{H^3}} \qquad \text{ou} \qquad n_q = \frac{n\sqrt{Q}}{\sqrt[4]{H^3}}$$

Fazemos em seguida um croqui preliminar do rotor para indicar as grandezas que irão ser calculadas (Fig. 10.1).

Número de estágios

Em primeira aproximação, podemos admitir que, para alturas até 50 m, se possa usar um só estágio. Isto é apenas indicativo, pois há fabricantes que usam um estágio para alturas bem maiores, empregando motores com elevado número de rotações ou diâmetros grandes. Se a altura for maior, usam-se vários estágios, cada um proporcionando altura manométrica da ordem de 20 a 30 m. Este valor pode ser maior quando a bomba de múltiplos estágios for para pressões muito elevadas. Chamaremos de i o número de estágios.

Correção da descarga

No dimensionamento devem-se levar em consideração a recirculação da água entre o rotor e a caixa e as fugas nas gaxetas, de modo que se adota uma descarga Q' superior à desejada, que é Q.

Já fizemos notar, no Cap. 3, que nem todo o acréscimo de descarga que se considera se perde efetivamente. Trata-se de um recurso de projeto para compensar inexatidões nas hipóteses aceitas para o cálculo, pois, na realidade, o rotor fornece uma energia que é maior do que a que seria necessária para atender apenas ao líquido que sai da boca de recalque da bomba.

Esse aumento que se adota costuma ser de:

3% para bombas de grandes descargas e baixa pressão;

FUNDAMENTOS DO PROJETO DAS BOMBAS CENTRÍFUGAS

5% para as bombas de descargas e pressões médias;
10% para as de pequenas descargas e altas pressões.
Portanto

$$1,03 \cdot Q < Q' < 1,10 \, Q$$

(10.1)

Rendimento hidráulico

Pode-se, em consonância com o que foi dito no Cap. 3, adotar:

$\varepsilon = 0,50$ a $0,70$ — para bombas pequenas, sem grandes cuidados de fabricação, com caixa com aspecto de caracol.

$\varepsilon = 0,70$ a $0,85$ — para bombas com rotor e coletor bem projetados; fundição e usinagem bem feitas.

$\varepsilon = 0,85$ a $0,95$ — Para bombas de dimensões grandes, bem projetadas e bem fabricadas.

Walter Jekat propõe a seguinte fórmula empírica para a obtenção de ε, usando galões por minuto para a descarga $\varepsilon \simeq 1 - \dfrac{0,8}{\sqrt{Q}}$.

Energia teórica H_e cedida pelo rotor ao líquido

Sabemos que

$$H_e = \frac{H_u}{\varepsilon} = \frac{1}{\varepsilon} \cdot \left(H + \frac{V_3{}^2 - V_0{}^2}{2g} \right)$$

Nas bombas pequenas, os diâmetros das bocas são, em geral, os mesmos dos encanamentos a elas adaptados, desde que sejam curtos e com poucas peças especiais, e podem-se usar para as velocidades os valores indicados no gráfico da Fig. 3.20, proposto pela Sulzer.

Alguns adotam, para o diâmetro de aspiração, uma bitola comercial de encanamento maior que a do recalque.

Nas bombas de tamanhos médio e grande, os diâmetros das bocas das bombas são menores que os dos encanamentos, aos quais serão ligados; portanto, consideram-se velocidades maiores que as que convêm ao escoamento nos encanamentos. São necessárias peças troncônicas de redução ligando a bomba aos encanamentos.

O autor M. Khetagurov propõe para a velocidade da água na boca de entrada da bomba:

$V_0 = 2$ a 4 m $\cdot s^{-1}$ para bombas instaladas acima do nível do líquido

e

$V_0 \simeq 5$ a 6 m $\cdot s^{-1}$ para bomba funcionando "afogada".

Em geral, porém, adotam-se valores menores.

Potência motriz N

Arbitra-se, inicialmente, o rendimento total máximo η em torno de 70 a 75%, embora o valor varie, geralmente, de 63 a 84%. No caso da água, temos para a potência motriz:

$$N_{(c.v.)} = \frac{1.000 \cdot Q \cdot H}{75 \cdot \eta}$$

234 BOMBAS E INSTALAÇÕES DE BOMBEAMENTO

Diâmetro do eixo

Considerando-se o eixo com o rotor em balanço em sua extremidade e a taxa de trabalho do aço a torção $\sigma_{admissível} = 210$ kgf $\cdot$ cm^{-2}, pode-se usar a fórmula

$$d_e = 12 \sqrt[3]{\frac{N}{n}} \qquad [\text{ cm }]$$ (10.2)

onde N é expresso em c.v., e n, em rpm; o fator 12 corresponde a um ângulo de torção permissível de $0,25 - 2,5°$.

Nas bombas bem projetadas deve-se estudar a possibilidade da ocorrência de fenômenos vibratórios perigosos na "árvore" (eixo com rotor). O leitor encontrará um excelente capítulo sobre projeto de eixos para velocidades críticas no livro *Centrifugal and Axial Flow Pumps*, de A.J. Stepanoff. John Wiley e Sons, Inc. New York.

Diâmetro do núcleo de fixação do rotor ao eixo

O diâmetro de fixação do núcleo do rotor ao eixo pode ser adotado acrescendo-se 10 a 30 mm (ou mais) ao diâmetro do eixo, conforme o tamanho da bomba. Se for usada chaveta para fixação, podem-se usar as recomendações do DIN 270.

$$d_n = d_e + [2 \times (5 \text{ a } 15 \text{ mm})]$$ (10.3)

Alguns projetistas adotam

$$d_n = (1,205 \text{ a } 1,1) \cdot d_e$$

Velocidade média na boca de entrada do rotor

Podemos usar a equação

$$v_1' = k_{v_1'} \sqrt{2gH}$$ (10.4)

Sendo k_{v_1} o "fator de velocidade" aplicável ao caso.
$k_{v_1} \simeq 0,090$ a $0,10$ para bombas com $n_q < 10$
$\simeq 0,11$ a $0,13$ para bombas com $10 < n_q < 20$
$\simeq 0,13$ a $0,16$ para bombas com $20 < n_q < 30$
$\simeq 0,17$ a $0,18$ para bombas com $30 < n_q < 40$

Pode-se também empregar a fórmula

$$k_{v_1'} = 0,29 \text{ a } 0,58 \left(\frac{n_q}{100}\right)^{2/3}$$ (10.5)

correspondendo o fator 0,29 aos menores valores de n_q.
v_1' varia entre 1,5 e 4 m $\cdot$ s^{-1}.

Diâmetro da boca de entrada do rotor d_1'

A seção circular de entrada do líquido no rotor é parcialmente obstruída pelo eixo e pelo núcleo (expansão da coroa do rotor em torno do eixo).

FUNDAMENTOS DO PROJETO DAS BOMBAS CENTRÍFUGAS

Essa obstrução é da ordem de 10 a 15% da seção circular de diâmetro d'_1 nas bombas de um estádio, podendo chegar a 20 e 25% nas de múltiplos estádios, isto é,

$$\frac{\pi \cdot d_n^2}{4} = 0{,}10 \text{ a } 0{,}25 \cdot \frac{\pi}{4} \cdot d_1'^{\,2}$$

Pode-se calcular d'_1 partindo da equação

$$\boxed{Q' = \frac{\pi}{4} (d_1'^{\,2} - d_n^{\,2}) \cdot v'_1}$$

Assim

$$\boxed{d'_1 = \sqrt{\frac{4Q'}{\pi \cdot v'_1} + d_n^{\,2}}} \qquad (10.6)$$

Diâmetro médio d_{m_1} da superfície de revolução gerada pela rotação do bordo de entrada das pás

O bordo de entrada das pás nas bombas lentas pode ser reto e paralelo ao eixo, ligeiramente inclinado ou, ainda, com ligeira curvatura.
Nas bombas lentas: $d_{m_1} \simeq d'_1$ ou $1{,}1 \cdot d'_1$
Nas bombas normais: $d_{m_1} \simeq 0{,}90$ a $0{,}95 \cdot d'_1$
Nas bombas rápidas: $d_{m_1} \simeq 0{,}80$ a $0{,}90 \cdot d'_1$

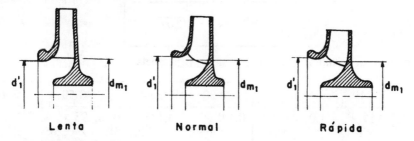

Fig. 10.2 Pás de três tipos de bombas.

Admite-se que as partículas líquidas antes de atingirem as pás descrevam trajetórias contidas em planos meridianos, partindo da coroa circular de diâmetro externo d'_1, o que, até certo ponto, se justifica, porque o atrito na zona de contato do líquido com o núcleo no trecho considerado é bastante pequeno. Sob a ação da pá, a trajetória da partícula líquida sofre uma profunda alteração; a velocidade da partícula admite em cada ponto, como sabemos, uma componente de arrastamento segundo u e uma componente meridiana v_m. Se a entrada no rotor for meridiana e se considerarmos as pás sem espessura, teremos $v_{m_1} = v_1$, e o ângulo α_1 no diagrama à entrada será de 90° (Fig. 10.3). Em virtude da espessura das pás, a área livre de passagem do líquido é menor e a contração da veia é expressa pelo coeficiente ν_1.

$$\boxed{\nu_1 = \frac{\Omega'_1}{\Omega_1}} \qquad (10.7)$$

onde Ω' = área teórica, supondo pás sem espessura;
Ω'_1 = área efetiva de passagem do líquido, considerando a espessura das pás.
Como a descarga é a mesma nas duas hipóteses, temos

$$Q' = \Omega_1 \cdot v_1' = \Omega'_1 \cdot v_{m_1}$$

donde

$$\boxed{v_{m_1} = v'_1 \cdot \frac{\Omega_1}{\Omega'_1} = \frac{1}{\nu_1} \cdot v'_1} \tag{10.8}$$

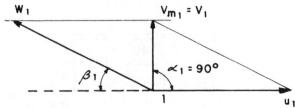

Fig. 10.3 Condição de entrada meridiana.

Podem-se adotar os seguintes valores práticos para $\dfrac{1}{\nu_1}$:

1,15 para bombas de grandes dimensões $d_2 > 500$ mm.
1,16 a 1,25 para bombas pequenas $d_2 < 500$ mm.
Pode-se também calcular diretamente v_{m_1}, fazendo

$$\boxed{v_{m_1} = k_{v_{m_1}} \cdot \sqrt{2gH}} \tag{10.9}$$

obtendo-se o coeficiente $K_{v_{m_1}}$, em função de n_q, pela tabela

n_q	10	10-20	20-30	30-40	40-50	50-60
$K_{v_{m_1}}$	0,11/0,12	0,125/0,14	0,145/0,175	0,175/0,195	0,195/0,205	0,21/0,225

Esta tabela já leva em consideração a espessura da pá.

Velocidade periférica no bordo de entrada u_1:

Para o ponto do bordo de entrada correspondente ao filete médio, temos

$$\boxed{u_1 = \frac{\pi \cdot d_{m_1} \cdot n}{60}} \tag{10.10}$$

Largura do bordo de entrada da pá b_1

$$\boxed{b_1 = \frac{Q'}{\pi \cdot d_{m_1} \cdot v_{m_1}}} \tag{10.11}$$

Diagrama das velocidades à entrada

Com os valores de u_1 e v_{m1}, traçamos o diagrama das velocidades (Fig. 10.3) e achamos o ângulo β_1 de inclinação das pás na entrada. Este ângulo, em geral, fica compreendido entre 15° e 30°.

$$\boxed{\text{tg}\,\beta_1 \;=\; \frac{v_{m_1}}{u_1}} \qquad (10.12)$$

Número de pás Z

Cuidadoso critério deve ser seguido para a escolha do número Z de pás, devido à sua influência no rendimento hidráulico da bomba. Convém atender aos seguintes fatos:

1.° Um número pequeno de pás tem a vantagem de reduzir as superfícies de atrito, mas a condução do líquido se faz defeituosamente. Nos canais largos, a pressão sobre as pás aumenta, elevando o valor das perdas, reduzindo, portanto, a altura manométrica. Além disso, o diferencial de pressão entre a face de ataque e o dorso das pás favorece a ocorrência da cavitação, diminuindo a capacidade de aspiração da bomba e produzindo as conseqüências já consideradas. Um número muito pequeno de pás nas bombas centrífugas conduz a uma redução sensível no rendimento da bomba.

2.° Um número considerável de pás torna menos acentuada a divergência dos filetes ao abandonarem o rotor, o que se nota, especialmente, quando o ângulo de saída é maior do que o de entrada (que é o usual). Nesta hipótese, um maior número de pás reduz a extensão da zona de divergência dos filetes à saída e diminui a perda de energia que aí tem lugar.

3.° As perdas por atrito, entre o líquido e as paredes dos dispositivos por onde ele escoa, acentuam-se quando são pequenas as dimensões dos rotores e quando são elevadas as velocidades relativas nos canais das pás. Como as perdas por atrito crescem naturalmente com o número de pás, essas não devem ser muito numerosas nos rotores de pequenas dimensões e nos de bombas de velocidade específica elevada.

4.° Um número elevado de pás reduz a energia potencial de pressão $\left(\dfrac{p_0}{\gamma}\right)$ à entrada da bomba, o que contribui para melhorar as condições da altura de aspiração h_a, desde que as pás sejam suficientemente delgadas para evitar uma excessiva obstrução.

Numa primeira aproximação, podem-se adotar:
— 6 até 14 pás nos rotores de médias e grandes dimensões, sendo os valores maiores os indicados para as bombas de pequena velocidade específica.
— 4 a 6 pás nos rotores de pequenas dimensões, especialmente se n_s for elevado.

Podem-se usar vários métodos para determinar Z.
a. Widmar sugere:

$$\boxed{Z < \pi \cdot d_2 \cdot 10} \qquad d_2 \text{ expresso em metros} \qquad (10.13)$$

Exemplo
$d_2 = 0{,}20$ m
$Z < 3{,}14 \times 0{,}20 \times 10$
$Z < 6{,}28$

Portanto, 6 pás ou menos.
b. Carlo Malavasi recomenda a adoção do seguinte critério:

1.° Determina-se $\dfrac{d_1}{d_2}$ em função de n_s (Fig. 8.2).

238   BOMBAS E INSTALAÇÕES DE BOMBEAMENTO

Calcula-se o inverso, isto é $\dfrac{d_2}{d_1}$, notando que o d_1 do gráfico da Fig. 8.2 corresponde ao d_{m1}.

2.° Para alturas de elevação pequenas e médias e para $\dfrac{d_2}{d_{m1}} = 1,4$ a 2 e β_2 de $15°$ a $35°$, temos

$\beta_2 = 15°$ a $20°$	$20°$ a $25°$	$25°$ a $35°$
$Z = 6$ a 7 pás	$Z = 7$ a 8	$Z = 8$ a 10

3.° Para alturas de elevação grandes e para $\dfrac{d_2}{d_{m1}} = 1,8$ a $2,5$ e β_2 de $22°30'$ a $45°$, temos

$\beta_2 = 22°30'$ a $30°$	$30°$ a $35°$	$35°$ a $45°$
$Z = 6$ a 7 pás	$Z = 8$ a 9	$Z = 9$ a 10

c. Pfleiderer propõe:

$$Z \geqslant \frac{8 \cdot \text{tg} \beta_1 \cdot H_e}{3\left[\left(\dfrac{d_2}{d_{m_1}}\right)^2 - 1\right]} \tag{10.14}$$

d. Stepanoff dá a seguinte regra prática:

$$Z = \frac{\text{Valor de } \beta_2 \text{ em graus}}{3} \tag{10.15}$$

Exemplo
Bomba com $\beta_2 = 25°$ e $\beta_1 = 15°$, $H_e = 50$ m, $n_s = 74$ rpm. Pelo gráfico da Fig. 8.2, com $n_s = 60$ rpm, obtém-se $\dfrac{d_1}{d_2} = 0,40$ ou $\dfrac{d_2}{d_1} = 2,5$.

Pela tabela de Malavasi, com β_2 entre $22°30'$ e $30°$, achamos $Z = 6$ a 7 pás.
Pela fórmula de Pfleiderer:

$$Z \geqslant \frac{8 \cdot \text{tg } 15° \times 50}{3 \left[(2,5)^2 - 1\right]} = 6,8$$

$Z \geqslant 6,8$, isto é, igual ou maior que 7 pás.

FUNDAMENTOS DO PROJETO DAS BOMBAS CENTRÍFUGAS

Obstrução devida à espessura das pás à entrada

A espessura das pás à entrada, dependendo do material do rotor, pode ser de:
— 3 a 4 mm para rotores pequenos ($d_2 < 30$ cm).
— 5 a 7 mm para rotores com d_2 de 30 a 50 cm.

Já vimos que a pá sendo inclinada do ângulo β_1 produzirá uma obstrução igual a

$$\sigma_1 = \frac{S_1}{\operatorname{sen} \beta_1} \tag{10.16}$$

O passo entre as pás é igual a

$$t_1 = \frac{\pi \cdot d_{m_1}}{Z} \tag{10.17}$$

Podemos agora corrigir o coeficiente de contração v_1 e recalcular v_{m1}, u_1, b_1 e tg β_1.

$$\frac{1}{v_1} = \frac{t_1}{t_1 - \sigma_1} \tag{10.18}$$

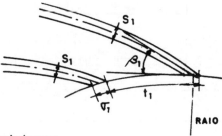

Fig. 10.4 Obstrução à entrada do rotor.

Grandezas à saída do rotor

Podem-se usar dois critérios:
— adotar d_2 e calcular u_2;
— adotar u_2 e calcular d_2.

1.º Critério

Com o valor de ns e as considerações que precederam o gráfico da Fig. 8.2, obtém-se $\dfrac{d_1}{d_2} = \dfrac{[d'_{m1}]}{[d_2]}$.

Como já obtivemos d_{m1}, calculamos d_2, e daí

$$u_2 = \frac{\pi \cdot d_2 \cdot n}{60}$$

2.º Critério

Podemos também calcular u_2, determinando, em função de n_q, um coeficiente k_{u_2} pela tabela

240   BOMBAS E INSTALAÇÕES DE BOMBEAMENTO

n_q	< 10	20	30	40	50	60
K_{u2}	0,98	1,0 / 1,02	1,02 / 1,03	1,05	1,1	1,2

e daí

$$u_2 = k_{u_2} \cdot \sqrt{2gH}$$

(10.19)

A Sulzer recomenda calcular $u_2 = \varphi\sqrt{H}$ e fornece a indicação:
φ = 4,1 — para bombas grandes — alta pressão, com pás guias
  = 4,2 — para bombas grandes — baixa pressão
  = 4,5 — para bombas pequenas — média e alta pressões — sem pás guias
  = 4,7 — para bombas pequenas — baixa pressão — sem pás guias

Com u_2, calcula-se d_2

$$d_2 = \frac{60 \cdot u_2}{\pi \cdot n}$$

(10.20)

e a velocidade meridiana de saída

$$v_{m_2} = k_{v_{m_2}} \cdot \sqrt{2gH}$$

(10.21)

$k_{v_{m_2}}$ é calculado em função de n_q.

n_q	10	20	30	40	50	60
$K_{v_{m2}}$	0,08 / 0,09	0,10 / 0,12	0,12 / 0,14	0,146 / 0,165	0,165 / 0,18	0,18 / 0,2

Alguns autores simplesmente adotam

$$v_{m_2} \simeq 0,85 \text{ a } 0,90 \cdot v_{m_1}$$

sendo v_{m_1} calculado pela fórmula (10.9).

Energia a ser cedida pelas pás, levando em conta o desvio angular dos filetes à saída do rotor

Já vimos que, se projetássemos a bomba para atender à altura desejada H_e usando as equações de Euler, na realidade, iríamos obter um ângulo β_2 que seria insuficiente para que a bomba proporcionasse esse valor desejado H_e. Devemos levar em conta o desvio angular à saída das pás e, portanto, aumentar β_2 para β'_2, o que teoricamente significará dar maior valor para a altura de elevação H'_e, mas que, afinal, conduzirá ao valor desejado H_e.

Para bombas com $n_s < 130$, vimos que o valor a dar à altura de elevação para utilizar a equação de Euler é (equação 5.2)

$$H_e = H'_e \left(1 + \frac{8}{3} \cdot \frac{\psi}{Z} \right)$$

(10.22)

onde $\psi = 0.8$ a 1.0 para bombas com pás guias, sendo o valor menor para bombas pequenas e $\psi = 1.1$ a 1.2 para bombas pequenas sem pás guias.

Cálculo da velocidade periférica, levando em conta o desvio angular

No diagrama das velocidades (Fig. 10.5), adotando o ângulo β_2 escolhido ao ser calculado o número Z de pás, vemos que

$$\overline{v}_{u_2} = \overline{u}_2 - \overline{w}_{u_2} = \overline{u}_2 - \overline{v}_{m_2} \cdot \frac{1}{\operatorname{tg} \beta_2}$$

Mas

$$g \cdot H'_e = u_2 \cdot v_{u_2}$$

$$= u_2 \left(u_2 - v_{m_2} \cdot \frac{1}{\operatorname{tg}\beta_2} \right)$$

e daí

$$\boxed{u_2 = \frac{v_{m_2}}{2 \cdot \operatorname{tg} \beta_2} + \sqrt{\left(\frac{v_{m_2}}{2\operatorname{tg} \beta_2}\right)^2 + g \cdot H'_e}} \qquad (10.23)$$

Com o valor acima calculado para u_2, retificamos o diâmetro d_2.

$$\boxed{d_2 = \frac{60 \cdot u_2}{\pi \cdot n}} \qquad (10.24)$$

Calculemos a largura b_2 das pás à saída do rotor.
Sabemos que

Passo circunferencial $\qquad \boxed{t_2 = \dfrac{\pi \cdot d_2}{Z}} \qquad (10.25)$

A obstrução da pá será

$$\boxed{\sigma_2 = \frac{S}{\operatorname{sen} \beta_2}} \qquad (10.26)$$

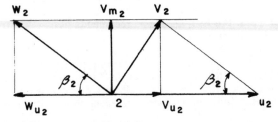

Fig. 10.5 Diagrama das velocidades à saída da pá do rotor.

242   BOMBAS E INSTALAÇÕES DE BOMBEAMENTO

O coeficiente de contração será

$$\nu_2 = \frac{t_2 - \sigma_2}{t_2} \qquad (10.27)$$

e a largura b_2

$$b_2 = \frac{Q'}{\pi \cdot d_2 \cdot v_{m_2}} \times \frac{1}{\nu_2} \qquad (10.28)$$

Estamos em condições de traçar a projeção meridiana do rotor. O trecho *BC* da Fig. 10.1 pode ser retilíneo nas bombas lentas e com ligeira curvatura nas normais. Os pontos *C* e *D* são geralmente ligados por um arco de circunferência. Refazemos o desenho da Fig. 10.1, com os valores calculados das várias grandezas.

Traçado das pás

A equação fundamental, de Euler, indica que teoricamente a energia cedida pelo rotor ao líquido depende dos ângulos β_1 e β_2 de entrada e saída, não havendo exigências quanto aos ângulos dos pontos intermediários das pás. Sucede porém que a liberdade no traçado da pá é limitada por dever-se atender à questão das perdas por atrito, que serão tanto maiores quanto mais longo o canal entre as pás e quanto menos suavemente se fizer o alargamento do mesmo.

Como observa L. Quantz, uma forma adequada para o perfil da pá satisfaz "a condição de assegurar uma aceleração sensivelmente uniforme para os elementos da veia líquida".

Vários têm sido os processos empregados pelos fabricantes de bombas para o traçado do perfil das pás do rotor. Usam-se, em geral:
— traçado por arco de espiral logarítmico, válido apenas se os ângulos β_1 e β_2 forem iguais, as pás forem cilíndricas e as faces dos discos laterais forem paralelas;
— traçado por arcos de circunferência;
— traçado por pontos.

1.° *Traçado das pás por arcos de circunferência*

É o processo mais antigo e ainda muito usado para bombas lentas e normais. Pode-se fazer o traçado da pá por um ou mais arcos de circunferência, concordantes.

Este método baseia-se na suposição de que as extremidades das pás sejam inativas e que as velocidades relativas das partículas sejam iguais em quaisquer pontos de uma seção *(xy)* normal aos filetes e não em pontos eqüidistantes do eixo de rotação (Fig. 10.6).

O traçado pode ser feito em arco (ou arcos de circunferência de *H* até *E* e de *A* a *G*). Alguns preferem considerar o trecho entre *CA* e *ED* como um canal prismático fixo e fazer o traçado por arco de circunferência apenas nele, completando os trechos *HC* e *DG* com arcos de evolvente, supostamente inativos, como propuseram Zeuner e Newmann. Se bem que a entrada das pás em evolvente não as torne realmente inativas naquele trecho, obsta porém ao descolamento do líquido no extradorso das pás à entrada. Segundo Pfleiderer, não se obtêm, nos ensaios, melhores resultados com as pás projetadas para terem suas extremidades inativas do que com pás ativas em toda sua extensão (usando arcos de circunferência). A corrente se estabelece de tal forma a tornar praticamente inativas as extremidades das pás. Por isso, G. Zappa recomenda usar-se à entrada arco de circunferência e não arco de evolvente.

2.° *Traçado por pontos*

Este processo, indicado quando se deseja uma pá traçada dentro das exigências da melhor técnica, baseia-se na teoria elementar das turbobombas, segundo a qual o número de pás sem espessura sendo extremamente grande haverá igualdade de condições de escoamento para todos os pontos de uma mesma circunferência cujo centro é o traço do eixo sobre o seu plano.

Em linhas gerais, o processo consiste em escolher uma grandeza que defina a corrente,

FUNDAMENTOS DO PROJETO DAS BOMBAS CENTRÍFUGAS

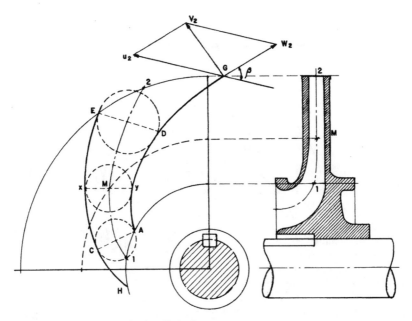

Fig. 10.6 Traçado das pás por arcos de circunferência.

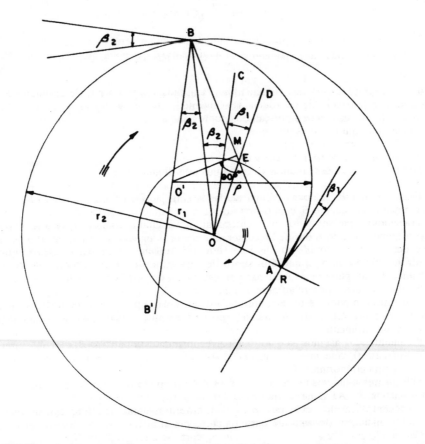

Fig. 10.7 Traçado da curva da pá por um arco de circunferência.

244 BOMBAS E INSTALAÇÕES DE BOMBEAMENTO

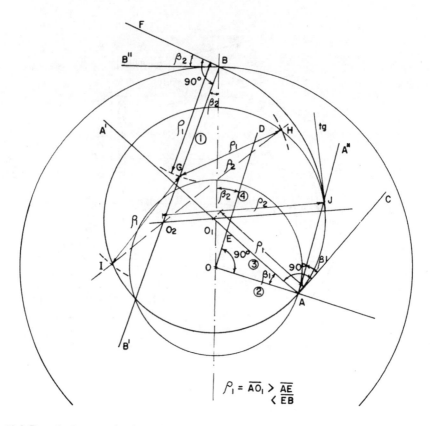

Fig. 10.8 Traçado da curva da pá por dois arcos de circunferência.

como, por exemplo, uma das velocidades. Para cada ponto da pá, determinam-se suas velocidades, e por meio de coordenadas convenientemente escolhidas e que são funções da velocidade determina-se a posição dos pontos da pá.

Vejamos a seguir os dois processos.

1.º *Traçado das pás por meio de arcos de circunferência*
   a. *Por um arco de circunferência* (Fig. 10.7)

Suponhamos que já tenhamos calculado os dois ângulos β_1 e β_2 de entrada e de saída, respectivamente.

De um ponto B da circunferência de saída (Fig. 10.7), tracemos o raio $0B$ e a reta BB', formando um ângulo β_2 com o raio $0B$.

Tracemos $0C$ paralela a BB'', e $0D$ formando um ângulo β_1 com $0C$. A reta $0D$ encontra a circunferência de raio r_1 em E. Liguemos B a E e prolonguemos até encontrar a circunferência em A. No ponto M, no meio da reta AB, tracemos uma perpendicular que irá encontrar BB' no ponto $0'$, que é o centro de curvatura procurado. Com o raio $R = 0'B$ assim encontrado, poderemos finalmente traçar o arco de perfil da pá, AB.

   b. *Por dois arcos de circunferência* (Fig. 10.8)

Marquemos o ponto A da circunferência de entrada, o ponto B da de saída (arbitrariamente) e as retas AA' e BB' formando com os raios que passam por A e B os ângulos β_1 e β_2, respectivamente.

Pelo ponto A, tracemos AC, normal a AA', formando um ângulo β_1 com AA''.

Pelo ponto 0, tracemos $0D$ normal a $0A$, até encontrar a reta AA' em E. Por B, tracemos a reta BF normal a BB'.

Marquemos arbitrariamente sobre a reta AA', partindo de A, um segmento $\rho_1 = A0_1$ que seja maior que AE e menor que EB.

Com centro em 0_1 e com raio $\rho_1 = 0_1A$, tracemos uma circunferência, da qual um arco que se inicia em A constituirá parte da curva procurada.

Centrando em B, e ainda com esse raio ρ_1, corta-se a reta BB' em G.

Com centro em G e raio ρ_1, cortemos a circunferência que fora primeiramente traçada com raio ρ_1, nos pontos H e I. Liguemos H a I por meio de uma reta, que determinará o ponto 0_2 sobre a reta BB'.

Com centro em 0_2 e o raio $\rho_2 = 0_2B$, tracemos o arco, partindo de B, até encontrar o arco primitivamente traçado. O ponto J de concordância, e que se acha no prolongamento da reta que liga 0_2 a 0_1, admite uma tangente comum às duas curvas.

A demonstração do traçado é encontrada no livro da *Costruzione delle moderne pompe* de C. Malavasi (Editore Ulrico Hoepli).

c. *Por vários arcos de circunferência*

Deixamos de apresentar esclarecimentos a respeito de seu traçado, por carecer de interesse prático nos projetos de bomba.

Quando se deseja proceder com maior cuidado no traçado das pás, prefere-se recorrer ao processo que daremos a seguir.

2.º *Traçado das pás por pontos*

Para cada ponto P da superfície da pá, é fácil obter a dependência entre as velocidades e demais grandezas (raio, largura do rotor) por meio de relações simples. Assim, podemos determinar para esse ponto:

a. A componente meridiana da velocidade absoluta.

$$v_m = v \cdot \operatorname{sen} \alpha = \frac{Q'}{2 \cdot \pi \cdot r \cdot b} \cdot \frac{t}{t - \sigma}$$

b. A velocidade relativa.

$$w = \frac{v_m}{\operatorname{sen} \beta}$$

c. A velocidade circunferencial.

$$u = \Omega \cdot r \qquad \text{sendo } \Omega = \text{velocidade angular}$$

d. A componente circunferencial da velocidade absoluta.

$$v_u = \Omega \cdot r - v_m \cdot \cotg \beta$$

e. O "momento da quantidade de movimento da unidade de massa" que, em *Mecânica dos fluidos,* se demonstra ser constante para o caso do escoamento nos rotores.

$$r \cdot v_u = \text{constante}$$

Procuremos estabelecer uma relação entre os pontos da curva que representa o perfil das pás e a curva de variação de uma qualquer das velocidades acima citadas. Por meio de um sistema de coordenadas, que poderá ser o "Polar", determinaremos a posição de cada ponto da curva da pá correspondente a cada valor da velocidade escolhida. Ligando depois esses pontos, teremos obtido a curva do perfil da pá.

Faremos a suposição de que a projeção meridiana do rotor tenha sido traçada, de modo que, para cada valor do raio r, se possa vir a saber a largura b da pá do rotor.

Comecemos por traçar as curvas que representam a variação das diversas velocidades.

1.º *Traçado da curva de variação de v_m*

Determinemos os valores das ordenadas extremas: v_{m1} correspondente ao raio r_1, e v_{m2} correspondente ao raio r_2.

$$v_{m_1} = v_1 = v_1' \cdot \frac{t_1}{t_1 - \sigma_1} = v_1' \times \frac{1}{v'}$$

Vimos anteriormente como se procedia para encontrar este valor (Eq. 10.8). Analogamente

$$v_{m_2} = v_2 \cdot \operatorname{sen} \alpha_2$$

246 BOMBAS E INSTALAÇÕES DE BOMBEAMENTO

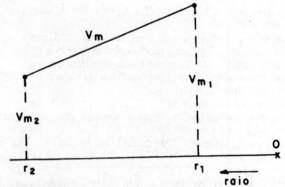

Fig. 10.9 Variação da componente meridiana da velocidade v_m do bordo de entrada até o de saída da pá.

Marcam-se em ordenadas esses valores.

O traçado das pás deve ser tal que a velocidade meridiana $v_m = v \cdot \operatorname{sen}\alpha$ varie linearmente de v_{m_1} a v_{m_2}. A reta que liga as ordenadas de v_{m_1} e v_{m_2} representará a variação de v_m em função do raio r. A curva de v_m serve para conferir a variação da largura b que havíamos adotado, pois

$$b = \frac{Q'}{\pi \cdot d \cdot v_m}$$

2.º *Traçado da curva de variação do coeficiente de contração*

Estabelece-se o número de pás Z, conforme vimos em *Número de pás* neste capítulo. Escolhe-se a espessura da pá à entrada s_1 e à saída s_2. Têm-se:

a. Para a entrada:

$$\sigma_1 = \frac{s_1}{\operatorname{sen} \beta_1}$$

e

$$t_1 = \frac{\pi \cdot D_1}{z}$$

Calcula-se $\dfrac{t_1}{t_1 - \sigma_1}$ e marca-se o seu valor em ordenada correspondente a uma abscissa r_1.

b. Para a saída:

$$\sigma_2 = \frac{s_2}{\operatorname{sen} \beta_2}$$

e

$$t_2 = \frac{\pi \cdot D_2}{z}$$

Calcula-se $\dfrac{t_2}{t_2 - \sigma_2}$ e marca-se o seu valor em ordenada, correspondente a uma abscissa r_2.

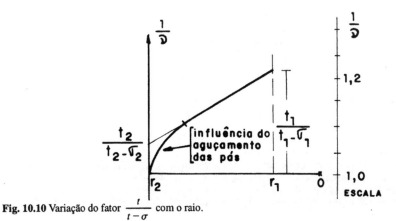

Fig. 10.10 Variação do fator $\dfrac{t}{t-\sigma}$ com o raio.

Se as extremidades das pás forem feitas aguçadas, teremos $\dfrac{t_2}{t_2 - \sigma_2} = 1$, para a abscissa r_2. Vê-se que o início da curva $\dfrac{t}{t-\sigma}$ deverá ter uma inclinação mais pronunciada do que a sua parte média e a que corresponde ao raio r_1.

Uma das vantagens do traçado das curvas de variação de v_m e de $\dfrac{t}{t-\sigma}$ reside em que essas curvas permitem traçar com maior exatidão a seção meridiana do rotor, pois a largura b pode ser calculada para os valores do raio r que se desejar (Fig. 10.11). De fato:

$$b = \frac{Q'}{2 \cdot \pi \cdot r \cdot v_m} \cdot \left(\frac{t}{t-\sigma}\right)$$

$$= \frac{Q'}{2 \cdot \pi} \cdot \frac{1}{r} \left(\frac{1}{v_m}\right) \cdot \left(\frac{t}{t-\sigma}\right)$$

3.º *Traçado da curva de variação da velocidade circunferencial u*
Acham-se os diversos valores de u pela expressão

$$u = \frac{\pi \cdot r}{30} \cdot n$$

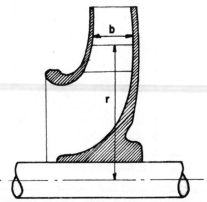

Fig. 10.11 Rotor em projeção meridiana.

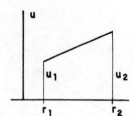

Fig. 10.12 Variação da velocidade periférica *u* com o raio do rotor.

em que n = número de rotações por minuto.

Traça-se, em seguida, a reta que representa a variação de n, tomando como ordenadas os valores de u, e como abscissas os valores de r.

4.º *Traçado da curva do produto $u \cdot v_u$*

Conhece-se dessa curva o ponto inicial, pois, para ele, $u_1 \cdot v_{u1} = 0$, visto ser a entrada meridiana, e o ponto à saída

$$u_2 \cdot v_{u_2} = g \cdot H'_e$$

Se admitirmos a hipótese simplificadora de que as extremidades das pás são inativas, guiando apenas o líquido, sem exercer qualquer esforço sobre o mesmo, deveremos dar à curva um pequeno trecho horizontal, tanto no começo como no fim. Ligam-se os pequenos trechos horizontais por um segmento de reta, concordando-os por pequenas curvas, pois se sabe que o produto $u_2 \cdot v_{u2}$ não deve apresentar variações bruscas, a fim de que o escoamento do líquido no rotor se faça suavemente (Fig. 10.13).

5.º *Traçado da curva w_u*

Pelo diagrama das velocidades para um ponto qualquer do líquido em contato com a superfície do rotor, vê-se que

$$\bar{w}_u = \bar{u} - \bar{v}_u$$

Pode-se então construir a curva de w_u, visto termos traçado as de u e de v_u. De fato, dividindo as ordenadas da curva $u \cdot v_u$ pelos valores das ordenadas da curva u, têm-se as ordenadas da curva v_u e portanto os valores de w_u.

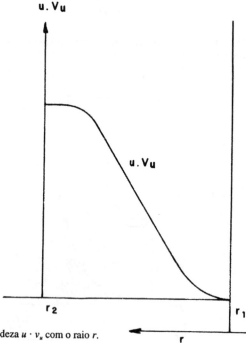

Fig. 10.13 Variação da grandeza $u \cdot v_u$ com o raio r.

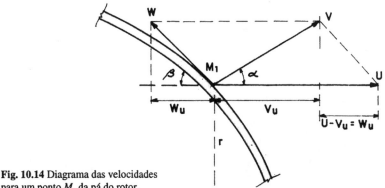

Fig. 10.14 Diagrama das velocidades para um ponto M_1 da pá do rotor.

6.º *Traçado do perfil da pá*

Uma vez obtidas as curvas de variação das velocidades ao longo da trajetória relativa seguida por uma partícula, trataremos de determinar a forma dessa trajetória, pois ela nos dará o perfil da pá.

Dois têm sido os métodos mais usualmente empregados para essa determinação:

A. Processo baseado na utilização do ângulo β.
B. Processo baseado na utilização do ângulo φ formado pelo raio, no ponto considerado da pá, com o raio escolhido como referência.

A. *Processo baseado na utilização do ângulo β*

Em cada ponto da trajetória relativa, verifica-se a relação:

$$\operatorname{tg} \beta = \frac{v_m}{w_u}$$

de modo que, conhecendo-se as curvas $v_m = f(r)$ e $w_u = F(r)$ e dando-se pequenos acréscimos ao raio, se consegue traçar um número suficientemente grande de tangentes, correspondendo cada uma a um valor do raio (Fig. 10.14).

Esse processo, apesar da pequena precisão que apresenta no traçado da curva, é usado por vários projetistas.

B. *Processo baseado na utilização do ângulo φ formado pelo raio no ponto considerado da pá, com o raio tomado como de referência*

Vejamos como se pode achar esse ângulo φ, em função do raio e do ângulo β.
Consideremos o triângulo CDE (Fig. 10.15).
Nele,

$$CD = r \cdot d\varphi$$

Mas

$$CD = \frac{DE}{\operatorname{tg} \beta} = \frac{DE}{\dfrac{v_m}{w_u}}$$

onde DE é o acréscimo dr do raio r.

$$r \cdot d\varphi = \frac{dr}{\operatorname{tg} \beta}$$

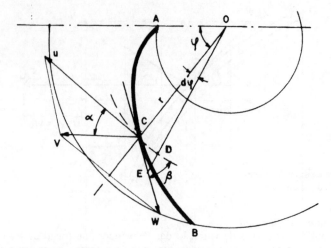

Fig. 10.15 Diagrama das velocidades para um ponto C da pá do rotor.

Daí se tira

$$d\varphi = \frac{dr}{r} \cdot \frac{1}{\tg \beta}$$

Integrando entre os limites r_1 e r_2, resulta:

$$\varphi = \int_{r_1}^{r_2} \frac{dr}{r \cdot \tg \beta}$$

Multiplicando por $\frac{180}{\pi}$, obtém-se em graus:

$$\varphi^0 = \frac{180}{\pi} \int_{r_1}^{r_2} \frac{dr}{r \cdot \tg \beta}$$

A curva $\varphi = f(r)$ pode ser facilmente obtida, traçando-se a curva $B = \frac{1}{r \cdot \tg \beta}$ e calculando-se as áreas das superfícies limitadas por essa curva, o eixo das abscissas e as ordenadas correspondentes a dois raios próximos (Fig. 10.16).

O valor de φ^0 correspondente a um raio r e a uma ordenada $\frac{B_i + (B_i + 1)}{2}$ é então calculado pela expressão

$$\varphi = \frac{180}{\pi} \cdot \Sigma \Delta r \cdot \left[\frac{B_i + (B_i + 1)}{2} \right]$$

Traça-se então a curva dos valores de φ para diversos valores de r, pois

$$\Delta r \cdot \left[\frac{B_i + (B_i + 1)}{2} \right]$$

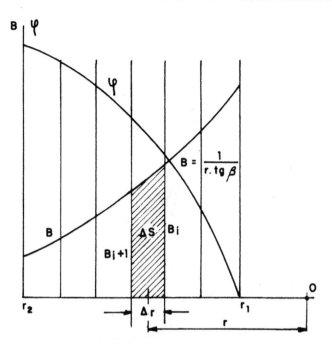

Fig. 10.16 Curva de variação de φ em função do raio r.

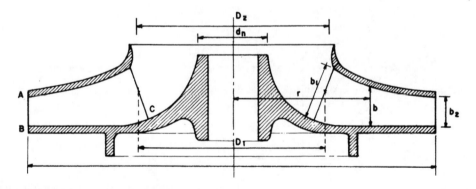

Fig. 10.17 Rotor de bomba centrífuga.

é a área ΔS limitada pelo eixo das abscissas, pela curva B e as ordenadas de r_1 e r_2.

Uma vez traçada a curva $\varphi = F(r)$, pode-se proceder como indica a Fig. 10.18 para traçar o perfil da pá.

Tabela para o cálculo de φ

r	$V_m = \dfrac{Q'}{\pi d \cdot b} \cdot \dfrac{t}{t-\sigma}$	$U \cdot V_u$	$W_u = U - V_u$	$\mathrm{tg}\beta = \dfrac{V_m}{W_u}$	β	$B = \dfrac{1}{r \cdot \mathrm{tg}\beta}$	$\Delta S = \Delta r \left(\dfrac{Bi + Bi+1}{2} \right)$	$\Sigma \Delta S$	$\varphi = \dfrac{180}{\pi} \cdot \Sigma \Delta S$
m	m/s	(m/s)²	m·s⁻¹		°	m⁻¹	m²	m²	°

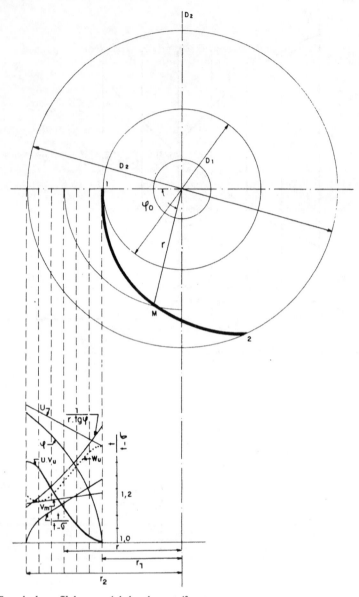

Fig. 10.18 Traçado do perfil de uma pá de bomba centrífuga.

O DIFUSOR

O difusor é o órgão cuja finalidade é receber e guiar convenientemente o líquido que sai do rotor, até a boca de saída da bomba, transformando parte considerável de sua energia cinética em energia potencial de pressão, de modo que, ao sair da bomba, a velocidade seja reduzida e a pressão elevada.

Se, ao sair do rotor, o líquido encontrasse um canal formado por paredes paralelas, suas partículas descreveriam espirais logarítmicas.

Não é prático, porém, dar ao órgão que recolhe o líquido esse formato. O único critério fundamental é dar ao canal uma seção gradativamente crescente, de modo que a velocidade média das partículas em todas as seções transversais do canal seja constante, ou ligeiramente decrescente em direção à boca de saída da bomba.

Já vimos, no Cap. 2, que o difusor pode ser constituído de pás guias ou diretrizes e de uma caixa coletora em forma de caracol ou voluta, ou apenas da voluta, e chama-se então de coletor da bomba. Vejamos alguns dados sobre os dois tipos.

Difusor de pás guias

Os europeus fabricam bombas com difusor de pás guias ou apenas coletor sem pás, enquanto os americanos preferem quase sempre difusor em voluta sem pás, a fim de poderem recorrer ao "corte" nos rotores, que, com as pás guias, é desaconselhável. Apenas nas bombas de mais de um estágio, o difusor de pás é imprescindível, dada a necessidade de conduzir o líquido, de um rotor para o seguinte, com orientação conveniente, a fim de que as perdas hidráulicas sejam mínimas. O líquido deve chegar a todos os rotores com a mesma velocidade v_1 e, ao sair do último rotor, ele deve passar, sem choques, para o coletor em caracol que o conduzirá à boca de recalque da bomba.

Para dimensionar o difusor é necessário conhecer-se o valor da velocidade v'_2 com que o líquido realmente deixa o rotor. Podemos admitir, sem erro apreciável, que a corrente se torna uniforme à periferia do rotor e que a energia total que a unidade de peso do líquido possui é a mesma, qualquer que seja sua posição na superfície de revolução formada pela rotação do bordo de saída das pás. A velocidade absoluta, em qualquer desses pontos, será

$$v'_2 = \sqrt{{v'_{m_2}}^2 + {v'_{u_2}}^2}$$

Das equações

$$u_2 \cdot v'_{u_2} = g \cdot H'_e$$

e

$$Q' = \pi \cdot d_2 \cdot b_2 \cdot v'_{m_2} \cdot \nu_2$$

tiramos

$$V'_{m_2} = \frac{Q'}{\pi \cdot d_2 \cdot b_2}$$

e

$$V'_{u_2} = \frac{g \cdot H'_e}{u_2}$$

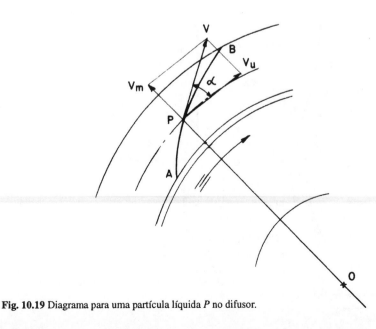

Fig. 10.19 Diagrama para uma partícula líquida P no difusor.

porque admitimos pás aguçadas à saída ($v_2 = 1$) e entrada meridiana.

A energia cinética que deve ser parcialmente transformada em energia de pressão no difusor resulta de v'_2. Como v'_{m2} é, em geral, muito pequeno comparado com v'_{u2}, alguns autores desprezam seu valor e consideram $v'_2 = v'_{u2} = v_3$, sendo v_3 a velocidade absoluta de entrada no difusor.

Para evitar choques, devidos a possíveis deslocamentos axiais do rotor, a prática aconselha que se faça o difusor com entrada mais larga que a da saída do rotor. Adota-se

$$b_3 = b_2 + 1 \text{ a } 2 \text{ mm}$$

nas bombas de pequenas dimensões.

O intervalo que deve existir entre o bordo externo do rotor e o interno do difusor é da ordem de 0,2 a 1 mm, para reduzir ao mínimo o fenômeno de recirculação, e, quando o difusor possui pás guias, o intervalo entre os bordos das pás do rotor e as do difusor é da ordem de 4 a 10 mm, para evitar estragos no caso do líquido arrastar acidentalmente partículas sólidas.

Na Fig. 10.20 indicamos o que a prática aconselha, sendo os valores indicados maiores quando se tratar de bombas de dimensões grandes.

Se a largura b_3 for constante e praticamente igual a b_2, o perfil da pá guia será, como dissemos, o da curva logarítmica, onde

$$\text{tg } \alpha_3 = \frac{V_{m_3}}{V_{u_3}}$$

que, sem erro sensível, pode ser considerada como

$$\text{tg } \alpha_3 = \text{tg } \alpha'_2 = \frac{Q' \cdot u_2}{\pi \cdot d_2 \cdot b_2 \cdot g \cdot H'_e}$$

onde α'_2 é o ângulo dos filetes, considerando o desvio angular à saída do rotor.

Por processo geométrico apropriado poderíamos traçar a curva procurada, entretanto, para maior simplicidade do desenho e sem erro apreciável, procede-se da seguinte maneira, como indicado na Fig. 10.21: o trecho AC é substituído por um arco de evolvente de

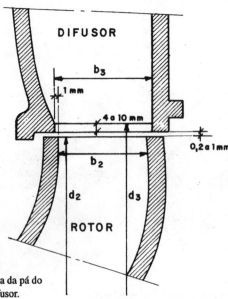

Fig. 10.20 Folga entre a saída da pá do rotor e a entrada da pá do difusor.

FUNDAMENTOS DO PROJETO DAS BOMBAS CENTRÍFUGAS

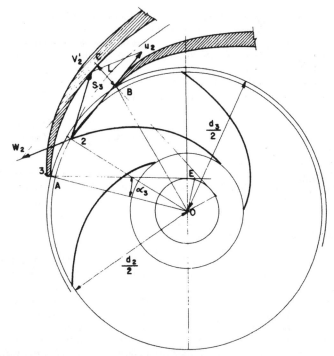

Fig. 10.21 Representação de duas pás do difusor de pás guias.

circunferência ou simplesmente por um arco de circunferência, ambos inclinados de α_3. O comprimento $L = CB$ é determinado pela condição de a descarga se efetuar nessa seção $S_3 = L \cdot b_3$, com a velocidade v_3. Chamando de Z_d o número de pás do difusor, deveremos ter

$$Q = Z_d \cdot L \cdot b_3 \cdot v_3$$

A partir do ponto C, os dois perfis, um de cada pá, devem ser traçados de modo a obter-se seções de vazão progressivamente crescentes, para que a transformação da energia cinética em energia de pressão se faça gradual e uniformemente, sempre no mesmo sentido. Esse método é aplicado também nos casos em que b não é constante.

O ângulo formado pelas tangentes às paredes internas opostas dos canais do difusor, em pontos pertencentes a um mesmo raio, não deve ultrapassar 12°, para evitar que ocorra

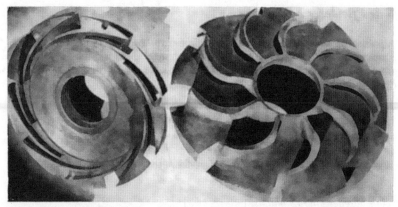

Fig. 10.22 Difusor de pás guias de bomba de múltiplos estágios.

256 BOMBAS E INSTALAÇÕES DE BOMBEAMENTO

o descolamento da veia líquida das paredes, o que conduziria a turbulências, com prejuízo para o rendimento da bomba.

Recomenda-se adotar um mínimo de mudanças de direção e o maior raio de curvatura compatível com o tipo construtivo da bomba, e que, nos trechos fortemente curvos, se dê um alargamento progressivo à seção de escoamento de modo a evitar aumento brusco de velocidade. Estas recomendações se aplicam especialmente aos difusores das bombas de múltiplos estágios em que a velocidade deverá ser reconduzida à direção axial e ao seu valor primitivo v_1 à entrada do rotor seguinte.

A Fig. 10.22 mostra o difusor de pás guias de uma bomba de múltiplos estádios e o disco com canais de entrada do líquido no estágio seguinte. O difusor completo consta das duas peças.

Coletor ou voluta

O coletor é, como já dissemos, o conduto que recebe o líquido diretamente do rotor ou das pás do difusor e o conduz à boca de saída da bomba, reduzindo progressivamente sua velocidade com o aumento simultâneo de sua pressão.

Devido à forma do coletor, que obriga as partículas líquidas a descreverem trajetórias curvilíneas, essas são submetidas à ação de forças centrífugas, tanto maiores quanto mais para o exterior estiver a trajetória, havendo assim uma diminuição correspondente da velocidade devida ao aumento de pressão.

Como o coletor é alimentado uniformemente ao longo do seu comprimento, a seção de escoamento por ele oferecida teria de sofrer um aumento progressivo mesmo no caso de se desejar manter constante a velocidade média de escoamento, como é praxe dos fabricantes norte-americanos que fazem um alargamento no trecho final do coletor, isto é, dão à boca de saída um trecho troncônico de abertura mais acentuada. Há projetistas, entretanto, que reduzem progressivamente a velocidade média nas seções transversais do coletor, aumentando mais essas seções de escoamento, a fim de atender à exigência de um aumento progressivo de pressão. A curva, lugar geométrico dos centros de gravidade das seções transversais, tem o aspecto de uma espiral, e o coletor, o formato de um "caracol".

O projeto do coletor pode ser feito segundo uma das hipóteses abaixo:

a. Admite-se que o estado da corrente líquida é o mesmo em toda a superfície descrita pelo bordo de saída do rotor e que, ao longo de cada circunferência concêntrica com o eixo, no interior do coletor, o líquido encontrar-se-á num mesmo estado; em outras palavras, que a corrente será simétrica em relação ao eixo da bomba. É o modo recomendado por Pfleiderer, Bergeron e outros autores renomados.

b. Considera-se uma velocidade média constante em todas as seções do coletor, aumentando as seções transversais da voluta na proporção do seu avanço angular a partir da "cauda" do caracol *(cutwater)*, recorrendo-se a dados experimentais. É o método de Stepanoff que, conforme diz o autor, "projeta uma voluta de velocidade média constante em todas as seções e que é a única que não provoca empuxo radial no eixo, nas condições em que a bomba proporciona seu melhor rendimento".

Vejamos brevemente os dois processos.

Método de Pfleiderer e Bergeron

A hipótese da simetria da corrente líquida em relação ao eixo permite que se aplique a lei do movimento curvilíneo à componente tangencial da velocidade (também conhecido como momento da quantidade de movimento da unidade de massa) e escreva para um ponto P qualquer de uma seção $0X$ do coletor.

$$\boxed{v_u \cdot r = K = \text{constante}}$$

Para o coletor $K = v_{u3} \cdot \dfrac{d_3}{2}$, sendo d_3 o diâmetro de entrada do mesmo.

Coletor com paredes laterais planas

Se tivéssemos um coletor de paredes laterais a e b e se fechássemos a saída por uma

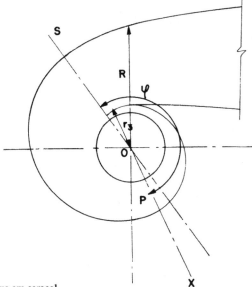

Fig. 10.23 Coletor de caixa em caracol.

superfície de diretriz helicoidal cujo traço com o plano da figura fosse AB, teríamos constituído um coletor em espiral. Essa linha AB de fechamento do coletor materializaria os traços das trajetórias de todos os filetes que por ela passassem sobre um plano radial.

Suporemos que as linhas a e b do coletor sejam traços de superfícies de revolução com o plano da figura e que, portanto, sejam iguais para qualquer seção do coletor.

Como conseqüência, a largura l do coletor, a uma distância r do eixo, é a mesma para qualquer seção que se considere do coletor. Esse modo de considerar o coletor facilita a pesquisa analítica que se empreende para o seu projeto.

A determinação da linha de fechamento AB da seção do coletor é feita admitindo-se

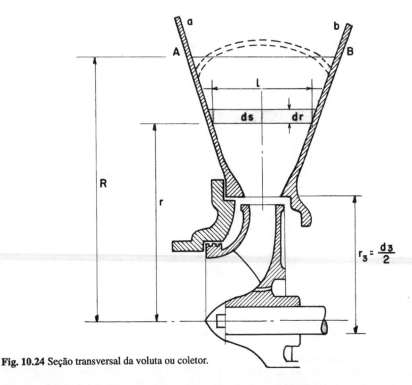

Fig. 10.24 Seção transversal da voluta ou coletor.

258   BOMBAS E INSTALAÇÕES DE BOMBEAMENTO

a constância do escoamento através de cada seção feita no coletor por um plano contendo o eixo e admitindo que essa linha seja paralela ao eixo.

Desejando-se dar uma forma curva à linha de fechamento, pode-se escolher uma curva, da qual a paralela ao eixo represente a média das distâncias de seus pontos ao eixo.

Chamemos de φ o ângulo que faz o plano meridiano de origem de traço $0S$ com um plano meridiano qualquer de traço $0X$ (Fig. 10.23).

A seção do coletor por esse plano terá o aspecto indicado na Fig. 10.24. Nessa seção do coletor, tomemos a superfície elementar de área $ds = l \cdot dr$ correspondente ao acréscimo de raio r.

A velocidade do líquido normalmente à seção de escoamento será

$$v_u = \frac{K}{r}$$

e a descarga que o atravessa será

$$dQ_\varphi = ds \cdot v_u = \frac{l \cdot dr \cdot K}{r}$$

Chamando de r_3 o raio no início da espiral, a descarga que passará na seção total entre esse raio r_3 e o raio R da linha limite exterior do coletor será

$$Q' = \int_{r = r_3}^{r = R} dQ'_\varphi = K \int_{r_3}^{R} \frac{l \cdot dr}{r}$$

Essa descarga é igual à que sai do rotor ao longo do arco de ângulo φ, isto é:

$$Q'_\varphi = \frac{\varphi^\circ}{360} \cdot Q'$$

Na qual Q' é a descarga da bomba e φ°, o ângulo medido em graus.

Combinando as duas equações, resultará

$$\boxed{\varphi^\circ = \frac{360 \cdot K}{Q'} \int_{r_3}^{R} \frac{l \cdot dr}{r}}$$

Com o auxílio desta equação, poderemos traçar a curva da espiral do coletor.

Tomam-se para isso dois eixos de coordenadas e representa-se a curva de variação de r em função de l/r. Obtém-se a curva CEG (Fig. 10.25).

Para uma seção do coletor correspondente ao raio r e a uma largura l_i, o número que mede a área hachurada $CDFE$ é o valor da integral

$$\int_{r_3}^{r} \frac{l \cdot dr}{r}$$

Se multiplicarmos esse valor por $\dfrac{360 \cdot K}{Q}$, obteremos o valor do ângulo φ compreendido entre o raio r' e o raio r_3 da espiral

$$\varphi° = \frac{360 \cdot K}{Q} \cdot \int_{r_3}^{R} \frac{l \cdot dr}{r}$$

Para diversos valores de r traçamos então a curva $\varphi = f(r)$, tomando para abscissas valores de r.

Baixando pelos pontos 1, 2, 3 etc. da curva $\varphi = f(r)$, normais ao eixo 00′, obteremos os raios da espiral correspondentes ao ângulos $\varphi = 0°$, 45°, 90°, 135° etc., de modo que será fácil traçar a curva espiral.

Em geral, determinam-se os raios r para pontos de espiral que vão de 0° a (360° + 45°), isto é, a 45° além da circunferência, a fim de evitar a influência da saída do coletor em espiral, no escoamento do líquido. Ao invés de dar às linhas de fechamento a forma do rotor tais como l_i, é costume substituí-las por curvas que melhor concorram para evitar turbulências. A única condição a preencher é de que a área de cada seção se mantenha a mesma que a área obtida com a reta já traçada. Obtêm-se curvas tais como as indicadas por I′, II′, III′ etc. (Fig. 10.25).

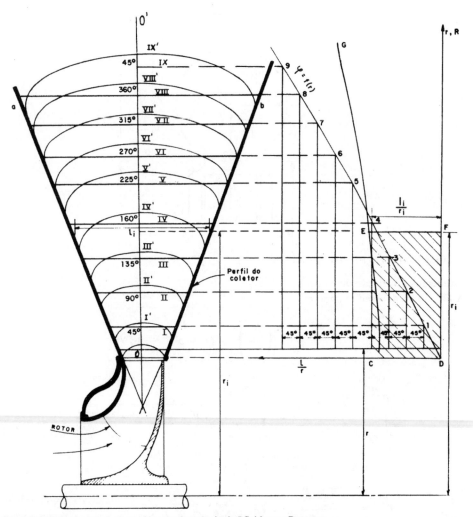

Fig. 10.25 Traçado da voluta ou coletor pelo método de Pfleiderer e Bergeron.

Coletor em caracol com seção circular
a. *Método de Pfleiderer*

Na prática construtiva das bombas, ao invés de dar uma forma arbitrária às seções do coletor, prefere-se adotar a forma circular, pela sua simplicidade construtiva e fácil adaptação do coletor à tubulação de recalque. O coletor adquire um aspecto mais parecido com um "caracol Nautilus".

Notemos porém que, nos coletores com essa forma construtiva, a condição estabelecida anteriormente, de que a corrente líquida escoe entre duas superfícies de revolução laterais, não se verifica. Pfleiderer faz o cálculo, admitindo que a velocidade e a pressão continuam a ser uniformes à periferia do rotor e que a lei $r \cdot v_u = K$ ainda seja válida, o que a rigor não é verdadeiro.

Nesse pressuposto, cada seção do caracol deverá satisfazer a equação

$$\varphi° = \frac{360 \cdot K}{Q'} \cdot \int_{r_3}^{R} \frac{b \cdot dr}{r}$$

O limite inferior r_3 da integral refere-se ao ponto da seção circular considerada mais próxima do eixo, e o limite superior R, ao ponto mais afastado do eixo.

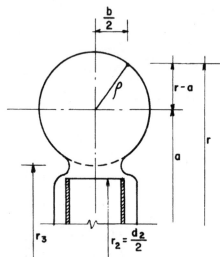

Fig. 10.26 Voluta de seção normal circular.

Estudemos a variação de r com φ.
A Fig. 10.26 dá imediatamente

$$\rho^2 = \left(\frac{b}{2}\right)^2 + (r - a)^2$$

Mas

$$\int_{r_3}^{R} \frac{b \cdot dr}{r} = 2 \int_{a-\rho}^{a+\rho} \sqrt{\rho^2 - (r-a)^2} \cdot \frac{dr}{r}$$

$$= 2 \cdot \pi \left(a - \sqrt{a^2 - \rho^2}\right)$$

$$\varphi° = \frac{720 \cdot K}{Q'} \cdot \pi \left(a - \sqrt{a^2 - \rho^2}\right)$$

FUNDAMENTOS DO PROJETO DAS BOMBAS CENTRÍFUGAS

Esta equação nos dá o valor de φ para um raio ρ qualquer da seção circular do coletor. Nas bombas sem difusor de pás, já vimos que

$$K = \frac{d_2}{2} \cdot V_{u_3}$$

Em geral, r_3 é a menor distância ao centro, e, como $r_3 = a - \rho$, podemos escrever para a expressão de $\varphi°$:

$$\varphi° = \frac{720 \cdot K}{Q'} \cdot \pi \left[r_3 + \rho - \sqrt{r_3 (r_3 + 2\rho)} \right]$$

É mais cômodo, porém, calcular os raios ρ para valores diversos de $\varphi°$. Para isso escreveremos, chamando

$$\frac{720 \cdot K \cdot \pi}{Q} = C$$

$$\boxed{\rho = \frac{\varphi°}{C} + \sqrt{2r_3 \cdot \frac{\varphi°}{C}}}$$

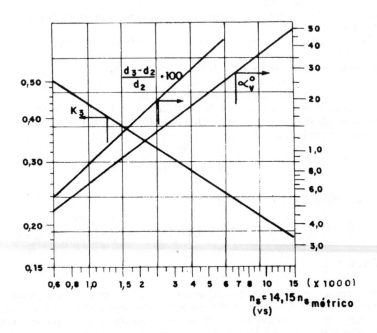

Fig. 10.27 Determinação do fator K em função da velocidade específica pelo método de Stepanoff.

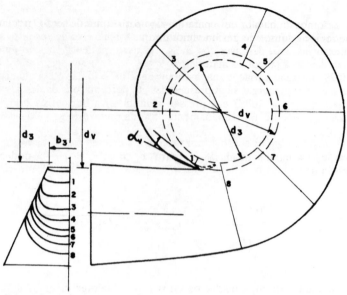

Fig. 10.28 Traçado gráfico da voluta.

b. *Método de Stepanoff*

O método de Stepanoff é baseado principalmente em dados obtidos com experiências. Supõe que exista, nas seções transversais da voluta, uma velocidade média constante $V_{vol.}$ (velocidade na voluta) que é determinada pela equação

$$V_{vol.} = K_v \cdot \sqrt{2gH}$$

onde K_v é um coeficiente experimental que depende da velocidade específica da bomba e se acha indicado na Fig. 10.27.

Os valores no eixo das abscissas são os de n_s calculados em unidades do sistema americano e multiplicados por 1.000.

Na Fig. 10.28 acha-se representada uma voluta, onde b_3 = largura da voluta na entrada é bem maior do que b_2.

Para bombas de n_s reduzido, $b_3 = 2 \cdot b_2$
Para bombas de n_s médio, $b_3 = 1,75 \cdot b_2$.
Para n_s elevado, b_3 pode ser reduzido para $1,6 \cdot b_2$.

A folga entre o bordo da pá do rotor e o círculo de base, que serve para o traçado do caracol, é obtida em função da velocidade específica pelo mesmo gráfico da Fig. 10.27, onde se acha representada a reta

$$\frac{d_3 - d_2}{d_2} \times 100$$

Daí obtém-se o valor de d_3.

EMPUXO RADIAL NO EIXO DEVIDO AO CARACOL

Generalidades

A experiência tem mostrado que, quando o caracol é projetado segundo a hipótese de uma velocidade média constante em todas as suas seções transversais, a pressão é a mesma na região entre o caracol e rotor da bomba, de modo que há equilíbrio dos esforços radiais sobre o eixo. Isto acontece, porém, apenas para a bomba funcionando com sua descarga normal, correspondente ao máximo rendimento.

Quando a bomba trabalha com descarga superior ou inferior ao Q_{normal}, o equilíbrio de pressões se rompe e surge uma resultante radial que força o eixo de encontro aos mancais, produzindo flexão no eixo, desgaste dos anéis e gaxetas, podendo mesmo vir a ocasionar ruptura do eixo devido à fadiga do material.

A Fig. 10.29 mostra as variações na distribuição da pressão na voluta quando a descarga varia. As pressões e as descargas são apresentadas em percentagens da descarga normal.

Assim, para $Q_{normal} = 100\%$ e a pressão manométrica normal da bomba $H_{normal} = 100\%$, a pressão na voluta é aproximadamente 75% da pressão H_{normal} e distribuída uniformemente.

Com 60% da descarga, na seção 4, por exemplo, a pressão é 80% de H_{normal}, enquanto, na seção 12, é de 87% e, na seção 1, de 62% apenas.

O empuxo radial para o caso de *shutoff* (registro fechado) pode ser calculado pela fórmula empírica

$$E_0 = \frac{K_0 \cdot d_2 \cdot H \cdot b'_2}{2,31}$$

onde
E_0 = empuxo radial em lb, na condição de *shutoff*;
H_0 = altura manométrica em *shutoff*, em pés;
d_2 e b'_2 em polegadas; b'_2 largura do bordo de saída, incluindo espessura dos discos laterais;
K_0 = fator de empuxo obtido na Fig. 10.29a, para condição de *shutoff*;
K = fator de empuxo obtido na Fig. 10.29a, e para uma dada condição de operação (fora do *shutoff*);
H = altura manométrica na condição de operação da bomba, porém fora do *shutoff*.
$K = 0$ para a descarga normal $Q = Q_n$. Com descarga zero, isto é, com registro fechado, $Q = 0$ e $K_0 = 0,36$.

$$K = 0,36 \left[1 - \left(\frac{Q}{Q_n} \right) \right]$$

Exemplo
Suponhamos uma bomba centrífuga lenta.
$d_2 = 0,349$ m $= 13,56''$
$b_2 = 16$ mm $\simeq \, ^5/_8'' = 0,625''$

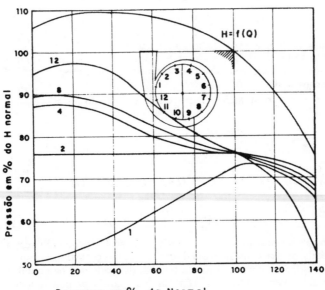

Fig. 10.29 Variação do empuxo radial com a descarga.

264 BOMBAS E INSTALAÇÕES DE BOMBEAMENTO

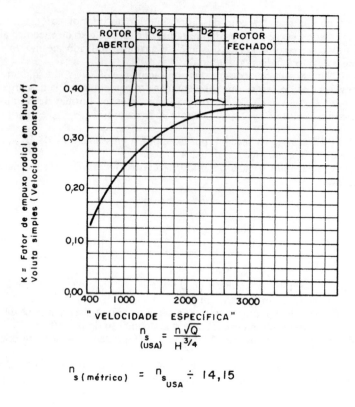

Fig. 10.29a Fator de empuxo radial K_0 para a condição de *shutoff* ($Q = 0$).

Espessura dos discos laterais $= \dfrac{3''}{16}$

$$b_2' = b_2 + 2\left(\dfrac{3''}{16}\right) = 0,625'' + 0,370'' = 0,995''$$

Suponhamos ainda que
$H = 36$ m $= 118'$
e
$Q_n = 0,044$ m³ · s^{-1}
Calculemos o empuxo quando o registro estiver fechado.

$$\dfrac{Q}{Q_n} = 0 \quad \text{e} \quad K_0 = 0,36$$

O empuxo será

$$E_0 = \dfrac{0,36 \times 13,56 \times 118 \times 0,995}{2,31} = 236,9 \text{ lb}$$

ou seja,

$$E_0 = 107 \text{ kgf}$$

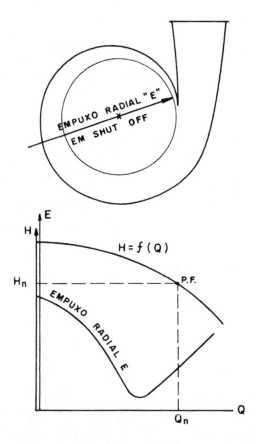

Fig. 10.30 Bomba com voluta convencional. Sentido e variação do empuxo radial E.

O empuxo radial E para condições fora do *shutoff* pode também ser calculado pela fórmula

$$E = \frac{K}{K_0} \times \frac{H}{H_0} \times E_0$$

onde

$$K = K_0 \left[1 - \left(\frac{Q}{Q_n}\right)^x \right]$$

e Q = descarga na condição que foi proposta (gpm)
Q_n = descarga *normal, i.e.,* para maior rendimento (gpm)
x = expoente que varia quase linearmente do valor 0,7 para n_s = 10 rpm e 3,3 para $n_s \simeq 75$ rpm

Nas bombas de dupla aspiração em que a distância entre os mancais é grande, deve-se ter cuidado no dimensionamento do eixo, para evitar a fadiga e ruptura do eixo junto ao rotor.

Voluta dupla

A fim de reduzir o empuxo radial, constroem-se bombas com voluta dupla, isto é, o coletor é dividido em duas câmaras formando duas volutas simétricas, de modo que

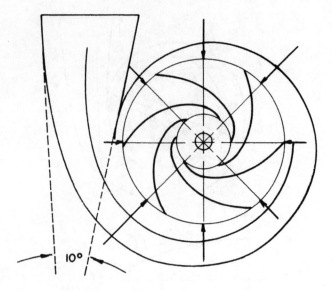

Fig. 10.31 Bomba com voluta dupla e forças radiais sobre o rotor.

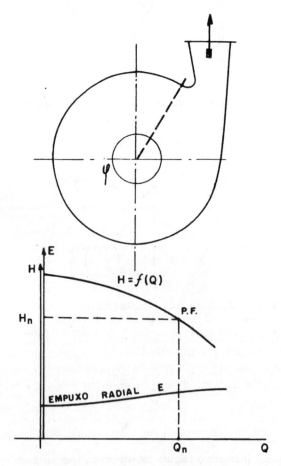

Fig. 10.32 Bomba com carcaça concêntrica. O empuxo radial quase não varia com a descarga.

FUNDAMENTOS DO PROJETO DAS BOMBAS CENTRÍFUGAS

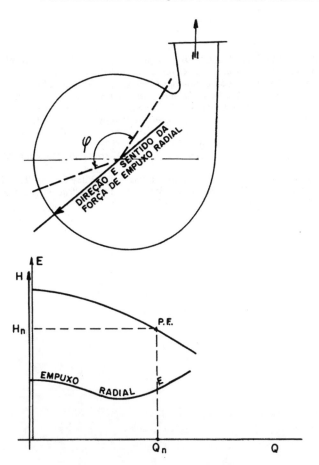

Fig. 10.33 Bomba com carcaça parcialmente concêntrica. O empuxo radial varia pouco com a descarga.

as forças radiais quase que se equilibram duas a duas. Na verdade, não existe um equilíbrio perfeito (Fig. 10.31).

Certos fabricantes usam, para descargas médias e grandes, bombas de carcaça bipartida, com entrada bilateral para equilibrar o empuxo axial, e dupla voluta para equilibrar praticamente o empuxo radial.

Recomenda-se a voluta dupla quando a bomba necessitar operar por certos períodos fora de sua descarga normal.

Carcaça concêntrica e carcaça parcialmente concêntrica

Com a finalidade de reduzir o empuxo radial e o desgaste da "lingüeta" ou "cauda do caracol" quando a bomba se destina a líquidos com partículas abrasivas, lamas e "polpas", são adotadas carcaças concêntricas ou parcialmente concêntricas.

Na *carcaça concêntrica* o raio da periferia da carcaça e a área da seção transversal de escoamento ao longo da voluta permanecem constantes para o ângulo φ de aproximadamente 360° (Fig. 10.32).

Na *carcaça parcialmente concêntrica*, o raio da periferia da carcaça e a área da seção transversal de escoamento permanecem constantes dentro de certo ângulo φ menor que 360° (Fig. 10.33).

Observa-se que a lingüeta ou cauda do caracol é praticamente eliminada nos dois tipos de carcaça acima referidos.

BOMBAS E INSTALAÇÕES DE BOMBEAMENTO

Bibliografia

BRAN, RICHARD e SOUZA, ZULCY DE. *Máquinas de Fluxo*. Ao Livro Técnico S. A., 1969.

DUBBEL, H. *Manual del Constructor de Máquinas*. Editorial Labor S.A., Madri, 1967.

FÁBRICA DE AÇO PAULISTA S.A. *Bombas Centrífugas para lamas abrasivas*.

KHETAGUROV, M. *Marine Auxiliary Machinery and Systems*. Peace Publishers, Moscou.

MACINTYRE, A. J. e SILVEIRA, JORGE F. DE SOUZA DA. *Máquinas Hidráulicas*. 1965.

MALAVASI, CARLO. *La Costruzione delle Moderne Pompe*. Ed. Ulrico Hoepli.

PFLEIDERER, CARL. *Bombas Centrífugas y Turbocompresores*. Editorial Labor S.A., Madri, 1960.

QUANTZ, L. *Bombas Centrífugas*. Editorial Labor S.A., 1943.

SÉDILLE, MARCEL. *Turbo-Machines Hydrauliquet et Thermiques*. Masson et Cie. Éditeurs, Paris, 1967.

STEPANOFF, A. J. *Centrifugal and Axial Flow Pumps*. John Wiley & Sons. Inc., N. Y., 1957.

ZUBICARAY, MANUEL VIEJO. *Bombas. Teoría, Diseño y Aplicaciones*. Ed. Limusa-Wiley S.A., México, 1972.

11

Exemplo de Projeto de Bomba Centrífuga

Como aplicação do Cap. 10, vamos dimensionar uma turbobomba que atenda às seguintes exigências:
— líquido: água na temperatura normal (20°C)
— descarga: $Q = 158.400$ l · h^{-1} = 0,044 m^3 · s^{-1}
— altura manométrica: $H = 36$ m
— número de rotações por minuto: $n = 1.450$

NÚMEROS DE ESTÁGIOS i (vide *Números de estágios*, Cap. 10)

A altura H sendo inferior aos limites aconselháveis para mais de um estágio, adotaremos apenas um estágio.

$$i = 1$$

ESCOLHA DO TIPO DE ROTOR E DE TURBOBOMBA (vide *Escolha do tipo de rotor*, Cap. 10)

Calculemos a velocidade específica n_s

$$n_s = 3,65 \frac{n \sqrt{Q}}{\sqrt[4]{H^3}} = \frac{3,65 \times 1.450. \sqrt{0,044}}{\sqrt[4]{36^3}} = 73,7 \text{ rpm}$$

e o número característico n_q

$$n_q = 73,7 \div 3,65 = 20,2 \text{ rpm}$$

Trata-se de uma bomba centrífuga radial pura, tipo lento, pois n_s é inferior a 90 rpm.

CORREÇÃO DA DESCARGA (vide *Correção da descarga*, Cap. 10)

Em vista das fugas e recirculação, adotaremos uma descarga Q' superior à desejada Q. O aumento, tratando-se de uma bomba centrífuga para descarga e pressões médias, pode ser adotado como igual a 5% do valor da descarga Q.

$$Q' = Q + (0,05 . Q) = 0,044 + 0,0022 = 0,046 \text{ m}^3 . s^{-1}$$

Rendimento hidráulico $\varepsilon = 1 - \dfrac{0,8}{\sqrt[4]{Q_{(gpm)}}} = 1 - 0,15 = 0,85$

TRAÇADO PRELIMINAR DO ROTOR

Como já conhecemos a velocidade específica, podemos fazer um esboço preliminar do rotor em projeção meridiana (Fig. 11.1), segundo as indicações do Cap. 8, Fig. 8.2.

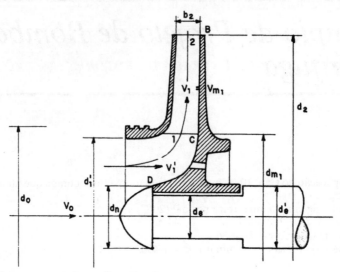

Fig. 11.1 Grandezas que caracterizam a forma do rotor.

POTÊNCIA MOTRIZ N (vide *Potência motriz N*, Cap. 10)

Admitamos o rendimento total igual a 70%. A potência consumida do motor que aciona a bomba é

$$N = \dfrac{1.000 \cdot Q \cdot H}{75 \cdot \eta} = \dfrac{1.000 \times 0,046 \times 36}{75 \times 0,70} = 31,5 \text{ c.v.}$$

DIÂMETRO DO EIXO DE (vide *Diâmetro do eixo*, Cap. 10)

Adotando o que foi indicado no item acima citado, teremos

$$d_e = 12 \cdot \sqrt[3]{\dfrac{N}{n}} = 12 \cdot \sqrt[3]{\dfrac{31,5}{1.450}} = 3,31 \text{ cm}$$

Devido ao rasgo para a chaveta de fixação do rotor ao eixo, aumentemos para 3,6 cm. O restante do eixo deverá ser de maior diâmetro (d'_e) e deverá ser dimensionado conforme se procede em projetos de outras máquinas (ver referências bibliográficas).

DIÂMETRO DO NÚCLEO d_n (vide *Diâmetro do núcleo de fixação do rotor ao eixo*, Cap. 10)

Conforme o item acima citado, temos

$$d_n = d_e + [2 \times (5 \text{ a } 15 \text{ mm})]$$

Adotemos $d_n = d_e + (2 \times 7 \text{ mm}) = 36 + 14 = 50 \text{ mm}$

VELOCIDADE MÉDIA v'_1 NA BOCA DE ENTRADA DO ROTOR (vide
Velocidade média na boca de entrada do rotor, Cap. 10)

$$\boxed{v'_1 = k_{v_1} \cdot \sqrt{2gH}}$$

O coeficiente k_{v_1} para bombas com n_q compreendido entre 20 e 30 varia de 0,13 a 0,16 (ver o item acima citado). Adotemos $k_{v_1} = 0,13$.

$$v'_1 = 0,13 \cdot \sqrt{2 \times 9,8 \times 36} = 3,45 \text{ m} \cdot s^{-1}$$

DIÂMETRO DA BOCA DE ENTRADA DO ROTOR d'_1 (vide *Diâmetro da boca de entrada do rotor d'_1*, Cap. 10)

Conforme o item acima citado, temos

$$d_1' = \sqrt{\frac{4Q'}{\pi.v_1'} + d_n^2} = \sqrt{\frac{4 \times 0,046}{3,14 \times 3,45} + 0,050^2} = 0,140 \text{ m}$$

DIÂMETRO MÉDIO DA ARESTA DE ENTRADA d_{m1} (vide *Diâmetro médio d_{m1} da superfície de revolução gerada pela rotação do bordo de entrada das pás*, Cap. 10)

Nas bombas lentas, $d_{m1} \simeq d'_1$ a $1,1 \cdot d'_1$.
Adotemos $d_{m1} = 1,05 \cdot d'_1 = 0,147$ m.

Essa aresta pode ser paralela ao eixo ou formar um pequeno ângulo com o eixo. Pode-se dar um arredondamento à aresta, e, então, o diâmetro d_{m1} a considerar é o diâmetro médio. Quanto maior o número de pás, tanto maior a liberdade na escolha da forma da aresta de entrada.

VELOCIDADE MERIDIANA DE ENTRADA V_{m1} (vide *Diâmetro médio d_{m1} da superfície de revolução gerada pela rotação do bordo de entrada das pás*, Cap. 10)

Conforme o item acima citado, podemos fazer

$$v_{m_1} = k_{v_{m_1}} \cdot \sqrt{2gH}$$

Para n_q entre 20 e 30, $k_{v_{m_1}} = 0,145$ a $0,175$.
Adotemos $k_{v_{m_1}} = 0,145$.

$$v_{m_1} = 0,145 \cdot \sqrt{2 \times 9,8 \times 36} = 3,85 \text{ m} \cdot s^{-1}$$

VELOCIDADE PERIFÉRICA NO BORDO DE ENTRADA (vide *Velocidade periférica no bordo de entrada u_1*, Cap. 10)

$$u_1 = \frac{\pi.d_{m_1}.n}{60} = \frac{3,14 \times 0,147 \times 1.450}{60} = 11,14 \text{ m.}s^{-1}$$

ÂNGULO β_1 DAS PÁS À ENTRADA DO ROTOR (vide *Diagrama das velocidades à entrada*, Cap. 10)

Com $u_1 = 11,14 \text{ m} \cdot s^{-1}$, $\alpha_1 = 90°$ e $V_{m1} = 3,85 \text{ m} \cdot s^{-1}$. Podemos traçar o diagrama

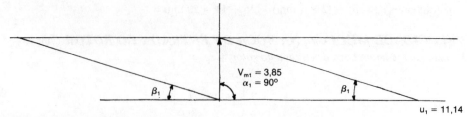

Fig. 11.2 Condição de entrada meridiana.

das velocidades à entrada do rotor. (Fig. 11.2)

$$\operatorname{tg} \beta_1 = \frac{v_{m_1}}{u_1} = \frac{3{,}85}{11{,}14} \cong 0{,}34$$

$$\beta_1 = 18°\,40'$$

NÚMERO DE PÁS Z E CONTRAÇÃO À ENTRADA (vide Número de pás Z, Cap. 10)

Adotemos, provisoriamente, $\beta_2 = 23°$ e $d_2 = 2{,}3\,d_{m_1}$ e obteremos $Z = 7$ pás (ver o item acima citado).

Passo entre as pás: $t_1 = \dfrac{\pi \cdot d_{m_1}}{Z} = \dfrac{3{,}14 \times 0{,}147}{7} = 0{,}065$ m

Consideremos a espessura S_1 das pás a 4 mm.
A obstrução provocada pela pá será (ver *Obstrução devida à espessura das pás à entrada*, Cap. 10)

$$\sigma_1 = \frac{S_1}{\operatorname{sen} \beta_1} = \frac{0{,}004}{0{,}287} = 0{,}014 \text{ m}$$

$\dfrac{1}{v_1}$ = inverso do coeficiente de contração será

$$\frac{1}{v_1} = \frac{t_1}{t_1 - \sigma_1} = \frac{0{,}065}{0{,}065 - 0{,}014} = 1{,}27$$

É um valor aceitável, pois está compreendido entre 1,20 e 1,30.

LARGURA b_1 DA PÁ À ENTRADA (vide Largura do bordo de entrada da pá b_1 e Obstrução devida à espessura das pás à entrada, Cap. 10)

$$v_{m_1} = \frac{Q'}{(\pi \cdot d_{m_1} - Z\sigma_1) \cdot b_1}$$

daí

$$b_1 = \frac{Q'}{v_{m_1}(\pi d_{m_1} - Z \cdot \sigma_1)} = \frac{0{,}046}{3{,}85\,(3{,}14 \times 0{,}147 - 7 \times 0{,}014)}$$

$$b_1 = 0{,}032 \text{ m} = 32 \text{ mm}$$

GRANDEZAS À SAÍDA DO ROTOR (vide Grandezas à saída do rotor, Cap. 10)

Velocidade periférica à saída u_2 (vide Velocidade periférica u_2 e diâmetro d_2, Cap. 10)

$$u_2 = k_{u_2} \cdot \sqrt{2gH}$$

Para n_q entre 20 e 30, temos $k_{u_2} = 1,0$ (ver Grandezas à saída do rotor, Cap. 10).

$$u_2 = 1,0 \cdot \sqrt{2 \times 9,8 \times 3,6} = 26,5 \text{ m} \cdot s^{-1}$$

Pelo critério da Sulzer,

$$\varphi = 4,5$$

e

$$u_2 = \varphi \sqrt{H} = 4,5 \sqrt{36} = 4,5 \times 6 = 27,0 \text{ m} \cdot s^{-1}$$

valor próximo do calculado.
Adotaremos $u_2 = 26,5 \text{ m} \cdot s^{-1}$.

Diâmetro de saída d_2

$$d_2 = \frac{60 \cdot u_2}{\pi \cdot n} = \frac{60 \times 26,5}{3,14 \times 1.450} = 0,349 \text{ m}$$

ENERGIA A SER CEDIDA ÀS PÁS H'_e

$$H_e' = H_e\left(1 + \frac{8}{3} \cdot \frac{\psi}{Z}\right)$$

$\psi = 1,1$ a $1,2$ para bombas sem pás guias. Adotaremos $\psi = 1,1$ e, para calcular H_e, faremos $\varepsilon = 0,87$.
Mas

$$H_e = \frac{H}{\varepsilon} = \frac{36}{0,87} = 41,37$$

$$H_e' = 41,37\left(1 + \frac{8}{3} \cdot \frac{1,1}{7}\right) = 58,70 \text{ m}$$

VELOCIDADE MERIDIANA DE SAÍDA v_{m2} (vide Velocidade meridiana de saída v_{m2}, Cap. 10)

$$v_{m_2} = k_{v_{m_2}} \cdot \sqrt{2gH}$$

$$k_{v_{m_2}} = 0,10 \text{ para } n_q \simeq 20$$

$$v_{m_2} = 0,10 \quad \sqrt{2 \times 9,8 \times 36} = 2,65 \text{ m} \cdot s^{-1}$$

ÂNGULO DE SAÍDA β_2

O ângulo β_2 foi arbitrado em $23°$ ao ser escolhido o número Z de pás.

274 BOMBAS E INSTALAÇÕES DE BOMBEAMENTO

VELOCIDADE PERIFÉRICA u_2 CORRIGIDA (vide *Energia a ser cedida pelas pás, levando em conta o desvio angular dos filetes à saída do rotor*, Cap. 10)

$$u_2 = \frac{v_{m_2}}{2.\text{tg } \beta_2} + \sqrt{\left(\frac{v_{m_2}}{2.\text{tg}\beta_2}\right)^2 + g \cdot H_e'} =$$

$$u_2 = -\frac{2,65}{2 \times 0,424} + \sqrt{\left(\frac{2,65}{2 \times 0,424}\right)^2 + 9,8 \times 58,70} = 3,12 + 24,19 =$$

$$u_2 = 27,31 \text{ m . } s^{-1}$$

VALOR RETIFICADO DE d_2 (vide *Cálculo da velocidade periférica, levando em conta o desvio angular*, Cap. 10)

$$d_2 = \frac{60 \, u_2}{\pi \times n} = \frac{60 \times 27,31}{3,14 \times 1.450} = 0,359 \text{ m}$$

LARGURA DAS PÁS À SAÍDA b_2 (vide *Diâmetro de saída corrigido*, Cap. 10)

$$\text{Passo } t_2 = \frac{\pi d_2}{Z} = \frac{3,14 \times 0,359}{7} = 0,161 \text{ m}$$

$$\text{Obstrução } \sigma_2 = \frac{S}{\text{sen } \beta_2} = \frac{0,004}{0,39} \simeq 0,01.$$

Coeficiente de contração $\nu_2 = \dfrac{t_2 - \sigma_2}{t_2} = \dfrac{0,161 - 0,010}{0,161} = 0,937.$

Daí

$$b_2 = \frac{Q'}{\pi.d_2.v_{m_2}} \cdot \frac{1}{\nu_2} = \frac{0,046}{3,14 \times 0,359 \times 2,65} \times \frac{1}{0,937} = 0,016 \text{ m}$$

$$b_2 = 16 \text{ mm}$$

TRAÇADO DA PROJEÇÃO MERIDIANA DA PÁ

O traçado preliminar, indicado em *Traçado preliminar do rotor*, agora será substituído por um desenho em escala, com as grandezas já calculadas (Fig. 11.3).

PROJETO DO COLETOR

Adotaremos o coletor com seções transversais ao escoamento, circulares. Vimos, em *Escolha do tipo de rotor e de turbobomba*, que $n_s = 73,7$ rpm ou $n_{s(u.s.)} = 14,15 \times 73,7 = 1.043$ rpm.

Com o valor $n_s = 1.043$ e usando o gráfico da Fig. 10.27, obtemos as grandezas $K_{voluta} = 0,415$ e $\alpha_{voluta} = 7°30'$ e $\dfrac{d_3 - d_2}{d_2} \times 100 = 9,2.$

EXEMPLO DE PROJETO DE BOMBA CENTRÍFUGA

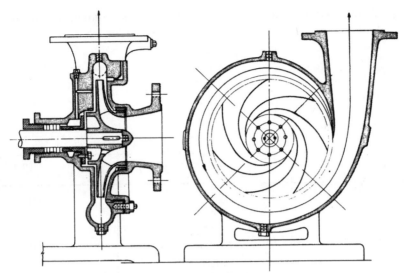

Fig. 11.3 Traçado preliminar do rotor e caracol da bomba centrífuga.

a. *Calculemos v_3* considerando $g = 32,3$ ft $\cdot s^{-2}$ e $H = 36 \times 3,28 = 118$ ft.

$$v_3 = K \sqrt{2gH} = 0,415 \sqrt{2 \times 32,3 \times 118}$$
$$v_3 = 36,4 \text{ ft} \cdot s^{-1} = 11,1 \text{ m} \cdot s^{-1}$$

b. *Largura da voluta b_3.*

Para bomba lenta, podemos fazer, como já foi indicado,

$$b_3 = 2 \times b'$$

Mas $b' = b +$ (2 vezes espessura dos discos)

$$= 0,625'' + \left(2 \times \frac{5''}{32}\right) = 0,937''$$

$$b_3 = 2 \times 0,937 = 1,874''$$

c. *Círculo base para traçado gráfico da voluta.*

$$\frac{d_3 - d_2}{d_2} \times 100 = 9,2 \qquad\qquad d_2 = 0,359 \text{ m}$$
$$\qquad\qquad\qquad\qquad\qquad\qquad = 14,13''$$
$$\frac{d_3}{d_2} = 1,092$$

$$d_3 = 1,092 \times 14,13 = 15,49'' \simeq 393 \text{ mm}$$

d. *Diâmetro da ponta da cauda do caracol d_v.*

É o diâmetro da abertura para poder encaixar o rotor na caixa do caracol. Em geral, esse diâmetro é alguns milímetros maior do que o rotor. Como o diâmetro do rotor é de 371 mm, podemos fazer $d_v = 376$ mm. Calculemos os diâmetros das seções transversais do caracol para ângulos de 45° em 45°.

Para uma seção transversal qualquer de índice i, teremos

$$\frac{\pi \cdot d_i^2}{4} \cdot v_3 = Q_i$$

$$d_i = \sqrt{\frac{4Q_i}{\pi \cdot v_3}} = \sqrt{\frac{4}{\pi \times 11,1} \times Q_i} = \sqrt{0,114 \cdot Q_i}$$

276 BOMBAS E INSTALAÇÕES DE BOMBEAMENTO

Para cada valor φ, calculamos a descarga e, em seguida, o diâmetro do círculo correspondente.

$$\varphi = 45^\circ \ Q_i = \frac{Q'}{8} = 0.00575$$

$$\varphi = 90^\circ \ Q_i = \frac{Q'}{4} = 0,0115$$

e assim sucessivamente.

$\varphi_i \ (^\circ)$	$Q_i \ (m^3 \cdot s^{-1})$	$d_i \ (m)$
45°	0,00575	0,025
90°	0,00115	0,036
135°	0,0172	0,044
180°	0,0230	0,051
225°	0,0287	0,057
270°	0,0345	0,063
315°	0,0402	0,067
360°	0,0460	0,074

Na boca de recalque, para termos uma velocidade mais reduzida, igual a, por exemplo, $4 \ m \cdot s^{-1}$, teremos

$$d = \sqrt{\frac{4 \times 0,046}{\pi \times 4}} = 0,120 \ m$$

Faz-se uma transição troncônica com diâmetro $d_i = 0,074$ m até a boca de saída da bomba, onde o diâmetro será de 0,120 m.

Bibliografia

BRAN, RICHARD E SOUZA ZULCY DE. *Máquinas de Fluxo.* Ao Livro Técnico S.A., 1969.
DOBROVOLSKY, V. *Machine Elements.* Moscou.
DUBBEL, H. *Manual del Constructor de Máquinas.* Editorial Labor S.A., Madri, 1967.
HALL, HOLOWENKO. *Elementos Orgânicos de Máquinas,* 1968.
KARASSIK, IGOR J. *Centrifugal Pump Construction. Pump Handbook.* McGraw-Hill, 1957.
MABIE, HAMILTON H. e OWIRK, FRED W. *Mecanismos e Dinâmica das máquinas.* Ed. Ao Livro Técnico, 1967.
MACINTYRE, A. J. e SILVEIRA JORGE F. DE SOUZA DA. *Máquinas Hidráulicas.* 1965.
PFLEIDERER, CARL. *Bombas Centrífugas y Turbocompresores.* Editorial Labor S.A., Madri, 1960.
QUANTZ, L. *Bombas Centrífugas.* Ed. Labor, 1943.
SÉDILLE, MARCEL. *Turbo-Machines Hydrauliques et Thermiques.* Masson et Cie. Éditeurs, Paris, 1967.
SHIGLEY, JOSEPH EDWARD. *Dinâmica das Máquinas.* Editora Edgard Blücher Ltda, 1969.
STEPANOFF, A. J. *Centrifugal and Axial Flow Pumps.* John Wiley & Sons, Inc., N.Y., 1957.
ZUBICARAY, MANUEL VIEJO. *Bombas. Teoria, Diseño y Aplicaciones.* Ed. Limusa-Wiley. S.A., México, 1972.

12
Rotor com Pás de Dupla Curvatura

GENERALIDADES

O rotor com pás de dupla curvatura representa a solução para bombas cuja velocidade específica ultrapassa 90 rotações por minuto, pois o emprego de rotor com pás cilíndricas neste caso conduziria a dimensões desfavoráveis para o diâmetro externo d_2 do rotor e para a largura b_2 do bordo de saída das pás, sob o ponto de vista do escoamento. De fato, o escoamento do líquido nos canais formados pelas pás não se faria sem que surgissem turbulências e recirculação parcial à entrada do rotor, que provocariam uma redução no rendimento da bomba (Fig. 12.1).

As pás formadas por superfícies de dupla curvatura guiam as partículas líquidas que entram nos canais do rotor segundo direção radial, de maneira uniforme, progressiva e sem perturbações no escoamento, até que essas partículas abandonem esses canais.

O estudo teórico do rotor com pás de dupla curvatura pode ser feito pelas mesmas considerações apontadas no estudo do rotor de pás cilíndricas. Consideramos, numa primeira aproximação, a existência de um número infinito de pás e determinamos a altura representativa da energia que o rotor cede ao líquido. Introduzimos, depois, a correção a que a existência de um número finito de pás obriga, conforme vimos no projeto do rotor de pás cilíndricas.

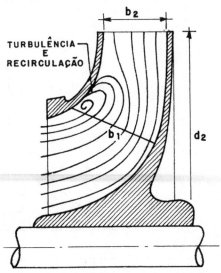

Fig. 12.1 Filetes sob efeito da turbulência à entrada das pás do rotor.

A dificuldade que apresenta o projeto das pás reversas reside na determinação das seções planas que servirão para construir o modelo a ser utilizado no molde para a fundição do rotor. Compreendemos que, não sendo desenvolvíveis as superfícies que constituem as pás do rotor, deveremos recorrer a métodos diversos daquele que adotamos no traçado do perfil da pá e das seções planas dos rotores com pás cilíndricas.

DIMENSIONAMENTO

Diâmetro do rotor (Fig. 12.2)

O diâmetro d'_1 da boca de entrada do rotor pode ser calculado como indicamos em *Velocidade média na boca de entrada do rotor* e *Diâmetro da boca de entrada do rotor* d_1, Cap. 10.

O diâmetro médio d_{m1}, da superfície de revolução formada pela rotação do bordo de entrada das pás do rotor, pode ser tomado igual a

$$d_{m1} = (0,90 \text{ a } 0,94) \cdot d'_1 \text{ nas bombas "normais"}$$

e

$$d_{m1} = (0,80 \text{ a } 0,90) \cdot d'_1 \text{ nas bombas "rápidas"}$$

O diâmetro d_2 (ou d_{m2}), da superfície de revolução formada pela rotação do bordo de saída das pás do rotor, pode ser obtido pelo gráfico da Fig. 8.2, em função de n_s, pois o gráfico nos dá

$$\frac{d_1}{d_2} \quad \text{e} \quad \frac{d_{m1}}{d_{m2}}$$

$$0,5 \cdot d_2 < d'_1 < 0,65 \cdot d_2$$

Esse diâmetro é suposto o mesmo para todos os pontos da superfície gerada pelo bordo de saída nas bombas "normais".

Larguras b_1 e b_2 das seções meridianas dos bordos de entrada e saída do rotor

A determinação das larguras b_1 e b_2 (Fig. 12.2), respectivamente à entrada e à saída do rotor, é feita de modo análogo ao que vimos em *Largura do bordo de entrada da*

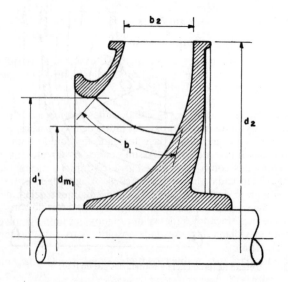

Fig. 12.2 Bordo de entrada b_1 e de saída b_2 do rotor.

ROTOR COM PÁS DE DUPLA CURVATURA   279

pá b_1 e Diâmetro de saída corrigido, Cap. 10.

Apenas convém notar que é recomendável adotarmos, para a velocidade v'_1 de entrada do líquido no rotor, valores um pouco superiores aos indicados no caso do rotor com pás de simples curvatura. Poderemos adotar

$$v'_1 = 2,5 \text{ a } 5 \text{ m } . \text{ } s^{-1}$$

A velocidade v_{m2} à saída deve ser tomada superior a v'_1, pois essa medida vem permitir a redução da largura do canal de escoamento e o aumento do diâmetro d_2, com melhora na condução do líquido, nas condições de aspiração e no rendimento.

A projeção meridiana do bordo de saída poderá ser tomada como uma reta paralela ao eixo (Fig. 12.2) nas bombas normais.

A projeção meridiana do bordo de entrada pode ser traçada, a princípio, a sentimento guiado pela observação de projetos de casos semelhantes, sendo a sua determinação definitiva feita, após o traçado das projeções do perfil das pás, em planos normais ao eixo.

Seção meridiana das paredes laterais do rotor

O traçado da seção meridiana das paredes laterais do rotor é feito, a princípio, também a sentimento, atendendo à condição de que a seção de escoamento vá diminuindo progressivamente desde o bordo de entrada até o de saída, e empregando-se, no traçado, curvaturas pouco acentuadas.

Podemos, usando de um maior cuidado no projeto, ir calculando as seções do canal do rotor entre b_1 e b_2 (Fig. 12.2) de modo que a velocidade média na seção normal às paredes aumente sem variações bruscas, desde o valor v'_1 até o valor v_2.

A prática de projetar e a consulta de desenhos indicando a seção meridiana do canal do rotor, para bombas semelhantes e para condições de funcionamento pouco diversas, facilita o trabalho e reduz a um pequeno número as tentativas de traçado da seção meridiana das paredes laterais do rotor.

Divisão da seção meridiana de escoamento em seções meridianas de veias líquidas

As grandes dimensões transversais de escoamento do líquido no rotor, relativamente ao seu comprimento, impedem que possamos admitir como idênticas as condições de escoamento para todos os elementos líquidos de uma mesma seção transversal. Em vista disso, recorremos, como já antecipamos no Cap. 1, à divisão da seção de escoamento em um certo número de veias líquidas (4 a 8) e estudamos o escoamento em cada uma dessas veias separadamente. O rotor fica dividido em rotores elementares, cujas pás são, sem erro apreciável, admitidas como cilíndricas, e podemos aplicar a cada um desses rotores elementares o mesmo método de determinação das velocidades, dos ângulos α e β e de traçado do perfil da pá, que vimos para as pás cilíndricas.

Tracemos pois, na seção meridiana do rotor, os filetes pertencentes às superfícies de revolução que limitam essas veias.

A projeção meridiana desses filetes constitui o "filete meridiano" e as curvas traçadas normalmente a esses filetes, e, portanto, às velocidades, são eqüipotenciais de velocidade e têm o nome de "linhas de nível" (Fig. 12.3).

O conjunto de linhas de nível de mesmo potencial de velocidade forma, no espaço, uma superfície eqüipotencial de velocidade, que constitui a seção de passagem do líquido.

O traçado dos filetes meridianos e das linhas de nível baseia-se na hipótese simplificadora de que a componente meridiana da velocidade do líquido tenha o mesmo valor ao longo de cada uma das linhas de nível. Assim sendo, os círculos ou anéis circulares, gerados pelos segmentos tais como a_1b_1, b_1c_1, c_1d_1 etc., terão a mesma área, para que a descarga possa ser igual em cada uma dessas seções. A igualdade entre as expressões das áreas das seções conduz à determinação do raio de qualquer delas, desde que se conheçam os raios da superfície meridiana de uma das paredes laterais do rotor.

Após havermos traçado os filetes meridianos e as linhas de nível, deveremos determinar a componente meridiana da velocidade absoluta, isto é, v_m, ao longo de cada filete líquido tal como I, II, III etc.

Retificamos para isso os diversos filetes (a_1a_6), (b_1b_6), (c_1c_6) etc. e marcamos os valores

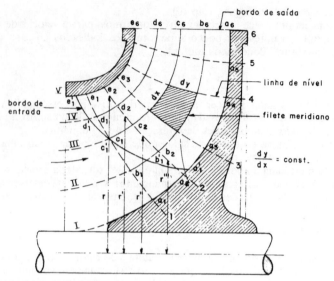

Fig. 12.3 Traçado das malhas de filetes meridianos e linhas de nível.

de v_m em ordenadas correspondentes a abscissas dos pontos determinados pela interseção das linhas de nível 1, 2, 3 etc. com os filetes meridianos.

O valor da componente meridiana da velocidade absoluta é encontrado pela expressão abaixo, onde o índice i caracteriza qualquer um dos elementos transversais do escoamento.

$$v_{m_i} = \frac{Q_i}{2 \cdot \pi \cdot r_i \cdot b_i} \cdot \frac{t_i}{t_i - \sigma}$$

sendo

Q_i a descarga que atravessa a superfície de nível $(2 \cdot \pi \cdot r_i \cdot b_i)$; t_i o passo das pás para o raio r_i;
σ o coeficiente de contração para o raio r_i.

Num primeiro traçado podem-se admitir pás sem espessura e, portanto,

$$\frac{t_i}{t_i - \sigma} = 1$$

É preferível, porém, atribuir-se uma espessura à pá e calcular o valor de

$$\frac{t_i}{t_i - \sigma}$$

Traçamos também as curvas que traduzem a variação da velocidade relativa w; da velocidade circunferencial u; da componente circunferencial da velocidade absoluta v_u e do momento da quantidade de movimento da unidade de massa $(u \cdot v_u)$ para cada um dos filetes líquidos, I, II, III etc., tal como fizemos no Cap. 10, a fim de que possamos determinar os perfis da pá, conforme veremos a seguir (Fig. 12.4).

Determinação dos perfis das pás

Os perfis das pás representam as trajetórias relativas das partículas líquidas e são, como sabemos, as interseções das pás com as superfícies de revolução que têm para linha meridiana os filetes meridianos.

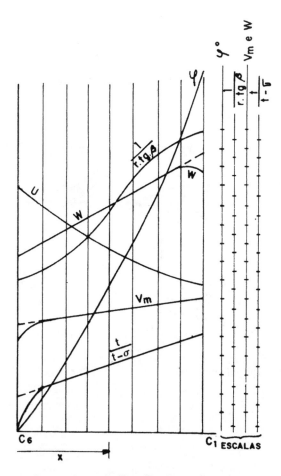

Fig. 12.4 Variação das grandezas ao longo do filete C_1—C_6.

Muitos especialistas se dedicaram à pesquisa da solução para o projeto de pás de dupla curvatura, sendo clássicos os atribuídos a H. Lorenz, Prasil, Bauersfeld, Rateau, Kaplan, Mises, Runge e tantos outros.

Vários são os métodos adotados no traçado do perfil da pá:
a. Desenvolvimento das extremidades das pás sobre um cone e seu traçado por arco de circunferência.
b. "Representação conforme" dos filetes líquidos.
c. Traçado por pontos.

Estudaremos este último processo, recomendável pela sua simplicidade e precisão.

Suponhamos representado um filete líquido pela sua projeção meridiana $C_1 C_6$ (Fig. 12.5) e pela sua projeção $C'_1 C'_6$ sobre um plano normal ao eixo (Fig. 12.6).

Se rebatermos o trecho elementar $(i-i_1)$ do filete meridiano, obtê-lo-emos em verdadeira grandeza, representado por (II_1), e teremos a projeção do elemento de filete no plano normal ao eixo em $(i'i'_1)$.

O triângulo das velocidades para o elemento líquido considerado do filete permite que se escreva

$$IJ = v_m$$
$$IK = W$$
$$JKI = \beta$$

Portanto

$$\operatorname{sen} \beta = \frac{v_m}{W}$$

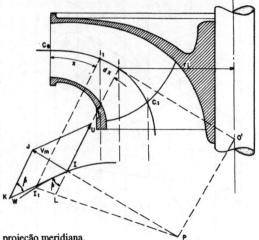

Fig. 12.5 Filete líquido em projeção meridiana.

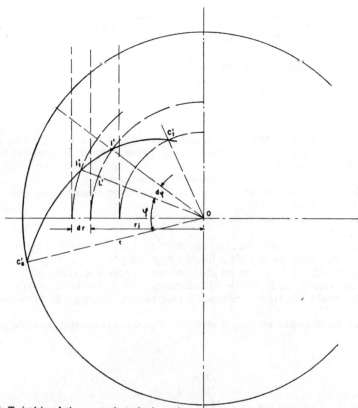

Fig. 12.5a Trajetória relativa em projeção horizontal.

O ângulo ILI_1, do triângulo elementar, pode ser admitido como reto, de modo que

$$IL = \frac{I_l \cdot L}{\operatorname{tg} \beta} = \frac{dx}{\operatorname{tg} \beta}$$

Mas *(IL)* concorda com sua projeção no plano normal ao eixo, ou seja *(i'L')*. Notemos também que

$$i'L' = r_i \cdot d\varphi$$

Portanto

$$r_i \cdot d\varphi = \frac{dx}{\operatorname{tg} \beta}$$

ou

$$d\varphi = \frac{dx}{r_i \cdot \operatorname{tg} \beta}$$

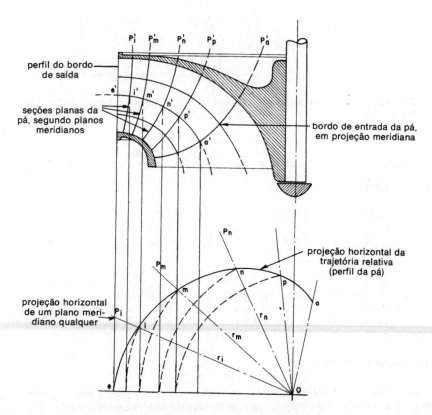

Fig. 12.6 Seções planas da pá do rotor por planos meridianos. Acha-se representada apenas uma trajetória relativa *ae* em projeção horizontal.

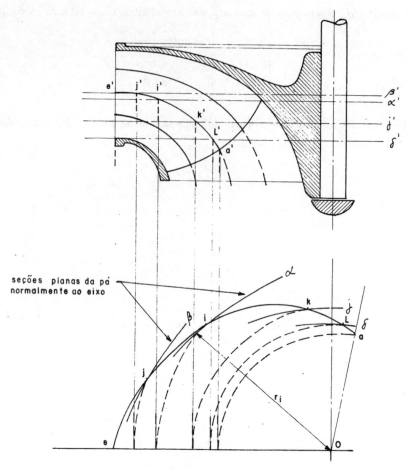

Fig. 12.7 Seção plana da pá do rotor por um plano normal ao eixo. Acha-se indicada apenas uma trajetória relativa *ae*.

Integrando entre os limites 0 e x e multiplicando por $\dfrac{180}{\pi}$, para termos φ expresso em graus, resultará

$$\boxed{\varphi^0 = \frac{180}{\pi} \int_0^x \frac{dx}{r_i \cdot \text{tg } \beta}}$$

φ e x são medidos a partir do ponto de saída da pá do rotor.

Com o auxílio de φ e de r, poderemos traçar a projeção do filete sobre o plano normal ao eixo. Procederíamos de maneira análoga com os demais filetes meridianos traçados na Fig. 12.3.

Seções planas das pás

Ao modelador interessa conhecer as seções planas das pás, a fim de poder preparar o modelo que servirá para a confecção das fôrmas ou moldes de fundição.

As seções feitas nas superfícies das pás apresentam vantagens de ordem prática, por meio de planos meridianos (contendo portanto o eixo) e planos normais ao eixo de rotação.

Vejamos como determinar as seções, fazendo o raciocínio para um ponto apenas da superfície da pá. Suponhamos que um número suficientemente grande de filetes meridianos já tenha sido traçado e que as projeções horizontais das trajetórias relativas correspondentes a esses filetes tenham sido determinadas.

Seção plana meridiana

Consideremos um plano meridiano representado em projeção horizontal por P_i (Fig. 12.6).

O ponto i de interseção da projeção horizontal P_i da seção meridiana, com a projeção horizontal de uma trajetória relativa *(ea)* suposta já traçada, dará a projeção horizontal de um ponto que é a interseção do plano meridiano com a superfície da pá.

Portanto, dando-se uma rotação ao ponto i, segundo o raio r_i, e alçando-o, determinaremos o ponto i' em projeção meridiana. Procedendo de modo análogo com outros planos, tais como P_m, P_n etc., obteremos curvas P'_m, P'_n etc., que serão as seções meridianas das pás por meio dos planos meridianos cujas projeções horizontais são P_m, P_n etc.

Seção plana normal ao eixo

Poderemos lançar mão dos perfis das pás para a determinação dessa seção plana.

Representemos pois, na Fig. 12.7, uma trajetória relativa pela sua projeção meridiana (a', e') e pela sua projeção *(a, e)* segundo um plano normal ao eixo.

Tomemos, por exemplo, o plano α' normal ao eixo. Esse plano corta a trajetória relativa num ponto cujas projeções são, respectivamente, i' no plano meridiano e i no plano normal ao eixo.

A projeção i é obtida dando-se uma rotação com centro em 0 e com raio r_i, até que o arco de circunferência corte a projeção horizontal da trajetória relativa.

Procedendo-se com outros planos e com outras trajetórias relativas, obtém-se um número suficientemente grande de seções planas que torna possível ao modelador preparar seus moldes.

Bibliografia

LEAL, Iddio Ferreira. *Introdução ao estudo das turbinas hidráulicas.*
MEDICE, MARIO. *Le Pompe.* Ed. Ulrico Hoepli, Milão, 1967.
PFLEIDERER, CARL. *Bombas centrífugas y turbocompresores.* Editorial Labor S.A., 1958.
SEDILLE, MARCEL. *Turbomachines Hydrauliques et Thermiques.* Masson & Cie., 1967.
STEPANOFF, A. J. *Centrifugal and Axial Flow Pumps.* John Wiley & Sons, Inc., 1957.
ZAPPA, GOFREDO. *Le Pompe Centrifughe.* Ed. Ulrico Hoepli, 1933.

13

Equilibragem do Empuxo Axial

NATUREZA DO PROBLEMA

O rotor das bombas centrífugas, juntamente com o eixo e as peças a ele solidárias e dotadas de movimento de rotação, quando em funcionamento, é submetido a um esforço segundo a direção axial (longitudinal) proveniente das seguintes causas:

a. Diferença entre as pressões que agem sobre as paredes das coroas do rotor.

b. Diferença entre as velocidades na entrada e na saída do rotor nas bombas helicoidais.

c. Peso das partes móveis, solidárias com o eixo, no caso de se tratar de bombas com o eixo vertical.

Esse esforço é designado por *empuxo axial* na terminologia das máquinas hidráulicas. Com relação às duas primeiras causas, ocorre o empuxo axial porque as partes móveis não possuem simetria em relação a um plano perpendicular ao eixo. Esse empuxo deve ser equilibrado, havendo, para isso, recursos de natureza hidráulica, mecânica ou de ambas.

Vejamos como se pode calcular o valor desse empuxo nas bombas centrífugas e, em seguida, alguns processos que a prática construtiva adota para equilibrá-lo.

EMPUXO AXIAL NAS BOMBAS CENTRÍFUGAS

Uma certa parcela do líquido em escoamento na bomba atravessa os interstícios a existentes entre o rotor e difusor (Fig. 13.1) ou o coletor, indo ter às câmaras 1 e 2, em razão da menor pressão nelas reinante.

Podemos imaginar que o volume de líquido contido entre as paredes fixas da caixa da bomba e a parede externa do rotor gire em torno do eixo com uma velocidade angular igual à metade da velocidade angular da "árvore" (eixo e peças a ele solidárias, dotadas de movimento de rotação), ou seja, com uma velocidade angular igual a $\dfrac{\omega}{2}$.

Para podermos apreciar este modo de considerar o que se passa, notaremos que o líquido contido na câmara, ao mesmo tempo que é arrastado pela parede lateral do rotor em movimento, em virtude do atrito entre eles existente, sofre também a influência da resistência oposta pelas paredes fixas da câmara, de tal modo que se torna possível admitir no caso das bombas centrífugas que a velocidade relativa entre o líquido e o rotor é igual à velocidade relativa entre as paredes da câmara e o líquido. A velocidade angular da massa líquida será pois suposta igual à metade da velocidade angular do rotor, isto é, igual a $\dfrac{\omega}{2}$.

Chamemos de

EQUILIBRAGEM DO EMPUXO AXIAL 287

h — a altura representativa da pressão em um ponto da câmara 2 da caixa da bomba, a uma distância r do eixo.

H'_p — a altura representativa da pressão em um ponto do interstício a, entre o rotor e o difusor, na câmara 1 ou 2.

Ao estudarmos a energia cedida ao líquido pelo rotor, vemos que, num volume de revolução cheio de líquido girando em torno de um eixo com velocidade angular ω, a dependência entre as pressões h_2 e h_1 correspondentes aos dois raios r_2 e r_1 é dada por

$$h_2 - h_1 = \frac{p_2 - p_1}{\gamma} = \frac{u_2{}^2 - u_1{}^2}{2g} \tag{13.1}$$

onde

$$u_2 = \omega \cdot r_2$$

e

$$u_1 = \omega \cdot r_1$$

No caso presente, em que estamos admitindo o líquido contido na câmara da caixa, girando com metade da velocidade angular que possui o rotor, vemos que h_2 vem a ser, na realidade, H'_p e que

$$\frac{u_2}{2} = \frac{\omega}{2} \cdot r_2$$

e

$$\frac{u_1}{2} = \frac{\omega}{2} \cdot r_1$$

Se fizermos as substituições na Eq. (13.1) e transpusermos o termo H'_p, resultará

$$h_1 = H'_p - \frac{\left(\dfrac{U_2}{2}\right)^2 - \left(\dfrac{U_1}{2}\right)^2}{2g}$$

Para um ponto a uma distância qualquer r do eixo, teremos

$$h = H'_p - \frac{\left(\dfrac{u_2}{2}\right)^2 - \left(\dfrac{u}{2}\right)^2}{2g} = H'_p - \frac{\omega^2}{8g} \cdot (r_2{}^2 - r^2)$$

Poderemos, com razoável aproximação, supor que as pressões (chamando, como é sabido, de pressão a força aplicada à unidade de superfície) sobre as duas coroas laterais do rotor são iguais e se equilibram, de sorte que o empuxo axial resultará apenas de pressão atuando sobre a coroa circular do rotor de largura igual a $(d_i - d_n)$, no sentido da direita para a esquerda, na Fig. 13.1.

O empuxo a que cada rotor da bomba estará sujeito, e que designaremos por E_1, será obtido, integrando entre os limites r_n e r_i a força que atua tendendo a deslocar o eixo longitudinalmente.

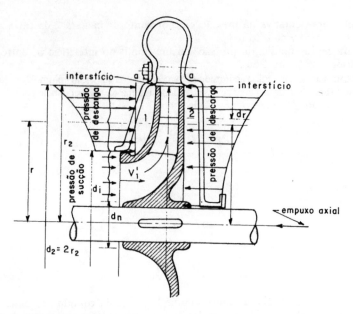

Fig. 13.1 Variação das pressões na parte anterior e na posterior do rotor.

Assim

$$E_1 = \int_{r_n}^{r_i} 2\pi \cdot r \cdot dr \cdot h \cdot \gamma = \int_{r_n}^{r_i} 2\pi \cdot r \cdot dr \left[H'_p - \frac{\omega^2}{8g} \cdot (r_2^2 - r^2) \right] \cdot \gamma$$

ou, integrando:

$$E_1 = \gamma \cdot \pi \left(r_i^2 - r_n^2 \right) \cdot \left[H'_p - \left(r_2^2 - \frac{r_i^2 + r_n^2}{2} \right) \cdot \frac{\omega^2}{8g} \right]$$

Mas o valor de H'_p é, conforme vimos no Cap. 3,

$$H'_p = \frac{u_2^2 - u_1^2}{2g} + \frac{w_0^2 - w_2'^2}{2g} - h_r$$

Se admitirmos a validade das seguintes hipóteses:
a. Perdas de energia h_r devidas ao atrito, nulas, isto é, $h_r = 0$.
b. Número finito de pás e, neste caso,

$$W_2 = W'_2$$

e

$$H'_p = H_p$$

c. Entrada do líquido radialmente na bomba, e então
$v_0^2 = w_0^2 - u_1^2$ e, portanto, $u_1^2 = w_0^2 - v_0^2$
resultará

$$H_p = \frac{u_2^2 - (w_0^2 - v_0^2)}{2g} + \frac{w_0^2 - w_2'^2}{2g}$$

ou

$$H_p = \frac{u_2^2 + v_0^2 - w_2'^2}{2g}$$

Donde obteremos para o empuxo axial devido às diferenças de pressão consideradas:

$$E_1 = \gamma \cdot \pi \left(r_i^2 - r_n^2 \right) \cdot \left[\frac{u_2^2 - w_2'^2 + v_0^2}{2g} - \left(r_2^2 - \frac{r_i^2 + r_n^2}{2g} \right) \cdot \frac{\omega^2}{8g} \right]$$

$$(13.2)$$

Notemos, porém, que o líquido penetra no rotor com uma velocidade axial v_a e que o abandona segundo uma direção que podemos admitir como contida num plano normal ao eixo. Os filetes líquidos sofrem, portanto, um desvio enquanto passam pelo rotor. Mas o *teorema das quantidades de movimento projetadas* nos revela que, quando um líquido de massa m animado de movimento retilíneo com velocidade v se desvia de 90° sem perder velocidade, a superfície que provoca o desvio do líquido recebe a ação de uma força igual a

$$\frac{m \cdot (v - 0)}{t} = \gamma \cdot \frac{Q}{g} \cdot v \qquad (13.3)$$

Sendo
   γ o peso específico do líquido;
   g a aceleração da gravidade;
   t o tempo durante o qual o líquido sofreu o desvio no seu escoamento.
   No caso de uma bomba, o desvio da corrente líquida dá lugar a um certo empuxo, no sentido da entrada do líquido para o interior da bomba, cujo valor, em virtude da consideração feita, é pois

$$E_2 = \gamma \cdot \frac{Q}{g} \cdot v_1' \qquad (13.4)$$

Esta força é portanto de sentido oposto ao do empuxo axial.
O *empuxo axial resultante* E será a diferença entre as duas forças E_1 e E_2, ou seja:

$$E = E_1 - E_2 \qquad (13.5)$$

Notemos que as equações foram estabelecidas para os valores que conduzem ao rendimento máximo da bomba. Baixando a descarga de seu valor normal, o empuxo E aumentará.
   A diversidade na forma e nas dimensões das câmaras 1 e 2 e o deslocamento longitudinal do eixo e do rotor relativamente ao difusor podem contribuir para aumentar o empuxo. Por essa razão, a prática aconselha, a quem projeta, aumentar de 10 a 20% o valor do empuxo calculado pelas equações acima, a fim de calcular com bastante segurança os dispositivos que visam a equilibrá-lo.

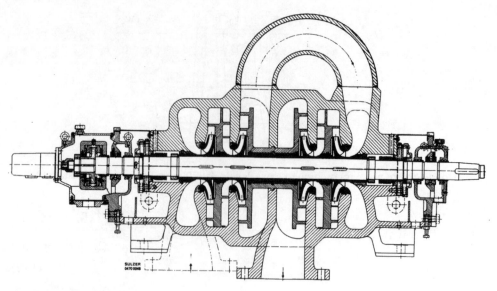

Fig. 13.2 Bomba Sulzer de quatro estágios.

EQUILIBRAGEM POR MEIO DE DISPOSIÇÃO ESPECIAL DOS ROTORES

Consiste esta solução em adotar-se uma dupla entrada para o líquido na bomba, de sorte que metade dos rotores tenha a entrada do líquido por um sentido e a outra metade pelo sentido oposto.

Os rotores e as câmaras entre o rotor e o corpo da bomba sendo iguais, haverá equilíbrio entre as duas pressões opostas na direção axial.

Desse modo, obtêm-se pequenas perdas por fugas e um melhor rendimento do que com as bombas com aparelhos de equilibragem especiais. Para que seja possível esta solução, evidentemente, os rotores deverão ser em número par.

Tratando-se apenas de dois rotores, é usual fundi-los em uma única peça, a qual possuirá então um disco mediano e duas aberturas circulares para entrada do líquido. É o caso dos rotores de entrada bilateral referidos no Cap. 2.

Na prática, sempre verifica-se um pequeno empuxo devido às imperfeições naturais à fabricação e ao engaxetamento, de modo que se usam ainda, como complementos à equilibragem, mancais capazes de receber algum esforço longitudinal.

Nas bombas de múltiplos estágios, a solução se torna de execução mais complicada e dispendiosa pela existência das tubulações de junção entre os grupos de rotores e por exigirem moldes distintos para as peças de cada lado do plano de simetria da bomba.

A Fig. 13.2 mostra uma bomba Sulzer de quatro estágios em série, para um oleoduto. O óleo entra pelo primeiro rotor à esquerda, passa para o segundo e dá uma volta para entrar nos outros dois rotores pela direita. Os empuxos se equilibram. As bombas de rotores de entrada bilateral possuem a carcaça bipartida para que seja possível fazer a montagem e desmontagem, retirando a parte superior (Fig. 2.25).

EQUILIBRAGEM COM ANÉIS DE VEDAÇÃO E ORIFÍCIOS NOS ROTORES

Esta solução consiste, como se observa na Fig. 13.3, em colocar-se para cada rotor um anel de vedação do lado oposto ao da aspiração e teoricamente do mesmo diâmetro que o diâmetro d_i da boca de aspiração. Faz-se um certo número de furos (3 a 4) de bordos arredondados no rotor, nas proximidades do eixo: os *furos de balanceamento*. O líquido passa pelos furos e enche a câmara 3, que fica com a mesma pressão que a do

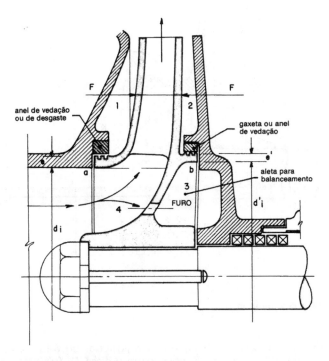

Fig. 13.3 Anéis de vedação para equilibragem do empuxo axial.

canal 4, abstração feita das perdas pelo escoamento do líquido através dos orifícios e pelo desvio da velocidade da corrente de fuga na direção axial.

Para atender à perda de carga devida à passagem do líquido nos furos, dá-se às gaxetas de vedação um diâmetro $(d'_i + 2e')$ pouco superior a $(d_i + 2e)$, sendo e' e e as espessuras do rotor nos locais considerados.

Como, com esse processo, também não é possível equilibrar perfeitamente o empuxo, é conveniente nas bombas grandes empregar-se um mancal de escora para receber a parcela de empuxo não-equilibrado.

As gaxetas ou anéis de vedação ou anéis de desgaste podem ser semelhantes às indicadas na Fig. 13.3.

Havendo um deslocamento axial do rotor para a esquerda, no caso da Fig. 13.3, o interstício em a diminuirá, aumentando o interstício em b. Isso provoca um aumento de pressão do lado de 1 e uma diminuição de pressão em 2, o que origina um empuxo da esquerda para a direita, tendendo a anular o movimento iniciado.

Consegue-se, com os furos mencionados, reduzir o empuxo de um valor igual a 10 a 25% do valor inicial, daí seu emprego.

EQUILIBRAGEM POR MEIO DE "DISCOS DE DESCARGA"

Faz-se, por meio desse processo, com que o líquido do recalque conduzido através de uma passagem especial atue contra um disco, fixado à extremidade do eixo, por meio de uma chaveta. O líquido exerce sobre esse disco um esforço que equilibra o empuxo no sentido oposto. Havendo excesso de pressão do lado por onde atua o líquido, o disco se afasta e o líquido se escoa, restabelecendo-se o equilíbrio.

DISCO DE EQUILIBRAGEM OU DE BALANCEAMENTO

O disco de equilibragem é um disco solidário com o eixo, situado atrás do último estágio que a bomba possui (Fig. 13.4).

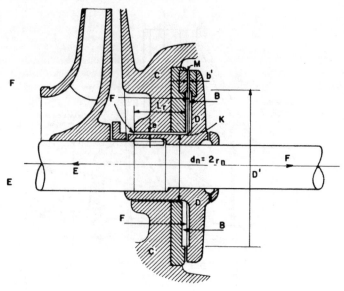

Fig. 13.4 Disco de equilibragem.

O líquido vindo da câmara situada na face posterior do rotor passa pelo interstício de largura e e, atingindo a câmara B, atua contra o disco D, fixo ao eixo. Como a parte C é fixa à carcaça da bomba, o disco D é impelido no sentido oposto ao de atuação do empuxo axial. O eixo, recebendo esse esforço F do disco, transmite-o ao rotor ao qual está solidário.

Deste modo, consegue-se compensar o empuxo axial E de modo bastante satisfatório, sendo comum o emprego dos discos de equilibragem nas bombas de grandes dimensões.

Evita-se com eles o uso de mancais de escora.

PÁS NA PARTE POSTERIOR DO ROTOR

Alguns fabricantes adotam a solução de fabricar os rotores com pás ou aletas nas costas do disco do rotor, mencionando resultados favoráveis (Fig. 13.3).

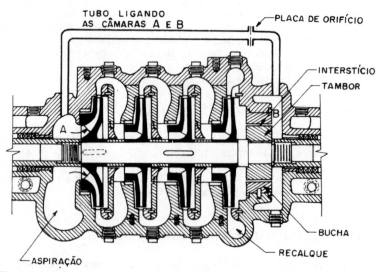

Fig. 13.5 Tambor de balanceamento.

TAMBOR DE BALANCEAMENTO

Como se observa na Fig. 13.5, após o último estágio de uma bomba com rotores em série instala-se um *tambor* chavetado ao eixo, separando a câmara situada atrás do último rotor de uma outra câmara, denominada câmara de balanceamento, a qual se comunica com a boca de sucção da bomba por um tubo contendo uma placa de orifício. Entre o tambor e a bucha presa à carcaça deve haver uma pequena folga radial a fim de limitar o fluxo de líquido. O tambor fica submetido de um lado à pressão de descarga, e do outro, à pressão de sucção, determinando um empuxo axial de sentido contrário aos empuxos dos rotores.

Bibliografia

LIMA, EPAMINONDAS PIO CORREIA. *A Mecânica das Bombas.* 1984. Gráfica Universitária. Salvador.

MATOS, EDSON EZEQUIEL. *Bombas Centrífugas.*

MEDICE, MARIO. *Le Pompe.* Ulrico Hoepli, Milão, 1967.

PFLEIDERER, CARL. *Bombas Centrífugas y Turbocompresores.* Editorial Labor S.A., 1965.

ZAPPA, GODOFFREDO. *Le Pompe Centrifughe. Cálculo e Construzione.* Ed. Ulrico Hoepli, Milão, 1934.

ZUBICARAY, MANUEL VIEJO. *Bombas. Teoria, Diseño y Aplicaciones.* Ed. Limusa-Wiley.

14

Bombas Axiais

CONSIDERAÇÕES GERAIS

As bombas axiais possuem o rotor com aspecto de hélice de propulsão, dotada de reduzido número de pás (2 a 8), e, como vimos no Cap. 8, possuem velocidade específica elevada. Sob uma forma simplista, diz-se que as bombas axiais ou de hélice se destinam a elevar grandes descargas a pequenas alturas.

As pás podem ser fixas, fundidas com o núcleo de fixação ou a ele soldadas, ou podem variar o "passo", graças a um mecanismo localizado no interior da ogiva onde as pás são adaptadas. Um sistema de comando automático comunica às pás a inclinação adequada à descarga com a qual a bomba deverá funcionar.

Evita-se assim, com a bomba de passo regulável, que o rendimento sofra acentuadas variações quando a descarga se afasta do valor normal (de máximo rendimento), pois, no caso das pás fixas, variando a descarga, o ângulo de incidência se altera e os filetes líquidos tendem ou a descolar-se ou a chocar-se com as pás, o que reduz o rendimento da bomba.

As bombas axiais com pás de passo variável são conhecidas como bombas Kaplan, por serem análogas às turbinas hidráulicas as quais levam o nome de seu inventor, o engenheiro Viktor Kaplan.

Em bombas menos aperfeiçoadas, as pás podem ser apenas "ajustadas" num ângulo adequado ao funcionamento para as condições médias desejadas.

O rotor é colocado no interior de um tubo com formato troncônico, e o motor que o aciona fica acima do tubo.

A Fig. 14.2, da Norma Brasileira PTB-68 para Bombas Hidráulicas de Fluxo, mostra as partes essenciais de uma bomba axial de pás fixas com a nomenclatura recomendada. As Figs. 2a e 2b indicam, respectivamente, rotores axiais de pás ajustáveis e pás reguláveis.

Nos rotores em hélice, a velocidade de arrastamento no ponto de contato do líquido

Fig. 14.1 Rotores de bombas axiais da Escher Wyss.

BOMBAS AXIAIS

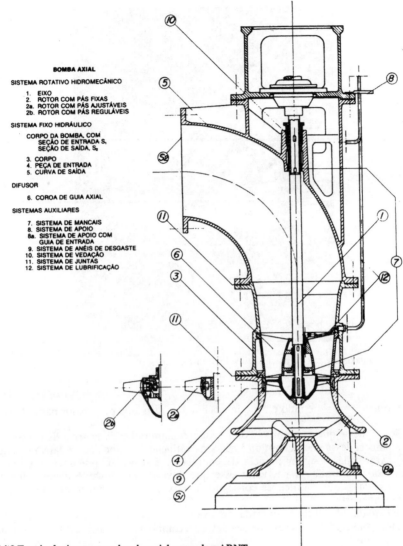

Fig. 14.2 Terminologia para uma bomba axial, segundo a ABNT.

com a pá à entrada é igual à que se verifica à saída da pá, isto é,

$$u_1 = u_2 = u$$

Segue-se que a força centrífuga decorrente da variação da velocidade u é nula. A energia é obtida, então, à custa da variação da velocidade relativa W, a qual diminui do valor W_1 para o valor W_2, produzindo um efeito de difusão ao longo do canal formado por duas pás consecutivas, o que produz aumento da energia de pressão. A equação das velocidades se transforma em

$$H_e = \frac{v_2^2 - v_1^2}{2g} + \frac{w_1^2 - w_2^2}{2g}$$

onde

$$v_2 > v_1 \text{ e } w_1 > w_2$$

Fig. 14.3 Bomba axial de pás de passo variável para irrigação.

Como o termo $\dfrac{u_2^2 - u_1^2}{2g}$ é nulo e é o que nas bombas responde pela maior parte da energia de pressão, segue-se que as bombas axiais proporcionam reduzida energia de pressão, uma vez que a parcela dessa energia obtida à custa da variação da velocidade relativa é pequena. De fato, para fornecer maior parcela de energia de pressão, w precisaria ter um valor muito elevado à entrada da pá, valor esse que deveria ser reduzido a um valor muito pequeno à saída, o que é difícil de conseguir, uma vez que o percurso ao longo do rotor é relativamente curto.

A velocidade absoluta de entrada no rotor v_1 é radial, mas, à saída, é tangente a uma trajetória helicoidal que se estabelece devido à componente tangencial V_{u_2} e ao chamado "efeito de pontas".

Como convém que o líquido volte a escoar-se segundo a direção axial e é necessário transformar parte apreciável da energia cinética em energia de pressão, coloca-se à saída do rotor uma coroa de guia axial com *pás guias* ou *diretrizes* no difusor, o qual é o próprio tubo troncônico de seção crescente no sentido do escoamento, com ângulo de conicidade da ordem de 10°.

As bombas axiais só podem trabalhar se o rotor estiver imerso no líquido ("afogado").

Para que o líquido penetre no canal formado pelas pás do rotor segundo uma direção contida num plano meridiano, usam-se pás diretrizes fixas antes do rotor (Fig. 14.2, item 8*a*).

DIAGRAMA DAS VELOCIDADES

Representemos, na Fig. 14.4, em um corte cilíndrico desenvolvido, pás de um rotor em hélice, supondo entrada meridiana $\alpha_1 = 90°$ e que $v_1 = v_{m_1} \simeq v_{m_2}$, o que é normal adotar-se. Ao sair no ponto 2 da pá, uma partícula líquida atinge o bordo de entrada da pá diretriz do difusor, com velocidade absoluta $v'_2 \simeq v_2$ que deverá ser tangente à pá, a fim de evitar choque. Ao sair da pá diretriz em 3, a partícula líquida tem sua trajetória novamente contida num plano meridiano, isto é, o escoamento se faz segundo um plano radial.

BOMBAS AXIAIS 297

Fig. 14.3a Rotor de bomba axial de oito pás de passo variável da KSB Pumps, sendo instalado na caixa na usina nuclear de Billis.

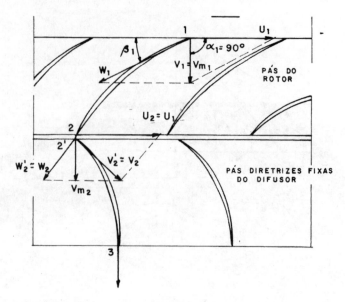

Fig. 14.4 Diagrama das velocidades.

Ao passar pelo rotor, a velocidade absoluta aumenta seu valor de v_1 a v_2, de modo que se obtém uma energia dinâmica positiva

$$\frac{v_2^2 - v_1^2}{2g} > 0$$

É graças à curvatura adequada da pá da hélice que se consegue fazer com que w_2 seja menor do que w_1, proporcionando, portanto, valor positivo para o termo $\dfrac{w_1^2 - w_2^2}{2g}$.

Representemos os diagramas das velocidades, a partir de um ponto P qualquer, para a entrada e para a saída do rotor. Obteremos o chamado *diagrama de vértice comum* (Fig. 14.5).

No diagrama supusemos o caso mais geral, no qual a entrada no rotor não é meridiana (v_1 não coincide com v_{m_1}).

Representemos também as projeções de v_1 e v_2 sobre a direção de u, isto é, v_{u_1} e v_{u_2}, e chamemos de Δv_u a variação $v_{u_2} - v_{u_1}$ das componentes periféricas das velocidades absolutas.

A equação de Euler pode ser escrita como

$$H_e = \frac{u_2 \cdot \Delta v_u}{g} \qquad (14.1)$$

Chama-se *velocidade média relativa* da partícula líquida no ponto 1 a velocidade w_{mr}, que faz o ângulo γ_m com a velocidade v_{m_1} e cuja tangente é definida por

$$\operatorname{tg} \gamma_m = \frac{w_{mr_u}}{v_{m_1}} \qquad (14.2)$$

BOMBAS AXIAIS

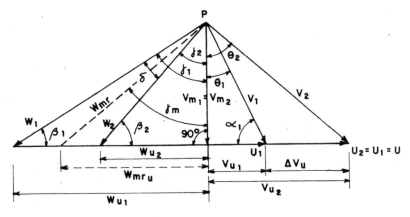

Fig. 14.5 Diagrama de vértice comum.

sendo

$$w_{m_{ru}} = \frac{w_{u_1} + w_{u_2}}{2} \qquad (14.3)$$

O ângulo médio do filete pode ser calculado a partir dos ângulos γ_1 e γ_2, pois

$$w_{u_1} = v_{m_1} \cdot \text{tg } \gamma_1$$

$$w_{u_2} = v_{m_2} \cdot \text{tg } \gamma_2$$

Logo

$$w_{mr_u} = \frac{v_{m_1}}{2} (\text{tg } \gamma_1 + \text{tg } \gamma_2) \qquad (14.4)$$

e portanto

$$\text{tg } \alpha_m = \frac{1}{2} (\text{tg } \alpha_1 + \text{tg } \alpha_2) \qquad (14.5)$$

O ângulo de incidência da pá é o ângulo formado pela direção da velocidade média relativa w_{mr} com a corda do perfil da pá.

EQUAÇÃO DA ENERGIA

Retomemos a Eq. (14.1).

$$H_e = \frac{u_2 \cdot \Delta v_u}{g}$$

Como nas bombas axiais $u_2 = u_1 = u$, podemos escrever

$$H_e = \frac{u \cdot \Delta v_u}{g}$$

300 BOMBAS E INSTALAÇÕES DE BOMBEAMENTO

A Fig. 14.5 nos mostra que

$$v_{u_1} = v_{m_1} \cdot \text{tg } \Theta_1$$

e

$$v_{u_2} = v_{m_2} \cdot \text{tg } \Theta_2 = v_{m_1} \cdot \text{tg } \Theta_2, \text{ porque } v_{m_1} = v_{m_2} = v_m$$

Logo

$$H_e = \frac{u \cdot v_m}{g} \left(\text{tg } \theta_2 - \text{tg } \theta_1 \right)$$

Mas

$$u = v_m \cdot \text{tg } \gamma_1 + v_m \cdot \text{tg } \gamma_2 = v_m \cdot \text{tg } \Theta_2 - v_m \cdot \text{tg } \Theta_1$$

Donde

$$H_e = \frac{u \cdot v_m}{g} \left(\text{tg } \gamma_1 - \text{tg } \gamma_2 \right) \qquad (14.6)$$

A Eq. (14.6) nos mostra que a energia H_e cedida pela pá depende da velocidade periférica u, da componente meridiana da velocidade absoluta de entrada no rotor v_m e da curvatura da pá definida por $\gamma_1 - \gamma_2 = \delta$, isto é, pela diferença entre os ângulos da pá à entrada e à saída, com a direção axial.

GRAU DE REAÇÃO

O grau de reação no caso das bombas axiais assume a forma

$$G_r = \frac{\dfrac{w_1^2 - w_2^2}{2g}}{H_e} \qquad (14.7)$$

uma vez que, não existindo efeito da força centrífuga, a energia de pressão fica reduzida ao que é proporcionado pela variação de energia cinética devido apenas à velocidade relativa.

O grau de reação varia de 0 a 1, sendo recomendáveis valores elevados do mesmo. Na prática, procura-se fazer com que v_1 seja axial ao atingir a pá; que o número de pás seja reduzido; que a curvatura das pás não seja muito grande e que v_2 também não seja elevado.

Com essas providências, consegue-se um bom rendimento para a bomba.

A PÁ DO ROTOR CONSIDERADA COMO ELEMENTO COM PERFIL DE ASA

Durante muito tempo, as bombas axiais foram calculadas com os recursos da Teoria Unidimensional do escoamento líquido, complementadas com subsídios advindos de ensaios e comprovação prática dos resultados.

A Mecânica dos fluidos, graças ao seu notável desenvolvimento, permitiu que se pudesse aplicar ao projeto das turbomáquinas axiais conceitos e estudos realizados com os perfis de asas de avião.

É assim que modernamente o estudo e traçado das pás baseia-se, neste caso, na *Teoria de circulação das velocidades,* cujos fundamentos foram apresentados por Kutta e Youkowski, numa generalização do chamado *Efeito magnus,* e que, aplicado ao domínio das *Asas de sustentação (Asas portantes)*, passou a denominar-se *Teoria da sustentação* ou *Teoria da força portante*. (Ver o livro *Pumps, Fans, Compressors*, de V. M. Cherkassky.)

BREVE NOÇÃO A RESPEITO DA TEORIA DA SUSTENTAÇÃO

Definições

A experiência mostra que, se tivermos uma placa plana inclinada relativamente à direção geral de um escoamento uniforme de velocidade relativa w_∞ num espaço suficientemente amplo, em virtude do desvio das linhas de corrente, esta placa ficará sujeita a uma força R inclinada relativamente à direção do escoamento (Fig. 14.6). Essa força R possui duas componentes naturais: P, perpendicular à direção do escoamento, denominada *Sustentação, Portança* ou *Lift*, e A, na direção do escoamento do fluido, tem os nomes de *Arraste, Resistência* ou *Drag*.

Visando a conseguir *aumento da portança* e *diminuição do arraste,* pode-se curvar a placa (Fig. 14.7) ou adotar perfis de asa (Fig. 14.8).

Para compreender o aparecimento dessas forças, é preciso notar que, até atingir o perfil, o fluido possui uma velocidade relativa ao mesmo, igual a w_∞, e que a pressão estática uniforme reinante é p_∞.

Na parte inferior do perfil (Infradorso), a pressão aumenta, tornando-se $p > p_\infty$, e, em conseqüência, a velocidade dos filetes diminui.

Na parte superior, pelo contrário, $p < p_\infty$ e $w > w_\infty$ devido ao adensamento dos filetes.

Em virtude da sobrepressão reinante no infradorso e da subpressão do extradorso, ambas de mesmo sentido, resulta a força portante ou de sustentação P. É o que mostra a Fig. 14.9.

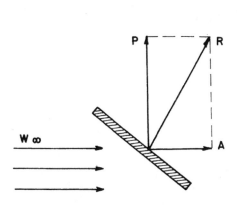

Fig. 14.6 Linhas de corrente sobre placa plana e forças resultantes.

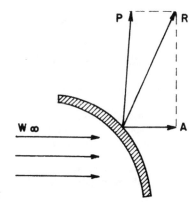

Fig. 14.7 Linhas de corrente sobre placa curva e forças resultantes.

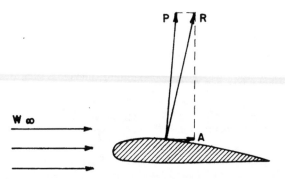

Fig. 14.8 Ação da corrente sobre o perfil de asa e forças resultantes.

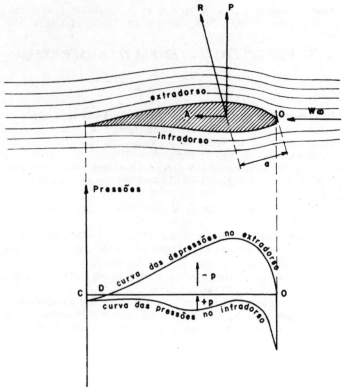

Fig. 14.9 Variação da pressão no infradorso e extradorso de um perfil de asa.

Nomenclatura dos perfis de asa

Na Fig. 14.10 temos:

α = ângulo de ataque
e = espessura máxima da asa
f = flecha ou curvatura máxima
c = corda
L = envergadura ou comprimento
01 = linha média do perfil
$S = C \cdot L$ = seção operante do perfil

Procurou-se construir perfis que, para grandes velocidades, proporcionassem valores elevados de P e reduzidos valores para o arraste R.

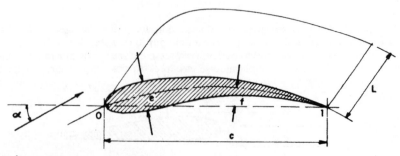

Fig. 14.10 Ângulo de ataque em um perfil de asa.

Fig. 14.11 Convenções de perfil de asa.

Chegou-se, assim, aos chamados *Perfis normais* (asas de pássaros), laminares, dos quais são mais empregados os padronizados pela NACA (National Advisory Committee of Aeronautics) e os obtidos nos ensaios do túnel de Goettingen, na Alemanha.
A Fig. 14.11 mostra como são considerados os ângulos segundo as duas convenções citadas.

Determinação da portança e do arraste

As forças de portança e de arraste são calculadas em função da chamada *Pressão de estagnação* (caracterizada pela transformação integral da energia cinética em energia potencial de pressão) e de coeficientes fluido-dinâmicos, denominados coeficiente de portança C_a e coeficiente de arraste C_r.
A pressão de estagnação é dada por

$$p = \gamma \cdot \frac{w_\infty^2}{2g} \qquad (14.8)$$

sendo γ o peso específico do líquido.
A portança P é calculada por

$$P = C_a \cdot S \cdot p \qquad (14.9)$$

onde S é, como dissemos, a seção operante de perfil.
O arraste é obtido por

$$A = C_r \cdot S \cdot p = C_r \cdot S \cdot \gamma \cdot \frac{w_\infty^2}{2g} \qquad (14.10)$$

Para valores elevados do número de Reynolds, os valores de C_a e C_r podem ser considerados constantes para um dado perfil.
Consideremos a Fig. 14.12, na qual se acham representadas por uma projeção cilíndrica desenvolvida duas pás consecutivas de uma bomba axial. Tanto nessas bombas axiais quanto nas turbinas Kaplan e nos ventiladores axiais, o movimento relativo do perfil não ocorre realmente na direção de w_∞. A força R resultante de P e A pode ser decomposta em duas direções:
— uma perpendicular à direção do deslocamento do perfil, que chamaremos de N, e
— outra tangencial à circunferência que passa pelo ponto de aplicação de R.
O momento devido a essas forças pode ser expresso em função da pressão de estagnação existente na ponta do perfil, multiplicando-se essa pressão por um coeficiente experimental C_m chamado *Coeficiente de momento*, ou seja,

$$\boxed{M = C_m \cdot S \cdot \gamma \cdot \frac{w_\infty^2}{2g}}$$

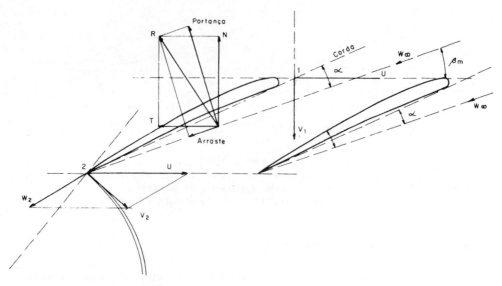

Fig. 14.12 Diagrama das velocidades em uma asa portante.

Uma vez calculado o Momento, calcula-se a Potência, multiplicando-se esse valor pelo da velocidade angular.
Na Fig. 14.12, observemos que:
— v_1 é a velocidade absoluta de escoamento da água em relação à terra ao entrar no canal formado por duas pás consecutivas;
— w_∞ é a velocidade de escoamento da água em relação à pá sem espessura, em espaço infinito;
— v_2 é a velocidade absoluta de escoamento à saída do rotor.

Encontram-se os valores dos coeficientes C_a, C_r e C_m para perfis normalizados, em função do ângulo de ataque α, por meio de curvas traçadas em diagramas polares, obtidos em ensaios realizados em túneis aerodinâmicos.

Devido aos turbilhões marginais que provocam componentes transversais para as velocidades e à interação das pás que, na realidade, não se acham num espaço infinito e sim formando dispositivos denominados *Grades*, alguns autores consideram ainda uma portança ou resistência induzida, cujo coeficiente C_i é também encontrado nos citados gráficos polares.

A Fig. 14.13 representa, a título de exemplo, os gráficos polares do Perfil n.° 369 dos Serviços de Pesquisas Aeronáuticas do Laboratório Saint-Cyr, na França. Encontramos, em abscissas, os valores de $100 \cdot C_r$ e $100 \cdot C_m$ e, em ordenadas, os coeficientes $100 \cdot C_a$ de portança e $100 \cdot C_i$ de portança induzida.

Na curva $f(C_a \cdot C_r)$ estão indicados os valores dos ângulos de ataque.

Exemplo

Para a asa 369 da Fig. 14.13, verificamos que, com ângulo $\alpha = 14,6°$, a portança é máxima, pois, para esse valor, C_a é máxima e, para $\alpha = 17,6°$, inicia-se o descolamento dos filetes do extradorso (como se observa no desenho do perfil da asa para este valor do ângulo α).

A *resistência total* do perfil é calculada admitindo-se que seja composta da resistência C_p do perfil de largura l infinita e da resistência induzida C_i em virtude de ser limitada a largura do perfil (em geral, $\dfrac{C}{l} = 1{:}5$).

Assim

$$C_r = C_p + C_i$$

A relação entre as componentes C_r e C_a denomina-se a *finura do perfil*.

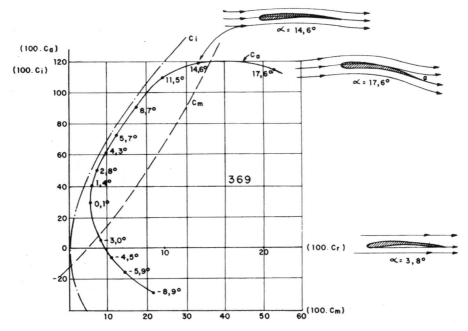

Fig. 14.13 Portança em perfil de asa.

$$\boxed{\dfrac{C_r}{C_a} = \operatorname{tg} \theta}$$

Quanto maior o valor da finura, maior será a resistência relativa do perfil.

Bibliografia

CHERKASSKY, V. M. *Pumps, Fans, Compressors*. Mir Publishers. Moscou, 1985.
MEDICE, MARIO. *Le Pompe*. Ed. Ulrico Hoepli, Milão, 1967.
PFLEIDERER, CARL. *Bombas centrífugas y turbocompresores*. Editorial Labor S.A., 1958.
PFLEIDERER, CARL e HARTIVIG PETERMANN — *Máquinas de Fluxo*. Livros Técnicos e Científicos Editora S.A., 1979.
SEDILLE, MARCEL. *Turbomachines Hydrauliques et Thermiques*. Masson & Cie., 1967.
STEPANOFF, A. J. *Centrifugal and Axial Flow Pumps*. John Wiley & Sons, Inc., 1957.
ZAPPA, GOFFREDO. *Le Pompe Centrifughe*. Ed. Ulrico Hoepli, 1933.

15

Operação com as Turbobombas

Vejamos quais os órgãos acessórios de uma instalação de turbobomba; suas finalidades; as recomendações para uma boa instalação; as operações que precedem o funcionamento da bomba; os cuidados durante o funcionamento e as causas dos defeitos que podem apresentar.

ACIONAMENTO

A grande maioria das turbobombas é diretamente acionada por motores elétricos, geralmente de corrente alternativa: monofásica nas bombas pequenas e trifásica nas demais.

Quando se trata de bombas para instalações sujeitas a variações acentuadas de descarga ou da altura de elevação, pode-se fazer com que a bomba acompanhe as ditas variações, modificando-se sua rotação.

Os motores de corrente contínua permitem essa variação facilmente, com a regulagem do campo magnético por um reostato.

Para os de corrente alternativa, podem-se usar variadores de velocidade hidrodinâmicos, magnéticos, motores de rotor bobinado, ou variando a tensão aplicada a motores CÓDIGO NEMA "D", conforme será esclarecido no Cap. 23.

Em instalações em locais onde não existe energia elétrica; nas instalações de emergência ou nas portáteis sobre veículos (por exemplo, nos carros de incêndio), usa-se motor diesel e, nas de pequeno porte, para situações de emergência ou uso eventual, motores a gasolina.

Nas centrais geradoras de vapor, empregam-se bombas que aproveitam o vapor produzido, seja acopladas a turbogeradores ou acionadas por turbinas a vapor, usando, se necessário, redutores de velocidade.

ACESSÓRIOS EMPREGADOS

Já mencionamos no Cap. 3 que, numa instalação de bombeamento, são empregados acessórios diversos, entre os quais:

Válvula de pé

É, como já foi explicado, uma válvula de retenção, geralmente munida de um crivo, e que é colocada na entrada da tubulação de aspiração com o fim de impedir o esvaziamento da tubulação e da própria bomba, ao ser esta enchida ou quando pára de funcionar, isto é, com o objetivo de impedir a perda da *escorva* da bomba. É empregada em tubos de diâmetro inferior a 400 mm. O crivo, colocado antes da válvula, visa evitar a entrada de corpos sólidos ou outros materiais que possam afetar o funcionamento da bomba. Como a perda de carga na válvula de retenção e os problemas que apresenta causam transtornos sérios, procura-se sempre que possível executar a instalação sem ela.

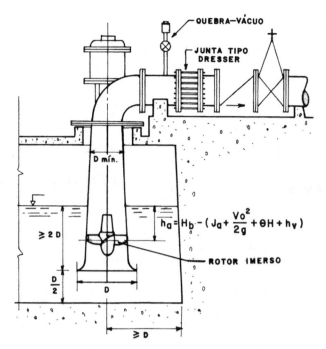

Fig. 15.1 Bomba axial.

A válvula pode ser dispensada:
— quando a bomba trabalha "afogada". O nível de água no reservatório permite o enchimento completo da bomba. Vimos, no Cap. 9, que, em certos casos, isto pode tornar-se indispensável. As bombas hélico-axiais e axiais trabalham com o rotor imerso no líquido do poço (Fig. 15.1), isto é, "afogado".
— quando se emprega dispositivo especial de escorva para encher a bomba, ou uma bomba de vácuo auxiliar, conforme veremos mais adiante.

Válvula de fechamento ou de saída

Normalmente, em instalações de pequeno porte, emprega-se, no início da linha de recalque, um *registro de gaveta* que serve tanto para bloqueio (para o qual é indicado) quanto para regulagem, ajustando a descarga ao valor que corresponde ao melhor rendimento ou às exigências de consumo da instalação.

Em bombas de grande porte, usa-se *válvula de borboleta* e, nas instalações de bombas de acumulação e onde a pressão for muito elevada, as *válvulas esféricas* e as *válvulas anulares*, cujas características serão mostradas no Cap. 28.

Válvula de retenção no início do recalque

É colocada entre a bomba e o registro de saída, podendo, por razões de economia, ser usada após a junção dos tubos de recalque de duas bombas, quando uma delas é reserva da outra. Mesmo neste caso, cada bomba continua tendo seu registro de bloqueio e regulagem.

A principal finalidade da válvula de retenção é fechar rapidamente quando a bomba é desligada, evitando que a sobrepressão na linha de recalque decorrente desse desligamento ("golpe de aríete") se propague pelo líquido interior da bomba, submetendo-a a sobrepressões perigosas.

Em elevatórias de altura estática elevada, essa válvula também evita que, quando a bomba se encontra em repouso, haja fuga de líquido pelo engaxetamento (caixa de gaxetas). Essa razão se torna irrelevante no caso de bombas com moderno sistema de anéis de vedação, isto é, providas de selos mecânicos.

Dispositivo de escorva

Para iniciar o funcionamento de uma turbobomba é necessário que tanto a bomba quanto o tubo de aspiração sejam previamente enchidos com o líquido. Nas bombas centrífugas comuns pequenas, existe um funil ou copo colocado na parte mais alta da bomba, por onde se despeja o líquido com o qual a bomba irá funcionar.

Em bombas maiores, para apressar e facilitar a operação de escorva, usa-se um *by-pass*, que é um tubo ligando o encanamento de recalque, acima da válvula de retenção, à bomba. Esse tubo é munido de um registro que só é aberto por ocasião da escorva (Fig. 15.8). O *by-pass* pode também estar ligado a um reservatório auxiliar, localizado acima da bomba, para permitir seu rápido enchimento.

Torneira de purga

É uma torneira colocada na parte mais alta da caixa da bomba destinada a permitir a saída do ar na fase de escorva, a fim de evitar que se forme uma camada de ar na parte superior da bomba. Este ar, emulsionado com a água, poderia eventualmente ocasionar a perda da escorva quando a bomba estivesse funcionando.

Válvula de alívio

Em instalações onde a pressão do "golpe de aríete" é elevada, empregam-se válvulas de alívio instaladas no encanamento após a válvula de retenção. Pelo efeito da sobrepressão, a válvula se abre e descarrega a água para o poço ou reservatório inferior.

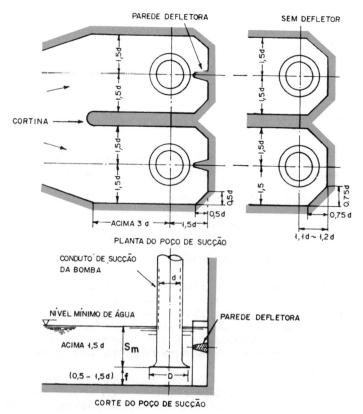

Fig. 15.2 Formas e dimensões para poço de sucção.

OPERAÇÃO COM AS TURBOBOMBAS **309**

Manômetro e vacuômetro

Sua utilidade e seu emprego foram vistos no Cap. 3.

DIMENSÕES DO POÇO DE ASPIRAÇÃO OU SUCÇÃO

O projeto NB-590 de junho de 1977 da ABNT (Associação Brasileira de Normas Técnicas) apresenta indicações para o dimensionamento do poço de sucção das bombas para sistemas de bombeamento de água para abastecimento público, seguindo os *standards* do Hydraulic Institute, e que serão mostradas em figuras deste capítulo.

A Fig. 15.2 apresenta formas e dimensões recomendadas para projeto do poço de sucção. Note-se que a submergência mínima S_m é fixada acima de $1,5 \cdot d$ e não deve ser inferior a 0,5 m.

A folga f, compreendida entre o fundo do poço e a seção de entrada do encanamento de aspiração, é fixada em um valor compreendido entre $0,5 \cdot d$ e $1,5 \cdot d$, sendo d o diâmetro do encanamento.

Nos poços com defletores (paredes defletoras), a distância entre o eixo do encanamento e as paredes adjacentes é fixada em $1,5 \cdot d$.

Nos poços sem defletores, a distância entre o eixo do encanamento e as paredes adjacentes laterais é de $1,5 \cdot d$ e a distância entre o eixo do encanamento e a parede posterior é da ordem de $1,1 \cdot d$ a $1,2 \cdot d$.

As cortinas que separam uma bomba da outra, num conjunto de bombas dispostas ortogonalmente à corrente líquida, devem medir acima de $3d$ na direção da corrente a partir do eixo do encanamento (Fig. 15.2).

O escoamento na entrada do poço deve ser regular, sem deslocamentos e zonas de velocidades elevadas.

A velocidade de aproximação da água na seção de entrada da câmara de sucção não deve exceder $0,6 \text{ m} \cdot s^{-1}$.

Quando a bomba é colocada num poço em derivação a um rio ou canal, podem-se adotar as indicações da Fig. 15.3 para as dimensões do poço.

Na Fig. 15.4 vê-se como o Hydraulic Institute recomenda a colocação da bomba em relação ao nível de água, levando em conta as considerações sobre cavitação e NPSH analisadas no Cap. 9.

A Fig. 15.5 indica um poço com três bombas, cujas dimensões são obtidas com o gráfico da Fig. 15.3

A Fig. 15.6 mostra soluções recomendadas e soluções não-permitidas para instalações de bombas em vários tipos de poços e de tubos abastecedores. A Fig. 15.7 representa a instalação de duas bombas cujos encanamentos de aspiração se acham em um poço ao qual a água é aduzida por um encanamento.

ESCORVA DAS TURBOBOMBAS

Como já foi explicado, as turbobombas não são auto-aspirantes ou auto-escorvantes como também se diz, isto é: não são capazes de expulsar o ar, criando o vácuo capaz de permitir a entrada do líquido, no início do funcionamento. Quando postas a funcionar, já devem estar cheias de líquido, e, por conseguinte, também a tubulação de aspiração.

A presença de ar no interior da bomba, por junta mal vedada ou furo no mangote de bombas de remoção de água de valas ou escavação, é denunciada por ruídos e trepidações características. A descarga e a pressão caem imediatamente, podendo a bomba perder a escorva e deixar de recalcar o líquido.

Vejamos alguns processos para realizar a escorva das bombas.

Evidentemente, se a bomba trabalha abaixo do nível livre do reservatório inferior, a escorva se faz automaticamente, bastando abrir a torneira de purga para a saída do ar e fechá-la logo que o líquido comece a sair pela mesma, em jato contínuo.

Na maioria das instalações de bombas pequenas, como acontece nas instalações prediais, existe a válvula de pé para conservar a bomba escorvada. Se ela está funcionando bem, é capaz de manter a bomba cheia de líquido entre cada dois períodos de funcionamento.

Se ocorrer o esvaziamento devido a um graveto, pedaço de pano ou papel que tenha ficado preso na válvula, é preciso escorvá-la novamente, colocando o líquido no funil que

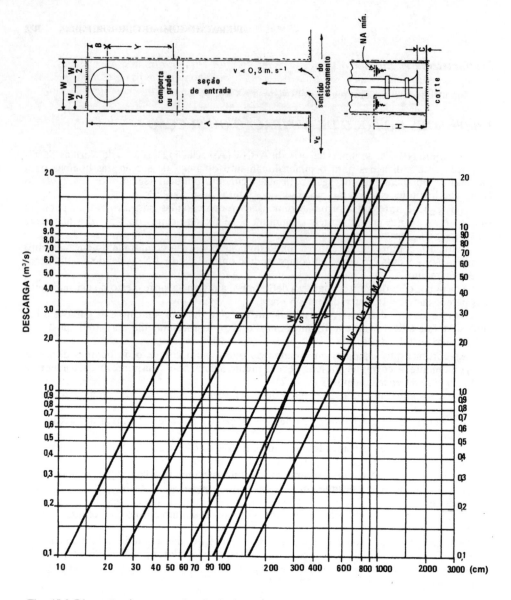

Fig. 15.3 Dimensões do poço em função da descarga.

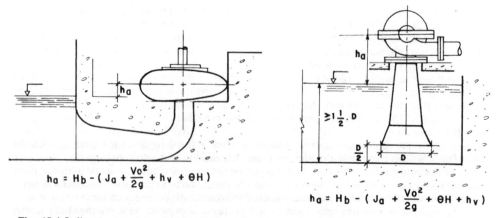

$$h_a = H_b - \left(J_a + \frac{V_0^2}{2g} + h_v + \Theta H \right)$$

$$h_a = H_b - \left(J_a + \frac{V_0^2}{2g} + \Theta H + h_v \right)$$

Fig. 15.4 Indicação para determinação da altura Estática de Aspiração h_a.

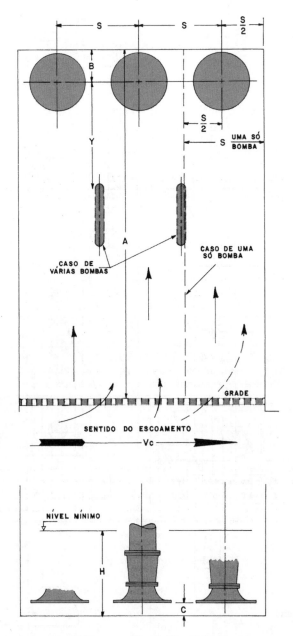

Fig. 15.5 Poço com três bombas. Utilizar o gráfico da Fig. 15.3 para obter as grandezas indicadas.

está ligado à carcaça, abrindo o registro do funil e a torneira de purga, até que por ela saia o líquido. Só depois disso é que, fechados o registro e a torneira, se pode ligar a bomba.

É claro que aquilo que está obstruindo a válvula de pé deve ser removido por algum meio se o próprio escoamento não conseguir arrastá-lo. Podem-se dar algumas pancadas no encanamento se o tubo for de diâmetro pequeno. Às vezes tem-se de soltar o tubo de aspiração e por isso se usa "união" na parte superior do tubo para soltá-lo com facilidade, quando se usa tubo de ferro galvanizado ou PVC com conexões rosqueadas.

É comum usar-se um tubo ligando o recalque à aspiração ou à bomba, para que o líquido no encanamento de recalque encha a mesma e lhe possibilite funcionar (Fig. 15.8).

312 BOMBAS E INSTALAÇÕES DE BOMBEAMENTO

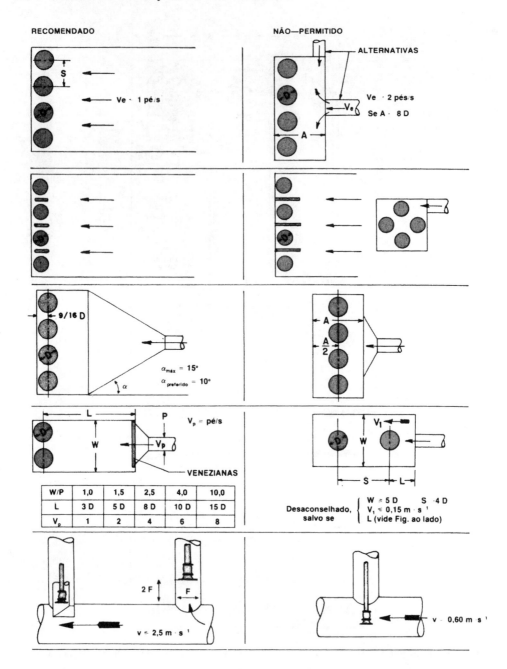

Fig. 15.6 Bombas em poços, câmaras ou tubulações. Soluções recomendadas e não recomendadas.

Outra maneira de escorvar a bomba consiste em usar um reservatório separado ao meio, como indicado na Fig. 15.9. A câmara A possui suprimento de água suficiente para garantir a escorva. Esse enchimento inicial se faz pelo funil $C \cdot B$ é uma câmara que funciona como reservatório hidropneumático. Quando a bomba funciona, retira a água da câmara A, criando vácuo, de modo que a água do reservatório inferior sobe pelo tubo de aspiração, repondo o que foi gasto.

OPERAÇÃO COM AS TURBOBOMBAS 313

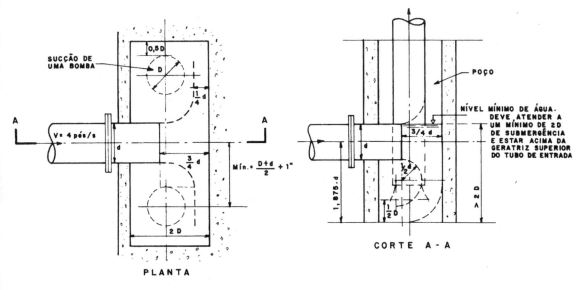

Fig. 15.7 Encanamentos de adução de duas bombas em um poço ao qual a água é aduzida por um encanamento.

Fig. 15.8 Escorva com *by-pass* da linha de recalque.

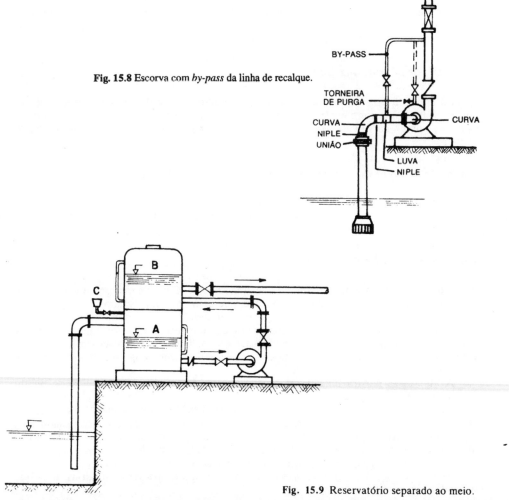

Fig. 15.9 Reservatório separado ao meio.

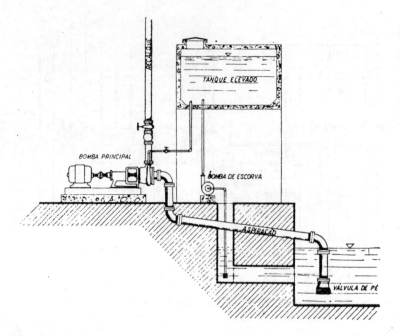

Fig. 15.10 Instalação de uma bomba centrífuga média (120 litros/segundo) com bomba de escorva e tanque elevado.

Escorva por bomba auxiliar

Há uma pequena bomba auto-escorvante, de êmbolo ou rotativa, que aspira o líquido do reservatório inferior e o recalca dentro da bomba principal e da tubulação. Esse sistema exige o emprego da válvula de pé, e a bomba auxiliar pode ser até manual em instalações pequenas.

Escorva por meio de bomba auxiliar e ejetor (Figs. 15.11 e 15.12)

Utiliza-se uma bomba auxiliar de pequeno porte para operar no circuito do ejetor. Na Fig. 15.11 trata-se de uma bomba centrífuga comum e, na Fig. 15.12, de uma bomba auto-aspirante.

Escorva por bomba de vácuo

É o sistema mais usado para bombas de grande porte. Consiste em extrair o ar existente na bomba e na tubulação de aspiração por meio de uma bomba de vácuo.

Com o vácuo causado pela saída do ar, o líquido flui para dentro da bomba pelo efeito da pressão atmosférica. Costuma-se colocar um reservatório ou tanque de vácuo para evitar a entrada do líquido na bomba de vácuo. Um dispositivo especial, que pode ser um pressostato ou um eletrodo colocado no tanque, desliga a bomba de vácuo quando a escorva da bomba se tiver processado.

A Fig. 15.13 mostra uma instalação de bomba de grande porte, utilizando bomba de vácuo e tanque de vácuo.

Outra maneira de utilização de bomba de vácuo está indicada na Fig. 15.14. A bomba de vácuo produz a rarefação na câmara ou reservatório A, de modo que a água submetida à pressão atmosférica nele penetre. Uma bóia ou um eletrodo, colocado no reservatório, faz a bomba de vácuo desligar logo que o nível desejado é atingido.

Abrindo-se o registro R e a torneira T, escorva-se a bomba.

As bombas de vácuo empregadas podem ser do tipo de palhetas giratórias; de lobos; de anel de água ou de outro tipo.

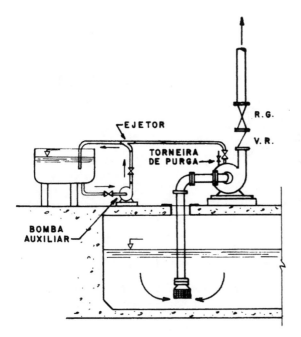

Fig. 15.11 Escorva, com depósito auxiliar.

Algumas turbobombas possuem uma pequena bomba de vácuo adaptada na estrutura da bomba e que funciona automaticamente, quando a bomba principal pára por perda da escorva.

São usadas nas "bombas-filtro" para rebaixamento do lençol de água na execução de fundações ou em obras de construções abaixo do nível do lençol freático.

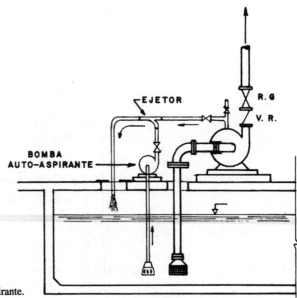

Fig. 15.12 Escorva, com bomba auto-aspirante.

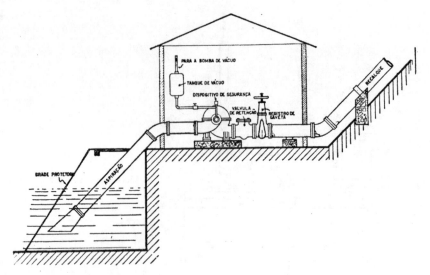

Fig. 15.13 Instalação de uma grande bomba centrífuga (600 litros/segundo). Escorva com bomba de vácuo.

BOMBAS CENTRÍFUGAS AUTO-ESCORVANTES OU AUTO-ASPIRANTES

Sabemos que uma turbobomba não conseguindo pelo movimento das pás remover suficientemente o ar contido em seu interior, não consegue criar o vácuo necessário para que o líquido submetido a uma pressão superior escoe para o interior da bomba.

Há, entretanto, diversos tipos de bomba que se podem utilizar pelas características especiais que possuem.

a. *Bombas com dispositivo separador de ar* (Fig. 15.15)

Existe uma câmara 3 junto à bomba que armazena uma certa quantidade de líquido para manter o rotor sempre afogado quando a bomba pára de funcionar.

Possuem um dispositivo puramente hidráulico que realiza a separação e expulsão

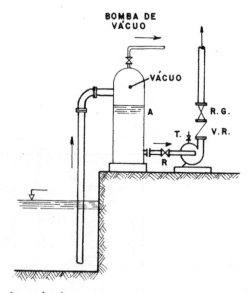

Fig. 15.14 Bomba com câmara de vácuo.

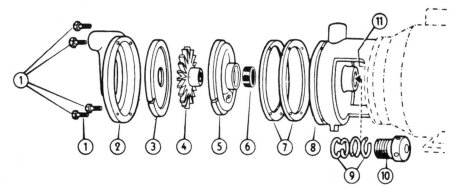

COMPONENTES

1 — 4 parafusos (aço)
2 — Carcaça da bomba (alumínio)
3 — Placa dianteira (bronze)
4 — Rotor (latão forjado)
5 — Placa traseira (bronze)
6 — Arruela interna (borracha)
7 — Junta de papel hidráulico
8 — Bojo da bomba (alumínio)
9 — 4 Gaxetas grafitadas
10 — Niple para aperto das gaxetas (latão)
11 — 4 parafusos de fixação da bomba ao motor (aço)

Fig. 15.14a Bomba auto-aspirante Dancor para água limpa, Modelo 50.

do ar em conseqüência da diferença de densidade e de velocidade. A saída do ar em emulsão com a água provoca uma redução de pressão, que cria as condições para a entrada do líquido na bomba pela câmara 5. A válvula de retenção 4 impede que a água da câmara 2 se perca pela linha de sucção. A Fig. 15.16 representa uma bomba Worthington, auto-aspirante, tipo CNGK-CNFEK para ácidos, álcalis e lamas. A Haupt fabrica bombas auto-escorvantes modelo HPT e HPT-M para potências de 1 até 13 cv. A Hero Equipamentos Industriais S.A. fabrica as bombas Heroás em modelos de 3 até 18 cv. A Jacuzzi fabrica bombas auto-escorvantes em modelos de $1/2''$ até 15 cv.

b. *Bombas de anel de água excêntrica*

Se um rotor *b*, com pás curvas para frente, gira dentro de um cilindro cheio de água (Fig. 15.17), forma-se, em virtude da força centrífuga, um anel de água concêntrico com o eixo, e haverá, entre as pás, espaços vazios iguais, 1 a 6 na Fig. 15.18.

Se o rotor porém for excêntrico (Fig. 15.19), o volume dos espaços vazios 1 a 6 variará, de modo que, a partir da parte superior do rotor, segundo o diâmetro vertical, o referido volume aumenta de 1 até 3, produzindo-se um efeito de aspiração do ar que penetra pela abertura *A*, enquanto que, na outra metade, se produz um efeito de compressão e uma descarga do ar pela abertura *B* de recalque.

É indispensável que as superfícies laterais do rotor se ajustem bem contra as paredes laterais do corpo da bomba, nas quais se encontram as aberturas de aspiração e recalque, a fim de que não ocorram grandes perdas por fugas.

Há bombas com aberturas de aspiração e recalque dos dois lados, para encher mais rapidamente os espaços entre as pás.

Em princípio, a bomba de anel de água normal é pouco apropriada para bombear água. Com uma adaptação construtiva pode-se bombear água e também ar. Ela é empregada na obtenção do vácuo e, portanto, para escorvar as bombas centrífugas.

A bomba de vácuo de anel de água de fabricação da Nash do Brasil Bombas Ltda. funciona da seguinte maneira (Fig. 15.20):

Um rotor (1) gira no interior de uma caixa circular (3) que contém um líquido, geralmente água. O rotor é dotado de uma série de palhetas curvas presas a um cubo

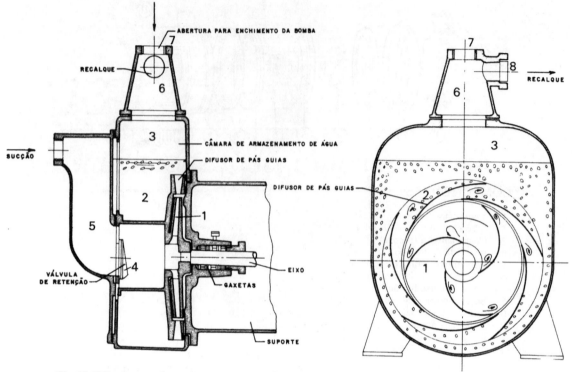

Fig. 15.15 Bomba com câmara de armazenamento de água, com ar.

cilíndrico oco, no interior do qual é prensado um eixo, deixando espaço entre o eixo e o cubo. As palhetas são fechadas lateralmente, formando uma série de câmaras ou compartimentos.

Partindo do ponto A, os compartimentos do rotor estão cheios de água. Esta água gira com o rotor, seguindo porém o contorno da carcaça (3) devido à força centrífuga. A água (4) que preenche completamente a câmara do rotor em A retrocede à medida que o rotor avança, até que em (5) a câmara do rotor se esvazia. A forma convergente da carcaça força a água a voltar para o interior da câmara do rotor, de modo que em (6) está cheia de novo.

Este ciclo se repete em cada rotação. Quando a água é forçada a sair do compartimento do rotor (7), é substituída por ar, que entra pela abertura de admissão na peça cônica (2) que, por sua vez, está conectada com a entrada da bomba. Quando o rotor tiver girado de 360°, a água é forçada pela carcaça a voltar para o interior da câmara do rotor, e o ar que havia preenchido este compartimento é obrigado a sair através das aberturas de descarga existentes na caixa cônica (2) para a saída da bomba.

c. *Bombas de canal lateral*

Utilizam também um anel de água que se move mediante um rotor com forma de estrela. Podem ser empregadas também como bombas para água. São conhecidas como bombas Sihi, na Alemanha, e Westco, nos EUA.

d. *Bombas com ejetor interno* (Fig. 15.16a)

e. *Bombas com rotor de pás radiais com pequena folga, para água limpa*. Ex.: Bomba auto-aspirante Dancor Modelo 50 (Fig. 15.14a).

RUÍDO NO FUNCIONAMENTO DAS BOMBAS

O problema da vibração e do ruído preocupa os fabricantes e os instaladores de bombas, havendo, evidentemente, preferência pelas bombas mais silenciosas em igualdade de condições de montagem e instalação.

OPERAÇÃO COM AS TURBOBOMBAS 319

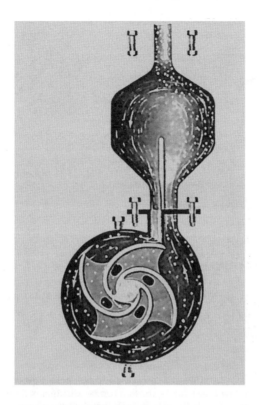

Fig. 15.16 Bomba auto-aspirante Worthington.

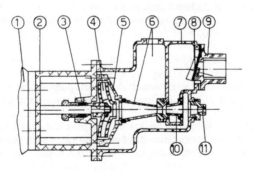

1- Motor
2- Bojo (intermediária)
3- Gaxeta grafitada ou selo mecânico
4- Rotor (impulsor)
5- Difusor do rotor
6- Difusor do ejetor (Venturi)
7- Carcaça
8- Válvula de retenção
9- Bocal de sucção
10- Bico do ejetor
11- Bujão de limpeza

Fig. 15.16a Bomba Dancor auto-aspirante com ejetor interno, para poços tubulares e poços de ponteira.

Fig. 15.17 Rotor parado.

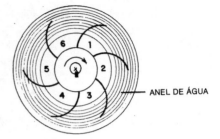

Fig. 15.18 Rotor concêntrico em movimento.

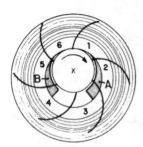

Fig. 15.19 Rotor excêntrico em movimento.

As principais causas da vibração que se propaga pelo líquido e pelo encanamento, causando ruído desagradável audível às vezes a longas distâncias da bomba, são:
— funcionamento com rotação diversa daquela prevista no projeto;
— rotor excessivamente cortado;
— descarga reduzida. Verifica-se então uma forte turbulência à entrada do rotor e uma corrente de recirculação ou retorno conhecida como *reentry*. Esse fenômeno é considerado por alguns como uma das principais causas do ruído da bomba. É bom notar que a bomba funcionando com descarga excessiva está sujeita à cavitação, que produz um "crepitar" diferente do barulho acima referido;
— entrada "falsa" de ar na bomba, seja por deficiente vedação nas juntas, ou pelas bolhas de ar trazidas pelo líquido, quando o nível de água no reservatório permite a formação de vórtice;
— altura de aspiração excessiva;
— defeitos mecânicos tais como desgaste dos mancais de rolamento da bomba ou do motor elétrico; desgaste dos anéis separadores; empeno do eixo;
— fixação afrouxada, que permite a vibração da carcaça da bomba.

Recursos para eliminar ou reduzir as vibrações
    Além de evitar que as condições desfavoráveis citadas ocorram, recomenda-se:
— Usar conexões flexíveis (mangas de lona com borracha) no recalque e, se necessário, na aspiração. A utilização desses elementos flexíveis deve ser feita observando-se o que se disse a respeito de juntas de dilatação próximo às bocas da bomba, devido aos esforços no encanamento que têm de ser absorvidos por blocos, suportes e braçadeiras, para que não causem problemas à estabilidade e segurança das bombas.
— Usar uma camada de material resiliente ou elástico na tubulação, pelo menos ao longo de certa extensão na linha de recalque.

INDICAÇÕES PARA A TUBULAÇÃO DE ASPIRAÇÃO

O Hydraulic Institute apresenta recomendações para a instalação da bomba centrífuga, a fim de evitar a formação de bolsas de ar na linha de aspiração. Para o bom funcionamento, devemos observar as indicações das Figs. 15.21 a 15.25.
    Para desviar de um obstáculo como a viga *V*, da Fig. 15.26, não se deve fazer um

OPERAÇÃO COM AS TURBOBOMBAS 321

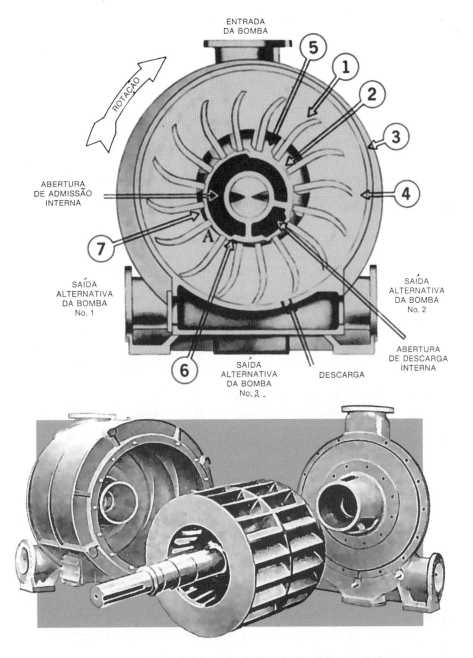

Fig. 15.20 Bomba de vácuo, Série CL, de fabricação da Nash do Brasil Bombas Ltda.

loop por cima, a fim de evitar a formação de bolsa de ar na aspiração. A linha de aspiração não deve ser horizontal, mas com aclive em direção à bomba (Fig. 15.27).

Bombas de poço úmido (wet pit)

São bombas de eixo vertical, com o rotor (ou os rotores, se for de mais de um estágio) imerso em um poço. Não necessitam de dispositivos de escorva.
Exemplos: — bombas para esgotos sanitários (Fig. 22.29)
— bombas para poços (ver Cap. 21)

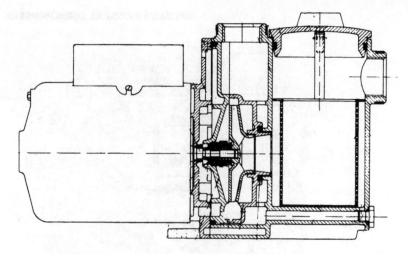

Fig. 15.20a Bomba Dancor auto-aspirante em plástico resistente à corrosão, dotada de pré-filtro.

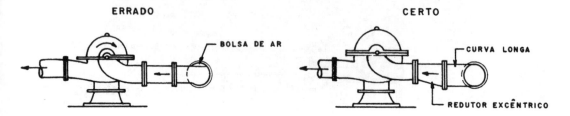

Fig. 15.21 Ligação da bomba a uma tubulação alimentadora.

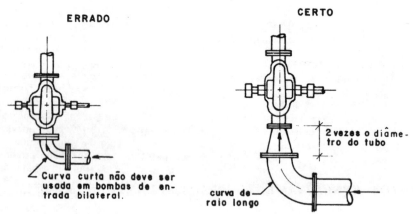

Fig. 15.22 Curva à entrada da bomba.

Fig. 15.23 Recurso para evitar bolsa de ar à entrada da bomba.

OPERAÇÃO COM AS TURBOBOMBAS 323

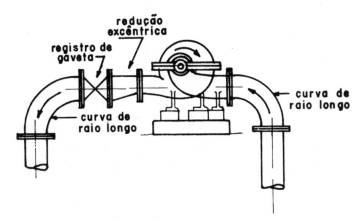

Fig. 15.24 Colocação de redução excêntrica no início da tubulação de recalque.

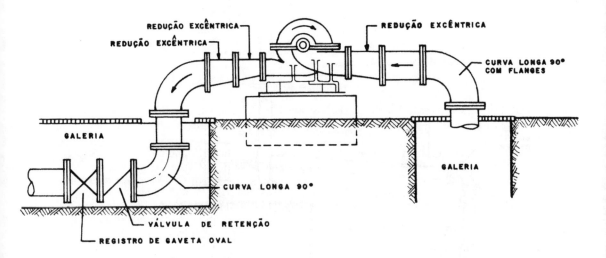

Fig. 15.25 Bombeamento de uma galeria para uma tubulação fechada.

PARTIDA, FUNCIONAMENTO E PARADA DAS TURBOBOMBAS

Vejamos as normas gerais a serem observadas na operação dos tipos mais usados de turbobombas.

Partida. Verificar se a bomba está escorvada; caso negativo, proceder à escorva. Se a bomba é centrífuga, fechar, antes da partida, o registro da tubulação de recalque que, após a partida, deve ser lentamente aberto para evitar uma acentuada aceleração da massa líquida contida na tubulação.

Nas bombas axiais, nas hélico-axiais e nas hélico-centrífugas, a partida não deve ser dada com o registro fechado, porque essas bombas absorvem uma potência maior quando a descarga é nula. Então, para reduzir os efeitos prejudiciais de uma elevada aceleração, em muitos casos intercala-se uma *câmara de ar*, cuja ação será explicada, no Cap. 32, em *Golpe de aríete*. Ajustar o aperto das sobrepostas das caixas de gaxetas para que não se aqueçam por aperto excessivo, nem deixem escapar muito líquido por insuficiência de aperto. É comum um pequeno gotejamento quando a bomba está em funcionamento.

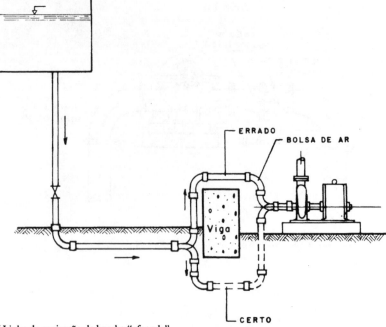

Fig. 15.26 Linha de aspiração de bomba "afogada".

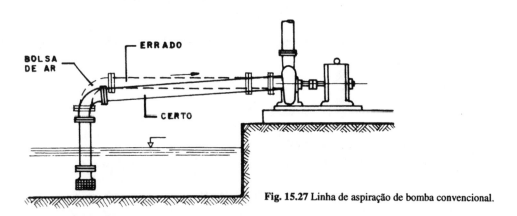

Fig. 15.27 Linha de aspiração de bomba convencional.

Durante o funcionamento. Inspecionar periodicamente as leituras do manômetro e do vacuômetro para verificar se permanecem nos limites desejados. Examinar freqüentemente os indicadores do funcionamento do motor elétrico para controlar a potência que está sendo solicitada pela bomba. Verificar se aparecem ruídos ou vibrações, indicadores de mau funcionamento e cujas causas veremos adiante. Em caso afirmativo, parar imediatamente a bomba para eliminar a causa. Ter o cuidado de não deixar a bomba trabalhar sem escorva ou com o registro de recalque fechado, salvo na fase de partida.

Parada. Antes de desligar o motor das bombas centrífugas, fechar lentamente o registro da tubulação de recalque, reduzindo, assim, o efeito da energia cinética que vai transformando-se em energia de pressão.

DEFEITOS NO FUNCIONAMENTO

Causas. Examinaremos, resumidamente, os defeitos que ocorrem mais freqüentemente no funcionamento das turbobombas e suas causas. Convém dizer que a maioria ocorre no lado da aspiração que, por isso, deve merecer muita atenção e acurada fiscalização.

Citaremos os defeitos na ordem de probabilidade de ocorrência.

A descarga ou a pressão é nula ou muito baixa. Causas:

Presença de ar na bomba. Pode ser conseqüência da fata de escorva ou de perda de escorva por entrada posterior de ar, seja por junta mal vedada na tubulação de aspiração, seja nas gaxetas do lado de aspiração por falta de aperto, seja ainda por estar a válvula de pé acima do nível livre do líquido no reservatório inferior ou, então, quando pouco mergulhado no mesmo. É preciso não esquecer que, em geral, na tubulação de aspiração a pressão é inferior à atmosférica, havendo, portanto, tendência à entrada de ar. A presença do ar causa ruídos e vibrações. É necessário purgar o ar, escorvando novamente a bomba. A altura estática de aspiração é muito grande, provocando a vaporização do líquido e o fenômeno de cavitação.

Obstrução na tubulação ou entre as pás do rotor causada por corpos estranhos. Quando a instalação possui filtro ou crivo, é indispensável uma inspeção periódica para mantê-los desobstruídos.

Velocidade de funcionamento abaixo da exigida ou rotação em sentido contrário.

Altura manométrica excessiva. Verificar se os registros estão totalmente abertos.

A descarga ou a pressão, que de início estavam boas, diminuem ou caem rapidamente. Causas:

As mesmas citadas em *Presença de ar na bomba* e no item subseqüente.

Presença de bolsas de ar na tubulação de aspiração, motivadas pela existência de zonas altas (sifão).

Líquido com ar em dissolução, que passa a desprender-se com a redução da pressão na entrada da bomba.

NPSH disponível, insuficiente.

Rotor muito gasto.

Dimensões inadequadas do rotor para o número de rotação do motor da bomba.

Líquido de elevada viscosidade.

Número de rotações baixo.

A bomba consome demasiada potência. Causas:

A altura manométrica está abaixo do ponto de funcionamento normal da bomba, dando uma descarga exagerada. Nas bombas hélico-centrífugas, uma potência muito elevada é devida, às vezes, ao fechamento parcial do registro de recalque.

Gaxetas muito apertadas.

Atritos internos causados pelo deslizamento do eixo, empeno ou desalinhamento do eixo ou da carcaça; desgaste excessivo nos mancais ou anéis separadores.

Corrente elétrica com tensão inferior à nominal.

Defeito no motor que o aciona.

Número de rotações excessivo.

Falta de lubrificação.

Viscosidade excessiva do líquido.

Ruídos e vibrações. Causas:

Presença de ar na bomba.

Altura de aspiração exagerada, dando origem à cavitação.

Defeitos mecânicos citados anteriormente.

Rotor desbalanceado.

Bibliografia

ABNT — Projeto de Norma NB-590 — 1977.

Bombas auto-aspirantes. Dancor S.A. Indústria Mecânica.

Bombas auto-aspirantes Heroás. Hero S.A. Equipamentos Industriais.

Bombas auto-escorvantes modelo HPT e HPT-M. Haupt São Paulo S.A. Industrial-Comercial.

Bomba centrífuga auto-escorvante RWH. Remus W. Hoff & Cia. Ltda.

HICKS, TYLER G. *Pump Operation and Maintenance.* McGraw-Hill Book Company, Inc., 1958.

HICKS e EDWARDS. *Pump Application Engineering.* McGraw-Hill Book Company, Inc., 1971.

KARASSIK, IGOR J. *Consultor de Bombas Centrífugas.* Companhia Editorial Continental S.A., 1970.

KARASSIK, IGOR J. *et al. Pump Handbook.* McGraw-Hill Book Company, Inc., 1974.

Organización Panamericana de la Salud. *Bombas para agua potable,* 1966.

Standards of Hydraulic Institute — 1983.

16

Bombas Alternativas

PRINCÍPIO DE FUNCIONAMENTO

As *bombas alternativas*, também chamadas *bombas de êmbolo* ou *bombas recíprocas*, fazem parte das *bombas volumógenas*, pois, nelas, o líquido, pelas condições provocadas pelo deslocamento do pistão, enche espaços existentes no corpo da bomba (câmaras ou cilindros). Em seguida, o líquido é expulso pela ação do movimento do pistão, que exerce forças na direção do próprio movimento do líquido. Dentro da classificação adotada no Cap. 2, são bombas de *deslocamento positivo*.

No curso da aspiração, o movimento do êmbolo *(plunger)* ou pistão tende a produzir o vácuo no interior da bomba, provocando o escoamento do líquido existente num reservatório graças à pressão aí reinante (geralmente a atmosférica) e que é superior à existente na câmara da bomba. É essa diferença de pressões que provoca a abertura de uma válvula de aspiração e mantém fechada a de recalque.

No curso de descarga, o êmbolo exerce forças sobre o líquido, impelindo-o para o tubo de recalque, provocando a abertura da válvula de recalque e mantendo fechada a de aspiração.

Vê-se que a descarga é intermitente e que as pressões variam periodicamente em cada ciclo. Essas bombas são auto-escorvantes e podem funcionar como bombas de ar, fazendo vácuo se não houver líquido a aspirar.

Uma bomba alternativa pode ser acionada manualmente ou com o emprego de uma máquina motriz. É evidente que o primeiro caso só ocorre em instalações precárias de bombas de reduzida descarga, de pequena altura manométrica e que só devem funcionar por períodos curtos (retirada de água de poços ou cisternas em locais onde não haja possibilidade de utilizar outra forma de energia, por exemplo).

CLASSIFICAÇÃO

Vimos no Cap. 2 uma classificação resumida das bombas alternativas. Indicaremos a seguir a classificação do Hydraulic Institute Standards, publicada em 1983.

a) *Bombas acionadas por vapor (steam pumps)*

Também denominadas bombas de *ação direta*, possuem uma haste com pistão em cada extremidade. Um dos pistões recebe a ação do vapor através de uma válvula de distribuição dos tipos gaveta ou pistão, típicos de máquinas a vapor, de modo que essas bombas são de *duplo efeito*. O pistão na outra extremidade da haste desloca-se no interior do cilindro da bomba, atuando sobre o líquido (Fig. 16.1).

As bombas de *ação direta* podem ser de:

— deslocamento horizontal

— deslocamento vertical

BOMBAS ALTERNATIVAS 327

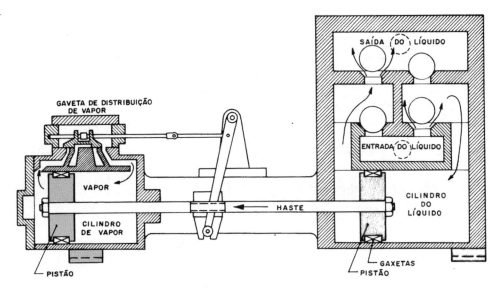

Fig. 16.1 Representação esquemática de uma bomba de *ação direta* (acionada por vapor).

Com relação ao órgão propulsor do líquido, podem ser de:
— *pistão (piston)*
— *êmbolo (plunger)*. O êmbolo é de certo modo um pistão alongado.
Quanto ao número de cilindros, dividem-se em bombas
— *simplex*, quando têm um único cilindro com líquido no qual se dá o bombeamento.
— *dúplex*, quando têm dois cilindros com líquido em escoamento.

As bombas de ação direta são empregadas na alimentaçao de água de caldeiras, pois aproveitam o vapor gerado na caldeira para seu próprio acionamento.

b) *Bombas de potência* ou *bombas de força (power pumps)*

São acionadas por motores elétricos ou de combustão interna, sendo o movimento transmitido pelo mecanismo do sistema eixo-manivela-biela-cruzeta-pistão. Normalmente possuem um *volante* destinado a garantir melhor regularidade no funcionamento.

Podem ser subdivididas em bombas de
— deslocamento vertical (Fig. 16.3)
— deslocamento horizontal (Fig. 16.4)
    — simples efeito (Figs. 16.2 e 16.3)
    — duplo efeito (Fig. 16.4)
      — pistão (Fig. 16.4)
      — êmbolo (Figs. 16.2 e 16.3)
        — Simplex (Figs. 16.2, 16.3 e 16.4)
        — Dúplex
        — Multíplex.

As bombas acima referidas já foram mencionadas e definidas no Cap. 2.

Entre as indústrias que fabricam bombas para alta pressão, mencionaremos a Mecânica UNIDAS, que fabrica bombas acionadas por seis pistões horizontais, para pressões de 5.000 psi (350 kgf · cm^{-2}) e vazões de 90 a 140 l/min, conforme o tipo. É utilizada no acionamento de prensas, nas indústrias de borracha, algodão, óleo, cerâmica etc.

c) *Bombas de descarga controlada*

Também conhecidas como *bombas medidoras*, *bombas dosadoras* ou de *injeção de produtos químicos*, são bombas que deslocam com precisão um predeterminado volume de líquido em um tempo preestabelecido. São acionadas por motores, usando em geral mecanismos do tipo *eixo de manivela-biela*.

Podem ser dos tipos horizontal e vertical.

Dividem-se em bombas dosadoras de
— êmbolo
— pistão
— diafragma. A bomba de diafragma pode ser de

328 BOMBAS E INSTALAÇÕES DE BOMBEAMENTO

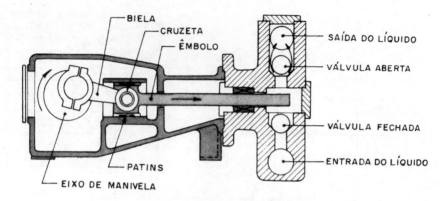

Fig. 16.2 Bomba de êmbolo, de potência, horizontal, simples efeito, simplex.

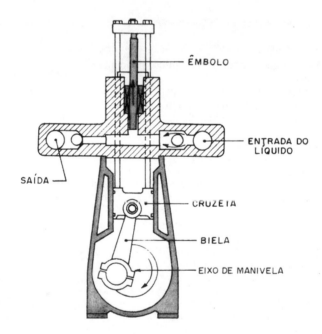

Fig. 16.3 Bomba de êmbolo, de potência, vertical, simples efeito, simplex.

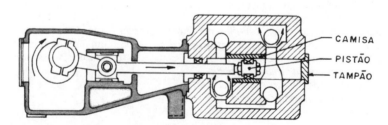

Fig. 16.4 Bomba de pistão, de potência, horizontal, duplo efeito, simplex.

— acoplamento mecânico direto (bombas de gasolina ou álcool em veículos automotores);
— acoplamento hidráulico (nas bombas medidoras propriamente ditas).

As três modalidades que acabam de ser mencionadas podem ser dos tipos:
— simplex
— dúplex
— multíplex.

O controle ou graduação da vazão da bomba pode ser feito
— manualmente
— automaticamente.

A Fig. 16.5 mostra as partes essenciais de uma bomba de diafragma. O êmbolo, em seu movimento retilíneo alternativo, atua sobre o óleo contido na câmara 1, o qual produz o deslocamento desejado da membrana elástica que é o diafragma. O líquido bombeado passa pelo interior da câmara 2. Vê-se, pois, que não há riscos de vazamento, pois não há gaxetas, e por isso essas bombas são muito usadas para líquidos que não possam sujeitar-se a vazamentos.

Quando a bomba de diafragma é simplex, o fluxo do líquido é pulsativo, de modo que é aconselhável instalar-se no início da linha de recalque um amortecedor de pulsações como o mostrado na Fig. 16.6, recomendado para as bombas dosadoras OMEL série NSP (Fig. 16.7).

A Fig. 16.7 mostra como funciona a bomba dosadora NSP da OMEL. O pistão, ao bombear o óleo da câmara 1 à esquerda, desloca o diafragma de modo a permitir o escoamento do líquido na câmara 2.

O sistema óleo-hidráulico é de funcionamento automático. Assim, se ocorrer um vazamento no pistão, haverá uma compensação em cada movimento de aspiração pela ação de uma válvula de compensação a vácuo que aspira óleo da caixa da bomba *(carter)*.

Existe uma válvula interna de alívio, própria do sistema hidráulico da bomba, que alivia automaticamente algum excesso de pressão, dispensando assim válvulas de segurança normalmente requeridas nas linhas de recalque de produtos químicos.

A GRUMAT Ind. e Com. Eletro-Eletrônica Mecânica Ltda. fabrica a bomba dosadora A-30 para ácido sulfúrico, bicromato de sódio, carbonato de sódio, soda cáustica e muitos outros produtos químicos.

A BRAN & LUEBBE do Brasil Ind. e Com. Ltda. fabrica bombas dosadoras, podendo dosar simultaneamente até seis produtos químicos diferentes, misturando-os após. Quando

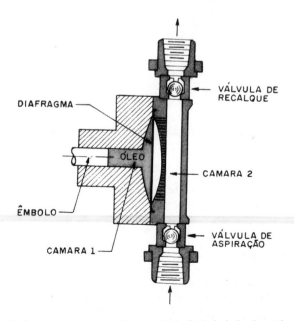

Fig. 16.5 Bomba de diafragma, atuação por óleo pela ação de êmbolo horizontal.

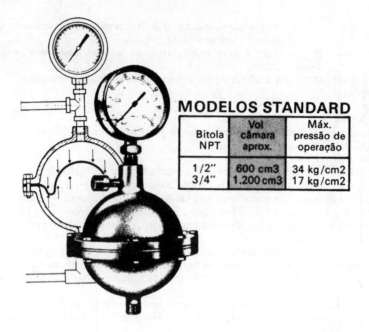

Fig. 16.6 Amortecedor de pulsações da OMEL S.A. Indústria e Comércio.

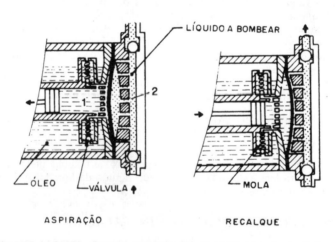

Fig. 16.7 Bomba NSP da OMEL. Combinação de bomba de pistão e bomba de diafragma.

há necessidade de mudar freqüentemente a fórmula, pode-se fazer a regulação eletricamente, por meio de uma programação automática, utilizando um programador numérico B & L UNIPROG.

A Fig. 16.8 mostra a bomba de diafragma RO-TAU fabricada pela OMEL S/A, largamente usada no bombeamento de líquidos corrosivos, voláteis, abrasivos, contendo pigmentos, lamas, cimentos ou amianto, tintas, vernizes, cal etc.

No Cap. 22 faremos referência à bomba dosadora GIROMATO, usada na dosagem de produtos químicos em estações de tratamento de água.

Salvo casos em que o tipo de bomba comporte uma válvula interna de alívio, deve-se instalar uma válvula de segurança ou de alívio no início da tubulação de recalque, antes de quaisquer outras válvulas ou dispositivos.

BOMBAS ALTERNATIVAS 331

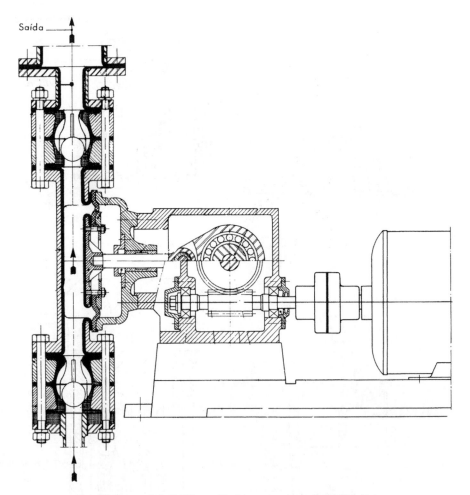

Fig. 16.8 Bomba de diafragma RO-TAU para líquidos corrosivos, da OMEL S.A.

Em razão mesmo da natureza de seu funcionamento, as bombas alternativas necessitam de válvulas que controlem a entrada e a saída do líquido da bomba. A Fig. 16.9 mostra alguns tipos de válvulas de uso mais comum.

INDICAÇÕES TEÓRICAS QUANTO À INSTALAÇÃO

Na Fig. 16.10 está representada, em esquema, uma instalação de uma bomba de pistão com a indicação das grandezas necessárias e algumas considerações importantes.

Já conhecemos os significados de várias delas, pois já foram indicadas no estudo da instalação das bombas centrífugas (Cap. 3).

Vejamos as grandezas peculiares às bombas de êmbolo:

a. T_a e T_r representam, respectivamente, as energias exigidas por kgf de líquido para manter abertas as válvulas de aspiração e de recalque.

b. J'_a e J'_r representam as energias exigidas por kgf de líquido para adquirir as acelerações nos encanamentos de aspiração e de recalque, em conseqüência da intermitência da descarga.

Nesse tipo de instalação, todas as grandezas indicadas assumem valores próprios para cada posição do êmbolo durante o funcionamento. São essencialmente variáveis.

Para definir as *alturas estáticas,* convencionou-se considerar o pistão na sua posição de "ponto morto" alto, tal como indicado na Fig. 16.10, e adotar esses valores para as situações intermediárias, visto suas variações serem desprezíveis em presença dos valores convencionados.

332 BOMBAS E INSTALAÇÕES DE BOMBEAMENTO

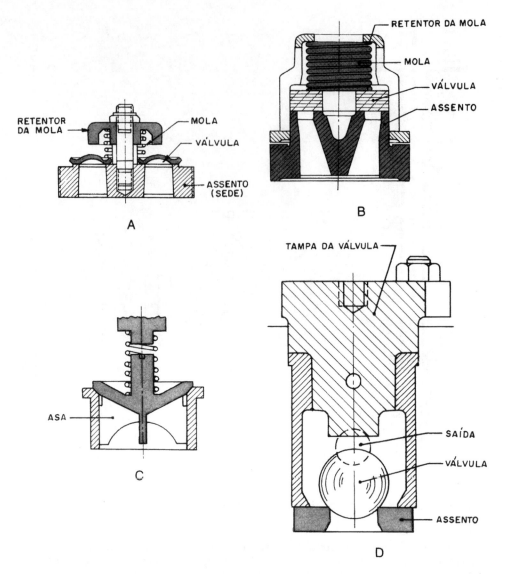

Fig. 16.9 Válvulas de bombas alternativas. A) Válvula de disco para pressões até 25 kgf · cm^{-2}. B) Válvula de placa. C) Válvula de "asa guiada", para elevadas pressões. D) Válvula de esfera.

Em concordância com as definições dadas no Cap. 3, podemos escrever as expressões que fornecem os valores das seguintes grandezas:

A. *Altura estática de elevação*

$$h_e = h_a + h_r \tag{16.1}$$

Valor perfeitamente definido, pois só depende dos níveis no reservatório inferior e na saída do tubo de recalque.

B. *Altura total de aspiração. Valor instantâneo*

$$H_a = H_b - \frac{p_a}{\gamma} = h_a + \frac{v_a^2}{2g} + J_a + J'_a + T_a \tag{16.2}$$

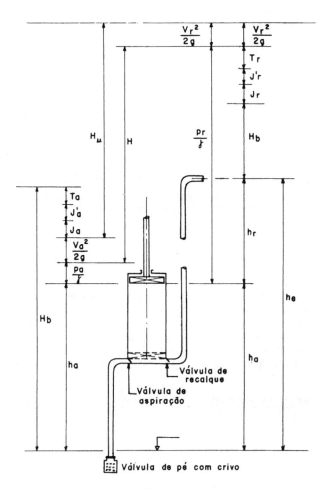

Fig. 16.10 Balanço energético em instalação de bomba de êmbolo.

C. *Altura total de recalque. Valor instantâneo*

$$H_r = \frac{p_r}{\gamma} - H_b = h_r + J_r + J'_r + T_r \qquad (16.3)$$

D. *Altura manométrica de elevação. Valor instantâneo*

$$H = \frac{p_r}{\gamma} - \frac{p_a}{\gamma} \text{ ou}$$

$$H = H_a + H_r = h_e + J_a + J_r + J'_a + J'_r + T_a + T_r + \frac{v_a^2}{2g} \qquad (16.4)$$

grandeza que obteríamos considerando também a bomba de duplo efeito e com êmbolo de altura desprezível. Representa a energia que está sendo fornecida a cada kgf do líquido para que ele atravesse os encanamentos, vencendo a diferença de alturas h_e, todas as resistências passivas encontradas e adquira a aceleração e a energia cinética decorrente da velocidade de escoamento.

Na prática convencionou-se adotar os seguintes valores:

a. Para h_a, o máximo e, para h_r, o mínimo, isto é, os valores que correspondem ao êmbolo na sua posição mais elevada, no caso de o êmbolo ter deslocamento vertical.

334 BOMBAS E INSTALAÇÕES DE BOMBEAMENTO

b. Os valores máximos para H, porque esta grandeza entra na fórmula da potência motriz e é medida por intermédio de um manômetro e de um vacuômetro. O valor experimental do rendimento total η é determinado, partindo dessa consideração, pela fórmula

$$\eta = \frac{\gamma \cdot Q \cdot H}{75 \cdot N} \tag{16.5}$$

MÁXIMA ALTURA ESTÁTICA DE ASPIRAÇÃO

O maior valor teórico da altura estática de aspiração h_a se verificaria para $p_a = 0$, porém, pelas razões expostas no estudo da Cavitação (Cap. 9), não seria aconselhável chegar-se a essa situação, porque a pressão na câmara não deve atingir o valor da pressão de vapor h_v do líquido na temperatura em que o mesmo está sendo bombeado.

Teríamos então a condição

$$h_a < H_b - \left(\frac{h_v}{\gamma} + \frac{v_a^2}{2g} + J_a + J'_a + T_a \right) \tag{16.6}$$

A prática aconselha não ultrapassar 70% do valor acima, calculado sempre para o máximo da expressão entre parênteses.

Os valores instantâneos dos J são fornecidos pelas fórmulas de Hidráulica (ver Cap. 30), em função da velocidade de escoamento, do diâmetro, das características do líquido, do material do encanamento e de seu estado. Os valores de T são obtidos pelos ensaios dos fabricantes, pois dependem do tipo e das características das válvulas empregadas.

PERDA DE ENERGIA DEVIDA À COMUNICAÇÃO DE ACELERAÇÃO AO LÍQUIDO

Chamemos de

γ — peso específico do líquido
j — a aceleração instantânea do líquido
L — comprimento do encanamento
Ω — área da seção transversal do encanamento

A massa líquida sujeita à aceleração é

$$m = \frac{\gamma}{g} \cdot \Omega \cdot L \tag{16.7}$$

Para conduzi-la ao estado de aceleração j, é preciso submetê-la a uma força $F = m \cdot j$.

Chamemos de J' a altura de uma coluna líquida que fornece em sua base de área Ω a força mj; corresponde à perda de energia para comunicar ao líquido a aceleração j.

Podemos então escrever

$$\gamma \cdot \Omega \cdot J' = j \cdot \Omega \cdot L \cdot \frac{\gamma}{g}$$

donde tiramos

$$J' = \frac{j}{g} \cdot L \tag{16.8}$$

BOMBAS ALTERNATIVAS 335

Para resolver o problema, precisamos conhecer a lei de variação da aceleração j.

Quando a bomba é acionada por uma manivela de impulsão retilínea simétrica, se admitirmos que a velocidade da manivela é constante, o que aproximadamente é verdade, a Cinemática ensina que a aceleração do êmbolo é expressa por

$$j_e = \omega^2 R' \left(\cos \omega t + \frac{R'}{L'} \cos 2\omega t \right) \qquad (16.9)$$

sendo R' e L' os comprimentos da manivela e da biela, respectivamente, e $\omega t = \Theta$ o ângulo da manivela no instante t, em sua posição inicial de ponto morto inferior B_1 indicada na Fig. 16.11.

Como as acelerações do líquido no encanamento e no cilindro são inversamente proporcionais às áreas das seções de escoamento, temos

$$\frac{j}{j_e} = \frac{\Omega_e}{\Omega} \qquad (16.10)$$

sendo Ω_e a área nítida da face ativa do êmbolo.

Fazendo as substituições, encontramos

$$J' = \omega^2 R' \left(\cos \omega t + \frac{R'}{T'} \cdot \cos 2\omega t \right) \cdot \frac{\Omega_e}{\Omega} \cdot \frac{L}{g}$$

O valor máximo de J' ocorre para $\Omega t = 0$ e vem a ser

$$J'_{máx} = \frac{\omega^2 R'}{g} \left(1 + \frac{R'}{L'} \right) \cdot \frac{\Omega_e}{\Omega} \cdot L \qquad (16.11)$$

Na Fig. 16.11 estão indicados os diagramas da velocidade e da aceleração do êmbolo e que são proporcionais às que ocorrem nos encanamentos no mesmo instante.

O Hydraulic Institute apresenta, na edição de 1983, a fórmula abaixo, para cálculo da altura representativa da energia despendida para acelerar o líquido na linha de aspiração J'_a, expressa em pés de coluna de líquido

$$J'_a = \frac{L_a \cdot v_a \cdot n \cdot C}{K \cdot g} \qquad (16.11a)$$

onde

L_a = comprimento da linha de aspiração, em pés
v_a = velocidade na linha de aspiração, em pés por segundo
n = número de rpm do eixo de manivela
C = 0,200 — para simplex, duplo efeito
   = 0,200 — para dúplex, simples efeito
   = 0,115 — para dúplex, duplo efeito
   = 0,066 — para triplex de simples ou duplo efeito
K = fator representativo da compressibilidade do líquido
   = 1,4 para água quente
   = 2,5 para óleo quente
g = aceleração da gravidade (32,2 ft/sec^2).

Exemplo

Uma bomba de $2'' \times 5''$ (diâmetro = $2''$ e curso igual a $5''$), tríplex, gira a 360 rpm e desloca 21 m^3/h de água ao longo de um tubo de aspiração tendo $4''$ de diâmetro e uma extensão de 8 m.

Calcular J'_a.

336 BOMBAS E INSTALAÇÕES DE BOMBEAMENTO

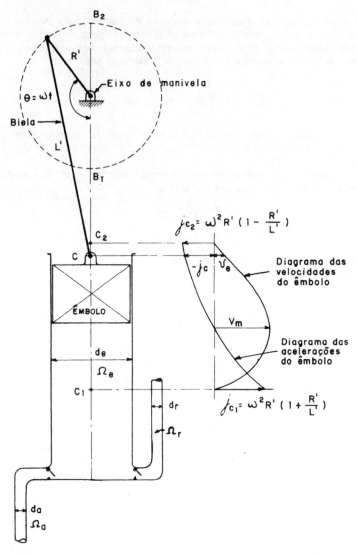

Fig. 16.11 Variação da velocidade e da aceleração do êmbolo em função do ângulo da manivela.

Solução

Aplicando a fórmula de Fair-Whipple-Hsiao ou utilizando o ábaco correspondente (Cap. 30), vemos que para $Q = 10.800$ l/h $\div$ 3.600 $s = 3$ l $\cdot s^{-1}$ e diâmetro de 4", obtemos uma velocidade de escoamento $v_a = 0,37$ m $\cdot s^{-1}$, ou seja

$$v_a = 0,37 \times 3,28 = 1,214 \text{ fps}.$$

A perda correspondente à aceleração da água na linha de aspiração será dada por

$$J'_a = \frac{L_a \cdot v_a \cdot n \cdot C}{K \cdot g}$$

No caso,

$L_a = 8$ m $= 26,24$ ft
$n = 360$ rpm

$C = 0,066$ por se tratar de bomba tríplex
$K = 1,4$
$g = 32,2$ ft/sec^2

Logo,

$$J'_a = \frac{26,24 \times 1,214 \times 360 \times 0,066}{1,4 \times 32,2} = 16,79 \text{ ft}$$

ou

$$J'_a = 16,79 \times 0,305 = 5,12 \text{ m}$$

A energia despendida pela bomba para acelerar o líquido expressa em m.c.a. é de 5,12 m.

MEDIDAS PARA REDUZIR A ENERGIA J' CEDIDA PARA ACELERAR O LÍQUIDO

Devemos procurar reduzir o valor de J ou da aceleração do líquido da qual depende a energia cedida J'.

Os recursos empregados são os seguintes:

1.º Aumentar a seção do encanamento.

2.º Diminuir a aceleração do êmbolo, o que se consegue substituindo o comando de manivela de impulsão pelo de ação direta da haste de um pistão de um cilindro motor onde o vapor atua por expansão (bombas de ação direta).

Isto se emprega em indústrias onde há instalação de caldeira que proporciona vapor para acionar também essas bombas (Fig. 16.12).

3.º Utilizar duas bombas de duplo efeito ligadas aos mesmos encanamentos e acionadas por manivelas defasadas de 90°, como indicado esquematicamente na Fig. 16.13.

Construtivamente, isto se realiza formando um conjunto mais compacto acionado por um só eixo de manivela, com os botões de manivela defasados de 90°. É o caso das bombas dúplex.

Quando uma câmara inicia seu ciclo com descarga instantânea nula, a outra estará fornecendo, praticamente, a descarga instantânea máxima.

Como conseqüência, a variação da descarga nos encanamentos assume valores menores, conduzindo a uma oscilação de velocidade menos acentuada e, portanto, a uma menor aceleração.

A Fig. 16.14 mostra o que ocorre teoricamente com a descarga, conforme acabamos de mencionar.

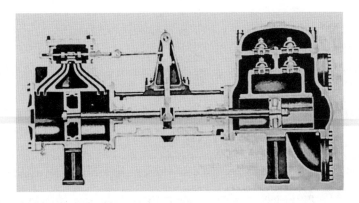

Fig. 16.12 Bomba de êmbolo dúplex acionada a vapor (atuando do lado esquerdo) da Warren Pumps Inc.

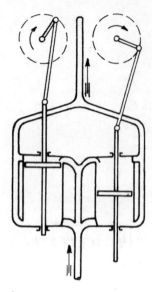

Fig. 16.13 Bomba de dois cilindros de duplo efeito.

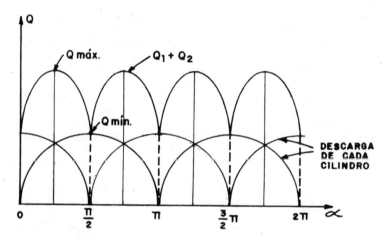

Fig. 16.14 Representação gráfica da descarga pulsante em uma bomba dúplex.

Pode-se usar uma bomba tríplex com as manivelas decaladas de 120°. Consegue-se uma boa uniformidade no escoamento, pois a descarga máxima pode chegar a ser igual a apenas 1,047 vez o valor da descarga média.

4.° Empregar a chamada *câmara de ar,* cuja finalidade é obter uma velocidade praticamente constante nos encanamentos. Estudaremos este dispositivo em *Câmara de ar.*

POSSIBILIDADE DE RUPTURA DA MASSA LÍQUIDA

A aceleração na canalização de recalque poderá provocar ruptura da coluna líquida. Isto ocorrerá quando seu valor negativo for suficientemente grande para provocar, numa dada seção do encanamento, uma pressão que permita a vaporização do líquido na temperatura em que este se acha.

A depressão é provocada pela inércia da massa líquida, que tende a continuar sua marcha com a mesma velocidade quando o êmbolo diminui a sua. A possibilidade da ruptura da massa líquida deve ser verificada e tomadas as providências para eliminá-la.

Consideremos a seção C do tubo de recalque, situada a uma distância L_C^D, e uma cota $-h_c$ de sua extremidade superior D.

Apliquemos a equação de conservação da energia nesse trecho.

$$0 + \frac{p_c}{\gamma} + \frac{V_c^2}{2g} = h_D + H_b + \frac{V_D^2}{2g} + J_C^D + J'$$

Mas $v_c = v_D$

Logo

$$\frac{p_c}{\gamma} = h_D + H_b + J_C^D + J' \qquad (16.12)$$

onde J_C^D representa as perdas hidráulicas entre C e D, e J', a perda devida à aceleração.

O valor mínimo dessa expressão, tendo em vista a Eq. (16.11) e notando que, no fim do curso, J' é máximo se $v_3 = 0$ e que, portanto, $J_C^D = 0$, é

$$\left(\frac{p_c}{\gamma}\right)_{mín.} = h_D + H_b - J'_{máx.}$$

ou

$$\left(\frac{p_c}{\gamma}\right)_{mín.} = H_b + h_D - \frac{\omega^2 R'}{g} \cdot \left(1 + \frac{R'}{L'}\right) \cdot \frac{\Omega_e}{\Omega_r} \cdot L_C^D \qquad (16.13)$$

Para que não ocorra a ruptura na seção C, é preciso sempre que $\dfrac{p_c}{\gamma}$ seja superior à pressão de vapor do líquido.

O exame da Eq. (16.13) mostra que, quanto menor for h_D e maior o trecho L_C^D, menor será p_c, isto é, o perigo de ruptura da coluna aumenta quando o trecho final do encanamento é quase horizontal e ao mesmo tempo longo.

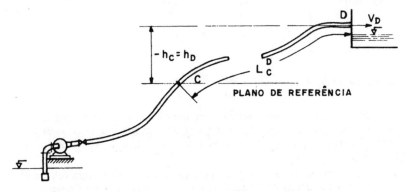

Fig. 16.15 Análise do risco de ruptura da continuidade do escoamento em linha longa.

DESCARGA NAS BOMBAS DE ÊMBOLO OU DE PISTÃO

Nas bombas de simples efeito, em cada rotação completa da manivela que a aciona, haverá dois cursos de êmbolo, um de aspiração e outro de recalque, correspondendo a um escoamento cujo volume é dado por

$$V = 2R' \cdot \Omega_e \cdot \lambda \qquad (16.14)$$

340 BOMBAS E INSTALAÇÕES DE BOMBEAMENTO

sendo

$2R'$ o curso do êmbolo;
Ω_e a área nítida de sua face ativa;
λ um coeficiente menor que a unidade, denominado *rendimento volumétrico*.

O coeficiente λ é a relação entre o volume do líquido realmente aspirado e o volume gerado pela face ativa do êmbolo no seu curso de aspiração. Costuma-se exprimir em função das descargas correspondentes.

$$\lambda = \frac{Q_{real}}{Q_{teórica}} \qquad (16.15)$$

O rendimento volumétrico resulta das seguintes causas:
a. A aspiração é feita em conseqüência de uma depressão ocorrida na câmara da bomba devido ao deslocamento do êmbolo, o que provoca o desprendimento parcial dos gases dissolvidos no líquido e que passam a ocupar uma parte do volume gerado pelo movimento do êmbolo. No curso do recalque, o aumento da pressão faz com que os gases tornem a dissolver-se no líquido, que volta à sua situação inicial. Portanto, λ depende do valor da pressão mínima reinante na bomba, na fase de aspiração, e da percentagem de gás que o líquido traga em dissolução.
b. Fugas devidas ao atraso no fechamento das válvulas.
c. A eventual deficiência na estanqueidade das válvulas.
d. Perdas nos anéis de vedação e gaxetas.

λ varia de 0,85 (bombas pequenas) a 0,98 nas bombas de grandes dimensões e de boa qualidade. É tanto menor quanto menor a viscosidade do líquido.

Se a árvore que aciona a bomba gira com n rotações por minuto, a descarga resultante é dada pela expressão

$$Q = \frac{n \cdot V}{60} = \frac{\pi \cdot n}{120} \cdot D^2 \cdot R' \cdot \lambda \qquad (m^3 \cdot s^{-1}) \qquad (16.16)$$

sendo D o diâmetro do êmbolo (em metros).

Se a bomba for de duplo efeito, com haste de diâmetro d, a descarga do conjunto das duas faces será

$$Q = \frac{\pi \cdot n}{60} \, (D^2 - d^2) \, R' \cdot \lambda \qquad (m^3 \cdot s^{-1}) \qquad (16.17)$$

POTÊNCIA MOTRIZ

A potência para acionar uma bomba de êmbolo é dada pela mesma expressão deduzida para o caso das turbobombas, em que H representa, em metros, o valor médio da altura manométrica de elevação; η, o rendimento total da bomba; e γ, em kgf $\cdot$ m^{-3}, o peso específico do líquido bombeado. Temos

$$N = \frac{\gamma \cdot Q \cdot H}{75 \cdot \eta} \qquad (c.v.) \qquad (16.18)$$

que, no caso da água, transforma-se em

$$N = \frac{1.000 \cdot Q \cdot H}{75 \cdot \eta} \qquad (16.19)$$

O rendimento total η nas bombas de êmbolo varia de 0,65 a 0,85.

$$\eta = \lambda \cdot \rho \cdot \varepsilon \qquad (16.20)$$

Sendo

λ — rendimento volumétrico
ρ — rendimento mecânico
ε — rendimento hidráulico

CÂMARA DE AR

A câmara de ar é um reservatório fechado, represando, na parte superior, um determinado volume de ar, destinado, por sua expansão ou retração, a manter uma descarga praticamente constante nos encanamentos de uma instalação de bomba de êmbolo.

A câmara de ar pode ser aplicada quer no encanamento de recalque, quer no de aspiração, ou em ambos, mas de preferência no primeiro. A câmara, como mostra a Fig. 16.16, fica ligada à bomba e ao encanamento e, normalmente, possui um tubo de nível externo que permite verificar suas condições de funcionamento. Possui também uma válvula de segurança e uma torneira para regular o volume de ar.

Quando a bomba pára, o ar da câmara de recalque deve ficar sujeito a uma pressão relativa, que corresponde à da coluna do líquido, representada pela diferença de cotas entre a extremidade superior do tubo de recalque e o nível do líquido na câmara.

O ar da câmara de aspiração, quando a bomba está parada, encontra-se sob uma depressão ou vácuo relativo que corresponde à da coluna líquida de altura igual à diferença de cotas entre os níveis livres do líquido na câmara e no reservatório inferior.

A grande massa líquida existente na canalização se opõe, por sua inércia, à variação da descarga originária da bomba, o mesmo não ocorrendo com a pequena parcela de líquido contido na câmara, que se pode deslocar com relativa facilidade devido à menor resistência oferecida pelo ar, em virtude de sua grande compressibilidade. Nos intervalos em que a bomba fornece descargas superiores à média, o excesso de líquido penetra na câmara, reduzindo o volume de ar, aumentando sua pressão, permitindo, assim, sua expulsão nos períodos em que há deficiência de descarga. A câmara de ar funciona como um órgão regulador de descarga, armazenando os excessos para restituí-los nas deficiências.

Na câmara de aspiração, o fenômeno ocorre em sentido inverso; quando a bomba solicita um maior volume de líquido, é a câmara que o fornece, resultando daí um maior volume de ar que acarretará uma redução da pressão, ou seja, um aumento da depressão (vácuo), e a conseqüente aspiração do líquido que se acha no reservatório inferior. A variação de descarga nos encanamentos se processa de uma maneira muito lenta e sempre com pequena amplitude, enquanto que, nos trechos que vão da bomba às câmaras, ocorre justamente o contrário.

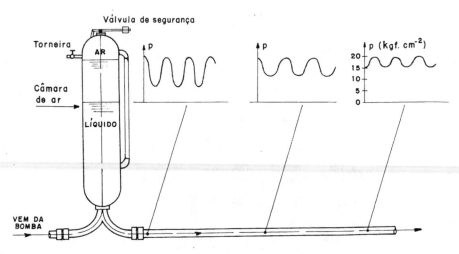

Fig. 16.16 Diagrama indicando a amplitude de oscilações da pressão no encanamento de recalque de uma bomba alternativa com câmara de ar no recalque.

O volume de ar nas câmaras pode ser assim adotado:
— 22 vezes a descarga aspirada em cada ciclo do êmbolo, nas de 1 cilindro, de simples efeito (Fig. 16.17)
— 10 vezes a referida descarga, nas de 1 cilindro, de duplo efeito
— 5 vezes a descarga, nas dúplex, de duplo efeito
— 2 vezes a descarga, nas tríplex, de duplo efeito.

Na prática, as câmaras de ar já vêm incorporadas à bomba, trazendo dispositivos que permitem regular, experimentalmente, o volume de ar, para que se obtenha o melhor rendimento na instalação dada; o que depende das características do encanamento utilizado. Se este for muito longo, deve-se examinar a necessidade de uma câmara de ar adicional no recalque, e recomenda-se uma válvula de alívio no recalque.

As câmaras de ar nas bombas de mais de três cilindros (multíplex) asseguram um escoamento praticamente uniforme na tubulação ligada à bomba.

Entre as bombas de êmbolo dotadas de câmaras de ar na aspiração e no recalque, são comuns os dois tipos seguintes:

1.º *Bombas de duplo efeito*. Com câmaras de ar na aspiração e no recalque, cujo esquema está indicado na Fig. 16.18.

A bomba consta de duas câmaras, C_a e C_r, e de um êmbolo alongado, não havendo a preocupação de adaptá-lo às paredes da câmara, mas apenas a um dispositivo intermediário D de separação das câmaras. O movimento alternativo do êmbolo provoca uma contínua variação do volume de cada uma das câmaras, dando origem à aspiração e ao recalque do líquido graças às válvulas que permitem comunicar as câmaras de ar com os cilindros.

O objetivo da câmara de ar na aspiração é, como já vimos, fazer com que o escoamento do líquido seja sensivelmente uniforme, atenuando assim a influência que a aceleração do líquido teria sobre a altura total de aspiração.

As válvulas de recalque estabelecem a comunicação entre o cilindro e a câmara de ar no recalque. A finalidade dessa câmara de ar já foi esclarecida anteriormente.

2.º *Bombas de simples efeito com êmbolo diferencial*. A Fig. 16.19 representa uma bomba de cilindro vertical provida de êmbolo diferencial. Seu objetivo é obter um funcionamento análogo ao do cilindro de duplo efeito, usando apenas uma válvula na aspiração

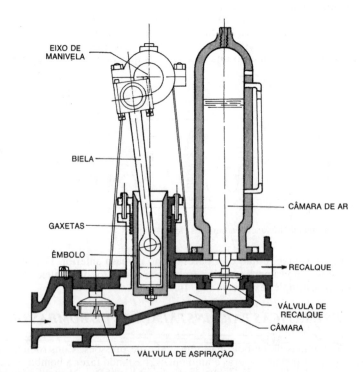

Fig. 16.17 Bomba de êmbolo com câmara de ar no recalque.

BOMBAS ALTERNATIVAS 343

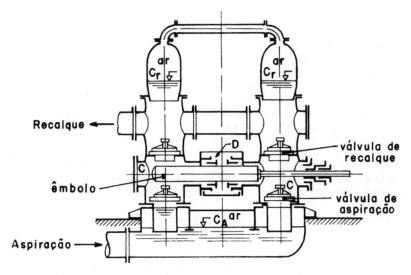

Fig. 16.18 Bomba de êmbolo de duplo efeito, com câmara de ar no recalque e na aspiração.

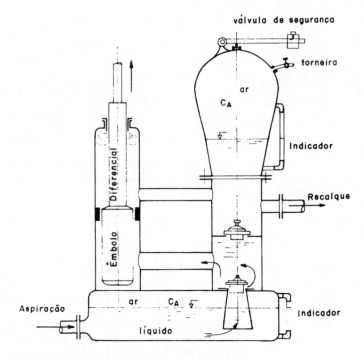

Fig. 16.19 Bomba de êmbolo diferencial, de simples efeito.

e uma válvula no recalque, e não dois pares, como no caso anterior. O êmbolo diferencial é constituído por uma única peça com dois trechos de diâmetros diferentes. O funcionamento se compreende pelo simples exame da Fig. 16.19.

INDICAÇÕES PRÁTICAS PARA INSTALAÇÕES DE BOMBAS DE ÊMBOLO

a. *Pressões.* As bombas de êmbolo não têm limite de pressões. Constroem-se atualmente para pressões de 1.000 atmosferas e ainda mais, bastando fazer a bomba suficientemente resistente e o motor com a necessária potência.

344 BOMBAS E INSTALAÇÕES DE BOMBEAMENTO

b. *Velocidade da água.*
No tubo de aspiração:
— linhas curtas (< 50 m), adota-se $v \pm 1,5$ m $\cdot$ s^{-1}
— linhas longas (> 50 m), $v \pm 0,75$ m $\cdot$ s^{-1}
No tubo de recalque:
— linhas curtas: $1,5 < v < 2,0$ m $\cdot$ s^{-1}
— linhas longas: v da ordem de 1 m $\cdot$ s^{-1}
c. Abertura livre de entrada do líquido no crivo do tubo de aspiração. Deve ser de 2 a 3 vezes a área da seção de escoamento do tubo.
d. Abertura livre das válvulas: 1,5 a 2 vezes a área dos tubos de aspiração e de recalque, conforme se trate de válvulas de aspiração ou de recalque.
e. Válvula de alívio. Deve ser prevista em instalações de bomba de êmbolo e graduada para pressão ligeiramente superior à máxima pressão de operação da bomba. Consultar catálogos dos fabricantes.

COMPARAÇÃO ENTRE AS TURBOBOMBAS E AS DE ÊMBOLO E DE PISTÃO

As bombas de êmbolo e de pistão, de emprego quase que generalizado como máquinas elevatórias até fins do século passado, começaram a ceder terreno às bombas centrífugas, à medida que as vantagens destas se iam patenteando para vários campos de utilização e a técnica de seu projeto e fabricação se aperfeiçoava.

Não resta dúvida, porém, de que foi o desenvolvimento da indústria de motores elétricos e das turbinas a vapor, que possuem velocidades elevadas, que influiu no interesse pelo aperfeiçoamento da técnica de projeto e construção das turbobombas, pois estas podem ser ligadas diretamente ao eixo dos motores e das turbinas, ou através de simples redutores de velocidade (caso das turbinas a vapor de rotação muito alta).

Em relação às bombas de êmbolo, as bombas centrífugas apresentam, entre outras, as seguintes vantagens:
1. Simplicidade de projeto e construção devida ao pequeno número de peças constitutivas.
2. Pequeno espaço que ocupam. Para uma mesma descarga e altura manométrica, as turbobombas podem vir a ocupar cerca da quinta parte da área em planta da instalação de uma bomba de êmbolo.
3. Peso notavelmente reduzido, conduzindo a um baixo custo para o material empregado em sua fabricação e a fundações menores e menos dispendiosas.
4. Pela mesma natureza do seu funcionamento, não provocam vibrações e sobrepressões excessivas, transmissíveis pelo líquido aos encanamentos, e do corpo da bomba às fundações, dispensando normalmente medidas de segurança para proteção dos encanamentos e fundações de elevado custo.
5. Permitem um controle fácil da descarga entre limites amplos, com o auxílio de um simples registro instalado no início da tubulação de recalque, e, além disso, até certos limites, fornecem descargas superiores à normal, com o aumento do número de rotações, o que aliás também ocorre com as bombas alternativas.
6. Pela sua simplicidade, ausência de válvulas, apresentam uma reduzida despesa de manutenção.
7. A manobra, para serem postas em funcionamento, é de extrema simplicidade.
8. Permitem, introduzindo certas características na forma rotor, a elevação de líquidos sujos ou contendo substâncias sólidas, pastosas, esgotos sanitários etc.
9. Preço menor para os mesmos valores de Q e H.

As bombas de êmbolo apresentam as seguintes vantagens:
1. Para grandes alturas manométricas e descargas pequenas, podem ser a melhor ou a única solução, se a pressão for superior a 200 ou 300 atmosferas. Até este limite ou ainda mais, podem-se usar bombas centrífugas de múltiplos estágios, mas há que levar em conta seu preço e a possibilidade de utilizar vapor de uma instalação local, quando poderá ser preferível o uso das bombas de êmbolo pela forma de acionamento já vista.
2. Para líquidos de viscosidade acima de 20.000 SSU, o rendimento das bombas centrífugas se reduz, devendo-se usar bombas alternativas até cerca de 100.000 SSU, quando se passa a empregar as bombas rotativas. Essa indicação não tem um caráter absoluto, pois, atualmente, prefere-se usar turbobombas de múltiplos estágios para bombeamento de óleo nos oleodutos.

3. Onde existe instalação de vapor, este pode ser empregado no acionamento das bombas de êmbolo, dispensando motor elétrico.
4. Sendo, em geral, auto-aspirantes, não sofrem dos contratempos de perda de escorva, como ocorre com as bombas centrífugas comuns.
5. Podem ser usadas como "bombas dosadoras", desde que a ela se adaptem dispositivos de regulagem apropriados.
6. São recomendadas, também, quando o líquido contém elevado teor de gases dissolvidos ou de substâncias sólidas em suspensão.
7. São as indicadas para o envio de lama a alta pressão para poços de petróleo em fase de perfuração para efetuar a retirada do material perfurado, entre outras finalidades *(mud pumps)*.

Exercício 16.1
Quais os valores estimados para os rendimentos volumétrico e total de uma bomba de êmbolo cujo eixo de manivela gira a 500 rpm, sendo a pressão no recalque de 70 kgf cm^{-2} e o líquido, óleo de 7 centistokes?
Podemos usar o gráfico de Warren E. Wilson (Fig. 16.20).
Convertamos a viscosidade dada em unidades SSU.

$$7 \text{ cST} = 50 \text{ SSU}$$

Entrando com os valores 50 SSU e 500 rpm, obtemos o ponto A. Pelo ponto A, traçamos AB, paralela às retas inclinadas. De B, traçamos uma reta horizontal até encontrar a vertical levantada da abscissa 70 kgf · cm^{-2}. Lemos, na reta inclinada mais próxima

Rendimento volumétrico $\lambda = 90\%$
Rendimento total $\eta = 90\%$

Analogamente, poderíamos, conhecidos η, a pressão e o coeficiente de viscosidade, obter o número de rpm ou, dados o coeficiente de viscosidade, n e η, achar a pressão de operação.

Exercício 16.2
Determinar o esforço na haste do êmbolo, a descarga e a potência de uma bomba de êmbolo para água, de duplo efeito, para os seguintes dados:
— Curso do êmbolo $l = 350$ mm $= 2R'$

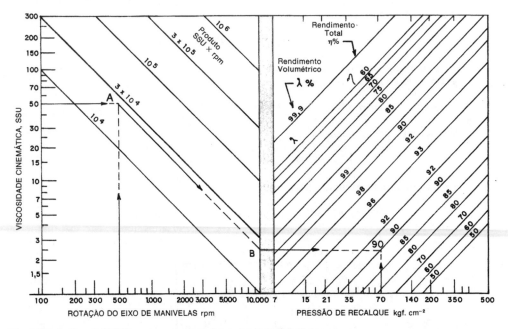

Fig. 16.20 Gráfico de W. Wilson para operação de bomba de êmbolo.

346 BOMBAS E INSTALAÇÕES DE BOMBEAMENTO

— Diâmetro do êmbolo $D = 220$ mm
— Diâmetro da haste $d = 45$ mm
— Número de rotações por minuto do eixo da manivela $n = 120$ rpm
— Altura total de aspiração $H_a = 3,20$ m.c.a.
— Altura total de recalque $H_r = 25,30$ m.c.a.

Desprezar o atrito lateral do êmbolo com o cilindro.
a. Pressões sobre as faces do êmbolo.

$$\text{Área nítida do êmbolo } \Omega = \frac{\pi D^2}{4} = \frac{3,14 \times 0,22^2}{4} = 0,03799 \text{ m}^2$$

Área da seção transversal da haste

$$\Omega' = \frac{\pi d^2}{4} = \frac{3,14 \times 0,045^2}{4} = 0,00157 \text{ m}^2$$

Pressão na entrada da bomba (aspiração)

$$p_a = 3,20 \text{ m.c.a.} = 0,32 \text{ kgf} \cdot \text{cm}^{-2} = 3.200 \text{ kgf} \cdot \text{m}^{-2}$$

Pressão na boca de recalque da bomba

$$p_r = 25,30 \text{ m.c.a.} = 2,53 \text{ kgf} \cdot \text{cm}^{-2} = 25.300 \text{ kgf} \cdot \text{m}^{-2}$$

b. Forças sobre as faces do êmbolo para provocar seu deslocamento:
— No deslocamento da direita para a esquerda do êmbolo:
Para vencer a pressão do lado que era o de aspiração.

$$F_a = p_a \cdot \Omega = 3.200 \times 0,03799 = 121 \text{ kgf}$$

Para vencer a pressão do recalque, por ter-se aberto a válvula de recalque.

$$F_r = p_r (\Omega - \Omega') = 25.300 \times (0,03799 - 0,00157) = 921 \text{ kgf}$$

Força resultante

$$F = F_a + F_r = 121 + 921 = 1.042 \text{ kgf}$$

— No deslocamento da esquerda para a direita:
Para vencer a pressão da aspiração

$$F'_a = p_a \cdot (\Omega - \Omega') = 3.200 \times (0,03799 - 0,0157) = 116 \text{ kgf}$$

Para vencer a pressão de recalque

$$F'_r = p_r \cdot \Omega = 25.300 \times 0,03799 = 961 \text{ kgf}$$

Força resultante da esquerda para a direita

$$F' = F'_a + F'_r = 116 + 961 = 1.077 \text{ kgf}$$

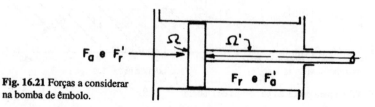

Fig. 16.21 Forças a considerar na bomba de êmbolo.

Estas forças se transmitem à biela e daí ao eixo de manivela e vão interessar ao projeto de regularização do movimento do eixo motor e à equilibragem dinâmica do mesmo.

c. *Descarga fornecida pela bomba.*
Numa volta completa do eixo, há o fornecimento de duas cilindradas, porque a bomba é de duplo efeito. Devido à haste, os dois volumes não são iguais. Assim, a descarga é dada pela Eq. (16.17).

$$Q = \frac{\pi n}{60} (D^2 - d^2) R' \cdot \lambda$$

$$R' = \frac{l}{2} = \frac{0,350}{2} = 0,175 \text{ m}$$

Adotemos 0,96 para o rendimento volumétrico.

$$Q = \frac{3,14 \times 120}{60} = (0,22^2 - 0,045^2) \times 0,175 \times 0,96 = 0,0508 \times 0,96 = 0,04876 \text{ m}^3 \cdot s^{-1}$$

ou

$$Q = 48,76 \, l \cdot s^{-1}$$

d. *Potência a ser fornecida à bomba*
A altura manométrica é $H = H_a + H_r$ (conforme Eq. 16.4)

$$H = 3,20 + 25,30 = 28,50 \text{ m}$$

Devemos tomar a descarga total

$$Q' = \frac{Q}{\lambda} = 0,0508 \text{ m}^3 \cdot s^{-1}$$

A potência será de acordo com a Eq. (16.5).

$$N = \frac{1.000 \times Q' \times H}{75 \times \eta}$$

Admitamos $\eta = 0,85$.

$$N = \frac{1.000 \times 0,0508 \times 28,50}{75 \times 0,85}$$

$$N = 22,5 \text{ c.v.}$$

NPSH NAS BOMBAS DE ÊMBOLO

O que foi estudado para as turbobombas se aplica quanto ao NPSH disponível nas instalações da bomba de êmbolo e nas rotativas.

Deve-se levar em conta as parcelas J'_a e T_a, que não aparecem nas turbobombas.

Pela definição de $NPSH_{disp.}$, temos:

$$NPSH_{disp.} = \frac{p_a}{\gamma} + \frac{V_0^2}{2g} - h_v$$

Mas a Fig. 16.22 nos mostra que

$$\frac{p_a}{\gamma} = H_b - \left(h_a + J_a + J'_a + T_a + \frac{V_0^2}{2g} \right)$$

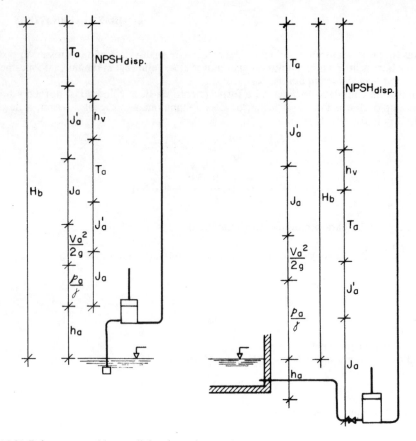

Fig. 16.22 Balanço energético na linha de aspiração de uma bomba alternativa com H_a positivo e H_a negativo (bomba afogada).

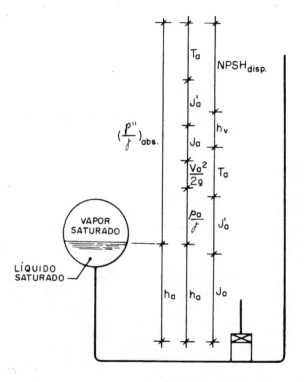

Fig. 16.23 Balanço energético na linha de aspiração de bomba alternativa com reservatório de captação fechado, com pressão $\left(\dfrac{p''}{\gamma}\right)_{abs}$ diferente da atmosférica.

de modo que

$$\text{NPSH}_{disp.} = H_b - (h_a + J_a + J'_a + T_a + h_v) \quad (16.21)$$

O diagrama da Fig. 16.24, válido para viscosidades até cerca de 200 SSU, permite determinar o NPSH requerido, quando se conhecem a descarga da bomba e o número de rpm do eixo da manivela de uma bomba de potência (ou "força").

Exemplo

Determinar o NPSH requerido por uma bomba de êmbolo que deva fornecer uma descarga de 20 gpm com eixo de manivelas girando a 1.800 rpm.
Solução pelo gráfico de W. Wilson (Fig. 16.24).

Entrando com o valor de $Q = 20$ gpm na reta inclinada, segue-se até a inclinada correspondente a $n = 1.800$ rpm. Na horizontal que passa pelo ponto de encontro, acha-se $\text{NPSH}_{req.} = 8,7$ pés $= 2,61$ m.

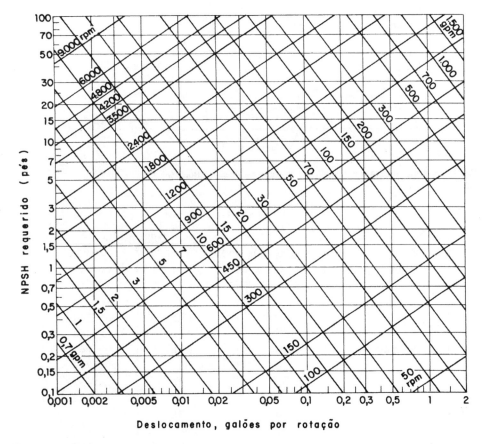

Fig. 16.24 Gráfico de W. Wilson para determinação do NPSH requerido por bomba de êmbolo.

ACIONAMENTO DE BOMBA DE ÊMBOLO POR RODA-D'ÁGUA

De muita utilidade em sítios, fazendas e locais onde exista um pequeno curso de água, é o sistema de acionamento de uma bomba de êmbolo por meio de uma roda-d'água, tal como fabricam e vendem as Indústrias Mecânicas Rochfer Ltda., em São Paulo. A roda-d'água pode ser dos tipos de cima, de lado ou de baixo.

O eixo da roda-d'água aciona dois excêntricos, cada um dos quais comanda uma biela e um êmbolo correspondente. O sistema equivale a duas bombas de simples efeito, recalcando numa câmara de ar de onde sai a tubulação de recalque. Variando-se a excentricidade (passo do excêntrico), consegue-se variar o volume útil da câmara e, portanto, a descarga. O croqui (Fig. 16.25) é apenas ilustrativo, não indicando a forma e os detalhes da bomba da firma que patenteou o sistema. Para 20 metros de elevação, o fabricante fornece as indicações da Tabela 16.1. As descargas estão expressas em litros por hora.

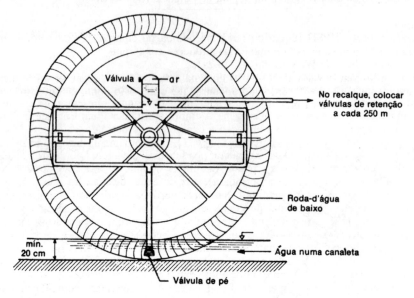

Fig. 16.25 Bombeamento com roda-d'água de baixo da Mecânica Rochfer Ltda.

Tabela 16.1

Passo do excêntrico	rpm da roda hidráulica	DESCARGA Modelo PM-37 ϕ 1/2" ou 3/4"	PM-44 ϕ 3/4" ou 1"
7 cm	10	90	120
	20	180	240
	30	270	360
8 cm	10	100	144
	20	200	288
	30	300	432
9 cm	10	115	162
	20	230	324
	30	345	486
10 cm	10	130	180
	20	250	360
	30	380	550

BOMBAS ALTERNATIVAS APLICADAS AO CORTE COM JATO DE ÁGUA

A Flow Systems Inc. (ligada à Intertech do Brasil Ltda.) fabrica bombas capazes de pressurizar água a 55 mil psi (3.850 kgf · cm^{-2}), denominadas bombas intensificadoras. A água, expelida em jato através de um bico de safira de 0,07 a 0,50 mm de diâmetro,

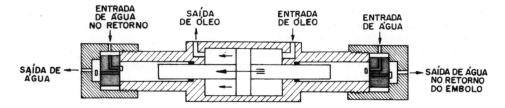

Fig. 16.26 Boma intensificadora. (Cortesia da revista *Máquinas e Metais* — março de 1985.)

a uma velocidade média de 1.000 metros por segundo, é capaz de perfurar e cortar chapas de materiais que vão desde o papelão, passando pelos plásticos, compensados de madeira, de fibra de vidro, vidro e granito, até o alumínio. O sistema que emprega essa bomba é denominado pelo fabricante de *Waternife*. A empresa britânica Fluid Engineering Product fabrica o *Jetcutter*, utilizado em mineração e exploração de petróleo. A Fig. 16.26 mostra esquematicamente uma bomba intensificadora. O óleo movimenta um pistão de grande diâmetro para frente e para trás. Este pistão, por sua vez, movimenta dois outros, menores, que bombeiam a água. O sistema possui retentores de alta pressão com duração de 400 horas e válvulas que permitem a entrada e saída de água, de maneira que a pressão de óleo sobre o pistão maior movimenta-o para a esquerda, comprimindo assim a água, com o pistão menor. Atingido o final do curso pelo pistão maior, o fluxo de óleo se inverte, fazendo-o deslocar-se para a direita, comprimindo a água com o segundo pistão menor. A pressão de óleo necessária para obter a pressão necessária na água é de, no máximo, 210 kgf $\cdot$ cm^{-2} para o corte dos materiais de maior dureza entre os acima mencionados.

O sistema contém, além da bomba intensificadora, um dispositivo para obtenção de compensação de pressão constante, permitindo que o bico de corte seja ligado ou desligado a qualquer momento, mesmo que todo o sistema esteja em funcionamento. Possui também equipamento para *filtragem* e *refrigeração* do óleo e um *acumulador* de água a alta pressão, que é simplesmente uma câmara de armazenamento de água pressurizada necessária para

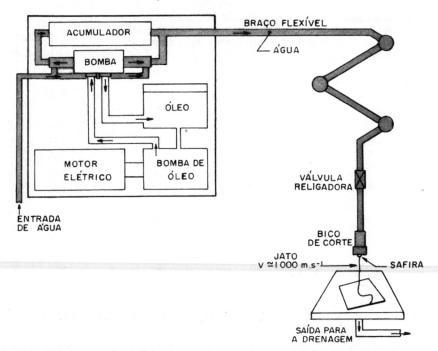

Fig. 16.27 Esquema de um sistema de corte com água. (Cortesia da revista *Máquinas e Metais* — março de 1985.)

352   BOMBAS E INSTALAÇÕES DE BOMBEAMENTO

manter uniformidade na operação. O dispositivo final é um receptáculo que recebe o jato de água após ter ele atravessado o material que está sendo cortado, assegurando proteção ao operador e reduzindo o nível de ruído.

Para o corte de concreto, aço carbono e inoxidável, placas espessas de vidro e uma série de materiais de grande dureza, a Flow Systems Inc. fabrica o sistema *PASER*.

O bocal de corte possui na entrada uma câmara de injeção por onde penetra um abrasivo (carboneto de tungstênio ou carboneto de boro) sob os efeitos da gravidade e do Venturi do jato de água em alta velocidade. Na câmara ocorre a transferência da energia cinética da água para as partículas abrasivas. O corte do material ocorre por microusinagem, erosão e cisalhamento, dependendo da natureza do mesmo.

O corte a água sob pressão tem sido usado para cortar concreto e asfalto, colunas e vigas de concreto armado ou aço. Em plataformas *off-shore* é usado em serviços de construção e reparação, inclusive em trabalhos submersos. É empregado na indústria automobilística, metalúrgica, aeroespacial, usando em geral robôs e copiadores óticos e eletrônicos para movimentar o bocal de corte. Em muitos casos, o PASER tem sido escolhido para realizar cortes que normalmente seriam feitos com serras diamantadas, discos abrasivos, cortes com *plasma* e *laser*.

Bibliografia

Bombas — Ministério da Marinha — Diretoria de Engenharia da Marinha — Publicação ITENA — 47, 1970.

Bombas de diafragma RO-TAU para líquidos corrosivos. *Catálogo da OMEL S.A. Ind. e Com.*

Bomba dosadora A-30. GRUMAT. Ind. e Com. Eletro-Eletrônica Mecânica Ltda.

Bombas dosadoras B & L. Bran & Luebbe do Brasil Ind. e Com. Ltda.

Bombas dosadoras GIROMATO e Simplex/Duplex A3-20 da Companhia Metalúrgica Barbará.

Bombas GERA para poços rasos e profundos, com pistão simples e pistão duplo.

Bombas hidráulicas "UNIDAS" de pistões. Mecânica "UNIDAS" Ltda.

BUSE, FRED. Power Pumps. In: *Pump Handbook*. McGraw-Hill Book Co., 1976.

FREEBOROUGH, ROBERT M. Steam Pumps. In: *Pump Handbook*. McGraw-Hill Book Co., 1976.

HICKS, TYLER G. e EDWARDS, T.W. *Pump Application Engineering*. McGraw-Hill Book Co., 1971.

HOTSY SHARK Plunger Pumps. Fabricadas no Brasil por SCHWING SIWA Equipamentos Industriais Ltda.

Hydraulic Institute Standard for Centrifugal, Rotary & Reciprocating Pumps. 1983.

KHETAGUROV, M. *Marine Auxiliary Machinery and Systems*. Peace Publishers. Moscou.

Máquinas e Metais — Março de 1985. "O corte com jato de água".

YEAPLE, FRANKLIN D. *Hydraulic and Pneumatic Power and Control*. McGraw-Hill Book Co., 1976.

17

Bombas Rotativas

GENERALIDADES

Na classificação geral das bombas, Cap. 2, as bombas rotativas foram incluídas entre as chamadas de "deslocamento positivo" ou "volumógenas". Em contraposição às bombas *rotodinâmicas* (turbobombas), alguns autores as designam pelo nome de *bombas rotoestáticas,* ou de *movimento rotatório.*

Seu funcionamento básico é o de qualquer bomba de deslocamento positivo exposto em *Bombas de deslocamento positivo,* Cap. 2.

Existe uma grande variedade de bombas rotativas que encontram aplicação não apenas no bombeamento convencional, mas principalmente nos sistemas de lubrificação, nos comandos, controles e transmissões hidráulicas e nos sistemas automáticos com válvulas de seqüência.

Teoricamente são máquinas hidraulicamente reversíveis: recebendo o líquido de outra fonte, podem comunicar movimento de rotação ao eixo, daí poderem funcionar nos circuitos que acabamos de mencionar. Recebem então o nome de *motores hidráulicos.*

São empregadas para líquidos de viscosidade até mesmo superior a 50.000 SSU. Os óleos de elevada viscosidade, em geral, são aquecidos para serem bombeados com menores perdas de escoamento nos encanamentos e, portanto, com menor consumo de energia.

As bombas rotativas são, via de regra, auto-escorvantes e adequadas a serviços com altura estática de aspiração relativamente elevada.

CLASSIFICAÇÃO

O quadro seguinte dá uma indicação dos principais tipos de bombas rotativas.

Vejamos alguns tipos das bombas rotativas mencionadas no Quadro a seguir.

1 *Bombas de um só rotor*

  1.1 *Bombas de palhetas deslizantes (sliding-vane pumps).*

    As de palhetas deslizantes são muito usadas para alimentação de caldeiras. São auto-aspirantes e podem ser empregadas também como bombas de vácuo. Nos comandos hidráulicos, bombeiam óleo até pressões da ordem de 175 kgf · cm $^{-2}$, mas em geral a pressão obtida com as bombas de palhetas varia de 7 a 20 kgf · cm^{-2}. Giram com rotações entre 20 e 500 rpm, e as vazões podem variar de 3 a 20 m^3/h, havendo bombas com vazões até maiores.

    As palhetas deslocam-se no interior de ranhuras de um cilindro giratório e são trocadas com facilidade, quando gastas.

    As bombas de palhetas podem ser de duas modalidades:

    — *de descarga constante* (Fig. 17.1). São de uso geral e as mais comuns.

354 BOMBAS E INSTALAÇÕES DE BOMBEAMENTO

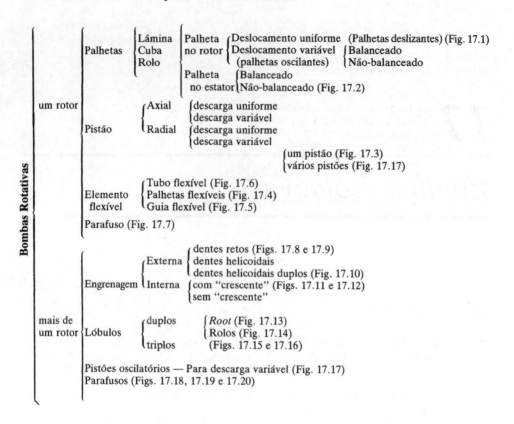

— de *descarga variável*. Usadas em circuitos oleodinâmicos. As bombas RACINE de *vazão variável* fornecem, automaticamente, apenas a quantidade de óleo necessária e suficiente para operar o circuito no qual estão inseridas (ver Fig. 18.3, Cap. 18). Utilizam para isso um *compensador de pressão*, capaz de controlar a pressão máxima do sistema. O volume da bomba é modificado automaticamente para suprir a vazão exata requerida pelo sistema. Durante a variação do volume da bomba, a pressão permanece virtualmente constante, com o valor para o qual o compensador foi regulado. Dispensam-se assim válvulas de alívio, de descarga e *by-pass*, comumente usados para controlar os excessos de óleo.

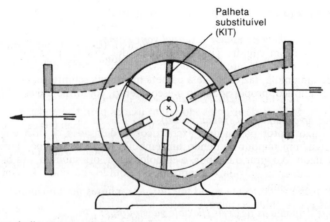

Fig. 17.1 Palhetas deslizantes no rotor.

BOMBAS ROTATIVAS 355

Exercícios 17.1

Dispõe-se de uma bomba de palhetas, cujas dimensões estão a seguir indicadas. Deseja-se obter uma descarga de 3,31 · s^{-1}. Com que número de rotações por minuto deverá a bomba funcionar?

D = diâmetro interno da caixa = 0,015 m.
d = diâmetro externo do rotor = 0,013 m.
E = excentricidade = (0,015 − 0,013) ÷ 2 = 0,010 m.
b = largura do rotor = 0,025 m.
Z = número de palhetas = 8.
e = espessura das palhetas = 0,004 m.

Na posição em que a palheta se acha no maior afastamento entre o motor e a caixa, igual a *(2 · E)*, sua velocidade será

$$v_m = \frac{\pi n}{60} \ (D - E)$$

Como o líquido se desloca com a mesma velocidade da pá, a descarga será

$$Q = v_m \times (2Eb) = \frac{2 \times \pi \cdot E \cdot b \cdot (D - E) \cdot n}{60}$$

Levando em conta a espessura das pás:

$$Q' = \frac{2 \cdot E \cdot b \ [\pi \cdot (D - E) - e \cdot Z] \cdot n}{60}$$

Estimando o rendimento volumétrico $\eta_v = 0,98$, podemos escrever

$$n = \frac{60 \cdot Q'}{\eta_v \cdot 2 \cdot E \cdot b \cdot [\pi \ (D - E) - eZ]}$$

Substituindo

$$n = \frac{60 \times 0,0034}{0,98 \times 2 \times 0,01 \times 0,025 \ [3,14 \ (0,15 - 0,01) - 0,004 \times 8]}$$

$$n = 1.020 \ \text{rpm}$$

O número de rotações por minuto será igual a 1.020.

1.2 *Bombas de palheta no estator (external vane pump)*

Possuem um cilindro giratório elíptico que desloca uma palheta que é guiada por uma ranhura na carcaça da bomba. O peso próprio da palheta, auxiliado pela ação de uma mola, faz com que a palheta mantenha sempre contato com a superfície do rotor elíptico, proporcionando o escoamento, conforme indica a Fig. 17.2.

1.3 *Bombas de pistão radial (radial piston)*

O eixo motor possui dois excêntricos C defasados de 180° que movimentam, cada qual, um tambor contendo um êmbolo A que se desloca num pino rotativo P articulado. Ao girar o tambor, o êmbolo oscila, ora subindo, ora baixando, funcionando como uma válvula de controle do líquido, da boca de aspiração até a de recalque da bomba.

1.4 *Bombas de palhetas flexíveis (flexible vane pumps)*

O rotor possui pás de borracha de grande flexibilidade, que, durante o movimento

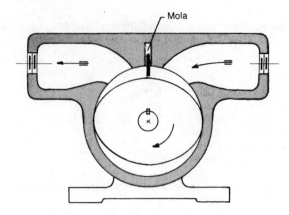

Fig. 17.2 Palheta deslizante no estator.

de rotação, se curvam, permitindo que entre cada duas delas seja conduzido um volume de líquido da boca de aspiração até a de recalque. Devem girar com baixa rotação, e a pressão que alcançam é reduzida (Fig. 17.4). Na parte superior interna da carcaça existe um *crescente* para evitar o retorno do líquido ao lado da aspiração.

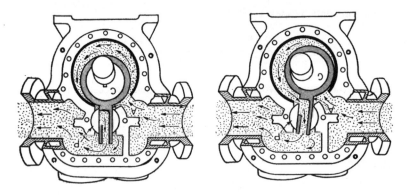

Fig. 17.3 Pistão radial.

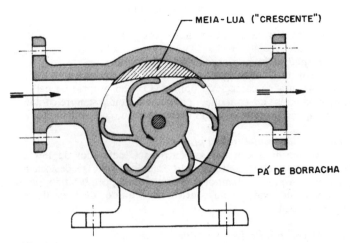

Fig. 17.4 Palhetas flexíveis.

Fig. 17.5 Guia flexível *(squeegee pump)*.

1.5 *Bombas de guia flexível (squeegee pumps* ou *flexible liner pumps)*

Um excêntrico desloca uma peça tubular ("camisa") tendo em cima uma palheta guiada por uma ranhura fixa. A Fig. 17.5 mostra o sentido de escoamento do líquido quando o eixo gira no sentido anti-horário.

1.6 *Bomba peristáltica*

A bomba peristáltica é também conhecida como *bomba de tubo flexível (flexible tube pump)*. No interior de uma caixa circular, uma roda excêntrica, dotada em certos casos de dois roletes diametralmente opostos ou de três roletes, comprime um tubo de borracha muito flexível e resistente. A passagem dos rolos comprimindo o tubo determina um escoamento pulsativo do líquido contido no tubo, razão do nome "peristáltica" pelo qual é mais conhecida.

Percebe-se que o líquido passa ao longo do tubo sem contato com qualquer parte da bomba. Por isso, a bomba pode ser usada para líquidos altamente corrosivos, como os ácidos acético, clorídrico, fosfórico, crômico, sulfúrico, nítrico, fluorídrico etc. Usa-se no caso de banhos eletrolíticos de fosfatação e para lixívias, líquidos abrasivos, viscosos, produtos alimentícios, soluções radioativas e líquidos venenosos. A empresa SOMONE Ltda. fabrica bombas peristálticas para uso industrial, com pressões até 10 kgf · cm^{-2}, vazões de até 64 m^3/h, viscosidade de 30.000 cps e temperaturas de até 110ºC. A Allinox Ind. e Com. Ltda. fabrica as bombas da linha Flexflo nos modelos de 1,1 l/h, 6 l/h e 10,6 l/h e pressão máxima de 1,7 kgf · cm^{-2}.

Bombas peristálticas especiais têm sido empregadas na circulação extracorpórea

 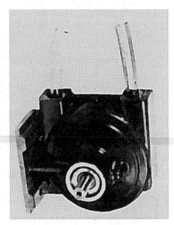

Fig. 17.6 Bomba de tubo flexível ou de rolete.

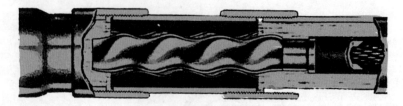

Fig. 17.7 Parafuso (rotor helicoidal, da Peerless Pump Division, FMC Corp.) *(single screw pump)*.

do sangue durante intervenções cirúrgicas do coração, funcionando como coração artificial. A bomba nesse sistema é da ordem de 1/6 c.v. e gira com 150 rpm, variando a velocidade de modo a poder atender às necessidades ditadas pelo momento conforme as reações do paciente.

1.7 *Bomba de parafuso (single screw pump)*

A *bomba de parafuso único* ou *bomba helicoidal* de *câmara progressiva,* concebida pelo francês Moireau, consta de um rotor que é um parafuso helicoidal que gira no interior de um estator elástico também com forma de parafuso, mas com perfil de hélice dupla. Esse tipo de bomba acha-se descrito no Cap. 28 e apresentado na Fig. 17.7.

A *bomba de parafuso* inventada por Arquimedes (287 a 212 a.C.) é uma bomba de um único helicóide executado em chapa e colocado em uma calha aberta inclinada. No Cap. 22 são dadas informações sobre essa bomba, adaptada às exigências da moderna tecnologia e empregada em saneamento básico.

2 *Bombas de mais de um rotor*

Faremos referência aos tipos mais importantes.

2.1 *Bombas de engrenagens externas*

Destinam-se ao bombeamento de substâncias líquidas e viscosas, lubrificantes

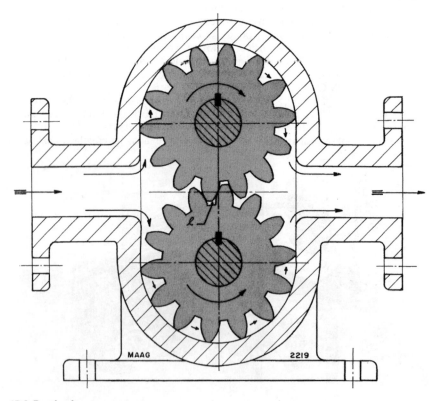

Fig. 17.8 Bomba de engrenagens.

ou não, mas que não contenham particulados ou corpos sólidos granulados.

Consideremos a Fig. 17.8. Quando as rodas giram, o líquido a bombear penetra no espaço entre cada dois dentes que se encontram do lado da aspiração e é aprisionado e conduzido até a boca de recalque da bomba. A comunicação na zona central entre o recalque e a aspiração se encontra fechada pelo contato entre os dentes que se acham engrenando.

Uma pequena quantidade de líquido l, retido entre a ponta de um dente e o intervalo entre dois outros, é deslocada desde o lado do recalque para o lado da aspiração. Uma outra quantidade escoa na folga existente entre a caixa e as superfícies laterais dos dentes. Finalmente, uma certa quantidade de líquido escoa em virtude de eventuais erros no cálculo do passo ou no traçado do perfil dos dentes. Como conseqüência, a descarga, as alturas de aspiração e de recalque dependem consideravelmente das condições de engreno, das folgas previstas e da precisão da usinagem.

Em bombas de pequeno porte para óleo, a transmissão do movimento de um eixo ao outro se faz pelo engreno das rodas dentadas da própria bomba, o que sacrifica sua durabilidade, embora as propriedades do óleo atenuem muito o desgaste. Em geral, porém, as rodas são chavetadas aos eixos, e estes recebem outras rodas dentadas cujo engreno faz as rodas da bomba girarem sem que seus dentes tenham contato direto. A roda dentada que transmite potência e a que recebe são colocadas numa caixa onde se processa adequada lubrificação.

Os dentes podem ser retos ou helicoidais. Quando são helicoidais, ocorre um esforço longitudinal na ação de engrenamento, paralelamente ao eixo.

Pode-se anular esse esforço, que se transmite a mancais de escora, adotando-se *rodas dentadas helicoidais duplas*. É a solução adotada, por exemplo, nas bombas Worthington GR (Fig. 17.10). Para o bombeamento de líquidos que se solidificam quando não aquecidos, os fabricantes produzem modelos em que a carcaça da bomba é encamisada para poder ser aquecido o líquido com água quente ou, mais comumente, com vapor. É o caso da bomba modelo GRJ da Worthington; do modelo HEROIL da HERO Equipamentos industriais; das Bombas HPT tipos M-50-60-75 e 100 da Haupt São Paulo S.A. e outras.

Servem para o bombeamento de óleos minerais e vegetais, graxas, melaços, parafinas, sabões, termoplásticos etc.

Fabricam-se bombas de engrenagens para pressões de 200 kgf · cm^{-2} e até maiores.

Fig. 17.9 Bomba de engrenagens de dentes retos, da MAAG, Zurich.

Fig. 17.10 Bomba Worthington GR. As rodas dentadas helicoidais duplas (espinha de peixe — *herringbone*) eliminam o empuxo axial que ocorre nas helicoidais simples *(spur gear)*.

A *descarga* Q (m³/h) de uma bomba de engrenagem de dentes retos com perfil em arco de *evolvente* é dada pela fórmula

$$Q = 60 \cdot \eta_v \cdot \pi \cdot D_d (D_a - D_d) \cdot l \cdot n \quad \text{(m}^3\text{/h)} \tag{17.1}$$

Onde

η_v = rendimento volumétrico ≃ 0,70 a 0,90
D_d = diâmetro da circunferência do *dedendum* dos dentes
D_a = diâmetro da circunferência do *adendum* dos dentes
l = comprimento dos dentes
n = número de rpm.

Quando o número de dentes é $Z = 6$ a 12, o volume compreendido entre dois dentes é ligeiramente maior que o volume dos dentes, de modo que se usa substituir o valor de π por um fator igual a 3,5. A fórmula acima se transforma em

$$Q = 210 \cdot \eta_v \cdot D_d (D_a - D_d) \cdot l \cdot n \quad \text{(m}^3\text{/h)} \tag{17.2}$$

A potência requerida para acionar uma bomba de engrenagens é dada por

$$N_{c.v.} = \frac{10.000 \cdot Q \cdot p_d}{3.600 \cdot \varepsilon \cdot 75 \cdot \eta_m} = \frac{Q \cdot p_d}{27 \, \varepsilon \cdot \eta_m} \tag{17.3}$$

onde

Q — m³/h
p_d — pressão de descarga em kgf · cm⁻²
η_m — rendimento mecânico da bomba (0,95 a 0,98)
ε — fator de correção para levar em conta a viscosidade do líquido e que se calcula pela fórmula

$$\varepsilon = \cfrac{1}{1 + \cfrac{°E \cdot v_p}{24{,}2\, p_d}} \qquad (17.4)$$

sendo

$°E$ = viscosidade do líquido em *graus Engler* na temperatura de bombeamento
v_p = velocidade periférica na circunferência primitiva das rodas dentadas
p_d = pressão de descarga em kgf · cm^{-2}.

A vazão de uma bomba de engrenagens só pode ser aumentada pelo aumento das dimensões dos dentes da engrenagem ou do número de rotações.

Em geral, os dentes das engrenagens das bombas desse tipo são em número de 6 a 14.

A pressão gerada à saída da bomba não costuma ser superior a 25 kgf · cm^{-2}, havendo contudo bombas de engrenagens de dentes retos que alcançam 210 kgf · cm^{-2}.

O diâmetro da circunferência primitiva (d_p) das rodas dentadas pode ser calculado por uma das seguintes fórmulas:

$$d_p = 12{,}3 \sqrt[3]{\frac{Q}{n}} \quad \text{(mm)} \qquad (17.5)$$

ou

$$d_p = 0{,}93 \sqrt[3]{\frac{Q}{v_p}} \quad \text{(mm)} \qquad (17.6)$$

sendo

Q = descarga da bomba em litros por minuto
n = número de rpm
v_p = velocidade periférica para um ponto do dente na circunferência primitiva das rodas dentadas.

O módulo m (relação entre o diâmetro primitivo d_p e o número Z de dentes) pode ser calculado segundo E. Yudin por

$$m = (0{,}21 \text{ a } 0{,}44) \sqrt{Q} \quad \text{(mm)} \qquad (17.7)$$

ou por

$$m = 0{,}6 + 0{,}1 \cdot d_p \quad \text{(mm)} \qquad (17.8)$$

O número Z de dentes é dado por

$$Z = \frac{d_p}{m} \qquad (17.9)$$

Um estudo mais rigoroso deveria levar em conta a *correção dos dentes,* uma vez que, sendo pequeno o número Z de dentes, ocorre *interferência.* O leitor é aconselhado a desenvolver o estudo, recorrendo a livros onde são estudadas com certa profundidade as engrenagens.

2.2 Bomba de engrenagem interna com crescente

Possui uma roda dentada exterior presa a um eixo e uma roda dentada livre interna acionada pela externa. A cada rotação do eixo da bomba, uma determinada quantidade de líquido é conduzida ao interior da bomba, enchendo os espaços entre os dentes da roda motora e da roda livre quando passam pela abertura de aspiração. O líquido é expelido dos espaços entre os dentes em direção à saída da bomba pelo engrenamento dos dentes numa posição intermediária entre a entrada e a saída.

A Fig. 17.11 mostra a bomba da Viking Pump Company, aplicável ao bombeamento de água, óleos minerais e vegetais, ácidos, álcool, tintas, benzeno, chocolate, asfalto, éter etc. Conseguem-se pressões de 8 kgf · cm^{-2} nos modelos *standard* e de 14 kgf · cm^{-2} nos modelos especiais.

2.3 Bomba de lóbulos

As bombas de lóbulos têm dois rotores, cada qual com dois ou três e até quatro lóbulos, conforme o tipo.

O rendimento volumétrico das bombas de três lóbulos é superior ao das de dois, e por isso as primeiras são mais usadas.

Consideremos a bomba de dois lóbulos (Fig. 17.13).

Chamemos de

n, o número de rotações por minuto
l_c, o comprimento longitudinal dos dentes (m)
D_r, o diâmetro do rotor (m)
η_v, o rendimento volumétrico (0,70 a 0,80)

A relação $\dfrac{l_c}{D_r} = \varphi_c$ varia de 0,6 a 1,5

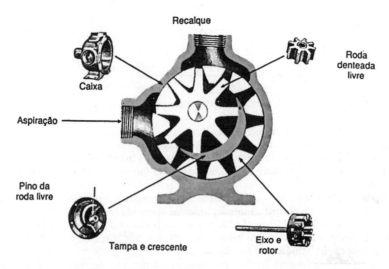

Fig. 17.11 Bombas de engrenagens internas com Crescente, da Viking Pump Company.

Fig. 17.12 Bomba de engrenagem interna com Crescente. A figura mostra uma bomba da Muller Fluid Power, de tipo usado para pressões até 280 kgf · cm^{-2} e descargas de 0,07 l · s^{-1} até 4 l · s^{-1} *(internal gear pump with crescent)*.

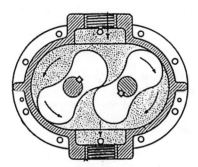

Fig. 17.13 Bomba de lóbulos duplos, tipo ROOT.

Demonstra-se facilmente que a vazão Q (m^3/h) é dada por

$$Q = 48 \cdot \eta_v \cdot D_r^2 \cdot l_c \cdot n \qquad (17.10)$$

Os compressores de ar tipo ROOT possuem rotores de dois lóbulos semelhantes aos da bomba referida.

A Mono-Pumps Limited (Santo Amaro — São Paulo) fabrica bombas de lóbulos triplos. Uma caixa de engrenagens associada à bomba evita que as superfícies dos lóbulos tenham qualquer contato entre si, ficando a missão de transmitir o movimento entre os eixos a cargo das engrenagens da caixa, as quais podem ser adequadamente lubrificadas.

As bombas de lóbulos são usadas no bombeamento de produtos químicos, líquidos lubrificantes ou não-lubrificantes de todas as viscosidades.

A Allinox Ind. e Com. Ltda. fabrica as bombas de lóbulos triplos Marca SSP em 14 modelos de ¼" a 8", vazões até 360.000 l/h, pressões até 10 kgf · cm^{-2} e temperaturas de líquidos de até 200°C.

Existe uma bomba de lóbulos, na qual um rotor de três lóbulos se acha no interior de um rotor de quatro lóbulos.

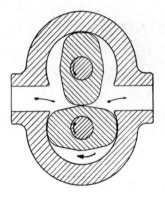 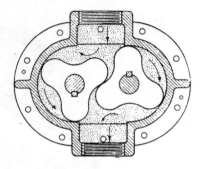

Fig. 17.14 Bomba de lóbulos duplos, rolos.   **Fig. 17.15** Bomba de lóbulos triplos.

2.4 *Bombas de pistões radiais*

Quando se pretende uma bomba rotativa com a qual se possa variar a descarga, pode-se usar a bomba rotativa de pistões, dos tipos radial ou axial.

As de pistões *radiais, oscilatórios* ou *rotativos* de descarga variável constam de um tambor excêntrico ou rotor contendo orifícios cilíndricos onde são colocados os pistões e que gira no interior de uma caixa em torno de um pivô distribuidor fixo.

Ao girar o rotor, a força centrífuga mantém os pistões em contato com a parte cilíndrica interna da carcaça. Quando um pistão se aproxima do centro, descarrega líquido no pivô distribuidor central, e quando se afasta, forma o vácuo necessário para a aspiração.

Os canais de aspiração e recalque no pivô distribuidor são independentes, operando em sincronia com o rotor.

Alterando-se a excentricidade do rotor, consegue-se a variação de descarga desejada.

No Cap. 18 serão acrescentadas algumas informações sobre essas bombas e sobre as de pistões axiais.

2.5 *Bombas de parafusos*

As bombas de parafusos ou de helicóides *(screw pumps)* constam de dois ou três "parafusos" helicoidais, conforme o tipo, e equivalem teoricamente a uma bomba de pistão com curso infinito.

A Fig. 17.18 mostra uma bomba de três parafusos *(three screw pump)*, com um parafuso condutor e dois conduzidos.

As bombas de parafusos conduzem líquidos e gases sem impurezas mecânicas e conseguem alcançar pressões de até 200 kgf · cm^{-2}. Giram com elevada rotação (até 10.000 rpm) e têm capacidade de bombear de 3 até 300 m^3/h. Os dentes não transmitem movimento para não se desgastarem. O movimento se realiza com engrenagens localizadas em caixa com óleo ou graxa para lubrificação. São silenciosas e sem pulsação.

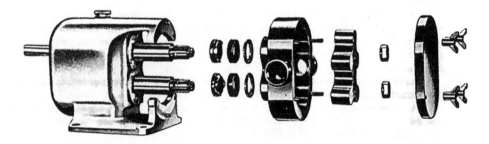

Fig. 17.16 Bomba de lóbulos triplos, desmontada.

BOMBAS ROTATIVAS   365

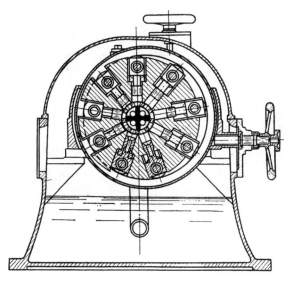

Fig. 17.17 Bomba de pistões radiais.

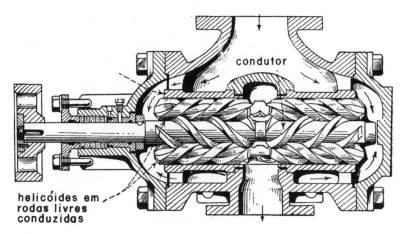

Fig. 17.18 Bomba de três parafusos *(three screw pump)*.

2.6 *Bombas de fuso*

Uma das modalidades de bombas de parafuso de grande número de aplicações, principalmente em indústrias, é a bomba de *fuso*. O formato e o traçado dos dentes helicoidais retangulares *(square thread rotors)* caracterizam as bombas de fuso, embora outras bombas de parafusos com dentes de outros perfis sejam designadas por esse nome.

As bombas de fuso da série LN da NETZSCH LEISTRITZ, fabricadas pela NETZSCH do Brasil, constam de dois fusos: um de acionamento de passo duplo e um conduzido, de passo triplo, e que giram encaixados um no outro com uma pequena folga, alojados em uma carcaça.

Graças ao perfil especial dos helicóides, formam-se câmaras idealmente vedadas, cujas unidades de volume são movimentadas num fluxo contínuo através da rotação dos fusos, em direção axial, do lado da aspiração para o lado do recalque, sem esmagamento, trituração ou turbulência. Essas bombas de fuso da NETZSCH podem ser fornecidas com ou sem válvula de segurança, a qual, neste caso, deverá ser instalada pelo montador. As bombas de fuso são silenciosas e sem pulsação.

A Fig. 17.19 mostra uma bomba de dois fusos, da Societé Industrielle Suisse, para pressões até 20 atm.

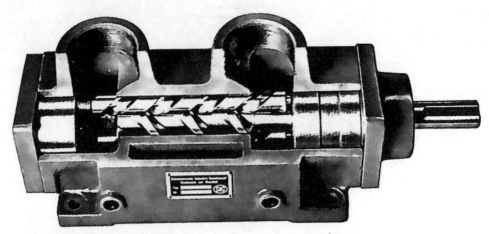

Fig. 17.19 Bomba de fuso com dois fusos, tipo 32-3 para 20 kgf · cm^{-2}, da Societé Industrielle Suisse, Neuhausen-Chute du Rhin (Suisse).

Existem bombas com três fusos. Nelas, o fuso rotor central é um helicóide de passo duplo e os rotores helicoidais laterais são conduzidos pelo fuso central, ocorrendo rolamento sem escorregamento das superfícies dos helicóides em contato.

Usam-se as bombas de fuso para o bombeamento de substâncias que possuem ação lubrificante ou meio lubrificante, viscosas ou não, desde que não contenham substâncias sólidas abrasivas. As bombas NETZSCH Série LN podem operar com meios de ação lubrificante com viscosidade de até 100.000 cst, vazão de até 5.300 l/min a 1.750 rpm e com pressão de 16 bar (e até pressões maiores).

Aplicações das bombas de fuso:

- óleo lubrificante
- óleo combustível
- óleo cru
- gasolina
- asfalto
- solventes
- produtos químicos

- óleo para engrenagens
- óleo diesel
- óleos vegetais
- querosene
- piche
- parafina
- produtos alimentícios

Fig. 17.20 Bomba de fuso com três rotores desmontada. Tipo ND-20-3. Pressão máxima de 20 kgf · cm^{-2}, da Societé Industrielle Suisse.

BOMBAS ROTATIVAS **367**

A descarga na bomba de fuso pode ser calculada pela expressão:

$$Q = 7,5 \cdot \eta_v \cdot k_i \, (D^2_{máx.} - D^2_{mín.}) \cdot \frac{\pi \cdot t}{Z} \qquad (m^3/h) \qquad\qquad (17.11)$$

onde

k_i = número de rotores conduzidos (1 ou 2)
t = passo dos filetes retangulares dos rotores (m)
Z = número de filetes ("entradas") no rotor
n = rpm
$D_{máx.}$ = diâmetro máximo do filete retangular (m)
$D_{mín.}$ = diâmetro mínimo do filete retangular (m)

A bomba de *Parafuso Único* ou de *Cavidade Progressiva* será apresentada no Cap. 28. Do mesmo modo que nas bombas de engrenagens, pode haver uma caixa de engrenagens motoras que evitem o contato das superfícies dos helicóides.

FUNCIONAMENTO E GRANDEZAS CARACTERÍSTICAS

Capacidade teórica

É o volume que os elementos giratórios podem deslocar sem carga ou pressão. Numa bomba de engrenagem, seria calculada em função do volume real dos espaços entre os dentes.

Deslizamento (slip) ou retorno

É o volume de líquido que volta da descarga à sucção, devido às folgas entre as peças móveis e entre estas e a carcaça.

Descarga efetiva
É aquela que sai da boca de recalque. É igual à que corresponde à capacidade teórica menos a de retorno.

Altura manométrica H
É a altura representativa da diferença de pressões à saída $\left(\dfrac{p_3}{\gamma} \right)$ e à entrada $\left(\dfrac{p_0}{\gamma} \right)$ da bomba.

$$H = \frac{p_3}{\gamma} - \frac{p_0}{\gamma} \qquad\qquad (17.12)$$

Podemos exprimir H em função das grandezas de que se dispõe na fase de projeto da instalação

$$H = h_a + h_r + J_a + J_r + \frac{V_o^2}{2g} \qquad\qquad (17.13)$$

368 BOMBAS E INSTALAÇÕES DE BOMBEAMENTO

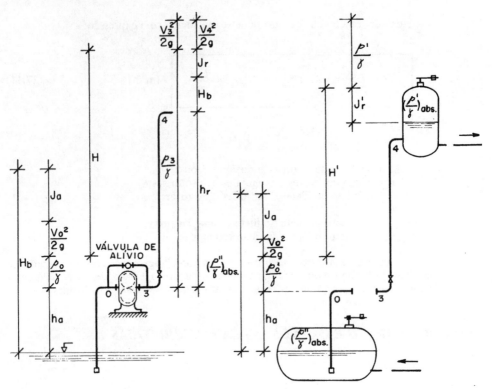

Fig. 17.21 Balanço energético na instalação de bomba rotativa.

Se as pressões reinantes nas superfícies livres do líquido na aspiração e no recalque forem respectivamente p'' e p', teremos

$$H' = h_a + h_r + J_a + J'_r + \frac{V_0^2}{2g} - \frac{V_3^2}{2g} + \left(\frac{p'}{\gamma}\right)_{abs.} - \left(\frac{p''}{\gamma}\right)_{abs.} \tag{17.14}$$

Se

$$\left(\frac{p''}{\gamma}\right) > H_b$$

$$\left(\frac{p'}{\gamma}\right)_{abs.} - \left(\frac{p''}{\gamma}\right)_{abs.} = \left(\frac{p'}{\gamma}\right)_{man.} - \left(\frac{p''}{\gamma}\right)_{man.}$$

Se

$$\left(\frac{p'}{\gamma}\right)_{abs.} < H_b \qquad \text{(houver vácuo parcial)}$$

$$\left(\frac{p'}{\gamma}\right)_{abs.} - \left(\frac{p''}{\gamma}\right)_{abs.} = \left[\left(\frac{p'}{\gamma}\right)_{man.} + H_b\right] - \left[H_b - \left(\frac{p''}{\gamma}\right)_{abs.}\right] = \left(\frac{p'}{\gamma}\right)_{man.} +$$

$$\left(\frac{p''}{\gamma}\right)_{man.}$$

BOMBAS ROTATIVAS 369

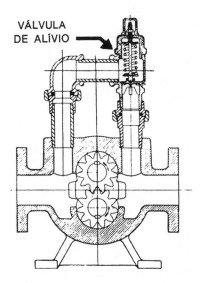

Fig. 17.22 Bomba de engrenagens modelo GR Worthington, com válvula de alívio.

Válvula de alívio

A instalação de bomba rotativa deve ter, no início do recalque, uma válvula de alívio que limite a pressão a um valor predeterminado.

A Fig. 17.22 mostra uma bomba rotativa tipo GR, da Worthington, provida de válvula de alívio regulável para pressões de até 300 psi e líquidos de viscosidade moderada.

Gráfico das grandezas

A Fig. 17.23 mostra que a descarga efetiva decresce com o aumento da pressão e que a potência aumenta com a pressão. O rendimento é elevado e varia pouco para uma longa faixa de variação da pressão.

O diagrama da Fig. 17.24 dá diâmetros de tubos de aspiração para bombas rotativas conforme a viscosidade.

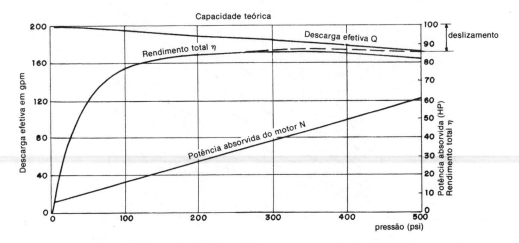

Fig. 17.23 Características de funcionamento da bomba Worthington 4-GR de engrenagem helicoidal para óleo de viscosidade igual a 500 SSU e $n = 890$ rpm.

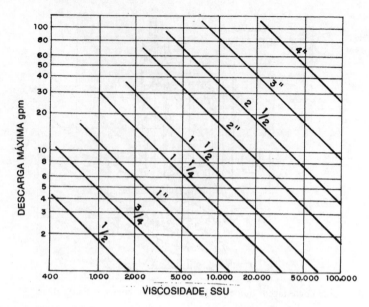

Fig. 17.24 Diâmetro de aspiração em função da viscosidade e da descarga.

A descarga e a potência variam linearmente com o número de rotações por minuto para pressão constante, como se pode observar nos gráficos das Figs. 17.25 e 17.26, referentes a diversos modelos da bomba de engrenagens Série D da *Parker Hidráulica,* operando a 2.000 psi (140 kgf · cm^{-2}).

Na Fig. 17.27 vemos curvas $Q = f(n)$, $N = f(n)$ e $\eta = f(n)$, cada qual correspondendo a uma determinada pressão.

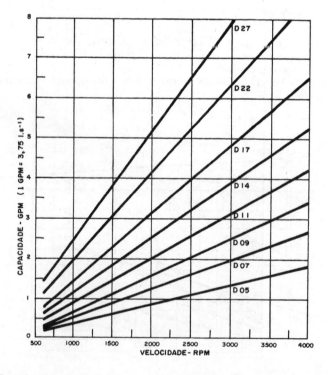

Fig. 17.25 Gráficos de variação da descarga com o número de rpm. Bombas de engrenagens Série D da Parker Hidráulica. Pressão de operação igual a 2.000 psi (140 kgf · cm^{-2}).

BOMBAS ROTATIVAS 371

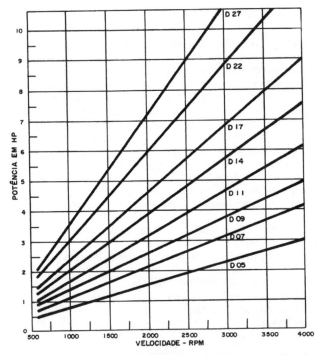

Fig. 17.26 Gráficos de variação da potência motriz com o número de rpm. Bombas de engrenagens Série D da Parker Hidráulica. Pressão de operação igual a 2.000 psi (140 kgf · cm^{-2}).

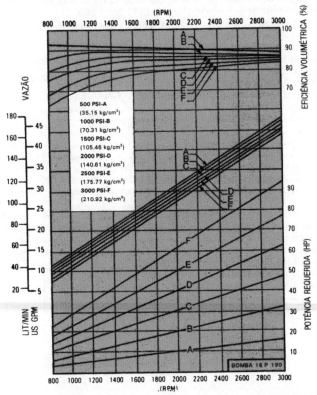

Fig. 17.27 Curvas de desempenho de bombas de engrenagens Série 190 da Hydraquip Hidráulica S.A. para várias pressões, com óleo a 50°C e de viscosidade igual a 150 SSU a 38°C.

372 BOMBAS E INSTALAÇÕES DE BOMBEAMENTO

EMPREGO DAS BOMBAS ROTATIVAS

São muito empregadas, pois podem bombear grande variedade de líquidos numa ampla faixa de pressões, descargas, viscosidades e temperaturas. Não podem funcionar com líquidos que contêm substâncias em suspensão ou partículas abrasivas, uma vez que, sendo as folgas mínimas, a bomba ficaria sujeita a uma paralisação ou a um rápido desgaste.

Apresentam as vantagens de proporcionarem vazão uniforme; serem auto-aspirantes; dimensões reduzidas, exigindo fundações relativamente pequenas; elevado rendimento e pouca vibração. Em contrapartida, desgastam-se rapidamente se houver substâncias abrasivas no líquido; o rendimento varia de modo acentuado com a viscosidade do líquido; seu custo sofre as conseqüências da necessidade de precisão de usinagem e de folgas muito pequenas.

As bombas rotativas são empregadas em:

— Sistemas de lubrificação sob pressão.
— Processos químicos.
— Comandos e controles hidráulicos de máquinas operatrizes e máquinas de terraplenagem, conforme já foi referido.
— Transmissões hidráulicas funcionando como máquinas geratrizes ou como motores hidráulicos.
— Bombeamento de petróleo e de gases liquefeitos de petróleo e nas instalações petroquímicas.
— Indústrias de alimentos, laticínios e bebidas.
— Instalações de queimadores de óleo.
— Indústria de cosméticos e cerâmica.
— Construção naval.
— Indústria de papel e celulose.

Bibliografia

Bombas de engrenagens de alto desempenho — Catálogo da Hydraquip Hidráulica S.A.
Bombas de Palhetas Rotativas — Leybold-Heraeus Ltd., São Paulo.
Bombas MONO — Catálogo da Mono Pumps do Brasil — Industrial e Comercial Ltda.
Bombas NEMO — Catálogo da NETZSCH do Brasil.
Bombas Rotativas de engrenagens helicoidais duplas, tipo GR. Worthington (catálogos).
Bombas de vazão variável — tipos de palhetas. Racine Hidráulica S.A. (catálogos).
Bombas Rotativas de Engrenagens Helicoidais TERMOAIRE, modelo "RODES". Construções Mecânicas Termoaire Ltda. (catálogo).
Bombas Hidráulicas de Engrenagens. Parker Hannifin do Brasil Ind. e Comércio Ltda. (catálogo).
Bombas de Engrenagens Linha HEROIL — HERO Equipamentos Industriais Ltda.
Bomba Rotativa HPT-1 e HPT-2 e Bombas de Engrenagens HPT — Tipos M-10-50-60-75-100. Haupt São Paulo S.A.
Bombas de Engrenagens RWH. Remus W. Hoff & Cia Ltda.
HICKS, TYLER G. e EDWARDS T. W. *Pump Application Engineering*, McGraw-Hill Book, Co.
Hydraulic Institute Standards for Centrifugal, Rotary & Reciprocating Pumps. 1983.
KRISTAL, FRANK. *Pumps Selection, Installation*. McGraw-Hill Book Co.
MATAIX, CLAUDIO. *Mecânica de los fluidos y Máquinas Hidráulicas*. Harper & Row Publishers Inc. 1970.
KHETAGUROV, M. *Marine Auxiliary Machinery and Systems*. Peace Publishers. Moscow.
Machines Hydraulics. Feuilles de Cours Illustrés B. Th. Bovet. Laboratoire de Machines Hydrauliques. École Polytechnique de L'Université de Lausanne.
POMPER, V. *Mandos Hidráulicos en las máquinas herramientas*. Editorial Blume, Barcelona, 1969.
Rexroth Hidráulica Ltda. *Boletins Informativo-Técnicos.*
Rotary Pumps — Viking Pump Company. Cedar Fall. Iowa. USA.

18

Bombas para Comandos Hidráulicos

COMANDOS HIDRÁULICOS

O desenvolvimento e aperfeiçoamento das máquinas ferramentas e das máquinas automotrizes fez surgir uma tecnologia nova para o comando e acionamento de peças ou órgãos sujeitos a grandes esforços, mas que devem obedecer a movimentos regulares e variações predeterminadas da velocidade. Trata-se dos comandos *oleodinâmicos* ou *comandos hidráulicos,* assunto que se estuda sob a designação usual de *óleo-hidráulica.*

Um circuito de atuação sobre uma peça de máquina ferramenta ou com máquina automotriz, com comando oleodinâmico, consta essencialmente de:

— Uma *bomba,* geradora da descarga e da pressão necessárias.
— Um *motor hidráulico,* órgão receptor, dotado de movimento de rotação, que vem a ser uma outra bomba rotativa ou então um cilindro hidráulico quando se deseja movimento de translação retilíneo.
— *Órgãos auxiliares de comando e controle* (válvulas, amplificadores hidráulicos, válvulas limitadoras de pressão, servomecanismos, válvulas reguladoras de descarga).
— Tubulações, filtros, tanque, estabelecendo um circuito fechado entre a *bomba* e o *motor hidráulico.*
— *Instrumentos de controle.*

O circuito, denominado *sistema hidráulico aberto,* funciona basicamente da seguinte maneira:

Acionado por um motor elétrico, uma *bomba* recalca óleo de um reservatório para o *motor hidráulico.*

Este absorve a energia do óleo e a transforma em energia mecânica, acionando o que se deseja na máquina. O óleo, depois de acionar o motor hidráulico, retorna ao reservatório. Tem-se, portanto, uma transmissão de energia mecânica, utilizando o óleo como elemento de trabalho.

CIRCUITOS BÁSICOS

Podemos distinguir dois circuitos básicos.

Circuitos de comando de movimentos retilíneos-alternativos

Constam de uma bomba e de um cilindro hidráulico cujo pistão efetua o movimento alternativo (Fig. 18.1). O movimento de rotação da bomba, que pode ser, por exemplo, de palhetas, determina pela ação do óleo o movimento retilíneo do pistão.

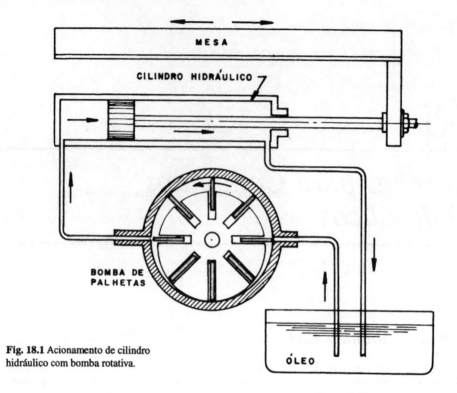

Fig. 18.1 Acionamento de cilindro hidráulico com bomba rotativa.

Entre a bomba e o cilindro hidráulico utiliza-se uma *válvula direcional* que orientará o óleo para um ou outro lado do cilindro. Esta válvula não se acha representada na Fig. 18.1. Também é normal intercalar-se um dispositivo limitador de pressão e um regulador de descarga que atuará no sentido de variar a velocidade da bomba.

Circuito de comando de movimentos de rotação

Consta de uma bomba rotativa e de um motor hidráulico. O motor hidráulico é essencialmente uma bomba rotativa, funcionando "às avessas", isto é, o óleo que nela penetra vindo da bomba aciona o órgão rotatório (roda de engrenagem, roda com palhetas etc.), o qual faz girar o eixo, obtendo-se o movimento desejado (Fig. 18.2).

BOMBAS EMPREGADAS

As bombas rotativas empregadas nos comandos hidráulicos podem ser de duas categorias:

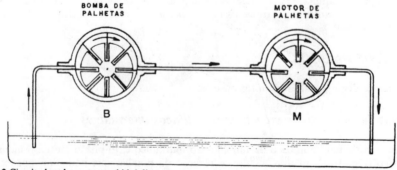

Fig. 18.2 Circuito bomba — motor hidráulico.

Bombas de descarga constante

São as de palhetas, de engrenagens, de helicóides e outras.

Bombas de descarga variável

Podem ser:
— De palhetas ajustáveis. São usadas para pressões de 10 a 15 kgf. cm^{-2}.
— De pistões giratórios radiais, dispostos em estrela, num mesmo plano normal ao eixo. Atendem a pressões de até 600 kgf. cm^{-2}.
— De pistões múltiplos, dispostos em planos diversos. Podem atingir pressões de mais de 100 kgf. cm^{-2}.
— De pistões axiais. Proporcionam vazão variável, conforme as condições exigidas pelo sistema.

A Fig. 18.3 mostra uma bomba Racine (de Racine Hidráulica S.A. Porto Alegre) de descarga variável, tipo de palhetas.

Na Fig. 18.4 acha-se esboçada, esquematicamente, uma bomba rotativa de *pistões radiais giratórios*. O rotor R da bomba possui cilindros C nos quais deslizam radialmente os pistões P. A trajetória T das extremidades dos pistões é excêntrica em relação ao eixo do rotor. Quando o rotor gira no sentido dos ponteiros do relógio, os pistões do semicírculo superior se afastam do centro O, aspirando o óleo da câmara A ligada ao cárter de óleo. Em seguida, os pistões se aproximam do centro no semicírculo inferior, comprimindo o óleo para a câmara de saída B.

Como dissemos acima, essas bombas podem ser usadas como motores hidráulicos.

Modificando-se a excentricidade E do rotor, variará a descarga, de modo que essas bombas são usadas também como *bombas de descarga variável*. Esse deslocamento pode ser feito manualmente, como indicado na Fig. 18.4, ou automaticamente, com comando hidráulico, quando o parafuso Q é substituído por um êmbolo.

As bombas de pistões axiais proporcionam vazão variável de modo a atender às condições exigidas pela operação da máquina. Trabalham associadas a um dispositivo de regulagem — Estabilizador de potência — para que a vazão atenda à pressão.

Conforme recomenda a Rexroth Hidráulica, a combinação dessa bomba de vazão regulável com uma de pistões axiais não-regulável permite obter-se um variador de velocidade

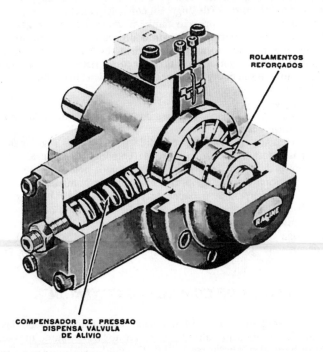

Fig. 18.3 Bomba Racine de descarga variável, de palhetas.

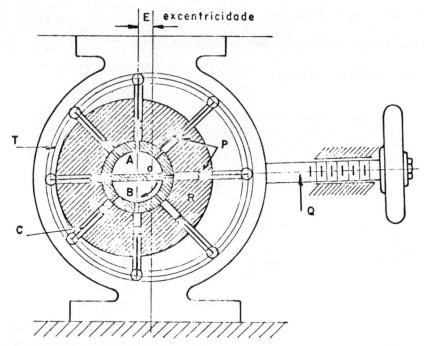

Fig. 18.4 Bomba de pistões radiais giratórios.

hidrostático de rotação de ótima regulagem. Por esse motivo, hoje é muito empregado em máquinas de terraplenagem, guindastes e máquinas usadas na indústria naval. A grande vantagem desse variador de velocidade hidrostático é que o momento de torção total, isto é, o torque, é máximo na partida (movimento iniciando-se).

Os circuitos de comandos hidráulicos podem ser executados com:

a. *Bombas de descarga constante* (de engrenagens e de palhetas)

Neste caso, para manter a pressão também constante, emprega-se uma válvula de regulagem da pressão, que permite o retorno do excesso de óleo ao depósito, quando o trabalho a efetuar é inferior ao máximo previsto. Portanto, a potência consumida pela bomba é constante, independentemente do avanço da peça operatriz. O excesso de óleo que volta ao depósito tem sua energia potencial de pressão transformada em energia cinética, a qual no depósito passa a energia térmica.

Exemplo

Sistema hidráulico de translação da mesa das retíficas dos tipos *Norton, Heald* e outras.

b. *Bombas de descarga variável*

A variação do avanço da "mesa" é obtida pela própria regulagem da descarga da bomba, a qual passa totalmente ao cilindro de comando da "mesa". Assim, a potência absorvida pela bomba de descarga variável é determinada pelo valor do avanço e do esforço de corte, que condiciona o valor da pressão à saída da bomba. A válvula de regulagem da pressão passa a desempenhar o papel de válvula de segurança e não deixa passar o óleo para o depósito, a não ser que a pressão estabelecida como máxima seja ultrapassada.

São usadas em fresas e tornos copiativos e nas prensas hidráulicas, onde a seqüência de operações obriga a deslocamentos do cilindro da prensa com velocidades e pressões variáveis no decorrer de um ciclo de operação de prensagem de uma peça, o que exige que a descarga varie.

ÓRGÃOS AUXILIARES DE COMANDO E CONTROLE

As limitações deste livro não permitem uma apresentação detalhada das inúmeras válvulas e mecanismos de distribuição utilizados nos circuitos de comando hidráulico, que podem ser estudados nos livros de Óleo-hidráulica e de Comandos Hidráulicos e Controles. Mencio-

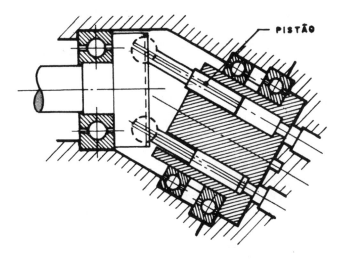

Fig. 18.5 Bomba de pistões axiais Rexroth.

naremos apenas algumas válvulas usadas nesses circuitos:
a. De "Marcha-Parada".
b. De segurança.
c. De regulagem da descarga.
d. De inversão de marcha, com válvula piloto.
e. De anti-retorno.
f. De redução ou regulagem de pressão.
g. De seqüência de comandos.

Existe uma simbologia própria para projeto de circuitos óleo-hidráulicos. No Brasil a Associação Brasileira de Hidráulica e Pneumática adotou a simbologia DIN-150 1219 (de agosto de 1978).

REGULAGEM

A regulagem da bomba, de modo a atender a variação da descarga, pode ser obtida com controle manual, hidráulico ou elétrico. A própria pressão que atua no circuito pode regular a descarga da bomba. Quando a pressão aumenta, a descarga diminui e, quando atinge o máximo, a descarga é nula. Embora se usem também bombas de descarga constante com uma série de válvulas adaptadas no sistema, preferem-se as bombas de descarga variável por simplificarem a regulagem da velocidade de avanço, o que é sempre desejável nas prensas hidráulicas e nas máquinas elevatórias. Além disso, produzem menor aquecimento do óleo e apresentam melhor rendimento na instalação.

EXEMPLO DE COMANDO ÓLEO-HIDRÁULICO

Entre os inúmeros esquemas de comando óleo-hidráulico escolhemos o da Fig. 18.6, que mostra um caso típico de comando da "mesa" de uma máquina ferramenta, utilizando uma bomba de descarga variável. A bomba aspira o óleo do depósito e o recalca pelo tubo 1 até a válvula "Marcha-Parada" 6. A válvula de segurança 3 permite a saída do óleo pelo tubo 4, quando a pressão no circuito ultrapassa a pressão calibrada.

Na posição de "Parada", da válvula de "Marcha-Parada", todo o óleo bombeado volta ao depósito pelo tubo 5.

Na posição de "Marcha", da referida válvula que está representada no esquema, o óleo bombeado atinge a válvula de inversão de marcha 8, a qual, na posição indicada, dirige o óleo pelo tubo 10 para o lado direito do cilindro 11.

Deste modo, obtém-se o deslocamento do pistão 12 e da mesa para a esquerda.

A descarga do lado esquerdo do cilindro vai ao depósito, através do tubo 9, da válvula de inversão de marcha e do tubo 13.

378 BOMBAS E INSTALAÇÕES DE BOMBEAMENTO

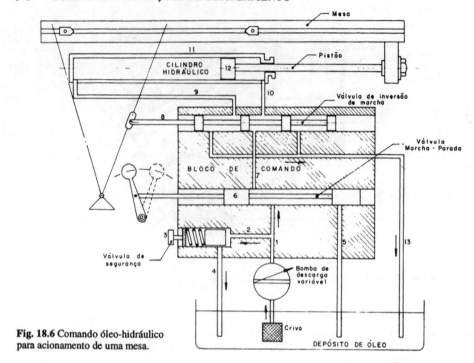

Fig. 18.6 Comando óleo-hidráulico para acionamento de uma mesa.

Se a válvula de inversão de marcha for deslocada para a esquerda (o que se faz manual ou automaticamente pelos *tapes* reguladores de final de curso da mesa), o óleo será recebido pelo tubo 9, do lado esquerdo do cilindro, e o pistão se deslocará para a direita ao mesmo tempo em que a descarga do lado direito do cilindro se processará pelo tubo 10, pela válvula de inversão de marcha e pelo tubo 13.

Todos os órgãos do sistema hidráulico são montados de uma forma compacta num "bloco de comando", que é colocado em local que permita manobra cômoda das alavancas de controle. Apenas o cilindro hidráulico é que fica montado junto à mesa.

Esquemas semelhantes, naturalmente com algumas modificações, se aplicam aos casos de comandos em máquinas automotrizes de terraplenagem, guindastes, gruas e guinchos.

O leitor poderá encontrar informações detalhadas sobre circuitos hidráulicos, acumuladores hidráulicos, cilindros, válvulas direcionais, motores hidráulicos, válvulas redutoras de pressão, servoválvulas etc. no excelente livro *Treinamento Hidráulico*, da G.L. Rexroth GmbH, de autoria do Engenheiro A. Schmitt, e publicado pela REXROTH Hidráulica Ltda.

Bibliografia

COSTA DE OLIVEIRA, ORESTES. *Válvulas de Controle Direcional e suas condições básicas de Cruzamento.* Linha Mobile da Robert Bosch Limitada.
DRAPINSKI, JANUSZ. *Hidráulica e Pneumática Industrial e Móvel.* McGraw-Hill do Brasil Ltda.
EAPLE, FRANKLIN D. *Hydraulic and Pneumatic Power and Control.* McGraw-Hill Book Co., 1966.
FAISANDIER, J. *Les Mecanismes Hydrauliques.* Dunod Éditeur, Paris.
FAWCETT J R. *Hydraulic Circuits and Control Systems.* Trade and Technical Press Ltd. Surrey, Inglaterra, 1973.
GONSALVES, ERNESTO F. *Atuadores Hidráulicos: função e utilidade.* Hidráulica e Pneumática. Março/Abril/1978.
KAUFFMANN, J. *Racine Hydraulics — Basic Course in Hidraulic Systems.* Fluid Power Handbook. Industrial Publishing Comp. Cleveland, 1970.
POMPER, VICTOR. *Mandos Hidráulicos en las máquinas herramientas.* Editorial Blume.
PALMIERI, ANTONIO CARLOS. *Sistemas Hidráulicos Industriais e Móveis.* Livraria Poliedro Ltda, São Paulo, 1985.
RACINE HIDRÁULICA S.A. *Bombas de vazão variável.* Porto Alegre.
ROSSINI JÚNIOR, RICARDO. *Circuitos Hidráulicos aplicáveis em máquinas ferramentas — Hidráulicas e Pneumática.* Março/Abril/1978.
THAYER W.J. *Comando Hidráulico a distância.* Moog Inc. dos EUA. Tradução de L. Loeff.
Worthington heavy-duty rotary Pumps. Worthington S.A.
TREINAMENTO HIDRÁULICO — Rexroth GmbH. 1986.

19

Bombas Para Centrais de Vapor

CENTRAIS DE VAPOR

Devido às condições de continuidade de operação a que devem atender, as bombas para as várias finalidades em uma central de vapor obedecem a especificações extremamente rigorosas de projeto e fabricação.

A complexidade das instalações vai desde as pequenas unidades geradoras de vapor em instalações prediais de hospitais, hotéis e indústrias de porte pequeno, até as grandes centrais de turbinas de vapor, unidades geradoras para acionamento de alternadores elétricos cuja potência atinge centenas de milhares de quilowatts.

Essencialmente uma central geradora a vapor consta de (Fig. 19.1):
— *Caldeira* geradora de vapor. Aquecida por combustíveis que vão desde a lenha, os combustíveis fósseis, até os combustíveis capazes de reações termonucleares nas usinas atômicas.
— *Máquina motriz térmica*. Quase sempre uma turbina a vapor que aciona um gerador de energia elétrica (alternador). Pode ser também uma máquina alternativa, cujo eixo de manivela aciona uma máquina operatriz.
— *Bomba alimentadora de água* para a caldeira. Em instalações já de certo porte existem ainda:

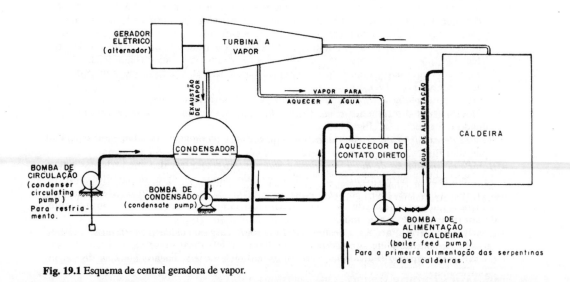

Fig. 19.1 Esquema de central geradora de vapor.

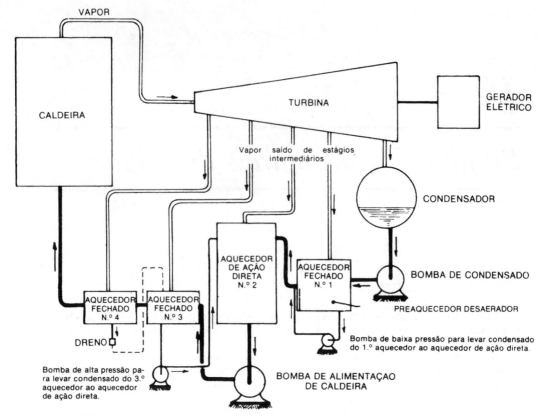

Fig. 19.2 Bombas em instalação de vapor para turbina.

- um *condensador,* cuja finalidade é resfriar o vapor que abandona a turbina, a fim de aumentar o desnível térmico, melhorando assim a utilização da energia pela máquina. Recupera quase integralmente a água, que trabalha, portanto, em circuito fechado.
- um *aquecedor* ou um *preaquecedor* ligado em série a outros *aquecedores* que elevam a temperatura da água condensada e portanto resfriada, de modo a ser bombeada na caldeira já em temperatura alta, evitando o inconveniente resultante da entrada de água fria na caldeira. O aquecimento é feito com o vapor retirado de algum estágio intermediário da turbina. Este preaquecimento tem a vantagem de produzir a desaeração da água de alimentação. O aquecedor pode ser de contato ou do tipo fechado, podendo-se empregar os dois tipos na mesma instalação (Fig. 19.2).
- *Bomba de condensado.* Que retira a água do condensador e a envia ao aquecedor de contato direto (Figs. 19.1 e 19.2).
- *Bomba de alimentação (boiler feed pump).* Que bombeia a água do aquecedor para a caldeira, seja diretamente (Fig. 19.1), seja através de outros aquecedores do tipo fechado intermediários (Figs. 19.2 e 19.3).
- *Bomba de extração do condensado* dos aquecedores fechados e bombeamento para o aquecedor direto, para não haver perda de água e de calor contido na mesma.
- *Bomba de circulação de água (circulating-water pump).* Que recalca água fria nos tubos do condensador para produzir a condensação do vapor. A água de circulação volta ao reservatório passando, se necessário, por torres de arrefecimento ou resfriamento, a fim de ser novamente usada. A água usada no resfriamento pode ser retirada diretamente de um rio e até mesmo do mar.
- *Bombas auxiliares.* Para água desmineralizada; para carga da caldeira; refrigeração; injeção de óleo combustível nas caldeiras a óleo; limpeza; lubrificação; serviços gerais; "dosadoras" para introduzir substâncias químicas na água de circulação; bombas de vácuo e outras mais.

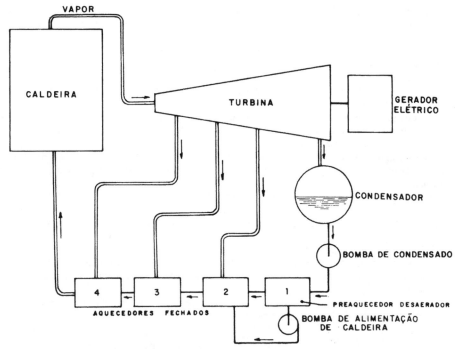

Fig. 19.3 Bombeamento de condensado em uma caldeira a vapor.

— *Equipamentos auxiliares*. Necessários ao automatismo da operação da instalação e seu controle, mas que não cabe aqui especificar.

No pré-aquecedor-desaerador, que é um aquecedor fechado (Figs. 19.2 e 19.3), a pressão reinante é a tensão do vapor na temperatura em que a água se acha aquecida, de modo que a energia disponível à entrada do primeiro rotor da bomba é o desnível h_a de água quente entre a superfície livre no pré-aquecedor e o centro da bomba, menos as perdas de carga J_a.

No projeto da instalação, deve-se procurar obter um NPSH disponível com boa margem sobre o NPSH requerido, para alcançar-se segurança nas condições transientes de súbita redução de potência do turbogerador.

No caso do sistema em circuito fechado, a pressão de recalque da bomba do condensado deve ser calculada a fim de que a pressão de aspiração na bomba de alimentação não caia abaixo da soma da tensão de vapor h_v na temperatura de bombeamento e do NPSH requerido.

Às vezes, usam-se três bombas de alimentação: a primeira é chamada de "extração", que se acha ligada ao condensador e é a própria bomba de condensado; a segunda, "de baixa pressão" entre o aquecedor de baixa pressão e o de alta pressão; e a terceira bomba entre este último aquecedor e a caldeira.

BOMBAS EMPREGADAS

Vejamos algumas indicações sobre as principais bombas.

Bomba de condensado (condensate pump)

Recebe a água do condensador e a recalca para o aquecedor de aquecimento direto (Fig. 19.1) ou para o pré-aquecedor (Figs. 19.2 e 19.3).

Trabalha com pressões de aspiração reduzidas, da ordem de 0,5 a 1 m.c.a. Daí procurar-se colocar as bombas o mais baixo possível para obter o NPSH requerido, usando-se, em certos casos, o tipo de bomba de eixo vertical, imersa, indicada na Fig. 24.

Nas instalações de baixa pressão e pequena pressão do vapor, usa-se uma única bomba centrífuga para condensado e alimentação da caldeira. Nas de média pressão, bombas centrífugas, rotor de entrada bilateral e voluta. Nas de alta pressão, bombas de múltiplos estágios (Fig. 19.6).

Indicações gerais para a instalação de geração de vapor:
Convém empregar:
— Tubos de diâmetro grande para reduzir as perdas de carga.
— Bombas de baixa rotação, variando de 1.750 rpm para descargas reduzidas até 880 rpm para grandes descargas.
— Se necessário, bombas de eixo vertical de vários estágios, em poço metálico fechado *(multistage-canned pump)*, onde a pressão atuante é a do desnível da água entre o condensador e a água do poço.

Como a água é pura e a temperatura é baixa, as bombas não requerem características especiais, podendo a carcaça ser de ferro ou aço fundido (conforme a pressão), e o rotor, de bronze.

Deve-se prestar atenção no projeto, para haver concordância entre a descarga da bomba de condensado e a de alimentação da caldeira, observando-se para isso os "pontos de funcionamento" de ambas, que devem ser os mesmos relativamente à descarga.

— *NPSH na instalação da bomba de condensado*

Consideremos o caso mais simples, onde teríamos apenas um condensador, a bomba de alimentação, que é também bomba de condensado, e a caldeira. Não há, no caso, pré-aquecedor.

Vejamos como, no caso, se calculam a altura manométrica e o NPSH disponível.
Aplicando a equação de Bernoulli entre A e 0.

$$h_a + \frac{p''}{\gamma} + 0 = 0 + \frac{p_0}{\gamma} + \frac{v_0^2}{2g} + J_a$$

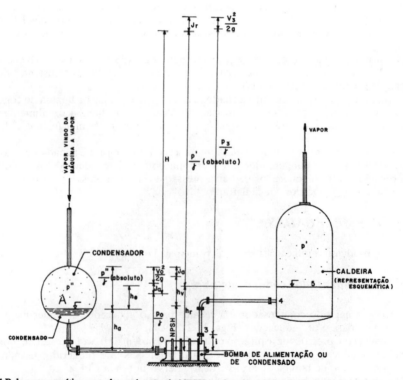

Fig. 19.4 Balanço energético para determinação do NPSH em bombeamento de condensado.

$$\frac{p_0}{\gamma} = \frac{p''}{\gamma} + h_a - \frac{v_0^2}{2g} - J_a$$

Aplicando a equação entre os pontos 3 e 5 referidos ao centro da bomba, teremos

$$i + \frac{p_3}{\gamma} + \frac{v_3^2}{2g} = (h_r + \frac{p'}{\gamma} + 0) + J_r$$

$$i + \frac{p_3}{\gamma} = h_r + \frac{p'}{\gamma} + J_r - \frac{v_3^2}{2g}$$

A altura manométrica será

$$H = \left(\frac{p_3}{\gamma} + i\right) - \frac{p_0}{\gamma} = \left(h_r + \frac{p'}{\gamma} + J_r - \frac{v_3^2}{2g}\right) - \left(\frac{p''}{\gamma} + h_a - \frac{v_0^2}{2g} - J_a\right)$$

$$H = h_r - h_a + \frac{p' - p''}{\gamma} + J_a + J_r + \frac{v_0^2 - v_3^2}{2g}$$

O NPSH disponível é dado por

$$\text{NPSH}_{\text{disp.}} = (h_a + \frac{p''}{\gamma}) - (J_a + h_v)$$

sendo h_v a pressão de vapor da água bombeada.

Bomba de alimentação de caldeira (boiler feed pump)

Bombeia a água quente desaerada do aquecedor de contato direto (Figs. 19.1 e 19.2) ou do aquecedor fechado (Fig. 19.3), através dos aquecedores fechados, até a caldeira.

Fig. 19.5 Bomba de alimentação de carga máxima, tipo HPTpo45, de cinco estágios.

384 BOMBAS E INSTALAÇÕES DE BOMBEAMENTO

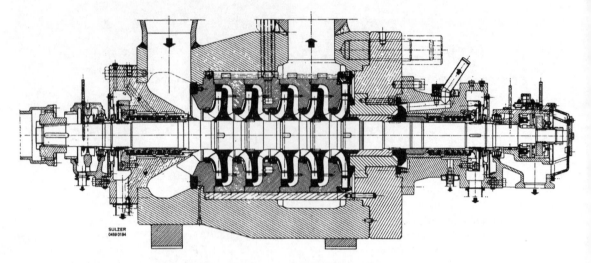

Fig. 19.6 Corte da bomba de alimentação de carga máxima, tipo HPTpo45, de cinco estágios.

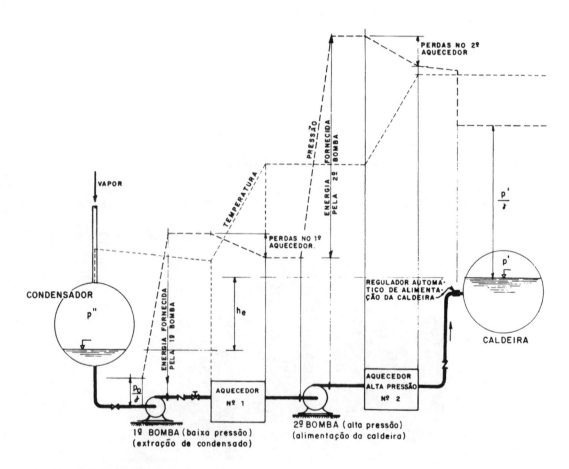

Fig. 19.7 Curva de variação de pressão ----------
Curva de variação da temperatura ----------------

Prevê-se que a descarga da bomba seja maior que aquela que circula no sistema fechado com a caldeira em sobrecarga máxima. Nas instalações pequenas, aumenta-se de 20% a descarga demandada pelo sistema e, nas grandes, deve ser consultado o fabricante da caldeira.

Convém notar que, nas instalações de vapor, a descarga é dada em kgf/h ou lb/h. Para obtermos a descarga em galões por minuto, lembremo-nos de que 1 galão/minuto = 1 lb/hora ÷ (500 × peso específico).

Em instalações pequenas usam-se bombas de êmbolo ou bombas regenerativas ou centrífugas, de um ou mais estágios, com voluta.

Pode-se usar apenas uma bomba de múltiplos estágios, ou várias bombas em paralelo (sempre em duplicata para atendimento com a bomba reserva em caso de defeito na que deveria estar funcionando) (Figs. 19.5 e 19.6).

Nas instalações industriais prefere-se usar várias bombas.

Nas centrais geradoras até cerca de 100.000 kW, normalmente usa-se uma bomba apenas (além da de reserva) para cada caldeira e, em instalações maiores, ou quando é prevista grande variação de consumo de vapor, duas ou mais em paralelo. Para centrais muito grandes, alguns preferem usar duas bombas, cada uma com metade da capacidade máxima de geração do vapor da central, dispensando, neste caso, a bomba de reserva, a qual outros preferem nunca dispensar. É recomendável adotar um fator de segurança de pelo menos

Fig. 19.8 Esquema típico de alimentação de caldeira, com duas bombas de alimentação em série e curvas de variação da pressão e da temperatura.

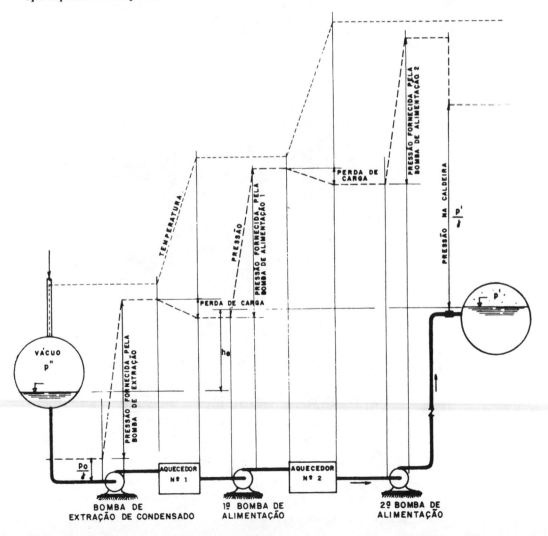

20% na capacidade da bomba em relação à produção máxima de vapor.

Para bombas de instalações de médio porte, o acionamento é geralmente por motor elétrico, e a variação de pressão é obtida por variadores de velocidade hidrodinâmicos ou magnéticos.

Nas centrais de vapor em navios, usa-se o acionamento por turbina a vapor, para redução de espaço ocupado pelo equipamento.

Nos casos de acionamento elétrico, recomenda-se uma bomba de emergência acionada a vapor, automaticamente, na hipótese de alguma falha no sistema elétrico.

Em instalações de grande capacidade (500.000 a 1.300.000 kW), está-se preferindo empregar o acionamento pelo próprio turbogerador.

As bombas para alimentação de caldeira obedecem a exigências especiais quanto à dilatação das partes componentes, vazamentos e aumento das tensões pelo calor.

As Figs. 19.7 e 19.8 representam esquemas de instalações típicas, indicando a curva de variação da pressão obtida com as bombas de extração de condensado e de alimentação da caldeira e a curva de variação de temperatura que tem lugar no sistema.

No esquema da Fig. 19.7, há dois aquecedores e apenas uma bomba de alta pressão para bombear através do aquecedor N.º 2 para o interior da caldeira. No da Fig. 19.8, são usadas duas bombas de alimentação além da de extração de condensado, a fim de reduzir a pressão de cada bomba, que ficará com a metade da pressão total.

Existem bombas de múltiplos estágios para pressões da ordem de 400 gkf $\cdot$ cm^{-2} e temperatura de 350ºC.

Embora se empreguem bombas de 7.000 rpm e até mais de 10.000 rpm, muitos preferem não exceder 3.600 rpm, empregando para isso bombas de múltiplos estágios, cabendo a cada estágio cerca de 20 kgf cm^{-2} e até mais (já se atingiu 60 kgf $\cdot$ cm^{-2}).

A Sulzer fabricou para a Central de Porcheville B, de 600 MW, bombas de alimentação com cinco estágios de 40 kgf $\cdot$ cm^{-2} por estágio, para a pressão total de 200 kgf $\cdot$ cm^{-2} e 12.500 kW de potência absorvida. Outros dados: 2.150 m³/h, 2.020 rpm, para água a

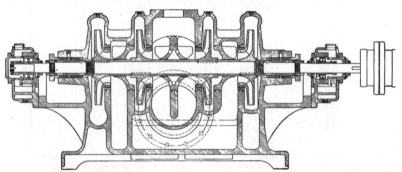

Fig. 19.9 Bomba Ingersoll-Rand para condensado, de três estágios com dois rotores do 1.º estágio operando em paralelo.

BOMBAS PARA CENTRAIS DE VAPOR **387**

181°C. É a bomba que se vê nas Figs. 19.5 e 19.6. A bomba tem o aspecto exterior de um barril, daí ser conhecida como uma bomba *barrel type*.

Bomba de circulação de água ou "circuladores"

Tem por finalidade bombear água de um reservatório ou de um poço profundo, rio, lago ou mesmo do mar, através de tubos no interior do condensador, a fim de que, com o resfriamento, seja obtida a condensação do vapor.

Em instalações pequenas e médias, usam-se bombas de eixo horizontal, dupla aspiração, com voluta, mas, nas de grande porte, onde são muito grandes as descargas exigidas para o resfriamento, preferem-se hoje as de eixo vertical, rotor tipo hélico-centrífugo, helicoidal ou axial. Existem instalações geradoras de vapor exigindo bombas de até mais de 5 m^3 $\cdot s^{-1}$.

Bibliografia

FLORJANCIC, D. Pumps and feed water circuits and for the transport of fluids. I.B.P. 2.° Seminário de Utilidades, 6-11 Nov. 1977.

HICKS, TYLER G. *Pump. Operation and Maintenance*. McGraw-Hill Book Company, 1958.

KARASSIK, I.J. *Centrifugal Pumps*. McGraw-Hill Book, 1960.

—— *Consultor de Bombas Centrífugas*. Compañia Editora Continental S.A., México, 1970.

MEDICE, MARIO. *Le Pompe*. Editore Ulrico Hoepli, Milão, 1967.

PERA, HILDO. *Geradores de vapor de água*. Dep. Eng. Mecânica da Escola Politécnica da Universidade de São Paulo. 1966.

PFLEIDERER, C. *Bombas centrífugas y turbocompresores*. Editorial Labor S.A., 1958.

SEDILLE, MARCEL. *Turbo-Machines hydrauliques et thermiques*. Masson et Cie. Éditeurs, 1967.

STEPANOFF, S.J. *Centrifugal and Axial Flow Pumps*. John Wiley & Sons, 1957.

20

Bombas Para a Indústria Petrolífera

INTRODUÇÃO

A indústria petrolífera em sua grande diversificação utiliza diversos tipos de bombas, conforme a natureza da operação ou a fase do processamento considerada.

Assim, são empregadas bombas diferentes para as seguintes etapas de operação no campo desta indústria importantíssima:

a. Perfuração de poços terrestres e submarinos.
b. Produção dos poços.
c. Transporte do petróleo (petroleiros, oleodutos etc.)
d. Fracionamento e destilação do petróleo. Processamentos em refinarias.
e. Recuperação de óleo espalhado no mar.
f. Bombeamento de produtos derivados do petróleo.

Vejam alguns dados sobre esses aspectos de utilização das bombas.

PERFURAÇÃO DE POÇOS

As perfurações de *poços pioneiros,* poços de delimitação ou extensão, e de *poços de extração,* também chamados de poços de produção ou desempenho, são etapas que sucedem a uma longa, árdua e custosa fase de prospecção que se inicia com estudos de Geologia e Geofísica visando a localizar estruturas geológicas favoráveis à formação e acumulação de petróleo. Recorre-se nessa fase a levantamentos aerofotogramétricos; a pesquisas geológicas; a métodos geofísico-gravimétricos, magnetométricos, sísmicos e por satélites artificiais — com cujos dados se torna possível elaborar um mapeamento de regiões cujas estruturas geológicas oferecem indícios de uma possibilidade maior ou menor da existência de um lençol ou campo petrolífero. Nas áreas cobrindo a formação geológica demarcada estuda-se a localização dos poços. Procede-se então à perfuração. Somente após a perfuração dos mesmos é que se poderá de forma definitiva saber da ocorrência de petróleo numa certa área e concluir sobre as condições econômicas de sua exploração.

A perfuração de um poço se realiza utilizando sondas com brocas especiais de diamantes de carboneto de tungstênio, com dentes ou lâminas, acionadas por equipamentos montados em torres por vezes de altura considerável.

O processo mais empregado é o rotativo, embora se use também a turboperfuração. O primeiro utiliza uma *mesa giratória,* haste de sondagem e tubos de perfuração, manobrados pelo equipamento da torre, além de equipamentos auxiliares entre os quais as "bombas de lama".

A haste e o tubo de perfuração, em cuja extremidade fica a broca, são ocos, e por essa passagem central é bombeada a "lama de perfuração", que é uma dispersão quase coloidal de argila bentonítica.

A lama injetada pela bomba no interior da haste sai pelos orifícios da broca, concorrendo para a desagregação das rochas, além de refrigerar e lubrificar a mesma.

A lama bombeada tem ainda outras finalidades:

— Remove as partículas de rocha desagregadas, conduzindo-as pelo espaço anular entre o poço escavado pela broca e a haste até a superfície, onde é separada da lama por peneiramento e decantação, sendo a lama reaproveitada em sucessivos bombeamentos.

— Forma um "enchimento" no poço antes de ser feito o revestimento metálico, evitando, com o peso de sua coluna, o colapso e obstrução do poço, que poderia ocorrer devido à elevada pressão a que as camadas rochosas profundas são submetidas.

— Contém, até certo ponto, o petróleo, impedindo que esguiche, caso haja pressão interna no lençol, isto é, caso o poço se apresente "surgente".

A complexidade da operação pode ser percebida se atentarmos para as grandes profundidades dos poços, atingindo, muitas vezes, a mais de 4.000 metros.

Verificada a viabilidade econômica do poço, procede-se ao revestimento do mesmo com tubos de aço que obedeçam a especificações do API (American Petroleum Institute).

As bombas de lama geralmente são de tipo alternativo dúplex ou tríplex, eixo horizontal ou vertical, acionadas por motores diesel ou diretamente pela haste do êmbolo de uma máquina a vapor.

As pressões são da ordem de centenas de atmosferas, e as descargas chegam a 100 $l \cdot s^{-1}$.

Usam-se instalações dessas bombas em série e em paralelo para abrangerem um amplo campo de utilização, sendo indispensável o emprego de câmaras de ar nas referidas bombas.

Existem instalações onde são empregadas bombas centrífugas ao invés das bombas alternativas para o bombeamento da lama, o que todavia não é o usual.

Após a perfuração, o poço é revestido ou "encamisado" com tubos de aço, colocando-se, entre o tubo e as paredes do poço, camada de argamassa de cimento, numa operação denominada *cimentação do poço*. Para abrir orifícios no tubo de aço que permitam ao petróleo e ao gás fluir para seu interior, emprega-se o chamado "canhão", com o qual se fazem perfurações que perfuram o tubo e a rocha nos locais onde se detectou, por ocasião da sondagem, o óleo ou o gás.

No interior do encamisamento, coloca-se o tubo por onde será bombeado o petróleo e que se denomina "coluna de produção". (Ver na bibliografia *Perforación de Exploración*.)

PRODUÇÃO DOS POÇOS

Para retirar o óleo dos poços, usam-se, entre outros, os seguintes sistemas:

— Bombas com haste de sucção *(sucker rods)* acionadas por um sistema de balancim conhecido como "cavalo-de-pau".

— Sistema com bomba alternativa submersa.

— Sistema com bomba centrífuga submersa.

— Bombeamento por injeção de água.

— Bombeamento por injeção de gás.

— Bombeamento pneumático *(gás lift)*.

Alguns poços possuem pressão interna de gás que dispensa o emprego de equipamentos especiais. São os poços petrolíferos "surgentes" que existem em alguns lugares do mundo.

Bombas de haste de sucção (suction rod)

A classificação do API (American Petroleum Institute — RP 11 AR) apresenta oito tipos principais, conforme as características da haste, a espessura do tubo, a ancoragem e o sistema de válvulas. A haste é movimentada pelo equipamento dotado do balancim já referido, acionado geralmente por um motor diesel (Fig. 20.2). Os cinco principais tipos de haste de sucção, segundo a API, acham-se representados na Fig. 20.1. A Fig. 20.3 mostra em corte as partes constitutivas de uma bomba de haste de sucção.

Sistema com bomba alternativa submersa

Uma bomba alternativa tríplex, colocada na superfície do solo ou em uma plataforma marítima, bombeia óleo através de tubulação especial, de modo a acionar uma outra bomba

390   BOMBAS E INSTALAÇÕES DE BOMBEAMENTO

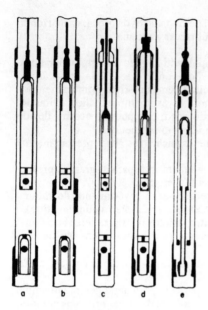

Fig. 20.1 Bombas de "haste de sucção".

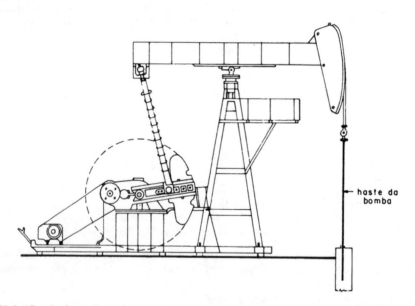

Fig. 20.2 "Cavalo-de-pau", usado na extração do petróleo por meio de bombas com haste de sucção.

alternativa localizada no fundo do poço (funcionando como motor hidráulico), a qual retira o petróleo do lençol e o eleva até a superfície.

São usadas para poços profundos com até mais de 3.000 m. A produção diminui com a profundidade do poço. Assim, por exemplo, uma bomba com um poço de 1.000 metros pode bombear 4.500 barris diários e, funcionando com um poço de 5.000 m, poderá vir a bombear apenas cerca de 100 barris diários.

Essas bombas apresentam rendimento melhor que os do sistema de haste de sucção.

Usa-se, às vezes, ar comprimido para o acionamento da bomba alternativa submersa.

BOMBAS PARA A INDÚSTRIA PETROLÍFERA 391

Fig. 20.3 Bomba de haste de sucção.

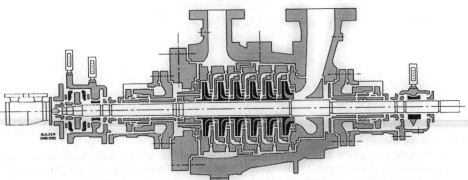

Fig. 20.3a Esquema da bomba Sulzer GSG tipo *barril* para refinarias e técnica *offshore*. Carcaça bipartida radicalmente, em execução *back pull-out*, de múltiplos estágios. H até 250 kgf · cm^{-2} e Q até 470 m^3/h.

Sistema com bomba centrífuga submersa

Usam-se bombas centrífugas de múltiplos estágios com motor blindado, preso na parte inferior das mesmas, para poços não muito profundos, com cerca de 300 a 500 m. As bombas são de rotores hélico-centrífugos e possuem pás diretrizes e, de certo modo, são semelhantes às que veremos para bombear água de poços, no Cap. 21.

Podem ser usadas para descargas que vão desde 20 até 15.000 barris por dia, dependendo a produção da profundidade do poço e da capacidade da bomba. O rendimento é da ordem de 50%.

Bombeamento por injeção de água

A Fig. 20.4 indica um lençol de petróleo no qual se perfuraram dois poços onde é bombeada água que comprime o óleo do lençol para os poços de produção. Dos poços, o óleo e a água vão a uma instalação de tratamento, onde o óleo é separado da água, seguindo para a estocagem. Dos tanques de estocagem, será bombeado para oleodutos no sentido dos terminais de embarque ou das refinarias. Bombas de injeção de água para poços com produção de mais de 10.000 barris diários são de múltiplos estádios, pressões que atingem valores elevadíssimos, superiores a 200 kgf · cm^{-2}, sendo necessários aços especiais em sua construção. Existem bombas Sulzer para injeção de água fornecendo 4.000 m³/h, potência de 19 MW e H = 2.100 m. As bombas são de múltiplos estágios, carcaça com formato externo de barril *(barrel-type pumps)* e cada estágio desenvolve pressões de 200 a 400 m.

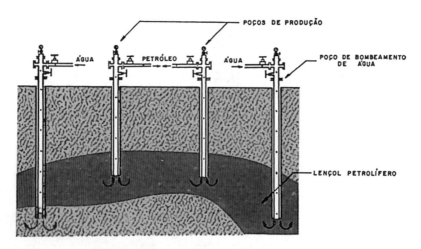

Fig. 20.4 Poços petrolíferos. *(Cortesia da Petrobrás.)*

Bombeamento por injeção de gás (Fig. 20.5)

Um sistema de compressores injeta gás no poço de bombeamento, o qual, comprimindo o óleo do lençol produtor, eleva-o pelo poço de produção até uma instalação de separação onde o gás é separado do petróleo.

O petróleo separado é conduzido aos reservatórios de estocagem. O gás natural vai a instalações de gasolina natural, que são unidades especiais onde é retirada certa quantidade de "gasolina natural" — contida no gás, sob a forma de partículas diminutas. O restante do gás, chamado "gás seco", é usado como combustível industrial, como matéria-prima para a indústria petroquímica e para reinjeção nos reservatórios de produção, conforme o processo a que estamos nos referindo, ou então como *gas lift*.

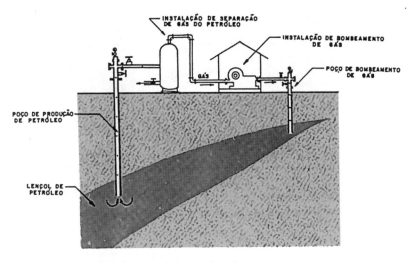

Fig. 20.5 Bombeamento por injeção de gás. *(Cortesia da Petrobrás.)*

Bombeamento pneumático (gas lift) (Fig. 20.6)

O gás da própria jazida ou de jazida vizinha é injetado pelo tubo A, penetrando pelas válvulas de admissão B no tubo interno onde, emulsionado com o óleo, produz um fluido de menor peso específico que o óleo. A pressão para elevação da emulsão óleo-gás é resultado da diferença de pesos específicos do óleo e da emulsão. O óleo penetra pela parte inferior do poço no tubo perfurado C e sai emulsionado pela tubulação D depois de passar pela "cabeça do poço" E.

Fig. 20.6 Sistema *gas-lift*. *(Cortesia da Petrobrás.)*

394 BOMBAS E INSTALAÇÕES DE BOMBEAMENTO

Fig. 20.6a Bomba Worthington de pistão modelo KRS/KTS para oleodutos e serviços de transferência. H até 70,3 kgf · cm^{-2} e Q até 150 m³/h.

TRANSPORTE DE PETRÓLEO E DE DERIVADOS PETROLÍFEROS

Para o bombeamento de petróleo e derivados petrolíferos a grandes distâncias utilizam-se oleodutos *(pipe-lines)*.

Além das bombas próximas aos grandes tanques de petróleo e seus derivados, intercalam-se estações intermediárias *(boosters)* para o fornecimento da energia necessária à compensação da que foi perdida ao longo das extensas linhas de recalque, mantendo a velocidade de escoamento desejável.

Embora existam muitos oleodutos com bombas alternativas, atualmente em oleodutos de certa expressão só se empregam bombas centrífugas.

A necessidade de variar a descarga ou de atender à variação na viscosidade, devido a variações da temperatura, requer a possibilidade da associação das bombas em série ou de utilizá-las variando a velocidade.

A maior parte das bombas de *pipe-lines* é centrífuga com rotor de entrada bilateral e carcaça bipartida horizontalmente, a fim de permitir rápidos reparos e substituições (Fig. 20.7). Em um único oleoduto foram instaladas dezenas de bombas de 5.000 HP desse tipo construtivo.

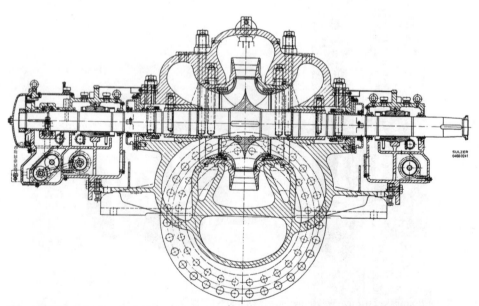

Fig. 20.7 Corte longitudinal de uma bomba de *pipe-line* para a Líbia (oleoduto Idris-Zueitina).

BOMBAS PARA A INDÚSTRIA PETROLÍFERA   395

Quando a pressão é elevada, usam-se bombas de mesmo tipo, de múltiplos estádios, com os rotores com entrada bilateral (disposição *back to back*). As tubulações de entrada e de saída são solidárias com a parte inferior da carcaça da bomba de modo que, na operação de reparos, não haja necessidade de desaparafusar os flanges (Figs. 20.8 e 20.8a).

O acionamento pode ser por turbinas a gás, com engrenagens redutoras, como é o caso do oleoduto de Idris a Zueitina, na Líbia, para descarga de 7.600 m^3/h e altura manométrica de 132 m, com três bombas de 4.330 c.v. em série e $n = 1.500$ rpm, sendo o equipamento da Sulzer.

No oleoduto de Serir a Tobruk, na África, a Sulzer forneceu duas bombas de descarga unitária de 3.096 m^3/h e $H = 428$ m. A potência de cada bomba é de 4.450 c.v. e $n = 3.700$ rpm. As bombas são de um estágio, aspiração bilateral.

O acionamento das bombas pode ser realizado tambem com motor elétrico ou diesel.

Para a injeção de água para captação de petróleo em plataforma *offshore* para a PEMEX, no golfo do México, a Sulzer forneceu seis bombas de 15 MW, consideradas as maiores do mundo no gênero, por ocasião da encomenda.

Fig. 20.8 Bomba centrífuga para instalação em oleodutos, da Pacific Pumps Co.

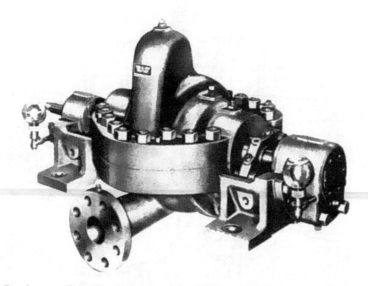

Fig. 20.8a Bomba centrífuga Worthington — Tipo UNB. Dois estágios para oleodutos e sistemas de alta pressão. Carcaça de ferro fundido, rotor de FF ou com 11-13% Cr.

396 BOMBAS E INSTALAÇÕES DE BOMBEAMENTO

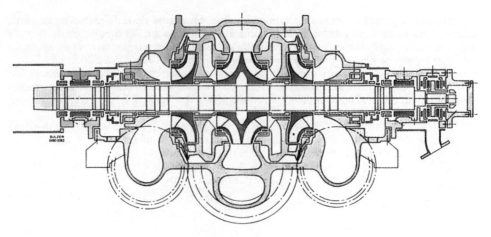

Fig. 20.8b Esquema de bomba Sulzer de processo, bipartida, modelo HPDM, para transporte de óleo cru, hidrocarbonetos, água do mar, produtos em refinarias e na técnica *offshore*. H até 1.000 m, Q até 25.000 m³/h e t até 90°C.

As bombas *booster* intercaladas num oleoduto são geralmente de eixo vertical, um estágio, sucção única (Fig. 20.9), embora se usem também bombas com eixo horizontal.

A Sulzer instalou cinco bombas *booster* em plataforma no Mar do Norte, com as seguintes características:

Eixo horizontal

$$Q = 83 \text{ m}^3/\text{h} \qquad H = 140 \text{ m}, \qquad NPSH_{req.} = 2,5 \text{m}$$
$$n = 2.975 \text{ rpm} \qquad N = 75 \text{kW}$$

Nos terminais de armazenamento do petróleo e derivados há necessidade de bombas para enchimento de petroleiros ou caminhões-tanque. Aí usam-se bombas centrífugas quer de eixo horizontal quer vertical. Para manobra de enchimento e esvaziamento dos reservatórios, têm sido usadas bombas de eixo vertical, múltiplos estágios, colocadas num reservatório hermético *(can type)* (Fig. 2.24). Consegue-se com isso atender às características de

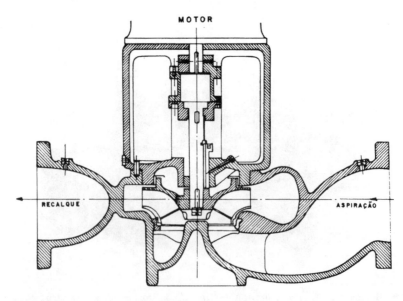

Fig. 20.9 Bomba *booster* para oleoduto (Worthington). *Vertical in-line*.

aspiração extremamente desfavoráveis para líquidos bombeados em temperaturas superiores às correspondentes à pressão de vaporização e às pressões de recalque exigidas.

REFINARIAS E INDÚSTRIA PETROQUÍMCA

As bombas para as refinarias, como aliás todas as que se destinam a bombeamento de petróleo e derivados (bombas de processo), obedecem a rigorosas exigências do API, dadas as características próprias dos produtos bombeados, que requerem precauções capazes de oferecer a indispensável segurança.

A variedade de bombas é muito grande, pois as condições de operação são muito diversificadas.

Assim, há produtos de destilação do petróleo com densidade igual a 0,60 e há outros produtos de densidade maior que a da água. A viscosidade varia de valores inferiores aos da água até valores que caracterizam líquidos que não convêm ser bombeados com bombas centrífugas, exigindo bombas rotativas. As temperaturas atingem 450°C. As pressões podem ultrapassar 100 kgf · cm^{-2}. Os produtos bombeados podem ser inertes como a água pura ou extremamente corrosivos, exigindo aços inoxidáveis especiais. Os motores elétricos que acionam as bombas de líquidos inflamáveis devem ser à prova de explosões.

O American Petroleum Institute, no seu API Standard 610—6th Edition—Centrifugal Pumps for General Refinery Services, apresenta especificações detalhadas de construção e fabricação, abrangendo as bombas para as mais variadas utilizações em refinarias.

Mencionaremos apenas uma exigência básica aplicável a grande parte das bombas de refinaria como também às bombas para a indústria petroquímica em geral.

A carcaça da bomba deve conter as bocas de aspiração e recalque dispostas segundo o plano axial e fixadas à base para não ser necessária a desmontagem e desconexão das tubulações, quando for preciso efetuar reparos na parte interna da bomba (Sistema *Back pull-out*). O conjunto eixo-rotor-mancais-caixa de gaxetas e suporte deve ser desmontado e separado da carcaça fixa e do motor elétrico, bastando desconectar a junta ou os flanges de ligação do eixo do motor (Fig. 20.10).

Bombas de processo do tipo *back pull-out* são fabricadas pela Sulzer em um estágio para pressões de 24 kgf · cm^{-2} e descargas até 2.000 m^3/h e em dois estádios para pressões até 27 kgf · cm^{-2} e descargas de 300 m^3/h. Com maior número de estádios se atinge pressão de 80 kgf · cm^{-2}.

São as bombas de processo Sulzer — Modelos MZ, Hz e HSZ.

A Worthington apresenta em seu catálogos características de construção e de materiais para bombas para indústrias de processamento, notadamente as do tipo HN e HNI recomendadas para refinarias e indústrias químicas, e do tipo HQ para processamentos químicos e petroquímicos em condições extremamente severas (−350°F a + 850°F, 700 psi e 6.000

Fig. 20.10 Bomba SULZER — sistema *back pull-out*.

gal/min). Nas bombas de processamento usam-se selos mecânicos ao invés das gaxetas convencionais de modo a conseguir as condições de estanqueidade necessárias e a resistência ao líquido bombeado. Os mancais são de rolamento, lubrificados a óleo, e podem ser refrigerados a água. A Fig. 20.11 mostra a bomba Worthington de processo. Modelo HQ, sistema *back pull-out*.

Quando no processamento ocorrem exigências de NPSH que obrigam a instalação com bombas afogadas, uma opção consiste no emprego de bomba de eixo vertical, com um ou mais estágios, ficando a bomba no interior de uma caixa metálica cilíndrica de sucção ("CAN"), à qual se acham ligados os encanamentos que aduzem e os que recalcam o líquido. Nas instalações de transferência e carga de líquidos, quando os reservatórios são enterrados, a solução se apresenta muito vantajosa.

A Fig. 2.24 mostra uma bomba vertical de processo "CAN", de fabricação da Worthington, que pode bombear até 1.100 m³/hora de líquidos até 250°F.

Fig. 20.11 Bomba Worthington para processo — Modelo HQ, tipo *back pull-out*.

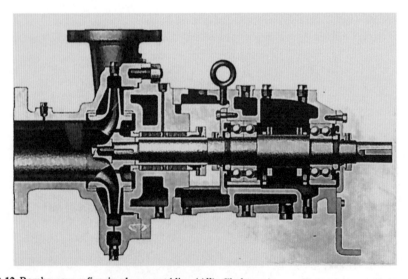

Fig. 20.12 Bomba para refinaria, de um estádio. *(Allis Chalmers.)*

RECUPERAÇÃO DE ÓLEO ESPALHADO NO MAR

O óleo espalhado no mar, devido a vazamentos, acidentes em navios-tanque, operações de bombeamento para enchimento ou esvaziamento de navios petroleiros ou ruptura de oleodutos submarinos, pode ser recolhido da superfície por meio de embarcações dotadas de dispositivos especiais de captação, separação e armazenagem. É o caso do sistema MOP-CAT da Pioneer Products Division da Worthigton Corporation, consistindo de uma embarcação tipo "catamaran" na qual existe um dispositivo localizado entre os flutuadores, que capta o óleo da superfície e o recolhe a um reservatório. Deste, por uma bomba de engrenagens, o óleo é enviado para um reservatório auxiliar no próprio catamaran ou em embarcação auxiliar. O óleo pode ser, portanto, recuperado e reaproveitado.

O equipamento pode recolher de 20 a 40 barris por hora, conforme a viscosidade do óleo e as condições do mar.

Bibliografia

B.I. VOZDVÍZHENSKI e outros. *Perforación de Exploración*. Editorial Mir. Moscou. 1982.
Bombas Centrífugas 2000 Horizontal Back Pull-Out. Hero S.A. Indústria e Comércio.
Bombas Verticais de Processo Worthington — "CAN". Catálogo.
ELVITSKY, A. W. *Petroleum Industry — Pump Handbook*. Mc.Graw-Hill, 1976.
Field Experience with Injecton Pumps. Sulzer Technical Review, 2/1985.
HICKS e EDWARDS. *Pump Application Engineering*. McGraw-Hill, 1958.
KARASSIK, I.J. *Centrifugal Pumps*. McGraw-Hill Co., 1970.
LUDVIG, ERNEST E. *Applied Process Design for Chemical and Petrochemical Plants*. Gulfs Publishing Company, Houston, Texas, 1964.
MEDICE, MÁRIO. *Le Pompe*. Ed. Ulrico Hoepli, Milão, 1967.
Pacific Pumps Inc. *Plunger pumps for deep oil well service*. Catálogo 110.
Pacific Pump Works. *Pacific Streamlined oil well pumps*.
Petrobrás. *O Petróleo e a Petrobrás*. Publicação do Serviço de Relações Públicas — SERPUB — 1976.
Pioneer Products Division — Worthington — "MOP-CAT" Jet-Drive Catamaran — Oil and debris recovery system.
Sulzer Technical Review, 1/1985.
Sulzer Weise — Catálogo Geral.

21

Bombeamento de Água de Poços

GENERALIDADES

A água que se infiltra no solo, atravessando a camada de húmus, a faixa chamada "intermediária" ou de "transição" e a "franja de capilaridade", atinge a "zona de saturação", onde vem a constituir um *lençol freático,* também chamado *aqüífero livre.* Encharcando o material de granulometria permeável do aqüífero, a água pode ser retirada com auxílio de instalações de poços, utilizando-se recursos que vão desde o rudimentar emprego de baldes até o de instalação de modernas bombas e dispositivos que veremos a seguir.

Quando a camada encharcada que constitui o aqüífero se encontra entre duas camadas de rochas impermeáveis, ela se denomina *lençol artesiano* ou *aqüífero confinado.* A pressão que reina na água confinada é maior do que a atmosférica, o que constitui uma das características dos aqüíferos artesianos.

Dependendo das condições de pressão do aqüífero artesiano, representadas pela "superfície piezométrica", uma vez aberto o poço, a água pode jorrar livremente, dispensando qualquer bombeamento. É o caso dos *poços surgentes.* Ter-se-á, porém, que utilizar um sistema de bombeamento para retirar a água do lençol artesiano em locais onde o nível piezométrico do aqüífero se encontrar abaixo da superfície do terreno. As imensas reservas de água subterrânea representam, em muitos casos, a solução para o problema de abastecimento de água. Segundo Linsley, nos EUA, cerca de um quarto do total de água potável (excluindo a água das usinas hidrelétricas) é extraído de lençóis subterrâneos.

A utilização da água do subsolo é importante no abastecimento de água potável para uso das populações na alimentação, higiene, irrigação e emprego na indústria.

Os estudos hidrológicos permitem saber a descarga que pode ser retirada de um aqüífero em função das possibilidades de *recarga* do mesmo. Um bombeamento excessivo de águas artesianas pode provocar um abaixamento do terreno. Assim, por exemplo, na parte oeste do vale de San Joaquín, na Califórnia, as elevações na superfície do solo recalcaram cerca de 3 metros de 1932 a 1954. Durante esse período a superfície piezométrica baixou 58 metros. A razão foi uma *retirada* muito maior do que a *recarga.*

Calcula-se que cerca de 20% das águas pluviais se infiltram no solo, constituindo imensas reservas subterrâneas. Cerca de 90% da água doce no mundo são constituídos pela água subterrânea localizada em camadas porosas de sedimentos não-consolidados, em rochas sedimentares e em fendas de xistos, basaltos, gnaisses e rochas cristalinas de um modo geral.

Nos Estados Unidos, na região do Texas, Novo México e de outros estados de características desérticas e semidesérticas, as terras outrora consideradas improdutivas e inaproveitáveis, com a exploração da água subterrânea em sistema de irrigação, transformaram-se em áreas agrícolas das mais produtivas do mundo. A importância do estudo, pesquisa, tecnologia, preservação e desenvolvimento de águas subterrâneas se revelou objetivamente com a criação, no ano de 1978, em São Paulo, da Associação Brasileira de Águas Subterrâneas.

BOMBEAMENTO DE ÁGUA DE POÇOS

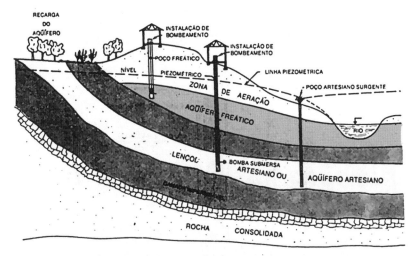

Fig. 21.1 Representação dos lençóis freático e artesiano em um corte do terreno.

A Fig. 21.1 representa esquematicamente as condições dos lençóis aqüíferos freáticos e artesianos, indicando um poço freático e dois artesianos, um dos quais surgente. A figura ilustra também como o lençol freático abastece um rio e como, para se captar água de um lençol artesiano, geralmente é necessário perfurar poços de profundidade considerável e instalar bombas no fundo do poço.

Um mesmo poço de captação de águas artesianas pode atravessar camadas diversas de aqüíferos e rochas impermeáveis, de modo a conseguir extrair descargas compensadoras.

Com o funcionamento da bomba, o nível estático do lençol baixa no local do poço, e quando o sistema se estabiliza com o bombeamento igual à capacidade de alimentação do lençol, a água no poço atinge o chamado *nível dinâmico* do poço.

A determinação da capacidade ou potência dos aqüíferos, do nível dinâmico do projeto e da interferência entre poços é realizada por estudos geoidrológicos e pelos métodos de Puppini, Thiem e Forcheimmer, entre outros, que podem ser encontrados em obras mencionadas na Bibliografia no final deste capítulo e que não cabem nos limites deste trabalho. O mesmo podemos dizer da tecnologia empregada na determinação dos coeficientes de armazenamento, permeabilidade e transmissividade dos aqüíferos e na perfuração e revestimento de poços. Limitar-nos-emos a indicar os recursos mais empregados para retirada da água dos poços, isto é, os processos de bombeamento.

BOMBAS DE EMULSÃO DE AR. SISTEMA AIR-LIFT OU SISTEMA J. C. POHLE

Funcionamento

Não se trata propriamente da instalação de uma bomba, mas de uma máquina mista ou sistema misto de bombeamento a ar.

O sistema utiliza ar comprimido e um tubo que mergulha profundamente na água a aspirar. A parte inferior desse tubo tem um outro de menor diâmetro, que traz o ar comprimido. O tubo de ar comprimido pode ser colocado externa ou de preferência internamente ao tubo que elevará a água. Neste caso, o próprio tubo de revestimento do poço pode funcionar como tubo adutor, se assim se desejar.

O ar, ao penetrar no tubo de aspiração (tubo adutor), mistura-se com a água, e esta mistura ou emulsão, possuindo menor peso específico que o da água, é recalcada pela própria água do poço, pela diferença de pressões hidrostáticas fora e dentro do tubo.

A Fig. 21.2 mostra um poço no qual se colocou o tubo adutor e o tubo de ar comprimido que, através de um difusor ou hidroemulsor, lança o ar com o qual a água se emulsiona. Nesta mesma figura estão representadas as grandezas que a seguir serão caracterizadas.

402 BOMBAS E INSTALAÇÕES DE BOMBEAMENTO

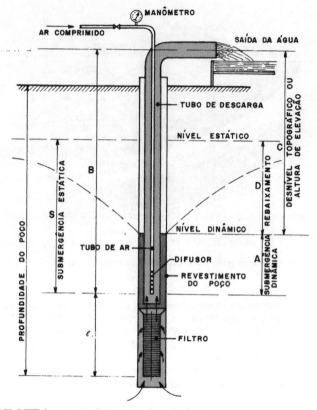

Fig. 21.2 Sistema AIR-LIFT de captação de água com ar comprimido.

Vejamos a nomenclatura geralmente adotada no estudo dos poços.

S = Submergência estática
C = Altura de elevação ou desnível topográfico
A = Submergência dinâmica
D = Rebaixamento do lençol
$\dfrac{A}{B}$ = Submersão
$\dfrac{A}{C}$ = Submergência relativa
$S_p = 100 \times \dfrac{A}{A+C}$ = Submergência percentual

Descarga específica de um poço é aquela que se obtém por unidade de altura de rebaixamento no interior do poço durante o bombeamento.

Exemplo de aplicação

Suponhamos um poço no qual a altura do difusor à boca de saída da água seja

$$B = 60 \text{ m}$$

e o desnível topográfico seja

$$C = 24 \text{ m}$$

Teremos no caso:

Submergência dinâmica $A = 60 - 24 = 36$ m

Submersão $\dfrac{A}{B} = \dfrac{36}{60} = 0,60$

Percentagem de submersão $\dfrac{A}{B} \times 100 = 60\%$

Percentagem de elevação $\dfrac{C}{B} \times 100 = \dfrac{24}{60} \times 100 = 40\%$

Submergência percentual $S_p = 100 \times \dfrac{A}{A+C} = 100 \times \dfrac{36}{36+24} = \dfrac{3.600}{60} = 60\%$

Observação

A prática recomenda que a percentagem de submersão seja superior a 40%, na condição de nível dinâmico mais profundo.

A distância l entre os orifícios e o fundo do tubo de água varia de 0,50 m para

$$\frac{A}{B} = 0,75$$

e

$$2,00 \text{ m para } \frac{A}{B} = 0,25$$

A Tabela 21.1 fornece características de funcionamento de bombas *Air-lift* sob várias condições de submersão.

Consumo de ar no sistema Air-lift

Chamemos de $\quad q$ a descarga de ar, em $m^3 \cdot h^{-1}$ ou $l \cdot s^{-1}$
Q a descarga de água na saída do recalque em $m^3 \cdot h^{-1}$ ou $l \cdot s^{-1}$
f a descarga específica do ar, definida como

$$f = \frac{q}{Q} \tag{21.1}$$

Pode-se calcular a descarga específica f pela fórmula de Rix-Abrams:

$$f = \frac{C}{k \cdot \log \dfrac{A + 10,3}{10,3}} \tag{21.2}$$

O coeficiente k depende da submergência percentual S_p

$$S_p = 100 \times \frac{A}{A+C} \tag{21.3}$$

e da posição do tubo de ar comprimido (se por fora ou por dentro da tubulação de aspiração).

A Tabela 21.2, da Ingersoll-Rand, dá alguns valores em k em função de S_p.

No exercício anterior, com o valor achado de S_p igual a 60, e considerando o tubo de ar por fora do tubo de água, obtemos na Tabela 21.2 o valor de $k = 13,65$.

404 BOMBAS E INSTALAÇÕES DE BOMBEAMENTO

Tabela 21.1 Grandezas na instalação de bomba de emulsão de ar

Altura de elevação C (m)	Submersão $\frac{A}{B} \times 100$ (%)	Elevação $\frac{C'}{B} \times 100$ (%)	Regime	Submergência dinâmica A (m)	Pressão inicial (psi)	m^3 de água elevados por m^3 de ar	m^3 de ar por m^3 de água	Comprimento do tubo de ar (m)
7,5	54	46	Mínimo	8,8	13	0,607	1,65	16,5
	68	32	Ótimo	16,0	23	1,111	0,90	23,5
	76	24	Máximo	24,0	34	1,910	0,52	31,5
15	51	49	Mínimo	15,8	23	0,334	3,00	32,0
	65	35	Ótimo	28,0	40	0,581	1,73	43,5
	72	28	Máximo	39,0	56	0,878	1,13	54,0
30	47	53	Mínimo	27,0	38	0,191	5,25	57,5
	60	40	Ótimo	45,5	65	0,361	2,77	76,0
	67	33	Máximo	61,5	88	0,494	2,02	92,0
45	43	57	Mínimo	34,0	49	0,140	7,12	80,0
	55	45	Ótimo	55,5	79	0,272	3,68	100
	62	38	Máximo	74,0	106	0,361	2,78	120
60	41	59	Mínimo	42,0	60	0,113	8,85	103
	52	48	Ótimo	65,5	94	0,205	4,87	126
	59	41	Máximo	87,5	125	0,252	3,97	148
75	39	61	Mínimo	48,5	69	0,095	10,60	124
	49	51	Ótimo	73,0	104	0,161	6,21	149
	59	44	Máximo	96,5	138	0,193	5,18	172
90	37	63	Mínimo	53,5	76	0,080	12,50	144
	47	53	Ótimo	81,0	115	0,128	7,80	171
	53	47	Máximo	103,0	147	0,157	6,37	193
105	36	64	Mínimo	60,0	85	0,070	14,10	166
	45	55	Ótimo	87,0	124	0,107	9,40	193
	50	50	Máximo	106,0	151	0,125	7,95	212
120	35	65	Mínimo	65,0	93	0,064	15,50	186
	43	57	Ótimo	91,5	130	0,092	10,90	212
	48	52	Máximo	112,0	160	0,105	9,45	233
135	34	66	Mínimo	70,5	100	0,058	17,00	206
	42	58	Ótimo	99,0	141	0,081	12,40	235
	47	53	Máximo	121,0	173	0,091	11,10	257
150	34	66	Mínimo	78,0	112	0,055	18,50	230
	41	59	Ótimo	105,0	150	0,072	13,90	254
	46	54	Máximo	129,0	184	0,080	12,50	280
165	34	66	Mínimo	86,0	123	0,051	19,90	252
	40	60	Ótimo	111,0	159	0,065	15,40	278
	45	55	Máximo	136,0	195	0,072	14,00	303
180	33	67	Mínimo	90,0	128	0,048	21,00	252
	40	60	Ótimo	121,0	173	0,060	16,90	303
	44	56	Máximo	142,0	204	0,065	15,50	325
195	33	67	Mínimo	97,0	139	0,045	22,00	291
	39	61	Ótimo	126,0	180	0,056	18,00	323
	43	57	Máximo	148,0	212	0,059	17,00	345
210	33	67	Mínimo	105,0	149	0,044	22,50	317
	39	61	Ótimo	136,0	194	0,052	19,10	348
	43	57	Máximo	160,0	228	0,056	18,00	372

BOMBEAMENTO DE ÁGUA DE POÇOS

Tabela 21.2 Valores de k

Submergência percentual $S_p = 100 \times \dfrac{A}{A + C}$	Tubo de ar comprimido em relação ao tubo de elevação da água Valores de k	
	por fora	por dentro
75	14,92	13,45
70	14,59	13,12
65	14,18	12,47
60	13,65	11,62
55	12,96	10,68
50	12,06	9,70
45	11,09	8,72
40	10,03	7,54
35	8,80	6,60

Em função da descarga Q, calcular-se-ia f pela Eq. (21.2) e determinar-se-ia a capacidade do compressor $q = f \cdot Q$.

Vantagens do sistema Air-lift

Em instalações provisórias ou quando a água contém substâncias abrasivas capazes de danificar as bombas, este sistema é muito usado, devido à extrema facilidade de instalação e segurança do funcionamento. Em muitas localidades, a instalação de acordo com o sistema *Air-lift* acha-se realizada em caráter definitivo, funcionando há muitos anos e sem apresentar problemas.

Inconvenientes

— O rendimento é baixo; de 0,20 a 0,35, sendo este rendimento referido à potência do compressor.
— Consome grande quantidade de ar comprimido, o que, na realidade, não constitui propriamente problema técnico, mas representa custo elevado de energia com o funcionamento do compressor, que é evidente se considerarmos os valores acima referidos do rendimento.

Pressão de ar

A submergência estática, isto é, o comprimento do tubo de ar comprimido imerso quando o compressor começa a funcionar, corresponde à pressão de ar necessária para a partida. A pressão de serviço corresponde à submergência dinâmica A, à qual se acrescenta uma margem de segurança em geral pequena. A tubulação de ar comprimido pode ser calculada pela fórmula

$$d = \sqrt[5]{\frac{30 \cdot q^2 \cdot L}{P_1^2 - P_2^2}}$$

sendo

d = diâmetro do tubo em mm;
q = descarga de ar sob a pressão atmosférica ("descarga livre do ar") em m^3/hora;
L = comprimento da tubulação em metros;
P_1 = pressão *absoluta* na saída do compressor em kgf/cm^2;
P_2 = pressão *absoluta* na saída do difusor, em kgf/cm^2.

406 BOMBAS E INSTALAÇÕES DE BOMBEAMENTO

A velocidade de escoamento do ar na tubulação é da ordem de 5 a 10 metros por segundo.

Compressores

Costuma ser empregado o compressor alternativo de 105 cfm (178 m³/hora). Sendo necessário maior volume de ar, usam-se dois compressores em paralelo ou compressor de maior capacidade, alternativo ou de parafusos.

A pressão máxima usual desses compressores com dois estágios é de 175 psi, isto é, 12,2 kgf · cm^{-2}, o que permite funcionar um poço com submergência estática de 115 m.

A Tabela 21.3, elaborada por Equipamentos Wayne do Brasil, permite a determinação da pressão e da vazão de ar comprimido e, portanto, a escolha do compressor.

Exemplo

Pretende-se, de um poço com altura topográfica de elevação $C = 38$ m, bombear pelo sistema *Air-lift* 15 m³/h. Determinar a submergência dinâmica A, o consumo de ar q, as pressões inicial e de operação de compressor e a potência do motor do compressor.

Solução

Entrando-se na Tabela 21.3 com os valores $C = 38$ m e $Q = 15$ m³/h, obtém-se, no encontro das coordenadas correspondentes a esses valores, a vazão $q = 49,5$ pés cúbicos por minuto de ar. Na escala horizontal superior, vemos que a submergência desejável A é de 31 metros.

Na vertical correspondente à $C = 38$ m encontramos, na parte inferior da Tabela 21.3

— Compressor de baixa pressão: 100 lb/pol^2
— Pressão de partida: 56 lb/pol^2
— Pressão de serviço: 44,5 lb/pol^2

Consultando a Tabela 21.4, vemos que para compressor Wayne de baixa pressão — máximo de 100 libras e vazão de 49,5 cfm (pés cúbicos por minuto) compreendida entre os valores 45 e 54, recomenda-se o modelo com tanque W-97212-HLC com motor de 10 HP e 5 cilindros.

A Tabela 21.5 nos permite a escolha dos diâmetros dos tubos, segundo recomenda a Wayne.

No caso, a vazão de água prevista é de 15 m³/h, de modo que o diâmetro do tubo de água deverá ser de 3″ e o de ar comprimido, 1¼″.

Peça injetora, difusor ou hidroemulsor

Para que o ar penetre no poço formando bolhas de dimensões bem reduzidas, favorecendo desse modo a emulsão água-ar, a extremidade do tubo pode terminar em uma peça onde se faz uma série de orifícios. Em instalações mais simples, fazem-se esses furos no próprio tubo de injeção de ar. Existem, porém, diversos tipos de difusores no mercado que proporcionam melhor emulsão de ar com a água.

Se o poço tiver profundidade grande, por exemplo, 150 m, pode-se colocar uma segunda peça injetora de ar, a uma profundidade de cerca de 100 m, a fim de que, na partida, o compressor funcione sob uma carga menor.

Filtro

Na extremidade inferior do tubo de água, pode-se usar, com vantagem, filtro apropriado, como é o caso dos filtros da Johnson do Brasil, ou dos filtros JANOLD e JAN-ALPO, da Cia. T. JANER.

Os filtros são constituídos de tubos perfurados adequadamente. Em alguns poços, faz-se em volta do filtro um revestimento de *pré-filtro,* formado por areia quartzífera agregada, selecionada, com granulometria aplicada de acordo com a granulometria do aqüífero aproveitado e dos furos do filtro. Deste modo, conseguem uma grande vazão e a eliminação de impurezas que porventura existam no aqüífero.

Tabela 21.3 Indicação da Wayne para escolha da vazão de ar em pés^3/minuto e da pressão do compressor em lb por pol^2

SUBMERGÊNCIA A em metros

Q	6,0	9,0	12,0	15,0	18,0	24,0	30,0	31,0	31,0	35,5	41,0	51,0	54,0	63,0	72,0	81,0	82,5	90,5	99,0	108,0	115,5
25	37,0	40,5	44,3	47,5	51,0	56,5	62,0	83,0	113,0	122,0	130,0	146,0	184,0	200,0	217,0	232,0	268,0	285,0	295,0	318,0	330
24	35,4	39,5	42,5	46,0	49,0	54,0	60,0	80,0	108,0	116,5	125,0	140,0	177,0	192,0	208,0	223,0	257,0	274,0	284,0	305,0	317
23	34,1	37,0	41,0	44,0	47,0	52,0	57,0	76,0	103,5	112,0	120,0	134,0	170	184,0	199,0	213,0	247,0	263,0	272,0	293,0	304
22	32,7	35,5	39,0	42,0	45,0	49,5	54,5	73,0	99,0	107,0	155,0	128,0	162,0	176,0	191,0	204,0	236,0	251,0	260,0	280,0	290,9
21	31,1	34,0	37,2	40,0	43,0	47,5	52,0	70,0	94,5	102,0	110,0	123,0	155,0	168,0	182,0	195,0	225,0	240,0	248,0	267,0	277,5
20	29,5	32,5	35,5	38,0	41,0	45,0	49,2	66,0	90,0	97,0	104,0	117,0	147,0	160,0	173,0	186,0	214,0	228,0	236,0	254,0	264
19	28,0	30,6	34,0	36,1	39,0	43,0	47,0	63,0	85,5	92,5	99,0	111,0	140,0	152,0	165,0	176,0	204,0	217,0	225,0	242,0	251
18	26,7	29,0	32	34,5	37,0	41,0	44,3	60,0	81,0	87,5	94,0	105,0	133,0	144,0	156,0	167,0	193,0	206,0	213,0	229,0	238
17	25,2	27,5	30,0	32,5	35,0	38,5	42,0	57,0	76,5	82,5	88,5	99,0	125,0	136,0	148,0	158,0	182,0	194,0	201,0	216,0	224,5
16	23,8	26,0	28,4	30,5	32,7	36,0	39,4	53,0	72,0	78,0	83,5	93,0	118,0	128,0	139,0	149,0	172,0	183,0	189,0	204,0	211,5
15	22,2	24,5	26,6	28,5	30,6	34,0	37,0	49,5	67,5	73,0	78,0	88,0	110,5	120,0	130,0	139,0	161,0	171,0	177,0	191,0	198
14	20,7	22,6	24,8	26,5	28,6	31,8	34,5	46,5	63,0	68,0	73,0	82,0	103,0	112,0	122,0	130,0	150,0	160,0	166,0	178,0	185
13	19,3	21,0	23	25,0	26,5	29,5	32,0	43,0	58,5	64,0	68,0	76,0	96,0	104,0	113,0	121,0	140,0	149,0	154,0	166,0	172
12	17,8	19,4	21,3	23,0	24,5	27,2	29,6	39,7	54,0	58,5	62,5	70,0	88,5	96,0	104,0	112,0	129,0	137,0	142,0	153,0	158,5
11	16,4	18,0	19,5	21,0	22,4	25,0	27,1	36,3	49,5	53,5	57,5	64,0	81,0	88,0	96,0	102,0	118,0	126,0	130,0	140,0	145,5
10	14,8	16,2	17,7	19,0	20,5	22,5	24,8	33,0	45,0	48,5	52,0	58,4	73,5	80,0	87,0	93,0	107,0	114,0	118,0	127,0	132
9	13,6	14,6	16,0	17,1	18,4	20,3	22,2	29,8	40,5	43,7	47,4	52,6	66,5	72,0	78,0	84,0	97,0	103,0	107,0	115,0	119
8	12,2	12,9	14,2	15,2	16,5	18,0	19,8	26,5	36,0	38,8	42,0	46,8	59,2	64,0	69,5	75,0	86,0	92,0	94,5	102,0	106
7	10,3	11,3	12,4	13,3	14,3	15,8	17,2	23,4	31,5	34,0	36,8	41,0	51,5	56,2	61,0	65,0	75,0	80,0	83,0	89,0	92,5
6	8,9	9,7	10,7	11,4	12,3	13,5	14,8	19,9	27,0	29,2	31,2	35,0	44,5	48,2	52,0	56,0	64,5	69,0	71,0	77,0	79,5
5	7,4	8,1	8,9	9,5	10,2	11,3	12,3	16,6	22,5	24,3	26,0	29,2	37,0	40,2	43,4	46,5	53,5	57,0	59	63,5	66
4	6,0	6,5	7,1	7,6	8,2	9,0	10,0	13,3	18,0	9,4	20,8	23,4	29,6	32,4	34,7	37,2	43,0	45,6	47,2	51,0	53
3	4,5	4,9	5,4	5,7	6,2	6,8	7,4	10,0	13,5	4,6	15,6	17,5	22,3	24,4	26,0	28,0	32,5	34,2	35,4	38,5	39,6
2	3,0	3,3	3,6	3,8	4,2	4,5	4,9	6,6	9,0	9,7	10,4	11,7	14,7	16,0	17,3	18,6	21,4	22,8	23,6	25,4	26,4
1	1,5	1,7	1,8	1,9	2,1	2,3	2,5	3,3	4,5	4,9	5,2	5,9	7,4	8,0	8,7	9,3	10,7	11,4	11,8	12,7	13,2
	6	9	12	15	18	24	30	38	46	53	61	76	92	107	122	137	153	168	183	200	214

Q VAZÃO EM METROS CÚBICOS / HORA

ELEVAÇÃO EM METROS (C)

	COMPRESSOR DE BAIXA PRESSÃO - 100 lbs/pol^2											COMPRESSOR DE ALTA PRESSÃO - 175 lbs/pol^2								
Partida	11,5	16,5	21,5	27	32,5	43	54	56	56	63,5	72,5	94	130	112	128	144	148	162	175	193	206
Serviço	9	13	17	21,5	26	34,5	43	44,5	44,5	50,5	58	75	77	89,5	102	115	118	129	140	154	165

PRESSÃO: LIBRAS POR POLEGADA QUADRADA

408 BOMBAS E INSTALAÇÕES DE BOMBEAMENTO

Tabela. 21.4 Tabela de seleção de compressor Wayne do tipo de baixa pressão

Compressores de Baixa Pressão — Máximo 100 libras/pol²

cfm	Mod. s/ tanque	Mod. c/tanque	Unidade Compressora	HP	RPM	Est.	Cil.	Tanque
0 a 13	W-7170-L	W-7176-HLC	700	3	600	2	2	60
13 a 18	W-7240-L	W-7248-HLC	700	5	850	2	2	80
18 a 30	W-8400-L	W-84012-HLC	800	7,5	710	2	3	120
30 a 45	W-9600-L	W-96012-HLC	900	7,5	710	2	5	120
45 a 54	W-9720-L	W-97212-HLC	900	10	850	2	5	120
54 a 60	W-2-8800-L	W-2-8800-HLC	800(2)	15	540	2	6	—
60 a 90	W-2-91200-L	W-2-91200-LC	900(2)	15	710	2	10	—
90 a 108	W-2-91440-L	W-2-91440-LC	900(2)	20	850	2	10	—

Tabela 21.5 Diâmetros dos tubos a
água e ar comprimido, segundo
recomendações da Wayne

Volume de Água em m³ / hora	DIÂMETRO	
	TUBO DE ÁGUA	TUBO DE AR
1-2	1"	¹/₂"
2-5	1¹/₂"	³/₄"
5-8	2"	1"
8-14	2¹/₂"	1"
14-20	3"	1¹/₄"
20-27	3¹/₂"	1¹/₂"

Diâmetro do tubo de recalque da emulsão água-ar

O diâmetro mínimo recomendado para a tubulação de recalque da emulsão é calculado pela fórmula empírica

$$D = 6 \sqrt{Q + q}$$

onde

D = diâmetro mínimo do tubo em mm;
Q = descarga da água em m³/hora;
q = descarga do ar (descarga livre sob pressão atmosférica) em m³/hora.

EJETORES OU TROMPAS DE ÁGUA

Os ejetores ou trompas de água, cujo funcionamento se baseia numa aplicação imediata da Equação da Conservação da Energia, de Bernoulli, são dispositivos que constam essencialmente de um tubo aspirador e um bocal convergente, alimentando um bocal convergente-divergente, isto é, um "Venturi" (Fig. 21.3). São muito empregados em instalações de poços freáticos de profundidades relativamente pequenas, porém superiores às que permitiriam uma bomba funcionar segundo a instalação convencional, isto é, com a bomba acima do nível do reservatório.

A água motriz (a que vai produzir a elevação desejada), proveniente de uma bomba, atravessa o bocal convergente (misturador) e, em seguida, o bocal convergente-divergente (difusor). Na passagem do bocal convergente para o divergente, na seção estrangulada, a velocidade é máxima e, por conseguinte, a pressão é baixa. A depressão que se forma no ejetor, aliada à velocidade considerável da veia líquida, produz o arraste do ar existente no encanamento e em seguida do próprio líquido que deve ser aspirado, seguindo ambos pelo tubo de recalque.

Chamemos de

H_s — a pressão do líquido aspirado à entrada do ejetor;
H_1 — a pressão do líquido bombeado à entrada do ejetor;
H_d — a pressão do líquido à saída do ejetor.

$$R = \frac{A_1}{A_2} \qquad (21.4)$$

sendo A_1 e A_2 as áreas indicadas na Fig. 21.3.

Para R de 0,25 a 0,625, o rendimento do ejetor que é dado por

$$\eta = \frac{Q_2}{Q_1} \cdot \frac{(H_d - H_s)}{(H_1 - H_d)} \qquad (21.5)$$

é da ordem de 35%.

A descarga Q que sai do ejetor é dada pela equação

$$Q = C \cdot A_1 \sqrt{2gH_1} \cdot (M + 1)$$

É evidente que

$$Q = Q_1 + Q_2 \qquad (21.6)$$

$$M = \frac{Q_2}{Q_1} = \frac{\text{descarga aspirada}}{\text{descarga da bomba}}$$

C é um coeficiente experimental (vide A.J. Stepanoff, *Centrifugal and Axial Flow Pumps*) que depende das características do ejetor e dos ângulos de conicidade dos bocais.

São muitas as aplicações dos ejetores instalados em conjunto com bombas centrífugas, as quais proporcionam a descarga e a pressão necessárias ao seu funcionamento.

Entre essas aplicações, temos:
— Obtenção de vácuo em recipientes de instalações industriais de secagem e em certos condensadores de vapor.
— Injeção de ar para o interior de reservatórios hidropneumáticos.
— Esvaziamento de poços de esgotos.
— Retirada de água de poços com profundidade da ordem de 20 a 40 metros ou até mais.

A instalação do ejetor se recomenda quando a altura de aspiração do poço é superior a 6 ou 7 m, ou melhor, quando superior ao valor da máxima altura estática de aspiração permitida.

Quando se emprega vapor ao invés de água como fluido motor nas instalações de alimentação de caldeiras, ou um gás condensável, o dispositivo tem o nome de *injetor*,

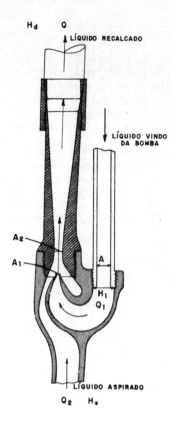

Fig. 21.3 Esquema de ejetor.

Fig. 21.3a Bomba injetora Série VJ Jacuzzi.

embora seja comum designá-lo também por *ejetor*. Também chamam-se de *edutores* os ejetores que operam com água, como os que acabamos de estudar, ou com outros líquidos e que alguns fabricantes e autores, entretanto, chamam de *injetores*.

A Jacuzzi do Brasil fabrica bombas especialmente adaptadas à instalação de ejetores e que têm o nome de "bombas injetoras para poços profundos, séries VJ e VD". O registro de controle 2 que aparece nas Figs. 21.4 e 21.5 vem incorporado na própria bomba, que possui um manômetro adaptado. São fabricadas para potências de $1/3$ a 15 c.v., conforme o modelo. Podem atender à profundidade de mais de 100 m, altura manométrica de 200 metros e descargas até 26 m³/hora, constituindo-se em verdadeiras bombas de poço profundo.

A Tabela 21.6 fornece as grandezas para as bombas Jacuzzi série VJ para motores

Tabela 21.6 Bombas injetoras Jacuzzi para poços profundos de um estágio 3.450 rpm — 60 hertz

MODELO (4)	c.v.	7	10	13	16	19	22	25	28	31	34	37	40	Sucção	pressão	descarga	PK (2)	PM (3)	Prof. Mín. do Inj.
3VJE15	1/3	2.200	1.775	1.475	1.240	1.025								1 1/4	1	3/4	10	41,5	15
5VJE15	1/2	2.550	2.150	1.820	1.560	1.300								1 1/4	1	3/4	14	45,0	12
5VJE25						1.270	1.040	870	720	580							14	41,5	20
7VJE15	3/4	3.650	3.200	2.800	2.400	2.040	1.720							1 1/4	1	3/4	15	46,0	12
7VJE25						1.700	1.500	1.300	1.100	975							17	44,5	20
7VJE35								960	820	700	600	500					17	49,5	30
1VJE15	1	4.050	3.600	3.150	2.700	2.250								1 1/4	1	1	19	47,0	10
1VJE25						1.850	1.650	1.475	1.225	1.025							20	51,0	22
1VJE35								1.160	1.020	880	760	650					21	57,0	29
1VJF15	1	5.400	4.600	3.850	3.200	2.600								1 1/2	1 1/4	1	19	44,5	16
1VJF25						2.200	1.850	1.575	1.400	1.100							21	49,0	20
1VJF35								1.325	1.125	950	825	675					23	52,0	28
15VJE15	1 1/2	5.300	4,750	4.000	3.400	2.850								1 1/4	1	1	22	50,0	8
15VJE25						2.700	2.350	2.000	1.650	1.350							25	50,0	20
15VJE35								1.400	1.250	1.050	900	750					27	55,0	28
15VJF15	1 1/2	6.250	5.500	4.800	4.100	3.400								1 1/2	1 1/4	1	23	51,5	14
15VJF25						2.800	2.400	2.100	1.800	1.550							26	61,5	20
15VJF35								1.900	1.700	1.500	1.300	1.100					26	65,0	28
2VJF15	2	6.900	6.050	5.300	4.650	3.850								1 1/2	1 1/4	1	24	53,5	10
2VJF25						3.350	2.950	2.550	2.200	1.800							26	55,5	20
2VJF35								2.175	1.950	1.700	1.475	1.280					26	56,5	28

Coluna PROFUNDIDADE ATÉ NÍVEL DINÂMICO — METROS (7 a 40): VAZÃO — LITROS POR HORA (1). Colunas Sucção/pressão/descarga: CANOS (POL.). Colunas PK/PM/Prof. Mín.: METROS.

(1) Descarga medida baseada ao nível do mar com submergência apropriada do injetor.
(2) PK — Pressão de descarga na vazão indicada.
(3) PM — Pressão máxima referente à descarga mínima indicada e ao mínimo levantamento indicado.
(4) DIÂMETRO MÍNIMO DO POÇO: Injetor E — 3 3/4'' (93 mm)
                              Injetor F — 4'' (102 mm)

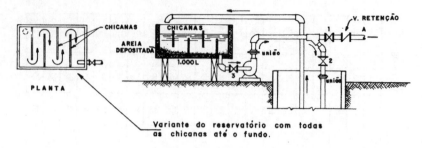

Fig. 21.4 Captação de água de poço com caixa para sedimentação de impurezas.

de ¹/₃ a 2 c.v. Existem instalações de bombas com ejetores capazes de fornecer até 15.000 litros de água por hora, e até mais.

Na instalação para retirada de água de poços freáticos com sistema bomba-ejetor, pode-se adotar a disposição indicada na Fig. 21.4. Um pequeno reservatório (100 a 500 l) serve para escorvar a bomba e deixar sedimentar as impurezas trazidas pela água recalcada, principalmente areia fina, que desgastaria rapidamente a bomba. Para este fim, colocam-se divisórias ou "chicanas" no reservatório.

No início do funcionamento, o registro 2 está aberto e o 1 está fechado. A água circula do reservatório para a bomba e volta ao reservatório. Aos poucos, vai-se abrindo o registro 1 e fechando o 2. A água atua no ejetor e produz a depressão própria a permitir a aspiração.

Uma parte da água bombeada sai pelo encanamento A até seu destino, enquanto a outra parte é enviada ao ejetor. Às vezes, executa-se a instalação simplificada, sem reservatório decantador de areia (Fig. 21.5). Neste caso, depois de "escorvar" a bomba, fecham-se os registros 1 e 3 e abre-se o registro 2. Uma vez posta a bomba a funcionar, a água estabelece um circuito fechado do poço à bomba e de novo ao poço. Vai-se abrindo lentamente o registro 1 ao mesmo tempo que se vai fechando *um pouco* o registro 2. Assim, parte da água segue pelo tubo de recalque, enquanto outra parte desce para atuar no ejetor.

No início do tubo de recalque coloca-se uma válvula de retenção.

O dimensionamento dos ejetores pode ser encontrado nas obras de A.J. Stepanoff e V.M. Cherkassky, indicadas na Bibliografia.

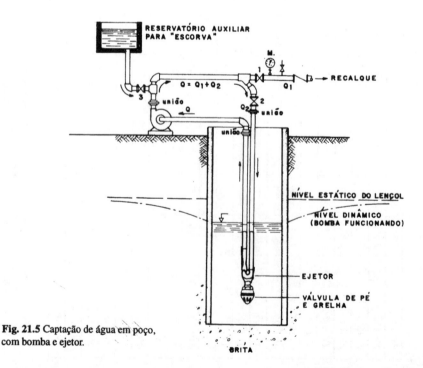

Fig. 21.5 Captação de água em poço, com bomba e ejetor.

A DANCOR S.A. e a BOMBAS ALBRIZZI-PETRY S.A. apresentam em seus catálogos esquemas de instalação de suas bombas com ejetores, análogos ao da Fig. 21.5.

POÇOS PROFUNDOS

Nos sistemas de abastecimento de água potável; na manutenção do nível do aqüífero em instalações de mineração para permitir o trabalho em galerias a grandes profundidades; no rebaixamento do nível de água em obras de escavações para fundações e em muitos outros casos, os poços podem atingir profundidades consideráveis.

Usam-se dois sistemas de bombeamento nesses casos de poços tubulares profundos.

Com bombas de eixo prolongado (Fig. 21.6)

O motor fica na superfície do terreno, e o eixo, apoiado em mancais dispostos ao longo de um tubo, aciona a bomba, cujos rotores ficam imersos na água do lençol subterrâneo.

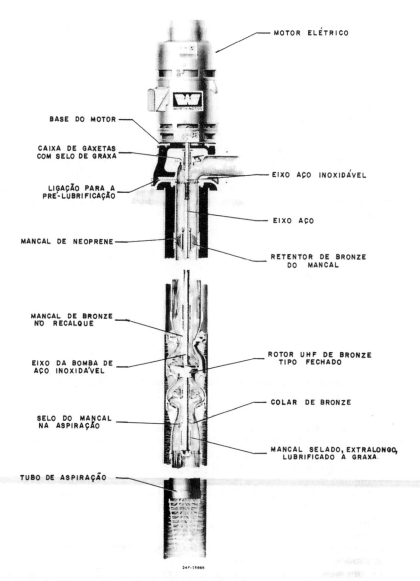

Fig. 21.6 Bomba Worthington vertical com eixo prolongado.

414 BOMBAS E INSTALAÇÕES DE BOMBEAMENTO

Geralmente, as bombas são de múltiplos estágios, podendo haver até mais de 50 estágios.

Têm sido empregadas para profundidades de mais de 300 metros e necessitam de mancais de escora especiais para suportar, além do peso próprio do eixo e rotores, o empuxo axial.

São usadas até para potências elevadas que exigem motores grandes. Usam-se também quando não se dispõe de energia elétrica e se tem de usar motor diesel ou turbina a vapor.

Os rendimentos obtidos com bombas de boa qualidade alcançam 80%.

Os rotores podem ser do tipo centrífugo puro ou hélico-centrífugo (semi-axiais), com vários estágios, sendo a bomba, neste caso, designada como bomba "tipo turbina" *(turbine pump)*.

Os mancais de apoio lateral são de borracha, lubrificados a água, ou de metal, blindados.

Necessitam de uma casa de máquinas para instalação do motor e seus controles elétricos, se bem que haja instalações com motores à prova de tempo, colocados portanto ao ar livre. O equipamento elétrico fica num cubículo de alvenaria ou de chapa de aço *(metal clad switchgear)*.

Exigem verticalidade do poço e, portanto, cuidados especiais em sua execução.

Supõem, para sua utilização, que a água seja limpa e, portanto, não contenha areia para que não haja dano aos mancais.

Para se ter uma idéia do diâmetro D externo da carcaça da bomba de eixo prolongado, na falta de catálogo do fabricante, pode-se usar a fórmula proposta por Babbit:

$$D = 6.550 \cdot Q^{0,154} \cdot H^{0,256} \cdot n^{-0,678}$$

sendo

D — o diâmetro externo, em milímetros;
Q — descarga em litros por minuto;
H — altura manométrica correspondente a um estádio, em metros;
n — número de rotações por minutos do motor. Considera-se o diâmetro comercial imediatamente acima do calculado.

Adota-se, para diâmetro do tubo de revestimento, ou seja, da chamada câmara de bombeamento, valor superior ao da bomba, em pelo menos dois centímetros. Pode-se usar também a seguinte tabela:

Descarga do poço M^3/h	Diâmetro interno (mm)
até 40	150
60	200
100	250
150	300
220	350
300	400

Bombas com motor imerso, também chamadas motobombas submersíveis ou bombas submersas (Figs. 21.7 e 21.8)

O motor, de forma alongada, acha-se ligado diretamente ao conjunto da bomba, ficando imerso no poço. O conjunto, em alguns tipos, fica suspenso por um cabo de aço, e a energia é levada ao motor por condutor elétrico à prova de água. Dispensa-se assim o emprego de eixo longo, de mancais laterais de apoio e de mancais de escora especiais. A descida do conjunto motor-bomba, à medida que se realiza, é acompanhada de adaptação da tubulação de recalque, que, no final, sustenta o conjunto e dispensa o cabo de aço, que só é usado para descer, com o auxílio de uma "talha", a bomba com os lances de tubos de recalque.

Há dois tipos:

Bombas com motor seco. Protegido por um encamisamento, em volta do qual a água passa, refrigerando-o.

Bombas com motor molhado. A água pode atingir os enrolamentos, os quais recebem então isolamento especial.

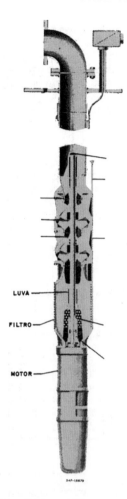

Fig. 21.7 Bomba de poço profundo de múltiplos estádios e com motor imerso Worthington.

Nas bombas submersas "secas", o interior do motor com induzido em curto-circuito trabalha sob pressão de ar, que é fornecido por pequeno compressor, ou é blindado e resfriado externamente com a água do poço.

As bombas submersas "molhadas" foram inicialmente usadas em poços de petróleo profundos e estreitos, onde os motores ficavam imersos em óleo que era abastecido da superfície do poço.

As modernas bombas de motor imerso ou molhado possuem o motor ligado diretamente à bomba, e a parte interna do motor é envolvida e resfriada com água. A tecnologia de fabricação de motores elétricos em curto-circuito, com isolamento por materiais plásticos, permitiu chegar-se a um motor que é enchido com água limpa antes de ser acionado.

Quando a água do poço é limpa, a refrigeração do motor se faz com a mesma, dispensando recursos especiais.

Da mesma maneira que nas bombas de "eixo prolongado", as de motor imerso têm rotores centrífugos radiais, hélico-axiais e axiais.

Os mancais são lubrificados a água. Alguns fabricantes usam mancais axiais de aço inoxidável e grafite como lubrificante quando a carga axial é grande. Os mancais radiais são de borracha e grafite metalizado de alta resistência à abrasão.

Existem bombas em que praticamente todas as peças são de aço inoxidável (Bombas SP — Grundfos, da T. Janer), o que é excelente, quando a água dos poços é agressiva.

A Fig. 21.8 representa uma bomba submersa Haupt-Pleuger Q62 e as curvas características correspondentes. O modelo N612 pode ter até 40 estágios e altura manométrica superior a 500 m.

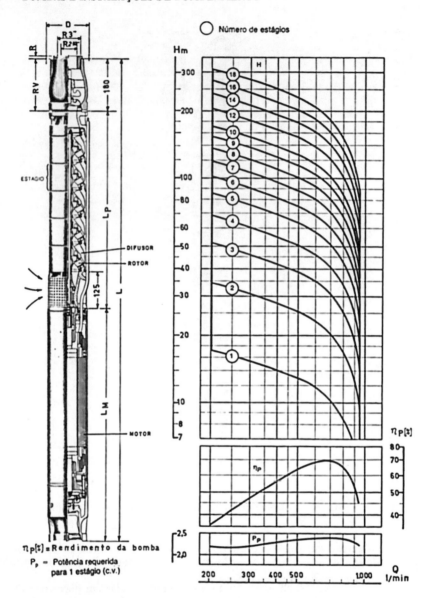

Fig. 21.8 Bomba submersa Haupt-Pleuger-Q62 (Haupt-São Paulo S.A.).

RECOMENDAÇÕES DE CARÁTER GERAL QUANDO DA INSTALAÇÃO DE POÇOS

Localização do poço

O poço deverá ficar afastado de obras e instalações, no mínimo, das seguintes distâncias:
a. Edificações em geral, escavações, galerias: 5 m
b. Fossas sépticas, canalizações de esgoto, unidades para tratamento de esgoto: 15 m
c. Privadas secas, fossas negras, linhas de irrigação subsuperficial de efluente de fossas sépticas, lagoas ou valos de oxidação, estrumeiras: 30 m

Profundidades

— Em aqüíferos livres, com espessuras de lençol inferiores a 30 m, é conveniente que o poço penetre em todo o aqüífero, prevendo-se, neste caso, a colocação do filtro desde o fundo do poço até, no máximo, a metade da espessura saturada.

— Em aqüíferos confinados, o poço deverá, se possível, ser projetado de modo a penetrar toda a espessura do aqüífero quando a mesma for inferior a 30 m, ocupando o filtro uma extensão de 80% da referida espessura.

Níveis dinâmicos

No cálculo da descarga do poço, devem-se considerar como limites inferiores do nível dinâmico:

— a posição correspondente a 1 m acima do topo do filtro, no caso de aqüíferos livres, e 2 m no caso de aqüíferos artesianos.

Distância entre poços

Quando se capta água de um mesmo aqüífero, a distância mínima entre os poços deve ser de 100 m.

Cimentação

O tubo de revestimento do poço deve ser cimentado externamente no trecho superior, numa extensão mínima de 6 m e espessura mínima de 5 cm, para proteger o poço contra a entrada de águas da superfície.

Submersão das bombas

As bombas submersas e as bombas com ejetor deverão ficar com a boca de entrada mergulhada na água, pelo menos 1,50 m, estando o nível dinâmico na posição mais baixa.

Metodologia de execução de uma instalação de bombas submersas

Um dos procedimentos bastante usados consiste no seguinte:

a. Perfura-se o poço com sonda rotativa, usando-se equipamentos especiais (WABCO, KOERING, ou outros); recolhem-se as amostras e, pelos resultados de sua análise, traça-se o perfil geológico do poço. Fica-se conhecendo as profundidades das várias camadas e suas espessuras. A sondagem, às vezes, se faz previamente por qualquer dos processos convencionais.

b. Faz-se o revestimento com tubos de aço rosqueados. Para poços com profundidades até 50 m, tem sido empregado tubo de PVC rosqueado. No interior do poço, e abaixo do tubo mencionado, colocam-se filtros. Podem-se separar trechos de filtro por trechos de tubo do mesmo diâmetro. É recomendável colocar pré-filtros de areia quartzífera no espaço anelar entre o filtro e o poço, nas regiões indicadas na perfuração como produtoras.

c. Cimenta-se, com argamassa, o espaço anelar pelo menos nos primeiros seis metros de profundidade.

d. Em volta do poço e na superfície do terreno, faz-se uma placa de concreto com 2 m × 2 m.

Controle do nível dinâmico do lençol

Vimos que, quando se estabelece o equilíbrio hidráulico entre a descarga bombeada e a capacidade de produção do poço, a água atinge o chamado nível dinâmico.

É conveniente verificar de tempos em tempos o nível dinâmico no poço e, para isto, recorre-se a dois processos principais.

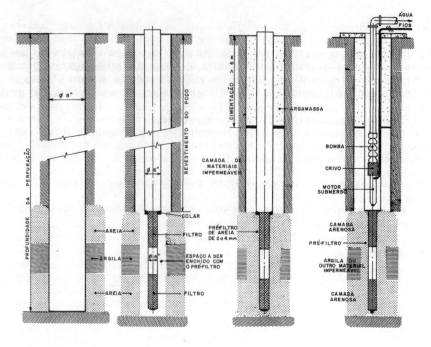

Fig. 21.9 Instalação de bomba submersa em poço profundo.

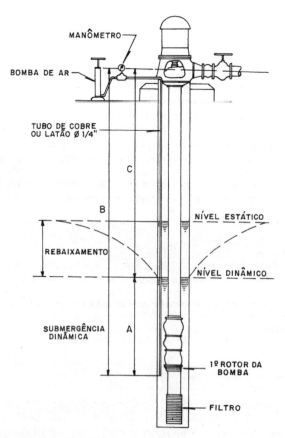

Fig. 21.10 Medição do nível dinâmico do poço.

BOMBEAMENTO DE ÁGUA DE POÇOS   419

a. *Sonda elétrica.* Utiliza uma bateria elétrica, um dispositivo de sinal luminoso ou sonoro, um amperímetro e dois fios que fecham um circuito elétrico logo que atingem o nível da água no poço. Para evitar o risco de um "curto" pelo contato dos fios com as partes metálicas ou molhadas do poço antes de atingir o nível da água, as pontas dos fios são protegidas lateralmente por um pequeno tubo de material isolante. O comprimento vertical do fio medirá a profundidade do nível dinâmico abaixo de uma referência à superfície do terreno.

b. *Processo pneumático* (Fig. 21.10). É o mais indicado e eficiente. Deverá ser previsto antes da instalação definitiva do equipamento dentro do poço. Consta de um tubo de cobre ou latão de ¼" de diâmetro, mergulhado no poço, de modo que sua extremidade inferior fique na mesma cota que a parte inferior do primeiro rotor, se for instalação com bomba, ou difusor, se for sistema *Air-lift;* uma bomba de ar manual e um manômetro.

O comprimento B do tubo é conhecido. Em sua parte superior ligam-se a bomba de ar e o manômetro.

Ao bombear-se o ar, a pressão indicada no manômetro será aumentada até que a água que havia entrado no tubo de cobre seja totalmente expelida. Quando toda a água estiver expelida, a pressão no manômetro se estabiliza. A pressão máxima indica a pressão de ar que equilibra a coluna de água dentro do poço e acima da extremidade inferior do tubo, isto é, o desnível dinâmico do lençol. Convertendo-se a leitura do manômetro em altura representativa de pressão, será conhecido o nível dinâmico em metros, por exemplo.

A previsão de produção de poços e a determinação da capacidade dos aqüíferos podem ser conseguidas com a consulta aos livros de Hidrologia mencionados na Bibliografia que se segue.

Bibliografia

Água Subterrânea. Publicação da Cia. T. Janer Com. e Indústria.

BANDINI, A. *Hidráulica.* Vol. II. Escola de Engenharia de São Carlos. São Paulo.

BARIONKAR — Ind. Mec. Ltda. *Cálculo de compressor de ar em poços semi-artesianos.* IPP em revista.

BEZERRA, JOSÉ EDUARDO, *Irrigação por Furos — Utilizando-se a Vazão e Pressão Natural de Poços Artesianos.* IV Cong. Nac. de Irr. e Drenagem, 1978.

BOGOMOLOV, G. *Hydrogeologie.* Éditions de la Paix, Moscou.

BOMBAS ESCO S.A. Bomba turbina de eixo prolongado.

Bombas submersas para poços profundos RWH — Fábrica de bombas RWH. Remus W. Hoff & Cia Ltda.

BRASIL, HAROLDO VINAGRE. *Drenagem de fundação com injetor-bomba.* Rev. Engenheiro Moderno, setembro, 1966.

BRUNO, CLAUDIO ROBERTO MACÊDO. *Locação e Perfuração de Poços Tubulares em Áreas Causticadas, Visando à Obtenção de Água para Irrigação.* IV Cong Nac. de Irrigação e Drenagem, 1978.

CHERKASSKY, V. M. — *Pumps, fans, compressors.* MIR Publishers. Moscow, 1985.

DACACH, NELSON GANDUR, *Sistemas Urbanos de Água.* Livros Técnicos e Científicos Editora S/A. 1975.

DANCOR S/A. Bombas submersas para poços profundos. Bombas injetoras. Bombas auto-aspirantes.

Eletrobombas submersas "Aturia", Publicação de OMEL S.A. Ind. e Com.

Equipamentos Wayne do Brasil S/A. Compressores de Ar para Poços Profundos.

FINCH, VOLNEY C. *Pump Handbook,* National Press. EUA.

GARCEZ, LUCAS NOGUEIRA. *Hidrologia.* Ed. Edgard Blucher Ltda., 1967.

GARCÍA, JORGE AMEZINA. *Montaje de equipos de bombeo del tipo de pozo profundo. — Bombas para agua potable.* Org. Mundial de Saúde. Publicação n.° 145.

Grundfos — *Bomba Submersível de aço inoxidável.* Publicação da Cia. T. Janer.

HAUPT-PLEUGER. *Bombas Submersas.* Haupt-São Paulo S.A.

Hidráulica Magalhães. *Catálogos.*

Jacuzzi do Brasil. *Catálogos: Tanques de pressão; Bombas injetoras para poços profundos; Bombas submersíveis.*

Johnson Division, Universal Oil Products. *Água subterrânea e poços tubulares.* Tradução da CETESB, 1974.

Johnston Pump Company: *The Vertical Pump,* by Johnston.

Johnston Pump Engineering Manual — Finishing and Developing the Well.

J.P. JUPER Ind. Mec. Ltda. Água subterrânea: Solução para o abastecimento de pequenas comunidades.

LINSLEY, R. K., KOHLER, M. A. e PAULHUS, J. L. H. *Applied Hydrology.* McGraw-Hill Book Inc., N.Y., 1949.

420 BOMBAS E INSTALAÇÕES DE BOMBEAMENTO

LINSLEY, Ray K. Jr. *Hydrology for Engineers* — 1982. McGraw-Hill Book Company.

LINSLEY, Ray K. & Joseph B. Franzini — *Engenharia de Recursos Hídricos.* Tradução de Luiz Américo Pastorino. Editora da Universidade de São Paulo e McGraw-Hill do Brasil Ltda. 1978.

LOHBAUER, JORG P. W. *Ejetores a vapor para obtenção de alto vácuo.* Rev. Engenheiro Moderno, setembro, 1965.

MANTEROLA, ISAIAS CONZÁLEZ. *Problema práctico de selección de equipo para bombeo de agua subterránea.* Secretaría de Recursos Hidráulicos de México, 1966.

MEINZER, O. E. *Hydrology,* Dover Publications Inc.

Os Poços Tubulares, Rev. Engenheiro Mecânico, março, 1968.

PASHKOV, N. N. e F. M. DOLGACHEV. *Hidráulica y Máquinas Hidráulicas.* MIR Publishers. Moscow, 1985.

P-NB-588 — Elaboração de Projetos de Poços Tubulares Profundos para Captação de Água Subterrânea. Convênio ABNT — CETESB — BNH — 1977.

Poços. Manual Técnico n.º 5-297 do Departamento do Exército e da Força Aérea Norte-Americana. USAID. Tradução de Paulo S. Nogami. Univer. de São Paulo.

RÉMÉNIÈRES, G. *L'Hydrologie de l'Ingénieur.* Eyrolles, 1965.

Salmito Filho, Walfrido. Nordeste muda para resistir definitivamente à estiagem. *O GLOBO.* 30-6-83.

SOUZA, DIOCLES J. RONDON. *Hidrotécnica Continental.* Tese de Livre Docência de Hidráulica, 1977.

STEPANOFF, A. J. *Centrifugal and Axial Flow Pumps,* 1957.

VOZDVIZHENSKI, B. I. e outros. Perfuración de Exploración. Editorial MIR. Moscú, 1982.

22

Bombas para o Saneamento Básico

GENERALIDADES

O vasto campo de aplicação da Engenharia Sanitária e sua importância fundamental para a vida das comunidades exigem que seja dedicado pelo menos um capítulo, quando o assunto comporta um livro, a respeito do emprego das bombas nas realizações desse ramo da Engenharia, a cuja promoção, desenvolvimento e aprimoramento se dedica, no Brasil, a Associação Brasileira de Engenharia Sanitária e Ambiental — ABES.

Limitaremos o enfoque das questões de Saneamento Básico, ao que se relacionar com as bombas, uma vez que não é objetivo deste trabalho o estudo de questões como Tratamento de Águas e de Esgotos; Previsões de consumo de água; Cálculo de Redes de Distribuição de Água e de Sistemas de Esgotos; Dados Hidrológicos e outros assuntos importantes, muito bem apresentados em livros nacionais, indicados na referência bibliográfica. Vale mencionar que a CETESB (Companhia de Tecnologia de Saneamento Ambiental — São Paulo), em convênio com o Banco Nacional da Habitação, extinto em 1986, e a ABES, publicou excelentes livros sobre as matérias referidas e cujos autores são renomados especialistas nos assuntos que apresentam.

Para efeito de aplicação das bombas no Saneamento Básico, dividiremos a exposição em:

Abastecimento de água
Esgotos Sanitários
Drenagem de águas pluviais

ABASTECIMENTO DE ÁGUA

A Fig. 22.1 mostra esquematicamente como é constituído um sistema usual de abastecimento de água a uma comunidade. Há que considerar as seguintes partes principais: Captação — Elevatória — Estação de Tratamento — Reservatório — Elevatória de Alto Recalque — Adutora — Reservatórios de Distribuição — Linhas Alimentadoras — Linhas Distribuidoras — Ramais de Alimentação.

Captação de água

A captação de água pode realizar-se utilizando:

— *águas subterrâneas* — recorrendo à construção de poços e instalação de bombas, conforme vimos no Cap. 21. Notemos apenas que o período de operação diária de um poço para abastecimento de uma comunidade, em geral, deve ser inferior a 20 horas.

— *águas superficiais* — de rios, lagos e até excepcionalmente do mar, quando não houver outra solução e for prevista uma instalação de dessalinização, a fim de que se

422 BOMBAS E INSTALAÇÕES DE BOMBEAMENTO

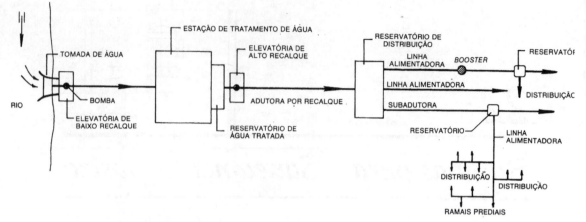

Fig. 22.1 Esquema básico de um sistema de abastecimento de água.

possa aproveitá-la. Por meio de uma "Tomada de água", seguida de um canal ou uma tubulação, aduz-se a água a uma "Elevatória" (Fig. 22.1). Como, freqüentemente, as águas captadas não atendem a padrões consagrados de potabilidade, deverão passar por processos de tratamento físicos e químicos antes de conduzidas à rede pública. As bombas da referida elevatória, portanto, bombeiam a água para uma estação de tratamento.

Vejamos, primeiramente, alguns dados sobre a instalação de bombas de captação de águas superficiais e das estações de tratamento.

Captação de água de um rio ou lago

(Ver P-NB-589/77 mencionado na bibliografia ao final do capítulo.)

Usam-se comumente bombas de eixo vertical, rotor "tipo turbina" (helicoidal) imerso e, se a descarga é muito elevada, bombas hélico-axiais. Apresentam a vantagem de ocuparem menos área em planta do que as centrífugas de eixo horizontal e de poderem estar sempre "afogadas".

Para desníveis reduzidos, a bomba pode ser axial, com eixo vertical ou inclinado.

A bomba de eixo vertical, às vezes, fica com o motor ao ar livre, dispensando a construção de "casa de bombas" (Fig. 22.18a). O motor, nesse caso, deve ter características construtivas especiais, para resistir às intempéries.

As Figs. 22.2 e 22.3 indicam instalações típicas de captação de água de um rio, usando tubulação ou galeria de concreto, para conduzir a água ao poço onde fica a bomba de rotor imerso, dos tipos referidos. As partes de construção civil representadas nas figuras são apenas esboços indicativos, sem a pretensão de serem apresentadas como detalhes construtivos.

A previsão de consumo de água a ser atendida pelas bombas constitui assunto encontrado nos livros de Hidráulica e Saneamento. Diremos apenas que as elevatórias, em geral, são previstas para atenderem a um período de cerca de 30 anos de funcionamento, prevendo-se o crescimento da demanda segundo os métodos usuais de crescimento populacional, sendo muito usada a previsão baseada no método logístico quando se têm dados para calcular por meio dele. Os critérios aritméticos e geométricos que muitas vezes são adotados conduzem a valores fora da realidade, pois prevêem crescimento ilimitado das populações. É comum fazer-se a previsão por comparação com outras cidades ou fazer-se o prolongamento da curva de crescimento conhecida até a data em que se estiver fazendo a previsão. A capacidade das bombas inicialmente instaladas, compreendendo dois ou três conjuntos motor-bomba, deverá atender ao consumo no decurso dos primeiros 10 a 15 anos. Deve-se, portanto, prever a possibilidade da instalação de outras unidades, à medida que o consumo aumenta até cerca de 30 anos.

Segundo a terminologia e definições do Projeto de Normas Brasileiras P-NB-589/77:

— *Captação* é um conjunto de estruturas e dispositivos construídos ou montados junto a um manancial para a tomada de água destinada a um sistema de abastecimento.

BOMBAS PARA O SANEAMENTO BÁSICO   423

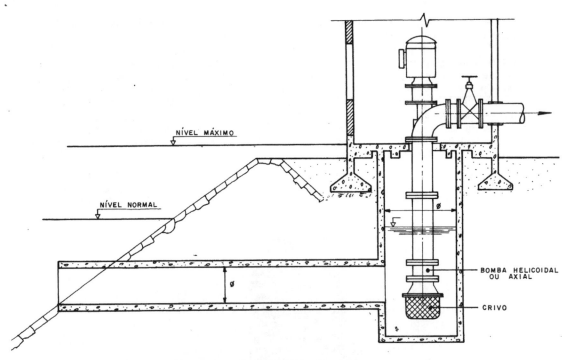

Fig. 22.2 Tomada de água de pequenas dimensões.

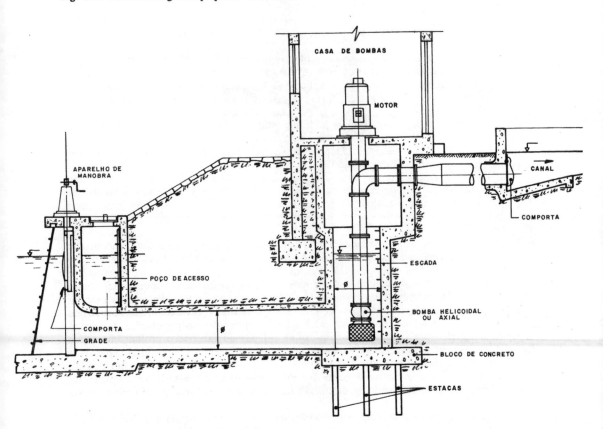

Fig. 22.3 Tomada de água, recalque em canal.

424 BOMBAS E INSTALAÇÕES DE BOMBEAMENTO

— *Tomada de água* é um conjunto de dispositivos destinados a desviar a água do manancial para os demais órgãos construtivos de captação.

O nível de água mínimo a ser considerado no projeto das tomadas de água deverá estar situado pelo menos a 1,00 m abaixo do menor nível de água observado no local de captação. Caso o período de observações linimétricas no local de captação seja igual ou superior a 25 anos, aquele valor pode ser reduzido para 0,50 m. No caso do nível de água mínimo ser considerado inadequado para as obras de captação, deve-se prever a construção de uma soleira para elevar o nível da mesma.

A Fig. 22.4 mostra uma bomba para captação de água do tipo indicado nas Figs. 22.2 e 22.3. Trata-se de uma bomba hélico-centrífuga, de múltiplos estágios, eixo vertical, conhecida como bomba "tipo turbina".

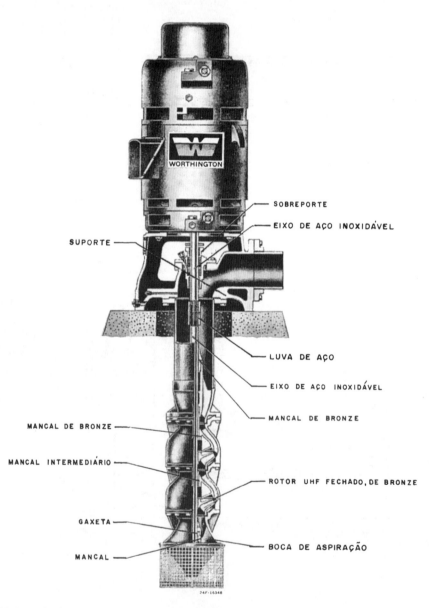

Fig. 22.4 Bomba de poço Worthington, "tipo turbina".

Captação de um lago

A instalação é parecida com a de captação de um rio, mas pode-se dispensar a tubulação de acesso ao poço, substituindo-o por um canal de tomada de água com uma grade de proteção, desde que o lago não seja lodoso (Fig. 22.5). Esta modalidade também é aplicável a rios sem grande correnteza.

O nível de água mínimo a ser considerado no projeto deverá situar-se 1,00 m acima do fundo correspondente ao local de tomada de água.

Quer se use conduto forçado, quer se use conduto livre (canal), deve-se evitar em seu interior velocidades inferiores a $0,6 \text{ m} \cdot s^{-1}$.

É preferível, em vez de um canal de adução, captar-se a água no lago, um pouco afastado da margem, para obtê-la menos impura. Usa-se para isso uma torre de tomada, de onde a água segue por tubos de concreto ou aço até o poço onde ficam as bombas (Fig. 22.5a).

Devem ser previstas tomadas na torre em mais de uma cota, sempre que as variações de nível de água ou as variações de qualidade da água o indicarem.

Em instalações de captação de água de proporções pequenas e médias, em rios ou lagos, pode-se proceder como indicado nas Figs. 22.6 e 22.7; no primeiro caso, com bomba numa casa acima do poço e, no segundo, com bomba "afogada" e casa de bomba subterrânea.

Para evitar a entrada de lodo ou lama no tubo de aspiração, pode-se colocar a válvula de pé com o crivo no interior de um tubo de concreto, apoiado sobre base de concreto ou brita, como indicam as Figs. 22.6 e 22.7.

A tomada de água em rios sujeitos a variações de nível acentuadas e a transportes de sólidos, ou quando as condições topográficas se apresentarem favoráveis, pode ser feita por um canal de derivação aproximadamente paralelo ao rio, como indica a Fig. 22.8. São necessárias uma grade e uma comporta para controle da admissão da água no canal. Duas comportas auxiliares permitem a limpeza ou remoção de areia ou lama e regulagem do nível.

Tomadas de água por bombas

Só se usa fazer a tomada de água diretamente do próprio rio ou lago com bombas sem os recursos de captação que mencionamos, quando:

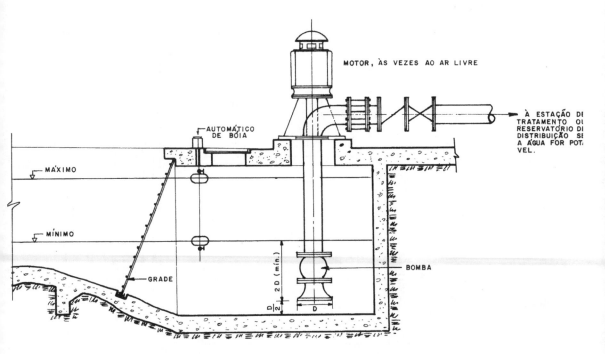

Fig. 22.5 Tomada de água.

a. As bombas se destinam a servir como recalque intermediário entre o rio e uma caixa de areia. Neste caso, as bombas deverão ser de tipo submerso ou montadas sobre flutuadores e devem-se tomar precauções para as épocas de cheias do rio.
b. Em casos de tomadas de água para população inferior a 5.000 habitantes.
c. Em casos de captação em represas, lagos ou sítios em que ocorram permanentemente condições hidráulicas favoráveis.

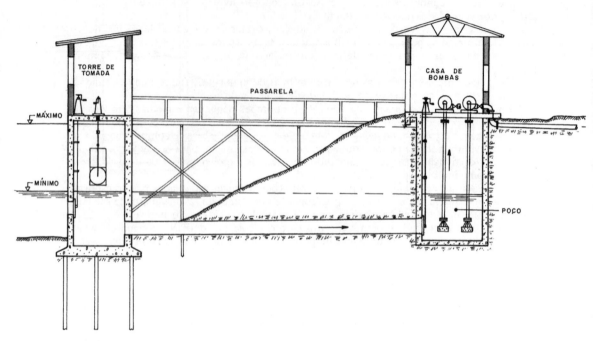

Fig. 22.5a Tomada de água em lago ou rio.

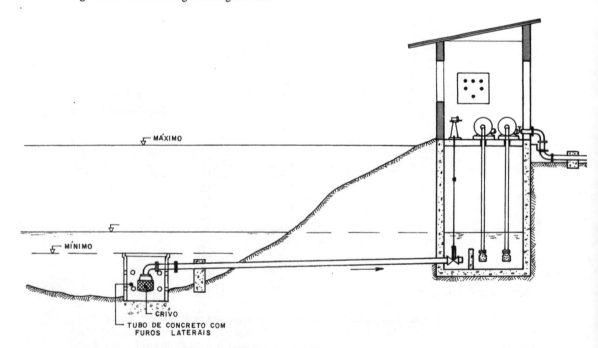

Fig. 22.6 Poço de derivação. Captação em rio ou lago.

BOMBAS PARA O SANEAMENTO BÁSICO 427

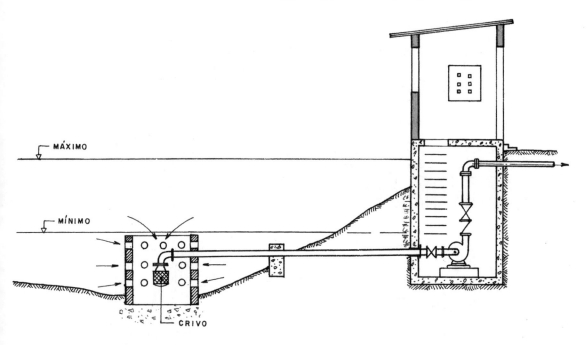

Fig. 22.7 Captação em lago — bomba "afogada".

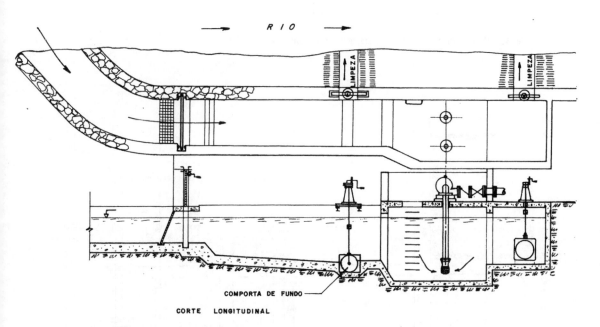

Fig. 22.8 Tomada de água por derivação de um rio.

Captação com barragem

Quando a bomba fica a jusante de uma obra de represamento de água, como acontece numa barragem ou açude, a tubulação de aspiração da bomba passa no interior da estrutura ou do maciço. Neste caso, as bombas do eixo horizontal, carcaça bipartida, são muito usadas. As Figs. 22.9 e 22.10 indicam modalidades de instalação que têm sido executadas.

428 BOMBAS E INSTALAÇÕES DE BOMBEAMENTO

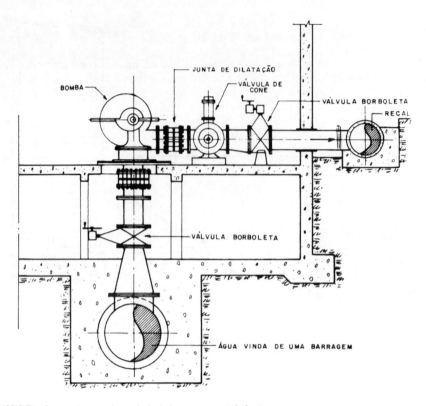

Fig. 22.9 Bombeamento com água vinda de barragem em tubulação.

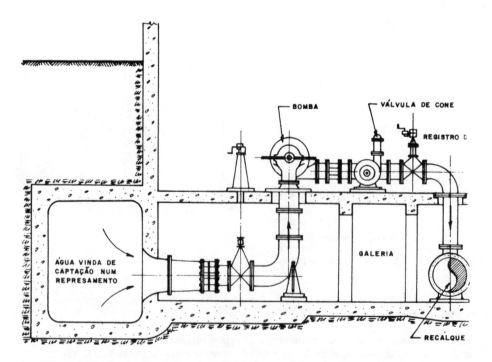

Fig. 22.10 Bombeamento com água vinda de barragem em galeria de concreto armado.

BOMBAS PARA O SANEAMENTO BÁSICO   429

Na Fig. 22.9, a água é conduzida em um tubo envolvido em concreto e, antes de entrar na bomba, passa por uma válvula borboleta instalada numa galeria abaixo da casa de bombas.

No caso da Fig. 22.10, a adução se faz numa galeria de concreto armado, e a bomba trabalha acima do local da válvula e da junta de dilatação.

Estação de tratamento de água

As estações de tratamento podem ser mais ou menos complexas, conforme as condições da água a tratar, dos padrões de potabilidade a atender e do volume a ser tratado diariamente.

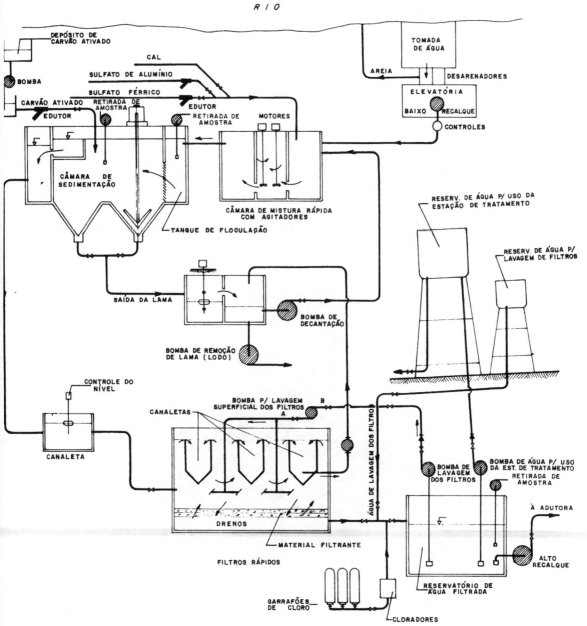

Fig. 22.11 Esquema de estação de tratamento de água.

Existem instalações compactas de tratamento para uso em pequenas comunidades, como Conjuntos Habitacionais e Indústrias isoladas, por exemplo, construídas em locais onde não há abastecimento de água potável de rede pública, e que são fornecidas por firmas especializadas. As estações de tratamento de portes médio e grande constituem objeto de projetos específicos. Existe uma Norma Brasileira provisória para projetos de Sistemas de Tratamento de Água para Abastecimento Público, aprovada no IV Congresso Brasileiro de Engenharia Sanitária. Trata-se do P-NB-598.

Encontramos, numa estação típica de tratamento de água esquematizada na Fig. 22.11, as seguintes bombas:

a. *Bombas dosadoras* de produtos químicos como o sulfato de alumínio, sulfato férrico, sulfato ferroso, hidróxido de cálcio, carbonato de sódio, aluminato de sódio e outros mais.
A Companhia Metalúrgica Barbará S.A. fabrica, no Brasil, as bombas dosadoras "Giromato", que permitem aplicar até seis líquidos diferentes em um só ponto ou um líquido em seis pontos diferentes (Fig. 22.12).
Fabrica também a bomba dosadora Simplex/Duplex, com um ou dois dispositivos de dosagem, e a vazão de cada dispositivo pode variar de quatro a 40 litros por hora, tendo cada uma regulagem independente (Fig. 22.13). Outra grande fabricante é a Bran & Luebbe do Brasil Ind. e Com. Ltda.

b. *Edutores* (ejetores, utilizando água).
Em algumas grandes estações de tratamento, empregam-se edutores que recebem água bombeada, que arrasta consigo os produtos químicos de reservatórios de nível constante, conduzindo-os à câmara de mistura rápida. Realizada a mistura com o auxílio de agitadores, a água passa ao tanque de floculação e daí à câmara de sedimentação, onde, em alguns casos, se lança carvão ativado com o auxílio de uma bomba centrífuga. Cada edutor supõe naturalmente uma bomba.

c. *Bomba de remoção de lodo ou lama.*
A lama sedimentada durante o processo de tratamento vai a um reservatório, de onde é bombeada para um local de refugo por uma bomba alternativa ou de diafragma de tipo especial apropriado para esse fim.

Fig. 22.12 Bomba dosadora Giromato.

Fig. 22.13 Bomba dosadora Duplex.

d. *Bomba de decantação*.
É uma bomba centrífuga que leva a água do reservatório de decantação de volta à câmara de mistura.
A água que sai da câmara de sedimentação vai ter aos filtros, em geral, por gravidade.
e. *Bombas de lavagem dos filtros*.
São do tipo centrífugo: bombeiam a água do reservatório de água filtrada ao sistema de lavagem dos filtros. As descargas são da ordem de 10 litros/segundo por metro quadrado de filtro e pressão de 7 m.c.a.
As bombas para as finalidades abaixo indicadas são centrífugas.
f. Bombas para lavagem superficial dos filtros.
g. Bombas de água tratada para uso da estação de tratamento.
h. Bombas para dispersão do material coagulado.
i. Bombas para coleta de amostras de água nos vários estádios da operação de tratamento.

Elevatória de alto recalque

Após o tratamento, a água pode ser acumulada em um reservatório próximo ao local da estação de tratamento. Daí, é bombeada para um ou mais reservatórios elevados, em *adutoras por recalque,* de onde, por gravidade, é levada aos centros populacionais consumidores, em *subadutoras*. Essas subadutoras podem ainda abastecer outros reservatórios de distribuição, localizados em pontos adequados, de onde partem as linhas *alimentadoras* e ramificações *distribuidoras* que fornecem água aos *ramais prediais* de consumo.
As bombas empregadas geralmente são centrífugas ou hélico-centrífugas, de carcaça bipartida horizontalmente (Figs. 22.14 e 22.14a). A carcaça é de ferro fundido, rotor de ferro fundido ou bronze, anéis de desgaste e sobrepostas de ferro fundido ou bronze.
As elevatórias constam de duas, três ou mais bombas, que podem ser associadas em paralelo ou em série, como foi visto no Cap. 7. A Fig. 22.15 mostra uma instalação típica de elevatória de alto recalque, estando representada apenas uma bomba.
Nas elevatórias de grandes descargas (até 10.000 m³/hora) e alturas manométricas até 250 m, podem ser empregadas bombas centrífugas de dupla voluta, como são as bombas Worthington Linha LN (Fig. 22.15a), as bombas série DA (até 9.000 m³/hora) da SCAN-PUMP (Suecobras Ind. Com. S.A.) e outras.

Capacidade das bombas de recalque
Podemos considerar as seguintes hipóteses no cálculo da descarga das bombas:
1.ª A bomba ou as bombas recalcam diretamente na rede de distribuição sem haver reservatório elevado para distribuição. A instalação de bombeamento deve poder abastecer a rede de distribuição quando o consumo Q é máximo, isto é, o correspon-

Fig. 22.14 Bomba Worthington LA-5" a 36". Carcaça bipartida horizontalmente.

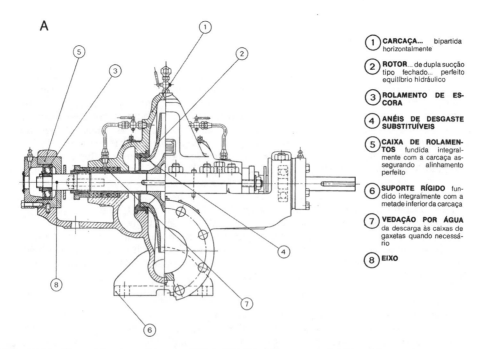

Fig. 22.14a Corte típico de uma bomba "L" da Worthington com carcaça bipartida.

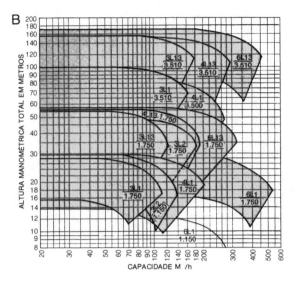

Fig. 22.14b Gráfico para escolha de bomba modelo "L" da Worthington.

dente à descarga do dia e da hora de maior consumo.

$$Q = \frac{a \cdot b \cdot P \cdot q}{86.400}$$

Sendo

P — população a abastecer;
Q — descarga em litros por segundo;
a — coeficiente do dia de maior consumo, em geral adotado igual a 1,5 para núcleos populacionais com os hábitos comuns a cidades médias brasileiras;
b — coeficiente da hora de maior consumo, variando de 1,4 a 1,7;
q — consumo em litros por habitante e por dia.

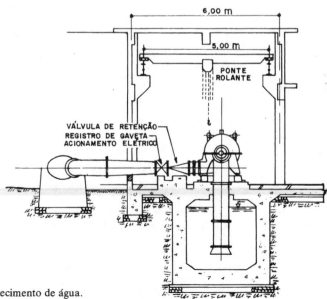

Fig. 22.15 Elevatória de abastecimento de água.

434 BOMBAS E INSTALAÇÕES DE BOMBEAMENTO

Fig. 22.15a Bomba centrífuga para elevatória de água. Carcaça bipartida, dupla voluta. Fornecida em ferro fundido, em bronze hidr. e bronze naval. Fabricação Worthington, Linha LN.

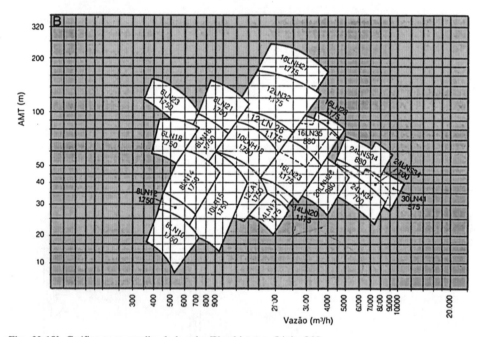

Fig. 22.15b Gráfico para escolha da bomba Worthington, Linha LN.

Uma instalação na condição proposta obriga a bomba a funcionar numa faixa de descarga grande, porque estará sempre na dependência do consumo da rede, e portanto o rendimento médio é, em geral, baixo.

Quando a descarga demandada pela rede diminui, as perdas de carga nos encanamentos também diminuem e a bomba passa a operar com descarga menor, mudando o "ponto de funcionamento".

Quando se adota esse sistema são necessárias duas bombas iguais (além de uma de reserva), cada qual com capacidade para a metade da descarga máxima da rede.

2.ª A bomba ou as bombas recalcam para um reservatório, o qual abastece por gravidade um centro de consumo de água.

BOMBAS PARA O SANEAMENTO BÁSICO 435

A descarga da bomba dependerá naturalmente da capacidade do reservatório, o qual pode ser dimensionado para:
— atender às variações de consumo diário da rede. Neste caso, a elevatória deverá recalcar a descarga correspondente ao valor médio do *dia de maior consumo,* e a tubulação de recalque será dimensionada para esta descarga.
— assegurar regularidade de pressão na rede de distribuição. A descarga que se adota no projeto de bombeamento é a que corresponde ao dia e hora de maior consumo.

Indicações para os encanamentos de aspiração e recalque segundo o P-NB-590/77.
Podem-se usar os seguintes critérios de velocidade.
Na tubulação de aspiração, as velocidades não deverão exceder os valores constantes da tabela abaixo:

Diâmetro (mm)	Velocidade $(m \cdot s^{-1})$
50	0,75
75	1,10
100	1,30
150	1,45
200	1,50
250	1,60
300	1,70
400 ou maiores	1,80

Na tubulação de aspiração, a velocidade mínima deverá ser limitada aos seguintes valores:

Tipo de material transportado pela água	Velocidade $(m \cdot s^{-1})$
Matéria orgânica	0,30
Suspensões finas (argila e siltes)	0,30
Areia fina	0,45

No barrilete de recalque, a velocidade máxima admissível é de 2,6 m $\cdot$ s^{-1} e a velocidade mínima é de 0,60 m $\cdot$ s^{-1}.

Nas instalações normalmente afogadas, em poço seco, quando o volume retido nas bombas e passível de eventual esgotamento for superior a 100 l, deverá ser prevista uma tubulação de drenagem das bombas, de tal modo que cada unidade possa ser esgotada separadamente.

As Figs. 22.16, 22.17 e 22.18 representam esquematicamente instalações de casas de bomba para uma série de variantes e alternativas. Na Fig. 22.16 vêem-se quatro bombas com tubos de aspiração e recalque independentes para cada bomba. As Figs. 22.17 e 22.18 mostram associações em paralelo.

Segundo o P-NB-590/77, na escolha das bombas da elevatória, deve-se levar em conta o seguinte:
"— se a demanda de descarga a ser bombeada variar excessivamente, a capacidade de cada bomba deverá ser igual ou aproximadamente igual à vazão mínima necessária e as bombas deverão ser preferivelmente do mesmo tipo;
— as bombas devem ser selecionadas com a maior capacidade possível;
— no caso de haver variação excessiva de altura manométrica, as bombas devem ser divididas em dois tipos: um para operar com pressões elevadas e outro para operar com pressões baixas;
— quando uma pequena descarga é necessária durante as operações com carga (pressão) elevada, e grandes descargas são necessárias durante as operações de pequena carga, recomenda-se o emprego de dois tipos de bombas, arranjados de modo que possam ser operados em série e em paralelo."

Ainda, segundo o P-NB-590/77, na seleção dos conjuntos motor-bomba, deverão ser considerados:
a. O envelhecimento dos tubos ao longo das etapas de implantação do sistema.

436 BOMBAS E INSTALAÇÕES DE BOMBEAMENTO

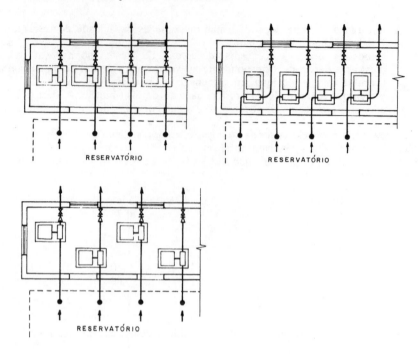

Fig. 22.16 Variantes de casa de bombas com unidades independentes. Bombas centrífugas de eixo horizontal.

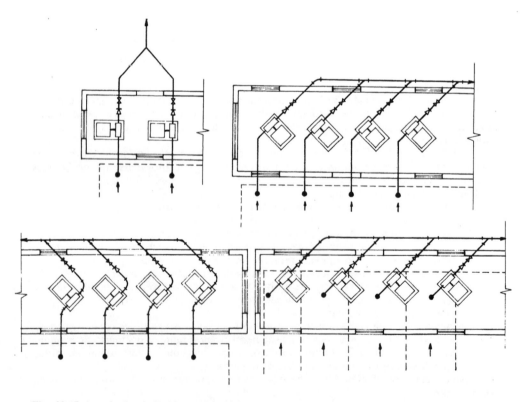

Fig. 22.17 Associações de bombas em paralelo.

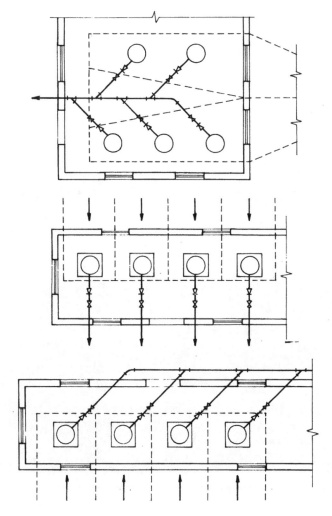

Fig. 22.18 Modalidades de instalação com várias bombas de eixo vertical. A figura do meio é um esquema da instalação mostrada na Fig. 22.18a.

b. A possibilidade de variação simultânea dos níveis máximos e mínimos de sucção e de recalque.
c. O NPSH requerido pelas bombas, de modo que, em todos os pontos de operação, o NPSH disponível supere o requerido no mínimo de 0,3 m.
d. Número de conjuntos de reserva compatível com as condições operacionais, com previsão de, no mínimo, um conjunto.

No caso da associação de bombas em paralelo é recomendado que o número fique limitado a três bombas iguais (e uma quarta de reserva).

Uma ou mais bombas podem ser de velocidade variável, como as *Hidroconstant* da Mark Peerless.

Boosters

A pressão nas linhas alimentadoras e distribuidoras, em geral, não ultrapassa a 6 kgf · cm^{-2}, de modo que pode vir a tornar-se necessário colocar bombas ao longo das referidas linhas, para proporcionar a necessária energia, quando as condições topográficas ou as perdas de carga nas linhas longas assim o exigirem.

Os *boosters* podem ser instalados como vimos no Cap. 7, em *Boosters,* podendo as bombas ser centrífugas, de eixo horizontal ou vertical.

Fig. 22.18a Instalação de quatro bombas verticais "tipo turbina" Worthington.

Alguns projetistas preferem, sempre que possível, substituir a ligação direta dos *boosters* às linhas alimentadoras por reservatórios intermediários de onde as bombas, se possível afogadas, recalquem para a linha alimentadora (bombas "can type").

ESGOTOS SANITÁRIOS

As bombas desempenham importante papel na solução dos problemas de saneamento básico ligados aos esgotos sanitários, quer se trate de esgotos comuns, quer de despejos industriais com resíduos muito diversificados.

Os esgotos sanitários se classificam em:
— esgotos comuns ou domésticos, provenientes de atividade doméstica (aparelhos sanitários, cozinhas, lavagem de roupa etc.). A DBO (Demanda Bioquímica de Oxigênio) é inferior a 300 mg/litro, em cinco dias a 20°C. A Demanda Bioquímica de Oxigênio (DBO ou BOD) representa a exigência de oxigênio para o metabolismo das bactérias aeróbias e para a transformação da matéria orgânica existente nos esgotos. Quanto maior o teor de matéria orgânica, maior será a demanda de oxigênio para estabilizá-la. A DBO é assim uma medida da concentração orgânica e, portanto, do efeito poluidor de resíduos que contenham matéria orgânica.
— esgotos industriais, provenientes de processos industriais, muito variados, podendo-se apresentar ácidos, alcalinos, com elevada concentração de sais minerais, abundância de materiais em suspensão e agressividade química para certos materiais.

Consideremos alguns dos problemas ligados ao bombeamento dos esgotos sanitários.

Bombeamento de esgotos de prédios com vasos sanitários situados abaixo do nível do coletor público de esgotos

De acordo com a NBR-8160/1983 (NB-19) Instalações Prediais de Esgotos Sanitários, o esgoto dos vasos sanitários (V.S.), localizados em subsolos ou situados abaixo do coletor público, vai a uma *caixa de inspeção* (C.I.) e daí a uma *caixa coletora* (C.C.), onde se instalam duas bombas (uma reserva da outra) para esgotos sanitários (Fig. 22.19).

Essas bombas são normalmente de eixo vertical, rotor aberto, poucas pás (às vezes duas ou apenas uma), imerso, caixa em caracol. Não se usam crivo e válvula de pé (Fig. 22.20).

O diâmetro do tubo de recalque é, no mínimo, de 10 cm (4").

Recalcam o esgoto para uma segunda *caixa de inspeção*, de onde o mesmo escoa para o *coletor público* de esgotos, ao qual não tem acesso as águas pluviais, porque empregamos, no Brasil, o chamado Sistema Separador Absoluto, segundo o qual as redes de esgotos sanitários e de águas pluviais são independentes.

A Fig. 22.20 mostra uma instalação de bombas de esgoto predial numa caixa coletora. Vê-se as bombas são de rotor imerso e de um só estádio. Um sistema de bóias, acionando um disjuntor elétrico, liga e desliga o motor da bomba quando o nível de esgotos faz a bóia ou flutuador atingir respectivamente o batente superior e o inferior da haste vertical.

A chapa de aço que cobre a caixa coletora e que suporta o motor elétrico, além das aberturas que possibilitam a passagem da bomba e da haste dos automáticos da bóia, pode ter outras que permitam a inspeção da caixa sem a necessidade de desmontar a bomba.

A Fig. 22.21 representa as bombas Worthington Modelos FLJ e FLJD para esgotos sanitários e águas pluviais para descargas até de 1.650 m^3 por hora, correspondendo a elevatórias de considerável capacidade. A Tabela 22.1 dá as dimensões em polegadas da bomba, da chapa de aço e dos flanges das bocas da bomba.

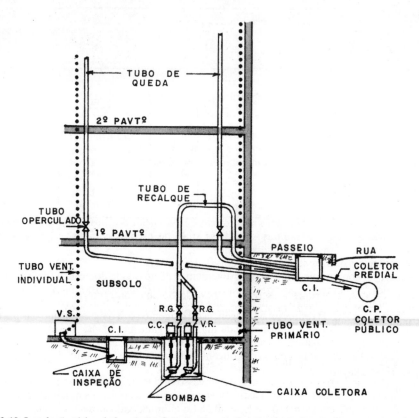

Fig. 22.19 Instalação típica de bombeamento de esgotos de subsolo de um prédio.

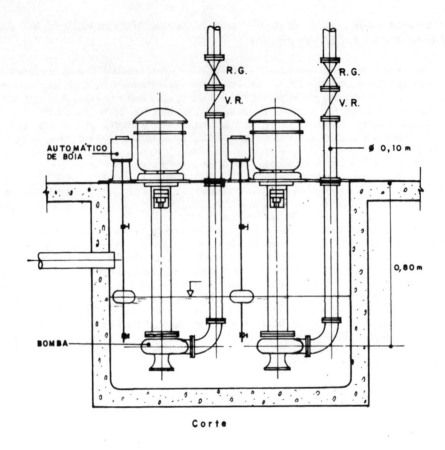

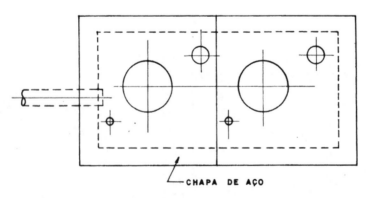

Fig. 22.20 Bombas de esgoto, rotor imerso numa caixa coletora.

O Gráfico 22.1 permite a escolha do tipo de bomba conforme os valores de Q e H. O número antes da sigla da bomba indica o diâmetro da boca de recalque, e o número após indica o diâmetro do rotor.

Exemplo
Deseja-se escolher uma bomba para descarga de 113 m³/hora, sendo a altura manométrica de 11,30 metros.
Temos:

$$Q = 110 \text{ m}^3/\text{h} = 30,55 \text{ l.}s^{-1} = 485 \text{ gal./min}$$
$$H = 11,30 \text{ metros} = 37,06 \text{ pés}$$

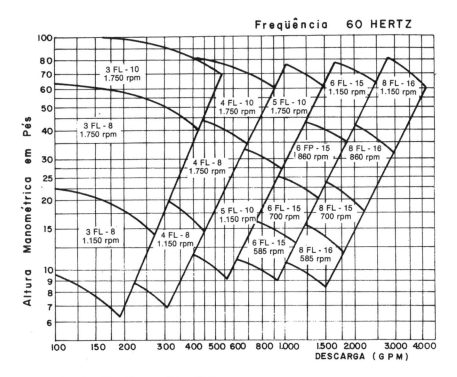

Gráfico 22.1 Bombas Worthington FLJ e FLJD.

Com esses dois valores, empregando-se o Gráfico 22.1, encontra-se, na quadrícula correspondente, a indicação da bomba 4 FL-8, com 1.750 rpm, 60 hertz. Para a escolha do motor, poder-se-ia empregar a fórmula conhecida:

$$N_{(c.v.)} = \frac{1.000 \times Q \cdot H}{75 \cdot \eta}$$

Adotando $\eta = 0,60$, obtém-se

$$N = \frac{1.000 \times 0,0305 \times 11,30}{75 \times 0,60} = 7,65 \text{ c.v.}$$

O motor a ser adaptado é o de 7,5 c.v.

Elevatórias de esgotos

Nem sempre as condições topográficas permitem o escoamento por gravidade dos esgotos nos coletores até a estação de tratamento. Faz-se necessário então construir *Elevatórias de esgotos,* para que atinjam uma cota mais elevada, de onde possam continuar escoando por gravidade. Em outros casos, pode vir a ser necessário o bombeamento sob pressão a distâncias apreciáveis. No caso dos emissários submarinos para lançamento de esgotos, a linha de recalque pode ter vários quilômetros.

No primeiro caso, e quando o desnível não excede cerca de 8 metros, podem-se usar as bombas tipo *parafuso.*

A Fig. 22.22 mostra uma bomba de parafuso ou helicóide que é a versão moderna do Parafuso de Arquimedes. O helicóide funciona no interior de uma calha semicilíndrica, e a água se acha submetida à pressão atmosférica.

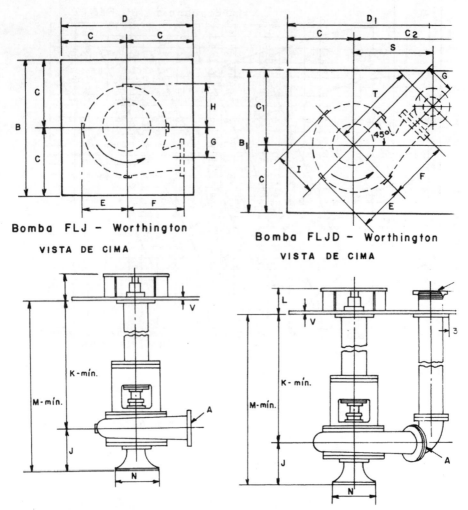

Fig. 22.21 Bombas Worthington modelos FLJ e FLJD para esgotos sanitários.

A elevatória de esgotos da Avenida Atlântica, em Copacabana, que bombeia 1.200 litros por segundo, no sistema do Interceptor Oceânico, tem quatro bombas de parafuso FAÇO, com 2,20 m de diâmetro e 11,50 m de comprimento cada uma, acionadas por motores de 125 HP.

A elevatória da SABESP — Piquiri possui duas bombas de 60 c.v. e duas de 200 c.v., da *FMC — Filsan*. Equipamentos para Saneamento S/A.

O cálculo da potência do motor para acionamento do parafuso é feito pela expressão conhecida:

$$N = \frac{1.000 \cdot Q \cdot h_e}{75 \cdot \eta} \quad (\text{c.v.})$$

Na expressão acima, a altura manométrica H foi substituída pela altura estática de elevação h_e, e o rendimento total η é da ordem de 60 a 80%.

Para uma idéia aproximada do espaço necessário para a instalação de uma bomba desse tipo, a Fábrica de Aço Paulista fornece, no gráfico da Fig. 22.23, o diâmetro do

Tabela 22.1 Dimensões de bombas FLJ e FLJD standard em polegadas

Número da bomba	Diâmetros A	A^1	B	B^1	C	C^1	C^2	D	D^1	E	F	G	H	J	K	L	M	N	P	R	S	T	V
3-FLJ-8	3	—	25	—	$12^{1/2}$	—	—	25	—	$7^{5/8}$	$8^{1/2}$	$6^{1/4}$	$7^{3/16}$	$8^{1/4}$	$39^{3/4}$	8	48	$9^{1/2}$	—	—	—	—	$7/8$
3-FLJD-8	3	3	—	27	$12^{1/2}$	$14^{1/2}$	$23^{1/2}$	—	36	$7^{5/8}$	$8^{1/2}$	$6^{1/4}$	$7^{3/16}$	$8^{1/4}$	$39^{3/4}$	8	48	$9^{1/2}$	6	$5^{7/16}$	$14^{3/8}$	14	$7/8$
3-FLJD-8	3	4	—	27	$12^{1/2}$	$14^{1/2}$	$23^{1/2}$	—	36	$7^{5/8}$	$8^{1/2}$	$6^{1/4}$	$7^{3/16}$	$8^{1/4}$	$39^{3/4}$	8	48	$9^{1/2}$	6	$6^{1/8}$	$15^{1/8}$	15	$7/8$
3-FLJ-10	3	—	25	—	$12^{1/2}$	—	—	25	—	$8^{11/16}$	$9^{1/2}$	$7^{1/4}$	$8^{1/4}$	$8^{1/4}$	$39^{3/4}$	8	48	$9^{1/2}$	—	—	—	—	$7/8$
3-FLJD-10	3	3	—	27	$12^{1/2}$	$14^{1/2}$	$24^{1/2}$	—	37	$8^{11/16}$	$9^{1/2}$	$7^{1/4}$	$8^{1/4}$	$8^{1/4}$	$39^{3/4}$	8	48	$9^{1/2}$	6	$5^{7/16}$	$15^{1/2}$	15	$7/8$
3-FLJD-10	3	4	—	27	$12^{1/2}$	$14^{1/2}$	$24^{1/2}$	—	37	$8^{11/16}$	$9^{1/2}$	$7^{1/4}$	$8^{1/4}$	$8^{1/4}$	$39^{3/4}$	8	48	$9^{1/2}$	6	$6^{1/8}$	$16^{1/2}$	16	$7/8$
4-FLJ-8	4	—	30	—	15	—	—	30	—	$8^{9/16}$	$11^{1/2}$	$6^{3/4}$	$8^{1/8}$	$9^{5/8}$	$40^{3/16}$	8	$49^{13/16}$	$10^{1/2}$	—	—	—	—	$7/8$
4-FLJD-8	4	4	—	33	15	18	$27^{1/2}$	—	$42^{1/2}$	$8^{9/16}$	$11^{1/2}$	$6^{3/4}$	$8^{1/8}$	$9^{5/8}$	$40^{3/16}$	8	$49^{13/16}$	$10^{1/2}$	6	$7^{15/16}$	17	18	$7/8$
4-FLJD-8	4	5	—	33	15	18	$27^{1/2}$	—	$42^{1/2}$	$8^{9/16}$	$11^{1/2}$	$6^{3/4}$	$8^{1/8}$	$9^{5/8}$	$40^{3/16}$	8	$49^{13/16}$	$10^{1/2}$	6	$8^{5/8}$	$18^{1/4}$	19	$7/8$
4-FLJ-10	4	—	30	—	15	—	—	30	—	$9^{3/4}$	12	8	$9^{5/16}$	$9^{5/8}$	$40^{3/16}$	8	$49^{13/16}$	$10^{1/2}$	—	—	—	—	$7/8$
4-FLJD-10	4	4	—	33	15	18	$28^{1/2}$	—	$43^{1/2}$	$9^{3/4}$	12	8	$9^{5/16}$	$9^{5/8}$	$40^{3/16}$	8	$49^{13/16}$	$10^{1/2}$	6	$7^{15/16}$	$18^{15/16}$	$18^{1/2}$	$7/8$
4-FLJD-10	4	5	—	33	15	18	$28^{1/2}$	—	$43^{1/2}$	$9^{3/4}$	12	8	$9^{5/16}$	$9^{5/8}$	$40^{3/16}$	8	$49^{13/16}$	$10^{1/2}$	6	$8^{1/8}$	$19^{1/2}$	$19^{1/2}$	$7/8$
5-FLJ-10	5	—	30	—	15	—	—	30	—	$10^{1/8}$	13	$6^{1/2}$	$9^{3/8}$	$10^{7/8}$	$40^{3/8}$	8	$51^{1/4}$	13	—	—	—	—	$7/8$
5-FLJD-10	5	5	—	34	15	19	$28^{1/2}$	—	$43^{1/2}$	$10^{1/8}$	13	$6^{1/2}$	$9^{3/8}$	$10^{7/8}$	$40^{3/8}$	8	$51^{1/4}$	13	6	$9^{7/8}$	$14^{1/2}$	$20^{1/2}$	$7/8$
5-FLJD-10	5	6	—	34	15	19	$28^{1/2}$	—	$43^{1/2}$	$10^{1/8}$	13	$6^{1/2}$	$9^{3/8}$	$10^{7/8}$	$40^{3/8}$	8	$51^{1/4}$	13	6	$10^{1/4}$	$14^{7/8}$	21	$7/8$
6-FLJ-15	6	—	42	—	21	—	—	.42	—	$11^{1/4}$	18	$9^{1/4}$	$13^{3/8}$	$13^{5/8}$	48	8	$61^{5/8}$	16	—	—	—	—	1
6-FLJD-15	6	6	—	$44^{1/2}$	21	$23^{1/2}$	$36^{1/2}$	—	$57^{1/2}$	$11^{1/4}$	18	$9^{1/4}$	$13^{3/8}$	$13^{5/8}$	48	8	$61^{5/8}$	16	6	$11^{13/16}$	25	26	1
6-FLJD-15	6	8	—	$44^{1/2}$	21	$23^{1/2}$	$36^{1/2}$	—	$57^{1/2}$	$11^{1/4}$	18	$9^{1/4}$	$13^{3/8}$	$13^{5/8}$	48	8	$61^{5/8}$	16	6	$12^{1/2}$	$25^{3/4}$	27	1
8-FLJ-16	8	—	48	—	24	—	—	48	—	$16^{5/16}$	21	$10^{1/2}$	$15^{3/16}$	$15^{1/4}$	48	8	$63^{1/4}$	17	—	—	—	—	1
8-FLJD-16	8	8	—	51	24	27	42	—	66	$16^{5/16}$	21	$10^{1/2}$	$15^{3/16}$	$15^{1/4}$	48	8	$63^{1/4}$	17	6	$13^{3/4}$	$28^{25/32}$	30	1
8-FLJD-16	8	10	—	51	24	27	42	—	66	$16^{5/16}$	21	$10^{1/2}$	$15^{3/16}$	$15^{1/4}$	48	8	$63^{1/4}$	17	6	$15^{1/4}$	$30^{1/8}$	32	1

Fig. 22.22 Estação Elevatória Oeste do Tietê, executada pela Tecnosan Engenharia S.A. com bomba parafuso 3 × 250 l/s e 1 × 100 l/s.

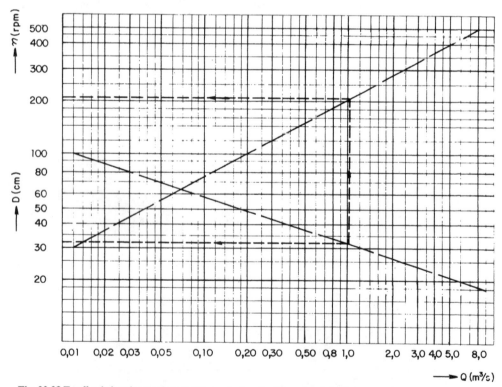

Fig. 22.23 Escolha de bomba parafuso da Fábrica de Aço Paulista, a partir da descarga prevista.

parafuso para as bombas FAÇO de sua fabricação. Na Fig. 22.24 acham-se representadas as seguintes grandezas:

A — *Filling Point*. Nível de água com o qual a bomba fornece a maior descarga.

B — *Touch Point*. Nível de água abaixo do qual a bomba cessa de bombear.

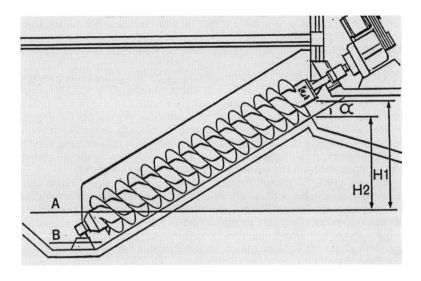

Fig. 22.24 Bomba FAÇO.

A capacidade de bombeamento se ajusta automaticamente ao fluxo de admissão, entre os limites A e B.

H_1 — "Ponto de descarga". Corresponde à máxima altura possível de descarga propiciada pelo parafuso.

H_2 — "Ponto de queda". É a cota do bordo superior da calha de concreto do recalque.

α — Ângulo de inclinação do eixo do parafuso.

Exemplo

Para uma descarga $Q = 1 \text{ m}^3 \cdot s^{-1}$, o parafuso deverá ter um diâmetro de 32 cm e girar com 210 rpm.

Vantagens da bomba de parafuso:
— manutenção simples;
— permite o bombeamento de materiais espessos e fibrosos, dispensando telas ou grades;
— alto rendimento, mesmo com carga parcial.

As elevatórias de esgotos que empregam turbobombas podem ser executadas em três modalidades de instalação:

a. Em "poço seco", com bomba de eixo horizontal ou eixo vertical (Fig. 22.25).

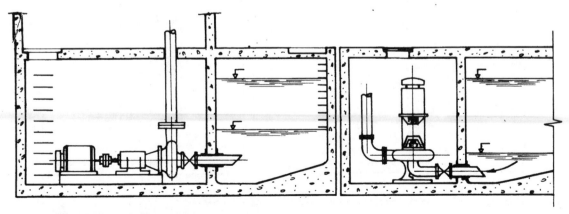

Fig. 22.25 Instalação de bombas em poço seco.

b. Em "poço molhado", na qual o rotor, de eixo vertical, fica no interior do poço de tomada (Fig. 22.26).
c. "Submersível", com bomba e motor elétrico, devidamente isolado, imersos no poço (Fig. 22.28).

Nas bombas em "poço seco", o motor elétrico e a bomba ficam em um compartimento ao lado do poço onde se acha o esgoto, ou, como mostra a Fig. 22.27, o motor pode ficar num compartimento acima da bomba.

Nas bombas em poço molhado pode-se usar uma das disposições da Fig. 22.26. São indicadas para instalações que funcionem durante certo número de horas por dia.

As bombas de esgotos sanitários são de um só estágio e possuem rotores "fechados" ou "abertos", suficientemente largos para evitar a obstrução com sólidos ou materiais fibrosos. Em certos tipos, o rotor tem apenas duas pás com formato especial.

São, por isso, conhecidos com rotores tipo *non-clog*. A caixa é quase sempre uma voluta ou caracol de amplas seções de escoamento, sem rebarbas internas de fundição, de modo a impedir a aderência de trapos, barbantes etc. Não se usam pás guias no difusor para evitar obstruções com os materiais mencionados.

As bombas de poço molhado oferecem vantagens sob o aspecto hidráulico, mas algumas desvantagens do ponto de vista mecânico na lubrificação, nas gaxetas e selos mecânicos de vedação. Esses problemas são todavia solucionados, embora à custa de um certo encarecimento nas bombas de boa qualidade.

Muitos tipos de bomba permitem a abertura da caixa, a remoção do rotor e do motor elétrico, quando apresentam defeitos, e a substituição e reparo das peças, sem que seja necessário desaparafusar as tubulações de aspiração e de recalque. É o caso das bombas modelo *back pull-out*.

As carcaças das bombas de esgoto são, em geral, de ferro fundido com adição de 2% de níquel, e os rotores são de ferro fundido, bronze fosforoso ou aço-cromo de dureza Brinell 600.

As bombas de esgotos industriais deverão ser fabricadas com materiais próprios a resistir à ação agressora dos líquidos bombeados.

Empregam-se turbobombas no esgotamento sanitário dentro dos seguintes limites, observando o que foi dito anteriormente sobre as condições a que os rotores devem obedecer.

Bombas centrífugas

Q — de 2,5 a 400 l/s
H — de 12 a 300 m
n — 1.800 rpm

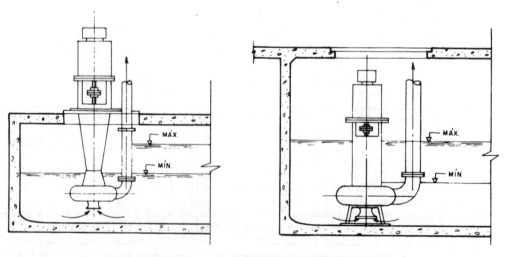

Fig. 22.26 Instalação de bomba imersa ou em poço molhado (imersão).

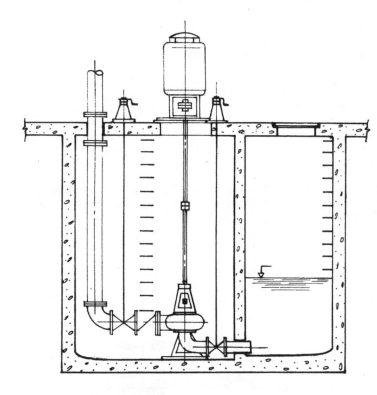

Fig. 22.27 Instalação em poço seco com bomba de eixo vertical.

Bombas hélico-centrífugas

Q — de 50 a 500 l/s
H — de 3 a 20 m
n — 1.800 rpm

As bombas axiais só costumam ser usadas para esgotos já tratados ou que tenham passado por um peneiramento adequado que impeça a passagem de trapos e material fibroso que tendem a enredar-se no rotor e nos suportes dos mancais do eixo.

Acionamento

As bombas de esgoto são geralmente acionadas por motores elétricos de indução trifásicos ou por motores de combustão interna. A possibilidade de faltar energia elétrica e a inviabilidade, dadas as condições locais, de dotar o poço de esgotos da elevatória, de um extravasor de emergência, podem exigir a instalação de uma bomba acionada por motor diesel para atender a essa situação.

São empregados quatro grupos principais de motores elétricos como acionadores de bombas para esgotos:
— motores de velocidade constante;
— motores de multivelocidade;
— motores de velocidade variável;
— motores de velocidade constante, associados a um dispositivo de acionamento do tipo eletromagnético, hidráulico ou mecânico.

No Cap. 31, em Variação da velocidade dos motores, faremos uma apreciação sobre esses dispositivos que permitem variar a velocidade. Em instalações de pequena capacidade, usam-se mesmo motores de velocidade constante.

Alguns projetistas costumam projetar a instalação de modo a que a bomba de maior capacidade possa funcionar quer com um motor elétrico, quer com um motor diesel.

Normalmente é acionada por motor elétrico. Ocorrendo falta de energia, desliga-se a chave eletromagnética do motor e, através de uma embreagem adequada, mecânica ou hidráulica, faz-se o acoplamento do motor diesel. A operação pode ser realizada manual ou automaticamente.

448 BOMBAS E INSTALAÇÕES DE BOMBEAMENTO

Quando, numa instalação predial ou industrial, deva existir um grupo gerador de emergência diesel-elétrico, pode-se analisar a conveniência de fazer funcionar as bombas de esgoto com a energia por ele proporcionada em vez de se fazer a instalação como acima foi recomendada.

Bombas semelhantes às das Figs. 22.26 e 22.27 são fabricadas, naturalmente, com características próprias pela Worthington (séries FLJ e FLJD), pela Sulzer (série Z), pela KSB (séries KWK e KWV, SPY e SPYV), pela Albrizzi-Petry S.A., pela DANCOR (Série 1.000) e por outras mais.

Uma bomba submersível para esgoto muito conhecida é a *Flygt-Brasil*, fabricada para descargas desde $10 \; l \cdot s^{-1}$ e potência de 2 c.v. até $1.200 \; l \cdot s^{-1}$ com potência de 200 c.v. A bomba é instalada imersa num poço e, por meio de uma corrente ou cabo, pode ser erguida até o nível do terreno ou de uma plataforma. Uma barra-guia vertical e um suporte deslizante adaptado na bomba permitem o movimento da bomba na vertical. Os flanges da boca de recalque da bomba e da boca de entrada do tubo de recalque são inclinados, de modo que, ao descer a bomba, guiada pela barra, haja uma adaptação perfeita entre eles. A base do tubo de recalque é fixada a um pedestal e este ao fundo do poço.

A Fig. 22.28 mostra a bomba Flygt, e a Fig. 22.29, a instalação da bomba num poço de uma elevatória.

Semelhante a essa bomba são as bombas Tsurumi submersíveis para esgotos e drenagem. Possuem, além do tipo *standard,* outros fabricados em aço inoxidável para esgotos industriais ácidos ou alcalinos. Para bombeamento de esgotos contendo papéis, tiras e fibras, fabricam

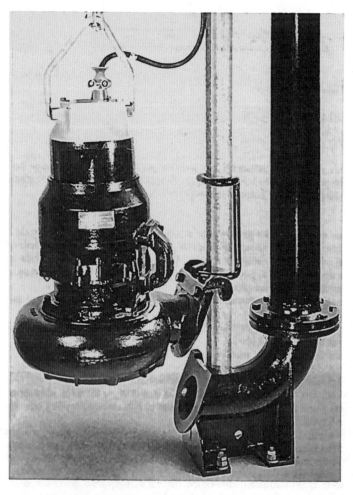

Fig. 22.28 Bomba submersível Flygt para esgoto.

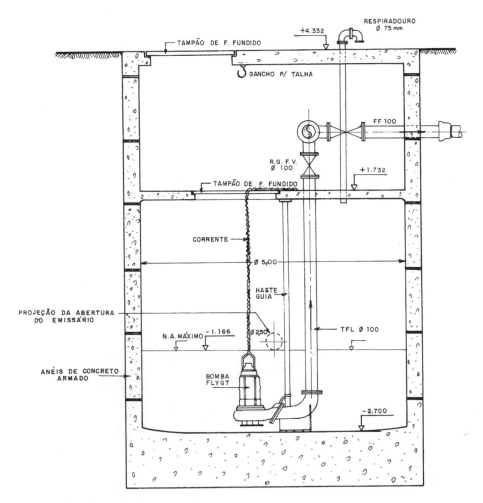

Fig. 22.29 Instalação típica de bomba submersível Flygt.

uma bomba que, além do rotor largo, possui um sistema antibloqueio, constituído por uma lâmina afiada de tungstênio na câmara de aspiração, que corta em pequenos pedaços os referidos materiais.

Na mesma linha de construção acham-se as bombas submersíveis ABS, fabricadas em Curitiba, Modelo AFP, para esgotos sanitários e despejos industriais. Capacidade até 1.500 m³/h e altura manométrica de 50 m.c.a. Possuem também sistema antibloqueio de dilaceração de elementos fibrosos e sólidos dos obstrutores.

A Fig. 22.30 representa a instalação de duas bombas ABS Modelo AFP, submersas em poço, e a Fig. 22.31 é o desenho da vista de uma dessas bombas. Os Gráficos da Fig. 22.32 permitem a escolha da bomba dentro dos limites de potência de 7,5 c.v. e 10 c.v., conforme o tipo.

As Figs. 22.33 e 22.34 referem-se a bombas Tsurumi, Modelo TO, de diversas capacidades.

Estação de tratamento de esgotos

A Fig. 22.35 é o esquema de uma das várias maneiras pelas quais se realiza o tratamento dos esgotos sanitários, a fim de lançar o efluente tratado num rio, lagoa ou mar.

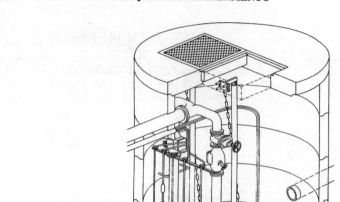

Fig. 22.30 Instalação em poço de duas bombas submersíveis para esgotos, Modelo AFP da ABS Ind. de Bombas Centrífugas Ltda.

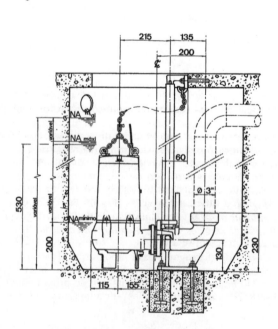

Fig. 22.30a Instalação com pedestal. Bomba ABS linha *Robusta*, para líquidos com sólidos de até 65 mm de diâmetro e até 73 m³/h.

BOMBAS PARA O SANEAMENTO BÁSICO

DIMENSÕES

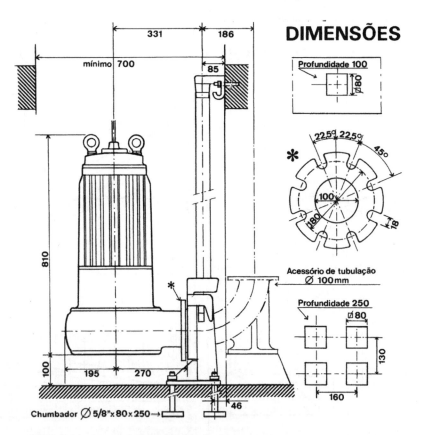

Fig. 22.31 Bomba ABS — Modelo AFP-101 (esgotos sanitários e despejos industriais). Outros modelos de bombas ABS: *a)* UNI — para águas servidas (850 l/min). *b)* JUMBO — drenagem de água suja e limpa até 216 m³/h. *c)* UNIBLOC e MULTIBLOC — líquidos limpos ou levemente contaminados (até 18 m³/h e 140 m.c.a.). *d)* AZP — Águas limpas e brutas, até 1.400 m³/h. *e)* PIRANHA 20 — Bomba submersível com triturador (até 200 l/min).

Na estação de tratamento de esgotos esquematizada encontramos os seguintes tipos principais de bomba:
— *Bombas de esgotos.* Hélico-centrífuga ou helicoidal; rotor aberto; eixo vertical ou horizontal — tipo poço seco ou bomba imersa ou ainda poço molhado. Bombeiam os esgotos aos desarenadores e às câmaras de sedimentação primária, após haver passado o esgoto bruto por sistema de grades varredeiras que eliminam materiais sólidos e fibrosos de dimensões consideráveis.
— *Bombas de lodo.* Bombeiam o lodo do decantador secundário ao adensador de lodo ou, por um *by-pass*, ao filtro biológico. As bombas são do tipo alternativo, com pistão alongado e válvulas de esferas (Fig. 22.36) ou de diafragma.
— *Bombas para efluente ou águas residuais.* São de tipo centrífugo ou hélico-centrífugo.
— *Bombas para água de serviços gerais e auxiliares da estação.* São bombas centrífugas convencionais.
— Bombas dosadoras, de diafragma, para hipoclorito. Trabalham a uma velocidade constante ou podem ser programadas para funcionamento intermitente. A capacidade é da ordem de 240 l/dia, e possuem a vantagem de proporcionar regulagem rápida e fácil, sem riscos de entupimento. Podem ser adaptadas ao funcionamento semi-automático.

Exercício
Escolher uma bomba para esgotamento sanitário de uma indústria com $N = 2.000$

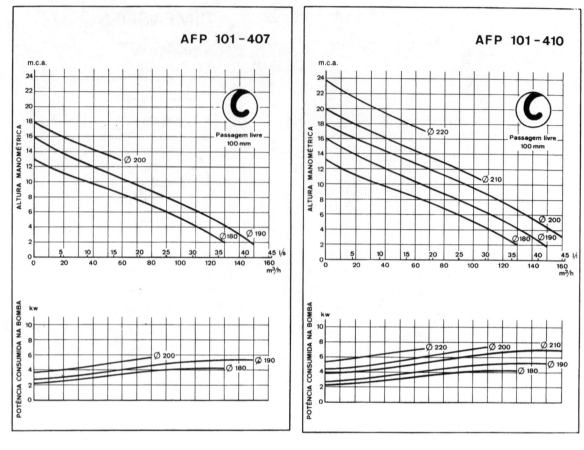

Fig. 22.32 Curvas características da bomba submersível ABS — Modelo AFP-101 para motor de 7,5 c.v. e 10 c.v., respectivamente.

operários, sendo o consumo de água para uso industrial de 50.000 litros por dia. O coletor de esgotos, com 2.400 metros de extensão, chega a um poço de coleta de esgotos a uma profundidade de 6,60 m abaixo do nível do terreno. A bomba de tipo imerso deverá recalcar para um poço de visita (P.V.) a uma profundidade de 1,65 m.

Admitamos ainda os seguintes dados necessários à solução do problema:
— Previsão de consumo de água por empregado da indústria: $q = 150$ l/dia.
— Relação entre o esgoto coletado e a água distribuída. Podemos admitir: $\varphi = 0,80$.
— Coeficiente relativo ao *dia* de maior consumo de água: $k_1 = 1,2$.
— Coeficiente relativo à *hora* de maior consumo de água: $k_2 = 2,0$. Este valor elevado, acima do valor usualmente adotado no caso de cidades (que é 1,5), decorre dos horários rígidos de utilização dos chuveiros e lavatórios na indústria.
— Extensão da rede: $l = 2.400$ metros.
— Contribuição de água industrial: $Q = 50.000$ l/dia.
— Infiltração ao longo do coletor, devida a vazamentos em juntas e poços de visita: $\psi = 0,0002$ l/s/metro de coletor. Em vista dessa infiltração, é evidente que chegará ao poço de bombeamento uma descarga menor do que a soma dos esgotos sanitários comuns e industriais.

Tratando-se de uma instalação industrial, admitiremos que o período de funcionamento, incluindo horas extraordinárias, seja de 16 horas. Se fosse o caso de uma elevatória para uma povoação ou cidade, adotar-se-ia, conforme é usual, 24 horas.

O tempo de esgotamento diário será, portanto, de 16 h × 60 × 60 = 57.600 segundos.

BOMBAS PARA O SANEAMENTO BÁSICO 453

MODELO TO-110 BL		MODELO TO-150 BH	
Diâmetro da descarga:	200mm (8")	Diâmetro da descarga:	150mm (6")
Potência do motor:	11 kW (15 HP)	Potência do motor:	15 kW (20 HP)
Rotação:	60Hz - 1.177 rpm	Rotação:	60Hz - 1.758 rpm
Capacidade interna:	60Hz 12,702 kW	Capacidade interna:	60 Hz - 16,430 kW
Partida:	Estrela triângulo	Partida:	Estrela triângulo
Rendimento máximo da bomba:	56 %	Rendimento máximo da bomba:	50 %
Passagem no Rotor:	155mm x 90mm	Passagem no Rotor:	70mm x 85mm
Peso:	446 kgf	Peso:	330 kgf

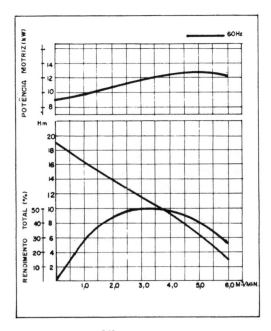
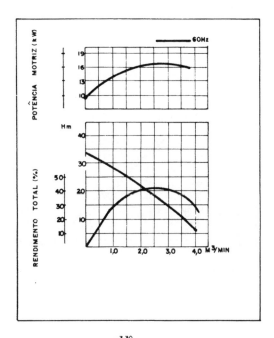

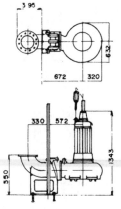

FIG 22-33

DIMENSÕES EM MILÍMETROS

Fig. 22.33 Bombas submersíveis Tsurumi para 3 HP e 5 HP.

MODELO TO-55 B

Diâmetro da descarga:	100mm (4")
Potência do motor:	5,5 kW (7,5 HP)
Rotação:	60Hz - 1.730 rpm
Capacidade interna:	60Hz - 6,358 kW
Partida:	Direta na Linha
Rendimento máximo da bomba:	49%
Passagem no Rotor:	50mm x 70mm
Peso:	215 kgf.

MODELO TO-75 BH

Diâmetro da descarga:	100mm (4")
Potência do motor:	7,5 kW (10 HP)
Rotação:	60Hz - 1.730 rpm
Capacidade interna:	60Hz - 8,561 kW
Partida:	Direta na Linha
Rendimento máximo da bomba:	48%
Passagem no Rotor:	55mm x 75mm
Peso:	215 kgf.

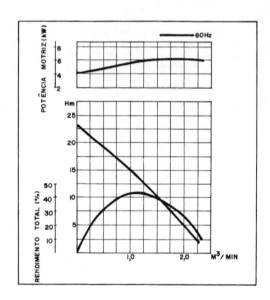
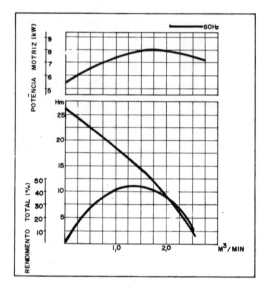
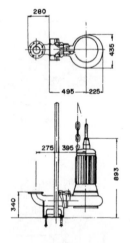
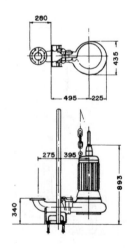

DIMENSÕES EM MILÍMETROS

Fig. 22.34 Bombas submersíveis Tsurumi para 15 HP e 20 HP.

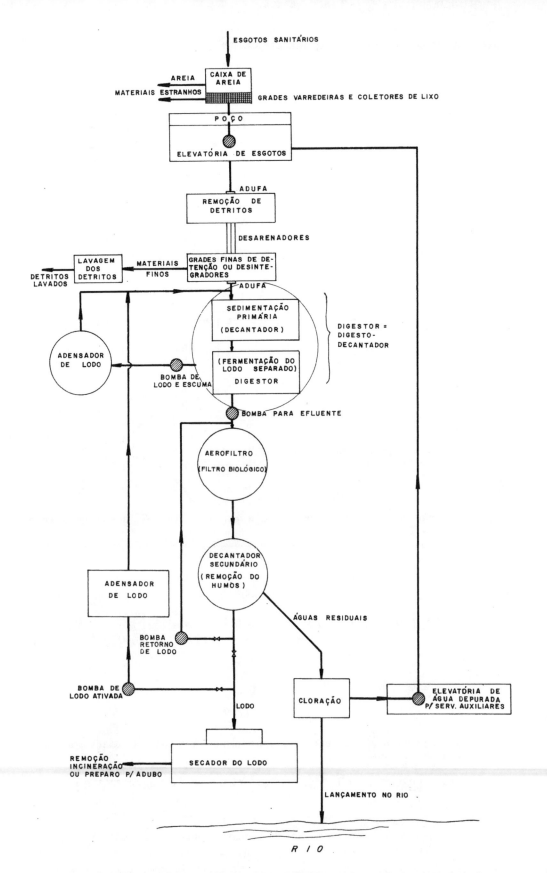

Fig. 22.35 Esquema de instalação de tratamento de esgotos, com indicação das bombas principais.

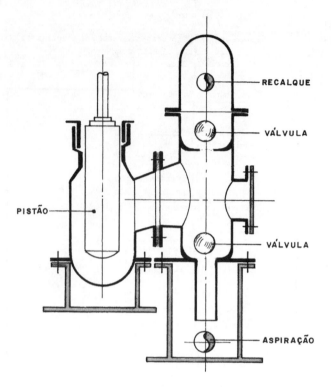

Fig. 22.36 Bomba alternativa para bombeamento de lodo.

Calculemos primeiramente a chamada *descarga média anual* Q_m que chega ao poço e será bombeada.

$$Q_m = \frac{N \times q \times \varphi}{57.600} + \frac{Q_i}{57.600} - (l \times \psi)$$

$$= \frac{2.000 \times 150 \times 0,80}{57.600} + \frac{50.000}{57.600} - (2.400 \times 0,0002) =$$

$$= 4,17 + 0,87 - 0,48$$

$$Q_m = 4,56 \; l \cdot s^{-1}$$

A descarga máxima $Q_{máx.}$ será obtida introduzindo os coeficientes relativos ao dia e à hora de maior consumo k_1 e k_2.

$Q_{máx.} = (Q_m \times k_1 \times k_2) + Q_i - (1 \cdot \psi) = (4,56 \times 1,2 \times 2,0) + 0,87 - 0,48$

$= 11,33 \; l. \; s^{-1}$

A descarga mínima para os esgotos domésticos é tomada como sendo a metade de descarga média. Teremos pois:

$$Q_{mín.} = (4,56 \div 2) + 0,87 - 0,48 = 2,67 \; l \: . \: s^{-1} \: \cdot$$

Descarga da bomba

Será admitido que apenas uma das bombas funcione de cada vez, ficando a outra de reserva. Geralmente supõe-se que a descarga da bomba seja um pouco superior à descarga máxima de esgotos que chega ao poço, de tal modo que, na situação de maior afluência de esgotos, o nível não se eleve e, até mesmo, sofra um abaixamento, e não ocorra refluxo no coletor que conduz os esgotos ao poço. A descarga que adotaremos para escolha de bomba será: $Q_b = 12 \ 1 \cdot s^{-1} = 720$ l/min $= 0,720$ m³/min.

Altura manométrica

Vamos admitir que a bomba seja do tipo imerso, da Flygt, da Tsurumi ou ABS, e que o tubo de recalque até o poço de visita seja de ferro fundido, revestido internamente, e para o qual, $C = 130$ na fórmula de Hazen-Williams e $K = 0,615$. Para diâmetro de $4''$ (100 mm) e descarga de $12 \ 1 \cdot s^{-1}$, a velocidade será de $1,5$ m $\cdot s^{-1}$ e a perda de carga igual a 42 m/1.000 m. (Ver diagrama para fórmula de Hazen-Williams no Cap. 30.)

A altura estática de elevação é: $h_e = 6,60 - 1,65 = 4,95$ m.

Suponhamos que o trecho horizontal entre a saída do tubo de recalque da bomba até a P.V. mais próxima seja de 28 metros.

Para as peças especiais no recalque (curvas, válvula de retenção e registro), podemos adotar os seguintes comprimentos virtuais ou equivalentes. (Ver Cap. 30.)

1 curva de f.f. de 4", raio longo 90°	— 2,1 m
1 válvula de retenção de 4"	— 12,9 m
1 registro de gaveta de 4" todo aberto	— $\dfrac{0,7}{15,7 \text{ m}}$

O comprimento total será

$$l_t = 4,95 + 28,00 + 15,70 = 48,65 \text{ m}$$

Para o tubo de f.f. de $4''$ e descarga de $0,720$ m³/min, a perda de carga é de 42 m por 1.000 metros, de modo que a perda de carga J será dada por

$$\Sigma J = (4,20 \div 1.000) \times 48,65 \text{ m} = 2,04 \text{ m}$$

A altura manométrica, quando o nível no poço estiver no ponto mais baixo, será

$$H = h_e + \Sigma J = 4,95 + 2,04 = 6,99 \text{ m} \simeq 7 \text{ metros}$$

Como o valor de $H = 7$ metros no gráfico da bomba, Modelo TO-22B da Tsurumi, obtém-se $Q = 0,8$ m³/min, valor próximo do pretendido, que é de $0,72$ m³/min.

No mesmo gráfico obtém-se a potência, que é igual a 2,5 kW, ou seja, 3,5 c.v. O motor pode, portanto, ser o de 3 c.v. É aconselhável porém usar o de potência imediatamente acima.

Capacidade do poço

Em geral admite-se que o período de permanência dos esgotos no poço seja de cerca de 10 minutos, considerando a descarga média Q_m.

Quando a descarga de entrada no poço for inferior à descarga média, os esgotos permanecerão por mais tempo no interior de poço, o que traz como conseqüência a exalação de maus odores, o desprendimento de gases e a acumulação de lodos no fundo do poço. Por essa razão, não é aconselhável período de detenção maior do que 30 minutos.

É comum adotar-se como 10 o número máximo de ligações horárias da bomba, de modo que o período de uma parada e de um funcionamento da bomba seja de 6 minutos.

Chamemos de C a capacidade útil do poço;

q a descarga que chega ao poço;
Q a descarga bombeada;
P_1 o período de parada da bomba;
P_2 o período de funcionamento;
P_3 o período de detenção dos esgotos no poço (10 minutos);
$P_1 + P_2 = 6$ minutos.

458   BOMBAS E INSTALAÇÕES DE BOMBEAMENTO

No caso que estamos considerando

$$Q_m = 4,56 \; l \cdot s^{-1}$$

Com as notações indicadas, vê-se logo que

$$C = q \cdot P_1$$

e

$$C = (Q - q) \cdot P_2$$

A capacidade útil do poço acima do nível mínimo de funcionamento da bomba é $C = 0,00456 \times 60 \times 10 = 2,736 \; m^3$.

Calculemos o período de funcionamento da bomba para o caso da descarga mínima no poço.

Período de funcionamento P_2

$$P_2 = \frac{C}{Q_{máx.} - q_{mín.}} = \frac{2.736}{11,33 - 2,67} = 316 \; s = 5,2 \; minutos$$

Período de parada P_1

$$P_1 = \frac{C}{q_{mín.}} = \frac{2.736}{2,67} = 1.024 \; s = 17 \; minutos.$$

DRENAGEM DE ÁGUAS PLUVIAIS

Em locais de condições topográficas desfavoráveis ao escoamento das águas pluviais por gravidade até um canal, rio ou lago; em obras especiais, como o Metrô; em canais que, pela pequena declividade, não atendam a um escoamento de chuvas de grande intensidade; em inúmeras obras de saneamento; em obras de irrigação e drenagem, pode ser necessário o concurso de bombeamento para evitar inundações e suas conseqüências, ou obter condições de drenagem que permitam o aproveitamento do solo para realizações na área da Agricultura.

As bombas para essas finalidades podem atender a descargas muito grandes, superiores até a 30 $m^3 \cdot s^{-1}$, sendo geralmente pequenas as alturas manométricas por elas proporcionadas.

O projeto de uma elevatória para esgotamento de águas pluviais de uma área em nível baixo, a fim de lançá-la em um canal, rio, lagoa ou mar, está intimamente ligado a questões estudadas em Hidrologia, que, além da previsão da precipitação pluviométrica e sua distribuição na bacia hidrográfica a esgotar, leva em consideração a parcela de água que é absorvida pelo solo (infiltrada) e a que é evaporada, para que se possa conhecer a água superficial remanescente e que, na hipótese que estamos formulando, deva ser bombeada.

Em obras de drenagem em saneamento existe, muitas vezes, necessidade de bombear a água de um canal de drenagem, quando não mais houver condições de escoamento por gravidade, para um outro canal em nível mais elevado, por onde o escoamento se possa realizar pela declividade que pode ser imposta. Este segundo canal poderá, ao fim de certa extensão, necessitar também de um novo bombeamento para um terceiro canal, e assim sucessivamente, até que seja alcançado o local de lançamento em um rio, lagoa ou mar. Essas obras de endicamento com canais de drenagem para condução de águas superficiais e de infiltração são denominadas "pôlderes". Na Baixada Fluminense existem várias elevatórias do gênero, para possibilitar o escoamento da água em regiões planas e baixas até a região mais interna da Baía de Guanabara. Obras semelhantes são feitas em muitas regiões do país.

BOMBAS PARA O SANEAMENTO BÁSICO   459

A conscientização da importância de um programa permanente de uso da irrigação e da drenagem no Brasil tem sido o objetivo dos esforços da ABID — Associação Brasileira de Irrigação e Drenagem, portanto a irrigação e a drenagem fazem parte da infra-estrutura para um desenvolvimento agrícola nas medidas e proporções de que o país tem absoluta necessidade.

A determinação das descargas com as quais se poderá partir para a escolha das bombas requer, preliminarmente, a determinação das condições locais onde ocorre a precipitação pluvial, tais como a natureza do terreno, a topografia, as condições da superfície do solo (se possui culturas, edificações e arruamentos, matas, terreno árido etc.).

A previsão da chuva a esgotar pela elevatória pode ser feita por vários processos, dos quais citaremos dois.

O primeiro, válido para esgotamento de áreas relativamente pequenas, topografia e ocupação do terreno bem definidas, em resumo, consiste no seguinte:

— Admite uma precipitação pluviométrica da ordem de 150 mm por hora, ou seja, $0,150$ $m^3/m^2/hora$ ou 2,5 litros/min/m^2.

— Calcula a precipitação total Q multiplicando a área a ser esgotada pelo valor acima de 2,5 l/min/m^2.

— Calcula a descarga q a ser bombeada, após a infiltração e a evaporação de uma parcela de Q. Essa descarga q é calculada utilizando-se um coeficiente C que depende do estado e natureza da superfície do terreno e que tem os valores abaixo indicados:

Telhados ou terraços .... 0,85 a 0,95
Calçamento de paralelepípedo .... 0,50 a 0,70
Calçamento de asfalto .... 0,70 a 0,90
Macadame .... 0,40 a 0,60
Empedramento com juntas de areia .... 0,15 a 0,30
Superfícies não empedradas .... 0,10 a 0,20
Parques e jardins .... 0,01 a 0,10
Campos e prados .... 0,05 a 0,2
Florestas .... 0,01 a 0,3
Quadras de esporte .... 0,1 a 0,3
Zonas de construção densa e ruas calçadas .... 0,7 a 1,0
Zonas de construção com jardins .... 0,5 a 0,7
Zonas de construção pouco densa 0,30

O segundo processo utiliza as curvas de intensidade máxima das chuvas em função de sua duração e freqüência e que podem ser encontradas no notável trabalho do Eng.° Otto Pfastetter sob o título *Chuvas Intensas no Brasil.*

Calcula o tempo de recorrência (número médio de anos em que uma dada precipitação será igualada ou excedida) e, por fórmula empírica, obtém a precipitação máxima, levando em conta a duração da precipitação e constantes que dependem do posto pluviométrico onde foram obtidos os dados.

Determina em seguida o "tempo de concentração" e o "tempo de percurso", levando em conta a natureza da superfície drenada.

Calcula por fim o *run-off*, que é a descarga que se escoará pelos coletores e que, no caso que estamos admitindo, deverá ser bombeada.

As Figs. 22.37 e 22.38 indicam instalações típicas de bombas KSB para obras de saneamento e drenagem, com eixo vertical no primeiro caso e inclinado no segundo.

A Worthington fabrica as bombas tipos MC e MN, utilizáveis em drenagem e irrigação, para descargas até 45.500 $m^3/hora$ e altura manométrica até 35 m, e a Sulzer Weise fabrica bombas BPS com vazões até 57.000 $m^3/hora$ e alturas até 30 m. As bombas "tubulares", séries SEZ e PNZ, da KSB atendem às mesmas finalidades e exigências técnicas.

As bombas verticais de hélice, de fabricação de Bombas Esco S.A. (Fig. 22.40), proporcionam também descargas muito grandes e, como as citadas anteriormente, são empregadas em drenagem (nos pôlderes) — Irrigação — Controle de enchentes — Salinas — Docas secas e Indústrias.

A Fig. 22.39 mostra a bomba MNC da Worthington, utilizada em instalações em poço seco para obras de drenagem, águas pluviais, esgotamento sanitário e irrigação, e as Figs. 22.39a e 22.39b, os gráficos para escolha da bomba, para descargas variando de 300 m^3/h a 45.000 m^3/h. A instalação da bomba far-se-ia de forma semelhante à indicada na Fig. 22.27.

Para aplicações na agricultura em irrigação e alimentação de canais e valas, na indústria, em drenagem e esgotamento e em serviços públicos no controle de inundações e abasteci-

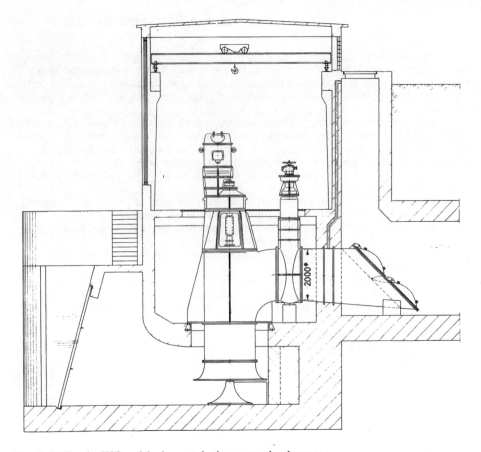

Fig. 22.37 Bomba KSB, axial, eixo vertebral para grandes descargas.

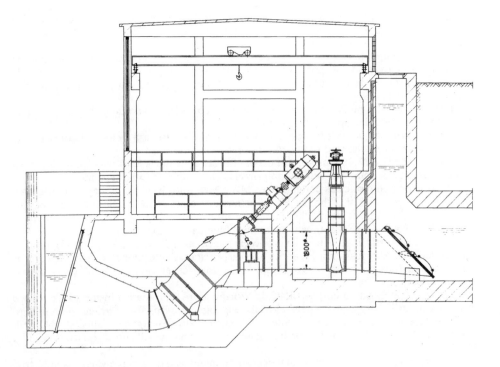

Fig. 22.38 Bomba KSB, axial, eixo inclinado para grandes descargas.

BOMBAS PARA O SANEAMENTO BÁSICO   461

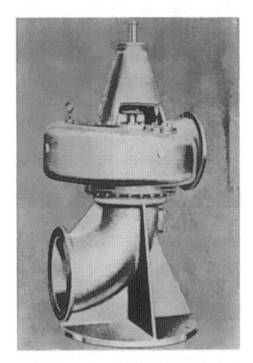

Fig. 22.39 Bomba MNC — Worthington hélico-centrífuga, para drenagem, águas pluviais e esgotamento sanitário.

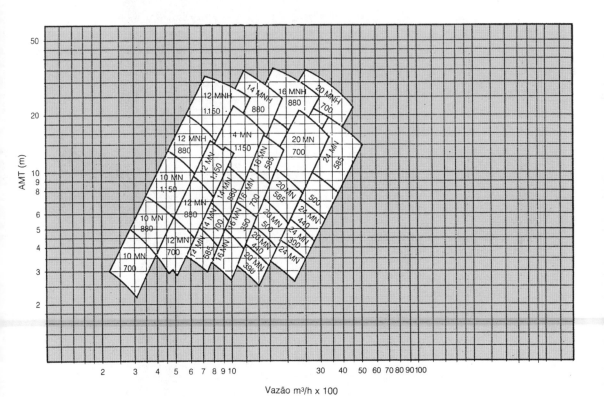

Fig. 22.39a Gráfico de escolha de bomba Worthington MN, para esgotos sanitários, drenagem e irrigação.

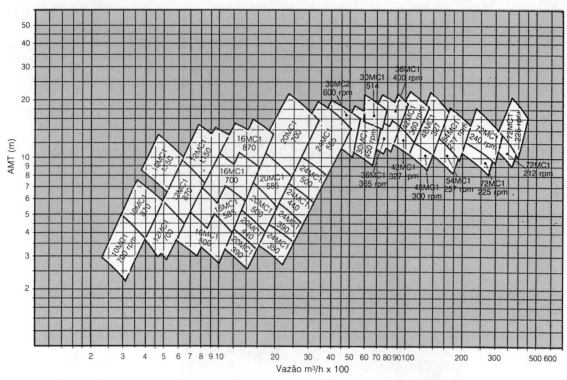

Fig. 22.39b Gráfico de escolha de bomba Worthington MC, para esgotos sanitários, drenagem e irrigação.

Fig. 22.40 Bomba vertical de hélice ESCO, para serviços gerais de drenagem e irrigação.

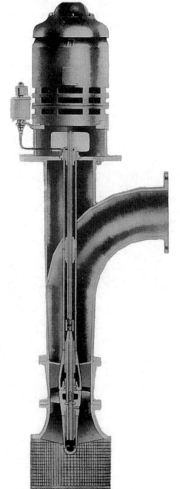

BOMBAS PARA O SANEAMENTO BÁSICO 463

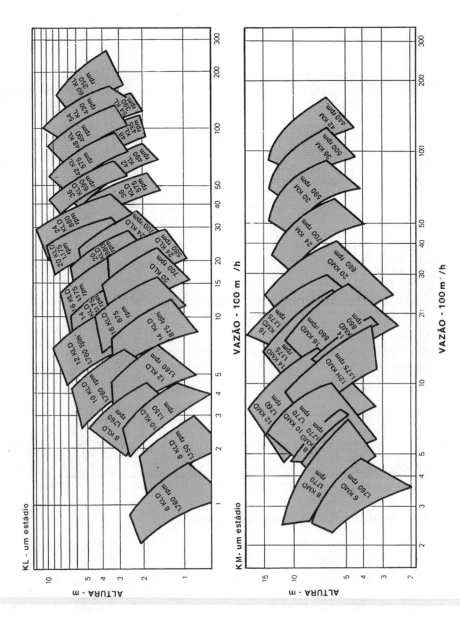

Fig. 22.40a Quadrículas para escolha das bombas KL e KM da Worthington.

464 BOMBAS E INSTALAÇÕES DE BOMBEAMENTO

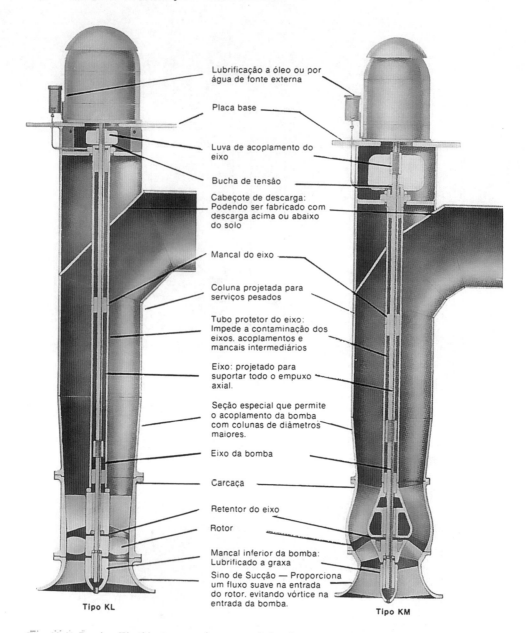

Fig. 22.41 Bombas Worthington para drenagem e irrigação.

mento de água, com descargas até 22.000 m³/h, a Worthington propõe as bombas KL (rotor de fluxo axial) e KM (rotor de fluxo misto), ambas de eixo vertical.

A Fig. 22.41 mostra essas bombas KL e KM, e a Fig. 22:40a apresenta gráficos para a escolha das referidas bombas.

Bibliografia

ABS — Indústria de Bombas Centrífugas Ltda. *Catálogo Geral.*
ALBRIZZI — Petry S.A. *Catálogos.*
ALCÂNTARA, ULISSES M. A. de. *Roteiro para o projeto de galerias pluviais de seção circular.*

BOMBAS PARA O SANEAMENTO BÁSICO   465

AZEVEDO NETTO, J. M. de. *Purificação de Águas*. Curso de Engenheiros Sanitaristas. Faculdade de Higiene e Saúde Pública, São Paulo, 1953.

——, *Tratamento de Águas de Abastecimento*. Editora da Universidade de São Paulo.

AZEVEDO NETTO, J. M. de, JOSÉ AUGUSTO MARTINS, ILDEFONSO C. PUPPI, FRANCISCO BORSARI NETTO e PEDRO NELSON C. FRANCO. *Planejamento de Sistemas de Abastecimento de Água*. Public. da Universidade do Paraná, 1973.

AZEVEDO NETTO, J. M. de *et alii*. *Sistemas de Esgotos Sanitários*. Convênio CETESB-BNH-ABES, 1977.

Bombas Bernet. *Catálogos*.

Bombas de parafuso FAÇO. Fábrica de Aço Paulista.

Bombas Esco S.A. Bomba submersa Esco-Cat. TS-1/72.
 — Bombas de hélice Esco
 — Bomba turbina de eixo prolongado Esco
 — Bomba centrífuga tipo turbina vertical Esco

Bombas HERG — Catálogos.

Bombas Momag — Hidráulica Magalhães. *Catálogos*.

Bombas Parafuso FMC — Filsan. Catálogo

Bombas "SCANPUMP" Série DA. Suecobras Ind. Com. S.A.

Bombas Submersíveis Claridon — Catálogos.

Bombas Momag — Hidráulica Magalhães. *Catálogos*.

Bombas Sulzer Weise. *Catálogo Geral de bombas de fabricação Sulzer Weise S.A.*

Bombas Tsurumi. *Catálogos*. Claridon Máquinas e Materiais Ltda.

Convênio ABNT-CETESB-BNH. P-NB-587, junho, 1977. Elaboração de Estudo de Concepção de Sistemas Públicos de Abastecimento de Água.

——, P-NB-589. Elaboração de Projetos Hidráulicos de Sistemas de Captação de Água de Superfície para Abastecimento Público.

——, P-NB-590. Elaboração de Projetos de Sistemas de Bombeamento de Água para Abastecimento Público.

——, P-NB-591. Elaboração de Projetos de Sistemas de Adução de Água para Abastecimento Público.

——, P-NB-592. Elaboração de Projetos de Sistemas de Tratamento de Água para Abastecimento Público.

——, P-NB-593. Elaboração de Projetos de Reservatório de Distribuição de Água para Abastecimento Público.

——, P-NB-594. Elaboração de Projetos Hidráulicos de Redes de Distribuição de Água Potável para Abastecimento Público.

Dancor S.A. *Catálogos*.

DNAEE — Normas e Recomendações Hidrológicas, 1970.

Estações Compactas Hidrotec para tratamento de água de pequenas comunidades. *Folheto da Hidrotec*.

Flygt Brasil. *Bomba submersível para esgoto, estacionária. CP 3151.*

Haupt São Paulo S.A. *Catálogo de bombas de fabricação nacional.*

Jacuzzi do Brasil — Ind. e Com. Ltda. *Catálogos*.

JORDÃO, EDUARDO PACHECO E CONSTANTINO ARRUDA PESSÔA. *Tratamento de Esgotos Domésticos* — CETESB.

KSB do Brasil. *Catálogo Geral.*

MARK PEERLESS — *Bombas Hidroconstant,* de velocidade variável.

MARTINS, JOSÉ AUGUSTO. *Bombas e Estações Elevatórias Utilizadas em Abastecimento de Água.* 1968.

——, *Recalque*. Cap. 13. Planejamento de Sistemas de Abastecimento de Água.

NAVARRETE, JOSÉ DULÁ. *O Projeto Básico de Irrigação.*

NOGAMI, PAULO S. *Estações Elevatórias de Esgoto.*

OMEL S. A. Indústria e Comércio. *Catálogos*.

OTTONI NETTO, TEÓFILO B. *Curso de Hidrotécnica*. Escola de Engenharia da UFRJ, 1955.

PFASTETTER, OTTO. *Chuvas intensas no Brasil,* 1957.

RONDON DE SOUZA, DIOCLES. *Chuvas*. Curso de Extensão Universitária em Hidrologia. Escola de Engenharia da UFRJ, 1966.

SALOMON, JOÃO BAPTISTA FEICHAS. *Construção da Casa de Bombas*. Cap. 5 do livro Construção de Sistemas de Distribuição de Água — CETESB, 1975.

TRW Mission Ltda — Bombas Centrífugas — Catálogo.

USAID — Agência Norte-americana para o Desenvolvimento Internacional. *Projeto de Instalação de Tratamento de Esgoto,* 1969.

Worthington S.A. *Catálogos diversos.*

23

Instalações Hidropneumáticas

GENERALIDADES

Instalação hidropneumática é uma instalação na qual no início da tubulação de recalque de uma bomba ou um sistema de bombas se intercala um reservatório metálico, em cujo interior o líquido recalcado comprime um volume de ar durante o funcionamento da bomba, acumulando energia que restitui sob a forma de trabalho de escoamento. O volume de ar se comprime proporcionalmente à pressão manométrica da instalação, permitindo um escoamento sujeito a reduzidas pulsações, quando tais pulsações são susceptíveis de ocorrerem.

Há dois tipos a considerar, conforme o referido reservatório funcione, como:

1.º *Câmara de ar* no caso das instalações de bombas alternativas com tubulações de recalque longas e nos amortecedores de golpe de aríete em certas instalações de turbobombas.

2.º *Reservatório* ou *autoclave* nas instalações hidropneumáticas ou de pressurização propriamente ditas.

Vejamos os dois casos.

CÂMARA DE AR NO RECALQUE

Devido às condições variáveis de escoamento nas linhas longas de recalque das bombas alternativas e que se agravam durante a operação de colocação da instalação em carga, intercala-se uma câmara de ar, em complemento àquela que tais bombas possuem de sua fabricação, e cuja finalidade já foi esclarecida no estudo das bombas de êmbolo.

Nas instalações de recalque das turbobombas, essas câmaras de ar funcionam como amortecedores do golpe de aríete ao ser desligada a bomba. (Ver no Cap. 32 *Válvulas antigolpe de aríete*.)

O volume da câmara de ar pode ser calculado pela fórmula empírica

$$V = \frac{L}{D^2} \cdot (3.600 \cdot Q)^2 \cdot f \tag{23.1}$$

onde

V = volume da câmara de ar, em m³;

L = comprimento da linha de recalque, em m;

D = diâmetro interno da tubulação, em mm;

Q = descarga em $m^3 \cdot s^{-1}$;

f = fator que depende dos valores das pressões.

Além disso, chamemos de
h_r — pressão estática na câmara, com a bomba em repouso, expressa em atmosferas;
h_{max} — pressão máxima que irá ocorrer na câmara, em atmosferas;
H — altura manométrica da bomba;
J_r — altura representativa das perdas de carga na linha de recalque, em metros.
Temos

$$h_r = H - \frac{J_r}{10} \qquad (23.2)$$

Considera-se

$$h_{max.} = 1,1 \text{ a } 1,5 \cdot H \qquad (23.3)$$

Para obter-se o valor do fator f, pode-se recorrer ao gráfico da Fig. 23.1, apresentado em publicação da KSB e Anônima Lombarda Pompe Klein.

Com o valor da pressão de repouso h_r, segue-se na horizontal até encontrar a pressão máxima $h_{máx}$, já calculada, numa das curvas.

Na vertical do ponto de encontro da reta e da curva obtém-se o coeficiente f.

Exemplo

Uma linha de recalque com $L = 2.200$ m e diâmetro $D = 20$ cm recalca 41 1 . s^{-1} de água com uma bomba alternativa.

A pressão manométrica é de 18 atmosferas, as perdas de carga atingem $J_r = 1,34/100$ m $\times$ 2.200 m $= 29,5$ m. Deseja-se conhecer o volume V do reservatório.

A pressão estática é

$$h_r = H - \frac{J}{10} = 18 - \frac{29,5}{10} = 15,05 \text{ atm}$$

Adotemos $h_{máx.} = 1,2 \times H = 1,2 \times 18 = 21,6$ atm.
Pelo gráfico, com $h_{máx.} = 21,6$ e $h_r = 15,05$, obtemos $f = 0,0008$.

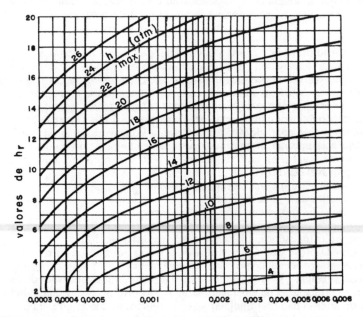

Fig. 23.1 Diagrama para determinação do fator f para cálculo da câmara de ar no recalque de instalação de bombas alternativas.

468   BOMBAS E INSTALAÇÕES DE BOMBEAMENTO

O volume da câmara de ar será

$$V = \frac{L}{D^2} (3.600 \cdot Q)^2 \cdot f = \frac{2.200}{200^2} (3.600 \times 0,041)^2 \times 0,0008 = 0,958 \text{ m}^3$$

Para a capacidade do reservatório (que é a câmara de ar acrescida do volume de líquido), adota-se um valor da ordem do dobro do valor da câmara de ar calculado (Mario Medice — *Le Pompe)*, de modo que o volume real do reservatório será

$$V_{real} = 2 \times V = 1,816 \text{ m}^3$$

RESERVATÓRIO HIDROPNEUMÁTICO

O reservatório hidropneumático é empregado em elevatórias de linhas longas e em certas instalações prediais geralmente de edifícios de grande número de pavimentos, estabelecimentos industriais, estações subterrâneas de Metrô, galerias de mineração, navios, instalações de combate a incêndio, na irrigação, em máquinas industriais de lavar, em piscinas, duchas etc., com a finalidade de substituir o reservatório elevado que normalmente abastece os pontos de consumo, mas que, nos casos citados por razões próprias a cada caso, não podem ou não convêm ser construídos. Para se conseguir a pressão desejada, bombeia-se a água no interior de um reservatório geralmente cilíndrico e de eixo vertical, a qual comprime um certo volume de ar que, pela sua compressibilidade, funcionará como amortecedor das oscilações de descarga nas peças de consumo, armazenando um certo volume de água que, nos "piques" de consumo, é fornecido à rede. Não é, a rigor, um reservatório de acumulação de água no sentido em que se costuma designá-lo.

Uma instalação hidropneumática consta de uma bomba centrífuga, um reservatório e controles para manter uma relação adequada entre água e ar para a pressão desejada, além de equipamento para enviar ar ao reservatório.

A descarga da qual se parte é a que corresponde ao consumo máximo provável das peças de utilização. A da bomba se toma igual a 115 a 125% desse valor. Em instalações prediais de água fria, o cálculo do consumo máximo provável pode ser feito segundo o critério da Norma Brasileira NBR 5626/82.

A pressão que a bomba deve fornecer com essa descarga é a altura manométrica da instalação. A pressão no reservatório é a altura total de recalque H_r, que já vimos no Cap 3 como se calcula. A pressão máxima da bomba deverá ser sempre maior que a pressão de desligamento.

Se a instalação prevê que existe a possibilidade de que a bomba possa eventualmente não atender a uma descarga máxima possível em curtos períodos, deve-se considerar uma reserva de segurança acima da boca de saída, que é da ordem de 20% do volume total do reservatório. Isso evita ficar a boca de recalque do reservatório exposta ao ar comprimido que iria para o encanamento, com inconvenientes para um funcionamento regular.

O reservatório é dimensionado para um consumo de A litros entre duas ligações sucessivas da bomba, isto é, por ciclo, de modo que a bomba funcione de 6 a 25 vezes por hora. A freqüência máxima de partidas ocorrerá quando a vazão média de consumo for permanentemente igual a metade da vazão da bomba à pressão média de operação, o que é pouco provável que ocorra.

A vazão máxima do sistema hidropneumático não depende do reservatório de pressão, mas da característica da bomba utilizada.

Há duas maneiras de dimensionar o reservatório:
— A primeira supõe que a bomba recalque no reservatório, onde o ar se achava na pressão atmosférica, até atingir o volume útil desejado.
— A segunda prevê que um compressor envia ar ao interior do reservatório ou que um dispositivo adequado proporcione uma pressão interna que corresponda à pressão inicial da bomba. A vantagem no caso é a redução nas dimensões do reservatório.

Após um certo tempo de operação, o ar se dissolve na água, diminuindo o volume do colchão de ar caso não seja injetado ar comprimido, de modo que, uma vez operando em regime, o compressor deverá funcionar automaticamente, repondo o ar perdido pela dissolução na água.

A Jacuzzi do Brasil fabrica um equipamento hidropneumático sem a utilização de compressor de ar. Compreende uma bomba centrífuga, um reservatório de pressão, um carregador automático de ar (Jet Charger) e uma chave pressostática. A função do Jet Charger é apenas repor o ar que se dissolveu na água em cada ciclo de operação. Pode ser usado para pressões até 5 kgf, cm^{-2}.

Acima desse valor da pressão ou caso o reservatório tenha mais de 2.000 l, o fabricante aconselha o emprego do compressor de ar e válvula de segurança.

Dimensionamento do reservatório hidropneumático

O princípio básico de funcionamento de um reservatório hidropneumático é a Lei de Boyle e Mariotte: "A temperatura sendo constante, os volumes ocupados por um gás variam inversamente com as pressões a que estão submetidos."

$$P_1 V_1 = P_2 \cdot V_2 = \text{constante}$$

Chamemos de

V — o volume total do reservatório;
V_A — o volume de ar, após a ativação da bomba, quando esta é desligada;
V_r — volume residual ou de segurança = 0,2 V;
A — volume de água introduzido no reservatório, quando a pressão do ar interior aumenta de P_b a P_a, ou seja, entre a ligação e o desligamento da bomba. Funciona como uma reserva para suprimento quando a rede demandar e a bomba ainda estiver parada.

É o *volume útil do reservatório;*

h_2 — limite de segurança de utilização do líquido do reservatório. Corresponde ao volume V_r residual;
P_a — pressão absoluta, quando o volume de ar ficar reduzido a V_a. É igual à pressão manométrica p_a acrescida de 1 atmosfera:
$P_a = p_a + 1$ atm:

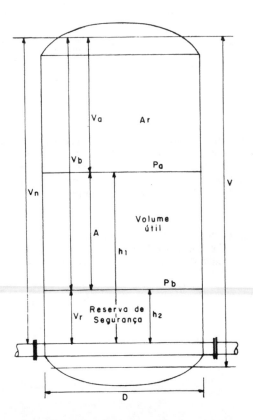

Fig. 23.2 Grandezas a considerar no reservatório hidropneumático.

470   BOMBAS E INSTALAÇÕES DE BOMBEAMENTO

P_b — Idem, quando o volume de ar for V_b: $P_b = p_b + 1$ atm;
Q — . descarga da bomba, em litros por minuto. Deve ser tomada como igual à descarga correspondente ao consumo máximo provável da instalação servida pelo sistema, multiplicada por um fator de segurança igual a 1,15 a 1,25. Esse consumo máximo provável pode ser calculado seguindo a NBR-5626/82 para Instalações Prediais de Água Fria, como foi dito.

Outro critério consiste em calcular o consumo diário, multiplicando o número de pessoas pelo consumo *per capita*.

Adotam-se então, como consumo máximo horário, 20 a 40% do consumo diário total. Como a freqüência máxima de ligações ocorre quando há um sistema de consumo constante e igual à metade da capacidade da bomba, para ter a capacidade da bomba multiplica-se por 2 o consumo máximo horário.

Aplicando a Lei de Boyle-Mariotte à expansão do ar no volume V_a, teremos

$$P_a \times V_a = P_b(V_a + A) = P_b \cdot V_b$$

$$A = \left(\frac{P_a \times V_a}{P_b} \right) - V_a$$

ou

$$P_a (V_b - A) = P_b \cdot V_b$$

$$P_a \cdot V_b - P_a \cdot A = P_b \cdot V_b$$

O volume útil será

$$A = \frac{V_b(P_a - P_b)}{P_a} = \frac{V_b(p_a + 1) - (p_b + 1)}{p_a + 1}$$

Considerando o volume residual V, como igual a 0,20 V, segue-se que $Vb = 0,80$. V, logo

$$A = \frac{0,8 \cdot V(P_a - P_b)}{P_a}$$

Resta determinar o volume total V do reservatório. Há fórmulas empíricas ou indicações práticas para escolha desse volume. Vejamos algumas:

1.° Numa primeira avaliação com folga, o volume V em galões é dado pelo produto da descarga da bomba para o consumo máximo da bomba, expresso em galões por minuto, por 10 (Harold Nickelsporn — *Power Engineering*).

Exemplo

Descarga da bomba $2,51 \cdot s^{-1} = 0,55$ gal $\cdot s^{-1} = 33$ gal/min. Capacidade do reservatório $V = 10 \times 33 = 330$ galões ou $V = 330 \times 4,546 = 1.400$ l.

2.° Pela fórmula deduzida por Angelo Gallizio *(Instalaciones Sanitarias* — Editora Hoepli).

$$V = 30 \times \frac{Q}{N_1} \cdot \frac{(p_a + 1)}{(p_a - p_b)}$$

onde
Q — 1/minuto;
N_1 — número de ligações da bomba em cada período de uma hora.
Pode-se adotar para N_1:

INSTALAÇÕES HIDROPNEUMÁTICAS 471

6 a 10 para instalações industriais ou de edifícios de grande porte;
10 a 15 para instalações de médio porte;
15 a 25 para instalações pequenas.

Exemplo
No mesmo exemplo anterior, suponhamos que P_a— pressão de desligamento seja de 4 atm (57,2 psi) e P_b — pressão de ligação seja de 2 atmosferas (28,6 psi).
Adotemos N_l= 10 ligações por hora.
$Q = 2,51 \cdot s^{-1} = 150$ l/minuto
O volume do reservatório será

$$V = 30 \times \frac{150}{10} \times \frac{4 + 1}{4 - 2} = 1.125 \text{ litros}$$

O volume útil será

$$A = \frac{0,80 \times 1.125 \times (4 - 2)}{4} = 450 \text{ l}$$

O volume residual, isto é, a reserva de segurança será

$$V_r = 0,2 \cdot V = 225 \text{ l}$$

O volume de ar será

$$V_a = V - (A + V_r) = 1.125 - (450 + 225) = 450 \text{ l}$$

Adotando um reservatório cilíndrico e fixando o valor da altura h compatível com o local da instalação, calcula-se o diâmetro D:

$$D = \sqrt{\frac{4V}{\pi \times h}}$$

Adotando $h = 1,50$ m, D será igual a 0,95 m, e a altura h_u correspondente ao volume útil $A = 0,450 \text{ m}^3$ será

$$h_u = \frac{4 \times A}{\pi \cdot D^2} = \frac{4 \times 0,450}{3,14 \times 0,95^2} = 0,63 \text{ m}$$

3.º Empregando a Tabela 23.1 do fabricante Jacuzzi para tanques de pressão usando carregador de ar.
Consideremos a mesma descarga do exemplo anterior: $Q = 2,51 \cdot s^{-1} = 9 \text{ m}^3$/hora.
Para pressões de ligação e desligamento, adotaremos os valores da tabela que mais se aproximam dos que admitimos, ou seja, para bomba instalada acima do nível do reservatório:

$$Pa = 60 \text{ psi}$$
$$Pb = 40 \text{ psi}$$

A tabela considera porém 15 ligações por hora para essa faixa de pressões.
Com os valores acima acha-se, para a capacidade da bomba, o valor de 12,1 m³/hora que mais se aproxima da descarga desejada, que é de 9 m³/h, e, para o volume do reservatório, 1.500 litros.

472 BOMBAS E INSTALAÇÕES DE BOMBEAMENTO

Tabela 23.1 Seleção de tanques Jacuzzi com Jet Charger

Pressão de ligar (psi)		20	30	40	50	20	30	40	50	Número
Pressão de desligar (psi)		40	50	60	70	40	50	60	70	máximo
Pressão média de operação (psi)		30	40	50	60	30	40	50	60	de
Modelo do tanque	Capacidade (litros)	Vazão máxima na pressão média (m³/h)								partidas por hora
		Bomba acima do nível da água, com Jet Charger				Vide "Observações"				
TVG — 150	150	2,8	2,3	2,0	1,8	4,3	3,3	2,7	2,3	25
TVG — 300	300	4,4	3,7	3,2	2,8	6,9	5,4	4,4	3,7	20
TVG — 500	500	7,3	6,2	5,3	4,7	11,5	6,9	7,3	6,2	20
TVG — 1.000	1.000	11,0	9,3	8,0	7,1	17,3	13,4	11,0	9,3	15
TVG — 1.500	1.500	16,5	14,0	12,1	10,6	25,9	20,2	16,5	13,9	A15
TVG — 2.000	2.000	22,0	18,6	16,1	14,2	34,6	26,9	21,9	18,6	15

Observações: 1 — Bomba "afogada", com Jet Charger ou Sistema com Válvula de Controle de Volume de Ar.
2 — 1 psi = 0,07 kgf/cm².   1 atm = 14,3 psi.

A diferença entre o valor de V encontrado pelo método de Gallizio e o adotado por Jacuzzi se deve a que, no primeiro caso, se admitiu menor número de ligações e se empregou compressor e, no segundo, usou-se um carregador de ar, que conduz a um reservatório um tanto maior.

Pela Tabela 23.2, vemos que para o reservatório de 1.500 l e pressões extremas de 2,8 e 4,2 atmosferas, o modelo de Jet Charger Jacuzzi é o 225 C.

Alimentação de ar

O ar pode ser introduzido na câmara para formar o colchão amortecedor, proveniente de diversas fontes:
a. Compressor.
b. Aerojetor ou carregador de ar (Jet Charger da Jacuzzi, por exemplo).
c. Utilizando ar comprimido de instalação existente numa indústria.

Vejamos algumas informações sobre o compressor, pois já nos referimos ao aerojetor em *Reservatório hidropneumático*.

Compressor de ar

O compressor deve ter uma capacidade tal que possa elevar a pressão do volume V_n do reservatório acima dos tubos de entrada e saída da água, em duas horas, da pressão atmosférica até a pressão de serviço, na operação de carregamento inicial. A rigor, dever-se-ia considerar o volume V_b. No exemplo, podemos considerar $V_n \simeq V = 1.125$ l e $p_b = 2$ atm.

Tabela 23.2 Escolha do Jet Charger Jacuzzi

PRESSÕES EXTREMAS DE OPERAÇÃO		CAPACIDADE DO TANQUE EM LITROS					
		150	300	500	1.000	1.500	2.000
kgf/cm²	psi	MODELO DO JET CHARGER					
1,4 — 2,8	20 — 40	225A	225A	225B	225B	225B	225C
2,1 — 3,5	30 — 50	225A	225A	225B	225B	225C	225C
2,8 — 4,2	40 — 60	225A	225B	225B	225C	225C	2-225C
3,5 — 4,9	50 — 70	225A	225B	225B	225C	225C	2-225C

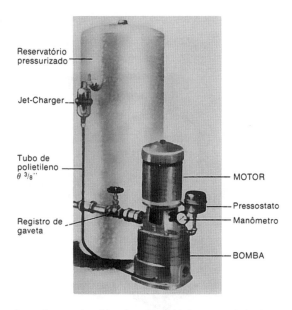

Fig. 23.3a Instalação Jacuzzi com a bomba acima do nível do reservatório de captação.

Como a pressão absoluta é

$$P_b = p_b + 1 = 3 \text{ atmosferas}$$

O volume efetivo de ar atmosférico introduzido no reservatório será

$$V_n \times 3 = 1.125 \times 3 = 3.375 \text{ l}$$

em duas horas e, portanto, 1.687 litros de ar por hora.

Aumenta-se de 30% esse valor para atender às perdas, de modo que a capacidade do compressor será de $1.687 + (0,30 \times 1.687) = 2.193$ l/hora = 36,5 l/min = 1,3 pés³/minuto. Pode-se usar o compressor Wayne, W-7.170-LI-3 C.V.-600 rpm, 2 cil. Alguns projetos prevêem que o carregamento inicial se faça em uma hora apenas.

Uma vez efetuado o carregamento de ar, o compressor voltará a funcionar para repor o ar que for se dissolvendo na água e, por conseguinte, arrastado para fora do reservatório. O comando é feito por um pressostato que atuará de modo que o motor do compressor religue quando o volume de água A se tornar cerca de 10% superior ao valor máximo que se estabeleceu.

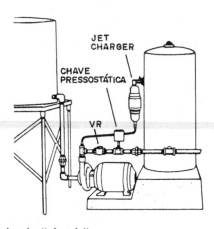

Fig. 23.3b Instalação com a bomba "afogada".

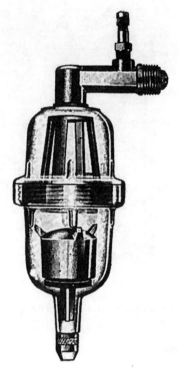

Fig. 23.3c. Jet Charger Série 225 da Jacuzzi para carregamento automático de ar em tanques de pressão.

O uso do ar comprimido reduz a dimensão do reservatório, pois sem ele a própria água bombeada no interior do reservatório é que irá criar a pressão, comprimindo o ar que lá se encontrar.

Na fase de carregamento inicial de ar, deve-se fechar o registro de saída do reservatório, a fim de evitar que o ar vá para os encanamentos. Liga-se depois a bomba com o compressor funcionando e, quando o nível atingir h_1, abre-se o registro com a bomba ligada.

Na Fig. 23.4 acha-se indicado um reservatório hidropneumático com comando do motor da bomba por meio de eletrodos que controlam os níveis de ligar e desligar. Um pressostato liga ou desliga o compressor. Acha-se representada uma alternativa com utilização do ar comprimido de instalação geral de uma fábrica e outra de compressor instalado especialmente para essa finalidade. Uma válvula solenóide, acionada pela energia elétrica fornecida sob o estímulo de um pressostato, permite a regulagem da admissão de ar no reservatório.

A Fig. 23.5 indica uma chave elétrica acionada por um flutuador (bóia) para desligar a bomba quando o nível é máximo e não estiver havendo consumo de água. Existem dois pressostatos: um para ligar e desligar a bomba e outro para ligar e desligar o compressor.

Usa-se uma válvula de segurança calibrada para 5 psi acima do limite mínimo de pressão de operação P_b.

A Companhia Metalúrgica Barbará e a Filtral — Filtros e Tratamento d'água Ltda., fabricam o que denominam "conjuntos de pressão" com a finalidade de fornecer água sob pressão para comando hidráulico a distância de válvulas, registros e comportas das elevatórias e estações de tratamento de águas ou esgotos.

SISTEMAS DE PRESSURIZAÇÃO COMPACTOS

No caso de residências ou pequenos prédios de apartamentos podem-se usar sistemas compactos de pressurização, fornecidos com todos os acessórios pelos fabricantes.

A Jacuzzi os fabrica em várias modalidades. Mencionaremos duas.

a) *Sistema de pressão série CTG*

Sobre o tanque vem adaptada uma bomba auto-escorvante que pode ser de 1/3, 1/2, 3/4 ou 1 c.v. para vazões respectivas de 1.600, 3.000, 3.600 e 5.000 l/hora. São montados na fábrica com a chave pressostática ajustada para operar entre 14 mca e 28 mca. Para a vazão de 5.000 l/hora, o tanque é de 300 l, e para as demais vazões acima indicadas, o tanque é de 110 l.

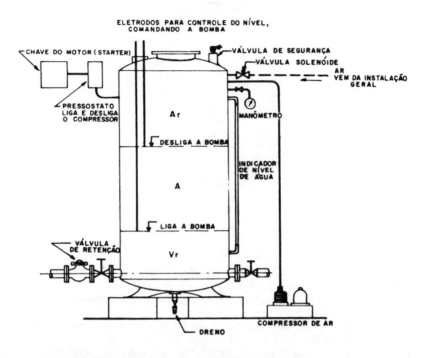

Fig. 23.4 Reservatório hidropneumático com comando da bomba por eletrodos.

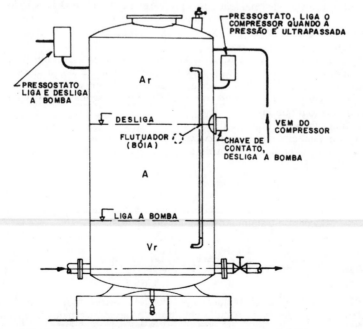

Fig. 23.5 Chave elétrica do motor da bomba acionada por um flutuador (chave de bóia).

Fig. 23.6 Sistema de pressão Jacuzzi Série CTG.

b) *Sistema Yellow Jet* Modelos YJ18 e YJ36.

O reservatório, semelhante a um "botijão" de gás, pode ser de 18 litros (modelo YJ18) ou de 36 litros (modelo YJ36), e a água é mantida no interior de uma bolsa de expansão executada em material atóxico e inerte. Não há necessidade de recarga de ar e de controladores de volume de ar.

Esse reservatório é instalado em derivação na tubulação de recalque da bomba e a água não entra em contato com o ar do tanque. Não há necessidade de carregadores de ar. A bomba só é ligada quando ocorre consumo de água em algum aparelho.

Com a pressão inicial de 18 psi (12,6 mca), com a qual o tanque é fornecido, pode-se operar em redes com pressões entre 20 psi (14 mca) e 40 psi (28 mca).

Para outras pressões de operação, essa pré-carga deve ser alterada pelo fornecedor.

Pode-se usar 1, 2 ou até 3 desses tanques em paralelo. Com três tanques, chega-se a 6.600 l/h e pressões de 40-60 psi. Neste caso, a pressão de pré-carga deverá ser de 36 psi (25,3 mca).

A empresa Aquecedora Cumulus S.A. Ind. Com. fabrica sistema de pressurização utilizando injetor de ar tipo Venturi para recarga automática do ar durante o ciclo de bombeamento. A quantidade de ar a ser aspirada é controlada e regulada por uma válvula borboleta. Apresenta em seus catálogos a Tabela 23.3 para escolha da capacidade do tanque em função da vazão requerida.

A Cumulus recomenda tanque de

75 l — para um banheiro e área de serviço;
175 l — para dois banheiros e área de serviço, ou um banheiro com duchas laterais e área de serviço;

Tabela 23.3 Tanques hidropneumáticos Cumulus

Vazão requerida litros/hora	Pressão Liga	Pressão Desliga	Modelo do tanque	Capacidade em litros	Dimensões em mm
1.500	20	40	TA 75	75	850 × 380
3.500	20	40	TA 175	175	1.200 × 480
4.500	20	40	TA 300	300	1.400 × 580
6.800	20	40	TA 500	500	1.800 × 640
11.800	20	40	TA 800	800	2.100 × 760

INSTALAÇÕES HIDROPNEUMÁTICAS   477

300 1 — para três banheiros e área de serviço ou dois banheiros com duchas laterais e
   área de serviço;
500 1 — para quatro banheiros com duchas laterais e área de serviço;
800 1 — para seis banheiros com duchas laterais e área de serviço.

INSTALAÇÃO DE DISTRIBUIÇÃO COM BOMBEAMENTO DIRETO

Em edifícios de escritórios, apartamentos, hóteis, hospitais, fábricas e em navios, tem
sido muito empregado, nos Estados Unidos e já aqui no Brasil, instalação de abastecimento
interno, de água fria com pressão constante, sem emprego do reservatório superior e sem
utilização do reservatório hidropneumático. Com o sistema a seguir descrito, economiza-se
espaço e custo de construção do reservatório e da estrutura.

O sistema consiste no bombeamento diretamente em um barrilete, do qual saem as
colunas de alimentação, e que distribui a água com pressão constante independentemente
do consumo dos aparelhos da rede interna do edifício. A rotação da bomba é constante,
podendo portanto ser usados os motores convencionais de indução, em geral de 1.750
e 3.500 rpm.

São usados os seguintes sistemas:
a. Com duas bombas — chamado também Duplex.
b. Com três bombas — ou Triplex.
Vejamos como funciona o sistema Duplex.

Uma bomba, designada por bomba principal, opera em regime contínuo a velocidade
constante e atende ao consumo do sistema até um certo valor.

Quando a demanda excede essa capacidade, a segunda bomba entra automaticamente
em ação, graças a uma chave comandada por uma válvula de pressão, e opera em paralelo
com a bomba principal até que a demanda do sistema volte a baixar.

Quando o consumo cai para um novo valor prefixado para a descarga, inferior ao
ponto de funcionamento da bomba principal, a segunda bomba é automaticamente parada
pela atuação de uma chave comandada por um rotâmetro. O rotâmetro é ligado aos dois
lados de uma "placa de orifício", na linha de recalque no começo do barrilete. Durante
a variação da descarga, a pressão na linha permanece constante.

O sistema é projetado de tal forma que as duas bombas descarregam numa linha de
recalque única, passando a água por uma válvula especial que reúne as características de
válvula de redução de pressão e de válvula de retenção com amortecedor de choque *(C)*
e/ou *(D)*. O segredo do bom funcionamento do sistema reside nas características construtivas
das válvulas e do rotâmetro.

Como se observa na Fig. 23.7, existe uma válvula principal *(C)* que é calibrada para
a pressão desejada para o sistema e uma auxiliar *(D)* semelhante à primeira, calibrada
porém para 0,15 kgf · cm^{-2} acima da pressão do sistema. Quando a descarga cai a um
valor prefixado, a válvula principal *(C)* fecha e a auxiliar *(D)* permanece aberta, atendendo
à demanda do sistema.

O sistema auxiliar de válvula piloto, inerente à válvula, contém também um controle
que permite o fechamento instantâneo caso ocorra o desligamento da bomba, mas que
restringe e retarda a abertura da válvula, de modo a evitar vibração da válvula para descargas
muito reduzidas.

Uma instalação típica duplex terá uma bomba em operação permanente, fornecendo
água na entrada das válvulas *(C)* e *(D)* a uma pressão que varia de acordo com a curva
característica da bomba.

As válvulas *(C)* e *(D)* são reguladas de modo que, à sua saída, a pressão seja constante
e no valor desejado, independentemente da descarga que passa, isto é, que é consumida
com a utilização dos aparelhos.

Desse modo, a pressão na boca de recalque da bomba pode variar se afetar a pressão
desejada para o sistema.

Analogamente, a descarga demandada pela rede pode variar de um máximo até zero,
dentro dos limites das características da bomba, praticamente sem afetar a pressão do sistema.

Pode acontecer que ocorram situações anormais em que a descarga demandada seja
nula, e, então, a bomba principal funcionando sem consumo ficaria aquecida pela água
impossibilitada de sair do caracol da bomba. Como medida de segurança, emprega-se então
um sensor, no caso um termostato *(F)*, que é adaptado ao caracol da bomba, de modo

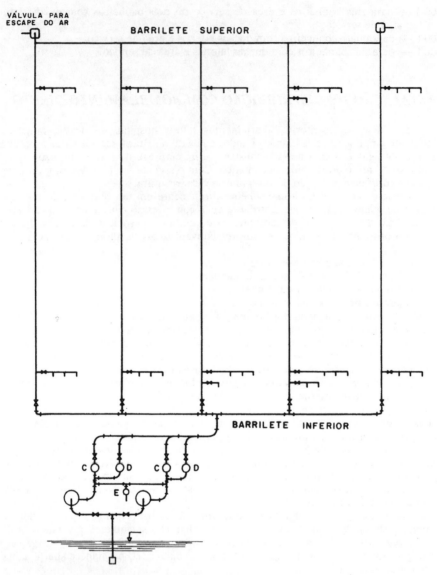

Fig. 23.7 Esquema de bombeamento direto sem reservatório hidropneumático.

que, quando a temperatura da água atinge certo valor, atue por um sistema de comando elétrico sobre uma válvula solenóide de alívio *(E)* que permitirá o escoamento da água aquecida para um dreno ou para o próprio reservatório inferior. A experiência mostra que esta válvula *(E)* raramente funciona, porque, desde que passe pequena descarga, a bomba não aquece excessivamente (ver Fig. 23.8).

Se houver uma queda de pressão no lado da bomba relativamente às válvulas *(C)* e *(D)*, devido ao desligamento ou a uma queda de tensão na rede elétrica, o dispositivo de retenção dessas válvulas entrará em funcionamento, impedindo o refluxo da água para o reservatório inferior.

Em geral, os fabricantes fornecem um rotâmetro para verificação a qualquer momento do consumo de água.

Quando houver paralisação no consumo por períodos longos (como ocorre em escolas, prédios de escritórios e em certos processamentos industriais), um disjuntor automático comandado por um "sensor de ação com descarga nula" desliga as bombas. Quando recomeça a utilização da água, ao abrir-se, por exemplo, uma torneira, um "sensor de redução na

INSTALAÇÕES HIDROPNEUMÁTICAS

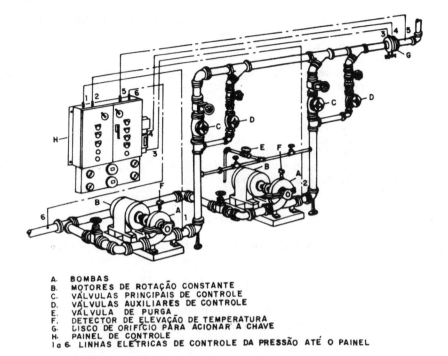

A. BOMBAS
B. MOTORES DE ROTAÇÃO CONSTANTE
C. VÁLVULAS PRINCIPAIS DE CONTROLE
D. VÁLVULAS AUXILIARES DE CONTROLE
E. VÁLVULA DE PURGA
F. DETECTOR DE ELEVAÇÃO DE TEMPERATURA
G. DISCO DE ORIFÍCIO PARA ACIONAR A CHAVE
H. PAINEL DE CONTROLE
1 a 6. LINHAS ELÉTRICAS DE CONTROLE DA PRESSÃO ATÉ O PAINEL

Fig. 23.8 Sistema de bombeamento direto na linha.

pressão" automaticamente atua, ligando novamente a bomba para que a pressão se mantenha constante.

A válvula de controle permite que a pressão no sistema atinja até $0,35$ kgf $\cdot$ cm^{-2} acima de sua pressão prevista, o que acontecerá quando a descarga no sistema for interrompida. Então, graças à atuação dos sensores, a bomba é desligada. Quando se encontra desligada e se abrem torneiras em outros dispositivos de consumo, tão logo a pressão caia $0,3$ kgf $\cdot$ cm^{-2} abaixo da pressão estática reinante com a bomba parada, os sensores de pressão atuam ligando a bomba.

Deve haver uma chave de reversão manual ou automática para alternar as bombas, fazendo ora uma ora outra de bomba principal.

Pode-se usar um *time-switch* para ligar e desligar a bomba nas horas desejadas.

Inconveniente do sistema. O funcionamento fica na dependência do fornecimento de energia elétrica pela rede. Obriga o emprego de um grupo gerador de emergência a óleo diesel. Em hotéis, indústrias, hospitais ou edifícios de escritórios muito grandes, é normal a montagem desses grupos. Um rigoroso programa de manutenção deve ser cumprido a fim de reduzir o risco de uma eventual paralisação.

Descarga a prever

Para prédios com demanda máxima provável de até 20 1 $\cdot$ s^{-2} pode-se utilizar apenas uma bomba, ficando a outra como reserva, em *stand-by*. Se o consumo momentaneamente for maior que este valor, a segunda bomba entrará em ação em paralelo.

A descarga máxima para esse cálculo, conforme recomendação dos fabricantes, pode ser determinada somando-se os "pesos" atribuídos aos consumos dos diversos aparelhos (Tabela 23.4) e passando-se ao valor da descarga em 1 $\cdot$ s^{-1} com o emprego da Tabela 23.5.

Com o valor da descarga, verifica-se a necessidade de duas bombas ou três e procede-se ao cálculo da altura manométrica, como vimos no Cap. 3.

Sistema triplex

Contém três bombas operando em paralelo, havendo uma principal, entrando as outras duas sucessivamente em operação, quando a descarga da rede de consumo atingir valores prefixados. Este sistema é usado em hotéis, onde a variação de consumo é grande.

480   **BOMBAS E INSTALAÇÕES DE BOMBEAMENTO**

Usa-se também quando o sistema de bombas atende a sistema de combate a incêndio com *sprinklers*, em locais onde a legislação sobre sistemas de combate a incêndio o permite. Alguns projetistas usam a terceira bomba como reserva das duas primeiras, para caso de defeito em uma delas.

As tabelas e as indicações que a seguir serão apresentadas são recomendadas pela Federal Pump Corporation e pela Chicago Pump, conceituados fabricantes de bombas nos EUA.

Critério para previsão da demanda total

Podemos usar naturalmente a Tabela de "Pesos" correspondentes ao consumo dos aparelhos segundo a NBR-5626 da ABNT.

Entretanto, indicaremos os dados da Federal Pump Co., que podem ser cotejados com os indicados na Norma Brasileira citada.

Apartamentos. Edifícios de escritório. Hotéis

Para a escolha da bomba e dimensionamento do encanamento e escolha das válvulas, temos:

a. Se a soma dos pesos indicar descarga igual ou inferior a $10\ 1 \cdot s^{-1}$, adotar 100% do consumo.

Exemplo
500 unidades de descarga = $9,1\ 1 . s^{-1}$.
Adotar 100% de $9,1\ 1 . s^{-1}$ para demanda do prédio.

b. Se a soma dos pesos indicar descarga compreendida entre $10\ 1 \cdot s^{-1}$ e 16 $1 . s^{-1}$, usar $10\ 1 . s^{-1}$ como demanda do prédio.

Exemplo
775 unidades de descarga = $11,7\ 1 \cdot s^{-1}$.
Adotar apenas $10\ 1 . s^{-1}$.

Tabela 23.4 Consumo dos aparelhos em unidades de descarga,
segundo a Federal Pump Corporation

Item	Aparelho	Utilização	Tipo	Unidades de descarga	
				Uso público e comercial	Uso privado
1	Vaso sanitário		*Flush valve*	10	6
			Caixa de descarga	5	3
2	Lavatório			2	1
3	Chuveiro	*Standard*		4	2
		Ducha		8	4
4	Banheira			4	2
5	Mictório	Pedestal	*Flush valve*	10	
			Caixa de descarga	5	
6	Banheiro completo	W.C., Lav. Chuv. Banh.	*Flush valve* Caixa de descarga		8 6
7	Pia	Cozinha	Dupla	4	2
			Simples	3	—
		Bar		3	
		Laboratório		2	
8	Lavador de pratos			6	2
9	Máquina de lavar roupa				4

NOTA: "Público e Comercial" compreende Hotéis, Hospitais, Escolas, Fábricas, Lojas, Teatros, Restaurantes. "Privado" compreende residências, prédios de apartamentos e escritórios.

INSTALAÇÕES HIDROPNEUMÁTICAS 481

Tabela 23.5 Unidades de descarga

Total de unidades de descarga	Descarga ($l . s^{-1}$) na demanda máxima	Total de unidades de descarga	Descarga ($l . s^{-1}$) na demanda máxima
150	5,2	2.650	26,0
250	6,5	3.000	28,6
370	7,8	3.400	31,2
500	9,1	3.800	33,8
630	10,4	4.250	36,4
775	11,7	4.700	39,0
920	13,0	5.100	41,6
1.070	14,3	5.600	44,2
1.225	15,6	6.050	46,8
1.550	18,2	6.550	49,4
1.900	20,8	7.050	52,0
2.250	23,4		

c. Se a descarga calculada pela soma dos pesos for superior a 16 $1 \cdot s^{-1}$, adotar 60% do total com demanda do prédio.

Exemplo
4.700 unidades de descarga = 39,01 $\cdot s^{-1}$.
0,60 × 39,0 = 23,4 $1 \cdot s^{-1}$ para demanda do prédio.
No caso de Escolas, Hospitais, Fábricas, Estádios
a. Até 10 $1 \cdot s^{-1}$, adotar 100% para demanda.
b. De 10 $1 \cdot s^{-1}$ a 14 $1 \cdot s^{-1}$ adotar 10 $1 \cdot s^{-1}$.
c. Acima de 14 $1 \cdot s^{-1}$, adotar 70%.

Perdas de carga
A válvula especial de pressão constante provoca uma perda de carga da ordem de 3 m.c.a. As perdas de carga no encanamento e nas peças especiais são calculadas conforme indicado no Cap. 30.

Barrilete de distribuição
Pode-se usar um barrilete apenas no teto do subsolo, ou um barrilete superior que receba a água recalcada e a distribua para as diversas colunas de alimentação.
Uma terceira solução é reunir as colunas de alimentação num barrilete superior, no qual se colocam válvulas de alívio para permitir a expulsão do ar do encanamento.
Há fabricantes que usam o seguinte critério:
a. Duas bombas idênticas, cada qual dimensionada para 55% da *demanda máxima* do sistema. Recomendado para instalações em que o consumo varia pouco. Uma terceira bomba funciona como reserva para o caso de avaria em uma das outras duas.
Operação
A bomba principal opera continuamente, ficando a segunda de reserva. Quando a demanda excede a capacidade da bomba principal, a segunda entra automaticamente em funcionamento e ambas continuam a operar até que a demanda decresça ao nível da capacidade da bomba principal.
b. *Duas bombas idênticas e uma piloto.*
Usado em prédios de escritórios, *shopping centers,* apartamentos onde há "piques" de consumo elevados e longos períodos de pequena demanda.
Operação
Uma bomba piloto de pequena capacidade opera continuamente durante os longos períodos de pequena demanda. Quando a demanda excede a capacidade da bomba piloto, uma das bombas principais liga automaticamente e a bomba piloto pára. Se a demanda ultrapassar a capacidade da primeira bomba principal, a segunda bomba

482 BOMBAS E INSTALAÇÕES DE BOMBEAMENTO

principal parte automaticamente e as duas trabalham em paralelo. Quando a demanda baixa, desliga primeiro uma, depois a segunda, e a bomba piloto liga logo que o consumo atinge sua possibilidade de atendimento.

c. *Três bombas idênticas e uma piloto*

É usado em prédios comerciais muito complexos. A operação é semelhante ao caso (b).

INSTALAÇÕES COM BOMBAS DE ROTAÇÃO VARIÁVEL

Vimos, no Cap. 6, como variam as grandezas características de funcionamento de uma turbobomba quando varia o número de rotações. Devido à necessidade de obter uma pressão constante, independentemente do consumo em instalações prediais; de manter um nível constante em instalações de esgoto; de manter constante a temperatura em sistemas de aquecimento ou de resfriamento de líquidos e de manter uma descarga constante em sistemas de processamento com recirculação, alguns fabricantes projetaram e fabricaram bombas com motor de rotação variável. Antes da existência desse tipo de bomba, os recursos empregados compreendiam apenas variadores elétricos e mecânicos ou fluidodinâmicos, embreagens e acoplamentos eletromagnéticos cuja atuação não correspondia plenamente ao ideal pretendido, além, naturalmente, do sistema que acabamos de apresentar em *Instalação de distribuição com bombeamento direto*. A empresa norte-americana Aurora Pump (do grupo General Signal Corporation), para variar a velocidade de operação das bombas de sua fabricação na medida da descarga demandada, faz variar a tensão aplicada a um motor de corrente alternativa NEMA "D" (National Electric Manufacturers Association) que aciona a bomba. O sistema conhecido como *Apco-Matic Variable Speed Pumping System* consta essencialmente de um transdutor de pressão na linha de recalque que sensoriza um sistema de pressão, o qual envia sinais elétricos a um centro de controle sempre que ocorre variação de pressão provocada por variação da descarga. O centro de controle então faz com que a velocidade do motor da bomba varie de modo a que a pressão se conserve a mesma, apesar da variação da descarga.

A finalidade do transdutor e sensor é transformar transientes hidráulicos em sinais ou estímulos elétricos capazes de determinar, no equipamento eletrônico do centro de controle, respostas que irão determinar a variação na rotação do motor.

Neste centro de controle, existem retificadores estáticos de silício SCR que reagem ao sinal enviado pelo sensor e modificam a onda senoidal da corrente alternativa que alimenta

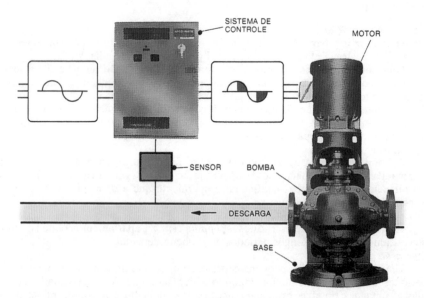

Fig. 23.9 Esquema do princípio básico do sistema APCO-MATIC, conforme proposto pelo fabricante.

o motor da bomba. Assim, por exemplo, se for necessária apenas metade do número de rotações, somente metade da onda senoidal é permitida através do SCR ao motor. Este responde operando na rotação exatamente necessária para atender à solicitação do sistema. As mudanças de velocidade se processam suavemente, sem ruído, em atendimento à demanda verificada a cada momento.

O fabricante fornece o centro de controle do motor, projetado para atender à aplicação desejada.

Faremos referência a dois sistemas básicos deste tipo de instalação entre os vários que o fabricante propõe. *

Tipo *E*. Compreende duas bombas cujos motores são operados por um único centro de controle. Em operação, a velocidade da bomba líder é regulada pelo SCR até que alcance a velocidade máxima compatível com a bomba. Automaticamente fica ligado na linha para essa rotação e, quando se faz necessário, a segunda bomba é demarcada através do SCR para a velocidade mínima. A velocidade desta segunda bomba vai aumentando à medida que for necessário atender ao consumo tal como ocorreu com a primeira bomba.

Tipo *D* Compreende uma, duas, três ou quatro bombas, cada qual com seu equipamento SCR de controle, individual. Deste modo, torna-se possível a qualquer tempo expandir uma instalação original dotada de uma ou duas bombas, acrescendo-a até o total de quatro bombas.

Como foi dito, cada bomba tem seu centro de controle. Quando a primeira bomba atinge o máximo de sua capacidade, o centro de controle da segunda bomba dá partida à mesma. As outras duas bombas, numa instalação com quatro bombas, vão sendo sucessivamente acionadas pelos centros de controle respectivos.

Bibliografia

Aquecedores Cumulus S.A. Ind. Com. Sistemas de Pressurização.
AURORA PUMPS. "APCO-MATIC" variable speed pumping systems. Catálogo.
AVIAL, MARIANO RODRIGUES.*Fontanería y Saneamiento*. Editorial DOSSAT, S.A., Madri.
Conjunto de pressão. Companhia Metalúrgica Barbará. Catálogo.
Constant Pressure Systems. Pacific Pumping Company. Catálogo.
Constant speed pumps systems. Federal Pump Corporation. Catálogo.
Filtral. Tanques hidropneumáticos. Sistemas de Alta Pressão e de Baixa Pressão.
GALLIZIO, ANGELO. *Instalaciones Sanitarias*. Hoepli Editorial Científico, Barcelona.
HASSELMANN, LÍDICE BRASIL. *Dados práticos para Sistemas Hidropneumáticos em Navios*. Souza Marques Engenharia. Vol. 2, N.º 1, março, 1976.
HELLER, P. *Instalações para elevação da pressão da água de uma rede*. Revista Técnica Sulzer, 2/1965.
Hidráulica Magalhães.*Instalações Hidropneumáticas*. Catálogos.
Jacuzzi do Brasil. *Catálogos:*
Hydrocel — Sistemas de Pressão Jacuzzi.
Tanques de pressão com Jet Charger. Yellow Jet Jacuzzi.
Johnston Pump Engineering Manual.
MARTINS, REINALDO MILLER. Proteção de Instalação de Recalque através de Tanque hidropneumático. 10.º Congresso de Eng. Sanitária e Ambiental. Manaus, 1979.
NBR 5626 — Norma Brasileira de Instalações Prediais de Água Fria. 1982.

24

Bombas para Navios

CLASSIFICAÇÃO

São muitos os tipos de bombas empregadas nos navios, enorme sua importância e decisiva sua criteriosa escolha, pois as condições a que são submetidas podem chegar a ser extremamente severas. Conforme a finalidade a que se destinam, podemos classificá-las em:
— Bombas para uso geral. Asseguram a navegabilidade do navio; proporcionam condições sanitárias e de segurança para a tripulação e os passageiros;
— Bombas para atender aos sistemas principais e auxiliares das centrais de vapor, de modo a assegurar condições normais à sua operação;
— Bombas especiais em navios petroleiros, quebra-gelos, dragas, navios pesqueiros, frigoríficos, graneleiros etc.;
— Bombas de apoio ao equipamento do armamento em navios de guerra (resfriamento de peças de artilharia, comandos hidráulicos etc.).
Vejamos certos dados acerca de algumas das principais aplicações das bombas nos navios.

BOMBAS PARA USO GERAL NO NAVIO

Compreendem os seguintes tipos:

Bombas de água para lastro

Usadas para manter as condições de equilíbrio indispensáveis à navegabilidade. Bombeiam água para os reservatórios (câmaras de lastro); transferem-na de um reservatório para outro para equilibrar a carga e esvaziam os reservatórios quando necessário.
Devem ser capazes de encher os tanques de lastro num período de quatro a 10 horas, conforme o tamanho do navio e as especificações dos armadores.
Nesta tarefa são usadas bombas centrífugas de eixo horizontal ou vertical, dupla aspiração, carcaça bipartida, acionadas por motor elétrico ou turbina a vapor. Devem bombear descargas até cerca de 300 l· s^{-1} com altura manométrica de 30 m, girando com n próximo de 1.000 rpm. Para navios muito grandes, usam-se bombas hélico-centrífugas de eixo horizontal, dupla aspiração, como é o caso das bombas RDL da KSB do Brasil, que podem fornecer até 1.400 l · s^{-1}. A carcaça dessas bombas é de bronze e o rotor também é de bronze comum ou ligas especiais desse mesmo metal. O eixo é de aço-cromo e as buchas, de ligas especiais de bronze (Fig. 24.1). Em navios menores, empregam-se bombas alternativas acionadas a vapor, por motor elétrico ou motor diesel.

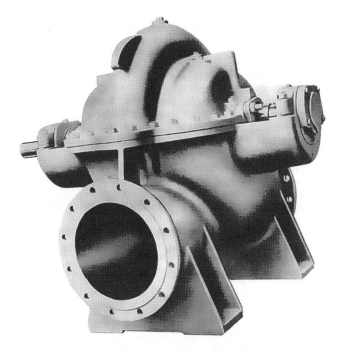

Fig. 24.1 Bomba hélico-centrífuga de dupla aspiração, carcaça bipartida, Modelo RDL — fabricação KSB do Brasil. Q até 5.000 m³/h H de 12 a 135 m.c.a.

Bombas para drenagem

Removem de poços especiais pequenos volumes de água acumulada, provenientes de chuvas tempestuosas, e que passam por juntas deficientemente vedadas em escotilhas, alçapões e portas.

São também necessárias bombas centrífugas de drenagem de pequena capacidade, nas casas de máquina. Caso a água recolhida não seja salgada ou contaminada, pode ser reaproveitada após tratamento no próprio navio.

As bombas para drenagem são geralmente do tipo centrífugo, rotor imerso ou auto-aspirante. Devem funcionar automaticamente quando a água no poço atinge o nível desejado. Usa-se, às vezes, a bomba centrífuga ligada a edutores para o esgotamento da água de compartimentos sujeitos a inundações. Bombas alternativas acionadas por vapor ou motor elétrico também são usadas.

Bombas de água potável

São empregadas para:
— Bombear água das instalações portuárias do cais para o interior dos reservatórios de água potável no navio.
— Bombear dos reservatórios de água potável aos reservatórios hidropneumáticos, a fim de ser utilizada nos aparelhos com a pressão necessária e bombear a água de resfriamento dos cilindros e pistões dos motores de combustão interna e dos compressores.
— Bombear diretamente aos locais de utilização (sanitários, cozinhas, lavanderias etc.). Usam-se então várias bombas em paralelo, cuja ligação é feita automaticamente por meio da atuação de válvulas de pressão constante que permitem conservar a mesma pressão no encanamento para valores variáveis do consumo de água. A fim de conseguir esse objetivo, transdutores comandam dispositivos que ligam e desligam as bombas, colocando duas, três ou mais em paralelo, conforme o consumo. O sistema é análogo ao que foi explicado em *Instalação de distribuição com bombeamento direto,* Cap. 23.
Alguns navios modernos usam o sistema explicado em *Instalações com bombas de rotação*

variável, Cap. 23, empregando bombas de rotação variável.
As bombas mais empregadas para essa finalidade são as centrífugas.

Bombas de combate a incêndio

São geralmente centrífugas, aspiração dupla, eixo horizontal ou vertical. A descarga atinge valores da ordem de 100 $l \cdot s^{-1}$ e pressões de 60 a 150 m.c.a., com $n = 3.500$ rpm. Se for necessário maior pressão, usa-se bomba de dois ou mais estágios, como sucede nas embarcações de combate a incêndio que exigem o lançamento da água a grandes alturas e distâncias.

Geralmente é prevista a possibilidade de entrar em ação outras bombas em paralelo, quando é preciso maior descarga, ou em série, quando necessário maior pressão.

O acionamento deve ser feito de preferência diretamente por uma turbina a vapor, ou por um motor diesel, para assegurar o funcionamento da bomba no caso de defeito na instalação elétrica.

Ainda se usam, com freqüência, bombas alternativas acionadas por vapor em instalações de combate a incêndio.

Bombas para limpeza com jato d'água

O convés e certos porões e depósitos devem ser lavados com fortes jatos d'água.

Usam-se então bombas semelhantes às empregadas para combate a incêndio. Descargas da ordem de 50 a 150 $l \cdot s^{-1}$, sob pressões de 30 a 100 m, provenientes de bombas girando com $n = 3.500$ rpm, são comuns. Para as grandes descargas e pressões, são necessários equipamentos especiais para um jato adequado ("canhão d'água").

Fig. 24.2 Bomba naval Sulzer série MIS.

A água de limpeza a jato pode ser fornecida pela própria bomba de incêndio, através de um *by-pass*, reduzindo-se, se necessário, a pressão com uma válvula de "quebra-pressão".
A água bombeada nesse serviço é geralmente a água do mar.

Observação: A Sulzer Weise fabrica bombas navais para as finalidades acima enumeradas, em dois modelos: série MIS e série MIB. São bombas centrífugas de eixo vertical, para instalação *inline*. Na série MIS o rotor é de aspiração unilateral e a bomba opera numa faixa de 20 a 1.000 m^3/h e alturas manométricas de até 80 m. Os rotores das bombas série MIB são de dupla aspiração e a carcaça é de voluta dupla. A faixa de *performance* cobre vazões de 600 a 2.400 m^3/h e alturas manométricas de até 30 m. A Fig. 24.2 mostra uma bomba naval Sulzer série MIS e a Fig. 24.3, um desenho em corte da mesma.

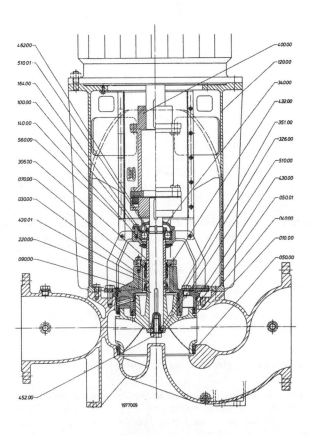

Nomenclatura

010.00	Carcaça	306.00	Luva do eixo
030.00	Tampa de vedação	326.00	Disco de apoio
040.00	Rotor	340.00	Tampa de mancal
050.00	Anel de desgaste (da carcaça)	351.00	Bucha de mancal
050.01	Anel de desgaste (da carcaça)	400.00	Acoplamento
070.00	Tampa (de selo mecânico)	430.00	O-Ring
090.00	Eixo	430.01	O-Ring
100.00	Corpo de mancal	432.00	Junta
120.00	Suporte (do motor)	452.00	Parafuso sextavado
140.00	Anel defletor	462.00	Porca de segurança
164.00	Rolamento	510.00	Arruela de segurança
220.00	Selo mecânico	510.01	Arruela de segurança
		560.00	Proteção do acoplamento

Fig. 24.3 Bomba naval Sulzer série MIS vista em corte.

488 BOMBAS E INSTALAÇÕES DE BOMBEAMENTO

BOMBAS PARA A CENTRAL DE VAPOR DO NAVIO

Encontramos os mesmos tipos de bomba vistos para as instalações geradoras de vapor no Cap. 19. Assim, temos:

Bombas de vácuo

Usam-se atualmente de preferência bombas de vácuo tipo "anel d'água", em substituição aos injetores a vapor, para extração da mistura de ar e vapor de água dos condensadores.

Bombas de alimentação da caldeira (boiler feed pumps)

Recebem a água do aquecedor desaerador e a bombeiam para a caldeira.

Quando acionadas por motores elétricos, giram a 3.500 rpm e, quando por turbinas a vapor, ou pelo próprio turbogerador, podem girar até a 12.000 rpm.

É usual empregar-se, nas instalações de média e grande capacidades, o acionamento com motores de velocidade variável, a fim de conseguir melhor rendimento.

Essa variação de velocidade é obtida com um regulador automático de velocidade que controla a admissão de vapor na turbina de modo a manter constante a pressão manométrica da bomba.

Os navios mercantes que operam por largos períodos sob carga constante permitem que a bomba de alimentação da caldeira possa ser acionada diretamente pelo prolongamento do eixo do turbogerador ou da principal turbina de propulsão. Neste caso, deve-se instalar uma bomba auxiliar para funcionar com capacidades menores ou nas emergências. Convém notar que, se a bomba de alimentação for ligada à turbina principal do navio, deve haver um acoplamento que permita desligá-la e outro para embreá-la a uma turbina auxiliar que funcione na rotação necessária, nas ocasiões em que a unidade geradora principal estiver em regime de baixa rotação.

Podem-se usar bombas de dois estágios até cerca de 100 kgf $\cdot$ cm^{-2} com o acionamento por turbina de alta rotação. Para pressões maiores ter-se-á de usar maior número de estágios na bomba.

Bombas de extração do condensado (condensate pumps)

Em geral são empregadas, para esse fim, bombas centrífugas de dois estágios e, de preferência, eixo vertical, para permitir condições de aspiração mais favoráveis.

Bombas de circulação para resfriamento do condensador

Um navio acionado por turbina a vapor necessita de uma ou mais bombas centrífugas de eixo vertical ou horizontal com dupla aspiração para atender a essa finalidade.

As descargas variam, conforme o navio, de 300 $l \cdot s^{-1}$ sob pressão de 30 m.c.a. até 1.500 $l \cdot s^{-1}$ para pressão de 8 a 10 m.c.a. As velocidades variam de 500 a 1.150 rpm, conforme os valores da descarga e da altura manométrica.

Em navios com central de vapor de alta capacidade, a água deverá ser suprida em valores que alcançam de 1.000 $l \cdot s^{-1}$ para $H = 8$ m a 2.000 $l \cdot s^{-1}$ para $H = 5$ m. Nestes casos, recomenda-se o uso das bombas hélico-centrífugas, helicoidais e até axiais (neste último caso, convém que as pás sejam de passo variável para melhor regulagem e bom rendimento).

A água usada é a do mar, e reservatórios laterais no casco do navio funcionam como depósitos para a operação de resfriamento da água que arrefece o condensador.

Bombas diversas na central de vapor

Para as demais bombas, notar o que foi dito no Cap. 19, pois as bombas são dos mesmos tipos.

EMPREGO DAS BOMBAS DE ACORDO COM O TIPO

Turbobombas

Além do emprego nas instalações já mencionadas, as turbobombas em geral, e mais particularmente as bombas centrífugas, são usadas nos navios como:
Bombas para água salgada. Podem ser de ferro fundido ou de bronze.
Bombas para carregamento de óleo no navio.
Bombas para instalação de água quente central.
Bombas para instalação de água gelada central.
Bombas para instalação de água destilada.
Bombas para instalação de água de refrigeração das máquinas.
Bombas para instalação de ar condicionado com emprego de água gelada.

Bombas rotativas

São usadas principalmente no:
— resfriamento de motores;
— bombeamento de petróleo na carga ou descarga;
— bombeamento de óleo combustível do cais para o navio e alimentação das caldeiras;
— bombeamento de óleo lubrificante nos mancais.

Para serviço marítimo, essas bombas, para ocuparem menos espaço, têm geralmente eixo vertical.

Bombas alternativas

São acionadas por vapor e empregadas para bombeamento de:
— lastro de água no mar;
— água de drenagem;
— água de alimentação das caldeiras;
— água potável;
— água para combate a incêndio;
— óleo combustível;
— esgotos sanitários.

Ainda é bastante usada a bomba alternativa acionada diretamente pelo vapor dos navios, devido à sua simplicidade, confiabilidade e rendimento satisfatório.

Escolhem-se muito freqüentemente bombas deste tipo como bombas *stand-by,* pois, sendo alimentadas por vapor e não por eletricidade, têm condições de funcionar numa

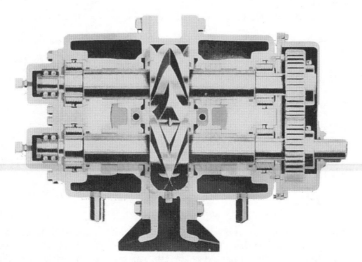

Fig. 24.4 Bomba de engrenagem helicoidal para óleo em navios.

490 BOMBAS E INSTALAÇÕES DE BOMBEAMENTO

pane na instalação elétrica. Essa precaução é quase sempre exigência obrigatória em construção naval. É bom ter presente que, em instalações de navios, sempre deve haver uma bomba de emergência *(stand-by)* por razões fáceis de perceber.

Em certas instalações, ainda se faz uma intercomunicação com circuito de outra bomba, para uma segurança adicional.

Bombas alternativas acionadas por motores elétricos ou diesel

Embora menos usadas que as bombas acionadas por vapor, são, entretanto, utilizadas para as mesmas finalidades mencionadas para aquele tipo de bombas.

BOMBAS PARA NAVIOS PETROLEIROS (CARGO-PUMPS)

Referimo-nos às bombas destinadas a bombear o petróleo das câmaras dos petroleiros aos depósitos de armazenamento em terra ou vice-versa. Usam-se bombas centrífugas capazes de bombear grandes descargas de petróleo e outros hidrocarbonetos, bem como água salgada para o lastro, realizando a operação com rapidez, como exige a operação para ser economicamente rentável.

As bombas são portanto centrífugas, rotor de dupla aspiração, um estágio, podendo o eixo ser horizontal (Fig. 24.1) ou vertical (Fig. 24.2).

Para fazer face às condições adversas da operação de lastreamento do navio com água salgada, as bombas, em geral, obedecem às seguintes especificações essenciais encontradas, por exemplo, nas bombas LNS da Worthington:
— caixa (caracol) — bronze
— rotor — bronze
— anéis de vedação — bronze
— eixo — aço monel
— luva do eixo — K-monel
— mancais — rolamento de esferas
— selos mecânicos — especiais

As bombas desse tipo permitem descargas de até 7.500 m³/hora e pressão de 200 m.c.a.

O óleo bombeado nos petroleiros possui viscosidades compreendidas entre 130 e 500 SSU, o que torna aceitável o emprego das bombas centrífugas. Deve-se notar que o óleo bombeado vem misturado com apreciável percentagem de ar e gás de hidrocarbonetos, de modo que, para evitar os problemas decorrentes da libertação do ar à entrada da bomba e do rotor, devem-se utilizar dispositivos especiais que removem os gases antes da entrada do óleo na bomba. É o caso do equipamento da Worthington conhecido com o nome de *Vac Strip,* que compreende um separador, um filtro, uma bomba auxiliar de vácuo e um tanque de recirculação.

Para conseguir valores baixos de viscosidade, o óleo deve ser aquecido.

MATERIAIS DAS BOMBAS

São três as opções para a escolha dos materiais para a carcaça da maioria das bombas para navios:
— ferro fundido com partes também em bronze;
— bronze;
— ferro fundido.

As condições extremamente severas, devidas à agressividade da água do mar e do ar salitrado, podem impor especificações rigorosas para determinadas bombas ou para certas partes ou peças das mesmas, como é o caso do rotor, eixo, mancais etc.

ACIONAMENTO

A maioria das bombas é acionada por motores elétricos, havendo certa preferência pela corrente contínua em grandes navios. Turbinas a vapor são mais usadas para as bombas *stand-by* ou auxiliares, exceto em navios de guerra, para os quais as especificações são diferentes das que se aplicam à construção de navios para serviço comercial.

BOMBAS DE COMBATE A INCÊNDIO

Entre diversas soluções que têm sido propostas para a instalação de bombeamento para combate a incêndio, acham-se indicadas esquematicamente nas Figs. 24.5 e 24.6 instalações com acionamento das bombas por motores diesel.

A Fig. 24.5 mostra uma bomba rotativa de óleo acionada por motor diesel e um motor oleodinâmico semelhante ao que vimos no Cap. 18 e que movimenta a bomba de combate a incêndio de eixo vertical colocada numa caixa cilíndrica de aço, tipo CAN, localizada em nível inferior ao do mar. A bomba rotativa envia o óleo, vindo de um reservatório de pressão, ao motor oleodinâmico, o qual é ligado diretamente ao eixo vertical da bomba. A bomba terá o número de estágios que se fizerem necessários para a obtenção da altura manométrica desejada.

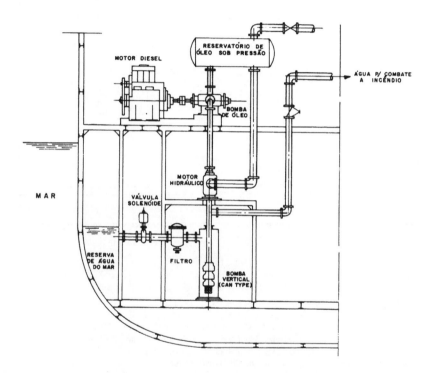

Fig. 24.5 Instalação típica de bombeamento de água para combate a incêndio em navios.

A Fig. 24.6 apresenta a bomba de incêndio de eixo horizontal ligada diretamente ao motor diesel, o qual aciona também uma bomba rotativa de óleo de dimensões bem menores que a referida na Fig. 22.5. Um motor oleodinâmico, que recebe o óleo da bomba rotativa, aciona uma bomba *booster* para escorva da bomba de incêndio e se situa em nível suficientemente baixo para estar sempre escorvada.

O motor diesel entrando em funcionamento atua sobre a bomba rotativa, a qual envia óleo sob pressão ao motor oleodinâmico responsável pela movimentação da bomba *booster*. Esta bombeia a água do mar à bomba de combate a incêndio, escorvando-a e permitindo o seu funcionamento.

É claro que, se fosse possível colocar o equipamento diesel-bomba abaixo do nível da água, seria dispensável o sistema auxiliar bomba-motor oleodinâmico, mas, em geral, não é viável instalar o equipamento na profundidade desejada.

Existem sistemas mais aperfeiçoados que, ao invés da bomba *booster* e do motor hidráulico mostrados na Fig. 24.6, empregam uma bomba auxiliar e uma pequena turbina hidráulica como elementos para a escorva. É o caso das bombas especiais CT da Worthington.

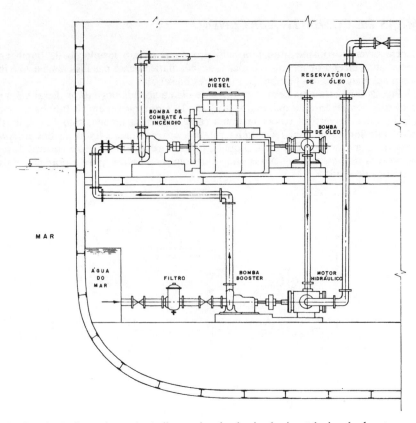

Fig. 24.6 Instalação de combate a incêndio com bomba de eixo horizontal e bomba *booster*.

Bibliografia

HARRINGTON, R.L. *Marine Engineering*. SNAME, 1971.
HICKS e EDWARDS. *Pump Application Engineering*. McGraw-Hill, 1971.
KARASSIK, IGOR J. *Pump Handbook*. McGraw-Hill Book Company, 1976.
KHETAGUROV, M. *Marine Auxiliary Machinery and Systems*. Peace Publishers, Moscou.
Sulzer Weise. Bombas Navais tipo MIB e Bombas Navais tipo MIS.
Worthington marine cargo pumps. *Catálogo da Worthington*.

25

Bombas para Centrais Hidrelétricas de Acumulação (Usinas de Transferência)

GENERALIDADES

À medida que, em muitas regiões, os recursos hidráulicos para utilização da energia elétrica se aproximam de uma situação de esgotamento, parecendo indicar a necessidade de optar pelo emprego de outras formas de energia, torna-se interessante examinar a possibilidade de "armazenar energia hidráulica" aproveitando condições topográficas e hidrológicas favoráveis ou criando artificialmente as mesmas. As Centrais de Acumulação ou Usinas de Transferência têm essa finalidade. Vejamos como isso se realiza.

Uma usina termelétrica moderna, com vapor em alta pressão e alta temperatura, usando combustíveis fósseis ou energia originada por reação nuclear, para que possa operar economicamente deve trabalhar continuamente em regime próximo do de "plena carga".

Examinando-se os gráficos de consumo de energia elétrica de uma região verifica-se que, na realidade, esse consumo varia consideravelmente durante as 24 horas do dia e também ao longo da semana e dos meses do ano.

Haverá, portanto, horas ou mesmo dias inteiros (domingos, feriados, sábados, períodos noturnos) em que a potência gerada nas termelétricas será superior à demanda da rede consumidora.

Em certos períodos do dia, todavia, a demanda pode superar a carga de regime normal e mesmo de sobrecarga admissível nas unidades geradoras, sendo necessário complementar o déficit nessas pontas de carga com energia de uma unidade de reserva ou de outra fonte.

Imaginou-se então utilizar a energia hidráulica como complemento da energia do sistema servido pelas termelétricas e, em certos casos, pelas usinas a fio d'água.

Para isso contrói-se um reservatório de acumulação em nível elevado, represando, se possível, um curso de água, que pode ser de pequeno porte. De um rio ou lago natural ou artificial, em cota inferior e o mais próximo possível do reservatório superior, a água é bombeada para o reservatório superior, sendo utilizada nessa operação a sobra de energia da central termelétrica ou de uma usina hidrelétrica a "fio d'água" que faça parte do sistema energético. Assim, a água é acumulada no reservatório superior seja pela contribuição de um rio ou riacho que vá ter a ele diretamente, seja pelo bombeamento do reservatório inferior, e essa água poderá ser utilizada no acionamento de turbinas hidráulicas nas horas de maior demanda de energia pela rede. A contribuição das águas do rio poderá ser apenas a necessária para compensar a água perdida por infiltração e evaporação nas bacias de acumulação e, se possível, também para o primeiro enchimento. Na Central de Acumulação de Happurg, próxima de Nuremberg, o reservatório superior, com $1,8 \times 10^6$ m^3, foi criado artificialmente e a ele não tem acesso qualquer curso natural de água. É também o caso da Usina de Ravin, na bacia de Marquisades de Saint-Nicolas, onde há dois reservatórios aproximadamente da mesma capacidade, com 7×10^6 m³. Apenas o inferior recebe água desviada de um rio. A água tem como que um movimento "pendular". Ora é usada para acionar a turbina, ora é bombeada de volta ao reservatório superior.

Sendo o preço do kWh fornecido nas horas de ponta mais elevado que o fornecido durante as horas de fraca demanda, há uma grande vantagem na utilização da energia sob a forma indicada, mesmo levando em conta que a energia consumida para bombear é superior à energia gerada pelas turbinas na operação inversa, o que é evidente, pois há que considerar as perdas elétricas, hidráulicas e mecânicas do sistema, além da necessidade de compensar o efeito da evaporação no reservatório superior caso o mesmo não seja alimentado também por um curso d'água. Mesmo assim, o custo de kWh gerado pela turbina será inferior ao calculado com a hipótese de construir uma central termelétrica "de ponta" que atenderia apenas a um aspecto da questão, que é o de suprir de energia a rede nos "piques", mas que não utilizaria a energia excedente da Central T.E., principalmente nas horas de fraco consumo, e que indefinidamente iria consumir combustível. O que o consumo de combustível significa em termos de ordem econômica é supérfluo comentar.

Uma vantagem a considerar no sistema de bombear e turbinar é que na operação de caráter pendular a reversão de uma situação para a outra se realiza em tempo muito curto.

No complexo hidrelétrico do rio Niagara, que gera 4.000 MW, existem duas centrais de acumulação, uma em Queenston, no Canadá, e outra em Lewiston, no lado americano do citado rio. Durante a noite, quando o consumo de energia se reduz, as unidades bombeiam água para os reservatórios. No decorrer do dia, nas horas de maior demanda, a água acumulada escoa em sentido inverso nas turbinas, possibilitando a geração de uma maior potência energética.

No Brasil, de condições orográficas tão variadas, existem muitas regiões, como é o caso da Serra do Mar, em que certamente em futuro não muito remoto serão instaladas usinas de transferência e, no caso da Serra do Mar, aproveitando a energia excedente dos períodos de baixa demanda às centrais nucleares de Angra dos Reis.

Considerando o aspecto teórico do problema, pode-se chegar até a pensar na construção de um grande reservatório subterrâneo e de uma usina subterrânea abaixo do mesmo, podendo aproveitar a água de uma lagoa e, segundo já tem sido cogitado, até do mar. O custo de obra de tal porte elimina a hipótese de ser pensada como realização para o presente, mas o inexorável esgotamento de energia obtenível por modos mais econômicos poderá levar a esse extremo que hoje parece absurdo.

A Fig. 25.1 representa esquematicamente um sistema de usina de acumulação. Ao funcionar como bomba a unidade deve atender às condições de NPSH — *Net Positive Suction Head* —, necessárias para assegurar o funcionamento sem cavitação da bomba na situação de nível mínimo a jusante, o qual mantém sempre a bomba escorvada por gravidade. Em muitas centrais de acumulação a casa de máquinas fica numa caverna, em

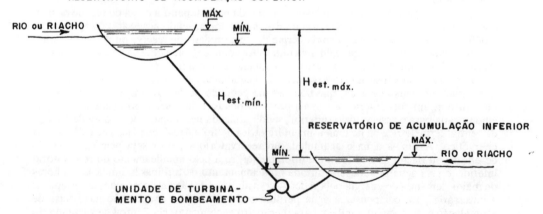

Fig. 25.1 Esquema básico de uma central de acumulação.

BOMBAS PARA CENTRAIS HIDRELÉTRICAS DE ACUMULAÇÃO 495

nível inferior ao do reservatório de jusante, e a adução e a descarga das turbinas e bombas se realiza em túneis cavados na rocha.

Na Fig. 25.2 vemos os reservatórios e, tracejado, o túnel que liga o reservatório superior à casa de máquinas da usina de Rodund II, na Áustria. A máquina operando como turbina fornece de 239 a 271 MW e, como bomba, consome de 239 a 253 MW para um desnível que varia de 324 a 348 metros.

Fig. 25.2 Usina de acumulação Rodund II, na Áustria, com bombas-turbinas de Voith.

MODALIDADES DE USINAS DE ACUMULAÇÃO

Desde o início do século têm sido empregadas bombas para a acumulação de água para ser aproveitada em turbinas. O grupo bomba-motor nas primeiras instalações era totalmente independente do grupo turbina-gerador. Foram desse tipo as instalações da Voith em Brunneunmühle (1908) e em Neckartenzlingen (1911), se bem que existam algumas instalações relativamente recentes com essa concepção. No sistema Ribeirão das Lajes e Rio Paraíba, a água deste rio é bombeada em duas elevatórias, da cota 353 m a 398 m, de onde desce em *penstock* na rocha para alimentar as turbinas da usina subterrânea Nilo Peçanha (Light) na cota 87 m, com um ganho teórico de 266 m.

Com a demanda crescente de energia foram experimentadas novas soluções. Aparecem os grupos ternários, em que a bomba e a turbina separadamente são acopladas a uma mesma máquina elétrica que funciona como motor ou gerador. Em 1927, em Niedwatha, a Voith instalou grupos de 22,5/20,2 MW. A solução foi aplicada na Central Taum Sauk (H = 233-255 m) e nas primeiras unidades da Central Vianden (H = 283-290 m) e na montanha Cruachan, na Escócia (362-368 m).

A experiência, a evolução da pesquisa, a ciência e a tecnologia das máquinas hidráulicas conduziram à fabricação de máquinas reversíveis, capazes de operar ora como turbina ora como bomba. A idéia é antiga, e em 1920 já se escreviam artigos a respeito. Uma das primeiras unidades do gênero no mundo, do tipo radial, foi instalada na usina de Jaguari, em Pedreira, no ano de 1937. Anos depois foi fornecida pela Voith uma turbina-bomba de maior capacidade para a mesma usina. A máquina fornece 5.260 kW como turbina e consome 4.660 kW como bomba, sendo as quedas de 15 a 28 m como bomba e 18 a 30 m como turbina. Mais recentemente, ao se colocar a quinta unidade turbina-bomba usou-se uma máquina de 12.800 kW como turbina, fornecida pela S. Morgan Smith Co., segundo projeto da Voith. A Fig. 25.3 mostra o rotor e o distribuidor com pás diretrizes da primeira instalação, e a Fig. 25.4, a turbina-bomba Voith da quarta etapa da mesma

Fig. 25.3 Turbina-bomba da usina de Jaguari, em Pedreira, São Paulo, instalada pela Voith em 1937.

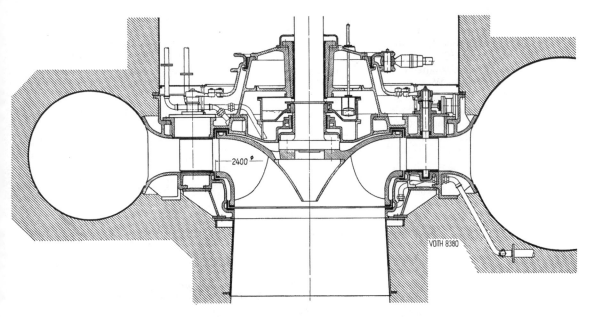

Fig. 25.4 Turbina-bomba Voith da etapa IV da usina Pedreira, em São Paulo, no sistema Billings.

usina. Na elevatória de Vigário, do Sistema Light (Paraíba — Lages), as unidades são reversíveis, embora normalmente operem como bombas.

Nas turbinas-bombas reversíveis a passagem de uma operação para a inversa importa na mudança do sentido de rotação da árvore, o que representa um tempo de operação um tanto grande, o que em certos casos não é um inconveniente decisivo.

O desenvolvimento do projeto e a construção de bombas, turbinas e turbinas-bombas para usinas de potências cada vez maiores, necessitando de tempos de inversão de operação cada vez mais reduzidos, foi acompanhado pelo aperfeiçoamento de válvulas esféricas, válvulas de agulha, turbinas de arranque, conversores de torque para sincronização na partida das bombas e embreagens de dentes, além da parte elétrica e eletrônica de atuação nos sistemas de regularização e comando.

Nas primeiras décadas do século as centrais de acumulação possuíam unidades com poucas dezenas de megawatts. Existem hoje muitas centrais com unidades de mais de 200 MW, valendo mencionar as turbinas-bombas reversíveis de Racoon Mountain, nos EUA, com 400 MW cada.

TIPOS DE MÁQUINAS

A escolha do melhor tipo de máquina para a central de acumulação depende da análise de um conjunto de fatores, entre os quais sobressaem:
— condições topográficas, hidrográficas e geológicas da região;
— custo do empreendimento, levando em conta as obras civis de acumulação da água, túneis, galerias de acesso, casa de máquinas, tubo de aspiração e de sucção, *stand-pipe* etc.;
— regime da rede de energia elétrica. Necessidades de energia, horários das pontas de consumo e tempos aceitáveis de manobra para passagem de bombeamento para turbinamento e vice-versa.

Conforme o desnível entre os dois reservatórios, têm sido propostas as seguintes soluções:
— Máquinas reversíveis axiais de pás ajustáveis, tipo tubular, até 20 m de desnível, como as da Central de Busko-Blato, Iugoslávia, fabricadas pela Escher-Wyss. O bombeamento se realiza nos dois sentidos de escoamento e o turbinamento apenas em um sentido.

— Máquinas reversíveis axiais de pás ajustáveis, tipo bulbo, até cerca de 25 m. É o caso das unidades da Central de Quijo de Granadilla, na Espanha.
— Máquinas reversíveis semi-axiais de pás ajustáveis, tipo Dériaz, para quedas de 20 a 150 m. É o caso das unidades da Mitsubishi Water Turbines, instaladas na Usina Takane N.º 1, da Chubu Electric Co. Japão, funcionando com potência de 87.300 kW como turbina com H = 136,2 m e 99.400 kW como bomba, com H = 137,6 m e n = 277 rpm (Fig. 25.5).
— Máquinas de bombeamento puro ou máquinas reversíveis centrífugas, de um estágio (tipo Francis), para H de 40 a 600 m.

A Fig. 25.6 mostra a bomba-turbina da Voith para a Central de Rodund II, na Áustria, instalada em 1975.

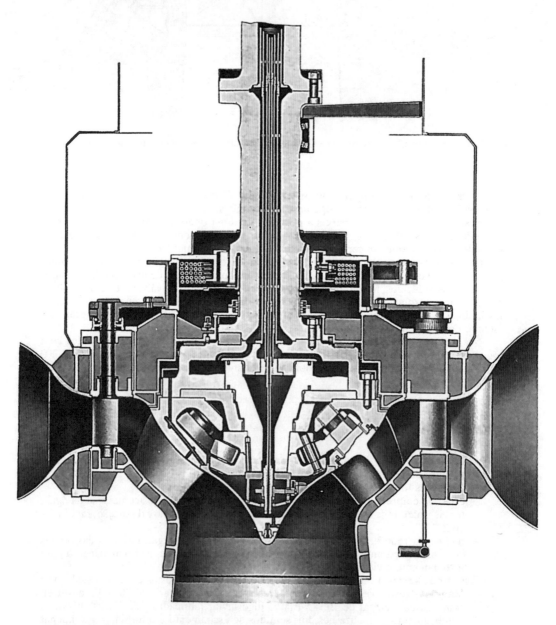

Fig. 25.5 Turbina-bomba Dériaz, da Mitsubishi Water Turbines, na usina Takane N.º 1.

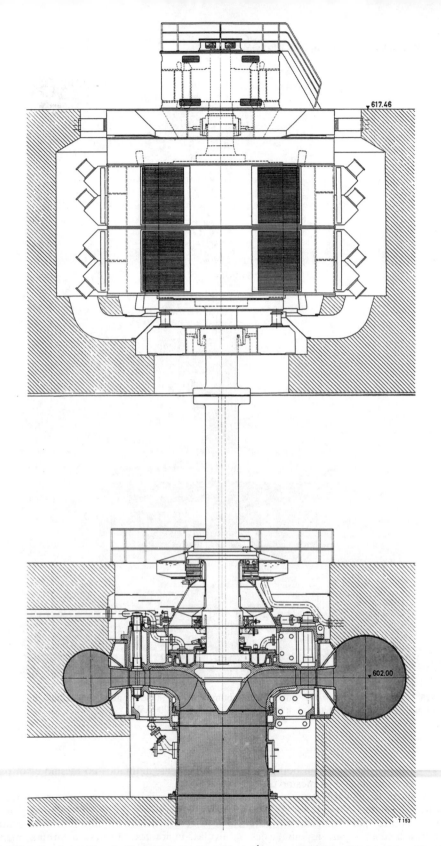

Fig. 25.6 Bomba-turbina da Central de Rodund II, na Áustria, da Voith. Como turbina: $H = 324$ a $348,2$ m. $Q = 88,3$ a $87,0$ m$^3 \cdot$ s^{-1}, $n = 375$ rpm e $N = 239$ a 271 MW. Como bomba: $H_{man} = 333,6$ a $357,4$ m, $Q = 71,5$ a $63,0$ m$^3 \cdot$ s^{-1}, $n = 357$ rpm, $N = 253$ a 239 MW, $D_1 = 4.350$ mm, $D_2 = 2.424$ mm, $D_3 = 2.550$ mm.

Fig. 25.7 Árvore com rotor do grupo turbina-bomba da usina de Ronkhausen. Como turbina: H = 274 m, N = 74.800 kW. Como bomba: H = 257 m, N = 66.200 kW.

— *Grupos ternários* com bomba e turbina separadas, montados no mesmo eixo, para H acima de 200 ou mesmo de 300 m.

A altura de elevação, que é ao mesmo tempo queda hidráulica, deve ser a maior possível, dependendo naturalmente das condições topográficas, pois grande altura significa, como sabemos, para uma mesma potência a exigência de menor descarga e, portanto, menores dimensões para as tubulações e válvulas, maior rotação para a turbina, menor torque e menores dimensões do gerador.

Façamos algumas considerações acerca da aplicação das máquinas nas diversas modalidades de instalações.

INDICAÇÕES SOBRE O EMPREGO DAS MÁQUINAS NAS CENTRAIS DE ACUMULAÇÃO

Utilização de um ou mais grupos "motor-bomba" numa usina hidrelétrica já construída ou a construir. Haverá, na mesma usina, grupos turbina-alternador e motor-bomba totalmente independentes

É a chamada *instalação com quatro máquinas*.

As Figs. 25.8 e 25.9 mostram uma usina desse tipo, onde, devido à queda elevada, são usadas turbinas Pelton e as bombas são de múltiplos estágios. Os conjuntos se acham em cavernas separadas. As máquinas só têm em comum as tubulações forçadas. Para obter condições de aspiração favoráveis, portanto, sem o risco de cavitação, as bombas se acham em cota inferior à das turbinas Pelton.

Esse tipo quaternário de máquinas é o mais caro, mas é o mais favorável quanto aos problemas de demarragem, mudança de operação e disponibilidade, sendo indicado quando já existe uma usina hidrelétrica construída e se deseja fazer a instalação de bombeamento.

Emprego de um grupo ternário, isto é, uma turbina e uma bomba ligadas na mesma árvore a um motor-gerador

É a solução que se encontra na maior parte das centrais de acumulação na Europa. A principal vantagem é a rapidez da inversão da operação.

Dentro dessa modalidade, podemos distinguir cinco variantes.

Caso 1 A bomba e a turbina são ligadas rigidamente ao motor-gerador, havendo uma árvore comum sem acoplamentos

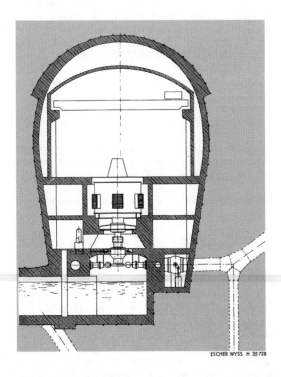

Fig. 25.8 Turbina Pelton de eixo vertical: $H_{máx} = 1.000$ m, $N_{máx} = 150$ MW, $n = 600$ rpm.

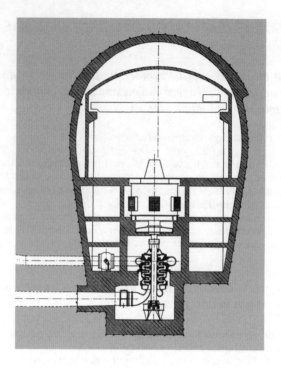

Fig. 25.9 Bombas de acumulação centrífugas, de quatro estágios: $H_{máx} = 1.015,2$ m, $N_{máx} = 142,5$ MW, $n = 600$ rpm.

Funcionando como turbina o rotor da bomba trabalha "em seco", com ar comprimido, devendo os interstícios do labirinto ser refrigerados. O mesmo deve ser feito com o rotor da turbina, quando o grupo opera como motor-bomba.

Quando a turbina dá a partida o rotor da bomba trabalha em vazio, com ar comprimido ou cheio d'água, e depois deve ser esvaziado. Em regime compensador de fase as duas máquinas são esvaziadas de água e o gerador gira livre de resistências maiores.

Durante a reversão de um tipo de funcionamento para outro o motor-gerador deve permanecer ligado à rede.

Nesse grupo o rendimento é sacrificado, pois sempre uma das unidades trabalha com o rotor girando no ar, o que obriga ao resfriamento dos labirintos com água, e esse escoamento da água provoca perda por atrito.

Esse tipo de instalação foi empregado nos anos 30 e 40 objetivando baixos custos para os equipamentos e a instalação. O tempo de inversão é pequeno desde que se possa encher e esvaziar rapidamente a turbina ou a bomba sem provocar golpe de aríete.

Caso 2 A turbina é ligada rigidamente ao eixo do motor-gerador e a bomba é ligada por um acoplamento especial mecânico dentado (embreagem de dentes)

Para acionar a turbina desacopla-se a bomba, mas para ligar a bomba tem-se que esvaziar a turbina.

Quando se passa do bombeamento para o turbinamento pode ocorrer uma das seguintes hipóteses:
— a bomba ainda está com água: deve-se desligar o motor-gerador da rede elétrica para que o desacoplamento mecânico da embreagem de dentes se faça sem carga;
— se a água tiver sido removida da bomba não há, então, necessidade de desligar o motor-gerador da rede elétrica.

A embreagem mecânica pode ser desacoplada quando a bomba estiver quase vazia, girando a plena velocidade. Já se usou embreagem cônica para ligação com o eixo parado, como é o caso da Usina de Niedwartha, em Dresden, instalada pela Voith em 1927, e Waldeck I, em Hanover, em 1928.

BOMBAS PARA CENTRAIS HIDRELÉTRICAS DE ACUMULAÇÃO 503

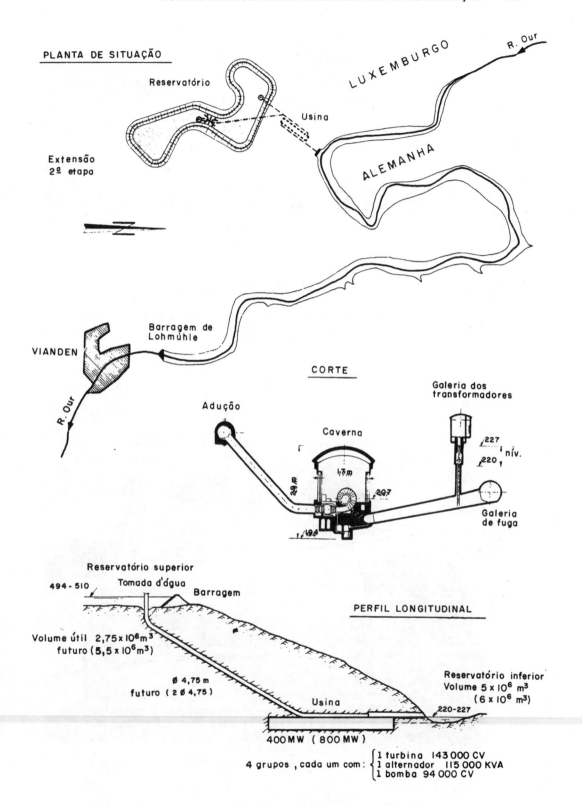

Fig. 25.10a Central hidrelétrica de bombeamento de Vianden.

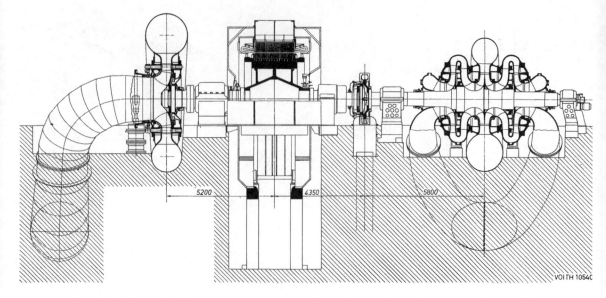

Fig. 25.10b Grupo Voith de acumulação da Central de Vianden. 9 Turbinas Francis de 105 MW, H = 290 m. Bomba centrífuga, 2 estágios, entrada bilateral, 71 MW a 268 m. Turbina Pelton de arranque com embreagem de dentes.

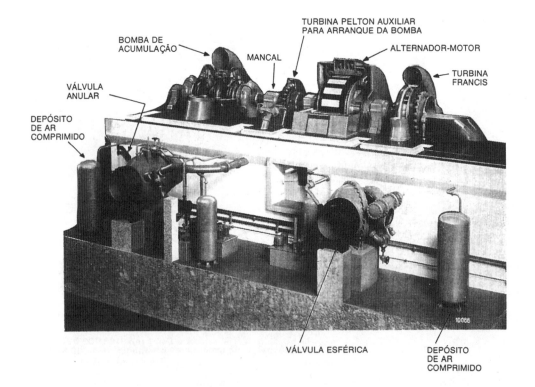

Fig. 25.11 Modelo-maquete do grupo turbina-bomba Voith da central ternária de acumulação de Happurg.

BOMBAS PARA CENTRAIS HIDRELÉTRICAS DE ACUMULAÇÃO 505

Na passagem do turbinamento ao bombeamento deve-se desligar a carga da rede e frear eletricamente o grupo até que pare completamente. Em seguida liga-se o acoplamento mecânico de dentes e o grupo demarra por meio da turbina.

Quando a turbina funciona a bomba fica desacoplada da árvore do gerador, de modo que não havendo o problema do rotor girar em seco, em contato com o ar, o rendimento do grupo turbina-bomba é muito bom. O tempo de passagem do turbinamento para o bombeamento, porém, é grande, pois o grupo deve ser completamente paralisado na passagem de uma operação para a inversa. Exemplos: usina de Geethacht, com 3×35 MW, como turbina; usina de Ffestinig, com 4×80 MW, como turbina; usina de Tumut, com 3×250 MW, como turbina.

Caso 3 A turbina é ligada rigidamente ao motor-gerador e, por meio de um acoplamento mecânico de dentes, à bomba, combinado com uma turbina auxiliar para arranque (Figs. 25.10 e 25.11)

A passagem do turbinamento para o bombeamento pode ser feito com a bomba aerada acionada pela turbina auxiliar enquanto a turbina está ainda funcionando, o que reduz muito o tempo de conversão. Quando a árvore da bomba atinge a velocidade de sincronismo do grupo motor-gerador faz-se a ligação do acoplamento de dentes e em seguida se enche a bomba.

O grupo motor-gerador deve permanecer ligado à rede durante as operações de troca de turbinamento por bombeamento e vice-versa. A demarragem durante a operação como bomba ou como turbina e a troca do bombeamento pelo turbinamento se processam como indicado no caso de bomba e turbina ligadas rigidamente ao motor-gerador sem acoplamento.

A Fig. 25.13 indica, para a usina de Säckingen, num mesmo alinhamento a turbina Francis (Escher Wyss): um acoplamento mecânico de dentes (Renk-SSS); um motor-alternador síncrono (AEG e Brown Bovery); um acoplamento hidrodinâmico (Voith) e uma bomba centrífuga de dois estágios com rotores *back to back*. A bacia artificial de acumulação armazena 2 milhões de m³, havendo uma oscilação de nível de 21 m. Uma das vantagens desse tipo de grupo ternário é que a bomba pode ser projetada para o rotor girar no mesmo sentido de rotação da turbina. Com isso o tempo de manobra para passagem de um tipo a outro de máquina fica reduzido e o desgaste é menor.

Como exemplo desse tipo de instalação temos as usinas luxemburguesas de Vianden, de 1959 (Fig. 25.10), e Happurg (Fig. 25.11), com equipamento Escher Wyss, e a de Herdacke, no Ruhr (1950), com equipamento Voith.

A turbina de arranque que em geral se usa, quando a árvore do grupo só gira em um sentido, é a turbina Pelton (Figs. 25.10a e 25.11).

Caso 4 A turbina é ligada rigidamente ao motor-gerador e a bomba é ligada ao mesmo por acoplamento mecânico de dentes e conversores hidrodinâmicos de torque

O emprego de conversor hidrodinâmico de torque substitui a turbina auxiliar de arranque e permite que a bomba atinja a velocidade nominal antes da ligação do acoplamento mecânico e que possa demarrar cheia de água.

Liga-se o acoplamento mecânico quando o eixo da bomba, graças ao conversor de torque, estiver em sincronismo com o motor-gerador que está sendo acionado pela turbina e, em seguida, se alivia o conversor de torque.

Durante qualquer das mudanças o motor-gerador deve permanecer ligado à rede de energia elétrica.

Com esse sistema consegue-se obter o menor tempo para passagem de uma condição para a outra, uma vez que a bomba permanece sempre cheia de água. É usado para bombas de um ou mais estágios e de quaisquer tipos. A desvantagem é o custo um tanto elevado do equipamento. Exemplos: a) usina de Säckingen, equipamento Voith, b) usina de Homberg, com 4 turbinas de 250 MW.

Caso 5 A turbina é ligada ao motor-gerador com acoplamento mecânico de dentes e a bomba é ligada à árvore com o mesmo tipo de acoplamento, além do acoplamento hidrodinâmico

Com esse arranjo não há necessidade de aerar a bomba ou a turbina para a demarragem ou troca de operação, havendo um mínimo de perdas por ventilação no turbinamento, no bombeamento ou na sincronização.

A Fig. 25.12 mostra um corte na casa de máquinas da central subterrânea de Säckingen, na Floresta Negra, no vale do rio Reno (República Federal da Alemanha).

A instalação dispõe de quatro turbinas com potência total de 370 MW e recebe 280 MW para acionamento de quatro bombas.

É interessante observar que em todos os grupos ternários a bomba de acumulação é equipada com acoplamento de dentes e, em certos casos, também a própria turbina (caso 4, das usinas de Säckingen e Hornberg), o que é vantajoso, pois pode-se desconectar a máquina que não estiver sendo usada.

Emprego de grupo binário, isto é, máquina reversível turbina-bomba ligada ao motor-gerador (Fig. 25.14)

De um modo geral são mais simples e de menor custo que os grupos ternários. Ocupam menos espaço e o arranjo das tubulações é mais simples.

Podemos distinguir quatro modalidades dessa disposição binária:

A turbina-bomba é acoplada rigidamente ao motor gerador

A partida da máquina para o bombeamento exige a aeração do rotor e o fechamento do distribuidor de pás ou da válvula de esfera.

A passagem do turbinamento para bombeamento se realiza parando a máquina (com ou sem freios). Ex.: usina de Vianden X, Luxemburgo, com máquinas do consórcio Escher-Wyss-Voith (Fig. 25.15), cujas características são, como bomba, H = 294 m, Q = 63,6 m$^3 \cdot$ s^{-1} e N = 202,5 MW; como turbina, H = 286 m, Q = 76,4 m$^3 \cdot$ s^{-1} e N = 195,8 MW.

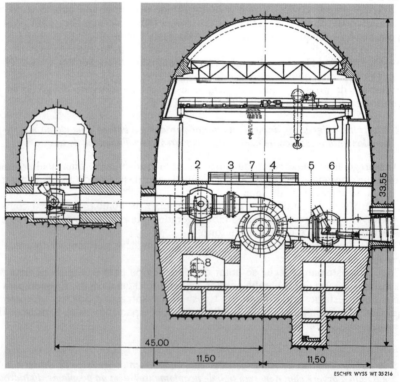

Fig. 25.12 Corte da galeria e casa de máquinas da central de Säckingen. 1, galeria das válvulas borboleta de segurança; 2, válvula esférica; 3, junta deslizante com equilibragem do empuxo longitudinal do tubo; 4, turbina Francis; 5, junta deslizante com equilibragem do empuxo longitudinal; 6, válvula esférica; 7, plataforma de montagem; 8, bomba de instalação.

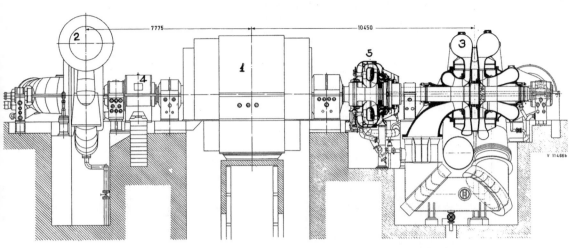

Fig. 25.13 Vista da montagem do grupo ternário de eixo horizontal da central de Säckingen, Württemberg. 1, alternador-motor (AEG-Brown Bovery); 2, turbina Francis (Escher Wyss); 3, bomba de acumulação (Voith); 4, acoplamento mecânico (Renk-SSS); 5, acoplamento hidrodinâmico (Voith).

Fig. 25.14 Montagem de uma turbina-bomba. Vêem-se as pás do distribuidor na abertura central do caracol.

508 BOMBAS E INSTALAÇÕES DE BOMBEAMENTO

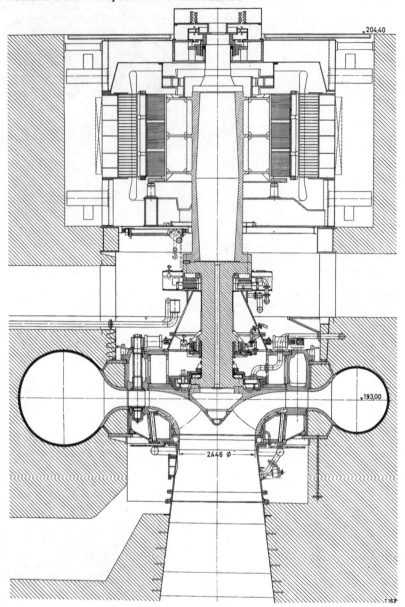

Fig. 25.15 Turbina-bomba da central de Vianden X, do consórcio Escher-Voith.

Grupo com motor de arranque (de partida) auxiliar

Um motor auxiliar de partida colocado em cima do motor-gerador e ligado rigidamente ao eixo do mesmo dá a partida no bombeamento, estando o rotor da bomba aerado. A potência do motor de partida é da ordem de 6 a 8% da potência nominal do motor-gerador principal. Exemplo: usina de Rodund II, Áustria, com equipamento Voith; como turbina: H = 348 m, Q = 87 $m^3 \cdot s^{-1}$ e N = 270.900 kW; como bomba: H = 346 m, Q = 67 $m^3 \cdot s^{-1}$ e N = 246.000 kW.

Grupo com turbina de arranque

Uma turbina hidráulica tem sido usada para dar partida ao grupo, principalmente no caso de quedas elevadas, substituindo desse modo o motor elétrico de arranque acima mencionado. Quando se prevê a partida com rotor aerado a turbina de arranque tem uma potência de cerca de 8 a 12% da potência nominal do grupo.

A turbina de arranque no caso de grupos turbinas-bombas é em geral do tipo Francis, pois sendo de reação pode também ser empregada como freio quando se pretende passar do turbinamento para o bombeamento.

Para simplificar a operação de partida prefere-se que a turbina-bomba trabalhe cheia de água. Para acionar o rotor, estando o distribuidor fechado, a potência que a turbina de arranque deve ter é de 25 a 30% da potência nominal.

A Fig. 25.16 mostra um grupo turbina-bomba da Voith com turbina auxiliar de arranque.

Na usina de Langenprozelten (Figs. 25.17 e 25.18) a turbina-bomba opera sob queda de 284 a 310 m e fornece como turbina $N = 84$ MW girando a $n = 500$ rpm.

A turbina de arranque para dar partida à bomba funciona com $H = 310$ m, $Q = 15{,}44$ m$^3 \cdot$ s^{-1}, $N = 30{,}04$ MW e $n = 500$ rpm. O artigo de K.M.J. Baumann, indicado na bibliografia, apresenta as razões da escolha da turbina Francis e faz estudo da regularização para obtenção da velocidade síncrona do grupo.

Grupo com conversor de torque hidrodinâmico para demarragem e acoplamento mecânico de dentes

Quando o grupo tem rotação nominal elevada intercala-se um conversor de torque entre o motor-gerador e a turbina-bomba, solução que dispensa a aeração do rotor na inversão da operação mesmo quando o grupo funciona como compensador síncrono.

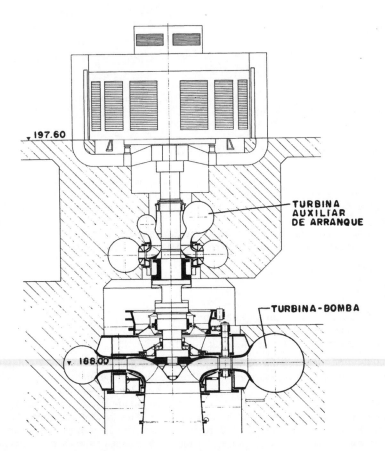

Fig. 25.16 Grupo turbina-bomba da Voith, de 190 MW a 288 m como turbina e 220 MW a 295 m como bomba. Turbina de arranque tipo Francis. Partida com rotor da máquina com água.

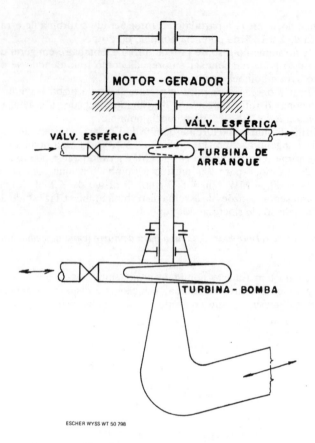

Fig. 25.17 Representação esquemática do grupo turbina-bomba com turbina auxiliar de arranque. Central de Langenprozelten (R.F.A.).

NPSH NAS USINAS DE ACUMULAÇÃO

Um dos pontos importantes a considerar na instalação da turbina-bomba é evitar que a unidade funcionando como bomba venha a operar com o NPSH$_{disponível}$ inferior ao NPSH$_{requerido}$ e que como turbina trabalhe com uma contrapressão menor que a altura de sucção necessária.

O NPSH$_{disponível}$ na instalação de bombeamento é a energia residual à entrada da bomba acima da pressão de vapor do líquido. Na Fig. 25.19 vemos que

$$NPSH_{disp.} = h_a + H_b - (J_a + h_v)$$

sendo

h_a a altura estática de aspiração da bomba;
J_a a soma das perdas de carga na linha de aspiração da bomba;
h_v a pressão de vapor da água na temperatura ambiente.

O NPSH$_{requerido}$ pela bomba para funcionar sem os riscos da cavitação é determinado em ensaios realizados pelos fabricantes e depende de uma grandeza representada pelas letras gregas θ ou σ, denominada *"coeficiente de cavitação"* ou coeficiente de *Thoma*. O coeficiente de cavitação, por sua vez, é função da *velocidade específica da bomba, n_s,* vale dizer, também da *forma do rotor* da mesma. Quanto maior a velocidade específica maior o valor de θ e maior o NPSH$_{requerido}$. Portanto, para turbinas-bombas com rotor Francis torna-se necessário, sendo o valor de θ elevado, que a altura estática de aspiração h_a da bomba seja negativa e grande (bomba afogada) e que na operação da turbina a altura de sucção H_s proporcione a contrapressão necessária.

BOMBAS PARA CENTRAIS HIDRELÉTRICAS DE ACUMULAÇÃO

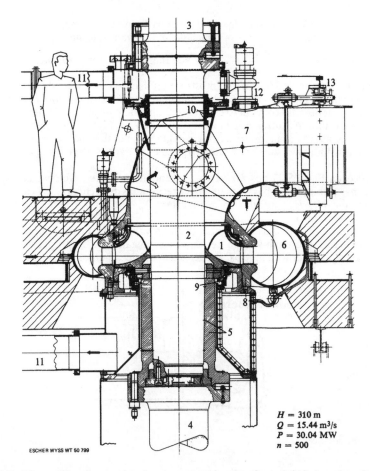

$H = 310$ m
$Q = 15.44$ m³/s
$P = 30.04$ MW
$n = 500$

Fig. 25.18 Turbina auxiliar de arranque do grupo como bomba. Central de Langenprozelten. 1, rotor Francis; 2, eixo da turbina; 3, eixo do gerador; 4, eixo intermediário para montagem; 5, flange com óleo sob pressão; 6, caracol; 7, tubo de sucção; 8, tampa da turbina; 9, labirinto; 10, setor de segurança; 11, alívio; 12, válvula de pneumatização; 13, junta de dilatação.

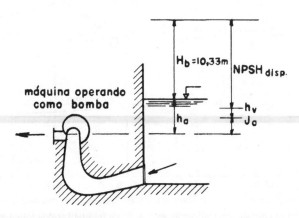

Fig. 25.19 NPSH = Net Positive Suction Head.

O contínuo aperfeiçoamento dos projetos das bombas e a melhor compreensão do fenômeno de cavitação e de como minimizá-lo permitiram que no espaço de 20 anos se chegasse a valores da relação $\dfrac{NPSH_{disp}}{H}$ cada vez menores e, portanto, menores valores de h_a (em contrapressão) e de H_s. É o que mostra o gráfico da Fig. 25.21, da Sulzer.

A tecnologia das turbo-bombas evoluiu também no sentido de se poder empregar turbinas-bombas com as bombas com um só estágio trabalhando com alturas de elevação surpreendentemente elevadas. A Sulzer nos mostra no gráfico da Fig. 25.22 como cresceram, de 1945 a 1963, as alturas manométricas por estágio em bombas de acumulação. Sem isso não haveria possibilidade de se utilizar máquinas reversíveis para instalações com altas quedas.

O gráfico da Fig. 25.23 nos faz ver as dependências entre a velocidade específica n_s e a queda H nas turbinas-bombas. Acham-se representadas duas curvas: 1) a curva a refere-se à instalação com $NPSH_{disp.}$ igual a 25 m (constante); 2) a curva b refere-se ao $NPSH_{disp.}$ igual a 40 m (constante).

A maior parte das centrais de acumulação tem valores de queda compreendidos entre 100 a 400 m. Hoje projetam-se, em certos casos, instalações de grupos reversíveis com contrapressão H_s inferior a 15 metros, graças aos aperfeiçoamentos nas unidades de elevado valor de n_s.

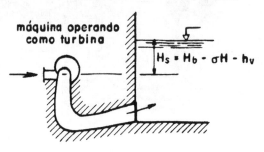

Fig. 25.20 Altura de sucção.

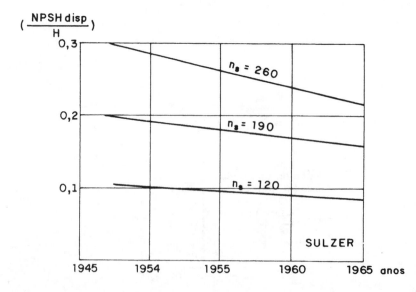

Fig. 25.21 Melhoramento da capacidade de aspiração da bomba-turbina (situação correspondente ao rendimento máximo).

BOMBAS PARA CENTRAIS HIDRELÉTRICAS DE ACUMULAÇÃO

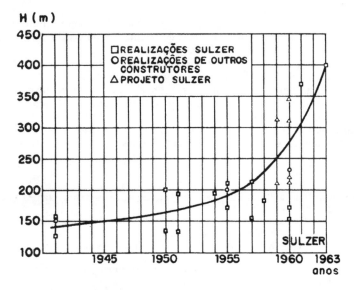

Fig. 25.22 Evolução da altura manométrica de elevação por estágio em bombas de acumulação.

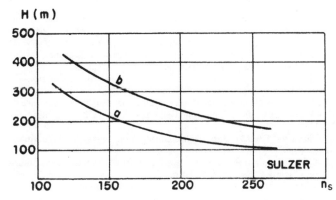

Fig. 25.23 Campo de emprego das turbinas-bombas relativamente à altura manométrica ou queda disponível.

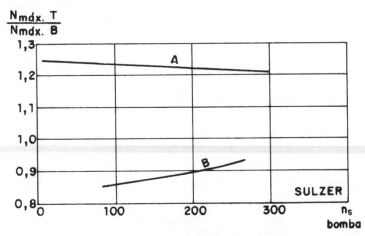

Fig. 25.24 Relação entre a potência máxima em turbina e em bomba. Curva A, turbinas-bombas com pás diretrizes móveis; curva B, turbinas-bombas com pás diretrizes fixas.

514 BOMBAS E INSTALAÇÕES DE BOMBEAMENTO

O projeto das pás diretrizes do grupo é das questões de maior importância, uma vez que a queda permitida depende da resistência dos elementos do distribuidor, os quais representam pontos críticos para a resistência da máquina.

No caso da turbina-bomba de pás fixas a potência absorvida em serviço de bombeamento é mais elevada que a produção de energia em turbina.

Projetos modernos prevêem distribuidores com pás diretrizes orientáveis, o que permite obter-se a maior potência com a máquina em turbina, o que é vantajoso para cobrir as pontas de consumo.

Vê-se na Fig. 25.24 que se pode chegar a uma sobrecarga de 20% da turbina em relação à bomba quando o distribuidor é de pás orientáveis.

Bibliografia

BARP, B. Remarques au sujet du comportement dynamique des rotors de grandes turbine-pompes. Boletim Escher Wyss n.º 2, 1976.

BAUMANN, K. M. J. Conception constructive des groupes ternaires monoarbres de la centrale d'accumulation par pompage. Waldec II — Bulletin Escher Vol. 44, 1971.

BAUMANN, K. M. J. e H. GREIN. Francis Starting Turbines — Langenprozelten Pumped Storage Scheme. Escher Wyss 2/1979.

CHAPPUIS, J. Quelques considerations dans le cadre de notre programe de recherches sur les pompes-turbines. Vevey, 1970.

CIARLINI, RUY M. Usina reversível como solução para inundação. Revista Energia Elétrica.

ESCHER WYSS. Hydro-electric Pumped Storage Stations — 11069 e.

FLORJANCIC, D. Problemas encontrados no arranque de bombas-turbinas de grande potência. Revista Técnica Sulzer 1/2, 1968.

—— Evolução da bomba de acumulação até a bomba-turbina. Revista Técnica Sulzer 3/1965.

GARDEL, A. Aménagements de production d'energie. École Polytechnique de Lausanne.

GINOCCHIO, R. Aménagements Hydroeléctriques. Eyrolles, Paris, 1959.

GREIN, H. e BACHANN, P. Couple hydraulique sur les aubes directrices mobiles des turbinespompes en cas de décalage entre ces aubes. Bulletin Escher Wyss, n.º 2, 1976.

—— Quelques resultats de mesures d'oscillations de pression dans les pompes d'accumulation et turbines-pompes. Bulletin Escher Wyss 1974/1.

GREIN, H. e BAUMANN, K. M. J. Les incidents survenus lors de la mise en service de turbine-pompe. Vianden 10 (Water power and Dam Construction — Dez./1975). Tradução do Boletim Escher Wyss n.º 2, 1976.

GREIN, H. De la duration d'emploie des bâches spirales des centrales à accumulation par pompage. Bulletin Escher 2/1977.

GREIN, H. e JAQUET, M. Some hydraulic aspects starting technique for high capacity storage pumps and pump turbines. Escher Wyss News, 1975/1.

LANSSEN, G. Céntrale hydro-eléctrique à accumulation par pompage de Vianden. Boletim Escher Wyss, Vol. 45, 1972.

MACINTYRE, A. J. Máquinas Motrizes Hidráulicas. Editora Guanabara Dois, 1983.

MEYER, W. e outros. Turbines-pompes et pompes d'accumulation. Boletim Escher Wyss, Vol. 44, 1971.

MÜNHLEMANN, E. H. Machines hydrauliques pour installations avec accumulation artificielle, comparaison des couts, des rendiments et des temps de démarrage. Boletim Escher Wyss, Vol. 45, 1972.

NEMET, A. Modèles Mathematiques d'installations Hydrauliques. Boletim Escher Wyss, 1974-1.

PHILIPSEN, H. e STAHLSCHMIDT, C. Las máquinas hidráulicas de centrales de acumulación por bombas y su estado actual de desarollo. Separata da revista Voith Forschung und Konstruktion. Fasc. 15. art. 2, Maio 1967.

PODLEZAK, J. Les turbines Francis, vannes-papillon de securité et robinets spheriques de la centrale avec pompage de Säckingen. Boletin Escher Wyss, Vol. 44, n.º 9, 1971.

REINGANS, W. J. Operating and maintenance experience with pump-turbines in Brazil. ASME Papel, n.º 65 WA/FE-12.

SCHREIBER, GERARD P. Usinas Hidrelétricas. Editora Edgar Blucher Ltda. 1977.

SEDILLE, M. Turbo-machines hydrauliques et thermiques. Masson & Cie. Editeurs, 1967.

SOUZA, Z. DE. Máquina de fluxo reversível bomba-turbina. Revista Brasileira de Tecnologia, Vol. 2, 1971.

SULZER TECHNICAL REVIEW. Turbines for the Hornberg 1.000 MW pumped storage plant, 1977.

—— Grimessell II — a new storage pumping station in the Swiss Alpes — 3/1976.

VOITH, J. M. A central de acumulação de Happurg. 1640 p.

VOITH, J. M. Pump storage plants — catálogo.

WIRSCHAL, H. Racoon Mountain Pump/Turbines are World's Largest (400 MW). Energy International, jan., 1973.

WORTHINGTON — Pumps for use as Hydraulic Turbines, 1982.

26

Bombas para Usinas Nucleares

GENERALIDADES

Um dos principais problemas relacionados ao equipamento das Usinas Nucleares, também chamadas Centrais Elétricas Nucleares ou Centrais Núcleo-Termoelétricas, é o atendimento à exigência de estanqueidade, para que não haja possibilidade de contaminação da usina com material radioativo e risco para os operadores ou contaminação ambiental.

O equipamento deve oferecer razões de confiabilidade que possam prever e assegurar um funcionamento sem interrupções inesperadas. A extrema segurança a alcançar é assim a característica principal que distingue as bombas para usinas nucleares das bombas de processamento convencionais.

Além das bombas comuns empregadas em certas indústrias e que obedecem a rigorosas especificações, há que atender nas usinas nucleares ao bombeamento de substâncias que sofrem o efeito das radiações, como ocorre com a água do circuito principal, as lamas chamadas radioativas, o sódio e o bismuto líquidos, líquidos orgânicos, além de outras substâncias. Conseqüentemente, as bombas devem possuir dispositivos de selagem sofisticados e altamente confiáveis estática e dinamicamente contra vazamentos, cuja ocorrência deve ser impedida.

Rigorosas normas e exigências foram estabelecidas pelos países com elevada tecnologia no ramo das usinas nucleares. Nos EUA são empregadas as do U.S. Nuclear Regulatory Commission, as da American Society for Testing Materials-ASTM e as do American National Standards Institute. Os fabricantes de bombas desenvolveram, após consideráveis estudos, pesquisas e fabricações, vários tipos especiais de bombas para atender às normas das citadas entidades, para cuja formulação, aliás, colaboram.

As instalações de bombeamento numa usina nuclear representam parcela considerável do custo dos equipamentos, e de seu funcionamento depende a possibilidade de operação da usina, o que revela as atenções e cuidados que o projeto, as especificações e a montagem devem merecer. A paralisação das bombas de refrigeração pode redundar numa catástrofe.

Antes de considerarmos as características das bombas, faremos uma breve menção dos principais sistemas de usinas nucleares, a fim de ser mais bem compreendido o papel de cada tipo de bomba nos circuitos essenciais onde são instaladas.

Como regra geral *nunca* existe uma bomba apenas num circuito. Deve haver pelo menos outra de *stand-by*, uma vez que nenhuma das operações de bombeamento pode ser interrompida por defeito ou acidente. Por outro lado, o suprimento de energia para as bombas deve ser assegurado no mínimo por duas fontes independentes altamente confiáveis e periodicamente testadas.

CENTRAL NUCLEAR

Uma central nuclear possui parte de seu equipamento dotado das mesmas características que o das demais centrais térmicas de geração de vapor com combustíveis de origem fóssil, isto é, utiliza preaquecedores, bombas, trocadores de calor, turbinas, condensadores e geradores de energia elétrica. Possui, porém, um equipamento específico, o *Reator de potência*, que é o responsável pela obtenção do vapor em alta pressão e alta temperatura, graças à reação térmica da fissão nuclear que nele se processa.

Na Fig. 26.1 vemos um esquema elementar do sistema de geração da energia numa Central Nuclear, utilizando a fissão controlada para produção de energia termoelétrica. O vapor d'água gerado pela reação térmica, verificada no reator devido à colisão das partículas nucleares com os átomos constituintes da matéria que atravessam, aciona uma turbina cujo rotor movimenta o indutor de um gerador de energia elétrica (o alternador).

O vapor depois de passar pela turbina, para operar com bom rendimento, vai a um condensador, onde se condensa. A água condensada (o "condensado") é bombeada para preaquecedores e aquecedores e retorna ao reator, estabelecendo-se assim um circuito. A condensação de vapor, após passar pelas turbinas, se obtém pelo resfriamento, usando água bombeada de um rio, lago ou mar ou de grandes torres de resfriamento. Essa água, depois de resfriar o condensador, volta ao local de onde foi retirada, aquecida pelo calor que lhe foi transferido. Nos condensadores, as pressões atingem valores muito reduzidos, da ordem de 1" a 3" absolutas de mercúrio e, para se alcançar esses limites, usam-se bombas de vácuo que removem o ar dos condensadores.

Um dos critérios para caracterizar uma central nuclear se baseia na consideração do modo pelo qual é gerado o vapor, o que ocorre, como dissemos, no reator ou a partir do reator.

Há vários tipos de reatores que se distinguem basicamente conforme o consumo do combustível nuclear e que vão desde os que possuem um rendimento relativamente baixo quanto ao aproveitamento do urânio, que pode ser natural ou enriquecido, até os *breeder reactors*, isto é, reatores regeneradores, capazes de produzir material físsível, processável novamente como combustível.

Vejamos as características principais dos sistemas atualmente empregados, para percebermos melhor as condições sob as quais as bombas irão operar, que é o que nos interessa dentro das finalidades e limitações deste livro.

REATORES DE VAPORIZAÇÃO DIRETA DA ÁGUA (BOILING-WATER REACTORS — BWR)

São reatores de nêutrons térmicos, chamados também de reatores de água leve ou de água fervente. Utilizam urânio enriquecido e são moderados e refrigerados a água comum.

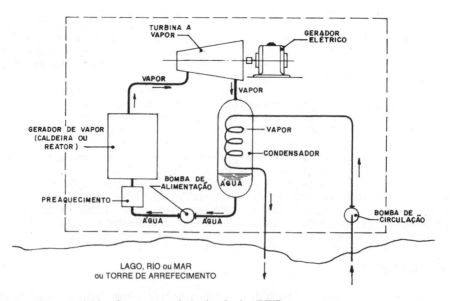

Fig. 26.1 Esquema básico de uma central térmica do tipo BWR.

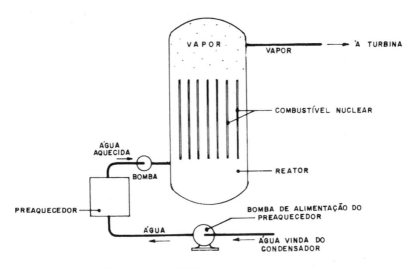

Fig. 26.2 Esquema de instalação de reator BWR.

O enriquecimento do urânio natural com o U-235 constitui ainda um problema, devido à complexidade e elevado custo de processamento.

Empregam-se três processos no enriquecimento do urânio natural: ultracentrifugação, difusão e jato centrífugo. O Brasil se empenha decididamente em programas que conduzirão ao domínio da tecnologia do enriquecimento do urânio existente no país e à fabricação do elemento combustível, o que virá permitir não apenas a libertação da incômoda posição de ter de comprar o urânio enriquecido de outros países ou entidades internacionais, mas possibilitar a exportação do mesmo.

Na central BWR, a água bombeada de um preaquecedor entra na câmara do reator e é aquecida ao passar entre os elementos onde se processa a reação nuclear.

O vapor sai pela parte superior do vaso do reator e vai à turbina, conforme indicado nas Figs. 26.1 e 26.2.

A pressão do vapor é da ordem de 50 a 70 kgf · cm^{-2} e a temperatura atinge 285°C.

As bombas de alimentação do preaquecedor e do reator, chamadas *bombas principais de circulação*, deverão atender a essas pressões elevadas, sendo, pois, de múltiplos estágios. A estanqueidade é essencial, uma vez que a água sofre a influência das radiações ao passar pelo reator e opera em circuito fechado.

Esse tipo de reator é muito difundido, apesar de seu elevado consumo de combustível nuclear.

A otimização do ciclo de um BWR é bastante complexa, dada a interdependência existente entre as condições de física de nêutrons e termo-hidráulicas do núcleo.

REATORES DE ÁGUA LEVE PRESSURIZADA (PRESSURISED-WATER REACTORS — PWR)

Assim como os BWR, estes reatores exigem o emprego de urânio enriquecido.

A água superaquecida em torno de 320°C circula em circuito fechado entre o reator e as tubulações das caldeiras que são, na realidade, neste caso, trocadores de calor onde é gerado o vapor aproveitado nas turbinas. É empregada uma bomba de circulação para cada caldeira. Não há contato dessa água aquecida no reator com o vapor usado no acionamento dos turbogeradores e que evolui em outro circuito. A pressão, para que não haja vaporização da água a essa temperatura elevada, atinge valor considerável, da ordem de 140 kgf · cm^{-2}, o que revela um dos aspectos da problemática a resolver nas especificações, projeto, fabricação e instalação das bombas, tubulações e acessórios da central nuclear.

Há, portanto, dois circuitos de água independentes a considerar:
    a. O circuito reator-aquecedores tubulares dos trocadores de calor-bomba de circulação-reator. Neste circuito, a bomba de circulação pode atender a valores da ordem $Q = 6$ m$^3 \cdot s^{-1}$ e $N = 8.000$ c.v.

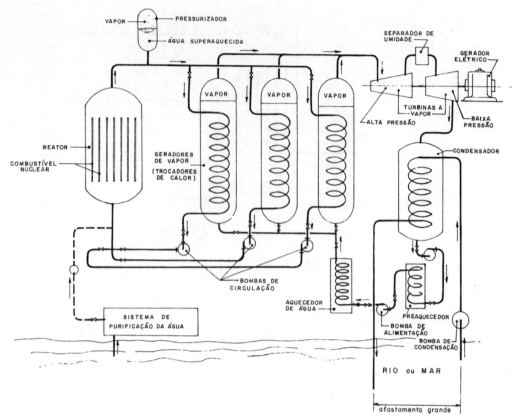

Fig. 26.3 Esquema de instalação PWR.

b. O circuito trocadores de calor-turbina a vapor-condensador-bomba de condensado-preaquecedor-bombas de alimentação-aquecedores-trocadores de calor.

A água sai, como foi dito acima, em elevada temperatura do reator e, nos aquecedores tubulares dos trocadores, cede calor à água do trocador, a qual se vaporiza, podendo o vapor atingir 260°C. O vapor é então conduzido à turbina, de onde retorna pelo percurso já referido. A versão de reator a água leve do tipo PWR foi a adotada na Usina de Angra dos Reis, no Estado do Rio de Janeiro.

A primeira unidade, já construída e com a tecnologia da Westinghouse, é de 627 MWe (Megawatts elétricos). Na mesma localidade estão sendo construídas mais duas unidades de 1.325 MW cada uma, com tecnologia da KWU alemã.

Na Fig. 26.3 vemos um esquema com as partes essenciais de uma central PWR. Nele estão representados três geradores cujo vapor produzido aciona uma turbina com um estágio de alta pressão e outro de baixa pressão, o qual recebe o vapor já aproveitado no primeiro estágio.

O eixo da turbina movimenta um gerador elétrico.

Da turbina, o vapor vai ao condensador, onde se condensa devido à baixa temperatura da água de refrigeração, que, como já dissemos, é bombeada de um rio, lago ou mar ou de um circuito com uma torre de resfriamento.

A água condensada é bombeada através de sucessivos aquecedores que melhoram o rendimento do sistema. No condensador, a pressão é inferior à atmosférica, de modo que se deve atentar para o NPSH da primeira bomba de condensado. A pressão vai sendo elevada por diversas bombas de alimentação, à medida que a água passa pelos vários aquecedores e pressurizadores, atingindo cerca de 50 kgf · cm^{-2} ao penetrar nos trocadores de calor. Os aquecedores utilizam uma parcela de vapor já expandido na turbina.

Nos reatores de água pressurizada, também denominados *reatores de vaporização direta*, a água que envolve os elementos onde se processa a reação nuclear atua como moderador, pois contém núcleos leves e é capaz de retardar a velocidade dos nêutrons que na colisão

BOMBAS PARA USINAS NUCLEARES   519

perdem energia. Além disso, melhora a capacidade do reator de realizar fissões nos núcleos de outros átomos e sob uma forma controlável.

A usina PWR utiliza várias bombas no resfriamento com água a baixa pressão para:
— provimento de água primária, que é continuamente "sangrada" do circuito a fim de ser purificada e reaproveitada;
— resfriamento de mancais e de certos tipos de selos mecânicos;
— resfriamento dos elementos combustíveis nucleares removidos do reator;
— resfriamento de motores de grande potência;
— resfriamento em caso de emergência do vaso de contenção onde se encontram alojados os componentes nucleares.

Outras bombas são utilizadas na remoção do calor residual, fazendo circular a água do reator através de resfriadores sempre que o reator estiver fora de operação e até mesmo nos períodos de recarga de combustível.

Em caso de acidente por ruptura do reator, o vaso ou câmara blindada envolvente se encherá de vapor. Imediatamente deverão entrar em ação bombas que, através de um

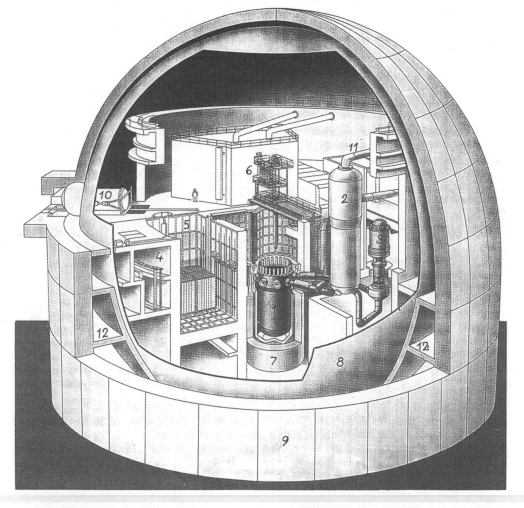

1. VASO DO REATOR
2. GERADOR DE VAPOR
3. BOMBA DE RESFRIAMENTO DO REATOR
4. DEPÓSITO PARA COMBUSTÍVEL A SER EMPREGADO
5. POÇO P/COMBUSTÍVEL USADO
6. EQUIPAMENTO DE ALIMENTAÇÃO DO REATOR
7. COURAÇA DE PROTEÇÃO BIOLÓGICA
8. INVÓLUCRO METÁLICO PROTETOR
9. PRÉDIO DO REATOR, DE CONCRETO ARMADO
10. BLOQUEIO DO EQUIPAMENTO
11. LINHA PRINCIPAL DE VAPOR
12. ESPAÇO ANULAR ENTRE O PRÉDIO E O INVÓLUCRO METÁLICO

Fig. 26.3a Concepção esquemática do interior do prédio de um reator PWR. Cortesia da KWU — Kraftwerk Union Aktiengesellschaft.

520 BOMBAS E INSTALAÇÕES DE BOMBEAMENTO

Fig. 26.3b Usina nuclear com reator PWR de 1.366 MW em Grohnde, inaugurada em 1985. Vêem-se o prédio esférico do reator e duas torres de resfriamento. KWU — Kraftwerk Union Aktiengesellschaft.

sistema de nebulização, lançarão água no espaço entre o vaso do reator e o vaso estrutural de contenção em concreto, baixando a temperatura e, portanto, a pressão sobre ambos.

Na instalação de segurança são ainda empregadas bombas de alta pressão que fornecem rapidamente água para o resfriamento de qualquer parte do sistema primário de circulação de água pressurizada em caso de vazamento ou ruptura de qualquer peça.

Citemos ainda, como utilizadas nas usinas PWR, as bombas para esgotamento de resinas, transferência de ácido bórico, drenagem e circulação de água gelada.

Na Fig. 26.3 observa-se um pressurizador, necessário para manter constante a pressão no circuito. Contém um certo volume de vapor na pressão desejada e amortece as variações de pressão.

Com a finalidade de controlar a reação nuclear, no interior do vaso de pressão do reator são introduzidas ou retiradas barras de controle de cádmio, absorvedoras de nêutrons. Para controlar automaticamente a penetração das barras, existe um complexo sistema de detecção e medição de nível de reação, fluxo de nêutrons, e intensidade de radiação. Hoje em dia, a física, a tecnologia e a fabricação dos reatores já constituem especializações no ramo da Engenharia Nuclear.

REATORES RESFRIADOS A GÁS (GAS-COOLED REACTORS — GCR)

Empregam urânio enriquecido e oferecem possibilidade de virem a usar o tório. Fazem parte dos chamados reatores de alta temperatura *(high temperature gas refrigerated)*.

O esquema (Fig. 26.4) se assemelha ao dos PWR. A diferença essencial é que, enquanto os PWR utilizam água em alta temperatura como agente para gerar o vapor na caldeira, nos reatores GCR, o fluido empregado é um gás, geralmente o hélio ou dióxido de carbono, devido à sua inércia química e boas características de troca de calor. O gás contido na tubulação é comprimido no interior do reator a uma pressão de 20 a 40 kgf $\cdot$ cm^{-2} com o auxílio de turbocompressores que, no caso, substituem as bombas de circulação. O dióxido de carbono entra no reator a 140°C e sai dele por volta de 350°C. Para se ter uma idéia da ordem de grandeza, o gás circulado na Central de Bradwell, na Grã-Bretanha, é de 5.000 toneladas horárias.

No interior do reator, o gás não tem a mesma capacidade "moderadora" que possui a água e, por isso, faz-se necessário a colocação de um moderador sólido, geralmente o grafite, capaz de suportar temperaturas de gás até cerca de 760°C.

Os reatores resfriados a gás têm elevado rendimento. Suas dimensões, em geral, são maiores que as do PWR, o que se compreende se atentarmos para a capacidade de absorver o calor, que, para os gases, é inferior à da água, obrigando a maiores volumes e áreas de contato para transmissão do calor.

REATORES DE ÁGUA PESADA (HEAVY-WATER REACTORS — HWR)

Podem utilizar urânio natural, o que constitui uma vantagem.

A chamada *água pesada* contém, ao invés de dois átomos de hidrogênio, dois átomos de deutério (um isótopo pesado do hidrogênio) para cada átomo de oxigênio. A finalidade da água pesada é semelhante à da grafite nos reatores a gás. É um moderador de nêutrons na reação nuclear.

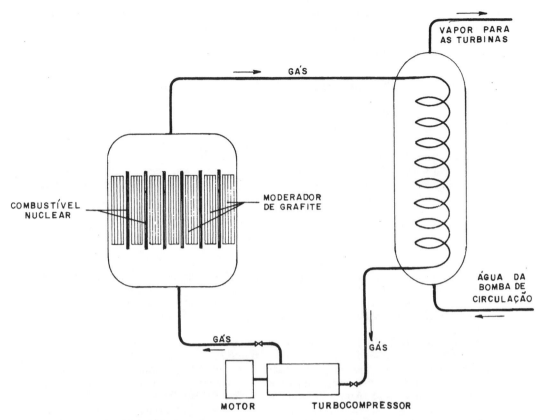

Fig. 26.4 Esquema de instalação GCR.

O reator compreende um tanque com água pesada, no interior do qual existem tubos para passagem de um fluido que conduzirá o calor ao trocador de calor (Fig. 26.5).

Dentro desses tubos é que são colocados outros tubos especiais com o combustível nuclear, o qual, em algumas usinas, é o urânio natural e, em outras, urânio processado e enriquecido.

O fluido que faz a permutação do calor pode ser água, água pesada ou compostos

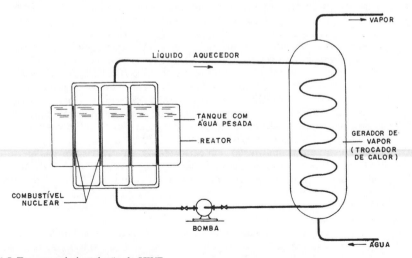

Fig. 26.5 Esquema de instalação de HWR.

522 BOMBAS E INSTALAÇÕES DE BOMBEAMENTO

orgânicos, semelhantes à cera derretida, que suportam temperaturas até 400°C com pressurização inferior à de que precisaria a água (é o caso do terphenyl).

Esse tipo de reator é de muito bom rendimento e apresenta, como já dissemos, a vantagem de poder usar o urânio natural.

REATORES REGENERADORES (BREEDER REACTORS — BR)

Fazem parte da categoria dos reatores de alta temperatura HTGR.

Esses reatores são capazes de produzir maior quantidade de combustível nuclear do que aquele que consomem. Este aparente absurdo pode ser esclarecido de uma forma elementar, como se segue.

O átomo de Urânio 235 fissiona quando seu núcleo pesado é bombardeado por um nêutron. A reação de fissão conduz a um ou mais núcleos e libera nêutrons livres que, por sua vez, atingindo núcleos de outros átomos, geram outras fissões. A reação se processa, portanto, em cadeia com parte da massa inicial se transformando em energia. Sucede que nem todos os nêutrons liberados são absorvidos pelo material fissionável: uma parte se perde pela absorção no material do próprio reator, a água ou os elementos de resfriamento ou de controle da reação.

O *breeder reactor* utiliza os chamados *materiais férteis* que, adequadamente colocados no reator, absorvem os nêutrons que sobram na reação em cadeia controlada, de tal sorte que um átomo de material fértil se converte em átomo de material fissionável.

Assim, se para cada átomo que fissiona se obtém com material fértil mais de um átomo de material fissionável, diz-se que o reator está "regenerando" ou "incubando" *(breeding)*.

Entre os materiais férteis, contam-se o Urânio 238, o Urânio 234 e o Tório 232, encontrados na natureza associados a quantidades diminutas de Urânio 235 (0,7%), o único capaz de reação nuclear espontânea em cadeia. O Urânio 238 não toma parte diretamente na reação em cadeia e, por isto, é separado previamente ou enriquecido com o U-235 já devidamente processado para ser usado nos reatores BWR e PWR.

Quando, num *breeder reactor,* o núcleo do U-238 absorve nêutrons, o átomo se converte em Plutônio-239 que é fissionável pelos nêutrons térmicos, portanto reaproveitável numa nova operação no reator. O Plutônio-239 pode ser separado do U-238 ainda não-convertido e em processamento. É também o elemento essencial da Bomba Atômica.

Embora seja teoricamente possível com reatores de outros tipos realizar essa operação de regeneração, o que na prática se revelou um êxito foi o reator regenerador resfriado a metal líquido. Por isso, o autor russo K. Gladkov, no livro *La Energía del Átomo,* declara: "afirmamos que o futuro da energia atômica pertence aos reatores regeneradores (multiplicadores)".

Uma das particularidades deste sistema é um circuito intermediário de transferência de calor entre o sistema de resfriamento do reator e o sistema de geração de vapor. Em outras palavras, há um intercambiador de calor entre os dois referidos (Fig. 26.6). Aliás, sob esse aspecto, os circuitos se assemelham aos do reator PWR.

Ambos os circuitos usam metal em estado líquido (sódio, ou mistura de sódio e potássio) devido às excelentes propriedades de condutibilidade térmica que possuem e de não necessitarem operar com pressões muito elevadas nas altas temperaturas em que circulam.

O sódio líquido entra a 380°C no interior da tubulação do circuito de resfriamento do reator, aquece-se a 500°C ou mesmo a 600°C no reator e em seguida passa para o "trocador de calor", no qual transfere parte considerável de seu calor para o sódio líquido do segundo circuito, que é o de aquecimento da água para gerar vapor. Num reator de 600 MW (de potência elétrica) são bombeadas 24.000 toneladas de sódio por hora.

O vapor ao sair do trocador de calor pode atingir 450°C ou mais.

As bombas do circuito primário são, em certos casos, envolvidas por gás inerte, geralmente argônio, encamisado em blindagem adequada e na pressão de 4,4 a 2,0 kgf · cm^{-2}.

As vantagens deste tipo de reator são, como dissemos, economia de combustível; permitir o enriquecimento do Urânio U-238 e de ter equipamentos de dimensões menores, em razão das propriedades de condutibilidade térmica dos metais líquidos já citados.

As desvantagens são:

1.º O risco de um vazamento ou de um colapso nos circuitos de metal líquido a alta temperatura. Seria de temer-se reação química violenta que teria lugar com o encontro do metal líquido e a água ou vapor de água. Tubos com encamisamento especial são usados como

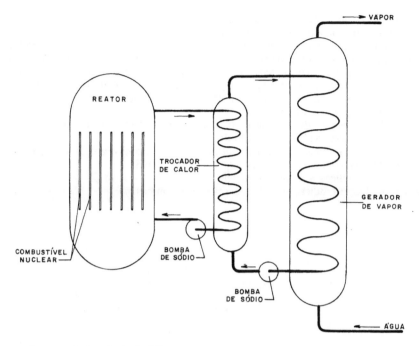

Fig. 26.6 Esquema de instalação de BR.

medida de precaução. O sódio e o potássio se tornam radioativos durante sua passagem pelo núcleo do reator, o que representa mais um problema a enfrentar.
2.º Dificuldade de obtenção de materiais capazes de resistir às elevadas temperaturas do sódio líquido e à corrosão que se acelera a essas temperaturas. As tubulações e outras partes são de aço inoxidável ou de ligas de zircônio.

REATORES DE FUSÃO CONTROLADA

Ainda em fase de pesquisas e programas, o sistema de geração de energia por fusão de núcleos leves representa a esperança de solução para o atendimento de uma demanda cada vez maior de energia para um futuro talvez não muito remoto. O progresso nos últimos tempos com aperfeiçoamentos dos sistemas Tokamak — sistema toroidal de baixo-beta — sistema toroidal de alto-beta e fusão por raios *laser* representa o fundamento para essa expectativa.

REATORES DE FISSÃO DE NÊUTRONS RÁPIDOS

São reatores que provocam fissões com nêutrons rápidos com energia da ordem de milhões de elétrons-volts. Sua complexa tecnologia se acha muito adiantada na França e oferece excelentes perspectivas.

TIPOS DE BOMBAS EMPREGADAS

Pela descrição sumaríssima que se fez dos tipos de centrais nucleares, verifica-se que há um certo número de bombas que são comuns a essas centrais e às termoelétricas de combustível fóssil; outras são parecidas, mas possuem características construtivas especiais e há outras especificamente projetadas para as condições peculiares a uma instalação nuclear.

Na primeira categoria acham-se as bombas de circulação para a operação de resfriamento no condensador; bombas de alimentação do trocador de calor; bombas de condensado; bombas de lubrificação e refrigeração dos mancais e as de uso geral na central nuclear.

524 BOMBAS E INSTALAÇÕES DE BOMBEAMENTO

A bomba Sulzer HPTpk para alimentação de caldeiras opera com temperatura até 270°C e pressões de 140 a 360 bar e são de múltiplos estádios e eixo horizontal.

Na segunda temos bombas que terão contato com líquidos ou produtos radioativos ou bombas cujo líquido bombeado fica contaminado com as radiações a que fica submetido. Exigem extremos cuidados contra vazamentos ou irradiações para o ambiente onde se encontram, ou exigem que o vazamento seja controlado. Algumas, além disso, devem trabalhar com água ou outros líquidos em temperaturas e pressões muito elevadas.

Podemos grupar nesta categoria as
— bombas principais de circulação entre reator e gerador de vapor (BPC);
— bombas do sistema de purificação da água.

Na terceira categoria acham-se as bombas de sódio ou potássio líquido que são:
— centrífugas, com características construtivas especiais;
— eletromagnéticas, sem partes móveis.

Vejamos algumas indicações sobre as principais bombas.

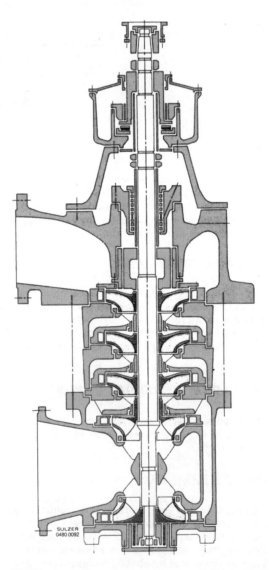

Fig. 26.7 Bomba Sulzer HPCV para condensado. Temperaturas até 120°C. Pressões até 40 bar. Vazões até 7.300 m³/h.

BOMBAS PARA USINAS NUCLEARES

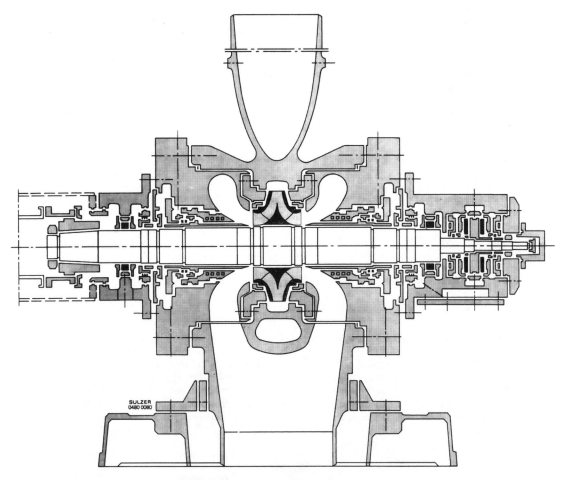

Fig. 26.7a Bomba Sulzer, Modelo HPTd para água de alimentação em Centrais PWR e BWR. Temperatura até 200°C. Pressão até 90 bar. Material: aço cromo-níquel fundido.

Bombas de circulação e resfriamento do condensador

São semelhantes às das centrais térmicas a combustível fóssil. Bombeiam volumes consideráveis de água de um rio, lago ou mar ao condensador, de onde a água aquecida é devolvida à origem e, por isso, o local de despejo deve ser afastado do de captação.

As bombas, conforme a descarga e a pressão necessárias, podem ser centrífugas, de um estágio, aspiração bilateral, carcaça bipartida ou, então, helicoidais ou axiais de eixo vertical.

Bombas de alimentação do gerador de vapor

Nas centrais nucleares existe uma diferença quanto às condições de funcionamento das bombas de alimentação das caldeiras, pelo motivo abaixo explicado.

No circuito primário (reator-trocador de calor), a troca térmica no trocador independe da carga demandada, uma vez que a descarga ao longo do circuito e o calor gerado no reator não variam. Tendo em vista que o calor deve ser dissipado, isto é, absorvido de um modo constante, a temperatura no trocador irá variar de acordo com a carga demandada à usina. Assim, quando a carga demandada diminuir, a pressão gerada no trocador aumentará. O valor exato do aumento da pressão, partindo da máxima até a carga nula, dependerá das características do tipo de reator empregado.

A curva de variação de pressão no sistema nos revelaria que a bomba de alimentação do trocador de calor deve ser prevista para uma altura manométrica maior, funcionando a geração máxima de vapor, do que seria de esperar na instalação convencional de caldeira a combustível fóssil, de tal modo que fique assegurada pressão suficiente para a condição de descarga nula. Do exposto conclui-se que a descarga da bomba de alimentação de caldeira deve ser reduzida pelo bloqueio parcial com uma válvula quando a carga é máxima e não para carga reduzida, como acontece em instalações de caldeira com combustível fóssil. Pode-se usar, ao invés da válvula, motor de velocidade variável que permita reduzir a velocidade da bomba na situação de carga máxima.

Bombas que operam com líquido contaminado pelas radiações

Há duas espécies:
— Bombas de vazamento nulo, com o motor e o rotor hermeticamente fechados. É o caso das bombas.
  — em caixa blindada;
  — de motor submerso;
  — de rotor em atmosfera de gás especial inerte;
  — de motor envolto em óleo.
— Bombas de vazamento controlado, usadas na circulação nas centrais de reatores de água leve.

Vejamos as características de algumas dessas bombas.

Bomba de caixa blindada (Canned-motor pump)

O líquido bombeado pode encher a caixa onde se aloja o motor elétrico, sem contudo ter contato com os enrolamentos do estator, graças a blindagens especiais. Não há mancais externos e gaxetas de vedação. As bocas de aspiração e recalque são flangeadas ou soldadas às respectivas tubulações. O próprio líquido bombeado proporciona a lubrificação dos mancais de deslizamento. A única providência auxiliar é um suprimento externo de água limpa para refrigerar a carcaça com o estator.

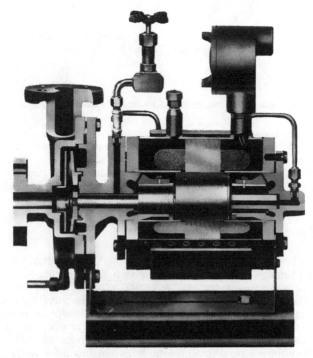

Fig. 26.8 Bomba de caixa blindada *(Crane Co. Chempump Division)*.

São usadas como bombas de circulação entre o reator e gerador de vapor, mas podem bombear metais líquidos a 1.000°K e, quando de vários estádios, alcançam pressões de até 700 kgf · cm^{-2}.

Normalmente são de um estágio, caixa em caracol, material de aço ou Inconel.

Bomba de motor submerso

O líquido bombeado envolve e tem contato com as lâminas de rotor, enrolamento do estator e com os mancais. O estator deve receber um isolamento à prova d'água. É empregada mais como bomba de alimentação de caldeiras (no caso, trocador de calor) devido ao receio do ataque do isolamento do estator pela radioatividade da água no circuito reator-gerador de vapor.

As pressões alcançam até 2.000 psi, e as temperaturas, 650°K.

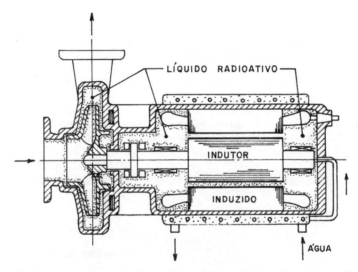

Fig. 26.9 Bomba de motor submerso da *Byron Jackson Pump Division Borg. Warner Corporation*.

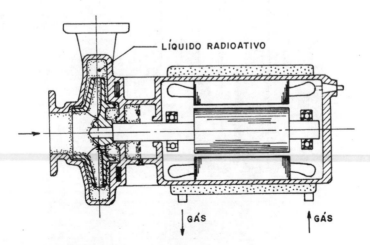

Fig. 26.10 Bomba com motor envolto em gás. Potência de 10 CV. Usado para radioativa a 1.000°F *(Byron Jackson Pump Division)*.

Bomba com motor envolto em gás

O líquido bombeado não penetra na câmara do motor elétrico. Um gás inerte, nitrogênio, hélio ou argônio envolve o rotor e o estator do motor. Os mancais são de rolamento lubrificados a óleo ou graxa.

É empregada para bombear resíduos abrasivos do processamento do urânio e lamas radioativas nas centrais nucleares. Proporciona rendimentos bem elevados. A proteção contra vazamentos é muito boa.

Bomba com motor imerso em óleo

Apresenta vantagens quanto ao rendimento do motor, refrigeração e possibilidade de usar mancais de rolamento. Ao invés das gaxetas convencionais, usa-se selo de mercúrio ou selos mecânicos para impedir que o óleo se misture ao líquido que está sendo bombeado. Há problemas sérios a resolver: se se usa selo mecânico, o vazamento é de cerca de 201 litros por ano.

Usando selo de mercúrio, a contaminação do mercúrio pela radioatividade é de se temer. Os fabricantes apresentam soluções engenhosas, segundo as quais os problemas apontados estariam resolvidos.

Nas centrais de água leve, este tipo de bomba está sendo muito usado na circulação da água entre reator e gerador de vapor. É de menor custo que a de caixa blindada, e seu rendimento é de 10 a 15% mais elevado.

A Fig. 26.11 mostra uma bomba deste tipo, de 1.000 c.v. e 36.000 gpm (Byron Jackson Pump Division, Borg Warner Corp.).

As bombas de circulação e de resfriamento com vazamento controlado podem alcançar dimensões muito grandes. A Bingham-Willamette Pump Co. fabricou uma bomba desse tipo, com potência de 20.000 HP e comprimento total de 12 metros.

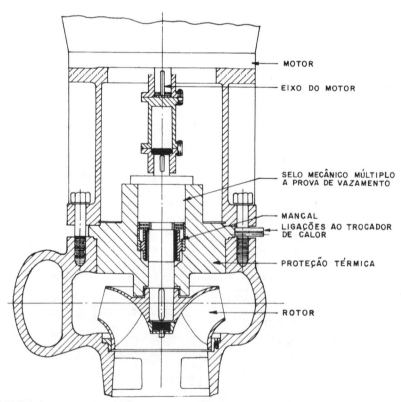

Fig. 26.11 Bomba para reator a água leve, com sistema de selo mecânico a prova de vazamentos *(Byron-Jackson Pump Division)*.

Bombas para metais líquidos

Nas usinas com reatores BR, para bombeamento de metais líquidos, têm sido empregadas bombas centrífugas e bombas eletromagnéticas.

Bombas centrífugas

São usadas, em geral, para sódio líquido. As pressões não são muito elevadas. Possuem um sistema construtivo que permite retirar eixo e rotor como um todo para manutenção *(back-pull type)*. Para isso existe uma blindagem especial. As bombas, quando de eixo vertical, têm um dos mancais trabalhando imerso no sódio líquido. Os mancais são de tipos especiais com pressurização hidrostática. Não há problemas complexos no que diz respeito ao NPSH, apesar da tensão de vapor baixo do sódio líquido.

Como essas bombas podem bombear o sódio de um reservatório onde existe superfície livre de líquido, esta deve estar submetida a um gás inerte. A proteção com gás inerte é também necessária na saída do eixo da bomba, onde selos a gás especiais já são fabricados.

A Fig. 26.12 mostra uma bomba para sódio para $H = 100$ m, $Q = 12.000$ gpm, temperatura de $1.000°F$ e $N = 1.000$ c.v., de fabricação da Byron Jackson Pump Division da Borg-Warner Corp. para o reator regenerador Enrico Fermi.

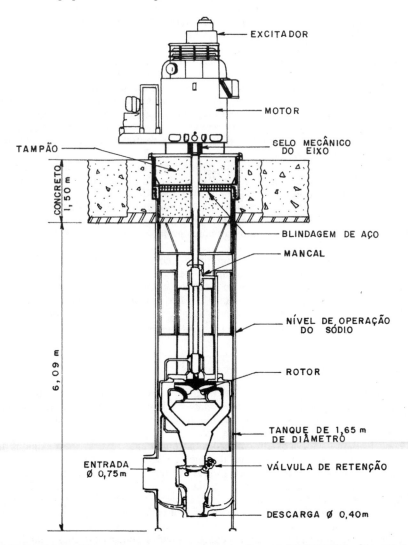

Fig. 26.12 Bomba de sódio para reator regenerador Enrico Fermi 1.000 CV-2,721 m³/h e 538°C.

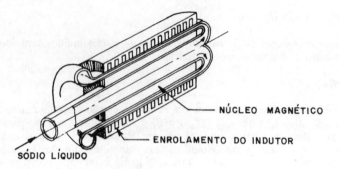

Fig. 26.13 Bomba Einstein-Szilard de indução, com fluxo reverso.

Bombas eletromagnéticas

Não possuem partes móveis, o que significa não haver problema de vazamento em gaxetas ou anéis de vedação. Funcionam com líquidos de boa condutividade elétrica, o que ocorre com metais em altas temperaturas, tais como o sódio, o potássio, o magnésio e o alumínio. Existem dois tipos: de condução (ac ou dc) e de indução (somente corrente alternativa).

O princípio de funcionamento das bombas eletromagnéticas de indução é o mesmo do motor de indução de corrente alternativa. O indutor constituído por um enrolamento adequado, sob o efeito da corrente alternativa, gera um campo magnético variável.

O campo induz uma corrente elétrica no metal líquido no interior de um tubo envolvido pelo enrolamento e que funciona como se fosse o induzido de um motor de indução.

O campo magnético gerado pela corrente induzida reage com o campo do enrolamento e força as partículas do metal líquido a deslocarem-se conforme a ação do campo de forças gerado, uma vez que o tubo onde está o metal líquido é fixo.

Há vários tipos de bombas eletromagnéticas em uso. Citaremos apenas a conhecida como bomba Einstein-Szilard de fluxo reverso, mostrada esquematicamente na Fig. 26.13, cujo funcionamento se compreende face à explicação dada acima.

As bombas eletromagnéticas possuem rendimento total da ordem de 50%. Altura manométrica varia de 3,5 a 7 kgf · cm^{-2}, portanto é bastante pequena.

A temperatura sob a qual o sódio é bombeado não deve exceder 600°C.

Antes de se colocar a bomba em operação, é necessário submeter a tubulação que já contenha sódio em estado "sólido" a um pré-aquecimento, a fim de evitar sobrepressões devidas à dilatação do sódio. O aquecimento deve ser feito lentamente desde a entrada livre da linha de aspiração até a saída do recalque, e controlado por termostatos dispostos ao longo da linha. Em seguida, é aquecida a parte anular do conduto, pela alimentação das bobinas da bomba. Se a tubulação estiver vazia ao iniciar-se a operação de bombeamento, o aquecimento da bomba e da tubulação poderá fazer-se simultânea e progressivamente.

MATERIAIS EMPREGADOS

A American Society for Mechanical Engineers (ASME), nas normas para *Caldeiras e vasos de pressão, Seção III (Componentes Nucleares)*, apresenta lista de materiais aceitáveis na fabricação de elementos constitutivos das instalações nucleares, inclusive as bombas. Estas são classificadas em três categorias:

Classe 1. Para os serviços em condições extremamente severas. São exigidas análises de tensão de várias partes da bomba e análise de fadiga de elementos críticos da mesma. São examinadas todas as situações desfavoráveis que possam ocorrer, incluindo acidentes, para que a bomba seja considerada aceitável.

Classe 2. Requerem menor número de análises de tensão e de fadiga, mas necessitam de um certificado de que foram fabricadas em consonância com as normas citadas.

Classe 3. Podem ser projetadas sem os rigores das exigências das duas primeiras classes, mas, ainda assim, devem apresentar certificado de ensaios.

Bibliografia

ASME Boiler and Pressure Vessel Code — Section III (Nuclear Components).
Conselho Nacional de Pesquisas — Energia Nuclear. Avaliação. *Perspectivas* — 1977 - Brasília.
GLADKOU, K. *La Energía del Átomo*. Editorial Paz. Moscou.
HICKS, TYLER G. e T. W. EDWARDS. *Pump Application Engineering*. McGraw-Hill Book Co.
KARASSIK, IGOR. *Centrifugal Pumps*. McGraw-Hill Book Co.
KWU Nuclear Plants' 85. Kraftwerk Union Aktiengesellschaft — October 1985.
MARGOULOVA, Th. *Les Centrales Nucléaires*. Editions de Moscou, 1977.
MEDICE, MARIO. *Le Pompe*. Ed. Ulrico Hoepli. Milão.
U.S. Nuclear Regulatory Commission Standards.
WEPFER, W. M. Nuclear Services. *Pump Handbook*. Seção 10.19. McGraw-Hill Book Co.

27

Bombas para Instalações de Combate a Incêndio

GENERALIDADES

No Brasil, as bombas para combate a incêndio, em geral, obedecem às prescrições da National Fire Protection Association (NFPA); do Underwriter's Laboratories; do Fire Office's Committee (FOC), da Inglaterra; da ABNT e, naturalmente, do Corpo de Bombeiros da Municipalidade. Podem ser classificadas em:
— Bombas para Sistemas Móveis. São as usadas no carros-pipa ou em embarcações especiais do Corpo de Bombeiros.
— Bombas para Sistemas Fixos. São as bombas usadas em edifícios industriais, residenciais, comerciais etc.
As bombas colocadas nos carros-pipa e embarcações são, via de regra, centrífugas, com o número necessário de estágios para assegurar a pressão prevista nas normas para combate a incêndio, bem como a descarga necessária em um número prefixado de mangueiras. Fabricam-se bombas de incêndio para descargas desde 500 até mais de 10.000 l/min.
Para compreendermos o funcionamento das bombas de incêndio em instalações fixas, precisamos situá-las no contexto das instalações hidráulicas do edifício, conjunto habitacional ou parque industrial, onde serão colocadas, sem nos aprofundarmos contudo em assuntos mais ligados a objetivos das chamadas Instalações Prediais.
A instalação de combate a incêndio com o emprego de água pode ser realizada por um dos seguintes sistemas de funcionamento:
— *Sob comando* (regido pela NB-24/57). Quando o afluxo de água é obtido mediante manobra de registros localizados em abrigos e caixas de incêndio. Os registros abrem e fecham os *hidrantes,* também chamados "tomadas de incêndio", e permitem a utilização das mangueiras com os respectivos esguichos e requintes (pontas dos esguichos). Em arruamentos e em conjuntos habitacionais, a rede de abastecimento público de água alimenta "hidrantes de coluna" nos passeios, distanciados entre si no máximo em 90 metros, de modo a permitir o combate direto ao incêndio com a adaptação de mangueiras (se a pressão for suficiente), ou a ligação à bomba do carro-pipa do Corpo de Bombeiros.
— *Automático.* Quando o afluxo de água ao ponto de combate ao incêndio se faz independentemente de qualquer intervenção de um operador e ocorre pela simples entrada em ação de dispositivos especiais que atuam ao ser atingido determinado nível de temperatura ou de comprimento de onda de radiações térmicas ou luminosas, ou ainda pela presença de fumaça no ambiente. Os *sprinklers* ou aspersores automáticos de água, também conhecidos como chuveiros automáticos; os pulverizadores; os lançadores de espuma; os nebulizadores e os sistemas de "inundação" são acionados por dispositivos automáticos próprios a cada tipo.
Simultaneamente com o lançamento da água sobre o local onde se iniciou o incêndio

BOMBAS PARA INSTALAÇÕES DE COMBATE A INCÊNDIO

deve ocorrer o acionamento de um alarme sonoro e luminoso, indicando, em certos casos num painel, o ponto onde o mesmo está se verificando. Sistemas de detecção do início de um incêndio são, às vezes, utilizados simultaneamente com recursos de combate a incêndio operados manualmente.

INSTALAÇÃO DE BOMBA NO SISTEMA SOB COMANDO COM HIDRANTES

Consideremos primeiramente o caso de um edifício cuja instalação de combate a incêndio prevê apenas caixas com hidrantes nos pavimentos (Fig. 27.1).

Observemos que, nos edifícios, existem dois reservatórios: um inferior, de acumulação de água vinda da rede pública, e outro na cobertura, para alimentação das colunas de distribuição dos aparelhos sanitários dos andares. Esses reservatórios são geralmente divididos em duas seções, e a capacidade dos mesmos deve atender ao consumo de pelo menos dois dias.

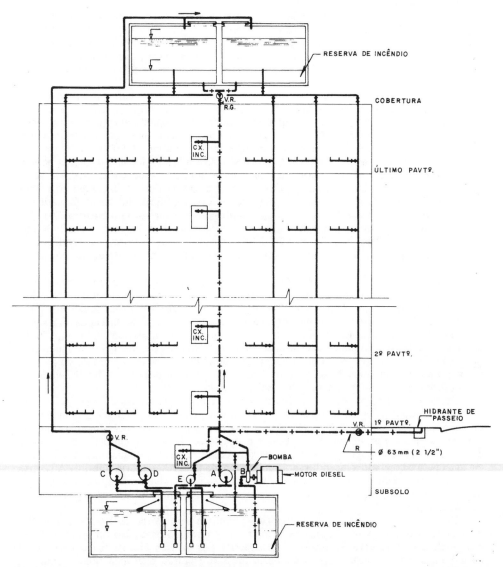

Fig. 27.1 Instalação típica de bombeamento em um edifício.

534   BOMBAS E INSTALAÇÕES DE BOMBEAMENTO

Um sistema de bombas C e D, como foi visto no Cap. 3 (Exercício 3.13), recalca a água do reservatório inferior para o superior. Neste, segundo certos códigos, deve ser mantida uma reserva de água para um primeiro combate a incêndio, capaz de garantir o suprimento de água, no mínimo, durante meia hora, alimentando dois hidrantes que trabalham simultaneamente em locais onde a pressão é mínima.

A reserva para incêndio é fixada pela Legislação Estadual e depende do tipo de prédio, do número de pavimentos e do sistema segundo o qual são alimentadas as caixas de incêndio com hidrantes.

Um barrilete de distribuição com a extremidade do tubo (ou dos tubos) acima do fundo do reservatório assegura a citada reserva de água para o combate a incêndio e alimenta as colunas de descida da água, das quais derivam os ramais e sub-ramais que vão ter às peças de consumo (lavatórios, vasos sanitários etc.).

Uma segunda tubulação, saindo do fundo dos reservatórios superiores (ou do reservatório, se for um apenas), alimenta as "colunas de incêndio", que, em cada pavimento e normalmente nos *halls,* servem às caixas de incêndio. Estas tubulações (ou tubulação) ao atingirem o teto do subsolo ou o pavimento térreo, se não existir subsolo, seguem até o passeio em frente ao prédio, onde é colocada uma caixa com um registro, chamado *"hidrante de passeio"* ou de *"recalque".*

Na extremidade superior da coluna de incêndio existe uma válvula de retenção que impede a entrada da água no reservatório superior, quando o Corpo de Bombeiros liga a mangueira da bomba do carro-tanque ao hidrante de passeio, recalcando a água até as caixas de incêndio nos andares. Abaixo da válvula de retenção, o Código de Segurança contra Incêndio no Estado do Rio de Janeiro obriga que seja colocado um registro de gaveta.

O emprego de uma "bomba de incêndio" de funcionamento automático decorre da conveniência e mesmo da necessidade de:

a. Construir-se um reservatório superior de menor capacidade, cuja reserva para incêndio seja de apenas 50% do total de água necessária ao funcionamento de dois hidrantes simultaneamente. Este reservatório deve ter no mínimo 10.000 litros de reserva para incêndio, segundo a NB-24 da ABNT (Art. 6.5.1.1). Mesmo usando a bomba, o reservatório inferior deverá ter capacidade total, no mínimo, de 120.000 litros, segundo a NB-24 (Art. 6.5.2). O Código de Segurança contra Incêndio no Estado do Rio de Janeiro, entretanto, estabelece reservas técnicas em função da natureza, finalidade e características do prédio, conforme pode ser visto no Quadro 27.1.

b. Obter-se pressão mínima de 1 kgf $\cdot$ cm^{-2} e máxima de 4 kgf $\cdot$ cm^{-2} nos hidrantes (Art. 27 do Dec. 897 de 21-9-76 do Estado do Rio de Janeiro). Dependendo do caso, a pressão mínima poderá ser fixada em 4 kgf $\cdot$ cm^{-2} (instalações industriais, por exemplo).

A pressão efetiva de 1 kgf $\cdot$ cm^{-2} (10 m.c.a.) não será possível obter-se nos três últimos pavimentos superiores com o desnível existente entre o reservatório superior e as caixas de incêndio, uma vez que o "pé-direito" é de apenas três metros ou próximo desse valor.

Portanto, torna-se necessária uma bomba de incêndio *(A),* recalcando a água do reservatório inferior na própria tubulação de incêndio a que estamos nos referindo (Fig. 27.1), de modo a obter-se a pressão necessária ao jato, inclusive nos três pavimentos superiores. Uma válvula de retenção *(R)* impede que a água bombeada alcance o hidrante de passeio, e a válvula colocada antes do reservatório superior, que nele penetre. A bomba atenderá às caixas desde o último pavimento até o subsolo, se este existir.

Quando, na irrupção de um incêndio, for possível usar-se caixas de incêndio abaixo do antepenúltimo pavimento, pode-se contar com a pressão proporcionada pela reserva de água na caixa superior. Esgotada esta, ligar-se-ia a bomba de incêndio. Costuma-se, entretanto, quando existe bomba, executar a instalação de acionamento de modo que a mesma entre em ação logo que ocorra a abertura de um hidrante em qualquer dos andares, e a água para o combate a incêndio será proporcionada pelo reservatório inferior. A reserva superior praticamente servirá para manter a escorva da bomba e o lançamento da água durante o pequeno espaço de tempo que a bomba leva para entrar em regime após a ligação automática do motor.

Uma solução mais prática e econômica é permitida pelo Corpo de Bombeiros do Rio de Janeiro. Consiste em alimentar os hidrantes dos pavimentos abaixo do antepenúltimo pavimento com a reserva do reservatório superior por pressão hidrostática apenas. Para os hidrantes dos três últimos pavimentos, a pressão é obtida com uma bomba colocada na cobertura abaixo do nível da água no reservatório superior e que bombeia a água desse reservatório na coluna de incêndio, logo abaixo da válvula de retenção.

As bombas a empregar nas instalações para combate a incêndio são centrífugas, com um ou dois estágios, havendo certa preferência para as bombas de um só estágio de carcaça bipartida horizontalmente e rotor de entrada bilateral. São acionadas por motores elétricos trifásicos. A alimentação de energia para esses motores não deverá passar pela caixa seccionadora, onde existem fusíveis, ou pelo disjuntor automático geral do prédio, mas derivar

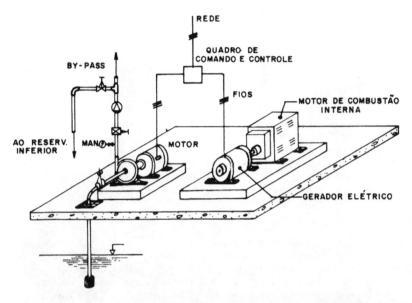

Fig. 27.2a Bomba com motor alimentado pela rede e por gerador acionado por motor de combustão interna.

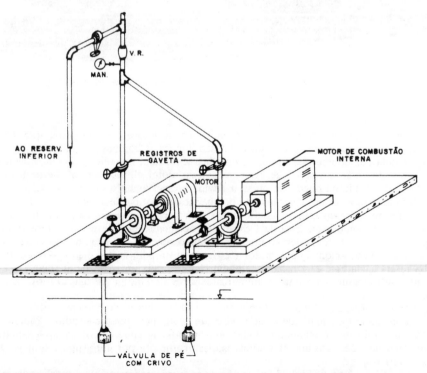

Fig. 27.2b Bomba com motor elétrico e bomba em *stand-by* acionada por motor de combustão interna.

Fig. 27.2c Bomba HERO para combate a incêndio acionada por motor de combustão interna.

do cabo alimentador do prédio, antes desses elementos de proteção, de modo que o corte da energia elétrica na ocorrência do incêndio não impeça as bombas de funcionarem.

A partida das bombas será feita automaticamente com um relé e disjuntor acionado por pressostato ou sensor capaz de ligar a chave do motor elétrico ao ser aberto qualquer hidrante, em virtude da queda de pressão devida ao escoamento que se estabelece. Para maior segurança deve-se instalar uma outra bomba movida por motor a combustão, geralmente diesel, ou empregar um grupo diesel-elétrico de emergência capaz de suprir de energia os motores das bombas no caso de falha no fornecimento de energia pela rede pública. A partida do motor diesel poderá efetuar-se automaticamente. Convém notar que se instala apenas uma bomba acionada por motor elétrico e outra pelo motor diesel. Não se instala bomba reserva. Na Fig. 27.1 acha-se também representada uma bomba auxiliar "jockey" *E*, usada para pressurizar e manter pressurizada a rede quando a instalação for de grande porte.

As Figs. 27.2*a* e 27.2*b* representam esquemas de instalações de bombas contra incêndio previstas na citada Regulamentação do Código de Segurança contra Incêndio e Pânico.

Na Fig. 27.2*a* temos a bomba de incêndio acionada diretamente por um motor elétrico, o qual pode também ser alimentado pela energia fornecida por um grupo motor gerador (diesel-elétrico).

A segunda hipótese (Fig. 27.2*b*) supõe dois grupos independentes recalcando numa

BOMBAS PARA INSTALAÇÕES DE COMBATE A INCÊNDIO   537

mesma linha. Um é constituído por um grupo motor-elétrico-bomba e outro, por um grupo bomba-motor de combustão interna (Fig. 27.3).

Recomenda-se, sempre que possível, que as bombas sejam instaladas "afogadas". Quando isto não for possível, é necessário adotar dispositivos de escorva rápida e segura (ver Cap. 15).

A escorva, na realidade, está sendo permanentemente feita pela água do reservatório superior, que, graças à reserva prevista no Código e à válvula de pé, manterá a bomba sempre cheia de água.

Deve-se, no início da tubulação de recalque, empregar um *by-pass*, ligado ao reservatório inferior, para permitir que periodicamente se possam testar as bombas.

ESTIMATIVA DA DESCARGA NO SISTEMA DE HIDRANTES

Para a determinação da descarga da bomba, é preciso considerar a natureza da ocupação do prédio e o risco de incêndio que deve ser previsto. De acordo com a NB-24 da ABNT, temos a seguinte classificação:

Classe A. Prédios cuja classe de ocupação na tarifa de Seguros Incêndio do Brasil seja 1 e 2 (Escolas, Residências e Escritórios).

Classe B. Prédios cuja classe de ocupação seja 3, 4, 5 e 6, bem como os Depósitos de Classe de Ocupação 1 e 2 (Oficinas, Fábricas, Armazéns, Depósitos etc.)

Classe C. Prédios cuja classe de ocupação na tarifa seja 7, 8, 9, 10, 11, 12 e 13 (Depósitos de combustíveis inflamáveis, Refinarias, Paióis de munição etc.).

A descarga em litros por minuto em cada ponto de tomada de água será determinada pela Tabela 27.1.

Para o cálculo da capacidade da bomba, devem ser previstos, funcionando simultaneamente no sistema sob comando, dois hidrantes com a descarga na Tabela 27.1 e sob pressão mínima de 10 metros de coluna de água no esguicho.

A velocidade na linha de aspiração da bomba não deve exceder a

— 1,5 m · s^{-1} para as bombas situadas acima do nível de água;

— 2,0 m · s^{-1} para as bombas "afogadas".

No sistema sob comando com hidrantes, é necessário observar a distinção que o código faz entre "canalização preventiva" e "rede preventiva" contra incêndio.

"Canalização preventiva" é a que corresponde à Instalação Hidráulica Predial de Combate a Incêndio, para ser operada pelos ocupantes das edificações, até a chegada do Corpo de Bombeiros. É empregada em prédios de apartamento, hotéis, hospitais e conjuntos habitacionais.

"Rede preventiva" é o sistema de canalizações destinadas a atender às descargas e pressões exigidas pelo Corpo de Bombeiros em edificações sujeitas a riscos consideráveis e maiores dificuldades na extinção do fogo, como ocorre nas fábricas, edificações mistas, públicas, comerciais, industriais, escolares, galpões grandes, edifícios-garage e outros mais.

Os Quadros 27.1 e 27.2 resumem o que o Código de Segurança contra Incêndio e Pânico, para o Rio de Janeiro, prescreve relativamente aos itens ligados ao problema do bombeamento de água.

A Tabela 27.2, da publicação da KSB Bombas, fornece a altura *a* (em metros) alcançada pelo jato de um esguicho na vertical; a máxima distância *d* (em metros) alcançada pelo jato e a descarga *Q* (em litros por minuto), em função da pressão *P* no esguicho e do diâmetro do requinte na extremidade do esguicho.

Para pressões de 10 m.c.a. até 30 m.c.a. no esguicho, pode-se utilizar a Tabela 27.3, da NB-24.

Tabela 27.1 Vazão em cada ponto de tomada
d'água, conforme a classe de risco

Classe de risco	Descarga (*l*/min)
A (resid. escrit.)	250
B	500
C	900

538 BOMBAS E INSTALAÇÕES DE BOMBEAMENTO

Quadro 27.1 Sistema de combate a incêndio conforme a edificação

ITEM	FINALIDADE DAS EDIFICAÇÕES	SISTEMA DE INSTALAÇÃO	
		COM CANALIZAÇÃO PREVENTIVA (CP)	COM REDE PREVENTIVA (RP)
1	*Apartamentos* Até 3 pav. e 900 m² de área construída	Dispensados	—
	Até 3 pav. e mais de 900 m²	Prever CP	—
	4 pav. ou mais	Prever CP e portas corta-fogo	—
	Com mais de 30 m de altura	Prever CP; usar também *sprinklers* nas partes de uso comum, subsolo e áreas de estacionamento e portas corta-fogo	—
2	*Hóteis, Hospitais* Até 2 pav. e 900 m²	Dispensado	—
	Até 2 pav. e mais de 900 m²	Prever CP	—
	Mais de 2 pav., altura até 12 m	Prever CP	—
	Mais de 12 m de altura	Prever CP; usar também *sprinklers*	—
3	*Conjuntos Habitacionais*	Prever CP, conforme item 1, além de hidrantes nas ruas	—
4	*Edificações mistas, públicas, comerciais, industriais e escolares* Até 2 pav. e 900 m² de área construída	—	
	Mais de 2 pav. até altura de 30 m	—	Prever RP
	Mais de 30 m de altura	—	Prever RP; usar também *sprinklers*
5	*Galpões* com área igual ou superior a 1.500 m²	—	Prever RP
6	Edificação industrial ou grande estabelecimento comercial	—	Prever RP. Consultar C. Bombeiros sobre instalação de *sprinklers*
7	*Edifício-garagem* e *Terminais Rodoviários* Até 1.500 m²	—	— Prever RP e Sistema de *sprinklers* e detecção
	Mais de 1.500 m²	—	

A fim de podermos calcular a altura manométrica a que a bomba deverá atender, necessitamos calcular a perda de carga no encanamento e também na mangueira, desde o hidrante até o esguicho. Existe uma certa divergência entre os valores das tabelas dos Underwriter's Laboratories e os que se encontram em catálogos de fabricantes de mangueiras, o que se deve, naturalmente, às diferenças nas características do material e ao grau de impregnação da borracha nas fibras de lona ou de poliéster, material este exigido pelo Corpo de Bombeiros do Rio de Janeiro. Costuma-se adotar os seguintes valores para as perdas de carga nas mangueiras, tais como especificadas na norma ESP-CB-002A da ABNT:

— Mangueira 38 mm (1 1/2") J = 0,4 m.c.a./metro de mangueira para 250 l/min;
— Mangueira 63 mm (2 1/2") J = 0,15 m.c.a./metro de mangueira para 500 l/min;
J = 0,3 m.c.a./metro para 900 l/min.

Para a descarga de 250 l/min e requinte de 1/2", é necessária uma pressão de 5,53 kgf · cm⁻² e, usando requinte de 5/8", apenas 2,26 kgf · cm⁻², segundo tabela da NFPA. Segundo a Tabela 27.2, seriam necessários 70 m.c.a.

Para 500 l/min e requinte de 3/4", é necessária uma pressão de 4,2 kgf · cm⁻² e, usando requinte de 7/8", apenas 2,4 kgf · cm⁻².

Vê-se, por esses dados, que o diâmetro do requinte é fundamental para se obter com uma dada pressão a descarga desejada.

BOMBAS PARA INSTALAÇÕES DE COMBATE A INCÊNDIO 539

Quadro 27.2 Combate a incêndio com sistema de hidrantes

ITEM	DESCRIÇÃO	SISTEMA DE HIDRANTES	
		COM CANALIZAÇÃO PREVENTIVA	COM REDE PREVENTIVA
1	*Reservatórios* Superior e inferior Reserva para incêndio no reserv. superior	Sim (ambos) Até 4 hidrantes: 6.000 l 6.000 l, acrescido de 500 l por hidrante excedente a 4	Sim, mas de modo que as bombas do CB possam usar a água do reservatório inferior facilmente, em substituição à do reservatório superior
	Quando não houver reserv. superior e se usar sistema hidropneumático ou bombeamento direto, o reserv. inferior terá reserva técnica de:	6.000 l, acrescido de 500 l por hidrante excedente a 4	Mínimo 30.000 l no reservatório superior ou inferior. Deve atender ao funcionamento simultâneo de 2 hidrantes, com vazão total de 1.000 l min durante 30 minutos, a pressão de 4 kgf · cm^{-2}
2	*Canalização* 2.1 Pressão mínima 2.2 Diâmetro mínimo 2.3 Pressão mínima em qualquer hidrante 2.4 Pressão máxima 2.5 Material	18 kgf · cm^{-2} 63 mm (2 1/2") 1 kgf · cm^{-2} (10 m.c.a.) 4 kgf · cm^{-2} Ferro galvanizado	18 kgf · cm^{-2} 75 mm (3") 4 kgf · cm^{-2} obtido com bombas Ferro fundido ou aço galvanizado
3	*Bombas*	Duas bombas com motor elétrico com capacidade para atender a 2 hidrantes simultaneamente cada uma (o COSCIP exige uma)	Uma com motor elétrico e uma com diesel para atender a 2 hidrantes simultaneamente. Dotadas de sistema de alarme
4	*Mangueiras* 4.1 Diâmetro 4.2 Comprimento máximo 4.3 Pressão mínima de teste	38 mm (1 1/2") fibra revest. internamente de borracha Seções de 15 m ligadas por juntas STORZ 20 kgf · cm^{-2}	63 mm (2 1/2") ou 38 (1 1/2") conforme exigido Seções de 15 m ligadas por juntas STORZ 20 kgf · cm^{-2}
5	*Requinte* (ponto de esguicho)	13 mm (1/2") ou esguicho de jato regulável	19 mm (3/4") ou esguicho de jato regulável
6	*Distância de cada hidrante ao ponto mais afastado a proteger*	30 m	30 m. Qualquer ponto do risco deverá ser simultaneamente alcançado por duas linhas de mangueira de hidrantes distintos

BOMBA EM INSTALAÇÃO COM HIDRANTES. EXERCÍCIO

Consideremos o caso de ser necessário prever o funcionamento, no pavimento mais elevado de um prédio de escritórios, de duas mangueiras com 30 metros cada uma, ligadas a hidrantes de caixas de incêndio no *hall* do pavimento. Os hidrantes são abastecidos por encanamento de recalque com 60 metros de comprimento e estão instalados a 36 metros acima do nível do reservatório inferior. Pelo código, como o prédio tem mais de 30 metros de altura, deverá ter canalização preventiva de *sprinklers*. Consideremos a canalização preventiva.

Para a escolha da bomba, temos de fazer as seguintes considerações:

— A descarga a ser fornecida à mangueira pode ser obtida pela Tabela 27.1. Tratando-se de prédio de escritórios, a previsão é de 250 l/min por mangueira, pois o risco para esse tipo de ocupação é Classe A.

— Como deve ser previsto o funcionamento simultâneo de duas mangueiras, a tubulação de recalque e a bomba devem ser dimensionadas para a descarga de 2 × 250 l/m = 500 l/m = 8,33 l/s ≃ 30 m³/h.

540 BOMBAS E INSTALAÇÕES DE BOMBEAMENTO

Tabela 27.2 Altura, distância alcançada pelo jato e descarga no requinte

Pressão (m.c.a.)	Grande-zas	Diâmetro do requinte em mm					
		12	20	24	30	38	40
30	a	17	21	23	25	26	26
	d	23	28	30	33	36	36
	Q	162	454	655	1.025	1.645	1.823
40	a	19	23	26	30	32	33
	d	25	32	34	40	43	44
	Q	188	524	757	1.184	1.900	2.105
50	a	20	26	29	34	38	39
	d	27	34	38	46	51	53
	Q	210	586	846	1.324	2.124	2.354
60	a	22	28	31	38	43	44
	d	29	37	42	52	59	61
	Q	230	642	927	1.450	2.327	2.578
70	a	23	30	33	42	47	48
	d	32	40	45	55	—	67
	Q	248	694	1.001	1.566	2.513	2.784
80	a	24	32	36	45	50	51
	d	33	43	48	58	—	70
	Q	265	741	1.071	1.675	2.687	2.977
90	a	25	34	38	47	51	52
	d	34	45	51	60	71	72
	Q	281	787	1.136	1.777	2.850	3.158
100	a	—	35	40	48	52	53
	d		47	52	61	73	74
	Q		829	1.197	1.872	3.004	3.328
110	a		36	41	49	53	54
	d		48	53	62	74	76
	Q		870	1.256	1.964	3.151	3.491
120	a		37	42	50	54	55
	d		49	54	62	76	78
	Q		908	1.312	2.021	3.291	3.646

Tabela 27.3 Distância alcançada pelo jato

Distâncias em m alcançadas pelo jato compacto												
Diâmetro do requinte em mm		13		16		19		22		25,4		32
Pressão em m.c.a.	Distância em metros	V	H	V	H	V	H	V	H	V	H	V	H
10		7,0	8,0	7,0	8,0	7,5	8,0	7,5	8,5	7,5	9,0	8,0	9,0
15		10,5	10,0	10,5	10,5	11,0	11,0	11,0	11,0	11,0	11,5	11,5	12,0
20		14,5	11,5	14,5	11,5	14,5	12,5	15,0	13,0	15,0	14,0	15,5	14,5
25		16,5	12,0	17,5	13,5	17,5	14,5	17,5	15,0	18,0	16,0	18,5	18,0
30		19,5	13,0	19,5	14,0	20,0	15,0	20,0	16,0	20,0	17,0	20,5	19,0

BOMBAS PARA INSTALAÇÕES DE COMBATE A INCÊNDIO 541

— Para obtenção da descarga de 250 l/min no esguicho, este deverá estar submetido à pressão de 55,3 m.c.a. se o requinte for de 1/2" e à pressão de 22,6 m.c.a. se for de 5/8", conforme vimos. Como a pressão de 55,3 m.c.a. é muito elevada, deveremos usar o esguicho de jato regulável ou requinte de 5/8". Admitamos, pois, a pressão de 22,6 m.c.a., obtida com requinte com este diâmetro, uma vez que o Código não permite pressões na canalização preventiva superiores a 4 kgf · cm^{-2}.
— No hidrante, a pressão deverá ser maior, para levar em conta a perda de carga na mangueira.

A perda de carga na mangueira de 38 mm e descarga de 250 l/min é, como vimos, igual a 0,4 m.c.a. por metro de mangueira, de modo que teremos para o comprimento total da mangueira: 30 m × 0,4 = 12,0 m.c.a. A pressão no hidrante deverá ser portanto igual a

$$24,0 + 12,0 = 36,0 \text{ m.c.a.}$$

Numa primeira aproximação, admitamos que as perdas de carga representam 20% de acréscimo virtual no comprimento do encanamento, o qual teria então 60 + 0,2 × 60 = 72,0 m.

Se usássemos tubo de ferro galvanizado de 3" no recalque da bomba para alimentar os dois hidrantes no pavimento superior, empregando o diagrama de Fair-Whipple-Hsiao com os valores $d = 3"$ e $Q = 8,33 \text{ l} \cdot s^{-1}$, obteríamos

$$J = 0,075 \text{ m/m e } v = 1,8 \text{ m} \cdot s^{-1} \text{ (valor aceitável para funcionamento ocasional)}$$

A perda de carga total será

$$0,075 \text{ m/m} \times 72,0 \text{ m} = 5,40 \text{ m.c.a.}$$

Observação

Pelo Quadro 27.2 vemos que para prédio de escritório com mais de 30 m temos que usar Rede Preventiva, e o diâmetro mínimo, no caso, é 3".

As perdas de carga localizadas podem ser determinadas num cálculo mais preciso com o conhecimento das peças, e, para isto, convém ser desenhada a representação isométrica da instalação, de modo semelhante ao que foi feito no Cap. 3.

Cálculo da Altura Manométrica

— Desnível h_e.	36,00
— Soma das perdas de carga J.	5,40
— Pressão residual no hidrante.	22,60
— Perda de carga na mangueira de 30 metros.	12,00
	$H = 76,00 \text{ m}$

— Potência do motor da bomba, admitindo rendimento total $\eta = 0,60$

$$N = \frac{1.000 \times 0,0083 \times 76,00}{75 \times 0,60} = 14,02 \text{ c.v.}$$

Poremos um motor de 15 c.v. para acionamento da bomba. O gráfico da Fig. 6.24 recomendaria, por exemplo, uma bomba Worthington Mod. D-1000 (3 × 1 1/2 × 8), com motor de 15 c.v., $n = 3.550$ rpm, 60 hertz.

Pela Fig. 27.5, vemos que, para Q ≃ 30 m^3/h e H = 76 m, a bomba Worthington, modelo LN, será a 3LI 3510, e se usarmos a bomba Worthington Modelo D-1011 (Fig. 27.7), teremos a de 3 × 1 1/2 × 8 com motor de 15 HP.

ESPECIFICAÇÕES DE BOMBAS CONTRA INCÊNDIO

A norma NFPA-20 e as prescrições dos Underwriter's Laboratories apresentam exigências para qualificação de bombas centrífugas para combate a incêndio. Há dois tipos principais e que são: "Bomba *Standard*" e "Bomba toda em bronze". O segundo tipo é mais recomendado para equipamento do Corpo de Bombeiros, instalações marítimas, instalações em locais de ambiente salitrado ou submetidos à ação de gases e vapores corrosivos.

A Fig. 27.3 apresenta uma bomba Worthington 6-LG-1 de carcaça bipartida horizontalmente, um estágio, sucção dupla, acionada por motor diesel, para funcionar como reserva do grupo bomba-motor elétrico.

A Tabela 27.4 indica os materiais recomendados para as várias partes das bombas "tipo *Standard*" e "toda em bronze".

A Fig. 27.4 apresenta um gráfico para escolha de bombas Sulzer de carcaça bipartida, abrangendo larga faixa de valores de descarga (20 m^3/h até 10.000 m^3/h) e de altura manométrica (10 m até 350 m). São bombas utilizáveis em Serviços de Incêndio (SM), além de Saneamento Básico (SM), Água de refrigeração (SM), Processo (SZZM) e Navios (SM, SZZM).

Fig. 27.3 Vista de uma bomba LN, acionada por motor a combustão interna.

Tabela 27.4 Materiais de bombas contra incêndio

Item	Partes da bomba	Tipo *Standard*	Toda em bronze
1	Carcaça	Ferro fundido	Bronze
2	Rotor	Ferro fundido ou Bronze	Bronze
3	Eixo	Aço carbono	Aço inoxidável
4	Anel de desgaste da carcaça	Bronze fundido	Bronze fosforoso
5	Bucha do eixo	Bronze	Bronze
6	Caixa de rolamentos	Ferro fundido	Ferro fundido
7	Bucha de caixa de gaxetas	Bronze	Bronze
8	Sobrepostas	Ferro fundido	Bronze fosforoso
9	Parafusos e bujões	Aço carbono	Latão

BOMBAS PARA INSTALAÇÕES DE COMBATE A INCÊNDIO

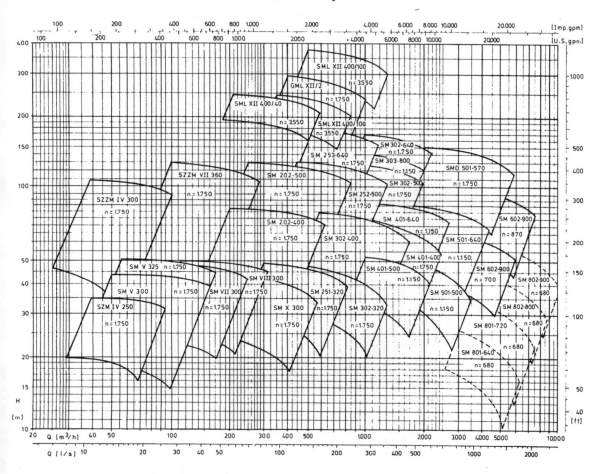

Fig. 27.4 Bombas bipartidas Sulzer.

SZM — SZZM — GML
SM — SML — SMD

A Worthington apresenta, em seus catálogos, vários tipos de bomba aplicáveis a instalações de combate a incêndio, entre os quais os do tipo LN, cujo diagrama de escolha se acha representado na Fig. 27.5. Fabrica um tipo especialmente projetado para incêndio, que é a bomba modelo LGR, cujo corte aparece na Fig. 27.8.

Para bombas de incêndio de pequena capacidade, podem, por exemplo, ser empregadas as bombas Worthington tipo 1011, cujos diagramas se acham representados na Fig. 27.7.

O Corpo de Bombeiros do Estado do Rio de Janeiro prescreve em muitos casos, como especificação básica para as bombas, o seguinte:

a. A bomba deverá ser tipo centrífugo, carcaça bipartida horizontalmente, de ferro fundido, coletor em voluta. Flanges de aspiração e recalque fundidos com a metade inferior da carcaça. Deverá ter furos rosqueados na boca de recalque para adaptação de manômetro.
b. O rotor, tipo fechado, dupla aspiração, deverá ser de bronze. Anéis de vedação em neoprene ou bronze.
c. Eixo de aço-liga torneado, polido e dimensionado de modo a evitar a ocorrência de vibrações. Luvas de bronze, protegendo o eixo e a ele, chavetadas.
d. Mancais de esferas lubrificados a óleo ou graxa. Caixa fixada por peças que se bipartam pela linha do centro de modo a permitir fácil remoção do conjunto rotativo e dos mancais.
e. Caixa de gaxetas providas de anel de lanterna, evitando qualquer entrada de ar. Selagem hidráulica na aspiração, com ligação à descarga da bomba.
f. Sobrepostas de bronze.

544 BOMBAS E INSTALAÇÕES DE BOMBEAMENTO

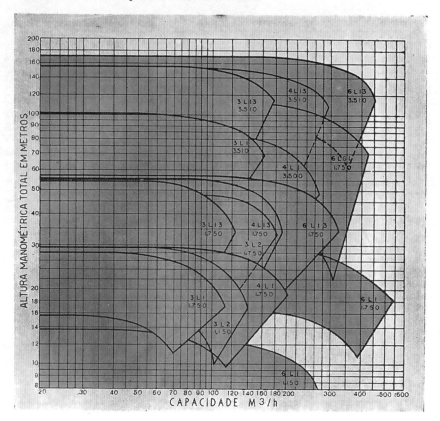

Fig. 27.5 Gráfico para escolha de bombas Worthington, modelo LN, carcaça bipartida, sucção dupla.

Fig. 27.6 Bomba Peerless, FMC Corporation, para incêndio e uso geral.

BOMBAS PARA INSTALAÇÕES DE COMBATE A INCÊNDIO 545

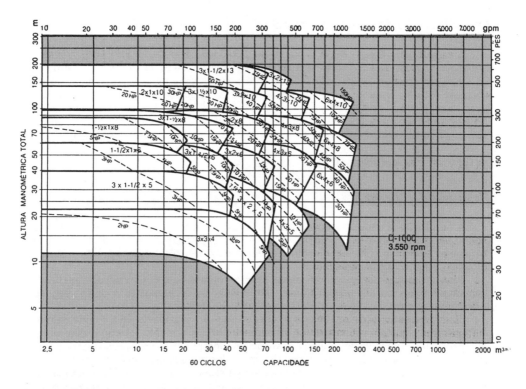

Fig. 27.7 Diagrama para bomba Modelo D-1011 da Worthington.

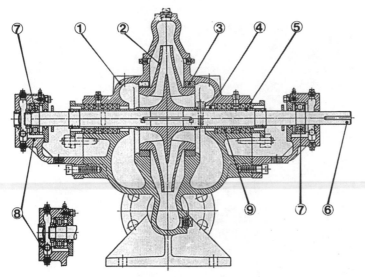

1. Carcaça bipartida horizontalmente.
2. Rotor de dupla sucção, estática e dinamicamente balanceado, garante perfeito equilíbrio de esforços axiais e operação isenta de vibrações.
3. Anéis de desgaste da carcaça substituíveis.
4. Bucha da caixa de gaxetas.
5. Bucha do eixo.
6. Eixo rígido (velocidade de operação inferior à crítica).
7. Mancais, radial e de escora, projetados para vida mínima de 100.000 horas. Lubrificação a óleo ou a graxa.
8. Caixa de mancais, integral com a carcaça, assegura perfeito alinhamento.
9. Vedação por gaxetas ou selo mecânico.

Fig. 27.8 Bomba LRG Worthington para serviço de incêndio.

INSPEÇÃO E TESTES DAS BOMBAS

É exigido pelo Corpo de Bombeiros do Estado do Rio de Janeiro que: "Antes do embarque, o grupo motor-bomba seja testado e inspecionado no laboratório do fabricante. Os testes deverão ser feitos pelo fabricante e a suas expensas e incluirão uma hora de operação a 50% de carga e de 2 horas a 100% de carga, de acordo com a capacidade indicada na placa da bomba."
"A inspeção e os testes deverão ser feitos na presença de um inspetor."
"Duas cópias autenticadas da folha de registro dos testes serão submetidas ao contratante."

BOMBAS EM SISTEMAS DE SPRINKLERS

Descrição do sistema

A instalação de chuveiros automáticos para extinção de incêndio *(Sprinklers)* é regida pelos MB-267/60, NB-194/71, EB-150/62 da ABNT e pela norma n.º 13 da National Fire Protection Association. No Estado do Rio de Janeiro, o Código de Segurança contra Incêndio e Pânico, Cap. X, legisla o assunto.

Uma instalação de *sprinklers* consta essencialmente de um sistema de canalizações com ramificações em algumas das quais são adaptadas, de pontos em pontos, pequenos aspersores especiais, que são os *sprinklers* propriamente ditos (Fig. 27.9).

Esses aspersores possuem uma peça especial que veda a saída da água e que desimpede sua passagem, quando a temperatura do ambiente atinge um valor elevado, determinada pela irrupção de um incêndio, ou pela iminência do mesmo. A peça especial acima referida pode ser constituída por uma ampola de "Quartzoid", contendo um líquido altamente expansível que, ao aquecer-se, rompe a ampola dando passagem à água, ou, então, por elementos bimetálicos ou fusíveis, que pelas mesmas razões, ao se separarem ou fundirem, permitem a passagem da água para o aspersor com forma de roseta. A descarga da água, pela variação

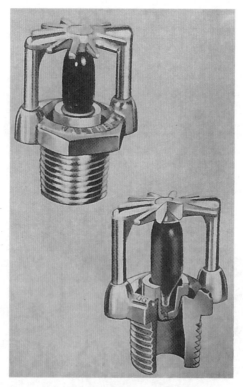

Fig. 27.9 *Sprinkler* da Walther & Cie. Aktiengesellschaft. Köln-Delbruck.

de pressão que provoca, aciona dispositivo especial de alarme e, caso o sistema de *sprinklers* seja de bombeamento direto na rede ou com reservatório de pressurização, também liga a bomba de combate a incêndio.

A ação de um *sprinkler* é localizada e restrita ao ponto onde se verificou o início de um incêndio, formando uma espécie de cortina líquida, ou chuva, que circunscreve o acidente e apaga o fogo quando este ainda se acha moderado.

O fornecimento de água à rede de *sprinklers* pode efetuar-se por um dos sistemas que descreveremos a seguir.

Alimentação direta por um reservatório de acumulação elevado, que pode estar no mesmo prédio (Fig. 27.10) ou constituir um "castelo d'água" (Fig. 27.11). O reservatório deverá ter capacidade para atender durante 60 minutos, no caso de riscos leves, a uma descarga aproximada de (20×90) litros por minuto (correspondente a 20 aspersores de 1/2"), ou seja, 108.000 litros por hora.

No caso de riscos médios, deverá proporcionar até o dobro dessa descarga durante 60 minutos, o que conduz a um reservatório superior muito grande e de elevado custo.

Nos sistemas de *sprinklers,* como aliás em todo sistema de combate ao fogo, procura-se, porém, dispor de duas fontes independentes de fornecimento de água sempre que possível. Para isso, usa-se água proveniente do reservatório elevado do prédio, ou do castelo d'água mencionado, e do bombeamento de um reservatório inferior.

É o que mostram as Figs. 27.10 e 27.11.

A capacidade do reservatório superior, neste caso, pode ser reduzida para 50.000 l (riscos médios) e o inferior terá no mínimo o complemento para o valor total previsto.

O nível mínimo da água no reservatório elevado deverá estar pelo menos a 12 metros acima da linha de *sprinklers* mais elevada, para levar em conta a perda de carga, pois a pressão de funcionamento dos *sprinklers* é da ordem de 8 a 10 m.c.a.

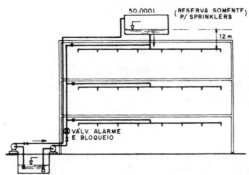

Fig. 27.10 Sistema sprinkler com reservatório superior e com bombeamento direto do inferior.

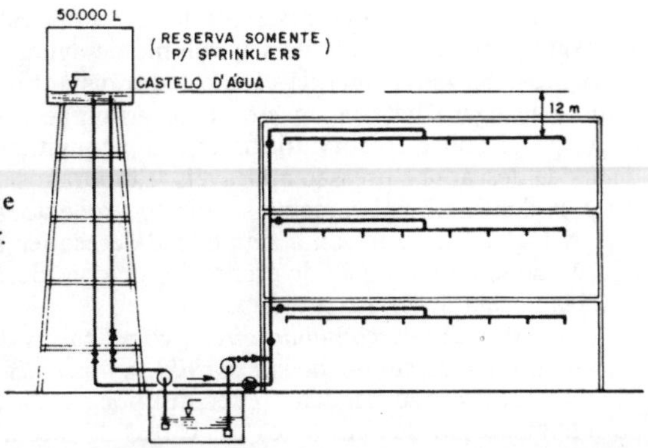

Fig. 27.11 Sistema sprinkler com castelo d'água e com bombeamento direto do reservatório inferior.

548 BOMBAS E INSTALAÇÕES DE BOMBEAMENTO

Sistema hidropneumático

Para evitar o emprego do reservatório superior, pode-se optar por uma instalação hidropneumática.

O reservatório de pressurização supostamente contém 2/3 de sua capacidade de água, no momento de funcionar pelo evento de um incêndio. Um reservatório inferior constitui a segunda fonte de suprimento de água, sempre recomendável em instalações de combate a incêndio.

Em certos casos, admite-se projetar o sistema de modo que possa atender a uma rede de *sprinklers* simultaneamente com rede de hidrantes. Nesta hipótese, considera-se funcionando simultaneamente 20 *sprinklers* ou 2 *sprinklers* e um hidrante, havendo necessidade de consultar o Corpo de Bombeiros para obtenção de autorização para esse projeto.

O reservatório de pressurização, no caso de "riscos leves", deverá conter de 7.500 l a 12.000 l, ocupando 2/3 do reservatório e, no caso de "riscos médios", de 11.000 a 22.000 litros.

A pressão inicial mínima no reservatório com 2/3 de água deve ser de 5 kgf · cm^{-2}, acrescida de 1,3 vez a altura h entre o ramal de *sprinklers* na cota mais elevada e o nível da água no reservatório, isto é,

$$p_{min} = 50 + 1,3.h \text{ (m.c.a.)}$$

Quando a pressão no reservatório hidropneumático cair a valor correspondente a (30 m.c.a. + 0,87 · h), a bomba deverá entrar em ação, de modo a fornecer água a 20 *sprinklers* e a encher o volume esvaziado no reservatório.

O reservatório inferior deverá ter capacidade para 120.000 litros para o caso de previsão de riscos leves. Pelo exposto, a bomba deverá atender à seguinte descarga:

1.º Caso

Para 20 pontos de *sprinklers* de 1/2": 20 × 1,45 l · s^{-1} × 60 = 1.740 l/min

2.º Caso

Sistema misto (*sprinklers* e hidrantes).

Para dois pontos de *sprinklers:* 2 × 1,45 × 60 = 174 e 1 mangueira
(caso de risco leve) = 250

Descarga total 424 l/min

Embora prevista pelo NFPA, a hipótese correspondente ao 2.º caso não é mencionada pelos nossos Códigos.

A Fig. 27.12 mostra parte de uma instalação hidropneumática de *sprinklers,* utilizando uma bomba acionada por motor elétrico e outra, por motor diesel. Ao iniciar-se o incêndio, o calor gerado no local expande o líquido da ampola do *sprinkler* mais próximo, rompendo-a. A água sob a pressão do ar do reservatório hidropneumático começa a escoar sob forma de chuveiro sobre o foco do incêndio. O escoamento determina o funcionamento da válvula de alarme, que aciona a válvula de pressão, a qual atua sobre um sistema de alarme no quadro geral de controle.

Quando a pressão no reservatório cair a um valor correspondente ao reservatório com aproximadamente metade de seu volume de água, um pressostato ligará o sistema elétrico da bomba. Se faltar energia elétrica, um disjuntor desarma a chave do motor da bomba e um relé liga a bateria do motor de arranque do grupo diesel-bomba. O que foi visto no Cap. 23 sobre Reservatórios Hidropneumáticos se utiliza no caso presente, com os dados de descarga e pressão aplicáveis. Embora o sistema hidropneumático não seja obrigatório, podendo o bombeamento ser direto à rede de *sprinklers,* muitos projetistas o preferem.

A Fig. 27.13 representa simplificada e esquematicamente uma instalação de combate a incêndio em um edifício de escritórios de considerável número de pavimentos.

Na instalação foram previstas:

— instalação de *comando direto,* com "caixas de incêndio" nos *halls* dos andares;

— instalação *automática de sprinklers* nos *halls* e salas dos andares.

Observa-se que há duas redes distintas, cada qual abastecida por uma bomba: uma para alimentação dos hidrantes nas caixas de incêndio; outra para o sistema de *sprinklers*.

BOMBAS PARA INSTALAÇÕES DE COMBATE A INCÊNDIO

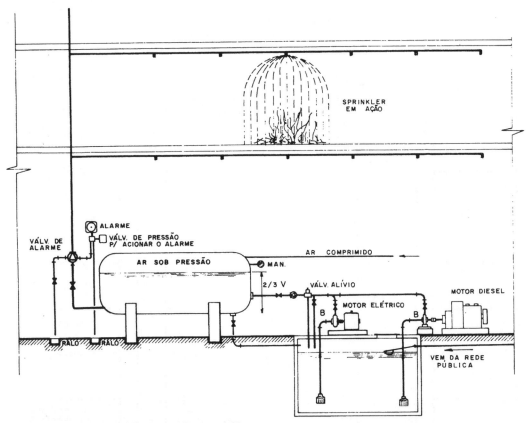

Fig. 27.12 Instalação hidropneumática de sprinklers.

A bomba acionada pelo motor diesel deverá possuir condições para operar ou 20 *sprinklers* (hipótese mais desfavorável) ou combinação de *sprinklers* com hidrantes, com descarga total equivalente.

No esquema, não foi previsto reservatório hidropneumático, mas foi colocada uma válvula de alívio, amortecedora de "golpe de aríete", no início do recalque das bombas para *sprinklers*, a qual permite o retorno ao reservatório de uma parte da água, na ocorrência da sobrepressão devida ao fechamento rápido de registros nos hidrantes ou válvulas de bloqueio nas colunas *(risers)* do sistema *sprinkler*. Quando a pressão a temer é inferior a 7 kgf $\cdot$ cm^{-2}, não é obrigatório utilizar válvula de alívio, mas alguns projetistas a colocam mesmo para pressões menores. Ao invés da válvula de alívio, pode-se usar uma "câmara de ar" com a capacidade mínima de 100 litros, tal como vimos no Cap. 23.

Bomba para sistema de sprinklers

Como acabamos de ver, a bomba deverá abastecer simultaneamente 20 pontos de *sprinklers*. Pode-se saber a descarga de cada aspersor, usando a Tabela 27.5, que, para diâmetros de 3/4" e diversas pressões, fornece a área do orifício e a descarga correspondente. Usam-se, todavia, *sprinklers* com diâmetros de 1" e ainda maiores.

Assim, usando *sprinkler* de 1/2" e considerando pressão de 1,05 kgf $\cdot$ cm^{-2}, teremos, para 20 *sprinklers* previstos funcionando simultaneamente, uma descarga de

$$20 \times 1,45 \; l.s^{-1} = 29 \; l.s^{-1}$$

Se os *sprinklers* estiverem, por exemplo, no último pavimento de um edifício de 12 pavimentos e a bomba estiver no subsolo, considerando um pé-direito de 3,10 metros em cada pavimento, teremos uma altura estática total de 13 $\times$ 3,10 = 40,30. Admitamos,

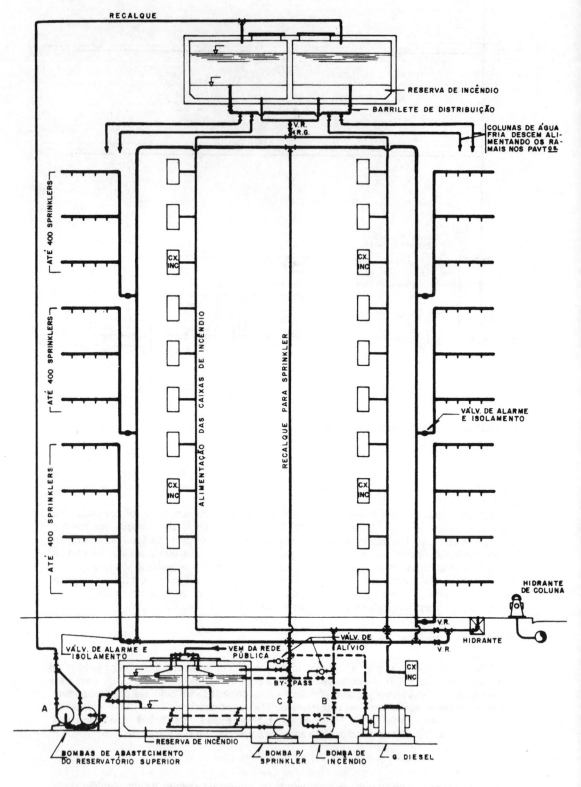

Fig. 27.13 Instalação de combate a incêndio com mangueiras e com sprinklers.

BOMBAS PARA INSTALAÇÕES DE COMBATE A INCÊNDIO   551

Tabela 27.5 Descarga no sprinkler

Diâmetro do sprinkler	Diâmetro do tubo		Área do Orifício (cm²)	Descarga no *sprinkler* (com coef. de descarga 0,8)		
				Pressão no *sprinkler*		
	pol.	mm		$0,35$ kgf $\cdot$ cm^{-2}	$0,70$ kgf $\cdot$ cm^{-2}	$1,05$ kgf $\cdot$ cm^{-2}
1/2"	1/2	12,7	1,29	$0,82\ l \cdot s^{-1}$	$1,20\ l \cdot s^{-1}$	$1,45\ l \cdot s^{-1}$
5/8"	3/4	19,8	2,00	1,32	1,83	2,27
3/4"	3/4	19,8	2,83	1,89	2,71	3,28

numa primeira aproximação, que as perdas de carga correspondam a 20% da altura acima, isto é, a 8,06 m.

Como o *sprinkler* mais afastado deve trabalhar sob uma pressão de 1,05 kgf $\cdot$ cm^{-2} = 10,50 m.c.a., devemos acrescentar esta altura para obtermos a altura manométrica, isto é,

$$H = 40,30 + 8,06 + 10,50 = 58,86 \text{ m}$$

A potência do motor da bomba será, supondo rendimento de 75%,

$$N = \frac{1.000 \times 0,029 \times 58,86}{75 \times 0,75} = 30,3 \text{ c.v.}$$

O motor da bomba seria de 30 c.v.

A tubulação de recalque pode ser calculada considerando a descarga de 29 l $\cdot$ s^{-1}, velocidade de recalque da ordem de 2,5 m $\cdot$ s^{-1}. No diagrama da fórmula de Flamant (Cap. 30), obteremos, para perda de carga, $J = 0,06$ m/m e, para diâmetro, 5″ (127/mm).

A perda de carga normal no tubo com 40,30 m de comprimento real será: 40,30 × 0,06 = 2,41 m. Como supusemos a perda total como sendo de 6,04 m, sobram 8,06 − 2,41 = 5,65 m para perdas em conexões e válvulas. Depois de traçado o esquema da instalação, o cálculo poderá ser feito com maior precisão, pois serão conhecidas todas as conexões e válvulas. Além disso, a escolha da bomba deve ser realizada consultando o catálago do fabricante, tal como vimos no Cap. 6. Poderíamos usar o gráfico da Fig. 27.7 e obteríamos para

$$Q = 29\ l.s^{-1} \times 3.600 \text{ segundos} \div 1.000 = 104,4 \text{ m}^3/\text{hora}$$

e

$$H = 58,36 \text{ m}$$

a bomba D. 1011 (4 × 3 × 8) com motor de 30 HP e 3.550 rpm.

A Fig. 27.4 nos permitiria escolher uma bomba Sulzer SZZM VII 360 com n = 1,750 rpm.

BOMBEAMENTO PARA SISTEMA DE ESPUMA

Em indústrias é comum haver materiais cujo incêndio não pode ser apagado pela água. É o caso de derivados leves de petróleo, solventes, tintas e uma série de outros materiais. Deixando de lado os sistemas de combate por Halon, CO_2, e outras substâncias, por não se enquadrarem na categoria de materiais operáveis com bombas, mencionaremos o sistema de espuma, largamente utilizável.

O processo consiste, em essência, na injeção de um "extrato" ou espumógeno na água bombeada, graças a um "dosador" ou "proporcionador" que é um ejetor dotado de uma válvula dosadora com retenção. A solução água-extrato é bombeada aos locais de lançamento. Nesses locais existem dispositivos denominados "formadores de espuma". Constam de um bocal que, ao injetar a solução água-extrato no interior de uma pequena

552 BOMBAS E INSTALAÇÕES DE BOMBEAMENTO

câmara, arrasta grande volume de ar capaz de produzir a espuma pretendida. Os sistemas de lançamento de espuma (defletores, deslizadores ou canhão de lançamento) representam detalhes que não cabem ser aqui apresentados.

Para o cálculo da altura manométrica da bomba, é necessário considerar uma pressão de 5 kgf · cm^{-2} na boca expulsora da câmara de espuma. É aceitável tomar-se, para perdas normais e acidentais, 20% do valor da pressão citada correspondente ao encanamento e 30% ao dosificador, de modo que, à altura estática de elevação, deveremos somar a pressão de 7,5 kgf · cm^{-2}. Detalhes da instalação podem ser encontrados no Manual KOMET da BUCKA — SPIERO. Com. Ind. & Imp.

Bibliografia

BARE, WILLIAM K. *Fundamentals of Fire Prevention.* John Wiley and Sons, 1977.
——. *Introduction to fire science and fire protection.* John Wiley and Sons, 1978.
BELK, SAMUEL. *Legislação e Normas de Segurança contra Incêndio e Pânico.* Editora Ivan Rossi, 1976.
BUCKA SPIERO Comércio, Indústria e Importação S.A. Material contra incêndio.
CHAUVEAU, H. *Seguridad contra incendio en la empresa.* Edit. Blume.
Código de Segurança contra Incêndio e Pânico (Regulamentação do Decreto-lei n.º 247 de 21.7.75, Estado do Rio de Janeiro).
EB-152/60 — Chuveiros automáticos para extinção de incêndio *(Sprinklers).*
EB-308/69 — Carros de combate a incêndio.
ELKHART do Brasil Ind. e Com. Ltda. Material contra incêndio.
Fire Protection Smoke Detectors. LM Ericson.
Fire Protection Systems Control Boards. LM Ericson.
Fire Protection Thermal Detectors. LM Ericson.
Handbook of Fire Protection. NFPA — National Fire Protection Association.
HARRIS, ROWLAND A. *Fire Pumps.* In: Pump Handbook. McGraw-Hill Book Co., 1976.
HERO Equipamentos Industrias Ltda.
HICKS e EDWARDS. *Pump Application Engineering.* McGraw-Hill Book Co., 1971.
Installation of Sprinkler Systems. NFPA n.º 13.
Les nouveaux systèmes de détection incendie Cerberus 6 et 7.
MACINTYRE, A. J. Instalações Hidráulicas Prediais e Industriais. Editora Guanabara Dois. 2.ª edição, 1986.
MB-267/60 — Chuveiros automáticos para extinção de incêndio *(Sprinklers).*
MEIDL, JAMES H. *Flammable Hazardous Materials.* Glencoe Publishing Co., Califórnia, 1977.
Mueller Underwriter Fire Protection Products. *Catálogo,* 1978.
National Fire Codes. NFPA.
NB-24/57 — Instalações hidráulicas prediais contra incêndio, sob comando.
NB-194/71 — Sistemas de chuveiros automáticos para ocupações denominadas "riscos leves".
O "caça fumaça". Siemens.
Potter-Roemer, Inc. Fire Protection Products. *Catálogo,* 1978.
Proteção automática contra incêndio por meio de equipamentos automáticos de sprinkler Grinnell. Resmat Ltda.
Proteja-se do fogo na fase da construção. O Dirigente Construtor. Junho, 1972.
Sulzer fire protection technology. Sprinkler systems. Sulzer.
Walther Automatic Fire Protection. Delta Incêndio Eng. Ltda.
WORMALD RESMAT PARSCH Ltda. Sistemas e Material contra Incêndio.

28

Bombas Especiais

No presente capítulo consideraremos diversas bombas e instalações com características especiais e cuja importância justifica uma referência.

Dentre as muitas máquinas hidráulicas geratrizes que poderíamos apreciar, destacaremos apenas:

— Carneiros hidráulicos
— Bombas regenerativas
— Bombas para indústrias químicas e de processamento
— Bombas solares
— Bombas para sólidos
— Turbobombas de alta rotação: bombas Sundyne.

CARNEIRO HIDRÁULICO

Descrição do funcionamento

O carneiro hidráulico, também chamado bomba de aríete hidráulico, é uma máquina mista, com característica de geratriz e de operatriz, que funciona pelo movimento da água através de válvulas, de modo que a única fonte de energia é a própria descarga e a altura da água disponível na captação. Funciona em decorrência do surgimento do transiente hidráulico, conhecido como golpe de aríete, permitindo elevar uma parcela de água que nela penetra a uma altura superior àquela de onde a água proveio, sem necessitar do auxílio de qualquer motor externo.

Como se sabe, o golpe de aríete é uma sobrepressão que ocorre em um líquido em escoamento, quando, por qualquer razão, a descarga é submetida a uma repentina variação ou mesmo impedida de se processar. A sobrepressão se transmite no próprio líquido, e deste, às paredes do encanamento e ao equipamento e ele ligado.

O carneiro hidráulico consta de um corpo A, que é uma câmara na qual existe uma abertura que pode ser vedada por uma válvula v', convenientemente equilibrada por pequenos pesos p, e uma câmara de ar C, que contém um volume de ar destinado a amortecer a onda de choque, absorver a energia da água e restituí-la (Fig. 28.1).

Funcionamento. A água enche o corpo A e sai pelos orifícios B, pois a válvula v' está aberta pela ação de seu peso.

A água sai em pequenos esguichos, com descarga e velocidade crescentes. Quando esta atinge seu valor máximo, pela diminuição de pressão resultante, a válvula v' é arrastada bruscamente para cima, interrompendo o escoamento.

Ora, a "força viva" de que está dotada a massa de água em escoamento, não podendo ser destruída, determina uma sobrepressão ao longo do corpo do carneiro, provocando a abertura da válvula v da câmara de ar e nela penetrando (efeito do golpe de aríete).

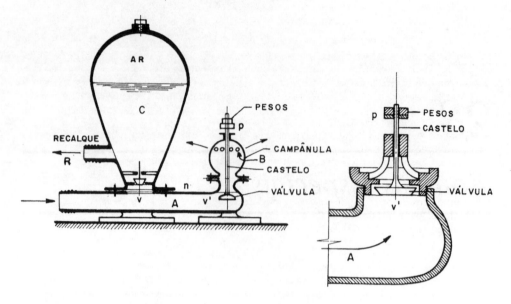

Fig. 28.1a. Carneiro hidráulico; *b.* Válvula sem campânula. Detalhe.

Uma parte da água sai então pelo tubo de recalque *R*, com velocidade quase constante.

Tão logo se tornem iguais as pressões nas câmaras *A* e *C*, a válvula da câmara de ar se fecha e a água volta a escoar pelos orifícios do corpo do carneiro, pois a válvula *v'* baixa pela ação do seu próprio peso. E assim sucessivamente o ciclo é repetido.

A descarga *q* fornecida pelo carneiro depende da descarga *Q* que nele penetra e também da queda. A altura *H* a que se pretende elevar a água influi igualmente sobre o valor do rendimento. Em todos os casos, o cano adutor que vem do dispositivo de captação deverá ter pelo menos 5 m de comprimento.

A capacidade do carneiro, isto é, a descarga recalcada *q*, é calculada pela fórmula

$$q = \varepsilon \cdot \frac{Q \cdot B}{H}$$

sendo ε o rendimento hidráulico do carneiro, e que depende da relação entre a queda *B* e a elevação *H* (rendimento de d'Aubisson).

Esse rendimento pode chegar a 80%, segundo tabelas de certos fabricantes e o que indica o *Manual de Bombas* da Editorial Blume (1977). Um fabricante nacional dá a seguinte tabela:

Tabela 28.1 Rendimento hidráulico do carneiro

B/H	Rendimento ε
1/2	0,80
1/3	0,75
1/4	0,70
1/5	0,65
1/6	0,60
1/7	0,55
1/8	0,50

Exemplo

Para um volume de água *Q* de 50 l por minuto e elevação de 9 m, com uma queda

de 3 m, ou seja, uma relação de 1:3 entre queda e elevação, teremos
$q = 0,75 \times 1/3 \times 50 = 12,5$ l/minuto
Há um desperdício de água igual a $Q - q = 50,0 - 12,5 = 37,5$ l/min, o que, no caso da instalação do carneiro, não constitui problema, pois ela só se aplica a situações em que a água que se perde é aproveitada em outra utilização ou simplesmente não faz falta.

A instalação do carneiro hidráulico é muito usada em fazendas, sítios, granjas, casas de campo, para elevar água a um reservatório para posterior uso, partindo do desnível existente em pequeno riacho ou filete de água.

Pode-se realizar instalação com apenas 2 m de queda. Existem instalações muito grandes, com carneiros capazes de fornecer até 400 m³ por dia e alturas de elevação de mais de 100 metros. Carneiros para atender a estes valores ainda não são fabricados no Brasil.

A Tabela 28.2 mostra os tamanhos usuais de carneiro e as características principais indicadas por um fabricante nacional.

Em muitos casos instalam-se bancos de várias unidades que alimentam o mesmo tubo de recalque, para multiplicar a descarga. Em outros casos, quando se requer uma altura de recalque superior a 60 metros, emprega-se uma série de carneiros que bombeiam por etapas, de modo que cada um descarrega em um depósito que provê a água que alimentará a etapa seguinte acima dele. É claro que cada etapa reduzirá o volume aduzido para a seguinte pela perda inevitável de água na operação do carneiro. Podem-se então usar carneiros de capacidade decrescente ao longo da linha de recalque.

O fabricante da Companhia Lidgerwood Industrial apresenta a Tabela 28.3 para escolha dos carneiros de sua fabricação.

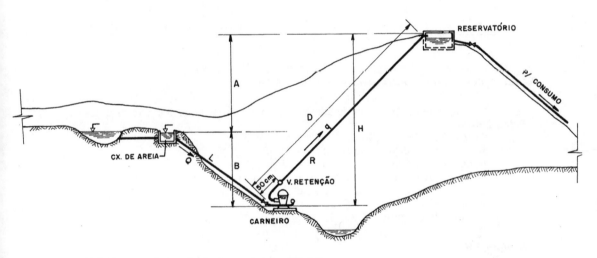

Fig. 28.2 Esquema de instalação de um carneiro hidráulico.

Tabela 28.2 Dados para carneiro hidráulico

N.º	Volume de água de adução, em l/min	Diâmetro das canalizações	
		Adução	Recalque
2	3-7,5	3/4"	3/8"
3	6-15	1"	1/2"
4	11-26	1 1/4"	1/2"
5	22-53	2"	3/4"
6	45-94	2 1/2"	1"

556 BOMBAS E INSTALAÇÕES DE BOMBEAMENTO

Tabela 28.3 Dados para instalação de carneiro hidráulico

Número do carneiro	Litros/min aduzidos ao carneiro	Diâmetro dos encanamentos		Água elevada (1/hora) Valores de B/H			
		Adução	Recalque	6/1	8/1	10/1	12/1
2	5	3/4''	3/8''	32	20	12	—
	7			44	28	18	—
3	7	1''	1/2''	44	28	18	11
	10			64	40	25	16
	15			95	60	38	24
	20			128	80	50	31
	25			160	100	63	40
5	25	2''	1''	160	100	63	40
	35			225	140	88	55
	45			285	180	112	72
6	45	2 ½''	1 1/4''	285	180	112	72
	60			380	240	150	95
	75			480	300	186	120
7	75	3''	1 1/2''	480	300	186	120
	100			640	400	250	160
	125			800	500	330	200

Indicações práticas para instalações dos carneiros

— O comprimento l do tubo de alimentação pode variar entre 3 e 8 vezes o desnível B da admissão.
— Se $B = 2$ a 2,5 m, L não deve ser inferior a 6·B.
— Se B < 2 m, L deve ser igual a 8B até 10B.
— B mínimo = 1,5 m L< 75 m
— O tubo de recalque deve ser o mais reto possível, isto é, com o mínimo de curvas.
— O tubo de recalque terá um diâmetro 1/3 a 1/2 do correspondente ao tubo de adução ao carneiro.
— H aconselhável entre 6B e 10B.

Bibliografia

AZEVEDO NETTO, JOSÉ M. *Manual de Hidráulica*. Edgard Blücher, 1973.
CISNEROS, LUIZ M.ª JIMENEZ DE. *Manual de Bombas*. Editorial Blume. Barcelona, 1977.
MEDICE, MARIO. *Le Pompe*. Ed. Ulrico Hoepli, 1977.
METSELAAR, L.C. Melhoramento da eficiência de um carneiro hidráulico. *Ciência e Tecnologia*, n.º 1, 1980.
R. RENAUD *Le Bélier Hydraulique*. Dunod, Paris, 1950.

BOMBAS REGENERATIVAS OU BOMBAS-TURBINAS

As bombas regenerativas, também conhecidas por bombas-turbinas *(turbine pumps)* ou bombas periféricas, são bombas com um rotor que desenvolve energia de pressão pela recirculação do líquido numa série de palhetas giratórias. O nome de *bombas-turbinas* presta-se a confusão com o mesmo nome dado a bombas de poço, eixo vertical, rotor hélico-centrífugo (formato Francis).

O rotor dessas bombas é um disco maciço com um grande número de pequenas palhetas radiais (40 a 80). Essas palhetas são dispostas dos dois lados do disco que, para isso, sofre um adelgaçamento.

Há duas câmaras de aspiração que mantêm comunicação com a câmara de pressão por intermédio de dois orifícios A, existentes na caixa da bomba. Esta câmara tem início nos orifícios A e termina na saída da bomba, onde nasce o tubo de recalque. As duas extremidades da câmara são separadas pela parede dupla B, existindo uma folga muito pequena entre o rotor e a parede B para impedir, praticamente, a passagem do líquido. Também entre as coroas C da carcaça e o rotor, as folgas são reduzidas de modo a impedir o retorno da água da câmara de pressão para as de aspiração. Os cortes transversais da Fig. 28.3 mostram as passagens A, as paredes B, as coroas C e também o formato das pás e da câmara de pressão.

As pás e a câmara de pressão são desenhadas de maneira a imprimirem ao líquido um movimento cuja trajetória está indicada na Fig. 28.3. As partículas líquidas vão várias vezes do fundo à periferia da pá, no trajeto ao longo da câmara de pressão, executando, ao mesmo tempo, um movimento de rotação no plano transversal (Fig. 28.4).

Essas bombas equivalem a uma bomba centrífuga convencional de múltiplos estágios. Cada trajeto completo que as partículas líquidas fazem, do fundo à periferia, e novamente ao fundo das pás corresponde a um estágio. No trajeto do fundo à periferia, o líquido é impulsionado pela força centrífuga do movimento de rotação, havendo aumento de energia cinética e de pressão. O trajeto de volta ao fundo das pás e os movimentos de rotação são causados pelo impulso da força centrífuga sobre novas partículas que tendem a desalojar as primeiras, produzindo os referidos movimentos.

No trajeto de volta, a velocidade diminui e a pressão aumenta em conseqüência dessa redução, tal como ocorre nos difusores e caracol das bombas centrífugas.

O aspecto exterior das bombas regenerativas é semelhante ao das bombas centrífugas de um rotor de aspiração simples. O líquido entra pelo cano de uma das câmaras e parte atinge a outra câmara através dos orifícios que existem no disco do rotor.

No percurso da entrada até a saída da bomba, o líquido recircula várias vezes, adquirindo energia considerável, e o número de vezes que o líquido recircula entre as pás depende da pressão contra a qual a bomba opera. A potência absorvida do motor é máxima quando a bomba trabalha com registro no recalque fechado, o que nunca se deve permitir que aconteça, nem na partida da bomba nem quando em funcionamento. A regulagem deve ser feita com válvula na aspiração ou com *by-pass* no recalque.

As bombas regenerativas são usadas para descargas muito pequenas (6 a 7 l/s) e alturas de elevação consideráveis (300 metros). A curva $H = f(Q)$ é quase uma reta, inclinada em relação ao eixo das abscissas Q.

Emprego. Água potável, lavanderia, lavagem de carros, alimentação de pequenas caldeiras, processos químicos, sistemas de aspersão, refinarias, fabricação de cerveja etc. Ex. Bombas HPT-1, HPT-2, da Haupt.

Inconvenientes. Não podem bombear líquidos contendo qualquer substância abrasiva ou sólido de qualquer dimensão. A viscosidade máxima aconselhável é de 250 SSU. Produzem ruído maior do que as bombas centrífugas e rotativas.

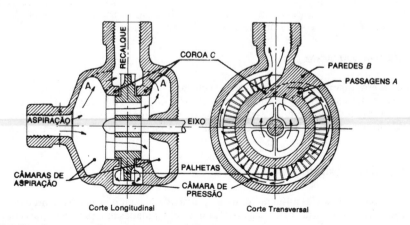

Fig. 28.3 Bomba regenerativa.

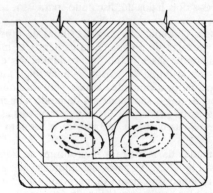 

Fig. 28.4 Movimento das partículas sob a ação das palhetas.

Fig. 28.5 Rotor de bomba regenerativa.

BOMBAS PARA AS INDÚSTRIAS QUÍMICAS E DE PROCESSAMENTO

CONCEITUAÇÃO

O bombeamento de líquidos em operações nas indústrias químicas constitui um dos maiores desafios aos fabricantes de bombas, dadas as características e propriedades dos líquidos empregados e as condições severas a que as bombas são submetidas. Bombeiam-se líquidos tóxicos, inflamáveis, explosivos, corrosivos, viscosos, pastosos, muito quentes ou muito frios, o que dá uma indicação da complexidade dos problemas relacionados com o projeto e escolha adequada das bombas.

Costumam ser designadas por bombas de processo aquelas que, numa dada indústria, promovem o escoamento de líquidos de modo a permitir a realização de transformações físicas ou químicas nos mesmos. Também se enquadram, sob esta denominação, as utilizadas em operações de armazenagem, manuseio e operação de líquidos.

Alguns autores consideram, como bombas de processo, as bombas com características em grande parte semelhantes às das bombas para produtos químicos, mas projetadas para condições extraordinariamente severas, principalmente com relação à temperatura e à pressão do líquido a ser bombeado. Consideraremos, todavia, como bombas de processo, as utilizadas nas refinarias de petróleo, nas indústrias petroquímicas e químicas; nas indústrias farmacêuticas e de certos alimentos; nas centrais de geração de vapor e nos terminais de armazenagem e distribuição de produtos de petróleo.

A escolha do tipo de bomba e dos materiais de suas partes constitutivas depende das características dos produtos bombeados e dos fenômenos físicos e químicos que poderiam vir a ter lugar durante a passagem do líquido na bomba. É necessário, na escolha, levar em consideração certas circunstâncias que analisaremos a seguir.

Grau de concentração

Via de regra, quanto maior o grau de concentração de um ácido ou base, maior a agressividade do produto, havendo, contudo, exceções, pois há ácidos diluídos altamente corrosivos. O ácido sulfúrico diluído é mais agressivo ao ferro do que o concentrado. O ácido nítrico concentrado não permite o emprego de plásticos, exigindo aços inoxidáveis, e assim por diante.

Natureza dos constituintes da mistura

O teor das substâncias influi no grau de agressividade de um produto em processamento. Produtos adicionados ao ácido sulfúrico determinam afinidades químicas especiais com certos materiais.

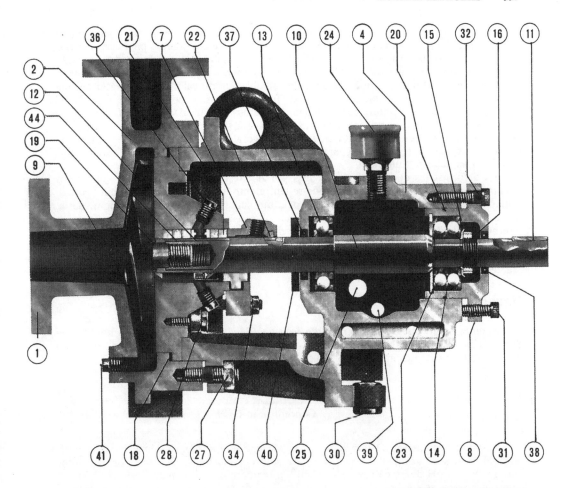

1 Carcaça	18 Guarnição da Carcaça	31 Porcas e Parafusos Regulagem (Folga do Rotor)
2 Tampa Traseira	19 Junta de Rotor	32 Parafuso Fixação Tampa do Rolamento
7 Sobreposta Bipartida	20 Junta Tampa do Rolamento	
8 Tampa do Rolamento	21 Gaxeta	34 Porcas e Prisioneiros Sobreposta
9 Rotor	22 Gaxeta de Sobreposta	36 Plug Caixa Gaxetas (ou Niples)
10 Eixo	27 Porcas e Prisioneiros da Carcaça	37 Retentor lado Rotor
11 Chaveta		38 Retentor lado Motor
12 Anel de Lanterna	28 Porcas e Prisioneiros da Tampa Traseira	39 Plug de Descarga Óleo
13 Rolamento lado Rotor		40 Defletor
14 Rolamento lado Motor	30 Porcas e Parafusos Nivelamento (Somente Grupo "M" e "G")	41 Plug dreno Carcaça (Opcional)
15 Arruela Segurança		44 Luva de Proteção do Eixo (Opcional)
16 Porca Fixação Rolamento		

Fig. 28.6 Bomba da OMEL S.A. Indústria e Comércio. Série UND — (ANSI B. 73.1.1977) para processo. Construção *Back Pull Out*. Rotor aberto.
Emprego: lamas e líquidos com sólidos em suspensão — abrasivos ou corrosivos.

Temperatura

Em geral, as reações químicas se aceleram com a elevação da temperatura e, considerando a corrosão como uma reação química, isto deve ser levado em conta.

Além disso, deve-se considerar que os metais e ligas metálicas, além da dilatação térmica, têm suas propriedades mecânicas, como o módulo de elasticidade e seus limites de elasticidade e de resistência, grandemente afetadas, quando atingidos determinados níveis de temperatura. A temperatura pode, em certos casos, determinar alterações na estrutura cristalina dos metais, redução da capacidade de resistência à corrosão e até mesmo provocar reações químicas.

560   BOMBAS E INSTALAÇÕES DE BOMBEAMENTO

Quando os metais e ligas metálicas são submetidos a esforços constantes durante tempo relativamente longo e em temperatura elevada, como ocorre em bombas para certas operações de processo, pode vir a ocorrer um fenômeno de deformação permanente, de ação lenta e progressiva, conhecido como fluência ou *creep*. Os projetistas das bombas de processo levam em conta a "faixa de fluência do metal", indicativa do valor da temperatura acima da qual começa a ocorrer esse fenômeno de "fluência". Assim, por exemplo, é de 370°C o limite inferior de temperatura com a qual no aço-carbono se inicia a fluência. É necessário, portanto, cuidado nas especificações para as bombas que devam intervir em processamentos de líquidos em temperaturas muito elevadas. Em geral não se recomenda o emprego de peças importantes de aço-carbono para temperaturas superiores a 450°C, valor que, a rigor, já se situa na faixa de fluência.

As deformações dos metais e das ligas por fluência se observam muitas vezes após um longo período de funcionamento. Pode-se, entretanto, permitir que, por períodos curtos, o material seja submetido a níveis de temperatura superiores à básica de projeto, desde que a temperatura não tenha efeito intolerável sobre os valores da dilatação e das tensões internas dos materiais. O bronze não é aconselhado em bombas para líquidos em elevada temperatura mesmo que a operação seja por tempo reduzido, porque possui elevado coeficiente de dilatação térmica, superior portanto aos dos outros materiais com os quais normalmente está em contato na bomba.

Grau de alcalinidade ou de acidez

É representado pelo valor do pH da solução. Essa grandeza, segundo a notação de Sorensen, se exprime pelo logaritmo do inverso da concentração de íons H^+ como oposição aos íons OH^- existentes na solução, isto é:

$$pH = \log \frac{1}{\text{Concentração de } H^+}$$

Assim, quanto maior o valor do pH, mais alcalina será a solução. Uma solução neutra tem pH = 7, soluções ácidas têm pH < 7 e soluções alcalinas pH > 7. Convém notar que o valor do pH decresce com o aumento da temperatura. Recomenda-se usar bombas com todas as peças em bronze *(all bronze fitted)* ou de aço inoxidável *(stainless steel fitted pumps)* quando o pH for inferior a 6,0.

Para valores de pH > 8,5, as bombas deverão ser completamente de ferro *(all iron pumps)* ou de aço inoxidável, e, para valores compreendidos entre 6,0 e 8,5, podem ser usadas as bombas *standard* com peças de bronze *(standard bronze fitted)*.

Grau de resistência do material à corrosão

A corrosão pode ser considerada como um fenômeno de destruição progressiva sofrida pelos metais e ligas metálicas como resultado de reações químicas ou eletroquímicas entre os mesmos e o meio ou as substâncias em contato. Em certos casos, a atmosfera salitrada, ou contendo vapores agressivos, é a causa da corrosão, mas, em geral, o líquido bombeado é o agente agressor a temer, cuja ação deve ser evitada.

Embora existam excelentes materiais para resistirem à ação de muitos produtos químicos, não se pode, a rigor, dizer que exista um que seja capaz de resistir a todos. Os fabricantes de bombas para corresponderem às necessidades e solicitação do mercado consumidor de bombas para líquidos os mais diversos, desenvolvem estudos, pesquisas e experimentações com materiais que, aprovados, passam a constituir objeto de recomendações ou normas.

A corrosão do material das bombas pode ser proveniente de duas causas principais:

— *Reações químicas diretas entre o líquido e o metal com a conseqüente dissolução do metal no líquido.* É uma forma de corrosão rápida e altamente destrutiva.

— *Reações eletroquímicas.* Ocorrem quando existe um "circuito elétrico" ou "pilha de corrosão", formado por quatro componentes essenciais e que são:

— *Anodo.* Metal do qual migra material e que será o elemento corroído.

— *Catodo.* Metal que em relação ao anodo possui uma diferença de potencial elétrico e para o qual migra o metal corroído do anodo.

BOMBAS ESPECIAIS 561

— *Eletrólito* (solução eletrolítica). Trata-se de um fluido capaz de conduzir a corrente elétrica. Pode ser a água, ar úmido, soluções ácidas ou alcalinas.
— Ligação metálica entre o anodo e o catodo.

A corrosão eletroquímica se processa, às vezes, de forma lenta e progressiva, imperceptível a princípio, até chegar a comprometer a resistência e a forma das peças.

A diferença de potencial elétrico entre os metais do anodo e do catodo pode manifestar-se em virtude de várias circunstâncias, entre as quais sobressaem:
— contato entre metais diferentes ou ligas metálicas diferentes;
— imperfeições na granulometria macro ou microscópica do metal;
— desigualdade de estado de tensões entre dois pontos do material;
— diferença de temperatura entre dois pontos do mesmo material;
— diferença entre os valores do pH do líquido em contato com um elemento e outro (anodo e catodo).

Nas bombas, a corrosão pode apresentar-se sob diversas formas, entre as quais, pela sua importância, convém ressaltar:

Corrosão por cavitação

Vimos, no Cap. 9, em que circunstâncias ocorre o fenômeno de cavitação, como se processa e as conseqüências de sua ocorrência. Analisamos as condições a serem atendidas pela instalação de bombeamento para que o fenômeno não comprometa os materiais do rotor, caixa e órgãos onde é de se temer a vaporização do líquido e sua subseqüente condensação, que são os determinantes do fenômeno.

Corrosão uniforme

Para explicar a corrosão que se manifesta por uma destruição uniforme do material, supõe-se que existam diferenças de potencial elétrico causadas por irregularidades microscópicas na estrutura cristalina do metal, as quais funcionam como incontáveis anodos e catodos, disseminados sobre a superfície do metal, que, em presença de um eletrólito, formam grande número de pequenas pilhas galvânicas. A ação resultante é o desgaste por igual do material. A corrosão na carcaça do ferro fundido ou aço fundido, produzindo a ferrugem, é uma corrosão desse tipo que, todavia, não é grave, pois pode-se prever espessura com folga nesse órgão da bomba sem encarecê-la sensivelmente.

Corrosão por tensão interna (stress corrosion)

Em bombas de grandes dimensões, pode haver peças soldadas, marteladas, estampadas e dobradas, como acontece em tubos de aspiração, difusores e até em certos rotores.

Essas operações mecânicas podem determinar tensões internas em alguns pontos das peças, as quais provocam, ou pelo menos aceleram, a corrosão dos materiais quando em contato com certos líquidos.

Assim, por exemplo, peças de aço-carbono são particularmente sensíveis ao *stress-corrosion* em presença de soda cáustica, amônia e nitratos; os aços inoxidáveis austeníticos (contendo de 16 a 26% de cromo e de 6 a 22% de níquel) são sensíveis aos cloretos e soda cáustica; e os latões, às soluções amoniacais e às aminas.

O *stress-corrosion* é um processo que se poderia qualificar de insidioso. Inicia-se com trincas microscópicas nas regiões de altas tensões internas. As trincas se ramificam, se propagam, às vezes lentamente, e se alargam. Repentinamente podem determinar a ruptura da peça, sem que tivesse sido notado o aparecimento das primeiras fissuras e trincas.

Para evitar a ocorrência dessas tensões elevadas, muito prováveis de se verificarem em peças soldadas, faz-se um tratamento prévio de alívio de tensões (recozimento), aquecendo-se a peça em forno especial durante bastante tempo, na temperatura para a qual o limite de elasticidade do material esteja abaixo do nível de tensões internas. Processa-se, desse modo, uma redistribuição mais uniforme das tensões internas, embora à custa de deformações permanentes na peça todavia toleráveis.

Corrosão galvânica

É a forma de corrosão a que fizemos referência ao mencionarmos o fato de que dois metais ou duas ligas metálicas diferentes em contato mútuo, em presença de um meio eletro-

562 BOMBAS E INSTALAÇÕES DE BOMBEAMENTO

lítico, são submetidos a uma corrosão galvânica na qual o metal anódico (que é o "menos nobre") é corroído, produzindo-se sua deposição no metal "nobre" ou catódico. Quanto maior for a diferença de potencial elétrico entre os materiais, tanto mais rapidamente se processará a destruição anódica. Por esse motivo, não se deve colocar, em contato com bombas que irão operar com líquidos eletrolíticos, metais muito afastados entre si na chamada "série galvânica". Indicamos abaixo alguns materiais dessa série e que interessam no caso das bombas.

Extremidade anódica (material corroído)
Alumínio
Aço-carbono (liga de Fe com baixas taxas de C, Mn)
Aços-liga (liga de Fe com baixos teores de C, Mn, Si, Mo, V, Ni, Cr)
Ferro fundido
Estanho
Latão amarelo — 74% Cu — 20% Zn — 10% (Sn, Pb)
Latão almirantado — 70% Cu — 28% Zn — 2% (Sn, Pb, Fe)
Cobre
Bronzes (Cu, Al, Fe, Sn, Zn, Pb, Si em proporções dependendo do tipo de bronze)
Cupro-níquel 90 — 10
Níquel
Inconel (80% Ni — 14% Cr — 6% Fe)
Metal monel (67% Ni — 28 a 30% Cu — 1,5 a 3% Fe)
Aço inoxidável 410
Aço inoxidável 430
Aço inoxidável 304
Aço inoxidável 316
Titânio
Grafite

Extremidade catódica (material protegido)

Quando se empregam metais ou ligas de pequena diferença de potencial galvânico, não há risco maior. É o caso da utilização de anéis de vedação de latão em rotores ou carcaças de ferro fundido ou aço fundido.

Corrosão alveolar

Este tipo de corrosão, conhecido como *pitting,* manifesta-se sob a forma de alvéolos, isto é, cavidade no material, as quais, embora de dimensões nem sempre grandes, podem contudo em pouco tempo perfurar toda a espessura do material, constituindo-se, portanto, em um agente de destruição temível.

Tem-se observado que a corrosão alveolar aparece nos pontos onde existem anormalidades micro ou macroscópicas na estrutura cristalina dos metais e ligas, as quais, expostas a certos líquidos estagnados ou com velocidade reduzida, são corroídas. A experiência tem mostrado que quanto menor for o polimento da superfície, mais rapidamente se processará a destruição por corrosão alveolar. Um dos casos mais marcantes de *pitting* ocorre no bombeamento de cloretos, como é o caso da água do mar, com bombas contendo partes de aço.

Corrosão-erosão

Tem sido observado que certos líquidos escoando em contato com metais ou ligas em baixa velocidade, nenhuma ação parece exercer sobre os mesmos. Quando, porém, o escoamento se processa com velocidade superior a certo limite ou vêm a ocorrer acentuadas turbulências no escoamento, tem lugar o fenômeno de corrosão-erosão, reconhecível pelo aparecimento de riscos e sulcos no material na direção e sentido do escoamento do líquido em relação ao material. Observam-se esses riscos ou sulcos em peças com movimento rápido (rotores, eixos), em peças curvas (voluta, carcaça, difusor) e nas reduções de seção.

Presença de sólidos em suspensão

A natureza desses sólidos deve ser conhecida, para que se possa prever o efeito da erosão nas peças ou o perigo de uma obstrução.

Pureza do produto a ser bombeado

O ataque do líquido aos materiais da bomba pode acarretar formação de produtos que não são permitidos no processamento, pois poderão alterar a coloração, o gosto ou outras propriedades do produto, podendo mesmo torná-lo tóxico ou pelo menos sem a pureza exigida.

Segurança e confiabilidade da instalação

As bombas de processo são, via de regra, essenciais ao funcionamento do sistema onde se inserem, o qual poderá vir a paralisar-se com a saída de uma bomba. Embora sejam previstas quase sempre, para cada finalidade, no mínimo duas bombas, para que uma fique de reserva, a escolha das bombas nunca deverá ser baseada num critério prioritário de preço de custo em detrimento dos aspectos de qualidade dos materiais e perfeição de fabricação. É evidente que, em igualdade de outras circunstâncias fundamentais, o critério final do menor preço é o que decide por ocasião da compra.

Materiais empregados

A necessidade de construir bombas capazes de resistir a líquidos de extraordinária agressividade química e aos fenômenos de corrosão, que acabamos de considerar de uma forma resumida, leva os fabricantes a pesquisas e ao conseqüente emprego de novos materiais para rotor, eixo, caixa, gaxetas, anéis de vedação, selos mecânicos e demais partes submetidas ao contato com o líquido.

Fig. 28.6a Bomba de processo HQ da Worthington.

564 BOMBAS E INSTALAÇÕES DE BOMBEAMENTO

A enorme variedade de materiais empregados e a complexidade da análise das proprie-dades físicas e químicas e da tecnologia de fabricação, específica para cada caso, obrigam-nos a fazer apenas menção de alguns dos materiais, escolhidos pela importância do papel que desempenham.

Ferro fundido

É o material mais usado, devido às propriedades que possui e ao baixo custo que representa. É usado na carcaça e nos rotores que trabalham com pressões inferiores a 70 kgf · cm^{-2} e temperaturas abaixo de 180°C. As bombas com rotor, carcaça e demais peças, com exceção do eixo, fabricadas em ferro fundido, são conhecidas como *all iron pumps*, segundo nomenclatura do Hydraulic Institute.

Para água com pH entre 6 e 8,5 e temperatura até 120°C, as bombas podem ser de carcaça de ferro fundido e peças *(fittings)* de bronze.

No caso do pH entre 5 e 9 a temperatura até 180°C, a carcaça pode ser de ferro fundido e as peças de aço inoxidável.

O ferro fundido com alto teor de silício (14,2 a 14,7%), é considerado um dos materiais de maior resistência à corrosão em presença da maioria dos produtos químicos, sendo largamente utilizado em bombas de processo.

Aço fundido

Emprega-se em rotores, carcaça para bombas com pressões elevadas, podendo ser usadas para temperaturas até 370°C. Excepcionalmente, podem funcionar com temperaturas maiores, como vimos em *Temperatura*.

Aço inoxidável

O Hydraulic Institute distingue dois casos de utilização do aço inoxidável nas bombas, conforme estas sejam dos tipos:
— *Bombas com peças de aço inoxidável (stainless steel fitted pumps).*
A carcaça é de um material adequado às propriedades do líquido e condições de bombeamento. Os rotores, anéis de desgaste e luvas envolvendo o eixo (caso existam) são de aço inoxidável apropriado para as condições da aplicação visada.
— *Bombas totalmente de aço inoxidável (all stainless steel pumps).*
Todas as partes da bomba em contato com o líquido, inclusive o eixo, são de aço inoxidável resistente à corrosão.

As bombas de aço inoxidável são excelentes para líquidos ditos corrosivos e abrasivos, operando sob elevadas pressões e temperaturas.

Existe uma variedade enorme de aços inoxidáveis, sendo mais usados nas bombas os *aços ao cromo* (com 5 até 13% de cromo), os aços austeníticos 18-8 (isto é, com 18% de cromo e 8% de níquel) e os aços 25-20 (25% de cromo e 20% de níquel).

O problema que ocorre com os aços austeníticos é semelhante ao do bronze no que respeita à dilatação. Também esses aços possuem coeficiente de dilatação 40% superior ao do aço-carbono ou dos aços de baixo teor de cromo.

Quando se realizam soldas importantes em peças de aço austenítico com 5% de Cr, estas devem ser previamente aquecidas até cerca de 200°C, e depois da soldagem, submetidas a um recozimento em forno até aproximadamente 650 a 700°C, para alívio das tensões internas provocadas pela soldagem.

Para aços com maior teor de cromo, deve-se processar o recozimento em temperaturas que podem atingir vapores ainda mais elevados. Em qualquer caso, o resfriamento deve ser feito muito lentamente.

Bronze

Conforme a extensão do emprego do bronze, as bombas são designadas pelo Hydraulic Institute em:
— *Bombas com peças estandardizadas em bronze (standard bronze fitted pumps)*. A carcaça é de ferro fundido, e o rotor, anéis de desgaste e luva do eixo (caso exista) são de bronze.

BOMBAS ESPECIAIS **565**

— *Bombas totalmente em bronze (all bronze pumps)*. Todas as peças em contato com o líquido bombeado são de bronze, conforme especificações do fabricante.

É bom notar que o bronze é aplicável em indústrias de processamento quando o líquido for apenas levemente corrosivo. Não convém serem empregadas peças de bronze simultaneamente com partes de ferro fundido, a não ser no bombeamento de água dita potável, pelas razões já expostas.

Devido ao elevado coeficiente de dilatação térmica do bronze, superior 40% ao do aço, não se usa o bronze para temperaturas superiores a 120°C. Mesmo abaixo deste limite, deve-se considerar que a ação da força centrífuga no rotor e eixo tem um efeito cumulativo com o da dilatação térmica, de modo que, numa primeira aproximação, antes de um cálculo preciso, deve-se evitar projetar para bombas de água quente rotores de bronze que girem com velocidades periféricas superiores a 45 m $\cdot$ s^{-1} e pressões de 10 kgf $\cdot$ cm^{-2} por estágio.

O bronze é empregado em peças que exigem elevado grau de polimento, como é o caso dos anéis de desgaste, das luvas de proteção do eixo e, no caso de bombas para hidrocarbonetos, no embuchamento das sobrepostas de ferro fundido ou aço, a fim de evitar centelhas que possam incendiar vapores inflamáveis.

Não se pode usar rotor de bronze se sua montagem no eixo tiver de ser feita sob pressão. Neste caso é recomendado rotor de aço fundido ou aço inoxidável.

Cerâmica, vidro e porcelana

Usam-se esses materiais na confecção de rotores e caixas da bomba ou como revestimento dos referidos órgãos. Tecnologia especial é requerida na aplicação de revestimentos para evitar que a desigualdade de dilatação térmica entre os materiais metálicos e esses materiais provoque fissuras através das quais o líquido venha a atacar os metais.

Plásticos

São largamente empregados em serviços de bombeamento de produtos químicos. A restrição ao seu uso se refere à temperatura de bombeamento. Podem ser usados constituindo as próprias peças ou como revestimento protetor das mesmas. O tipo de plástico sendo bem especificado, não há por que recear corrosão por reação química. O Quadro 28.1 fornece uma primeira indicação da resistência dos plásticos a várias categorias de produtos químicos.

A bomba plástica Modelo Allinox 1000 é fabricada com Noryl, uma resina plástica resistente à corrosão e à temperatura de 90°C em serviço contínuo.

Resinas fluorcarbônicas

Trata-se do politetrafluoretileno e do hexafluoropropileno, de excelente resistência à corrosão. Por isso são empregadas em gaxetas, vedações, selos mecânicos e conexões flexíveis de tubulações. A desvantagem é seu elevado coeficiente de dilatação térmico, superior ao dos próprios metais.

O Quadro 28.2 fornece uma indicação dos materiais das várias peças essenciais de uma turbobomba em função do líquido que deverá bombear.

Para a escolha dos materiais das bombas, um dos critérios é seguir as indicações dos National Society Standards. Estabelecem as seguintes designações para as bombas:

Tipo	Caracterização
A	Toda de bronze
B	Com peças de bronze
C	Toda de ferro fundido

Com relação aos materiais, adotam a seguinte identificação:
1. Ferro fundido (6 variedades).
2. Bronzes de zinco e de chumbo (7 variedades).
3. Aço-carbono.
4. Aço 5% Cr (AISI-501).

566 BOMBAS E INSTALAÇÕES DE BOMBEAMENTO

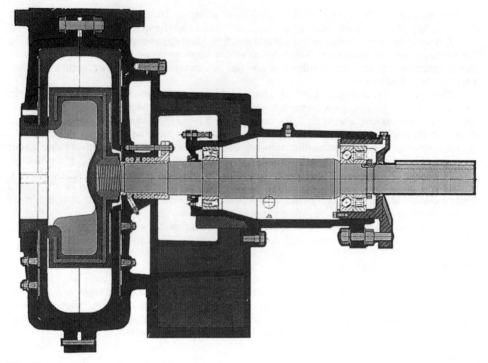

Fig. 28.7 Bomba centrífuga Worthington com revestimento interno.

5. Aço 12% Cr (AISI-410).
6. Aço 20% Cr.
7. Aço 28% Cr (AISI-446).
8. Aço austenítico 19-9.
9. Aço austenítico-molibdênico 19-10.
10. Aço austenítico Cr-Ni 20-29, com cobre e molibdênio.
11. Ligas à base de níquel.
12. Ferro fundido de alto teor de silício.
13. Ferro fundido austenítico.
14. Liga Ni-Cu.
15. Níquel.

Nos citados *standards* existe uma tabela para escolha dos materiais para as bombas, para utilização com uma grande variedade de líquidos. Indicaremos, para alguns líquidos, os materiais que com eles podem ser empregados em contato, representando-os simbolicamente pelos números acima indicados e os tipos de bombas pelas letras A, B ou C.

Líquido	Materiais
Sulfato de cobre (solução aquosa)	8,9,10,11,12
Sulfato ferroso (solução aquosa)	9,10,11,12,14
Sucos de frutas	A,8,9,10,11,14
Gasolina	B,C
Água oxigenada	8,9,10,11
Chumbo derretido	C,3
Álcool	A,B
Sulfato de alumínio	10,11,12,14
Anilinas	B,C
Asfalto quente	C,5
Cerveja	A,8
Sangue	A,B
Cloreto de cálcio pH > 8	C

Cloreto de cálcio pH < 8	$A,10,11,13,14$
Cloreto de sódio < 3% de sal (frio)	$A,C,13$
Cloreto de sódio > 3% de sal (frio)	$A,8,9,10,11,13,14$
Cloreto de sódio > 3% de sal (quente)	$9,10,11,12,14$
Água do mar	A,B,C
Tetracloreto de carbono anidro	B,C
Acetaldeído	C
Solventes acetatos	$A,B,C,8,9,10,11$
Acetona	B,C
Ácido acético glacial	$8,9,10,11,12$
Ácido cítrico	$A,8,9,10,11,12$
Ácidos graxos (oléico, palmítico etc.)	$A,8,9,10,11$
Ácido clorídrico concentrado	$11,12$
Ácido clorídrico diluído frio	$10,11,12,14,15$
Ácido clorídrico quente	$11,12$
Ácido fluorídrico em solução aquosa	$A,14$
Ácido nítrico conc. quente	$6,7,10,12$
Ácido nítrico diluído	$5,6,7,8,9,10,12$
Ácido oxálico frio	$8,9,10,11,12$
Ácido oxálico quente	$10,11,12$
Ácido sulfúrico > 77% frio	$C,10,11,12$
Ácido sulfúrico 65 a 93% t > 80°C	$11,12$
Ácido sulfúrico 65 a 93% t < 80°C	$10,11,12$
Ácido sulfúrico 10-65%	$10,11,12$
Ácido sulfúrico < 10%	$A,10,11,12,14$
Hidróxido de cálcio (cal hidratada)	C
Cloreto de magnésio	$10,11,12$
Leite	8
Nafta	B,C
Óleo combustível	B,C
Querosene	B,C
Óleo mineral	B,C
Esgotos	A,B,C
Nitrato de sódio	$C,5,8,9,10,11$
Açúcar	$A,8,9,10,11,13$
Água para caldeira pH > 8,5	C
Água para caldeira pH < 8,5	B
Água destilada	A,B
Água de condensado	A,B
Vinho	$A,8$
Sulfato de zinco	$A,9,10,11$

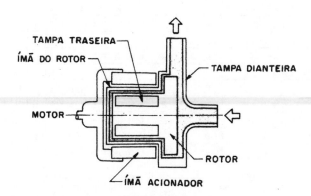

Fig. 28.7a Bomba magnética SOMONE-IWAKI.

568   BOMBAS E INSTALAÇÕES DE BOMBEAMENTO

Bombas magnéticas

Possuem um ímã acionador externo acoplado a um motor elétrico de 2 pólos e que aciona um ímã acoplado ao eixo de rotação. Dispensam gaxetas e selos mecânicos, e conforme o material de que são fabricadas, resistem aos mais severos agentes químicos, Existem bombas de polipropileno, teflon ou revestidas de *Fluorplastic.*
Bombas magnéticas são fabricadas pela SOMONE Ltda. no Brasil sob licença da IWAKI Co. Ltd. do Japão.

Normas para bombas destinadas à indústria química

Muitos fabricantes norte-americanos de bombas seguem as normas do American National Standards Institute (ANSI) B-73-1-1974 relativas às características construtivas e materiais para bombas centrífugas destinadas à indústria química.
Na indústria petroquímica obedece-se à norma do API-610.
Também se aplicam entre nós, conforme o caso, as normas da ASTM (American Society for Testing Materials), da AISI (American Iron and Steel Institute), da ACI (American Alloy Casting Institute), além, naturalmente, das normas da ABNT.

Tipos de bombas

Na indústria química e processo, de um modo geral, são utilizados os seguintes tipos de bombas:

Quadro 28.1 Resistência química dos principais materiais plásticos

Materiais		Temperatura: 35°C								Temperatura: 100°C							
		Ácidos Fortes	Oxidantes Enérgicos	Bases Fortes	Bases Fracas e Sais	Solventes Aromáticos	Solventes Clorados	Ésteres e Cetonas	Solventes Alifáticos	Ácidos Fortes	Oxidantes Enérgicos	Bases Fortes	Bases Fracas e Sais	Solventes Aromáticos	Solventes Clorados	Ésteres e Cetonas	Solventes Alifáticos
Materiais Termoplásticos	Polietileno	E	E	E	E	I	I	I	I								
	PVC	E	B	E	E	I	I	I	E								
	Hidrocarbonetos Fluorados	E	E	E	E	E	M	E	E	E	E	E	E	E	I	E	E
	Poliésteres Clorados	E	I	E	E	E	E	B	E	E	I	E	E	M	R	I	B
	Cloreto de Polivinilidina	E	B	E	E	R	B	R	E								
	Policarbonatos	R	B	B	B	I	I	M	E	I	R	I	R	I	I	I	B
	Polipropileno	B	M	E	E	M	M	M	M								
	Uretanos	M	—	R	R	E	E	E	E								
	Poliestireno	B	M	B	B	M	M	M	M								
Materiais Termoestáveis	Epóxi	R	I	E	E	E	E	B	E	M	I	R	E	R	R	M	B
	Fenólicos	E	I	B	B	E	E	M	E	E	I	I	R	E	E	M	B
	Furanos ("Haveg 60")	E	I	E	E	E	E	E	E	E	I	B	B	E	E	E	E
	Poliésteres	B	I	R	R	E	M	R	E	R	I	I	R	R	R	R	B
	Maleminas	M	—	B	B	B	B	B	B								

E: Excelente (inerte)   R: Regular (ataque médio)
B: Bom (ligeiro ataque)   M: Mau (ataque intenso, com amolecimento)
I: Inaceitável (ataque muito intenso, com deterioração)

BOMBAS ESPECIAIS 569

Quadro 28.2 Materiais de construção de turbobombas para diversos líquidos

Líquido	Carcaça e anéis	Rotor	Eixo	Luva de eixo	Tipo de vedação	Caixa de gaxetas
Amônia	FF	FF	Aço-carb.	Aço-carb.	Mecânico	—
Benzeno	FF	FF	Aço-carb.	Aço-níquel Molibdênio	Gaxetas	FF
Cloreto de sódio	Aço Fund. c/Ni	Aço fund. c/Ni	K-Monel	K-Monel	Gaxetas	Aço fund. c/Ni
Butadieno	Aço-Carb. Anéis FF	FF-Anéis Aço F	Aço-carb.	Aço 13% Cr	Mec.	—
Tetracloreto de carbono	FF	FF	Aço-carb.	Aço-carb.	Mec.	—
Soda Cáustica 50% temp. 100°C	Misco C	Misco C	Aço inox. 18-8	Misco C	Gaxetas	Misco C
Soda Cáustica 50% temp. 100°C	Níquel	Níquel	Níquel ou aço inox. 18-8	Níquel	Gaxetas	Níquel
Soda Cáustica 10% com algum NaCl	FF	Aço inox. 23% Cr-52% Ni	Aço inox. 23% Cr-52% Ni	Aço inox. 23% Cr-52% Ni	Gaxetas	FF
Etileno	FF	Aço-carb.	Aço-carb.	Aço-carb.	Mec.	FF
Ácido clorídrico 32%	FF revestido de borracha	Borracha dura	Aço-carb.	Borracha ou plástico	Gaxeta	Borracha
Cloreto de metila	FF	FF	Aço inox. 18-8	Aço inox. 18-8	Mec.	—
Propileno	Aço fundido Anéis FF	FF Anéis; aço F	Aço-carb.	Aço-carb.	Mec.	FF
Ácido Sulfúrico 55%	FF revestido de borracha dura	Borracha especial	Aço-carb.	Hastelloy	Gaxeta	Borracha especial
Ácido Sulfúrico 55 a 95%	FF ao silício	Ferro-silício	Aço inox. Tipo 316	Aço silício	Gaxetas	Teflon
Ácido Sulfúrico 95%	FF	FF	Aço-carb.	Aço 13% Ni	Mec.	—
Estireno	FF	FF	Aço-carb.	Aço 13% Cr	Gaxetas	FF
Água de rio	FF	FF Bronze	Aço-inox. 18-8	Bronze	Mec.	FF
Água do mar	FF 1-2% Ni-Cr Anéis Ni Resist. 2B	Monel Anéis S-Monel	K-Monel	K-Monel ou aço inox. Alloy 20	Gaxeta	Monel ou aço inoxid. Alloy 20

Bombas centrífugas

São largamente empregadas, devido à sua adaptabilidade a praticamente qualquer serviço. Podem ser fabricadas numa variedade enorme de materiais, para resistirem à ação corrosiva de qualquer líquido. São empregados, em suas peças, materiais tais como ferro fundido, aço-carbono, aços cromo e níquel, bronze, aço inoxidável, vidro, grafite, cerâmica, plásticos rígidos, borracha endurecida, neoprene, teflon, fibra de vidro, Noryl (resina plástica resistente a alta temperatura, usada nas bombas ALLINOX-1000).

Podem ser usadas com eixo horizontal ou vertical. No caso de bombas com eixo horizontal, emprega-se muito o tipo *back pull-out,* que permite retirar o motor e o eixo e rotor da bomba sem necessidade de separar a caixa da bomba da tubulação (Fig. 28.6).

Bombas de diafragma

Essas bombas podem funcionar pela ação de compressão de um diafragma (membrana ou lâmina de grande flexibilidade), obtida pelo movimento alternativo de um sistema de excêntrico circular-biela-cruzeta ou pela ação de ar comprimido ou óleo, proveniente de uma fonte pulsativa exterior. Oferece a vantagem de não haver contato do líquido que está sendo bombeado e o sistema de acionamento, eliminando assim o risco de vazamentos, o que é muito importante em se tratando de líquidos tóxicos, inflamáveis ou muito caros.

A desvantagem é que os materiais utilizáveis como diafragma não se aplicam a muitos produtos por serem eles atacados. Além disso, essas bombas são de capacidade e altura manométrica limitada e exigem válvulas na aspiração e no recalque. Existem, entretanto, certos tipos, como Sandpiper, da Allinox Ind. e Com. Ltda., que é fabricada com materiais

570 BOMBAS E INSTALAÇÕES DE BOMBEAMENTO

resistentes à corrosão para pressões até 8,7 kgf · cm^{-2}, e mesmo até 12 kgf · cm^{-2}, e descargas até 50.000 l/hora.

Bombas rotativas

São empregadas as bombas de engrenagens, parafusos, pistão axial, palhetas deslizantes palhetas deformáveis e outros tipos mais, para líquidos em geral de elevada viscosidade ou baixa pressão de vapor, e que não devem conter substâncias abrasivas em suspensão. Encontram largo emprego também em bombas dosadoras e em instalações onde se requer auto-aspiração.

Um tipo de bomba rotativa largamente empregada em indústrias químicas e de produtos farmacêuticos e alimentícios é a bomba NEMO da Netzsch do Brasil, as bombas da linha D & H da Mono Pumps do Brasil — Indústria e Comércio Ltda. e as Bombas Geremia, todas elas bombas helicoidais de cavidade progressiva.

Constam de um *estator* cuja parte interna tem a forma de um parafuso de duas entradas (hélice dupla) com passo elevado e grande profundidade de rosca. O *rotor* é um parafuso simples (helicóide) cujo passo é a metade do passo da rosca do estator. O rotor gira em torno de seu eixo principal e com este, forçosamente, em torno do eixo do estator, realizan-do-se um movimento excêntrico deslizante com ação mecânica decorrente de movimento hipocicloidal. Desse modo, os espaços que se formam entre a parte interna do estator e o rotor deslocam-se axialmente e de forma contínua com o movimento do rotor, da boca de aspiração para a de recalque, sem que haja modificações em sua forma, nem em seu volume. Suas características principais, semelhantes porém mais aperfeiçoadas que as da bomba Moineau, que data de 1920, são as seguintes:

— Podem ser empregadas para quaisquer líquidos, com viscosidade até um milhão de centipoises, ou contendo elementos fibrosos ou partículas sólidas em suspensão.
— Temperatura do líquido: de −30°C a 300°C.
— Pressões: 24 kgf · cm^{-2} e até mais.
— Descargas: até 200 m^3/h (55,5 l/s). A descarga varia com o número de rotações.
— Não possuem válvulas e são auto-aspirantes.
— Podem ser aquecidas ou resfriadas com água no interior de camisa em volta do estator.

Materiais empregados nas diversas partes da bomba de parafuso

Carcaça. Ferro fundido cinzento; ferro fundido cinzento revestido com borracha; aço cromo-níquel; aço cromo-níquel-molibdênio; aço níquel-molibdênio (por exemplo, Haste-lloy); materiais sintéticos; titânio e ligas especiais.

Estator. Borracha natural de várias durezas *shore* e especialmente resistentes à abrasão; borrachas sintéticas de vários tipos (neoprene, perbunan); etileno-propileno; hypalon; viton de diferentes composições; poliuretano; elastômeros especiais tais como borracha butílica; PVC macio; silicone. Materiais sintéticos como teflon, teflon reforçado, polia-mida, PVC, polipropileno. Ferro fundido cinzento; bronze, aço cromo-níquel-mo-libdênio; ligas especiais.

Rotor. Aço especial temperado; aço cromo-níquel; aço cromo-níquel-molibdênio; aço ní-quel-molibdênio-titânio; ligas especiais; cromagem dura; com material sinterizado apli-cado a pistola; esmaltado. Diversos materiais sintéticos tais como poliuretano, polia-mida e materiais revestidos de teflon.

Emprego

Águas residuais. Água residual não-tratada; lodo em todas as suas formas: novo, apodrecido ou ativado; lodo concentrado até 40% de substância seca; floculantes.

Construção civil. Argamassa para revestimentos; injeção de argamassa; pasta de cimento; tintas de dispersão; asfalto.

Mineração. Águas de qualquer composição; pasta de carbonato de cálcio; lodos de flotação.

Química. Ácidos; álcalis; tortas de filtração; resíduos de centrífugas; pastas viscosas; colas de elevada viscosidade.

Tintas e vernizes. Tintas de impressão; vernizes pigmentados; tintas em pasta, solventes e aglutinantes; tintas para impressão em *off-set*.

Indústria cerâmica. Barbotina de porcelana; refratários; óxido de alumínio; esmaltes.

Indústria de cosméticos. Sabões; pomadas; cremes; pastas de dentes etc.

Indústria de laticínios. Iogurte; requeijão; doce de leite.

BOMBAS ESPECIAIS 571

Indústria de conservas. Mostos; borras; frutas inteiras como ameixas etc.
Papel e celulose. Alúmen; pasta de papel e pasta mecânica até 18% de substância seca; tintas; colas; leite de cal.
Indústria pesqueira. Óleo de peixe.
Construção naval. Óleo combustível de qualquer tipo; água de porão; materiais fecais.
Fábricas de amido, chocolate, açúcar etc.

Dispositivos de proteção contra vazamentos nas turbobombas

Embora seja desejável que, numa bomba centrífuga para qualquer uso, não ocorram vazamentos, nas bombas para indústrias químicas ou para processo tais vazamentos podem ser inaceitáveis pelos riscos que deles advêm.

O problema encontra solução completa nas chamadas bombas de vazamento nulo, que foram vistas no capítulo dedicado a bombas para centrais nucleares. Quando não é exigida vedação total e absoluta, podem-se utilizar recursos mais ou menos complexos e dispendiosos, conforme o maior ou menor rigor na exigência da estanqueidade.

A estanqueidade apresenta-se sob um duplo aspecto:

1.º Se a pressão à entrada da bomba for inferior à pressão reinante no meio ambiente exterior, existe a tendência da entrada do ar por qualquer folga existente na região de aspiração da bomba.

2.º Se, pelo contrário, a pressão reinante na bomba é superior à do meio ambiente, o que é o normal no lado do recalque da bomba, o líquido é pressionado a escapar pela folgas entre eixo e caixa da bomba.

Para evitar que esses fatos ocorram, os fabricantes encontraram duas soluções que consistem em empregar:

— caixas de gaxetas *(stuffing-boxes);*
— selos mecânicos *(mechanical seals).*

Vejamos cada um dos sistemas propostos.

Caixa de gaxetas

Gaxetas ou anéis de gaxeta (*packing rings*) são anéis geralmente de amianto grafitado que se colocam em torno do eixo ou da luva que envolve o eixo (caso exista a luva)

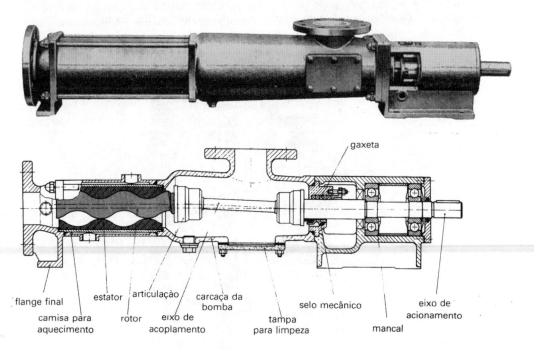

Fig. 28.8 Bomba NEMO da Netzsch do Brasil.

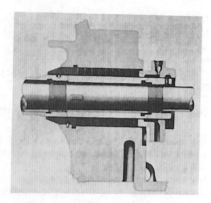

Fig. 28.9 Caixa de gaxetas ou caixa de vedação. Observa-se uma *bucha* entre o eixo e as gaxetas para proteção do mesmo contra corrosão.

e que se alojam num espaço entre o eixo e a carcaça da bomba.

Este espaço cilíndrico é a caixa ou câmara *(stuffing-box)* de gaxetas. Nele devem-se adaptar quantas gaxetas forem necessárias para assegurar a vedação entre eixo e carcaça (Fig. 28.9). A operação pela qual se consegue a vedação com as gaxetas chama-se engaxetamento *(packing)*.

As gaxetas são resfriadas com o líquido bombeado e devem ser, portanto, por ele inatacáveis. Para que se possa saber se as gaxetas estão apertadas o suficiente para se manterem resfriadas e lubrificadas pelo líquido, devem-se observar as recomendações dos fabricantes que prescrevem o número de gotas que devem pingar durante um tempo predeterminado. Os anéis são cortados de rolos obliquamente, e montados de tal modo que não ocorra coincidência entre as emendas dos anéis.

Para impedir com mais eficiência a entrada de ar na bomba ou a expulsão do líquido entre o eixo e a carcaça, é aconselhado separar as gaxetas em duas metades por meio de um *anel de lubrificação ou de lanterna (lantern ring)*, pelo interior do qual se faz entrar o líquido de selagem. Este pode ser o próprio líquido bombeado, quando for limpo e não-agressivo, ou então água fria do próprio recalque da bomba (Fig. 28.10).

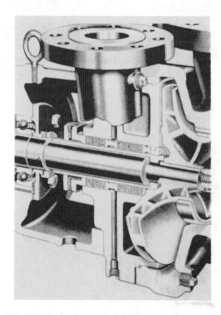

Fig. 28.10 Caixa de gaxetas com anel de lanterna, também denominada *castanha bipartida*.

Deve-se recorrer a um suprimento independente de água de selagem quando se verificar um dos seguintes casos:
— Pressão de descarga inferior a 7 m.c.a. ou de aspiração maior que 4,5 m.
— A água bombeada estiver com temperatura superior a 100°C.
— O líquido bombeado for diverso da água, com certa agressividade, ou viscoso.
— A água bombeada for arenosa ou contiver substâncias em suspensão.

Quando as bombas trabalham com líquidos quentes ou por períodos longos sem interrupção, deve-se prever caixa de gaxetas com encamisamento para refrigeração com água, a qual opera em sistema de recirculação.

Os anéis de gaxetas para bombas são fabricados em diversas combinações de materiais, sendo mais comuns os seguintes, segundo o fabricante John Crane:
— Trançado a máquina de fios de amianto de fibra longa e de alta pureza, impregnado com composto lubrificante especial de alto ponto de fulgor, revestido com composto à base de bissulfeto de molibdênio.
Trata-se da gaxeta Estilo 810.
— Trançado de fios de amianto de fibra longa e de alta pureza, cada fio sendo impregnado em suspensão de PTFE, revestido com suspensão de PTFE e tratado. Impermeável a gases e vapores. Aplicação em condições de serviços severos, em ambientes cáusticos e ácidos, a não ser em casos extremos.

Além desses dois, o citado fabricante apresenta uma grande variedade de outros tipos para atender às mais diversas condições de serviço.

As gaxetas alojadas na caixa apropriada são apertadas por uma peça rosqueada denominada "sobreposta" ou "preme-gaxeta" *(gland)*. Com a regulagem do aperto da sobreposta sobre as gaxetas, consegue-se controlar o vazamento entre eixo e bucha da carcaça até um certo ponto, a partir do qual não mais se consegue impedir o vazamento.

Compreende-se que as gaxetas ficando excessivamente apertadas provocam atrito cujas conseqüências de elevação de temperatura se tornam tanto piores quanto mais apertadas estiverem. Aumentam, assim, os riscos dos efeitos da dilatação térmica e do aumento de consumo de potência. A facilidade de retirada e reposição dos anéis de gaxetas, a existência de materiais resistentes a muitos líquidos e o baixo custo do sistema têm influído na preferência dos fabricantes, que só recorrem ao outro sistema de que trataremos a seguir quando as condições de pressão e temperatura do líquido forem excessivas para o seu emprego. Existem gaxetas, de fabricação da John Crane, para temperaturas de 530°C e pressões de 14 kgf · cm^{-2}. O P-NB-196 da ABNT trata do engaxamento de eixos de bombas.

Selos mecânicos

Ao invés de gaxetas de material suscetível de amassamento fácil, empregam-se metais ou ligas, formando anéis, e a vedação é obtida com o contato de duas superfícies de selagem muito bem polidas e situadas em um plano perpendicular ao eixo. Uma das superfícies pertence a uma peça solidária ao eixo, e a outra, à carcaça da bomba. O contato entre as superfícies polidas é mantido pela atuação de uma mola. Forma-se um selo líquido entre a parte estacionária e a parte girante da bomba, sendo praticamente inexistente o vazamento quando o dispositivo é novo.

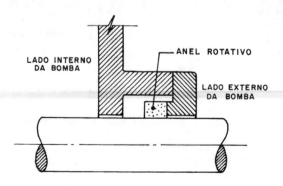

Fig. 28.11 Selo de montagem interna.

574 BOMBAS E INSTALAÇÕES DE BOMBEAMENTO

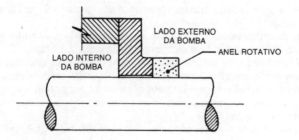

Fig. 28.12 Selo de montagem externa.

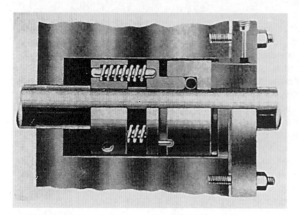

Fig. 28.13 Selo de montagem interna. **Fig. 28.13a** Selo de montagem interna.

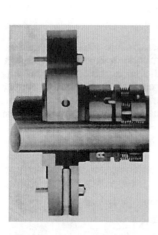

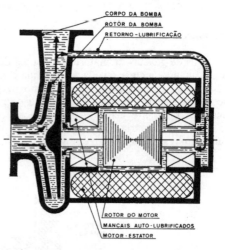

Fig. 28.14 Selo de montagem externa. **Fig. 28.14a** Bomba hermética Blindaflux.

Com o uso prolongado, algum vazamento pode ocorrer, obrigando a substituição dos selos.

Os selos mecânicos podem ser de dois tipos:
— *Selos de montagem interna*. Neles, o anel rotativo, ligado ao eixo, fica no interior da caixa e em contato com o líquido bombeado.
— *Selos de montagem externa*. O elemento ligado ao eixo se acha do lado externo da caixa.

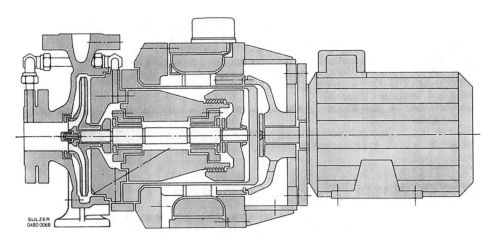

Fig. 28.14b Bomba hermética CE com acoplamento eletromagnético, da Sulzer.

Em ambos os tipos de montagem, a selagem se realiza em três locais:
a. Entre o anel estacionário e a carcaça. Para conseguir esta selagem, usa-se uma junta comum ou o chamado "anel em O" *(O-Ring)*.
b. Entre o anel rotativo e o eixo ou luva de proteção do eixo quando usada. Empregam-se *O-Rings,* foles ou cunhas.
c. Entre as superfícies em contato com elementos de selagem. A pressão mantida entre as superfícies assegura o mínimo desejável de vazamento.

Quando o líquido a bombear é inflamável, tóxico, não devendo portanto escapar da bomba, ou quando o líquido é corrosivo, abrasivo ou se encontra em temperaturas muito elevadas ou muito baixas, usa-se o selo mecânico duplo, no qual se realiza a selagem líquida com água limpa.

Existem selos mecânicos balanceados e não-balanceados.

Nos não-balanceados, usados para líquidos com propriedades lubrificantes, iguais ou melhores que as da gasolina, e pressões até 10 kgf $\cdot$ cm^{-2}, a pressão de uma mola e a pressão hidráulica atuam no selo no sentido de juntar as superfícies de contato.

Os selos mecânicos balanceados destinam-se a líquidos submetidos a pressões superiores a 4 kgf $\cdot$ cm^{-2}.

Há bombas herméticas ou blindadas para produtos químicos, como as fabricadas pela Blindaflux Ind. e Com. de Bombas Hidráulicas Herméticas Ltda. e pela EMEBE do Brasil, que não possuem gaxetas e selos mecânicos, sendo autolubrificadas e auto-refrigeradas.

Um outro tipo de bomba hermética utiliza um acoplamento eletromagnético entre o motor e a bomba. A bomba CE da Sulzer desse tipo é usada para líquidos voláteis, venenosos e explosivos, isentos de sólidos, e opera em temperaturas de $-$ 160ºC até $+$ 300ºC e H até 25 bar e Q até 650 m^3/h (Fig. 28.14b).

A Norma API-610 do American Petroleum Institute e a Hydraulic Institute Standards apresentam diversos esquemas ou planos das modalidades de sistemas de refrigeração dos selos mecânicos e caixas de gaxetas para uma grande variedade de condições e situações.

Bibliografia

American Petroleum Institute. Norma API 610, Sexta edição.
BIRK, JOHN R. *Chemical Industry*. McGraw-Hill Book Co.
Blindaflux Ind. e Com. de Bombas Hidráulicas Herméticas Ltda.
Bombas Geremia *(catálogo)*.
Bombas Nemo *(catálogo)*.
Bombas Worthington para Indústrias de Processamento *(catálogo)*.
CISNEROS, LUIZ M.ª JIMENES. *Manual de Bombas*. Editorial Blume, Barcelona.
EMEBE do Brasil Ind. e Com. Ltda. Bombas Químicas-Série MB.
Gaxetas de qualidade John Crane *(catálogo)*.
HAUPT — São Paulo S.A. Bombas rotativas, centrífugas e alternativas *(catálogos)*.
HICKS, G. TYLER e T.W. EDWARDS. *Pumps Application Engineering*. McGraw-Hill Book Co.

576 **BOMBAS E INSTALAÇÕES DE BOMBEAMENTO**

Hydraulic Institute Standards for centrifugal, rotary & reciprocating pumps. 14th edition, 1983.
INDSTEEL S.A. Bomba centrífuga IND-BPO para processo *(catálogo)*.
KARASSIK, IGOR J. *Pumps Handbook*. McGraw-Hill Book Co.
John Crane, Indústria e Comércio (gaxetas e selos mecânicos de todos os tipos).
LIMA, EPAMINONDAS PIO C. *A mecânica das Bombas*. Salvador, Bahia, 1984.
MEDICE, MÁRIO. *Le Pompe*. Ed. Ulrico Hoepli.
OMEL S.A. Indústria e Comércio.
SOMONE. Soc. de Equipamentos e Montagens do Nordeste Ltda. (Bombas Magnéticas IWAKI) *(catálogo)*.
SULZER. Bombas para Indústrias Químicas e Processos *(catálogos)*.
Worthington heavy-duty process pumps *(catálogo)*.

BOMBAS SOLARES

Em regiões ensolaradas a maior parte do ano, situadas entre os 35 graus de latitude norte e 35 graus de latitude sul, têm sido empregadas, nestes últimos anos, bombas para retirada de água de poços empregando a energia solar, o que representa sem dúvida uma solução excelente, por dispensar o emprego de combustível ou extensas linhas de energia elétrica, antieconômicas para potências pequenas.

Em várias regiões do Oriente Médio, do norte da África e do México têm sido instaladas bombas movidas a energia solar, apresentando, segundo relatórios publicados, ótimos resultados.

No Brasil há várias regiões nordestinas em que os dias de céu claro permitem o aproveitamento de mais de 3.000 horas de sol por ano, superior ao mínimo desejável para um bom aproveitamento para fins energéticos, que é considerado como sendo de 2.500 horas.

A importância que representa o aproveitamento da energia solar no nordeste brasileiro, onde já existem milhares de poços profundos com bombas acionadas pelas formas mais correntes de fornecimento de energia, levou a Universidade Federal da Paraíba a criar o Laboratório de Energia Solar (LES), o qual, com o apoio de órgãos como a SUDENE (Superintendência do Desenvolvimento do Nordeste), o BNDES (Banco Nacional de Desenvolvimento Econômico e Social), o FINEP (Financiadora de Estudos e Projetos), o Banco do Nordeste, o CNPq (Conselho Nacional de Pesquisa) e o MEC (Ministério da Educação), vem realizando trabalho notável de levantamento solarimétrico, de pesquisa e aplicação da energia solar em aquecedores, secadores de alimentos, destiladores, refrigeradores de sistema de absorção contínua, fogões e fornos e o que nos interessa neste livro, que são as *bombas solares*. Os planos prevêem também, a médio e longos prazos, a utilização da energia solar no processamento da cana-de-açúcar e mandioca para obtenção do álcool; no tratamento de minerais como o scheelita, columbita, tantalita e molibdenita, e, segundo se espera, também na produção de hidrogênio, utilizando processos de eletrólise da água, pirólise, ciclos termoquímicos e fotólise.

A solução do problema do acionamento da bomba tem-se apresentado sob diversas formas, entre as quais destacaremos as duas atualmente mais usadas.

Bombas solares empregando células fotovoltaicas

Estas bombas estão sendo fabricadas na França por várias empresas, entre as quais os Établissements Pompes Guinard, que produzem as Bombas Solares ALTA-X. O equipamento consta em essência de:
— células fotovoltaicas ou fotopilhas;
— um motor elétrico;
— uma bomba.

Não há necessidade de baterias. O conjunto fotovoltaico funciona a partir da energia fornecida pelo efeito do fenômeno de conversão fotovoltaica sobre células de silício. Naturalmente, a corrente elétrica variará em tensão e intensidade em função da hora do dia, da posição do sol em sua trajetória aparente, do grau higrométrico do ar e da temperatura ambiente.

Os motores são de corrente contínua de construção especial. O sistema começa a funcionar quando o sol se acha cerca de 20° acima do horizonte e pára quando se acha no poente a aproximadamente 10° sobre o horizonte.

As bombas são centrífugas, tipo poço profundo, com o número necessário de estágios para elevar profundidades que variam de 20 a 60 metros.

A Fig. 28.15 representa um esquema de instalação tal como foi explicado.

Atualmente realizam-se pesquisas visando a utilizar o efeito da conversão fotoeletroquímica, que vem a ser um processo de conversão direta de energia solar em energia elétrica. As células eletroquímicas são de muito menor custo que as fotovoltaicas, sendo, todavia, extremamente baixo seu rendimento (da ordem de 1%).

Bombas solares acionadas por motores solares

Atualmente estão sendo empregadas instalações de bombeamento com potência superior a 25 kW, nas quais as bombas são acionadas por motores térmicos que funcionam segundo os princípios de termodinâmica aplicáveis ao ciclo de um gás. Graças a um aquecimento e posterior resfriamento, este ciclo evolui segundo a seqüência das fases de evaporação, expansão, condensação e compressão, de certo modo semelhante ao ciclo de Carnot.

A empresa francesa Sofretes patenteou um processo cujas linhas gerais estão abaixo expostas.

A instalação consta em essência de três partes principais:
a. Um coletor fixo para aquecer a água, a qual circula pelo principio de termossifão, em circuito fechado.
b. Um motor solar que converte a energia calorífica em energia mecânica, segundo um ciclo termodinâmico a baixa temperatura.
c. Uma bomba alternativa acionada por óleo bombeado por outra bomba alternativa acionada pelo motor solar graças a um mecanismo de excêntrico.

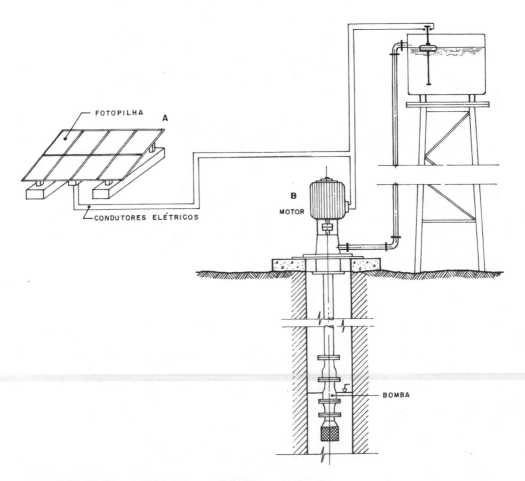

Fig. 28.15 Conjunto de bombeamento ALTA-X com fotopilha.

A Fig. 28.18 apresenta um esquema básico de um sistema de bomba solar. Vejamos como funciona.

1.º *Coletor*

Tem por função captar a energia solar e aquecer a água. Consta de uma superfície formada por tubos de alumínio paralelos e unidos entre si por uma chapa de alumínio pintada de preto, cuja finalidade é absorver os raios solares e aquecer os tubos. O conjunto é colocado no interior de calhas de amianto-cimento e coberto por uma ou duas placas de vidro que têm por finalidade evitar o efeito da aeração e impedir a radiação infravermelha da lâmina negra, para a qual o vidro é praticamente opaco.

Dentro dos tubos circula a água que irá aquecer-se pela ação térmica da energia solar.

O coletor forma com a horizontal um ângulo aproximadamente igual ao da latitude do lugar.

A água entra no coletor por volta de 30ºC e sai a uma temperatura em torno de 60ºC, circulando pelos tubos do termossifão.

As Figs. 28.16 e 28.17 representam esquematicamente um coletor.

Para dar uma idéia da ordem de grandeza do coletor solar, uma bomba solar de 10 c.v., para uma altura manométrica de 20 m e descarga de 65 m^3/h, terá um coletor de $20 \times 27,5$ m = 55 m^2.

Em Dacar, uma instalação com coletor de 88 m^2 bombeia 6 m^3/h, e outra, com 12 m^2, bombeia 1.200 l/h.

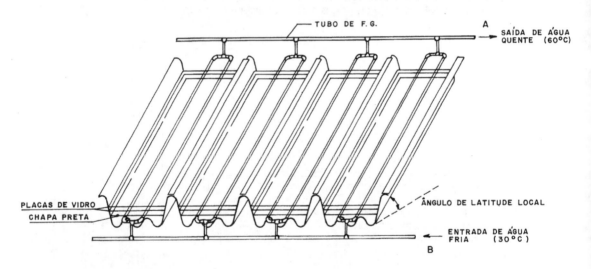

Fig. 28.16 Coletor solar rudimentar com telha de amianto-cimento.

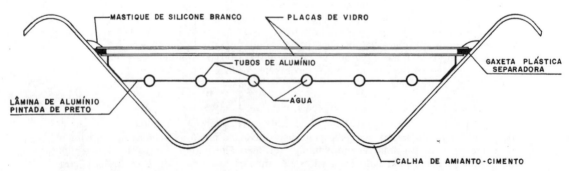

Fig. 28.17 Corte de uma calha que integra um coletor solar rudimentar.

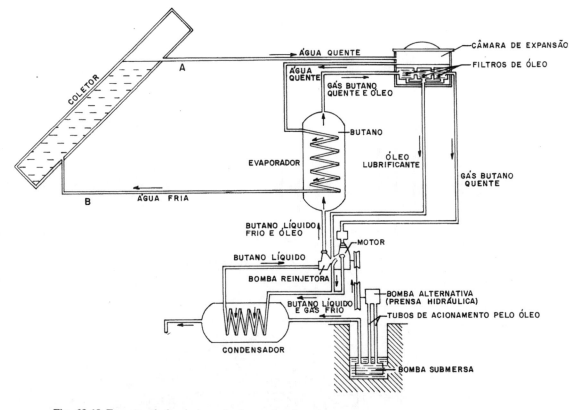

Fig. 28.18 Esquema de funcionamento de uma bomba solar.

2.º Motor

Como mostra a Fig. 28.18, a água quente que sai do coletor solar passa por uma câmara de expansão e daí a um evaporador no qual cede seu calor ao gás butano, que se vaporiza. Perdendo calor nessa operação, a água relativamente fria retorna ao coletor, onde volta a ser aquecida, repetindo-se sucessivamente o ciclo.

O butano, após ser vaporizado na serpentina do evaporador, aciona um motor de expansão, graças à pressão adquirida com o aquecimento proporcionado pela água quente. O gás cede energia que se transforma em trabalho mecânico no acionamento do motor. A pressão do butano cai, e este segue até um condensador no qual se resfria e liquefaz em contato com a água fria retirada do poço. Em seguida, uma bomba de reinjeção, ligada ao próprio motor solar, bombeia o butano liquefeito até o evaporador, onde, em contato com a serpentina de água quente, se vaporiza, completando-se o ciclo. A fase de compressão é assegurada pela ação da bomba de reinjeção.

O motor é do tipo alternativo de pistão e válvulas, girando a 800 rpm.

Quando a válvula de admissão abre, o gás penetra na câmara e impulsiona o pistão. Na câmara verifica-se uma expansão adiabática reversível, e é durante esta expansão que o gás efetua o trabalho. Em seguida, quando a válvula de admissão se fecha e a de escapamento se abre, o gás adquire imediatamente a pressão que reina no condensador.

A reposição do butano perdido (3% do volume total) é feita uma vez por ano.

Existem outros tipos de bombas francesas que utilizam o fréon 11 em lugar do butano como fluido de trabalho.

3.º Bomba

O tipo de bomba empregado é o de êmbolo (Fig. 28.19). A bomba recebe o óleo do motor de outra bomba acionada pelo dispositivo mecânico que converte o movimento de rotação do motor solar em movimento retilíneo alternativo. Enquanto o óleo vindo da bomba A entra pelo lado esquerdo da bomba B, o êmbolo de B se desloca para a direita, enviando o óleo contido na câmara C para o lado direito da bomba A.

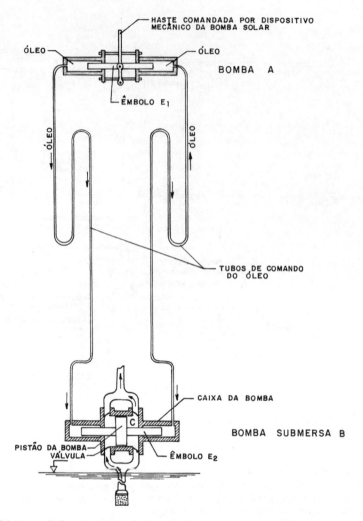

Fig. 28.19 Diagrama de funcionamento do sistema de comando oleodinâmico da bomba.

Quando o êmbolo E_1 se deslocar da esquerda para a direita, ocorrerão movimentos e escoamentos em sentido contrário.

As bombas A e B funcionam, portanto, como elementos de um sistema oleodinâmico de escoamento alternativo.

A bomba de óleo A, designada por "prensa hidráulica", e a bomba de óleo B, submersa, possuem as válvulas próprias ao tipo alternativo de duplo efeito.

O rendimento desse sistema oleodinâmico de bombeamento é de cerca de 50%.

BOMBAS PARA SÓLIDOS

Natureza dos sólidos bombeados

Os líquidos que contêm substâncias sólidas em suspensão, para efeito de estudo do escoamento em tubulações e de escolha da bomba, podem, em princípio, ser classificados em:

— Lamas, lodos finos ou pastas não-abrasivas, como as de caulim (gesso etc.)
— Areias ou misturas abrasivas, consistindo em suspensão de partículas sólidas abrasivas na água. Podem ser subdivididas em areias:

BOMBAS ESPECIAIS   581

— Finas — com partículas até 75 micra. Constituem misturas homogêneas e plásticas. Incluem-se nestas categorias as "polpas" de minérios ou *slurries*.
— Médias — com partículas entre 75 e 850 micra.
— Grossas — com partículas entre 850 e 5.000 micra.

As areias médias e grossas podem ser consideradas como misturas heterogêneas.

— Lodos espessos que contêm em suspensão elementos sólidos de diâmetro superior a 6 mm, porém de natureza branda, não-abrasiva. É o caso dos esgotos sanitários, para os quais foram indicadas, no Cap. 22, as bombas apropriadas.
— Sólidos em suspensão que contêm partículas de diâmetro variável, geralmente misturas de areias abrasivas com pedrisco ou brita. É o caso dos materiais bombeados em certas operações de dragagem e o do concreto.

A FAÇO S.A., subsidiária da Allis Chalmers, classifica as bombas centrífugas para lamas abrasivas em:

1. Bombas de *polpa* ou *lama (slurry pumps)* — para misturas que contenham sólidos finos a médios em suspensão ($\leqslant 1/8''$).

2. Bombas para *areia* e *cascalho (gravel pumps)* — para misturas de alta concentração, contendo sólidos abrasivos grandes em suspensão ($1/4''$ a 20 mesh).

3. Bombas para *dragagem (dredge pumps)* — para misturas de alta concentração, contendo sólidos abrasivos extremamente grandes em suspensão ($> 1/4''$).

As lamas ou as misturas abrasivas finas, quando escoando sob regime de escoamento laminar, apresentam perdas de carga bastante superiores às da água limpa, enquanto que, sob regime turbulento, as perdas de carga são quase iguais. A densidade da lama ou polpa deve ser analisada com muita atenção no bombeamento. Se a concentração for baixa, as propriedades plásticas desaparecem, a viscosidade da mistura se aproxima da viscosidade da água e deve-se recorrer a velocidades elevadas para evitar a deposição do material sólido no encanamento.

Se a concentração for excessiva, as propriedades plásticas, e mais especificamente a tensão de cisalhamento crítico da mistura, serão tais que exigirão elevadas velocidades para poderem produzir escoamento turbulento, o qual é necessário para evitar a deposição dos sólidos. As elevadas velocidades têm como conseqüência aumentar consideravelmente as perdas de carga.

Apenas como indicação preliminar, pode-se dizer que as condições mais favoráveis ao bombeamento de lamas ou lodos finos em encanamentos verificam-se para concentrações de 51 a 52% e, para as polpas de alguns minérios, em torno de 63%.

As misturas heterogêneas formam um sistema no qual a água portadora conserva suas características de escoamento e de viscosidade. Em outras palavras, a água e as partículas sólidas escoam como que independentemente.

As partículas se movem com líquido de duas maneiras: em *suspensão,* no caso das partículas pequenas e com velocidade de escoamento elevada, e por *saltos* (por pequenos impulsos), se as partículas forem grandes ou a velocidade de escoamento for pequena.

O projeto de uma tubulação de bombeamento de misturas heterogêneas requer estudos sobre a velocidade de deposição e a determinação do coeficiente de arraste, que devem ser realizados, experimentalmente, quando faltarem dados e elementos relativos ao material que se pretende bombear no encanamento.

Na bomba, a mistura água-partículas se comporta como uma suspensão heterogênea em regime turbulento.

Conforme o grau de concentração e as dimensões da partículas, pode ocorrer um aparente fenômeno de viscosidade em virtude da incapacidade de as partículas sólidas acompanharem as trajetórias das partículas líquidas.

As granulações sólidas não possuem nem podem transmitir energia de pressão, mas apenas energia cinética, e, portanto, a altura útil gerada e o rendimento serão menores no bombeamento das misturas com partículas sólidas do que no da água limpa.

Quando faltarem indicações precisas dos fabricantes das bombas para o comportamento das mesmas, relativamente à mistura a ser bombeada, pode-se, numa primeira aproximação, admitir que os valores da altura manométrica indicados para a bomba serão 10% menores que os obtidos no caso de água limpa e calcular o motor admitindo serem necessários 30% a mais de potência para um dado valor da descarga.

Os fluidos compostos de misturas de líquidos e sólidos são também conhecidos como suspensões, e estão classificados na categoria dos líquidos não-newtonianos, na subclasse dos chamados fluidos plásticos de Bingham, e diferem dos newtonianos pelo fato de exigirem um limiar determinado de pressão para iniciarem o escoamento. A partir desse valor da pressão, o aumento de velocidade do líquido passa a ser linear, como nos líquidos newtonianos.

Para que o escoamento de sólidos se realize como uma mistura homogênea, é necessário que a velocidade de escoamento ultrapasse a de queda dos sólidos no líquido. Essa velocidade só pode ser determinada experimentalmente.

Bombas empregadas no bombeamento de lamas, areias, lodos e sólidos em suspensão

São empregadas geralmente bombas centrífugas, com materiais construtivos capazes de oferecer considerável resistência à abrasão. Além dessa exigência fundamental, as bombas para essa finalidade devem:
— possuir as peças dimensionadas com espessuras que possibilitem o desgaste sem necessidade de reposição com muita freqüência;
— ser projetadas de modo a reduzir o desgaste a um mínimo;
— permitir desmontagem e montagem rapidamente por ocasião da substituição de peças gastas.

O Quadro 28.3 dá uma indicação do campo de emprego das bombas, conforme a granulação do material bombeado. As bombas se aplicam a lamas, areias finas, grossas, pedrisco e misturas com pedra de dimensões consideráveis.

O Quadro 28.3 mostra que as bombas com rotor fechado são empregadas tanto para misturas com partículas sólidas de dimensões consideráveis quanto para as arenosas extremamente diminutas.

Quadro 28.3 Classificação das bombas conforme o diâmetro das partículas

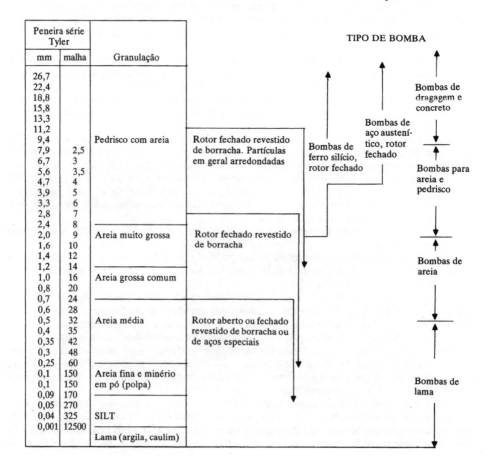

BOMBAS ESPECIAIS 583

Quando se trata de bombear suspensões de *sólidos abrasivos, slurries* de granulação muito fina e uniforme, empregam-se as bombas centrífugas com rotor de borracha, neoprene, nitrilo ou hypalon ou aço fundido revestido de um desses materiais e carcaça de ferro fundido também revestido com um dos referidos materiais. Alguns projetos de bombeamento de polpas têm optado por rotores de aço e carcaça de ferro fundido silicioso.

Para misturas *extremamente abrasivas*, com grande variedade de granulações, têm sido usados rotores de aço-níquel, aço-cromo ou aço cromo-níquel e carcaça dos mesmos materiais.

Tanto no caso das misturas homogêneas quanto no das heterogêneas, as peças são de espessura considerável e executadas de tal modo que possam ser facilmente removidas e substituídas quando gastas, conforme mencionado anteriormente.

Na Fig. 28.20 vemos uma bomba para sólidos abrasivos de granulação fina, e na Fig. 28.21, um corte indicando as camadas protetoras de borracha ou de outros dos materiais mencionados.

A Fig. 28.22 representa uma bomba para alta concentração de sólidos abrasivos de granulometria variada, e a Fig. 28.23 mostra um corte da citada bomba.

Carcaça das bombas centrífugas

A carcaça das bombas é do tipo voluta e, em geral, de ferro fundido silicioso ou aço manganês austenítico, além dos materiais acima referidos.

Para areias finas ou minérios em pó, constituindo misturas abrasivas, como já dissemos, pode-se utilizar revestimento interno do coletor com neoprene ou borracha endurecida. Algumas bombas com esse revestimento interno de borracha apresentaram durabilidade superior em até 10 vezes à das bombas de aço.

Rotores

De um modo geral prefere-se utilizar rotores fechados ao invés de rotores abertos, pois o desgaste entre a entrada e a saída se processa de um modo mais uniforme. Como

Fig. 28.20 Bomba Worthington Modelo R para elevada concentração de partículas abrasivas. Revestimento interno de borracha, neoprene, nitrilo ou hypalon.

584 BOMBAS E INSTALAÇÕES DE BOMBEAMENTO

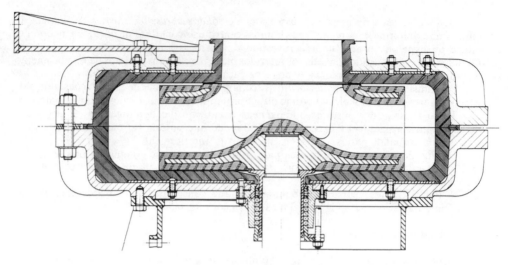

Fig. 28.21 Corte de uma bomba Worthington Modelo R. Observam-se as camadas de revestimento interno da carcaça e do rotor, que funciona como um esqueleto para suportar o revestimento.

as pás devem ser muito espessas a fim da atenderem ao desgaste por erosão, são em número reduzido, três ou quatro apenas.

Não se usa a porca de fixação do rotor na extremidade do eixo na aspiração do rotor, pois seria submetido a um rápido desgaste. Prefere-se usar eixo rosqueado de modo que, com a rotação, o rotor se prenda mais ao eixo.

Os materiais mais usados para rotor são o ferro fundido silicioso, o aço manganês e os aços austeníticos. Existem rotores de borracha endurecida, porém é mais comum empregar-se rotores de ferro fundido nodular ou aço, revestidos de camada grossa de borracha ou neoprene.

Constroem-se bombas centrífugas para sólidos, de capacidades bastante grandes, atingindo até 10 m^3/s e altura manométrica de 100 metros.

Não se empregam bombas de múltiplos estágios para sólidos, porque as reduzidas folgas entre as peças que constituem os estágios conduziriam a um desgaste rápido das

Fig. 28.22 Bomba Worthington Modelo M, de metais muito duros, para misturas heterogêneas altamente abrasivas.

BOMBAS ESPECIAIS 585

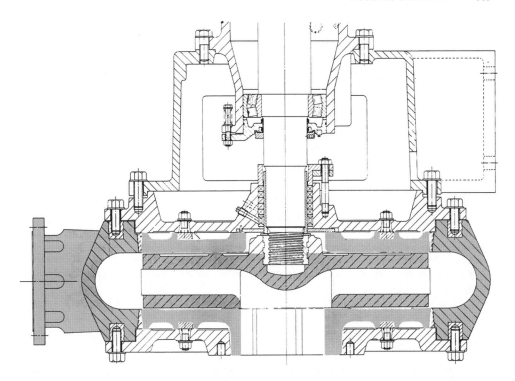

Fig. 28.23 Bomba Worthington Modelo M para misturas heterogêneas altamente abrasivas. Descargas até 1.200 l· s^{-1} e altura até 90 m.

mesmas. Assim, quando há necessidade de altura de elevação considerável, associam-se bombas de simples estágio em série, conforme vimos no Cap. 6.

A SEMCO do Brasil S.A. e a Fábrica de Aço Paulista S.A. FAÇO fabricam uma linha completa de bombas para polpas, transferência de sólidos, esgotos, lamas, escórias, resíduos de processos químicos, concentrados metálicos, largamente usadas.

Proteção do eixo e gaxetas

O eixo e as gaxetas devem ser protegidos contra a ação do líquido, portanto, partículas abrasivas, pois, caso contrário, rapidamente se desgastariam.

As bombas de lama SRL com revestimento interno de borracha natural são fabricadas pela FAÇO no Brasil, com base em projeto da Allis-Chalmers. Capacidade até 1.260 l/s, altura manométrica até 40 m e sólidos até 6,35 mm (1/4").

Uma das soluções consiste em dotar-se o rotor de pás radiais (aletas) no exterior da coroa circular, do lado do engaxetamento. As aletas desempenham a função de contrabalançar o empuxo axial e produzem uma depressão na região das gaxetas, o que possibilita a entrada de água limpa de lubrificação para o resfriamento das gaxetas, com pressão reduzida, que pode ser até mesmo a atmosférica, e evitam que sólidos entrem na região de selagem.

Existe uma impressão generalizada de que o rotor aberto é mais aconselhável quando se trata de bombear misturas de sólidos abrasivos, por apresentar menores riscos de obstrução e acreditar-se que sofrem menor desgaste. Ensaios realizados por John Doolin, da Worthington Pump International, levaram à conclusão de que, com exceção de casos extremos, é o rotor fechado o que melhor se comporta com lamas abrasivas de densidade superior a 1,25 e os sólidos contidos forem superiores a 100 mesh, enquanto se desgasta. Ele geralmente opera com um rendimento mais elevado, obstrui-se menos freqüentemente, opera com mais eficiência que o rotor aberto quando o desgaste ocorre e possui vida útil mais longa. A conclusão a que se chegou é que rotores fechados podem bombear sólidos tão bem quanto rotores abertos, com pequena ou nenhuma tendência a obstrução. Os rotores abertos se aplicam a lamas muito viscosas contendo sólidos finíssimos (abaixo de 200 mesh).

586 BOMBAS E INSTALAÇÕES DE BOMBEAMENTO

Na publicação *Bombas centrífugas para lamas abrasivas,* da FAÇO — Fábrica de Aço Paulista (subsidiária da Allis Chalmers Corporation), são apresentadas as seguintes indicações:

a) Há vários métodos usados para impedir a entrada de sólidos na câmara de selagem. O sistema de selo hidráulico em câmaras de gaxetas é o mais eficiente e largamente aceito. Baseia-se no princípio de injeção de um líquido limpo, geralmente água, no interior de uma câmara de gaxetas, a uma pressão um pouco acima da pressão de descarga da bomba. A água é distribuída pelas gaxetas através de um "anel de lanterna".

b) O uso de câmaras de gaxetas, utilizando anéis partidos de amianto grafitado ou com filamentos de teflon, com injeção de água, é ainda a melhor solução para bombeamento de lamas abrasivas.

Acionamento

As bombas de sólidos para atenderem a condições diversas de operação são acionadas de preferência por motores de rotação variável ou por motores de rotação constante, usando variadores de velocidade. Uma solução menos perfeita, porém mais simples, consiste no emprego de transmissão do movimento por meio de correias trapezoidais. A alteração do número de rotações se faz com a troca das polias para se ter a relação de transmissão desejada.

As velocidades das bombas para sólidos costumam ser baixas (700 a 900 rpm), para atenuar o efeito de erosão e abrasão.

Potência consumida

Lembrando-nos de que a potência varia linearmente com o peso específico do líquido, podemos utilizar as curvas de consumo de potência para água limpa e multiplicar o valor pelo peso específico da mistura.

Como o rendimento diminui com o bombeamento da suspensão sólido-líquido, convém aumentar o valor da potência encontrada em até 30% para estar com boa margem de segurança.

Velocidade de bombeamento

A velocidade de escoamento de misturas sólido-líquido depende da natureza do sólido, sua dimensão e a concentração do mesmo na água.

Areias com cascalhos podem ser bombeadas a velocidades de 2 e até mesmo de 3 metros por segundo em certas bombas de dragagem. Para areia comum, de granulação média, costuma-se ficar entre 1,5 e 3 metros por segundo. Lamas e barros são bombeados de 1,2 até 3 $m \cdot s^{-1}$.

Para o cálculo da perda de carga pode-se empregar a fórmula empírica de Worster e Duprat, que conduz a valores bastante exatos. Também se utiliza a fórmula de Williams e Hazen com $C = 140$ multiplicando-se o valor da perda de carga encontrada por um coeficiente ou fator α que depende da concentração de partículas na água.

A Tabela 28.4 fornece o valor de α em função da percentagem em volume de sólidos em suspensão na água.

Tabela 28.4 Coeficiente de correção α de acordo com a % de sólidos em suspensão na água

% de sólidos em suspensão na água	Coeficiente α
0 — 15	1
17	1,1
19	1,2
22	1,3
25	1,4
27	1,5
30	1,6
33	1,7
37	1,8

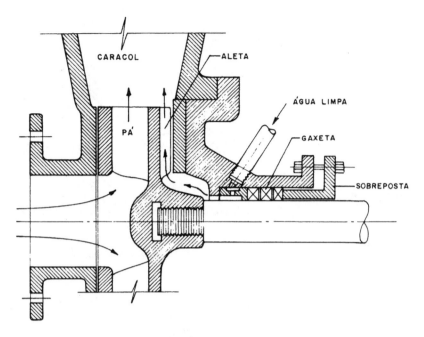

Fig. 28.24 Gaxetas e injeção de água.

Bombeamento em minerodutos

O transporte de minério a longas distâncias, utilizando minerodutos, tem sido a melhor solução encontrada dentro do equacionamento de um problema complexo no qual, além dos aspectos técnicos, avultam os de ordem econômica.

O investimento elevado com o fornecimento e montagem das tubulações, bombas, motores, válvulas e equipamentos auxiliares; o suprimento de energia elétrica; os sistemas de controle, sinalização e comando; enfim, os condicionantes cotejados com os da alternativa do transporte rodoviário ou ferroviário (se possível) devem apresentar razões, argumentos e resultados econômicos que, traduzidos numericamente, possam justificar a adoção do sistema.

Na análise da alternativa do transporte do minério em veículos, o gasto com o consumo de combustível e lubrificantes, o investimento em veículos e seu rápido desgaste constituem aspectos da maior importância a serem considerados no posicionamento do problema.

A título de exemplo, mencionaremos duas instalações importantes de bombeamento de minérios.

Convém notar que o bombeamento só se viabiliza de forma satisfatória com o minério finamente pulverizado, constituindo uma mistura homogênea com cerca de 55 a 65% de pó na água, e que se denomina *polpa* ou *slurry*.

Examinemos os dois casos:

1.º *Black Mesa Pipeline*

Trata-se de um mineroduto no Arizona, nos EUA, e que bombeia 6.000.000 ton de carvão em pó por ano. O comprimento da tubulação é de 439 km e o diâmetro é de 45 cm, sendo o aço de alta resistência à abrasão.

O bombeamento se realiza com o chamado *lock hopper pump*. Os elementos principais desse equipamento de bombeamento estão indicados na Fig. 28.25 e são dois grandes cilindros de aço ou *hoppers*, cada qual contendo uma esfera de aço bem ajustada ao cilindro, que impede o contato da lama de minério (polpa) com a água limpa.

Uma bomba convencional de deslocamento positivo, de tipo alternativo, bombeia água limpa no interior do *hopper;* esta água limpa move a esfera ao longo do cilindro, de modo a bombear a polpa. Sensores em cada extremidade do *hopper* detectam a localização da esfera e controlam as válvulas da bomba. Enquanto um dos *hoppers* está sendo enchido com a polpa, no outro está se processando o envio da polpa para o mineroduto.

588 BOMBAS E INSTALAÇÕES DE BOMBEAMENTO

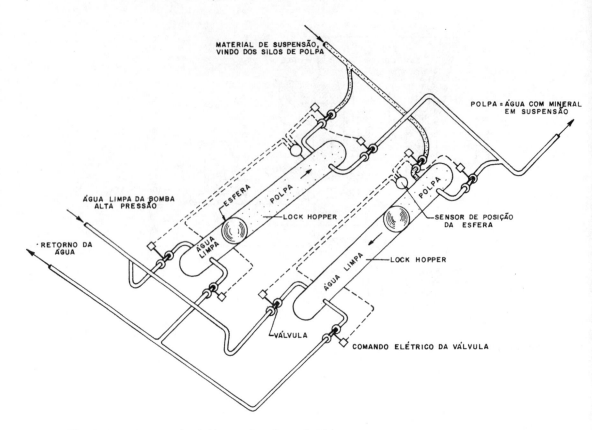

Fig. 28.25 Bombeamento de minério segundo o sistema *lock hopper pump*.

A água limpa trabalha em circuito fechado. A sincronização das válvulas de admissão e saída da polpa e da água é obtida por sensores que operam eletricamente comandos elétricos de acionamento das válvulas.

2.º *Minerodutos de ferro da Samarco*

Referimo-nos ao mineroduto da Samarco Mineração S.A., que conduz a polpa ou *slurry* do minério de ferro da mina da Germano, no Município de Mariana, MG, até a usina de pelotização localizada em Ponta Ubá, no Município de Anchieta, a 80 km ao sul de Vitória, no Estado do Espírito Santo. A produção inicial de concentrados de ferro é de 7 milhões de toneladas por ano.

O mineroduto tem 400 km de extensão e foi construído em aço-carbono especificação API · 5LX · 60. Tem 51 km de tubulação com diâmetro de 45 cm e 349 km com diâmetro de 50 cm. As espessuras das chapas de aço variam de 8 a 21 mm.

Existem duas estações elevatórias: uma no km 0 e outra no km 154, e duas estações de válvulas: uma no km 245 e outra no km 402, as quais se destinam a controlar as velocidades da polpa e as alturas manométricas na linha.

A polpa bombeada contém um teor em peso de 65% de ferro e 35% de água e, após atingir a localidade de Ponta Ubá, passa pelo processo de pelotização transformando-se no *pellet*, produto utilizável na siderurgia.

Cada estação de bombeamento de *slurry* está equipada com sete bombas de 1.250 c.v., de tipo centrífugo e adequadas a líquido altamente abrasivo.

O bombeamento no mineroduto é realizado em períodos contínuos de 78 horas, seguindo-se outros de 22 horas em que é bombeada exclusivamente água.

É interessante notar que a declividade máxima da tubulação foi estabelecida em 15%, em virtude das características da polpa bombeada.

Para conhecimento das características da polpa ao longo da tubulação, foram instaladas *slack-points* em todos os pontos críticos, equipadas com sensores eletrônicos que acompanham

BOMBAS ESPECIAIS 589

o comportamento da polpa, enviando informações ao centro de controle. Ao longo da linha existem pontos de amostragem, que permitem a retirada de amostras para análise.

Entre os minerodutos no Brasil, destaca-se o da Valep, que transporta o concentrado fosfático produzido pela unidade industrial de Tapira para Uberaba, MG. A polpa contém 61% de sólidos e 39% de água. A velocidade de escoamento é de 1,7 m · s^{-1}. O diâmetro da tubulação é de 60 cm, a espessura é variável. A vida útil da tubulação está estimada em 20 anos.

Aconselha-se aos interessados no assunto a leitura do trabalho *Otimização no bombeamento de líquidos e substâncias sólidas,* de autoria do engenheiro José Ronaldo Melo Santos, e publicado na CVRD — Revista, Vol. 4, n.° 14, dez. 1983.

Bombeamento de concreto

Desde o início deste século tem havido empenho em conseguir-se meios eficazes de bombear concreto em tubulações. A maioria dos tipos inventados a partir de 1913 baseou-se no bombeamento por pistões, deslocando-se no interior de cilindros. Houve, entretanto, tentativas com sistemas de diafragma e de parafusos, porém o sistema antes mencionado tem encontrado maior aceitação, naturalmente, sob formas construtivas cada vez mais aperfeiçoadas.

O bombeamento de concreto em tubulações com o emprego de ar comprimido data de 1907, quando G.A. Waysz inventou o primeiro dispositivo no gênero e que obteve aceitação. Na Europa existem vários fabricantes de equipamentos para bombeamento com ar comprimido, conhecido como "canhão", mas, no Brasil, as bombas de pistão de ação direta têm sido preferidas.

O princípio de funcionamento de uma bomba de pistão pode ser compreendido observando as várias etapas que ocorrem num ciclo de bombeamento, representado nos esquemas da Fig. 28.26. Embora nelas esteja indicado apenas um cilindro, existem bombas como as da Schwing SIWA e as da maioria dos fabricantes nacionais com dois cilindros paralelos, o que torna mais regular o escoamento do concreto na tubulação. No esquema também *não estão representadas* válvulas ou dispositivos de controle de entrada do concreto na câmara, onde atua o pistão, e na saída da mesma, e que são elementos necessários ao desenvolvimento do ciclo completo da operação.

A bomba geralmente vem montada num reboque e recebe o concreto de caminhões betoneiras. O funcionamento da bomba compreende-se pela seqüência dos desenhos da Fig. 28.26, de *(a)* a *(h).* No início, o cilindro e o pistão estão recuados e concreto enche a câmara. Em seguida, o cilindro enche-se com o concreto. O pistão é então acionado hidráulica, pneumática ou mecanicamente, empurrando o concreto de dentro do cilindro para o tubo de recalque. Uma válvula na saída da bomba impede o retorno do concreto bombeado quando o cilindro, juntamente com o pistão, se deslocam para a posição inicial e novamente enche-se de concreto a câmara abaixo do funil de alimentação.

No Brasil há vários fabricantes de bombas de concreto com características próprias, entre os quais a Putzmeister, Whitman, J. J. Case do Brasil, BSM, Thomson e Schwing.

O ilustre engenheiro José Joaquim Cardoso, de Belo Horizonte, projetou uma bomba de concreto, à primeira vista, semelhante à bomba tipo Moineau, mencionada em *Bombas rotativas,* mas com o princípio de funcionamento alterado e com vários aperfeiçoamentos.

Conforme indicado na Fig. 28.27, na bomba proposta o autor do projeto inverteu a situação das duas peças principais da bomba, fazendo com que o corpo da bomba, que era o helicóide de dupla entrada, passasse a ter movimento de rotação, enquanto que o rotor da bomba Moineau, que era dotado de dois movimentos, um de rotação e outro orbital de seu centro de gravidade, passasse a ser somente submetido à ação hipocicloidal e a realizar um movimento flutuante com o movimento orbital do seu centro de gravidade.

A parte móvel, isto é, o corpo da bomba, é ligada solidariamente a uma polia para correias trapezoidais e é assentada sobre dois mancais de rolamento.

Ao corpo da bomba é fixado um bocal cônico alimentador, com placas defletoras helicoidais internas, que forçam o concreto do depósito a entrar na bomba.

O parafuso ou pistão giratório helicoidal não tem movimento de rotação, porém, por intermédio de um sistema de junta cardan ou universal, torna-se flutuante, permitindo, quando a bomba está em movimento, que, pela sua excentricidade, o seu centro de gravidade descreva curva fechada.

590 BOMBAS E INSTALAÇÕES DE BOMBEAMENTO

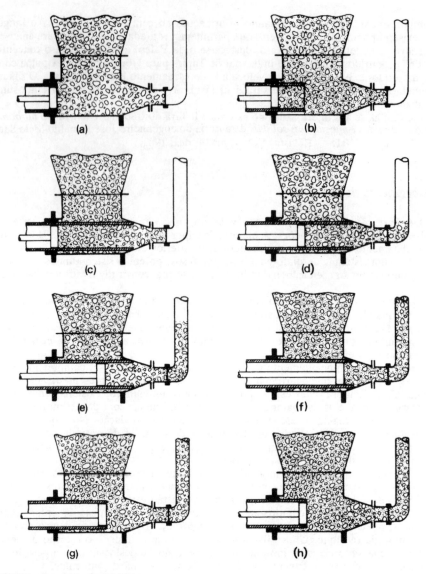

Fig. 28.26 Bombeamento de concreto.

A bomba pode ser de eixo horizontal ou vertical e pode ser conduzida em reboque de três rodas. Permite bombeamento de concreto com brita até 30 mm. A rotação se situa em valor próximo a 300 rpm.

Indicações para o bombeamento de concreto

O concreto em condições de ser bombeado deve conter quantidade suficiente de argamassa para envolver completamente os agregados graúdos e formar uma capa de deslizamento entre as paredes do tubo e a massa de concreto, assegurando bom escoamento do mesmo.

Considera-se bom para ser bombeado o concreto que contém cerca de 250 kgf de cimento por m^3 e quando os agregados correspondem às curvas de peneiramento indicadas. Para concretos com mais de 300 kgf de cimento por m^3, pode-se aumentar um pouco a quantidadade de agregados graúdos. Em estruturas de edifícios, usa-se concreto com traço 380:2:1.

Para melhorar a plasticidade do concreto e seu escoamento, adicionam-se produtos químicos como o Plastiment da SIKA S.A. O fator água-cimento é decisivo para a obtenção de uma consistência adequada. Recomenda-se usar concreto pastoso ou fracamente plástico,

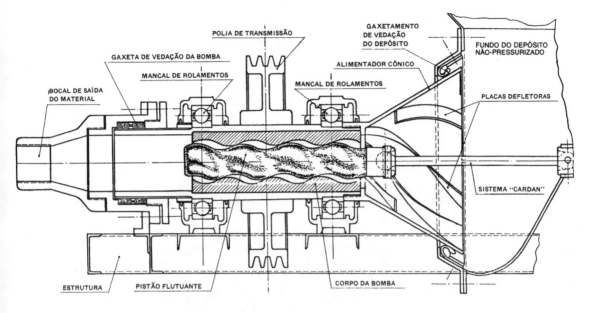

Fig. 28.27 Bomba de concreto proposta pelo Eng.º José Joaquim Cardoso.

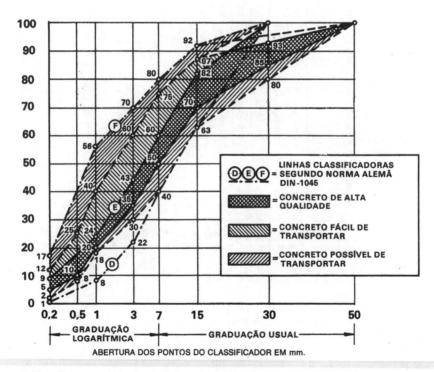

Fig. 28.28 Gráfico de curvas para concreto bombeado.

com *slump* de 4 cm. Deve-se evitar colocar água em demasia, visando a melhorar o bombeamento, pois a água em excesso pode permitir a desagregação da brita com a eventual obstrução do encanamento ou da própria bomba.

As bombas de concreto podem bombear volumes da ordem de 80 m^3/h em distâncias horizontais além de 400 m ou até 100 m na vertical.

Quadro 28.4 Escolha de Bomba Putzmaister linha 1979

```
B   R   (X)   21   12   (H)   (Y)
                                |           Acionamento (Y)
                                └── D   = Motor diesel
                                    E   = Motor elétrico
                                    Sistema hidráulico
                                    S/letra = Standard
                                    C   = Vazão constante
                                    H   = Alta pressão
                                    Produção: (120 m³/h)
                                    Curso dos pistões:
                                    21  = 2.100 mm
                                    14  = 1.400 mm
                                    Modelo (X)
                                    A   = Rebocável
                                    F   = Móvel
                                    T   = Túnel
                                    S   = Estacionária
                                        R = 200 mm Ø
                                            sucção
                                    sem R = 180 mm Ø
                                            sucção
                                    Bomba de concreto
```

Bomba móvel	BF 1404 C	BF 1405	BRF 1406	BRF 1408	BRF 1410	BRF 2112
Produção nominal (m³/h)	40	50	60	80	100	120
Produção s/concreto (bar)	43 (65)	85 (120)	70	53	70 [117]	70 [100]
Ø do cilindro (mm)	180		200	230	200	
Bomba rebocável	BA 1403 C	BA 1405	BRA 1406	BRA 1408	BRA 1407 H	BRA 2109 H
Produção nominal (m³/h)	30	50	60	80	70	90
Pressão s/concreto (bar)	43 (65)	85 (120)	70	53	117	100
Ø do cilindro (mm)	180		200	230	200	
Potência do motor kW* (0,75 kW = 1 c.v. D1N)	45*	45/75	75/95	75 a 110		132 a 160

*Motores mais possantes opcionais

( ) Mudando para alta pressão
[ ] Com cilindro hidráulico Ø 140 mm

BOMBAS ESPECIAIS 593

A Fig. 28.28 apresenta o gráfico de curvas para concreto bombeado, publicado na Revista Dirigente Construtor, de novembro de 1972.

Os tubos empregados são de aço, com trechos de 2 a 3 metros, dotados de juntas de acoplamento rápido.

Deve-se empregar o menor número possível de curvas, pois cada curva de 90° ou cada elevação de 1 m obriga a diminuir a extensão horizontal em 6 a 8 m. O raio das curvas deve ter o mínimo de 2 m.

Os diâmetros de tubulação mais usados são:
— 100 mm para pedras com diâmetro máximo de 2,5 cm;
— 125 mm para pedras britadas com diâmetros de 4 a 5 cm.

Antes de iniciar o bombeamento do concreto, aconselha-se bombear uma argamassa de alta plasticidade para realizar uma pseudolubrificação do encanamento.

Pode-se, ao contrário, bombear água, impelindo uma bola de borracha, colocada no encanamento, a fim de verificar a estanqueidade do mesmo.

Ao final da operação, limpa-se o encanamento, seja com água bombeada, seja com ar comprimido. Neste último caso, coloca-se uma bola de borracha e, com o encanamento ainda molhado, liga-se o ar comprimido. A bola age como um êmbolo, impelindo os resíduos de concreto para fora da tubulação.

O Quadro 28.5 fornece os elementos para a escolha das bombas de concreto Putzmaister, linha 1979.

Bibliografia

Allis-Chalmers New Solids-Handling Pump. *Catálogo* 08B 6381B.
Bomba para polpa — Tipos KC e VJC — da SEMCO do Brasil S.A.
Bombas centrífugas para mineração e aplicações congêneres — "SEMCO-MORRIS".
Bombas de concreto PM — Putzmaister — *Catálogo BP — 444 BR.*
Bombas "SEMCO-MORRIS" projetadas para serviços pesados.
CISNEROS, LUIZ M.ª JIMENEZ. *Manual de bombas.* Editorial Blume, Barcelona.
FAÇO. FÁBRICA DE AÇO PAULISTA S.A. Bombas centrífugas para sólidos em suspensão. Bombas centrífugas para lamas abrasivas. Bombas de lama VDH.
HERBICH, JOHN B. Coastal and deep dredging. Gull Publishing Company, Houston-Texas, 1975.
HERO Equipamentos Industriais Ltda. — Bombas "WARMAN" para dragagem.
INSTITUTO BRASILEIRO DE PETRÓLEO. Especificação geral de bombas centrífugas para Indústrias Químicas e Petroquímicas. Maio de 1980.
JOHN DOOLIN. *Bombeamento de fluidos abrasivos* (Worthington).
KARASSIK, IGOR J. *Pump Handbook.* McGraw-Hill Book Co.
LEFEÈVRE, JEAN. L' AIR comprimé, vol. II Utilisation. Éditions J. B. Baillière, Paris.
Máquina de bombear concreto apresentando inúmeras vantagens. *O Dirigente Construtor,* agosto de 1970.
MELO SANTOS, José Ronaldo. Otimização no bombeamento de líquidos e substâncias sólidas. *Revista CVRD* Vol. 4, n.° 14, dez. 1983.
OMEL S.A. Ind. e Com. Engenharia e Fabricação de Equipamentos p/deslocamento e controle de líquidos. Bombas série UND, UND/IL.
Projeto de mineração da Samarco. *Rev. Construção Pesada,* outubro/76.
ROCHA, SANDRA C.S. e CESAR C. SANTANA. Escoamento vertical e horizontal de misturas sólido-líquido em seção variável. *Rev. Br. Mec.* Rio de Janeiro, V. VI n.° 1.
SCHWING SIWA — Bombas para concreto PB 550 HDD e outras.
— Bombeamento de Concreto sem riscos.
WEBER, R. *Transporte de Hormigón por Tuberia.* Ediciones URMO, Bilbao.
Worthington abrasive slurry pumps.
Worthington D-700 solids-handling pumps.
Worthington MN solids-handling pumps.

TURBOBOMBAS DE ALTA ROTAÇÃO: BOMBAS SUNDYNE

O avanço da tecnologia na indústria petroquímica, nos processamentos industriais, nas indústrias químicas, na indústria aeronáutica e aeroespacial teve como uma de suas conseqüências a exigência de fornecimento de bombas de reduzidas dimensões, capazes de fornecer líquidos a pressões muito elevadas, superiores a 100 kgf $\cdot$ cm^{-2}.

Vimos, em capítulos anteriores, que, para obter pressões elevadas em turbobombas convencionais, existem as seguintes soluções, quando o número de rotações não ultrapassa 3.600 rpm e o acionamento do eixo do rotor se faz diretamente pelo motor:

594 BOMBAS E INSTALAÇÕES DE BOMBEAMENTO

a) adotar um diâmetro d_2 de saída do rotor grande, para obter um valor grande para U_2 e V_{u2} e portanto para H_e. O inconveniente é que as dimensões e o peso da bomba poderiam ser tais que não se compatibilizariam com as disponibilidades de espaço e capacidade de carga possíveis, além de conduzirem a um elevado custo.

b) empregar bombas de múltiplos estágios. Esta solução é adotada em instalações para caldeiras de vapor, em poços profundos e em outros casos, quando existe espaço suficiente para instalá-la ou as particularidades da instalação o recomendarem ou exigirem.

Estas bombas são excelentes mas, naturalmente, são de custo elevado devido à complexidade da fabricação e das medidas que devem ser aplicadas na selagem mecânica, nas vedações e no balanceamento e equilibragem dos empuxos.

c) adotar rotor de pequenas dimensões capaz de operar com alta rotação. Esta foi a solução encontrada pela *Sundstrand Fluid Handling*, cujas bombas são fabricadas no Brasil pela FALK do Brasil Equipamentos Industriais Ltda. A bomba *Sundyne*, da Sundstrand, é uma bomba dotada de rotor de pás radiais retas que, graças a um sistema de engrenagens, consegue um número muito elevado de rpm, havendo bombas que giram com 25.000 rpm e até mesmo 35.000 rpm (bombas *Sunflo*-Série P-1000 da Sundstrand). Essas bombas possuem apenas um rotor mas um desempenho equivalente ao de uma bomba de múltiplos estágios. A bomba é de eixo vertical, construção *in-line*, como se pode observar na Fig. 28.29.

Na Fig. 28.30 vemos o rotor da bomba Sundyne e, na Fig. 28.31, o mesmo rotor

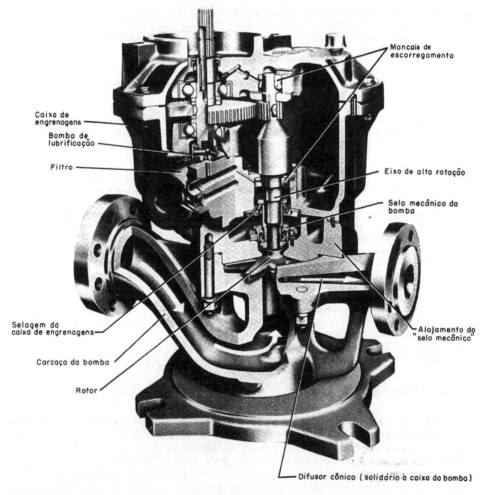

Fig. 28.29 Bomba Sundyne Modelo LMV-322 com caixa de engrenagem, sem indutor.

Fig. 28.30 Rotor da bomba Sundyne.

Fig. 28.31 Rotor com indutor da bomba Sundyne.

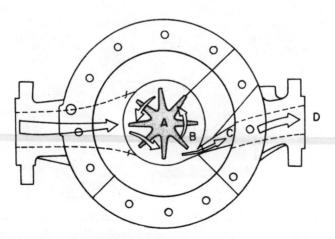

Fig. 28.32 Percurso do líquido na bomba Sundyne.

BOMBAS E INSTALAÇÕES DE BOMBEAMENTO

com um *indutor* adaptado, de modo a melhorar as condições de aspiração, graças à redução do NPSH requerido.

É interessante observar que essas bombas não possuem a voluta que é usual nas bombas centrífugas. A transformação da elevada energia cinética proporcionada pelas pás em alta rotação em energia potencial de pressão se realiza em um *difusor troncônico* divergente, ao longo do qual o líquido se dirige para a boca de saída da bomba . A Fig. 28.32 mostra esquematicamente o percurso do líquido, que, entrando pela parte central *A*, gira no interior da caixa *B* e segue por *C* até a saída *D*.

O fabricante, em seus catálogos, fornece detalhes dos dispositivos de selagem; caixas de engrenagens; sistemas de lubrificação e resfriamento; separador centrífugo para partículas que possam estar presentes no líquido de selagem, e outras indicações quanto às características de desempenho desse tipo de bombas.

29

Válvulas

INTRODUÇÃO

Válvulas são dispositivos destinados a estabelecer, controlar e interromper a descarga de fluidos nos encanamentos. Algumas garantem a segurança da instalação e outras permitem desmontagens para reparos ou substituições de elementos da instalação. Existe uma grande variedade de tipos de válvulas, e dentro de cada tipo, diversos subtipos, cuja escolha depende não apenas da natureza da operação a realizar, mas também das propriedades físicas e químicas do fluido considerado, da pressão e da temperatura a que se achará submetido, e da forma de acionamento pretendida. Limitar-nos-emos a mencionar as válvulas que se empregam em instalações de bombeamento diretamente ligadas aos encanamentos de aspiração e de recalque ou nos equipamentos auxiliares, nas chamadas "estações de válvulas", na instrumentação e comandos empregados em instalações de médio e grande portes, ou possuindo características especiais.

Se bem que, sob a designação genérica de válvulas, estejam incluídos todos os dispositivos que atendem à definição dada acima, alguns autores fazem a seguinte distinção:

Chamam de *registros* aos dispositivos de controle de passagem da descarga, comandados manualmente, e de *válvulas* aos que atuam automaticamente, seja pelo efeito da variação da pressão e escoamento ou por alguma razão dependente da operação da instalação.

Certos fabricantes e autores apresentam conceituação diferente. Consideram os registros tal como definido acima, porém quando destinados meramente à água potável, e chamam de válvulas aos dispositivos destinados a operações industriais com fluidos e naturalmente também com água para condições normais ou especiais de pressão e temperatura de trabalho, indiferentemente de se tratar de acionamento manual ou automático.

CLASSIFICAÇÃO

Entre as diversas maneiras segundo as quais se costuma classificar as válvulas, sobressai a que se baseia na natureza do acionamento. Segundo este critério, temos válvulas:

Acionadas manualmente

Podem ser de
— *Volante*, de ação direta ou de ação indireta; neste caso, comandadas por correntes, quando a válvula se acha em local elevado, fora do alcance do operador.
— *Manivela*, acionando sistemas de engrenagens para reduzir o esforço do operador.

Comandadas por motores

Quando as válvulas são muito grandes, ou se acham em posição de difícil acesso, longe do operador, ou ainda, quando devam ser comandadas por instrumentos ou equipamentos de controle automático próximos ou afastados. O comando pode ser:

— *hidráulico,* geralmente por servomecanismos oleodinâmicos.
— *elétrico:*
— com *motor* e redutor de velocidade de engrenagens ligados à haste da válvula. Usa-se em válvulas grandes.
— com *solenóide,* agindo pela ação de um eletroímã que provoca o deslocamento da haste da válvula. É empregado em tipos de pequenas dimensões.
— *pneumático,* de tipo diafragma, possibilitando abertura rápida sob ação de ar comprimido ou pelo efeito de vácuo.

Acionadas pelas forças provenientes da ação do próprio líquido em escoamento

Quando ocorre no líquido uma modificação no regime, ou pela ação de molas ou pesos, quando tal modificação se verifica. São designadas pelo nome de *válvulas automáticas.*

Uma outra divisão das válvulas muito comum é a que estabelece a distinção entre *válvulas de bloqueio (block valves)* e *válvulas de regulagem (throttling valves).*

As *válvulas de bloqueio* destinam-se a funcionar completamente fechadas ou completamente abertas. O tipo mais comum e consagrado pelo emprego é a *Válvula* ou *Registro de gaveta (gate valve),* caracterizada pelo movimento retilíneo alternativo de uma peça de vedação — a *gaveta,* ao longo de um *assento* ou *sede.*

As válvulas comuns acima citadas têm como partes essenciais: corpo, castelo, haste, volante, sede e contra-sede.

VÁLVULAS DE GAVETA (GATE VALVES)

A perda de carga nessas válvulas, quando completamente abertas, é desprezível, mas, quando parcialmente abertas, produzem perda de carga elevada e, em instalações de vapor sob certas condições, estão sujeitas à cavitação. Embora não sejam aconselháveis de um modo geral para regulagem, todavia, quando se pretende reduzir a descarga, alterando o ponto de funcionamento da bomba, são utilizadas com abertura parcial, de modo a criarem a perda de carga necessária para conseguir o objetivo almejado.

Este motivo e o custo relativamente reduzido explicam seu largo emprego nas instalações de bombeamento de pequeno e médio portes.

O inconveniente para certas aplicações é que, em alguns tipos menos aperfeiçoados, sua estanqueidade não é perfeita, o que todavia, para o caso comum das instalações de bombeamento, não é essencial.

São as válvulas mais empregadas para líquidos, não sendo indicadas para líquidos frigoríficos, a não ser que construídas com haste de grande comprimento, ficando o volante bem afastado do corpo da válvula, com a finalidade de ter temperatura suportável pelo operador.

Nas válvulas de grandes dimensões e para altas pressões, existe um *by-pass* contornando a gaveta, o qual, por sua vez, é fechado por um outro registro de gaveta de menor tamanho. Pelo *by-pass* estabelece-se um melhor equilíbrio entre as pressões dos dois lados da gaveta, o que reduz o esforço para abrir a válvula.

A gaveta pode ter as faces paralelas ou não. No primeiro caso é a pressão do líquido sobre a gaveta que produz a vedação e não há perigo de a gaveta "emperrar". Nas gavetas em forma de "cunha" (gavetas cônicas), além da pressão do líquido, atua a força na haste rosqueada, comprimindo as faces da gaveta contra os assentos, dando, em conseqüência, melhor vedação.

· A gaveta pode ser inteiriça ou constituída por duas partes. A haste pode ter movimentos combinados de rotação e translação ou apenas de rotação. Neste caso, a gaveta é a única peça que tem movimento de translação.

Materiais empregados nas válvulas de gaveta

As válvulas de gaveta podem ser fabricadas com os seguintes materiais básicos:

Bronze

Para vapor até 150 1b e água, óleo ou gás até 300 1b, em dimensões de ¼ a 3". Para as válvulas de 4" e 6", a pressão permitida para o vapor é de 125 1b. Obedecem às normas API-6D-API-600 e API-604. É o caso da válvula DECA (Fig. 29.1).

Ferro fundido cinzento

São fabricadas em diâmetros de 50 mm a 600 mm, em tipo flangeado, ponta e bolsa ou com pontas (em alguns tipos).

Conforme a pressão de serviço, são fabricadas em duas séries:

Registros ovais. Mais robustos, gaveta em "cunha", usados normalmente nas redes municipais de abastecimento de água tratada ou bruta.

Obedecem ao P-PB 37/1964 da ABNT.

Pressões de serviço dos registros ovais
De 50 a 300 mm: 16 atm
De 350 a 500 mm: 12 atm
De 550 a 600 mm: 9 atm
De 700 a 1.000 mm: 6 atm

Registros chatos. Possuem a gaveta com faces paralelas ou em cunha. Resistem, porém, a pressões menores, como se pode constatar pelas indicações que se seguem:

Pressões de serviço
De 50 a 300 mm: 10 atm
De 350 a 500 mm: 6 atm
De 550 a 600 mm: 4 atm

No Brasil, entre os grandes fabricantes de registros e válvulas de gaveta destacam-se os seguintes: Niagara, IBRAVE INCOVAL, CIVA, DURATEX (válvulas P) e Cia Metalúrgica Barbará, sendo,

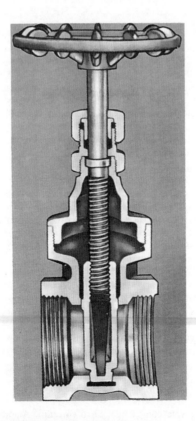

Fig. 29.1 Válvula DECA de bronze para diâmetros de ½" a 2".

desta última empresa, os registros apresentados nas Figs. 29.2, 29.3 e 29.4, além de outros que serão mostrados mais adiante.

Entre as válvulas de gaveta de ferro fundido ASTM-A 126 grau B, fabricadas pela Niagara S.A., apresentamos as das Fig. 29.5a, 29.5b e 29.5c.

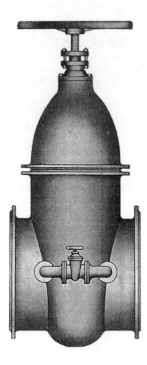

Fig. 29.2 Registro de gaveta oval com *by-pass*, da Barbará.

Fig. 29.3 Registro chato de gaveta com flange, ferro cinzento. Acionamento direto. Abrev. RCFV 350 mm a 1.000 mm (Barbará).

VÁLVULAS 601

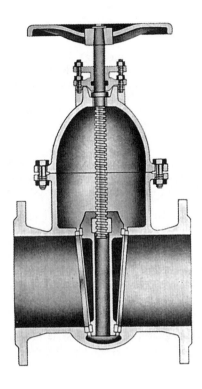

Fig. 29.4 Registro da gaveta oval com flanges, ferro cinzento e acionamento direto com volante. Abrev. RDFV 350 mm a 1.000 mm (Barbará).

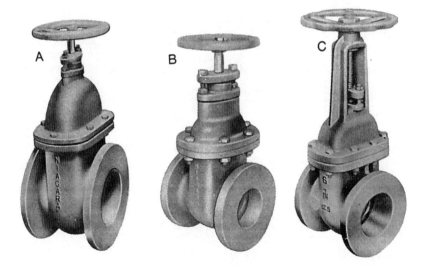

Fig. 29.5A Padrão europeu — DIN e ABNT P-PB-37 Série MC — com gaveta de bronze.
Pressão de serviço: 10 kgf · cm^{-2}.
Dimensões: 50 a 500 mm.

Fig. 29.5B Padrão americano — ANSI-B-16.10 e B-16.1 Classe 125 — gaveta, *haste não-ascendente* de bronze.
Pressão de serviço para água e óleo sem golpes:
14 kgf · cm^{-2} (200 psi) a 40°C
Dimensões: 50 a 250 mm

Fig. 29.5C Padrão americano — ANSI-B-16.10 e B-16.1 Classe 125 — gaveta, haste ascendente externa *(external rising stem)*, de bronze.
Pressão de serviço sem golpes:
14 kgf · cm^{-2} a 40°C
Dimensões: 50 a 250 mm.

602 BOMBAS E INSTALAÇÕES DE BOMBEAMENTO

Ferro dúctil ou ferro fundido nodular

Trata-se de um ferro fundido com grafite esferoidal, isto é, uma liga ferro-carbono fundida, onde a parcela de carbono livre se encontra principalmente sob a forma de esferóides.

Este material alia as propriedades de resistência à corrosão do ferro fundido com a resistência mecânica do aço-carbono fundido, sendo, portanto, flexível e resistente a choques. A Cia. Metalúrgica Barbará fabrica *Registros de ferro dúctil* com diâmetros de 50 a 300 mm e pressão máxima de trabalho de 16 kgf $\cdot$ cm^{-2} para água até 60°C nos tipos de flanges e de ponta e bolsa. Para pressões da classe 150 1b e especificação API-604, fabrica com a Empresa Cornersol, sua associada, as *Válvulas de gaveta Cornersol*. No primeiro tipo mencionado, o ferro dúctil é usado em quase todos os componentes do registro, ao passo que, nas Válvulas Cornersol, a gaveta pode ser fornecida em aço inoxidável nos diâmetros de 50 a 150 mm e em aço-carbono ASTM-A 216 Grau WCB, com superfície de vedação revestida de aço inoxidável.

A Tabela 29.1 dá indicações sobre a composição de ferro dúctil ASTM 395 empregado nos registros e válvulas "Barbará", comparado com o ferro fundido cinzento e o aço fundido. A Tabela 29.2 estabelece a comparação entre as propriedades físicas dos mencionados materiais em registros da Barbará.

A Cia Hansen Industrial, além dos conhecidos produtos TIGRE, fabrica também válvulas gaveta TIGRE de ferro fundido de grafite esferoidal, nos diâmetros de 50 a 300 mm, com flanges e com ponta e bolsa.

A Fig. 29.6 dá a nomenclatura e a especificação dos materiais das peças constitutivas de um registro de gaveta de ferro dúctil da Cia. Metalúrgica Barbará S.A.

Os registros de ferro dúctil suportam uma pressão igual à máxima da série métrica oval, de modo que são fabricados sem a distinção que há nos tubos de ferro fundido cinzento, entre série oval e série chata.

Tabela 29.1

Elemento	Material		
	Ferro fundido cinzento ASTM--A 126 Classe B	Aço fundido ASTM Grau WCB	Ferro dúctil ASTM-A 395
Carbono	3,45%	máx. 0,30%	mín. 3,00%
Sílica	2,00%	máx. 0,60%	máx. 2,5%
Enxofre	máx. 0,15%	máx. 0,045%	0,01%
Fósforo	máx. 0,75%	máx. 0,04%	máx. 0,08%
Manganês	0,45%	máx. 1,00%	0,03%

Tabela 29.2 Válvulas de aço fundido

Propriedades físicas	Material		
	Ferro fundido cinzento ASTM--A 126 Classe B	Aço fundido ASTM--A 216 Grau WCB	Ferro dúctil ASTM--A 395
Resistência à tração (psi)	31.000	70.000 a 95.000	60.000
Limite elástico (psi)	Desprezível	mín. 36.000	mín. 40.000
Alongamento (%)	Desprezível	mín. 22	mín. 18

VÁLVULAS

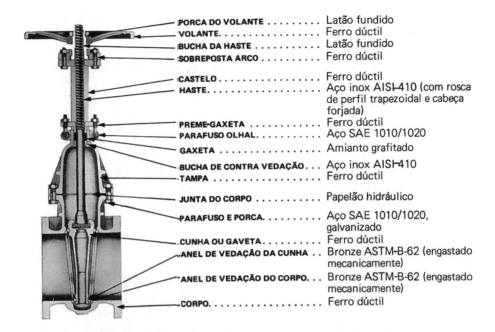

Fig. 29.6 Registro de gaveta de ferro dúctil da Cia. Metalúrgica Barbará S.A.

Aço fundido

É empregado em válvulas para pressões muito elevadas, como ocorre em indústrias petrolíferas e petroquímicas ou em centrais térmicas. A Cia. Metalúrgica Barbará fabrica para água, vapor, ar, gás, óleos etc., da chamada linha Cornersol, válvulas de gaveta flangeadas ou com ponta para solda de topo. Obedecem à norma P-EB-141 da ABNT e à norma API-600.

Classe	Diâmetro nominal (mm)	Temperatura de serviço	Pressão de serviço (kgf · cm^{-2})
125	40 a 60	Até 177°C	Até 65°C 40 a 250 mm: 12 300 a 600 mm: 10
150	40 a 600	Até 450°C	Até 65°C: 18
300	40 a 500	Até 540°C	Até 65°C: 50
600	50 a 350	Até 540°C	Até 65°C: 100
900	75 a 250	Até 540°C	Até 65°C: 150

A Fig. 29.8 mostra um dos tipos de registro de aço flangeado fabricados pela CIWAL S.A. Acessórios Industriais.

A válvula de gaveta de aço-carbono fundido, da CIWAL S.A., representada na Fig. 29.8, tem como especificações:

— Classe 150 lb.
— Pressão de trabalho sem choque para água, óleo, gás a 40°C: 270 lb/pol.^{2} (18,9 kgf · cm^{-2}).
— Diâmetros de 40 mm a 200 mm.

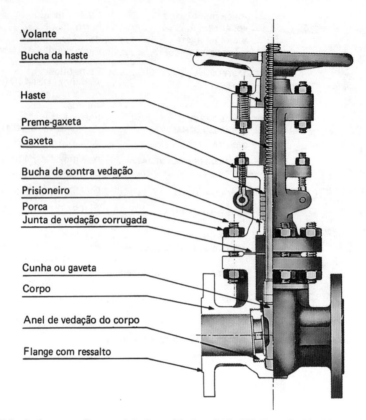

Fig. 29.7 Válvula de gaveta Cornersol de ferro dúctil — Série 150 1b — da Cia. Metalúrgica Barbará S.A. e da Empresa Cornersol.

A DECA fabrica válvulas de aço-carbono Classe 150, de 50 a 200 mm, com cunha de anel de encaixe de aço inoxidável.

Aço forjado

É usado em válvulas até 100 mm e para pressões de 50 a 138 kgf · cm^{-2} e temperatura de serviço de até 540°C. Os tipos mais usuais são os de flanges ou de encaixe para solda.

Acionamento das válvulas de gaveta

As válvulas de gaveta, como aliás as de outros tipos que veremos a seguir, podem ser acionadas, conforme já vimos, por comando manual ou então por acionamento elétrico, hidráulico ou pneumático. Estas últimas modalidades se recomendam quando os registros funcionam com freqüência; podem ser comandadas a distância ou quando as manobras de abertura e fechamento obedecem a durações determinadas.

Como indicação, consideraremos apenas o caso do acionamento manual, utilizando a Tabela 29.3, da Barbará, que fornece, para as válvulas de gaveta de sua fabricação, os valores das diferenças entre as pressões a montante e a jusante da gaveta, a fim de que a operação se possa realizar com esforço razoável.

VÁLVULAS DE ESFERA (BALL VALVES)

São válvulas de uso geral, de fechamento rápido, muito usadas para ar comprimido, vácuo, vapor, gases e líquidos. Nas instalações de bombeamento são empregadas em serviços auxiliares, mas não são ligadas aos encanamentos da bomba como válvulas de bloqueio.

VÁLVULAS 605

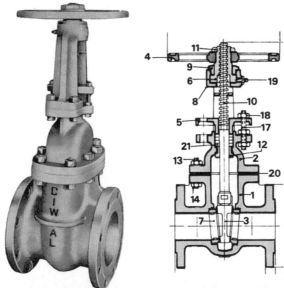

POS.	DENOMINAÇÃO	MATERIAL	POS.	DENOMINAÇÃO	MATERIAL
1	Corpo (Body)	ASTM-A-216 Gr. WCB	12	Bucha de c. vedação	AISI 410
2	Tampa	ASTM-A-216 Gr. WCB	13	Pris. de ligação	ASTM-A-193 Gr. B7
3	Cunha (blindada)	WCB/Inox AISI 410	14	Porca de ligação	ASTM-A-194 Gr. 2H
4	Volante	Ferro nodular	15	Pris. base castelo	ASTM-A-193 Gr. B7
5	Aperta gaxeta	ASTM-A-216 Gr. WCB	16	Porca base castelo	ASTM-A-194 Gr. 2H
6	Bucha rosqueada	Bronze ASTM-B. 62	17	Pris. ap. gaxeta	Aço tref. SAE 1020
7	Anel do corpo	ASTM-A-351 CA 15	18	Porca ap. gaxeta	Aço tref. SAE 1020
8	Castelo (Bonnet)	ASTM-A-216 Gr. WCB	19	Engraxadeira	Aço
9	Luva de segurança	ASTM-A-351 CA 15	20	Junta espiralada	Amianto e aço-carbono
10	Haste	ASTM-A-182 Gr. F6	21	Gaxeta	Am. graf. trançado
11	Porca do volante	Aço tref. SAE 1020			

Fig. 29.8 Válvula de gaveta de aço flangeado da CIWAL S.A. Acessórios Industriais.

O controle do fluxo se faz por meio de uma esfera, possuindo uma passagem central e localizada no corpo da válvula. O comando é, em geral, manual, com o auxílio de uma alavanca.

Essas válvulas não se aplicam a casos em que se pretende variar a descarga, mas apenas abrir ou fechar totalmente a passagem do fluido.

A SARCO S.A., Ind. e Comércio, a INV (Indústria Nacional de Válvulas), a CALIXTO e a CIVA Comércio e Indústria de Válvulas, entre outras, fabricam essas válvulas em aço inoxidável, aço-carbono e bronze. A Fig. 29.9 mostra uma válvula de esfera. Apesar da semelhança dos nomes, essas válvulas diferem totalmente das válvulas esféricas, que trataremos em *Válvulas esféricas ou rotoválvulas*.

VÁLVULAS DE FUNDO DE TANQUE

São usadas em processos químicos, possuem passagem plena, garantindo rápido escoamento com um mínimo de perda de carga (Fig. 29.9a).

VÁLVULAS DE MACHO (PLUG, COCK VALVES)

Possuem uma peça cônica (macho) com um orifício ou passagem transversal de seção retangular ou trapezoidal que se encaixa no corpo da válvula, e de tal modo que, quando o eixo geométrico do orifício coincide com o eixo do tubo, o escoamento é máximo.

Tabela 29.3 Diferenciais de pressão para operação de válvulas de gaveta Barbará

Diâmetro nominal DN	Válvulas de ferro dúctil	Válvulas ovais ferro fundido			Válvulas chatas ferro fundido			Válvulas de aço fundido
	Direto sem by-pass	Direto sem by-pass	Com engrenagens cônicas sem by-pass	Direto com by-pass	Direto sem by-pass	Com engrenagens cônicas sem by-pass	Direto com by-pass	Com redutor de engrenagens helicoidais e by-pass
mm				Kgf · cm^{-2}				
50	16	—	—	—	—	—	—	—
75	16	—	—	—	—	—	—	—
100	16	—	—	—	—	—	—	—
150	16	—	—	—	—	—	—	—
200	16	—	—	—	—	—	—	—
250	16	—	—	—	—	—	—	—
300	16	—	—	—	—	—	—	—
350	—	6	9	12	4	—	6	—
400	—	4	7	12	3	—	6	—
450	—	3	5	12	2	—	6	—
500	—	3	5	12	2	—	6	—
600	—	2	3	9	1,5	2,5	4	—
700	—	1,5	2,5	6	1	1,5	2,5	16
800	—	1	1,5	6	0,8	1,3	2,5	16
900	—	0,9	1,3	6	0,7	1	2,5	16
1000	—	0,7	1	6	0,6	0,8	2,5	14

Os tipos pequenos são utilizados para operações "liga-desliga" de manobra rápida, como na ligação de manômetros. Com uma rotação de 90°, a válvula fica completamente aberta ou fechada. Esses tipos pequenos são usados para água, óleo, ar e gases até pressões de 14 kgf · cm^{-2} a 40°C.

O tipo mais simples, conhecido como *ferrule*, é usado nos ramais prediais de abastecimento de água, colocados no passeio, e só muito raramente é operado depois de instalado. Não oferece perfeita estanqueidade.

Fig. 29.9 Válvula de esfera.

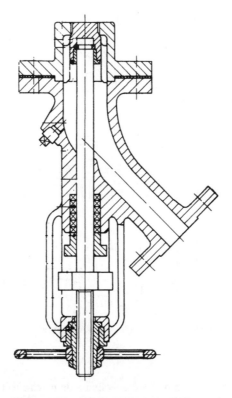

Fig. 29.9a Válvula fundo de tanque da VICE-Válvulas Industriais e Equipamentos de Controle Ltda.

As *torneiras de macho* são aplicações dessas válvulas em instalações prediais.

Um tipo de boa qualidade é aquele em que o macho é acionado por uma mola e o conjunto macho-encaixe é lubrificado (Fig. 29.10).

As válvulas de macho lubrificadas são fabricadas em diâmetros de 25 a 600 mm, em ferro cinzento, ferro dúctil e aço fundido. A operação de manobra, dependendo do tamanho, pode ser realizada com chave de boca, volante direto ou volante com engrenagens.

A Fig. 29.11 mostra um registro de macho lubrificado *(lubricated plug valve)*, acionado manualmente e possuindo engrenagem.

Encontram-se válvulas de macho com duas, três ou até quatro bocas ou entradas.

Um tipo especial de válvula de macho de dimensões que vão de 150 a 1.524 mm e pressões de 125 psi (em ferro fundido) e 150 psi (em aço) é fabricado, no Brasil, pela

Fig. 29.10 Registro de macho lubrificado, da Walworth.

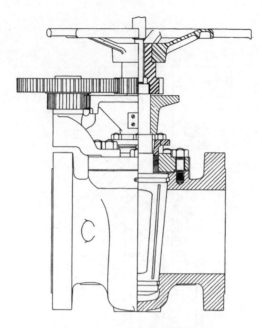

Fig. 29.11 Válvula de macho dotado de engrenagens para manobra.

Fábrica de Aço Paulista S.A., com o nome de válvula de macho ROTOVALVE.

Compõe-se a Rotovalve de três elementos:

Corpo; um cone, que gira dentro do corpo, e um mecanismo de operação. Furos circulares completos atravessam tanto o corpo como o cone. Quando estes furos se alinham na posição aberta, a válvula proporciona uma passagem livre, de flange a flange. Existe um mecanismo que faz o macho suspender antes de girar, de modo a reduzir o atrito entre as sedes e o conseqüente desgaste.

Equivalem, portanto, às válvulas esféricas, que veremos em *Válvulas esféricas ou rotoválvulas*, quanto ao princípio de funcionamento. Mecanismos de acionamento apropriados permitem a operação manual ou automática e a regulagem do tempo de manobra.

VÁLVULAS DE REGULAGEM (THROTTLING VALVES)

Permitem um eficiente controle do escoamento, graças ao "estrangulamento" que provocam. Possibilitam também o bloqueio total do líquido.

Não devem, todavia, ser superdimensionadas para o fim a que se destinam, pois isso as obrigaria a operar sempre parcialmente fechadas, o que é prejudicial ao escoamento e até mesmo para a durabilidade das válvulas.

Os tipos mais comuns são considerados a seguir.

Válvulas de globo (globe valves)

O nome se origina do formato de seu corpo *(body)*. Possuem uma haste parcialmente rosqueada em cuja extremidade, oposta ao volante de manobra, existe um alargamento, tampão ou disco para controlar a passagem do fluido por um orifício. Servem para regulagem da descarga, pois podem trabalhar com o tampão da vedação do orifício em qualquer posição, embora acarretem fortes perdas de carga, mesmo com abertura máxima. Conseguem uma vedação absolutamente estanque em tamanhos pequenos, pois o disco se apóia sem folga no "assento".

São usadas, em geral, para diâmetros até 250 mm, em serviços de regulagem e fechamento que exigem estanqueidade para água, fluidos frigoríficos, óleos, líquidos, ar comprimido, vapor e gases. São de fechamento mais rápido que os de gaveta.

VÁLVULAS 609

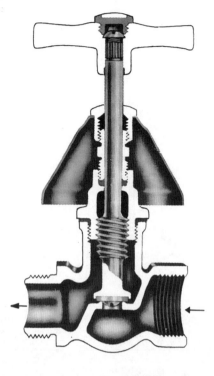

Fig. 29.12 Registro de pressão DECA.

Nas estações de bombeamento são usadas para instalações auxiliares ou quando o problema da perda de carga for irrelevante face à necessidade de uma absoluta estanqueidade, como no caso do bombeamento de líquidos voláteis em instalações industriais. O custo normalmente é inferior ao dos registros de gaveta.

Os chamados *registros de pressão* são modelos pequenos de válvulas de globo, usados em instalações de distribuição de água para sub-ramais de aparelhos sanitários, como no caso dos chuveiros. A Fig. 29.12 mostra um registro de pressão da DECA. Podem ser rosqueados ou não, e geralmente são de bronze.

A haste rosqueada se desloca em virtude da rosca correspondente da peça chamada "castelo" *(bonnet)* e que fica na parte superior do corpo da válvula.

O sentido do escoamento deve ser tal que o fluido tenda a elevar o disco e a haste, havendo, assim, menos risco de vazamento pelas gaxetas do que se o sentido fosse inverso.

As válvulas de globo, quando possuem a extremidade da haste com formato afilado, chamam-se *válvulas de agulha (needle valves)* (Fig. 29.13) e se prestam a uma regulagem

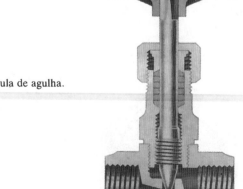

Fig. 29.13 Válvula de agulha.

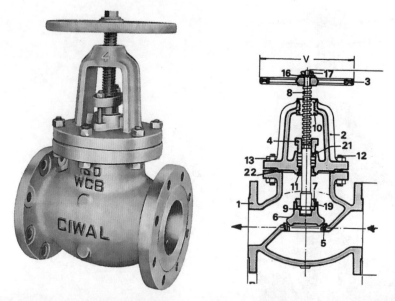

POS.	DENOMINAÇÃO	MATERIAL	POS.	DENOMINAÇÃO	MATERIAL
1	Corpo	ASTM-A-216 Gr. WCB	12	Pris. de ligação	ASTM-A-193 Gr. B7
2	Tampa	ASTM-A-216 Gr. WCB	13	Porca de ligação	ASTM-A-194 Gr. 2H
3	Volante	Ferro nodular	14	Pris. ap. gaxeta	Aço tref. SAE 1020
4	Aperta gaxeta	ASTM-A-216 Gr. WCB	15	Porca ap. gaxeta	Aço tref. SAE 1020
5	Anel sede	ASTM-A-351 CA 15	16	Arruela lisa volante	Aço tref. SAE 1020
6	Contra-sede	WCB/Inox AISI 410	17	Porca do volante	Aço tref. SAE 1020
7	Luva da c. sede	Aço tref. SAE 1020	18	Paraf. Allen S.C.	Aço tref. SAE 1020
8	Haste	Aço inox AISI 410	19	Paraf. Allen S.C.	Aço tref. SAE 1020
9	Arruela bipartida	Aço tref. SAE 1020	20	Engraxadeira	Aço
10	Bucha rosqueada	Bronze-ASTM-B. 62	21	Gaxeta	Am. graf. trançado
11	Bucha de c. vedação	Aço inox AISI 410	22	Junta espiralada	Amianto e aço-carbono

Fig. 29.14 Válvula de globo CIWAL. Classe 150 1b. Aço-carbono fundido. Diâmetros de 40 a 200 mm.

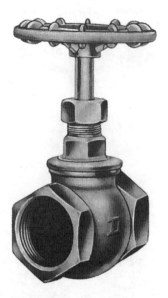

Fig. 29.15 Válvula de globo DECA, de bronze 1500-B, diâmetro de $1/2''$ a $4''$.

VÁLVULAS 611

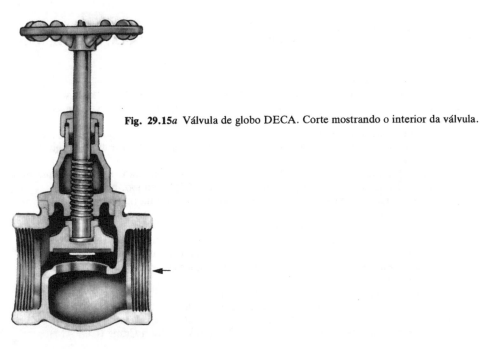

Fig. 29.15a Válvula de globo DECA. Corte mostrando o interior da válvula.

fina da descarga. Os tamanhos variam de $1/4''$ a $3/4''$. *Exemplo:* Registros de agulha tipo reto ERMETO.

Existem *válvulas de globo angulares* que são colocadas nas mudanças de direção das tubulações (Fig. 29.16).

Fabricam-se válvulas de globo dos seguintes materiais:
— Bronze. Para água, óleo, gás até 200 lb e vapor até 125 lb. Dimensões de $1/2''$ a $2''$ e até mais.
— Ferro fundido. Classe 125 1b. Vapor Saturado, água, gás, óleo etc. a 40°C. Diâmetros de 40 a 250 mm. *Exemplo:* Válvulas globo Niagara, Registhon, IBRAVE, INCOVAL e outras.
— Aço-carbono fundido. Classe 150 1b. Vapor a 260°C. Água, óleo e gás a 40°C. *Exemplo:* Válvula de globo CIWAL, NIAGARA, IBRAVE, INCOVAL.

Fig. 29.16 Válvula angular 90° de globo, da Niagara, em ferro fundido. 40 a 500 mm.

— Aço-carbono fundido. Classe 300 1b. Vapor a 450°C. Água, óleo e gás a 40°C.
Exemplo: Válvula de globo CIWAL (Fig. 29.14), NIAGARA, IBRAVE, INCOVAL.

Engaxetamento das válvulas

Tanto as válvulas de gaveta quanto as de globo devem ter, entre a haste e o castelo, gaxetas apropriadas, sem o que a estanqueidade não se viabiliza. A peça que comprime as gaxetas tem o nome de *preme-gaxetas.*

As gaxetas podem ser de seção quadrada ou circular e constituídas por um dos materiais a seguir relacionados, impregnados com fluido viscoso ou grafite, para melhor aglutinação dos elementos e lubrificação. Usam-se:
— fibras torcidas e trançadas de asbestos (amianto), algodão, raiom, náilon, juta, rami, teflon (não-grafitado), cobre, vidro, alumínio, chumbo, mica;
— fibras tecidas em panos, quer enrolados, quer em sanfona ou em laminados;
— tiras de cordões de couro;
— de metal antifricção com pregas ou enrolado em espiral.

Como indicação preliminar à consulta de catálogos dos fabricantes, temos:
— Água fria — asbestos, lona e borracha, semimetálico, algodão plástico.
— Água quente — asbestos, lonas e borracha, semimetálica, plástica.
— Ar — asbestos, semimetálico, plástico.
— Gasolina e óleos — asbestos, semimetálico, plástico.
— Amônia — asbestos, lona e borracha, semimetálico.
— Vapor (baixa pressão) — asbestos, lona e borracha, semimetálico, plástica

Fabricam gaxetas, entre outras, a Asberit (Niagara) e a John Crane (COPAM).

Válvulas de diafragma

São válvulas de regulagem, dotadas de três peças principais:
— corpo
— diafragma ou membrana
— castelo (parte superior) com haste de comando

São muito usadas em instalações de ar comprimido e gases, e encontram emprego em instalações industriais com líquidos e gases caros, corrosivos e perigosos, que não podem vazar pela gaxeta. É especificada em instalações frigoríficas.

O diafragma é a peça que assegura a estanqueidade e participa da vedação e regulagem. Pode ser de borracha sintética. Neoprene, mas emprega-se também o Teflon (Resina tetrafluoretilênica — M. R. Dupont) e as borrachas sintéticas:
Hycar — para gasolina e GLP;

Fig. 29.17 Válvula de diafragma.

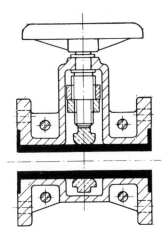

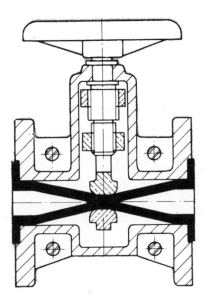

Fig. 29.17a Válvula Sigma-NT da OMEL S. A. Indústria e Comércio.

Hypalon — óleos, produtos químicos, oxidantes;
Butil — gases, álcalis, ácidos, ésteres.

O comando pode ser por meio de um volante, alavanca (para ação rápida) ou por ar comprimido e vácuo.

A CIVA Comércio e Indústria de Válvulas S.A. fabrica todos os tipos de válvula de diafragma, inclusive com revestimentos internos especiais como o ebonite, chumbo, vidro e outros materiais apropriados ao fluido com o qual irão estar em contato.

A OMEL S.A. fabrica as válvulas SIGMA-NT e NP para líquidos corrosivos ou abrasivos. A passagem do líquido pela válvula se faz num tubo de borracha BN40, Hypalon, Neoprene, Hycar ou Viton, descartável. Não há qualquer contato do líquido com qualquer parte metálica da válvula (Fig. 29.17a).

VÁLVULAS ESFÉRICAS OU ROTOVÁLVULAS

São válvulas, em geral, de dimensões grandes, empregadas em elevatórias de grande porte.

Possuem um órgão com forma cilíndrica capaz de girar em torno de um eixo, normal ao eixo do cilindro, vedando ou dando ampla passagem à água, pois na posição de máxima abertura, não existe qualquer obstrução ao escoamento da água.

Podem ser fabricadas para atender a qualquer pressão e são usadas do lado do recalque da tubulação da bomba. São empregadas em usinas hidrelétricas, em grandes elevatórias e centrais de acumulação, como é o caso da Central de Vianden, onde as válvulas são de 2.000 mm de diâmetro interno e atendem a uma coluna de água de 300 mm. A fotografia da Fig. 29.18 e o desenho da Fig. 29.18a referem-se à válvula esférica da referida central, e são de fabricação da Voith, conceituada fabricante de turbinas hidráulicas. O acionamento realiza-se pela atuação de servomecanismos oleodinâmicos.

A Fig. 29.19 mostra três tipos de Rotoválvula, com vedação em apenas um dos lados e com vedação por ambos os lados. Nos casos *(b)* e *(c)* há uma válvula de balanceamento de cada lado para facilitar a operação de manobra. A Fig. 29.20 mostra uma válvula esférica de Escher Wyss, empresa associada da SULZER, com 2.200 mm e pressão de operação de 80 m, construída com chapa de aço de 25 mm.

Fig. 29.18 Válvula esférica da Central de Vianden.

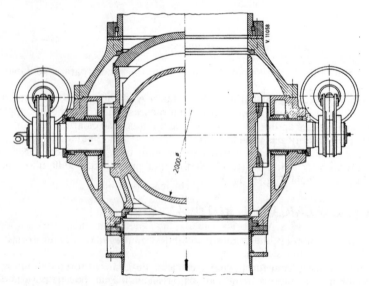

Fig. 29.18a Válvula esférica da Central de Vianden.

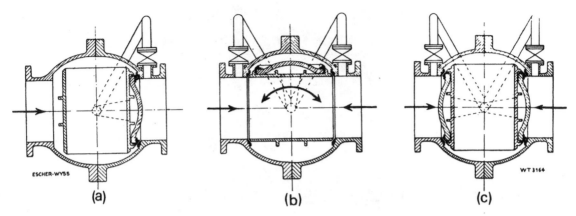

Fig. 29.19 Rotoválvula.

Fig. 29.20 Válvula esférica de Escher Wyss, empresa associada da Sulzer.

VÁLVULAS BORBOLETA

São válvulas que possuem um disco giratório biconvexo ("lentilha") no interior de uma cavidade esférica e que, conforme a inclinação, possibilita um fechamento estanque ou uma ampla passagem da água, ou ainda uma graduação intermediária no valor da descarga. São portanto de bloqueio e regulagem.

A Haupt São Paulo S.A. fabrica válvulas borboleta com diâmetros de 100 a 1.000 mm, com disco em bronze, alumínio, ferro fundido nodular ou aço inoxidável.

A Fig. 29.22a permite determinar a perda de carga numa válvula de borboleta Haupt conhecendo-se a vazão e o diâmetro, para vários ângulos de abertura da válvula.

A Barbará S.A. as fabrica flangeadas em ferro dúctil, em diâmetros variando de 400 a 1.200 mm, para pressões até 10 kgf · cm^{-2}. O acionamento pode ser manual, elétrico,

Fig. 29.21 Válvula borboleta VOITH com diâmetro de 2,75m.

Fig. 29.22 Válvula borboleta com 5,10 m de diâmetro na Usina Subterrânea de Lavey, no rio Rhone, Suíça. Fabricação Escher Wyss.

VÁLVULAS 617

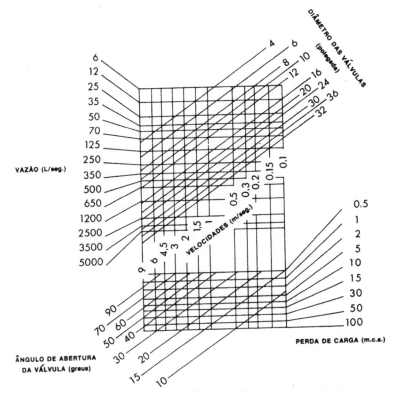

Fig. 29.22a Gráfico para determinação da perda de carga na válvula borboleta série H de Haupt São Paulo. S. A.

hidráulico ou pneumático. Para diâmetros de 75 a 500 mm, fabrica as válvulas borboletas WAFER e LUG sem flanges. São fabricadas em diâmetros de 100 até 2.000 mm para pressões até 16 kgf · cm^{-2} pela IBRAVE.

Em instalações de bombeamento são usadas na linha de aspiração, quando a bomba fica "afogada" em relação ao nível da água de montante.

Existem válvulas borboleta em centrais hidrelétricas com tubulações forçadas, com órgãos de fecho, de emergência e segurança, no início da *penstock* e, até mesmo como órgãos de fecho das turbinas, próximas da entrada das mesmas nas instalações com quedas médias.

Têm sido fabricadas em diâmetros superiores a 6 metros.

A Fig. 29.21 apresenta uma válvula borboleta VOITH com carcaça e a "lentilha" (construção de chapas soldadas) e arruela de borracha na circunferência da lentilha. Diâmetro de 2.750 mm.

Em Voralberg, a firma Escher Wyss instalou uma válvula borboleta de sua fabricação, com 3,05 m de diâmetro, para uma queda de 420 m.

VÁLVULAS ANULARES

São órgãos de fecho, com boas condições de regulação e necessitando de esforços relativamente pequenos para acionamento. São também conhecidas como *válvulas de agulha* (*needle valves*). Não devem ser confundidas, devido ao seu nome, com as indicadas em *válvulas de globo*.

Empregam-se do lado da pressão de uma bomba de acumulação em elevatórias de grande porte. Possuem um órgão obturador com movimento de translação no sentido do escoamento da água. Uma "agulha", que vem a ser um cilindro com uma ponteira, desloca-se sob a ação de um servomotor cilíndrico nele contido. Este servomotor compreende um cilindro no interior do qual se desloca um êmbolo sob a pressão de óleo aplicada sobre uma ou outra de suas faces, conforme o óleo penetre por um ou outro lado do cilindro.

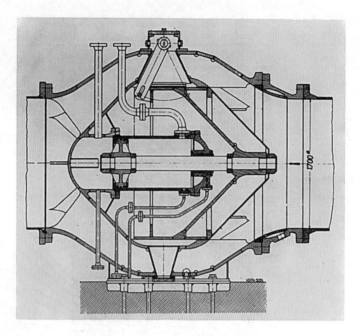

Fig. 29.23. Corte de uma válvula anular.

Válvulas deste tipo são empregadas também como válvulas de alívio, usando-se a modalidade construtiva chamada "disposição em esquadria" ou "em ângulo".

VÁLVULAS QUE PERMITEM O ESCOAMENTO EM UM SÓ SENTIDO. VÁLVULAS DE RETENÇÃO

Fecham automaticamente por diferença de pressão provocadas pelo próprio escoamento do líquido, quando há tendência à inversão no seu sentido de escoamento.

Já vimos sua aplicação nas instalações de bombeamento, seja na linha de aspiração (válvula de pé), seja na de recalque.

Podem ser do tipo de levantamento ou *plug (lift check valve)*, do tipo *portinhola (swing check valve)*, para quaisquer diâmetros, ou com retenção por uma esfera *(ball check-valve)*. Esta última é usada para bombeamento de óleo em tubos de diâmetro apenas até 2".

As válvulas de portinhola podem ser usadas tanto para posição horizontal quanto vertical em alguns tipos construtivos. São as mais usadas e apresentam a menor perda de carga.

A Fig. 29.25 mostra uma válvula de retenção de ferro fundido tipo portinhola, e a Fig. 29.26, um tipo pistão (que é uma modalidade do *lift check valve)*, ambas da CIWAL S/A. São fabricadas em diâmetros de 40 até 300 mm.

Para ampla faixa de pressões e diâmetros variando de 40 até 1.000 mm, a Bopp & Reuther do Brasil fabrica válvulas de retenção em ferro fundido e aço fundido, conforme a pressão e as dimensões da válvula.

As Companhias Barbará e Ferro Brasileiro fabricam válvulas de retenção tipo portinhola em ferro fundido e diâmetros variando de 50 a 600 mm, com pressão de serviço de 16 $kgf \cdot cm^{-2}$ para diâmetros de 50 a 300 mm e 10 $kgf \cdot cm^{-2}$ para diâmetros de 350 a 600 mm. São também fabricantes a Niagara, INCOVAL, CIVA, IBRAVE, ESCO, CIWAL, TRW Mission e outras.

A Bombas ESCO S.A., fabrica a válvula de retenção PM, dotada de uma mola projetada para cada caso específico, de modo a praticamente anular o efeito do "golpe de aríete", que será estudado no Cap. 32. Graças à atuação da mola, a válvula se fecha na metade do "período crítico", antes da reversão do fluxo. São fabricadas as válvulas PM ESCO em diâmetros de 75 a 600 mm (Fig. 29.26a).

A Fig. 29.26b mostra uma válvula de retenção com ralo (válvula de pé com crivo),

VÁLVULAS 619

Fig. 29.24 Válvula anular disposta do lado da pressão de uma bomba de acumulação.

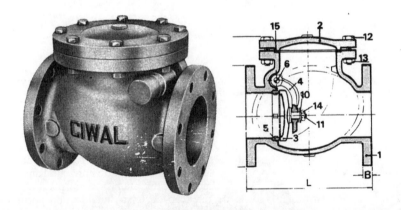

POS.	DENOMINAÇÃO	MATERIAL	POS.	DENOMINAÇÃO	MATERIAL
1	Corpo	ASTM-A-126 CL. A	9	Arruela deslizante	ASTM- B- 124 - 2
2	Tampa	ASTM-A-126 CL. A	10	Arruela lisa	Aço tref. SAE 1020
3	Disco	BR- ASTM -B- 62	11	Contrapino	Aço tref. SAE 1020
4	Alavanca	BR- ASTM -B- 62	12	Paraf. de ligação	Aço tref. SAE 1020
5	Anel sede	BR- ASTM -B- 62	13	Porca de ligação	Aço tref. SAE 1020
6	Eixo	Aço tref. SAE 1020	14	Porca da portinhola	Aço tref. SAE 1020
7	Plug	Aço tref. SAE 1020	15	Junta da tampa	Amianto grafitado
8	Arruela do *plug*	Aço tref. SAE 1020	16	Junta do *plug*	Cobre recozido

Fig. 29.25. Válvula de retenção de portinhola, da CIWAL S.A. Pressão de trabalho sem choque: água, óleo, gás a 40°C — 200 1b/pol.². Classe 125 1b.

620 BOMBAS E INSTALAÇÕES DE BOMBEAMENTO

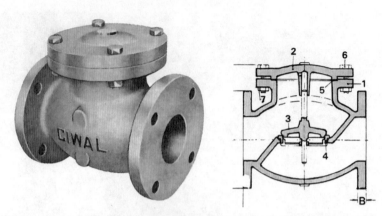

POSIÇÃO	DENOMINAÇÃO	MATERIAL
1	Corpo	ASTM-A-126 CL. A
2	Tampa	ASTM-A-126 CL.A
3	Pistão	ASTM-A-126 CL. A/Bronze
4	Anel da sede	Bronze - ASTM-B-62
5	Junta da base da tampa	Amianto grafitado
6	Parafuso de ligação	Aço tref. SAE 1020
7	Porca de ligação	Aço tref. SAE 1020

Fig. 29.26 Válvula de retenção tipo Pistão, da CIWAL S.A., em ferro fundido classe 125 1b.

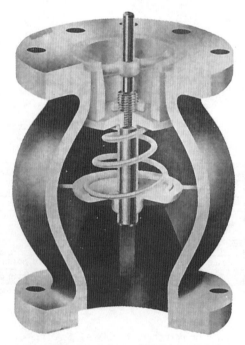

Fig. 29.26a Válvula de retenção antigolpe de aríete — PM Esco.

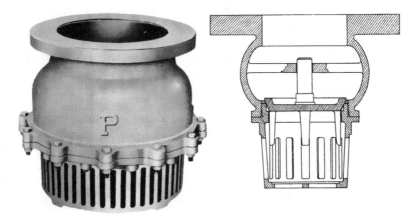

Fig. 29.26b Válvula P de pé com crivo.

flange, vedação de bronze, fabricada pela Duratex, em dimensões de 75 a 300 mm de diâmetro.
São designadas pelo fabricante como *válvulas P*.

VÁLVULAS DE CONTROLE DA PRESSÃO DE MONTANTE. VÁLVULA DE ALÍVIO (RELIEF VALVE) OU VÁLVULA DE SEGURANÇA (SAFETY VALVE)

São empregadas para diminuir o efeito do golpe de aríete. Quando a pressão no interior da tubulação ultrapassa um valor compatível com a resistência de uma mola calibrada para uma certa ajustagem *(set pressure)*, ela se abre automaticamente, permitindo a saída do fluido. Algumas válvulas possuem contrapeso que, colocado numa haste adequada, proporciona a força que mantém a válvula fechada até certo valor da pressão na tubulação. A pressão de operação de um sistema controlado por uma válvula deve ser no mínimo 100% menor do que a pressão de abertura da válvula.
O corpo da válvula pode ser de ferro fundido com 1% de níquel, ferro nodular ou bronze.

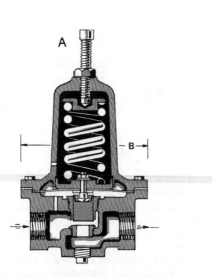

Fig. 29.27a Válvula de alívio de 1/4" a 1/2".

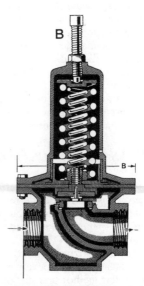

Fig. 29.27b Válvula de alívio de 2" e 2 1/2"

BOMBAS E INSTALAÇÕES DE BOMBEAMENTO

Tabela 29.4 Pressão de ajuste para ar comprimido e água

Pressão de ajuste		Ar a 20°C em m³/hora com 10% de sobrepressão			
kgf/cm²	1b/pol.²	1/2"	3/4" e 1"	1 1/4" e 1/2"	2" e 2 1/2"
0,5	7	8	24	45	220
1,0	15	16	52	100	420
2,1	30	26	84	160	660
3,2	45	35	115	218	895
4,2	60	45	148	278	1.140
7,0	100	81	268	500	2.100

Água em m³/hora com 10% de sobrepressão			
1/2"	3/4" e 1"	1 1/4" e 1 1/2"	2" e 2 1/2"
0,26	0,86	2,1	11,5
0,36	1,20	2,7	15,0
0,47	1,58	3,4	18,8
0,58	1,94	4,1	22,3
0,70	2,32	4,8	26,0
1,12	3,76	7,4	41,0

O diafragma pode ser uma lâmina de bronze fosforoso, neoprene com náilon ou aço inoxidável.

Designa-se por "descarga" da válvula *(blowdown)* a diferença em unidades de pressão ou em porcentagem da pressão de abertura, entre a pressão de abertura e a pressão de fechamento. É da ordem de 3 a 5%.

Quando usadas em instalações de líquidos, essas válvulas são chamadas de "válvulas de alívio" *(relief valves)* — abrem na proporção em que aumenta a pressão, e, quando nas de ar, outros gases e vapor, "válvulas de segurança" *(safety valves)* — abrem total e rapidamente *(pop action),* se bem que esta distinção de nomenclatura nem sempre seja adotada. As válvulas de segurança e alívio, dependendo da aplicação, podem ser ajustadas para uma ou outra condição.

As Figs. 29.27*a* e 29.27*b* mostram duas válvulas de alívio e reguladoras de pressão de retorno Série 171, da Niagara S.P., sendo a primeira para diâmetros de ³/₄" e ¹/₂", e a segunda para diâmetros de 2" a 2 ¹/₂". A Tabela 29.4 que reproduzimos abrange apenas a parte referente à água e ar comprimido para determinação da pressão de ajuste em função do diâmetro e da descarga.

VÁLVULAS DE INCLUSÃO OU EXPULSÃO DE AR ("VENTOSAS")

As ventosas servem para permitir a saída do ar que tenha ficado em adutoras por gravidade ou nas tubulações de recalque, principalmente se a tubulação forma algum sifão. No caso de produzir vácuo na tubulação por efeito de sifonamento ou inércia no escoamento, permitem que penetre o ar, evitando o eventual esmagamento da tubulação pela ação da pressão atmosférica (Fig. 29.28). São colocadas, em geral, na parte alta dos sifões ou após um trecho horizontal longo ou com pequena declividade. Os aclives das tubulações, até atingirem a ventosa, devem ser suaves, e os declives após a válvula, acentuados, a fim de acumular melhor o ar nos pontos altos e possibilitar sua expulsão pela ventosa.

As ventosas podem ser de simples efeito e de duplo efeito. As primeiras destinam-se

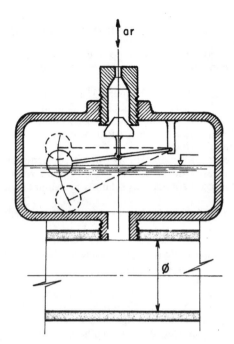

Fig. 29.28 Ventosa.

a deixar sair o ar que estiver acumulado nos pontos altos das tubulações de adutoras, linhas de recalque e mesmo de aspiração das bombas. Não permitem a entrada de ar.

As ventosas de duplo efeito controlam automaticamente a saída do ar durante o enchimento de uma linha e a entrada de ar durante o esvaziamento ou o que se venha a formar com a linha já em operação.

A Fig. 29.29 mostra esquematicamente uma válvula deste tipo. A Bopp & Reuther do Brasil, além de outros tipos de válvulas, fabrica ventosas de duplo efeito B & R em ferro fundido (ND 16). As ventosas possuem duas esferas de ebonite de tamanhos diferentes.

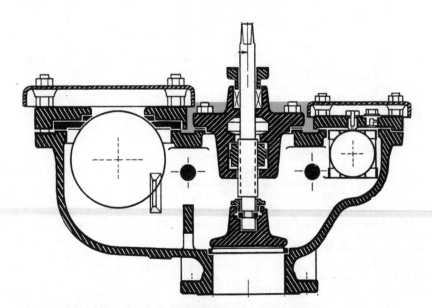

Fig. 29.29 Ventosa BOPP & REUTHER DO BRASIL de duplo efeito.

624 BOMBAS E INSTALAÇÕES DE BOMBEAMENTO

A maior encontra-se dentro de uma câmara provida de uma abertura grande, e a menor, dentro de outra câmara provida de um orifício.

Nesta mesma figura, do catálogo da Bopp & Reuther nela apresentado, a esfera maior está fortemente comprimida contra a respectiva abertura, e a menor levemente encostada no orifício.

Baixando o nível da água, a esfera pequena afasta-se da sua posição, deixando escapar o ar que porventura se tenha formado na tubulação. Durante o esvaziamento da tubulação, as duas esferas descem às suas posições mais baixas, permitindo, assim, a entrada do ar através das passagens. Evita-se, desse modo, a formação do vácuo que poderia eventualmente provocar o colapso da tubulação.

Durante o enchimento da tubulação, as esferas permanecem em suas posições mais baixas, permitindo a descarga do ar até a água entrar na ventosa e pressionar a esfera grande contra a abertura correspondente, sendo o ar remanescente eliminado através do pequeno orifício.

Existe um registro na própria válvula para permitir fechar a entrada da ventosa durante a operação de manutenção.

As ventosas B & R e as da Cia. Metalúrgica Barbará são flangeadas para diâmetros que variam de 50 a 200 mm. As de diâmetro pequeno são rosqueadas. A pressão máxima de serviço é de 16 kgf $\cdot$ cm^{-2} com água a 40°C.

Como uma primeira indicação para a escolha da ventosa, o Manual de Hidrotécnica da ARMCO recomenda dar-se às ventosas diâmetro igual a $^1/_{12}$ do diâmetro da tubulação.

É prática corrente adotar-se para o diferencial entre a pressão atmosférica e a pressão na ventosa (no enchimento), e vice-versa (no esvaziamento), o valor de 3,5 m.c.a.

Os quadros a seguir dão indicações para escolha da ventosa Bopp & Reuther.

Diâmetro nominal (cm)	50	80	100	150	200
Descarga máxima de ar m^3 . s^{-1}	0,015	0,035	0,06	0,15	0,35

Pressão na tubulação atmosf.	Diâmetro nominal das ventosas				
	50	80	100	150	200
	ADMISSÃO MÁXIMA DE AR m^3 . s^{-1}				
0,9	0,10	0,25	0,40	0,85	1,50
0,8	0,15	0,35	0,55	1,20	2,20
0,7	0,17	0,45	0,75	1,50	2,70
0,6	0,20	0,50	0,80	1,80	3,20

Localização das válvulas numa adutora por recalque

A Fig. 29.30 representa uma instalação de bombeamento onde a tubulação de recalque passa por uma elevação, descendo a um reservatório.

Se a linha energética passa acima do ponto E, a bomba parar de funcionar e o registro C não for fechado, a massa de líquido contida no trecho EG tende a continuar a escoar, produzindo vácuo no ponto E. É necessário colocar em E uma "ventosa" para evitar a formação do vácuo.

As válvulas a colocar na linha são:

A — válvula de pé;

B — válvula de retenção;

C e G — registros de gaveta para bloqueio;

D e F — válvulas de alívio (nem sempre necessário)

E — ventosa.

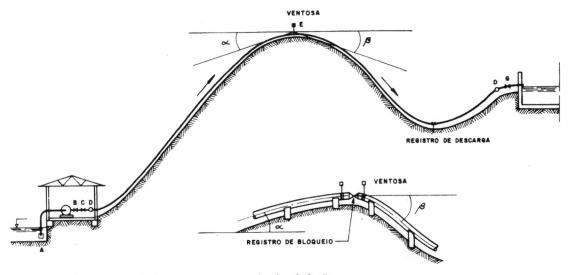

Fig. 29.30 Instalação de ventosa em ponto alto da tubulação.

Costuma-se empregar duas ventosas com um registro de bloqueio entre ambas, em instalações que obedecem a especificações mais rigorosas, ou ventosas de duplo efeito, como as de Modelo ND 16 de fabricação da Bopp & Reuther do Brasil ou da Barbará.

VÁLVULAS DE CONTROLE

São válvulas destinadas a controlar o nível do líquido, a descarga, a pressão ou a temperatura de um fluido, comandadas a distância por instrumentos automáticos ou sensores.

Em geral, assemelham-se a válvulas de globo, cuja haste é comandada por um diafragma que se deforma sob a ação de ar comprimido. Este ar comprimido, por sua vez, é regulado

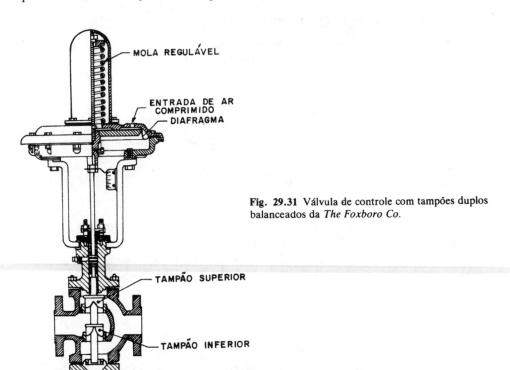

Fig. 29.31 Válvula de controle com tampões duplos balanceados da *The Foxboro Co.*

626 BOMBAS E INSTALAÇÕES DE BOMBEAMENTO

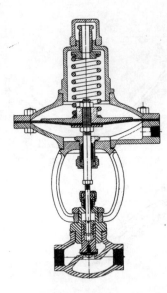

Fig. 29.32. Válvula de controle simples.

por instrumento automático que recebe o estímulo de sensores ou aparelhos que detectam alterações no nível, na descarga, na pressão ou na temperatura do fluido, conforme o objetivo que se pretende alcançar.

Os fabricantes fornecem gráficos das curvas de variação da descarga em função da percentagem de abertura da válvula, de modo a ser possível uma regulagem muito precisa da descarga, o que, em certas operações industriais, é indispensável que se tenha.

Normalmente, nas válvulas de controle, o comando da haste é feito num sentido pela ação do diafragma, quer se trate de abrir ou de fechar. Uma mola regulável atua sobre a haste em sentido inverso. Com o fim de reduzir o esforço necessário para operar a haste, muitas válvulas têm dois tampões na mesma haste, os quais podem assentar-se sobre duas sedes dispostas de tal modo que a pressão para acionar a válvula fique bastante reduzida.

VÁLVULAS DE REDUÇÃO DE PRESSÃO

São válvulas que funcionam automaticamente em virtude da atuação do próprio líquido em escoamento, independentemente da atuação de qualquer força exterior. Tem por finalidade regular a pressão a jusante da própria válvula, mantendo-a dentro de limites preestabelecidos.

Válvulas de redução de pressão "Niagara"

| Pressão diferencial || Tabela de descarga de água m³/hora ||||||
1b/pol.²	kgf · cm^{-2}	1"	1 1/4"	1 1/2"	2"	2 1/2"	3"
10	0,70	4,0	7,5	10,2	17,2	28,0	41,0
20	1,40	6,0	10,2	14,5	24,5	40,0	58,0
30	2,10	7,2	12,5	17,7	30,0	49,0	71,0
40	2,80	8,8	14,7	20,5	35,0	57,0	82,0
60	4,20	10,2	18,6	25,0	42,5	70,0	100,0
80	5,60	11,8	21,1	29,5	50,0	82,0	118,0
90	6,80	12,5	22,7	30,6	53,0	86,0	125,0
110	7,70	13,6	25,0	34,0	58,0	92,0	136,0
125	8,75	14,6	26,6	36,2	62,0	101,0	145,0
140	9,80	15,8	28,3	38,6	65,5	108,0	156,0

VÁLVULAS 627

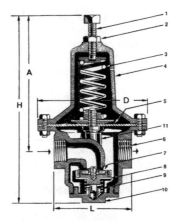

Fig. 29.33 Partes da válvula de redução de pressão da Niagara S.A., *1.* Parafuso de ajuste; *2.* Contraporca; *3.* Mola; *4.* Tampa; *5.* Diafragma; *6.* Corpo, *7.* Disco; *8.* Porta-disco; *9.* Mola auxiliar; *10.* Tampão guia; *11.* Garfo.

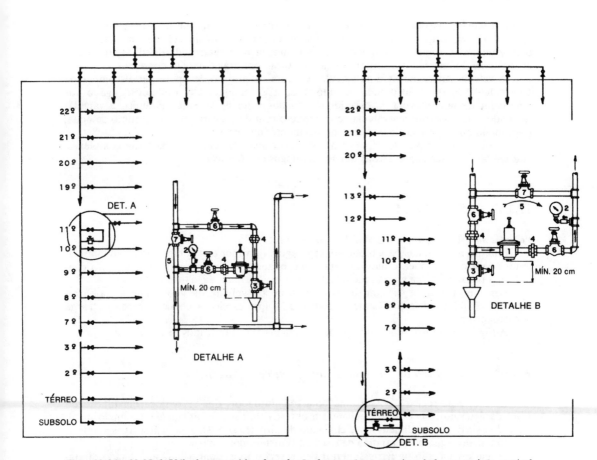

Figs. 29.34 e 29.35 *1.* Válvula automática de redução de pressão sempre instalada em posição vertical (tubulação horizontal); *2.* Manômetro para ajustagem da pressão de saída; *3.* Válvula de gaveta ou esférica para drenagem da linha; *4.* Uniões para permitir a desmontagem; *5.* Desvio *(by-pass)* para evitar a interrupção do suprimento de água à coluna durante a manutenção ou reparos; *6.* Válvulas de gaveta, normalmente abertas; *7.* Válvula de gaveta, normalmente fechada.

628 BOMBAS E INSTALAÇÕES DE BOMBEAMENTO

Existem modelos onde opera uma válvula piloto auxiliar, fazendo parte da própria válvula, e que, submetida à pressão de montante, permite ou não a passagem do fluido de modo que este possa operar a válvula principal.

Para atuar obedecendo a valores prefixados da pressão, necessitam de molas, cuja tensão é graduável. São fabricadas com características especiais para água, vapor, ar comprimido, óleos etc.

Uma das aplicações muito comuns dessas válvulas ocorre em instalações de edifícios, uma vez que não convém os aparelhos sanitários trabalharem com pressão superior a 30, no máximo 40 m.c.a. Assim, nas colunas de alimentação de água, intercala-se válvula ou válvulas (conforme a altura do prédio), de modo que, regulando-se uma mola, pode-se obter a pressão de saída desejada. Outra solução consiste em colocar-se a válvula ao pé da coluna no subsolo e alimentar-se de baixo para cima do subsolo ao 10.° ou 11.° pavimento. É o que mostram os esquemas das Figs. 29.34 e 29.35, adaptadas do Boletim 103/77 da Niagara S.A., onde, em detalhe, são vistas as chamadas "estações de válvulas", aplicáveis aos casos em apreço.

A Fig. 29.33 mostra a válvula de redução de pressão da Niagara S. A., fabricada em ferro fundido até 9,8 kgf·cm^{-2} e em bronze de 11,2 a 12,6 kgf · cm^{-2}. Esse conceituado fabricante apresenta a tabela que transcrevemos e que fornece a descarga em função da diferença de pressões antes e depois da válvula, para alguns diâmetros de encanamento.

VÁLVULAS DE PRESSÃO CONSTANTE

Existem instalações em que há necessidade de ser mantida a mesma pressão, independentemente da variação da descarga. É o caso considerado no Cap. 23, de um sistema de bombeamento de água em edifícios, diretamente na rede interna da distribuição, sem a necessidade do reservatório superior de alimentação por gravidade dos aparelhos.

A válvula empregada é uma válvula redutora de pressão de tipo especial combinada com válvula de retenção dotada de amortecedor de choque. Um rotâmetro, ligado aos dois lados de uma válvula de orifício, aciona por meio de sistema hidráulico a válvula, de modo que a abertura da válvula acompanhe o sentido de variação do consumo de água, permitindo que a pressão se conserve praticamente invariável.

São muitos os tipos de válvulas de pressão constante, em geral bastante complexas. A escolha adequada supõe a consulta aos catálogos dos fabricantes.

VÁLVULAS DIVERSAS

Válvulas em "Y" (ou válvula globo de passagem reta)
Embora mais usadas para bloqueio, regulagem de vapor e ar comprimido, são também usadas para óleo térmico e mesmo para água, quando se objetiva obter escoamento com reduzida perda de carga e estanqueidade total.

Possuem a haste a 45° com o eixo do corpo da válvula, de modo que a trajetória da corrente líquida fica praticamente retilínea, o que explica a pequena perda de carga que provocam.

A Fig. 29.36 mostra um dos tipos de válvula em "Y" fabricados pela Niagara.

Registro automático de entrada de água em reservatórios

Esse tipo de registro possui uma bóia, ou flutuador, que se desloca em função do nível da água no reservatório, fechando a entrada da água ao atingir determinado nível. Quando é de pequenas dimensões, é chamado de torneira de bóia e, para descargas maiores, é denominado registro automático de entrada. Existem dois tipos:
— para colocação na parte superior dos reservatórios, com o flutuador ligado diretamente à alavanca;
— para colocação na parte inferior dos reservatórios, com o flutuador independente, ligado por uma corrente à alavanca.

As Figs. 29.37 e 29.38 mostram esses registros da Barbará.

VÁLVULAS 629

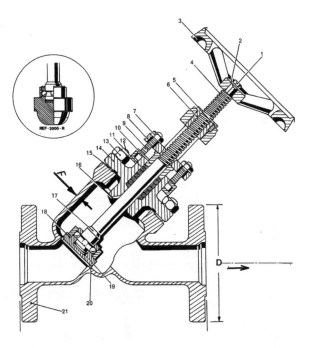

Fig. 29.36. Partes e materiais usados neste tipo de válvula "Y". *1.* Parafuso de fixação (aço SAE-1020); *2.* Arruela base (aço SAE-1020); *3.* Volante (ferro nodular); *4.* Haste (aço [inoxidável] AISI-410); *5.* Parafuso trava (aço SAE-1060); *6.* Bucha (liga de cobre); *7.* Porca (aço SAE-1020); *8.* Sobreposta (aço laminado SAE-1010-1020); *9.* Parafuso de protensão (aço SAE-1045); *10.* Preme-gaxeta (aço-carbono ou liga de cobre); *11.* Gaxeta (amianto grafitado ou Grafoil); *12.* Prisioneiro (aço ASTM-A-193 Gr. B7); *13.* Porca (aço ASTM-A-194 Gr. 24); *14.* Tampa de castelo (aço SAE-1010-1020); *15.* Junta (amianto grafitado ou Grafoil); *16.* Bucha de contravedação (aço [inoxidável] AISI-410); *17.* Contra-sede (aço [inoxidável] AISI-410); *18.* Disco (aço [inoxidável] AISI-410); *19.* Disco antiatrito (aço-carbono); *20.* Assento (aço [inoxidável] AISI-410); *21.* Corpo (chapa de aço SAE-1006-1008 tubo schedule 40 ASTN-A-106 Gr. B).

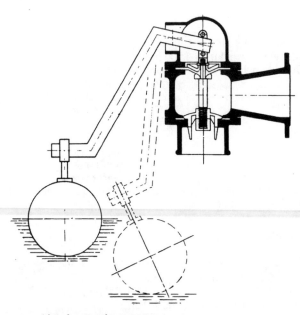

Fig. 29.37 Registro automático de entrada, superior.

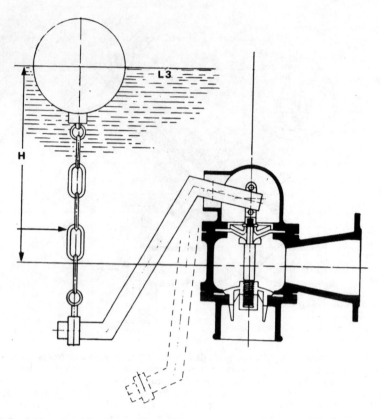

Fig. 29.38 Registro automático de entrada, inferior.

MATERIAIS EMPREGADOS

Entre os materiais empregados na fabricação das válvulas, destacaremos os seguintes:

Ferro fundido

Classes de pressões. 25   125   250
Diâmetros. Bocal rosqueado: 50 a 100 mm
          Bocal flangeado: até 1.200 mm — gaveta
                                    — retenção
                                    — comporta
                                    — borboleta
                       até 200 mm — macho
                                    — globo
                                    — angulares
                                    — segurança
                                    — diafragma

Uso. Serviços não-severos, com água, ar comprimido, gás, condensados de vapor, esgotos sanitários e líquidos em geral.

Aço-carbono fundido

Classe de pressões. 150   300   400   600   900   1.500 e 2.500
Diâmetros. Bocal rosqueado: 50 a 100 mm.
          Bocal para solda de encaixe: 50 a 100 mm
          Bocal flangeado: acima de 50 mm
          Bocal para solda de topo: acima de 50 mm

Tipos. Até 600 mm — gaveta (P-EB-141 ABNT) para classes 150 e 1.500
            — macho
            — esfera
            — retenção
   Até 200 mm — globo (P-EB-141 ABNT) para classes 150 e 1.500
            — angulares
            — segurança

SÍMBOLOS GRÁFICOS DE VÁLVULAS PARA DIAGRAMAS HIDRÁULICOS

DENOMINAÇÃO	FLANGEADO	ROSQUEADO	NORMAS
Válvula Angular Globo (planta) *(Globe Angle Valve) (top view)*			ASA
Válvula Angular para Ligação de Mangueira *(Stop Valve With Hose Connection Angle)*			ASA
Válvula de Gaveta *(Stop Valve ou Gate Valve)*			ASA
Válvula de Comporta de Retenção *(Check Valve)*			DIN
Válvula de Gaveta para Ligação de Mangueira *(Stop Valve With Hose Connection)*			ASA
Válvula de Globo *(Globe Valve)*			ASA
Válvula de Globo Operada a Motor *(Motor Operated Globe Valve)*			ASA
Válvula de Globo para Ligação de Mangueira *(Globe Valve With Hose Connection)*			ASA
Válvula de Segurança *(Safety Valve)*			ASA
Válvula de Segurança c/ Diafragma e Carga p/Mola *(Diaphragm Safety Valve Spring Loaded)*			DIN
Válvula de Segurança com Contrapeso *(Weight Loaded Safety Valve)*			DIN
Válvula Automática de Desvio *(Automatic by-pass valve)*			ASA
Válvula Automática Operada por Regulador *(Automatic Regulator Operated Valve)*			ASA
Válvula Automática de Redução *(Automatic Reduction Valve)*			ASA
Válvula de Retenção *(Check Valve)*			ASA
Válvula de Retenção de Pé *(Foot Valve)*			DIN
Válvula de Retenção de Passagem Reta *(Non-return Valve)*			ASA
Válvula de Diafragma *(Diaphragm Control Valve)*			ASA

632   BOMBAS E INSTALAÇÕES DE BOMBEAMENTO

— controle
— redutores de pressão

Uso. Água, óleo, gás, vapor, ar em condições severas de pressão e temperatura.

Aço forjado

Classe de pressões. de 150 a 6.000
Diâmetros. Bocal rosqueado: até 100 mm
Solda de encaixe: até 100 mm

SÍMBOLOS GRÁFICOS DE VÁLVULAS PARA DIAGRAMAS HIDRÁULICOS			
DENOMINAÇÃO	FLANGEADO	ROSQUEADO	NORMAS
Válvula de Gaveta Operada a Motor *(Motor Operated Gate Valve)*			ASA
Válvula Operada a Motor *(Motor Operated Valve)*			ASA
Válvula de Comando Hidráulico *(Hidraulic Operated Valve)*			ASA
Válvula de Comando Elétrico *(Electric Operated Valve)*			ASA
Válvula de Comando Pneumático *(Pneumatic Operated Stop Valve)*			ASA
Válvula de Solenóide *(Solenoid Operated Valve)*			ASA
Válvula de Bóia *(Float Valve)*			DIN
Válvula Operada a Bóia *(Float Operated Valve)*			ASA
Válvula de Agulha *(Needle Valve)*			ISA
Válvula de Alívio ou Segurança *(Relief or Safety Valve Open Type)*			ISA
Válvula Operada por Êmbolo *(Piston Operated Valve)*			ISA
Válvula Auxiliar *(Auxiliary Valve)*			ASA
Válvula Auxiliar de Pressão *(Pressure Auxiliary Valve)*			ASA
Válvula de Bloqueio *(Stop Valve)*			ASA
Válvula Borboleta *(Butterfly Valve)*			DIN
Válvula de Controle *(Control Valve)*			ASA
Válvula de Descarga *(Unloading Valve)*			DIN

Flangeado ou solda de topo: de 50 a 200 mm

Tipos. — gaveta
— macho
— globo
— retenção
— angulares
— agulha
— segurança

SÍMBOLOS GRÁFICOS DE VÁLVULAS PARA DIAGRAMAS HIDRÁULICOS			
DENOMINAÇÃO	FLANGEADO	ROSQUEADO	NORMAS
Válvula de Abertura Instantânea *(Quick Closing Valve)*			ASA
Válvula de Macho *(Plug Valve)*			ASA
Válvula de Mudança *(Change Direction Valve)*			DIN
Válvula Normalmente Fechada *(Normally Shut Valve)*			ISA
Válvula de Prova e Descarga *(Unloading and Proof Valve)*			DIN
Válvula Redutora de Pressão (lado menor = Pressão maior) *(Pressure Reducer Valve)*			DIN
Válvula de Fecho Rápido *(Quick Closing Valve)*			ASA
Válvula com Volante Operada por Corrente *(Gear and Chain Operated Valve)*			ISA
Válvula com 3 Vias *(Three-way Valve)*			ISA
Torneira *(Cock)*			DIN
Torneira Angular *(Angle Cock)*			DIN
Torneira de 3 Vias *(Three-way Cock With Three Holes)*			DIN
Válvula Angular *(Angle Valve)*			DIN
Válvula Angular com Bóia *(Angle Valve With Float)*			DIN
Válvula Angular de Retenção *(Angle Type Check Valve)*			ASA
Válvula de Gaveta Angular (elevação) *(Angle Stop Valve) (elevation)*			ASA
Válvula de Gaveta Angular (planta) *(Angle Type Gate Valve) (top view)*			ASA
Válvula de Globo Angular (elevação) *(Angle Type Globe Valve) (elevation)*			ASA

Uso. Em serviços de alta responsabilidade ou de alta pressão e temperatura, com gases, vapor, líquidos inflamáveis, tóxicos, corrosivos, óleos, lubrificantes etc.

Bronze

Classe de pressões. 125   150 e 300
Diâmetros. Bocal rosqueado: até 100 mm
  Flangeado: de 50 a 200 mm
Tipos. — gaveta
  — globo
  — macho
  — retenção
  — angulares e em "Y"
  — agulha
Uso. Água, ar comprimido, condensado, líquidos em geral de baixa pressão. Para vapor, líquidos inflamáveis, pressões altas, óleos (as partes internas são de aço inoxidável).

ATUADORES ELÉTRICOS

São equipamentos destinados a operar válvulas de globo, gaveta, esfera, borboleta etc. em processos em refinarias, petroquímicas, siderúrgicas, usinas termoelétricas e nucleares, hidrelétricas, mineração, navios e estações de tratamento de águas e esgotos.

A Ibrave Masoneilan Válvulas e Equipamentos Ltda. fabrica os atuadores elétricos Joucomatic em duas versões: à prova de tempo e à prova de explosão. O comando e a indicação podem ser locais ou remotos. O comando a distância pode ser por atuação manual ou pela ação de sensores (de pressão, temperatura, vazão, nível, densidade etc.) instalados em posições adequadas da instalação de processo. Quando são atingidos os valores programados, os sensores elétricos ou eletrônicos, acionados diretamente ou por dispositivos próprios a cada caso, permitem a passagem da corrente elétrica, a qual irá alimentar o motor do atuador de modo a graduar a válvula para a posição conveniente.

A Fig. 29.39 mostra o atuador Joucomatic Série 471, à prova de tempo, torque de 250 a 9.400 Nm e 9 a 38 rpm.

Fig. 29.39 Atuador elétrico Joucomatic para comando de válvulas.

BIBLIOGRAFIA

AFLON. Mercantil e Industrial AFLON artefatos plásticos e metálicos Ltda. Válvulas de Diafragma Gaflon-T.A.
ARAMFARPA. Indústria de Válvulas e Equipamentos Hidromecânicos Ltda.
Bombas ESCO S.A. Válvulas PM Esco.
Catálogos de fabricantes
— Companhia Metalúrgica Barbará S.A. — Registros.
— Companhia Ferro Brasileiro S.A.
— Niagara S.A. Comércio e Indústria — Válvulas, Atuadores, Instrumentos, Gaxetas.

VÁLVULAS   635

— DECA — Válvulas.
— DURATEX (Válvulas P).
— CIWAL S.A. Acessórios Industriais Ltda. — Válvulas e Conexões.
— CORNERSOL Industrial e Importadora.
— CIVA Comércio e Indústria de Válvulas S.A.
— HERGOS Acessórios Industriais Ltda.
— FLEUCON Indústria e Comércio Ltda.
— HITER Ind. Com. Contr. Termo. Hidr.
— MACOVAL Indústria Mec. Com. Ltda.
— Metalúrgica Técnica ERWAL Ltda.
— IBRAVE Ind. Brasileira de Válvulas e Equipamentos Ltda.
— FIEMA S.A. Indústria Mecânica.
— FLUCON Indústria e Comércio Ltda.
— ERMETO Equipamentos Industriais Ltda.
— YARWAY do Brasil Equipamentos para Vapor Ltda.
— Fábrica de Aço Paulista FAÇO — Válvulas diversas. Rotovalve.
— VOITH do Brasil — J.M. Voith GmbH.
— Escher Wyss — Válvulas
— Sarco S.A. Indústria e Comércio — Válvulas.
— Bopp & Reuther do Brasil Ltda.
— Companhia HANSEN Industrial.
— ASCOVAL Indústria e Comércio Ltda. — Válvulas. Pressostatos, Termostatos.
— Cia. Importadora e Industrial DOX.
— WALWORTH.
— CRANE Company.
— IDECO.
CIDADE, HERMÍNIO L. Válvulas de Controle. *Revista C & I*, agosto, 1796.
CONAUT. Controles Automáticos S.A.
CONVAL. Conexões e Válvulas para Indústrias Ltda.
CROCKER, SABIN. *Piping Handbook*. McGraw-Hill.
EICASA — Indústria e Comércio S.A. Válvulas e Controles Automáticos.
EMBRAVAL Emp. Brasileira de Válvulas e Conexões.
FERNANDEZ, ROBERTO L. BARRALLOBRE. Válvulas Reguladoras de Pressão, *Revista C &
     I*, maio, 1974.
FLUCON Ind. Com. Ltda. Válvulas.
GESTRA LATINO-AMERICANO Ltda. Válvulas e Controles.
HAUPT São Paulo S.A. Bombas, Válvulas, Acessórios Hidromecânicos.
HYDRAQUIP HIDRÁULICA S.A. Válvulas de Controle.
IBRAVE MASONEILAN Válvulas e Equipamentos Ltda.
INDÚSTRIAS MECÂNICA DISNER Ltda. Válvulas.
INV Indústrias Nacional de Válvulas.
KUTTNER do Brasil — Equipamentos Siderúrgicos Ltda. Válvula pneumática de mangueira flexível.
MASONEILAN International Equipamentos de Controle Ltda. Válvulas de todos os tipos.
Metalúrgica DETROIT S.A. Válvulas.
Metalúrgica NOVA AMERICANA S.A. Válvulas, Conexões.
Metalúrgica SCAI Ltda. Válvulas.
NELES Válvulas Industriais Ltda.
NELES Válvulas Industriais Ltda. Válvulas, Atuadores e Posicionadores.
Normas — ABNT, ASA, ASTM, DIN, API.
OMEL S. A. Ind. e Comércio. Válvulas e equipamentos para deslocamento e controle de fluidos.
PARKER HANNIFIN Brasil Ind. Com. Ltda. Válvulas.
RACINE Hidráulica S.A. Válvulas.
SILVA, REMI BENEDITO. *Tubulações*. EPUSP, 1968.
TELLES, PEDRO C. SILVA. *Tubulações Industriais*. Ao Livro Técnico S. A., 1968.
TRW Mission Ind. Ltda. Válvulas de retenção DUO-CHEK.
VALKRAFT Aparelhos Industriais Ltda. Válvulas Borboleta para Processos.
VALVES UPDATE. Revista Specifying Engineer. July, 1978.
Válvulas CALIXTO Ind. Com. Ltda.
Válvulas Industriais P.
Válvulas SCHRADER do Brasil S. A.
Válvulas de Segurança e Alívio. *Revista C & I*, dezembro, 1974.
VALVUGÁS S. A. Ind. Com. de Válvulas.
VICE Válvulas Industriais e Equipamentos de Controle Ltda.
VICE Válvulas Industriais de Segurança e Controle Ltda.

30

Perdas de Carga

No Cap.1 vimos que o líquido, quando escoa ao longo de dispositivos (tubulações, válvulas, conexões, órgãos de máquinas etc.), cede energia para vencer as resistências que se oferecem ao seu escoamento, devidas à atração molecular no próprio líquido, e as resistências próprias aos referidos dispositivos. Esta energia despendida pelo líquido para que possa escoar entre duas seções consideradas chama-se, como vimos no Cap. 3, *Perda de carga* entre as duas seções e representamo-la pela letra J ou por ΔH, conforme convinha nas aplicações.

É imprescindível calcular-se a perda de carga, ou seja, a perda de energia, quando se tem qualquer problema de instalação de bombeamento, como aliás praticamente em todas as questões de escoamento de fluidos.

Não pretendemos neste capítulo realizar o estudo das perdas de carga nos moldes e nas proporções normalmente estudadas nos compêndios de Mecânica dos Fluidos ou de Hidráulica. Nosso objetivo é apenas recordar algumas noções básicas, a fim de que a utilização das fórmulas, dos ábacos e diagramas aqui apresentados se faça com maior proveito.

Atualmente, com as calculadoras portáteis permitindo o cálculo das funções exponenciais e expressões logarítmicas que aparecem em certas fórmulas, podem-se utilizar diretamente as expressões que veremos, dispensando o uso dos ábacos. Entretanto, para estimativas preliminares com precisão aceitável para muitos casos e na falta momentânea dessas calculadoras, acreditamos na utilidade dos ábacos. Se assim não fosse, não se compreenderia a publicação de uma terceira edição de gráficos para *Cálculo Hidráulico de Canais e Encanamentos* pelo Hydraulic Research Station — Her Majesty's Stationery Office, em 1975.

O assunto do presente capítulo será assim dividido:

Viscosidade
Número de Reynolds
Rugosidade do encanamento
Perda de carga em encanamentos
Perda de carga em conexões, peças especiais e válvulas

VISCOSIDADE

A coesão molecular é a causa do atrito interno, isto é, da resistência ao deslocamento de camadas de moléculas líquidas umas sobre as outras e que se chama *viscosidade*.

Consideremos uma superfície plana P sobre a qual existe líquido numa espessura y $=aa'$, cujas moléculas admitamos dispostas em camadas e que, para simplicidade de desenho, representamos por planos paralelos P', P'' e P'''.

Suponhamos uma placa plana com superfície de área S, situada no plano P''', a uma altura $y =aa'$ acima do plano P.

Chamemos de V a velocidade do movimento de translação do plano S em relação

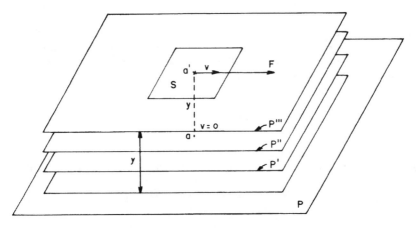

Fig. 30.1 Representação gráfica para conceituação de viscosidade.

ao plano *P*, e de *F* a força tangencial capaz de deslocar o plano *S*.

Esta força *F*, de cisalhamento, é diretamente proporcional à área *S*, à velocidade *v* e a uma grandeza μ e inversamente proporcional à distância *y* do plano *P'''* ao plano fixo *P*. Assim

$$\boxed{F = \frac{\mu \cdot S \cdot V}{y}} \quad (30.1)$$

Consideram-se as seguintes unidades:

F [kgf]
μ [kgf $\cdot$ s $\cdot$ m^{-2}]
S [m^2]
V [m $\cdot$ s^{-1}]
y [m]

Isaac Newton, que estabeleceu a expressão acima, designou a grandeza μ, que é um coeficiente de proporcionalidade, por *coeficiente de viscosidade dinâmica ou absoluta*.

Podemos escrever

$$\boxed{\frac{F}{S} = \mu \cdot \frac{V}{y}} \quad \text{é a \textit{tensão de cisalhamento no fluido} (força por unidade de área).} \quad (30.2)$$

e

$$\boxed{\frac{V}{y} = \frac{F}{\mu S}} \quad \text{é o \textit{gradiente de velocidade}, ou variação da velocidade ao longo da altura } y. \text{ Chama-se também de \textit{taxa de cisalhamento}.} \quad (30.3)$$

Finalmente

$$\boxed{\mu = \frac{\frac{F}{S}}{\frac{V}{y}}} \quad \text{é o \textit{coeficiente de viscosidade absoluta (dynamic viscosity)}, relação entre a tensão cisalhante e a taxa de cisalhamento.} \quad (30.4)$$

638   BOMBAS E INSTALAÇÕES DE BOMBEAMENTO

Unidades

a. A *unidade técnica de viscosidade absoluta* de um fluido, no sistema MKS, é a força resistente ao movimento de uma superfície de 1 m^2, com a velocidade de 1 m $\cdot$ s^{-1}, em relação a uma superfície paralela a 1 m de distância, com o fluido em apreço compreendido entre ambas. A unidade é dada em

$$\boxed{\text{kgf} \cdot s \cdot m^{-2}} \tag{30.5}$$

e não é prática para ser empregada.

b. No sistema C.G.S., a unidade é o *Poise* (em homenagem ao Físico J. Poiseuille).

$$\boxed{1. \text{ kgf. s. } m^{-2} = 98,1 \text{ poises}} \tag{30.6}$$

Quando a força $\tau = 1$ dina, aplicada à superfície de 1 cm^2 e afastada 1 cm de uma outra por camadas de moléculas líquidas, comunicar a esta superfície uma velocidade de 1 cm por segundo, teremos um "poise".

c. Na prática usa-se o centipoise, que vale a centésima parte de 1 poise.

d. No sistema inglês, a unidade é o *Reyn,* em homenagem a Osborne Reynolds, expressa em 1b $\cdot$ s $\cdot$ sq $\cdot$ ft^{-1} (libra $\times$ segundo por pé quadrado). A unidade prática é o "Newton" (1 milésimo de Reyn), e que não deve ser confundido com o "Newton", unidade de força no Sistema Internacional.

e. No Sistema Internacional (SI) temos o Newton $\cdot$ s $\cdot$ m $^{-2}$.

Viscosidade cinemática (kinematic viscosity)

Nas aplicações correntes da técnica emprega-se a *viscosidade cinemática* ν, expressa pelo quociente do coeficiente de viscosidade absoluta μ pela massa específica do fluido (massa da unidade de volume) $\rho = \dfrac{\gamma}{g}$ sendo γ = peso específico.

$$\boxed{V = \frac{\mu}{\rho} = \frac{\mu \cdot g}{\gamma}} \qquad \begin{array}{l} \mu \ [\text{kgf} \cdot s \cdot m^{-2}] \\ g \ [m \cdot s^{-2}] \\ \gamma \ [\text{kgf} \cdot m^{-3}] \\ V \ [m^2 \cdot s^{-1}] \end{array} \tag{30.7}$$

A unidade técnica de viscosidade cinemática é

$$\boxed{1 \ m^2 \cdot s^{-1}} \tag{30.8}$$

No sistema inglês, a viscosidade é dada em ft$^2 \cdot s^{-1}$ (sq $\cdot$ ft/s) = 0,093 $m^2 \cdot s^{-1}$.

Empregam-se também na prática unidades empíricas de viscosidade cinemática. Como a viscosidade traduz de certo modo uma resistência ao escoamento, pode ser expressa e empiricamente medida pelo *tempo* que leva o líquido para escoar pelo gargalo de um frasco de dimensões preestabelecidas, ou seja, pelo tempo no qual escoa um dado volume. Assim, o grau de viscosidade tem o nome do idealizador do frasco, ou *viscosímetro,* e a unidade em unidades de tempo é puramente convencional.

Nos Estados Unidos usa-se o Saybolt Seconds Universal (SSU), para viscosidades médias, e o Seconds Saybolt Furol (SSF), para viscosidades altas.

Na Grã-Bretanha usa-se o Redwood Standard Seconds (RSS), e o Redwood Admiralty para viscosidades altas.

No continente europeu usam-se graus Engler (E°) ou "segundos Engler".

Na indústria de automóveis, a viscosidade dos óleos é dada em unidades SAE (Society of Automotive Engineers).

No sistema físico (cm · g · s), as unidades são o *stoke* e o *centistoke*.

$$1\,\text{stoke} = \frac{1\,\text{poise}}{\rho} = 1\,\text{cm}^2 \cdot s^{-1} \qquad (30.9)$$

1 centistoke (1 cSt) = 0,01 cm² · s^{-1} = 10^{-6} m² · s^{-1}
Acima de 60 cSt, podem-se usar as relações
cSt = 7,58 · E° = 0,247 · (RSS) = 0,216 SSU

A viscosidade varia sensivelmente com a temperatura. A Tabela 30.1 apresenta valores da viscosidade da água para várias temperaturas.

Exemplo
1,79 cSt = 0,000001792 m² · s^{-1} = 1,792 × 10^{-6} m² · s^{-1}

Na prática usa-se V = 1,01 × 10^{-6} m · s^{-1} para o caso da água dita fria.
Nos líquidos *newtonianos*, que são aqueles aos quais se pode aplicar a equação de Newton, a viscosidade cinemática não é afetada pela agitação. É o caso da água e dos óleos minerais.
Se a viscosidade diminui quando a agitação aumenta, mantendo-se constante a temperatura, o líquido é chamado *tixotrófico*. É o caso de gorduras, melaços, colas, asfaltos, compostos de celulose etc.
Se a viscosidade aumentar com a agitação, mantida constante a temperatura, o líquido é chamado *dilatante*. *Exemplo:* Certas argamassas de argila.
A caracterização da natureza do produto a bombear é fundamental para o equacionamento do problema de bombeamento.
A viscosidade aumenta com a pressão para os óleos, enquanto que, para a água, diminui.
No caso dos óleos, e de muitos líquidos, a viscosidade diminui com o aumento da temperatura.
O gráfico da Fig. 30.28 possibilita a conversão das viscosidades expressas em centistokes, graus Engler, Redwood e Saybolt entre si.

NÚMERO DE REYNOLDS

A resistência que os líquidos oferecem ao escoamento é um fenômeno de inércia-viscosidade e é caracterizada pelo número de Reynolds (Re), que exprime a relação entre

Tabela 30.1 Viscosidade da água em função da temperatura

Viscosidade cinemática da água					
Temperatura °C	Centistokes	Viscosidade cinemática m² · s^{-1}	Temperatura °C	Centistokes	Viscosidade m² · s^{-1}
0	1,79	0,000001792	20°	1,00	0,000001007
2	1,76	0,000001763	22	0,96	0,000000960
4	1,56	0,000001567	24	0,92	0,000000917
6	1,47	0,000001473	26	0,87	0,000000876
8	1,38	0,000001386	28	0,84	0,000000839
10	1,30	0,000001308	30	0,83	0,000000830
12	1,23	0,000001237	32	0,77	0,000000772
14	1,17	0,000001172	34	0,74	0,000000741
15	1,12	0,000001127			
16	1,11	0,000001112	36	0,71	0,000000713
18	1,06	0,000001059	38	0,69	0,000000687
			40	0,66	0,000000660
			60	0,47	0,000000470
			80	0,37	0,000000370
			100	0,29	0,000000290

640   BOMBAS E INSTALAÇÕES DE BOMBEAMENTO

as forças de inércia e as forças de atrito interno (forças de cisalhamento) atuantes durante o escoamento.

$$Re = \frac{d \cdot v}{v} \qquad (30.10)$$

É um número adimensional.
Na fórmula,

d = dimensão linear, característica do dispositivo onde se processa o escoamento (diâmetro interno de um encanamento, comprimento de uma pá de bomba axial etc.). [metros]

V = velocidade média na seção onde se escolheu a dimensão $d \cdot [m \cdot s^{-1}]$

v = coef. de viscosidade cinemática. $[m^2 \cdot s^{-1}]$

A grande importância do número de Reynolds reside em que permite entre inúmeras outras aplicações:

1.º Estabelecer a lei de analogia entre dois escoamentos.

2.º Caracterizar a natureza do escoamento.

3.º Calcular o coeficiente de perda de carga.

Quando os dispositivos de escoamento forem semelhantes, o regime do escoamento será o mesmo sempre que o número de Reynolds for o mesmo. Isto é da maior importância para estudos e ensaios de laboratório, quando se pode, por exemplo, usar ar ao invés de água, e água ao invés de outros líquidos.

Suponhamos que tenhamos dois encanamentos de igual diâmetro e com paredes de igual rugosidade, um escoando água e outro, ar.

Para a água temos

$$Re = \frac{d \cdot V}{v_{\text{água}}} \qquad (30.11)$$

e para o ar

$$Re = \frac{d \cdot V}{v_{\text{ar}}} \qquad (30.12)$$

Mas a viscosidade cinemática da água é 15 vezes maior que a do ar nas mesmas temperaturas, para os valores usuais das temperaturas ambientes dos laboratórios. Quando a velocidade de escoamento do ar for 15 vezes maior que a da água, o Re será o mesmo e, portanto, o coeficiente de perdas de carga também o será. Em outras palavras, podemos realizar o escoamento usando ar, desde que com velocidade 15 vezes maior do que se teria de empregar no caso da água.

Caracterização da natureza do escoamento

O escoamento permanente, como vimos no Cap. 1, pode ser laminar ou turbulento.

No *escoamento laminar* ou *regime laminar* em um tubo cilíndrico, as extremidades dos vetores velocidades das partículas numa dada seção de escoamento formam uma superfície parabólica, e a velocidade máxima se verifica para o ponto no eixo do tubo. A velocidade máxima da corrente é cerca de 1,5 a 2 vezes a velocidade média. Junto às paredes, a velocidade das partículas é praticamente nula (Fig. 30.2). O regime de escoamento laminar ocorre nos tubos capilares, filtros de areia, movimento de água nos aqüíferos subterrâneos, óleo em oleodutos, nos "labirintos" das bombas, entre eixo e bucha de mancal, nos comandos oleodinâmicos etc.

No *escoamento turbulento*, devido à natureza do movimento das partículas no escoamento em que ocorrem deslocamentos transversais, produz-se uma distribuição mais unifor-

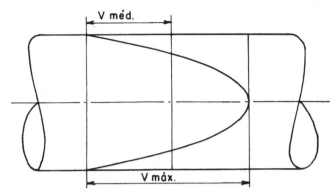

Fig. 30.2 Variação da velocidade no escoamento em regime laminar.

me das velocidades. As velocidades aumentam muito rapidamente a partir da parede do encanamento até uma distância relativamente grande em relação ao eixo do encanamento. A velocidade média é aproximadamente $v_{média} = 0,84 \cdot v_{máxima}$.

Mesmo no escoamento turbulento, junto às paredes ocorre um filme laminar, cuja espessura é muito pequena e inversamente proporcional ao número de Reynolds.

É o regime que ocorre nos encanamentos de água e órgãos de máquinas hidráulicas.

No *regime laminar*, o número de Reynolds é inferior a 2.320, isto é, Re < 2.320, e o valor 2.320 é o chamado "Reynolds crítico". Muitos autores consideram o número 2.000 e não o valor acima, e assim o faremos em alguns exercícios.

O *regime turbulento* se caracteriza pelo Re > 4.000. Entre esses dois limites temos a considerar o *regime crítico*, no qual o escoamento tanto pode ser laminar quanto turbulento.
$$2.320 < Re < 4.000$$

A Fig. 30.3 permite obter-se o número de Reynolds quando se conhecem o líquido, a temperatura do mesmo e o produto (*V.d.*).

Exercício sobre escoamento laminar

Qual a velocidade periférica máxima de um eixo de 100 mm de diâmetro que gira no interior de um mancal de deslizamento de uma bomba, para que o escoamento verificado seja laminar? O óleo empregado é de 30 cSt (centistokes) = 30×10^{-6} m² · s⁻¹ a uma temperatura de 50°C.

A folga h usual é da ordem de

$$h \approx \frac{1}{1.000} \cdot d = 0,1 \text{ mm} = 10^{-4} \text{ m}$$

O anel de óleo entre o eixo e a bucha tem o diâmetro médio d_m e o diâmetro hidráulico equivalente

$$d_h = \frac{4S}{U} \qquad \text{sendo } S \text{ a seção (m²)} \\ U \text{ o perímetro molhado (m)}$$

Mas $S = \pi \cdot d_m h$ e $\quad U = \pi \cdot d_m$
Logo

$$d_h = \frac{4(\pi \cdot d_m \cdot h)}{\pi \cdot d_m} = 4h = 4 \times 10^{-4} \text{ m}$$

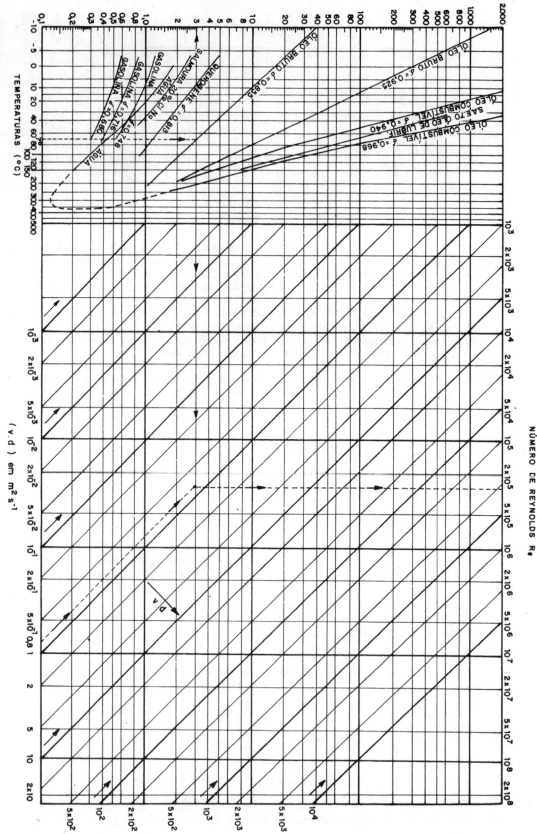

Fig. 30.3 Determinação do número de Reynolds, Re, para vários fluidos.

O número de Reynolds característico do escoamento é

$$Re = \frac{d \cdot V}{\nu} = \frac{(4h) \cdot V}{\nu}$$

Como estamos pretendendo que o escoamento seja laminar,

$$Re < 2.320$$

A velocidade periférica será

$$V = \frac{Re \cdot \nu}{d_h} = \frac{2.320 \times (30 \times 10^{-6})}{4 \times 10^{-4}} = 174 \text{ m} \cdot s^{-1}$$

As velocidades periféricas normalmente não alcançam esse valor nos eixos de bombas, de modo que o escoamento a considerar no cálculo das perdas de carga no mancal é o laminar. As bombas Sundyne de alta rotação são um caso especial.

Exercício 30.1
Qual o regime de escoamento nos tubos de um sistema oleodinâmico de bombeamento de óleo para um motor hidráulico de acionamento de uma mesa de máquina ferramenta, sendo o diâmetro de 12,7 mm?

As velocidades normalmente são inferiores a $5 \text{ m} \cdot s^{-1}$.
O óleo, em geral, é de $4,5°$ Engler $= 33 \times 10^{-6}$ Stokes.
O número de Reynolds é

$$Re = \frac{V \cdot d}{\nu} = \frac{5 \times 0,0127}{33 \times 10^{-6}} = 1.924$$

$$1.924 < 2.320$$

Logo, o escoamento é laminar.

Exercício 30.2
Na Fig. 30.3, para óleo bruto a 70°C ($\delta = 0,855$ e $\nu = 3 \times 10^{-6} \text{ m}^2 \cdot s^{-1}$) e produto $v \cdot d = 0,8 \times 10^{-1}$, obtém-se, diretamente na escala superior, $Re = 3 \times 10^5$.

RUGOSIDADE DOS ENCANAMENTOS

As paredes internas dos encanamentos apresentam rugosidade ou aspereza variável, que depende do material de que são fabricados e do tempo de uso.
A *rugosidade absoluta* é a altura média das saliências da rugosidade de uma superfície. É geralmente medida em milímetros e se representa pela letra ϵ. Quando as asperezas da parede são menores que a espessura do filme laminar, diz-se que o tubo é liso. Será rugoso na hipótese contrária.
A rugosidade relativa é o quociente da rugosidade absoluta pelo diâmetro interno do encanamento, isto é,

$$\frac{\epsilon}{d}$$

Como nos casos práticos a rugosidade absoluta não é uniforme ela é medida por um *valor médio,* que, para efeito de cálculo da perda de carga, corresponderia a uma rugosidade

644 BOMBAS E INSTALAÇÕES DE BOMBEAMENTO

Quadro 30.1 Rugosidade de diversos materiais

MATERIAL	Rugosidade equivalente (mm)		
Aço, revestimento asfalto quente	0,3	a	0,9
Aço, revestimento esmalte centrifugado	0,01	a	0,06
Aço enferrujado ligeiramente	0,15	a	0,3
Aço enferrujado	0,4	a	0,6
Aço muito enferrujado	0,9	a	2,4
Ferro galvanizado novo, com costura	0,15	a	0,2
Ferro galvanizado novo, sem costura	0,06	a	0,15
Ferro fundido revest. asfalto	0,12	a	0,20
Ferro fundido com crostas	1,5	a	3,0
PVC e COBRE	0,015		
Cimento-amianto, novo	0,05	a	0,10

uniforme. Esses valores médios chamam-se *rugosidades equivalentes* ou *efetivas*.

Vemos alguns valores de rugosidades equivalentes no Quadro 30.1.

A superfície interna dos encanamentos se modifica com o uso pela ação da oxidação, corrosão, incrustação e deposição de elementos em suspensão ou de sais dissolvidos.

A maior ou menor rugosidade com o tempo de uso depende da natureza do material do tubo e das propriedades químicas do líquido e dos materiais que tenham em suspensão ou em dissolução. Depende ainda da temperatura e da velocidade de escoamento.

Pode-se admitir que, geralmente, a rugosidade para encanamentos comerciais segue uma lei de variação linear, como propuseram Colebrook e White, isto é,

$$\epsilon = \epsilon_0 + \alpha_t \qquad (30.13)$$

onde

ϵ_0 = rugosidade equivalente inicial com o tubo novo
ϵ = rugosidade equivalente após t anos em uso
α = coeficiente de aumento de rugosidade (milímetros por ano)
α_t = média de 0,01 a 0,1 mm ao ano para tubo de aço.

Exemplo

Suponhamos dois tubos de ferro fundido de $10''$ (254 mm) de diâmetro interno, nos quais escoa água a 20ºC com uma velocidade média de $1 \text{ m} \cdot s^{-1}$.

Um dos tubos é novo, e sua rugosidade $\epsilon_1 = 0,5$ mm. O outro, começando a enferrujar, $\epsilon_2 = 1,0$ mm.

As rugosidades relativas são, respectivamente,

$$\frac{0,5}{254} \simeq 0,002 \qquad e \qquad \frac{1}{254} \simeq 0,004$$

A viscosidade cinemática é $1 \times 10^{-6} \text{m}^2 \cdot s^{-1}$.

O número de Reynolds é, no caso,

$$Re = \frac{V \cdot d}{\nu} = \frac{1 \times 0,254}{1 \times 10^{-6}} = 2,54 \times 10^{-5}$$

Veremos mais adiante que a resistência que se opõe ao escoamento depende de um coeficiente f que depende, por sua vez, de $\dfrac{\epsilon}{d}$.

Para Re = $2{,}54 \times 10^5$ e $\dfrac{\epsilon_1}{d}$ = 0,002, f_1 = 0,024

e para $\dfrac{\epsilon_2}{d}$ = 0,004, f_2 = 0,028.

Logo, se usarmos o tubo usado, com ϵ_2 = 1 mm, as perdas serão $\dfrac{28}{24}$ = 1,166, ou seja, 16,6% maiores do que as que se verificarão para o tubo novo.

Redução da descarga devida à rugosidade
O gráfico da Fig. 30.4, de A. Price (*Kempe's Engineers Year-Book*. Morgan Brothers, Londres), mostra a redução da descarga em tubos de aço, para vários tipos de água.

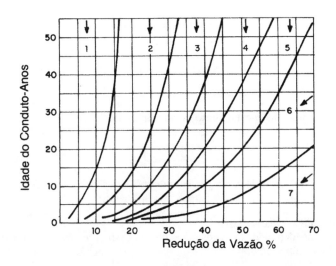

Fig. 30.4 **1.**Casos extremos de águas pouco agressivas. Pequenos nódulos. **2.** Água filtrada não-arejada e praticamente não-corrosiva. Leve incrustação geral. **3.** Água de poços ou água dura com pequena ação corrosiva. Maiores incrustações, com nódulos até cerca de 12 mm de altura. **4.** Água de regiões pantanosas com vestígios de ferro e com matéria orgânica, levemente ácida. Grandes incrustações até cerca de 25 mm de altura. **5.** Água ácida de rochas graníticas. Incrustações excessivas e tuberculizações. **6.** Água extremamente corrosiva. Pequenos condutos para água doce, levemente ácida. **7.** Casos extremos de águas muito agressivas.

PERDAS DE CARGA EM ENCANAMENTOS

A *perda de carga* entre dois pontos de um encanamento ou dispositivo de escoamento pode ser definida como o abaixamento da linha energética entre os referidos pontos.

Se considerarmos um encanamento, a *perda de carga unitária J* será o quociente da perda de carga ΔH entre dois pontos a e b, considerados do encanamento, pela distância l entre esses pontos.

$$J = \frac{\Delta H}{l}$$

J é, portanto, a perda de carga unitária, expressa em coluna de líquido, por unidade de peso escoado e por unidade de comprimento do encanamento. Depende do diâmetro do encanamento, da velocidade de escoamento, de um *fator de resistência* ou *coeficiente de atrito f*, o qual, por sua vez, depende do número de Reynolds (logo, de V, d e ν) e da rugosidade relativa ϵ/d.

646   **BOMBAS E INSTALAÇÕES DE BOMBEAMENTO**

Darcy e Weisbach chegaram à expressão geral da perda de carga válida para qualquer líquido, que é empregada no chamado *Método moderno* ou *racional.*

$$J = f \cdot \frac{l}{d} \cdot \frac{V^2}{2g} \qquad (30.14)$$

Podemos exprimir a perda de carga unitária em função da descarga, notando que

$$Q = V \cdot \left(\frac{\pi d^2}{4} \right)$$

para *tubos de seção circular,* de modo que, no caso, teremos

$$J = 0,0826 \cdot f \cdot \frac{Q^2}{d^5} \qquad (30.15)$$

A perda de carga ao longo do encanamento de comprimento *l* será

$$\Delta H = J \cdot l \qquad (30.16)$$

A determinação do fator de resistência *f* leva em consideração se o escoamento é laminar ou turbulento.

a. *Escoamento laminar* $Re < 2.320$

O coeficiente *f* não depende da rugosidade do encanamento, mas apenas de número de Reynolds. Para tubos circulares

$$f = \frac{64}{Re} \qquad \text{É a equação de Poiseuille.} \qquad (30.17)$$

A perda da carga *J* no caso será dada por

$$J = 4,15 \frac{V \cdot Q}{d^4} \qquad \text{ou pela fórmula de Hagen-Poiseuille} \qquad (30.18)$$

$$J = 32 v \cdot \frac{l}{g \cdot d^2} \cdot V \qquad (30.19)$$

b. *Regime turbulento*

Existem muitas expressões para calcular o fator *f*, da fórmula de Darcy-Weisbach, entre as quais as de Blasius, Karman-Prandtl, Nikuradse, Colebrook e outros. É curioso notar que, desde a fórmula proposta por Chézy para cálculo da perda de carga até nossos dias, surgiram inúmeras outras. José M. de Azevedo Netto, e seu livro *Manual de Hidráulica*, Cap. 14, enumera mais de cem autores de fórmulas, o que revela a importância da questão.

Dentro do objetivo de apresentar solução rápida e com razoável precisão para muitas aplicações práticas, apresentamos, para o cálculo do coeficiente *f*, os conhecidos diagramas de Moody e de Hunter Rouse, baseados nos resultados dos estudos de Blasius, Colebrook, White e Nikuradse e na análise matemática de Prandtl e Karman.

PERDAS DE CARGA 647

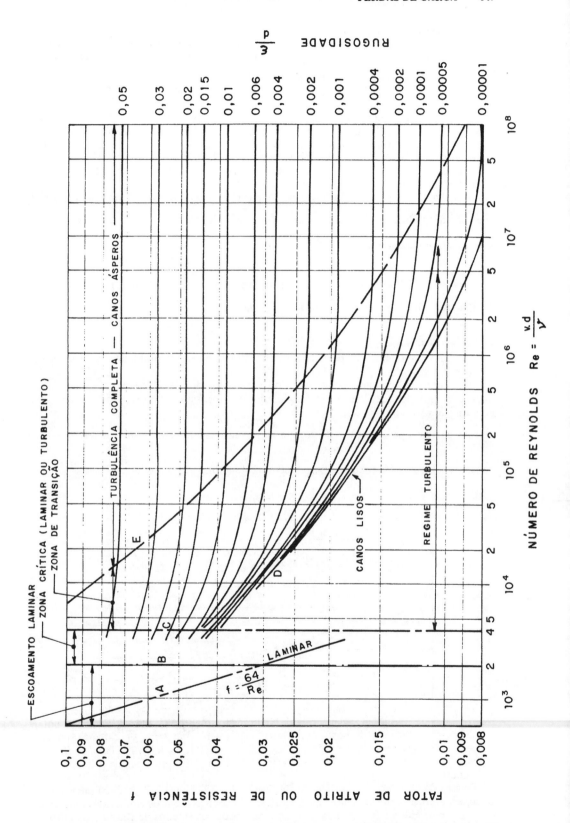

Fig. 30.5 Diagrama de Moody.

Diagrama universal de Moody (1944)

Apresenta em abscissas o número de Reynolds, Re, e em ordenadas, à esquerda, o coeficiente de atrito f, ambos em escalas logarítmicas. Note-se que o limite do escoamento laminar é considerado igual a 2.000 e, até este valor, $f = \dfrac{64}{\text{Re}}$.

a. Para Re < 2.000, regime laminar, usa-se a reta A de Poiseuille.
b. Para Re compreendido entre 2.000 e 4.000, tem-se o *regime instável* ou *crítico de transição* do laminar ao turbulento, e o fator de resistência oscila em torno de uma curva que pode ser considerada independente da rugosidade. Temos a faixa B a utilizar.
c. Para Re > 4.000, o regime é turbulento e temos uma curva representativa de f para cada viscosidade.

A linha D se aplica aos tubos lisos. A partir da curva E, para a direita, verifica-se que f não depende mais de Re, mas apenas da rugosidade relativa $\dfrac{\epsilon}{d}$, e o regime é de turbulência plena ou completa.

Exemplos
1.º Para Re = 10^3, até a reta de Poiseuille, acha-se, na escala à esquerda, $f = 0,060$.
2.º Para Re = 10^5 e $\dfrac{\epsilon}{d} = 0,002$, achamos $f = 0,027$.

Diagrama de Hunter-Rouse

É muito empregado por permitir a solução rápida de vários problemas de escoamento em tubos.

O número de Reynolds acha-se indicado no eixo superior das abscissas em escala logarítmica, com entradas curvilíneas. No eixo inferior das abscissas acham-se, também em escala logarítmica, os valores $\text{Re}\sqrt{f}$.

As curvas representativas do regime turbulento são traçadas para valores de $\dfrac{D}{\epsilon}$ (e não de $\dfrac{\epsilon}{D}$), de 20 a infinito, correspondendo este último aos tubos lisos.

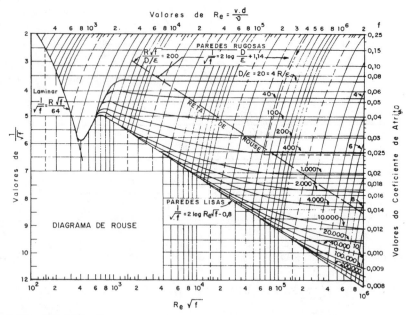

Fig. 30.6 Diagrama de Rouse.

PERDAS DE CARGA 649

Exercício 30.3

Uma tubulação de recalque de aço com rugosidade $\epsilon = 0,6$ mm tem 800 m de extensão e bombeia 264 m^3 de água por hora, a uma temperatura de 15°C. Deseja-se a perda de carga no recalque J_r. O diâmetro é de 25 cm.

1. Descarga.

$$Q = 264 \div 3.600 \text{ segundos} = 0.0735 \text{ m}^3 . s^{-1}$$

2. Área da seção de escoamento do tubo S.

$$S = \frac{\pi d^2}{4} = \frac{3,14 \times 0,25^2}{4} = 0,049 \text{ m}^2$$

3. Velocidade média v.

$$V = \frac{Q}{S} = \frac{0,0735}{0,049} = 1,5 \text{ m} . s^{-1}$$

4. Número de Reynolds Re.

Para a água a 15°, o coeficiente de viscosidade cinemática v é 0,000001127.

$$Re = \frac{V . d}{v} = \frac{1,5 \times 0,25}{0,000001127} = 416.000$$

Podemos arredondar para $4,2 \times 10^5$.

5. Inverso da rugosidade relativa $\dfrac{d}{\epsilon}$.

$$\frac{d}{\epsilon} = \frac{0,25}{0,0006} = 416$$

6. Com os valores de $Re = 4,2 \times 10^5$ e $\dfrac{d}{\epsilon} = 416$, no diagrama de Hunter-Rouse, achamos $f = 0,024$.

7. A perda de carga total J_r será

$$J_r = f . \frac{l}{d} . \frac{V^2}{2g}$$

$$= 0,024 \times \frac{800}{0,25} . \frac{1,5^2}{2 \times 9,8}$$

$$J_r = 8,81 \text{ m}$$

Exercício 30.4

Num oleoduto são bombeados 30 l/s de óleo pesado, de viscosidade igual 0,0001756

650   **BOMBAS E INSTALAÇÕES DE BOMBEAMENTO**

$m^2 \cdot s^{-1}$. O oleoduto é de aço, com 8 polegadas de diâmetro (203 mm), e tem a extensão de 10.200 metros. Calcular a perda de carga.

1. Velocidade média.

$$v = \frac{Q}{S} = \frac{0,030}{\pi \times \dfrac{0,203^2}{4}} = 1 \ m \ . \ s^{-1}$$

2. Número de Reynolds.

$$Re = \frac{V \cdot d}{\nu} = \frac{1 \times 0,203}{0,0001756} = 1.156$$

Como $Re < 2.000$, o regime é *laminar*.

3. Fator de resistência.

$$f = \frac{64}{Re} = \frac{64}{1.156} = 0,055$$

4. Perda de carga ao longo do comprimento $l = 10.200$ m

$$\Delta H = f \ . \ \frac{l}{d} \ . \ \frac{V^2}{2g} = 0,055 \times \frac{10.200 \times 1^2}{0,203 \times 2 \times 9,8} = 141 \ \text{m de coluna de óleo}$$

Exercício 30.5

A pressão que uma bomba dispõe na boca de recalque, para bombear 30 litros de querosene por segundo a 20°C ao longo de uma tubulação horizontal de 1.850 m, é de 22 metros de coluna de água. A densidade δ do querosene é 0,813. Qual deverá ser o diâmetro e com que velocidade o querosene irá escoar, considerando apenas as perdas no encanamento?

A pressão disponível para obter o escoamento é de 22 metros de coluna de água, ou seja $22 \div \delta = 22 \div 0,813 = 27$ metros de coluna de querosene.

O problema tem de ser feito por aproximações.

Admitamos, por exemplo, que $f = 0,04$.

Calculamos

$$d_1 = \sqrt[5]{\frac{f \times 8 \times 1 \times Q^2}{\Delta H \times \pi^2 \times g}} = \sqrt[5]{\frac{0,04 \times 8 \times 1.850 \times 0,030^2}{27 \times 3,14^2 \times 9,8}}$$

$$d_1 = \sqrt[5]{0,000204}$$

$$d_1 = 0,187 \ m$$

O Re nesta primeira aproximação será

$$Re' = \frac{4Q}{\pi \ . \ d_1 \ . \ \nu}$$

ν se acha no diagrama. Entrando com $t = 20°$ até a curva correspondente ao querosene, acha-se

$$\nu = 2,3 \times 10^6 \ m^2 \cdot s^{-1}$$

Daí

$$Re' = \frac{4 \times 0,030}{3,14 \times 0,187 \times 0,0000023} = 88.800$$

$$Re' = 88.800$$

A rugosidade absoluta para tubo de aço novo é $\epsilon = 0,03$ mm $= 0,00003$ m

$$\frac{d_1}{\varepsilon} = \frac{0,187}{0,00003} = 6.233$$

No diagrama de Rouse, com Re $= 88.800$ e $\dfrac{d_1}{\epsilon} = 6.233$, obtemos $f_2 = 0,0185$

Passamos à segunda aproximação, usando este valor achado para f_2,

$$d_2 = \sqrt[5]{\frac{0,0185 \times 8 \times 1.850 \times 0,030^2}{27 \times 3,14^2 \times 9,8}} = \sqrt[5]{\frac{0,24642}{2.606}} = \sqrt[5]{0,0000946}$$

$$d_2 = 0,0989 \ m \simeq 0,10 \ m \ (4'')$$

Recalculemos o Re.

$$Re'' = \frac{4 \times 0,030}{0,10 \times 0,0000023} = 166.000$$

$$\frac{d_2}{\epsilon} = \frac{0,10}{0,00003} = 3.330$$

No diagrama, achamos $f_3 = 0,019$.
Como este valor de f_3 é bem aproximado do de f_2, podemos usar este diâmetro comercial de 10 cm $= 4''$.
A velocidade média de escoamento será

$$V = \frac{Q}{S} = \frac{0,030}{\pi \times \dfrac{0,10^2}{4}} = 3,7 \ m \cdot s^{-1}$$

Exercício 30.6

Pretende-se bombear 72.000 l/h de gasolina numa tubulação nova de aço, com 220 m de comprimento e velocidade média de 1,50 m $\cdot s^{-1}$. A temperatura é de 20°C. Calcular o diâmetro do encanamento e a perda de carga.
Admitamos que o conhecimento do material do encanamento nos permita adotar para a rugosidade

652 BOMBAS E INSTALAÇÕES DE BOMBEAMENTO

$$\epsilon = 0,00003$$

e o coeficiente de viscosidade de gasolina a $20°C = 0,000000648$ m$^2 \cdot s^{-1}$.
Cálculo do diâmetro

$$S = \frac{Q}{v} = \frac{72.000 \div 3.600 \div 1.000}{1,5} = \frac{0,020 \text{ m}^3 . s^{-1}}{1,5 \text{ m} . s^{-1}}$$

$$S = 0,0133 \text{ m}^2$$

$$d = \sqrt{\frac{4S}{\pi}} = \sqrt{\frac{4 \times 0,0133}{3,14}} = 0,0169 = 0,190 \text{ m}$$

Adotemos o diâmetro comercial de 0,20 m = 8″.

$$Re = \frac{V . d}{\nu} = \frac{1,5 \times 0,20}{0,000000648} = 463.000 \approx 4,6 \times 10^5$$

$$\frac{d}{\varepsilon} = \frac{0,20}{0,00003} = 6.660$$

No diagrama de Hunter-Rouse, com esses valores de Re e $\dfrac{d}{\varepsilon}$, achamos $f = 0,0145$.

A perda de carga ΔH será

$$\Delta H = f . \frac{l}{d} . \frac{V^2}{2g} = 0,0145 \times \frac{220}{0,20} \times \frac{1,5^2}{2 \times 9,8} = 1,83 \text{ m.c. gasolina}$$

Se usássemos o diagrama de Moody, teríamos de calcular

$$\frac{\epsilon}{d} = \frac{0,00003}{0,20} = 0,00015$$

Com este valor e Re $= 4,6 \times 10^5$, acharíamos $f = 0,015$.

Observação
A Fig. 30.7 nos permite obter, para tubos de materiais diversos, os valores de coeficiente de perda de carga f, conforme os diâmetros e a rugosidade, para o caso da água.

FÓRMULAS EMPÍRICAS

Para a determinação da perda de carga em encanamentos, existe um grande número de fórmulas empíricas estabelecidas para materiais e condições especiais, que se deverão assemelhar aos casos em que se pretender aplicá-las.

A simplicidade de emprego e principalmente a possibilidade de serem representadas graficamente em diagrama fazem com que tenham muita utilização. Seu valor reside na comprovação de sua exatidão em ensaios de laboratório e em incontáveis instalações executadas. Dado o grande número dessas fórmulas, limitar-nos-emos a dar as mais usuais para

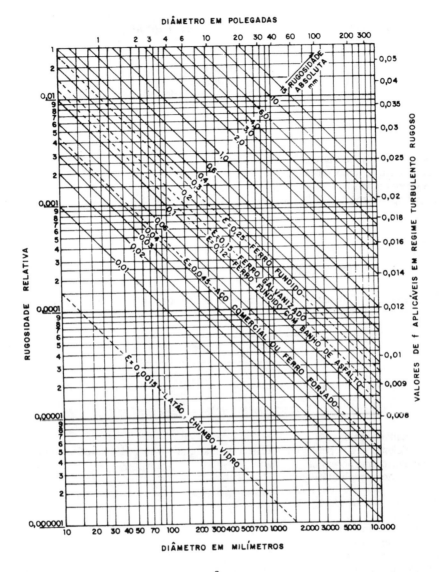

Fig. 30.7 Determinação da rugosidade relativa $\dfrac{\varepsilon}{d}$ e de f.

a água e os materiais empregados em instalações de bombeamento e a apresentar os diagramas que permitem resolver com rapidez e razoável precisão os casos mais correntes.

Flamant

$$\frac{dJ}{4} = b\sqrt{\frac{V^7}{d}} \qquad (30.20)$$

$b = 0{,}00023$ tubos de ferro e aço em uso.
$b = 0{,}000185$ tubos de ferro e aço novos.

Emprego. Diâmetros de 1 cm a 1 metro.
É muito usada em instalações prediais para tubos de ferro galvanizado.

Strickler (também conhecida como fórmula de Manning-Strickler)

$$V = K\left(\frac{d}{2}\right)^{2/3} J^{1/2} \quad \begin{array}{l} d\,[m] \\ v\,[m \cdot s^{-1}] \\ K - \text{coef. de resistência de Strickler} \end{array}$$

Usa-se esta fórmula para:

	Valores de K
Tubos de ferro fundido novos	80 a 90
Tubos de ferro fundido velhos	50 a 75
Tubos de aço novos	80 a 90
Tubos de aço velhos	70 a 80
Tubos de aço revestimento especial	80 a 90
PVC	100
Fibrocimento	90 a 100

Williams-Hasen (1903-1920)

A fórmula de Williams-Hasen é das mais usadas para tubulações de diâmetros acima de 2″ (50 mm). Sua expressão é

$$V = 0,355 \cdot C \cdot d^{0,63} \cdot J^{0,54} \tag{30.21}$$

Pode ser expressa também por

$$Q = 27,88 \cdot D^{2,63} \cdot J^{0,54} \quad \text{para C} = 100$$

V = velocidade em $m \cdot s^{-1}$
C = coeficiente que depende da natureza do material e estado das paredes do tubo
d = diâmetro interno em m
J = perda de carga unitária m/m

Valores do coeficiente C
Aço galvanizado — 125
Aço soldado, novo — 130
Aço soldado em uso — 90
Cimento amianto — 140
Ferro fundido, novo — 130
Ferro fundido com revestimento de cimento — 140
Ferro fundido após 15-20 anos — 100 (valor usual para tubos com incrustações)
Ferro fundido, mais de 20 anos — 90
Plástico PVC — 140
Aço soldado com revestimento especial — 130

Fair-Whipple-Hsiao (1930)

São usadas para tubos de pequenos diâmetros, até 4″ (100 m). Recomendadas pela Norma Brasileira para Instalações de Água Fria Potável NB-92.
— Cano de ferro galvanizado.

$$Q = 27,113 \cdot J^{0,632} \cdot D^{2,596} \text{ ou } J = 0,002021 \frac{Q^{1,88}}{D^{4,88}}$$

— Cano de cobre e latão conduzindo água fria.

$$Q = 55,934 \cdot d^{2,71} \cdot J^{0,57}$$

PERDAS DE CARGA **655**

— Cano de cobre e latão conduzindo água quente.

$$Q = 63,281 \cdot d^{2,71} \cdot J^{0,57}$$

Outras fórmulas

Ainda se poderiam acrescentar as fórmulas de tipo Chézy, como as de Bazin e Kutter, para tubos; a de Darcy para tubos de ferro fundido; a de Scobey para aço e muitas outras mais, porém menos empregadas.

PERDAS DE CARGA ACIDENTAIS

Além da perda de energia ocorrida ao longo do encanamento, as peças especiais, conexões, válvulas etc. também são responsáveis por perdas de energia, por causarem turbulência, alterarem a velocidade, mudarem a direção, aumentarem o atrito e provocarem choques das partículas.

Essas perdas, localizadas onde existem as peças citadas, são por isso chamadas de perdas locais, localizadas ou acidentais.

Ao ser calculada a perda de carga de um encanamento, deve-se portanto adicionar à perda de carga *normal,* isto é, ao longo do encanamento, as perdas de carga correspondentes a cada uma das peças, conexões e válvulas.

Há pelo menos três métodos para calcular essas perdas. Apresentaremos inicialmente os dois mais empregados, e ao final do capítulo, o terceiro.

1.º Utilização da *fórmula geral* das perdas localizadas e de tabelas onde se encontram valores do coeficiente de perdas localizadas K para várias peças e conexões.

$$J = K \cdot \frac{v^2}{2g} \qquad (30.22)$$

2.º *Método dos comprimentos virtuais ou equivalentes*
O método se baseia no seguinte:

Cada peça especial ou conexão acarreta uma perda de carga igual a que produziria um certo comprimento de encanamento com o mesmo diâmetro. Este comprimento de encanamento equivale, virtualmente sob o ponto de vista de perda de carga, àquele que produz a peça considerada.

Assim, um registro de gaveta de 2″ (50 mm) todo aberto dá a mesma perda de carga que 0,4 metro de tubo de ferro galvanizado de 2″. Dizemos que o comprimento equivalente ao registro de 2″ aberto é de 0,4 metro. Adicionando-se os comprimentos virtuais ou equivalentes de todas as peças ao comprimento real, teremos um comprimento final, que será usado como se houvesse apenas encanamento sem peças especiais e outras singularidades.

Vejamos alguns dados para o cálculo pelos dois métodos.

1.º *Emprego da fórmula geral*

$$J = K \cdot \frac{v^2}{2g} \qquad (30.23)$$

J é dado em metros de coluna de água, cm de coluna de água; ft de c.a., conforme as unidades adotadas para V e g.

Valores do coeficiente K
a. Perda de carga na entrada de um encanamento (à saída de um reservatório).
Acham-se indicados na Fig. 30.9 valores de k para diversos casos.
b. Perda de carga na saída do encanamento, isto é, entrada no reservatório. (Ver Fig. 30.9)

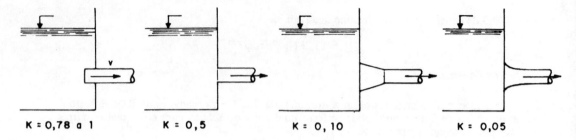

Fig. 30.8 Coeficiente K de perda de carga para entrada em tubulações.

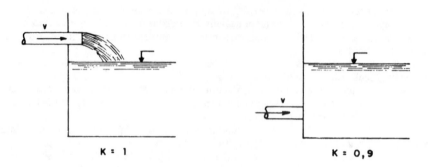

Fig. 30.9 Coeficiente K de perda de carga para saída de tubulações.

c. Perda de carga em peças especiais.

— curva de raio longo $K = 0,25$ a $0,40$
— curva de raio curto (cotovelo) $K = 0,90$ a $1,5$
— curva de 45° $K = 0,20$
— cotovelo de 45° $K = 0,40$
— curva de 22°30′ $K = 0,10$
— crivo $K = 0,75$
— alargamento (bocal) $K = 0,30$ (usar o v maior)
— redução gradual $K = 0,15$
— registro de gaveta aberto $K = 0,20$
— registro de globo aberto $K = 10,00$
— registro de ângulo aberto $K = 5,00$
— junção 45° $K = 0,40$
— tê, passagem estreita $K = 0,60$
— tê, saída lateral $K = 1,30$
— tê, saída bilateral $K = 1,80$
— válvula de retenção $K = 2,50$
— válvula de pé $K = 1,75$

2.º *Comprimentos equivalentes de encanamento para perdas de carga localizadas*
    Para determinação rápida dessas grandezas, podemos empregar:

a. Diagrama da Crane Corporation *(Flow of fluids through valves, fittings and pipes)* (Fig. 30.10).
Ligando-se por uma reta o ponto da reta A, correspondente à peça em questão, ao diâmetro indicado na reta B, obtém-se, na C, o comprimento equivalente em metros.

Exemplo

    Válvula de gaveta de 3″ (75 mm) toda aberta. Ligam-se os pontos a a b e obtém-se $c = 0,52$ m.
    A perda na válvula de 3″ equivale à que se verifica em 0,52 m de tubo de 3″.

PERDAS DE CARGA

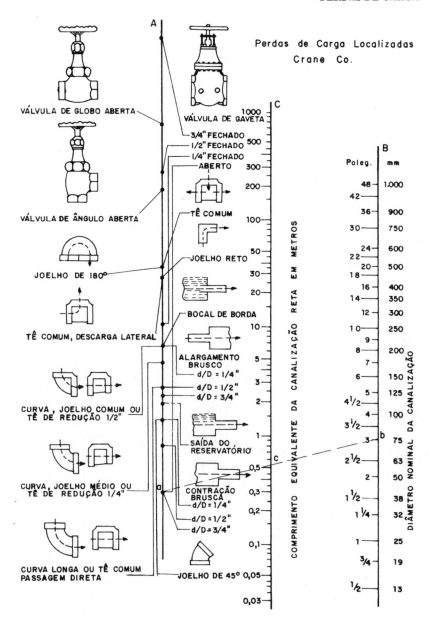

Fig. 30.10 Perdas de carga localizadas.

É bom notar que há uma apreciável discordância entre os valores das perdas, apresentados nos catálogos dos fabricantes, para certas peças.

b. *Tabela de comprimentos equivalentes*

Pode-se usar a tabela, apresentada na Norma Brasileira para Instalações Prediais NBR-5626/82, para diâmetros até 350 mm ou a da Fig. 30.11.

Exemplo
Para o registro de gaveta de 3" aberto, obtém-se 0,5 m para o comprimento equivalente.

Carga inicial no reservatório
O líquido estando em repouso no reservatório, a velocidade em sua superfície livre

658 BOMBAS E INSTALAÇÕES DE BOMBEAMENTO

DIÂMETRO D (mm)	13	19	25	32	38	50	63	75	100	125	150	200	250	300	350
DIÂMETRO D (pol)	1/2	3/4	1	1 1/4	1 1/2	2	2 1/2	3	4	5	6	8	10	12	14
VÁLVULA DE RETENÇÃO TIPO PESADO	1,6	2,4	3,2	4,0	4,8	6,4	8,1	9,7	12,9	16,1	19,3	25,0	32,0	38,0	45,0
VÁLVULA DE RETENÇÃO TIPO LEVE	1,1	1,6	2,1	1,7	3,2	4,2	5,2	6,3	6,4	10,4	12,5	16,0	20,0	24,0	28,0
SAÍDA DA CANALIZAÇÃO	0,4	0,5	0,7	0,9	1,0	1,5	1,9	2,2	3,2	4,0	5,0	6,0	7,5	9,0	11,0
VÁLVULA DE PÉ E CRIVO	3,6	5,6	7,3	10,0	11,6	14,0	17,0	20,0	23,0	30,0	39,0	52,0	65,0	78,0	90,0
TÊ SAÍDA BILATERAL	1,0	1,4	1,7	2,3	2,8	3,5	4,3	5,2	6,7	8,4	10,0	13,0	16,0	19,0	22,0
TÊ SAÍDA DE LADO	1,0	1,4	1,7	2,3	2,8	3,5	4,3	5,2	6,7	8,4	10,0	13,0	16,0	19,0	22,0
TÊ PASSAGEM DIRETA	0,3	0,4	0,5	0,7	0,9	1,1	1,3	1,6	2,1	2,7	3,4	4,3	5,5	6,1	7,3
REGISTRO DE ÂNGULO ABERTO	2,6	3,6	4,6	5,6	6,7	8,5	10,0	13,0	17,0	21,0	26,0	34,0	43,0	51,0	60,0
REGISTRO DE GLOBO ABERTO	4,9	6,7	8,2	11,3	13,4	17,4	21,0	26,0	34,0	43,0	51,0	67,0	85,0	102,0	120,0
REGISTRO DE GAVETA ABERTO	0,1	0,1	0,2	0,2	0,3	0,4	0,4	0,5	0,7	0,9	1,1	1,4	1,7	2,1	2,4
ENTRADA DE BORDA	0,4	0,5	0,7	0,9	1,0	1,5	1,9	2,2	3,2	4,0	5,0	6,0	7,5	9,0	11,0
ENTRADA NORMAL	0,2	0,2	0,3	0,4	0,5	0,7	0,9	1,1	1,6	2,0	2,5	3,5	4,5	5,5	6,2
CURVA 45°	0,2	0,2	0,2	0,3	0,3	0,4	0,5	0,6	0,7	0,9	1,1	1,5	1,8	2,2	2,5
CURVA 90° R/D-1	0,3	0,4	0,5	0,6	0,7	0,9	1,0	1,3	1,6	2,1	2,5	3,3	4,1	4,8	5,4
CURVA 90° R/D-1 1/2	0,2	0,3	0,3	0,4	0,5	0,6	0,8	1,0	1,3	1,6	1,9	2,4	3,0	3,6	4,4
CURVA 45°	0,2	0,3	0,4	0,5	0,6	0,8	0,9	1,2	1,5	1,9	2,3	3,0	3,8	4,6	5,3
CURVA 90° RAIO CURTO	0,5	0,7	0,8	1,1	1,3	1,7	2,0	2,5	3,4	4,2	4,9	6,4	7,9	9,5	10,5
CURVA 90° RAIO MÉDIO	0,4	0,6	0,7	0,9	1,1	1,4	1,7	2,1	2,8	3,7	4,3	5,5	6,7	7,9	9,5
CURVA 90° RAIO LONGO	0,3	0,4	0,5	0,7	0,9	1,1	1,3	1,6	2,1	2,7	3,4	4,3	5,5	6,1	7,3

Fig. 30.11 Comprimentos equivalentes a perdas localizadas (em metros de canalização retilínea).

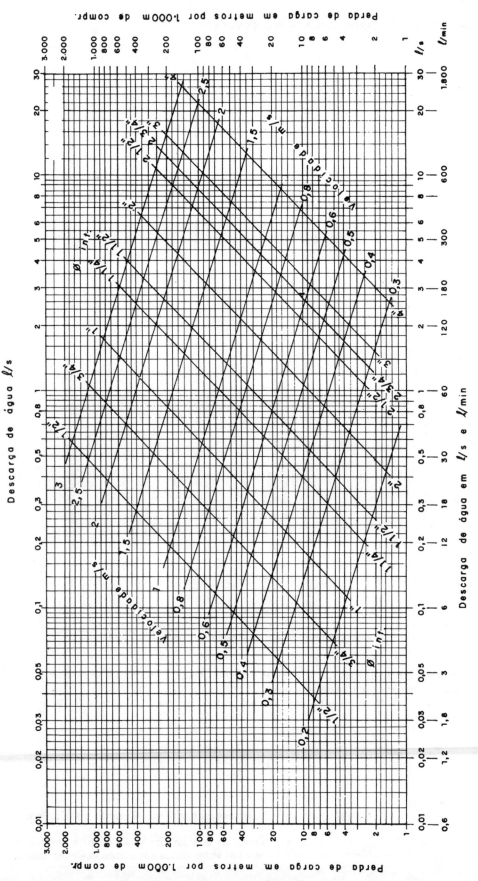

Fig. 30.12 Nomograma para a obtenção da perda de carga (segundo Hütte — edição 26) para tubos usados com roscas de gás. Para tubos novos com roscas de gás, os valores das perdas devem ser multiplicados por 0,7.

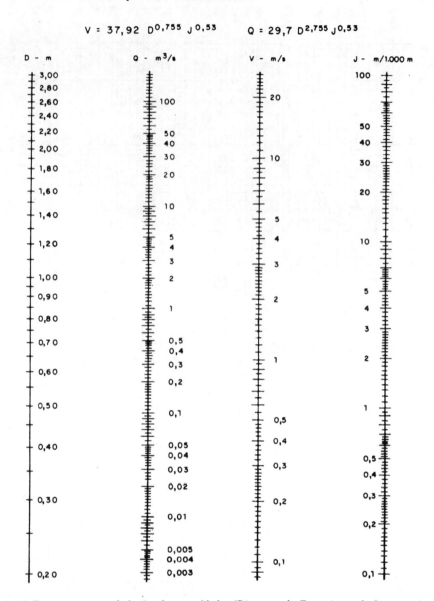

Fig. 30.13 Escoamento em tubulações de aço soldado. *(Diagrama do Eng.º Armando Lencastre.)*

é praticamente nula. Para que a unidade de peso de líquido adquira a velocidade v com a qual irá escoar no encanamento, deverá fornecer ou ceder uma parcela de sua energia de posição para transformá-la em energia cinética. Esta energia é chamada de "carga inicial". e é igual a

$$J_i = \frac{v^2}{2g}$$

Diagramas diversos

As Figs. 30.12 e 30.21 apresentam diagramas cuja utilidade é grande e sua aplicação dispensa explicações.

A Fig. 30.23 permite a imediata conversão de viscosidades, passando pela viscosidade conhecida uma reta horizontal, a qual indicará as viscosidades nas demais unidades usuais.

PERDAS DE CARGA   661

PERDAS DE CARGA RECOMENDADAS NO DIMENSIONAMENTO DE ENCANAMENTO

Indicamos a seguir os valores entre os quais as perdas de carga costumam ficar situadas.

Linhas de aspiração — 0,0115 a 0,23 kgf · cm^{-2} por 100 m, conforme o NPSH disponível: quanto menor o NPSH, menor deverá ser o valor admissível para a perda de carga.

Linhas de recalque — a. Para descargas até 450 l/min — 0,46 a 1,4 kgf · cm^{-2} por 100 metros.

b. Para descargas de 450 a 900 l/min — 0,33 a 1,15 kgf · cm^{-2} por 100 metros.

c. Para descargas de 900 a 2.250 l/min — 0,23 a 0,92 kgf · cm^{-2} por 100 metros.

d. Para mais de 2.250 l/min — 0,11 a 0,46 kgf · cm^{-2} por 100 metros.

Tabela 30.2 Velocidades recomendadas na aspiração e no recalque (m/s)

Diâmetro (mm)	Linha de aspiração			Linha de recalque		
	Água	Óleos leves	Óleos muito viscosos	Água	Óleos leves	Óleos muito viscosos
25	0,5	0,5	0,3	1,0	1,0	1,0
50	0,5	0,5	0,33	1,1	1,1	1,1
75	0,5	0,5	0,375	1,15	1,15	1,1
100	0,55	0,55	0,40	1,25	1,25	1,25
150	0,6	0,6	0,425	1,5	1,5	1,2
200	0,75	0,7	0,45	1,75	1,75	1,2
250	0,90	0,9	0,5	2,0	2,0	1,3
300	1,40	0,9	0,5	2,65	2,0	1,4
mais de 300	1,5	—	—	3,0		

3.° *Método para cálculo de perdas de carga acidentais*

Vimos que, para cada peça que se considera, a perda de carga que nela ocorre pode ser expressa em unidades de comprimento de tubo de igual diâmetro. Dividindo esse comprimento pelo diâmetro em questão, teremos o número de diâmetros que somados dão o comprimento equivalente, isto é, $\dfrac{L}{D}$ = número de diâmetros. Existem tabelas que dão os valores $\dfrac{L}{D}$ para várias peças, como a Tabela 30.3 indica. Multiplicando-se o valor do número de diâmetros pelo valor do diâmetro, obtém-se o comprimento equivalente. Este método é usado em programação para computadores.

Assim, por exemplo, um registro de gaveta de $D = 4''$ (0,10 m) tem um $\dfrac{L}{D} = 8$ diâmetros.

Portanto, o comprimento equivalente será

$$L = 8 \times D = 8 \times 0,10 = 0,80 \text{ m.}$$

Tabela 30.3 Número equivalente de diâmetros

Tipo de peça	Número de diâmetros $\dfrac{L}{D}$
Cotovelo 90°	45
Cotovelo 45°	20
Curva longa 90°	30
Curva longa 45°	15
Alargamento gradual	12
Entrada de tubo	17
Redução gradual	16
Registro de gaveta aberto	8
Registro de globo aberto	350
Saída de tubulação	35
Tê de saída lateral	65
Tê de passagem direta	20
Válvula de retenção	100
Válvula de pé com crivo	250

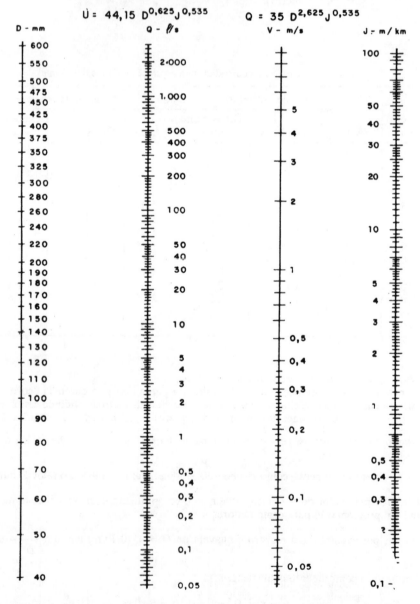

Fig. 30.14 Escoamento em tubulações de ferro fundido novo. *(Diagrama do Eng.° Armando Lev   stre.)*

Perda de carga em curvas. A perda de carga nas curvas pode ser calculada pela fórmula

$$J_c = f \cdot \frac{\ell}{d} \cdot \frac{V^2}{2g} + \lambda_c \cdot \frac{V^2}{2g}$$

ou

$$J_c = \frac{V^2}{2g} \cdot \left(f \cdot \frac{1}{d} + \lambda_c \right)$$

onde λ_c é um coeficiente que depende de R, ℓ e d. Para curvas temos para vários valores de α e $\dfrac{R}{d}$ os valores indicados abaixo para λ_c.

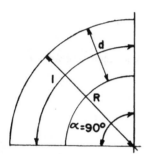

Fig. 30.15 Curva de uma só peça (inteiriça).

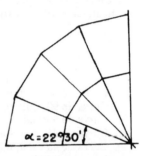

Fig. 30.16 Curva de segmentos soldados.

Tratando-se de uma curva construída com trechos retos com ângulo α de 10 a 22°30′, deve-se fazer uma correção aumentando os valores encontrados na Tabela 30.5 na medida indicada na Tabela 30.4.

Tabela 30.4 Valores de λ_c para vários valores de α e $\dfrac{R}{d}$

$\dfrac{R}{d}$ \ α	15°	30°	45°	60°	75°	90°
2	0,04	0,075	0,125	0,15	0,17	0,175
4	0,03	0,06	0,08	0,11	0,12	0,125
6	0,035	0,055	0,075	0,095	0,11	0,115
8 a 12	0,025	0,050	0,065	0,080	0,095	0,100

Tabela 30.5 Aumento da perda de carga λ_c em curvas poligonais

Aumento de λ_c em %				
Ângulo da curva	90°	60°	45°
Ângulo de desvio de 10 a 15%	8	5	2
Ângulo de desvio de 15 a 22°30′	20	8	3

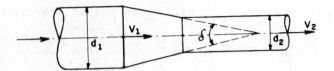

Fig. 30.17 Estreitamento, com peça de redução.

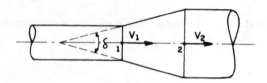

Fig. 30.18 Alargamento, com peça de redução.

No caso de curvas pré-fabricadas, podem-se usar os valores de K a seguir indicados para o cálculo da perda de carga J_{curvas} pela fórmula

$$J_c = K \cdot \frac{V^2}{2g}$$

Curva de 90°, raio longo	$K = 0{,}25$ a $0{,}40$
Curva de 90°, raio médio	$K = 0{,}90$
Curva de 90°, raio curto (cotovelo)	$K = 1{,}5$
Curva de 45°, raio longo	$K = 0{,}20$
Curva de 45°, raio médio	$K = 0{,}40$
Curva de 22°30′, raio longo	$K = 0{,}10$

Perda de carga em alargamentos e estreitamentos. Em tubulações de bombeamento a transição de dois trechos de diâmetros diferentes realiza-se com peças de concordância troncônicas com ângulo de conicidade δ pequeno.

Chamemos de n a relação $\left(\dfrac{d_2}{d_1}\right)^2$

Para n compreendido entre 0,05 e 0,5 temos para o coeficiente de perda de carga λ, na redução com estreitamento suave:

$$\boxed{\lambda_r = 0{,}0025 \operatorname{cotg} \frac{\delta}{2}}$$

e a perda de carga é

$$\boxed{J_r = \lambda_r \cdot \frac{V_2^2 - V_1^2}{2g}}$$

Se $\dfrac{\delta}{2}$ é menor que 15° considera-se desprezível a perda.

No *alargamento suave* os valores são dados por

$$\boxed{\lambda_a = (n - 1)^2 \cdot \operatorname{sen} \delta}$$

$$J_a = \lambda_a \cdot \frac{V_1^2 - V_2^2}{2g}$$

Pode-se, com boa aproximação, calcular as perdas antes citadas pela fórmula

$$J = K \cdot \frac{V^2}{2g}$$

sendo $K = 0,30$ no alargamento e $K = 0,15$ no estreitamento. Deve-se usar para v o valor no trecho de menor diâmetro.

Perdas de carga em derivação. Os valores de K variam conforme o sentido de entrada e saída da água na derivação e o ângulo de inserção, conforme se observa na Fig. 30.19.

Perdas de carga em válvulas

Registro de gaveta todo aberto	$K = 0,10$ a $0,20$
Registro de globo aberto	$K = 10$
Válvula de borboleta	$K = \dfrac{t}{D}$

sendo t a espessura do disco da válvula, D o diâmetro nominal da válvula e chamando de α o ângulo de inclinação do disco,

α	5°	10°	15°	20°	30°	45°
K	0,24	0,52	0,90	1,54	3,91	18,70

Válvula de agulha $\qquad K = \dfrac{183}{\sqrt[3]{d}}$

sendo d o diâmetro da extremidade menor expresso em pés.
Em geral K varia de $0,08$ a $0,16$, conforme o modelo da válvula.

Válvula de retenção	$K = 2,50$
Válvula de pé (retenção)	$K = 1,75$
Crivo de válvula de pé	$K = 0,75$

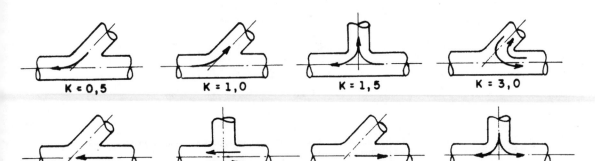

Fig. 30.19 Valores de K para várias derivações.

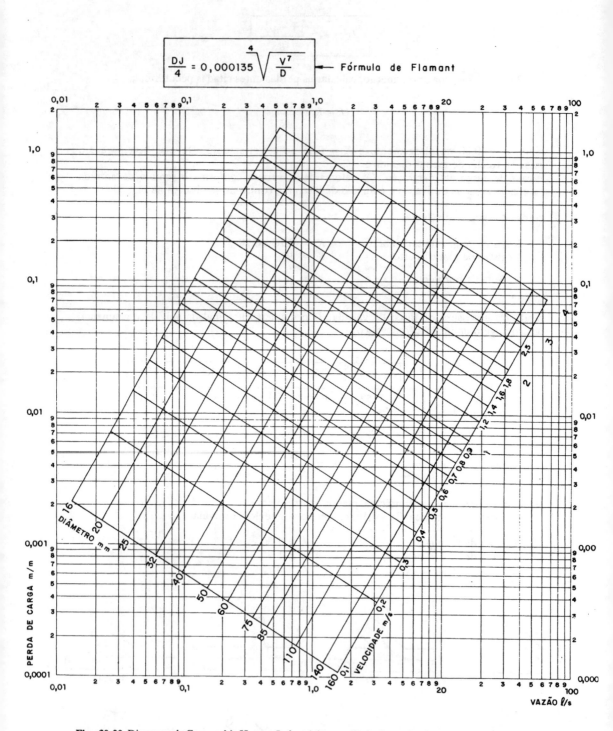

Fig. 30.20 Diagrama da Companhia Hansen Industrial para cálculo de perdas de carga em encanamentos de PVC rígido, para instalações prediais, série A.

PERDAS DE CARGA

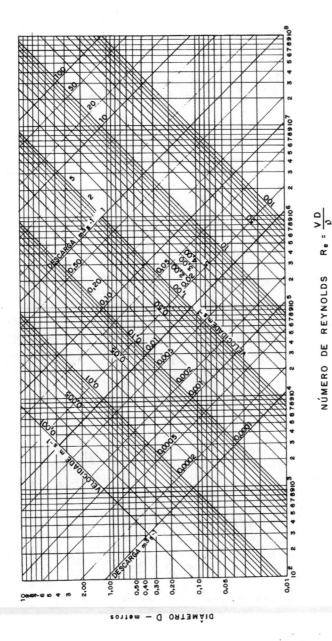

Fig. 30.21 Determinação do número de Reynolds, Re, para água a 15°C.

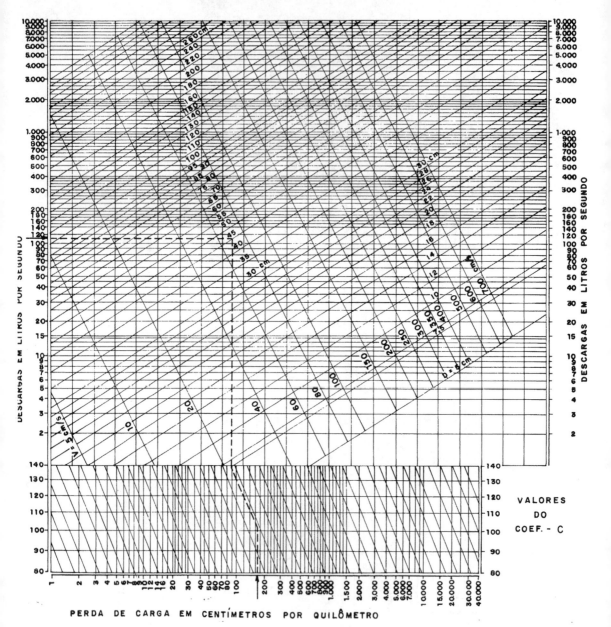

Fig. 30.22 Diagrama para o cálculo das tubulações pela fórmula de Williams-Hasen. *(Cortesia da Cia. Ferro Brasileiro S.A.)*

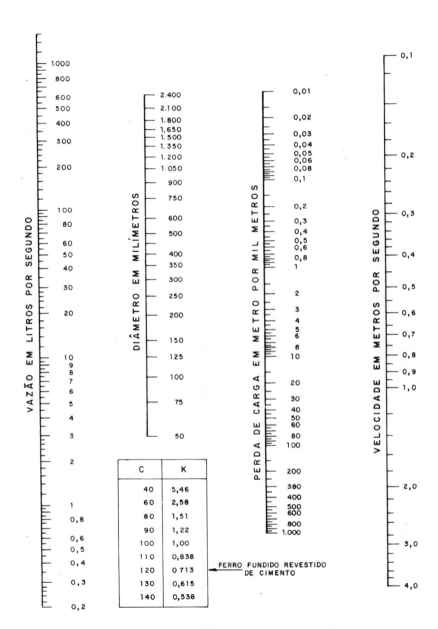

Fig. 30.23 Diagrama baseado na fórmula de Williams-Hasen para $C = 100$, de autoria do Prof. José Augusto Martins, da Escola Politécnica da Universidade de São Paulo. Para $C \neq 100$, multiplicar a perda de carga pelo valor de K correspondente.

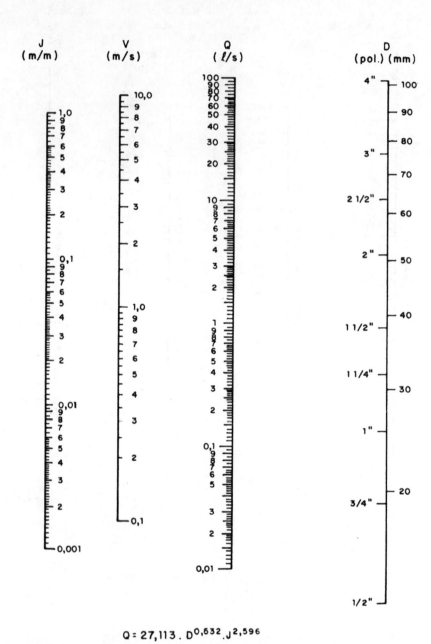

$Q = 27{,}113 \cdot D^{0,632} \cdot J^{2,596}$

Fig. 30.24 Diagrama para encanamentos de aço galvanizado para água fria. Fórmula de Fair-Whipple-Hsiao *(Autoria de Murillo S. de Pinho.)*

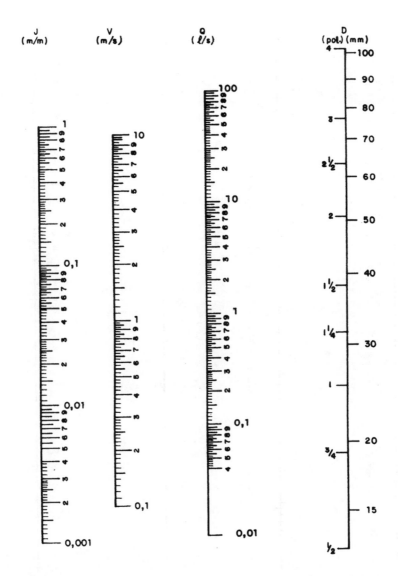

Fig. 30.25 Encanamento de cobre ou de latão. Fórmula de Fair-Whipple-Hsiao ($Q = 55, 934^{0,571}$, $D^{2,714}$). *(Diagrama de Murillo S. de Pinho.)*

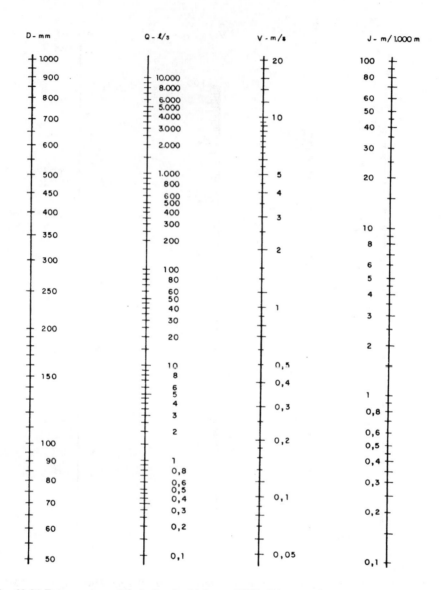

Fig. 30.26 Escoamento em tubulações de plástico — PVC. *(Diagrama do Eng.º Armando Lencastre.)*

PERDAS DE CARGA

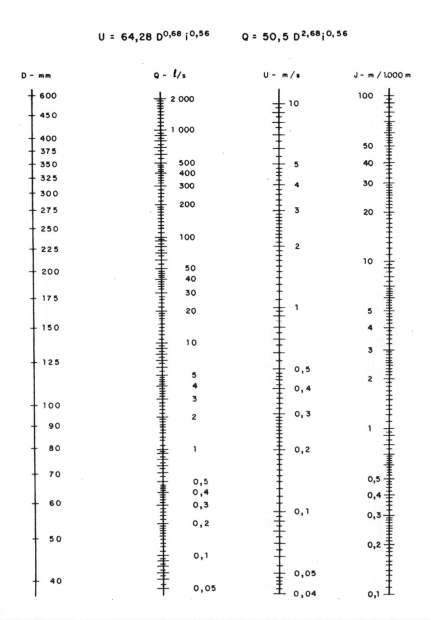

Fig. 30.27 Escoamento em tubulações de fibrocimento. *(Diagrama do Eng.º Armando Lencastre.)*

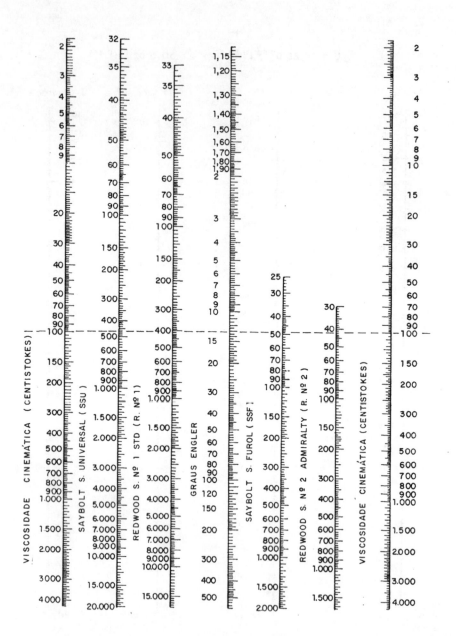

Fig. 30.28 Gráfico de conversão de viscosidades. *(Cortesia de Hero Hidroelétrica Ind. e Com. S.A.)*

Bibliografia

ARMCO. *Handbook of Welded Steel Pipe.*
ARMCO. *Manual de Hidrotécnica.*
AZEVEDO NETTO, JOSÉ MARTINIANO. *Manual de Hidráulica.* Editora Edgard Blücher.
BARBÉ, R. La mesure dans un laboratoire des perdes de charge de conduites industrielles; La Houille Blanche, vol. 2, 1947.
Charts for the Hydraulic Design of Channels and Pipes. Londres: Her Majesty's Stationery office, 1975.
COMOLET, R. *Mécanique Expérimentale des Fluides.* Masson & Cie. Éditeurs.
CORONEL, SAMUEL TRUEBA. *Hidráulica.* C.E.C.S.A.
CROCKER, SABIN. *Piping Handbook.* McGraw-Hill Book Co.
FEGHALI, JAURÈS PAULO. *Mecânica dos fluidos.* Livros Técnicos e Científicos Editora S.A. vols. 1 e 2.
FLÔRES, JORGE OSCAR DE MELLO. *Mecânica dos fluidos.* Serv. de Public. da Escola de Eng. da UFRJ.
LENCASTRE, ARMANDO. *Manual de Hidráulica Geral.* Editora Edgard Blücher.
MULLER, W. Perdas de carga nas condutas forçadas das centrais hidroelétricas. *Revista técnica Sulzer* 3/1964.
NEKRASOV, BORIS. *Hydraulics.* Peace Publishers, Moscou.
VENNARD/STREET. *Elementos de Mecânica dos Fluidos.* Guanabara Dois, 1978.

31

Instalação Elétrica para Motores de Bombas

Neste capítulo apresentaremos algumas indicações que facilitam a escolha dos motores para o acionamento das bombas e que mostram a maneira de ligá-los à rede da energia elétrica, como protegê-los e operá-los.

CLASSIFICAÇÃO SUMÁRIA DOS MOTORES

Conforme a natureza da corrente que os alimenta, os motores se dividem em:
— Motores de corrente contínua (CC)
— Motores de corrente alternada (AC) ou (CA)
Consideremos cada uma dessas modalidades.

Motores de corrente contínua

Os motores de corrente contínua são usados em laboratórios de ensaios e pesquisas, onde se pretende fazer girar a bomba com diversos valores do número de rotações para traçado das curvas de Q, H, N e η em função de n.

A velocidade desses motores pode ser variada por diversos modos, sendo mais comuns a variação da tensão (voltagem), aplicada ao induzido, ou a variação do fluxo no entreferro pela redução da corrente de campo. A modificação do valor da tensão é feita variando-se as resistências dispostas em série com o induzido, com o emprego de um reostato.

Os motores de corrente contínua, conforme sua modalidade construtiva, são classificados em Motores Shunt, Motores Série e Motores Compound.

Os motores Shunt podem ser empregados quando as características de partida não são muito severas no acionamento de turbobombas, pois giram com velocidade aproximadamente constante. O conjugado é proporcional à corrente absorvida. A variação da velocidade se faz com um reostato. São empregados em turbobombas, ventiladores, esteiras transportadoras etc.

Nos motores Série, a velocidade varia com a carga, o conjugado de partida é muito grande; daí serem preferidos em tração elétrica, guindastes, compressores, pontes rolantes etc.

O motor Compound reúne características dos dois acima mencionados. Não é, em geral, empregado no acionamento de bombas. Demandam corrente de partida elevada, mas a velocidade de operação é constante. São usados no acionamento de bombas de êmbolo, calandras etc.

Como a corrente fornecida pela rede de energia elétrica é alternada, bombas com motores de CC necessitariam de equipamentos para retificação da corrente, o que oneraria

INSTALAÇÃO ELÉTRICA PARA MOTORES DE BOMBAS   677

o custo da instalação. Por esse motivo e pelo seu custo mais elevado, só raramente são empregados em instalações de bombeamento.

Motores de corrente alternada

São dois os tipos mais empregados:
— Motores síncronos polifásicos
— Motores assíncronos ou de indução polifásicos
Antes de procedermos a uma caracterização desses motores, façamos uma consideração sobre a rotação dos mesmos.

Em Eletrotécnica demonstra-se que o número de rotações dos motores alternados depende:
— *da freqüência f do sistema* que fornece a energia elétrica. No Brasil, é de 60 hertz ou 60 ciclos. (As regiões do Brasil onde ainda a energia é gerada e transmitida em 50 hertz estão gradativamente se adaptando para a energia na freqüência de 60 Hz.)
— *do número de pólos do motor.* A rotação síncrona de um motor em rpm é o número de rotações com que, para dados valores do número de pólos e da freqüência, ele é susceptível de girar. Chamando de
p = números de pólos do motor, teremos

$$n = \frac{120 \cdot f}{p}$$ (31.1)

Assim, teremos para a freqüência f = 60 Hz,

Tabela 31.1 Rotação síncrona em função do número de pólos

p (pólos)	Rotação síncrona (rpm)
2	3.600
4	1.800
6	1.200
8	900
10	720
12	600
14	514
16	450
18	400
20	360
24	300

Nos motores *síncronos,* a rotação é igual à rotação síncrona, daí seu nome. Dentro dos limites aceitáveis de trabalho do motor, a velocidade praticamente não varia com a carga. São usados para compressores de grande potência, grupos motor-gerador, turbobombas e ventiladores de grande capacidade.

Nos motores *assíncronos* ocorre um "deslizamento" em relação à rotação síncrona, de modo que as rotações dos motores indicadas na tabela passam a ser, respectivamente, de 3.500 rpm, 1.750, 1.150, 860, 700, 500 etc.

O deslizamento S é expresso por

$$S = \frac{n_{\text{síncrono}} - n_{\text{do motor}}}{n_{\text{síncrono}}}$$ (31.2)

Exemplo

$$n_{síncrono} = 3.600$$
$$n_{motor} = 3.500$$

678 BOMBAS E INSTALAÇÕES DE BOMBEAMENTO

O deslizamento será

$$S = \frac{3.600 - 3.500}{3.600} = 0,027$$

isto é, de 2,7%.

Motores síncronos

Nesses motores, o estator é alimentado com corrente alternada, enquanto o rotor o é com corrente contínua proveniente de uma *excitatriz*, que é um pequeno dínamo normalmente montado no próprio eixo do motor.

Não possuem partida própria, de modo que, para demarrar e alcançar a velocidade síncrona, necessitam de um agente auxiliar que geralmente é um motor de indução. Após atingirem a rotação síncrona, conforme mencionamos, eles mantêm a velocidade constante para qualquer carga, naturalmente dentro dos limites de sua capacidade. Assim, caso se quisesse fazer variar sua velocidade, ter-se-ia de mudar a freqüência da corrente.

Antes de submeter o motor síncrono à carga, ele deve ser levado à velocidade de sincronismo. Todos os métodos de partida exigem que, durante a aceleração, se proceda à remoção total ou pelo menos parcial da carga. Usam-se os seguintes métodos de partida:

— Partida própria, pela ação de um motor de indução auxiliar.
— Emprego de motor de "lançamento" auxiliar.
— Partida com tensão reduzida por meio de autotransformador, reator ou resistência em série.

Os motores síncronos são empregados em elevatórias de grande porte, como é o caso da elevatória do Lameirão do Sistema Guandu, no Rio de Janeiro, onde foram empregados três motores síncronos de 9.000 HP e dois de 4.500 HP — 13,2 kV, para acionamento de bombas capazes de atender a $H = 117$ m.

Apontam-se como desvantagens do motor síncrono:
— exigência de corrente contínua para sua excitação;
— sensibilidade às perturbações do sistema, podendo mesmo vir a sair do sincronismo;
— reduzido valor do conjugado de partida; em certos casos torna-se necessário ligar o motor com a bomba esvaziada, e esse esvaziamento se realiza com o auxílio de ar comprimido;
— controle relativamente difícil.

Como mera indicação pode-se dizer que os motores síncronos são preferidos por serem mais econômicos para potências que excedem um c.v. por rpm.

Motores assíncronos

Os mais importantes, mais robustos e mais comuns são os de *Indução trifásicos*. Neles, a corrente que circula no *rotor* é induzida no rotor pelo movimento relativo entre os condutores do rotor e o "campo girante", produzido pela variação da corrente no indutor fixo. São duas as partes essenciais do motor de indução:

— o *indutor fixo* (estator), constando de um enrolamento alojado em ranhuras existentes na periferia de um núcleo de ferro laminado (carcaça). A passagem da corrente trifásica vinda da rede gera um campo magnético que gira com a velocidade síncrona (é o "campo girante");
— o *rotor* ou *induzido*, que pode ser de dois tipos:
— *Rotor bobinado* (em anéis). Composto de um núcleo ou tambor de ferro laminado, com ranhuras onde se alojam enrolamentos semelhantes aos do estator, proporcionando o mesmo número de pólos. Os enrolamentos são ligados em "estrela", e as três extremidades do enrolamento são unidas a três anéis presos no eixo, de modo a permitir a introdução de resistências em série com as três fases do enrolamento na partida e a colocar em curto-circuito os referidos terminais nas condições de regime normal de funcionamento. Necessitam de um reostato que ligue em estrela na partida, três séries de resistências e que depois de atingida a velocidade máxima sejam desligadas. *Aplicações:* ventiladores, bombas centrífugas, bombas de êmbolo, compressores, guindastes, esteiras transportadoras etc.

INSTALAÇÃO ELÉTRICA PARA MOTORES DE BOMBAS   679

— *Rotor em curto-circuito* ou *gaiola de esquilo (squirrel-cage)*. Trata-se de um núcleo com forma de tambor, dotado de ranhuras onde se alojam fios ou barras de cobre, que são postas em curto-circuito em suas extremidades por anéis de bronze.

A corrente no estator gera um campo girante no interior do qual se acha o rotor. Os condutores (fios ou barras) do rotor são cortados pelo fluxo do campo girante, e neles são induzidas forças eletromotrizes as quais originam correntes elétricas. Estas correntes, por sua vez, reagem sobre o campo girante, produzindo um conjugado motor que faz o rotor girar no mesmo sentido que o campo. Para compreender esse efeito é necessário lembrar a chamada lei de Lenz que nos diz que "as correntes induzidas tendem a opor-se à causa que as originou". Ora, a causa é o movimento relativo do rotor em relação ao campo girante, de modo que o rotor gira contrariando esse movimento e, portanto, no mesmo sentido que o campo. É importante ressaltar que a velocidade do rotor nunca pode tornar-se igual à velocidade do campo, isto é, à velocidade síncrona, pois se essa fosse atingida, os condutores do rotor não seriam cortados pelas linhas de força do campo girante, não se produzindo, então, as correntes induzidas nem o conjugado motor. É essa a razão de se chamarem *motores assíncronos*. Quando funciona sem carga, o rotor gira com velocidade quase igual à síncrona, pois o "deslizamento" é pequeno; porém com carga, o rotor se atrasa mais em relação ao campo girante, e são induzidas fortes correntes para produzir o conjugado necessário. A velocidade a plena carga pode baixar de 5 a 10% do valor da velocidade com o motor sem carga.

O motor em gaiola absorve da linha na partida uma corrente que pode chegar a seis vezes a corrente de plena carga, mas desenvolve um conjugado motor cerca de 1,5 vez o de plena carga, o que é muito bom para a demarragem das máquinas.

Para se conseguir variar a velocidade é preciso usar motor de indução com rotor bobinado e inserir resistência externa ao rotor. Os motores de tipo gaiola, para terem velocidades múltiplas, deverão permitir a variação do número de pólos do enrolamento do estator graças a enrolamentos adicionais. Podem-se usar variadores de velocidade especiais ligados aos motores, como é o caso dos variadores KOPP da Companhia Metalomecânica do Brasil, capazes de transmitir até 100 HP e com relações de 7:1 na baixa velocidade e de 1:1,7 na alta velocidade, quando se necessitar variar o número de rotações da bomba.

ESCOLHA DO MOTOR

Para a escolha do motor pode-se observar o que indicam os Quadros 31.1 e 31.2.

Variação da velocidade

Nas elevatórias, conforme vimos no Cap. 7, associam-se bombas em paralelo com a finalidade de possibilitar a descarga demandada, a qual pode oscilar entre limites bastante afastados. A utilização de bombas com motores de velocidade variável permite reduzir

Quadro 31.1 Caracterização da velocidade conforme o tipo de motor

	Corrente alternada	Corrente contínua
Velocidade aproximadamente constante, desde a carga zero até a plena carga	Motor de indução ou síncrono	Motor shunt
Velocidade semiconstante, da carga zero a plena carga	Motor de indução com elevada resistência do rotor	Motor compound
Velocidade variável, decrescente com o aumento de carga	Motor de indução com a resistência do rotor ajustável	Motor série

680 BOMBAS E INSTALAÇÕES DE BOMBEAMENTO

Quadro 31.2 Velocidade e conjugado conforme o tipo de motor

Tipo de motor	Velocidade	Conjugado de partida	Emprego
Indução, de gaiola trifásico	Aproximadamente constante	Conjugado baixo. Corrente elevada	Bombas, ventiladores, máquinas ferramentas
Indução, de gaiola com elevado deslizamento	A velocidade decresce rapidamente com a carga	Conjugado maior que o anterior. Corrente de partida menor	Pequenos guinchos, pontes rolantes, serras etc.
Rotor bobinado	Com a resistência de partida desligada, semelhantes ao primeiro caso. Com a resistência inserida, a velocidade pode ser ajustada a qualquer valor, embora com sacrifício do rendimento	Conjugado maior do que os dos casos anteriores	Compressores de ar, guinchos, pontes rolantes, elevadores etc.

o número de unidades a instalar, uma vez que um grupo apenas já atende a um amplo campo de variação de descarga, com rendimento muito satisfatório. Esta é a solução mais indicada, notadamente quando se trata de instalação com linha de recalque longa, com pequena altura estática e acentuada parcela de perdas de carga, condições em que a associação em paralelo deixa a desejar. A variação do número de rotações das bombas permite também o bombeamento diretamente na rede, como tem sido feito em algumas localidades da Europa.

Convém notar que não é necessário que, na elevatória, todos os grupos motor-bomba sejam de velocidade variável, solução que seria por demais onerosa.

A variação de velocidade nos motores de indução de rotor bobinado para acionamento de bombas comumente se faz agindo sobre a intensidade rotórica da corrente, de modo a obter uma variação no deslizamento. A energia correspondente ao deslizamento é recuperada e devolvida à rede após retornar às características de ondulação na freqüência da rede, o que é conseguido com o emprego de uma ponte de *thyristors*.

Pode-se também alcançar a variação da velocidade com variação na freqüência da corrente, como mencionado no Cap. 23.

Existem outros processos para variar a velocidade de motor, como a do emprego do grupo Ward-Leonard, que consiste num motor de corrente contínua cuja tensão varia graças a um gerador acionado, por sua vez, por um motor assíncrono. O rendimento pouco satisfatório tem limitado seu emprego no caso dos grupos motor-bomba.

TENSÃO DE OPERAÇÃO DOS MOTORES DAS BOMBAS

A Tabela 31.2 dá as tensões usuais das elevatórias em função das potências dos motores.

FATOR DE POTÊNCIA

Quando em um circuito existe intercalada uma ou mais bobinas, como é o caso de um circuito com motores de indução das bombas, observa-se que a potência total fornecida e que é determinada pelo produto da corrente lida em um amperímetro pela diferença de potencial lida em um voltímetro, não é igual à potência lida em um wattímetro.

No caso de haver motores, reatores, transformadores ou lâmpadas de descarga, a leitura no wattímetro indicaria valor inferior ao produto volt × ampère. Se no circuito houvesse apenas resistências, as duas leituras coincidiriam, pois volt × ampère = watts.

Se representarmos vetorialmente as potências, veremos que a chamada *Potência total* ou *aparente* (volt × ampère, ou kVA = 1.000 V.A) resulta da composição da *Potência ativa* (watt) com a *Potência reativa* (VARS = volt × ampères reativos) e que a potência ativa e a aparente estão defasadas entre si de um ângulo φ.

INSTALAÇÃO ELÉTRICA PARA MOTORES DE BOMBAS

Tabela 31.2 Potência e tensão de motores elétricos

Potência (c.v.)	Tensão (volt)
Até 200	220
1 a 1.000	380 ou 440
50 a 6.000	2.300
100 a 7.500	4.000
250 a 8.000	4.600
400 sem limite superior	6.600

Chama-se *Fator de potência* o co-seno desse ângulo φ, isto é, o valor dado por

$$\cos \varphi = \frac{\text{Pot. ativa}}{\text{Pot. aparente}} \text{ ou } \left(\frac{kW}{kVA}\right) \quad (31.3)$$

O nome *Fator de potência* decorre de que, multiplicando-se a potência aparente pelo cos φ, se obtém a potência ativa, isto é:

$$kW = \cos \varphi \cdot kVA \quad (31.4)$$

Quando há apenas resistências ôhmicas num circuito, dizemos que a corrente está "em fase" com a tensão (Fig. 31.2). Então $\varphi = 0$, cos $\varphi = 1$ e a potência monofásica é dada por

$$W = U \times I \quad \text{(watt = volt} \times \text{ampère)} \quad (31.5)$$

No caso de haver indutâncias (bobinas, motores ou dispositivos que sofram os efeitos da indução eletromagnética da corrente), a corrente fica defasada e em "atraso" em relação à tensão . (Fig. 31.3)
Nesse caso, como vimos,

$$P_{ativo} = \cos \varphi \cdot P_{total}$$

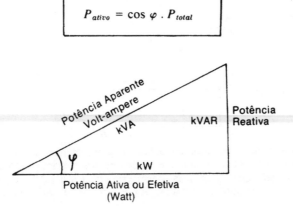

Fig. 31.1 Representação vetorial das potências.

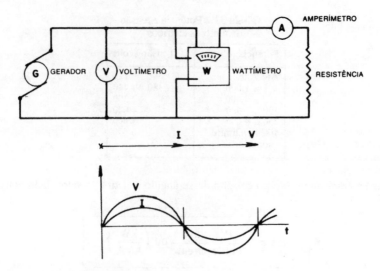

Fig. 31.2 Corrente "em fase" com a tensão.

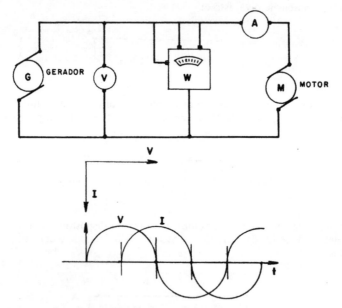

Fig. 31.3 Corrente defasada em relação à tensão.

e

$$I_{ativo} = \cos \varphi \cdot I_{total}$$

Quanto maior o valor do fator de potência, tanto menor será o valor de I_{total} para um mesmo valor de I_{ativo}. Os condutores e equipamentos elétricos são dimensionados com base no I_{total}, de modo que, para uma mesma potência útil (kW), deve-se procurar ter o menor valor possível da potência total (kVA), e isto ocorre evidentemente quando

$$I_{ativo} = I_{total}$$

INSTALAÇÃO ELÉTRICA PARA MOTORES DE BOMBAS   683

o que corresponde a

$$\cos \varphi = 1$$

Quanto mais baixo o valor do fator de potência, maiores deverão ser portanto as seções dos condutores e as capacidades dos transformadores e disjuntores.

Um gerador, suponhamos de 1.000 kVA, pode fornecer 1.000 kW a um circuito apenas com resistências, pois cos φ = 1. Se houver motores e o circuito tiver fator de potência 0,85, isto é, cos φ = 0,85, o gerador fornecerá apenas 850 kW de potência útil ao circuito.

Quando um motor de indução opera a plena carga, pode-se ter cos $\varphi \cong$ 0,90. Se operar com cerca de metade da carga, cos $\varphi \cong$ 0,80, e se trabalhar sem carga, cos φ = 0,20. Daí se conclui ser necessária uma criteriosa escolha da potência do motor da bomba, conforme os elementos estudados nos Caps. 3, 6 e 7, para que opere em condições favoráveis de consumo de energia.

Como dissemos, o efeito da potência reativa (kVAR), chamada também "componente dewattada", é consumir potência que não é acusada no wattímetro, de modo que a empresa concessionária forneceria energia, que, não sendo registrada, não seria cobrada do consumidor, embora este a estivesse gastando. Por isso, as concessionárias não permitem instalações industriais com fator de potência inferior a 0,85, cobrando sobretaxa sobre o excesso, melhor dizendo, abaixo desse valor.

A solução para melhorar o fator de potência é usar *capacitores,* que são condensadores estáticos industriais, capazes de estabelecer o avanço da corrente sobre a tensão, neutralizando ou atenuando o efeito da indutância. O mesmo efeito se obtém com o emprego de capacitadores síncronos, isto é, motores síncronos superexcitados (sobreexcitados). Neles, quando a corrente excitadora aumenta, há um aumento na chamada f.c.e.m. (força contra-eletromotriz) e se demonstra que, nessas condições, a corrente absorvida da linha fica em avanço sobre a voltagem aplicada.

CORRENTE NO MOTOR TRIFÁSICO

A corrente que produz potência média positiva ou motriz é, como vimos, a wattada ou ativa. A corrente reativa ou dewattada produz potência média nula, daí não ser utilizável. Num período, o gerador fornece essa potência e a recebe de volta, não havendo saldo de potência utilizável.

A potência ativa no circuito trifásico é dada pela expressão

$$P_{(watts)} = U \cdot I \sqrt{3} \cdot \cos \varphi \cdot \eta \qquad (31.6)$$

onde η = rendimento do motor.

Da Eq. 31.6 obtém-se a *corrente nominal* ou wattada, ou seja, a corrente de plena carga consumida pelo motor quando fornece a potência nominal a uma carga.

$$I_{(ampères)} = \frac{P_{c.v.} \times 736}{U_{(volts)} \cdot \sqrt{3} \cdot \cos \varphi \cdot \eta} \qquad (31.7)$$

Para um motor monofásico

$$I_{(ampères)} = \frac{P_{(c.v.)} \times 736}{U_{(volts)} \cdot \cos \varphi \cdot \eta} \qquad (31.7a)$$

Exemplo

Qual a corrente solicitada pelo motor de uma bomba de 5 c.v. sob uma tensão de 220 volts, sendo cos φ = 0,80 e o rendimento do motor igual a 96% (η = 0,96)?

684 BOMBAS E INSTALAÇÕES DE BOMBEAMENTO

A corrente nominal é dada por

$$I = \frac{P \times 736}{U \cdot \sqrt{3} \cdot \cos \varphi \cdot \eta} \qquad (1 \text{ c.v.} = 736 \text{ watts})$$

$$I = \frac{5 \times 736}{220 \times \sqrt{3} \times 0,80 \times 0,96} = 12,6 \text{ A}$$

Observação

A corrente nominal do motor para serviço em condições normais deverá ser multiplicada pelo "fator de serviço" igual a 1,25 para ter a corrente com a qual se dimensionarão os condutores elétricos do ramal do motor. O "fator de serviço" é, portanto, o fator que, aplicado à potência nominal, indica a sobrecarga admissível, e aplicado à corrente, indica a corrente de sobrecarga admissível para funcionamento continuado do motor. A corrente no alimentador será

$$\boxed{I_a = 1,25 \cdot I}$$

CONJUGADO DO MOTOR ELÉTRICO

O motor, pelas suas características, sendo capaz de realizar uma potência de P (c.v.), exerce sobre seu eixo um conjugado M, também chamado momento motor ou torque (kgf · m), de modo que, se n for o número de rotações por minuto, teremos

$$P_{(c.v.)} = \frac{M}{75} \cdot \frac{\pi n}{30}$$

ou

$$\boxed{P_{(c.v.)} = \frac{M \cdot n}{716}} \qquad (31.8)$$

O motor deve ter o conjugado motor M maior do que o conjugado resistente oferecido pela bomba, para acelerá-la até que atinja a velocidade normal ou de regime.

Os motores elétricos de indução têm uma curva $M_m = f(n)$ de variação do conjugado em função da velocidade síncrona, tal como indicado na Fig. 31.4.

Na mesma Fig. 31.4, acha-se representada a curva $M_r = \varphi(n)$, do conjugado resistente da bomba, que deve ter suas ordenadas inferiores às da curva do conjugado do motor elétrico. As duas curvas devem-se cruzar no ponto que corresponde à velocidade nominal (velocidade síncrona menos o escorregamento).

CORRENTE DE PARTIDA NO MOTOR TRIFÁSICO

Quando se liga um motor de indução, isto é, se "dá partida", a corrente consumida é 3, 5, 7 ou até 10 vezes maior que a corrente nominal a plena carga; este número depende de características construtivas do motor. Designa-se essa situação como "rotor bloqueado", notando-se que a corrente de rotor bloqueado é independente da carga que o motor está acionando.

A corrente decresce tanto mais rapidamente quanto menor a carga a que o motor está submetido, isto é, ele se acelera atá atingir a velocidade de regime tanto mais rapidamente quanto menor o conjugado resistente que a ele se oponha.

Num motor de indução de curto-circuito, trifásico, a corrente varia conforme a Fig. 31.5 indica. Vê-se que, ao dar a partida, o motor consome mais de 600% da corrente a plena carga.

Nos livros de Eletrotécnica é estudado o comportamento dos motores assíncronos trifásicos com rotor bobinado, que permitem um razoável controle da variação da velocidade com a utilização de resistências.

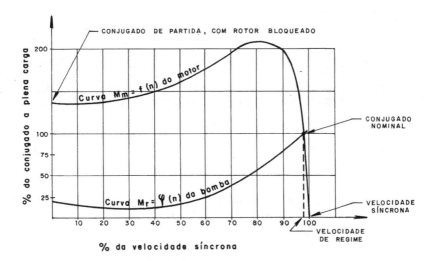

Fig. 31.4 Curvas dos conjugados do motor e de uma bomba centrífuga em função da velocidade.

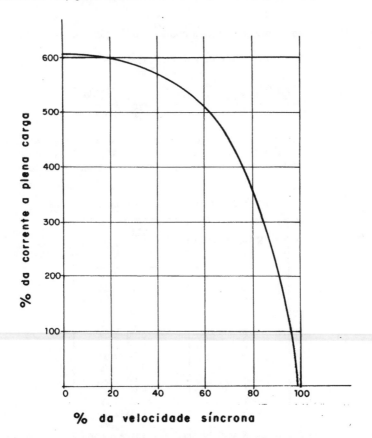

Fig. 31.5 Curva de variação da corrente em função da velocidade síncrona (valores percentuais).

686 BOMBAS E INSTALAÇÕES DE BOMBEAMENTO

Assim, por exemplo, quando a velocidade atinge 60% da velocidade síncrona, a corrente é cerca de 500% superior à corrente a plena carga, e assim por diante.

Como a aceleração se efetua num tempo reduzido, o motor suporta a sobrecarga elevada que ocorre nessa fase sem aquecimento exagerado.

LETRA-CÓDIGO DOS MOTORES

Para o dimensionamento dos dispositivos de proteção do motor deve-se calcular a corrente de partida, que, como vimos, é consideravelmente maior do que a corrente nominal.

Observemos primeiramente que os motores são classificados segundo "letras-código", convencionadas conforme valores da relação entre a potência aparente kVA demandada à rede *(input)* e a potência em c.v., com rotor bloqueado *(locked rotor)*, isto é, de acordo com o valor $\dfrac{kVA}{c.v.}$. Naturalmente, o motor não opera nessas condições, porém, no instante de partida, ele não está girando, de modo que essa situação pode ser considerada válida, até que comece a girar.

Exemplo

Uma bomba de 20 c.v. será acionada por um motor de indução 220 V, 60 Hz, cos $\varphi = 0{,}80$ e $\eta = 0{,}96$, letra-código F. Qual a corrente de partida?

a. Calculemos a corrente nominal

$$I_n = \frac{P \times 736}{U \sqrt{3} \times \cos \varphi \times \eta} = \frac{20 \times 736}{220 \sqrt{3} \times 0{,}80 \times 0{,}96} = 50{,}2 \text{ A}$$

b. Pela Tabela 31.3, vemos que, para a letra-código F, a relação $\dfrac{kVA}{c.v.}$ varia de 5,00 a 5,59.

Adotemos o valor 5,00. A corrente de partida I_p será

$$I_p = \frac{\dfrac{kVA}{c.v.} \cdot P_{c.v.} \times 1.000}{U \sqrt{3}} = \frac{5 \times 20 \times 1.000}{220 \times 1{,}73} = 263 \text{ A}$$

Quando não se conhecer a letra-código e o motor for de indução, poder-se-á multiplicar o valor da corrente nominal por 4 ou 6 para ter a corrente de partida. Veremos que recursos adotar para atender a essa corrente elevada por ocasião da partida do motor.

Tabela 31.3 Letra-código dos motores

LETRA-CÓDIGO	$\dfrac{kVA}{c.v.}$ (com rotor bloqueado)
A	0- 3,14
B	3,15- 3,54
C	3,55- 3,99
D	4,00- 4,49
E	4,50- 4,99
F	5,00- 5,59
G	5,60- 6,29
H	6,30- 7,09
J	7,10- 7,99
K	8,00- 8,99
L	9,00- 9,99
M	10,00-11,19
N	11,20-12,49
P	12,50-13,99
R	14,00 e maiores

DADOS DE PLACA

Os fabricantes afixam ao motor uma plaqueta na qual são indicados dados referentes ao mesmo e baseado nos quais pode-se elaborar adequadamente o projeto da instalação do motor. Esses dados são os seguintes:
— Fabricante
— Tipo (indução, anéis, síncrono etc.)
— Modelo e número de fabricação ou de carcaça *(frame number)*
— Potência nominal
— Número de fases
— Tensão nominal
— Corrente (contínua ou alternada)
— Freqüência da corrente (60 Hz, 50 Hz)
— Rotações por minuto (rpm)
— Intensidade nominal da corrente (In)
— Regime de trabalho (contínuo e não-permanente)
— Classe de isolamento (O, A, B e C) de acordo com a temperatura (90°C. 105°, 125°, 175°C, respectivamente)
— Letra-código
— Fator de serviço (FS)

FATOR DE SERVIÇO (FS)

Os motores podem funcionar com certa sobrecarga desde que o regime de operação não seja contínuo. Trabalhando em sobrecarga, o fator de potência e o rendimento do

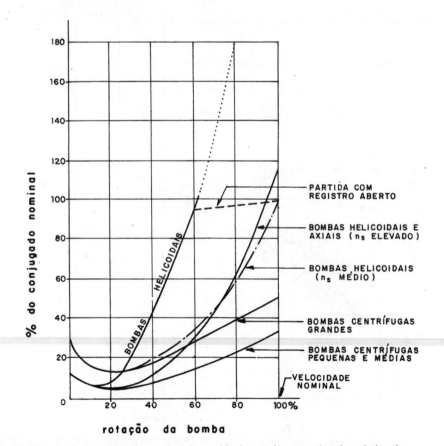

Fig. 31.6 Variação do conjugado nominal de partida de acordo com o tipo de turbobomba.

motor cairão. Na plaqueta consta o fator de serviço (FS) do motor. O *FS* é o valor que, multiplicado pela potência nominal, conduz ao valor de uma potência, tolerável para períodos não muito longos de funcionamento, isto é, sem que ocorra um aquecimento incompatível com a classe de isolamento do motor.

VARIAÇÃO DO CONJUGADO DE PARTIDA DAS TURBOBOMBAS

É importante conhecer-se como varia o conjugado de partida da bomba, a fim de compará-lo com o do motor elétrico com o qual se pretende acioná-la.

Na Fig. 31.6 vemos, para vários tipos de turbobombas, como varia o conjugado, representado em percentagem do conjugado nominal absorvido do motor, em função da velocidade. A velocidade varia de zero até a velocidade nominal. É o que ocorre na fase de partida da bomba.

As curvas representam a situação de partida com o registro de recalque fechado, salvo onde indicado.

O gráfico da Fig. 31.7 mostra como varia o conjugado resistente, oferecido pela bomba e que deve ser atendido pelo motor, em função da descarga, depois que a bomba atinge a velocidade *nominal*.

As bombas centrífugas devem demarrar com o registro fechado, pois, como se vê na Fig. 31.7, nessa situação o conjugado de partida é menor. Além disso, o tempo de aceleração até atingir a velocidade de regime é o menor possível.

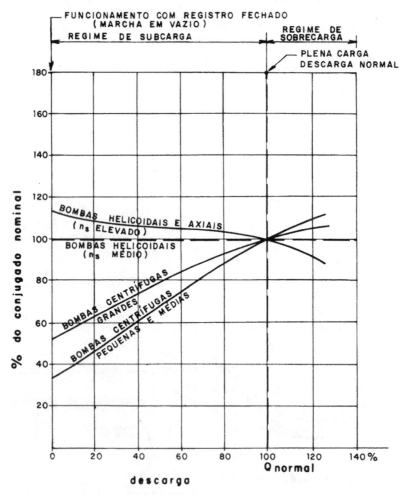

Fig. 31.7 Variação do conjugado em função da descarga.

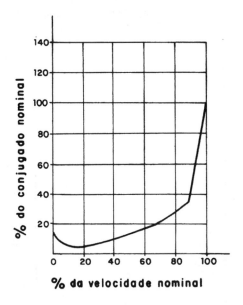

Fig. 31.8 Variação do conjugado com a velocidade até atingir o valor nominal.

Vemos que, para as bombas centrífugas pequenas e médias, se o registro estiver fechado na partida do motor, o conjugado resistente será de apenas cerca de 40% do conjugado nominal, o que se verifica quando a bomba entra em regime (velocidade 100%), isto é, quando a velocidade tiver atingido seu valor máximo, o conjugado é de apenas 40% do seu valor nominal.

Para as bombas helicoidais de n_s médio, o conjugado é constante desde a partida até a plena carga.

Se a partida de uma bomba centrífuga se der com o registro aberto, conforme mostra a Fig. 31.8, da Sulzer, o conjugado absorvido do motor irá aumentando até 100% de seu valor nominal a plena carga, quando então é alcançada a velocidade de regime.

RAMAL DE ALIMENTAÇÃO DO MOTOR

A instalação elétrica do motor da bomba pode apresentar-se com menor ou maior complexidade, conforme a potência do motor e os controles e medições que devam ser atendidos. Entretanto, em qualquer caso, devem ser considerados dispositivos de:
— ligação e desligamento
— proteção
Em certos casos teremos ainda dispositivos de:
— comando
— sinalização
— medição

O ramal é calculado para uma corrente igual a $1,25 \cdot I_n$, e deve-se levar em conta a queda de tensão e o aquecimento máximos permitidos.

Suponhamos que a alimentação do motor venha de um barreamento de um quadro geral de abastecimento (Fig. 31.9).

Em A, teremos um *dispositivo de proteção do ramal*. Num quadro, geralmente próximo à bomba, temos:

B — Chave separadora ou secionadora.
C — Chave de proteção do motor, com dispositivo para ligar e desligar.
D — Chave de partida.

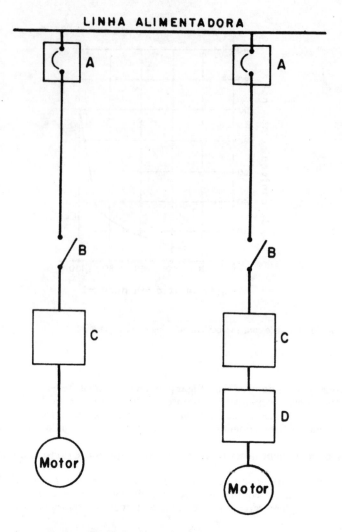

Fig. 31.9 Sistemas de proteção do motor elétrico de uma bomba.

DISPOSITIVOS DE LIGAÇÃO E DESLIGAMENTO (chaves de partida)

Podem ser de *ligação direta* ou, então, de *redução da corrente* de *partida*.

Ligação direta

Para motores até 5 c.v. ligados à rede secundária trifásica, podem-se usar chaves de partida direta. Acima dessa potência, deve-se empregar um dispositivo de partida que limite essa corrente a um máximo de 225% da corrente nominal do motor.

Não se devem empregar chaves de faca como chaves de partida, mas apenas como elemento para isolar o circuito após o desligamento de um disjuntor anterior a ela.

Empregam-se correntemente os *Contatores* e os *Disjuntores*.

Contatores

São chaves "liga-desliga", acionadas por um dispositivo eletromagnético. Podem ser acionados no local ou a distância, com os botões em local adequado, ou ainda comandados por "chave de bóia", pressostatos ou outros dispositivos análogos.

INSTALAÇÃO ELÉTRICA PARA MOTORES DE BOMBAS   691

Alguns tipos apresentam, associados, fusíveis de ação retardada e até mesmo relés de sobrecarga, constituindo-se numa *chave magnética* (guarda-motor) eficiente contra sobrecargas e curto-circuitos.

Disjuntores

São chaves "liga-desliga", com *relés térmicos* (bimetálicos) ajustáveis para proteção contra sobrecarga nas três fases e com *relés magnéticos* (não-ajustáveis) para proteção contra curto-circuitos nas três fases. Alguns possuem também *relés de subtensão* (bobina de mínima) para proteção contra queda de tensão.

Podem ser comandados no local ou a distância. Em geral, os disjuntores são usados como chave do motor no quadro geral, e os contatores, como chaves de comando do motor.

O P-TB-26 da ABNT define o disjuntor como "um dispositivo de manobra capaz de atuar mediante abertura e fechamento de contatos, sob condições especificadas, em circuitos cujas grandezas têm valores inferiores, iguais ou superiores aos valores nominais de regime permanente deste dispositivo de manobra."

Ligação com dispositivos redutores da corrente de partida

Empregam-se:
— chaves "estrela-triângulo";
— compensadores com autotransformador de partida;
— indutor ou resistor de partida.

Chaves "estrela-triângulo"

São usadas para potências em geral de até 30 c.v. Estabelecem de início a ligação do motor "em estrela" e, quando este atinge a velocidade nominal, mudam a ligação para "triângulo". Com isso, a corrente de partida (na ligação em estrela) fica reduzida para $\dfrac{1}{3}$

e a tensão aplicada nos enrolamentos fica reduzida de $\dfrac{1}{\sqrt{3}}$. Como o conjugado motor é

proporcional ao quadrado da tensão, ele fica reduzido em $\dfrac{1}{3}$.

É preciso por isso comparar o conjugado do motor com o conjugado resistente da bomba, para verificar se há condições favoráveis à demarragem, o que geralmente ocorre.

As chaves podem ser de comando manual (até 60 A) ou automáticas a distância (até 630 A) por "botão" ou "chave de bóia".

Existem alguns tipos que reúnem ainda, num todo, dispositivos auxiliares contra sobrecarga e curto-circuito. (Chaves tipo K 987 da Siemens.)

Para a ligação da chave estrela-triângulo, os seis terminais na placa dos bornes têm de ser acessíveis para se fazer a ligação. A ligação à rede deve ser em "triângulo".

Chaves compensadoras de partida com autotransformador

São usadas para potências compreendidas entre 10 e 100 c.v. Reduzem a corrente de partida, deixando o motor da bomba com um conjugado suficiente para o arranque. Podem ser equipadas com relés de sobrecarga ou com fusíveis.

Na partida, um contator liga em estrela o autotransformador e, por um contato auxiliar, liga um relé de tempo. O motor parte assim em tensão reduzida. Após o tempo ajustado para a entrada do motor na velocidade nominal, o relé de tempo desliga um contator, que introduz no circuito mais um contator, o qual liga o motor diretamente à rede.

Como no caso da chave estrela-triângulo, há uma queda na tensão e no conjugado de partida.

Indutores de partida e resistores de partida

Empregam-se para potências superiores a 100 c.v.

DISPOSITIVOS DE PROTEÇÃO DOS MOTORES

A proteção dos motores é realizada com o emprego de:

Fusíveis de ação retardada

(Tipo DIAZED até 100 A [Fig. 31.14] ou Tipo NH para correntes de 6 a 10 ampères até 630 ampères [Fig. 31.15]).
Deverão permitir a passagem da elevada corrente de partida sem fundirem. A fusão só se verificará após um tempo, cujo valor tem de ser fixado para permitir a escolha da capacidade do fusível.

Disjuntores

Os disjuntores, como vimos, são dispositivos que possuem relés térmicos que desligam quando o valor da corrente se torna elevado durante um período relativamente longo. Isto provoca o aquecimento dos elementos bimetálicos e sua deflexão, com uma atuação sobre um elemento mecânico que provoca a interrupção na passagem da corrente. O bimetal mais usado é o ferro e níquel ou ferro e cobalto. Os disjuntores podem possuir, incorporado, dispositivo de proteção contra curto-circuito. A proteção pode verificar-se com o desligamento simultâneo das três fases, mesmo quando o curto-circuito ocorre apenas em uma.

DISPOSITIVOS DE PROTEÇÃO DO RAMAL DO MOTOR

Deverão suportar a corrente de partida durante um tempo reduzido, mas, quando o motor estiver em regime, se houver sobrecarga prolongada, deverão atuar, interrompendo a corrente.
A graduação dos dispositivos ou a escolha do fusível depende do tipo do motor, do método de partida e da letra-código.
Na Tabela 31.4, da General Electric, vemos a percentagem do valor da corrente em relação ao valor nominal, e que deverá ser usada nos dispositivos de proteção.
As Tabelas 31.5 e 31.6, da General Electric, fornecem os valores da corrente para ajustagem do elemento temporizado do dispositivo de proteção contra sobrecarga e da corrente máxima dos fusíveis para proteção do ramal do motor, nos casos de tensão de 220 V e 380 V, respectivamente.

Exemplo
Motor de indução de 10 c.v. — 220 V — 60 Hz — letra-código E
a. Corrente nominal (Tabela 31.5).

$$I_n = 27 \text{ A}$$

Tabela 31.4 Porcentagem do valor da corrente em relação ao valor nominal

Tipo do motor	Método de partida	Motores sem letra-código (%)	Motores com letra-código	
			Letra	%
Monofásicos Trifásicos de indução em gaiola e síncronos	A plena tensão	300	A	150
			B até E	250
			F até V	300
	Com tensão reduzida	Corrente nominal até 30 A 250	A	150
			B até E	200
		Corrente nominal acima de 30 A 200	F até V	250
Trifásicos de anéis	—	150	—	

INSTALAÇÃO ELÉTRICA PARA MOTORES DE BOMBAS   **693**

b. Ajustagem da chave magnética de proteção do motor (Tabela 31.5).

$$1,25 \times 27 = 33,75 \text{ A} \cong 34 \text{ A}$$

c. Pela Tabela 31.4, vemos que, para a letra-código E, a percentagem da corrente a plena carga do motor é de 250%.
Portanto, o *ramal* deve ser protegido com fusível de

$$2,5 \times 27 = 67,5 \text{ A} \cong 70 \text{ A}$$

Acharíamos, aliás, imediatamente este valor usando a Tabela 31.5.

CURTO-CIRCUITO

Quando a resistência (impedância de um circuito alternativo) cai a zero, diz-se que ocorre um curto-circuito. Pela lei de Ohm $E = RI$ aplicável à corrente contínua, vê-se que a tensão mantendo-se constante e a resistência caindo a zero, a corrente tenderia ao infinito. Na realidade, a impedância do sistema nunca chega a zero, pois, entre o ponto onde ocorre o curto-circuito e a fonte geradora de energia, sempre existirá uma certa impedância, o que conduz a um valor finito para a corrente, embora muito elevado.

Num circuito de corrente contínua, o curto-circuito é limitado apenas pelas resistências nele existentes. Quando se trata de corrente alternada, além das resistências ôhmicas, tem-se de considerar os valores das reatâncias, que ocorrem onde há bobinas e, portanto, a corrente indutiva de que tratamos em *Fator de potência*. Da composição das resistências com as reatâncias indutivas, resulta a chamada impedância, a qual limita o valor da corrente de curto-circuito nos sistemas de corrente alternada.

Tabela 31.5 Motores de indução trifásicos, 220 V. Rotor em gaiola ou em anéis

c.v.	Corrente a plena carga aproximada (ampères)	Bitola mínima do condutor		Ajustagem máxima do elemento temporizado do dispositivo de proteção do motor contra sobrecarga (ampères)	Máxima corrente nominal dos fusíveis no ramal alimentador (ampères)			
					Porcentagem da corrente a plena carga do motor (ver Tabela 31.4)			
		mm² IEC	AWG ou MCM	125%	150	200	250	300
½	2	2,5	14	2,5	15	15	15	15
¾	2,8	2,5	14	3,5	15	15	15	15
1	3,5	2,5	14	4,4	15	15	15	15
1 ½	5	2,5	14	6,2	15	15	15	15
2	6,5	2,5	14	8,1	15	15	20	20
3	9	2,5	14	11,2	15	20	25	30
5	15	4	12	18,7	25	30	40	45
7,5	22	6	10	27,5	35	45	60	70
10	27	10	8	34	45	60	70	90
15	40	16	6	50	60	80	100	125
20	52	25	4	65	80	110	150	175
25	64	35	2	80	100	150	175	200
30	78	70	0	98	125	175	200	250
40	104	70	²/₀	130	175	225	300	350
50	125	95	³/₀	156	200	250	350	400
75	185	185	300	231	300	400	500	600
100	246	300	500	308	400	500	800	800
125	310	300	2 × 250	388	500	800	800	1.000
150	350	400	2 × 300	450	600	800	1.000	1.200
200	480	600	2 × 500	600	800	1.000	1.200	1.600

694 BOMBAS E INSTALAÇÕES DE BOMBEAMENTO

Tabela 31.6 Motores de indução trifásicos, 380 volts, rotor em gaiola ou em anéis

c.v.	Corrente a plena carga aproximada (ampères)	Bitola mínima do condutor		Ajustagem máxima do elemento temporizado do dispositivo de proteção do motor contra sobrecarga (ampères)	Máxima corrente nominal dos fusíveis no circuito alimentador (ampères)			
		mm² IEC	AWG ou MCM	125%	Porcentagem da corrente a plena carga do motor			
					150	200	250	300
¹/₂	1,2	2,5	14	1,5	15	15	15	15
³/₄	1,6	2,5	14	2	15	15	15	15
1	2	2,5	14	2,5	15	15	15	15
1¹/₂	2,9	2,5	14	3,6	15	15	15	15
2	3,8	2,5	14	4,8	15	15	15	15
3	5,2	2,5	14	6,5	15	15	15	20
5	8,7	2,5	14	10,9	15	20	25	30
7¹/₂	12,8	4	12	16	20	30	35	40
10	15,7	4	12	19,6	25	35	40	50
15	23	6	10	29	35	50	60	70
20	30	10	8	37,7	45	60	80	90
25	37	16	6	46,4	60	80	100	125
30	45	25	4	56,6	70	90	125	150
40	60	35	2	75,4	90	125	150	200
50	73	35	2	90,6	110	150	200	225
60	87	70	1/0	108,8	150	175	225	300
75	107	70	2/0	134,1	175	225	300	350
100	143	120	4/0	178,4	225	300	400	450
125	180	185	300	224,8	300	400	450	600
150	209	300	400	261	350	450	600	800
200	278	400	600	348	450	600	800	1.000

O cálculo da impedância total é feito somando as impedâncias desde o ponto onde se presume que venha a ocorrer o curto-circuito até a fonte que o alimenta. Assim, computa-se à impedância do circuito de baixa tensão (motores etc.); a impedância do transformador; a impedância do circuito de alta tensão, até se chegar a impedância do gerador. A corrente de curto-circuito será tanto menor quanto maior o valor da impedância do sistema. É importante o conhecimento da corrente de curto-circuito numa instalação de bombeamento, a fim de se poder escolher ou calibrar o dispositivo de proteção. Para isso, a concessionária de energia fornece o valor da potência de curto-circuito a que deverá atender o disjuntor a óleo entre a rede externa e os transformadores da subestação. Pode-se então calcular a corrente de curto-circuito na baixa tensão do transformador.

Um dos processos que se adota neste cálculo considera as características do transformador da subestação que alimenta o circuito a proteger, isto é, a potência (kVA) e a impedância do transformador, dadas em porcentagem. Para simplificar, supõe-se a potência do lado do primário do transformador como se fosse infinita, e que nada existe além do transformador para reduzir o valor do curto-circuito. Teremos para o valor da potência de curto-circuito:

$$\text{kVA (curto-circuito)} = \frac{100 \times \text{kVA (transformador)}}{\text{impedância (\%)}}$$

Exercício 31.1

Suponhamos uma elevatória com um transformador de 750 kVA − 13,8/380 V, com impedância de 5% alimentando três grupos motor-bomba de 200 c.v.

A potência de curto-circuito será

INSTALAÇÃO ELÉTRICA PARA MOTORES DE BOMBAS

$$\frac{750 \times 100}{5} = 15.000 \ kVA$$

A corrente de curto-circuito será dada por

$$
\begin{aligned}
I_{(\text{curto-circuito})} &= \frac{1.000 \times kVA}{E \times 3} \\
&= \frac{1.000 \times 15.000}{380 \times 3} = 22.790 \ A \ ou \ 22,8 \ kA
\end{aligned}
$$

O motor de indução em gaiola de cada bomba absorve uma corrente nominal igual a

$$I_n = \frac{P \times 736}{U \sqrt{3} \cos \varphi \cdot \eta} = \frac{200 \times 736}{380 \sqrt{3} \times 0,83 \times 0,96} = 280 \ A$$

Tabela 31.7 Número máximo de condutores isolados
com PVC, em eletroduto de aço (Tabela de Cabos Pirastic da Pirelli)

Seção Nominal (mm²)	Número de condutores no eletroduto								
	2	3	4	5	6	7	8	9	10
	Tamanho nominal do eletroduto (mm)								
1,5	16	16	16	16	16	16	20	20	20
2,5	16	16	16	20	20	20	20	25	25
4	16	16	20	20	20	25	25	25	25
6	16	20	20	25	25	25	25	31	31
10	20	20	25	25	31	31	31	31	41
16	20	25	25	31	31	41	41	41	41
25	25	31	31	41	41	41	47	47	47
35	25	31	41	41	41	47	59	59	59
50	31	41	41	47	59	59	59	75	75
70	41	41	47	59	75	75	75	75	75
95	41	47	59	59	75	75	75	88	88
120	41	59	59	75	75	75	88	88	88
150	47	59	75	75	88	88	100	100	100
185	59	75	75	88	88	100	100	113	113
240	59	75	88	100	100	113	113	—	—

Tabela 31.7a Número máximo de condutores isolados com PVC, em eletrodutos de PVC

Seção Nominal (mm²)	Número de condutores no eletroduto								
	2	3	4	5	6	7	8	9	10
	Tamanho nominal do eletroduto (mm)								
1,5	16	16	16	16	16	16	20	20	20
2,5	16	16	16	20	20	20	20	25	25
4	16	16	20	20	20	25	25	25	25
6	16	20	20	25	25	25	25	32	32
10	20	20	25	25	32	32	32	40	40
16	20	25	25	32	32	40	40	40	40
25	25	32	32	40	40	40	50	50	50
35	25	32	40	40	50	50	50	50	60
50	32	40	40	50	50	60	60	60	70
70	40	40	50	50	60	60	75	75	75
95	40	50	60	60	75	75	75	85	85
120	50	50	60	75	75	75	85	85	—
150	50	60	75	75	85	85	—	—	—
185	50	75	75	85	85	—	—	—	—
240	60	75	85	—	—	—	—	—	—

Tabela 31.8 Escolha dos condutores e fusíveis retardados (DIAZED ou NH) conforme a potência dos motores (FICAP)

| Potência do motor | | Corrente nominal (A) | | Fusíveis retardados adequados (A) | | Seção transversal do cabo necessário [mm² (AWG/MCM)] | | | | | | Tamanho do eletroduto para 3 singelos ou 1 trifásico | |
| | | | | | | Um cabo trifásico no ar | | Três cabos singelos ou um trifásico em eletroduto | | Três cabos singelos no ar | | | |
c.v.	kW	220 V	380 V	220 V	380 V	220 V	380 V	220 V	380 V	220 V	380 V	220 V	380 V
1/4	0,184	1,1	0,7	2	2	2,081 (14)							
1/3	0,243	1,5	1,0	2	2								
1/2	0,368	1,8	1,2	2	2		2,081 (14)						
3/4	0,552	2,7	1,8	4	2			2,081 (14)					
1	0,736	3,5	2,3	4	4				2,081 (14)			1/2	1/2
1,5	1,104	5,0	3,2	6	4					2,081 (14)			
2	1,472	6,0	3,9	10	6						2,081 (14)		
3	2,208	9,0	5,7	16	10								
4	2,944	12	7,6	20	10	3,309 (12)							
5	3,68	14	9,0	25	16	5,261 (10)	3,309 (12)	3,309 (12)					
7,5	5,52	21	14	35	20	8,366 (8)	5,261 (10)	5,261 (10)	3,309 (12)			3/4	
10	7,36	28	18	50	25	13,30 (6)	8,366 (8)	8,366 (8)	5,261 (10)	3,309 (12)		3/4	3/4
12,5	9,20	39	25	63	35	21,15 (4)	8,366 (8)	13,30 (6)	5,261 (10)	5,261 (10)		1	3/4
15	11,04	45	29	63	35	33,63 (2)	13,30 (6)	21,15 (4)	8,366 (8)	8,366 (8)	3,309 (12)	1 1/4	3/4
20	14,72	58	37	80	50	33,63 (2)	21,15 (4)	21,15 (4)	13,30 (6)	8,366 (8)	5,261 (10)	1 1/4	1
25	18,40	68	44	80	63	53,48 (1/0)	21,15 (4)	33,63 (2)	13,30 (6)	13,30 (6)	5,261 (10)	1 1/4	1
30	22,08	80	51	100	63	67,43 (2/0)	33,63 (2)	53,48 (1/0)	21,15 (4)	13,30 (6)	8,366 (8)	1 1/2	1 1/4
40	29,44	100	64	125	80	67,43 (2/0)	53,48 (1/0)	53,48 (1/0)	33,63 (2)	21,15 (4)	13,30 (6)	1 1/2	1 1/4
50	36,80	124	77	160	100	85,03 (3/0)	53,48 (1/0)	67,43 (2/0)	33,63 (2)	33,63 (2)	13,30 (6)	2	1 1/4
60	44,16	140	89	200	125	126,7 (250)	67,43 (2/0)	107,2 (4/0)	53,48 (1/0)	53,48 (1/0)	21,15 (4)	2	1 1/2
75	55,20	180	115	225	160	177,3 (350)	107,2 (4/0)	152,0 (300)	85,03 (3/0)	67,43 (2/0)	33,63 (2)	2 1/2	2
100	73,60	237	152	260	200	304,0 (600)	126,7 (250)	253,3 (500)	107,2 (4/0)	85,03 (3/0)	53,48 (1/0)	3	2
125	92,00	296	188	350	225	354,7 (700)	202,7 (400)	304,0 (600)	152,0 (300)	107,2 (4/0)	53,48 (1/0)	3	2 1/2
150	110,40	351	224	430	260	2 × 304,0 (600)	253,3 (500)	506,7 (1000)	202,7 (400)	152,0 (300)	67,43 (2/0)	4	3
200	147,20	450	280	600	350								
271	200,0	630	365										
340	250,0	770	445										
435	320,0	975	570										
545	400,0	—	715										
680	500,0	—	890										

INSTALAÇÃO ELÉTRICA PARA MOTORES DE BOMBAS   697

sendo U = tensão entre fases. Na Tabela 31.7, da FICAP, pode-se achar diretamente este valor.

Admitamos que a letra-código do motor seja F. A relação

$$\frac{kVA}{c.v. \text{ (rotor bloqueado)}} = 5 \qquad \text{(Tabela 31.3)}$$

A corrente de partida será

$$I_{partida} = 5 \times I_n = 5 \times 280 = 1.400 \text{ A}$$

Os dispositivos de proteção deverão ser aptos a:
— suportar permanentemente a corrente igual a 1,25 I_n = 1,25 × 280 = 350 A;
— suportar a corrente de partida de 1.400 A durante o período de partida. Esse período depende do tipo de bomba e, em geral, não chega a 60 segundos. Em geral adota-se 30 segundos para bombas de média potência e 20 segundos para bombas pequenas;
— poder interromper uma corrente de 22.790 A, caso ocorra um curto-circuito. A interrupção deverá processar-se muito rapidamente e sem que a corrente de defeito venha a atingir outros equipamentos, danificando-os.

A capacidade que os equipamentos de proteção possuem, de proteger contra curto-circuito, chama-se *capacidade de ruptura* dos mesmos.

Os fusíveis "NH" da Siemens têm uma capacidade de ruptura de 100.000 A (100 kA) e os do tipo Diazed, 10.000 A (10 kA).

Se usássemos como proteção fusíveis comuns, estes deveriam ter

$$5 \times I_n = 5 \times 280 = 1.400 \text{ A}$$

Se usássemos fusíveis de ação retardada tipo NH, por exemplo, poderíamos adotar um dos seguintes procedimentos:
  a. Usar a Tabela 31.7, da FICAP, que dá, para motor de indução de 200 c.v., 380 V e corrente nominal de 280 A, fusíveis retardados de 350 ampères.
  b. Utilizar o gráfico da Fig. 31.14, da Siemens.

Entrando-se com a corrente máxima de partida, que no exemplo é de 1.400 ampères, e considerando um tempo de fusão de cerca de 30 segundos, obtém-se, na curva, fusível NH de 355 A. Se não fosse conhecida a letra-código do motor, poder-se-ia adotar para corrente de partida:

$$I_p = 3 \times I_n = 3 \times 280 = 840 \text{ A}$$

Para o mesmo tempo de fusão obter-se-ia fusível retardado de 300 A.

A Tabela 31.6 nos recomendaria, caso empregássemos fusíveis comuns, fusíveis de 1.000 A de capacidade.

Emprego de disjuntores

As Tabelas 31.5 e 31.6 fornecem para a potência do motor, trabalhando a 220 V e a 380 V, os valores da ajustagem do elemento temporizado do dispositivo de proteção do motor contra sobrecarga (disjuntor).

No caso do motor de 200 c.v., trabalhando com 380 V, a capacidade do disjuntor é de 348 A, ou seja, 1,25 I_n.

COMANDO DA BOMBA COM CHAVE DE BÓIA

A instalação elétrica da bomba deverá permitir seu funcionamento automaticamente, sob a ação de um dispositivo elétrico denominado "chave de bóia" ou "automático de bóia". Nos reservatórios hidropneumáticos, vimos que o comando pode dar-se através de um pressostato ou de eletrodos.

As chaves de bóia são dispostas de modo a ligarem ou desligarem a bomba quando o nível do líquido atinge certos valores nos reservatórios, o que é conseguido por meio da ação de uma haste que se desloca quando um flutuador (bóia) alcança esbarros nela colocados.

Temos, assim, chave de bóia superior ou inferior, conforme o reservatório onde é instalada.

Normalmente, havendo líquido suficiente no reservatório inferior, a bomba será comandada pela chave de bóia do reservatório superior (Fig. 31.11). Se o nível no reservatório inferior atingir uma situação que possa comprometer a aspiração, pela entrada de ar no tubo de aspiração, a chave de bóia inferior deverá desligar a bomba, muito embora não tenha sido atingido o nível desejado no reservatório superior.

Um dos automáticos ou reguladores de nível mais usados é o de fabricação da Flygt, que consiste num interruptor de mercúrio no interior de um invólucro flutuador de polipropileno e que aciona um disjuntor. Usa-se para água, esgotos e líquidos agressivos (Fig. 31.10). Outro modelo é da ABS Bombas.

A Fig. 31.11 mostra esquematicamente as ligações para comando de bomba e as situações que se podem verificar.

A Fig. 31.12 representa uma instalação típica de bombeamento em um edifício, com duas bombas (funcionando uma de cada vez), dois reservatórios inferiores e dois superiores. O quadro de chaves das bombas mostram as chaves desligadoras, as chaves magnéticas e as chaves de reversão. O esquema mostra as ligações dos automáticos de bóia e as chaves de reversão que permitem as alternativas no emprego dos reservatórios e das bombas.

Nas elevatórias para abastecimento de água de cidades, a energia é fornecida em alta tensão, sendo necessária uma subestação transformadora.

A Fig. 31.16 representa uma instalação elétrica para uma elevatória com três bombas de 400 c.v., incluindo um quadro de distribuição para iluminação.

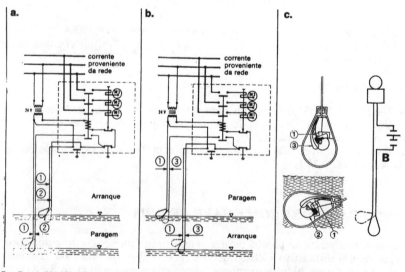

Fig. 31.10 Regulador de nível Flygt — ENH-10.

INSTALAÇÃO ELÉTRICA PARA MOTORES DE BOMBAS 699

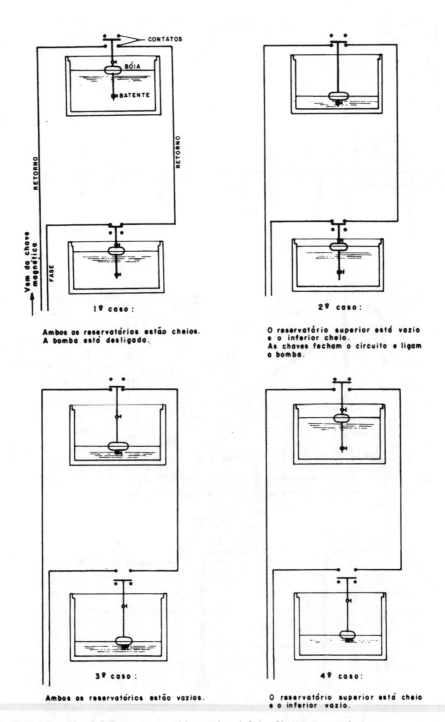

Fig. 31.11 Automático de bóia para reservatório superior e inferior. Situações que podem ocorrer.

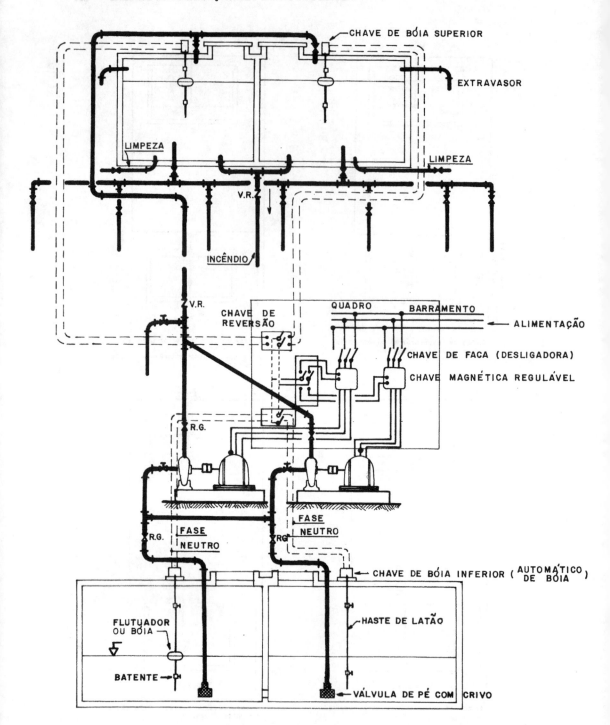

Fig. 31.12 Instalação de bombeamento de água para edifícios com dois reservatórios duplos. *(Representação esquemática.)*

INSTALAÇÃO ELÉTRICA PARA MOTORES DE BOMBAS 701

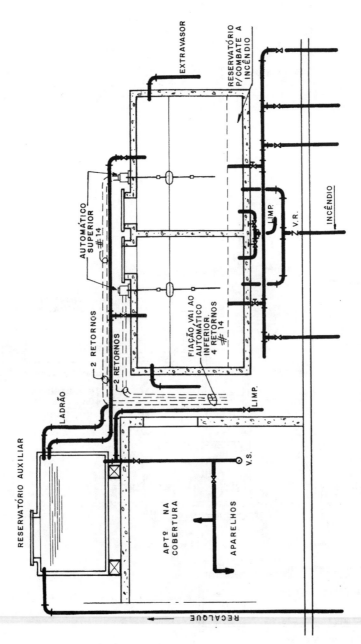

Fig. 31.13 Reservatório superior em um edifício onde existe apartamento na cobertura (zelador).

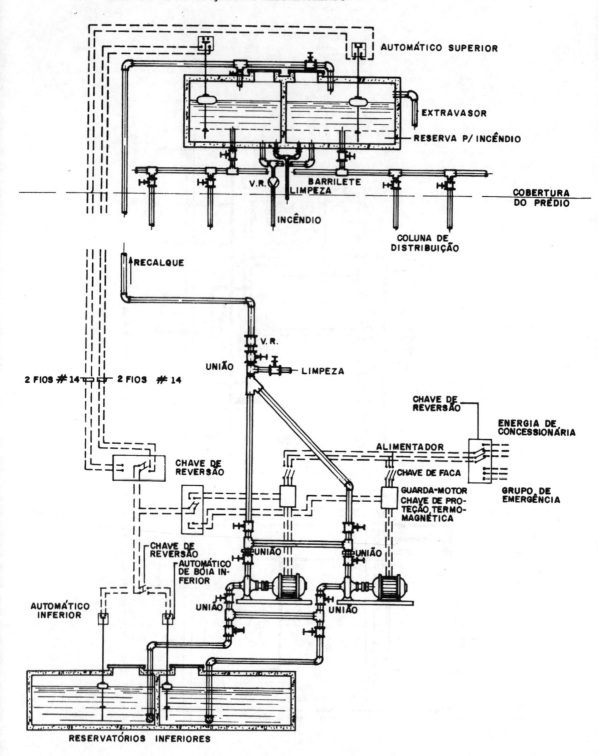

Fig. 31.13a Instalação de bombas em edifício (variante da Fig. 31.12). Representação esquemática.

INSTALAÇÃO ELÉTRICA PARA MOTORES DE BOMBAS 703

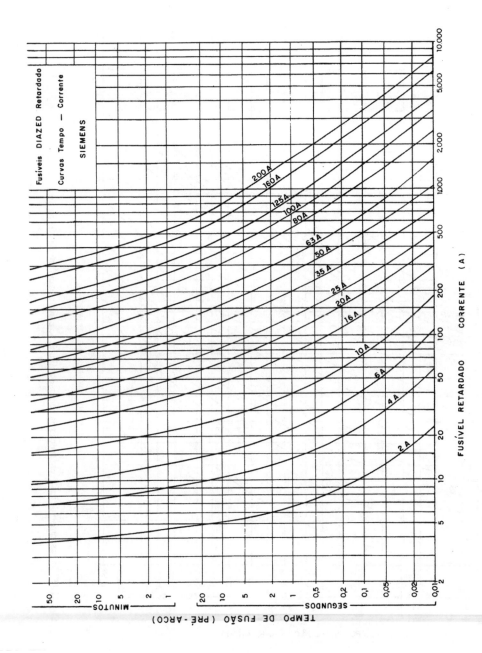

Fig. 31.14 Curvas de tempo de fusão do fusível DIAZED em função da intensidade da corrente (Siemens).

704 BOMBAS E INSTALAÇÕES DE BOMBEAMENTO

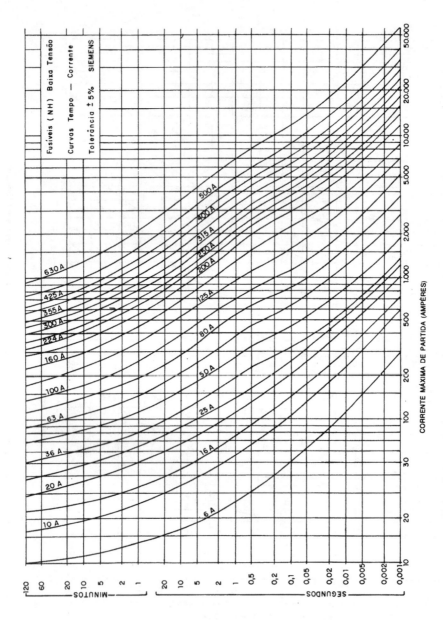

Fig. 31.15 Curvas tempo de fusão em função da corrente máxima de partida para fusíveis NH da Siemens.

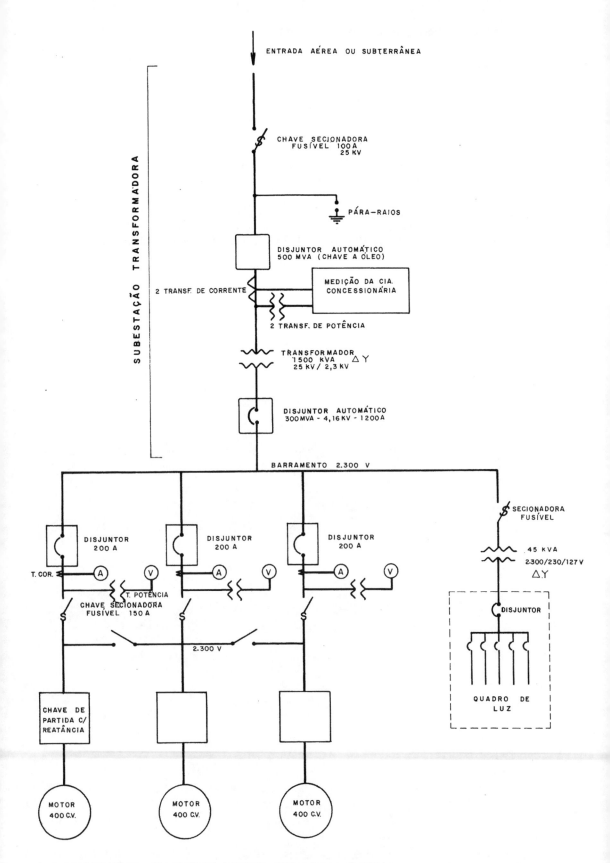

Fig. 31.16 Diagrama unifilar da instalação elétrica de uma elevatória.

706 BOMBAS E INSTALAÇÕES DE BOMBEAMENTO

Bibliografia

ALBUQUERQUE, PAULO M. CAVALCANTI. *Problemas sobre escolha de motores.*

BARROS, CARLOS EDUARDO. Motores Elétricos: Partida a Tensão Reduzida. *Rev. Engenheiro Moderno,* março, 1965. Partida de motores elétricos a Plena Tensão. *Rev. Engenheiro Moderno,* nov., 1964.

FRANCA, SYLVIO PENNA. *Problema Energético da Elevatória do Lameirão.* CEAG, 1967.

HEINY ET LE GARFF. *Le dessin d'Electricité — Normes et Scheines.* Les Editions Foucher, Paris.

LESSA, JOÃO CARLOS MAGALHÃES. *Acionamento de Bombas Centrífugas. Motores Elétricos e Dispositivos de Proteção.* Curso de Bombas Hidráulicas, UFMG, 1970.

MACINTYRE, R. L. *Eletric Motor Control Fundamentals.* McGraw-Hill Book Company Inc.

MAGALDI, MIGUEL. *Noções de Eletrotécnica.* Reper Editora.

Motor de bomba em estação remota de bombeamento. *Revista C & I,* outubro, 1975.

Motores Elétricos: Critérios de Solução. *Rev. Engenheiro Moderno,* junho, 1969.

NISKIER, JULIO e ARCHIBALD JOSEPH MACINTYRE. *Instalações Elétricas.* Editora Guanabara Dois, 1985.

SCHMIDT, WALFREDO. Contactores: Técnica e Aplicação. *Rev. Engenheiro Moderno,* dez., 1964. Relés de Proteção para Motores Elétricos. *Rev. Engenheiro Moderno,* maio, 1965.

32

Golpe de Aríete em Instalações de Bombeamento

GENERALIDADES

Golpe de aríete (*Water-hammer* em inglês, *Coup de bélier* em francês) é a variação de pressão que ocorre nos encanamentos quando as condições de escoamento são alteradas pela variação da descarga. Assim, o fechamento de uma válvula, a variação na carga demandada a uma turbina e que determina mudança na admissão da água, o desligamento da energia que alimenta o motor de uma bomba são causas de modificação na velocidade de escoamento da água e, portanto, da força viva e da energia cinética de escoamento. Ao ocorrer, por exemplo, o fechamento de uma válvula na extremidade de um encanamento, como a energia cinética do escoamento não pode anular-se, esta energia, ou parte dela, transforma-se em energia de pressão, aumentando a pressão em relação à que reinava antes de ter havido a perturbação. Esta sobrepressão é o golpe de aríete, um dos chamados *Fenômenos transitórios* ou *transientes hidráulicos*, que são ocorrências transitórias no escoamento, motivadas pela variação de uma grandeza definidora do escoamento. A energia de pressão resultante do golpe de aríete se converte em trabalho de compressão do líquido e de deformação das paredes dos encanamentos, de peças, válvulas e órgãos de máquinas, em locais até onde a onda de sobrepressão se propaga.

Suponhamos uma massa m de líquido, escoando com velocidade V. A quantidade de movimento a que está sujeita mV, é igual à impulsão gerada pela ação de uma força F agindo durante um tempo t.

$$m \cdot V = F \cdot t$$

Se o tempo t se reduzisse a zero (com uma manobra instantânea de fechamento do escoamento), F tenderia ao infinito.

Na prática, porém, o fechamento leva sempre um certo tempo, e a energia a ser absorvida se transforma em esforços de compressão da água e deformação das paredes do encanamento e dos dispositivos nele colocados.

Não pretendemos analisar a teoria do golpe de aríete, formulada analiticamente por Allievi e desenvolvida por Gibson (*Método de Integração Aritmética*), Michaud, Sparre, Johnson, Jaerger, Rocard, Favre, Schnyder e outros grandes nomes da Hidráulica.

Louis Bergeron apresentou um método gráfico para representação e análise do golpe de aríete (*Épuras de Bergeron*) considerado até hoje como de enorme valia nesses estudos e em suas aplicações práticas, principalmente para casos complexos e de muita responsabilidade. Schlay, Schnyder, Löwy e Angus também propuseram soluções gráficas, mas as épuras de Bergeron são sem dúvida as mais empregadas.

John Parmakian, um dos maiores especialistas no assunto, na sua obra *Water-hammer Analysis*, forneceu elementos para solução das questões do golpe de aríete, em situações

708 BOMBAS E INSTALAÇÕES DE BOMBEAMENTO

as mais complexas, considerando a elasticidade dos encanamentos e a compressibilidade do líquido.

O autor V. L. Streeter, em seu livro *Hydraulic Transients,* enumera sete métodos para estudo dessas questões, desde os mais simples até os que preparam programação para cálculo por computadores.

O que acabamos de mencionar mostra a importância e, até certo ponto, a complexidade e o enorme trabalho a que conduz a solução de alguns casos de problemas de golpe de aríete pelos métodos mais precisos. Não iremos proceder ao estudo geral da propagação da onda de choque durante a fase transitória. Limitar-nos-emos a considerar o fenômeno do golpe de aríete em encanamentos de recalque de bombas, utilizando o método simplificado de Parmakian e o apresentado no P-NB-591/77 da ABNT. Recomendamos a bibliografia apresentada sobre o assunto para a solução dos casos complexos e de grande responsabilidade, uma vez que a extensão do assunto é incompatível com as limitações de um capítulo apenas.

Descrição do fenômeno

O golpe de aríete em instalações de bombeamento pode ocorrer, em virtude de uma atuação rápida nas válvulas e nos dispositivos de regularização; por motivo da interrupção da corrente elétrica'que alimenta o motor, deliberadamente ou por acidente, e ainda, eventualmente, pela ocorrência de um defeito mecânico na bomba. O desenvolvimento do fenômeno do golpe de aríete numa instalação de bombeamento se processa da seguinte maneira:

1.ª Fase

Quando por hipótese o fornecimento da energia elétrica é interrompido, a única energia que permite manter o rotor girando por algum tempo é a energia cinética da "árvore", isto é, dos elementos rotatórios do conjunto motor-bomba. Esta energia, porém, é pequena comparada com a necessária para manter a descarga sob a altura manométrica correspondente à instalação, de modo que a velocidade angular do rotor decresce rapidamente.

A redução da velocidade angular acarreta diminuição da descarga. A coluna líquida na linha de recalque, graças à sua inércia e à energia residual comunicada pelo rotor em virtude da inércia do conjunto rotatório, prossegue escoando, porém, com a velocidade decrescendo até que as forças de inércia referidas sejam equilibradas pelo efeito da ação da gravidade e do atrito, ou então o líquido escoe num reservatório dissipando sua energia pela elevação do seu nível.

Nesta fase ocorre uma redução de pressão no interior do encanamento, sendo essa depressão maior, no seu início, na união com a bomba, propagando-se ao longo do encanamento no sentido da sua saída. *É a fase do chamado golpe de aríete negativo.*

Cada elemento que se considere do encanamento se contrai sucessivamente por uma diminuição elástica do diâmetro enquanto a onda de depressão se propaga até o reservatório, com uma velocidade ou "celeridade" C, cujo valor pode ser calculado pela fórmula de Allievi

$$ C = \frac{9.900}{\sqrt{48,3 + K \cdot \frac{D}{e}}} \qquad (32.1) $$

onde D = diâmetro do encanamento, em metros;
e = espessura do encanamento, em metros;
K = 0,5 para o aço; 1 para o ferro fundido; 5 para o concreto; **18 para** tubo de PVC rígido.

Se a distância entre a bomba e o reservatório é l, o tempo que a onda leva para chegar ao reservatório é $\dfrac{l}{C}$. Após esse tempo, a tubulação está em depressão ao longo de toda sua extensão, e a água então fica imóvel.

2.ª Fase

Devido à sua elasticidade, o encanamento readquire seu diâmetro primitivo, e isto, de próximo em próximo, considerando elementos sucessivos a partir do reservatório. A água retorna à bomba ao longo do encanamento, e ao fim de um novo tempo $\dfrac{l}{C}$, isto é, de um tempo $\dfrac{2l}{C}$ a contar do início do fenômeno, a onda de pressão chega à bomba.

Podem ocorrer nessa 2.ª fase duas hipóteses, segundo haja ou não válvula de retenção.

1.ª Hipótese

Se não houver válvula de retenção, fato que ocorre em instalações de bombas de grande descarga, o líquido escoa na bomba em sentido inverso, embora, durante um certo tempo ainda, o rotor, por sua inércia, continue girando no mesmo sentido (Fig. 32.1).

Essa é a chamada fase da *dissipação de energia*. O rotor vai girando cada vez mais lentamente, sua velocidade passa por zero (se anula) e começa depois a girar em sentido contrário como se fosse uma turbina hidráulica, sob a ação da água vinda da linha de recalque.

O número de rotações vai aumentando rapidamente até atingir o valor nominal de rotações, funcionando, porém, em sentido inverso. Durante essa fase, produz-se um acréscimo de pressão no interior da bomba e no encanamento de recalque. A descarga em sentido inverso vai aumentando à medida que a rotação se aproxima da nominal no sentido inverso, atinge o máximo para a rotação nominal inversa e começa a diminuir, embora a rotação inversa ainda aumente por algum tempo.

O valor das amplitudes de oscilação da pressão que se produzem durante esse processo depende da inércia do conjunto dos rotores da bomba e do motor. Se a inércia é pequena, pode-se considerar desprezível o tempo de anulação da descarga, chegando-se no cálculo a valores elevados para as amplitudes de oscilação da pressão.

Parmakian procedeu a estudos e ensaios com bombas centrífugas de velocidade específica

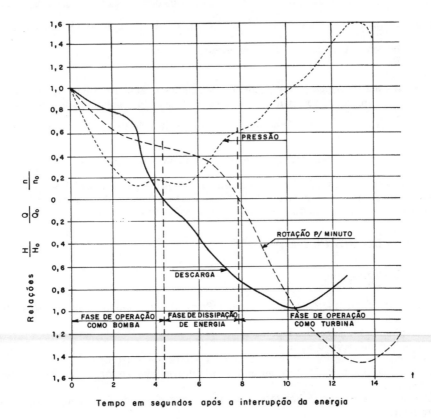

Fig. 32.1 Variação da descarga, pressão e rotação após a interrupção do fornecimento de energia ao motor da bomba.

710 BOMBAS E INSTALAÇÕES DE BOMBEAMENTO

reduzida e apresentou gráficos que permitem obter os valores da sobrepressão provocada pelo golpe de aríete em função de certos parâmetros. Veremos esses gráficos mais adiante.

2.ª Hipótese

Havendo válvula de retenção no início da linha de recalque, a corrente líquida, ao retornar à bomba, encontra a válvula fechada, o que ocasiona uma compressão do líquido, dando origem a uma onda de sobrepressão, que é o *golpe de aríete positivo*.

Se a válvula de retenção fechar no momento preciso, a sobrepressão junto à válvula poderá atingir valores até cerca de 90% da altura estática de elevação. Os efeitos do golpe de aríete se verificam sob uma forma oscilatória, até que a energia do líquido seja absorvida pelas forças elásticas do material do encanamento. Se a válvula não funcionar adequadamente, não deterá a coluna líquida em retorno, de modo que, até que a válvula se feche, terá penetrado na bomba uma certa descarga, cuja velocidade pode atingir valor tão elevado que, dependendo do tempo que a válvula leva para fechar, a sobrepressão, quando ocorre o fechamento, poderá alcançar valores bem superiores ao acima mencionado. Isto supondo naturalmente que não haja válvula de pé no início da tubulação de aspiração. As válvulas evidentemente são projetadas para que o fechamento seja rápido, impedindo o refluxo para o interior da bomba, havendo algumas que possuem molas apropriadas, de modo a fazer com que se fechem antes da ação da onda de retorno, o que reduz o valor da sobrepressão. (Válvulas ESCO — Modelo PM.)

Segundo Parmakian, se desprezarmos as perdas de carga na linha de recalque, a sobrepressão na saída da bomba, no caso do fechamento rápido de uma válvula de retenção, é, em valor absoluto, aproximadamente igual ao valor da depressão existente no momento em que se verifica a onda de retorno.

3.ª Fase

Os elementos sucessivos do encanamento vão sofrer também os efeitos da onda de pressão à medida que esta se propaga a partir da válvula de retenção até a saída no reservatório. Ao fim de um novo tempo $\dfrac{l}{C}$, isto é, $\dfrac{3l}{C}$ a partir do início, todo o encanamento terse-á dilatado com a água submetida à sobrepressão e imóvel.

4.ª Fase

Graças à sua elasticidade, o encanamento recupera seu diâmetro primitivo, de elemento em elemento, a partir do reservatório, no sentido de volta à bomba. Ao fim de um novo período $\dfrac{l}{C}$, isto é, $\dfrac{4l}{C}$ a partir do início, volta-se à situação que existia no momento do desligamento brusco da bomba. O período do movimento total é pois $\dfrac{4l}{C}$.

O fenômeno se reproduziria indefinidamente se não houvesse o efeito amortecedor das perdas de carga e da elasticidade do material do encanamento. A onda da sobrepressão, como já se viu, é máxima junto à bomba e nula na saída do reservatório.

CÁLCULO DO GOLPE DE ARÍETE

Método de Parmakian

Vejamos um dos métodos propostos por Parmakian e o modo de utilizar os gráficos que recomenda.

São admitidas as seguintes hipóteses:
a. O líquido é homogêneo e elástico.
b. As paredes do encanamento são homogêneas, elásticas e isotrópicas.
c. As velocidades e pressões são uniformemente distribuídas ao longo de qualquer seção transversal.
d. Os níveis de água nos reservatórios, durante a ocorrência do fenômeno, permanecem invariáveis.
e. A bomba é do tipo centrífugo (velocidade específica baixa).
f. Não há válvula de retenção.

GOLPE DE ARÍETE EM INSTALAÇÕES DE BOMBEAMENTO   711

Convenções

Adotaremos letras e unidades do sistema em que a dedução foi estabelecida por Parmakian, para imediato emprego de seus gráficos.

Chamemos de

C = velocidade de propagação da onda = celeridade (ft/s)

d = diâmetro interno do encanamento (ft)

e = espessura do encanamento (ft)

E = módulo de Young para o material do encanamento (lb/ft^2); ($4,32 \times 10^9$ lb/ft^2 para aço)

g = aceleração da gravidade (ft/s^2)

h_e = altura estática de elevação para a situação inicial antes do início do golpe de aríete (ft)

H = altura manométrica (ft)

K_1 = $\dfrac{91.600 \cdot H \cdot Q}{PR^2 \cdot \eta \cdot n^2}$ (s^{-1})

K = módulo volumétrico do líquido (lb/ft^2) para água = $43,2 \times 10^6$ (lb/ft^2)

l = comprimento total da linha de recalque (ft)

$T = \dfrac{2l}{C}$ = período do encanamento ou tempo crítico (s)

n = número de rotações por minuto da bomba

η = rendimento total da bomba

v_0 = velocidade de escoamento do líquido antes do golpe de aríete (ft/s)

γ = peso específico do líquido (lb/ft^3) para a água = 62,4 (lb/ft^3)

PR^2 = efeito de inércia das partes girantes do motor e da bomba (lb · ft^2)

R = raio de giração do conjunto girante

P = peso do conjunto girante

μ = coeficiente de Poisson para o material do tubo = 0,3 para o aço

Q_0 = descarga inicial na bomba (ft^3/s)

Q = descarga na bomba num dado instante (ft^3/s)

ρ = constante do encanamento = $\dfrac{C \cdot V_0}{g \cdot h_e}$

Para o cálculo da celeridade C, deveremos calcular primeiramente um coeficiente C_1.

Determinação do coeficiente C_1 para cálculo da celeridade C

O valor de C_1 depende das condições de fixação do encanamento. Para o encanamento fixo firmemente em uma das extremidades, $C_1 = \frac{5}{4} - \mu$. Se for fixado firmemente nos dois extremos, $C_1 = 1 - \mu^2$ e, se houver, entre os extremos fixos, juntas de dilatação, $C_1 = 1 - \dfrac{\mu}{2}$. É o que a Fig. 32.2 representa.

Determinação da celeridade C

O gráfico da Fig. 32.3 fornece, para valores de $\dfrac{D}{e}$ e do coeficiente C_1, a velocidade C de propagação da onda de pressão, calculada pela expressão

$$C = \sqrt{\frac{1}{\dfrac{\gamma}{g}\left(\dfrac{1}{K} + \dfrac{d \cdot C_1}{E \cdot e}\right)}} \qquad (32.2)$$

712 BOMBAS E INSTALAÇÕES DE BOMBEAMENTO

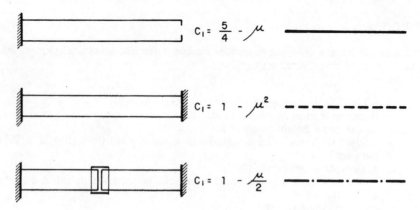

Fig. 32.2 Coeficiente C_1, para várias condições de fixação.

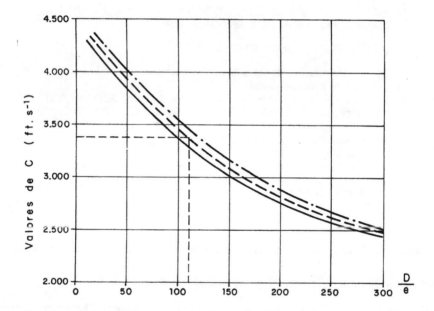

Fig. 32.3 Para ser usado com as convenções da Fig. 32.2.

Período T do encanamento

Como vimos, é dado por

$$T = \frac{2l}{C}$$

Constante ρ do encanamento

Calcula-se, utilizando a equação

$$2\rho = \frac{C \cdot V_o}{g \cdot h_e}$$

Módulo volumétrico K_1 do líquido

$$K_1 = \frac{91.600 \times H \times Q}{(PR^2) \cdot \eta \cdot n^2}$$

Calcula-se a grandeza $K_1 \cdot \dfrac{2l}{C}$ para utilização dos gráficos de Parmakian.

Valores da subpressão e sobrepressão

Com os valores de $K_1 \cdot \dfrac{2l}{C}$ e 2ρ, podemos determinar os valores da *subpressão* no início e no meio da linha de recalque e os da *sobrepressão* nas mesmas situações pelos gráficos das Figs. 32.4, 32.5, 32.6 e 32.7.

Velocidade máxima de reversão da bomba

Para o caso em que não se usa válvula de retenção, o gráfico da Fig.32.8 permite o cálculo da velocidade em marcha inversa da bomba, em função de $K_1 \cdot \dfrac{2l}{C}$ e de 2ρ. Os valores são expressos em percentagem do valor normal de rotação da bomba.

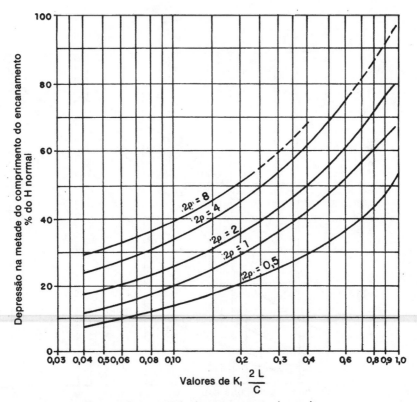

Depressão na metade do encanamento de recalque

Fig. 32.4

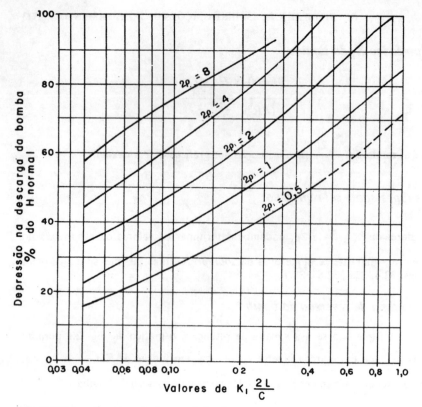

Fig. 32.5 Depressão na boca de descarga da bomba.

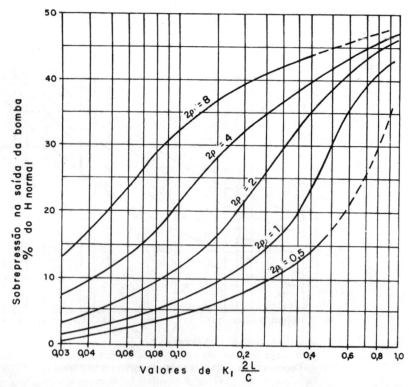

Fig. 32.6 Sobrepressão na descarga da bomba.

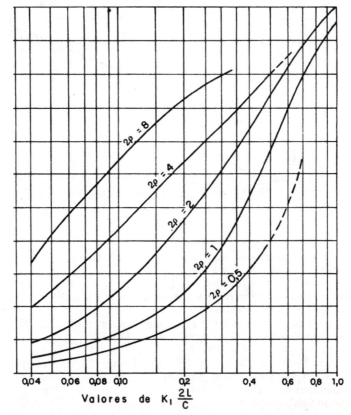

)brepressão na metade do comprimento do encanamento

ia metade do comprimento do encanamento.

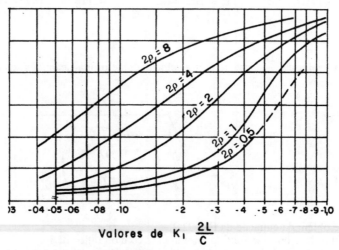

ixima da bomba em contramarcha.

ĩo *dos gráficos de Parmakian*
 com duas bombas em paralelo recalca em uma tubulação de aço (Fig.
que ocorra uma interrupção no fornecimento de energia elétrica.
ibém que não haja válvulas de retenção, mas apenas válvulas de controle.

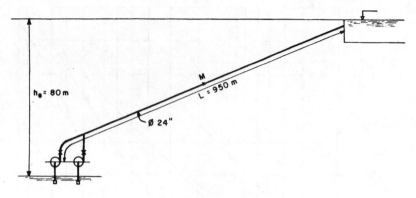

Fig. 32.9 Esquema relativo ao exercício.

Dados
Comprimento da linha de recalque: $l = 950$ m ($= 3.116$ ft)
Diâmetro do tubo: $D = 0,59$ m ($= 24''$)
Espessura do tubo: $e = 4,76$ mm ($= \sqrt[3]{16}''$)
Descarga na linha no momento do desligamento: $Q = 0,283$ m³ · s^{-1} ($= 10$ ft³/s) para duas bombas em funcionamento
Velocidade de escoamento $= 2$ m · s^{-1} ($= 6,56$ pés/segundo)
Altura estática de elevação: $h_e = 80$ metros ($= 262,4$ ft)
Potência de cada motor: $N = 200$ HP
PD^2 de cada bomba $= 170$ lb · ft² (efeito de inércia dos rotores do motor e da bomba; valor fornecido pelo fabricante da bomba)
Rotações por minuto: $n = 1.760$ rpm
Rendimento total: $\eta = 0,78$

Solução

1.

$$\frac{D}{e} = \frac{0,59}{0,00476} = 124$$

2. Com o valor de $\dfrac{D}{e}$, calculemos a velocidade de propagação da onda ou celeridade

$$C = \sqrt{\frac{1}{\dfrac{\gamma}{g}\left(\dfrac{1}{K} + \dfrac{D \cdot C_1}{E \cdot e}\right)}}$$

C_1 se obtém da equação da Fig. 32.2.
O valor de C pode ser obtido diretamente com o gráfico da Fig. 32.3, supondo o encanamento fixo nas duas extremidades. $C = 3.300$ pés/s.

3. Tempo crítico ou período do encanamento

$$T = \frac{2l}{C} = \frac{2 \times 3.116}{3.300} = 1,9 \, s$$

GOLPE DE ARÍETE EM INSTALAÇÕES DE BOMBEAMENTO   717

4. Constante do encanamento

$$2\rho = \frac{C \cdot V}{g \cdot h_e} = \frac{3.300 \times 6,56}{32,2 \times 262,4} = 2,56$$

5. Módulo volumétrico do líquido (considerando duas bombas)

$$K_1 = \frac{91.600\, h_e \times Q}{(PD^2) \times \eta \times n^2} = \frac{91.600 \times 262,4 \times 10}{2 \times 170 \times 0,78 \times 1.760^2} = 0,293$$

6.

$$K_1 \cdot \frac{2l}{C} = 0,293 \times 1,9 = 0,557$$

Com os valores de $K_1 \cdot \dfrac{2l}{C} = 0,557$ e $2\rho = 2,56$, nos gráficos de Parmakian obtemos:

a. Subpressão (depressão) na boca de saída da bomba (gráfico da Fig. 32.5)

$$0,93 \times 80 \text{ m} = 74,4 \text{ m}$$

Pressão resultante: $80,00 - 74,4 = 5,6$ metros

b. Subpressão na metade do comprimento da linha (gráfico da Fig. 32.4)

$$0,63 \times 80 \text{ m} = 50,4 \text{ m}$$

Pressão resultante: $80,0 - 50,4 = 29,6$ m
c. Sobrepressão na bomba (gráfico da Fig. 32.6)

$$0,42 \times 80 = 33,6 \text{ m}$$

Pressão total: $80 + 33,6 = 113,6$ m
d. Sobrepressão no meio do encanamento (gráfico da Fig. 32.7)

$$0,22 \times 80 = 17,6 \text{ m}$$

Pressão total: $80,0 + 17,6 = 97,6$ m
Se houver válvula de retenção que feche no momento da onda de retorno, desprezando as perdas de carga, a sobrepressão na válvula teria o mesmo valor absoluto que a depressão calculada no momento da onda de retorno, isto é, 74,4 metros, de modo que a válvula será submetida à pressão total de

$$H_t = 80,0 + 74,4 = 154,4 \text{ metros}$$

O número de bombas iguais ligadas à linha de recalque influi no golpe de aríete.
Quando ocorre uma falha em *uma* das bombas numa instalação em paralelo, o efeito é menor do que seria se houvesse apenas uma bomba para atender a toda a descarga.
Se houver uma interrupção no fornecimento de energia de todas as bombas simultaneamente, quanto menor o número de bombas, menor a variação de pressão. Para uma dada descarga na linha de recalque, um maior número de bombas e motores menores terá uma energia cinética total para sustentar o escoamento consideravelmente menor do que um menor número com a mesma inércia giratória. Assim, para uma dada descarga, as variações de velocidade e os efeitos do golpe de aríete, devidos a uma falha no fornecimento de energia do sistema, são mínimos quando só existe uma das bombas em operação.

Processo expedito
Numa avaliação rápida da grandeza da sobrepressão e subpressão, podem-se desprezar as perdas de carga e considerar o fenômeno como uma simples oscilação de massa. Os

valores que se encontram são superiores aos reais, de modo que, por esse processo, se está adotando maior margem de segurança.

Temos de considerar a possibilidade de duas situações:

— *manobra rápida*, quando o tempo T de fechamento da válvula é igual ou menor do que o período T do encanamento, isto é,

$$T \leq \frac{2l}{C}$$

O valor máximo da sobrepressão se verifica junto à bomba e é admitido como igual ao da subpressão h. Seu valor é dado por

$$h = \frac{C \cdot V}{g} \quad \text{(equação de Joukowsky)}$$

Esse valor é suposto constante ao longo do encanamento até uma distância da bomba igual a

$$l - \frac{Ct}{2}$$

e decresce até zero na saída do encanamento.

— *manobra lenta*, quando $t \geq \dfrac{2l}{C}$ e o golpe de aríete decresce linearmente de seu valor máximo $h_a = \dfrac{2l \cdot V}{g \cdot t}$, na saída da bomba, até zero, na saída do encanamento.

A Fig. 32.10 mostra uma instalação elevatória com o encanamento de recalque possuindo um ponto alto M. Acham-se representadas as linhas correspondentes à sobrepressão e à subpressão.

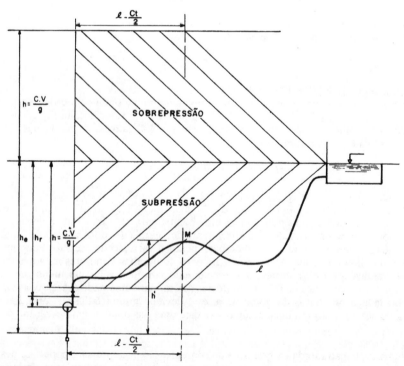

Fig. 32.10 Subpressão e sobrepressão numa linha de recalque.

GOLPE DE ARÍETE EM INSTALAÇÕES DE BOMBEAMENTO

No caso do fechamento rápido (desligamento da bomba e atuação rápida da válvula de retenção), a pressão total na válvula será $(h_r + h)$ e a subpressão igual a h.

Havendo um ponto alto M na linha de recalque, deve-se verificar a possibilidade da ocorrência de depressões, isto é, vácuos, que ofereçam perigo de vaporização da água ou ruptura da coluna. Isto ocorrerá no caso da Fig. 32.10 se $h' - (h_e - h) > 8$ metros. (Ver André Dupont, *Hydraulique Urbaine*, vol. II.) Deve-se ter portanto $h' < (h_e - h) + H_b$.

Este processo conduz a valores superiores aos reais. Na realidade, a elasticidade do encanamento, as perdas de carga e o fechamento, que não é instantâneo, reduzem muito o valor da onda de choque, como se poderia observar, comparando os resultados nele encontrados com os que seriam obtidos pelos gráficos de Parmakian.

RECURSOS EMPREGADOS PARA REDUZIR OS EFEITOS DO GOLPE DE ARÍETE

A depressão que ocorre na fase inicial do golpe de aríete pode provocar o esmagamento do tubo, se este não possuir espessura suficiente. Uma regra prática indica que o esmagamento não se produzirá em tubo de aço se a espessura, expressa em milímetros, for igual ou superior a 8 vezes o diâmetro do tubo expresso em metros.

Assim, para um tubo de 1,20 m de diâmetro, a espessura mínima deverá ser de 9,6 mm $\simeq$ ³/₈″ (sem considerar a margem para atender aos efeitos da corrosão).

Não é possível suprimir totalmente os efeitos do golpe de aríete.

Para reduzir seu valor a limites aceitáveis, podem-se:

a. Usar encanamentos de diâmetro grande, isto é, velocidades de escoamento reduzidas.
b. Adaptar volantes de grande inércia que reduzem o efeito da subpressão.
c. Empregar válvulas de alívio antigolpe de aríete que deverão limitar a sobrepressão, ou válvulas supressoras.
d. Utilizar reservatórios de ar que protegem contra a sobre e a subpressão.
e. Construir chaminés de equilíbrio *(stand-pipes)* no caso de linhas de recalques longas, separando o trecho de grande declividade do trecho de pequena inclinação.
f. Empregar válvulas de retenção especiais com *by-pass*. Essas válvulas podem ser fechadas manual ou automaticamente, depois que a válvula de retenção houver fechado e o *by-pass* desempenhado sua função.
g. Empregar válvulas de retenção com mola; por exemplo, ESCO, modelo PM. A mola é calculada para cada caso específico e produz o fechamento da válvula no instante da velocidade nula, eliminando a reversão do escoamento. São usadas em diâmetros de 75 mm a 600 mm.

Emprego do volante

Como dissemos, o volante de inércia reduz a amplitude da onda de depressão, mas seu emprego se limita a instalações em que a linha de recalque não exceda algumas centenas de metros, pois de outro modo deveria ter dimensões exageradas, com inconvenientes para a demarragem. Para a proteção contra a onda de retorno, além do volante, usa-se uma válvula de retenção ou de alívio. O dimensionamento de um volante para limitar o valor da subpressão pode ser encontrado no já citado livro *Hydraulic Urbaine*, de A. Dupont.

O cálculo se baseia na determinação de energia acumulada pela "árvore" durante a fase de funcionamento normal e de sua restituição na ocorrência do desligamento do motor e da conseqüente redução do golpe de aríete devida ao maior tempo para a parada do grupo.

Válvula antigolpe de aríete

É colocada em derivação no encanamento de recalque e se abre automaticamente quando a pressão atinge um valor predeterminado, descarregando a água para o reservatório ou um poço. São muito usadas as válvulas Blondelet, fabricadas pela Companhia Ferro Brasileira, e as válvulas antigolpe de aríete da Cia. Metalúrgica Barbará e da Aramfarpa.

A válvula antigolpe de aríete Aramfarpa possui um orifício que elimina para a atmosfera um certo volume de água que cria uma redução de pressão que contrabalança a sobrepressão.

720 BOMBAS E INSTALAÇÕES DE BOMBEAMENTO

A válvula se comporta como válvula de alívio *(surge aliviator)*, quando aguarda a ocorrência da sobrepressão para então se abrir para a atmosfera proporcionando a vazão de alívio necessária. Quando abre instantaneamente após a ocorrência do transiente, opera como válvula supressora *(surge supressor)*. A válvula da Aramfarpa é uma combinação destes dois tipos.

O gráfico da Fig. 32.11 permite selecionar as válvulas Blondelet. Por exemplo, para uma descarga de 300 l/s e uma altura máxima (manométrica + 10%) de 150 m, teríamos de usar uma válvula de 200 mm.

O gráfico da Fig. 32.12 permite a escolha das válvulas antigolpe de aríete da Cia. Metalúrgica Barbará.

Para a descarga de 300 $l \cdot s^{-1}$ e altura de 150 m, o fabricante aconselha o emprego de cinco válvulas e mais uma para o rodízio durante a limpeza e manutenção.

A Fig. 32.13 mostra a instalação de duas válvulas antigolpe Barbará na linha de recalque, e a Fig. 32.14 mostra detalhe da mesma válvula com reservatório de ar comprimido.

As válvulas supressoras atuam pelo comando de uma válvula piloto, antes da chegada da onda de sobrepressão.

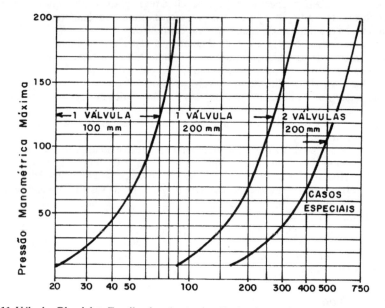

Fig. 32.11 Válvulas Blondelet. Escolha do número de válvulas de acordo com a descarga e a pressão.

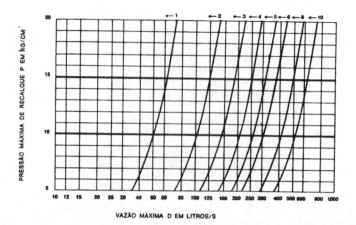

Fig. 32.12 Gráfico para escolha de válvulas antigolpe de aríete da Cia. Metalúrgica Barbará.

GOLPE DE ARÍETE EM INSTALAÇÕES DE BOMBEAMENTO 721

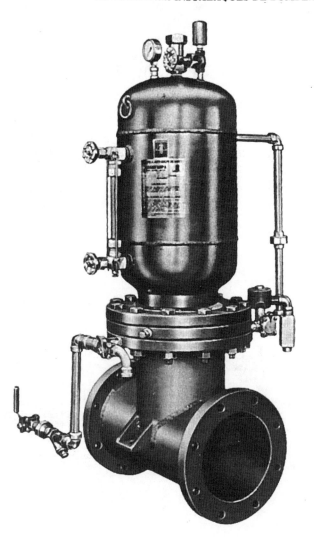

Fig. 32.12a Válvula antigolpe de aríete Aramfarpa.

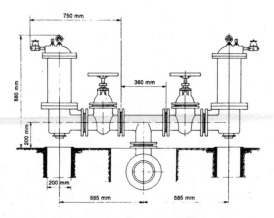

Fig. 32.13 Instalação de duas válvulas antigolpe de aríete da Barbará.

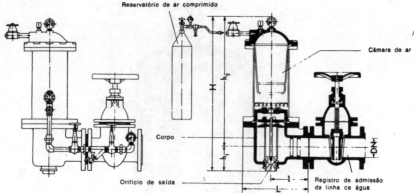

Fig. 32.14 Válvula antigolpe e câmara de ar.

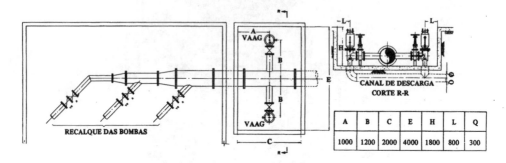

Fig. 32.14a Sugestões da Aramfarpa para instalação de válvulas antigolpe de aríete no recalque de uma elevatória com 3 bombas.

Reservatórios de ar

Para impedir a descontinuidade do escoamento no recalque quando a bomba é desligada, pode-se empregar água acumulada sob pressão no interior de um reservatório metálico, ligado ao encanamento de recalque, logo após a válvula de retenção (reservatório hidropneumático).

A pressão do ar no reservatório, em condições de funcionamento normal, equilibra a pressão no encanamento no ponto onde este se acha ligado ao reservatório.

Ao desligar a bomba, uma parte da água contida no reservatório vai para o encanamento, uma vez que, nessa primeira fase do golpe de aríete, a pressão no encanamento é inferior à do reservatório. Com isso, evita-se que a onda de depressão seja muito elevada.

A velocidade de escoamento vai diminuindo até se anular. Em seguida, como sabemos, processa-se a onda de sobrepressão, que tende a fazer a água voltar para a bomba. Como encontra o reservatório, a água se dirige para ele, empregando sua energia em comprimir o ar. Além disso, pode-se usar, na tubulação, na entrada do reservatório de pressão, um "bocal borda dissipador de energia" (Fig. 32.15).

Os reservatórios de ar protegem a instalação contra sobrepressão e subpressão e são muito empregados.

Podemos calcular o reservatório de ar pelo método simplificado de M. Vibert para instalações da ordem de 50 a 70 $l \cdot s^{-1}$ e linhas de recalque até cerca de 1.200 m, ou pelo método de Bergeron no caso de instalações importantes. (Ver bibliografia.)

Vejamos o método de M. Vibert, que consiste em encontrar o volume U_0 de ar contido no reservatório sob um regime de funcionamento com velocidade de recalque V_0.

GOLPE DE ARÍETE EM INSTALAÇÕES DE BOMBEAMENTO 723

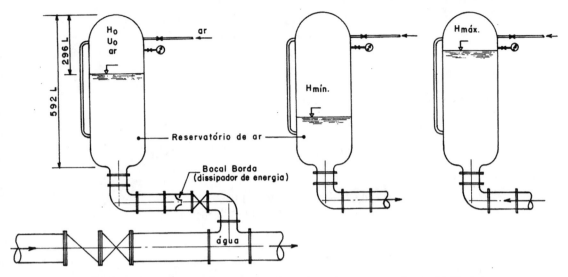

Fig. 32.15 Funcionamento normal.   **Fig. 32.16** Final da fase de depressão.   **Fig. 32.17** Final da fase de compressão.

Nas condições normais de funcionamento, o ar se acha sob a pressão absoluta H_0 (m.c.a.), sendo V_0 o volume por ele ocupado.

No final da fase de depressão, o ar ocupa um volume maior, e sua pressão será, portanto, menor. Seja $H_{mín}$ esta pressão absoluta.

Quando termina a sobrepressão, na 2.ª fase do fenômeno, o ar ocupa um volume menor do que no funcionamento normal, e sua pressão será $H_{máx}$.

A expressão que fornece U_0 deduzida por Vibert, é a seguinte:

$$U_0 = \frac{V_0^2}{2g \cdot H_0} \cdot \frac{l \cdot S}{f\left(\dfrac{H}{H_0}\right)}$$

onde
U_0 = volume de ar (m³)
l = comprimento da linha de recalque (m)
S = área da seção transversal do encanamento (m²)

$$f\left(\frac{H}{H_0}\right) = \left[\frac{H_0}{H_{mín}} - 1 - \log\left(\frac{H_0}{H_{mín}}\right)\right]$$

M. Vibert elaborou um diagrama com três escalas para o cálculo de $\dfrac{U_0}{l \cdot S}$ e, para isso, transformou a expressão anterior em:

$$\frac{U_0}{l \cdot S} = \frac{V_0^2}{2g} \cdot \frac{1}{H_0} \cdot \frac{1}{f\left(\dfrac{H}{H_0}\right)}$$

chamando $\dfrac{V_0^2}{2g}$ de h_0, obteve

724 BOMBAS E INSTALAÇÕES DE BOMBEAMENTO

$$\frac{U_0}{l \cdot S} = \frac{h_0}{H_0} \cdot \frac{1}{f\left(\dfrac{H}{H_0}\right)}$$

Vejamos, com um exemplo, como usar o diagrama.
Sejam:

$$l = 600 \text{ m} \qquad d = 0{,}30 \text{ m} \qquad S = \frac{\pi d^2}{4} = 0{,}076 \text{ m}^2$$

$$Q = 0{,}076 \text{ m}^3 \cdot s^{-1} \qquad V_0 = 1{,}0 \text{ m} \cdot s^{-1}$$
$$H = 70 \text{ m} \qquad \text{Tubo de aço: } e = 0{,}0064 \text{ m}$$

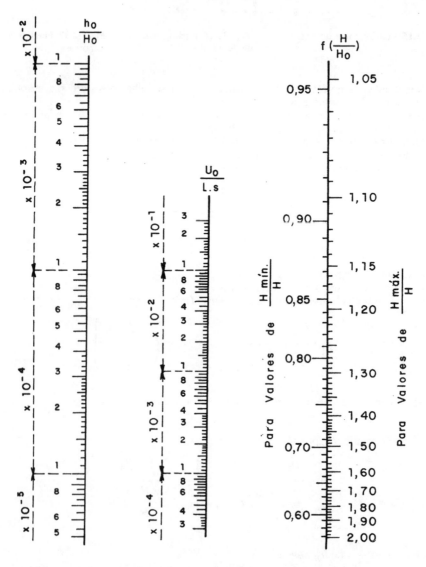

Fig. 32.18 Diagrama de M. Vibert para o cálculo simplificado dos reservatórios de ar.

GOLPE DE ARÍETE EM INSTALAÇÕES DE BOMBEAMENTO

Celeridade:

$$C = \frac{9.900}{\sqrt{48,3 + 0,5 \times \dfrac{0,30}{0,0064}}} = 1.178 \ m \cdot s^{-1}$$

O maior valor da onda será

$$\frac{C \cdot V_0}{g} = \frac{1.178 \times 1}{9,8} = 119 \ m.c.a.$$

No retorno da onda, a pressão pode alcançar

$$50 + 119 = 169 \ m.c.a.$$

Suponhamos que a pressão não deva ultrapassar 120 m.c.a.
Como vamos operar no cálculo com pressões absolutas, temos de acrescentar 10 m.c.a.

$$H_0 = 70 + 10 = 80$$
$$H_{máx.} = 120 + 10 = 130 \ m$$

Donde

$$\frac{H_{máx.}}{H_0} = \frac{130}{80} = 1,62$$

$$h_0 = \frac{V_0{}^2}{2g} = \frac{1^2}{2 \times 9,8} = 0,051$$

$$\frac{h_0}{H_0} = \frac{0,051}{80} = 0,00064$$

Entremos no diagrama com os valores $\dfrac{H_{máx.}}{H_0} = 1,62$ e $\dfrac{h_0}{H_0} = 0,00064$

Liguemos esses pontos por uma reta

Obteremos $\dfrac{U_0}{l \cdot S} \doteq 0,0065$

Mas $l \cdot S = 600 \times 0,076 = 45,6 \ m^3$.
Daí $U_0 = 0,0065 \times 45,6 = 0,296 \ m^3$.
Como $U_0 \cdot H_0 = U_{máx.} \cdot H_{mín.}$, tiramos

$$U_{máx.} = \frac{0,296}{0,66} = 0,45 \ m^3 = 450 \ 1.$$

Podemos adotar para a capacidade total do reservatório 2 × 296 l = 592 l, de modo que, mesmo quando U atinja seu valor máximo (450 l), ainda haja água no reservatório. Podemos também calcular o valor da depressão no início do recalque.

No diagrama de M. Vibert acha-se o valor de $\dfrac{H_{mín.}}{H_0}$ igual a 0,66.

Logo $H_{mín.} = 0,66 \cdot H_0 = 0,66 \times 80 = 52,8$ m.c.a. absolutos.
A pressão relativa será
$H_{mín.} - 10$ m $= 52,8 - 10,0 = 42,8$ m.c.a.

A depressão será

$$70,0 - 42,8 = 27,2 \text{ m.c.a.}$$

Portanto, a depressão é positiva e ainda possui valor apreciável. Restaria examinar o perfil da linha de recalque para ver se essa depressão não conduz à vaporização em alguns pontos.

Observação

No caso de instalações de grande porte e responsabilidade é aconselhado o cálculo pelo emprego das épuras de Bergeron, que conduzem a valores consideravelmente menores para o reservatório de ar, baseados na realidade do movimento ondulatório de propagação da onda de pressão. (Ver referências na bibliografia.)

Chaminé de equilíbrio (stand-pipe)

Vimos que, quando a linha de recalque apresenta pontos elevados seguidos de depressões ou quando é muito longa e de pequena declividade, pode ocorrer uma rarefação (vácuo) capaz de vaporizar o líquido. Nestas situações pode-se adotar uma solução mista: reservatório de ar para atender ao trecho regularmente ascendente e chaminé de equilíbrio para o trecho longo. A solução importará em despesa considerável caso a chaminé possua dimensões

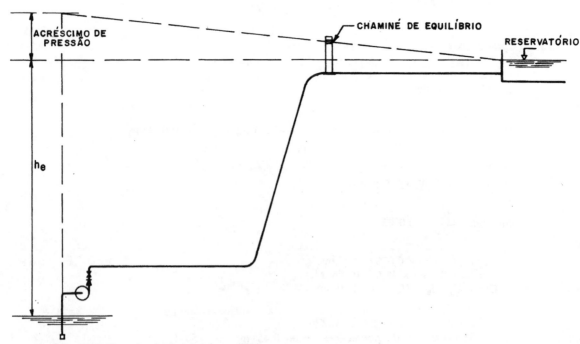

Fig. 32.19 Emprego da chaminé de equilíbrio.

GOLPE DE ARÍETE EM INSTALAÇÕES DE BOMBEAMENTO

grandes, porém conferirá plena segurança, tanto do ponto de vista funcional quanto do de operação, pois praticamente não requer manutenção. Não é usual empregar-se chaminé junto à elevatória; prefere-se usar reservatório de ar. O estudo e projeto das chaminés de equilíbrio pode ser encontrado nos livros mencionados na bibliografia, notadamente nas obras de Otto Streck, André Dupont, Bergeron, Parmakian e Streeter.

CÁLCULO DO GOLPE DE ARÍETE SEGUNDO O P-NB-591/77

Em junho de 1977, uma comissão de ilustres engenheiros de vários órgãos federais e estaduais do Rio e São Paulo e de empresas particulares apresentou à ABNT o 1.º Projeto de Norma para Elaboração de Projetos de Sistemas de Adução de Água para Abastecimento Público, o qual tomou o n.º P-NB-591/77.

O projeto de norma baseou-se no texto base de autoria do engenheiro José Augusto Martins, professor de Hidráulica da Escola Politécnica de São Paulo, cujos trabalhos no setor da Engenharia Sanitária o consagraram como um dos maiores especialistas neste importante campo da Engenharia.

No Cap. 5.9 do referido projeto de norma e dedicado ao golpe de aríete, são apresentados recomendações, indicações e método de cálculo desse transiente hidráulico. No Anexo E são dadas a Simbologia, as Unidades e Fórmulas, cuja aplicação é recomendada.

Transcrevemos a seguir o referido Anexo E para o Cálculo do Golpe de Aríete, com algumas observações. Esse método, aplicável numa primeira aproximação a casos de interrupção no fornecimento de energia elétrica, supõe que se adote uma descarga igual a 105% da descarga máxima do projeto. Além disso, admite o seguinte:

— Tubulação de aspiração curta, inferior a 50 m.

— As máximas reduções de pressão e elevações de pressão se verificam para a válvula na seção de saída das bombas, a qual é suposta mantida completamente aberta.

— O cálculo da máxima redução de pressão é também aplicável para a válvula na seção de saída das bombas, fechando lentamente.

— Quando a válvula na saída das bombas é do tipo que fecha instantaneamente (válvula ESCO-PM com mola, por exemplo), permite que se calcule somente a máxima redução de pressão.

— A perda de carga total, compreendendo a normal, distribuída ao longo do encanamento e a singular, é suposta da ordem de 5% da altura estática de elevação.

— No caso de várias bombas operando em paralelo, estas devem apresentar o mesmo tempo de arranque, e o desligamento é simultâneo.

Simbologia, unidades e fórmulas

1. Sistema de unidades: m, kgf, s e rpm.
2. Índice "0" indica as grandezas com as quais foi elaborado o projeto.
3. H = altura manométrica.
4. Q = descarga.
5. n = freqüência (no caso, trata-se de rotação por segundo do motor da bomba).
6. M = momento aplicado ao rotor da bomba.
7. $\dfrac{GD^2}{4g}$ = momento polar de inércia das peças girantes no interior da bomba, também chamado momento de inércia de massa.
8. C_0 = velocidade média da água na canalização com todas as bombas em operação em condições normais.

$$C_0 = \frac{\Sigma L_i \cdot C_i}{\Sigma L_i}$$

9. L_i = comprimento de cada trecho da adutora de diâmetro uniforme.
10. L = comprimento total da adutora ($= \Sigma L_i$).
11. C_i = velocidade média nos trechos da canalização.
12. ΔC = variação da velocidade

728 BOMBAS E INSTALAÇÕES DE BOMBEAMENTO

$$\left(\cong \frac{q}{a} \cdot \Delta H; \text{ em particular: } \Delta C_0 = \frac{g}{a} \cdot H_o \right)$$

13. a = celeridade de propagação da onda de pressão.

$$a = \frac{\sqrt{\dfrac{K}{\rho}}}{\sqrt{1 + \dfrac{K}{E} \cdot \dfrac{D \cdot C}{e'}}}$$

onde
K = módulo de elasticidade volumétrico da água

$$(\cong 2,10 \times 10^8 \text{ kgf/m}^2)$$

E = módulo de elasticidade do material de que é feito o tubo:
Aço $E = 2,10 \times 10^{10}$ kgf/m²
Ferro fundido cinzento $E = 1,2 \times 10^{10}$ kgf/m²
Ferro fundido nodular $E = 1,7 \times 10^{10}$ kgf/m²
PVC $E = 0,18 \times 10^{10}$ kgf/m²
ρ = massa específica da água $(\cong 102 \text{ kgf} \cdot \text{m}^{-4} \cdot s^2)$
e' = espessura da parede do tubo
D = diâmetro interno do tubo
$C = \frac{5}{4} - \mu$ (conduto ancorado contra o movimento longitudinal na extremidade superior e livre na inferior)
$C = 1 - \mu^2$ (conduto ancorado em toda a sua extensão)
$C = 1 - \dfrac{\mu}{2}$ (conduto com junta de dilatação entre ancoragem ao longo de toda a sua extensão
μ = coeficiente de Poisson $(\cong 0,3)$

14. T_a = tempo de arranque de uma bomba $T_a = 0,00267 \cdot \dfrac{GD^2 \cdot \eta_0}{M_0}$.

15. T_r = tempo de reflexão (= tempo que uma onda de pressão necessita para percorrer, ida e volta, a tubulação de recalque).

$$T_r = \frac{2L}{a}$$

16. K_P = constante da bomba.

$$K_P = \frac{1}{2 \cdot T_a}$$

17. k_L = constante da canalização.

$$K_L = \frac{C_0}{\Delta C_0}$$

18. e = distância à seção E da adutora computada a partir do reservatório superior.
19. E = seção genérica da canalização.
20. P = seção de saída das bombas.

GOLPE DE ARÍETE EM INSTALAÇÕES DE BOMBEAMENTO

21. $\left(\dfrac{\Delta H^-}{H_0}\right)_P$ = máxima queda relativa de pressão na seção P, ocasionada pela primeira onda de pressão no instante $\Delta t_P = T_r$

$$\left(\frac{\Delta H^-}{H_0}\right)_P = F_{1P} \cdot K_L$$

onde F_1 é obtido do diagrama 1 em função de $(K_P \cdot \Delta t_P)$ e k_L, sendo $\Delta t_P = T_r$.

22. $\left(\dfrac{\Delta H^-}{H_0}\right)_E$ = máxima queda relativa de pressão na seção E, ocasionada pela primeira onda da pressão no tempo

$$t = \frac{L + e}{a}$$

$$\left(\frac{\Delta H^-}{H_0}\right)_E = F_{1E} \cdot K_L$$

onde F_{1E} é obtido do diagrama 1 em função de $(k_P \cdot \Delta t_E)$ e K_L, sendo $\Delta t_E = \dfrac{2l}{a}$

Y = distância do ponto E ao reservatório superior.

23. $\left(\dfrac{\Delta H^-_{máx.}}{H_0}\right)_{P,\ E}$ = são os valores máximos da queda de pressão em P ou E.

$$\left(\frac{\Delta H^-_{máx.}}{H_0}\right)_{P,\ E} = F_2 \times \left(\frac{\Delta H^-}{H_0}\right)_{P,\ E} = F_2 \cdot F_{1_{P,E}} \cdot K_L$$

onde F_2 é obtido do diagrama 2 em função de $(K_P \cdot T_r)$ e K_L.

24. $\left(\dfrac{\Delta H^+_{máx.}}{H_0}\right)_{P,\ E}$ = são os valores máximos da elevação de pressão em P ou E.

$$\left(\frac{\Delta H^+_{máx.}}{H_0}\right)_{P,\ E} = F_3 \times \left(\frac{\Delta H^-_{máx.}}{H_0}\right)_{P,\ E} = F_3 \times F_3 \times F_{1P,E} \times K_L$$

onde F_3 é obtido do diagrama 3 em função de $(K_P \times T_r)$ e K_L.

25. Z_g = altura geométrica de recalque.

26. $(\Delta H^-_{máx.})_{P,\ E}$ = é a máxima queda de pressão em P ou em E nas seções P ou E.

$$\left(\Delta H^-_{máx.}\right)_{P,E} = -\left(\frac{\Delta H^-_{máx.}}{H_0}\right)_{P,\ E} \times H_0 + \left(Z_g\right)_{P,E}$$

27. $(\Delta H^+_{máx.})_{P,\ E}$ = é a máxima elevação de pressão em P ou em E.

$$\left(\Delta H^+_{máx.}\right)_{P,E} = \left(\frac{\Delta H^+_{máx.}}{H_0}\right)_{P,\ E} \times H_0 + \left(Z_g\right)_{P,E}$$

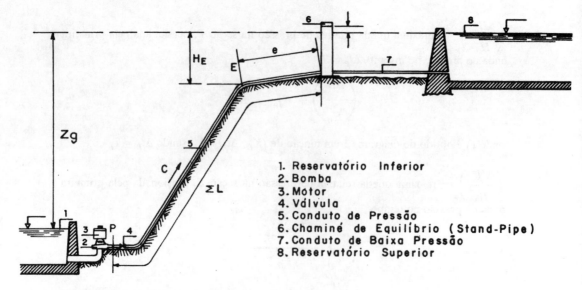

Fig. 32.20 Esquema da instalação elevatória.

Exemplo de aplicação do método do P-NB-591/77

Na elevatória esquematizada na Fig. 32.20, pedem-se as pressões máxima e mínima nas seções P à saída da bomba e E da adutora de recalque. Supõe-se não haver nem válvula de retenção nem de poço e que o comprimento do tubo de aspiração é pequeno.

São dados os seguintes valores:

a. Do grupo motor-bomba

Altura manométrica	$H_0 = 150{,}0$ m
Descarga máxima de projeto	$Q_0 = 1{,}50$ m³ . s^{-1}
Número de rotações	$n_0 = 750$ rpm
Momento aplicado ao eixo da bomba	

$$M_0 = \frac{\text{Potência}}{\text{Vel. angular}} \qquad M_0 = 6.800 \text{ kgf . m}$$

Momento polar de inércia $\qquad 4gI = GD^2 = 8.750$ kgf . m²

Tempo de demarragem $\qquad \left(= 0{,}00267 \cdot GD^2 \cdot \dfrac{n_0}{M_0} \right) T_a = 2{,}57$ s

Constante da bomba $\qquad K_P = \dfrac{1}{2 \cdot T_a} = 0{,}19 \cdot s^{-1}$

b. Da adutora

Comprimento	$L = 800{,}0$ m
Diâmetro	$D = 0{,}92$ m
Distância da seção E ao reservatório superior	$l = 120{,}0$ m

GOLPE DE ARÍETE EM INSTALAÇÕES DE BOMBEAMENTO

Velocidade média na seção da adutora

$$C_0 = \left(\frac{4 \times 1,05 \cdot Q_0}{\pi \cdot D^2}\right) \qquad = 2,37 \ m \cdot s^{-1}$$

Celeridade

$$a = \frac{\sqrt{\dfrac{K}{\rho}}}{\sqrt{1 + \dfrac{K}{E} \cdot \dfrac{D \cdot C}{e}}}$$

$K = 2,10 \times 10^8 \ kgf \cdot m^{-2}$
$\rho = 102 \ kgf \cdot m^{-4} \cdot s^2$
$E = 2,10 \times 10^{10}$
$\mu = 0,3$
$C = 1 - \dfrac{\mu}{2} = 1 - 0,15 = 0,85$
$D = 0,92 \ m$
$e = $ espessura do tubo $5/8'' = 0,0158 \ m$
Portanto

$$a = \frac{\sqrt{\dfrac{2,10 \times 10^8}{102}}}{\sqrt{1 + \dfrac{2,10 \times 10^8}{2,10 \times 10^{10}} \times \dfrac{0,92 \times 0,85}{0,0158}}} = 1.176 \ m \cdot s^{-1}$$

Variação da velocidade $\cong \dfrac{g \cdot H_0}{a} = \Delta C_0$

$$\Delta C_0 = \frac{g \cdot H_0}{a} = \frac{9,81 \times 150}{1.176} = 1,25 \ m \cdot s^{-1}$$

Constante da adutora $K_L = \dfrac{C_0}{\Delta C_0} = \dfrac{2,37}{1,25} = 1,89 \ m \cdot s^{-1}$

Tempo de reflexão da onda $T_r = \dfrac{2L}{a} = \dfrac{2 \times 800}{1.176} = 1,36 \ s$

Altura geométrica na seção $P \ Z_P = 146,0$
Altura geométrica na seção $E \ Z_E = 38,0 \ m$
Máximas variações relativas da pressão na seção de saída P da bomba.
Sejam $\Delta t_P = T_r = 1,36 \ s$

$$K_P \times \Delta t_P = K_P \times T_r = 0,19 \times 1,36 = 0,25$$

e

$$K_L = 1{,}89 \text{ m} \cdot s^{-1}$$

a. Do diagrama 1, resulta $F_{1P} = 0{,}31$ e daí

$$\left(\frac{\Delta H^-}{H_0}\right)_P = F_{1P} \cdot K_L = 0{,}31 \rangle 1{,}89 = 0{,}58$$

b. Do diagrama 2, entrando com $K_L = 1{,}89$ e com a curva $K_P \cdot T_r = 0{,}25$, acha-se $F_2 = 1{,}18$.

$$\left(\frac{\Delta H^-{}_{máx.}}{H_0}\right)_P = F_2 \times F_{1P} \times K_L = 1{,}18 \times 0{,}58 = 0{,}68$$

c. Do diagrama 3, entrando com $K_L = 1{,}89$ e $K_P \cdot T_r = 0{,}25$, obtém-se $F_3 = 0{,}36$.

$$\left(\frac{\Delta H^+{}_{máx.}}{H_0}\right)_P = F_3 \times F_2 \times F_{1P} \times K_L = 0{,}3 \times 0{,}68 = 0{,}24$$

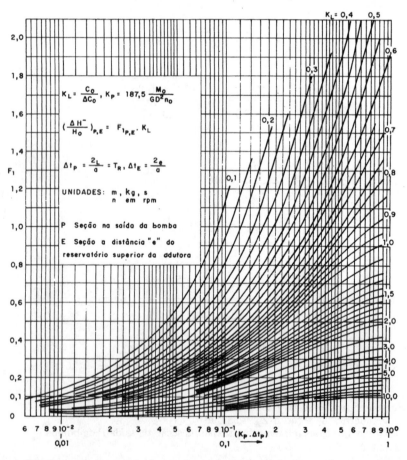

Diagrama 1 Cálculo da máxima queda de pressão pela primeira onda de pressão em qualquer seção da canalização de recalque.

Máximas variações relativas da pressão na seção E do encanamento.

Sejam $\Delta t_E = \dfrac{2l}{a} = \dfrac{2 \times 120}{1.176} = 0{,}20$

$K_P \cdot \Delta t_E = 0{,}19 \times 0{,}20 = 0{,}038$
$K_L = 1{,}89 \text{ m} \cdot s^{-1}$

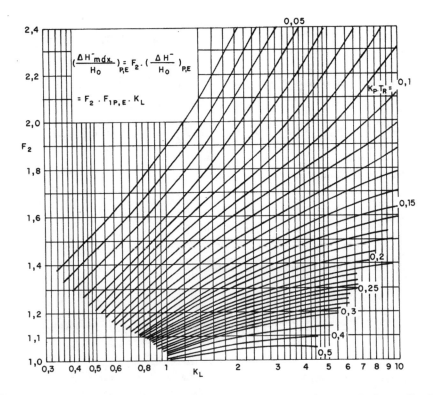

Diagrama 2 Cálculo da maior queda de pressão que aparece em qualquer seção da canalização de recalque.

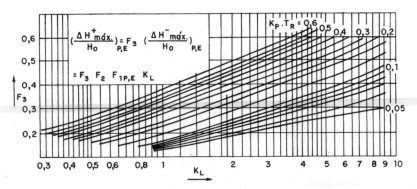

Diagrama 3 Cálculo da máxima elevação de pressão que aparece em qualquer seção da canalização de recalque.

734   **BOMBAS E INSTALAÇÕES DE BOMBEAMENTO**

Pelo diagrama 1, com os valores $K_P \cdot \Delta t_E = 0,038$ e $K_L = 1,89$, obtém-se

$$F_{1E} = 0,07$$

$$a \cdot \left(\frac{\Delta H^-}{H_0} \right) = F_{1E} \cdot K_L = 0,07 \times 1,89 = 0,132$$

b. Pelo diagrama 2, entrando com $K_L = 1,89$ e com a curva $K_P \cdot T_r = 0,25$, acha-se $F_{2E} = 1,18$.

$$\left(\frac{\Delta H^- \text{máx.}}{H_0} \right) = F_{2E} \times F_{1E} \times K_L = 1,18 \times 0,132 = 0,156$$

c. Pelo diagrama 3, entrando com $K_L = 1,89$ e $K_P \cdot T_r = 0,25$, acha-se $F_{3E} = 0,36$.

$$\left(\frac{\Delta H^+ \text{máx.}}{H_0} \right) = F_{3E} \times F_{2E} \times F_{1E} \times K_L = 0,36 \times 0,156 = 0,056$$

Máximas pressões resultantes nas seções P e E.
Com os valores

$$H_0 = 150,0 \text{ m}$$
$$Z_P = 146,0 \text{ m}$$
$$e \quad Z_E = 38,0 \text{ m}$$

as alturas de pressão extremas serão as seguintes:
a. Na seção P

$$\left(\Delta H^- \text{máx.} \right)_P = \left(\frac{\Delta H^- \text{máx.}}{H_0} \right) \times H_0 = 0,68 \times 150,0 = 122,40 \text{ m.c.a.}$$

Depressão máxima no ponto P.

$$\left(H^- \text{máx.} \right)_P = Z_P - \left(\Delta H^- \text{máx.} \right)_P = 146,00 - 122,40 = 23,60 \text{ m.c.a.}$$

$$\left(\Delta H^+ \text{máx.} \right)_P = \left(\frac{\Delta H^+ \text{máx.}}{H_0} \right)_P \times H_0 = 0,24 \times 150,0 = 36,00 \text{ m.c.a.}$$

Sobrepressão máxima no ponto P.

$$\left(H^+ \text{máx.} \right) = Z_P + \left(\Delta H^+ \text{máx.} \right) = 146,00 + 36,00 = 182,00 \text{ m.c.a.}$$

b. Na seção E, analogamente

$$(\Delta H^- \text{máx.})_E = 0,156 \times 150,0 = 23,40 \text{ m.c.a.}$$

Depressão máxima no ponto E.

$(H^-_{máx.})_E = 38,0 - 23,4 = 14,6$ m.c.a.
$(\Delta H^+_{máx.})_E = 0,056 \times 150,0 = 8,4$ m.c.a.

Sobrepressão máxima no ponto E.

$(H^+_{máx.})_E = 38,0 + 8,4 = 46,4$ m.c.a.

CÁLCULO DA MÁXIMA E DA MÍNIMA PRESSÕES NA SAÍDA DE BOMBAS EM INSTALAÇÃO COM VÁLVULA DE RETENÇÃO, QUANDO OCORRE INTERRUPÇÃO DE ENERGIA ELÉTRICA. VERIFICAÇÃO DE OCORRÊNCIA DO FENÔMENO DE SEPARAÇÃO DA COLUNA

Apresentamos a seguir o método do P-NB-591/77, de acordo com o Anexo J do mesmo. A norma examina dois casos, conforme a perda de carga seja ou não inferior a 5% da altura manométrica existente no momento do surgimento do fenômeno.

Segundo a norma, este método é aplicável nas instalações elevatórias em que:
a. A canalização de aspiração é curta.
b. A perda de carga ao longo do encanamento de recalque pode ser desprezada para efeito do golpe de aríete (é o 1.º caso que será apresentado).
c. As bombas são centrífugas e estão equipadas com válvulas de retenção nas seções de saída.
d. A paralisação das bombas ocorre por interrupção da energia elétrica.

Este método porém não é aplicável se a linha piezométrica BC (ver a Fig. 32.21), traçada com as cargas piezométricas mínimas obtidas antes e depois de se anular a descarga nas bombas, determinar pressões inferiores à pressão atmosférica nas seções da canalização de recalque, onde houver ventosas, ou inferiores à pressão de vapor do líquido na temperatura em que ele está escoando nas seções, sem ventosas.

Pode-se utilizar este método para determinar se há possibilidade de ocorrência de separação da coluna mesmo quando, na saída das bombas, estiverem previstos equipamentos

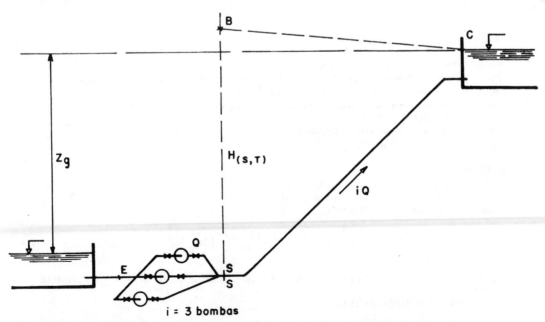

Fig. 32.21 Esquema do P-NB-591/77, para cálculo das pressões máxima e mínima à saída das bombas.

736 BOMBAS E INSTALAÇÕES DE BOMBEAMENTO

antigolpe, distintos das válvulas de retenção, desde que seja traçada a linha piezométrica BC com a carga mínima em A, obtida antes de se anular a descarga da bomba.

1.º Caso

A perda de carga é inferior a 5% do valor de H

Com a curva característica $H = f(Q)$ para o valor de rotações normal da bomba fornecida pelo fabricante, procura-se, por processo analítico, representar esta curva por uma equação do tipo

$$H_{(n_0, Q_0)} = A \ n_0^2 + B \ . \ n_0 \ . \ Q_0 + C \ . \ Q_0^2$$

onde

H = altura manométrica
n_0 = rotação normal da bomba por segundo
Q_0 = descarga normal da bomba

Observação

A equação acima é do parabolóide hiperbólico a que nos referimos na Eq. (6.9) do Cap. 6.

Calcula-se a grandeza DT, ou seja, o tempo de percurso da onda de choque,

$$DT = \frac{L}{a} \ .$$

Sabemos que
L = comprimento do encanamento de recalque
a = celeridade da onda

Enquanto a descarga da bomba no instante T que se considere for positiva (estiver se processando $Q > 0$) efetuam-se os cálculos abaixo:
$H_{(S, T)}$ = carga piezométrica na saída s-s dos i grupos de motor-bombas e no instante T.

a. Calcula-se $\dfrac{n_0}{n_{(T)}}$ – relação entre a rotação normal e a rotação num dado instante T.

$$\frac{n_0}{n_{(T)}} = 1 + \frac{N_0 \ . \ g}{\omega_0^2 \ . \ I} \ . \ T$$

onde

$n_{(T)}$ = rotação por segundo do rotor no instante T
N_0 = potência transmitida ao eixo da bomba no instante $T = 0$ (potência motriz)
ω_0 = velocidade angular da bomba no instante $T = 0$
I = momento polar de inércia (de massa) do grupo motor-bomba em (kgf $\cdot$ m^2)
g = aceleração da gravidade
r = raio de giração do conjunto girante
G = peso da massa girante

b. Chamando de
$Q_{(T)}$ = descarga da bomba no instante T
i = número de bombas em funcionamento
Exprime-se a função $\pi(S, T)$ pela seguinte equação:

$$\pi(S, T) = 2 \ . \ \alpha_{(s)} \ . \ Z_G - |\alpha_{(s)} \ . \ H_s \ (T - 2DT) + iQ \ (T - 2DT)|$$

onde

$H_S(T - 2DT)$ é a carga piezométrica na seção s-s de saída da bomba e no instante $(T - 2DT)$.
Quando $(T - 2DT) \leq 0$ faz-se

$$Q \ (T - 2 \ DT) = 0$$

GOLPE DE ARÍETE EM INSTALAÇÕES DE BOMBEAMENTO

c. Descarga da bomba Q no tempo T:

$$Q_T = -\frac{1}{2C} \cdot \left(B \cdot n_T - \frac{i}{\alpha_{(s)}}\right) + \frac{1}{2}\sqrt{\frac{1}{C^2} \cdot \left(B \cdot n_T - \frac{i}{\alpha_{(s)}}\right)^2} -$$

$$-\frac{4}{C}\left(A \cdot n_T^2 + H_E - \frac{\pi\ (S \cdot T)}{\alpha_{(s)}}\right)$$

onde A, B e C são os parâmetros da equação característica da bomba.

d. Pressão piezométrica na seção s no instante T.

$$H_{S_{(T)}} = \frac{\pi\ (S, T) + i \cdot Q_{(T)}}{\alpha_{(s)}}$$

Determinam-se

$$T = 2 \times DT$$
$$T' = 4 \times DT$$

sendo $DT = \dfrac{L}{a}$.

$\alpha_{(S)} = \dfrac{g \cdot S_{(S)}}{a}$, sendo $S_{(S)}$ a área da seção transversal do encanamento na saída s-s dos grupos i de motor-bombas.

$Z_g = h_e =$ desnível topográfico entre os dois reservatórios.

Quando na Eq. (c) se obtiver

$$Q_{(T)} \leqslant 0, \text{ adota-se } Q_{(T)} = 0$$

e se retoma o cálculo conforme os itens (b) e (d).

2.° Caso

A perda de carga na linha de recalque é superior a 5% da carga manométrica inicial.

Notações

$f =$ coeficiente de perda de carga distribuída
$D =$ diâmetro da adutora de recalque
$Q_0 =$ descarga na adutora no instante inicial $T \leqslant 0$
$\Delta H =$ perda de carga na adutora de recalque no instante inicial $T \leqslant 0$
$Q_{R(T-DT)} =$ descarga na seção extrema de jusante da adutora no instante $(T-DT)$

Cálculos preliminares

a. Estabelece-se a equação da curva característica da bomba tal como no caso anterior.

$$H_{(n_0,\ Q_0)} = A \cdot n_0^2 + B \cdot n_0 \cdot Q_0 + C \cdot Q_0^2$$

b. Tempo de percurso da onda de pressão, desde as bombas até a extremidade de jusante da adutora.

$$DT = \frac{L}{a}$$

738 BOMBAS E INSTALAÇÕES DE BOMBEAMENTO

c. Constantes.

$$\alpha = \frac{g \cdot S}{a}$$

$$f = \frac{2 \cdot g \cdot S^2 \cdot D \cdot \Delta H}{L \cdot Q_0^2}$$

$$\beta = \frac{f \cdot DT}{2 \cdot S \cdot D}$$

Equações a aplicar:

a. $Q_{R(T-DT)} = \alpha_{(S)} \cdot \left[H_{S(T-2DT)} - z_g \right] + \left[1 - \left(\frac{n \cdot f \cdot DT}{2 \cdot SD} \right) \cdot Q_{O(T-2DT)} \right]$

$- i \cdot Q_{O(T-2DT)}$

b. $\pi(S, T) = 2 \cdot \alpha_{(S)} \cdot Z_g - \left[\alpha_{(S)} \cdot H_{S_{(T-2DT)}} + i \cdot \right.$

$\left. Q_{(T-2DT)} \right] + \frac{f \cdot DT}{2 \cdot S \cdot D} \left[Q^2_{R_{(T-DT)}} + i^2 \cdot Q^2_{R_{(T-2DT)}} \right]$

c. Idêntica à do 1.° caso, o cálculo da descarga da bomba no tempo T.

d. Idêntica à do 1.° caso, a determinação da pressão piezométrica na seção s no instante T.

Quando $Q_{(T)} \leq 0$, adota-se nas fórmulas $Q_{(T)} = 0$.

Observação

O P-NB-591/77, no apêndice III, apresenta dois exemplos numéricos completos de aplicação do método acima exposto.

Bibliografia

ALLIEVI, LORENZO. *Air chambers for discharge Pipes*. Trans. ASME., vol. 59, 1937.
——. *The Theory of Water Hammer*. Tradução de Eugene E. Holmes.
AVILA, GILBERTO SOTELO. *Golpe de Aríete en estaciones de Bombeo*. Bombas para água potable, Cap. 11, 1966. México.
BERGERON, LOUIS. *Du coup de bélier en Hydraulique au Coup de Foudre en Electricité*. Dunod, 1949.
——. *Water Hammer in Hydraulics and Wave Surges in Electricity*.
DUPONT, ANDRÉ. *Protections des conduits contre le coup de bélier*. In: *Hydraulique Urbaine*, Editions Eyrolles, vol. II, Paris, 1971.
FONTAINE J. e J. J. PROMPSY. *Les Equipements Hydrauliques — Les Stations de Pompage d'eau*. AG HTM, 1977.
MAGNANI, JOSÉ ROMILDO. Sistemas de recalque. Determinação de diâmetros econômicos e cálculo de vazões de alívio do Golpe de Aríete. 10.° Cong. Brasileiro de Eng. Sanitária e Ambiental. Manaus, AM, 1979.
M. SEDILLE. *Les Phenomènes Transitoires*. Turbo-Machines Hydrauliques et Thermiques, Cap. X. Ed. LABOR S.A.
PARMAKIAN, JOHN. Water Hammer Design Criterio. Proceedings of the ASCE, 1957.
——. *Pressure Surges in Pump Installations*. Trans. ASCE, vol. 120, 1955.
——. *Water Hammer Analysis*. Dover Publications, Inc., New York, 1963.
——. Water Hammer. *In: Pump Handbook*, Seção 9.4, McGraw-Hill, 1976.

GOLPE DE ARÍETE EM INSTALAÇÕES DE BOMBEAMENTO 739

——. *Pressure Surges at large Pumps. Installations.* Trans. ASME, 1958.
PASCHOAL SILVESTRE, Hidráulica geral. Ed. Livros Técnicos e Científicos S.A. 1979.
RIBAUX, ANDRÉ. *Hydraulic Appliquée II.* Editions La Moraine, Genebra, 1957.
RICH, GEORGE R. *Hidraulic Transients.* McGraw-Hill Book Company, 1951.
SANTOS, MARCOS JOSÉ MURTA DOS. *Golpe de Aríete em Instalações de Recalque.* Curso de Bombas Hidráulicas, U.F.M.G., 1970.
SCHAFER, AUGUST, *Hidráulica y Construcciones Hidráulicas.* Ed. LABOR S.A.
SILVESTRE, P., Golpe de Aríete. Rev. da Esc. Eng. da UFMG. Belo Horizonte, 1969.
STEPANOFF, A. J. Centrifugal and Axial Flow Pumps. John Wiley & Sons, Inc., New York — Londres, 1957.
STRECK, OTTO. *Problemas de Hidráulica.* Ed. Labor S.A., 1940.
STREETER, V. L. *Hydraulic Transients.* McGraw-Hill, Inc., 1967.
SULZER FRÈRES. — Eléments d'hydraulique pour l'étude d'installations de pompage.
VIANNA, M. R. e DA FONTE, M. E., Golpe de Aríete em Instalações de Recalque, Univ. São Carlos.
PNB — 591/77 da ABNT

33

Ensaio de Bombas

Existe uma diferença entre ensaio e inspeção de um conjunto motor-bomba. A *inspeção* é a verificação, por parte do comprador, de que o equipamento está sendo fabricado ou foi fabricado conforme as especificações contratuais. Trata-se quase sempre de um acompanhamento da fabricação em todas as suas fases, que pode ir desde a seleção das matérias-primas (em qualidade e quantidade) até a fundição, usinagem, montagem, pintura, testes hidrostáticos e até mesmo a realização de testes não-destrutivos (raios X, ultra-som) e ensaios de balanceamento estático e dinâmico. É claro que não é para qualquer bomba que se irá pretender exigir tantos e tão dispendiosos procedimentos.

Não trataremos dos ensaios com raios X e ultra-som. Quanto ao teste hidrostático, diremos apenas que consiste em submeter durante certo tempo a carcaça da bomba a uma pressão mínima igual a duas vezes a pressão normal de trabalho ou uma vez e meia a pressão de *shutoff* (com registro fechado) indicada na curva característica.

Os ensaios das bombas são realizados para atender a um ou mais dos seguintes objetivos:
- a. Verificar se os valores das grandezas, apresentados e garantidos pelo fabricante em sua proposta, ocorrem realmente.
- b. Obter elementos para o traçado das curvas características.
- c. Verificar se as condições de operação mecânica da bomba são satisfatórias (equilibragem dos empuxos, balanceamento estático e dinâmico da árvore de rotação).
- d. Ensaiar *modelos reduzidos* para previsão do comportamento da bomba protótipo.
- e. Investigar o funcionamento de bombas de modelos ou detalhes construtivos novos, ou a utilização de materiais para operação sob condições especiais.
- f. Pesquisar e analisar, em modelos reduzidos ou protótipos, os transientes hidráulicos, NPSH requerido, fenômeno de cavitação etc.

Os ensaios das bombas, em geral, obedecem às normas dos Standards of the Hidraulic Institute dos EUA, às do ASME Power Test Code for Pumps, e às prescrições do U.S. Bureau of Reclamation.

Existe também um método de ensaio brasileiro — *Ensaios de bombas hidráulicas de fluxo* — P-MB-778 de 1975, da ABNT, ao qual nos referiremos.

Pelo exposto constata-se que os ensaios podem ser realizados com a própria bomba que irá ser instalada. Neste caso, os ensaios são feitos nos laboratórios dos fabricantes se as características da bomba forem compatíveis com as possibilidades do laboratório. Se não o forem, os ensaios de recebimento realizar-se-ão após a instalação definitiva da bomba.

Tratando-se de bombas de características especiais ou para descargas e potências muito grandes, e portanto impossíveis de serem ensaiadas no laboratório, são exigidas do fornecedor a fabricação de modelos reduzidos e o acompanhamento dos testes por representantes do comprador.

Os conceituados fabricantes possuem laboratórios de ensaio nos quais podem traçar as curvas características que apresentam em seus catálogos e realizar os ensaios exigidos pelas normas para aceitação pelo comprador.

Nas Escolas de Engenharia, os laboratórios no gênero têm uma finalidade mais de caráter didático. As bombas trabalham em circuito fechado alimentando turbinas, podendo naturalmente funcionar separadamente quando o ensaio se refere às bombas apenas.

As bombas, depois de instaladas, são submetidas a ensaios de campo ou testes de campo, como também se diz. O equipamento então já estará inteiramente montado e ligado ao sistema. A aceitação final do equipamento dependerá dos resultados desses testes de campo.

APLICABILIDADE DO P-MB-778

O Projeto de Método Brasileiro de Ensaio de Bombas define termos e grandezas; estabelece métodos de ensaio e maneiras de medir as grandezas envolvidas no desempenho de bombas hidráulicas do tipo centrífugo, misto e axial; indica como representar os resultados obtidos nos ensaios e como verificar garantias.

É aplicável primordialmente à água limpa, podendo ser utilizado para outros líquidos, procedendo-se às correções que as características físicas do líquido impõem.

O método não exclui outros procedimentos ou instrumentações (item 1.2.2 do P-MB-778), desde que haja acordo específico prévio entre as partes contratantes. Neste caso, porém, não poderá ser designado como "ensaio conforme a norma ABNT".

Os ensaios especificados no método podem ser realizados nas instalações do fabricante ou em qualquer local previamente estabelecido de comum acordo entre as partes contratantes. Se a disposição da bomba ou as condições da instalação não permitem a *aplicação local* completa do método, poderá ser tomado como base, para a determinação do desempenho do protótipo, um ensaio de laboratório realizado em modelo de bomba e seus dispositivos completos, homólogos à unidade real.

No caso das garantias se basearem no ensaio do modelo, deverá ser especificado previamente o desempenho do modelo, preferivelmente ao desempenho deduzido para o protótipo.

LABORATÓRIO DE ENSAIOS

Alguns laboratórios universitários utilizam equipamentos pequenos, portáteis, montados em armações sobre rodas, para demonstrações em salas de aula. Possuem instalações de maior porte, compreendendo bancos de ensaio onde se ensaiam bombas em geral até cerca de 50 c.v.

Fabricantes renomados possuem laboratórios muito bem equipados, em condições de ensaiar bombas de potências consideráveis. Existem instalações para ensaios de bombas de mais de 1.000 c.v.

Faremos uma apresentação sobre os métodos de medição e instrumentação mais comumente empregados nos ensaios. Convém notar que se podem aplicar tanto aos ensaios no próprio laboratório quanto às bombas em suas instalações definitivas.

CONSTITUIÇÃO ESSENCIAL DE UM LABORATÓRIO DE ENSAIO DE BOMBAS

Para a realização de ensaios de bombas, deve-se ter, no mínimo, os seguintes equipamentos e instrumentos para as diversas medições:

a. Freio dinamométrico para medição da potência.
b. Manômetros de vários tipos, aplicáveis a diversas faixas de pressão.
c. Termômetros.
d. Conta-giros de aplicação direta, ou estroboscópio.
e. Tubos de Pitot, vertedores, placas de orifício para medição da descarga.
f. Densímetros.
g. Viscosímetros.

Além disso, a instalação elétrica deverá ter instrumentação para medição da tensão, da intensidade da corrente e, eventualmente, da potência efetiva demandada pelo motor da bomba à rede de energia.

A instalação de bombeamento opera em circuito fechado para reaproveitamento da água. Existe um reservatório subterrâneo do qual a água é bombeada em uma canaleta

742 BOMBAS E INSTALAÇÕES DE BOMBEAMENTO

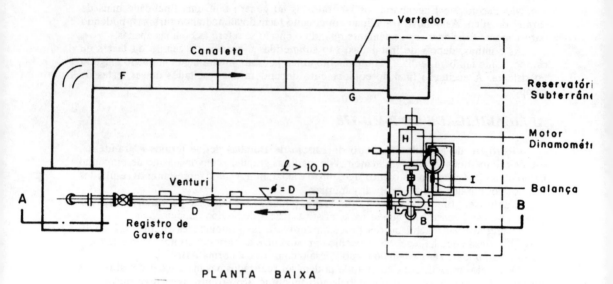

Fig. 33.1 Esquema de instalação para ensaio de bombas.

para reconduzi-la da extremidade do tubo de recalque de volta ao reservatório, possibilitando a medição da descarga com vertedores nele colocados.

A Fig. 33.1 é o esquema de uma instalação extremamente simples para ensaio de bombas.

Do reservatório A, a bomba B recalca a água pelo tubo C e pelo venturi D e a despeja no poço E, de onde escoa pela canaleta F até o reservatório A, passando antes pelo vertedor G. H representa o eletrodinamômetro e I, a balança conjugada a esse aparelho.

MEDIÇÕES A REALIZAR

Indicaremos, a seguir, os métodos mais empregados nas medições, sem entrarmos em detalhes, os quais podem ser encontrados no projeto de norma citado.

Medida de nível

Estabelece-se inicialmente um ponto fixo principal de referência, cuja cota deve ser determinada com precisão.

A medição de nível deve ser realizada em local de escoamento tranqüilo sem perturbações e em pelo menos dois pontos de uma mesma seção, e calcula-se a média das leituras para obter o nível real.

Podem-se, ao lado do canal de escoamento, fazer poços de medição, um de cada lado com seção de 300 × 300 mm, no interior dos quais se colocam flutuadores de diâmetro inferior a 200 mm (Fig. 33.2).

Um cordel ligado ao flutuador, tendo na extremidade um contrapeso e indicador, permite a leitura do nível numa régua graduada.

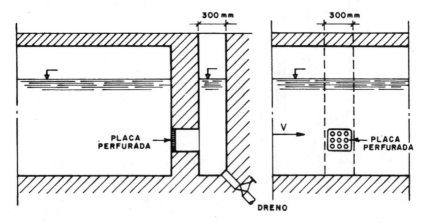

Fig. 33.2 Poço de medida.

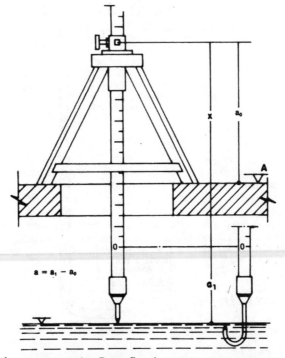

Fig. 33.3 Medidor de ponta ou gancho. Ponto fixo A.

744 BOMBAS E INSTALAÇÕES DE BOMBEAMENTO

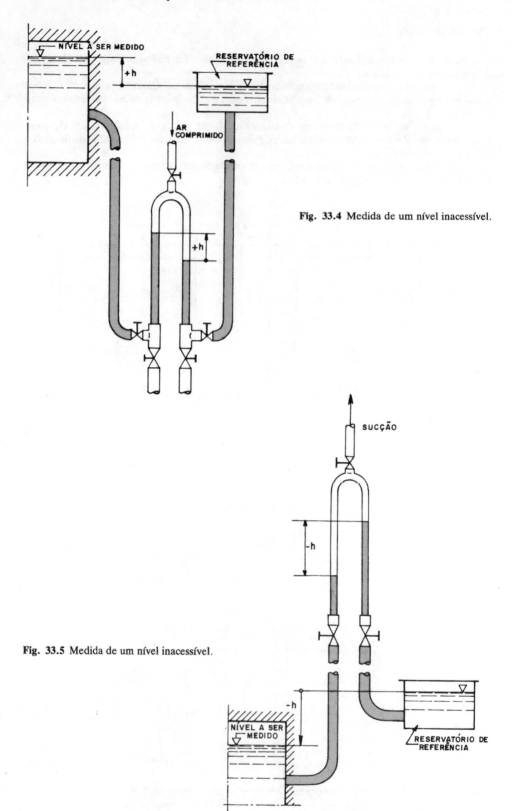

Fig. 33.4 Medida de um nível inacessível.

Fig. 33.5 Medida de um nível inacessível.

Usam-se também medidores de ponta ou de gancho quando o nível da água for bem tranqüilo (Fig. 33.3).

Quando o nível a medir fica em local inacessível, podem-se usar dois ou mais manômetros de coluna líquida. Para isso, emprega-se um pequeno reservatório auxiliar de referência, cujo nível de água deve ser mantido constante.

Se o nível da superfície livre a ser medido estiver acima do manômetro, a água existente na porção superior do tubo U deverá ser removida mediante ar comprimido (Fig. 33.4).

Se o nível estiver abaixo do manômetro, os níveis nos dois ramos de tubo U devem ser elevados mediante sucção (Fig. 33.5).

As Figs. 33.4 e 33.5 mostram que as leituras dos desníveis das colunas de líquido no manômetro correspondem aos desníveis entre as superfícies nos reservatórios que se pretende conhecer.

O LEVELMASTER da ROYMAM é um indicador e/ou controlador de nível usado para água, combustíveis e produtos químicos em geral, com leitura local ou remota até 800 m de distância.

Medições de pressão

A medição de pressão, como vimos no Cap. 3, é efetuada com instrumentos adequados, manômetros ou piezômetros, ligados ao dispositivo por meio de tomadas de pressão. Empregam-se também os chamados manômetros de peso morto e os transdutores elétricos de pressão. Em muitas instalações de bombeamento, a distribuição de pressão e a distribuição das velocidades nas seções de medida são tais que o cálculo das alturas de pressão e da velocidade, a partir dos valores médios, implica um erro importante na determinação da energia útil comunicada ao líquido pela bomba. Nessas condições, podem ser usadas outras

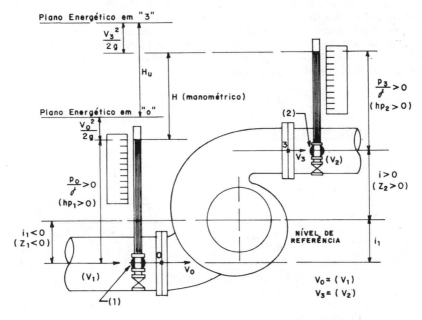

Altura Útil $H_u = (i + \frac{p_3}{\gamma} + \frac{V_3^2}{2g}) - (\frac{p_0}{\gamma} + \frac{V_0^2}{2g} - i_1)$

$H_u = (i + i_1) + (\frac{p_3 - p_0}{\gamma}) + \frac{V_3^2 - V_0^2}{2g}$

Pelo P-MB-778

(Altura Total) $(H) = (Z_2 + Z_1) + (h_{p_2} - h_{p_1}) + (h_{v_2} - h_{v_1})$

Fig. 33.6 Disposição de piezômetros para medidas de pressões superiores à pressão atmosférica.

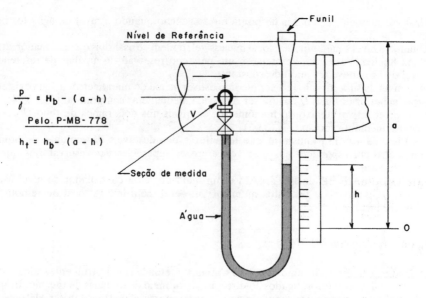

Fig. 33.7 Disposição de piezômetro para medida de pressões inferiores à pressão atmosférica.

seções de medida, calculando-se as perdas de carga entre as seções adotadas e as convencionais.

A seção de medida deve ser preferivelmente num trecho retilíneo do conduto e que se estenda cinco diâmetros a montante e dois diâmetros a jusante da seção de medida. As recomendações americanas estabelecem, entretanto, distâncias bastante maiores.

A pressão deve ser determinada em quatro pontos igualmente espaçados na periferia do tubo, na seção de medida. A pressão nessa seção deve ser considerada como a média desses quatro valores obtidos separadamente.

$$H_u = (i - i_1) + \left(\frac{p_3}{\gamma} - \frac{p_0}{\gamma}\right) - \left(\frac{V_3^2 - V_0^2}{2g}\right)$$

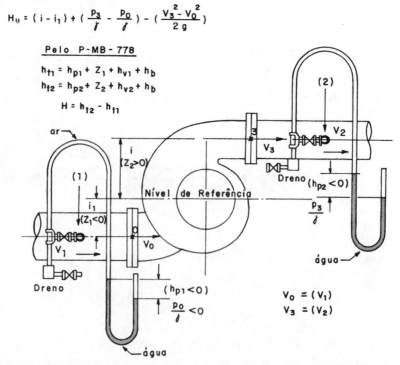

Fig. 33.8 Disposição alternativa para medida de pressões inferiores à pressão atmosférica.

ENSAIOS DE BOMBAS 747

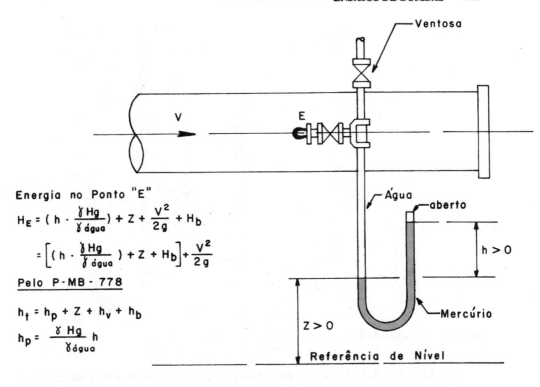

Fig. 33.9 Disposição de manômetro de tubos "U" para medida de pressões superiores à pressão atmosférica.

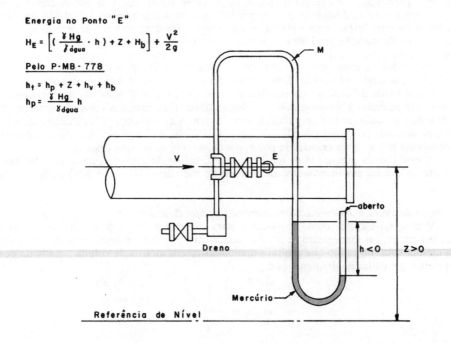

Fig. 33.10 Disposição de manômetro de tubos "U" para medida de pressões inferiores à pressão atmosférica.

748 BOMBAS E INSTALAÇÕES DE BOMBEAMENTO

$$H_u = \left[\left(\frac{\delta_{Hg}}{\delta_{água}}\right) - 1\right] h + \left(\frac{V_3^2 - V_0^2}{2g}\right)$$

Pelo P-MB-778

$$H = \left(\frac{\delta_{Hg}}{\delta_{água}} - 1\right) h + \left(h_{v_2} - h_{v_1}\right)$$

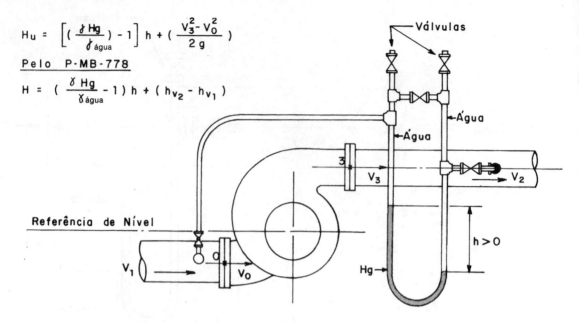

Fig. 33.11 Medição com manômetro diferencial de mercúrio.

Nas Figs. 33.6 a 33.11 vemos, para diversos tipos de instalações de manômetros, a maneira de determinar a pressão manométrica, necessária para calcular a energia H_u cedida ao líquido pela bomba e que o P-MB-778 designa por altura total de elevação.

O projeto de método brasileiro P-MB-778 adota desenhos, simbologia e nomenclatura em grande parte tirados dos Hydraulic Institute Standards e que, considerando puramente a instalação da bomba no ensaio, não traz qualquer problema. Num contexto como o deste livro, onde, além da instalação, se analisa o que ocorre no interior da bomba para que esta proporcione a energia utilizável no escoamento (e que é o que interessa saber pelo ensaio), surgem dificuldades no emprego dos índices adotados no P-MB-778. De fato, ao invés de usar letras, como fazem os *standards* referidos, adotam-se os índices 1 e 2 para pontos de medição praticamente à entrada e à saída da bomba. Esses índices conflitam com os mesmos índices referentes à "entrada" e "saída" do rotor, empregados pelos inúmeros autores citados na bibliografia, e que, desde a Conferência de Berlim, em 10 de janeiro de 1906, vem sendo respeitada. É necessário conciliar as terminologia e simbologia consagradas nos livros de projetos de bombas com as adotadas no P-MB-778, que sem dúvida devem ser acatadas e empregadas. A solução óbvia é mantermos coerentemente o que vem sendo adotado no livro e paralelamente fazermos as representações e referências sob a forma indicada no Projeto de Método Brasileiro. Nele, a altura representativa da pressão é designada por h_p; a da velocidade por h_r e a da pressão atmosférica por h_b.

A medição da pressão num tubo em cota f, acima de um nível de referência, pode ser efetuada com um manômetro diferencial de mercúrio, tal como o indicado na Fig. 33.12.

Medição da altura manométrica com manômetros tipo Bourdon

Vimos, no Cap. 3, como se procede para calcular a altura manométrica, partindo das leituras p', no manômetro, e p'', no vacuômetro. Os dois instrumentos são colocados na mesma cota, de modo que a altura manométrica em metros de coluna líquida de peso específico γ é dada simplesmente por

$$H = \frac{p' + p''}{\gamma}$$

isto é, pela soma das leituras nos instrumentos.

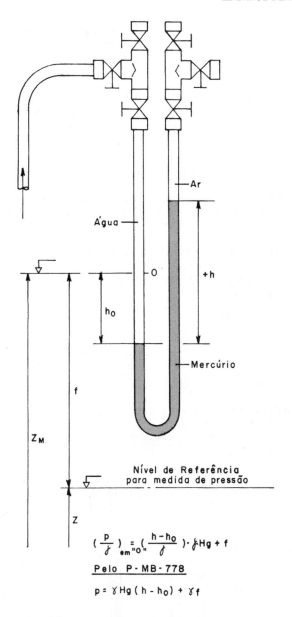

Fig. 33.12 Manômetro tubo "U".

Medição da descarga

Há várias maneiras de efetuar a medição da descarga. Podem-se dividir em dois grupos:
— *Métodos diretos,* nos quais são utilizados:
— Medidores gravimétricos — que são reservatórios de pesagem do líquido escoado.
— Medidores volumétricos — são reservatórios calibrados que permitem a obtenção da descarga pela medição do volume que se enche num dado tempo que também é medido.
— *Métodos indiretos,* nos quais se mede uma grandeza com a qual se calcula a descarga. Os principais utilizam:
— *Medidores de superfície livre* — vertedores e calhas (calhas Parshall, por exemplo).
— *Orifícios calibrados* — venturi, bocal e diafragma.
— *Medidores baseados em medidas de velocidade* — molinetes e tubos de Pitot.

— *Métodos diversos* — rotâmetros, velocidade salina e titulação.
Consideraremos apenas alguns dos métodos mais empregados.

Medição com vertedor

O método brasileiro aceita a determinação de descargas elevadas com o vertedor retangular de aresta viva, com parede vertical lisa sob a soleira, sem contração lateral, com contração completa sobre a soleira, e escoamento em queda livre. Em laboratórios também se empregam o vertedor triangular e o vertedor trapezoidal (Cipolleti).

Vertedor Retangular

A Fig. 33.13 representa uma instalação de vertedor retangular, de tipo usado em canaleta em laboratório de ensaios.

O canal de aproximação até o vertedor deve ser retilíneo, de seção transversal uniforme, não obstruído por grades ou painéis ao longo de um comprimento mínimo de $20 \cdot h_{máx.}$ a montante da soleira e $5 \cdot h_{máx}$ a jusante. Ao longo desse comprimento, a declividade de fundo deve ser inferior a 0,5%.

A carga h, acima da crista da soleira, deve ser medida a montante do verterdor, a uma distância M não inferior a quatro nem superior a seis vezes a máxima carga $h_{máx}$.

Para a medida da carga h, o número de pontos de medida uniformemente espaçados, transversal ao canal, será o seguinte:

Comprimento da soleira b	Número de pontos de medida
Para $b \leqslant 2$ m	2
2 m $\leqslant b \leqslant 6$ m	3
$b > 6$ m	4

Dimensões do vertedor

Comprimento da soleira .... $b > 0,25$ m
Altura do vertedor até a soleira .... $s > 0,30$ m
Carga .... $0,06$ m $< h < 0,75$ m
Velocidade de aproximação .... $< 0,45$ m $\cdot s^{-1}$

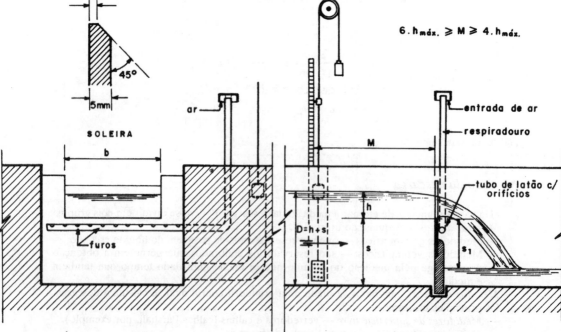

Fig. 33.13 Vertedor retangular com contração lateral.

ENSAIOS DE BOMBAS

Expressões de descarga no vertedor retangular
Nas expressões abaixo, as unidades são:

Q .... [m³ · s⁻¹]
h, b e s .... [m]

Fórmula de Francis
Para vertedor cuja largura é inferior à do canal onde se encontra instalado.

$$Q = 1{,}84 \cdot h^{3/2} (b - 0{,}2 \cdot h)$$

Fórmula de Bazin

$$Q = \left[0{,}405 + \frac{0{,}003}{h} \right] \cdot \left[1 + 0{,}55 \left(\frac{h}{h+s} \right)^2 \right] \cdot b \sqrt{2g} \cdot h^{3/2}$$

Aplicável para os limites

$$0{,}1 \text{ m} < h < 0{,}6 \text{ m}$$
$$0{,}2 \text{ m} < s < 2{,}0 \text{ m}$$

Fórmula de Rehbock

$$Q = \left(0{,}4023 + 0{,}0542 \cdot \frac{h_e}{s} \right) \cdot b \cdot \sqrt{2g} \cdot h_e^{3/2}$$

onde

$$h_e = h + 0{,}0011 \text{ m}$$

Aplicável para os limites

$$0{,}1 \text{ m} < h < 0{,}8 \text{ m}$$
$$s > 0{,}3 \text{ m}$$
$$\frac{h}{s} < 1$$

Vertedor Triangular
A fórmula de Thompson é usada quando o ângulo $\alpha = 90°$.

$$\boxed{Q = 1{,}4 \cdot h^{5/2}}$$

Q [m³ · s⁻¹]
h [m]

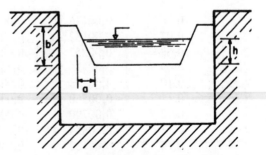

Vertedor Triangular   Vertedor Trapezoidal
                                    Cipolleti
                                    b = 4·a

Fig. 33.14 Vertedores para medição de descarga.

752   BOMBAS E INSTALAÇÕES DE BOMBEAMENTO

A Tabela 33.1 fornece os valores da descarga para alturas de h entre 0,03 m e 0,17 m, com variações de 0,003, 0,006 e 0,009 m.

Vertedor Trapezoidal

O vertedor Cipolleti, muito empregado, tem as arestas laterais inclinadas a 4 por 1, e a fórmula de Cipolleti é

$$Q = 1,86 \cdot b \cdot h^{3/2}$$

Medidores Venturi

São muito empregados, quer para medição direta, quer para o registro gráfico da variação da descarga no decorrer do tempo (hidrômetro registrador).

A descarga no tubo Venturi é dada pela fórmula abaixo, que decorre da aplicação da equação de Bernoulli entre os pontos "0" e "1" de bocal convergente. Chamando de

$$S_0 = \frac{\pi \cdot D_0^2}{4} \qquad e \qquad S_1 = \frac{\pi \cdot D_1^2}{4}$$

$$Q = \sqrt{\frac{2g}{\left(\dfrac{1}{S_1^2} - \dfrac{1}{S_0^2}\right)}} \cdot \sqrt{h}$$

ou

$$Q = m \sqrt{h}$$

Tabela 33.1 Vazão de vertedores triangulares
$\alpha = 90°$ — em metros cúbicos por segundo
pela fórmula de Thompson

h carga em m	Acréscimos em metros			
	0,000	0,003	0,006	0,009
0,03	0,00014	0,00028	0,00028	0,00042
0,04	0,00042	0,00056	0,00070	0,00070
0,05	0,00084	0,00084	0,00098	0,00112
0,06	0,00126	0,00140	0,00154	0,00182
0,07	0,00182	0,00196	0,00224	0,00252
0,08	0,00252	0,00280	0,00308	0,00336
0,09	0,00336	0,00364	0,00406	0,00434
0,10	0,00448	0,00476	0,00518	0,00546
0,11	0,00560	0,00602	0,00644	0,00686
0,12	0,00700	0,00742	0,00784	0,00840
0,13	0,00854	0,00910	0,00952	0,01008
0,14	0,00122	0,01078	0,01134	0,01204
0,15	0,01218	0,01288	0,01344	0,01414
0,16	0,01428	0,01498	0,01568	0,01638
0,17	0,01666	0,01736	0,01820	0,01904

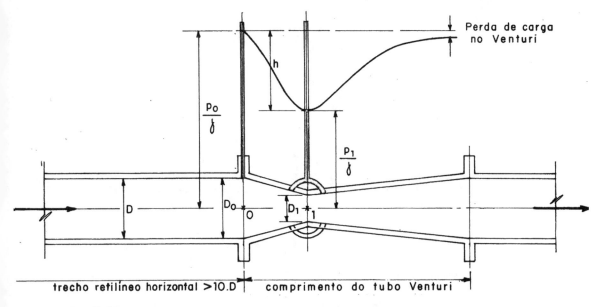

Fig. 33.15

Além disso, deve-se introduzir um fator k de correção para levar em consideração o número de Reynolds, que se encontra na Tabela 33.2. Temos assim

$$Q = k \cdot m \cdot \sqrt{h}$$

Orifícios

São discos colocados transversalmente no encanamento, contendo um orifício com diâmetro d, compreendido entre $0,5 \cdot D$ e $0,7 \cdot D$; sendo D o diâmetro interno do encanamento.

Os mais empregados são de chapa de bronze, aço inoxidável ou metal monel. A espessura varia de 2,5 mm para $D = 150$ mm, a 5 mm, para $D = 550$ mm.

Chamando de k o coeficiente de descarga do orifício, igual a 0,61 (aproximadamente), temos para a descarga:

$$\boxed{Q = 3,48 \frac{k \cdot D^2 \sqrt{h}}{\sqrt{\left(\dfrac{D}{d}\right)^4 - 1}}}$$

Q (m³ . s⁻¹)
D, d e h em metros.

Tabela 33.2

Re	k	Re	k
1.500	0,90	5.000	0,935
2.000	0,915	6.000	0,94
3.000	0,923	7.000	0,943
4.000	0,93	10.000	0,95
		20.000	0,96
		40.000	0,97
		150.000	0,98
		1.000.000	0,99

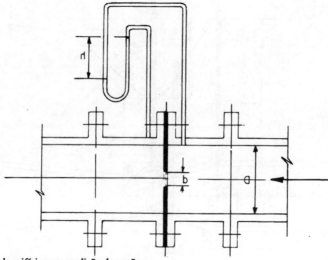

Fig. 33.16 Placa de orifício para medição da vazão.

Rotâmetros (Fluxômetros de área variável)

São medidores de área variável, constituídos essencialmente por um tubo cônico transparente, disposto na vertical e com a seção maior na parte superior.

No tubo existe um flutuador de forma adequada que se desloca com o movimento de escoamento do líquido que entra pela sua parte inferior.

A correspondência que existe entre a posição do flutuador, a área de passagem do líquido entre o flutuador, as paredes laterais e a descarga permite a leitura desta última grandeza numa escala no próprio aparelho.

Para tubos com mais de 2" de diâmetro, empregam-se os rotâmetros em derivação *(by-pass)*, em conjunto com duas placas de orifícios (Fig. 33.17).

Tubo de Pitot

Permite a determinação da descarga pelo cálculo da velocidade do escoamento, e

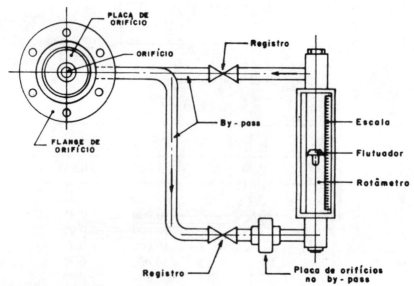

Fig. 33.17 Instalação de rotâmetro com placas de orifício.

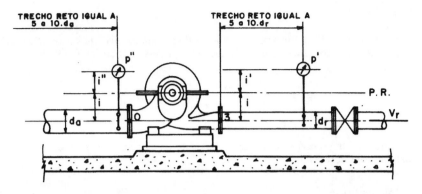

Fig. 33.18 Localização do manômetro e do vacuômetro.

o cálculo desta pela medição da altura representativa da velocidade de escoamento $\left(\dfrac{v^2}{2g}\right)$

Consta de duas tomadas de pressão. Uma A, segundo o eixo do escoamento e no sentido do escoamento, e outra B, num plano perpendicular ao escoamento (Fig. 33.19).

A primeira mede $\left(\dfrac{p}{\gamma} + \dfrac{v^2}{2g}\right)$ enquanto a segunda mede apenas $\dfrac{p}{\gamma}$. A diferença das colunas líquidas que medem as duas alturas fornece o valor da pressão dinâmica (altura representativa da velocidade).

Teríamos então

$$\left(\frac{P}{\gamma} + \frac{v^2}{2g}\right) - \frac{P}{\gamma} = h$$

ou

$$h = \frac{v^2}{2g}$$

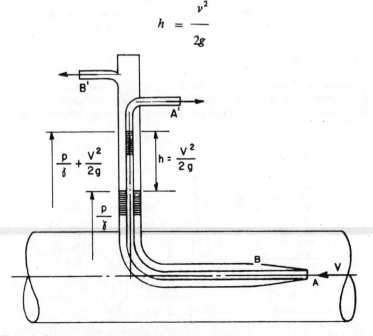

Fig. 33.19 Tubo de Pitot para medição indireta da descarga.

Daí $v = \sqrt{2gh}$

Na prática, tem-se de multiplicar o valor v obtido por um coeficiente k, obtido experimentalmente, e que, para escoamento com Re elevado, pode-se adotar igual a 0,98.

$$Q = v \cdot k\left(\frac{\pi d^2}{4}\right) = 0,98 \sqrt{2gh} \cdot \frac{\pi d^2}{4}$$

Para uma maior precisão na medição, ligam-se os extremos A' e B' do tubo de Pitot a um manômetro diferencial.

Molinetes hidrométricos

São aparelhos que transformam o movimento longitudinal do escoamento em movimento de rotação de um eixo, graças a uma hélice de eixo horizontal. A rotação do eixo do molinete aciona um sistema de transmissões mecânicas que determinam o fechamento de um circuito elétrico, alimentado por pilhas ou baterias, a cada número inteiro de rotações do eixo. Ao fechar-se o circuito elétrico, acende-se uma lâmpada ou soa uma cigarra na mão do operador, na superfície, o qual cronometra o tempo decorrido entre um número inteiro de sinais. Multiplicando o número de sinais pelo número de rotações por sinal, tem-se o número total de rotações, que, dividido pelo tempo cronometrado, dá o número de rotações por segundo.

Determinado o número de rotações por segundo do molinete, passa-se à velocidade longitudinal da corrente líquida, utilizando-se a curva ou equação de aferição e de calibragem do molinete, a qual estabelece a relação entre as rotações do eixo e as velocidades lineares que a ela correspondem.

Nos laboratórios de hidráulica são empregados de preferência os micromolinetes (Fig. 33.20).

A velocidade média na seção de medida deve ser, pelo menos, igual a $0,4 \text{ m} \cdot s^{-1}$.

As dimensões mínimas para seções de medidas retangulares ou trapezoidais para emprego de molinete são as seguintes:

— largura mínima do canal e profundidade mínima do canal = 0,8 m ou oito vezes a largura do molinete.

A descarga é calculada após a determinação das velocidades em seção transversal, e da aplicação de um método gráfico que é apresentado no P-MB-778.

Outros recursos para medição da descarga

Para medidas de descarga em pesquisas ou para líquidos especiais, mencionaremos apenas que se usam medidores de turbilhão rotativos sem partes móveis — "medidores por turbilhões alternativos", "medidores por ultra-som" e "medidores por efeito térmico".

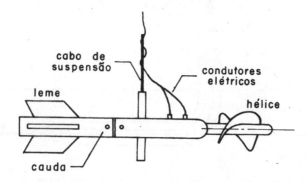

Fig. 33.20 Molinete de hélice (tipo A. Ott).

ENSAIOS DE BOMBAS   757

Medição do número de rotações

Essa medição é feita normalmente com um "conta-giros", aplicado manualmente à extremidade do eixo da bomba ou do motor. Em alguns casos emprega-se também o "estroboscópio".

Medição da potência consumida pela bomba

Utilizam-se o freio de Prony, ou de "tipo Prony", o freio de Froude e de preferência o *eletrodinamômetro,* que consideraremos a seguir.

Para calcularmos a potência absorvida do motor pela bomba (potência motriz) N, vimos que

$$N_{(c.v.)} = \frac{\gamma Q \cdot H_u}{75 \cdot \eta}$$

Na prática, determina-se N no laboratório e calcula-se o rendimento total η. O eletrodinamômetro é um dos dispositivos mais usados para determinar a potência absorvida pela bomba. Utilizam-se, como motor elétrico para o acionamento da bomba no banco de ensaio, um motor elétrico trifásico e, se possível, motor tipo Schrage, que permite variação da velocidade. Pode-se usar um motor de corrente contínua que, com a variação do campo magnético pela introdução de resistências (com um reostato), torna possível variar a velocidade de rotação. Isto obriga a empregar um retificador de corrente. O aparelho se chama, então, *dínamo-dinamométrico*. Em alguns laboratórios usam-se motores de corrente alternativa com acoplamentos de luvas magnéticas deslizantes, como as do tipo Varimot e Varitrom.

Pode-se construir facilmente um eletrodinamômetro para potências médias. Basta adaptar duas pontas de eixo à carcaça do motor, colineares com o eixo de rotação da bomba. Essas pontas de eixo são alojadas em mancais de rolamento de esferas, cuja caixa é fixa à base da máquina. A carcaça do motor pode, portanto, oscilar em torno do eixo geométrico do grupo motor-bomba.

Adapta-se ainda à carcaça um braço B, uma de cujas extremidades se prende a um cordel que passa por uma roldana, e que tem na sua outra extremidade um peso G, apoiado no prato de uma balança.

Na outra extremidade do braço põe-se um contrapeso C, regulável.

Se o motor girasse sem carga, o momento de rotação, induzido no estator pela corrente do indutor, seria consumido pela totalidade dos momentos provocados pelas resistências mecânicas (passivas), correntes parasitárias e histereses magnéticas. Como a carcaça fica suspensa nos mancais, podendo oscilar, ela giraria no mesmo sentido da rotação do rotor do motor se não houvesse a atuação do momento de reação produzido pela corrente da marcha em vazio, a qual mantém a carcaça em equilíbrio, sem girar.

Desliga-se a luva L que prende os eixos do motor e bomba. Liga-se o motor e, com a marcha em vazio, ajusta-se o dinamômetro para a posição de equilíbrio. Para isso, desloca-se o contrapeso C, colocado num dos braços, até equilibrar o momento estático das massas da carcaça e do outro braço. Desligada a corrente elétrica e acoplados os eixos, é religada a corrente.

Para vencer o momento resistente útil que o rotor da bomba recebe·do líquido na bomba, o motor desenvolve um determinado momento motor. Um momento de reação age sobre o estator, de sentido contrário e de mesma grandeza que o momento resistente útil. A carcaça tem então a tendência de girar, em sentido oposto ao do rotor da bomba.

Quando o braço B de medição, com a aplicação de peso adequado (na balança automática), ficar em equilíbrio na posição horizontal, o momento motor, representado pelo momento estático (força $F \times$ comprimento l do braço), equilibra o torque (momento resistente útil) oposto pelo eixo da bomba à rotação que é comunicada a ele.

O "conjugado eficaz" ou "motor", da mesma forma que ocorre no clássico freio tipo Prony, é o produto de peso F aplicado na extremidade E, pelo comprimento l do braço.

No laboratório de máquinas hidráulicas do Centro Técnico Científico da Pontifícia Universidade Católica do Rio de Janeiro, temos, conforme Fig. 33.21,

$$L = 716,2 \text{ mm}$$

758 BOMBAS E INSTALAÇÕES DE BOMBEAMENTO

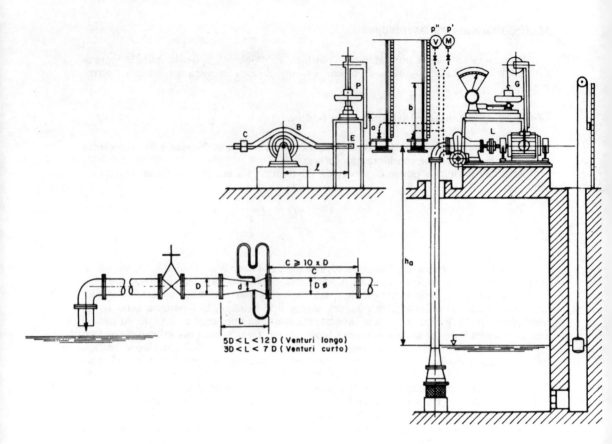

Fig. 33.21 Ensaio de laboratório com freio de Prony e Venturi.

A potência motriz é $N_{(c.v.)} = \dfrac{M_m \times \omega}{75}$ produto do momento motor M_m pela velocidade angular ω.

Mas

$$M_m = F \times l \qquad\qquad F\ [\text{kgf}]$$

e

$$\omega = \frac{\pi n}{30} \qquad\qquad n\ [\text{rpm}]$$

Logo

$$N_{(c.v.)} = \frac{F \times 0{,}716 \times \pi \times n}{30 \times 75} = \frac{F \times n}{1.000}$$

$$\boxed{N_{(c.v.)} = \frac{F \times n}{1.000}}$$

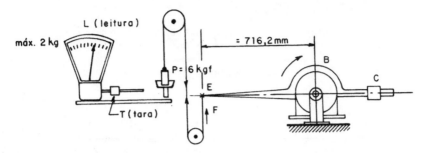

Fig. 33.22 Instalação típica de freio de Prony.

Para a medição F, o laboratório dispõe de uma balança automática Filizola, com a capacidade máxima de 6 kgf, com leitura L no mostrador até 2 kgf e com sensibilidade de 5 gramas.

O motor no caso é de 15 c.v. com $n = 3.450$ rpm e 60 hertz. O maior valor da força $F = P$ (peso no prato da balança) será

$$F = \frac{1.000 \times N}{n} = \frac{1.000 \times 15}{3.450} = 4,3 \text{ kgf}$$

Na Fig. 33.21 vemos que

$$P - F = T + L = \text{(tara)} + \text{(leitura)}$$

ou

$$F = P - (T + L) \; [\text{kgf}]$$

No prato da balança, de acordo com a carga do motor, coloca-se o *peso básico P*, igual a 6 kgf ou 2 kgf. Esses pesos P são solicitados pelo braço da alavanca. A carga F eficaz é igual ao peso básico P, diminuído da soma (tara + leitura).

A sensibilidade do dinamômetro depende da resistência passiva dos rolamentos que permitem a oscilação da carcaça. Com os rolamentos limpos e bem lubrificados, a sensibilidade do aparelho é da ordem de 10 a 15 gramas. A sensibilidade total do ensaio será de

$$\frac{15 + 5 \text{ g}}{5.000 \text{ g}} = 0,004 = 0,4\%$$

Rendimentos
a. *Rendimento total da bomba*

Sabemos que

$$\eta = \frac{N_u}{N}$$

Mas

$$N_u = \frac{1.000 \times Q \times H_u}{75} \qquad \begin{array}{l} Q \; [\text{m}^3 \text{s}^{-1}] \\ H_u \approx H \; [\text{m}] \end{array}$$

760 **BOMBAS E INSTALAÇÕES DE BOMBEAMENTO**

e

$$N = \frac{F \times n}{1.000}$$

ou

$$N = \frac{1.000 \times Q \times H}{75} \times \frac{1.000}{F \times n} = \frac{10^6 \cdot Q \cdot H}{75 \times F \times n}$$

b. *Rendimento do motor elétrico*

Medindo as grandezas elétricas no painel de instrumentos, podemos calcular a potência consumida pelo motor $N_{elet.}$.

Assim, lemos:

U = tensão entre fases, com o voltímetro
I = corrente nas fases, com o amperímetro
$N_{elet.}$ = potência elétrica no wattímetro, em watts
Transformamos a potência elétrica, expressa em watts, em c.v.

$$N_{elet.(c.v.)} = \frac{N_{(elet.\ em\ watts)}}{736}$$

O rendimento elétrico será

$$\eta_{elet.} = \frac{N}{N_{elétrico}}$$

Grandezas elétricas

Podemos calcular ainda:
— Potência aparente $N_{elet.\ (kVA)}$

$$N_{elet.(kVA)} = \frac{\sqrt{3} \times U \times I}{1.000}$$

— Fator de potência cos φ

$$\cos\ \varphi = \frac{N_{elet.(kVA)}}{N_{elet.(kVA)}}$$

Valores referidos a um dado número de rotações

Durante o ensaio, o número n de rotações sofre uma certa variação. Por exemplo, a bomba de número nominal de rotações igual a 3.500 pode girar com 3.450, 3.430, 3.400 rpm e assim por diante.

Para uniformizarmos as medições, isto é, para referirmos as grandezas ensaiadas para esses números de rotações ao número de rotações nominal do motor, utilizamos as relações de semelhança já estudadas.

Designando com o índice n as grandezas para o número de rotações nominal, o índice e para a rotação de ensaio e o índice e_n para a condição de ensaio corrigido, temos

$$Q_{e_n} = Q_e \cdot \frac{n_n}{n_e} \qquad H_{e_n} = H_e \cdot \frac{n_n^2}{n_e^2} \qquad N_{e_n} = N \cdot \frac{n_n^3}{n_e^3}$$

onde os valores com o índice e são os obtidos nos ensaios.

Realizadas as medições e feitos os cálculos, organiza-se um quadro geral de valores, como o empregado no laboratório de máquinas hidráulicas da Pontifícia Universidade Católica do Rio de Janeiro.

Laboratório de Máquinas
Hidráulicas

Características da bomba
(valores nominais)

H .... m
Q .... $m^3 \cdot s^{-1}$
n .... rpm
N .... c.v.

DATA.................. CURSO.................. ALUNO..................

$\frac{p'}{\gamma}$	$\frac{p''}{\gamma}$	n	T	L	F	H	Q	N_u bomba	N Motor	$\eta = \frac{N_u}{N}$	H_{e_n}	Q_{e_n}	N_{e_n}	NPSH$_{disp.}$
(m)	(m)	rpm	kgf	m	kgf	m.c.a.	$m^3 s^{-1}$	c.v.	c.v.	%	m.c.a.	$m^3 s^{-1}$	c.v.	m.c.a.

EXEMPLOS DE DETERMINAÇÃO DA ALTURA ÚTIL DE ELEVAÇÃO

As Figs. 33.22 e 33.28 mostram como se determina a altura útil de elevação para várias modalidades de instalação de bombeamento.

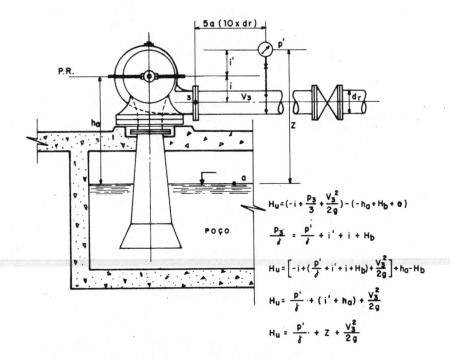

Fig. 33.23 Bomba centrífuga de eixo horizontal.

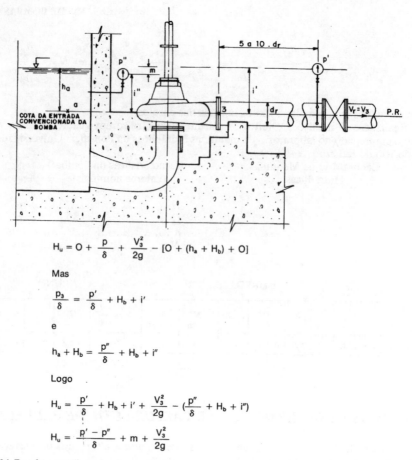

$$H_u = 0 + \frac{p}{\delta} + \frac{V_3^2}{2g} - [0 + (h_a + H_b) + 0]$$

Mas

$$\frac{p_3}{\delta} = \frac{p'}{\delta} + H_b + i'$$

e

$$h_a + H_b = \frac{p''}{\delta} + H_b + i''$$

Logo

$$H_u = \frac{p'}{\delta} + H_b + i' + \frac{V_3^2}{2g} - (\frac{p''}{\delta} + H_b + i'')$$

$$H_u = \frac{p' - p''}{\delta} + m + \frac{V_3^2}{2g}$$

Fig. 33.24 Bomba centrífuga de eixo vertical.

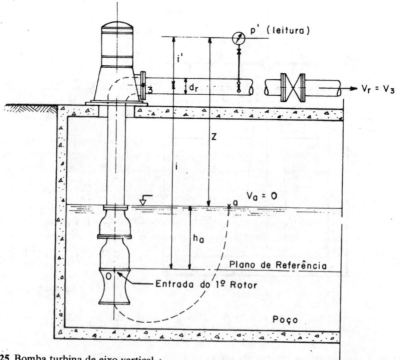

Fig. 33.25 Bomba turbina de eixo vertical.

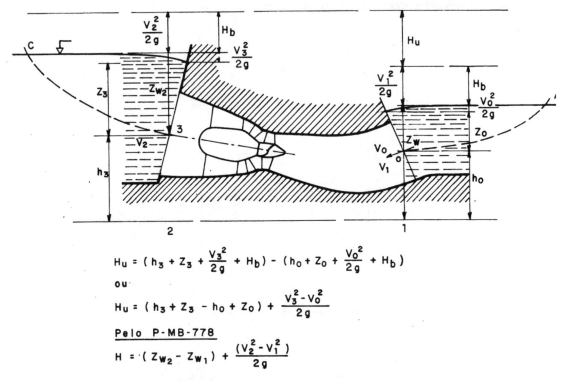

$$H_u = (h_3 + Z_3 + \frac{V_3^2}{2g} + H_b) - (h_0 + Z_0 + \frac{V_0^2}{2g} + H_b)$$

ou

$$H_u = (h_3 + Z_3 - h_0 + Z_0) + \frac{V_3^2 - V_0^2}{2g}$$

Pelo P-MB-778

$$H = (Z_{w_2} - Z_{w_1}) + \frac{(V_2^2 - V_1^2)}{2g}$$

Fig. 33.26 Bomba axial — grupo tipo bulbo.

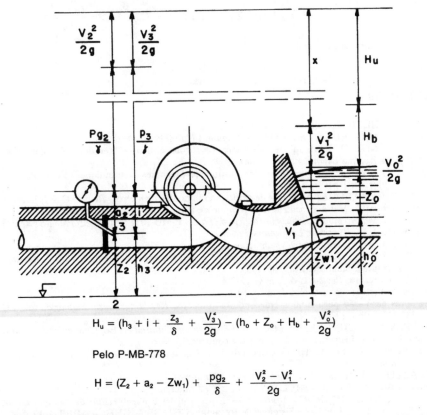

$$H_u = (h_3 + i + \frac{z_3}{\delta} + \frac{V_3^2}{2g}) - (h_0 + Z_0 + H_b + \frac{V_0^2}{2g})$$

Pelo P-MB-778

$$H = (Z_2 + a_2 - Zw_1) + \frac{pg_2}{\delta} + \frac{V_2^2 - V_1^2}{2g}$$

Fig. 33.27 Bomba centrífuga de eixo horizontal.

764 BOMBAS E INSTALAÇÕES DE BOMBEAMENTO

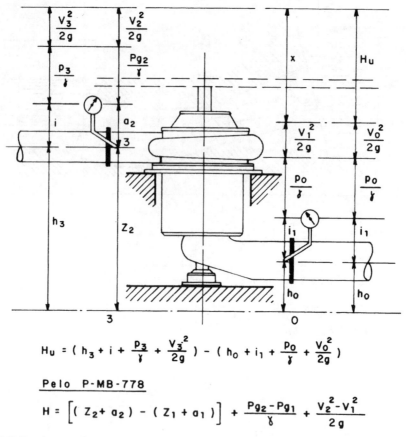

$$H_u = \left(h_3 + i + \frac{p_3}{\gamma} + \frac{V_3^2}{2g} \right) - \left(h_0 + i_1 + \frac{p_0}{\gamma} + \frac{V_0^2}{2g} \right)$$

Pelo P-MB-778

$$H = \left[(Z_2 + a_2) - (Z_1 + a_1) \right] + \frac{p_{g2} - p_{g1}}{\gamma} + \frac{V_2^2 - V_1^2}{2g}$$

Fig. 33.28 Bomba centrífuga de eixo vertical.

Bibliografia

ADDISON, HERBERT. *Hidraulic Measurements*.
AGUIRRE, MIGUEL REYES. *Curso de Máquinas Hidráulicas*. México.
AZEVEDO NETTO, JOSÉ M. de. Medidores de regime crítico — Medidores Parshall. *Boletim da Rep. de Águas e Esgotos de São Paulo*.
BOVET, Th. *Feuilles de Cours Illustrées*. Institut de Machines Hydrauliques. École Polytechnique de l'Université de Lausanne.
DELMÉE, GÉRARD JEAN. Placas de orifícios em grandes diâmetros. *Revista C & I*, julho, 1973.
Ensaios de Bombas Hidráulicas de Fluxo. Método de Ensaio Brasileiro — P-MB-778/1975.
Ensaios de Cavitação para Bombas Hidráulicas de Fluxo. P-MB-1032 de 1976 em Estágio Experimental.
FREEMAN, J. R. *Hydraulic Laboratory Practice*.
Guia prático de medição de baixa vazão. *Rev. C & I*, julho, 1976.
HALLER, P. de La mesure du débit par tuyères Venturi à nombre de Reynolds élévé. *Revista Sulzer*.
Hydraulic Institute Standards, 14.ª ed. 1983.
Medição de Pressão. *Revista C & I*, nov. 1973.
Medidas de Pressão. *Revista C & I*, abril, 1974.
Medidores de Vazão para fluidos em condutos forçados. *Rev. Engenharia Sanitária*, vol. 13, n.º 3, 112-117, julho, 1974.
MESSERSMITH, CHARLES W. *Mechanical Engineering Laboratory*. Ed. Chapman & Hall, Londres.
NOMASA S/A — Instrumentos de medição e controle.
OTTONI NETTO, THEOPHILO BENEDICTO. *Sugestões para Anteprojeto de um laboratório de Hidráulica*.
PERAZZO, R. J. *Técnica de los Laboratorios Hidráulicos*.
Rotâmetros LAMBDA, da OMEL S.A. Indústria e Comércio.
SARTORI, JOSÉ RICARDO. *Aquisição — Especificações e Recebimento de Bombas Centrífugas*. Cap. 7 do Livro Bombas e Sistemas de Recalque. CETESB — BNH — ABES — 1974.

Sulzer — New Pump Test Stand — *Sulzer Technical Review* 3/1982.
Sulzer Weise S.A. Posto de experiências. Sulzer Weise, São Paulo.
TENOT, ANDRÉ. *Laboratoires D'Essais Mecaniques et Hydrauliques*. DUNOD.
Vazão de líquidos em canais abertos. *Revista C & I,* maio e junho, 1976.
VIEIRA, M. CAPUCHO. Medição de caudais pelo método químico. *Rev. Electricidade,* Lisboa.

34

Unidades e Conversões de Unidades

UNIDADES BÁSICAS DO SISTEMA INTERNACIONAL DE UNIDADES — SI. SEGUNDO A RESOLUÇÃO — CONMETRO 01/82

Comprimento: metro (m)
Massa: quilograma (kg)
Tempo: segundo (s)
Corrente elétrica: ampère (A)
Temperatura termodinâmica: kelvin (k)
Quantidade de matéria: mol (mol)
Intensidade luminosa: candela (cd)

PREFIXOS NO SISTEMA INTERNACIONAL (OS MAIS USUAIS)

Nome	Símbolo	Fator pelo qual a unidade é multiplicada
tera	T	10^{12} = 1.000.000.000.000
giga	G	10^{9} = 1.000.000.000
mega	M	10^{6} = 1.000.000
quilo	k	10^{3} = 1.000
hecto	h	10^{2} = 100
deca	da	10
deci	d	10^{-1} = 0,1
centi	c	10^{-2} = 0,01
mili	m	10^{-3} = 0,001
micro	μ	10^{-6} = 0,000.001
nano	n	10^{-9} = 0,000.000.001
pico	p	10^{-12} = 0,000.000.000.001

UNIDADES DERIVADAS, NO SISTEMA INTERNACIONAL

Área — metro quadro — m^2
Volume — metro cúbico — m^3

Ângulo plano — radiano — rad
Ângulo sólido — esterradiano — sr
Freqüência — hertz — Hz
Velocidade — metro por segundo — m/s
Velocidade angular — radiano por segundo — rad/s
Aceleração — metro por segundo, por segundo — m/s^2
Aceleração angular — radiano por segundo, por segundo — rad/s^2
Massa específica — quilograma por metro cúbico — kg/m^3 *(mass density)*
Vazão — metro cúbico por segundo — m^3/s
Fluxo de massa — quilograma por segundo — kg/s
Momento de inércia — quilograma · metro quadrado — $kg.m^2$
Momento linear (quantidade de movimento linear) — quilograma · metro por segundo — kg.m/s
Momento angular (quantidade de movimento angular) — quilograma · metro quadrado por segundo — $kg.m^2/s$
Força — newton — N
Momento de uma força — torque — newton · metro — N.m
Pressão — pascal — Pa
Viscosidade dinâmica — pascal · segundo — Pa.s
Trabalho, energia, quantidade de calor — joule — J
Potência, fluxo de energia — watt — W
Densidade de fluxo energético — watt por metro quadrado — W/m^2

UNIDADES FORA DO S.I. (ADMITIDAS TEMPORARIAMENTE)

Atmosfera — atm — 101.325 Pa — 101,325 kPa
Bar — bar — 100.000 Pa — 100 kPa
1 m de coluna de água — 1 mca — 10 kPa
Milímetro de mercúrio — mm Hg — 133,322 Pa
Caloria — cal — 4,1668 J
Cavalo-vapor — cv — 735,5 W
Quilograma-força — kgf — 9,80665 N

CONVERSÕES DE UNIDADES

Lineares

	mm	m	polegada	pé	jarda
1 mm	1	10^{-3}	0,0394	0,0033	0,001094
1 m	10^3	1	39,4	3,28	1,094
1 polegada *(one inch)*	25,4	0,0254	1	0,0833	0,0278
1 pé *(one foot)*	304,8	0,3048	12	1	0,3333
1 jarda	914,4	0,9144	36	3	1

768   BOMBAS E INSTALAÇÕES DE BOMBEAMENTO

Superfície

	mm²	cm²	m²	CM (1 circular mil)	pol²	pé²
1 mm²	1	10^{-2}	10^{-6}	$1,973 \times 10^3$	$1,55 \times 10^{-3}$	$1,076 \times 10^{-5}$
1 cm²	10^2	1	10^{-4}	$1,973 \times 10^5$	0,155	$1,076 \times 10^{-3}$
1 m²	10^6	10^4	1	$1,973 \times 10^9$	$1,55 \times 10^3$	10,76
1 circular mil (CM)	$5,067 \times 10^{-4}$	$5,067 \times 10^{-6}$	$5,06 \times 10^{-10}$	1	$7,854 \times 10^{-7}$	$5,454 \times 10^{-9}$
1 polegada quadrada	$6,452 \times 10^2$	6,452	$6,452 \times 10^{-4}$	$1,273 \times 10^6$	1	$5,944 \times 10^{-3}$
1 pé quadrado	$9,290 \times 10^4$	$9,290 \times 10^2$	0,0929	$1,833 \times 10^8$	$1,440 \times 10^2$	1

1 hectare (10.000 m²) = 2,471 acres

Volume

	cm³	m³	pol³	pé³
1 cm³	1	10^{-6}	0,061	$0,0353 \times 10^{-3}$
1 m³	10^6	1	61.023	35,31
1 litro	1.000	0,001	61,02	0,0353
1 polegada cúbica	16,39	$16,39 \times 10^{-6}$	1	$5,787 \times 10^{-4}$
1 pé cúbico	$28,32 \times 10^3$	0,0283	1.728	1

1 galão imperial = 4,546 1
1 galão americano = 3,785 1
1 pé cúbico = 28,31 1
1 barril = 119,215 1

Unidades de energia — trabalho — quantidade de calor

	J	kWh	kgf.m	cvh	kcal	Btu
1 J	1	$277,8 \times 10^{-9}$	0,10197	$377,5 \times 10^{-9}$	$238,8 \times 10^{-6}$	948×10^{-6}
1 kWh	$3,6 \times 10^6$	1	367×10^3	1,36	859,8	3412
1 kgf.m	9,80665	$2,724 \times 10^{-6}$	1	$3,704 \times 10^{-6}$	$2,342 \times 10^{-3}$	$9,294 \times 10^{-3}$
1 cvh	$2,648 \times 10^6$	0,7355	270×10^3	1	632,4	2509
1 kcal	4185,8	$1,163 \times 10^{-3}$	426,9	$1,581 \times 10^{-3}$	1	3,968
1 Btu	1055	293×10^{-6}	107,6	$398,5 \times 10^{-6}$	0,252	1

UNIDADES DE PESO

1 onça = 8 oitavas = 28,35 gramas
1 libra-peso = 16 onças = 0,454 quilograma-peso
1 grama = 15,43 grãos = 0,053 onça
1 quilograma-peso (kgf) = 2,205 libras-peso
1 tonelada métrica = 1.000 kgf = 1,102 tonelada líquida

UNIDADES E CONVERSÕES DE UNIDADES   769

UNIDADES DE DESCARGA

1 pé cúbico por segundo = 448,83 galões americanos por minuto
                       = 0,028 m³ por segundo
1 m³/hora   = 4,40 gpm

UNIDADES DE PRESSÃO

1 bária	$= 0,001019$ g/cm²
1 pé de coluna d'água	$= 62,425$ libras por pé quadrado
	$= 0,4335$ libra por pol. quadrada
	$= 0,0295$ atmosfera
	$= 0,8826$ pol. de mercúrio a 30° F
	$= 773,3$ pés de ar a 32° F e pressão atmosférica ao nível do mar
1 libra por pé quadrado (p.sq.ft)	$= 0,01602$ pé de coluna d'água
1 libra por pol. quadrada (1 psi)	$= 2,307$ pés de coluna d'água
1 atm. de 29,922 pol. de mercúrio (760 mm de mercúrio)	$= 33,9$ pés de altura d'água
	$= 14,696$ psi (1b/pol²)
1 pol. de mercúrio	$= 1,133$ pé de coluna d'água
1 pé de altura de água do mar	$= 1,026$ pé de coluna de água pura
	$= 62,355$ libras por pé quadrado (p.sq.ft)
	$= 0,43302$ libra por polegada quadrada (psi)
760 mm col. mercúrio	$= 29,922$ pol. coluna mercúrio
1 pol. de altura d'água a 62° F	$= 0,5774$ onça $= 0,036.085$ libra por pol. quadrada
1 atmosfera	$= 1,083$ kgf·cm^{-2} $= 14,696$ libras por pol. quadrada (psi) $=$
	$= 101,3$ kPa (quilopascal)
	$= 2116,8$ lb/pé²
	$= 10333$ kgf/m²
	$= 10,33$ kgf/cm²
1 libra de água por pol. quad. a 62° F	$= 2,3094$ pés de coluna d'água
1 pol. de altura de mercúrio	$= 0,49119$ lb/sq·in (psi)
1 kgf/cm²	$= 14,2233$ lb/sq·in (psi)
	$= 0,9678$ atm $= 100$ p
	$= 100$ kPa (quilopascal)
	$= 10$ m·c·água
1 kgf/m²	$= 0,204$ lb/sq·in·(psi)
1 metro de coluna d'água	$= 0,1$ kgf/cm²
	$= 10$kPa

UNIDADES DE CALOR

1 Btu	$= 0,252$ kcal
	$= 777,5$ pé·lb
	$= 107,5$ kgm
	$= 1.054,6$ joule
	$= 2,928 \times 10^{-4}$ quilowatt-hora

BOMBAS E INSTALAÇÕES DE BOMBEAMENTO

1 Btu/h	$= 3,927 \times 10^{-4}$ cv
1 Btu/(h)(pé^2)	$= 2,712$ kcal/(h)(m^2)
1 Btu/(h)(pé^2)(°F/pol)	$= 12,4$ kcal/(h)(m^2)(°C/cm)
1 Btu/lb	$= 0,555$ cal/g
1 Btu/(lb)(°F)	$= 1,0$ cal/(g)(°C)
1 Btu/pé	$= 2,712$ kcal/m^2
1 Caloria	$= 3,968 \times 10^{-4}$ Btu $= 4,186$ joule
1 Caloria/g	$= 1,8$ Btu/lb
1 Caloria/cm^2	$= 3,687$ Btu/pé^2

TABELA DE FATORES DE CONVERSÃO
(CONFORME O MANUAL DA ARMCO)

Multiplicar a grandeza expressa em	por	para obter a grandeza expressa em
Acre	0,02471	Are
Are	100	Metro quadrado
Atmosfera	76	Centímetros de coluna de mercúrio
Atmosfera	10 333	Quilograma-força por m^2
Atmosfera	14,70	Libra por pol. quadrada
Atmosfera	33,9	Pé de altura d'água
Cavalo vapor (HP)	1,014	Cavalo vapor (métrico) (c.v)
Cavalo vapor	0,7457	Quilowatt
Cavalo vapor	33 000	Pé · libra por minuto
Cavalo vapor	550	Pé · libra por segundo
Centiare	1,0	m^2
Centímetro	0,3937	Polegada
Centímetro quadrado	$1,076 \times 10^{-3}$	Pé quadrado
Centímetro quadrado	0,1550	Polegada quadrada
Centímetro cúbico	$2,642 \times 10^{-4}$	Galões americanos
Centímetro cúbico	$3,531 \times 10^{-5}$	Pé cúbico
Centímetro cúbico	$6,102 \times 10^{-2}$	Polegada cúbica
Centímetro cúbico	$1,308 \times 10^{-6}$	Jarda cúbica
Centímetro por segundo	0,032 81	Pé por segundo
Dina	$1,02 \times 10^{-3}$	Grama-força
Galão americano	3785	Centímetro cúbico
Galão americano	3,785	Litro
Galão americano	$3,785 \times 10^{-3}$	Metro cúbico
Galão americano	0,1337	Pé cúbico
Galão americano	231	Polegada cúbica
Galão americano	$4,951 \times 10^{-3}$	Jarda cúbica
Galão americano p/minuto	0,063 08	Litro por segundo
Galão americano p/minuto	$2,228 \times 10^{-3}$	Pé cúbico por segundo
Grama-força	980,7	Dina
Jarda	91,44	Centímetro
Jarda	0,9144	Metro
Jarda	3,0	Pé
Jarda	36,0	Polegada
Jarda quadrada	0,8361	Metro quadrado
Jarda cúbica	764,6	Litro
Jarda cúbica	0,7646	Metro cúbico
Jarda cúbica por minuto	12,74	Litro por segundo
Jarda cúbica por minuto	0,45	Pé cúbico por segundo
Libra	0,4536	Quilograma
Libra	444,8	Dina
Libra de água	0,016 02	Pé cúbico
Libra de água	27,68	Polegada cúbica
Libra por pé	1,488	Quilograma-força por metro
Libra por pé quadrado	4,882	Quilograma-força por m^2
Libra por pé cúbico	0,016 02	Grama por cm^3
Libra por pé cúbico	16,02	Quilograma-força por m^3
Libra por pé cúbico	$5,787 \times 10^{-4}$	Libra por pol. cúbica

UNIDADES E CONVERSÕES DE UNIDADES 771

Multiplicar a grandeza expressa em	por	para obter a grandeza expressa em
Libra por polegada	178,6	Grama por centímetro
Libra por pol. quadrada	0,07	Quilograma-força por cm^2
Libra por pol. quadrada	2,307	Pé de altura d'água
Libra por pol. quadrada	2,036	Polegada de mercúrio
Libra por pol. cúbica	27,68	Grama por cm^3
Libra por pol. cúbica	$2,768 \times 10^{-4}$	Quilograma por m^3
Litro	0,2642	Galão americano
Litro	0,035 31	Pé cúbico
Litro	61,02	Polegada cúbica
Litro	0,2642	Galão americano
Litro	$1,308 \times 10^{-3}$	Jardas cúbicas
Litro por minuto	$4,503 \times 10^{-3}$	Galão por segundo
Litro por minuto	$5,885 \times 10^{-4}$	Pé cúbico por segundo
Log$_{10}$ N	2,303	Log$_e$ N
Log$_e$ N	4,343	Log$_{10}$ N
Metro	3,281	Pé
Metro	39,37	Polegada
Metro	1,094	Jarda
Metro quadrado	$2,471 \times 10^{-4}$	Acre
Metro quadrado	$3,861 \times 10^{-7}$	Milha quadrada
Metro quadrado	10,76	Pé quadrado
Metro quadrado	1,196	Jarda quadrada
Metro cúbico	1057	Quarto (líquido)
Metro cúbico	264,2	Galão americano
Metro cúbico	35,31	Pé cúbico
Metro cúbico	61023	Polegada cúbica
Metro cúbico	1,308	Jarda cúbica
Metro por minuto	1,667	Centímetro por segundo
Metro por minuto	0,06	Quilômetro por hora
Metro por minuto	0,037 28	Milha por hora
Metro por minuto	3,281	Pé por minuto
Metro por minuto	0,054 68	Pé por segundo
Metro por segundo	3,6	Quilômetro por hora
Metro por segundo	0,06	Quilômetro por segundo
Metro por segundo	2,237	Milha por hora
Metro por segundo	0,037 28	Milha por minuto
Metro por segundo	196,8	Pé por minuto
Metro por segundo	3,281	Pé por segundo
Mícron	1×10^{-4}	Centímetro
Milímetro	0,039 39	Polegada
Milímetro quadrado	$1,550 \times 10^{-3}$	Polegada quadrada
Milha	$1,609 \times 10^{-5}$	Centímetro
Milha	1,609	Quilômetro
Milha	1760	Jarda
Milha quadrada	2,590	Quilômetro quadrado
Milha por hora	1,609	Quilômetro por hora
Milha por hora	26,82	Metro por minuto
Milha por hora	0,8684	Nó por hora
Milha por hora	88	Pé por minuto
Milha por hora	1,467	Pé por segundo
Milha por minuto	2682	Centímetro por segundo
Milha por minuto	1,609	Quilômetro por minuto
Milha por minuto	0,8684	Nó por minuto
Newton	101,972	Grama-força
Nó	1,853	Quilômetro
Nó	1,152	Milha
Pé	30,48	Centímetro
Pé	0,3048	Metro
Pé	12	Polegada
Pé quadrado	929	Centímetro quadrado
Pé quadrado	0,0929	Metro quadrado
Pé quadrado	144	Polegada quadrada
Pé cúbico	$2,832 \times 10^4$	Centímetro cúbico
Pé cúbico	7,481	Galão americano
Pé cúbico	28,32	Litro
Pé cúbico	0,028 32	Metro cúbico
Pé cúbico	1728	Polegada cúbica

BOMBAS E INSTALAÇÕES DE BOMBEAMENTO

Multiplicar a grandeza expressa em	por	para obter a grandeza expressa em
Pé cúbico	0,038 04	Jarda cúbica
Pé cúbico por minuto	472	cm^3 por segundo
Pé cúbico por minuto	0,1247	Galão por segundo
Pé cúbico por minuto	62,4	Libra de água por minuto
Pé cúbico por minuto	0,4720	Litro por segundo
Pé cúbico por segundo	448,8	Galão americano por minuto
Pé cúbico por segundo	28,32	Litro por segundo
Pé cúbico por segundo	374	Galão imperial por minuto
Pé de altura d'água	0,0295	Atmosfera
Pé de altura d'água	304,8	Quilograma por m^2
Pé de altura d'água	62,5	Libra por pé quadrado
Pé de altura d'água	0,8826	Polegada de mercúrio
Pé por minuto	0,5080	Centímetro por segundo
Pé por minuto	0,018 29	Quilômetro por hora
Pé por minuto	0,3048	Metro por minuto
Pé por minuto	0,011 36	Milha por hora
Pé por minuto	0,016 67	Pé por segundo
Pé por segundo	30,48	Centímetro por segundo
Pé por segundo	1,097	Quilômetro por hora
Pé por segundo	18,29	Metro por minuto
Pé por segundo	0,6818	Milha por hora
Pé por segundo	0,011 36	Milha por minuto
Pé por segundo	0,5921	Nó por hora
Polegada	2,540	Centímetro
Polegada quadrada	6,452	Centímetro quadrado
Polegada quadrada	645,2	Milímetro cúbico
Polegada cúbica	0,017 32	Quarto (líquido)
Polegada cúbica	$4,329 \times 10^{-3}$	Galão americano
Polegada cúbica	$1,639 \times 10^{-2}$	Litro
Polegada cúbica	$1,639 \times 10^{-5}$	Metro cúbico
Polegada cúbica	$5,787 \times 10^{-4}$	Pé cúbico
Quilograma-força	980 665	Dina
Quilograma-força	2,205	Libra
Quilograma-força	$1,102 \times 10^{-3}$	Tonelada curta
Quilograma-força por metro	0,67 20	Libra por pé
Quilômetro	0,6214	Milha
Quilômetro	3281	Pé
Quilômetro	1094	Jarda
Quilômetro quadrado	241,1	Acre
Quilômetro quadrado	0,3861	Milha quadrada
Quilômetro quadrado	$10,76 \times 10^{-6}$	Pé quadrado
Quilômetro quadrado	$1,196 \times 10^{-6}$	Jarda quadrada
Quilômetro por hora	27,78	Centímetro por segundo
Quilômetro por hora	16,67	Metro por minuto
Quilômetro por hora	0,6214	Milha por hora
Quilômetro por hora	0,5396	Nó por hora
Quilômetro por hora	54,68	Pé por minuto
Quilômetro por hora	0,9113	Pé por segundo
Quilowatt	1,341	Cavalo vapor
Quilowatt	101,99	kgm por segundo
Quilowatt	737,6	Pé-libra por segundo
Quilowatt	0,239	Quilocalorias por segundo
Tonelada curta	907,2	Quilograma
Tonelada curta	2000	Libra
Tonelada longa	1016	Quilograma
Tonelada longa	2240	Libra
Tonelada métrica	1000	Quilograma
Tonelada métrica	2205	Libra

UNIDADES E CONVERSÕES DE UNIDADES

EQUIVALÊNCIAS IMPORTANTES

1 t/m²	= 0,0914 ton/pé²	1 ton/pé²	= 10,936 t/m²
1 kgf/m²	= 0,0624 lb/pé²	1 lb/pés³	= 16,02 kg/m³
1 l/m²	= 0,0204 gal/pé²	1 gal/pé²	= 48,905 l/m²
1 kgm	= 7,233 lb·pé	1 lb pé	= 0,1382 kgm
1 CV	= 0,9863 HP	1 HP	= 1,0139 CV
1 kg/CV	= 2,235 lb/HP	1 lb/HP	= 0,447 kg/CV
1 kcal = Cal	= 3,968 Btu	1 Btu	= 0,252 kcal = 0,252 Cal
			= $2,928 \times 10^{-4}$ quilowatt-hora
			= 1.0548 kw
1 kcal/m²	= 0,369 Btu/pé²	1 Btu/pé²	= 2,713 kcal/m²
1 kcal/m²/h/°C	= 0,206 Btu/pé²/h/°F	1 Btu/pé²/h/°F	= 4,88 kcal/m²/h/°C
1 kcal/m³	= 0,1123 Btu/pé³	1 Btu/pé³	= 8,899 kcal/m³
1 kcal/kgf	= 1,8 Btu/lb	1 Btu/lb	= 0,555 kcal/kgf
1 atmosfera	= 1,0335 kg/cm²	1 atmosfera	= 14,7 lb/pol.²
1 atmosfera	= 76 cm de Hg a 0°C	1 atmosfera	= 29,92 pol. de Hg a 32°F
1 atmosfera	= 10,347 m de água 15°C	1 atmosfera	= 33,947 pés de água a 62°F
1 atmosfera	= 0,01 kgf/mm²	1 pé de água	= 0,434 lb/pol.²
	= 1,0 kgf/cm²		
1 HP	= 42,44 Btu/min		
	= 33 000 lb·pé/min		
	= 10,7 kcal/min		
	— 0,7457 quilowatt		
	= 76 kgm/segundo		
	= 1,014 CV		
1 HP·hora	= 2547 Btu		
	= $1,98 \times 10^{-6}$ lb·pé		
	= $2,684 \times 10^{-6}$ joule		
	= 641,7 kcal		
	= $2,737 \times 10^{5}$ kgm		
1 joule	= $1,0 \times 10^{7}$ erg		
	= 0,101972 kgm		
	= $2,39 \times 10^{-4}$ kcal		
	= 0,7376 lb·pé		
	= $9,486 \times 10^{-4}$ Btu		
1 Watt-hora	= 3,415 Btu		
	= 2655 lb·pé		
	= 0,8605 kcal		
	= 367,1 kgm		

Índice Alfabético

Os números em **negrito** referem-se a locais onde o assunto é abordado mais extensamente. Os números em *itálico* referem-se a localizações fora do texto (legendas, quadros, dísticos, notas etc.).

A

ABS, 449
Aceleração tangencial, 95
Acionamento de turbobombas, 306
Aço
- forjado, 604, 632
- fundido, 564, 603
- inoxidável, 560,564
Adutoras por recalque, 431
Água
- acumulador de, 351
- bomba alimentadora de, 379
- bomba de circulação de, 380
- bombeamento por injeção de, 392
- corte com jato de, 350
- de poços, bombeamento de, **400-420**
- de serviços gerais, bombas para, 451
- em reservatórios, registro automático de, 628
- excêntrica, bombas de anel de, 317
- jato, bombas para limpeza com, 486
- leve pressurizada, reatores de, 517
- libertação do ar dissolvido na, 228
- para lastro, bombas de, 484
- pesada, reatores de, 520
- pluviais, drenagem de, 458
- potável, bombas de, 485
- reatores de vaporização direta da, 516
- residuais, 570
- trompas de, 409
- velocidade da, 344
Água, abastecimento de, **421-438**
- captação
- - com barragem, 427
- - de um lago, 425
- - de um rio ou lago, 422
- - subterrâneas, 421
- - superficiais, 421
- - tomadas de água por bombas, 425
- elevatória de alto recalque, 431
- estação de tratamento, 429
Air-lift
- consumo de ar no, 403
- inconvenientes, 405
- vantagens, 405

Alargamentos e estreitamentos, perda de carga em, 664
ALBRIZZI-PETRY, 413
Alimentação, bomba de, 380
Alimentação do motor, ramal de, 689
Alimentadoras, 431
ALLINOX-1000, 569
Altura de elevação, 15, **57-67**
- centrais de acumulação, 500
- congruência das curvas "descarga" e, 134
- equação das velocidades, 95
- estáticas
- - bombas alternativas, 331
- - de aspiração, 57, 214
- - de elevação, 58
- - de recalque, 58
- exemplos de determinação da, 761
- influência da forma da pá, 100
- totais ou dinâmicas
- - aspiração, 58, 209
- - disponível, 66
- - manométrica, 60, 114, 151, 367, 748
- - motriz, 66
- - recalque, 59
- - *suction lift* e *suction head*, 64
- - total, 66
- - trabalho específico, 67
- - útil, 65
Anel em "O", 575
Ângulos
- das pás à entrada do rotor, 271
- de entrada do líquido dos canais formados pelas pás, 100
- de saída, 273
- - do líquido dos canais formados pelas pás, 100
Anodo, 560
Apco-matic Variable Speed Pumping System, 482
Aquecedor, 380
Aquífero
- confinado, 400
- livre, 400
Ar
- alimentação de, 472
- câmara de, 323
- - bombas alternativas, 341
- - no recalque, 466
- compressor de, 472

- consumo no sistema *Air-Lift*, 403
- dispositivo separador de, 316
- na bomba, 325
- pressão de, 405
- reservatórios de, 722
- válvulas de inclusão ou expulsão de, 622
Areias, 582
Arranque
- motor de, 508
- turbina de, 508
Arrastamento, movimento de, 95
Arraste, 301
- determinação do, 303
Asa, nomenclatura dos perfis de, 302
Aspiração
- altura estática de, 214
- altura total de, 209
- bombas alternativas, 332
- indicações para a tubulação de, 320
- velocidade (s)
- - específica de, 224
- - recomendadas, 661
Atuadores elétricos, 634
Aubisson, rendimento de d', 554
Autotransformador, 691

B

Back pull-out
- elevatórios de esgotos, 446
- refinarias, 397
Back-pull type, 529
Balanceamento
- juros de, 290
- tambor de, 293
Barragem, capatação com, 427
Barrilete de distribuição, 481
Bazin, fórmula de, 751
Bernouilli, teorema de, 16
- ejetores ou trompas de água, 409
Black Mesa Pipeline, 587
Blocos de ancoragem, 31
Bomba centrífuga, exemplo de projeto de, **269-276**
- ângulo das pás à entrada do rotor, 271
- ângulo de saída, 273
- correção da descarga, 269

ÍNDICE ALFABÉTICO   775

- diâmetro da boca de entrada do rotor, 271
- diâmetro do eixo, 270
- diâmetro do núcleo d_n, 270
- diâmetro médio da aresta de entrada, 271
- energia a ser cedida às pás H'_e, 273
- escolha do tipo de rotor e de turbobomba, 269
- grandezas à saída do rotor, 273
- largura b_1 da pá à entrada, 272
- largura das pás à saída b_2, 274
- número de estágios, 269
- número de pás Z e contração à entrada, 272
- potência motriz, 270
- projeto do coletor, 274
- traçado da projeção meridiana da pá, 274
- traçado preliminar do rotor, 270 ·
- valor retificado de d_2, 274
- velocidades
- - média na boca de entrada do rotor, 271
- - meridiana de entrada, 271
- - meridiana de saída, 273
- - periférica corrigida, 274
- - periférica no bordo de entrada, 271
Bombas
- "afogada", 72
- auxiliar, 314
- centrífugas
- - empuxo axial, 286
- - teoria da ação do rotor das, 89-115
- consome demasiada potência, 325
- de múltiplos estágios, 199
- de poço úmido, 321
- de vácuo, 314
- efeito da "idade em uso" da, 164
- "filtro", 315
- grau de reação da, 102
- influência do tamanho da, 157
- NPSH da, 213
- rendimento volumétrico da, 70
- ruído do funcionamento das, 318
- submersão das, 417
- teórica, 128
- unidade, 195
Bombas alternativas, 326-352
- acionamento do êmbolo por roda-d'água, 349
- câmara de ar, 341
- classificação, 326
- corte com jato de água, 350
- descarga nas bombas de êmbolo ou de pistão, 339
- indicações para instalações de êmbolo, 343
- indicações teóricas quanto à instalação, 331
- máxima altura estática de aspiração, 334
- medidas para reduzir a energia J' cedida para acelerar o líquido, 337
- navios, 489
- NPSH nas bombas de êmbolo, 347
- perda de energia devida à comunicação de aceleração ao líquido, 334
- possibilidade de ruptura da massa líquida, 338
- potência motriz, 340

- princípio de funcionamento, 326
- turbobombas, êmbolo e pistão, 344
Bombas axiais, 294-305
- considerações gerais, 294
- diagrama das velocidades, 296
- equação da energia, 299
- grau de reação, 300
- pá do rotor como elemento com perfil de asa, 300
- teoria da sustentação, 301
Bombas centrífugas, fundamento do projeto das, 231-268
- difusor, 252
- empuxo radial no eixo devido ao caracol, 262
- rotor, 231
Bombas, classificação e descrição das, 37-55
- de deslocamento positivo, 38
- - alternativas, 39
- - rotativas, 41
- definição, 38
- máquinas hidráulicas, 37
- turbobombas, 43
Bombas, condições de funcionamento relativo aos encanamentos, 167-192
- associação de bombas centrífugas
- - em paralelo, 177
- - em série, 176
- boosters, 186
- correção das curvas, 180
- curva característica de um encanamento, 167
- diferentes em paralelo, 179
- duas bombas em paralelo, em níveis diferentes, 191
- encanamento de recalque, 188
- enchendo um reservatório, 189
- estabilidade do funcionamento, 174
- fora da condição de rendimento máximo, 170
- instalação série-paralelo, 184
- regulagem das bombas atuando no registro, 169
- regulagem pela variação da velocidade, 169
- sistemas com várias elevatórias (em série), 185
- tubulação de recalque com "distribuição em marcha", 186
Bombas, ensaio de, 740-765
- aplicabilidade do P-MB, 778, 741
- exemplos de determinação da altura útil de elevação, 761
- laboratório, 741
- - constituição essencial, 741
- - medições a realizar, 742
- - descarga, 749
- - nível, 743
- - número de rotações, 757
- - potência consumida pela bomba, 757
- - pressão, 745
- - valores referidos a um dado número de rotações, 760
Bombas especiais, 553-596
- carneiro hidráulico, 553
- indústrias químicas e de processamento, 558
- para sólidos, 580
- regenerativas ou turbinas, 556
- solares
- - acionadas por motores solares,

577
- - empregando células fatovoltaicas, 576
- turbobombas de alta rotação: Sundyne, 593
Bombas para a indústria petrolífera, 388-399
- perfuração de poços, 388
- produção dos poços
- - alternativa submersa, 389
- - bombeamento pneumático, 393
- - bombeamento por injeção de água, 392
- - bombeamento por injeção de gás, 392
- - centrífuga submersa, 392
- - haste de sucção, 389
- recuperação de óleo espalhado no mar, 399
- refinarias e indústria petroquímica, 397
- transporte de petróleo e de derivados, 394
Bombas para centrais de vapor, 379-387
- empregadas
- - alimentação de caldeira, 383
- - circulação de água, 387
- - condensado, 381
Bombas para centrais hidrelétricas de acumulação, 493-514
- indicações sobre o emprego das máquinas, 501
- modalidades, 496
- NPSH, 510
- tipos de máquinas, 497
Bombas para comandos hidráulicos, 373-378
- circuitos básicos
- - movimentos de rotação, 374
- - movimentos retilíneos-alternativos, 373
- empregadas
- descarga constante, 375
- - descarga variável, 375
- exemplo, 377
- órgãos auxiliares de comando e controle, 376
- regulagem, 377
Bombas para instalações de combate a incêndio, 532-552
- comando com hidrantes, 533
- especificações, 541
- estimativa da descarga no sistema de hidrantes, 537
- hidrantes; exercício, 539
- inspeção e testes, 546
- sistema de espuma, 551
- sistemas de sprinklers, 546
Bombas para navios, 484-492
- acionamento, 490
- central de vapor
- - alimentação de caldeira, 488
- - circulação para resfriamento de condensador, 488
- - diversas, 488
- - extração do condensado, 488
- - vácuo, 488
- combate a incêndio, 491
- emprego de acordo com o tipo
- - alternativas, 490
- - alternativas acionadas por motores elétricos, 490
- - rotativas, 489
- - turbobombas, 489
- materiais, 490

776 BOMBAS E INSTALAÇÕES DE BOMBEAMENTO

- petroleiros, 490
- uso geral
- - água para lastro, 484
- - água potável, 485
- - combate a incêndio, 486
- - drenagem, 485
- - limpeza com jato d'água, 486
Bombas para o saneamento básico, **421-465**
- abastecimento de água, 421
- drenagem de águas pluviais, 458
- esgotos sanitários, 438
Bombas para usinas nucleares, **515-531**
- central nuclear, 515
- materiais empregados, 530
- reatores de água leve pressurizada, 517
- reatores de água pesada, 520
- reatores de fissão de nêutrons rápidos, 523
- reatores de fusão controlada, 523
- reatores de vaporização direta da água, 516
- reatores regeneradores, 522
- reatores resfriados a gás, 520
- tipos de bombas empregadas, 523
- - de alimentação do gerador de vapor, 525
- - de circulação e resfriamento do condensador, 525
- - para metais líquidos, 529
- - que operam com líquido contaminado pelas radiações, 526
Bombas rotativas, **353-372**
- de mais de um rotor
- - engrenagem interna com crescente, 362
- - engrenagens externas, 358
- - fuso, 365
- - lóbulos, 362
- - parafusos, 364
- - pistões radiais, 364
- de um só rotor
- - guia flexível, 357
- - palheta no estator, 355
- - palhetas deslizantes, 353
- - palhetas flexíveis, 355
- - parafuso, 358
- - peristáltica, 357
- - pistão radial, 355
- emprego, 372
- funcionamento e grandezas características
- - altura manométrica H, 367
- - capacidade teórica, 367
- - descarga efetiva, 367
- - deslizamento ou retorno, 367
- - gráfico, 369
- indústrias químicas, 570
- navios, 489
Bombeamento de água de poços, **400-420**
- bombas de emulsão de ar, 401
- consumo de ar no sistema *Air-lift*, 403
- ejetores ou trompas de água, 409
- poços profundos, 413
- recomendações de caráter geral, 416
Bombeamentos
- para sistema de espuma, 551
- pneumático, 393
- por injeção de água, 392
- por injeção de gás, 392
Bonnet, 609

Boosters
- bombas para o saneamento básico, 437
- com várias bombas em paralelo, 186
- navios, 491
- transporte de petróleo, 394
"Bourdon", manômetro de, 77
- ensaio de bombas, 748
Boyle e Mariotte, Lei de, 469
Brauer, número de, 197
Breeder reactors, 516, 522
Bresse, fórmula de, 82
Bronze, 564, 634
- alcalinidade ou acidez, grau de, 560
- válvulas, 599
BWR, 516
By-pass
- *boosters*, 186
- dispositivo de escorva, 308
- registro de gaveta, *600*

C

Caixa
- blindada, bomba de 526
- coletora, 439
- de inspeção, 439
Caldeira
- bombas de alimentação da, 488
- centrais de vapor, 379
Calor
- libertação do ar dissolvido na água, 229
- unidades de, 769
Campo magnético, 530
CAN
- bombas de combate a incêndio, 491
- refinarias, 398
Canalização preventiva, 537
"Canhão d'água", 486
Captação, 422
Caracol
- empuxo radial no eixo devido ao, 262
- nautilus, 260
Carcaças
- concêntrica, 267
- indústria química, 570
- parcialmente concêntrica, 267
Carga, perdas de 17, **636-675**
- acidentais, 655
- alturas totais ou dinâmicas, 58
- aspiração e recalque, 661
- dimensionamento de encanamento, 661
- em encanamentos, 645
- fórmulas empíricas, 652
- instalações hidropneumáticas, 481
- número de Reynoldo, 639
- rugosidade dos encanamentos, 643
- viscosidade, 636
Carneiro hidráulico
- descrição do funcionamento, 553
- indicações práticas para instalações, 556
Carnot, ciclo de, 577
"Casa de bombas", 422
"Castelo", 609
Catodo, 560
Cavitação, **206-209**
- alteração na curva H = f (Q) devi-

da à, 227
- corrosão por, 561
- fator de, 214
- fenômeno da, 206
- materiais a serem empregados para resistir à, 208
Celeridade C, determinação da, 711
Células fotovoltaicas, 576
Centrais hidrelétricas de acumulação, 493
Central nuclear, 515
Cerâmica, 565
Chaminé de equilíbrio, 726
Chaves
- compensadoras de partida com autotransformador, 691
- de bóia, 697
- "estrela-triângulo", 691
Cimentação do poço, 389
Circulação, bombas principais de, 517
Circuladores, 387
Cisalhamento
- no fluido, tensão de, 637
- taxa de, 637
Coeficientes
- C^1, 711
- de atrito f, 645
- de cavitação, 510
- de contração, 120
- - traçado da curva de variação do, 246
- de momento, 303
- de pressão, 114
- de viscosidade dinâmica ou absoluta, 637
- indicadores da forma do rotor, 200
Coletor
- bombas solares, 578
- com caracol com seção circular, 260
- com paredes laterais planas, 256
- projeto do, 274
- público, 439
- turbobombas, 44
Coluna, separação da, 735
Comandos hidráulicos, 373
- exemplo, 377
Compound, 676
Compressores, 406
Concreto, bombeamento de, 589
- indicações, 590
Condensado, bomba de
- extração do, 380, 488
- NPSH, 382
Condensador
- bombas de circulação para resfriamento do, 488, 525
- centrais de vapor, 380
Conjugado do motor elétrico, 684
Contadores, 690
Conversor de torque hidrodinâmico, 509
Corrente líquida, 3
Corrente no motor trifásico, 683
- de partida, 684
Corosão, grau de resistência do material à, 560
- alveolar, 562
- cavitação, 561
- erosão, 562
- galvânica, 561
- tensão interna, 561
- uniforme, 561
CT, 491
Curto-circuito, 693

ÍNDICE ALFABÉTICO 777

Curvas
- característica de um encanamento, 167
- característica fatores que alteram a, 153
- correção das, 180
- de igual rendimento (de isorrendimento), 135
- "descarga-altura de elevação", congruência das, 134
- de variação das grandezas em função do número de rotações, 127
- H = f(Q), alteração devida à cavitação, 227
- perda de carga em, 663
- reais, 137

D

DBO v. oxigênio, demanda bioquímica de
Decantação, bomba de, 431
Defeitos no funcionamento das turbobombas, 324
Densidade, 21
Dentes, demarragem e acoplamento mecânico, 509
Derivação, perdas de carga em, 665
Descargas, 7
- constante, 375
- controlada, bombas de, 327
- correção da, 232, 269
- da bomba, 457
- devida à rugosidade, redução da, 645
- discos de, 291
- efetiva, 367
- fictícia Q', 186
- hidrantes, 537
- medição da
- - com vertedor, 750
- - métodos diretos, 749
- - métodos diversos, 750
- - métodos indiretos, 749
- - molinetes hidrométricos, 756
- - orifícios, 752
- - rotâmetros, 754
- - tubo de Pitot, 754
- - Venturi, 753
- mínima aceitável, controle da, 171
- as bombas de êmbolo ou de pistão, 339
- normal da bomba, 129
- Q, 125
- sistema de recirculação por meio de medição da, 171
- unidades de, 769
- variações, 151
- - da potência, 135
- - das grandezas com a, 127
- variável, 375
Deslocamento positivo, bombas de, 326
Desníveis topográficos, 57
Diafragma
- manômetro de, 76
- válvulas de, 612
Diagrama
- das velocidades, 296
- - de vértice comum
- perdas de carga, 660
Diâmetros
- da boca de entrada do rotor, 234, 271
- do eixo, 234, 270

- do núcleo de fixação do rotor ao eixo, 234
- do rotor, 278
- do tubo de recalque da emulsão água-ar, 408
- médio da superfície de revolução, 235
- núcleo, 270
Difusor, **252-262**, 406
- coletor ou voluta, 256
- de pás guias, 253
- método de Pfleiderer e Bergeron, 256
- troncômico, 596
- turbobombas, 43
Dínamo-dinamométrico, 757
Discos de equilibragem ou de balanceamento, 291
Disjuntores
- curto-circuito, 697
- proteção dos motores, 692
"Distribuição em marcha", 186
Distribuidoras, 431
Distribuidor da bomba, 50
Dosador, 551
Drag, 301
Drenagens
- bombas para navios, 485
- de águas pluviais, 458
Drooping, 134
Duplex, 477

E

Edutores
- ejetores ou trompas de água, 410
- estação de tratamento de água, 430
Efeito magnus, 300
Eixo
- diâmetro do, 234
- prolongado, bombas de, 413
- seção plana normal ao, 285
Ejetor, 314, 409
Eletrodinamômetro, 757
Eletrólito, 561
Elevatória de alto recalque, 431
Êmbolo
- bombas alternativas, 327
- descarga, 339
- indicações para instalações, 343
- manômetro de, 76
- NPSH, 347
- roda-d'água, 349
Empuxo axial, aumento do, 170
Empuxo axial, equilibragem do, **286-293**
- anéis de vedação e orifícios nos rotores, 290
- bombas centrífugas, 286
- disco de equilibragem ou de balanceamento, 291
- "discos de descarga", 291
- disposição especial dos rotores, 290
- natureza do problema 286
- pás na parte posterior do rotor, 292
- tambor de balanceamento, 293
Empuxo radial, aumento do, 170
Empuxo radial no eixo devido ao caracol, **262-267**
- carcaça concêntrica e parcialmente concêntrica, 267
- voluta dupla, 265

Encanamentos
- comprimento para perdas de carga localizadas, 656
- constante P, 712
- curva característica, 167
- de recalque
- - alimentando dois reservatórios, 188
- - com trechos de diâmetros diversos, 188
- orifícios no, 752
- perdas de carga em, 645, 661
- período T, 712
- rugosidade dos, 643
Energia
- a ser cedida pelas pás, 240, 273
- cedida por um líquido
- - em escoamento permanente, 11
- - modos de considerar a, 56
- pelo rotor, 98
- cinética, 95
- consumo de, 69
- dissipação de, 709
- elétrica, interrupção de, 735
- equação da, 299
- Já cedida para acelerar o líquido, medidas para reduzir a, 337
- perda devida à comunicação de aceleração ao líquido, 334
- teórica H_e cedida pelo rotor ao líquido, 233
- total absoluta, 209
- unidades de, 768
- usinas de acumulação, 496
Engaxetamento
- das válvulas, 612
- vazamento nas turbobombas, 572
Equação
- das velocidades, 95
- de continuidade, 6
- fundamental das turbobombas, 98
ESCO, 710, 727
Escoamentos
- divisão da seção meridiana de, 279
- irrotacional ou não-turbilhonar, 2
- laminar, 640, 646
- permanente, 1
- - regime não-uniforme, 2
- - regime uniforme, 2
- teorias, 4
- - a bidimensional, 6
- - unidimensional, 5
- turbulento, 640, 646
Escorva
- das turbobombas, 309
- - por bomba auxiliar, 314
- - por bomba de vácuo, 314
- - por meio de bomba auxiliar e ejetor, 314
- dispositivo de, 308
Esgotos
- bombas de, 451
- elevatórias de, 441
Esgotos sanitários, **438-458**
- elevatórias de esgotos, 441
- estação de tratamento de esgotos, 449
- vasos sanitários abaixo do nível do coletor público de esgotos, 439
Espuma, bombeamento para sistema de, 551
Estação de tratamento de água, 429
- bomba de decantação, 431
- bomba de remoção de lodo ou lama, 430
- bombas dosadoras, 430

778 BOMBAS E INSTALAÇÕES DE BOMBEAMENTO

- edutores, 430
Estágios, números de
- projeto de bomba centrífuga, 269
- rotor, 232
Estator, 570
Euler, método de, 4, 99
Excitatriz, 678

F

Fair-Whipple-Hsiao, fórmula de, 654
Fator de resistência, 645
Fator de serviço, 687
Ferro, 560
- dúctil, 602
- fundido, 564, 630
- - cinzento, 599
Ferrule, 606
Filete líquido, 3
"Filete meridiano", 279
Filtragem e refrigeração, 351
- bombas de lavagem dos, 431
Filtro, 406
Flamant, fórmula de
- perda de carga, 653
- sprinklers, 551
Flygt-Brasil, 448
Fole, manômetro de, 77
Forças exercidas por líquido em escoamento permanente, 7
Forscheimmer, fórmula de, 82
Francis, fórmula de, 751
Froude, freio de, 757
Fuso, bombas de, 365

G

Gás
- bombeamento por injeção de, 392
- reatores resfriados a, 520
Gaxetas, caixa de
- bombas para sólidos, 585
- proteção contra vazamentos, 571
- válvula de retenção no início do recalque, 307
GCR, 520
GIROMATO, 330
Golpe de aríete em instalação de bombeamento, **707-739**
- cálculo, 710
- - celeridade C, 711
- - coeficiente C', 711
- - constante P do encanamento, 712
- - convenções, 711
- - módulo volumétrico K_1 do líquido, 713
- - Parmakian, 710
- - período T do encanamento, 712
- - valores da subpressão e sobrepressão, 713
- - velocidade máxima de reversão da bomba, 713
- cálculo da máxima e mínima pressões na saída de bombas, 735
- cálculo segundo o P-NB-591/77
- - simbologia, unidades e fórmulas, 727
- carneiro hidráulico, 553
- descrição do fenômeno, 708
- partida, 323
- recursos para reduzir os efeitos

- - chaminé de equilíbrio, 726
- - reservatórios de ar, 722
- - válvula antigolpe de aríete, 719
- - volante, 719
- - válvula de retenção no início do recalque, 307
Grades, 304
Gradiente hidráulico, 54
Grandezas
- à saída do rotor, 239, 273
- gráfico das, 369
Grandezas características do funcionamento de uma turbobomba, interdependência das **124-166**
- analogia das condições de funcionamento, 124
- congruência das curvas "descarga-algura de elevação", 134
- cortes nos rotores, 140
- - para atender a um aumento do número de rotações, 148
- curvas de igual rendimento, 135
- curvas de variação em função do número de rotações, 127
- curvas reais, 137
- fatores que alteram as curvas características, 153
- quadrículas de utilização dos rotores, 150
- similaridade hidrodinâmica, 124
- variação com a descarga, 127
- variação com as dimensões, 151
- variação da potência com a descarga, 135
- variações Q, HEN com o número de rotações N, 125
GRJ, 359
Grupo binário, 506
Grupos ternários, 500, 501

H

Header, 173
HEROIL, 359
Hidrantes
- estimativa da descarga no sistema de, 537
- exercício, 539
- instalação de bomba no sistema sob comando com, 533
Hidrodinâmica, noções e aplicações, **1-36**
- altura de elevação, 15
- blocos de ancoragem, 31
- descargas, 6
- equação de continuidade, 6
- escoamento irrotacional ou não-turbilhonar, 2
- escoamento permanente, 1
- - energia cedida por um líquido em, 11
- - forças exercidas por um líquido em, 7
- filete líquido, 2
- influência do peso específico, 20
- linha de corrente, 2
- líquido perfeito, 1
- perda de carga, 17
- pressão absoluta e relativa, 19
- queda hidráulica, 15
- teorias sobre o escoamento dos líquidos, 4
- trajetória, 2
- unidades de pressão, 19

Hidroemulsor, 406
Hidrologia, 458
HPT, 359
Hunter-Rouse, diagrama de, 648
HWR, 520

I

Incêndio, bombas de combate a, 491
Indução trifásica, 678
Indústria petroquímica, 397
Indústrias químicas e processamento, bombas para as, **558-576**
- dispositivo de proteção contra vazamentos nas turbobombas, 571
- grau de alcalinidade ou de acidez, 560
- grau de concentração, 558
- grau de resistência do material à corrosão, 560
- magnéticas, 568
- materiais empregados, 563
- natureza dos constituintes da mistura, 558
- normas, 568
- pureza do produto a ser bombeado, 563
- segurança e confiabilidade da instalação, 563
- sólidos em suspensão, 562
- temperatura, 559
- tipos de, 568
- - centrífugas, 569
- - de diafragma, 569
- - rotativas, 570
Indutores de partida, 691
Injetores, 410
Instalação série-paralelo, 184
Instalações hidropneumáticas, **466-483**
- bombas de rotação variável, 482
- bombeamento direto, 477
- câmara de ar no recalque, 466
- reservatório, 468
- sistemas de pressurização compactos, 474
Isotropia, 1

J

Jacuzzi, bombas injetoras de, 411, JAN-ALPO, 406
JANOLD, 406
Jet charger, 469
Jetcutter, 351

K

KL, 464
KM, 464
KOERING, 417
KOPP, 679
KSB
- descarga no sistema de hidrantes, 537
- drenagem de águas pluviais, 459
Kucharski e Stodola, teoria de turbilhão relativo de, 117

L

Labirintos, 71
Laboratório de ensaios, 741
Lagrange, método de, 4
Lamas, 582
Larguras das seções meridionais dos bordos de entrada e saída do rotor, 278
Lençol
- artesiano, 400
- controle do nível dinâmico do, 417
- freático, 400
Letra-código dos motores, 686
LEVELMASTER, 745
Lift, 301
Ligação e desligamento, dispositivos de
- com dispositivos redutores da corrente de partida
- - chaves compensadoras de partida com autotransformador, 691
- - chaves "estrela-triângulo", 691
- - indutores e resistores de partida, 691
- direta
- - contadores, 690
- - disjuntores, 691
Linhas
- de corrente, 2, 3
- de nível ou eqüipotenciais, 2, 4
- - rotor com pás de dupla curvatura, 279
- de recalque e aspiração, velocidades nas, 81
- média, 4
- meridianas, 4
- - projeção, 90
Líquidos
- ação das pás sobre o, 95
- contaminado pelas radiações, 526
- dilatante, 639
- efeito de materiais em suspensão no, 165
- medidas para reduzir a energia J', 337
- módulo volumétrico K_1 do, 713
- newtonianos, 639
- NPSH, 224
- perda de energia, 334
- perfeito, 1
- tixotrófico, 639
- válvulas, 598
LN, 543
Lóbulos, bomba de, 362
Lock hopper pump, 587
Lodos, 582
- bombas de, 451
Lubrificação, anel de, 572

M

Manivela, válvula de, 597
Manobras
- lenta, 718
- rápida, 718
Manômetros, 76
- operação com as turbobombas, 309
Máquinas hidráulicas
- central de acumulação, 497
- - grupo binário, 506
- - grupo ternário, 501

- - motor-bomba, 501
- geratrizes, 37
- mistas, 38
- motriz(es), 37
- - térmica, 379
Massa líquida, possibilidade de ruptura da, 338
Materiais férteis, 522
MC, 459
Medições, 743
Mesa giratória, 388
Metais líquidos, bombas para
- centrífugas, 529
- eletromagnéticas, 530
Metal clad switch gear, 414
Minerodutos, bombeamento em, 587
Mixed-flow impellers, 195
MN, 459
MNC, 459
Molinetes hidrométricos, 756
Moody, diagrama universal de, 648
MOPCAT, 399
Motobombas submersíveis, 414
Motor
- centrais de acumulação, 502
- envolto em gás, 528
- hidráulico, 373
- imerso em óleo, 528
- molhado, 414
- seco, 414
- solares, 577, 579
- submerso, bomba de, 527
- válvulas, 598
Motores de bombas, instalação elétrica para, **676-706**
- classificação
- - de corrente alternada, 677
- - de corrente contínua, 676
- comando da bomba com chave de bóia, 697
- conjugado do motor elétrico, 684
- corrente de partida no motor trifásico, 684
- corrente no motor trifásico, 683
- curto-circuito, 693
- dados de placa, 687
- dispositivos de ligações e desligamento, 690
- dispositivos de proteção do ramal do motor, 692
- dispositivos de proteção dos motores, 692
- escolha do variação da velocidade, 679
- fator de potência, 680
- fator de serviço, 687
- letra-código dos motores, 686
- ramal de alimentação do motor, 689
- tensão de operação, 680
- variação do conjugado de partida das turbobombas, 688
Movimento (s)
- retilíneos-alternativos, 373
- teorema das quantidades projetadas de, 289

N

NEMA D
- bombas de rotação variável, 482
- indústrias químicas, 570
- turbobombas, 306

Net Positive Suction Head, **209-214**
- centrais de vapor, 381
- centrais elétricas de acumulação, 494, 510
- disponível ou *available*, 210
- ensaio de bombas, 740
- nas bombas de êmbolo, 347
- para outros líquidos, 224
- PWR, 518
- refinarias e indústria petroquímica, 398
- requerido pela bomba, 213
NETZSCH série LN, 366
Nêutrons rápidos, reatores de fissão de, 523
NPSH v. *Net Positive Suction Head*
Núcleo, diâmetro do, 270
Números
- característico da forma, 203
- característico de rotações por minuto, 196
- específico de rotações, 195
- unitário de rotações, 193

O

Oleodutos, 394
Óleo espalhado no mar, recuperação de, 399
Oxigênio, demanda bioquímica de, 438

P

Parafusos, bombas de
- elevatórias de esgotos, 441
- rotativas, 364
Parmakian, método de, 710, 715
Pás diretrizes, 493
PASER, 352
Pás inativas e ativas, 94
- ação sobre o líquido, 95
- à entrada, obstrução devida à espessura das, 239
- ângulo à entrada do rotor, 271
- curvadas para frente, 104
- determinação dos perfis das, 280
- do rotor considerada elemento com perfil de asa, 300
- energia a ser cedida, 273
- espessura, influência da, 119
- guias ou diretrizes, 44, 296
- - difusa, 253
- inclinadas para trás, 103
- influência da forma sobre a altura de elevação, 100
- largura à saída, 274
- largura do bordo de entrada, 236, 276
- na parte posterior do rotor, 292
- no rotor, influência do número finito de, 116
- número e contração à entrada, 272
- rotação do bordo de entrada das, 235
- seções planas das, 284
- terminadas radialmente, 104
- traçado das
- - arcos de circunferência, 242
- - da curva de variação da velocidade circunferencial, 247
- - da curva do produto, 248
- - da curva W_u, 248

780 BOMBAS E INSTALAÇÕES DE BOMBEAMENTO

- - do perfil, 249
- - pontos, 242
- - projeção meridiana das, 274
- Z, 237
Peça injetora, 406
Peças de redução, 81
Pellet, 588
Perdas hidráulicas, 68
- na bomba, 70
Peso
- específico
- - influência do, 20
- - Y, 153
- tabela de, 480
- unidades de, 768
Petróleo, transporte de, 394
Pfleiderer, teoria do desvio angular de, 117
- fator de cavitação, 217, 218
- difusor, 256, 260
- número finito de pás no rotor, 117
Pipe-lines, 394
Pistão, 327
- descarga, 339
- radial, 355, 364
- - giratórios, 375
Pitot, tubo de, 754
Pitting, 562
Placa, dados de, 687
Plásticos, 565
Plutônio-239, 522
P-MB-778, 741
Poços
- capacidade do, 457
- cimentação, 417
- de aspiração ou sucção, dimensões do, 309
- distância, 417
- localização do, 416
- nível dinâmico do, 401, 417
- perfuração de, 388
- produção dos, 389
- profundos, 417
- - bombas com motor imerso, 414
- - com'bombas de eixo prolongado, 413
- surgentes, 400
Pólos do motor, número de, 677
Pon os
- de máxima eficiência, 135
- de máximo rendimento, 135
Porcelana, 565
Portança, determinação do, 303
Potências
- consumida pela bomba, medição da, 757
- de elevação, 68
- expressão de n_s em junção da, 197
- fator de, 680
- motriz, 67, 270, 340
- - N, 233
- útil, 68
- variação, 152
- - com a descarga, 135
Preaquecedor, 380
Pré-filtro, 406
"Preme-gaxeta", 573
Pré-rotação, 117
Pressão
- absoluta e relativa, 19
- altura diferencial de, 214
- coeficiente de, 114, 201
- CTG, 475
- de ar, 405
- de estagnação, 303
- estática absoluta de, 209

- máxima altura diferencial de, 117
- máxima e mínima na saída de bombas, 735
- medições de, 745
- unidades de, 19, 769
- válvulas de redução de, 626
- variação da, 117
Pressurização compactos, sistemas de, 474
- CTC, 475
- *yellow jet*, 476
Princípio da Conservação da Energia, 13
Processo pneumático, 419
Projeção meridiana, 89
Prony, freio de, 757
Proporcionador, 551
Proteção dos motores dispositivos de
- disjuntores, 692
- fusíveis de ação retardada, 692
- ramal, 692
PTB-68, 294
"Pulsação" no bombeamento, 176
PWR, 517

Q

Queda hidráulica, 15

R

RDL, 484
Reação, grau de, 300
Reações eletroquímicas, 560
Reatores
- de água leve pressurizada, 517
- de água pesada, 520
- de fissão de nêutrons rápidos, 523
- de fusão controlada, 523
- de vaporização direta da água, 516
- regeneradores, 522
- resfriados a gás, 520
Recalque
- hidrante de, 534
- localização das válvulas numa adutora por, 624
- velocidades recomendadas, 661
Receptor, 37
Recirculação controlada automática, 171
- modulante, 173
- *on/off*, 173
Recuperador, 43
Rede preventiva, 537
Refinarias, 397
Registro
- automático de entrada de água em reservatórios, 628
- de gaveta, 307, 598
- - chatos, 599
- - ovais, 599
- de pressão DECA, *609*
- regulagem das bombas, 169
Regulagem, 377
Rehbock, fórmula de, 751
Relés
- de subtensão, 691
- magnéticos, 691
- térmicos, 691
Rendimentos
- diminuição do, 170
- hidráulico, 68, 233

- mecânico, 68
- total, 69
- - situação de máximo, 193
Reservatórios
- bomba enchendo um, 189
- carga inicial no, 657
- de ar, 722
- encanamento de recalque, 188
- "fechados", caso de, 79
- hermético, 396
- hidropneumático, 468
- - alimentação de ar, 472
- - dimensionamento, 469
Resinas fluorcarbônicas, 565
Resistência
- ao desgaste por, 208
- teoria da sustentação, 301
Resistores de partida, 691
Resultados experimentais e teoria elementar, discordância entre os **116-123**
- influência da espessura das pás, 119
- influência do número finito de pás no rotor, 117
Retificadores estáticos de silício SCR, 482
Reynolds, número de, 639
- caracterização da natureza do escoamento, 640
- exercício sobre escoamento laminar, 641
- portança e arraste, 303
- velocidades nas linhas de recalque e de aspiração, 81
Rising, 134
Roda-d'água, 349
Rodas dentadas helicoidais duplas, 359
Rodas hidráulicas, 37
Rotações
- corte no rotor para atender a um aumento do número de, 148
- curvas de variação das grandezas em função do número de, 127
- medição do número de, 757
- movimentos de, 374
- número característico, 196
- número específico, 195
- número unitário de, 193
- N, variação das grandezas Q, HEN com o número de, 125
- valores referidos a um dado número de, 760
- variável, instalações com bombas de, 482
Rotâmetros, 754
RO-TAU, 330
Rotor, 11, **231-251**
- aberto, 43
- *back to back*, 505
- bobinado, 678
- bombas de mais de um, 358
- bombas de um só, 353
- coeficientes indicadores da forma do, 200
- correção da descarga, 232
- cortes nos, 140, 148
- das bombas centrífugas, teoria da ação do, **89-115**
- da Sundyne, 595
- determinação do formato do, 195
- diagrama das velocidades à entrada, 237
- diâmetro da boca de entrada, 234
- diâmetro do eixo, 234

ÍNDICE ALFABÉTICO   781

- diâmetro do núcleo de fixação do rotor ao eixo, 234
- diâmetro médio da superfície de revolução, 235
- em curto-circuito ou gaiola de esquilo, 679
- energia teórica H_e, 233
- equilibragem
- - com anéis de vedação e orifícios, 290
- - por meio de disposição especial, 290
- escolha do tipo de, 231, 269
- fechado, 43
- grandezas à saída do rotor, 239
- helicoidais, 195
- indústrias químicas, 570
- irregularidade no escoamento dos filetes, 170
- largura do bordo de entrada da pá, 236
- *non-clog*, 446
- número de estádios, 232
- número de pás Z, 237
- obstrução devida à espessura das pás à entrada, 239
- pás na parte posterior do, 292
- potência motriz N, 233
- rendimento hidráulico, 233
- representação das quadrículas de utilização dos, 150
- sobre On_s, influência das dimensões do, 198
- traçado das pás, 242
- traçado preliminar, 270
- velocidade média na boca de entrada, 234
- velocidade periférica no bordo de entrada, 236
Rotor com pás de dupla curvatura, **277-285**
- dimensionamento
- - determinação dos perfis das pás, 280
- - diâmetro do rotor, 278
- - divisão da seção meridiana de escoamento, 279
- - larguras das seções meridianas dos bordos de entrada e saída, 278
- - seção meridiana das paredes laterais, 279
- - seção plana meridiana, 285
- - seção plana normal ao eixo, 285
- - seções planas das pás, 284
Rugosidade
- absoluta, 643
- eqüivalente, 644
- redução da descarga devida à, 645
Run-off, 459
Ruptura dos equipamentos, capacidade de, 697

S

SCR, 483
Seção plana meridiana, 285
Selos mecânicos, 573
- de montagem externa, 574
- de montagem interna, 574
Sensor, 482
Série, 676
Set pressure, 621
Shape number v. número característico da forma

Shunt, 676
Shut-off
- bombas diferentes em paralelo, 179
- curvas reais, 139
Sifão no recalque instalação com, 71
Sistema hidráulico aberto, 373
Sistema hidropneumático, 548
Sistemas com várias elevatórias (em série), 185
Slack-points, 588
Solenóide, 598
Sólidos, bombas para, **580-593**
- concreto, 589
- lamas, areias, lodos e sólidos em suspensão, 582
- - acionamento, 586
- - carcaça das bombas centrífugas, 583
- - minerodutos, 587
- - potência consumida, 586
- - proteção do eixo e gaxetas, 585
- - rotores, 583
- - velocidade, 586
- natureza, 580
Sólidos em suspensão, 562
Sonda elétrica, 419
Specific gravity v. densidade
Specific weight v. peso específico
Sprinklers
- bomba para sistema de, 549
- bombeamento direto, 480
- descrição do sistema, 546
- sistema hidropneumático, 548
Standard com peças de bronze, 560
Stand-by
- bombeamento direto, 479
- navios, 490
Stand-pipe, 726
Stepanoff, estudos de
- coletor ou voluta, 256, 262
- cortes nos rotores, 144
- fator de cavitação, 215
Stress-corrosion, 561
Strickler, fórmula de, 654
Subadutoras, 431
Subpressão e sobrepressão, valores da, 713
Suction lift e *suction head*
Suction rod, 389
Sundyne, 593, 594
Sustentação, asas de, 300
Sustentação, teoria da, **301-305**
- definições, 301
- determinação da portança e do anaste, 303
- nomenclatura dos perfis de aşa, 302

T

Temperatura
- efeito da variação de, 165
- na bomba, elevação da, 170
- reações químicas, 559
Tensão interna, corrosão por, 561
Teoria elementar da ação do rotor das bombas centrífugas, **89-115**
- ação das pás sobre o líquido, 95
- avaliação da altura manométrica H, 114
- diagrama das velocidades, 91
- equação das velocidades, 95

- equação fundamental das turbobombas, 98
- influência da forma da pá sobre a altura de elevação, 100
- pás inativas e pás ativas, 94
- projeção meridiana, 89
Teorias
- da sustentação das asas, 48
- de circulação das velocidades, 300
- do vórtice forçado, 48
- sobre o escoamento dos líquidos, 4
Thoma, coeficiente de, 510
Thoma, fator de cavitação de, 214
Thyristors, 680
Time-switch, 479
Tokamak, 523
"Tomada de água", 422, 424
Torneira de purga, 308
Torneiras de macho, 607
Trabalho específico, 67
Trajetória
- absoluta, 91
- líquida, 2
- - no rotor, 45
- relativa, 91
Transdutor, 482
Transição do laminar ao turbulento, 648
Triplex, 477, 479
Tubos
- adutor, 401
- de corrente, 3
- de seção circular, 646
Tubulações
- de recalque com "distribuição em marcha", 186
- fixas, 11
Turbinas hidráulicas, 37
- usinas de acumulação, 496, 502, 505
Turbine pump, 414
- emprego, 557
- inconvenientes, 557
Turbobomba, escolha do tipo de, **193-205**
- bombas de múltiplos estágios, 199
- coeficientes indicadores da forma do rotor, 200
- expressão de n_s em função da potência, 197
- influência das dimensões do rotor sobre On_s, 198
- número característico da forma, 203
- número característico de rotações por minuto, 196
- velocidade específica, 193
Turbobomba, interdependência das grandezas características do funcionamento da, **124-166**
- analogia das condições de funcionamento, 124
- congruência das curvas "descarga-altura de elevação", 134
- corte no rotor para atender a um aumento do número de rotações, 148
- cortes nos rotores, 140
- curvas de igual rendimento, 135
- curvas de variação das grandezas, 127
- curvas reais, 137
- fatores que alteram as curvas características, 153
- representação das quadrículas de

782   BOMBAS E INSTALAÇÕES DE BOMBEAMENTO

utilização dos rotores, 150
- similaridade hidrodinâmica, 124
- variação da potência com a descarga, 135
- variação das grandezas com a descarga, 127
- variação das grandezas Q, HEN com o número de rotações N, 125
- variação das grandezas com as dimensões, 151
Turbobombas, **43-54**
- classificação
- - número de entradas para a aspiração, 51
- - número de rotores empregados, 50
- trajetória do líquido no rotor, 45
- - transformação da energia cinética em energia de pressão, 53
- de alta rotação, 593
- dispositivos de proteção contra, 571
- êmbolo e pistão, 344
- equação fundamental das, 98
- escolha do tipo de, 269
- funcionamento de uma bomba centrífuga, 54
- navios, 489
- órgãos essenciais, 43
- similaridade hidrodinâmica das, 124
- variação do conjugado de partida das, 688
Turbobombas, operação com **306-325**
- acessórios empregados, 306
- acionamento, 306
- bombas centrífugas auto-escorvantes ou auto-aspirantes, 316
- defeitos no funcionamento, 324
- dimensões do poço de aspiração ou sucção, 309
- escorva, 309
- funcionamento, 324
- indicações para a tubulação de aspiração, 320
- parada, 324
- partida, 323
- ruído no funcionamento das bombas, 318

U

Unidades
- de massa escoada, 67
- de peso de líquido, 67
Unidades e conversões de unidades, **766-773**
- básicas, 766
- conversões de, 767
- - energia, 768
- - superfície, 768
- - volume, 768
- de calor, 769
- de descarga, 769
- de peso, 768
- de pressão, 769
- derivadas, 766
- equivalências importantes, 773
- fora do S. I., 767
- prefixos no sistema internacional, 766

- tabela de fatores de conversão, 770
UNIPROG, 330
Urânio 235, átomo de, 522
Usinas
- de acumulação, modalidades de, 496
- nucleares, 515

V

Vácuo, bombas de, 488
Vacuômetros, 76
- operação com as turbobombas, 309
- pressão absoluta e pressão relativa, 20
Valores
- médio, 643
- normais, 170
- retificado de d_2, 274
Válvulas, **597-635**
- antigolpe de aríete, 719
- anulares, 617
- atuadores elétricos, 634
- borboleta, 615
- classificação
- - acionadas manualmente, 597
- - acionadas pelas forças provenientes da ação do líquido em escoamento, 598
- - comandadas por motores, 598
- de alívio, 308, 369, 621
- de controle, 625
- de controle da pressão de montante, 621
- de esfera, 604
- de fechamento ou de saída, 307
- de fundo de tanque, 605
- de gaveta
- - acionamento, 604
- - materiais, 598
- de inclusão ou expulsão de ar, 622
- de macho, 605
- de pé, 306
- de pressão constante, 628
- de "quebra-pressão", 487
- de redução de pressão, 626
- de regulagem
- - diafragma, 612
- - globo, 608
- de retenção, 618, 735
- - no início do recalque, 307
- de segurança, 621
- diversas, 628
- esféricas ou rotoválvulas, 613
- materiais empregados, 630
- perdas de carga em, 665
- que permitem o escoamento em um só sentido, 618
- registro automático de entrada de água em reservatórios, 628
Vapor
- bombas de alimentação do gerador de, 525
- bombas diversas na central de vapor, 488
- centrais de, 379
"Vaporização, núcleos de", 206
Variações
- da altura manométrica, 151
- da descarga, 151

- da potência, 152
Vedação, anéis de, 71, 290
Veia líquida, 3
Velocidades
- à entrada, diagrama da, 237
- coeficiente de, 201
- configuração do campo vetorial das, 3
- constante de, 201
- diagrama das, 91, 296
- do motor, variação, 679
- equação das, 95
- específica, 193
- - de aspiração, 224
- gradiente de, 637
- máxima de reversão da bomba, 713
- média na boca de entrada do rotor, 234, 271
- média relativa, 298
- meridiana de entrada, 271
- meridiana de saída, 273
- nas linhas de recalque e de aspiração, 81
- periférica
- - cálculo da, 241
- - corrigida, 274
- - no bordo de entrada, 236, 271
- recomendadas na aspiração e no recalque, 661
- regulagem da bomba pela variação da, 169
Ventosas, 622
Venturi
- água de poços, 409
- ensaio de bombas, 753
Verterdor
- retangular, 750
- triangular, 751
Vibrações, 320
Vidro, 565
Viscosidade, 1
- perdas de carga, 636
- - absoluta, 638
- - cinemática, 638
- - refinarias, 397
- uso do gráfico para correção das grandezas afetadas pela, 159
- variação da, 157
VOITH, 617
Volante, válvula de, 597
- golpe de aríete, 719
Volume
- unidades, 768
- útil do reservatório, 469
Voluta, 256
- dupla, 265

W

WABCO, 417
Waternife, 351
Wet pit, 321
Williams e Hazen, fórmula de
- bombas especiais, 586
- perdas de carga, 654
Worster e Duprat, fórmula de, 586

Y

Yellow jet, 476